소방안전
교육사 1차

한권으로 끝내기

소방학개론 / 구급 및 응급처치론 / 재난관리론

SD에듀
㈜시대고시기획

2 0 2 4
소 방 안 전
교 육 사 1 차
한권으로끝내기

Always with you

사람이 길에서 우연하게 만나거나 함께 살아가는 것만이
인연은 아니라고 생각합니다.
책을 펴내는 출판사와 그 책을 읽는 독자의 만남도 소중한 인연입니다.
SD에듀는 항상 독자의 마음을 헤아리기 위해 노력하고 있습니다.
늘 독자와 함께하겠습니다.

머리말

소방안전교육사는 한국산업인력공단에서 시행하는 국가공인자격으로 어린이집의 영유아, 유치원의 유아, 학교의 학생, 장애인복지시설에 거주하거나 해당 시설을 이용하는 장애인을 대상으로 화재예방과 화재 발생 시 인명과 재산 피해를 최소화하기 위하여 소방안전교육과 훈련을 실시하는 인력을 배출하기 위한 자격제도입니다.

현대사회가 발전을 거듭함에 따라 인간생활을 풍요롭게 만들어 준 반면, 다양한 위험요소들이 늘어남에 따라 인간이 예측하기 힘든 여러 위험이 발생하고 있습니다. 그중에서도 미래의 주역인 우리의 영유아, 유아, 학생들의 생명과 재산에 막대한 영향을 미치는 것이 바로 화재입니다. 소방안전교육사는 화재 등의 예방과 교육 훈련에 필요한 전문인력의 확보에 한걸음 나가는 중요한 역할을 하고 있습니다.

최근 발생하는 크고 작은 화재들은 많은 피해를 동반하는 손해를 끼치고, 특히 인명 피해를 유발하는 등 뉴스를 통해 이를 접한 국민들에게 불안을 조성하고 있습니다. 이러한 상황에서 소방안전교육사는 최선을 다해 화재 등의 위험을 예방하고 교육과 훈련을 통해 소중한 인명을 보호하고 있습니다.

본 교재는 소방안전교육사 1차 시험에 응시하는 수험생들이 필요로 하는 핵심이론과 문제들로 구성되어 있습니다. 최근 화재 관련 사고들이 많아지면서 소방안전교육사에 대한 필요성이 증가하고 있지만 관련 수험서들이 많지 않아 수험생들은 시험 준비에 어려움이 많습니다. 이에 본 교재에는 시험에 나올 만한 적중예상문제를 최대한 많이 수록하였고, 최신 개정 법령을 모두 반영하는 것은 물론 최근 기출문제 및 해설도 상세하게 수록하였습니다.

소방안전교육사 시험을 준비하는 모든 수험생이 합격할 수 있도록 최선의 노력을 반영한 본 교재를 통해 많은 소방안전교육사가 배출되기를 바랍니다.

편저자 씀

시험 안내

개요

어린이집의 영유아, 유치원의 유아, 학교의 학생, 장애인복지시설에 거주하거나 해당 시설을 이용하는 장애인을 대상으로 화재예방과 화재 발생 시 인명과 재산 피해를 최소화하기 위하여 소방안전교육과 훈련을 실시하는 인력을 배출하기 위해 자격제도를 제정하였다.

※ 소방기본법 제17조 제2항의 소방안전교육 대상 : 어린이집의 영유아, 유치원의 유아, 초 · 중등교육법에 따른 학교의 학생, 장애인복지시설에 거주하거나 해당 시설을 이용하는 장애인

수행직무

소방안전교육의 기획 · 진행 · 분석 · 평가 및 교수업무

취득방법

1. 관련 부처 : 소방청
2. 시행기관 : 한국산업인력공단
3. 시험일정

구 분	접수기간	시험일정	합격자 발표기간
1차	5.27~5.31 빈자리 추가접수 기간 7.11~7.12	7.20	9.25
2차			11.20

※ 시험 세부 일정 및 시험 관련 정보는 큐넷(www.q-net.or.kr) 소방안전교육사 홈페이지 참조

시험과목

구 분	시험과목	출제범위	시험방법
1차	소방학개론	소방조직, 연소이론, 화재이론, 소화이론	4지 선택형 (객관식), 과목당 25문항 (총 75문항)
	구급 및 응급처치론	응급환자 관리, 임상응급의학, 인공호흡 및 심폐소생술 (기도폐쇄 포함), 화상환자 및 특수환자 응급처치	
	재난관리론	재난의 정의 · 종류, 재난유형론, 재난단계별 대응이론	
	교육학개론	교육의 이해, 교육심리, 교육사회, 교육과정, 교육방법 및 교육공학, 교육평가	
2차	국민안전교육 실무	재난 및 안전사고의 이해, 안전교육의 개념과 기본원리, 안전교육 지도의 실제 ※ 제2차 시험은 논술형을 원칙으로 한다. 다만, 제2차 시험에는 주관식 단답형 또는 기입형을 포함할 수 있다.	논술형 (주관식), 3~5문항

※ 1차 시험의 경우, 4과목 중 택 3과목

시험시간

구 분	1차	2차
시험시간	75분(09:30~10:45)	120분(11:30~13:30)

합격기준

구 분	합격 결정 기준
1차 시험	매 과목 100점을 만점으로 하여 매 과목 40점 이상, 전 과목 평균 60점 이상 득점한 사람
2차 시험	과목 100점을 만점으로 하되, 시험위원의 채점 점수 중 최고 점수와 최저 점수를 제외한 점수의 평균이 60점 이상인 사람

면제대상자

1차 시험에 합격한 자에 대하여는 다음 회의 시험에 한하여 1차 시험 면제

시험 통계자료

구 분		2016	2018	2019	2020	2022
1차	대 상	288	1,492	1,295	1,648	1,001
	응 시	169	1,037	842	1,140	680
	응시율(%)	58.68	69.50	65.02	69.17	67.93
	합 격	103	330	567	705	434
	합격률(%)	60.94	31.82	67.34	61.84	63.82
2차	대 상	119	406	776	986	709
	응 시	55	356	547	784	566
	응시율(%)	46.21	87.68	70.49	79.51	79.83
	합 격	16	99	394	302	83
	합격률(%)	29.09	27.80	72.03	38.52	14.66
3차	대 상	17	–	–	–	–
	응 시	17	–	–	–	–
	응시율(%)	100.0	–	–	–	–
	합 격	17	–	–	–	–
	합격률(%)	100.0	–	–	–	–

※ 2015년, 2017년, 2021년, 2023년 소방안전교육사 자격시험 미시행
※ 2018년도 제7회 소방안전교육사 자격시험부터 제3차 시험 폐지

시험 안내

응시자격

- 소방공무원으로서 다음의 어느 하나에 해당하는 사람
  - 소방공무원으로 3년 이상 근무한 경력이 있는 사람
  - 중앙소방학교 또는 지방소방학교에서 2주 이상의 소방안전교육사 관련 전문교육과정을 이수한 사람
- 초 · 중등교육법 제21조에 따라 교원의 자격을 취득한 사람
- 유아교육법 제22조에 따라 교원의 자격을 취득한 사람
- 영유아보육법 제21조에 따라 어린이집의 원장 또는 보육교사의 자격을 취득한 사람(보육교사 자격을 취득한 사람은 보육교사 자격을 취득한 후 3년 이상의 보육업무 경력이 있는 사람만 해당한다)
- 다음의 어느 하나에 해당하는 기관에서 교육학과, 응급구조학과, 의학과, 간호학과 또는 소방안전 관련 학과 등 소방청장이 정하여 고시하는 학과에 개설된 교과목 중 소방안전교육과 관련하여 소방청장이 정하여 고시하는 교과목을 총 6학점 이상 이수한 사람
  - 고등교육법 제2조 제1호부터 제6호까지의 규정 중 어느 하나에 해당하는 학교
  - 학점인정 등에 관한 법률 제3조에 따라 학습과정의 평가인정을 받은 교육훈련 기관
- 국가기술자격법 제2조 제3호에 따른 국가기술자격의 직무분야 중 안전관리 분야(국가기술자격의 직무분야 및 국가기술자격의 종목 중 중직무분야의 안전관리를 말한다)의 기술사 자격을 취득한 사람
- 소방시설 설치 및 관리에 관한 법률 제25조에 따른 소방시설관리사 자격을 취득한 사람
- 국가기술자격법 제2조 제3호에 따른 국가기술자격의 직무분야 중 안전관리 분야의 기사 자격을 취득한 후 안전관리 분야에 1년 이상 종사한 사람
- 국가기술자격법 제2조 제3호에 따른 국가기술자격의 직무분야 중 안전관리 분야의 산업기사 자격을 취득한 후 안전관리 분야에 3년 이상 종사한 사람
- 의료법 제7조에 따라 간호사 면허를 취득한 후 간호업무 분야에 1년 이상 종사한 사람
- 응급의료에 관한 법률 제36조 제2항에 따라 1급 응급구조사 자격을 취득한 후 응급의료 업무 분야에 1년 이상 종사한 사람
- 응급의료에 관한 법률 제36조 제3항에 따라 2급 응급구조사 자격을 취득한 후 응급의료 업무 분야에 3년 이상 종사한 사람
- 화재의 예방 및 안전관리에 관한 법률 시행령 별표4 제1호나목 각 호의 어느 하나에 해당하는 사람
- 화재의 예방 및 안전관리에 관한 법률 시행령 별표4 제2호나목 각 호의 어느 하나에 해당하는 자격을 갖춘 후 소방안전관리대상물의 소방안전관리에 관한 실무경력이 1년 이상 있는 사람
- 화재의 예방 및 안전관리에 관한 법률 시행령 별표4 제3호나목 각 호의 어느 하나에 해당하는 자격을 갖춘 후 소방안전관리대상물의 소방안전관리에 관한 실무경력이 3년 이상 있는 사람
- 의용소방대 설치 및 운영에 관한 법률 제3조에 따라 의용소방대원으로 임명된 후 5년 이상 의용소방대 활동을 한 경력이 있는 사람
- 국가기술자격법 제2조 제3호에 따른 국가기술자격의 직무분야 중 위험물 중직무분야의 기능장 자격을 취득한 사람

소방안전 관련 교과목	• 소방안전관리론(소방학개론, 재난관리론, 소방관계법규를 포함) • 소방유체역학 • 위험물질론 및 약제화학 • 소방시설의 구조원리 • 방화 및 방폭공학 • 일반건축공학 • 일반전기공학 • 가스안전 • 일반기계공학 • 화재유동학(열역학, 열전달을 포함) • 화재조사론
소방안전 관련 학과	• **소방안전관리학과** : 소방안전관리과, 소방시스템과, 소방학과, 소방환경관리과, 소방공학 과 및 소방행정학과를 포함 • **전기공학과** : 전기과, 전기설비과, 전자공학과, 전기전자과, 전기전자공학과, 전기제어공학 과를 포함 • **산업안전공학과** : 산업안전과, 산업공학과, 안전공학과, 안전시스템공학과를 포함 • **기계공학과** : 기계과, 기계학과, 기계설계학과, 기계설계공학과, 정밀기계공학과를 포함 • **건축공학과** : 건축과, 건축학과, 건축설비학과, 건축설계학과를 포함 • **화학공학과** : 공업화학과, 화학공업과를 포함 • 학군 또는 학부제로 운영되는 대학의 경우에는 위의 학과에 해당하는 학과 ※ 소방안전 관련 교과목 및 소방 관련 학과를 인정받고자 하는 사람은 동일학과인정증명서 또는 동일교과목인정 　확인서를 해당 학교에서 발급받아 제출서류와 함께 제출하여야 한다.
결격사유	• 피성년후견인 • 금고 이상의 실형을 선고받고 그 집행이 끝나거나(집행이 끝난 것으로 보는 경우를 포함) 　집행이 면제된 날부터 2년이 지나지 아니한 사람 • 금고 이상의 형의 집행유예를 선고받고 그 유예기간 중에 있는 사람 • 법원의 판결 또는 다른 법률에 따라 자격이 정지되거나 상실된 사람 ※ 결격사유 기준일은 1차 시험 시행일 기준

PART 01

소방학개론

01 소방조직

01 소방의 개념 및 역사

1 소방의 개념

(1) 소방의 정의

① 협의의 소방

소방관서에서 일상적으로 행하는 업무로 화재를 예방·경계하거나 진압하고 그 밖의 소방활동, 즉 재난·재해 그 밖의 위급한 상황에서의 구조·구급활동 등을 통하여 국민의 생명·신체 및 재산을 보호하는 등의 소방활동을 말한다.

② 광의의 소방

㉠ 소방기본법에 따른 소방기관의 활동보다 각종 인위적 재난 및 자연적 재해 등과 연관된 확장된 업무까지도 포함된다.

㉡ 사회의 기본조직 및 정상 기능을 와해시키고, 지역사회가 외부의 도움 없이는 극복할 수 없고, 정상적인 능력으로는 처리할 수 없는 생명과 재산, 사회간접시설, 생활수단의 피해를 일으키는 단일 또는 일련의 사건을 해결하는 기능까지도 포함한다.

(2) 소방의 목적 및 임무

① 소방의 목적(소방기본법 제1조)

화재를 예방·경계하거나 진압하고 화재, 재난·재해 그 밖의 위급한 상황에서의 구조·구급활동 등을 통하여 국민의 생명·신체 및 재산을 보호함으로써 공공의 안녕 및 질서 유지와 복리 증진에 이바지함을 목적으로 한다.

② 소방의 임무

㉠ 화재를 예방·경계, 진압 등의 방법으로 국민의 생명·신체, 재산을 화재로부터 보호하는 것이다.

㉡ 재난·재해 그 밖의 위급한 상황에서 구조·구급활동과 같은 임무를 수행하여 인명을 구조하고 응급환자를 이송하는 등의 임무를 수행하는 것이다.

㉢ 공공의 안녕, 질서 유지와 복리 증진에 이바지함으로써 헌법 정신을 실현하는 것이다.

※ 소방조직은 인원 및 장비 등을 활용하여 화재 예방·경계활동, 화재 진압, 인명구조·구급 활동 등의 소방활동이 주요한 임무이다.

2 소방의 역사

(1) 삼국시대

① 소방이 전문적인 행정 분야로 분화되지는 않았기 때문에 도성에서는 군사들과 성민들이 합세하여 불을 껐고 지방에서는 부족적 성격이 강하였기 때문에 부락 단위로 소방활동이 이루어졌을 것으로 보인다.

② 화재가 사회적 재앙으로 등장하고, 국가적 관심사였던 시기이다.

> **더 알아두기** **삼국사기의 기록**
>
> • 신라시대 미추이사금 원년(262)에 금성 서문에 화재가 있었는데 인가 삼백여 호가 연소되었다는 기록이 있다.
> • 진평왕 18년(596), 영흥사에 불이 나 왕이 친히 이재민을 위문하고 구제하였다는 기록으로 보아 민가가 밀접한 도성 내에서 대화재가 발생하기 시작하였음을 알 수 있으며 이때부터 화재를 사회적 재앙으로 인식하여 국가에서 구휼한 것으로 보인다.

(2) 통일신라시대

① 통일신라시대에는 소방이나 경찰의 전문적인 행정 분야가 분화되지 못하였고 삼국시대와 같이 군부나 일반 백성들이 소화활동을 하였을 것으로 보인다.

② 지방행정제도가 발전하고 군대가 지방에 배치되어 행정권이 지방에까지 미치게 됨에 따라 군대가 배치된 지방에서는 군대에 의하여 소방활동이 이루어졌을 것으로 보인다.

(3) 고려시대

① 금화제도(禁火制度)라는 명칭으로 화기를 단속하고 예방하였으며, 통일신라시대보다 화재가 많이 발생하였다.

② 금화관리자(禁火管理者)의 배치 : 각 관아와 진(鎭)은 당직자 또는 그 장이 금화책임자였다.

③ 실화 및 방화자에 대한 처벌이 있었다.

④ 건축 및 시설을 개선하였다.

(4) 조선 전기

① **금화법령** : 소방 관련 법령은 경국대전의 편찬으로 그 골격을 갖추었는데 행순(순찰), 방화 관계 법령, 실화 및 방화에 관한 형률이 기록되어 있다.

② **금화관서의 설치** : 세종 8년(1426) 2월, 한성부 대형 화재를 계기로 금화관서를 설치하였다. 화재를 방비하는 독자적 기구로서 우리나라 최초의 소방기구라고 할 수 있으며, 이후 수성금화도감 등으로 변천하였다.

(5) 조선 후기

① **갑오개혁 전후**

㉠ 갑오개혁 이전까지 소방사무는 포도청에서 일시 담당한 것으로 보인다.

㉡ 1895년에 관제를 개혁하면서 내부에 경찰관계내국을 신설하였으며 경찰과 소방은 내무지방국에서 관장토록 하였다. 이때 만들어진 경무청 처무세칙에서 "수화(水火), 소방(消防)은 난파선 및 출화(出火), 홍수(洪水) 등에 관계하는 구호에 관한 사항"으로 규정하였는데 여기에서 소방이란 용어가 역사상 처음으로 등장하였다.

② **화재보험제도** : 1906년에 일본인이 우리나라에 화재보험회사 대리점을 설치하기 시작해서 1908년에는 통감부가 우리나라에 최초로 화재보험회사를 설립하였다.

(6) 일제시대(1910~1945)

① 일제 통치하의 소방 기본조직은 소방조(消防組)였다.

② 도시 발달, 인구 밀집화로 소방 수요가 늘어나고 화재 발생이 증가함에 따라서 상비 소방대원이 배치되고 소방관서가 설치되었다.

③ 1922년에는 경성소방조 상비대를 경성소방소로 개편하고, 1925년에는 조선총독부 지방관제를 개편하여 우리나라 최초의 근대식 소방서인 경성소방서를 설치하였다.

(7) 미군정시대(1945~1948.10)

① 광복과 동시에 한반도 남한지역이 미군정으로 들어가게 되면서 중앙소방위원회를 설치하고 소방업무와 통신업무를 합해 경무부에 소방과를 설치하였다.

② 그 후 1946년, 소방부 및 중앙소방위원회, 도소방위원회, 시읍면 소방부를 설치하고, 1947년 중앙소방위원회의 집행기관으로 소방청을 설치하면서 소방행정을 경찰에서 분리해 상무부 산하에서 자치화되었다.

(8) 대한민국 정부 수립 이후(1948.11~1992)

① 1948년 대한민국 정부가 수립되면서부터 헌법의 제정·공포와 동시에 정부조직법을 제정함으로써 자치 소방기구는 다시 경찰행정체제 속에 포함되어 서울과 부산만 실시되고 다른 지역에서는 실시되지 못했다.

② 서울도 자치사무를 처리하기 위한 제도적인 절차를 마련하지 못해 경찰국 기구 내에서 소방사무를 취급하다가, 1972년 최초로 소방본부를 발족하면서 전국 시·도가 광역자치 소방제도로 변천하는 기반이 되었다.

③ 이원적 형태로 운영돼 오던 소방조직은 1991년 5월 31일 정부조직법 개정과 함께 같은 해 12월 14일 소방법을 개정하면서 명실상부한 광역소방행정체제를 규정하였다. 이에 소방사무가 각 시·도의 사무로 전환되고 기존에 소방본부가 설치된 특별시와 광역시를 제외한 9개 도에도 일제히 소방본부가 설치되면서 본격적인 광역소방행정이 실시되었다.

④ 소방공무원제도

　　㉠ 소방공무원 신분의 변천 : 1977년 12월 31일, 독자적 신분법인 소방공무원법 제정되어 임용권자에 따라 국가소방공무원과 지방소방공무원으로 이원화되었다.

　　㉡ 소방공무원 계급 및 임용권자 변천 : 현재의 계급체계는 소방총감, 소방정감, 소방감, 소방정, 소방령, 소방경, 소방위, 소방장, 소방교, 소방사이다.

⑤ 민간소방조직

　　㉠ 의용소방대 : 의용소방대의 근원은 소방조에서 비롯되어 경방단으로 이어져 내려오다 일제의 통치가 종결되자 경방단이 해체되고 소방대가 조직되었다.

　　㉡ 자위소방체제 : 방화관리제도, 자위소방조직 운영, 청원소방원제도, 자체 소방대

⑥ 소방행정 관련 단체 : 한국소방안전협회, 한국소방검정공사, 대한소방공제회

(9) 광역자치 소방(1992~2004.5)

① 광역소방으로서의 제도 및 조직 개편 : 1992년 4월 10일, 각 도에 일제히 소방본부가 설치되면서 본격적으로 광역소방행정이 실시되었다.

② 광역소방행정의 파급효과

　　㉠ 소방행정의 능률성·효과성 향상

　　㉡ 소방재정의 효율성 관리

　　㉢ 통합적 지휘체계 및 응원출동체제 확립

　　㉣ 합리적 인사관리

(10) 소방방재청체제(2004.6~2013)

① 2003년 5월 29일, 소방법(1958)을 세분화하여 4분법으로 개편하였다.

        ㉠ 소방기본법

        ㉡ 화재 예방, 소방시설 설치·유지 및 안전관리에 관한 법률

        ㉢ 소방시설공사업법

        ㉣ 위험물안전관리법

② 2004년 3월 11일, 재난 및 안전관리기본법이 제정·공포되었다.

③ 2004년 5월, 소방방재청이 설립되어 소방업무, 민방위 재난·재해업무까지 관장하였다.

④ 크게 공통 분야, 예방 분야, 대응분야, 복구 사후관리, 특수과제 등 5개 분야로 세분화되었다.

    ※ 공통 분야 : 조직문화 혁신과 공무원 전문성 제고, 국가 안전관리 종합정보 및 통신, 시스템 확립, 재난관리 표준화·체계화, 민간 안전지도자 양성과 국민 교육훈련 강화 등이다.

(11) 국민안전처체제(2014.11~2017.7)

① 2014년 4월 16일, 세월호 참사를 계기로 소방방재청과 해양경찰청을 해체·흡수하여 국무총리 소속으로 국민안전처가 개설되었다.

② 국민안전처(MPSS ; Ministry of Public Safety and Security)는 안전 및 재난에 관한 정책의 수립·운영 및 총괄·조정, 비상 대비, 민방위, 방재, 소방, 해양에서의 경비·안전·오염 방제 및 해상에서 발생한 사건의 수사에 관한 사무를 관장하며 국무총리 소속으로 두었다.

③ 소속기관 : 중앙소방학교, 중앙119구조본부, 국가민방위재난안전교육원, 국립재난안전연구원 등

(12) 소방청체제(2017.7~현재)

① 2014년 11월 국민안전처의 발족 이후 중앙소방본부로 관련 업무를 이관하고 폐지되었다가 2017년 7월 정부조직법 개정에 따라 국민안전처가 해체되면서 중앙소방본부의 관련 업무를 승계하여 행정안전부의 외청으로 재창설되었다.

② 정부조직법 제34조(행정안전부)

    ㉠ 소방에 관한 사무를 관장하기 위하여 행정안전부장관 소속으로 소방청을 둔다.

    ㉡ 소방청에 청장 1명과 차장 1명을 두되, 청장 및 차장은 소방공무원으로 보한다.

③ 소속기관 : 중앙소방학교, 중앙119구조본부

더 알아두기	소방용어의 변천

- 고려시대 : 소재(消災 : 사라질 소, 화재 재) – 화재를 사라지게 함
- 조선시대 : 금화(禁火 : 금할 금, 불 화) – 불을 금함
- 갑오경장(1895) 이후 : 소방(消防)

02 소방행정 및 조직

1 소방행정

(1) 소방행정의 주체와 객체

① 소방행정의 주체 : 소방행정 객체에 대하여 소방행정력을 행사할 수 있는 행정기관으로서 국가와 시·도를 포함한다.

② 소방행정의 객체 : 소방행정의 주체인 국가와 시·도의 행정권 혹은 지배를 받는 대한민국 국민과 국제법상의 외교특권을 갖지 않는 외국인으로서 자연인과 법인을 불문한다. 나아가 공공 단체도 소방 관련 법규의 적용을 받아 그 지배를 받을 경우 행정 객체가 된다.

(2) 소방행정의 특수성

① 법제적 특징

㉠ 현장중심의 재난관리라는 특수한 분야의 업무를 담당하는 특정직 공무원이다.

㉡ 소방공무원에 대하여는 국가공무원법의 특별법이 우선적으로 적용되어 일반행정직 공무원들과 그 임용절차, 자격, 계급 구분, 징계방법, 보수체계, 신분보장 등을 달리한다.

㉢ 일반 행정직 공무원들과의 신분 교류 없이 소방행정조직 내에서만 순환되는 독특한 시스템을 유지하고 있다.

② 조직적 특징

㉠ 소방은 국가위기관리조직의 일부로서 위급한 국가재난관리상황에 있어서 그 대응을 중심으로 한 생명과 신체에 대한 위험을 무릅쓰고 임무를 수행하여야만 하는 특수 분야의 업무를 독립적으로 수행하고 있다.

㉡ 원활한 지휘체계 확립을 위해 군, 경찰 등과 마찬가지로 계급체계를 기초로 한 강력한 위계질서와 상명하복의 지휘·명령체계를 가지고 있으며, 이로 인하여 일반행정조직과는 다른 독특한 조직문화를 가지고 있다.

③ 업무적 특징

㉠ 현장성

- 소방행정은 직접 사고현장에 긴급 출동하여 자신의 생명을 담보로 위험대상물과 맞서 싸워야 하는 현장기능중심의 행정이다. 따라서 소방행정은 재난관리에 관한 이론과 실무를 바탕으로 한 현장활동이 중심이 된다.

- 재난관리와 소방·긴급구조 관련 업무는 같은 인위재난 담당부서로서 상호 연계성이 높으나 재난관리업무가 관리적이라면, 소방·긴급구조업무는 현장지향적 특성을 갖는다.

ⓛ 대기성
- 소방업무는 언제 발생할지 모르는 재난에 대비하여, 재난 발생 후 5분 내 즉시 현장에 대응태세를 상시적으로 갖추어야만 하는 특성이 있다.
- 만약 어떤 상황에 대처하지 못하거나 시간 등이 지연될 때에는 곧바로 대형 사고로 이어지게 되며 막대한 인적·물적 재산 손실이 발생하기 때문이다.

ⓒ 신속·정확성
- 소방업무는 무엇보다도 업무 수행에 있어 신속·정확성이 절실히 요구된다.
- 전문적인 지식과 풍부한 경험으로 무장된 소방공무원이 자신의 위험을 감수하고 촌각을 다투는 한정된 시간 내에 업무를 종결해야 한다.

ⓔ 전문성
- 소방업무는 기계·전기·건축·화공 등의 전문성이 필요한 전문기술업무로서 종합 과학성이 요구된다.
- 소방공무원은 화재현장에서 생명의 위협을 무릅쓴 화재 진압전술뿐만 아니라 다양한 유형의 재난현장에서 인명구조작업을 실행해야 하기 때문에 다양한 분야의 전문성이 요구된다.
- 소방업무는 현대의 복합적 재난에 대응하기 위하여 무엇보다 전문성을 바탕으로 한 고도로 훈련된 정규 인력과 재난형태에 따른 특수장비로 무장된 독립적인 인프라(장비, 전산, 통신망)를 갖추는 것이 필요하다.

ⓜ 일체성
- 소방업무는 재난이라는 위급상황에 있어 신속한 재난현장 수습을 위해서는 그 특성상 강력한 지휘명령권과 기동성이 확립된 일사불란한 지휘체계를 가져야 한다.
- 소방행정업무 수행은 일체성이 전제되어야 한다. 최근 광범위한 국가적 재난에 대비하기 위해서 중앙소방기관의 지방 소방력에 대한 지휘·통제·동원 등의 중앙통제권 강화 방안에 대한 논의도 일체성과 밀접한 관련이 있다.

ⓗ 가외성
- 가외성이란 외관상 당장은 무용하고 불필요하나 특정한 체제가 장래 불확실성에 노출될 때 발생할지도 모를 적응 실패를 방지하며 특정체제의 환경에 대한 동태성을 높일 수 있도록 하는 중복현상이나 중첩장치를 말한다.
- 소방조직이 여유 자원(인력, 장비)을 많이 가지고 있을 때 이를 가리켜 가외성이 높다고 한다.
- 소방은 미래의 불확실한 재난사고를 대비하는 조직이므로 현재 필요한 소방력보다 많은 소방력을 보유해야 한다.
- 재난에 대응 가능한 충분한 소방인력과 장비가 항상 갖추어져 있어야 하며, 재난사고가 없어 대기 상태에 있더라도 남아도는 자원으로 간주되지 않는다.

- 환경이 불확실한 상황에서 소방행정의 안정성, 정확성, 신뢰성, 적응성 등의 확보를 위해서는 여분의 것이 필요하다.

ⓐ 위험성
- 소방행정은 각종 사고·사건 접수, 사고현장으로 출동, 사건·사고 마무리 단계까지 항상 예측할 수 없는 위험성이 내재되어 있다.
- 긴급을 요하는 화재현장과 구조·구급에 투입되는 소방공무원은 많은 위험으로부터 자신의 생명이 희생당할 수 있다.
- 소방공무원의 자격요건으로 일정한 신체적 기준을 정하여 체력이 강건하고 사명감이 강한 자를 채용하는 것은 위험성 때문이다.

ⓞ 결과성
- 일반 행정은 과정이나 절차를 중요시하지만, 소방조직은 상대적으로 결과를 중요시하는 측면이 강하다.
- 소방행정은 대형 재난으로 인명과 재산 피해가 발생했을 때 그 책임을 면하기 어렵다는 사정에서 기인하는 특성일 수 있다.
- 재난현장 활동의 특성으로서 규칙이나 절차에 따라 행동하는 것보다 결과를 중요시 하고 조직에 대한 효과성을 평가할 때 결과를 가지고 판단하는 경향이 높다.

ⓩ 계층성
- 소방조직도 경찰, 군 등의 조직과 마찬가지로 국가의 핵심조직으로서 국민의 생명과 신체를 보호하기 위해 자신의 위험을 무릅쓰고 임무를 수행해야 하므로 강력한 위계질서와 상명하복의 지휘·명령체계를 가지고 있어야 한다. 요즘 사회 풍토가 상하 위계질서는 없어지고 수평적 관계를 유지하는 분위기이지만, 안전에 있어서는 이를 탄력적으로 적용해야 한다.
- 재난에 대비한 활동에는 모두가 수평적으로 참여를 하되, 재난 발생 시에는 안전관리자의 일사 분란한 지휘명령체계에 따라 신속하게 대응해야 재난재해에 따른 피해를 최소화할 수 있다.

[일반행정조직과 소방행정조직의 업무특성 비교]

구 분	일반행정조직	소방행정조직
전문성	• 전문성이 보통 수준임 • 전문부서가 분산되어 있음	소방인사 및 재정 분야를 제외한 부분은 고도의 전문지식과 기술이 요구됨
계층성	• 상하 관계는 행정업무적인 지시와 수행결과 보고가 대부분임 • 부서장과 조직구성원 간의 커뮤니케이션이 비교적 용이한 편임 • 팀제와 네트워크 조직구조가 적용되어 보통 정도의 수준임	• 상하관계는 행정업무적인 관계와 전술적인 명령체계의 관계를 동시에 가짐 • 지휘관중심의 수직적인 지시가 관행화되어 있어 상하 간의 커뮤니케이션은 유연하지 못함 • 계급제적 성격이 강하여 팀제나 네트워크 조직구조와 적용 어려움
대응성	비상소집을 하여 사태에 대응하는 민방위 대응방식을 채용하기 때문에 위기에 많은 시간이 소요됨	소방력이 상시 대기하여 대응력이 아주 높고, 직접적이며 공격적인 사태 대응을 견지함
위험성	• 특수 부문을 제외한 대부분의 행정은 위험성이 낮음 • 위험성에 대하여 회피적임	• 소방활동의 현장에는 물리적, 화학적 위험이 존재함 • 소방활동은 위험성에 도전적임
응력성	조직구성원이 느끼는 스트레스는 일반적인 스트레스인 경우가 많음	• 소내 대기, 출동경계 등으로 인한 근원적 스트레스가 상존함 • 참사 스트레스는 외상 후 스트레스로 일반 스트레스와 확연히 구분됨
결과성	• 생산성, 정량성을 중요시함 • 업무집행으로 결과가 부정적으로 나와도 업무절차만 정당하였다면 결과에 대하여 책임을 지지 않는 경우가 많음 • 특히 무분별한 예산을 집행하면서 업무를 집행하여도 그 과정만 정당하였다면 예산 사용액에 대하여는 책임을 묻지 않는 것과 같음	• 결과가 부정적일 경우 책임을 면하기 어려움 • 중비성(重備性)의 원리를 중요시함 • 현장활동의 결과는 비가역적인 경우가 많음 • 사람의 생명이나 재산 피해는 되돌릴 수 없는 상황임. 일반행정에서 예산을 잘못 집행한 경우 회수하면 원래의 상태로 가역적일 수 있으나 소방공무원은 소방작전을 잘못해서 일어난 결과에 대하여 책임을 질 수 있음

출처 : 조선주(2006), 소방조직 관리의 개선방안에 관한 연구

(3) 소방행정의 범위

① 과거 소극적 의미에서의 소방행정 : 예방차원에서 공공의 안녕, 질서를 저해하는 인위적 또는 자연적 원인에 의해 발생한 화재를 예방·경계·진압하는 데 국한하였다.

② 현대 적극적 의미에서의 소방행정 : 현대의 사회구조가 복잡, 다양해지고 이에 따른 각종 사고가 빈번하게 발생하는 것은 물론 대형화됨에 따라 화재의 예방·경계·진압 차원의 소방업무가 이제 사회복지차원의 적극적인 행정서비스 제공 분야로 확대되고 있다.

2 소방행정조직

(1) 조직의 원리

① **계층제(계층화)의 원리** : 권한과 책임의 정도에 따라 직무를 등급화함으로써 상하계층 간 직무 상의 지휘·복종관계가 이루어지도록 함(군대, 소방, 경찰, 관공서, 기업체 등)

② **통솔범위의 원리** : 한 사람의 상급자가 효과적으로 감독할 수 있는 이상적인 부하의 수

③ **명령통일의 원리** : 한 사람의 하위자는 오직 한 사람의 상관에 의해서만 지시나 명령을 받아야 한다는 원리

④ **분업화(전문화)의 원리** : 조직원 개개인에게 동일한 업무만 분담시킴으로써 업무의 전문성을 기할 수 있도록 하는 것

⑤ **조정의 원리** : 각 부분이 공동목표를 달성하기 위해 행동을 통일하고 공동체의 노력으로 질서정연하게 배열하는 것

⑥ **참모조직의 원리** : 상위 관리자의 관리능력을 보완하고 전문적인 감독을 촉진하기 위하여 참모조직을 따로 구성함으로써 계선조직(係線組織)과 구별해야 한다는 원리

⑦ **책임과 권한의 원리** : 조직구성원들의 직무를 분담함에 있어서 각 직무 사이의 상호관계를 명확히 해야 한다는 원리

(2) 조직의 구조

① 기능중심 조직

㉠ 전문화된 소규모의 조직으로 업무유형, 즉 수행하는 목표에 따라 인력·자원·기술을 배분하는 방식이며, 전통적인 소방관서의 조직형태이다.

㉡ 소방조직을 업무형태에 따라 진압대, 구조대, 구급대, 화재 예방 등으로 편성한다.

㉢ 장 점

- 기술적인 능률성을 보장하고, 개인업무의 능률을 향상시키는 훈련 기회가 된다.
- 개인의 경험과 능력, 기술 등에 따라 명확한 임무 부여가 가능하고, 지휘·감독이 용이하다.
- 개별적인 직위의 부여로 능력을 최대한 발휘할 수 있다.
- 비상상황이나 비상상황이 아닌 경우에도 내·외부적인 업무 혼란을 방지할 수 있다.

㉣ 단 점

- 조직 전체의 목표와 임무를 망각하기 쉽고 변화에 대해 저항이 강하다.
- 고도의 전문화로 인해 다양한 능력을 갖춘 사람을 보충하거나 육성하기 힘들다.
- 조직 내부의 의사소통을 방해해 다른 부서와의 협조를 곤란하게 한다.
- 평상시 부서 간의 업무 하중의 형평 유지가 어렵다.

- 조직 전체보다 개인적인 업무 달성에 관심을 가지게 되어 개인과 조직목표와의 관련을 갖기 힘든 경향이 있다.

② 분업중심 조직
  ㉠ 소방조직의 서비스와 이를 사용하는 수요자중심으로 조직이 구성된다.
  ㉡ 조직의 규모가 대규모이거나 소방 수요 및 소방서와 같은 하위조직이 증가하는 경우에 사용된다.
  ㉢ 장 점
    - 중간 관리자를 양성할 수 있고, 불안정하고 변화하는 환경에 적응하기 쉽다.
    - 보다 세분된 업무를 서비스 수요자중심으로 구성하며, 고객의 욕구를 쉽게 만족시킬 수 있다.
    - 부서 간 업무 조정이 쉽고, 업무의 책임을 명확히 할 수 있다.
  ㉣ 단 점
    - 자원의 이용이 비효율적이다.
    - 전문화 및 훈련 수준이 낮고, 통제와 조정이 곤란하다.

③ 애드호크라시(Adhocracy)
  ㉠ 미국의 미래학자 앨빈 토플러가 그의 저서 '미래의 충격(1969)'에서 종래의 관료조직을 대체할 미래조직을 가리키는 말로 사용한 용어이다.
  ㉡ 관료제에 대비되는 개념으로 탈관료화상에서 나온 평면조직의 일종으로, 조직 운영상에 있어 능률성과 신축성을 확보하기 위해 창설된 조직이다.
  ㉢ 구조적 특징 : 고정된 계층구조, 영구적인 부서도 없고, 공식화된 규칙도 없으며, 유기체적 조직으로서 융통성, 적응성, 순발성, 쇄신성으로 특징 지어진다.
  ㉣ 종류 : 행렬조직, 과업집단, 위원회구조, 동료조직이 있다.

(3) 소방조직의 변천과정

① 우리나라 소방행정체제는 일제시대에는 국가소방이었고, 미군정시대에는 자치소방이었다.
② 해방 이후 다시 국가소방으로 변화하였다가, 1970년부터는 국가소방과 기초소방으로 이원화되었다.
③ 1992년 이후 오늘날까지는 광역소방체제가 갖추어졌으며, 2004년 소방방재청이 신설되면서 광역소방체제를 주축으로 국가소방체제가 가미되어 수정된 이원화체제라고 볼 수 있다.

[소방조직의 변천과정]

시 기	성 격
미군정시대(1945~1948.10)	자치소방체제
정부 수립 이후(1948.11~1970)	국가소방체제
발전기(1971.8~1992)	국가·자치 이원 소방체제
광역자치 정착기(1992~2004.5)	광역시·도 자치소방체제
소방방재청 체제(2004.6~2013)	국가 + 광역시·도 자치 이원 소방체제
국민안전처 체제(2014.11~2017.7)	국가 + 광역시·도 자치 이원 소방체제
소방청 독립 완성기(2017.7~현재)	국가 + 광역시·도 자치 이원 소방체제

[소방공무원 신분의 변천]

연 도	법 령	신 분	
1948년	대한민국 정부 수립	경찰관의 계급·명칭 그대로 적용	
1949년	국가공무원법 제정	일반직 공무원	
1969년	경찰공무원법 제정	경찰공무원의 소방직	별정직 공무원
1973년	지방소방공무원법 제정	국가직은 경찰공무원의 소방직으로, 지방직은 지방소방공무원으로 이원화	별정직 공무원
1978년	소방공무원법 제정	독자적인 소방공무원 신분으로 단일화	별정직 공무원
1983년	소방공무원법 개정	국가직 소방공무원, 지방직 소방공무원 이원화	특정직 공무원

(4) 소방행정조직

① 중앙소방행정조직
  ㉠ 직접적 중앙소방행정조직
    • 소방청
    • 소속기관 : 중앙소방학교, 중앙119구조본부
  ㉡ 간접적 중앙소방행정조직 : 한국소방안전원, 한국소방산업기술원, 소방산업공제조합, 대한소방공제회 등
② **지방소방행정조직** : 소방본부, 소방서, 119안전센터, 119지역대, 119구조대, 119구급대, 소방정대, 지방소방학교(서울, 경기, 충청, 경북, 광주, 부산, 강원, 인천), 서울종합방재센터 등이 있다.
③ **민간소방조직** : 의용소방대, 자위소방대, 자체소방대, 소방안전관리자, 위험물안전관리자, 민간민방위대

1. 소방장비의 분류(소방장비관리법 시행령 별표 1)
   ① 기동장비 : 자체에 동력원이 부착되어 자력으로 이동하거나 견인되어 이동할 수 있는 장비로 소방자동차, 행동지원차, 소방선박, 소방항공기를 말한다.
   ② 화재진압장비 : 화재진압활동에 사용되는 장비로 소화용수장비(소방호스류, 결합금속구, 소방관창류 등), 간이소화장비(소화기, 휴대용 소화장비 등), 소화보조장비(소방용 사다리, 소화 보조기구, 소방용 펌프 등), 배연장비(이동식 송·배풍기 등), 소화약제(분말소화약제, 액체형 소화약제, 기체형 소화약제 등), 원격장비(소방용 원격장비 등) 등을 말한다.
   ③ 구조장비 : 구조활동에 사용되는 장비로서 일반구조장비, 산악구조장비, 수난구조장비, 화생방 및 대테러구조장비, 절단구조장비, 중량물 작업장비, 탐색구조장비, 파괴장비가 있다.
   ④ 구급장비 : 구급활동에 사용되는 장비로 환자평가장비, 응급처치장비, 환자이송 장비, 구급의약품, 감염방지장비, 활동보조장비, 재난대응장비, 교육실습장비가 있다.
   ⑤ 정보통신장비 : 소방업무 수행을 위한 의사전달 및 정보 교환·분석에 필요한 장비로 기반보호장비, 위성통신장비, 무선통신장비, 유선통신장비가 있다.
   ⑥ 측정장비 : 소방업무 수행에 수반되는 각종 조사 및 측정에 사용되는 장비로서 소방시설 점검장비, 화재 조사 및 감식장비, 공통측정장비, 화생방 등 측정장비가 있다.
   ⑦ 보호장비 : 소방현장에서 소방대원의 신체를 보호하는 장비로서 호흡장비, 보호장구, 안전장구가 있다.
   ⑧ 보조장비 : 소방업무 수행을 위하여 간접 또는 부수적으로 필요한 장비로 기록보존장비, 영상장비, 정비기구, 현장지휘소 운영장비, 그 밖의 보조장비가 있다.
2. 점검
   ① 장비제작사에서 정한 안전기준을 준수하고 운용·관리·안전점검을 실시해야 한다.
   ② 소방장비는 정기적으로 예방점검을 실시하여야 하며, 장비의 종류에 따라 정기점검, 정밀점검, 특별점검을 실시하고 점검 사실을 기록·유지해야 한다.

③ 소방행정법

(1) 행정법의 개요

① 행정법의 의의 : 행정의 조직·작용 및 구제에 관한 국내 공법을 말한다.
② 우리나라 행정법의 기본원리 : 지방분권주의, 민주행정주의, 실질적법치주의, 복리행정주의, 사법국가주의

(2) 행정법관계의 특질

행정 주체의사의 우월성이 인정되는 권력관계의 특질로서 행정의사의 공정력, 행정의사의 확정력, 행정의사의 강제력, 권리 의무의 상대성, 권리구제수단의 특수성 등이 인정되고 있다.

(3) 행정행위

① **법률행위적 행정행위** : 행정청의 의사 표시를 필수요소로 하여 그 의사 표시의 내용에 따른 법률효과가 발생하는 것으로, 법률효과의 내용에 따라 명령적 행위와 형성적 행위로 구분한다.

② **준법률행위적 행정행위** : 행정청의 의사 표시 이외의 정신작용인 판단·인식·관념의 표현을 전제로 법률규정에 의하여 법률효과가 발생하는 것으로, 그 행위의 성질과 법률효과의 내용에 따라 확인, 공증, 통지, 수리 등으로 분류한다.

(4) 소방하명

① **소방작위하명** : 일정한 행위를 할 것을 적극적으로 명하는 것을 말한다.

　㉠ 화재 예방조치 명령
- 불장난·모닥불·흡연 및 화기(화기) 취급의 금지 또는 제한
- 타고 남은 불 또는 화기의 우려가 있는 재의 처리
- 함부로 버려두거나 그냥 둔 위험물, 그 밖의 불에 탈 수 있는 물건을 옮기거나 치우게 하는 등의 조치

　㉡ 소방검사를 위한 보고 및 자료 제출 명령

　㉢ 소방대상물의 개수 명령

　㉣ 위험물제조소 등의 감독 명령

　㉤ 무허가 위험물시설의 조치 명령

　㉥ 위험물제조소 등의 예방규정 변경 명령

　㉦ 소방시설 및 방염에 관한 명령

　㉧ 화재경계지구에 대한 명령

　㉨ 소화종사 명령

　㉩ 피난 명령

　㉪ 화재 조사를 위한 보고 및 자료 제출 명령

② **소방부작위하명**

　㉠ 화재 예방을 위한 부작위 명령

　㉡ 소방대상물의 사용금지

　㉢ 소방용수시설의 불법 사용 등 금지

③ 소방급부하명

㉠ 금전, 물품, 노력 등을 제공할 의무를 명하는 행위

㉡ 행정대집행법에 의한 대집행 소요비용의 납부, 각종 소방인 · 허가 수수료의 납부통지 등

㉢ 소방기본법에서 정한 소방활동 종사 명령도 급부하명에도 속함

④ 소방수인하명

㉠ 행정청에 의한 실력행사를 감수하고 이에 저항하지 않을 의무를 명하는 행위이다.

㉡ 소방기본법상 화재 진화를 위해 강제처분을 하는 경우 이에 저항하지 않고 수인해야 한다.

(5) 소방허가

① 일반적 · 상대적 금지(부작위의무)를 특정한 경우에 해제하여 적법한 행위(사실행위 또는 법률행위)를 할 수 있게 하여 주는 처분

② 대인허가 : 소방설비기사, 위험물취급기능사, 소방시설관리사등

③ 대물허가 : 위험물제조소 등의 허가, 소방시설공사업등록 등

④ 혼합허가 : 일정한 자격과 시설을 갖추어야 하는 소방시설공사업, 소방시설관리유지업, 소방시설의 설계업 및 공사감리업, 위험물탱크안전성능시험자의 등록

(6) 소방면제

① 개인에게 부과된 작위, 급부, 수인의무를 특정한 경우에 해제하는 행위이다.

② 의무의 일부를 해제하거나 의무의 이행을 연기 · 유예하는 것도 면제의 일종이다.

(7) 준법률적 소방행정행위

① 확인 : 소방 관련 자격 합격자 결정, 방화관리자 자격 인정 등

② 공증 : 소방시설완비증명, 허가 및 자격증의 교부, 화재증명, 방화관리자 수첩 교부 등

③ 통지 : 각종 입찰공고, 대집행 계고, 조세 체납자에 대한 독촉, 소방검사 전의 소방검사계획 통지 등

④ 수리 : 각종 허가 신청과 원서, 신고의 수리 등

(8) 소방 강제집행

① 대집행 : 화재 예방조치 명령, 소방대상물개수 명령, 무허가위험물조치 명령을 불이행할 경우 대집행에 의한 강제집행을 할 수 있다.

② **집행벌** : 피난·방화시설 등을 잠그거나 폐쇄·훼손하는 등의 행위, 그 주위에 물건을 적치하거나 장애물을 설치하는 행위, 당해 용도에 장애를 주거나 소방활동에 지장을 주는 행위, 그 밖에 피난·방화시설 등의 변경행위를 하지 않는 등 부작위의무를 위반하여 이의 시정명령을 소방관서장으로부터 받고 이를 이행하지 않을 때는 징역이나 벌금에 처하는 집행벌을 정하고 있다.

③ **직접강제** : 소방본부장 또는 소방서장은 화재예방상 위험하다고 인정된 경우 물건의 소유자·관리자 또는 점유자에게 명할 수 있다.

④ **강제징수** : 과태료 부과에 대해 납부의 의무를 이행하지 않는 경우에는 지방세체납처분의 예에 따라 강제징수를 한다.

(9) 소방 즉시강제

① 행정상 즉시강제는 목전(目前)의 긴급한 장애를 제거하기 위해 필요한 경우 또는 미리 의무를 부과하는 것으로는 목적을 달성할 수 없는 성질인 경우에 행정법상 의무의 부과와 그 불이행이라는 상태가 없음에도 불구하고 갑자기 국민의 신체·재산 또는 가택에 대하여 실력을 행사함으로써 행정상 필요한 목적을 달성하는 작용이다.

② 즉시강제의 수단은 그 대상에 따라 대인적강제, 대물적강제, 대가택강제가 있다.

(10) 소방행정벌

① 행정벌이란 행정청이 명한 각종 의무를 위반한 자에 대하여 일반통치권에 근거하여 과하는 제재로서의 처벌을 말하나, 상대방인 국민에게 미리 심리적 압박을 가함으로써 간접적으로 의무 이행을 확보하는 수단으로써의 기능도 지니고 있다.

② 소방기본법상 소방시설의 파괴, 소방차 통행 방해, 진화 방해, 고의적인 위험물 투출 등의 경우에는 무기 또는 3~10년 이하의 징역이나 금고 또는 벌금의 행정벌을 정하고 있다.

③ 행정질서벌은 행정법상의 의무 위반에 대한 제재로서 과태료가 가해지는 것을 말한다. 소방법규를 위반한 경우에는 부과권자가 과태료를 부과할 수 있다.

[과태료 부과권자]

소방기본법	관할 시·도지사, 소방본부장 또는 소방서장
소방시설법	소방청장, 관할 시·도지사, 소방본부장 또는 소방서장
소방시설공사업법	관할 시·도지사, 소방본부장 또는 소방서장
위험물안전관리법	시·도지사, 소방본부장 또는 소방서장

(11) 소방행정구제

① 행정구제란 행정기관의 작용으로 인하여 권익을 침해당한 자가 행정기관이나 법원에 대하여 원상회복·손해배상 또는 당해 행정작용의 시정을 요구하는 절차를 말한다.
　　㉠ 사전 행정구제 : 행정절차법, 청원법, 청문, 옴부즈맨제도
　　㉡ 사후 행정구제 : 행정심판과 행정소송, 손해배상과 손실보상
② 소방기본법상 사전 행정구제 : 위험물제조소 등에 대한 허가 취소 등의 행정처분, 위험물 안전성능시험자 및 위험물안전관리업무 대행기관, 소방시설공사업, 소방시설관리유지업, 소방시설 설계 및 감리업, 소방시설관리자에 대한 행정처분은 행정절차법의 절차에 따라야 한다.

03　소방기본법

1 총 칙

(1) 목적(제1조)

이 법은 화재를 예방·경계하거나 진압하고 화재, 재난·재해, 그 밖의 위급한 상황에서의 구조·구급 활동 등을 통하여 국민의 생명·신체 및 재산을 보호함으로써 공공의 안녕 및 질서 유지와 복리 증진에 이바지함을 목적으로 한다.

(2) 정의(제2조)

① **소방대상물** : 건축물, 차량, 선박(선박법 제1조의2제1항에 따른 선박으로서 항구에 매어둔 선박만 해당한다), 선박 건조 구조물, 산림, 그 밖의 인공 구조물 또는 물건을 말한다.
② **관계지역** : 소방대상물이 있는 장소 및 그 이웃 지역으로서 화재의 예방·경계·진압, 구조·구급 등의 활동에 필요한 지역을 말한다.
③ **관계인** : 소방대상물의 소유자·관리자 또는 점유자를 말한다.
④ **소방본부장** : 특별시·광역시·특별자치시·도 또는 특별자치도(이하 "시·도"라 한다)에서 화재의 예방·경계·진압·조사 및 구조·구급 등의 업무를 담당하는 부서의 장을 말한다.
⑤ **소방대(消防隊)** : 화재를 진압하고 화재, 재난·재해, 그 밖의 위급한 상황에서 구조·구급활동 등을 하기 위하여 다음의 사람으로 구성된 조직체를 말한다.
　　㉠ 소방공무원법에 따른 소방공무원
　　㉡ 의무소방대설치법 제3조에 따라 임용된 의무소방원(義務消防員)

ⓒ 의용소방대 설치 및 운영에 관한 법률에 따른 의용소방대원(義勇消防隊員)

⑥ **소방대장**(消防隊長) : 소방본부장 또는 소방서장 등 화재, 재난·재해, 그 밖의 위급한 상황이 발생한 현장에서 소방대를 지휘하는 사람을 말한다.

(3) 국가와 지방자치단체의 책무(제2조의2)

국가와 지방자치단체는 화재, 재난·재해, 그 밖의 위급한 상황으로부터 국민의 생명·신체 및 재산을 보호하기 위하여 필요한 시책을 수립·시행하여야 한다.

(4) 소방기관의 설치 등(제3조)

① 시·도의 화재 예방·경계·진압 및 조사, 소방안전교육·홍보와 화재, 재난·재해, 그 밖의 위급한 상황에서의 구조·구급 등의 업무(이하 "소방업무"라 한다)를 수행하는 소방기관의 설치에 필요한 사항은 대통령령으로 정한다.

② 소방업무를 수행하는 소방본부장 또는 소방서장은 그 소재지를 관할하는 특별시장·광역시장·특별자치시장·도지사 또는 특별자치도지사(이하 "시·도지사"라 한다)의 지휘와 감독을 받는다.

③ ②에도 불구하고 소방청장은 화재 예방 및 대형 재난 등 필요한 경우 시·도 소방본부장 및 소방서장을 지휘·감독할 수 있다.

④ 시·도에서 소방업무를 수행하기 위하여 시·도지사 직속으로 소방본부를 둔다.

(5) 소방공무원의 배치(제3조의2)

제3조제1항의 소방기관 및 같은 조 제4항의 소방본부에는 지방자치단체에 두는 국가공무원의 정원에 관한 법률에도 불구하고 대통령령으로 정하는 바에 따라 소방공무원을 둘 수 있다.

(6) 다른 법률과의 관계(제3조의3)

제주특별자치도에는 제주특별자치도 설치 및 국제자유도시 조성을 위한 특별법 제44조에도 불구하고 같은 법 제6조제1항 단서에 따라 이 법 제3조의2를 우선하여 적용한다.

(7) 119종합상황실의 설치와 운영(제4조)

① 소방청장, 소방본부장 및 소방서장은 화재, 재난·재해, 그 밖에 구조·구급이 필요한 상황이 발생하였을 때 신속한 소방활동(소방업무를 위한 모든 활동을 말한다. 이하 같다)을 위한 정보의 수집·분석과 판단·전파, 상황관리, 현장 지휘 및 조정·통제 등의 업무를 수행하기 위하여 119종합상황실을 설치·운영하여야 한다.

② ①에 따라 소방본부에 설치하는 119종합상황실에는 지방자치단체에 두는 국가공무원의 정원에 관한 법률에도 불구하고 대통령령으로 정하는 바에 따라 경찰공무원을 둘 수 있다(2024.7. 31. 시행).

③ ①에 따른 119종합상황실의 설치·운영에 필요한 사항은 행정안전부령으로 정한다.

④ **종합상황실의 설치·운영(소방기본법 시행규칙 제2조)**

　　㉠ 종합상황실은 소방청과 특별시·광역시·특별자치시·도 또는 특별자치도(이하 "시·도"라 한다)의 소방본부 및 소방서에 각각 설치·운영하여야 한다.

　　㉡ 소방청장, 소방본부장 또는 소방서장은 신속한 소방활동을 위한 정보를 수집·전파하기 위하여 종합상황실에 소방력기준에 관한 규칙에 의한 전산·통신요원을 배치하고, 소방청장이 정하는 유·무선통신시설을 갖추어야 한다.

　　㉢ 종합상황실은 24시간 운영체제를 유지하여야 한다.

⑤ **종합상황실의 실장의 업무 등(소방기본법 시행규칙 제3조)**

　　㉠ 종합상황실의 실장[종합상황실에 근무하는 자 중 최고 직위에 있는 자(최고 직위에 있는 자가 2인 이상인 경우에는 선임자)를 말한다. 이하 같다]은 다음의 업무를 행하고, 그에 관한 내용을 기록·관리하여야 한다.

　　　• 화재, 재난·재해, 그 밖에 구조·구급이 필요한 상황(이하 "재난상황"이라 한다)의 발생의 신고 접수

　　　• 접수된 재난상황을 검토하여 가까운 소방서에 인력 및 장비의 동원을 요청하는 등의 사고 수습

　　　• 하급 소방기관에 대한 출동지령 또는 동급 이상의 소방기관 및 유관기관에 대한 지원 요청

　　　• 재난상황의 전파 및 보고

　　　• 재난상황이 발생한 현장에 대한 지휘 및 피해 현황의 파악

　　　• 재난상황의 수습에 필요한 정보 수집 및 제공

　　㉡ 종합상황실의 실장은 다음의 어느 하나에 해당하는 상황이 발생하는 때에는 그 사실을 지체 없이 서면·팩스 또는 컴퓨터 통신 등으로 소방서의 종합상황실의 경우는 소방본부의 종합상황실에, 소방본부의 종합상황실의 경우는 소방청의 종합상황실에 각각 보고해야 한다.

　　　• 다음에 해당하는 화재

　　　　– 사망자가 5인 이상 발생하거나 사상자가 10인 이상 발생한 화재

　　　　– 이재민이 100인 이상 발생한 화재

　　　　– 재산 피해액이 50억원 이상 발생한 화재

　　　　– 관공서·학교·정부미도정공장·문화재·지하철 또는 지하구의 화재

　　　　– 관광호텔, 층수가 11층 이상인 건축물, 지하상가, 시장, 백화점, 위험물안전관리법 제2조제2항의 규정에 의한 지정 수량의 3,000배 이상의 위험물의 제조소·저장소·취

급소, 층수가 5층 이상이거나 객실이 30실 이상인 숙박시설, 층수가 5층 이상이거나 병상이 30개 이상인 종합병원·정신병원·한방병원·요양소, 연면적 15,000m² 이상인 공장 또는 화재경계지구에서 발생한 화재

- 철도차량, 항구에 매어 둔 총톤수가 1,000톤 이상인 선박, 항공기, 발전소 또는 변전소에서 발생한 화재
- 가스 및 화약류의 폭발에 의한 화재
- 다중이용업소의 안전관리에 관한 특별법 제2조에 따른 다중이용업소의 화재

- 긴급구조대응활동 및 현장지휘에 관한 규칙에 의한 통제단장의 현장지휘가 필요한 재난상황
- 언론에 보도된 재난상황
- 그 밖에 소방청장이 정하는 재난상황

ⓒ 종합상황실 근무자의 근무방법 등 종합상황실의 운영에 관하여 필요한 사항은 종합상황실을 설치하는 소방청장, 소방본부장 또는 소방서장이 각각 정한다.

(8) 소방정보통신망 구축·운영(제4조의2)

① 소방청장 및 시·도지사는 119종합상황실 등의 효율적 운영을 위하여 소방정보통신망을 구축·운영할 수 있다.
② 소방청장 및 시·도지사는 소방정보통신망의 안정적 운영을 위하여 소방정보통신망의 회선을 이중화할 수 있다. 이 경우 이중화된 각 회선은 서로 다른 사업자로부터 제공받아야 한다.
③ ① 및 ②에 따른 소방정보통신망의 구축 및 운영에 필요한 사항은 행정안전부령으로 정한다.

(9) 소방기술민원센터의 설치·운영(제4조의3)

① 소방청장 또는 소방본부장은 소방시설, 소방공사 및 위험물 안전관리 등과 관련된 법령해석 등의 민원을 종합적으로 접수하여 처리할 수 있는 기구(이하 이 조에서 "소방기술민원센터"라 한다)를 설치·운영할 수 있다.
② 소방기술민원센터의 설치·운영 등에 필요한 사항은 대통령령으로 정한다.

(10) 소방박물관 등의 설립과 운영(제5조)

① 소방의 역사와 안전문화를 발전시키고 국민의 안전의식을 높이기 위하여 소방청장은 소방박물관을, 시·도지사는 소방체험관(화재현장에서의 피난 등을 체험할 수 있는 체험관을 말한다. 이하 이 조에서 같다)을 설립하여 운영할 수 있다.
② ①에 따른 소방박물관의 설립과 운영에 필요한 사항은 행정안전부령으로 정하고, 소방체험관의 설립과 운영에 필요한 사항은 행정안전부령으로 정하는 기준에 따라 시·도의 조례로 정한다.

(11) 소방업무에 관한 종합계획의 수립·시행 등(제6조)

① 소방청장은 화재, 재난·재해, 그 밖의 위급한 상황으로부터 국민의 생명·신체 및 재산을 보호하기 위하여 소방업무에 관한 종합계획(이하 이 조에서 "종합계획"이라 한다)을 5년마다 수립·시행하여야 하고, 이에 필요한 재원을 확보하도록 노력하여야 한다.

② 종합계획에는 다음의 사항이 포함되어야 한다.
- 소방서비스의 질 향상을 위한 정책의 기본 방향
- 소방업무에 필요한 체계의 구축, 소방기술의 연구·개발 및 보급
- 소방업무에 필요한 장비의 구비
- 소방 전문인력 양성
- 소방업무에 필요한 기반 조성
- 소방업무의 교육 및 홍보(제21조에 따른 소방자동차의 우선 통행 등에 관한 홍보를 포함한다)
- 그 밖에 소방업무의 효율적 수행을 위하여 필요한 사항으로서 대통령령으로 정하는 사항
  - 재난·재해환경 변화에 따른 소방업무에 필요한 대응체계 마련
  - 장애인, 노인, 임산부, 영유아 및 어린이 등 이동이 어려운 사람을 대상으로 한 소방활동에 필요한 조치

③ 소방청장은 ①에 따라 수립한 종합계획을 관계 중앙행정기관의 장, 시·도지사에게 통보하여야 한다.

④ 시·도지사는 관할 지역의 특성을 고려하여 종합계획의 시행에 필요한 세부계획(이하 이 조에서 "세부계획"이라 한다)을 매년 수립하여 소방청장에게 제출하여야 하며, 세부계획에 따른 소방업무를 성실히 수행하여야 한다.

⑤ 소방청장은 소방업무의 체계적 수행을 위하여 필요한 경우 ④에 따라 시·도지사가 제출한 세부계획의 보완 또는 수정을 요청할 수 있다.

⑥ 그 밖에 종합계획 및 세부계획의 수립·시행에 필요한 사항은 대통령령으로 정한다.

(12) 소방의 날 제정과 운영 등(제7조)

① 국민의 안전의식과 화재에 대한 경각심을 높이고 안전문화를 정착시키기 위하여 매년 11월 9일을 소방의 날로 정하여 기념행사를 한다.

② 소방의 날 행사에 관하여 필요한 사항은 소방청장 또는 시·도지사가 따로 정하여 시행할 수 있다.

③ 소방청장은 다음에 해당하는 사람을 명예직 소방대원으로 위촉할 수 있다.
- ㉠ 의사상자 등 예우 및 지원에 관한 법률 제2조에 따른 의사상자(義死傷者)로서 같은 법 제3조 제3호 또는 제4호에 해당하는 사람

ⓛ 소방행정 발전에 공로가 있다고 인정되는 사람

2 소방장비 및 소방용수시설 등

(1) 소방력의 기준 등(제8조)

① 소방기관이 소방업무를 수행하는 데에 필요한 인력과 장비 등[이하 "소방력(消防力)"이라 한다]에 관한 기준은 행정안전부령으로 정한다.

② 시·도지사는 ①에 따른 소방력의 기준에 따라 관할구역의 소방력을 확충하기 위하여 필요한 계획을 수립하여 시행하여야 한다.

③ 소방자동차 등 소방장비의 분류·표준화와 그 관리 등에 필요한 사항은 따로 법률에서 정한다.

(2) 소방장비 등에 대한 국고보조(제9조)

① 국가는 소방장비의 구입 등 시·도의 소방업무에 필요한 경비의 일부를 보조한다.

② 제1항에 따른 보조 대상사업의 범위와 기준 보조율은 대통령령으로 정한다.

(3) 소방용수시설의 설치 및 관리 등(제10조)

① 시·도지사는 소방활동에 필요한 소화전(消火栓)·급수탑(給水塔)·저수조(貯水槽)(이하 "소방용수시설"이라 한다)를 설치하고 유지·관리하여야 한다. 다만, 수도법 제45조에 따라 소화전을 설치하는 일반수도사업자는 관할 소방서장과 사전 협의를 거친 후 소화전을 설치하여야 하며, 설치 사실을 관할 소방서장에게 통지하고, 그 소화전을 유지·관리하여야 한다.

② 시·도지사는 소방자동차의 진입이 곤란한 지역 등 화재 발생 시에 초기 대응이 필요한 지역으로서 대통령령으로 정하는 지역에 소방호스 또는 호스 릴 등을 소방용수시설에 연결하여 화재를 진압하는 시설이나 장치(이하 "비상소화장치"라 한다)를 설치하고 유지·관리할 수 있다.

> **더 알아두기** **비상소화장치의 설치대상 지역(시행령 제2조의2)**
>
> 1. 화재의 예방 및 안전관리에 관한 법률 제18조제1항에 따라 지정된 화재경계지구
> 2. 시·도지사가 비상소화장치의 설치가 필요하다고 인정하는 지역

③ 비상소화장치의 설치기준(시행규칙 제6조제3항)

　㉠ 비상소화장치는 비상소화장치함, 소화전, 소방호스(소화전의 방수구에 연결하여 소화용수를 방수하기 위한 도관으로서 호스와 연결금속구로 구성되어 있는 소방용 릴호스 또는 소방용 고무내장호스를 말한다), 관창(소방호스용 연결금속구 또는 중간 연결금속구 등의 끝에 연결하여 소화용수를 방수하기 위한 나사식 또는 차입식 토출기구를 말한다)을 포함하여 구성할 것

　㉡ 소방호스 및 관창은 소방시설 설치 및 관리에 관한 법률 제37조제5항에 따라 소방청장이 정하여 고시하는 형식승인 및 제품검사의 기술기준에 적합한 것으로 설치할 것

　㉢ 비상소화장치함은 소방시설 설치 및 관리에 관한 법률 제40조제4항에 따라 소방청장이 정하여 고시하는 성능인증 및 제품검사의 기술기준에 적합한 것으로 설치할 것

④ ③에서 규정한 사항 외에 비상소화장치의 설치기준에 관한 세부 사항은 소방청장이 정한다.

(4) 소방업무의 응원(제11조)

① 소방본부장이나 소방서장은 소방활동을 할 때에 긴급한 경우에는 이웃한 소방본부장 또는 소방서장에게 소방업무의 응원(應援)을 요청할 수 있다.

② ①에 따라 소방업무의 응원 요청을 받은 소방본부장 또는 소방서장은 정당한 사유 없이 그 요청을 거절하여서는 아니 된다.

③ ①에 따라 소방업무의 응원을 위하여 파견된 소방대원은 응원을 요청한 소방본부장 또는 소방서장의 지휘에 따라야 한다.

④ 시·도지사는 ①에 따라 소방업무의 응원을 요청하는 경우를 대비하여 출동 대상지역 및 규모와 필요한 경비의 부담 등에 관하여 필요한 사항을 행정안전부령으로 정하는 바에 따라 이웃하는 시·도지사와 협의하여 미리 규약(規約)으로 정하여야 한다.

법 제11조제4항에 따라 시·도지사는 이웃하는 다른 시·도지사와 소방업무에 관하여 상호응원협정을 체결하고자 하는 때에는 다음의 사항이 포함되도록 해야 한다.
1. 다음의 소방활동에 관한 사항
    ① 화재의 경계·진압활동
    ② 구조·구급업무의 지원
    ③ 화재 조사활동
2. 응원 출동 대상지역 및 규모
3. 다음의 소요경비의 부담에 관한 사항
    ① 출동대원의 수당·식사 및 의복의 수선
    ② 소방장비 및 기구의 정비와 연료의 보급
    ③ 그 밖의 경비
4. 응원 출동의 요청방법
5. 응원 출동훈련 및 평가

(5) 소방력의 동원(제11조의2)

① 소방청장은 해당 시·도의 소방력만으로는 소방활동을 효율적으로 수행하기 어려운 화재, 재난·재해, 그 밖의 구조·구급이 필요한 상황이 발생하거나 특별히 국가적 차원에서 소방활동을 수행할 필요가 인정될 때에는 각 시·도지사에게 행정안전부령으로 정하는 바에 따라 소방력을 동원할 것을 요청할 수 있다.

② ①에 따라 동원 요청을 받은 시·도지사는 정당한 사유 없이 요청을 거절하여서는 아니 된다.

③ 소방청장은 시·도지사에게 ①에 따라 동원된 소방력을 화재, 재난·재해 등이 발생한 지역에 지원·파견하여 줄 것을 요청하거나 필요한 경우 직접 소방대를 편성하여 화재진압 및 인명구조 등 소방에 필요한 활동을 하게 할 수 있다.

④ ①에 따라 동원된 소방대원이 다른 시·도에 파견·지원되어 소방활동을 수행할 때에는 특별한 사정이 없으면 화재, 재난·재해 등이 발생한 지역을 관할하는 소방본부장 또는 소방서장의 지휘에 따라야 한다. 다만, 소방청장이 직접 소방대를 편성하여 소방활동을 하게 하는 경우에는 소방청장의 지휘에 따라야 한다.

⑤ ③ 및 ④에 따른 소방활동을 수행하는 과정에서 발생하는 경비 부담에 관한 사항, ③ 및 ④에 따라 소방활동을 수행한 민간 소방인력이 사망하거나 부상을 입었을 경우의 보상 주체·보상 기준 등에 관한 사항, 그 밖에 동원된 소방력의 운용과 관련하여 필요한 사항은 대통령령으로 정한다.

③ 소방활동 등

(1) 소방활동(제16조)

① 소방청장, 소방본부장 또는 소방서장은 화재, 재난·재해, 그 밖의 위급한 상황이 발생하였을 때에는 소방대를 현장에 신속하게 출동시켜 화재 진압과 인명구조·구급 등 소방에 필요한 활동(이하 이 조에서 "소방활동"이라 한다)을 하게 하여야 한다.

② 누구든지 정당한 사유 없이 ①에 따라 출동한 소방대의 소방활동을 방해하여서는 아니 된다.

(2) 소방지원활동(제16조의2)

① 소방청장·소방본부장 또는 소방서장은 공공의 안녕, 질서 유지 또는 복리 증진을 위하여 필요한 경우 소방활동 외에 다음의 활동(이하 "소방지원활동"이라 한다)을 하게 할 수 있다.
   ㉠ 산불에 대한 예방·진압 등 지원활동
   ㉡ 자연재해에 따른 급수·배수 및 제설 등 지원활동
   ㉢ 집회·공연 등 각종 행사 시 사고에 대비한 근접 대기 등 지원활동
   ㉣ 화재, 재난·재해로 인한 피해 복구 지원활동
   ㉤ 그 밖에 행정안전부령으로 정하는 활동
      • 군·경찰 등 유관기관에서 실시하는 훈련지원 활동
      • 소방시설 오작동 신고에 따른 조치활동
      • 방송제작 또는 촬영 관련 지원활동

② 소방지원활동은 제16조의 소방활동 수행에 지장을 주지 아니하는 범위에서 할 수 있다.

③ 유관기관·단체 등의 요청에 따른 소방지원활동에 드는 비용은 지원요청을 한 유관기관·단체 등에게 부담하게 할 수 있다. 다만, 부담금액 및 부담방법에 관하여는 지원 요청을 한 유관기관·단체 등과 협의하여 결정한다.

(3) 생활안전활동(제16조의3)

① 소방청장·소방본부장 또는 소방서장은 신고가 접수된 생활안전 및 위험 제거활동(화재, 재난·재해, 그 밖의 위급한 상황에 해당하는 것은 제외한다)에 대응하기 위하여 소방대를 출동시켜 다음 각 호의 활동(이하 "생활안전활동"이라 한다)을 하게 하여야 한다.
   ㉠ 붕괴, 낙하 등이 우려되는 고드름, 나무, 위험 구조물 등의 제거활동
   ㉡ 위해 동물, 벌 등의 포획 및 퇴치활동
   ㉢ 끼임, 고립 등에 따른 위험 제거 및 구출활동
   ㉣ 단전사고 시 비상전원 또는 조명의 공급
   ㉤ 그 밖에 방치하면 급박해질 우려가 있는 위험을 예방하기 위한 활동

② 누구든지 정당한 사유 없이 ①에 따라 출동하는 소방대의 생활안전활동을 방해하여서는 아니 된다.

(4) 소방자동차의 보험 가입 등(제16조의4)

① 시·도지사는 소방자동차의 공무상 운행 중 교통사고가 발생한 경우 그 운전자의 법률상 분쟁에 소요되는 비용을 지원할 수 있는 보험에 가입하여야 한다.

② 국가는 ①에 따른 보험 가입비용의 일부를 지원할 수 있다.

(5) 소방활동에 대한 면책(제16조의5)

소방공무원이 제16조제1항에 따른 소방활동으로 인하여 타인을 사상(死傷)에 이르게 한 경우 그 소방활동이 불가피하고 소방공무원에게 고의 또는 중대한 과실이 없는 때에는 그 정상을 참작하여 사상에 대한 형사책임을 감경하거나 면제할 수 있다.

(6) 소송지원(제16조의6)

소방청장, 소방본부장 또는 소방서장은 소방공무원이 제16조제1항에 따른 소방활동, 제16조의2 제1항에 따른 소방지원활동, 제16조의3제1항에 따른 생활안전활동으로 인하여 민·형사상 책임과 관련된 소송을 수행할 경우 변호인 선임 등 소송 수행에 필요한 지원을 할 수 있다.

(7) 소방교육·훈련(제17조)

① 소방청장, 소방본부장 또는 소방서장은 소방업무를 전문적이고 효과적으로 수행하기 위하여 소방대원에게 필요한 교육·훈련을 실시하여야 한다.

소방대원에게 실시할 교육·훈련의 종류 등(시행규칙 제9조제1항 관련 별표 3의2)

1. 교육·훈련의 종류 및 교육·훈련을 받아야 할 대상자

종 류	교육·훈련을 받아야 할 대상자
화재진압훈련	• 화재진압업무를 담당하는 소방공무원 • 의무소방대설치법 시행령 제20조제1항제1호에 따른 임무를 수행하는 의무소방원 • 의용소방대 설치 및 운영에 관한 법률 제3조에 따라 임명된 의용소방대원
인명구조훈련	• 구조업무를 담당하는 소방공무원 • 의무소방대설치법 시행령 제20조제1항제1호에 따른 임무를 수행하는 의무소방원 • 의용소방대 설치 및 운영에 관한 법률 제3조에 따라 임명된 의용소방대원
응급처치훈련	• 구급업무를 담당하는 소방공무원 • 의무소방대설치법 제3조에 따라 임용된 의무소방원 • 의용소방대 설치 및 운영에 관한 법률 제3조에 따라 임명된 의용소방대원
인명대피훈련	• 소방공무원 • 의무소방대설치법 제3조에 따라 임용된 의무소방원 • 의용소방대 설치 및 운영에 관한 법률 제3조에 따라 임명된 의용소방대원
현장지휘훈련	소방공무원 중 다음의 계급에 있는 사람 • 소방정 • 소방령 • 소방경 • 소방위

2. 교육·훈련 횟수 및 기간

횟 수	기 간
2년마다 1회	2주 이상

3. 1. 및 2.에서 규정한 사항 외에 소방대원의 교육·훈련에 필요한 사항은 소방청장이 정한다.

② 소방청장, 소방본부장 또는 소방서장은 화재를 예방하고 화재 발생 시 인명과 재산 피해를 최소화하기 위하여 다음에 해당하는 사람을 대상으로 행정안전부령으로 정하는 바에 따라 소방안전에 관한 교육과 훈련을 실시할 수 있다. 이 경우 소방청장, 소방본부장 또는 소방서장은 해당 어린이집·유치원·학교의 장과 교육일정 등에 관하여 협의하여야 한다.

㉠ 영유아보육법 제2조에 따른 어린이집의 영유아

㉡ 유아교육법 제2조에 따른 유치원의 유아

㉢ 초·중등교육법 제2조에 따른 학교의 학생

㉣ 장애인복지법 제58조에 따른 장애인복지시설에 거주하거나 해당 시설을 이용하는 장애인

③ 소방청장, 소방본부장 또는 소방서장은 국민의 안전의식을 높이기 위하여 화재 발생 시 피난 및 행동방법 등을 홍보하여야 한다.

④ ①에 따른 교육·훈련의 종류 및 대상자, 그 밖에 교육·훈련의 실시에 필요한 사항은 행정안전부령으로 정한다.

(8) 소방안전교육사(제17조의2)

① 소방청장은 제17조제2항에 따른 소방안전교육을 위하여 소방청장이 실시하는 시험에 합격한 사람에게 소방안전교육사 자격을 부여한다.

② 소방안전교육사는 소방안전교육의 기획·진행·분석·평가 및 교수업무를 수행한다.

③ ①에 따른 소방안전교육사 시험의 응시자격, 시험방법, 시험과목, 시험위원, 그 밖에 소방안전교육사 시험의 실시에 필요한 사항은 대통령령으로 정한다.

> **더 알아두기** 시험위원 등(시행령 제7조의5제1항)
>
> 소방청장은 소방안전교육사시험 응시자격심사, 출제 및 채점을 위하여 다음의 어느 하나에 해당하는 사람을 응시자격심사위원 및 시험위원으로 임명 또는 위촉하여야 한다.
> 1. 소방 관련 학과, 교육학과 또는 응급구조학과 박사학위 취득자
> 2. 고등교육법 제2조제1호부터 제6호까지의 규정 중 어느 하나에 해당하는 학교에서 소방 관련 학과, 교육학과 또는 응급구조학과에서 조교수 이상으로 2년 이상 재직한 자
> 3. 소방위 이상의 소방공무원
> 4. 소방안전교육사 자격을 취득한 자

④ ①에 따른 소방안전교육사 시험에 응시하려는 사람은 대통령령으로 정하는 바에 따라 수수료를 내야 한다.

(9) 소방안전교육사의 결격사유(제17조의3)

다음의 어느 하나에 해당하는 사람은 소방안전교육사가 될 수 없다.

① 피성년후견인

② 금고 이상의 실형을 선고받고 그 집행이 끝나거나(집행이 끝난 것으로 보는 경우를 포함한다) 집행이 면제된 날부터 2년이 지나지 아니한 사람

③ 금고 이상의 형의 집행유예를 선고받고 그 유예기간 중에 있는 사람

④ 법원의 판결 또는 다른 법률에 따라 자격이 정지되거나 상실된 사람

(10) 부정행위자에 대한 조치(제17조의4)

① 소방청장은 제17조의2에 따른 소방안전교육사 시험에서 부정행위를 한 사람에 대하여는 해당 시험을 정지시키거나 무효로 처리한다.

② ①에 따라 시험이 정지되거나 무효로 처리된 사람은 그 처분이 있은 날부터 2년간 소방안전교육사 시험에 응시하지 못한다.

(11) 소방안전교육사의 배치(제17조의5)

① 제17조의2제1항에 따른 소방안전교육사를 소방청, 소방본부 또는 소방서, 그 밖에 대통령령으로 정하는 대상(한국소방안전원, 한국소방산업기술원)에 배치할 수 있다.

② ①에 따른 소방안전교육사의 배치대상 및 배치기준, 그 밖에 필요한 사항은 대통령령으로 정한다.

> **더 알아두기** 소방안전교육사의 배치대상별 배치기준(시행령 제7조의11 관련 별표 2의3)
>
> • 소방청, 소방본부 : 2명 이상
> • 소방서 : 1명 이상
> • 한국소방안전원 : 본회 2명 이상, 시·도지부 1명 이상
> • 한국소방산업기술원 : 2명 이상

(12) 한국119청소년단(제17조의6)

① 청소년에게 소방안전에 관한 올바른 이해와 안전의식을 함양시키기 위하여 한국119청소년단을 설립한다.

② 한국119청소년단은 법인으로 하고, 그 주된 사무소의 소재지에 설립등기를 함으로써 성립한다.

③ 국가나 지방자치단체는 한국119청소년단에 그 조직 및 활동에 필요한 시설·장비를 지원할 수 있으며, 운영경비와 시설비 및 국내외 행사에 필요한 경비를 보조할 수 있다.

④ 개인·법인 또는 단체는 한국119청소년단의 시설 및 운영 등을 지원하기 위하여 금전이나 그 밖의 재산을 기부할 수 있다.

⑤ 이 법에 따른 한국119청소년단이 아닌 자는 한국119청소년단 또는 이와 유사한 명칭을 사용할 수 없다.

⑥ 한국119청소년단의 정관 또는 사업의 범위·지도·감독 및 지원에 필요한 사항은 행정안전부령으로 정한다.

⑦ 한국119청소년단에 관하여 이 법에서 규정한 것을 제외하고는 민법 중 사단법인에 관한 규정을 준용한다.

(13) 소방신호(제18조)

화재 예방, 소방활동 또는 소방훈련을 위하여 사용되는 소방신호의 종류와 방법은 행정안전부령으로 정한다.

소방신호의 종류 및 방법(시행규칙 제10조)

법 제18조의 규정에 의한 소방신호의 종류는 다음과 같다.
1. 경계신호 : 화재 예방상 필요하다고 인정되거나 화재의 예방 및 안전관리에 관한 법률 제20조의 규정에 의한 화재 위험경보 시 발령
2. 발화신호 : 화재가 발생한 때 발령
3. 해제신호 : 소화활동이 필요없다고 인정되는 때 발령
4. 훈련신호 : 훈련상 필요하다고 인정되는 때 발령

(14) 화재 등의 통지(제19조)

① 화재현장 또는 구조·구급이 필요한 사고현장을 발견한 사람은 그 현장의 상황을 소방본부, 소방서 또는 관계 행정기관에 지체 없이 알려야 한다.

② 다음의 어느 하나에 해당하는 지역 또는 장소에서 화재로 오인할 만한 우려가 있는 불을 피우거나 연막(煙幕)소독을 하려는 자는 시·도의 조례로 정하는 바에 따라 관할 소방본부장 또는 소방서장에게 신고하여야 한다.

  ㉠ 시장지역
  ㉡ 공장·창고가 밀집한 지역
  ㉢ 목조건물이 밀집한 지역
  ㉣ 위험물의 저장 및 처리시설이 밀집한 지역
  ㉤ 석유화학제품을 생산하는 공장이 있는 지역
  ㉥ 그 밖에 시·도의 조례로 정하는 지역 또는 장소

(15) 관계인의 소방활동(제20조)

① 관계인은 소방대상물에 화재, 재난·재해, 그 밖의 위급한 상황이 발생한 경우에는 소방대가 현장에 도착할 때까지 경보를 울리거나 대피를 유도하는 등의 방법으로 사람을 구출하는 조치 또는 불을 끄거나 불이 번지지 아니하도록 필요한 조치를 하여야 한다.

② 관계인은 소방대상물에 화재, 재난·재해, 그 밖의 위급한 상황이 발생한 경우에는 이를 소방본부, 소방서 또는 관계 행정기관에 지체 없이 알려야 한다.

(16) 자체소방대의 설치·운영 등(제20조의2)

① 관계인은 화재를 진압하거나 구조·구급 활동을 하기 위하여 상설 조직체(위험물안전관리법 제19조 및 그 밖의 다른 법령에 따라 설치된 자체소방대를 포함하며, 이하 "자체소방대"라한다)를 설치·운영할 수 있다.

② 자체소방대는 소방대가 현장에 도착한 경우 소방대장의 지휘·통제에 따라야 한다.

③ 소방청장, 소방본부장 또는 소방서장은 자체소방대의 역량 향상을 위하여 필요한 교육·훈련 등을 지원할 수 있다.

④ ③에 따른 교육·훈련 등의 지원에 필요한 사항은 행정안전부령으로 정한다.

(17) 소방자동차의 우선 통행 등(제21조)

① 모든 차와 사람은 소방자동차(지휘를 위한 자동차와 구조·구급차를 포함한다. 이하 같다)가 화재 진압 및 구조·구급활동을 위하여 출동을 할 때에는 이를 방해하여서는 아니 된다.

② 소방자동차가 화재 진압 및 구조·구급활동을 위하여 출동하거나 훈련을 위하여 필요할 때에는 사이렌을 사용할 수 있다.

③ 모든 차와 사람은 소방자동차가 화재 진압 및 구조·구급활동을 위하여 ②에 따라 사이렌을 사용하여 출동하는 경우에는 다음의 행위를 하여서는 아니 된다.

    ㉠ 소방자동차에 진로를 양보하지 아니하는 행위

    ㉡ 소방자동차 앞에 끼어들거나 소방자동차를 가로막는 행위

    ㉢ 그 밖에 소방자동차의 출동에 지장을 주는 행위

④ ③의 경우를 제외하고 소방자동차의 우선 통행에 관하여는 도로교통법에서 정하는 바에 따른다.

(18) 소방자동차 전용구역 등(제21조의2)

① 건축법 제2조제2항제2호에 따른 공동주택 중 대통령령으로 정하는 공동주택의 건축주는 제16조제1항에 따른 소방활동의 원활한 수행을 위하여 공동주택에 소방자동차 전용구역(이하 "전용구역"이라 한다)을 설치하여야 한다.

> **더 알아두기** **소방자동차 전용구역 설치 대상(시행령 제7조의12)**
>
> 법 제21조의2제1항에서 "대통령령으로 정하는 공동주택"이란 다음의 주택을 말한다. 다만, 하나의 대지에 하나의 동(棟)으로 구성되고 도로교통법 제32조 또는 제33조에 따라 정차 또는 주차가 금지된 편도 2차선 이상의 도로에 직접 접하여 소방자동차가 도로에서 직접 소방활동이 가능한 공동주택은 제외한다.
> 1. 건축법 시행령 별표 1 제2호가목의 아파트 중 세대수가 100세대 이상인 아파트
> 2. 건축법 시행령 별표 1 제2호라목의 기숙사 중 3층 이상의 기숙사

② 누구든지 전용구역에 차를 주차하거나 전용구역에의 진입을 가로막는 등의 방해행위를 하여서는 아니 된다.

③ 전용구역의 설치기준·방법, ②에 따른 방해행위의 기준, 그 밖의 필요한 사항은 대통령령으로 정한다.

더 알아두기 소방자동차 전용구역의 설치기준·방법(시행령 제7조의13)

1. 제7조의12 각 호 외의 부분 본문에 따른 공동주택의 건축주는 소방자동차가 접근하기 쉽고 소방활동이 원활하게 수행될 수 있도록 각 동별 전면 또는 후면에 소방자동차 전용구역(이하 "전용구역"이라 한다)을 1개소 이상 설치해야 한다. 다만, 하나의 전용구역에서 여러 동에 접근하여 소방활동이 가능한 경우로서 소방청장이 정하는 경우에는 각 동별로 설치하지 않을 수 있다.
2. 전용구역의 설치방법은 다음과 같다.

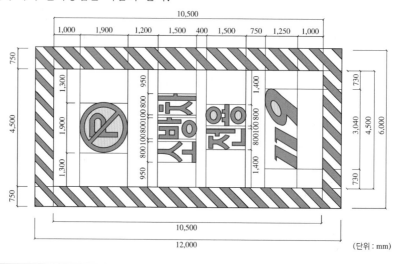

(단위 : mm)

더 알아두기 전용구역 방해행위의 기준(시행령 제7조의14)

1. 전용구역에 물건 등을 쌓거나 주차하는 행위
2. 전용구역의 앞면, 뒷면 또는 양 측면에 물건 등을 쌓거나 주차하는 행위. 다만, 주차장법 제19조에 따른 부설 주차장의 주차 구획 내에 주차하는 경우는 제외한다.
3. 전용구역 진입로에 물건 등을 쌓거나 주차하여 전용구역으로의 진입을 가로막는 행위
4. 전용구역 노면표지를 지우거나 훼손하는 행위
5. 그 밖의 방법으로 소방자동차가 전용구역에 주차하는 것을 방해하거나 전용구역으로 진입하는 것을 방해하는 행위

(19) 소방자동차 교통안전 분석 시스템 구축·운영(제21조의3)

① 소방청장 또는 소방본부장은 대통령령으로 정하는 소방자동차에 행정안전부령으로 정하는 기준에 적합한 운행기록장치(이하 "운행기록장치"라 한다)를 장착하고 운용하여야 한다.
② 소방청장은 소방자동차의 안전한 운행 및 교통사고 예방을 위하여 운행기록장치 데이터의 수집·저장·통합·분석 등의 업무를 전자적으로 처리하기 위한 시스템(이하 "소방자동차 교통안전 분석 시스템"이라 한다)을 구축·운영할 수 있다.

③ 소방청장, 소방본부장 및 소방서장은 소방자동차 교통안전 분석 시스템으로 처리된 자료(이하 "전산자료"라 한다)를 이용하여 소방자동차의 장비운용자 등에게 어떠한 불리한 제재나 처벌을 하여서는 아니 된다.

④ 소방자동차 교통안전 분석 시스템의 구축·운영, 운행기록장치 데이터 및 전산자료의 보관·활용 등에 필요한 사항은 행정안전부령으로 정한다.

(20) 소방대의 긴급통행(제22조)

소방대는 화재, 재난·재해, 그 밖의 위급한 상황이 발생한 현장에 신속하게 출동하기 위하여 긴급할 때에는 일반적인 통행에 쓰이지 아니하는 도로·빈터 또는 물 위로 통행할 수 있다.

(21) 소방활동구역의 설정(제23조)

① 소방대장은 화재, 재난·재해, 그 밖의 위급한 상황이 발생한 현장에 소방활동구역을 정하여 소방활동에 필요한 사람으로서 대통령령으로 정하는 사람 외에는 그 구역에 출입하는 것을 제한할 수 있다.

> **더 알아두기** **소방활동구역의 출입자(시행령 제8조)**
>
> 법 제23조제1항에서 "대통령령으로 정하는 사람"이란 다음의 사람을 말한다.
> 1. 소방활동구역 안에 있는 소방대상물의 소유자·관리자 또는 점유자
> 2. 전기·가스·수도·통신·교통의 업무에 종사하는 사람으로서 원활한 소방활동을 위하여 필요한 사람
> 3. 의사·간호사, 그 밖의 구조·구급업무에 종사하는 사람
> 4. 취재인력 등 보도업무에 종사하는 사람
> 5. 수사업무에 종사하는 사람
> 6. 그 밖에 소방대장이 소방활동을 위하여 출입을 허가한 사람

② 경찰공무원은 소방대가 ①에 따른 소방활동구역에 있지 아니하거나 소방대장의 요청이 있을 때에는 ①에 따른 조치를 할 수 있다.

(22) 소방활동 종사 명령(제24조)

① 소방본부장, 소방서장 또는 소방대장은 화재, 재난·재해, 그 밖의 위급한 상황이 발생한 현장에서 소방활동을 위하여 필요할 때에는 그 관할구역에 사는 사람 또는 그 현장에 있는 사람으로 하여금 사람을 구출하는 일 또는 불을 끄거나 불이 번지지 아니하도록 하는 일을 하게 할 수 있다. 이 경우 소방본부장, 소방서장 또는 소방대장은 소방활동에 필요한 보호장구를 지급하는 등 안전을 위한 조치를 하여야 한다.

② ①에 따른 명령에 따라 소방활동에 종사한 사람은 시·도지사로부터 소방활동의 비용을 지급받을 수 있다. 다만, 다음의 어느 하나에 해당하는 사람의 경우에는 그러하지 아니하다.
　　㉠ 소방대상물에 화재, 재난·재해, 그 밖의 위급한 상황이 발생한 경우 그 관계인
　　㉡ 고의 또는 과실로 화재 또는 구조·구급활동이 필요한 상황을 발생시킨 사람
　　㉢ 화재 또는 구조·구급현장에서 물건을 가져간 사람

(23) 강제처분 등(제25조)

① 소방본부장, 소방서장 또는 소방대장은 사람을 구출하거나 불이 번지는 것을 막기 위하여 필요할 때에는 화재가 발생하거나 불이 번질 우려가 있는 소방대상물 및 토지를 일시적으로 사용하거나 그 사용의 제한 또는 소방활동에 필요한 처분을 할 수 있다.

② 소방본부장, 소방서장 또는 소방대장은 사람을 구출하거나 불이 번지는 것을 막기 위하여 긴급하다고 인정할 때에는 ①에 따른 소방대상물 또는 토지 외의 소방대상물과 토지에 대하여 ①에 따른 처분을 할 수 있다.

③ 소방본부장, 소방서장 또는 소방대장은 소방활동을 위하여 긴급하게 출동할 때에는 소방자동차의 통행과 소방활동에 방해가 되는 주차 또는 정차된 차량 및 물건 등을 제거하거나 이동시킬 수 있다.

④ 소방본부장, 소방서장 또는 소방대장은 ③에 따른 소방활동에 방해가 되는 주차 또는 정차된 차량의 제거나 이동을 위하여 관할 지방자치단체 등 관련 기관에 견인차량과 인력 등에 대한 지원을 요청할 수 있고, 요청을 받은 관련 기관의 장은 정당한 사유가 없으면 이에 협조하여야 한다.

⑤ 시·도지사는 ④에 따라 견인차량과 인력 등을 지원한 자에게 시·도의 조례로 정하는 바에 따라 비용을 지급할 수 있다.

(24) 피난 명령(제26조)

① 소방본부장, 소방서장 또는 소방대장은 화재, 재난·재해, 그 밖의 위급한 상황이 발생하여 사람의 생명을 위험하게 할 것으로 인정할 때에는 일정한 구역을 지정하여 그 구역에 있는 사람에게 그 구역 밖으로 피난할 것을 명할 수 있다.

② 소방본부장, 소방서장 또는 소방대장은 ①에 따른 명령을 할 때 필요하면 관할 경찰서장 또는 자치경찰단장에게 협조를 요청할 수 있다.

(25) 위험시설 등에 대한 긴급조치(제27조)

① 소방본부장, 소방서장 또는 소방대장은 화재 진압 등 소방활동을 위하여 필요할 때에는 소방용수 외에 댐·저수지 또는 수영장 등의 물을 사용하거나 수도(水道)의 개폐장치 등을 조작할 수 있다.

② 소방본부장, 소방서장 또는 소방대장은 화재 발생을 막거나 폭발 등으로 화재가 확대되는 것을 막기 위하여 가스·전기 또는 유류 등의 시설에 대하여 위험물질의 공급을 차단하는 등 필요한 조치를 할 수 있다.

(26) 방해행위의 제지 등(제27조의2)

소방대원은 제16조제1항에 따른 소방활동 또는 제16조의3제1항에 따른 생활안전활동을 방해하는 행위를 하는 사람에게 필요한 경고를 하고, 그 행위로 인하여 사람의 생명·신체에 위해를 끼치거나 재산에 중대한 손해를 끼칠 우려가 있는 긴급한 경우에는 그 행위를 제지할 수 있다.

(27) 소방용수시설 또는 비상소화장치의 사용 금지 등(제28조)

누구든지 다음 중 어느 하나에 해당하는 행위를 하여서는 아니 된다.

① 정당한 사유 없이 소방용수시설 또는 비상소화장치를 사용하는 행위

② 정당한 사유 없이 손상·파괴, 철거 또는 그 밖의 방법으로 소방용수시설 또는 비상소화장치의 효용(效用)을 해치는 행위

③ 소방용수시설 또는 비상소화장치의 정당한 사용을 방해하는 행위

CHAPTER

01 적중예상문제

01 소방의 개념에 속하지 않는 것은?

① 화재의 예방, 경계, 진압
② 위급한 상황에서의 구조·구급활동
③ 국민의 신체·생명 및 재산 보호
④ 재난 및 안전관리 기본법상 인위적 재난을 제외한 자연재해대책

해설 최근에는 소방기본법에 화재뿐만 아니라 모든 재해의 인명구조와 응급환자 이송업무도 포함시켜 규정하고 있기 때문에 소방이란 재난 및 안전관리 기본법에서 규정하고 있는 인위적 재난과 자연재해대책법에서 규정하고 있는 자연재해를 포함한 모든 재난현장의 긴급구난기능을 담당하는 것으로 인식되며, 각종 재해로 부터 국민의 생명과 재산이 손상될 우려가 있을 때, 이를 구하고 그 피해를 최소화하는 활동까지 포괄하고 있다.

02 화재가 사회적 재앙으로 등장한 시기는?

① 삼국시대
② 고구려시대
③ 조선시대
④ 정부 수립 이후

해설 진평왕 18년(596)에는 영흥사에 불이나 왕이 친히 이재민을 위문하고 구제하였다는 기록으로 보아 민가가 밀접한 도성 내에서 대화재가 발생하기 시작하였음을 알 수 있으며, 이때부터 화재를 사회적 재앙으로 인식하여 국가에서 구휼한 것으로 보인다.

03 금화제도가 처음으로 시작된 시기는?

① 삼국시대
② 통일신라시대
③ 고려시대
④ 조선시대

해설 **고려시대 금화관리자의 배치**
• 각 관아와 진은 당직자 또는 그 장이 금화책임자였다.
• 문종 20년에 운여창(양곡창고) 화재 이후로 창름(쌀창고), 부지(창고)에 금화관리자를 배치하고, 어사대가 수시로 점검하여 일직이 자리를 비우거나 빠지는 경우에는 먼저 가둔 후 보고하였다.

04 금화법령의 내용과 거리가 먼 것은?

① 행순이라는 순찰근무제도가 있었다.

② 실화 및 방화자에 대한 처벌조항이 있었다.

③ 방화범을 체포하면 포상을 하고 방화범이 자수하면 죄를 사하여 주는 등 포상 및 사면제도가 붙었다.

④ 불조심 행사, 방화일 행사를 전개하였다.

해설 ④는 일제시대의 소방행사이다.

05 우리나라에 화재보험회사가 처음 설립된 시기는?

① 갑오개혁 후　　　　　　② 미군정시대

③ 일본침략시대　　　　　　④ 정부수립 후

해설 1906년에 일본인이 우리나라에 화재보험회사 대리점을 설치하기 시작해서 1908년에는 통감부가 우리나라에 최초로 화재보험회사를 설립하였는데, 이 회사들은 주로 일본인을 상대한 것이지만 일제 통치시대에는 우리 사회에도 널리 보급되었다.

06 우리나라에 소방관서가 처음 설치된 때는?

① 갑오개혁 후　　　　　　② 일제시대

③ 미군정시대　　　　　　④ 정부 수립 후

해설 민간자치 소방조직인 소방조에만 의존하여서는 화재에 충분히 대응할 수 없기 때문에 일제통치기간 중 주요 도시에 소방관서를 설치하기 시작하였다.

07 소방차의 도입과 119전화, 화재발생경보 등이 설치된 시기는?

① 갑오개혁 후　　　　　　② 일제시대

③ 미군정시대　　　　　　④ 정부 수립 후

해설 **일제시대 소방용 장비** : 파괴장구로 파괴소방차와 쇠갈고리, 도끼 등이 있었으며 구조장구로 구조대·구조막을 비치하였다. 고층 건물의 화재 진압을 위하여 사다리 소방차를 도입하였으며, 망루, 119전화, 화재발생경보, 차고 등이 설치되었다.

08 우리나라에서 처음으로 독립된 자치소방체제가 성립되었던 시기는?

① 1945~1948년   ② 1948~1970년

③ 1971~1992년   ④ 1992~2003년

> **해설** 소방을 경찰에서 분리하여 최초로 독립된 자치소방체제가 성립된 시기는 제2차 세계대전이 끝난 후 미군정시대인 1945~1948년이다.

09 우리나라에 자치소방제도가 실시된 연도는?

① 1970년   ② 1972년

③ 1975년   ④ 1995년

> **해설** 1972년 5월 31일과 동년 6월 1일, 서울과 부산에 각각 소방본부가 발족되어 소방사무를 관장하였다. 그러나 다른 도에서는 대통령령으로 정하는 시기까지 내무부장관이 관장토록 함으로써 계속 경찰기구 내에서 소방업무를 관장하게 되어 이로써 국가소방과 자치소방으로 이원화되기 시작하였다.

10 광역소방행정의 도입에 따른 파급효과로 맞지 않는 것은?

① 소방재정의 효율성 관리

② 통합적 지휘체계 및 응원출동체제 확립

③ 합리적 인사관리

④ 소방행정의 능률성은 향상되었으나 효과성이 줄어들었다.

> **해설** **소방행정의 능률성·효과성 향상** : 각 지역의 소방 여건 변화에 효율적·탄력적 대처가 가능하여 소방업무 수행상 능률성과 효과성이 향상되고 과거와는 달리 지역주민에게 균등한 소방 수혜를 줄 수 있다.

11 소방이란 용어가 처음으로 등장한 시기는?

① 조선 세종 때   ② 조선 세조 때

③ 갑오개혁 때   ④ 정부수립 이후

> **해설** 1895년 관제를 개혁하면서 내부에 경찰관계 내국을 신설하였으며 경찰과 소방은 내무지방국에서 관장토록 하였다. 이때 만들어진 경무청 처무세칙에서 "수화, 소방은 난파선 및 출화, 홍수 등에 관계하는 구호에 관한 사항"으로 규정하였는데 여기에서 소방이란 용어가 역사상 처음 등장하였다.

12 다음 중 소방행정조직의 의의에 대한 설명으로 옳지 않은 것은?

① 조직은 목표를 효율적으로 수행할 수 있는 일정한 체계를 갖춰야 한다.
② 조직은 일정한 규모의 구성원이 있어야 한다.
③ 각 구성원들이 유기체와 같은 조직을 이루어 환경과 끊임없이 교류한다.
④ 조직은 목표가 있는 경우와 없는 경우로 구분하여 분류할 수 있다.

> **해설** 조직은 이루고자 하는 특정한 목적이나 목표를 가진다. 조직은 명시적 또는 묵시적이든 그 자체의 목표를 가진다. 따라서 목표가 없는 조직은 존재할 수 없다.

13 과거 소극적 의미의 소방행정과 거리가 먼 것은?

① 예방차원에서 공공의 안녕과 질서를 저해하는 인위적 또는 자연적 원인에 의해 발생한 화재를 예방·경계·진압하는 데 국한하였다.
② 이상기온 건조주의 발령 시 및 공휴일, 각종 명절 등 화재 발생의 우려시기 및 지역 등에 대한 방화순찰 등 소방경계활동
③ 방화관리자 선임 및 해임, 위험물취급자 선임 및 해임, 화재증명원 발급, 소방시설 시공신고 및 완공검사 등 각종 민원업무 처리
④ 구급 및 구조활동은 화재, 교통사고, 붕괴사고 등 인위적 재난사고는 물론 자연재해 등 불의의 사고나 임산부, 가스중독, 급성 질환으로 인한 응급환자가 발생했을 때 신속한 출동으로 환자의 응급조치 및 병원 이송을 주로 하고 있다.

> **해설** ④는 적극적 의미의 소방행정이다.
> **현대 적극적 의미에서의 소방행정** : 현대의 사회구조가 복잡, 다양해지고 이에 따른 각종 사고가 빈번하게 발생하는 것은 물론 대형화됨에 따라 화재의 예방·경계·진압 차원의 소방업무가 이제 사회복지 차원의 적극적인 행정서비스 제공 분야로 확대되고 있다.

14 계층제의 원리에 관한 설명으로 잘못된 것은?

① 계층제는 질서 유지와 내부 통제에 용이하다.
② 계층제는 승진을 통한 사기앙양의 수단이 된다.
③ 계층제는 조직의 신축성 제고에 기여한다.
④ 계층제는 기관장의 독단화 현상을 유발하기도 한다.

> **해설** 계층제는 조직의 신축성에 제약을 준다.

15 통솔범위에 대한 설명으로 잘못된 것은?

① 정형화된 업무일수록 넓어진다.

② 상위 계층일수록 넓어진다.

③ 계층의 수와 반비례한다.

④ 기성조직일수록 넓어진다.

> **해설** 통솔범위란 1인의 상관·감독자가 효과적으로 직접 감독할 수 있는 부하의 수로서 수학자 그레이쿠나 (Graicuna)는 적정수로 6명을 제시하였다.
> **통솔범위의 결정요인(넓은 경우)**
> • 시간적 요인 : 신설조직보다는 기성조직
> • 공간적 요인 : 분산된 것보다는 한 장소에 모여 있는 것
> • 직무상의 성질 : 전문적·지적 업무보다는 동일 단순 직무
> • 감독자와 부하의 능력 : 우수할 경우
> • 계층수 : 적을 경우
> • 기타 : 의사전달기술의 발달, 조직구성원의 자발성, 교통·통신수단의 발달, 하위 계층으로 갈수록, Y이론적 구조·수평적 구조일수록 넓어진다.

16 분업화의 원리에 관한 설명으로 잘못된 것은?

① 조직이 대규모화될수록 발달한다.

② 수직적 분업은 계층제와 관련된다.

③ 분업화될수록 조정이 촉진된다.

④ 분업화의 원리를 전문화의 원리라고도 한다.

> **해설** 분업화의 원리는 지나치게 전문성을 제고하여 할거주의를 유발하고, 조정을 저해한다.

17 다음에서 설명하는 소방조직의 원리로 옳은 것은?

> 각 부분이 공동목표를 달성하기 위해 행동을 통일하고 공동체의 노력으로 질서정연하게 배열 하는 것

① 조정의 원리   ② 명령통일의 원리

③ 통솔범위의 원리   ④ 계층제의 원리

18 행정조직이 환경에 적응하기 위하여 조직의 지도층이나 정책을 결정하는 자리에 외부로부터 새로운 요소를 흡수하는 것을 무엇이라 하는가?

① 경 쟁　　　　　　　　② 포 섭
③ 연 합　　　　　　　　④ 교 섭

해설　**포섭(적응적 흡수)** : 조직의 안정·존속을 위해 타 조직의 영향력 있는 인물을 지도층이나 의사결정기구에 흡수시키거나 위협요소를 제거하는 것

19 다음 중 조직구조 형성의 기초요인이 아닌 것은?

① 역 할　　　　　　　　② 지 위
③ 권 한　　　　　　　　④ 인 간

해설　조직구조 형성의 기초요인으로는 ①·②·③ 외에 권력을 들 수 있다.

20 다음 중 상의하달적 의사전달방법은?

① 보 고　　　　　　　　② 편 람
③ 회 의　　　　　　　　④ 직원 의견조사

해설　①·④는 하의상달적 의사전달방법이고, ③은 횡적 의사전달방법이다.
의사전달방법
• 상의하달적 의사전달방법 : 명령과 일반정보가 있는데, 조직 운영 전반에 관한 내용을 구성원에게 알리는 일반 정보방법으로는 기관지, 편람, 구내방송, 게시판, 예규집, 수첩, 강연회, 벽신문 등의 방법이 이용된다.
• 하의상달적 의사전달방법 : 보고, 품의, 제안제도, 면접, 상담, 직원 의견 조사 등의 방법이 있다.
• 횡적 의사전달방법 : 사전 심사, 사후 통지, 회람, 회의 등의 방법이 있다.

21 다음 중 공식적 의사전달에 관한 내용이 아닌 것은?

① 의사전달이 확실하고 편리하다.
② 상관의 권위가 손상될 수 있다.
③ 상의하달방식으로는 명령, 편람, 게시판 등이 이용된다.
④ 하의상달방식으로는 품의, 보고, 제안제도 등이 이용된다.

> **해설** ② 비공식적 의사전달의 단점이다.
> ① 공식적 의사전달의 장점이다.
> ③ · ④ 공식적 의사전달에는 상향적 · 하향적 · 횡적 의사전달방법이 있다.

22 소방조직 중 기능중심조직의 장점과 거리가 먼 것은?

① 기술적인 능률성을 보장하고, 개인업무의 능률을 향상시키는 훈련 기회가 된다.
② 개인의 경험과 능력, 기술 등에 따라 명확한 임무 부여가 가능하고, 지휘 · 감독이 용이하다.
③ 개별적인 직위의 부여로 능력을 최대한 발휘할 수 있게 한다.
④ 중간 관리자를 양성할 수 있고, 불안정하고 변화하는 환경에 적응하기 쉽다.

> **해설** ④는 분업중심조직의 장점이다. 기능중심조직은 변화에 대한 저항이 강하다는 단점이 있다.

23 소방조직 중 분업중심조직의 장점에 해당하지 않는 것은?

① 중간 관리자를 양성할 수 있고, 불안정하고 변화하는 환경에 적응하기 쉽다.
② 보다 세분화된 업무를 서비스 수요자중심으로 구성하며, 고객의 욕구를 쉽게 만족시킬 수 있다.
③ 부서 간 업무 조정이 쉽고, 업무의 책임을 명확히 할 수 있다.
④ 자원 사용이 효율적이다.

> **해설** 분업중심조직은 자원 사용이 비효율적이며, 전문화가 낮고 통제와 조정이 곤란하다는 단점이 있다.

24 다음 소방장비 중 진압장비에 속하지 않는 것은?

① 소방자동차   ② 동력 소방펌프
③ 이동식 진화기   ④ 소방환

> **해설** 소방자동차, 행동지원차, 소방선박, 소방항공기 등은 기동장비에 해당된다.

25 행정법상 의무이행 확보수단이라 볼 수 없는 것은?

① 행정심판   ② 과징금
③ 행정벌   ④ 강제징수

> **해설** **행정상의 의무이행 확보수단**
> 행정목적 실현을 위해 법률상 상대방에게 부과된 의무를 스스로 불이행하거나 위반한 경우에 그 실효성을 확보하기 위해 행정 주체가 사용하는 강제수단을 말한다.
> • 행정법상 전통적인 의무이행 확보수단
>   – 행정강제 : 행정상 강제집행(대집행, 집행벌, 직접강제, 강제징수), 행정상 즉시강제
>   – 행정벌 : 행정형벌, 행정질서벌
> • 새로운 의무이행 확보수단 : 과징금, 가산금, 공급 거부, 공표, 인·허가의 취소·정지

26 소방기본법령상 화재경계지구에 관한 설명으로 옳지 않은 것은?

① 목조건물이 밀집한 지역으로 화재가 발생할 우려가 높거나 화재가 발생하는 경우 그로 인하여 피해가 클 것으로 예상되는 지역은 화재경계지구로 지정할 수 있다.
② 소방청장이 화재경계지구로 지정할 필요가 있는 지역을 화재경계지구로 지정하지 아니하는 경우 해당 시·도지사는 소방청장에게 해당 지역의 화재경계지구 지정을 요청할 수 있다.
③ 소방본부장 또는 소방서장은 화재경계지구 안의 소방대상물의 위치·구조 및 설비 등에 대한 소방특별조사를 연 1회 이상 실시하여야 한다.
④ 소방본부장 또는 소방서장은 화재경계지구 안의 관계인에 대하여 필요한 훈련 및 교육을 연 1회 이상 실시할 수 있다.

> **해설** ② 시·도지사가 화재경계지구로 지정할 필요가 있는 지역을 화재경계지구로 지정하지 아니하는 경우 소방청장은 해당 시·도지사에게 해당 지역의 화재경계지구 지정을 요청할 수 있다.

27 소방기본법령상 소방안전교육사 배치대상이 아닌 것은?

① 한국소방산업기술원

② 소방본부

③ 대한소방공제회

④ 소방청

해설 소방안전교육사를 소방청, 소방본부 또는 소방서, 그 밖에 대통령령으로 정하는 대상(한국소방안전원, 한국소방산업기술원)에 배치할 수 있다.

28 소방기본법령상 소방신호의 종류로 옳지 않은 것은?

① 경계신호

② 발화신호

③ 훈련신호

④ 출동신호

해설 **소방신호의 종류(소방기본법 시행규칙 제10조)**
- 경계신호 : 화재예방상 필요하다고 인정되거나 화재의 예방 및 안전관리에 관한 법률 제20조의 규정에 의한 화재 위험경보 시 발령
- 발화신호 : 화재가 발생한 때 발령
- 해제신호 : 소화활동이 필요 없다고 인정되는 때 발령
- 훈련신호 : 훈련상 필요하다고 인정되는 때 발령

02 연소이론

01 연소의 개념 및 용어

1 연소의 개념

(1) 연소의 개요

① 연소의 정의 및 특징

㉠ 연소(Combustion)란 가연물이 공기 중의 산소 또는 산화제와 반응하여 열과 빛을 발생하면서 산화되는 현상을 말한다.

㉡ 연소의 화학반응은 연소할 수 있는 가연물질이 공기 중의 산소 또는 산소를 함유하고 있는 산화제에서도 일어나며 반응을 일으키기 위해서는 활성화에너지가 필요하다.

㉢ 활성화에너지를 점화에너지·점화원·발화원 또는 최소 점화(착화)에너지라고 하며 약 $10^{-6} \sim 10^{-4}$J의 에너지가 필요하다.

㉣ 가연물질의 활성화를 위해 필요한 에너지 공급은 충격·마찰·자연발화·전기불꽃·정전기·고온 표면·단열압축·자외선·충격파·낙뢰·나화·화학열 등에 의한다.

② 완전연소와 불완전연소

㉠ 완전연소 : 가연물질이 연소하면 가연물질의 주성분인 탄소(C), 수소(H_2) 및 산소(O_2)에 의해 일산화탄소(CO)·이산화탄소(CO_2) 및 수증기(H_2O)가 발생한다. 이때 공기 중의 산소가 충분한 상태에서 가연분이 완전히 산화되는 반응으로 이산화탄소(CO_2)가 발생한다.

> **더 알아두기 완전연소의 조건**
>
> 연료와 산소는 일차적인 필수요건이며, 다음과 같은 세 가지 조건(3T 조건)이 충족되어야 완전한 연소가 일어날 수 있는 것이다.
> • 충분한 온도(Temperature) : 연소반응이 시작되기 위한 최소한의 온도
> • 충분한 체류시간(Time) : 연소반응이 완결되기 위한 반응시간
> • 충분한 혼합(Turbulence) : 가연분과 산소의 충분한 접촉

㉡ 불완전연소 : 공기 중의 산소가 불충분한 상태에서 가연분이 불완전하게 산화되는 반응으로 일산화탄소(CO)가스가 발생한다.

- 산소 공급원이 부족할 때
- 주위의 온도 또는 연소실의 온도가 너무 낮을 때
- 연소기구가 적합하지 않을 때
- 가스의 조성이 균일하지 않을 때
- 환기 및 배기가 충분하지 않을 때
- 유류의 온도가 낮을 때
- 불꽃이 냉각되었을 때

(2) 연소공기

① 가연물질을 연소시키기 위해서 사용되는 공기의 양에는 실제공기량, 이론공기량, 과잉 공기량, 이론산소량, 공기비 등이 있다.

    ⊙ 실제공기량($A°$) : 가연물질을 실제로 연소시키기 위해서 사용되는 공기량으로서 이론공기량보다 크다.

        • 실제공기량 = 이론공기량 × 공기비(1.1)

    ⓛ 이론공기량(A) : 가연물질을 연소시키기 위해서 이론적으로 계산하여 산출한 공기량이다.

        • 이론공기량 = 이론산소량 ÷ 0.21

    ⓒ 과잉공기량 : 실제공기량에서 이론공기량을 차감하여 얻은 공기량이다.

        • 과잉공기량 = 실제공기량 − 이론공기량

    ⓔ 이론산소량 : 가연물질을 연소시키기 위해서 필요한 최소의 산소량이다.

        • 이론산소량 = 이론공기량 × $\dfrac{21}{100}$

    ⓜ 공기비(m) : 실제공기량을 이론공기량으로 나눈 값

        • 공기비 $= \dfrac{실제공기량}{이론공기량} = \dfrac{이론공기량 + 과잉공기량}{이론공기량} = \dfrac{실제공기량}{실제공기량 - 과잉공기량}$

        • 일반적으로 공기비가 기체 가연물질은 1.1~1.3, 액체 가연물질은 1.2~1.4, 고체 가연물질은 1.4~2.0이다.

예제

표준 상태(0℃, 1기압)에서 프로판 2m³를 연소시키기 위해 필요한 이론산소량(m³)과 이론공기량(m³)은?
(단, 공기 중 산소는 21vol%이다)

풀이 프로판의 완전연소반응식 : $C_3H_8 + 5O_2 \rightarrow 3CO_2 + 4H_2O$
- 이론산소량
  프로판 1몰(22.4m³) : 산소 5몰(5×22.4m³) = 프로판 2m³ : 이론산소량 xm³
  이론산소량 $x = \dfrac{2 \times (5 \times 22.4)}{22.4} = 10$m³
- 이론공기량 = $\dfrac{이론산소량}{산소농도} = \dfrac{10}{0.21} = 47.62$m³

더 알아두기 탄화수소계 가연성가스의 완전연소반응식

$$C_mH_n + \left(m + \frac{n}{4}\right)O_2 \rightarrow mCO_2 + \frac{n}{2}H_2O$$

가연성가스인 C_mH_n을 완전연소시키면 이산화탄소(CO_2)와 물(H_2O)이 발생되나 공기의 양이 부족하면 불완전연소하여 일산화탄소(CO)가 발생된다.
- 메탄(CH_4) : $CH_4 + 2O_2 \rightarrow CO_2 + 2H_2O + 212.80$kcal
- 부탄(C_4H_{10}) : $C_4H_{10} + 6.5O_2 \rightarrow 4CO_2 + 5H_2O + 687.64$kcal
- 프로판(C_3H_8) : $C_3H_8 + 5O_2 \rightarrow 3CO_2 + 4H_2O + 530.60$kcal
- 액화천연가스의 주성분인 메탄이 연소할 때에는 2mol, 부탄은 6.5mol, 프로판은 5mol의 산소가 필요하다. 따라서 프로판이나 부탄이 연소하려면 메탄보다 2~3배의 산소가 더 필요하다.
- 이론공기량 구하기
  이론산소량 = 이론공기량 × 21/100이므로
  이론공기량 = 이론산소량 ÷ 0.21
  ∴ 부탄은 31배, 프로판은 24배, 메탄은 9.5배의 공기가 필요하다.

② 가연성가스를 공기 중에서 연소시킬 때 공기 중의 산소농도가 증가하면 다음과 같은 현상이 나타난다.
  ㉠ 연소속도가 빨라진다.
  ㉡ 화염의 온도가 높아진다.
  ㉢ 발화온도가 낮아진다.
  ㉣ 폭발한계가 넓어진다.
  ㉤ 점화에너지가 작아진다.
③ 불완전연소의 원인은 다음과 같다.
  ㉠ 가스의 조성이 균일하지 못할 때
  ㉡ 공기 공급량이 부족할 때
  ㉢ 주위의 온도가 너무 낮을 때

② 환기 또는 배기가 잘되지 않을 때

(3) 연소불꽃의 색상

① 가연물질의 완전연소 시에 연소불꽃은 휘백색으로 나타나고, 보통 불꽃온도는 1,500℃에 이르게 되며 금속이 탈 때는 3,000℃ 내지 3,500℃에 이른다.

② 불완전연소 시(공기 중의 산소 공급 부족) 연소불꽃은 담암적색에 가까운 색상을 나타내며, 생성물인 일산화탄소가 많이 발생하여 사람이 마시게 되면 혈액 속에 들어있는 헤모글로빈과 결합으로 질식사하게 된다.

③ 연소불꽃의 색상에 따른 온도

연소불꽃의 색상	암적색	적 색	휘적색	황적색	백적색	휘백색
온도(℃)	700~750	850	950	1,100	1,300	1,500 이상

2 연소 용어

(1) 인화점(유도발화점, 인화온도)

① 인화점의 개념 및 특징

  ㉠ 인화점이란 불을 끌어당기는 온도라는 뜻으로 액체 표면의 근처에서 불이 붙는데 충분한 농도의 증기를 발생하는 최저의 온도이다.

  ㉡ 연소범위에서 외부의 직접적인 점화원에 의하여 인화될 수 있는 최저 온도, 즉 공기 중에서 가연물 가까이 점화원을 투여하였을 때 불이 붙는 최저의 온도이다.

  ㉢ 인화점이 낮은 물질일수록 인화의 위험이 크고, 특히 인화점이 상온보다 훨씬 낮은 다이에틸에테르, 이황화탄소 등의 특수인화물, 아세톤, 가솔린 등의 제1석유류 및 가연성 가스는 대부분 인화의 위험이 있다.

  ㉣ 인화점은 제4류 위험물의 품목을 결정짓는 액체의 화재 위험성에 대한 중요한 척도가 된다.

  ㉤ 인화점에서 점화용의 불꽃을 제거하면 연소는 곧 멈추므로 연소를 계속시키려면 인화점보다 약간 높은 연소점 이상으로 가열하여야 한다.

  ㉥ 아세톤의 경우는 −18℃ 이하에서 인화성 증기를 발생하여 연소범위를 만들어 점화원에 의하여 인화한다.

  ㉦ 인화현상은 액체(증발과정)와 고체(열분해과정)에서 나타난다.

② 액체 가연물질의 인화점

액체 가연물질	인화점(℃)	액체 가연물질	인화점(℃)
다이에틸에테르	−45	메틸알코올	11
아세트알데하이드	−40	에틸알코올	13
이황화탄소	−30	등 유	30~60
휘발유	−43~−20	중 유	60~150
아세톤	−18	크레오소트유	74
시안화수소	−18	나이트로벤젠	87.8
초산에틸	−4	글리세린	160
톨루엔	4.5	방청유	200

(2) 발화점(착화점, 발화온도)

① 발화점의 개념 및 특징

　㉠ 외부 점화원 없이 자체 보유열만으로 가연물이 스스로 연소하기 시작하는 최저 온도이다.

　㉡ 일반적으로 산소와의 친화력이 큰 물질일수록 발화점이 낮고 발화하기 쉬운 경향이 있으며, 고체 가연물의 발화점은 가열공기의 유량, 가열속도, 가연물의 시료나 크기, 모양에 따라 달라진다.

　㉢ 발화점은 보통 인화점보다 수백도가 높은 온도이며, 화재 진압 후 잔화 정리를 할 때 계속 물을 뿌려 가열된 건축물을 냉각시키는 것은 발화점(착화점) 이상으로 가열된 건축물이 열로 인하여 다시 연소되는 것을 방지하기 위한 것이다.

　㉣ 발화점이 낮을수록 발화 위험성이 크며, 이황화탄소(100℃), 다이에틸에테르(180℃), 아세트알데하이드(185℃) 등은 발화의 위험이 크다.

　㉤ 발화점은 산소 과잉 분위기나 가압하에서는 저하되는 경향이 있다.

② 일반적으로 발화점이 낮아지는 이유

　㉠ 분자구조가 복잡할 때

　㉡ 압력·발열량·화학적 활성도가 클 때

　㉢ 산소와 친화력이 좋을 때

　㉣ 접촉 금속의 열전도율이 낮을 때

　㉤ 습도 및 가스압이 낮을 때

③ 발화점이 달라지는 요인

　㉠ 가연성가스와 공기와의 혼합비

　㉡ 발화가 생기는 공간의 형태와 크기

　㉢ 가열속도와 지속시간(지속시간이 길면 낮은 온도에서 발화)

　㉣ 발화원의 종류와 가열방식 등

[가연물질의 발화점]

물 질	발화점(℃)	물 질	발화점(℃)
황 린	34	목 탄	320~400
이황화탄소	100	프로판	423
셀룰로이드	180	산화에틸렌	429
헥 산	223	고 무	400~450
휘발유	257	목 재	400~450
적 린	260	무연탄	440~500
암모니아	351	일산화탄소	609
에틸알코올	363	견 사	650
부 탄	365	탄 소	800

(3) 연소점(화재점)

① 연소점의 개념 및 특징

㉠ 연소 상태가 계속될 수 있는 온도를 말한다. 한 번 발화된 후 외부 점화원을 제거하여도 연소반응이 계속되기 시작하는 최저 온도로서 인화점보다 약 5~10℃ 높다.

㉡ 가연성 증기 발생속도가 연소속도보다 빠를 때 일반적으로 인화점보다 대략 10℃ 정도 높은 온도로서 연소 상태가 5초 이상 유지될 수 있는 온도이다.

㉢ 연소점이란 한 번 발화된 후 연소를 지속시킬 수 있는 충분한 증기를 발생시킬 수 있는 최저 온도로서 인화점 < 연소점 < 발화점의 위치를 차지한다.

② 연소범위(vol%)

㉠ 가연성 증기와 공기의 혼합 상태에서의 증기의 부피로, 연소농도의 최저 한도를 하한, 최고 한도를 상한이라고 한다.

• 연소하한계(LFL ; Lower Flammability Limit) : 공기 중에서 가장 낮은 농도에서 연소할 수 있는 부피이다.

• 연소상한계(UFL ; Upper Flammability Limit) : 공기 중에서 가장 높은 농도에서 연소할 수 있는 부피이다.

㉡ 연소범위는 온도와 압력이 상승함에 따라 확대되어 위험성이 증가한다.

- 불꽃은 있으나 불티가 없는 연소로, 가연성 기체는 공기와 적당한 부피 비율로 섞여야만 연소가 일어난다. 이 비를 연소범위라고 한다.
- 연소범위는 연소하한값부터 연소상한값까지이다.
- 연소범위의 단위는 공기 또는 산소에 대한 가스의 %농도이다.
- 연소하한이 낮을수록, 연소범위가 클수록 위험이 크다.
- 연소범위는 가스의 온도, 기압 및 습도의 영향을 받는다.
  - 가스의 온도가 높아지면 연소범위가 넓어진다.
  - 가스의 압력이 높아지면 하한계는 크게 변하지 않으나 상한계는 넓어진다.
  - 가스의 압력이 상압(1기압)보다 낮아지면 연소범위는 좁아진다.
  - 습도가 높으면 연소범위는 좁아진다.
- 압력이 높아지면 일반적으로 연소범위는 넓어진다. 단, 일산화탄소는 압력이 높아질수록 폭발범위가 좁아진다.

③ 공기 중 가연성 기체의 연소범위(폭발범위=폭발한계=연소한계), 위험도

가연물	연소범위	폭	위험도	가연물	연소범위	폭	위험도
이황화탄소	1.2~44	42.8	35.7	일산화탄소	12.5~74	61.5	4.9
아세틸렌	2.5~82	79.5	31.8	휘발유	1.4~7.6	6.2	4.4
산화에틸렌	3~80	77	25.6	벤 젠	1.4~7.1	5.7	4.07
에틸에테르	1.9~48	46.1	24.3	부 탄	1.8~8.4	6.6	3.7
수 소	4~75	71	17.6	프로판	2.1~9.5	7.4	3.5
에틸렌	2.7~36	33	12.3	에 탄	3~12.4	9.4	3.1
산화프로필렌	2~22	20	10	메 탄	5.0~15	10	2
시안화수소	6~41	14.2	5.8	암모니아	15~28	13	0.87
에틸알코올	3.5~20	16.5	5	메틸알코올	7~37	30	4.27

㉠ 위험도(Degree of Hazards)
- 개념 : 가스가 화재를 일으킬 수 있는 척도를 나타낸다.
- 공 식

$$H = \frac{U-L}{L} \, (H : \text{위험도}, \quad U : \text{폭발상한계}, \quad L : \text{폭발하한계})$$

- 계산의 예

$$\text{이황화탄소의 위험도} : \frac{44-1.2}{1.2} = 35.7 \, (\text{가연성가스 중 위험도가 가장 크다})$$

$$\text{아세틸렌의 위험도} : \frac{82-2.5}{2.5} = 31.8$$

ⓒ 폭발한계와 화학양론조성(C_{st})

- 단일 조성 가연성가스(Jone's 식)

$$
\begin{aligned}
&\text{LFL}_{25} = 0.55 \times C_{st} \\
&\text{UFL}_{25} = 3.50 \times C_{st} \\
&C_{st} = \frac{\text{연료몰수}}{\text{연료몰수} + \text{이론공기몰수}} \times 100\% = \frac{\text{연료몰수}}{\text{연료몰수} + \dfrac{\text{이론산소몰수}}{0.21}} \times 100\%
\end{aligned}
$$

- 혼합가스의 가연성가스 연소(폭발)하한계

$$
\text{Le Chatelier의 법칙} : \frac{100}{\text{LEL}} = \left(\frac{V_1}{X_1}\right) + \left(\frac{V_2}{X_2}\right) + \left(\frac{V_3}{X_3}\right) + \cdots + \left(\frac{V_n}{X_n}\right)
$$

여기서, LEL : 폭발하한값(vol%)

   V : 각 성분의 기체체적(%)

   X : 각 기체의 단독 폭발한계치(하한계)

예제

메탄과 부탄이 2 : 5의 부피 비율로 혼합되어 있을 때, 르샤틀리에(Le Chatelier)의 법칙을 이용하여 계산한 혼합가스의 연소범위 하한계(vol%)는?(단, 메탄과 부탄의 연소범위 하한계는 각각 5vol%, 1.8vol%이다)

풀이 르샤틀리에 법칙

$$
\frac{100}{\text{LEL}} = \left(\frac{V_1}{X_1}\right) + \left(\frac{V_2}{X_2}\right) + \left(\frac{V_3}{X_3}\right) + \cdots + \left(\frac{V_n}{X_n}\right)
$$

- 메탄의 조성비율

$$
\frac{2}{7} \times 100 = 28.57\%
$$

- 부탄의 조성비율

$$
\frac{5}{7} \times 100 = 71.43\%
$$

$$
\therefore \ \frac{100}{\text{LEL}} = \left(\frac{28.57}{5}\right) + \left(\frac{71.43}{1.8}\right) \Rightarrow \text{LEL} \fallingdotseq 2.2
$$

ⓒ 버제스-윌러(Burgess-Wheeler)의 법칙

- 연소열(kcal/mol)을 구하는 식이다.
- 연소하한계(LFL = 폭발하한계)와 연소열($\triangle H_c$)과의 곱은 거의 일정하고, 연소하한계의 단위를 vol%, 연소열을 kcal/mol로 표시하면, 그 값은 1,050이 된다는 법칙이다.

더 알아두기 물질의 위험성을 나타내는 성질

- 인화점, 발화점, 착화점, 습도 및 가스압, 접촉 금속의 열전도율이 낮을수록 위험하다.
- 증발열, 비열, 표면장력, 활성화에너지가 작을수록 위험하다.
- 온도가 높고, 연소범위가 넓을수록 위험하다.
- 산소농도, 압력, 연소속도, 증기압, 연소열, 발열량, 화학적 활성도가 클수록 위험하다.
- 산소와 친화력이 좋을 때, 분자구조가 복잡할 때 위험하다.

(4) 연소속도

① 연소속도의 개념 및 특징

㉠ 이동하고 있는 미연소의 가연성 혼합기에 대한 화염면의 상대적 속도를 연소속도라고 한다.

㉡ 가연물질에 공기가 공급되면 연소가 되면서 반응하여 연소생성물을 생성할 때의 반응속도 이다.

㉢ 연소 생성물 중에서 불연성 물질인 질소(N_2), 물(H_2O), 이산화탄소(CO_2) 등의 농도가 높아져서 가연물질에 산소가 공급되는 것을 방해 또는 억제시킴으로써 연소속도는 느려진다.

  ※ 화염속도 : 가연성 혼합기 때 화염을 발생시켜 이를 중심으로 화염이 주변으로 확대될 때의 이동속도이다.

② 연소속도에 영향을 미치는 인자

㉠ 가연성 물질 : 산화되기 쉽고 열전도율이 작으며, 산화될 때 활성화에너지가 작고 발열량이 높은 물질일수록 연소속도가 빠르다.

㉡ 산화제

㉢ 가연성 물질과 산화제의 혼합비

㉣ 미연소가스의 밀도 : 작을수록 연소속도 증가

㉤ 미연소가스의 비열 : 작을수록 연소속도 증가

㉥ 미연소가스의 열전도율 : 클수록 연소속도 증가

㉦ 화염온도 : 클수록 연소속도 증가

㉧ 온도가 높아질수록 반응속도가 상승한다.

㉨ 압력을 증가시키면 단위부피 중의 입자수가 증가하여 결국 기체의 농도가 증가하므로 반응 속도도 상승한다.

ⓩ 촉매는 반응속도를 변화시키는 물질로서 반응속도를 빠르게 하는 정촉매와 반응속도를 느리게 하는 부촉매가 있다.

ⓚ 일정한 온도에서의 연소속도는 연소반응에 관여되는 가연성 물질 농도의 거듭제곱에 비례한다.

③ 인화성 액체의 연소속도

ⓐ 인화성 액체의 연소속도는 화염 전파속도와 다소 유사하게 변화된다.

ⓑ 가솔린의 연소속도는 깊이 6~12/h이고, 케로신은 깊이 5~8/h이다.

ⓒ 액체와 가스의 연소속도는 용기 지름이 증가하여도 일정치에 가까우며, 일정 연소속도는 증발열에 대한 순연소열의 비에 비례한다.

(5) 증기비중

① 어떤 증기를 같은 온도, 같은 압력하에서 같은 부피의 공기 무게를 비교한 것으로 증기비중이 1보다 큰 기체는 공기보다 무겁고 1보다 작으면 공기보다 가볍다.

$$증기비중 = \frac{대상기체의\ 분자량}{건조공기의\ 평균\ 분자량(약\ 29)}$$

② 탄산가스는 분자량이 44로 공기보다 무겁기 때문에 소화기에서 방출되면 아랫부분에 쌓인다.

③ 증기비중이 1보다 큰 가연성 증기는 낮은 곳에 체류하므로 연소(폭발)범위 안에 있고 점화원이 있으면 연소(폭발) 위험성이 커진다.

(6) 비점(沸點, Boiling Point)

① 액체가 끓으면서 증발이 일어날 때의 온도를 액체의 비점이라고 하며, 대기압에서 물의 비점은 100℃이다.

② 비점은 액체의 포화증기압이 대기압과 같아지는 온도로 압력이 증가함에 따라 증가하는 특성이 있다. '비등점' 또는 '끓는점'이라고도 한다.

③ 비점이 낮으면 액체가 쉽게 기화되므로 비점이 높은 경우보다 연소가 잘 일어난다.

④ 일반적으로 비점이 낮으면 인화점이 낮다. 예를 들면, 휘발유는 비점이 30~210℃, 인화점은 -43~-20℃인데, 등유는 비점이 150~300℃, 인화점이 40~70℃이다.

(7) 융점(融點, Melting Point)

① 고체의 순물질이 액체로 변하여 액상과 고상이 평형을 유지하는 온도로, 용융점 또는 녹는점이라고도 한다.

② 대기압(1atm)하에서 고체가 녹아 액체가 되는 온도를 융점이라고 한다.

③ 융점이 낮은 경우 액체로 변화되기 쉽고 화재 발생 시 연소 구역의 확산이 쉽기 때문에 위험성이 매우 높다.

(8) 점도(粘度, Viscosity)

① 액체의 점도는 점착과 응집력의 효과로 인한 흐름에 대한 저항의 측정수단이다.
② 모든 액체는 점성을 가지고 있다. 인화성 위험물은 상온에서 액체 상태인 경우가 많아 온도가 상승할 경우 인화점, 발화점 등을 주의하여 취급해야 하고, 반대로 점성이 낮아지면 유동하기에 용이하다.

(9) 비열(比熱, Specific Heat)

① 비열은 어떤 물체를 위험 온도까지 올리는 데 필요한 열량으로, 고온의 물체를 안전한 온도로 냉각시키는 데 제거해야 할 열량의 비교 척도이다. 대체로 물질은 물의 비열 1kcal/kg·℃보다 작다.
② 비열은 1g(kg)의 물체를 1℃만큼 상승시키는 데 필요한 열량 또는 1lb의 물체를 1℉만큼 상승시키는 데 필요한 열량(BTU)이다.
③ 물 이외의 모든 물질은 대체로 비열이 1보다 작다.

(10) 잠열(潛熱, Latent Heat)

① 물질의 상변화는 있고 온도의 변화가 없을 경우 필요한 열량이다.
② 어떤 물질이 고체에서 액체로, 액체에서 기체로 변할 때와 액체에서 고체로, 기체에서 액체로 변할 때 발생되는 열을 의미한다.
③ 액상과 기상 간의 상변화로 물질이 흡수하거나 방출하는 열의 양을 증발잠열이라고 한다. 또한, 고상과 액상 간 상변화에 따르는 열의 양을 용융잠열이라 한다.
④ 잠열은 J/mass의 단위로 측정되며 물의 경우 대기압하에서 얼음의 용융온도인 0℃에서의 용융잠열은 333.4J/g(80kcal/kg)이 되며, 100℃에서의 증발잠열은 2,257J/g(539kcal/kg)이 된다.
⑤ 0℃의 1kg 얼음이 100℃ 수증기로 전환되는 데는 300만Joule의 열량이 필요하다.

(11) 현열(Sensible Heat)

① 물질의 상태 변화는 없고 온도 변화만 있을 때 필요한 열량으로, 분자 운동에너지의 증감으로도 나타난다.
② 물질의 상태 변화 없이 0℃인 물 1g을 100℃인 물로 끌어올리기 위해서 필요한 열량은 100cal 이다.

3 연소의 3요소

(1) 개 념

① 가연물질을 연소하기 위해서는 산소를 공급하는 산소 공급원 및 점화원이 있어야만 정상적인 연소의 화학반응을 유지할 수 있다. 이와 같이 연소반응의 유지를 위해서 사용되는 가연물질, 산소 공급원, 점화원을 연소의 3요소라고 한다.

② 연소의 3요소에 화학적인 연쇄반응을 합하여 연소의 4요소라고 한다.

가연물질	고체·액체·기체의 가연물
산소공급원	공기, 산화제(오존), 조연성 물질
점화원	전기불꽃, 충격 및 마찰, 단열압축, 나화(裸火 ; 가연성 혼합 가스나 기타 물질에 불을 붙일 수 있는 불꽃. 성냥, 라이터 등) 및 고온표면, 정전기 불꽃, 자연발화, 복사열 등
연쇄반응	H·, OH·

> **더 알아두기** 연쇄반응(Chain Reaction)
>
> 불꽃이 나는 연소에서의 반응으로 불꽃연소는 가연성 분자와 산소분자가 직접 결합하여 완결되는 것이 아니라 가연성 분자나 산소분자의 분해 또는 이들 분해이온들이 결합해서 생성된 활성라디칼 (Chain Carrier) H·, OH·, O· 등에 의해 연쇄적으로 반응이 연결 지속된다.
> ※ 라디칼 : 둘 이상의 원자단으로서 전기를 띤 것

(2) 가연물질

① 가연물의 개념 및 특징

  ㉠ 불에 탈 수 있는 재료로서 고체연료(연탄, 나무, 종이, 숯, 초 등), 액체연료(석유, 휘발유, 알코올, 벙커C유 등), 기체연료(천연가스, 수소, 일산화탄소, LPG, LNG 등)가 있다.

  ㉡ 일반적으로 고체보다는 액체가, 액체보다는 기체가 더 잘 연소된다.

② 가연물의 조건

  ㉠ 일반적으로 산화되기 쉬운 물질로서 산소와 결합할 때 발열량이 커야 한다.

  ㉡ 열의 축적이 용이하도록 열전도의 값이 작아야 한다.

    ※ 열전도율 : 기체 < 액체 < 고체 순서로 커지므로 연소 순서는 반대이다.

  ㉢ 화학반응을 일으킬 때 필요한 최소 에너지(활성화에너지)의 값이 작아야 한다.

  ㉣ 조연성가스인 산소·염소와의 친화력이 강해야 한다.

  ㉤ 산소와 접촉할 수 있는 표면적이 큰 물질이어야 한다(기체 > 액체 > 고체).

  ㉥ 연쇄반응을 일으킬 수 있는 물질이어야 한다.

③ 가연물이 될 수 없는 조건
　㉠ 주기율표 18족의 불활성기체 : 이들은 결합력이 없으므로 산소와 결합하지 못한다.
　　　예 He(헬륨), Ne(네온), Ar(아르곤), Kr(크립톤), Xe[제논(크세논)], Rn(라돈) 등
　㉡ 이미 산소와 결합하여 더 이상 산소와 화학반응을 일으킬 수 없는 물질
　　　예 물(H_2O), 이산화탄소(CO_2), 산화알루미늄(Al_2O_3), 이산화규소(SiO_2), 오산화인(P_2O_5),
　　　　삼산화황(SO_3), 삼산화크롬(CrO_3), 산화안티몬(Sb_2O_3) 등

> **더 알아두기**
>
> 일산화탄소(CO)는 산소와 반응하기 때문에 가연물이 될 수 있다.
> $CO + 1/2 \, O_2 \rightarrow CO_2 + Q\text{kcal}$

　㉢ 질소 또는 질소 산화물 : 산소와 반응하여 발열반응이 나타나야 가연물인데, 질소 또는
　　질소 산화물은 산소와 반응은 하나, 흡열반응을 하므로 가연물이 될 수 없다.
　　　• $N_2 + 1/2 \, O_2 \rightarrow N_2O - Q\text{kcal}$
　　　• $N_2 + O_2 \rightarrow 2NO - Q\text{kcal}$
　㉣ 자체가 연소하지 않는 물질 : 돌, 흙 등

(3) 산소 공급원

① 개 념
　㉠ 가연물이 연소하려면 산소와 혼합되어 불이 붙을 수 있는 조건을 만들어야 하는데, 이를
　　연소범위라고 한다.
　㉡ 공기 중에는 약 21%의 산소가 포함되어 있어서 공기는 산소 공급원 역할을 할 수 있다.
　㉢ 일반적으로 산소의 농도가 높을수록 연소가 잘 일어나고, 일반 가연물인 경우 산소농도
　　15% 이하에서는 연소가 어렵다.
　㉣ 물질 자체가 분자 내에 산소를 보유하고 있어서 마찰·충격 등의 자극에 의해 산소를 방출하
　　는 물질이 있는데 이를 산화성 물질이라고 한다. 화재 시 산소 공급원 역할을 하는 위험한
　　물질이므로 위험물안전관리법에서 위험물로 분류하여 관리하고 있다.

② 공 기
　㉠ 공기 중에 함유되어 있는 산소(O_2)의 양은 21%(vol%)이며, 연소할 때 필요한 산소로 이용되
　　고 있다.
　㉡ 공기 중 산소의 양을 약 15vol% 이하로 억제하면 연소반응은 일어나지 않는다.

③ 산화제
　㉠ 제1류·제6류 위험물은 가열·충격·마찰에 의해 산소를 발생한다.

    ⓛ 제1류 위험물은 산소를 함유하고 있는 강산화제로서 염소산염류, 과염소산염류, 과산화물, 질산염류, 과망간산염류, 무기과산물류 등이고, 제6류 위험물은 과염소산, 질산, 과산화수소 등이다.

        • 과산화칼륨(K_2O_2) : 물과 접촉하거나 가열하면 산소를 발생시킨다.

          – $2K_2O_2 + 4H_2O \rightarrow 4KOH + 2H_2O + O_2 \uparrow$

          – $2K_2O_2 \xrightarrow{\Delta E} 2K_2O + O_2 \uparrow$

        • 과산화나트륨(Na_2O_2) : 수용액은 30~40℃의 열을 가하면 산소를 발생시킨다.

          – $2Na_2O_2 \xrightarrow{\Delta E} 2NaO + O_2 \uparrow$

        • 질산나트륨($NaNO_3$) : 조해성이 있어 열을 가하면 아질산나트륨과 산소가 발생한다.

          – $2NaNO_3 \xrightarrow{\Delta E} 2NaNO_2 + O_2 \uparrow$

④ 자기반응성 물질
    ㉠ 제5류 위험물로서 분자 내에 가연물과 산소를 충분히 함유하고 있어 연소속도가 빠르고 폭발을 일으킬 수 있는 물질이다.
    ⓛ 나이트로글리세린, 셀룰로이드, 트라이나이트로톨루엔(TNT) 등이 있다.

⑤ 조연성(지연성) 물질
    ㉠ 가연물이 탈 수 있게 보조해 주는 기체이다.
    ⓛ 산소(O_2), 플루오린(불소, F_2), 오존(O_3), 염소(Cl_2)와 할로겐원소 등이 있다.

(4) 점화원

① 개 념
    ㉠ 점화원(=열, 열원, 착화원, 발화원, 점화에너지) : 가연물질의 연소반응을 위해 공급되는 에너지로, 원활한 연소가 이루어지기 위해서는 가연성 물질의 활성화에너지가 적을수록 좋다.
    ⓛ 점화원은 열의 형태로, 에너지의 강도는 온도로 나타낸다.
    ㉢ 활성화에너지의 종류
        • 열적 점화원 : 적외선, 고열물, 복사열 등
        • 기계적 점화원 : 단열압축, 마찰, 충격 등
        • 화학적 점화원 : 자연발화에 의한 열, 연소열, 용해열 등
        • 전기적 점화원 : 저항열, 정전기, 유도열, 유전열, 전기불꽃, 지락 등
        • 기타 점화원 : 나화, 고온표면(가열로, 굴뚝 등), 원자력 점화원 등

② 전기적 불꽃 등
　　㉠ 전기불꽃 : 전기설비의 회로상에서나 전기기기·기구 등을 사용하는 장소에서 접점 스파크
　　　나 고전압에 의한 방전, 조명기구 등이 파손되면서 과열된 필라멘트가 노출되는 경우, 자동제
　　　어기의 릴레이 접점, 모터의 정류자 등 작은 불꽃에서도 충분히 가연성가스를 착화시킬 수
　　　있는 에너지가 있다.
　　㉡ 유도열 : 도체 주위의 자장 변화로 전류의 흐름에 대한 저항으로 열이 발생한다.
　　㉢ 유전열 : 전선피복의 불량으로 누설전류가 생겨 열이 발생한다.
　　㉣ 저항열 : 백열전구의 발열로서 전기에너지가 열에너지로 변할 때 발생한다.
　　㉤ 낙뢰열 : 구름의 충돌 또는 구름에 축적된 전하가 방전될 때 발생한다.
③ 단열압축, 나화 및 고온표면
　　㉠ 단열압축 : 기체를 높은 압력으로 압축시키면 온도가 상승하는데, 여기에 각종 오일이나
　　　윤활유가 열분해되어 저온 발화물을 생성하며 발화물질이 발화하여 폭발하게 된다.
　　㉡ 나화 및 고온표면 : 나화란 항상 화염을 가지고 있는 열 또는 화기로서 위험한 화학물질
　　　및 가연물이 존재하고 있는 장소에서 나화를 사용하면 대단히 위험하다. 고온표면 작업장의
　　　화기, 가열로, 건조장치, 굴뚝, 전기·기계설비 등으로서 항상 화재의 위험성이 내재되어
　　　있다.
④ 정전기 불꽃
　　㉠ 개 념
　　　정전기 불꽃이란 물체가 접촉하거나 결합한 후 떨어질 때 양(+)전하와 음(−)전하로 전하의
　　　분리가 일어나 발생한 과잉 전하가 물체(물질)에 축적되는 현상으로, 이 경우 정전기의 전압
　　　은 가연물질에 착화가 가능하다. 예를 들면, 화학섬유로 만든 의복 및 절연성이 높은 옷
　　　등을 입으면 대단히 높은 전위가 인체에 대전되어 접지 물체에 접촉하면 방전불꽃이 발생
　　　한다.
　　㉡ 정전기의 발생 크기
　　　• 물질의 특성 : 정전기는 접촉, 분리되는 두 물질의 상호작용에 의해 발생한다. 대전 서열이
　　　　가까운 위치에 있으면 정전기의 발생량이 적고 먼 위치에 있으면 발생량이 크다.
　　　• 물질의 표면 상태 : 물질의 표면이 원활하면 정전기 발생이 적고 표면이 수분이나 기름
　　　　등에 오염되면 산화, 부식에 의해 정전기 발생이 커진다.
　　　• 물질의 이력 : 접촉, 분리가 처음 일어날 때 최대가 되면 이후 접촉 분리가 반복되면 발생량
　　　　이 감소한다.
　　　• 접촉면적 및 압력 : 접촉면적이 클수록, 접촉압력이 증가할수록 정전기 발생량이 커진다.
　　　• 분리속도 : 분리속도가 빠를수록 정전기 발생량이 커지며 전하의 완화시간이 길면 전하
　　　　분리에 주는 에너지도 커져 발생량이 증가한다.

• 유속이 높을 때	• 필터 등을 통과할 때
• 물이 침전할 때	• 비전도성 부유물질이 많을 때
• 낙차가 일어날 때	• 와류가 생성될 때
• 습도가 낮을 때	• 배관 내의 유체 점도가 클 때

ⓒ 정전기를 방지하기 위한 예방대책

- 정전기 발생이 우려되는 장소에 접지시설을 한다.
- 실내 공기를 이온화하여 정전기 발생을 예방한다.
- 정전기는 습도가 낮거나 압력이 높을 때 많이 발생하므로 상대습도를 70% 이상으로 한다.
- 전기저항이 큰 물질은 대전이 용이하므로 전도체 물질을 사용한다.

⑤ 자연발화

ⓐ 자연발화(Spontaneous Combustion)의 개념

- 어떤 물질이 외부로부터 열의 공급을 받지 않고 온도가 상승하는 현상(자연발열)에 의해서 그 물질의 온도가 발화점 이상으로 올라가 저절로 발화하는 현상이다.
- 일반적으로 상온에서는 산화속도가 매우 느리다. 즉, 상온에서 산화반응이 열의 주위 발산율보다 많은 열을 발생시킴으로써 산화가 일어난다.

ⓑ 자연발화의 조건(가연물 자체의 조건)

- 열전도율이 작아야 한다.
- 주위의 온도, 발열량, 비표면적은 커야 한다.
- 수분은 적당해야 한다.

ⓒ 자연발화의 형태

- 산화열에 의한 발화 : 건성유, 원면, 석탄, 고무 분말 등
- 분해열에 의한 발화 : 셀룰로이드, 나이트로셀룰로스 등
- 흡착열에 의한 발화 : 활성탄, 목탄 분말 등
- 미생물에 의한 발화 : 퇴비, 먼지 등
- 중합열에 의한 발화 : HCN, 산화에틸렌 등

제3류 위험물 중 황린은 주위 온도가 약 30℃ 이상이 되면 자연발화되기 때문에 물속에 저장하고, 칼륨과 나트륨은 석유 속에 저장한다.

② 자연발화 예방대책
  • 가연성 물질 제거
  • 통풍이나 환기 및 저장방법 등을 고려하여 열의 축적을 방지한다.
  • 저장실의 온도를 낮게 한다.
  • 습도, 수분 등은 물질에 따라 촉매효과 작용을 하므로, 습도가 높은 곳에 저장하지 않는다.
  • 활성이 강한 황린이나 금속리튬 등은 위험하기 때문에 산화 및 발화를 방지하기 위해서 충분한 관리가 필요하다.

⑥ 복사열
  ㉠ 물질에 따라서 비교적 약한 복사열도 장시간 방사로 발화될 수 있다.
  ㉡ 예를 들어 햇빛이 유리나 거울에 반사되어 가연성 물질에 장시간 쪼일 때 열이 축적되어 발화될 수 있다.
  ㉢ 슈테판-볼츠만(Stefan-Boltzmann)의 법칙
     흑체 표면의 단위면적당 복사에너지가 절대온도의 4제곱에 비례한다는 법칙이다.

     $E = \varepsilon \sigma T^4 (\mathrm{W})$

     여기서, E : 흑체 표면의 단위면적당 복사하는 에너지
             ε : 방사율(흑체의 경우 1)
             σ : 슈테판-볼츠만 상수
             T : 온도

     ※ Stefan-Boltzmann 상수는 $5.67 \times 10^{-8} \mathrm{W/m^2 \cdot K^4}$이다.
     ※ 흑체란 복사에너지를 완벽하게 흡수하며 완벽하게 방출하는 물체이다. 따라서 흑체는 파장이나 주파수와 상관 없이 모든 복사에너지를 흡수한다.

예제

H 건물 내 화재 발생으로 인해 면적 30m²인 벽면의 온도가 상승하여 60℃에 도달하였을 때, 이 벽면으로부터 전달되는 복사 열전달량은 약 몇 W인가?(단, 벽면은 완전 흑체로 가정하고, Stefan-Boltzmann 상수는 $5.67 \times 10^{-8} \mathrm{W/m^2 \cdot K^4}$이다)

풀이 $E = \sigma T^4 (\mathrm{W})$
        $= 5.67 \times 10^{-8} \times (60 + 273)^4$
        $= 697.2 (\mathrm{W})$
     1m²당 697.2W이므로 면적 30m²에 대해 구하면 $697.2 \times 30 = 20{,}916\mathrm{W}$이다.

---

1 연소의 형태

연소의 형태는 기체 가연물·액체 가연물 및 고체 가연물을 구성하는 분자의 구조, 원소성분, 물성 등에 따라 기체연소·액체연소·고체연소로 분류되며 연소 상태에 따라 정상적으로 연소하는 정상연소와 폭발적으로 연소하는 비정상연소로 구분된다.

(1) 기체의 연소형태

가연성 기체는 공기와 적당한 부피비율로 섞여 연소범위에 들어가면 연소가 일어나는데 기체연소가 액체 가연물질 또는 고체 가연물질의 연소에 비해서 가장 큰 특징은 연소 시 이상현상인 폭굉이나 폭발을 수반한다는 것이다.

① 확산연소(발염연소, 불꽃연소)

기체의 연소형태는 확산연소, 예혼합연소, 폭발연소로 나눌 수 있다.

㉠ 기체의 일반적 연소형태로, 연소 버너 주변에 가연성가스를 확산시켜 산소와 접촉, 연소범위의 혼합가스를 생성하여 연소하는 현상이다.

㉡ 아세틸렌, 메탄, 프로판, 부탄 등 가연성가스의 연소에 있어서는 21%의 산소를 함유하고 있는 공기 확산에 의해서 연소반응이 지배되는 확산연소가 이루어진다.

㉢ LPG − 공기, 수소 − 산소의 경우이다.

※ 분출된 가연성 기체가 공기와 섞이는 과정을 '확산'이라고 하며 그 후에 연소가 일어난다.

② 예혼합연소

㉠ 연소시키기 전에 이미 연소 가능한 혼합가스를 만들어 연소시키는 것으로, 혼합기로의 역화를 일으킬 위험성이 크다.

㉡ 연료와 공기를 미리 혼합시킨 후에 연소시키는 것으로서 화염이 전파되는 특징을 갖는다.

㉢ 가솔린 엔진의 연소와 같다.

㉣ 화염은 청색이나 백색을 띠며 화염의 온도는 확산연소에 비해 높다.

③ 폭발연소

㉠ 가연성 기체와 공기의 혼합가스가 밀폐용기 안에 있을 때 점화되면 연소가 폭발적으로 일어나는데 예혼합연소의 경우에 밀폐된 용기로의 역화가 일어나면 폭발할 위험성이 크다.

㉡ 이것은 많은 양의 가연성 기체와 산소가 혼합되어 일시에 폭발적인 연소현상을 일으키는 비정상연소이기도 하다.

㉢ 기체연소의 가장 큰 특징은 폭발을 수반하는 것이다.

(2) 액체의 연소형태

액체 가연물질의 연소는 액체 자체가 연소하는 것이 아니라 "증발"이라는 변화과정을 거쳐 발생된 기체가 타는 것이다. 액체 가연물질이 휘발성인 경우는 외부로부터 열을 받아서 증발하여 연소하는 것을 증발연소라 하고, 액체가 비휘발성이거나 비중이 커 증발하기 어려운 경우에는 높은 온도를 가해 열분해하여 그 분해가스를 연소시키는 것을 분해연소라고 한다.

① 증발연소(액면연소)

  ㉠ 액체 가연물질이 액체 표면에 발생한 가연성 증기와 공기가 혼합된 상태에서 연소되는 형태로 액체의 가장 일반적인 연소형태이다.

  ㉡ 액체의 온도가 인화점 이상이 되면 액체 표면으로부터 많은 양의 증기가 증발되어 연소가 활발해진다. 액체 표면에서 연소가 이루어진다고 해서 액면연소라고도 한다.

  ㉢ 연소원리는 화염에서 복사나 대류로 액체 표면에 열이 전파되어 증발이 일어나고 발생된 증기가 공기와 접촉하여 액면의 상부에서 연소되는 반복적 현상이다.

  ㉣ 증발연소를 하는 물질로는 에테르, 이황화탄소, 알코올류, 아세톤, 석유류 등이 있다.

② 분해연소

  ㉠ 점도가 높고 비휘발성이거나 비중이 큰 액체 가연물이 열분해하여 증기를 발생시켜 연소가 이루어지는 형태이다. 이는 상온에서 고체 상태로 존재하고 있는 고체 가연물질도 분해연소의 형태를 보여 준다.

  ㉡ 분해연소를 하는 물질로는 중유, 글리세린, 벙커C유 등 비중이 큰 제3석유류, 제4석유류, 동식물유류 등이 있다.

> **더 알아두기** **분무연소와 등심연소**
>
> • 분무연소(액적연소)
>   – 액체연료를 미세하게 액적화(미립화)하여 표면적을 크게 하고 공기와의 혼합을 좋게 하여 연소하는 것으로서 공업적으로 가장 많이 이용된다.
>   – 휘발성이 낮고 점도가 높은 중질유 연소에 이용된다.
> • 등심연소(심지연소) : 석유 스토브나 램프와 같이 연료를 심지로 빨아올려 심지 표면에서 증발시켜 확산연소시키는 것이다.

(3) 고체의 연소형태

① 표면연소(직접연소, 작열연소, 응축연소)

  ㉠ 고체 가연물이 열분해나 증발하지 않고 표면에서 산소와 급격히 산화반응하여 연소하는 현상이다.

  ㉡ 고체가 연소할 때 불꽃 없이 표면만 타 들어가는 현상이 있는데, 이것이 표면연소이며 '무염연소'라고도 한다.

ⓒ 목탄, 코크스, 금속(분, 박, 리본 포함), 활성탄 등이 고체 표면에서 산소와 급격히 산화반응하여 연소하는 현상이다.

ⓓ 가열 시 열분해에 의해 증발되는 성분이 없이 물체 표면에서 산소와 직접 반응하여 연소가능한 물질이 분해하여 연소하는 형태로, 산화반응에 의해 열과 빛을 발생한다(휘발분도 없고 열분해반응도 없기 때문에 불꽃이 없다).

② 증발연소

ⓐ 고체를 가열할 경우 열분해를 일으키지 않고 그대로 증발한 증기(냉각하면 원래의 고체로 환원됨)가 공기와 혼합되어 연소하는 현상이다. 연소할 경우 이를 고체의 증발연소라 한다.

ⓑ 황, 나프탈렌, 파라핀(양초), 왁스 등이 열분해를 일으키지 않고 증발된 증기가 연소하는 현상으로 가연성 액체인 제4류 위험물은 대부분 증발연소를 한다.

• 용융성 고체 : 고체 파라핀(양초) 등의 연소
• 승화성 고체 : 나프탈렌, 유황, 요오드(아이오딘), 장뇌 등의 연소

③ 분해연소

ⓐ 고체 가연물질을 가열하여 열분해를 일으켜 나온 분해가스 등이 연소하는 형태로, 열분해에 의해 생기는 물질에는 일산화탄소(CO), 이산화탄소(CO_2), 수소(H_2), 메탄(CH_4) 등이 있다.

ⓑ 목재, 석탄, 종이, 섬유, 플라스틱, 합성수지, 고무류 등이 열분해를 일으켜 나온 분해가스 등이 연소하는 형태이다.

ⓒ 고체연료가 가열되면서 열분해반응에 의해 액상의 휘발성 물질을 생성되는데 이 휘발성 물질이 연소되는 현상이다.

ⓓ 장작이 타는 것을 보면 불이 붙은 쪽의 반대편으로 노란 증기가 나오는 것을 볼 수 있는데, 이 증기가 열분해의 결과로 발생하는 것이고 이 중 가연성 물질이 연소되는 증기이다.

ⓔ 이들은 연소가 일어나면 연소열에 의해 고체의 열분해가 계속 일어나 가연물이 없어질 때까지 계속된다.

④ 자기연소(내부연소)

ⓐ 산소 공급원을 가진 물질 자체가 연소하는 것이다. 즉, 가연물이 물질의 분자 내에 산소를 함유하고 있어 열분해에 의해서 가연성가스와 산소를 동시에 발생시키므로 공기 중의 산소 없이 연소할 수 있는 것을 말한다.

ⓑ 나이트로셀룰로스(NC), 트라이나이트로톨루엔(TNT), 나이트로글리세린(NG), 트라이나이트로페놀(TNP), 질산에스테르류 등 제5류 위험물 등은 자체 내에 산소를 함유하여, 열분해 시 가연성가스와 산소를 발생시켜 공기 중의 산소를 필요로 하지 않고 연소하는 현상이다.

ⓒ 대부분 폭발성을 지니고 있어 폭발성 물질로 취급한다.

2 연소의 확대

(1) 전 도

① 열전도의 개념

  ㉠ 열이 물질 속으로 전해져 가는 현상으로, 온도가 높은 부분에서 낮은 부분으로 이동하는 성질이다.

  ㉡ 물체 간 온도 차이로 직접 접촉에 의해 한 물체에서 다른 물체로 열에너지가 이동하는 현상이다.

  ㉢ 고체, 액체, 기체분자는 이동하지 않고 이웃하는 분자에만 에너지를 전달한다.

  ㉣ 쇠막대에 촛농을 떨어뜨린 다음 가열하면 열을 가한 쪽의 촛농부터 녹는다.

  ㉤ 압력과 열전도는 비례하며, 진공 상태에서는 열이 전달되지 않는다.

② 화재와의 관계 : 발산되는 열보다 전달되는 열이 많으면 그의 누적으로 발화원인이 된다.

③ 열전도율(K)

  ㉠ 열전도의 방향성 : 모든 방향으로 같다.

  ㉡ 단열재 : 열의 전도를 지연시켜 준다는 의미로, 열을 차단시킨다는 의미는 아니다.

  ㉢ 열전도율 : 어떤 물체의 고유성질로서 전도에 의한 열이동의 정도를 나타낸다. 두께 1m의 균일재에 대하여 양측의 온도차가 1℃일 때 1m²의 표면적을 통하여 이동된 열량으로, 단위는 kcal/m · h · ℃이다.

(2) 대 류

① 대류의 개념

  ㉠ 액체나 기체에서 분자가 순환하면서 열을 전달한다. 즉, 물을 가열하면 아래쪽 물 분자의 운동이 활발해져 위로 올라가고, 위쪽 물 분자들이 아래로 내려온다.

  ㉡ 액체나 기체와 같은 유체를 열전달 매개체로 하여 유체의 온도 변화에 따른 밀도차로 인해 열에너지가 전달되는 현상이다.

  ㉢ 화재 시 연기가 위로 향하는 것이나 화로에 의해 방 안의 공기가 더워지는 것이 대류에 의한 현상이다.

② 화재와의 관계

  ㉠ 대류는 유체의 유동에 의하여 연소확대의 원인이 된다.

  ㉡ 연소 시 화염에서 발생되는 뜨거운 기체 생성물과 화염 부근에서 뜨거워진 공기가 열에 의한 부피팽창으로 가벼워져 상부로 이동하는데, 이때 상부에 가연물이 있으면 연소가 확대된다.

(3) 복 사

① 복사의 개념

    ㉠ 물질을 매개로 하지 않고 직접 열을 전달한다.

    ㉡ 열에너지가 전자파의 형태로 사방으로 전달되는 현상으로, 이 에너지의 전파속도는 빛과 같고 물체에 닿으면 흡수, 반사 또는 투과된다.

    ㉢ 태양열은 진공에서도 빛(전자기파)의 형태로 열을 전달한다.

    ㉣ 복사의 대표적인 예는 다음과 같다.

       • 사람이 많은 교실은 사람이 적은 교실보다 덥다.

       • 모닥불을 향한 쪽이 더 따뜻하다.

       • 태양이 지구를 따뜻하게 해 주는 현상

② 열복사의 특징

    ㉠ 진공에서 손실이 없다.

    ㉡ 공기 중에서의 손실이 거의 없다.

    ㉢ 물체에 닿으면 통과하지 않고 흡수되어 그 물체를 따뜻하게 한다.

    ㉣ 화재와의 관계 : 화원과 이격된 물체에 대한 연소의 원인이 된다.

    ※ 물질은 각각의 특성에 따라 열을 전달하는 방법이 다르다. 예를 들면, 태양광은 복사로, 기체나 액체에서의 열 이동은 대류, 금속이나 고체 등에서는 전도로 이동하는 것이다.

(4) 비화(불똥)

① 불티나 불꽃이 기류를 타고 다른 가연물로 전달되어 화재가 발생하는 현상이다.

② 수 mm~수 cm 정도의 크기를 가진 화염덩어리가 기류를 타고 다른 가연물로 이동하여 그 가연물을 착화시키는 현상이다.

3 이상(異常)연소 현상

(1) 역화(Back Fire)

① 기체연료를 연소시킬 때 발생되는 이상연소 현상으로서, 연료의 분출속도가 연소 속도보다 느릴 때 불꽃이 연소기의 내부로 빨려 들어가 혼합관 속에서 연소하는 현상이다.

② 역화의 원인

    ㉠ 혼합가스의 양이 너무 적을 때

    ㉡ 노즐의 부식으로 분출 구멍이 커진 경우

    ㉢ 버너의 과열

    ㉣ 연소속도보다 혼합가스의 분출속도가 느릴 때

(2) 선화(Lifting)

역화의 반대 현상으로 연료가스의 분출속도가 연소속도보다 빠를 때 불꽃이 버너의 노즐에서 떨어져서 연소하는 현상으로, 완전한 연소가 이루어지지 않는다.

(3) 블로오프(Blow-off)현상

선화 상태에서 연료가스의 분출속도가 증가하거나 주위 공기의 유동이 심하면 화염이 노즐에 정착하지 못하고 떨어져 화염이 꺼지는 현상이다. 버너의 경우 가연성 기체의 유출속도가 연소속도보다 클 경우 일어난다.

(4) 불완전연소

연소 시 가스와 공기의 혼합이 불충분하거나 연소온도가 낮을 경우 등 여러 가지 요인으로 노즐의 선단에 적황색 부분이 늘어나거나 그을음이 발생하는 연소현상으로, 그 원인은 다음과 같은 경우 등이다.
① 공기의 공급이 부족할 때
② 연소온도가 낮을 때
③ 연료 공급 상태가 불안정할 때

(5) 플래시 오버(Flash Over)와 백 드래프트(Back Draft)

구 분	플래시 오버	백 드래프트
개 념	구획 내 가연성 재료의 전 표면이 불로 덮이는 전이 현상이다. 즉, 화재가 발생하는 과정에 있어서 화원 근처에 한정되어 있던 연소영역이 조금씩 확대되면서 이 단계에서 발생한 가연성가스는 천장 근처에 체류한다. 이 가스농도가 증가하여 연소범위 내의 농도에 도달하면 착화하여 화염에 쌓이게 된다. 그 이후에는 천장면으로부터의 복사열에 의하여 바닥면 위의 가연물이 급속히 가열 착화하여 바닥면 전체가 화염으로 덮이게 된다.	구획된 곳에 연소 중 산소결핍으로 계속 연소되지 못하고 있을 때 소화활동을 위하여 화재실 문을 개방할 때 신선한 공기가 유입되어 실내에 축적되었던 가연성가스가 단시간에 폭발적으로 연소함으로써 화재가 폭풍을 동반하여 실외로 분출하는 현상이다.
조 건	• 평균 온도 : 500℃ 전후 • 산소농도 : 10%	• 실내가 충분히 가열 • 다량 가연성가스 축적
발생시기	성장기	감쇠기
공급요인	복사열 공급	산소 공급
방지대책	• 개구부의 제한 • 천장의 불연화 • 화원의 억제 • 가연물 양의 제한	• 폭발력의 억제 • 격 리 • 소 화 • 환 기

(6) 연소 소음

연소에 수반되어 발생하는 소음으로, 발생원인은 연소속도나 분출속도가 대단히 클 때와 연소장치의 설계가 잘못되어 연소 시 진동이 발생하는 경우에 발생한다. 종류로는 연소음, 가스분출음, 공기흡입음, 폭발음, 공명음 등이 있다.

03 연소생성물 및 연기의 이동

1 연소생성물

(1) 연 기

① 연기의 정의

0.01~수십μm 의 입자지름을 가지는 연기의 정의는 다음과 같다.

㉠ 연기생성물 중에 고체나 액체의 미립자가 들어 있어 눈으로 볼 수 있는 상태

㉡ 기체 가운데 완전연소되지 않은 가연물이 고체 미립자가 되어 떠돌아다니는 상태

㉢ 탄소 함유량이 많은 가연성 물질이 산소 부족 상태에서 연소할 경우 다량의 탄소입자가 생성되는 것

② 연기가 인체에 미치는 영향

㉠ 시야를 방해하여 피난행동 및 소화활동을 저해한다.

㉡ 연기성분 중 유독물(일산화탄소, 포스겐 등)의 발생으로 생명이 위험하다.

㉢ 정신적으로 긴장 또는 패닉현상에 빠지게 되는 2차적 재해의 우려가 있다.

㉣ 최근 건물 화재의 특징은 난연처리(방염처리)된 물질을 사용하여 연소 자체는 억제되고 있지만 다량의 연기입자 및 유독가스가 발생된다.

③ 연기의 속도

㉠ 연기의 유동 및 확산은 벽 및 천장을 따라 진행하며 일반적으로 수평 방향으로는 0.5~1m/s 정도로 인간의 보행속도 1~1.2m/s보다 늦다.

㉡ 계단실 등에서의 수직 방향은 화재 초기 상태의 연기일지라도 1.5m/s, 중기 이후에는 3~4m/s로 인간의 보행속도보다 빨라지며, 굴뚝효과가 발생하는 건물구조에선 5m/s 이상이 된다.

④ 연기의 확산원인

㉠ 건물 내에서의 연기 확산은 연기를 포함한 공기(농연)의 온도에 따라 좌우된다.

㉡ 농연은 높은 열을 내포하고 있어, 열에 의하여 공기가 유동하고 그 공기에 포함되어 있는 연기도 확산된다.

(2) 유해 생성물질

① 일산화탄소(CO)

  ⊙ 일산화탄소는 무색・무취・무미의 환원성이 강한 가스로서 300℃ 이상의 열분해 시 발생한다.

  ⓛ 13~75%가 폭발한계로서 푸른 불꽃을 내며 타지만 다른 가스의 연소는 돕지 않으며, 혈액 중의 헤모글로빈과 결합력이 산소보다 210배 높고 흡입하면 산소결핍 상태가 된다.

  ⓒ 인체에 대한 허용농도는 50ppm이다.

② 이산화탄소(CO_2)

  ⊙ 이산화탄소는 물질의 완전연소 시 생성되는 가스로, 무색・무미의 기체로서 공기보다 무거우며 가스 자체는 독성이 거의 없으나 다량 존재할 때 사람의 호흡속도를 증가시키고 혼합된 유해가스의 흡입을 증가시켜 위험이 가중된다.

  ⓛ 인체에 대한 허용농도는 5,000ppm이다.

③ 황화수소(H_2S)

  ⊙ 황을 포함하고 있는 유기 화합물이 불완전연소할 때 발생하는데 계란 썩은 냄새가 나며 0.2% 이상 농도에서 냄새 감각이 마비되고 0.4~0.7% 농도에서 1시간 이상 노출되면 현기증, 장기혼란의 증상과 호흡기 통증이 나타난다.

  ⓛ 농도가 0.7%를 넘어서면 독성이 강해져서 신경 계통에 영향을 미치고 호흡기가 무력해진다.

④ 이산화황(SO_2, 아황산가스)

  ⊙ 유황이 함유된 물질인 동물의 털, 고무와 일부 목재류 등이 연소할 때 발생된다.

  ⓛ 무색의 자극성 냄새를 가진 유독성 기체로 눈 및 호흡기 등에 점막을 상하게 하고 질식사의 우려가 있다.

  ⓒ 특히, 유황을 저장 또는 취급하는 공장은 화재 시 주의를 요한다.

⑤ 암모니아(NH_3)

  ⊙ 질소 함유물(나일론, 나무, 실크, 아크릴, 플라스틱, 멜라닌수지 등)이 연소할 때 발생하는 연소생성물로서 유독성이 있으며 강한 자극성을 가진 무색의 기체이다.

  ⓛ 냉동시설의 냉매로 많이 쓰이고 있으므로 냉동창고 화재 시 누출 가능성이 크다.

  ⓒ 독성의 허용농도는 50ppm이다.

⑥ 시안화수소(HCN)

  ⊙ 질소성분을 가지고 있는 합성수지, 동물의 털, 인조견 등의 섬유가 불완전연소할 때 발생하는 맹독성가스이다.

  ⓛ 인화성이 매우 강한 무색의 화학물질로 0.3%의 농도에서 즉시 사망할 수 있다.

  ⓒ 수분이 2% 이상 포함되어 있거나 알칼리 등이 포함되어 있으면 폭발할 우려가 크다.

⑦ 포스겐(COCl₂)

　　㉠ 열가소성 수지인 폴리염화비닐(PVC), 수지류 등이 연소할 때 발생되며 맹독성가스로 허용
　　　농도는 0.1ppm(mg/m³)이다.

　　㉡ 일반적인 물질이 연소할 경우는 거의 생성되지 않지만 일산화탄소와 염소가 반응하면 생성
　　　되기도 한다.

⑧ 염화수소(HCl)

　　㉠ PVC와 같은 수지류가 탈 때 주로 생성되며, 금속에 대한 부식성이 강하다.

　　㉡ 독성의 허용농도는 5ppm(mg/m³)이며 향료, 염료, 의약, 농약 등의 제조에 이용된다.

　　㉢ 자극성이 아주 강해 눈과 호흡기에 영향을 준다.

⑨ 이산화질소(NO₂)

　　㉠ 질산셀룰로스, 폴리우레탄 등의 불완전연소 시나 질산염 계통의 무기물질이 포함된 화재에
　　　발생되는 적갈색을 띤 유독성가스이다.

　　㉡ 독성이 매우 커서 200~700ppm 정도의 농도에 잠시 노출되어도 인체에 치명적이다.

⑩ 아크롤레인(CH₂CHCHO ; Acrolein)

　　㉠ 석유제품 및 유지류 등이 탈 때 생성되는 맹독성가스이다.

　　㉡ 맹독이어서 1ppm 정도의 농도만 되어도 견딜 수 없고, 10ppm 이상의 농도에서는 거의
　　　즉사한다.

⑪ 플루오린화수소(HF)

　　㉠ 합성수지인 플루오린수지가 연소할 때 발생되는 연소생성물로서 무색의 자극성 기체이며
　　　유독성이 강하다.

　　㉡ 허용농도는 3ppm(mg/m³)이며 모래・유리를 부식시키는 성질이 있다.

[연소물질과 생성가스]

종 류	발생조건	허용농도(TWA)
일산화탄소	불완전연소 시 발생	50ppm
아황산가스	중질유, 고무, 황화합물 등의 연소 시 발생	5ppm
염화수소	플라스틱, PVC	5ppm
시안화수소	우레탄, 나일론, 폴리에틸렌, 고무, 모직물 등의 연소	10ppm
암모니아	열경화성 수지, 나일론 등의 연소 시 발생	25ppm
포스겐	프레온 가스와 불꽃의 접촉	0.1ppm

더 알아두기 **연소가스의 인체 영향(위험성)**

・자극성 독성가스 : HCl(염화수소), NH₃(암모니아), 할로겐화수소가스
・최면・마취성가스 : H₂S(황화수소), SO₂(이산화황), HCN(시안화수소), COCl₂(포스겐)
・감지할 수 없는 독성가스 : CO(일산화탄소), CO₂(이산화탄소)

2 연기의 이동력과 중성대

연기는 공기의 흐름을 따라 이동한다. 연기 이동력에는 굴뚝효과, 부력, 팽창, 바람, HVAC (Heating, Ventilating and Air Conditioning) 시스템, 엘리베이터의 피스톤 효과 등이 있다.

(1) 연기의 이동력

① 굴뚝효과(연돌효과)
  ㉠ 고층 건물의 계단실, 엘리베이터 샤프트 등의 공간이 건물의 난방과 화재에 의한 연기 침투로 인해 건물 외부 공기의 온도보다 높아져 건물 내부와 외부의 공기밀도 차이로 인해 발생한 압력차에 의해 발생한다.
  ㉡ 겨울철 화재와 같이 건물 내부가 따뜻하고 건물 외부가 찬 경우, 기압은 건물 내부가 낮아 지표면상에서 건물로 들어온 공기는 건물 내부의 상부로 이동하게 되고, 이러한 압력 차이에 의해 야기된 공기의 흐름은 굴뚝에서의 연기 흐름과 유사하게 되는데, 이러한 현상을 굴뚝효과 또는 연돌효과라고 한다.
  ㉢ 굴뚝효과에 영향을 주는 요소
    • 건축물의 높이, 내외의 온도차
    • 화재실의 온도, 외벽의 기밀도, 각 층간의 공기 누설
  ㉣ 역굴뚝효과 : 여름철과 같이 외기가 건물 내부보다 따뜻할 경우 하향으로 공기가 이동하게 되는 데 이런 흐름이다.

② 부 력
  ㉠ 화재에서 고온의 연기는 자체의 감소된 밀도에 의해 부력을 가진다.
  ㉡ 화재구획실과 그 주변 사이의 압력차에 의한 부력으로 인해 연기가 상층으로 이동하게 되고, 화염으로부터 연기가 이동할 때 온도 강하는 열전달과 희석작용에 기인하여 부력효과는 화염으로부터 거리가 멀어질수록 감소하게 된다.

③ 팽 창
  ㉠ 화재로부터 방출되는 에너지는 연소가스를 팽창시킴으로써 연기 이동의 원인이 될 수 있다.

ⓛ 건물에 하나의 개구부만 있으면 화재구획실의 공기는 화재구획실로 흐르고 뜨거운 연기는 화재구획실 밖으로 흘러갈 것이다. 그러나 발화지점 주변에 개방된 개구부가 여러 곳 존재한 다면 화재구역에서 개구부 사이의 압력차는 무시된다.

④ 바 람

ⓐ 바람은 고층 빌딩에 풍압을 가하며 이러한 풍압효과로 인해 초고층 건축물에서 구조적 하중 에 대한 특별한 고려를 하게 된다.

ⓛ 바람에 의한 풍압은 빌딩 내부의 공기 누출과 공기 이동을 일으키기도 한다.

ⓒ 빌딩 내의 틈새가 많거나 창이나 문이 많은 건물의 경우 바람의 영향을 더욱 많이 받는다.

⑤ HVAC(공조기기 시스템)

ⓐ 화재 발생 시 HVAC 시스템은 화재 확산을 가속시키고, 화재 진화 시 멀리 연기를 보내거나 화재 발생구역으로 신선한 공기를 제공하여 연소를 돕는다.

ⓛ 따라서 HVAC 시스템은 화재 또는 연기의 감지로부터 송풍기를 일시 정지시키거나 특별한 제연작동 모드로 전환되도록 설계해야 한다.

⑥ 엘리베이터 피스톤 효과

ⓐ 화재 시에 엘리베이터 운전도 연기의 흐름에 영향을 미친다.

ⓛ 엘리베이터가 샤프트 내에서 이동할 때, 흡입압력(피스톤 효과)이 발생한다.

ⓒ 이 흡입압력은 엘리베이터 연기제어에 영향을 미치고, 이러한 피스톤 효과는 정상적으로 가압된 엘리베이터 로비나 샤프트로 연기를 유입시킬 수 있다.

(2) 중성대의 형성과 활동

① 중성대의 개념

ⓐ 건물 내부의 압력이 외부의 압력과 일치하는 수직적인 위치가 생기는데 이 위치를 건물의 중성대(NPL ; Neutral Pressure Level)라 한다.

ⓛ 이론적으로 틈새(Crack)나 다른 개구부가 수직적으로 균일하게 분포되어 있다면 중성대는 정확하게 건물의 중간 높이가 된다.

ⓒ 건물의 상부에 큰 개구부가 있다면 중성대는 올라가고 건물의 하부에 큰 개구부가 있다면 중성대는 내려온다.

② 중성대의 형성

ⓐ 건물 화재가 발생하면 연소열에 의해 온도가 상승함으로써 부력에 의해 실의 천장 쪽으로 고온기체가 축적되고 온도가 높아져 기체가 팽창하여 실내와 실외의 압력이 달라지는데 실내의 상부는 실외보다 압력이 높고 하부는 압력이 낮다. 따라서 그 사이 어느 지점에 실내와 실외의 정압이 같아지는 경계면(0포인트)이 형성되는데 그 면을 중성대(Neutral Plane)라고 한다.

ⓛ 중성대의 위쪽은 실내 정압이 실외보다 높아 실내에서 기체가 외부로 유출되고 중성대 아래쪽은 실외에서 기체가 유입되어 중성대의 상부는 열과 연기로, 그리고 중성대의 하층부는 신선한 공기가 존재하게 된다.

③ 중성대의 활용

㉠ 화재현장에서는 중성대 형성의 위치를 파악하고, 배연을 할 경우에는 중성대 위쪽에서 배연을 해야 효과적이다. 그러나 새로운 공기의 유입 증가현상을 촉발하여 화세가 확대될 수 있음에 유의해야 한다.

㉡ 밀폐된 건물 내부에서 화재가 발생했을 때 신선한 공기의 유입이 없어 빠른 연소의 확대는 없지만 하층 개구부로 신선한 공기가 유입된다면 연소 확대와 동시에 연기량이 증가한다. 따라서 연기층이 급속히 아래로 확대되면서 중성대의 경계면은 하층으로 내려오게 되고, 생존 가능성은 어렵게 된다.

㉢ 반대로 상층 개구부를 개방하면 연소는 확대되지만, 발생한 연기는 빠른 속도로 상승하여 외부로 배출되므로 중성대의 경계선은 위로 축소되고 중성대 하층의 면적이 커져 대원과 대피자들의 활동 공간과 시야가 확보되어 신속히 대피할 수 있다.

㉣ 현장 도착 시 하층 출입문으로 짙은 연기가 배출된다면 상층 개구부 개방을 강구하고, 하층 개구부에서 연기가 배출되고 있지 않다면 상층 개구부가 개방되어 있다고 판단하여 신선한 공기가 유입되는 출입문쪽을 급기측으로 판단한다.

㉤ 중성대를 상층(위쪽)으로 올리기 위해서 배연 개구부 위치는 지붕 중앙 부분 파괴가 가장 효과적이며, 그 다음으로 지붕의 가장자리 파괴, 상층부 개구부의 파괴 순서가 효과적이다.

04 폭발이론

1 폭발의 개요

(1) 폭발의 개념

폭발은 급격한 압력의 발생 또는 해방의 결과로서 굉음을 발생하며 파괴하기도 하고, 팽창하기도 하는 것, 화학 변화에 동반해 일어나는 압력의 급격한 상승현상으로 파괴작용을 수반하는 현상 등으로 설명할 수 있다.

(2) 폭발반응의 원인

① 빛, 소리 및 충격 압력을 수반하는 순간적으로 완료되는 화학 변화를 폭발반응이라고 한다.

② 기체 상태의 엔탈피(열량) 변화는 폭발반응과 압력 상승의 원인으로, 다음을 들 수 있다.
　　㉠ 발열 화학반응 시에 일어난다.
　　㉡ 강력한 에너지에 의한 급속 가열로, 예를 들면 부탄가스통의 가열 시 폭발하는 것과 같다.
　　㉢ 액체에서 기체 상태로 변화를 증발, 고체에서 기체 상태로의 변화를 승화라고 하는데 이처럼 응축 상태에서 기상으로 변화(상변화) 시 일어난다.

(3) 폭발의 성립조건

① 밀폐된 공간이 존재하여야 된다.
② 가연성가스, 증기 또는 분진이 폭발범위 내에 있어야 한다.
③ 혼합가스 및 분진을 발화시킬 수 있는 최소 점화원(Energy)이 있어야 한다.
④ 연소의 3요소에 밀폐된 공간이 있으면 성립한다.

2 폭발의 형태

폭발이란 급격한 압력의 발생, 해방의 결과로 그 현상이 격렬한 폭음을 동반한 이상팽창현상으로, 크게는 물리적 폭발과 화학적 폭발로 구분하며 물리적 상태에 따라 기상폭발과 응상폭발로 나눌 수 있다.

(1) 물리적 폭발

① 화염을 동반하지 않고 물질 자체의 화학적 분자구조가 변하지 않으며, 단순히 상변화(액상 → 기상) 등에 의한 폭발이다.
② 진공용기의 파손에 의한 폭발현상, 과열액체의 급격한 비등에 의한 증기폭발, 고압용기에서 가스의 과압과 과충전 등에 의한 용기 파열에 의한 급격한 압력 개방 등이 물리적인 폭발이다.
③ 응상폭발(증기폭발, 수증기 폭발)과 관련되며 대표적인 예로 블레비(BLEVE)가 있다.

> **더 알아두기**　**BLEVE와 UVCE**
>
> - BLEVE(Boiling Liquid Expanding Vapor Explosion)
>   밀폐 공간 내의 대기압하에서의 비점보다 과열된 상태에 있는 액체가 그 수용용기의 파열로 갑자기 가압 상태에서 풀어질 때 일어나는 급속한 기화로 인한 물리적 폭발이다.
> - UVCE(Unconfined Vapor Cloud Explosion, 증기운 폭발)
>   저장탱크에서 유출된 가스가 대기 중의 공기와 혼합하여 구름을 형성하고 떠다니다가 점화원(점화 스파크, 고온 표면 등)을 만나면 발생할 수 있는 격렬한 폭발사고로, 심한 위험성은 폭발압이다. 증기운 폭발은 화학적 변화를 동반하는 화학적 폭발이다.

(2) 화학적 폭발

화염을 동반하고, 물질 자체의 화학적 분자구조가 변하는 기상폭발과 관련된다.

① 산화폭발(연소폭발)

  ㉠ 산화폭발은 연소의 한 형태인데 연소가 비정상 상태로 되어서 폭발이 일어나는 형태로, 연소폭발이라고도 한다.

  ㉡ 주로 가연성가스, 증기, 분진, 미스트 등이 공기와의 혼합물, 산화성, 환원성 고체 및 액체 혼합물 혹은 화합물의 반응에 의하여 발생된다.

  ㉢ 산화폭발사고는 대부분 가연성가스가 공기 중에 누설되거나 인화성 액체 저장탱크에 공기가 혼합되어 폭발성 혼합가스를 형성함으로써 점화원에 의해 착화되어 폭발하는 현상이다.

  ㉣ 공간 부분이 큰 탱크장치, 배관 건물 내에 다량의 가연성가스가 공간 전체에 채워져 있을 때 폭발하지만 큰 파괴력이 발생되어 구조물이 파괴된다. 이때 폭풍과 충격파에 의하여 멀리 있는 구조물까지도 피해를 입힌다.

  ㉤ 산화폭발은 폭발의 주체가 되는 물질에 따라 가스, 분진, 분무폭발로 분류할 수 있다.

② 분해폭발

  ㉠ 분해폭발은 아세틸렌(C_2H_2), 산화에틸렌(C_2H_4O), 하이드라진(N_2H_4)과 같은 분해성가스와 다이아조화합물 같은 자기분해성 고체류를 분해하면서 폭발하며 이는 단독으로 가스가 분해하여 폭발하는 것이다.

  ㉡ 아세틸렌은 분해성가스의 대표적인 것으로 반응 시 발열량이 크고, 산소와 반응하여 연소 시 3,000℃의 고온이 얻어지는 물질로서 금속의 용단, 용접에 사용된다.

  ㉢ 고압으로 압축된 아세틸렌 기체에 충격을 가하면 직접 분해반응을 일으키므로 고압으로 저장할 때는 불활성 다공물질을 용기 내에 주입하고, 여기에 아세톤액을 스며들게 하여 아세틸렌을 고압으로 용해 충전하는 방법을 사용한다.

  ㉣ 용해 아세틸렌을 저장할 때는 용기 내에 가스층 간의 공간이 없도록 하고 아세틸렌 충전 시 용기가 발열되면 냉각시키고, 충전 후에도 온도가 안정될 때까지 냉각하여야 한다.

  ㉤ 일반적으로 널리 사용되는 용해 아세틸렌 용기는 고열이 국부적으로 발생되고, 다공물질이 변질 혹은 공간이 생성되는 이상이 발생될 때 분해증발이 일어나 국부적인 과열로 인한 용기가 폭발하는 경우가 있으므로 신중하게 취급해야 한다.

③ 중합폭발

  ㉠ 중합폭발은 시안화수소(HCN), 산화에틸렌 등의 물질이 중합반응을 일으킬 때 발생하는 중합열에 의해서 일어나는 폭발이다.

  ㉡ 중합해서 발생하는 반응열을 이용해서 폭발하는 것으로 초산비닐, 염화비닐 등의 원료인 단량체(Monomer)가 폭발적으로 중합되면, 격렬하게 발열하여 압력이 급상승되고 용기가 파괴되는 폭발을 일으키는 경우가 자주 있다.

단량체(모노머, Monomer)

> 고분자 화합물 또는 화합체를 구성하는 단위가 되는 분자량이 작은 물질로, 단위체 또는
> 모노머라고도 한다. 중합반응에 의해서 중합체를 합성할 때의 출발물질을 가리킨다.

   ⓒ 중합반응은 고분자물질의 원료인 단량체에 촉매를 넣어 일정한 온도, 압력하에서 반응시키면 분자량이 큰 고분자를 생성하는 반응이다. 이 반응은 대부분 발열반응을 하므로 적절한 냉각설비를 반응장치에 설치하여 이상반응이 되는 것을 방지하여야 한다.

   ⓔ 중합이 용이한 물질은 촉매를 주입하지 않아도 공기 중의 산화와 그외 산화성 물질, 알칼리성 물질이 촉매역할을 하여 반응을 일으킬 수도 있으므로 반응중지제를 준비하여야 한다.

   ⓜ 중합폭발을 하는 가스로는 시안화수소(HCN), 산화에틸렌(C_2H_4O) 등이 있다.

④ **촉매폭발**

촉매에 의해서 폭발하는 것으로 수소(H_2)+산소(O_2), 수소(H_2)+염소(Cl_2)에 빛을 쪼일 때 일어난다.

(3) 기상폭발

수소, 일산화탄소, 메탄, 프로판, 아세틸렌 등의 가연성가스와 조연성가스와의 혼합기체에서 발생하는 가스폭발, 분해폭발, 분무폭발, 분진폭발이 기상폭발에 속한다.

① **가스폭발(혼합 가스폭발)**

   ㉠ 가연성가스와 조연성가스가 일정 비율로 혼합된 가연성 혼합기체는 발화원에 의해 착화되면 가스폭발을 일으킨다. 이것을 폭발성 혼합기(폭발성 혼합가스)라고 한다.

   ㉡ 가스폭발에는 폭발성 혼합가스 외에 공기와 섞이지 않아도 그 기체 자체만으로 분해하면서 폭발하는 분해폭발이 있는데 대표적인 분해폭발 물질로는 아세틸렌이 있다.

   ㉢ 가연성가스에는 수소, 천연가스, 아세틸렌가스, LPG 외에 휘발유, 벤젠, 톨루엔, 알코올, 에테르 등의 가연성 액체로부터 나오는 증기도 포함된다.

② **분해폭발**

   ㉠ 기체 분자가 분해할 때 발열하는 가스는 단일성분의 가스라고 해도 발화원에 의해 착화되면 혼합가스와 같이 산소가 없어도 가스폭발을 일으킨다. 이것을 가스의 분해폭발이라고 한다.

   ㉡ 분해폭발성가스는 아세틸렌, 산화에틸렌, 에틸렌, 프로파디엔, 메틸아세틸렌, 모노비닐아세틸렌, 이산화염소, 하이드라진 등이 있다.

   ㉢ 아세틸렌 충전 공장과 같은 곳에서는 때때로 고압 아세틸렌의 분해폭발에 의한 사고가 일어난다.

   ㉣ 폴리에틸렌 공장에서 1,000기압 이상의 고압 에틸렌이 분해폭발을 일으켜 누설되고, 공기 중에서 다시 혼합 가스폭발을 일으킨 경우도 있다.

③ 분무폭발

　　㉠ 공기 중에 분출된 가연성 액체의 미세한 액적이 무상(霧相)으로 되어 공기 중에 부유하고, 착화에너지가 있을 때 발생한다. 압력유, 윤활유 등 가연물질이나 인화점이 상당히 높은 것은 분무폭발 위험이 있다.

　　㉡ 고압·유압설비의 일부가 파손되어 내부의 가연성 액체가 공기 중에 분출·현탁하여 존재할 때 어떤 원인에 의하여 착화에너지가 주어지면 발생하는 폭발이다.

④ 분진폭발

　　㉠ 가연성 고체의 미분이 일정 농도 이상 공기와 같은 조연성가스 등에 분산되어 있을 때 발화원에 의하여 착화됨으로써 일어나는 현상이다.

　　㉡ 금속, 플라스틱, 농산물, 석탄, 유황, 섬유질 등의 가연성 고체가 미세한 분말 상태로 공기중에 부유하여 폭발하한계 농도 이상으로 유지될 때 착화원이 존재하면 가연성 혼합기와 동일한 폭발현상을 나타낸다.

　　㉢ 탄광의 갱도, 유황 분쇄기, 합금 분쇄 공장 등에서 가끔 분진폭발이 일어난다.

　　㉣ 폭발성 분진

　　　• 탄소제품 : 석탄, 목탄, 코크스, 활성탄

　　　• 비료 : 생선가루, 혈분 등

　　　• 식료품 : 전분, 설탕, 밀가루, 분유, 곡분, 건조효모 등

　　　• 금속류 : Al, Mg, Zn, Fe, Ni, Si, Ti, V, Zr

　　　• 목질류 : 목분, 콜크분, 리그닌분, 종이가루 등

　　　• 합성약품류 : 염료 중간체, 각종 플라스틱, 합성세제, 고무류 등

　　　• 농산가공품류 : 후춧가루, 제충분(除蟲粉), 담배가루 등

　　　※ 분진폭발을 일으키지 않는 물질 : 생석회(CaO), 탄산칼슘($CaCO_3$), 시멘트 가루, 대리석 가루 등이다.

　　㉤ 분진의 발화폭발 조건

　　　• 가연성 : 금속, 플라스틱, 밀가루, 설탕, 전분, 석탄 등

　　　• 미분 상태 : 200mesh($76\mu m$) 이하

　　　• 지연성가스(공기) 중에서의 교반과 운동

　　　• 점화원의 존재

　　㉥ 가연성 분진의 착화폭발기구

　　　• 입자 표면에 열에너지가 주어져서 표면온도가 상승한다.

　　　• 입자 표면의 분자가 열분해 또는 건류작용을 일으켜서 기체 상태로 입자 주위에 방출한다.

　　　• 이 기체가 공기와 혼합하면 폭발성 혼합기가 생성된 후 발화되어 화염이 발생한다.

　　　• 이 화염에 의해 생성된 열은 다시 다른 분말의 분해를 촉진시켜 공기와 혼합하여 발화 전파한다.

ⓧ 분진폭발의 특성

- 연소속도나 폭발압력은 가스폭발에 비교하여 작으나 연소시간이 길고, 에너지가 크기 때문에 파괴력과 타는 정도가 크다. 즉, 발생에너지는 가스폭발의 수백 배이고 온도는 2,000~3,000℃까지 올라간다. 그 이유는 단위체적당의 탄화수소의 양이 많기 때문이다.
- 폭발입자는 연소되면서 비산하므로 이것에 접촉되는 가연물은 국부적으로 심한 탄화를 일으키며, 특히 인체에 닿으면 심한 화상을 입는다.
- 최초의 부분적인 폭발에 의해 폭풍이 주위의 분진을 날리게 하여 2차, 3차의 폭발로 파급됨에 따라 피해가 커진다.
- 가스에 비하여 불완전한 연소를 일으키기 쉬우므로 탄소가 타서 없어지지 않고 연소 후 가스상에 일산화탄소가 다량으로 존재하는 경우가 있어 가스에 의한 중독 위험성이 있다.

◎ 분진폭발성에 영향을 미치는 인자

- 분진의 화학적 성질과 조성
  - 분진의 발열량이 클수록 폭발 위험성이 커진다.
  - 분진 내 휘발성분이 많을수록 폭발 위험성이 커진다.
  - 탄진에서는 휘발분이 11% 이상이면 폭발하기 쉽다.
  - 분진의 부유성이 클수록 폭발 위험성이 커진다.
- 입도와 입도분포
  - 분진의 표면적이 입자체적에 비하여 커지면 열의 발생속도가 방열속도보다 커져서 폭발이 용이해진다.
  - 평균 입자경이 작고 밀도가 작을수록 비표면적은 크게 되고 표면에너지도 크게 되어 폭발이 용이해진다.
  - 작은 입경의 입자를 함유하는 분진의 폭발성이 높다고 간주한다.
- 입자의 형성과 표면의 상태
  - 평균 입경이 동일한 분진인 경우, 분진의 형상에 따라 폭발성이 달라진다. 즉, 구상, 침상, 평편상 입자 순으로 폭발성이 증가한다.
  - 입자 표면이 공기(산소)에 대하여 활성이 있는 경우 폭로시간이 길어질수록 폭발성이 낮아진다. 따라서 분해공정에서 발생되는 분진은 활성이 높고 위험성도 크다.
- 수 분
  - 분진 내 존재하는 수분의 양이 적을수록 폭발 위험성이 커진다.
  - 분진 속에 존재하는 수분은 분진의 부유성을 억제시키고 대전성을 감소시켜 폭발성을 둔감하게 한다.
  - 반면에 마그네슘, 알루미늄 등은 물과 반응하여 수소를 발생하고 그로 인해 위험성은 더 높아진다.

ⓩ 폭발 압력
- 분진의 최대 폭발압력은 양론적인 농도보다 훨씬 더 큰 농도에서 일어난다(가스폭발의 경우와 다름).
- 최대 폭발압력 상승속도는 입자의 크기가 작을수록 증가하는데 이는 입자 크기가 작을수록 확산되기 쉽고 발화되기 쉽기 때문이다.

ⓩ 분진폭발 시 소화방법
- 금속분에 대하여는 물을 사용하지 말아야 한다.
- 분진폭발 시 소화방법은 질식소화방법이 유효하다.
- 분진폭발은 단 한 번으로 끝나지 않을 수 있으므로 제2차, 제3차의 폭발에 대비하여야 한다.
- 이산화탄소와 할론의 소화약제는 금속분에 대하여 적절하지 않다.

(4) 응상폭발

일반적으로 응상이란 고상 및 액상의 것을 말하고, 응상은 기상에 비하여 밀도가 $10^2 \sim 10^3$배이므로 그 폭발의 양상이 다르다. 용융금속이나 금속 조각 같은 고온물질이 물속에 투입되었을 때 고온의 열이 저온의 물에 짧은 시간에 전달되면 일시적으로 물은 과열 상태로 되고 급격하게 비등하여 폭발현상이 나타나게 되는 것을 응상폭발이라고 하며 증기폭발, 혼합 위험성 물질에 의한 폭발, 폭발성 화합물의 폭발로 분류할 수 있다.

① 증기폭발
ㄱ 증기폭발의 의의
- 액체에 급속한 기화현상이 발생하여 체적팽창에 의한 고압이 생성되어 폭풍을 일으키는 현상으로 물, 유기액체 또는 액화가스 등의 액체들이 과열 상태가 될 때 순간적으로 증기화되어 폭발현상을 나타내는 것이다.
- 지상에 있는 물웅덩이에 작열된 용융 카바이드나 용융 철을 떨어뜨릴 경우 또는 탱크속의 비등점이 낮은 액체가 중합열 또는 외부로부터 가해지는 화재의 열 때문에 온도가 상승하여 증기압을 견디지 못하고 용기가 파열될 때 남아 있던 가열 액체는 순간적으로 심한 증기폭발을 일으킨다.

ⓒ 증기폭발의 분류

보일러 폭발 (고압포화액의 급속 액화)	• 보일러와 같이 고압의 포화수를 저장하고 있는 용기가 파손 등의 원인으로 동체의 일부분이 열리면 용기 내압이 급속히 하락되어 일부 액체가 급속히 기화하면서 증기압이 급상승하여 용기가 파괴된다. • 내용물이 가연성 물질인 경우 비등기화로 액체입자를 포함하는 증기가 대량으로 대기에 방출됨으로써 화염원으로부터 착화되어 화구가 형성된다. • 100℃ 이상 과열된 압력하의 물을 폭발수(Explosive Water)라고 한다.
수증기 폭발 (액체의 급속 가열)	• 물 또는 물을 함유한 액체에 고온 용융금속, 용융염 등이 대량으로 유입되는 경우 이 물질로 인해 밀폐된 상태의 물이 급격히 증발되고 밀폐로 인한 고압이 발생되어 폭발하는 현상이다. • 수증기 폭발의 발생은 고온 용융염의 투입속도가 빠를수록, 용기의 단면적이 작을수록 잘 일어난다.
극저온 액화가스의 증기폭발 (극저온 액화가스의 수면 유출)	• LNG 등의 저온액화가스가 상온의 물 위에 유출될 때 급격하게 기화되면서 증기폭발이 일어난다. • 뜨거운 유체로 작용하는 것은 물(15℃)이며, LNG는 −162℃에서 액화된 가스이므로 차가운 액체로 작용한다. • 이때의 에너지원은 물의 현열이다.
전선폭발	• 전선폭발은 고체인 무정형 안티몬이 동일한 고상의 안티몬으로 전이될 때 발열함으로써 주위의 공기가 팽창하여 폭발하는 경우가 있다. 이것을 고상 간의 전이에 의한 폭발이라고 한다. • 또한 고상에서 급격한 액상을 거쳐 기상으로 전이할 때도 폭발현상이 나타나는데 이를 전선폭발이라고 한다. 이것은 알루미늄제 전선에 한도 이상의 대전류가 흘러 순식간에 전선이 가열되고 용융과 기화가 급속하게 진행되어 폭발을 일으켜 피해를 주는 경우이다.

② 혼합 위험성 물질에 의한 폭발

산화성 물질과 환원성 물질의 혼합물에는 혼합 직후에 발화폭발하는 것 또는 혼합 후에 혼합물에 충격을 가하거나 열을 가하면 폭발을 일으키는 것 등이 있다.

③ 폭발성 화합물의 폭발

ⓐ 산업용 화약, 무기용 화약 등의 화학 폭약의 제조와 가공공정에서 또는 그 사용 중에 폭발사고가 일어나는 것을 말한다.

ⓑ 반응 중에 생기는 민감한 부생물이 반응조 내에 축적되어 폭발을 일으키는 경우도 해당된다. 예를 들면 산화반응조에 과산화물이 축적되어 폭발사고를 일으킨 것도 있다.

[3] 폭발의 한계

(1) 폭발한계의 정의

① 가연성가스와 공기(또는 산소)의 혼합물에서 가연성가스의 농도가 낮을 때나 높을 때 화염의 전파가 일어나지 않는 농도가 있다.

② 농도가 낮은 경우를 폭발하한계, 높은 경우를 폭발상한계라 하고, 그 사이를 폭발범위라고 한다. 연소한계, 가연한계라고도 한다.

(2) 폭발하한계(LFL)

발화원이 있을 때 불꽃이 전파되는 증기 혹은 가스의 최소 농도로서 공기나 산소 중의 농도로 나타낸다. 단위는 vol%이다.

(3) 폭발상한계(UFL)

발화원과 접촉 시 그 이상의 농도에서는 화염이 전파되지 않는 기체나 증기의 공기 중 최대농도를 나타낸다. 단위는 vol%이다.

(4) 폭발한계에 영향을 주는 요소

① 온도의 영향

    ㉠ 일반적으로 폭발범위는 온도 상승에 의하여 넓어지며 폭발한계의 온도 의존은 비교적 규칙적이다.

    ㉡ 공기 중에서 연소하한계 LFL은 온도가 100℃ 증가함에 따라 약 8% 증가한다.

$$LFL_t = LFL_{25℃} - (0.8LFL_{25℃} \times 10^{-3})(t-25)$$

    ㉢ 공기 중에서 연소상한계 UFL는 온도가 100℃ 증가함에 따라 약 8% 증가한다.

$$UFL_t = UFL_{25℃} - (0.8UFL_{25℃} \times 10^{-3})(t-25)$$

② 압력의 영향

    압력이 상승되면 연소하한계 LFL은 약간 낮아지나, 연소상한계 UFL는 크게 증가한다.

③ 산소의 영향

    ㉠ 산소 중에서의 연소하한계 LFL은 공기 중에서의 LFL과 같다(공기 중의 산소는 LFL에서 연소에 필요한 이상의 양이 존재한다).

    ㉡ 연소상한계 UFL는 산소량이 증가할수록 크게 증가한다.

④ 기타 산화제

    Cl_2 등의 산화제 분위기 중에서의 폭발범위는 공기 중보다 넓고 O_2 분위기와 비슷하다(가연성 물질이 Cl_2에 의해 산화되기 때문이다).

---

4 폭연과 폭굉

연소면의 전파속도가 음속보다 느리게 이동하는 경우를 폭연(Deflagration)이라고 하며, 음속보다 빠르게 이동하는 경우를 폭굉(Detonation)이라고 한다.

(1) 폭 연

① 개방된 대기 중에서 혼합가스가 발화할 경우, 연소가스는 자유로이 팽창하여 화염속도가 빠르고 압력파를 만들면 폭발음이 발생하게 된다. 이 경우를 폭연이라고 하며 폭발 속도는 음속 이하이다.

② 연소파의 진행속도는 가스 조성에 따라 다르나 대체로 0.1~10m/s이다.

③ 내연기관 안에서 가솔린과 공기의 혼합물은 거의 1/300초 안에 완전연소가 일어나는데 이것이 폭연이다.

(2) 폭 굉

① 폭굉은 화염속도가 음속보다 큰 경우, 즉 초음속인 경우이다.

② 폭굉파의 반응속도는 1,000~3,500m/s 정도이다. 공기 중의 0℃, 1atm에서 음속은 약 330m/s, 메탄 중에서는 430m/s, 수소 중에서는 1,270m/s이다.

③ 물리적 에너지에 의한 폭발의 형태를 파열이라고 한다.

④ 폭굉은 폭연보다 훨씬 빨라서 거의 1/10,000초 안에 완전연소가 일어난다.

⑤ 폭굉과 폭연은 화학적 에너지에 의한 폭발의 형태이다.

⑥ 폭굉 유도거리(DID)가 짧아지는 조건

　㉠ 정상 연소속도가 큰 혼합가스일수록 짧아진다.

　㉡ 관속에 방해물이 있거나 관경이 가늘수록 짧아진다.

　㉢ 압력이 높을수록 짧아진다.

　㉣ 점화원의 에너지가 클수록 짧아진다.

[폭연과 폭굉의 차이]

구 분	폭 연	폭 굉
충격파 전파 속도	음속보다 느리게 이동한다. (기체의 조성이나 농도에 따라 다르지만 일반적으로 0.1~10m/s 범위)	음속보다 빠르게 이동한다. (1,000~3,500m/s 정도로 빠르며, 이때의 압력은 약 1,000kgf/cm^2)
특 징	• 폭굉으로 전이될 수 있다. • 충격파의 압력은 수 기압(atm) 정도이다. • 반응 또는 화염면의 전파가 분자량이나 난류 확산에 영향을 받는다. • 에너지 방출속도가 물질 전달속도에 영향을 받는다.	• 압력 상승이 폭연보다 10배 또는 그 이상이다. • 온도의 상승은 열에 의한 전파보다 충격파의 압력에 기인한다. • 심각한 초기 압력이나 충격파를 형성하기 위해서는 아주 짧은 시간 내에 에너지가 방출되어야 한다. • 파면에서 온도, 압력, 밀도가 불연속적으로 나타난다.

5 폭발방지대책

(1) 내압방폭구조

용기 내부에서 폭발성가스 또는 증기가 폭발하였을 때 용기가 그 압력에 견디고 또한 접합면, 개구부 등을 통해서 외부의 폭발성가스·증기에 인화되지 않도록 한 구조이다.

(2) 압력방폭구조

용기 내부에 보호가스(신선한 공기 또는 불연성가스)를 압입하여 내부압력을 유지함으로써 폭발성가스 또는 증기가 용기 내부로 유입하지 않도록 된 구조이다.

(3) 안전증방폭구조

정상운전 중에 폭발성가스 또는 증기에 점화원이 될 전기불꽃, 아크 또는 고온 부분 등의 발생을 방지하기 위하여 기계적·전기적 구조상 또는 온도 상승에 대해서 특히 안전도를 증가시킨 구조이다.

(4) 유입방폭구조

전기불꽃, 아크 또는 고온이 발생하는 부분을 기름 속에 넣고, 기름면 위에 존재하는 폭발성가스 또는 증기에 인화되지 않도록 한 구조이다.

(5) 본질안전방폭구조

정상 시 및 사고 시(단선, 단락, 지락 등)에 발생하는 전기불꽃, 아크 또는 고온에 의하여 폭발성가스 또는 증기에 점화되지 않는 것이 점화시험, 기타에 의하여 확인된 구조이다.

02 적중예상문제

01 연소에 대한 설명 중 옳은 것은?

① CO_2를 발생하면서 반응한다.

② 반응하면서 열을 수반한다.

③ 물질이 산소와 반응하여 산화한다.

④ 물질이 산소와 반응하면서 열과 빛을 생성한다.

> **해설** 일반적으로 연소는 어떤 물질이 산소와 화합하는 반응 중에 열이 발생하여 온도가 상승한 결과, 강한 열과 빛을 동반한 산화반응현상이다.

02 물질이 연소할 때 발생하는 산화반응과 환원반응을 바르게 설명한 것은?

① 전자를 얻는 것을 산화, 전자를 잃은 것을 환원이라 한다.

② 산화수가 감소하는 변화를 산화라고 한다.

③ 산화제는 자신은 산화되고 다른 물질을 환원시킨다.

④ 수소를 잃는 변화도 산화반응이다.

> **해설** 산화반응이란 순물질이 산소와 화합하거나 수소를 잃는 반응이다.

03 연소의 단계에 속하지 않는 것은?

① 연 소
② 기 화
③ 열분해
④ 액 화

> **해설** 연소는 액체가 기화하여 발생하는 기체에 의하여 연소되는데 액화는 기체를 액체로 변화시키는 것으로 연소가 어렵다.

04 가스레인지 점화 시 완전연소를 나타내는 불꽃 색깔은?

① 파란색   ② 노란색
③ 빨간색   ④ 오렌지색

> **해설** 파란색 불꽃은 연소용 공기(산소)가 충분히 공급되어 완전연소 상태이며, 점화 시 일산화탄소가 거의 발생되지 않고 연소온도가 높은 상태인 반면, 빨간색 불꽃은 불완전연소 상태로서, 연소온도가 낮아 효율이 떨어지고 일산화탄소가 발생한다.

05 표준 상태(0℃, 1기압)에서 프로판 2m³을 연소시키기 위해 필요한 이론산소량(m³)과 이론공기량(m³)은?(단, 공기 중 산소는 21vol%이다)

① 이론산소량 : 5, 이론공기량 : 23.81
② 이론산소량 : 10, 이론공기량 : 47.62
③ 이론산소량 : 5, 이론공기량 : 47.62
④ 이론산소량 : 10, 이론공기량 : 23.81

> **해설** **프로판의 완전연소반응식** : $C_3H_8 + 5O_2 \rightarrow 3CO_2 + 4H_2O$
> • 이론산소량
> 프로판 1몰($22.4m^3$) : 산소 5몰($5 \times 22.4m^3$) = 프로판 $2m^3$: 이론산소량 $x\,m^3$
> 이론산소량 $x = \dfrac{2 \times (5 \times 22.4)}{22.4} = 10m^3$
> • 이론공기량 = $\dfrac{\text{이론산소량}}{\text{산소농도}} = \dfrac{10}{0.21} = 47.62m^3$

06 표준 상태(0℃, 1기압)에서 탄화수소화합물의 완전연소 반응식으로 옳은 것은?

① $CH_4 + 2O_2 \rightarrow CO_2 + 2H_2O$

② $C_2H_6 + 5O_2 \rightarrow 2CO_2 + 5H_2O$

③ $C_3H_8 + 6O_2 \rightarrow 3CO_2 + 4H_2O$

④ $C_4H_{10} + 7O_2 \rightarrow 4CO_2 + 5H_2O$

> **해설** **탄화수소계열 완전연소 방정식**
> $$C_mH_n + \left(m + \frac{n}{4}\right)O_2 \rightarrow mCO_2 + \left(\frac{n}{2}\right)H_2O$$
> ② $C_2H_6 + 3.5O_2 \rightarrow 2CO_2 + 3H_2O$
> ③ $C_3H_8 + 5O_2 \rightarrow 3CO_2 + 4H_2O$
> ④ $C_4H_{10} + 6.5O_2 \rightarrow 4CO_2 + 5H_2O$

07 가연성 액체의 위험도는 보통 무엇을 기준으로 결정하는가?

① 착화점 ② 인화점

③ 연소범위 ④ 비 점

> **해설** 가연성 액체의 위험도 척도는 인화점이며, 인화점이 낮을수록 위험하다.

08 동식물유류 중에서 인화점이 제일 낮은 것은?

① 건성유 ② 개자유

③ 피마자유 ④ 올리브유

> **해설** 개자유는 인화점이 46℃로 제4류 동식물유류 중 제일 낮다.

09 점화에너지에 따른 연소의 분류 중 발화점의 설명으로 옳은 것은?

① 물질이 외부의 점화원의 접촉이 없어도 연소를 시작할 수 있는 최저 온도이다.

② 물질이 외부 점화원과 접촉하면 연소를 시작할 수 있는 최저 온도이다.

③ 인화점 이후 점화원을 제거해도 지속적인 연소작용을 일으키는 최저 온도이다.

④ 물질이 내부의 점화원 접촉 없이 연소를 시작할 수 있는 최저 온도이다.

> **해설** ②는 인화점, ③은 연소점에 해당된다.

10 연료를 점점 고온으로 가열함으로써 혼합기체들의 일부가 활성화되어 일어나는 발화를 무엇이라 하는가?

① 자동발화 ② 유도발화

③ 연소점 ④ 인화점

> **해설** ① 자동발화 : 연료를 점점 고온으로 가열함으로써 혼합기체들의 일부가 활성화되어 발화되는 것으로 착화점이라고 할 수 있다.

11 어떤 인화성 액체가 공기 중에서 열을 받아 점화원의 존재하에 지속적인 연소를 일으킬 수 있는 온도를 무엇이라고 하는가?

① 발화점
② 인화점
③ 연소점
④ 산화점

해설 연소점이란 연소 상태가 계속될 수 있는 온도로, 인화점에서 외부 불꽃을 제거하면 연소가 중단되기 때문에 계속 가열하여 인화점보다 높은 온도를 유지해 주면 점화원을 제거해도 그 연소반응은 중단되지 않고 계속된다.

12 다음 중 가연물이 연소할 때 낮은 온도에서 높은 온도의 순서로 맞는 것은?

① 인화점, 발화점, 연소점
② 인화점, 연소점, 발화점
③ 연소점, 발화점, 인화점
④ 발화점, 연소점, 인화점

해설 온도의 일반적인 조건은 인화점 < 연소점 < 발화점 순이다.

13 연소범위의 설명 중 틀린 것은?

① 가스의 온도가 높아지면 연소범위는 넓어진다.
② 가스압이 높아지면 하한값은 크게 변화되지 않지만 상한값이 넓어진다.
③ 가스압이 상압보다 낮으면 연소범위는 좁아진다.
④ 연소한계는 가스의 온도, 기압, 습도 등의 영향을 받지 않고 일정하다.

해설 연소범위는 가스의 온도, 기압 및 습도의 영향을 받는다.

14 다음 중 가스의 연소범위에 따라 위험성을 설명한 것으로 옳지 않은 것은?

① 연소범위의 상한계값이 높을수록 위험성은 증가한다.
② 연소범위의 하한계값이 낮을수록 위험성은 증가한다.
③ 연소의 범위가 넓을수록 화재 위험성은 증가한다.
④ 연소의 범위에 따른 위험도가 높아지면 화재의 위험성은 낮아진다.

해설 연소범위에 따른 위험도가 높아지면 화재의 위험성은 높아진다.

15 연소한계에 대하여 잘못된 사항은?

① 가스의 온도가 높아지면 연소범위가 넓어진다.
② 가스압이 높아지면 상한값은 좁아진다.
③ 가스압이 높아지면 하한값은 크게 변하지 않는다.
④ 가스압이 상압(1atm)보다 낮으면 연소범위는 좁아진다.

해설 온도가 상승하거나 가스압이 높아지면 상한값은 넓어진다.

16 가연성가스가 공기 중에서 연소하고 있을 때 공기 중에 산소농도를 증가시킬 경우 발생할 수 있는 현상으로 관계가 없는 것은?

① 가연물의 점화에너지가 감소한다.
② 폭발한계가 넓어진다.
③ 연소하고 있던 연소속도가 빨라진다.
④ 발화온도가 상승한다.

해설 물질의 연소성은 산소농도나 분압이 높아짐에 따라 현저하게 증대하고 연소의 급격한 증가, 발화 온도의 저하, 화염온도의 상승 및 화염 길이의 증가를 가져온다.

17 화재의 위험에 관한 사항 중 맞지 않는 것은?

① 인화점, 착화점이 낮을수록 위험하다.
② 연소범위(폭발한계)는 넓을수록 위험하다.
③ 착화에너지는 작을수록 위험하다.
④ 증기압이 클수록, 비점·융점이 높을수록 위험하다.

해설 융점이 낮을수록, 증기압이 클수록 화재 위험성이 크다.

18 물질의 화재 위험에 관하여 옳지 않은 것은?

① 비점이 낮을수록 위험하다.　　② 인화점이 낮을수록 위험하다.
③ 착화점이 높을수록 위험하다.　　④ 폭발한계가 넓을수록 위험하다.

해설 착화점은 낮을수록 위험하다.

19 가스폭발범위에 관한 설명으로 틀린 것은?

① 가스의 온도가 높으면 높을수록 폭발범위는 높아진다.

② 일산화탄소와 공기의 혼합가스는 압력이 높아질수록 폭발범위가 넓어진다.

③ 질소나 이산화탄소와 같은 불활성가스를 공기에 혼합시켜 산소농도를 낮추면 어떤 농도 이하에서도 폭발하지 않는다.

④ 산소와 혼합된 경우에는 공기와 혼합된 경우보다 폭발범위가 넓어진다.

> **해설** 압력이 높아지면 일반적으로 폭발범위는 넓어진다. 그러나 가스의 종류에 따라서는 반대로 좁아지는 것이 있는데 예를 들어, 일산화탄소와 공기의 혼합가스는 압력이 높아질수록 폭발범위가 좁아진다.

20 연소하한계가 가장 낮은 물질은?

① 아세틸렌   ② 부 탄

③ 메 탄   ④ 수 소

> **해설** 연소를 일으킬 수 있는 최저 농도를 연소하한계, 최고농도를 연소상한계라고 한다.
> 연소하한계(LFL)가 가장 낮은 물질은 부탄(1.8)이다. 아세틸렌(2.5), 메탄(5), 수소(4)

21 가연성가스의 연소범위가 넓은 순서대로 옳게 나열한 것은?

① 에탄 > 프로판 > 수소 > 아세틸렌

② 프로판 > 에탄 > 아세틸렌 > 수소

③ 아세틸렌 > 수소 > 에탄 > 프로판

④ 수소 > 아세틸렌 > 프로판 > 에탄

> **해설** **가연성가스의 연소범위**
> 아세틸렌(2.5~82%) > 수소(4~75%) > 에탄(3~12.4%) > 프로판(2.1~9.5%)

22 다음 중 증기가 공기와 혼합기체를 형성하였을 때 연소범위가 가장 넓은 혼합비를 형성하는 물질은?

① 수소(H_2)   ② 이황화탄소(CS_2)

③ 아세틸렌(C_2H_2)   ④ 다이에틸에테르($C_2H_5OC_2H_5$)

> **해설** **연소범위**
> • 아세틸렌 : 2.5~82%   • 수소 : 4.0~75%
> • 에테르 : 1.9~48%   • 이황화탄소 : 1.2~44%

23 다음 가연물 중 위험도가 가장 높은 물질과 가장 낮은 물질을 옳게 나열한 것은?(단, 위험도 = (연소범위 상한계 – 연소범위 하한계) ÷ (연소범위 하한계)로 나타낸다)

ㄱ. 산화에틸렌	ㄴ. 이황화탄소
ㄷ. 메 탄	ㄹ. 휘발유

① ㄱ, ㄷ   ② ㄱ, ㄹ

③ ㄴ, ㄷ   ④ ㄴ, ㄹ

해설 **가연성가스의 연소범위**

가스명	연소범위(용량%)		위험도
	하 한	상 한	
산화에틸렌	3.0	80	25.7
이황화탄소	1.2	44	35.7
메탄(CH_4)	5	15	2
휘발유	1.4	7.6	4.4

24 다음 가스 중 폭발한계가 넓은 순서대로 나열된 것은?

① 수소 – 아세틸렌 – 황화수소 – 일산화탄소

② 아세틸렌 – 일산화탄소 – 수소 – 황화수소

③ 일산화탄소 – 황화수소 – 수소 – 아세틸렌

④ 아세틸렌 – 수소 – 일산화탄소 – 황화수소

해설 **공기 중의 폭발범위**
- 아세틸렌 : 2.5~82.0%
- 수소 : 4.0~75.0%
- 일산화탄소 : 12.5~74.0%
- 황화수소 : 4.3~45.0%

25 메탄 1mol이 완전연소될 경우 화학양론조성비(C_{st})는 약 몇 %인가?(단, 공기 중 산소농도는 21vol%이다)

① 9.5
② 17.4
③ 28.5
④ 34.7

해설 **화학양론** : 화학반응식에서 반응물과 생성물의 관계 ⇒ 몰비는 균형반응식의 계수
메탄의 완전연소식 : $CH_4 + 2O_2 \rightarrow CO_2 + 2H_2O$

$$C_{st} = \frac{\text{연료몰수}}{\text{연료몰수} + \text{이론공기몰수}} \times 100 = \frac{\text{연료몰수}}{\text{연료몰수} + \dfrac{\text{이론산소몰수}}{0.21}} \times 100$$

$$= \frac{1}{1 + \dfrac{2}{0.21}} \times 100 = 9.5 [\%]$$

26 메탄과 부탄이 2 : 5의 부피비율로 혼합되어 있을 때, 르샤틀리에(Le Chatelier)의 법칙을 이용하여 계산한 혼합가스의 연소범위 하한계(vol%)는?(단, 메탄과 부탄의 연소범위 하한계는 각각 5vol%, 1.8vol%이다)

① 1.2
② 1.6
③ 2.2
④ 3.2

해설 **혼합가스의 폭발범위(Le Chatelier식) 하한계**
르샤틀리에 법칙

$$\frac{100}{\text{LEL}} = \left(\frac{V_1}{X_1}\right) + \left(\frac{V_2}{X_2}\right) + \left(\frac{V_3}{X_3}\right) + \cdots + \left(\frac{V_n}{X_n}\right)$$

(여기서, LEL : 폭발하한값(vol%), V : 각 성분의 기체체적(%), X : 각 기체의 단독 폭발한계치(하한계))
• 메탄의 조성비율
$$\frac{2}{7} \times 100 = 28.57\%$$
• 부탄의 조성비율
$$\frac{5}{7} \times 100 = 71.43\%$$
$$\therefore \frac{100}{\text{LEL}} = \left(\frac{28.57}{5}\right) + \left(\frac{71.43}{1.8}\right) \Rightarrow \text{LEL} \fallingdotseq 2.2$$

27 버제스-윌러(Burgess-Wheeler)식을 이용하여 계산한 벤젠의 연소열(kcal/mol)은?(단, 벤젠의 연소범위 하한계는 1.4vol%이다)

① 124

② 25

③ 484

④ 750

> 해설 **Burgess-Wheeler의 법칙**
>
> $LFL \times \triangle H_c = 1,050$
>
> 연소하한계(=폭발하한계 LFL)와 연소열($\triangle H_c$)의 곱은 일정하고, 연소하한계의 단위를 vol%, 연소열을 kcal/mol로 표시하면, 그 값은 1,050이 된다는 법칙이다.
>
> $\triangle H_c = 1,050 \div 1.4 = 750 kcal/mol$

28 위험물질의 위험성을 나타내는 성질에 대한 설명으로 틀린 것은?

① 비등점이 낮아지면 인화의 위험성이 높다.

② 융점이 낮아질수록 위험성은 높다.

③ 점성이 낮아질수록 위험성은 높다.

④ 비중의 값이 클수록 위험성은 높다.

> 해설 비중의 값이 물보다 작은 것은 물과 섞이지 않는 성질이 있으므로 주수소화는 연소면(화재면)을 확대할 우려가 있다.

29 화재 중에 가연성 물질이 가열되어 온도가 점점 상승하면 반응속도는 어떻게 변화되겠는가?

① 빨라진다.

② 느려진다.

③ 연소의 형태에 따라 다르다.

④ 기체의 경우에만 느리고 나머지는 빠르다.

> 해설 모든 분자반응은 온도가 높아지면 높아질수록 충돌 횟수나 분자구조가 활성되어 화학반응속도는 빨라진다.

27 ④ 28 ④ 29 ① **정답**

30 연소란 가연성 물질이 공기 중에 있는 산소 공급원과 급격한 반응을 일으켜 열과 빛을 내는 발열산화반응에 의해 발생하는 열에너지의 도움으로 자발적인 연소반응이 지속되는 현상이다. 다음 중 연소의 3요소가 아닌 것은?

① 고 체
② 조연성 물질(공기)
③ 촉 매
④ 활성화에너지

> 해설 연소가 일어나는 3요소는 가연물(고체), 산소 공급원(공기, 조연성 물질), 점화원(활성화에너지)이다.

31 연소의 3요소에 해당하는 것은?

① 가연물, 질소, 열
② 가연물, 빛, 열
③ 가연물, 공기, 산소
④ 가연물, 산소, 열

> 해설 • 연소의 3요소 : 가연물, 공기(산소), 점화원(열원)
> • 연소의 4요소 : 가연물, 공기(산소), 점화원(열원), 연쇄반응

32 불꽃연소의 기본 4요소라고 할 수 없는 것은?

① 가연물질
② 인화점
③ 산 소
④ 연쇄반응

> 해설 **불꽃연소의 4요소** : 가연물질, 산소, 점화원, 연쇄반응

33 다음 중 점화원이 될 수 없는 것은?

① 정전기
② 단열팽창
③ 전기 스파크
④ 못을 박을 때 튀는 불꽃

> 해설 점화원은 전기불꽃, 정전기 불꽃, 충격, 마찰의 불꽃, 단열압축 화학열, 자연발화, 복사열, 나화 및 고온 표면 등이 있다.
> ※ 기화열 및 단열팽창은 점화원이 될 수 없다(냉각효과).

34 다음 중 가연물이 될 수 있는 것은?

① 산소와 일부 반응한 가연물
② 산소와 전부 반응한 연소물
③ CO_2, PO_5, Al_2O_3 등과 같은 산화물
④ Ar, He, Ne 등의 불활성가스

> 해설 ① 산소와 일부 반응한 일산화탄소(CO)는 가연물이다.

35 다음 중 가연성 물질과 관계 없는 것은?

① 마그네슘   ② 아르곤
③ 우라늄   ④ 일산화탄소

> 해설 주기율표의 18족 원소(불활성기체)인 헬륨(He), 네온(Ne), 아르곤(Ar), 크립톤(Kr), 제논(Xe), 라돈(Rn)은 가연물이 될 수 없다.

36 연소를 촉진시키는 가연물의 구비조건에 대한 설명으로 옳지 않은 것은?

① 활성화에너지가 작을 것
② 열전도율이 작을 것
③ 발생하는 열량이 클 것
④ 표면적이 작을 것

> 해설 가연물은 비교한 표면적이 커서 공기(산소) 접촉이 많아야 한다.

37 다음 중 연소성에 의한 용어가 잘못된 것은?

① 폭발범위   ② 인화점
③ 연소의 형태 분류   ④ 유독성 분류

> 해설 **연소성에 의한 분류**
> • 폭발범위 : 가연범위, 연소범위, 가연한계, 연소한계, 폭발한계
> • 인화점 : 유도발화점
> • 착화점 : 발화점(자동발화점)
> • 연소상태에 따른 분류 : 증발연소, 자기연소, 분해연소, 표면연소

38 다음 중 연소성에 대하여 성질이 전혀 다른 하나는?

① 가솔린(Gasoline)
② 목 재
③ H_2
④ O_2

해설 Gasoline, H_2, 목재는 가연성 물질이고, 산소(O_2)는 산소 공급원이다.

39 다음은 연소에 관한 설명이다. 옳지 않은 것은?

① 연소란 빛과 발열반응을 수반하는 산화반응이다.
② 연소의 3요소란 가연물, 산소 공급원, 점화원을 말한다.
③ 산소는 가연성 물질로서 많을수록 연소를 활성화시킨다.
④ 가연물, 산소 공급원, 점화원, 연쇄반응을 연소의 4요소라고 한다.

해설 산소는 조연성 물질로서 많을수록 연소를 활성화시킨다.

40 산화제에 대한 설명으로 옳지 않은 것은?

① 대체로 자신은 타지 않기 때문에 연소 위험은 없다.
② 화재조건하에서 화재를 조장한다.
③ 자체 반응성 물질로 분류된다.
④ 대부분의 산화제는 열을 가하거나 다른 화학제품과 용이하게 반응하며 산소를 방출한다.

해설 **산화제** : 제1류 열로서 자신은 연소하지 않지만 열을 가하면 산소를 방출하여 화재를 조장하는 역할을 한다.

41 화재의 원인이 되는 발화원으로 볼 수 없는 것은?

① 화학적인 열
② 전기적인 열
③ 기화열
④ 기계적인 열

해설 **화재의 원인이 되는 발화원**
• 화학적 열 : 연소열, 분해열, 용해열 등
• 전기적 열 : 저항가열, 유전가열, 유도가열, 아크가열 등
• 기계적 열 : 마찰열, 압축열, 마찰 스파크 등

42 열에너지원 중 전기에너지에는 여러 가지 발생원이 있다. 다음 중 전기에너지원의 발생원인에 속하지 않는 것은?

① 저항가열
② 마찰 스파크
③ 유도가열
④ 유전가열

해설 **전기에너지원** : 유도가열, 저항가열, 유전가열, 아크가열, 정전기 가열 등

43 다음 용어 설명 중 옳지 않은 것은?

① 자연발열 – 어떤 물질이 외부로부터 열의 공급을 받지 아니하고 온도가 상승하는 현상이다.
② 분해열 – 화합물이 분해될 때 발생하는 열을 말한다.
③ 용해열 – 어떤 물질이 분해될 때 발생하는 열을 말한다.
④ 연소열 – 어떤 물질이 완전히 산화되는 과정에서 발생하는 열을 말한다.

해설 **용해열** : 어떤 물질이 액체에 용해될 때는 열을 발생하는데 이때의 열을 용해열이라고 한다. 농황산은 물에 희석시키면 발열반응을 하여 위험하지만 모든 물질의 용해열이 화재를 발생시킬 정도로 위험하지는 않다.

44 다음 가연물 중 연소열이 일반적으로 제일 큰 것은?

① 역청탄
② 코크스
③ 중 유
④ 가솔린

해설 연료 1kg당 기준은 가솔린이 제일 크지만, 1mol당 기준 분자량이 큰 것에 의존한다.

45 모든 화학 변화가 일어날 때 항상 수반되는 현상은?

① 열의 발생
② 열의 흡수
③ 에너지의 변화
④ 질량의 감소

해설 화학 변화는 열의 흡수 및 발생 등과 같은 에너지 변화가 따른다.

46 다음 중 전기불꽃(Spark)에 의한 발화에 대한 설명으로 틀린 것은?

① 화재원인으로서의 전기불꽃은 개폐기나 스위치 등의 전기회로를 개폐할 때 또는 용접기 등을 사용할 경우에 발생하는 불꽃이 문제가 된다.
② 회로전압이 최소 아크(Arc) 발생전압 이하라도 과도현상에 의한 전압 상승으로 차단할 때 아크 또는 글로(Glow)방전현상에 의한 불꽃이 발생된다.
③ 일반적으로 전기불꽃은 회로를 켤 때(On) 더 심하다.
④ 백열전등도 유리가 파손되면 필라멘트가 노출되어 전기불꽃과 같이 위험할 수 있으며, 전기설비에서 발생하는 전기불꽃은 모두 점화원이 될 수 있다.

해설 개폐 시 접촉저항에 의한 접촉 부분의 금속이 과열되어 불꽃을 내는 일도 있으나, 일반적으로 전기불꽃은 회로를 끌 때(Off) 더 심하다.

47 정전기에 의한 발화과정이 옳은 것은?

① 전하의 축적 – 방전 – 전하의 발생 – 발화
② 방전 – 전하의 축적 – 전하의 발생 – 발화
③ 전하의 발생 – 전하의 축적 – 방전 – 발화
④ 전하의 발생 – 방전 – 전하의 축적 – 발화

해설 **정전기의 발화과정**
전하의 발생 → 전하의 축적 → 방전 → 발화

48 정전기에 대한 설명으로 옳은 것은?

① 정전기 방진은 시간이 많이 소요된다.
② 가연성 물질을 발화시킬 수가 있다.
③ 많은 열을 발생시킨다.
④ 두 물질이 접촉하여 떨어질 때 양쪽 모두 전하가 축적되는 전기이다.

해설 가연성 물질은 정전기에 의해서 화재가 발생할 수 있다.

49 자연발화에 영향을 주는 인자로 가장 거리가 먼 것은?

① 열전도율
② 수 분
③ 공기의 유동
④ 증발열

> 해설 **자연발화에 영향을 주는 인자**
> 발열량, 열전도율, 수분, 열의 축적, 퇴적방법, 공기의 유동 등

50 이상가열이나 타 물건과의 접촉 또는 혼합에 의하지 않고 스스로 발열반응을 일으켜 발화하는 현상을 자연발화라고 한다. 자연발화가 일어날 수 있는 조건을 모두 고른 것은?

> ㄱ. 가연물의 열전도율이 클 것
> ㄴ. 가연물의 발열량이 작을 것
> ㄷ. 가연물의 주위 온도가 높을 것
> ㄹ. 가연물의 접촉 표면적이 넓을 것

① ㄱ, ㄴ
② ㄴ, ㄷ
③ ㄷ, ㄹ
④ ㄱ, ㄹ

> 해설 **자연발화가 일어날 수 있는 조건**
> • 열전도율이 낮을 것
> • 발열량이 클 것
> • 산소와의 접촉 표면적이 클 것
> • 주위 온도가 높을 것
> • 집적되어 있거나 분말 상태일 때 용이

51 자연발화를 일으키는 조건 중 맞지 않는 것은?

① 주위의 온도가 높아야 한다.
② 열전도율이 작아야 한다.
③ 표면적이 넓어야 한다.
④ 발열량이 적어야 한다.

> 해설 발열량이 크면 자연발화가 잘된다.

52 자연발화의 형태와 거리가 먼 것은?

① 흡착열에 의한 발열　　　　② 산화열에 의한 발열

③ 미생물에 의한 발열　　　　④ 열 전달방법에 의한 발열

해설　자연발화의 형태에는 분해열, 산화열, 미생물, 흡착열, 중합열에 의한 발열이 있다.

53 자연발화의 형태에 관해서 잘못 연결된 것은?

① 분해열에 의한 발열 – 나이트로셀룰로스

② 산화열에 의한 발열 – 건성유, 석탄

③ 미생물에 의한 발열 – 퇴비, 먼지

④ 열 전달방법에 의한 발열 – 팽창질석

해설　**자연발화의 형태**
- 분해열에 의한 발화 : 셀룰로이드, 나이트로셀룰로스 등
- 산화열에 의한 발화 : 건성유, 원면, 석탄, 고무분말 등
- 미생물에 의한 발화 : 퇴비, 먼지 등
- 흡착열에 의한 발화 : 활성탄, 목탄분말

54 자연발화하는 물질과 관계가 없는 것은?

① 기름종이　　　　　　　　② 석 탄

③ 셀룰로이드　　　　　　　④ 휘발유

해설　휘발유는 인화성 물질이다.

55 저장 시 섬유에 스며들어 자연발화의 위험이 있는 것은?

① 올리브유　　　　　　　　② 야자유

③ 해바라기유　　　　　　　④ 피마자유

해설　건성유는 자연발화를 일으킨다.
　　　건성유 : 아마인유, 해바라기유, 들기름, 등유, 정어리기름

56 다음 중 자연발화의 위험이 없는 것은?

① 석 탄
② 팽창질석
③ 셀룰로이드
④ 퇴 비

> 해설 팽창질석은 알킬알루미늄의 소화약제로 발화 위험이 없다.

57 자연발화의 방지대책 중 맞지 않는 것은?

① 습도가 높은 곳을 피한다.
② 불연성가스를 주입하여 공기와의 접촉을 피한다.
③ 저장소의 온도를 높인다.
④ 통풍을 잘 시킨다.

> 해설 자연발화를 방지하기 위해서는 저장소 주위의 온도 및 저장소의 온도를 낮추어야 한다.

58 H 건물 내 화재 발생으로 인해 면적 30m²인 벽면의 온도가 상승하여 60℃에 도달하였을 때, 이 벽면으로부터 전달되는 복사열 전달량은 약 몇 W인가?(단, 벽면은 완전 흑체로 가정하고, Stefan-Boltzmann 상수는 5.67×10^{-8}W/m² · K⁴이다)

① 5,229
② 9,448
③ 10,458
④ 20,916

> 해설 **슈테판-볼츠만(Stefan-Boltzmann)의 법칙**
> 흑체 표면의 단위면적당 복사에너지는 절대온도의 4제곱에 비례한다.
> $E = \sigma T^4$
> $= 5.67 \times 10^{-8} \times (60 + 273)^4$
> $= 697.2$W
> 1m²당 697.2W이므로 30m²에 대해 구하면 $697.2 \times 30 = 20,916$W이다.

59 수소와 같은 가연성가스가 공기 중에서 산소와 혼합하면서 발염(불꽃)연소하는 연소형태를 무엇이라 하는가?

① 분해연소
② 확산연소
③ 자기연소
④ 증발연소

> 해설 ② 확산연소 : 기체의 연소로서 수소, 일산화탄소, 메탄, 아세틸렌 등의 가연성가스가 산소와 혼합하면서 발염연소하는 형태이다.

60 연료와 공기를 미리 혼합시킨 후에 연소시키는 것으로서 화염이 전파되는 특징을 갖는 기체연소의 형태는?

① 확산연소
② 예혼합연소
③ 훈소연소
④ 증발연소

> 해설 기체연료와 공기와 미리 혼합하여 혼합기를 통하며 여기에 점화시켜 연소하는 형태는 예혼합연소(Premixed Combustion)이다.

61 다음 중 가솔린의 연소형태는?

① 액체 그대로 연소한다.
② 분해하여 연소한다.
③ 발생한 증기가 연소한다.
④ 표면연소한다.

> 해설 휘발유, 등유, 경유, 중유, 알코올 등의 가연성 액체의 연소에 있어서는 증발·기화된 액체연료의 증기가 공기와 혼합되면서 증발연소가 이루어진다. 따라서 액체연료의 연소장치에서는 대부분 분무화하여 연소시킨다.

62 불꽃연소와 작열연소에 관한 설명으로서 옳은 것은?

① 불꽃연소는 작열연소에 비해 대개 발열량이 크다.
② 작열연소에는 연쇄반응이 동반된다.
③ 분해연소는 작열연소의 한 형태이다.
④ 작열연소는 불완전연소 시에, 불꽃연소는 완전연소 시에 나타난다.

> 해설 작열연소는 응축 상태의 연소로 불완전연소 시에, 불꽃연소는 기체 상태의 연소로 완전연소 시에 나타난다.

63 다음 가연물 중 연소형태가 다른 것은?

① 아이오딘
② 파라핀
③ 장 뇌
④ 목 탄

> 해설 **고체의 연소**
> • 표면연소(직접연소) : 목탄(숯), 코크스, 금속분, 활성탄 등의 연소형태
> • 증발연소
> – 용융성 고체 : 고체 파라핀(양초) 등의 연소
> – 승화성 고체 : 나프탈렌, 유황, 아이오딘, 장뇌 등의 연소
> • 분해연소 : 목재, 종이, 플라스틱류 등의 열분해 된 가연성 증기가 연소
> • 자기연소(내부연소) : 제5류 위험물 등의 연소형태

정답 60 ② 61 ③ 62 ④ 63 ④

CHAPTER 02 | 연소이론 **103**

64 고체 연소 중 증발연소하는 것은?

① 숯

② 나 무

③ 나프탈렌

④ 나이트로셀룰로스

> **해설** **증발연소** : 파라핀, 황, 나프탈렌
> ① 숯 : 표면연소
> ② 나무 : 분해연소
> ④ 나이트로셀룰로스 : 자기연소

65 다음 중 분해연소를 하는 물질은?

① 가솔린

② 종 이

③ 부 탄

④ 프로판가스

> **해설** **분해연소** : 고체 연료가 가열되면서 열분해에 의해 발생된 가스와 공기가 혼합하여 연소하는 것으로 목재, 종이, 플라스틱, 석탄 등이 있다.

66 자체에서 산소를 함유하고 있어 공기 중의 산소를 필요로 하지 않고 자기연소하는 것은?

① 카바이드

② 생석회

③ 초산에스테르류

④ 질산에스테르류

> **해설** 자기연소를 하는 것은 제5류 위험물로 유기과산화물류, 질산에스테르류, 나이트로화합물류, 아조화합물류, 다이아조화합물, 하이드라진 및 그 유도체류 등이 있다.

67 다음 설명 중 옳지 않은 것은?

① 대류·전도와 같이 열전달 매개체가 필요하며 전자파의 형태로 열에너지가 전달되는 현상을 복사라고 한다.

② 물체 간 온도 차이로, 한 물체에서 다른 물체로 직접 접촉에 의해 열에너지가 이동하는 현상을 전도라고 한다.

③ 액체나 기체와 같은 유체를 열전달 매개체로 하여 유체의 온도 변화에 따른 밀도차로 인해 열에너지가 전달되는 현상을 대류라고 한다.

④ 수 mm~수 cm 정도의 크기를 가진 화염덩어리가 기류를 타고 다른 가연물로 이동하여 그 가연물을 착화시키는 현상을 비화라고 한다.

해설 ① 복사는 물질의 도움 없이 열이 직접 전달되는 현상이다. '열에너지가 전자파의 형태로 사방으로 전달되는 현상'으로 이 에너지의 전파속도는 빛과 같고 물체에 닿으면 흡수, 반사 또는 투과된다.

68 화재 시 화염 전파에 가장 크게 작용하는 열이동 방식은?

① 전 도
② 대 류
③ 복 사
④ 열관류

해설 화염의 전파는 복사열에 의해 가장 많이 전달된다.

69 복사열이 통과할 때 복사열이 흡수되지 않고 아무런 손실 없이 통과되는 것은?

① 질 소
② 탄산가스
③ 아황산가스
④ 수증기

해설 단원자분자(N_2, O_2 등)는 복사열을 흡수하지 않는다.

70 도심의 고층 건축물에서 화재 확대의 주요원인이 아닌 것은?

① 비 화
② 복 사
③ 전 도
④ 화염의 접촉

해설 도심 건축물에서 화재 확대의 주요원인에는 비화, 복사, 화염의 접촉 등이 있다.

71 연소의 주생성물을 분류하면 크게 4가지로 분류할 수 있다. 이에 가장 알맞은 것은?

① 연소가스, 불꽃, 열, 연기
② 연기, 불꽃, 산소, 열
③ 연소가스, 불꽃, 연기, 암모니아
④ 연소가스, 불꽃, 열

> 해설 **연소 시 주생성물** : 연소가스, 불꽃, 연기, 열 등

72 화재 시 인체에 가장 많은 피해를 주는 것은?

① 연소 시 발생하는 열
② 연소 시 발생하는 유독가스
③ 연소 시 발생하는 화염
④ 연소 시 발생하는 연기

> 해설 화재 시 발생하는 SO_2, CO, H_2S 등의 유독성가스로 인한 질식사가 많이 발생하는데 이 중 가장 많은 양은 일산화탄소이다.

73 일반적으로 수직 방향으로 이동하는 연기의 유동 및 확산속도로 옳은 것은?

① 0.5~1m/s
② 1~2m/s
③ 2~3m/s
④ 3~4m/s

> 해설 **연기의 유동속도**
> • 수평 방향 : 0.5~1m/s
> • 수직 방향 : 2~3m/s
> • 계단 실내 : 3~4m/s

74 연소 시 생성물로서 인체에 유해한 영향을 미치는 것으로 옳게 설명된 것은?

① 암모니아는 냉매로 쓰이고 있으므로, 누출 시 동해의 위험은 있으나 자극성은 없다.

② 황화수소가스는 무자극성이나, 조금만 호흡해도 감지능력이 상실된다.

③ 일산화탄소는 산소와의 결합력이 극히 강하여 질식작용에 의한 독성을 나타낸다.

④ 아크롤레인은 독성은 약하나 화학제품의 연소 시 다량 발생하므로 쉽게 치사농도에 이르게 한다.

> **해설** ① 암모니아는 독성이 강하며 자극성 기체이고 물에 쉽게 녹아서 암모니아수가 되면 냉매로 사용할 수 있다.
> ② 황화수소는 달걀 썩은 냄새가 나고 자극성이며, 조금만 호흡해도 감지능력이 상실된다.
> ④ 아크롤레인(CH_2CHCHO)은 맹독성이며 석유화학제품 연소 시에 발생한다.

75 황이 연소할 때 발생되는 가스는 다음 중 어느 것인가?

① 이황화탄소가스
② 이황화질소가스
③ 아황산가스
④ 일산화탄소

> **해설** 황은 공기 중에서 탈 때 푸른 불꽃을 내며 아황산가스를 발생한다.

76 화재 시 발생되는 연소가스에 관한 설명으로 옳지 않은 것은?

① "HCN"은 청산가스라고도 하며 주로 수지류, 모직물 및 견직물이 탈 때 발생하는 맹독성가스이다.

② "CH_2CHCHO"는 석유제품 및 유지류 등이 탈 때 생성되는 맹독성가스이다.

③ "SO_2"는 질산셀룰로스 또는 질산암모늄과 같은 질산염 계통의 무기물질이 탈 때 발생된다.

④ "HCl"는 PVC와 같은 수지류가 탈 때 주로 생성되며, 금속에 대한 부식성이 강하다.

> **해설** **이산화황(SO_2)** : 유황이 함유된 물질인 동물의 털, 고무 등의 연소 시에 발생하며, 무색의 자극성 냄새를 가진 유독성 기체로 눈 및 호흡기 등의 점막을 상하게 하고 질식사할 우려가 있다.
> ※ 이산화질소(NO_2) : 질산셀룰로스, 폴리우레탄 등의 불완전연소 시나 질산염 계통의 무기물질이 포함된 화재에 발생되는 적갈색을 띤 유독성가스이다.

77 굴뚝효과 발생에 영향을 주는 요소로 옳지 않은 것은?

① 건축물의 높이 ② 층의 면적
③ 화재실의 온도 ④ 건축물 내외의 온도차

해설 **굴뚝효과에 영향을 주는 요소**
- 화재실의 온도
- 건축물 내외의 온도차, 건축물의 높이, 외벽의 기밀도, 각 층간의 공기 누설 등

78 가연물 등의 연소 시 건물 붕괴 등을 고려하여 무엇을 설계하여야 하는가?

① 연소하중 ② 내화하중
③ 화재하중 ④ 파괴하중

해설 **화재하중(kg/m^2)**
- 가연물 등의 연소 시 건축물 붕괴 등을 고려하여 설계하는 하중
- 화재실 또는 화재구획의 단위면적당 가연물의 양으로 주수시간을 결정한다.

79 다음 중 화학적 폭발현상을 모두 고른 것은?

ㄱ. 산화폭발	ㄴ. 분해폭발
ㄷ. 중합폭발	ㄹ. 수증기 폭발

① ㄱ, ㄹ ② ㄴ, ㄷ
③ ㄱ, ㄴ, ㄷ ④ ㄱ, ㄷ, ㄹ

해설 화학적 폭발은 화학적 변화를 동반하는 폭발로, 산화폭발, 분해폭발, 중합폭발, 화합폭발이 있다.

80 다음 중 폭발을 화학적 폭발과 물리적 폭발로 분류하였을 때 분류가 다른 하나는?

① 가스폭발 ② 분무폭발
③ 분진폭발 ④ 증기폭발

해설 가스폭발, 분무폭발, 분진폭발은 화학적 폭발 중 산화폭발로 분류되며, 증기폭발은 물리적 폭발로 분류한다.

81 가스폭발의 종류 중 기상폭발에 해당하는 것은?

① 수증기 폭발　　　　　　　　② 증기폭발
③ 전선폭발　　　　　　　　　　④ 분해폭발

해설 수증기 폭발, 증기폭발, 전선폭발은 응상폭발에 해당한다.

82 분해폭발을 일으키는 가스로 옳은 것을 모두 고른 것은?

ㄱ. 아세틸렌	ㄴ. 에틸렌
ㄷ. 부 탄	ㄹ. 수 소
ㅁ. 산화에틸렌	ㅂ. 메 탄

① ㄴ, ㄹ　　　　　　　　　　② ㄱ, ㄴ, ㅁ
③ ㄷ, ㄹ, ㅂ　　　　　　　　④ ㄱ, ㄷ, ㅁ, ㅂ

해설 **분해폭발** : 아세틸렌(C_2H_2), 산화에틸렌과 같은 분해성 가스와 다이아조화합물과 같은 자기분해성 물질이 분해되어 착화폭발하는 것으로서 가스의 분해폭발이라고도 한다.

83 다음 중 두 종류의 혼합 상태가 폭발 또는 화재의 위험이 있는 것은?

① 질소(N_2)와 탄산가스(CO_2)
② 탄산가스(CO_2)와 염소(Cl_2)
③ 염소(Cl_2)와 아세틸렌(C_2H_2)
④ 질소(N_2)와 암모니아(NH_3)

해설 가연성 물질이 폭발할 때는 연소 시 필요한 산소 공급원과 가연물이 함께 있어야 된다. 즉, 여기에 해당되는 물질의 혼합은 염소(Cl_2)와 가연물(아세틸렌)의 혼합물이다.

84 다음 중 화재의 위험성과 관계없는 물질은?

① 발화성 물질　　　　　　　　② 인화성 물질
③ 가연성 물질　　　　　　　　④ 불연성 물질

해설 화재의 위험성은 발화성 · 인화성 · 가연성 · 산화성 · 폭발성 · 금수성 물질 등과 관계있다.

85 물과 칼륨을 혼합하면 안 되는 이유는 가스 발생 때문이다. 어떤 가스인가?

① 수 소
② 염 소
③ 질 소
④ 산 소

해설 $2K + 2H_2O \rightarrow 2KOH + H_2\uparrow + 92.8kcal$

86 분진폭발에 관한 설명으로 옳지 않은 것은?

① 분진의 발열량이 적을수록 폭발 위험성이 커진다.
② 분진 내 휘발성분이 많을수록 폭발 위험성이 커진다.
③ 분진의 부유성이 클수록 폭발 위험성이 커진다.
④ 분진 내 존재하는 수분의 양이 적을수록 폭발 위험성이 커진다.

해설 분진폭발은 아주 미세한 가연성 입자가 공기 중에 적당한 농도($1m^3$당 40~4,000g)로 퍼져 있을 때, 약간의 불꽃 혹은 열만으로 돌발적인 연쇄연소를 일으켜 폭발하는 현상이다. 따라서 분진의 발열량이 많을수록 폭발 위험성이 커진다.

87 금속분진이 폭발을 일으키는 범위는 얼마인가?

① 25~80mg/L
② 25~180mg/L
③ 0~270mg/L
④ 100~300mg/L

해설 일반적으로 분진도 폭발범위가 있어서 폭발범위 내에 해당되어 점화원이 가해지면 가스와 유사한 폭발이 일어난다.

88 폭발의 종류와 폭발을 일으키는 원인물질의 연결이 옳지 않은 것은?

① 분해폭발 – 아세틸렌
② 분진폭발 – 탄산칼슘
③ 중합폭발 – 시안화수소
④ 산화폭발 – 프로판

해설 분진폭발을 일으키지 않는 물질은 생석회(CaO), 탄산칼슘($CaCO_3$), 시멘트가루, 대리석가루 등이다.

89 공기 중에서 폭발하지 않는 것은?

① 설탕분말　　　　　　　　　　② 곡물분말
③ 시멘트분말　　　　　　　　　④ 목재가공분말

해설　**분진폭발** : 가연성 고체분말이 공기 중에 부유되어 있을 때 가스와 유사한 폭발이 일어난다.
　　　⑩ 농산 가공품(소맥분, 전분, 사료분 등), 무기약품(유황, 탄소 등), 유기화학약품, 섬유류(목분, 종이분
　　　　등), 플라스틱분말, 산화반응열이 큰 금속분말(알루미늄, 마그네슘 등)
　　　※ 분진폭발이 어려운 것 : 시멘트분말, 석회분말, 가성소다

90 다음 중 폭연이 진행될 때의 특징으로 옳지 않은 것은?

① 온도 상승은 열에 의한 전파에 기인한다.
② 반응 또는 화염면의 전파가 분자량이나 난류 확산에 영향을 받는다.
③ 에너지 방출속도가 물질 전달속도에 영향을 받는다.
④ 파면에서 온도, 압력, 밀도가 불연속적으로 나타난다.

해설　④의 현상은 폭굉에 해당된다.

91 관 내 혼합가스의 한 점에서 착화했을 때 연소파가 어떤 거리를 진행한 후 연소 전파속도가
급격히 증가하고 마침내 그 속도가 1,000~3,500m/s에 도달할 때 이와 같은 현상을 폭굉현
상이라고 한다. 폭굉파의 전파속도는 음속을 초과하는데 그 진행 전면에 형성되는 것은 무엇
인가?

① 폭굉파　　　　　　　　　　② 연소파
③ 폭굉현상　　　　　　　　　④ 충격파

92 아크가 생길 수 있는 접점, 스위치, 개폐기 등에 설치되는 것으로 용기 내에 폭발성가스가 침입하여 폭발하여도 폭발압력에 견디는 방폭구조는?

① 유입방폭구조

② 내압방폭구조

③ 압력방폭구조

④ 본질안전방폭구조

해설 ② 내압방폭구조 : 용기 내부에서 폭발성가스 또는 증기가 폭발하였을 때 용기가 그 압력에 견디며 또한 접합면, 개구부 등을 통해서 외부의 폭발성 가스·증기에 인화되지 않도록 한 구조를 말한다.
① 유입방폭구조 : 전기불꽃, 아크 또는 고온이 발생하는 부분을 기름 속에 넣고, 기름면 위에 존재하는 폭발성가스 또는 증기에 인화되지 않도록 한 구조를 말한다.
③ 압력방폭구조 : 용기 내부에 보호가스(신선한 공기 또는 불연성가스)를 압입하여 내부 압력을 유지하므로 써 폭발성가스 또는 증기가 용기 내부로 유입하지 않도록 된 구조를 말한다.
④ 본질안전방폭구조 : 정상 시 및 사고 시(단선, 단락, 지락 등)에 발생하는 전기불꽃, 아크 또는 고온에 의하여 폭발성가스 또는 증기에 점화되지 않는 것이 점화시험, 기타에 의하여 확인된 구조를 말한다.

93 용기 내에 불활성가스를 압입하여 외부 폭발성가스의 침입을 방지하고 점화원과 폭발성가스를 격리하는 전기설비의 구조를 무엇이라고 하는가?

① 압력방폭구조

② 유입방폭구조

③ 안전증방폭구조

④ 특수방폭구조

CHAPTER

03 화재이론

01 화재이론의 개요

1 화재의 개념

(1) 화재의 정의

① 화재란 사람의 의도에 반하거나 고의에 의해 발생하는 연소현상으로, 소화시설 등을 사용하여 소화할 필요가 있거나 또는 화학적인 폭발현상을 말한다.

② 화재란 가연성 물질이 의도에 반하여 연소함으로써 인적·물적 손실을 발생시키는 것이다.

> **더 알아두기** 화재 성립의 3요소
>
> • 인간의 의도에 반하여 또는 방화에 의하여 발생하여야 한다. 즉, 사회 일반의 의사에 반하여 발생하고 연소 확대되어야 한다.
> • 소화의 필요가 있는 연소현상이거나 소화를 필요로 하지 않지만 화학적인 폭발이어야 한다. 연소 확대의 위험성이 있고, 화학적인 폭발로 피해가 유발되어야 한다.
> • 소화시설 또는 이와 동등한 효과가 있는 물건을 이용할 필요가 있어야 한다. 소화효과가 있는 물건을 실제로 사용하고, 사용할 필요가 있는지도 객관적으로 판단하여 화학적 폭발과 같이 연소현상을 규정하여야 한다.
> 이상의 3요소가 소방상 화재의 성립요건인데, 이 중에서 1개의 요소라도 빠진다면 화재라고 할 수 없다.

(2) 화재의 특성

① 우발성 : 화재는 돌발적으로 발생하며 방화, 즉 인위적인 화재를 제외하고는 예측하기가 거의 불가능하며 인간의 의도와는 전혀 상관없이 발생한다.

② 성장성(확대성) : 화재는 발생하면 무한의 확대성을 가진다.
※ 화재 발생 시 연소면적은 화재 경과시간의 제곱에 비례하여 진행된다.

③ 불안정성 : 화재 시 연소는 기상, 가연물, 건축구조 등의 조건이 상호 간섭하면서 복잡한 형상으로 진행된다.

(3) 화재의 분류

① 일반화재(A급 화재) : 일반 가연물이 연소된 후 재를 남기는 화재

가연물	면화류, 목재가공물, 합성섬유, 페놀, 멜라민, 폴리우레탄 등의 합성수지
발생원인	• 불을 사용·취급하는 시설의 취급 부주의, 타다 남은 불티에 의한 화재 • 담뱃불의 취급 부주의, 어린이들의 불장난에 의한 화재 • 유류 및 전기로 인한 주택, 공장 등의 화재 • 개인의 감정에 의한 화재
특 징	가연물질이 폭넓게 존재하므로 화재 발생 건수가 많다.
소화대책	다량의 물을 이용한 냉각소화
예방대책	• 열원의 취급주의, 가연물질의 이격 • 저장시설의 지정, 안전관리자의 관리 및 운영
소화기 적응 표시색	백 색

② 유류화재(B급 화재) : 유류가 연소된 후 아무것도 남지 않는 화재

가연물	특수인화물류, 제4류 위험물의 제1석유류, 제2석유류, 제3석유류, 제4석유류, 알코올류, 동식물유류 등
발생원인	• 석유를 주유하던 중에 흘린 기름이나 유류장치에서 새어나온 기름에 점화원이 접촉되었을 때 • 유류에서 발생한 증기에 점화원이 접촉되었을 때 • 연소 및 난방장치의 전도, 가연성 물질의 낙하 등에 의한 발화 • 난방기구 등을 장시간 사용하여 인근 가연성 물질에 인화되는 경우
특 징	연소열이 크고 인화성이 좋기 때문에 화재 성장속도가 일반화재보다 빠르다.
소화대책	포소화약제 등을 이용한 질식소화가 가장 효과적이다.
예방대책	• 가연성기체의 축적을 방지하기 위하여 환기 • 저장용기를 밀폐시켜 공기와의 접촉 차단 • 불씨와 같은 점화원 제거 • 저장용기는 불연성가스를 봉입하거나 공기를 배출(진공 상태)
소화기 적응 표시색	황 색

③ 전기화재(C급 화재) : 전류가 흐르는 전기장비와 관련된 화재

소화 시 물 등의 전기전도성을 가진 약제를 사용하면 위험할 수 있으므로 주의해야 한다.

발생원	전기회로 중 발열·방전에 의한 주변 가연물로 인화 발생
발생원인	누전, 과전류, 스파크, 접촉 불량, 정전기, 절연 불량, 합선
특 징	최근 화재의 상당 부분을 차지하며 증가 추세, 현재 국내의 화재 중 가장 많은 비율
소화대책	전력 차단 후 가연물에 따라 냉각 또는 질식소화법 적용
예방대책	전기기기의 규격품 사용, 전기설비 기준에 적합하게 적용, 적정용량의 제품 사용, 퓨즈류는 적정용량 사용
소화기 적응 표시색	청 색

④ 금속화재(D급 화재) : 가연성 금속의 화재

발생원	위험물안전관리법 시행령 별표 1에 규정된 • 황화린, 적린, 유황, 철분, 금속분, 마그네슘, 인화성 고체 등의 제2류 가연성 고체 • 칼륨, 나트륨, 알킬알루미늄, 알킬리튬, 황린, 알칼리금속 및 알칼리토금속, 유기금속화합물, 금속의 수소화물·인화물, 칼슘 또는 알루미늄의 탄화물 등의 제3류 자연발화성 물질 및 금속성 물질
소화대책	물과 반응하여 폭발성 가스인 수소를 생성하므로 물에 의한 냉각소화는 금지
특 징	다른 화재에 비해 발생 빈도는 적으나 금속산업체에서는 빈도가 증가 예상
예방대책	해당 금속가공 시 가루 발생 억제, 공구 및 기계에서 열 발생 억제, 환기시설, 금수성 물질을 제외한 금속 가공장소는 적당한 습도 유지, 자연발화성 금속은 저장용기나 저장액에 보관, 금수성 금속과 수분 접촉 방지
소화기 적응 표시색	무 색

⑤ 가스화재(E급 화재)

메탄, 에탄, 프로판, 암모니아, 아세틸렌 등의 가연성가스의 화재로, 가스화재에 대한 소화기의 적응 화재별 표시는 국제적으로 E로 표시하고 있으나 현재 국내에서는 B급에 준하여 사용하고 있다.

㉠ 가스화재란 상온·상압에서 기체로 존재하는 물질이 가연물이 되는 화재이다. 주로 연료로 사용되는 도시가스, 천연가스, LPG, 부탄 등과 기타의 가연성 가스, 액화가스, 압축가스, 용해가스가 가연물이 된다.

㉡ 비정상연소 형태로 폭발의 위험이 있으므로 주의해야 하며, 가스가 지속적으로 누출되면서 연소하는 경우 가스의 차단 없이 발생한 화염만 제거하면 폭발을 유발할 수 있으므로 반드시 공급되는 가스의 근본적인 차단이 우선되어야 한다.

㉢ 가연물

• 가연성 가스 : 아크릴로나이트릴·아크릴알데하이드·아세트알데하이드·아세틸렌·암모니아·수소·황화수소·시안화수소·일산화탄소·이황화탄소·메탄·염화메탄·브롬화메탄·에탄·염화에탄·염화비닐·에틸렌·산화에틸렌·프로판·시클로프로판·프로필렌·산화프로필렌·부탄·부타다이엔·부틸렌·메틸에테르·모노메틸아민·다이메틸아민·트라이메틸아민·에틸아민·벤젠·에틸벤젠 및 그 밖에 공기 중에서 연소하는 가스로서, 폭발한계(공기와 혼합된 경우 연소를 일으킬 수 있는 공기 중의 가스농도의 한계를 말한다. 이하 같다)의 하한이 10% 이하이고 폭발한계의 상한과 하한의 차가 20% 이상

• 압축가스 : 산소, 수소, 질소, 메탄 등과 같이 일정한 압력에 의하여 압축되어 있는 가스이다.

• 액화가스 : 이산화탄소, LNG, LPG 등 가압(加壓)·냉각 등의 방법에 의하여 액체 상태로 되어 있는 것으로서 대기압에서의 끓는점이 40℃ 이하 또는 상용 온도 이하인 것이다.

- 용해가스 : 아세틸렌을 예로 들 수 있다. 매우 특별한 경우로, 압축하면 분해폭발하는 성질 때문에 단독으로 압축하지 못하고, 용기에 다공물질의 고체를 충전한 후 아세톤과 같은 용제를 주입하여 이것에 아세틸렌을 기체 상태로 압축한 것이다.

② 가연성 가스의 폭발범위 : 폭발한계(연소범위)란 가연성 물질이 기체 상태에서 공기와 혼합하여 일정 농도범위 내에서 연소가 일어나는 범위이다. 폭발한계는 하한계(하한값)와 상한계(상한값)로 표시하는데, 상한계란 용량으로 연소가 계속되는 최대의 용량비이고, 하한계란 용량으로 연소가 계속되는 최저 용량비이다. 위험성은 하한계가 낮으면 낮을수록, 연소범위가 넓으면 넓을수록 위험하며, 압력 상승 시 하한계는 불변하고, 상한계만 상승한다.

가연물	가연성가스, 압축가스, 액화가스, 용해가스 등
발생원인	가스기기 및 기구의 불량품, 설비 불량, 가스의 취급·사용 및 저장 시 부주의
특 징	• 가연성액체나 고체에 비해 산소와의 접촉과정에서 비정상연소가 발생한다. • 발생빈도는 적으나 피해가 크다. • 다른 가연물보다 화재의 위험성이 높다. • 끓는점이 낮고 상태가 불안정하며 점화에너지가 작아 착화되면 급속히 연소된다.
소화대책	누설 부분의 방지와 물에 의한 냉각소화, 가스공급을 차단하는 제거소화
소화기 적응 표시색	황 색

⑥ 주방화재(K급 화재)

㉠ 주방화재(K급 화재)란 주방에서 동식물유를 취급하는 조리기구에서 일어나는 화재이다.

㉡ "소화기구 및 자동소화장치의 화재안전기준(NFSC 101)"의 개정으로 2017년 6월 12일부터 음식점, 다중이용업소, 호텔, 기숙사, 노유자시설, 의료시설, 공장, 장례식장, 교육연구시설, 교정 및 군사시설의 주방에 K급 소화기의 설치가 의무화되었다.

㉢ 식용유 화재의 경우, 1998년까지 B급 화재로 구분하였으나 식용유 화재는 일반 유류화재와는 달리 연소형태나 소화작업에 있어 큰 차이가 있어 1999년 NFPA(The National Fire Protection Association, 전미방화협회)에서는 식용유 화재를 K급 화재로 분류하였다.

㉣ 일반 유류화재는 유류의 온도가 발화점보다 훨씬 낮은 비점에서 유면상의 증기가 연소하는 형태여서 그 화염을 꺼버리면 다시 불이 붙을 가능성은 낮다.

㉤ 주방에서 사용하는 식용유는 끓는점이 발화점보다 높아 불꽃을 제거하더라도 다시 재발화할 가능성이 높다. 따라서 끓는 기름에 불이 붙는 경우, 기름의 온도가 발화점 이하인 20~50℃ 이상으로 기름의 온도를 낮추어야만 소화할 수 있다.

㉥ K급 소화기는 산소를 차단하는 질식소화와 더불어 온도를 발화점 이하로 낮추는 냉각소화에 적합한 강화액 약제를 사용해 비누처럼 막을 형성해 재발화를 차단한다.

2 화재의 진행단계

구획실 내에 화재가 진행될 때 발생하는 현상 및 단계를 구분하면 다음과 같다.

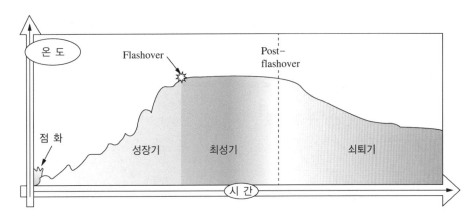

(1) 발화기(Ignition)

① 발화기는 화재의 4요소들이 서로 결합하여 연소가 시작될 때의 시기를 말한다.
② 발화의 물리적 현상은 스파크나 불꽃에 의해 유도되거나 자연발화처럼 어떤 물질이 자체의 열에 의해 발화점에 도달하여 비유도(Nonpiloted)된다.
③ 발화시점에서 화재는 규모가 작고 일반적으로 처음 발화된 가연물에 한정된다. 개방된 지역 또는 구획실 등의 모든 화재는 발화의 한 형태로서 발생한다.

(2) 성장기(Growth)

① 발화가 일어난 직후 연소하는 가연물 위로 화염이 형성되기 시작한다.
② 화염이 커짐에 따라 주위 공간으로부터 화염이 상승하는 공간으로 공기를 끌어들이기 시작한다.
③ 최초 발화된 가연물의 화재가 커지면서 성장기의 초기는 야외의 개방된 곳에서 발생하는 화재와 유사하다. 그러나 개방된 곳에서의 화재와는 달리 구획실의 화염은 공간 내의 벽과 천장에 의해 급속히 영향을 받는다. 첫 번째 영향은 화염 속으로 흡수되는 공기의 양이다.
④ 공기는 화재에 의해 생성된 뜨거운 가스보다 차갑기 때문에 화염이 갖고 있는 온도에 대해 냉각효과를 가진다. 구획실의 벽과 관련하여 가연물들의 위치는 흡입되는 공기의 양을 결정하고 냉각효과의 크기를 결정한다.
⑤ 벽 근처에 있는 가연물들은 비교적 적은 공기를 흡수하고 보다 높은 화염온도를 지닌다. 구석에 있는 가연물들은 더욱 적은 공기를 흡수하고 가장 높은 화염온도를 지닌다. 이러한 요소는 화염 위에 생성되는 뜨거운 가스층의 온도에 심각한 영향을 미친다.

⑥ 뜨거운 가스가 상승하면서 천장에 부딪치게 되면 가스는 외부로 퍼지기 시작하여 구획실의 벽에 도달할 때까지 계속 퍼진다. 벽에 도달한 후 가스층의 두께는 증가하기 시작한다.

⑦ 이 시기의 구획실 온도는 가스가 구획실 천장과 벽을 통과하면서 생성된 열의 양과 최초 가연물의 위치 및 공기 유입량 등에 의해 결정된다. 연구결과에 의하면, 화염의 중심으로부터 거리가 멀어지면 가스의 온도가 내려간다.

⑧ 만일 가연물과 산소가 충분하다면 성장기는 지속될 것이다. 성장기에 있는 구획실 화재는 일반적으로 '통제된 가연물' 상황이다.

⑨ 화재가 성장할 때에 천장 부분에 있는 가스층의 온도가 높아짐에 따라 구획실 내의 전반적인 온도는 상승한다.

(3) 플래시 오버(Flash Over)

① 연소물로부터 가연성가스가 천장 부근에 모이고 이것이 일시에 폭발적으로 구획실 전체에 불꽃이 도는 현상을 플래시 오버라고 한다.

② 플래시 오버는 성장기와 최성기 간의 과도기적 시기이며 발화와 같은 특별한 현상이 아니다.

③ 플래시 오버 시기에 구획실 내부의 상태는 매우 급속하게 변화하는데, 이때 화재는 처음 발화된 물질의 연소가 지배적인 상태로부터 구획실 내의 모든 노출된 가연성 물체의 표면과 관련된 상태로 변한다. 성장기 천장 부분에서 발생하는 뜨거운 가스층은 발화원으로부터 멀리 떨어진 가연성 물질에 복사열을 발산한다.

④ 플래시 오버가 발생할 때 뜨거운 가스층으로부터 발산하는 복사에너지는 일반적으로 $20kW/m^2$를 초과한다. 이러한 복사열은 구획실 내의 가연성 물질에 열분해작용을 일으킨다. 이 시기에 생성되는 가스는 천장 부분의 가스층으로부터 발산하는 복사에너지에 의해 발화온도까지 가열된다.

⑤ 과학자들이 다양한 형태로 플래시 오버를 정의하고 있지만 대부분의 과학자들은 공간 내의 모든 가연성 물질이 동시적 발화를 일으키는 구획실 내의 온도라고 정의한다. 이러한 현상이 발생하는 것과 관련된 정확한 온도는 없지만, 대략 483~649℃까지 범위가 폭넓게 사용된다. 이러한 범위는 열분해작용에 의해 발산되는 가장 보편적인 가스 중의 하나인 일산화탄소(CO)의 발화온도(609℃)와 상관관계를 가진다.

⑥ 연소하는 구획실 내에서 플래시 오버가 발생하기 바로 전에 다음과 같은 현상들이 나타난다.

  ㉠ 온도가 급격히 상승하고 추가적인 가연물들이 연관되면서 구획실 내의 가연물들이 열분해 현상으로 인해 가연성가스를 발산하게 된다.

  ㉡ 플래시 오버가 발생하면 구획실 내의 가연성 물질들과 열분해현상에 의해 발산된 가스들은 발화한다.

  ㉢ 이로 인해 방 전체는 화염에 휩싸이게 된다. 최고조에 오른 실내의 플래시 오버 상태에서 발산되는 열 발산율은 10,000kW 또는 그 이상이 될 수 있다.

⑦ 플래시 오버가 일어나기 이전에 구획실로부터 대피하지 못한 거주자는 생존하기 힘들다.

⑧ 소방대원들이 구획실에서 플래시 오버에 직면한다면 개인 보호장비를 착용하고 있음에도 불구하고 극도의 위험에 처하게 된다.

(4) 최성기(Fully Developed)

① 최성기는 구획실 내의 모든 가연성 물질들이 화재에 관련될 때에 일어난다.

② 이 시기에 구획실 내에서 연소하는 가연물은 이용 가능한 가연물의 최대 열량을 발산하고, 많은 양의 연소 생성가스를 생성한다.

③ 발산되는 연소 생성가스의 양과 발산되는 열은 구획실의 배연구(환기구, Ventilation Openings)의 수와 크기에 의존한다.

④ 구획실 연소에서는 산소 공급이 잘되지 않으므로 많은 양의 연소하지 않은 가스가 생성된다. 이 시기에 연소하지 않은 뜨거운 연소 생성가스는 발원지에서 인접한 공간이나 구획실로 흘러 들어가게 되며 보다 풍부한 양의 산소와 만나면 발화하게 된다.

(5) 쇠퇴기(Decay)

① 화재가 구획실 내에 있는 이용 가능한 가연물을 소모하게 됨에 따라 열 발산율은 감소하기 시작한다.

② 구획실 내의 가연물이 통제되면, 화재의 크기는 감소하게 되어 구획실 내의 온도는 내려가기 시작한다. 타다 남은 잔화물은 일정 시간 동안 구획실의 온도를 어느 정도 높일 수 있다.

더 알아두기 화재 진행에 영향을 미치는 요인

화재가 발화해서 쇠퇴하기까지 몇 가지 요인들이 구획실 화재의 성상과 진행단계에 영향을 미친다.

• 배연구(환기구)의 크기, 수 및 위치
• 구획실의 크기
• 구획실을 둘러싸고 있는 물질들의 열 특성
• 구획실의 천장 높이
• 최초 발화되는 가연물의 크기, 합성물 및 위치
• 추가적 가연물의 이용 가능성 및 위치

---

③ 화재 시 나타나는 현상

(1) 플레임오버(Flameover) 현상

① 플레임오버는 복도와 같은 통로 공간에서 벽, 바닥 표면의 가연물에 화염이 급속하게 확산되는 현상이다.

② 벽, 바닥 또는 천장에 설치된 가연성 물질을 갑자기 점화할 수 있는 연기와 가연성가스가 만들어지고 이때 매우 빠른 속도로 화재가 확산된다.

③ 플레임오버 화재는 소방관들이 서 있는 뒤쪽에 연소 확대가 일어나 고립되는 상황에 빠질 수 있다. 목재 벽과 강의실 책상, 인테리어 장식용 벽, 그리고 가연성 코팅 재질의 천장은 충분히 가열만 되면 플레임오버를 만들 수 있다.

④ 통로나 출구를 따라 진행되는 화염 확산은 일반적인 구획 공간 내의 화염 확산보다 치명적이기 때문에 복도 내부 벽과 천장은 비가연성 물질로 마감되어야 한다.

　㉠ 종종 내화조 건물의 1층 계단실에서 발생한 작은 화재가 계단실에 칠해진 페인트에 의해 플레임오버 현상을 발생시켜 수십층 위에까지 확산되는 경우도 있다.

　㉡ 플레임오버는 1946년 12월, 미국 애틀랜타에 있는 와인코프 호텔(Winecoff Hotel) 로비에서 발생된 화재에서 가연성 벽을 따라 연소확대가 어떻게 진행되는지 묘사한 것에서 처음 사용된 용어이다. 이 사고를 계기로 미국의 주거용 건물의 벽, 천장 그리고 바닥 재질에 대한 기준이 강화되기 시작하였다.

(2) 백드래프트(Backdraft)

① 화재 발생 시 산소 공급이 부족하여 불완전연소인 훈소 상태가 지속될 때 점점 실내온도가 높아지고 공기의 밀도 감소로 부피가 팽창하게 되면, 실내 상부쪽으로 고온의 기체가 축적되고 외부에서 갑자기 유입된 신선한 공기 때문에 급격히 연소가 활발해져 그 결과, 강한 폭풍과 함께 화염이 실외로 분출되는 화학적 고열 가스폭발현상이다.

> **더 알아두기**　**훈소(Smoldering)**
>
> • 훈소란 가연물이 열분해에 의해서 가연성가스를 발생시켰을 때 공간이 밀폐되어 산소의 양이 부족하거나 바람에 의해 그 농도가 현저히 저하된 경우 다량의 연기를 내며 고체 표면에서 발생하는 느린 연소과정으로, 연료 표면에서 반응이 일어나는데 이 표면에서 작열과 탄화현상(훈소흔)이 일어난다.
>
> • 공기의 유입이 많을 경우 유염연소로 변화할 수 있다. 또한, 작열될 때의 온도는 1,000℃ 이상이 되며, 불완전연소가 일어나는 동안 연료의 10%가 일산화탄소로 변화한다.

② 백드래프트 현상은 주로 감퇴기에서 발생한다.

③ 연기폭발 또는 열기폭발이라고도 하며, 주로 화재 말기에 가까울수록 위험성이 크고 실내가 폭발범위(12~75%), 온도 600℃ 이상일 때 발생한다.

④ 백드래프트 발생 전 징후 : 화재로 발생한 가스와 연기가 건물 내부로 빨려 들어갔다가 외부로 빠져 나오는 현상 또는 문 손잡이는 뜨겁고 휘파람 소리가 나기도 한다.

⑤ 방지대책 : 압력이 높은 상부쪽 천장 등을 개방하거나 폭발력 억제, 격리, 소화, 환기 등의 대책이 있다.

⑥ 백드래프트 대응전술

    ㉠ 배연법(지붕환기법) : 연소 중인 건물 지붕의 채광창을 개방하여 환기시키는 것은 백드래프트의 위험으로부터 소방관을 보호할 수 있는 가장 효과적인 방법 중의 하나이다.

    ㉡ 급랭법(담금질법) : 화재가 발생한 밀폐된 공간의 출입구에 완벽한 보호장비를 갖춘 집중 방수팀을 배치하고 출입구를 개방하는 즉시 방수함으로써 폭발 직전의 기류를 급랭시키는 방법이다. 주로 백드래프트의 징후가 없는 상태에서 이루어진다.

    ㉢ 측면공격법 : 화재가 발생한 밀폐된 공간의 개구부 인근에서 이용 가능한 벽 뒤에 숨어 있다가 출입구가 개방되자마자 개구부 입구를 측면 공격하고 화재 공간에 집중 방수함으로써 백드래프트 현상을 방지하는 방법이다.

⑦ 백드래프트의 징후와 소방전술

징 후		소방전술
건물 내부 관점	건물 외부 관점	
• 압력차에 의해 공기가 빨려들어 오는 특이한 소리(휘파람소리 등)와 진동 발생 • 건물 내로 되돌아오거나 맴도는 연기 • 훈소가 진행되고 있고 높은 열이 집적된 상태 • 부족한 산소로 불꽃이 약화되어 있는 상태(노란색의 불꽃)	• 거의 완전히 폐쇄된 건물일 것 • 화염은 보이지 않으나 창문이나 문이 뜨거움 • 유리창 안쪽에서 타르와 같은 물질(검은색 액체)이 흘러내림 • 건물 내 연기가 소용돌이침	• 지붕 배연작업을 통해 가연성가스와 집적된 열을 배출시킴(냉각작업) • 배연작업 전에 창문이나 문을 통한 배연 또는 진입을 시도해서는 안 됨 • 급속한 연소현상에 대비하여 소방대원은 낮은 자세를 유지해야 함 • 일반적으로 적절한 내부 공격시점은 지붕 배연작업 후임 • 출입구나 개구부 개방이 불가피할 경우 가능한 한 서서히 개방

(3) 롤 오버(Roll Over)

① 플래시 오버 전 단계이다.

② 화재가 발생하여 가연성 물질에서 발생된 가연성 증기가 천장 부근에 축적되고, 이 축적된 가연성 증기가 인화점에 도달하여 전체가 연소하기 시작하면 불덩어리가 천장을 따라 굴러다니는 것처럼 뿜어져 나오는 현상이다.

(4) 플래시 오버(Flash Over)

① 건축물 화재 시 성장기에서 최성기로 진행될 때 실내온도가 급격히 상승하기 시작하면서 화염이 실내 전체로 급격히 확대되는 연소현상이다.

② 물체의 표면 또는 전체의 온도가 발화온도에 이르면 전면에 걸쳐 거의 동시에 타오르는 화재단계이다.

③ 플래시 오버 전이의 지연대책

    ㉠ 냉각 지연법

    ㉡ 배연 지연법

    ㉢ 공기 차단 지연법

[롤 오버와 플래시 오버의 특징]

구 분	롤 오버	플래시 오버
복사열	상대적으로 약함	강함
주요원인	압력차	복사열
확산 매개	상부의 초고온 증기의 발화	열이 천장에 반사되어 가연물이 분해됨
확대영역	화염의 선단 부분이 주변 공간으로 확대	분해된 가스가 갑자기 전체 실내로 확대됨
실내현상	가스가 천장을 구르며 밖으로 빠져나감	전실, 모든 가연물의 순간적인 착화현상

(5) 가스(기체)의 열균형(Thermal Layering of Gases/Thermal Balance)

① 가스의 열균형은 가스가 온도에 따라 층을 형성하는 경향이다.

② 가장 온도가 높은 가스는 최상층에 모이는 경향이 있고, 반면 낮은 층에는 보다 차가운 가스가 모이게 된다.

4 유류화재의 특수현상

(1) 오일 오버(Oil Over) 현상

위험물이 50% 이하로 저장되어 있는 저장탱크에 화재로 인해 고온의 열이 전달되면 탱크 내 온도 상승으로 공기가 팽창하여 폭발하는 현상이다.

(2) 보일 오버(Boil Over)

① 고온층(Hot Zone)이 형성된 유류화재의 탱크 밑면에 물이 고여 있는 경우, 화재의 진행에 따라 바닥의 물이 급격히 증발하여 불붙은 기름을 분출시키는 위험한 현상이다.

보일 오버 현상의 조건

- 열파를 형성하는 유류일 것
- 탱크 밑부분에 물 또는 습도를 함유한 찌꺼기 등이 있을 것
- 거품을 형성하는 고점도의 성질을 가진 유류일 것

② 연소 중인 탱크로부터 원유(또는 기타 특정 액체)의 작은 입자들이 연소되면서 방출하는 열기가 수분과 접촉할 경우, 탱크 내용물 가운데 일부가 거품형태로 격렬하게 방출되는 현상이다.

③ 폭발 등으로 인해 탱크의 지붕이 날아 가버린 원유 등의 무개(無蓋)탱크 등에서 화재 도중 일어나는 현상으로 탱크 화재 시 가장 위험하고 경계해야 할 현상이다.

④ Boil Over 방지대책

 ㉠ 탱크 내용물의 기계적 교반

 ㉡ 물의 배출 또는 물의 과열 방지

(3) 블레비(BLEVE ; Boiling Liquid Expanding Vapor Explosion) 현상

① 가연성 액체 저장탱크 주위에서 화재 등이 발생하여 기상부의 탱크 강판이 국부적으로 가열되면 그 부분의 강도가 약해져 그로 인해 탱크가 파열된다. 이때 내부에서 가열된 액화가스가 급격히 유출 팽창되어 화구(Fire Ball)를 형성하며 폭발하는 현상이다.

② 외부 화재로 탱크의 내부 온도가 상승되어 탱크 내 가연성 액화가스의 급격한 비등 및 팽창으로 탱크 내벽에 균열이 생겨 내부 증기가 분출하면서 폭발하는 현상이다.

③ 예방법

 ㉠ 방액제를 경사지게 하여 화염이 직접 탱크에 접하지 않도록 한다.

 ㉡ 탱크 내의 압력을 감압시킨다.

 ㉢ 탱크 외벽의 단열조치, 탱크의 지하 설치, 물에 의한 탱크 표면의 냉각장치 설치(냉각의 주요 부위는 탱크 내부의 액체(액화가스)에 의해 보호되지 않는 기상부이다) 및 가스의 이송조치 등의 방법으로 화염으로부터 탱크로의 입열을 억제시킨다.

 ㉣ 탱크 내벽에 열전도도가 좋은 알루미늄 합금박판으로 폭발방지장치를 설치한다.

 ㉤ 탱크의 내압강도를 유지한다.

 ㉥ 외력에 의한 파괴 방지 : 타 물체에 의한 기계적 충돌을 방지한다.

파이어 볼(Fire Ball)

- 대량의 증기화한 가연성 액체가 급격하게 연소했을 때 발생하는 불덩어리
- BLEVE 현상으로 인해 분출된 인화성 액의 증기가 주변 공기와 혼합하면서 인화범위 내로 들게 될 때 대형 화염이 형성되며 공모양으로 상부로 상승하는 현상

(4) 슬롭 오버(Slop Over)

① 고온층 표면에서부터 형성된 유류화재를 소화하기 위해 물·포말을 주입하면 수분의 급격한 증발에 의해 유면에 거품이 일거나 열류의 교란으로 고온층 아래에 있던 찬 기름이 급격히 열팽창하여 유면을 밀어 올려 유류가 불붙은 채로 탱크 벽을 넘어 일출하는 현상이다. 이것은 유류의 점도가 높고 유온이 물의 비등점보다 높아지려는 온도에서 잘 일어난다.

② 물의 비점보다 높은 기름의 연소표면에 물이 들어갈 때는 물의 격렬한 증발로 인한 수증기의 팽창력 때문에 무거운 기름의 일부가 밖으로 비산되어 나오는 현상이다.

③ 열류층이 형성된 액 표면에 포 등에 의한 수분 주입 시 물이 급격히 증발하여 부피팽창으로 인해 기름과 함께 밖으로 넘친다.

(5) 프로스 오버(Froth Over)

화재 이외의 경우에도 물이 고점도의 유류 아래서 비등할 때 탱크 밖으로 물과 기름이 거품과 같은 상태로 넘치는 현상이다.

① 뜨거운 아스팔트가 물이 약간 채워진 무개탱크차에 옮겨질 때

② 유류탱크 아래 물이나 물·기름 혼합물이 존재할 때

5 연료지배와 환기지배(구획된 건물 화재의 현상)

화재의 형태는 환기량에 따라 연료지배형 화재 혹은 환기적정화재와 환기지배형 화재 혹은 환기부족화재로 구분된다.

(1) 연료지배형 화재(Fuel Controlled Fire)

① 화재실 내부는 연소에 필요한 공기량이 충분한 상태이기 때문에 화재특성은 연료 자체에 의존하여 연료지배형 화재라고 한다.

② 화원의 크기가 상대적으로 작은 화재의 경우 화재실 내부 및 외부로부터의 공기 공급에 의해 화원에서 증발된 연료는 화재플럼 내에서 거의 연소되어 연층부에 미연소가스는 거의 존재하지 않는 환기청정 상태를 형성한다.

③ 특 성
  ⊙ 연료지배형 화재는 화재실 내부에 있는 가연물의 양에 의존하는 화재현상이다.
  ⓒ 연료지배형 화재에서는 환기량에 비해 연료량이 부족하다.
  ⓒ 연료지배형 화재는 주로 목조 건축물에 발생한다.
  ② 연료지배형 화재에서는 플래시 오버를, 환기지배형 화재에서는 백드래프트를 주의해야 한다.

ⓜ 연료지배형 화재에서는 환기지배형과는 다르게 연소속도가 개구부의 면적과 개구부의 높이에 지배를 받지 않는다.

ⓗ 연료지배형 화재의 연소속도는 가연물의 분해·증발률에 비례한다.

(2) 환기지배형 화재(Ventilation Controlled Fire)

① 화원으로부터 생성된 연료가스는 화재실 상층부에서 미연소가스 형태로 존재하고 이로 인해 공간 내의 화재특성은 부족한 공기의 양에 의해 결정되기 때문에 환기지배형 화재라고 한다.

② 화재실 내부의 열적 피드백(Heat Feedback)이 증가하면 화원의 연소율이 증가하고 발열량이 지속적으로 상승하는 경우 화재실 내부는 화원에서 발생한 연료를 완전연소시키기에 공기의 양이 부족한 환기부족화재(Under Ventilated Fire) 상태가 된다.

③ 특 성

㉠ 환기지배형 화재는 화재실로 유입되는 환기량에 의존하는 화재현상이다.

㉡ 환기지배형 화재에서는 연료량에 비해 환기량이 부족하다.

㉢ 환기지배형 화재는 내화구조 건축물에서 발생한다.

㉣ 화재 가혹도는 환기지배형보다 연료지배형이 작다.

㉤ 환기지배형의 온도는 개구부의 면적과 개구부의 높이의 반제곱근에 비례하며 실내 전표면적에 반비례한다.

㉥ 환기지배형의 화재에서 연소속도는 환기에 의해 유입되는 산소량에 비례한다.

㉦ 환기지배형의 지속시간은 실내 바닥면적에 비례하며 개구부의 면적 개구부의 높이의 반제곱근에 반비례한다.

㉧ 두 화재현상 모두 개구부 면적이 크고 개구부의 위치가 높으면 화재온도는 높아지고 화재지속시간은 짧아진다.

㉨ 플래시 오버 이후에는 화재실 내의 공기량이 부족하여 개구부를 통해 유입되는 환기량에 영향을 받는다.

6 건축물의 화재성상

(1) 목재 건축물 화재

① 일반적인 목재 건축물 화재 진행

㉠ 화재원인 → 무염착화 → 발염착화 → 발화 → 최성기 → 연소낙하 → 진화

㉡ 화재원인에서 발화까지를 화재의 전기, 발화에서 진화까지를 화재의 후기라고 한다.

㉢ 화재의 전기(화재원인~발화)는 여러 상황에 따라 시간적으로 일정하지 않은 반면, 화재의 후기(발화~진화)는 시간적으로 일정한 경로로 진행된다.

ㄹ 건축물의 상황에 따라 풍속이 거의 없을 때(0~3m/s)의 시간 경과는 다음과 같다.
- 발화에서 최성기까지의 소요시간 : 4~14분
- 최성기에서 연소낙하까지의 소요시간 : 6~19분
- 발화에서 연소낙하까지 소요시간 : 13~24분 정도

ㅁ 목재 건축물의 화재 특징은 고온 단기형으로 화재 시 짧은 시간에 최고 온도까지 상승이 가능하다.

② 각 단계별 화재의 진행과정

ㄱ 화재의 원인에서 무염착화
- 이 단계는 화재의 원인과 종류, 발생장소에 따라 차이가 있으며 자연발화의 경우에는 오랜 시간을 요한다.
- 무염착화란 가연물질이 연소할 때 재로 덮인 숯불 모양으로 불꽃 없이 착화하는 현상으로, 바람 및 공기가 주어지면 언제든지 불꽃 발생이 가능한 단계이다.

ㄴ 무염착화에서 발염착화
- 화재 발생장소, 가연물의 종류, 바람의 상태와 연소속도, 연소시간, 연소 방향 등이 화재 진행을 좌우한다.
- 발염착화란 무염 상태의 가연물질에 바람 및 공기 등을 불어넣어 충분한 산소 공급으로 불꽃이 발하여 착화(발화)하는 현상이다.

ㄷ 발염착화에서 발화
- 이 단계는 착화가 발생한 위치와 가옥의 구조에 따라 달라진다.
- 발화란 가옥의 실내 가연물의 일부가 발화한 상태가 아니라 천장까지 불이 번져 가옥 전체에 불기가 도는 단계이다.

ㄹ 발화에서 최성기
- 이 단계에서는 화재의 진행이 빨라진다.
- 연기의 색은 백색에서 흑색으로 변하며, 개구부가 파괴되어 공기가 공급되면서 급격한 연소가 이루어져 연기가 개구부로 분출된다.
- 이 시기를 플래시 오버(Flash Over)라고 하는데 이때의 실내온도는 약 800~900℃ 정도가 된다.
- 목재 건축물 화재 시에는 발화에서 최성기로 넘어가는 단계에서 보통 플래시 오버현상이 발생된다.
- 이후 최성기로 넘어가면 천장 및 대들보가 내려앉고 화염 및 검은 연기, 강한 불꽃 및 불가루를 유동시키는 복사열이 발생하는데, 이때 실내 최고 온도는 약 1,300℃ 정도가 된다.

⑪ 최성기에서 연소낙하(감퇴기)
- 최성기를 넘어서면 가연물이 연소에 의해 소진되고 화세가 급격히 약해지면서 지붕이나 벽이 무너지고 기둥 등이 허물어지는 시기이다.
- 화세가 쇠퇴하고 다른 곳으로의 연소위험은 없다.
- 훈소연소 상태에서 백드래프트가 일어나기도 한다.

[목재의 상태에 따른 연소상태]

목재의 상태 \ 연소 상태	빠르다	느리다
두께 및 굵기	얇고 가는 것	두껍고 굵은 것
형 상	각이 진 것	둥근 것
표 면	거친 것	매끈한 것
내화성 및 방화성	없는 것	있는 것
건조정도(수분 함량)	수분이 적은 것	수분이 많은 것
페인트	칠한 것	칠하지 않은 것
색	검은색	흰 색

(2) 내화 건축물의 화재

① 개 요
㉠ 내화 건축물은 주요 구조부가 가연성이 아니기 때문에 목재에 비해 연소속도가 완만하며 산소가 감소하면 연소속도가 지연되기도 한다.
㉡ 보통 화재 진행시간이 목조 건축물은 30~40분인데 비해, 내화 건축물은 2~3시간 정도이다. 이것은 조건에 따라 그 이상 지연되기도 한다.
㉢ 내화구조물의 화재에서 옥내 화재는 화원의 확대에서 플래시 오버에 이르는 화재 성장기와 본격적인 화재가 되는 화재 최성기, 그리고 가연물이 타 없어지는 화재 감쇠기의 3단계로 진행된다.
㉣ 목조 건축물은 고온 단기형의 화재 특성이라면 내화건축물은 저온 장기형의 화재 특성을 나타낸다.
㉤ 일반적으로 초기 → 성장기 → 최성기 → 종기의 화재 진행과정을 나타낸다.
② 초 기
㉠ 화재 초기는 실내온도가 아직 크게 상승하지 않은 시기이다.
㉡ 화재 초기는 목조화재와 동일한 내부 가연물에 착화하여 가연성가스를 발산하고 연소가 시작되어 백색 연기, 수증기를 맹렬하게 분출하며 실내를 유동한다.
㉢ 목조 건축물에 비해 기밀성이 뛰어나기 때문에 초기에는 연소가 완만하며, 산소량이 감소되어 연소가 약해지며 불완전연소도 일어난다.

② 이때 소화를 위하여 창이나 문 등을 개방시키면 공기가 갑작스럽게 유입되어 급격한 연소를 초래시키는 경우가 있다(Backdraft).

③ 성장기

　　　⑦ 실내온도의 상승으로 인한 공기의 열팽창 등으로 개구부가 파괴되어 개구부를 통해 검은 연기 및 화염 등이 분출되며, 실내 전체가 한 순간에 화염으로 휩싸이는 현상이 발생한다.

　　　ⓒ 연소에 필요한 산소량이 부족하기 때문에 불완전연소 가스가 화점에 충만하여 시야를 가리게 된다.

　　　ⓒ 그 후 창과 유리가 파손되면서 개구부로부터 검은 연기를 분출하기 시작하고 지붕 틈이나 창으로부터 화염이 나온다.

　　　② 화재가 진행되면서 대류, 전도, 복사, 불꽃의 접촉 등에 의해 열이 축적되고, 축적된 열 때문에 연소속도는 기하급수적으로 증가한다.

④ 최성기

　　　⑦ 실내 전체에 화염이 매우 많으며 연소가 최고조에 달하는 단계이다.

　　　ⓒ 화점에 있는 방 또는 구획 내는 완전히 화염에 휩싸인다.

　　　ⓒ 모든 개구부에서 불꽃과 연기가 분출하여 천장의 콘크리트가 파손되어 떨어져 나가면서 계단, 에스컬레이터 등 공기 유동이 좋은 곳으로 화염이 확대되면서 입체화재로 진전된다.

　　　② 내화 건축물 화재 시 실내의 최고 온도는 약 1,000℃ 정도이다.

⑤ 화재 감쇄기 : 가연물은 대부분 타고 화재가 꺼지면서 온도가 점차 내려가기 시작하는 단계이다.

(3) 실내 공간에서의 화재성상

① 불은 대류에 의해 급속히 상승하여 천장을 따라 주위 사방으로 확산된다.

② 연소 시에 가스와 열, 연기가 발생하는데 밀폐된 공간에서는 뜨거운 가스는 상승하여 버섯 모양으로 실내 전체로 확산된다.

③ 화재 시 연기는 유기물질의 경우 완전연소하면 대체로 연기가 발생하지 않지만, 불완전연소하면 연기가 발생된다.

④ 연소물의 연기 방출은 동일한 연소물이라도 화재강도가 다르면 방출되는 연기의 상태(화학적 성분과 양)가 다를 수 있다.

⑤ 내장재의 화염 확산속도는 내장재가 설치된 용도별 업종과 장소에 따라 다르다.

　　　⑦ 방화 구획된 부분에 설치된 경우보다 통로나 계단 등에 설치된 경우가 더 위험하다.

　　　ⓒ 바닥 마감재와 관련된 화재 성장의 특성은 실내에서 화재가 발생되면 불길이 천장을 향하여 솟아오르게 되어 고온의 연소생성물이 천장 직하 부분에서 가스층을 형성한다.

　　　ⓒ 이렇게 형성된 고온 가스층의 복사열에 의한 영향으로 주위의 가연물이 착화점에 이르러 화재가 확대된다.

⑥ 실내 화재에서 연소속도를 결정하는 주요인자는 연료량과 통기량이다.
    ㉠ 환기지배형 화재(Ventilation Controlled Fire)
        • 연료량이 많고 통기량이 적은 경우에는(특히, 지하실이나 극장 및 각 지역에 소규모로 창문이 고정되어 밀폐되어 있는 건물) 연소속도가 통기량의 통제를 받기 때문에 연소시간이 연장될 수 있다.
        • 이러한 경우 창문 등 개구부가 트여서 외부의 대기 상태에 노출되면 화재가 확대되어 연소속도가 증가한다.
    ㉡ 연료지배형 화재(Fuel Controlled Fire)
        • 연료량이 적고 통기량이 충분할 경우, 특히 큰 개방형 창문이 설치되어 있는 건물에서 불은 연료의 표면상에서 제한적으로 연소가 이루어지게 된다.
        • 이러한 경우의 화재는 그 연소시간이 짧고 외부에서 찬 공기가 유입되어 방 안의 온도는 높지 않다.
        • 그러나 천장이 낮은 고층 건물에서는 불꽃이 외벽의 개구부를 통하여 각 층으로 확산될 수 있다. 천정이 높을 경우에는 불꽃이 실내를 벗어나지 못한다.
⑦ 화재과정에서 발생하는 열의 이동 : 대류, 전도, 복사
    ㉠ 대류에 의한 열전달은 화재 시 가열된 공기가 팽창, 상승하여 문이나 환기 덕트의 댐퍼 등에 압력을 가하여 개구부나 각종 틈새를 통해 빠져나간다.
    ㉡ 전도에 의한 열전달은 화재 시 가열된 공기가 강철 빔이나 금속도관, 전선 및 덕트 등 기타 열을 잘 전도시키는 물질을 통해 이동하는 것이다.
    ㉢ 화재 시 가열된 물체의 고온 표면에서 열을 복사시켜 매우 먼 거리에 있는 가연성 물질을 발화시킨다. 복사에너지는 복사체 절대온도의 4제곱에 비례하여 복사체가 가열되면 될수록 급속히 증가한다.

(4) 고층 건축물 화재

① 오늘날 고층 건물의 대부분은 내화 건축물로 건설한다.
② 고층 내화 건물에서 화재가 발생하면 건축물 내의 일부 구획에서 발생한 화재에 의한 연기가 출화점으로부터 상당히 먼 구획에 있는 사람들에게까지 직접적인 타격을 주는 경우가 많다.
③ 출화점에서 멀리 떨어져 있는 사람이 연기를 재빨리 감지하지 못하면 피난행동에 곤란을 받게 된다.
④ 최근의 고층 내화 건물 화재 시에 발생한 인명피해의 원인은 주로 연기에 의한 질식 및 중독 또는 산소 부족에 의한 것으로서 예전의 목조 건축물에서 흔히 볼 수 있었던 소사가 아닌 경우가 많다.

⑤ 고층 건물의 화재 시에 나타나는 문제
　㉠ 구조작업에 있어서 소방차의 공중사다리가 미치지 못하는 고층 건물이 많다.
　㉡ 화재 시 헬리콥터의 접근도 어려우며 엘리베이터는 더구나 사용할 수가 없다.
　㉢ 내화구조체는 고열이 되면 내화력을 저하시키는 동시에 창의 유리 파편 등의 낙하에 따른 위험성도 수반된다.
　㉣ 새시(Sash)로 고정된 창은 개방할 수 없어 더욱 문제가 되며 연소에 의한 유독연기는 거주자는 물론 소방대원에게조차도 매우 위험하다.

02 　화재의 피해 및 예방

1 화재의 피해

(1) 화재 피해의 증가요인

① 인구 증가 및 도시 집중화에 따른 고층 건물, 공동주택 건물의 밀집현상
② 플라스틱 등 가연성 물질의 대량 사용으로 화재 증가
③ 좁고 밀폐된 공간 내에 고가품 등의 집적
④ 방화구획이 없는 대형 건물 증가
⑤ 방화사범의 증가 및 정신이상자의 방화
⑥ 소방안전과 관련된 법규 미비 및 정부의 미시행 등으로 화재 피해
⑦ 석유류 사용의 증가 및 가스 사용 증가

(2) 위험물과 화재 위험의 상호관계

위험물 성상	화재 위험도
온 도	온도가 높을 때 위험하다.
압 력	압력이 클 때 위험하다.
인화점, 착화점, 융점, 비점	낮을수록 위험하다.
연소범위(폭발한계)	넓을수록 위험하다.
연소속도, 증기압, 연소열	작을수록 위험하다.
증발열, 비열, 표면장력	작을수록 위험하다.
비 중	물에 대한 용해도와 관계가 있으나, 물과 섞이지 않는 것으로 주수소화는 화재면을 확대한다.

(3) 화재 시 인체에 대한 온도의 영향

① 인간과 온도환경 : 바람이 없고 습도가 낮은 경우 고온환경에 대하여, 인간은 50℃에서는 수시간, 130℃에서는 15분, 200~250℃에서 5분은 견딜 수 있다.

② 방사열의 영향 : 인간이 방사열을 받았을 때의 내용 시간은 방사열의 제곱에 반비례하며, 열관성에 비례하고, 온도차의 제곱에 비례한다.

③ 열과 화상

  ㉠ 1도 화상 : 홍반성화상, 변화가 피부의 표층에 국한되는 것으로 환부가 빨갛게 되고 약간 부어오르며 통증을 수반한다.

  ㉡ 2도 화상 : 수포성화상, 화열이 피부 깊숙이 침투되어 분비액이 많이 쌓여 화상 직후 혹은 하루 이내에 물집이 생긴다.

  ㉢ 3도 화상 : 괴사성화상, 화열이 피하지방 깊숙이 침투한 것으로 말초신경까지 손상을 입어 피부의 전체 층이 죽어 궤양화되는 화상이다. 1도나 2도 화상에 비해 통증을 거의 느끼지 못하는 증세이다.

  ㉣ 4도 화상 : 흑색화상, 더욱 깊은 피하지방 근육 또는 뼈까지 도달하는 화상으로 전기화재 등에서 피부가 탄화되는 현상이다.

④ 인간의 내열한계 : 석유화학탱크 화재실험에 있어서 보통의 작업복을 착용하고 있을 때 한계치는 $2,400\text{kcal/m}^2 \cdot \text{h}$이다.

⑤ 의복화재

  ㉠ 화재 시 의복에 착화하면 착화하지 않은 경우에 비하여 인체에 손상을 주는 정도가 높아진다.

  ㉡ 착화한 경우 때로는 전신의 70%가 2도 이상의 화상을 입을 수 있으나 착화하지 않으면 2%의 화상으로 끝날 수도 있다.

(4) 인간의 피난본능(특성)

① 귀소본능(歸巢本能)

  ㉠ 원래 왔던 길로 되돌아가거나 일상적으로 사용하는 경로로 탈출하려는 본능이다.

  ㉡ 항상 사용하는 복도, 계단 및 엘리베이터 부근에 모이므로 피난계단, 출구까지 안전하게 피난할 수 있도록 계획적인 고려가 필요하다.

② 퇴피본능(退避本能)

  ㉠ 반사적으로 화염·연기 등 위험으로부터 멀어지려는 습성이다(=회피성).

  ㉡ 화재의 발생 초기에는 그 상황의 확인을 위하여 소수의 인원이 모여들지만 화재의 확대에 따라 화염, 연기 등에 대한 공포감이 급증되며 발화의 반대 방향으로 대부분의 인원이 이동한다.

③ 지광본능(指光本能)

 ㉠ 어두운 곳에서 밝은 불빛을 따라 행동하는 습성이다(=향광성).

 ㉡ 화재 시에는 검은 연기, 정전 등으로 시야가 흐려지므로 가능한 한 개구부, 조명부 등의 밝은 곳을 향하게 한다.

 ㉢ 실제의 경우 지나친 실내 장식 등을 제한하고 출입구, 계단 등을 가능한 한 외부에 접하게 하는 것이 피난에 유리하다.

④ 좌회본능(左回本能)

 ㉠ 오른손잡이는 오른발을 축으로 좌측으로 행동하는 습성이다.

 ㉡ 화재 시 거주자의 보행에 관한 특성으로는 좌회전, 좌측 통행, 통로를 중심으로 아치를 형성하는 것이 일반적이다. 이러한 특성은 출입구의 방향, 위치 등의 결정을 위한 피난시설의 계획에 참고가 된다.

  • 좌측 통행 : 일정한 통로에서 군집의 밀도가 1.5인/m^2를 초과하면 나타나기 시작한다.

  • 아치 형성 : 통로에서 단거리에 위치하기 위하여 통로를 중심으로 아치 형태로 모인다.

  • 좌회전 : 일반적으로 오른발의 지대력이 강하기 때문에 체력조건이 동등한 경우 통로를 향하여 우측의 인원이 먼저 진입하여 군집은 좌측으로 회전한다.

⑤ 추종본능(追從本能)

 ㉠ 혼란 시 판단력 저하로 맨처음 달리는 사람을 따르는 습성이다(=병목현상).

 ㉡ 특히, 불특정 다수의 인원이 모인 경우에 화재가 발생하면 최초에 행동을 개시한 사람을 따라서 전체가 움직이는 본능이 있으며 이러한 특성 때문에 인명 피해가 확대되는 경우가 있다.

(5) 피난 시 행동

① 발화점으로부터 조금이라도 먼 곳으로 피난한다(퇴피본능).

② 평상시에 익숙한 경로를 사용한다(귀소본능).

③ 밝은 방향을 택하여 그 방향으로 피난한다(지광본능).

④ 군중심리에 의해 남을 따라 하기 쉬워 적극적인 사람이 있으면 그 사람을 따르기 쉽다(추종본능).

⑤ 연기나 불의 차폐물이 있는 곳으로 도망가서 숨는다. 방의 중심보다 구석 쪽으로 도망한다(퇴피본능).

⑥ 혼잡이 적은 방향으로 향한다.

2 화재의 예방

(1) 건축물의 방재계획

건축물 방재계획이란 오늘날과 같이 거대한 건축 공간이 많이 건설되면서, 내부 공간의 사람들이 안전하게 건물 밖으로 탈출할 수 있는 공간과 설비적 대응을 말한다.

① 공간적 대응

　㉠ 화염이나 연기에 대응하거나 재해 공간으로부터 이탈하고자 하는 대응이다.

　㉡ 공간적 대응은 대항성, 회피성, 도피성의 성능을 가져야 한다.

　　• 대항성 : 건물의 내화성능, 방연성능, 방화구획성능, 화재 방어대응성(소방대 활동성), 초기 소화대응력 등의 화재 사상에 대항하여 저항하는 성능 또는 항력을 뜻한다.

　　• 회피성 : 건축물의 불연화, 난연화, 내장재 제한, 구획의 세분화, 방화훈련, 불조심 등 방화 유발, 확대 등 화재 발생을 저감시키고자 하는 예방적 조치 또는 상황을 말한다.

　　• 도피성 : 화재가 발생할 경우에 그 사상과 공간의 대응관계 사이에서 사람이 궁지에 몰리지 않고, 보다 안전하게 재난으로부터 도피, 피난할 수 있는 공간성과 구조 등의 성상을 말한다.

　㉢ 공간적 대응의 범주와 관련이 있는 항목

　　• 건축물의 개요 : 위치, 구조, 규모, 용도 등

　　• 방재계획의 기본방침 : 피난계단의 위치, 방화구획의 구성, 안전구획의 위치와 구성, 피난 시설의 위치와 피난로의 선정(기준층, 특수층에 대해서)

　　• 부지와 도로 : 피난층에 있어서의 출입구, 부지 내의 통로와 외부 도로, 광장 등과 연결 관계, 소방대의 진입로 등

　　• 피난 : 피난시설 등의 배치와 구조(복도, 직통계단, 피난계단, 특별 피난계단, 피난경로상의 개구부), 옥상 광장, 옥외 발코니, 피난계단

　　• 내장제한

② 설비적 대응

　㉠ 건축방재의 계획에 있어서 안전성에 대한 설비적 대응이란 건축 그 자체의 계획, 건축 공간계획에 의한 대응을 지원한다는 것이다.

　㉡ 설비적 대응은 위의 대항성 중에서 방연성능은 제연설비, 방화구획성능은 방화문, 방화셔터 등이며 초기 소화대응으로서는 자동화재탐지설비, 자동소화설비 등에 의해서 행한다.

　㉢ 방재센터에서는 종합적으로 각종 방재정보를 검출하여 그것을 전송해서 판단·처리하는 기능을 필요로 한다.

　㉣ 설비적 대응의 범주와 관련된 항목

　　• 화재탐지와 통보 : 자동화재탐지설비에 의한 화재 감지와 경보

　　• 피난과 구호 : 비상용 조명장치, 피난구 유도 등

- 제연 : 강제배연 및 자연배연 EH는 공조설비와의 겸용
- 공기조화 : 덕트 계통, 자동제어방법
- 비상용 엘리베이터
- 소화설비 : 각종 소화설비
- 중앙관리실 : 방재시설의 총괄관리
- 유지관리 주체 및 방법

3 계절별 화재 예방요령

(1) 봄철 화재

① 주요원인

ㄱ 봄철에는 이동성 고기압의 영향으로 실효습도가 50% 이하로 떨어지는 일수가 많고 바람도 강하게 불어 조그마한 불씨라도 삽시간에 큰불로 확대될 수 있는 위험한 연소조건을 형성하고 있다.

ㄴ 행락철을 맞아 산이나 야외로의 나들이 기회가 많아지는데 이때 함부로 버린 담뱃불이나 불법 취사행위, 어린이들의 불장난으로 인하여 산림 화재(산불)가 많이 발생하고 있으며, 일단 발화한 불은 건조한 날씨와 강한 바람으로 삽시간에 대형 화재로 번진다.

② 예방요령

ㄱ 봄철 화재의 취약대상을 파악하여 집중적인 방화관리와 지도로 화재 발생 위험요소를 제거한다.

ㄴ 산이나 야외에서는 불법 취사행위를 하지 않도록 하고, 특히 산에 오를 때에는 라이터나 성냥 등 화기물질을 소지하지 않도록 한다.

ㄷ 논두렁이나 밭두렁, 기타 농산 폐기물을 소각할 때에는 바람이 없는 날을 택하여 하고 주의와 감시를 철저히 한다.

(2) 여름철 화재

① 주요원인

ㄱ 냉방을 위하여 에어컨이나 선풍기 등 전기제품의 사용이 증가함에 따라 이를 사용하는 사람들의 부주의나 제품 불량으로 인한 화재가 점차 늘고 있다.

ㄴ LNG나 LPG가 취사연료로 보급되면서 가스 사용 중 가스 누설로 인한 가스폭발 화재사고가 발생하고 있다.

② 예방요령

    ㉠ 주택에서 물기가 있는 장소에 공급하는 전로에는 반드시 누전차단기를 설치하여 누전으로 인한 화재를 예방한다.

    ㉡ 개폐기에 사용하는 퓨즈는 과부하나 합선 시 자동으로 끊어질 수 있도록 반드시 규격 퓨즈를 사용한다.

    ㉢ 장마기간 동안 가스용기의 부식으로 가스 누출의 위험이 있으므로 가스 용기는 바람이 잘 통하고 비나 직사광선이 닿지 않는 외부 장소에 보관한다.

(3) 겨울철 화재

① 주요원인

    ㉠ 겨울철에는 차가운 계절풍이 불고 습도도 낮아 주위의 물체들은 매우 건조한 상태이다.

    ㉡ 일 년 중 기온이 가장 낮아 난방기구를 많이 사용하게 됨에 따라 난방기구 취급 부주의로 인한 화재가 많이 발생한다.

② 예방요령

    ㉠ 두꺼비집의 퓨즈는 정격용량의 규격퓨즈를 사용하고 고온의 절연기구에는 반드시 절연 고무코드를 사용한다.

    ㉡ 석유난로는 불이 붙어 있는 상태에서 주유하거나 이동하지 않는다.

    ㉢ 전기난로 및 가스기구 등은 충분한 거리를 유지하여 설치하고 주변의 인화성 물질을 제거한다.

    ㉣ 난로 주위에는 항상 소화기나 모래 등을 비치하여 만일의 상황에 대비한다.

CHAPTER

03 적중예상문제

01 화재에 대한 설명 중 맞지 않는 것은?

① 물질이 발열과 빛을 동반하는 산화반응이다.

② 인간의 신체, 재산, 생명의 손실을 초래하는 재앙이다.

③ 물질이 산소와 반응하는 산화현상이다.

④ 방화로 일어나는 연소반응이다.

> **해설** 화재란 사람의 의도에 반하여 발생·확대되거나 방화에 의하여 발생한 소화의 필요가 있는 연소현상으로서, 이를 소화할 때에는 소화시설 또는 이와 같은 정도의 효과가 있는 것의 이용을 필요로 하는 것이라고 정의되고 있다. 단적으로 화재란 가연성 물질이 의도에 반하여 연소함으로써 인적·물적 손실을 발생시키는 것이다.

02 화재 발생이 미치는 기상조건에 대한 설명 중 옳지 않은 것은?

① 화재 발생 및 영향을 주는 요소는 습도(상대습도, 실효습도), 기온, 바람 등이다.

② 화재는 기온이 높은 여름철보다 기온이 낮은 겨울철에 비교적 많이 발생한다.

③ 기온이 낮은 겨울철에 화재가 많이 발생하는 이유는 불의 사용횟수가 많고 습도가 낮기 때문이다.

④ 습도가 같은 경우 기온이 높을 때보다 낮을 때 물질이 타는 속도가 빠르다.

> **해설** ④ 습도가 같을 경우에는 기온이 높을 때가 물질의 타는 속도가 빠른 것으로 알려져 있다.

03 화재 종류별 급수를 정하는 기준은?

① 가연물의 성상과 종류에 따라

② 산소 공급원의 성상에 따라

③ 점화원의 종류에 따라

④ 연기의 성상에 따라

> **해설** **화재의 구분** : 가연물, 산소 공급원, 점화원의 연소의 3요소 중 가연물의 성상과 종류에 따라 화재의 종류별 급수를 정한다. 우리나라, 미국, 일본, 독일에서는 A·B·C·D·E급으로 분류하고 있다.

1 ③   2 ④   3 ①   **정답**

04 화재의 종류와 표시색이 잘못 짝지어진 것은?

① A급-백색   ② B급-황색
③ C급-적색   ④ D급-무색

> 해설 **화재의 종류와 표시색**

종 류	소화기 적응표시	
일반화재	A급	백 색
유류화재	B급	황 색
전기화재	C급	청 색
금속화재	D급	무 색
가스화재	E급	황 색
주방화재	K급	–

05 다음 중 일반화재를 일으키는 가연물질과 관계없는 것은?

① 섬 유   ② 목 재
③ 합성수지   ④ 전기용품

> 해설 일반화재(A급 화재)는 목재, 종이, 특수가연물 등의 화재를 말한다.

06 일반화재에 대한 예방대책으로 맞지 않는 것은?

① 담배는 지정된 장소에서만 피우고 불씨를 없애야 한다.
② 주택 전열기구는 한 콘센트에 한 개의 코드만 사용하고 외출 시나 잠들기 전에 전기기구를 확인하여야 한다.
③ 내장재는 불연화하여야 하며 특히 화재 시 유독가스를 발생시키는 내장재의 사용은 피해야 한다.
④ 위험물질에 대한 주의사항을 비치해야 한다.

> 해설 ④는 유류화재에 대한 예방대책이다.

07 유류화재를 일으키는 물질이 아닌 것은?

① 가솔린
② 에테르
③ 나트륨
④ 페 놀

> **해설** 나트륨, 칼륨, 마그네슘 등 가연성 금속에 의한 화재는 금속화재(D급 화재)이다.

08 다음 중 특수인화물의 지정품목에 해당하는 것은?

① 황 린
② 알킬알루미늄
③ 금속의 인화물
④ 이황화탄소

> **해설** **특수인화물 지정품목** : 다이에틸에테르, 이황화탄소
> ①, ②, ③은 제3류 위험물이다.

09 다음 중 설명이 잘못된 것은?

① 자연발화성 물질 및 금수성 물질이라 함은 고체 또는 액체로서 공기 중에서 발화의 위험성이 있거나 물과 접촉하여 발화하거나 가연성 가스를 발생할 위험성이 있는 것을 말한다.
② 특수인화물이라 함은 액체로서 인화의 위험성이 있는 것을 말한다.
③ 산화성 고체라 함은 고체로서 행정안전부장관이 정하여 고시하는 산화성 또는 충격에 대한 민감성이 있는 것을 말한다.
④ 금속분이라 함은 알칼리금속·알칼리토류 금속·철 및 마그네슘 이외의 금속분말을 말한다.

> **해설** ②는 인화성 액체에 대한 설명이다.
> **특수인화물**
> 다이에틸에테르·이황화탄소, 그 밖에 1기압에서 액체로 되는 것으로서 발화점이 100℃ 이하인 것 또는 인화점이 −20℃ 이하이고, 비점이 40℃ 이하인 것이다.

10 다음 중 제1석유류에 해당되는 것은?

① 아세톤   ② 중 유
③ 실린더유   ④ 크레오소트유

> **해설**
> - 제1석유류 : 아세톤, 휘발유, 그 밖에 1기압에서 인화점이 21℃ 미만인 것을 말한다.
> - 제2석유류 : 등유, 경유, 그 밖에 1기압에서 인화점이 21℃ 이상 70℃ 미만인 것을 말한다.
> - 제3석유류 : 중유, 크레오소트유, 그 밖에 1기압에서 인화점이 70℃ 이상 200℃ 미만인 것을 말한다.
> - 제4석유류 : 기어유, 실린더유, 그 밖에 1기압에서 인화점이 200℃ 이상 250℃ 미만의 것을 말한다.

11 다음 중 등유, 경유, 그 밖에 1기압에서 인화점이 21℃ 이상 70℃ 미만인 것을 무엇이라 하는가?

① 제1석유류   ② 제2석유류
③ 제3석유류   ④ 제4석유류

> **해설** **제2석유류**
> 등유, 경유 그 밖에 1기압에서 인화점이 21℃ 이상 70℃ 미만인 것을 말한다. 다만, 도료류 그 밖의 물품에 있어서 가연성 액체량이 40wt% 이하이면서 인화점이 40℃ 이상인 동시에 연소점이 60℃ 이상인 것은 제외한다.

12 위험물안전관리법령상 동식물유류의 경우 1기압에서 인화점은 섭씨 몇 도 미만으로 규정하고 있는가?

① 150℃   ② 250℃
③ 450℃   ④ 600℃

> **해설** 동식물유류라 함은 동물의 지육(枝肉 : 머리, 내장, 다리를 잘라 내고 아직 부위별로 나누지 않은 고기를 말한다) 등 또는 식물의 종자나 과육으로부터 추출한 것으로서 1기압에서 인화점이 250℃ 미만인 것이다.

13 다음 전기화재(C급 화재)에 대한 설명 중 옳지 않은 것은?

① 표시색은 청색이다.
② 현재 국내 화재 중 가장 많은 비율을 차지하고 있다.
③ 전기에너지가 발화원으로 작용한 화재이다.
④ 소화는 전력 차단 후 가연물에 따라 냉각 또는 질식소화법을 적용한다.

> **해설** **전기화재(C급 화재 – 청색)** : 전기에너지가 발화원으로 작용한 화재가 아니라 전기기기가 설치되어 있는 장소에서의 화재이다. 소화 시 물 등의 전기전도성을 가진 약제를 사용하면 위험할 수 있으므로 주의해야 한다.

14 전기화재의 원인으로 볼 수 없는 것은?

① 승압에 의한 발화

② 과전류에 의한 발화

③ 누전에 의한 발화

④ 단락에 의한 발화

> **해설** **전기화재의 원인**
> • 전선의 합선 또는 단락에 의한 발화
> • 전류(과전류)에 의한 발화
> • 누전에 의한 발화
> • 기타 원인 : 규격 미달의 전선 또는 전기기계·기구 등의 과열, 배선 및 전기기계·기구 등의 절연 불량 상태, 또는 정전기로부터의 불꽃 등

15 다음 중 변전실 화재 시 소화제로 적당하지 않은 것은?

① 이산화탄소   ② 포

③ 분 말   ④ 할 론

> **해설** 변전실의 화재는 전기화재로서 옥내소화전설비, 스프링클러설비 등의 수계통 소화약제를 사용하면 안 된다. 특히, 포소화설비는 거품을 이용한 것으로 전기화재 시 사용하면 합선, 누전 등이 계속 발생되므로 절대 사용하면 안 된다.

16 D급 화재란 다음 중 어느 것을 의미하는가?

① A·B급 화재 또는 A·C급 화재 등의 복합화재

② 모든 화재 중 인명 손실이 있는 화재

③ 선박화재 또는 임야화재 등의 특수화재

④ 가연성 금속화재

> **해설** 금속(D급)화재는 알루미늄, 마그네슘, 타이타늄, 지르코늄, 소듐, 포타슘 등과 같은 가연성 금속과 관련된 화재이다.

17 금속화재에 대한 설명 중 옳지 않은 것은?

① 가연성 금속류가 가연물이 되는 화재이다.
② 금속류 중 특히 가연성이 강한 것으로는 칼륨, 나트륨, 마그네슘, 알루미늄 등이 있으며 괴상보다는 분말상으로 존재할 때 가연성이 현저히 증가한다.
③ 화재 시 수계 소화약제를 사용하는 것이 효과적이다.
④ 다른 화재에 비해 발생 빈도는 적으나 금속산업체에서는 빈도 증가가 예상된다.

> **해설** ③ 물과 반응하여 폭발성이 강한 수소를 발생시키는 것이 대부분이므로 화재 시 수계 소화약제를 사용할 수 없다.

18 가스화재에 대한 설명 중 옳지 않은 것은?

① 가스화재란 상온, 상압에서 기체로 존재하는 물질이 가연물이 되는 화재이다.
② 주로 연료로 상용되는 도시가스, 천연가스, LPG, 부탄 등과 기타의 가연성 가스, 액화가스, 압축가스, 용해가스가 가연물이 된다.
③ 소화대책은 누설 부분의 방치와 물에 의한 냉각소화가 효과적이다.
④ 압축가스는 탄산가스(CO_2), LPG(Liquified Petroleum Gas), LNG(Liquified Natural Gas) 등과 같이 영하 78℃ 이상에서 액화시킨 가스이다.

> **해설** **압축가스** : 산소, 수소, 질소, 메탄 등과 같이 일정한 압력에 의하여 압축된 가스이다.

19 가연성 기체 또는 액체의 연소범위에 대한 설명 중 틀린 것은?

① 하한이 낮을수록 발화 위험이 높다.
② 연소범위가 넓을수록 발화 위험이 크다.
③ 상한이 높을수록 발화 위험이 작다.
④ 연소범위는 주위온도와 관계가 깊다.

> **해설** 발화는 하한이 낮을수록, 연소범위가 넓을수록, 주위의 온도가 높을수록 발화 위험이 크다.

20 플래시 오버(Flash Over)에 대한 설명으로 옳은 것은?

① 건물화재에서 가연물이 착화하여 연소하기 시작하는 단계이다.
② 건물화재에서 발생한 가연가스가 일시에 인화하여 화염이 충만한 단계이다.
③ 건물화재에서 화재가 쇠퇴기에 이른 단계이다.
④ 건물화재에서 가연물의 연소가 끝난 단계이다.

> 해설 플래시 오버 현상은 순간적 연소폭등현상으로 발화로부터 열에 의해 내장재 등에 불길이 옮겨 붙으면 천장 부근까지 연소하고 천장 부근에 가연성 가스가 축적되어 폭발적으로 연소하므로 층 전체로 순식간에 화염이 확대되는 현상이다.

21 다음 중 화재 진행에 영향을 미치는 요인으로 관련이 가장 적은 것은?

① 배연구의 크기　　　　　　② 구획실의 천장 높이
③ 구획실의 위치　　　　　　④ 구획실의 크기

> 해설 **화재 진행에 영향을 미치는 요인**
> • 배연구(환기구)의 크기, 수 및 위치
> • 구획실의 크기
> • 구획실을 둘러싸고 있는 물질들의 열 특성
> • 구획실의 천장 높이
> • 최초 발화되는 가연물의 크기, 합성물 및 위치
> • 추가적 가연물의 이용 가능성 및 위치

22 다음 중 백드래프트가 발생하기 전 잠재적 징후로 틀린 것은?

① 짙은 황회색으로 변하는 검은 연기
② 연기로 얼룩진 창문
③ 과도한 열의 축적
④ 개구부를 통하여 분출되는 화염

> 해설 백드래프트는 밀폐된 공간이기 때문에 개구부에서 화염이 분출되지 않는다.
> **백드래프트가 발생할 수 있는 잠재적 가능성**
> • 작은 구멍에서 나오는 압축된 연기
> • 짙은 황회색으로 변하는 검은 연기
> • 과도한 열
> • 화염이 조금 보이거나 보이지 않음
> • 건물에서 일정 간격을 두고, 뻐끔대며 나오는 연기(호흡하는 모양)
> • 연기로 얼룩진 창문

23 다음 훈소에 대한 설명 중 틀린 것은?

① 불꽃 없이 연기만 내면서 탄다.

② 연기만 내면서 타다가 어느 정도 시간 경과 후 발열될 때까지의 연소 상태를 말한다.

③ 훈소흔은 목재에 남겨진 흔적을 말한다.

④ 화재 증기의 연소성을 말한다.

> 해설
> • 훈소 : 물질이 착화되어 불꽃 없이 연기만 내면서 타거나, 타다가 어느 정도 시간이 경과되면서 발열될 때까지의 연소 상태를 말한다.
> • 훈소흔 : 목재에 남겨진 흔적으로서 발화부 판단은 물론 화재의 원인까지도 포함된다.

24 다음 내용이 설명하는 것으로 옳은 것은?

> 화재가 발생하여 가연성 물질에서 발생된 가연성 증기가 천장 부근에 축적되고, 이 축적된 가연성 증기가 인화점에 도달하여 전체가 연소하기 시작하면 불덩어리가 천장을 따라 굴러다니는 것처럼 뿜어져 나오는 현상

① 롤 오버(Roll Over)

② 프로스 오버(Froth Over)

③ 슬롭 오버(Slop Over)

④ 보일 오버(Boil Over)

> 해설
> ② 프로스 오버(Froth Over) : 물이 뜨거운 기름 표면 아래서 끓을 때 화재를 수반하지 않고 용기에서 넘쳐 흐르는 현상
> ③ 슬롭 오버(Slop Over) : 물이 연소유의 뜨거운 표면에 들어갈 때 기름 표면에서 화재가 발생하는 현상
> ④ 보일 오버(Boil Over) : 연소유면으로부터 100℃ 이상의 열파가 탱크 저부에 고여 있는 물을 비등하게 하면서 연소유를 탱크 밖으로 비산시키며 연소하는 현상

25 다음 중 플래시 오버를 지연시키기 위한 소방전술 3가지가 아닌 것은?

① 배연 지연법

② 제거소화 지연법

③ 냉각 지연법

④ 공기차단 지연법

> 해설
> 플래시 오버 전이의 지연 및 저지하기 위한 소방전술로 냉각 지연법, 배연 지연법, 공기차단 지연법이 있다.

26 유류화재 발생 중에서 오일(유류)탱크에서 일어나는 성상이 아닌 것은?

① 프로스 오버   ② 보일 오버

③ 슬롭 오버   ④ 플래시 오버

> **해설** 플래시 오버는 일반화재에서 일어나는 화재 확대현상이다.

27 다음 중 유류현상에 대한 설명으로 옳지 않은 것은?

① 중질유 탱크에서 장시간 진행되는 현상으로서 탱크 바닥에 물과 기름의 에멀션으로 존재할 때 물이 끓어오르면서 유류가 비등하여 탱크 내의 유류가 갑작스럽게 분출되는 것을 보일 오버라고 한다.

② 중질유 탱크 표면의 고온 유류에 물분무 또는 포소화제를 방사하였을 때 유류 내부에서 표면까지 격렬하게 일부의 석유류, 식용유를 외부로 비산시키는 현상을 슬롭 오버라고 한다.

③ 화재를 수반하지 않고 기름과 섞여 있는 물이 갑자기 수증기화되면서 넘쳐 흐르는 단순한 물리적 작용을 프로스 오버라고 한다.

④ 탱크 내의 유류가 50% 이하 저장된 경우 화재로 인한 내부 압력 상승으로 나타나는 탱크 폭발현상을 오일 오버라고 한다.

> **해설** 슬롭 오버는 화재 시 점성이 큰 석유류나 식용유가 물과 접촉될 때 이러한 유류의 표면온도에 의해 물이 수증기가 되어 팽창 비등함에 따라 주위에 있는 뜨거운 일부의 석유류, 식용유를 외부로 비산시키는 현상으로, 유류의 표면에 한정되며 보일 오버에 비하여 격렬하지는 않다.

28 중질유 탱크에서 장시간 조용히 연소하다 탱크 내의 잔존 기름이 갑자기 분출하는 현상을 무엇이라고 하는가?

① 보일 오버(Boil Over)   ② 플래시 오버(Flash over)

③ 슬롭 오버(Slop Over)   ④ 프로스 오버(Froth Over)

> **해설** **보일 오버(Boil Over)** : 저유를 저장한 개방탱크의 화재 시에 발생하는 현상으로, 장시간 조용히 연소하다가 탱크 내의 잔존 기름의 갑작스런 오버 플로나 분출이 일어난다. 급속히 팽창하는 증기・기름거품을 형성하는 것은 끓는 물이 원인이다.

29 보일 오버 현상이 발생하는 조건이 아닌 것은?

① 탱크의 기름이 열파를 형성하고 있는 것
② 탱크 일부분에 물이 있는 것
③ 탱크의 밑부분에 순수한 기름만 있을 것
④ 탱크 밑부분의 물이 증발에 의하여 거품을 생성하는 고점도를 가진 것

해설 ③ 습도를 함유한 찌꺼기 등이 있는 것

30 다음 중 블레비(BLEVE) 현상을 설명한 것으로 옳은 것은?

① 물이 뜨거운 기름 표면 아래서 끓을 때 화재를 수반하지 않고 오버플로(Over Flow)되는 현상
② 물이 연소유의 뜨거운 표면에 들어갈 때 발생되는 오버플로(Over Flow) 현상
③ 탱크 바닥에 물과 기름의 에멀션이 섞여 있을 때 물의 비등으로 인하여 급격하게 오버플로(Over Flow)되는 현상
④ 과열 상태의 탱크에서 내부의 액화가스가 분출하여 기화되어 착화되었을 때 폭발하는 현상

해설 ① Froth Over
② Slop Over
③ Boil Over

31 외부 화재로 탱크 내부의 온도가 상승되어 탱크 내 가연성 액화가스의 급격한 비등 및 팽창으로 탱크 내벽에 균열이 생겨 내부 증기가 분출하면서 폭발하는 현상은?

① 증기운 폭발(UVCE) 현상
② 블레비(BLEVE) 현상
③ 백드래프트(Back Draft) 현상
④ 보일 오버(Boil Over) 현상

해설 블레비(BLEVE) 현상이란 인화점이나 비점이 낮은 인화성 액체(유류)가 가득 차 있지 않는 저장탱크 주위에 화재가 발생하여 저장탱크 벽면이 장시간 화염에 노출되면 윗부분의 온도가 상승하여 재질의 인장력이 저하되고 내부의 비등현상으로 인한 압력 상승으로 저장탱크 벽면이 파열되는 것이다.

32 다음 중 블레비현상의 예방법에 대한 내용으로 옳지 않은 것은?

① 감압시스템에 의하여 탱크 내의 압력을 내려준다.

② 화염으로부터 탱크로의 입열을 억제한다.

③ 탱크를 지상에 설치하고, 물에 의한 탱크 표면의 냉각장치를 설치한다.

④ 탱크 내벽에 열전도도가 좋은 알루미늄 합금박판으로 폭발방지장치를 설치한다.

> **해설** 탱크를 지상에 설치하고 흙을 쌓아 탱크를 덮는 방법과 탱크를 지하에 설치하는 방법이 있다.

33 목재의 발화와 연소에 대한 설명 중 옳은 것은?

① 목재가 두꺼운 것은 연소발열량이 크다.

② 건조가 잘된 목재는 수분·함량이 적어 연소하기 쉽다.

③ 목재 표면이 거칠수록 연소하기 어렵다.

④ 목재의 연소는 증발연소에 해당한다.

> **해설** 목재가 두껍다고 발열량이 크지 않으며, 목재가 거칠수록, 수분의 함량이 적을수록 연소하기 쉽다.

34 목조 건물의 화재 시 일반성상과 틀린 것은?

① 처음에는 흰색 연기가 창, 환기구 등으로 분출한다.

② 차차 연기량이 많아지고 지붕, 처마 등의 연기가 새어 나온다.

③ 옥외에서 탈 때 타는 소리가 요란하다.

④ 목조 건축물 화재는 표면연소이다.

> **해설** 목조 건축물의 연소형태는 분해연소형태이다.

35 내화 건축물의 화재특성에 관한 설명으로 옳지 않은 것은?

① 일반적으로 목재 건축물에 비해 저온 장기형 화재특성을 나타내는 경우가 많다.
② 일반적으로 초기 – 성장기 – 최성기 – 종기의 화재 진행과정을 나타낸다.
③ 최성기에서 종기로 넘어가는 시기에 플래시 오버(Flash Over)가 발생된다.
④ 화재 하중이 높을수록 화재 가혹도가 크다.

> **해설** 내화 건축물 화재 시 플래시 오버(Flash Over)는 성장기에서 최성기로 넘어가는 단계에서 발생한다.

36 내화구조 건축물의 화재 진행사항으로 잘못된 것은?

① 화재 초기 : 다량의 백색 연기가 발생하고, 연소가 활발하다.
② 성장기 : 흑색 연기 및 화염 등이 분출하고, 실내 전체가 순간적으로 화염에 휩싸인다.
③ 최성기 : 천장 등의 구조물 재료가 붕괴된다.
④ 감쇠기 : 흑색 연기가 차츰 백색으로 변하면서 화세가 약해진다.

> **해설** **초기** : 다량의 백색 연기가 발생하고, 산소 공급이 불충분해서 연소가 활발하지 못하고 온도가 낮기 때문에 화재 진행시간이 길다.

37 다음에서 설명하는 내화구조 건축물 화재의 진행단계로 옳은 것은?

> 화재가 진행됨에 따라 화재강도가 점점 강해진다. 화재가 진행되면서 대류, 전도, 복사, 불꽃의 접촉 등에 의해 열이 축적되고, 축적된 열 때문에 연소속도는 기하급수적으로 증가하는 단계이다.

① 화재 초기　　　　　　　　　② 화재 성장기
③ 화재 최성기　　　　　　　　④ 화재 감쇠기

> **해설** ① 화재 초기는 실내의 온도가 아직 크게 상승하지 않은 시기이다.
> ③ 화재 최성기는 실내 전체에 화염이 매우 많으며 연소가 최고조에 달한 때이다.
> ④ 화재 감쇠기는 가연물은 대부분 타고 화재가 꺼지면서 온도가 점차 내려가기 시작하는 시기이다.

38 화재강도(Fire Intensity)와 관계없는 것은?

① 가연물의 비표면적
② 점화원 또는 발화원의 온도
③ 화재실의 구조
④ 가연물의 배열 상태

해설 **화재강도**
- 화재의 가혹도를 판단하는 기준(주수율 결정)
- 화재강도의 주요소 : 가연물의 연소열, 가연물의 비표면적, 산소 공급 조절, 화재실의 벽, 천장, 바닥 등의 단열성
- 화재강도(Fire Intensity) = 최고 온도 × 지속시간
※ 화재가혹도 : 화재가 발생한 당해 건축물과 내부 수용 재산을 파괴하거나 손상을 입히는 정도

39 구획된 건물화재의 현상에 관한 설명으로 옳지 않은 것은?

① 연료지배형 화재는 화재실 내부에 있는 가연물의 양에 의존하는 화재현상이다.
② 환기지배형 화재는 화재실로 유입되는 환기량에 의존하는 화재현상이다.
③ 플래시 오버 이후에는 화재실 내의 공기량이 부족하여 개구부를 통해 유입되는 환기량에 영향을 받는다.
④ 환기요소(환기계수)는 개구부의 면적에 비례하고, 개구부의 높이에 반비례한다.

해설 화재실로 공급되는 공기량은 개구부의 면적과 높이의 제곱근에 비례하여 증가하며, 같은 면적 시 긴 개구부가 공급량에서 우월하다.

40 화재 피해의 증가요인과 거리가 먼 것은?

① 인구 증가 및 도시 집중화에 따른 고층 건물, 공동주택 건물의 밀집현상
② 플라스틱 등 가연성 물질의 대량 사용으로 화재 증가
③ 좁고 밀폐된 공간 내의 고가품 등의 집적
④ 방화구획이 있는 대형 건물의 증가

해설 방화구획이 없는 대형 건물이 증가하면서 화재 피해가 커진다. 또 기타 방화사범의 증가, 법규의 미비, 석유류·가스 사용 증가 등이 있다.

41 다음 열과 화상에 대한 설명 중 옳지 않은 것은?

① 1도 화상 – 홍반성화상

② 2도 화상 – 수포성화상

③ 3도 화상 – 흑색화상

④ 4도 화상 – 전기화재 등으로 피부가 탄화되는 화상

> 해설 ③ 3도 화상 : 괴사성화상, 화열이 피하지방 깊숙이 침투한 것으로 말초신경까지 손상을 입어 피부의 전체 층이 죽어 궤양화되는 화상이며 1도나 2도 화상에 비해 거의 통증을 느끼지 못한다.
> ① 1도 화상 : 홍반성화상, 변화가 피부의 표층에 국한되는 것으로 환부가 빨갛게 되고, 약간 부어오르며, 통증을 수반한다.
> ② 2도 화상 : 수포성화상, 화열이 피부 깊숙이 침투되어 분비액 많이 쌓여 화상 직후 혹은 하루 이내에 물집이 생긴다.
> ④ 4도 화상 : 흑색화상, 더욱 깊은 피하지방 근육 또는 뼈까지 도달하는 화상으로 전기화재 등에서 피부가 탄화되는 현상이다.

42 예상하지 못한 극한상황에서 나타나는 인간의 본능 중 다음의 설명에 해당하는 행동특성은?

> 원래 왔던 길로 되돌아가거나 일상적으로 사용하는 경로로 탈출하려는 본능이다. 항상 사용하는 복도, 계단 및 엘리베이터 부근에 모이므로 피난계단, 출구까지 안전하게 피난할 수 있도록 계획적인 고려가 필요하다.

① 회피본능

② 지광본능

③ 추종본능

④ 귀소본능

> 해설 ① 위험한 장소에서 벗어나려고 한다.
> ② 밝은 쪽으로 대피한다.
> ③ 선두가 가는 길로 같이 따라간다.

43 피난본능 중 설명으로 틀린 것은?

① 어두운 곳에서 밝은 불빛을 따라 행동하는 습성(지광본능)

② 오른손잡이는 오른발을 축으로 우측으로 행동하는 습성(우회본능)

③ 무의식 중에 평상시 사용한 길, 원래 온 길로 가려고 하는 본능(귀소본능)

④ 혼란 시 판단력 저하로 최초로 달리는 앞사람을 따르는 습성(추종본능)

> 해설 오른손잡이인 경우 오른손과 오른발이 발달해 있기 때문에 왼쪽으로 도는 것이 자연스럽다. 우측이 아닌 좌측으로 행동하는 습성으로 좌회본능이다.

44 건축물의 방화계획 중 공간적 대응에 관한 설명으로 옳은 것은?

① 대항성은 건물의 내화성능, 방연성능, 초기 소화대응 등 화재에 저항하는 능력이다.

② 도피성은 건물의 불연화, 난연화, 소방훈련 등 사전 예방활동과 관계되는 능력이다.

③ 회피성은 화재 시 피난할 수 있는 공간 확보 등에 대한 사항이다.

④ 설비성은 방화문, 방화셔터, 자동화재탐지설비, 스프링클러 등과 같은 설비시스템으로의 대응이다.

> **해설** **공간적 대응과 설비적 대응**
> • 공간적 대응 : 수동적 방화대책으로 정적 대응, 안전한 공간을 확보하거나 안전한 공간으로 이동하는 대응
>   – 회피성 : 건축물의 불연화, 난연화, 실내 마감재료(내장재)의 제한, 불조심, 방화훈련 등을 통하여 화재의 위험성을 낮추는 예방적 조치로써 화재예방의 개념이다.
>   – 대항성 : 건물의 내화성능, 방화구획 설정, 방·배연성능 등을 통하여 화재에 대항하는 대응으로 화재저항의 개념이다.
>   – 도피성 : 화재 시 피난할 수 있는 안전한 공간성과 시스템
> • 설비적 대응 : 능동적 방화대책으로 동적 대응, 각종 설비로써 공간적 대응을 보조해 주는 대응
>   – 도피성 대응을 보조하는 설비 : 안전한 피난을 위한 피난유도설비로 유도등, 비상조명등
>   – 대항성 대응을 보조하는 설비 : 방연성능에 대한 제연설비, 방화구획성능에 대한 방화문·방화셔터, 초기 소화의 대응성에 대한 자동화재탐지설비, 스프링클러설비 등
>   – 기타 : 방재센터에서 각종 정보를 취합하여 전송, 판단기능

45 피난대책의 일반적인 원칙으로 옳지 않은 것은?

① 고정식으로 한다.

② 원시적인 방법으로 한다.

③ 피난경로는 간단, 명료하게 한다.

④ 피난설비는 가반식 기구나 장치 등을 주로 사용하고, 고정시설은 보조설비로 사용한다.

> **해설** 피난설비는 급박한 상황에서 행동하기 때문에 인간의 본능이 작용되며 이동식 설비보다 고정식 설비 위주로 설치한다.

44 ① 45 ④ **정답**

46 다음 산림화재에 대한 설명 중 옳지 않은 것은?

① 산불화재의 발생 빈도는 산 중간 부분>평지>산정의 순이다.
② 산림화재의 진압단계는 화재 크기의 판단, 공격지점의 선택, 소탕작전 순찰, 화재 소멸의 순이다.
③ 산림화재 진압의 전략목표는 신속, 안전, 공격적 진압행동이다.
④ 산림화재는 접근성, 제어의 어려움 등의 특성이 있다.

> 해설 **산불화재의 발생 빈도** : 산 경사의 시작 > 평지 > 산 중간 부분 > 산정

47 봄철 화재의 주요원인에 대한 설명 중 옳지 않은 것은?

① 화재 발생과 밀접한 관계가 있는 기상요소는 습도와 바람이다.
② 일반적으로 실효습도가 50% 이하가 되면 인화되기 쉽고, 40% 이하에서는 불이 잘 꺼지지 않고 30% 이하일 경우에는 자연발생적으로 불이 일어날 가능성이 커지게 된다.
③ 화창한 봄날씨로 인해 사람들의 긴장이 풀어지면서 화기취급상의 부주의, 태만, 관리 소홀이 주된 원인이 되고 있다.
④ 건조주의보는 실효습도 40% 이하이고, 당일 최소 습도가 20% 이하이며, 당일 최대 풍속이 10m/s 이상의 상태가 2일 이상 계속될 것으로 예상될 때 발표한다.

> 해설 ④는 건조경보에 대한 설명이다.
> 기상청에서는 화재와 깊은 관계가 있는 특보로서 건조주의보와 건조경보를 발표하는데 건조주의보는 실효습도가 50% 이하이고, 당일 최소 습도가 30% 이하이며, 최대 풍속이 7m/s 이상의 상태가 2일 이상 계속될 것으로 예상될 때 발표한다.

04 소화이론

01 소화원리와 소화기

1 소화의 기본원리

(1) 냉각소화(연소에너지 한계에 의한 소화방법)

① 소화약제 : 물, 분말, 강화액소화기, 할론, 사염화탄소, CO_2 등

② 가연물의 온도를 인화점이나 가연성 증기 발생온도 이하로 떨어뜨려 연소를 중지시키는 방법이다.

③ 연소의 3요소 중 점화에너지를 제거하는 방법이다.

④ 냉각에 의한 소화의 원리는 가연성 증기나 가스의 발생을 줄여서 없애는 것이다.

⑤ 타고 있는 물체에 물을 뿌려서 소화하는 가장 일반적인 소화방법이다.

⑥ 냉각 소화약제의 효율성은 그 물질의 비열, 잠열 및 비점에 달려있다.

⑦ 물이 냉각 소화제로서 가장 유효한 것은 비열과 증발잠열이 큰 데다 가장 경제적으로 얻을 수 있기 때문이다.

⑧ 물은 적외선을 흡수한다. 그러나 운반이 어려울 때가 있다.

⑨ 물이 열을 흡수하는 정도는 물에 노출된 연소 표면의 넓이에 따라, 비열을 흡수하는 능력은 물이 연소지역으로 이동하는 거리와 속도에 따라 달라진다.

   ※ 물로 냉각시켜 소화하는 경우 1g의 물이 증발하는 데는 539cal의 열을 흡수하는 효과가 있다.

⑩ 열전도율도 화재 주변 수증기 함유량에 따라 달라진다. 즉, 습도가 높을수록 화재의 확대는 줄어든다.

⑪ 물이 수증기로 변함에 따라 수증기가 덮는 화재의 표면적도 증가해 열을 흡수하고 질식효과를 가져온다.

⑫ 물에 계면활성제를 첨가하여 침투를 빠르게 하거나, 인산염·탄산염·붕산염을 첨가하여 방재효과를 얻거나, 포말 원액과 혼합하여 가연물 표면에 포말을 형성시키면 소화효과는 좋아진다.

(2) 질식소화법(화염의 불안정화에 의한 소화)

① 소화약제 : CO_2, 포(Foam), 분말, 마른 모래 등

② 개념 : 연소는 산소를 필요로 하며, 산소는 공기로부터 받아들이는 경우가 많으므로 밖으로부터 공급되는 산소를 차단하여 공기 중 약 21%의 산소농도를 15% 이하로 낮추면 연소속도, 열 발생속도 등이 비례적으로 감소하여 연소는 계속되지 못한다. 이와 같이 연소계로부터 산소를 제거(또는 화재를 강풍으로 불어) · 소화하는 방법으로, 위험물화재에 가장 적당하다.

③ 질식소화의 방법

    ㉠ 무거운 불연성기체로 연소물을 덮는 방법

       • 무거운 불연성기체 또는 증기를 연소물 위에 뿌리면 기체가 연소물 위를 덮어 외부로부터 산소의 공급을 막는 방법이다.

       • 여기에 사용되는 기체는 공기보다 무겁고 불연성이며, 비점이 낮고 용이하게 증기로 되는 액체가 많이 쓰인다.

       ※ 질식소화에 사용되는 불연성기체는 이산화탄소(CO_2), 질소(N_2), 할론 등이 있다.

    ㉡ 불연성의 거품으로 연소물을 덮는 방법

       • 연소하고 있는 물질을 공기, 이산화탄소, 질소 등을 발포시킨 폼(Foam)으로 덮어 소화하는 방법이다.

       • 유류화재에서는 거품을 발생시키는 포를 뿌려서 질식소화하는 방법이 일반적이다.

       • 포소화설비는 화학포(Chemical Foam)와 공기포(Air Foam)로 나눈다.

       • 포소화설비는 점도가 높은 거품이므로 부착성, 안전성이 양호하고 바람의 영향을 받는 일이 적어 소화능력이 큰 반면, 소화 후의 오손이 심하고 거품을 용해하는 알코올의 연소에는 쓸 수 없다.

       • 온도가 낮아지면 발포능력이 저하된다.

[화학포-공기포 소화약제의 비교]

화학포 소화약제	공기포 소화약제
주로 소화기용이며 알칼리성의 A약제와 B약제를 수용액으로 혼합시켜 화학 변화를 일으켜 콜로이드 상태의 수용액을 만들고 이것이 탄산가스를 포함한 폼을 형성한다.	• 공기포는 유지류 화재용으로서 효과적인 소화제이며, 소화제는 3% 또는 6%의 수용액으로서 발포기를 사용하여 공기와 교반 혼합하여 사용한다. • 소화제의 종별은 일반 기름화재용과 알코올, 케톤류와 같은 수용성 액체화재에 쓰이는 것이 있다. • 공기포의 발포배율은 저발포에서 5~10배, 고발포에서 80~100배이다.

    ㉢ 고체로 연소물을 덮는 방법

       • 소규모 화재 시 이불이나 담요를 덮어서 불을 끄거나 모래, 흙 등을 뿌려 소화하는 방법

       • 불연성가스 또는 수중에서 연소가 계속되는 경우(금속 마그네슘의 연소)에는 마른 모래로 질식소화를 하는 것이 유일한 방법이다.

  ㉣ 연소실을 완전하게 밀폐하여 소화하는 방법 : 창고나 선박의 선실 등을 밀폐하여 산소의 공급을 차단시켜 소화하는 방법이다.

  ㉤ 기타 팽창질석으로 질식소화하는 방법

   • 팽창질석(Vermiculite), 팽창진주암(Perlite)을 고온처리하여 경석 상태로 만든 분말을 사용하여 질식소화하는 방법도 있다.

   • 이것은 비중이 작고 모세관현상과 같은 가는 틈이 있으며 흡착성이 크기 때문에 알킬알루미늄이나 용융나트륨 등에 사용하여 흡착, 유출을 방지하고 표면을 피복하는 질식효과가 크다.

(3) 제거소화법(농도한계에 바탕을 둔 소화방법)

① 개념 : 가연성 물질을 연소 부분으로부터 제거함으로써 불의 확산을 저지하거나 가연성 액체의 농도를 희석시켜 연소를 저지시키는 것이다.

② 연료제거소화방법의 예

  ㉠ 액체 연료탱크에서 화재가 발생하였을 경우 다른 빈 연료탱크로 연료를 이송한다.

  ㉡ 유전화재에 질소(N)폭탄을 투하하여 유전을 파괴한다.

  ㉢ 가스화재 시 가스가 분출되지 않도록 밸브를 잠근다(가연성 가스 공급 중지).

  ㉣ 산림화재 시 불의 진행 방향을 앞질러가서 벌목하여 진화하는 경우(고체 가연물질 제거)

  ㉤ 목재 물질의 표면을 메타인산으로 코팅하여 연료를 불로부터 차단시키는 작용한다.

  ㉥ 연소하고 있는 액체·고체 표면을 포말로 덮어씌운다.

  ㉦ 석유류용으로 두꺼운 포말 대신 새로운 엷은 피막이 사용된다.

  ㉧ 금속화재의 경우 연소성 없는 물질로 표면을 덮는다. 대표적인 것은 모래, 석탄, 소다회 등 무기염류이다.

  ㉨ 물에 이질화작용을 하는 물질을 섞어 고체연료의 화재 시에 사용한다.

  ㉩ 물보다 무겁고 물에 녹지 않는 가연성 물체에 불이 났을 때는(CS_2의 경우) 액체 표면에 물을 뿌려 소화한다.

  ㉪ 동식물성 유지류의 액체화재는 분말소화제나 알칼리용액으로 진화한다. 이 경우 비누화가 일어나고, 수증기나 비누가 포를 형성하며, 이때 발생한 탄산가스 및 글리세린이 소화를 돕는다.

  ㉫ 전원을 차단한다(전기화재).

  ㉬ 수용성 알코올류에 물을 혼입(액체농도를 연소하한계 이하로)시킨다.

  ㉭ 화염을 불어 날려 보낸다(미연가스 제거).

(4) 부촉매소화법(연쇄반응의 억제에 의한 소화)

① 소화약제의 종류 : 포소화약제, 이산화탄소소화약제, 할론소화약제, 분말소화약제, 산·알칼리소화약제, 강화액소화약제 등

② 억제소화는 연소의 4요소 중의 하나인 연쇄반응을 차단하는 소화법이다.

③ 연소반응에서 핵심적인 역할을 하는 라디칼(Radical)을 흡수하여 더 이상의 라디칼을 만들지 못하도록 하여서 연쇄반응을 차단하는 것이 억제소화이다.

④ 불꽃연소의 소화원리는 화학적 소화방법으로 연쇄반응의 억제에 의한 소화이다.

⑤ 연쇄반응의 예를 들면, 수소·산소의 반응은 수소분자가 수소원자로 갈라지는 것으로 개시된다. 수소원자(H)는 산소분자와 작용하여 OH기, 즉 수소원자(H)가 산소원자(O)를 발생한다. 즉, 이들은 반응의 결과로 생성되기도 하고 최종 생성물(H_2O)이 되면서 반응을 계속시킨다. 이를 '활성 라디칼'이라고 한다. 화학소화는 이들 '활성 라디칼'의 역할을 방해하여 불꽃의 지속을 막는다.

⑥ 화학소화제는 불꽃연소에는 효과적이나, 작열(표면)연소에는 거의 효과가 없다.

⑦ 분말소화기나 할론가스를 사용하여 소화하는 경우 분사된 약제들이 화학적으로 작용하여 발생된 라디칼을 흡수함으로써 소화가 이루어진다.

⑧ 할론은 억제소화뿐만 아니라 질식소화의 효과도 있어 소화력이 뛰어나다. 진압 후에 주변에 영향을 미치는 2차 피해도 거의 없는 우수한 소화약제이나, 프레온가스의 일종으로 오존층을 파괴하는 부작용이 있어 사용이 규제되고 있다.

더 알아두기 | **소화의 원리**

- 물리적 소화
  - 제거소화(가연물 제거) : 가연물을 화재로부터 제거한다.
  - 질식소화(산소 배제) : 산소 공급을 차단하거나, 공기 중 산소농도를 희석시킨다.
  - 냉각소화(온도 감소) : 연소하는 가연물의 온도를 낮춘다.
- 화학적 소화
  부촉매소화(화학적 연쇄반응 억제) : 연소반응을 방해하는 물질을 투입한다.
※ 예컨대, 화재진화에는 제거, 질식·희석, 냉각, 연쇄반응 차단효과를 이용한다.

[연소의 4요소와 소화원리 비교]

제거요소	가연물	산 소	에너지	연쇄반응
소화원리	제거소화	질식소화	냉각소화	억제소화

(5) 기타 소화방법

① 유화소화(Emulsion Effect, 유화효과) : 유류면의 화재에서 물을 작은 입자 상태의 높은 압력으로 방사하면 유류면의 표면에 유화층이 형성되어 에멀션 상태를 유지하는데 유류가스의 증발을 막는 차단효과를 발휘한다. 따라서 지속적인 가연성가스의 생성이 억제되어 화염이 발생되지 않는다.

② 희석소화 : 수용성 유류인 알코올, 아세톤, 에테르 등의 화재 시 물 분무 헤드로 분사시키면 공기 중에 부유하고 있는 알코올 입자가 물 입자에 용해됨으로써 화재가 계속 진행될 수 없을 만큼 연소의 농도가 묽어져 불길이 잡힌다.

③ 방진소화 : 제3종 분말소화약제를 고체화재면에 방사 시 메타인산(HPO_3)이 생성되어 유리질의 피막을 형성하므로 열분해 생성으로 인한 방진효과가 나타난다.

④ 피복소화 : 목재나 유류의 표면화재에서 공기보다 무거운 기체를 방사하면 연소면은 불연성 물질로 피복되어 연소에 필요한 산소를 차단시켜 질식하게 하는 것으로, 주로 이산화탄소를 사용하는 것으로 표면화재와 심부화재에 적합하다.

⑤ 탈수소화 : 제3종 분말소화약제의 열분해 시 오르토인산(H_3PO_4)이 셀룰로스에 작용하면 물이 생성되는데 가연물 내부에서 생성되는 가스와의 화학작용으로 탈수작용을 하게 되어 탈수소화효과를 가져온다.

2 소화기구의 종류

(1) 분말소화기

① 분말소화기의 개념

㉠ 소화원리 : 분말약제($NaHCO_3$, $KHCO_3$, $NH_4H_2PO_4$ 등)를 연소물 위에 뿌려 주면 연소물의 열을 이용하여 열분해반응을 일으켜 생성된 물질(CO_2, H_2O, HPO_3)에 의한 소화방법으로, 주로 질식소화이다. 일부 냉각소화작용도 있다.

㉡ 현재 우리나라에 가장 많이 보급되고 있는 소화기로 인산암모늄을 주성분으로 한다.

㉢ 방사된 약제는 연소면의 피복에 의한 질식, 억제작용에 의해 일반화재, 유류화재, 전기화재 등 모든 화재에 효과적이다.

㉣ 소화약제는 다른 종류의 분말소화약제와는 화학 성질이 다르므로 혼합되지 않도록 주의해야 한다.

② 분말소화기의 종류
  ㉠ 축압식
    • 용기에 분말소화약제(인산염류)를 채우고 방출압력원으로 질소가스가 충전되어 있는 방식이다.
    • 본체 용기 상부에 N_2가스를 축압하는 것으로 반드시 지시압력계를 설치하고 사용범위를 확인(녹색)해야 하며 분말소화약제 저장용기 내에 CO_2나 질소가스를 고압으로 충전하여 화재 시 약제와 고압기체가 함께 분출하는 것으로, 용기에 기밀성이 요구된다.
  ㉡ 가압식
    • 가스가압식 : 탄산가스로 충전된 방출압력원의 봄베가 용기 내부 또는 외부에 설치되어 있는 방식으로, 이때 소화약제는 나트륨(Na), 칼륨(K)을 사용한다.
    • CO_2 가스 봄베를 용기 내 또는 밖에 설치하여 사용 시 안전핀을 제거한 후 레버를 쥐면 니들이 봉판을 뚫어 가스용기를 개구하여 약제를 분출한다.
③ 적응화재 : 제1·2종 분말소화기는 B·C급 화재에만 적용되는 데 비해 제3종 분말은 열분해해서 부착성이 좋은 메타인산(HPO_3)을 생성하므로, A·B·C급 화재에 적용된다.
  ㉠ 제1·2종 분말소화기 : 이산화탄소와 수증기에 의한 질식 및 냉각효과와 나트륨염과 칼륨염에 의한 부촉매효과가 소화의 주체이다.
    • $2NaHCO_3 \rightarrow CO_2 + H_2O + Na_2CO_3 - Q(30.3kcal)$(270℃에서 분해반응)
    • $2KHCO_3 \rightarrow CO_2 + H_2O + K_2CO_3 - Q(29.8kcal)$(190℃에서 분해반응)
  ㉡ 제3종 분말소화기 : 열분해 시 암모니아와 수증기에 의한 질식효과, 열분해에 의한 냉각효과, 암모늄에 의한 부촉매효과와 메타인산에 의한 방진작용이 주된 소화효과이다.
    • $NH_4H_2PO_4 \rightarrow NH_3 + H_3PO_4$(오르토인산)(166℃에서 분해반응)
④ 분말소화설비의 일반적 장단점
  ㉠ 장 점
    • 소화성능이 우수하다.
    • B·C급 화재에 적응(3종은 A급 화재도 적응)한다.
    • 빠른 화재 진압
    • 비전도성
  ㉡ 단 점
    • 침투성이 나쁘다.
    • 재발화 위험이 있다.
    • 냉각효과는 약하다.
    • 분말에 의한 미연소물의 2차 손상이 있다.
    • 가시도가 약화(피난 방해)된다.

(2) 이산화탄소(CO_2)소화기(탄산가스소화기)

① 개 념

　㉠ 액화 탄산가스를 봄베에 넣고 여기에 용기 밸브를 설치한 것으로, $250kg/cm^2$의 내압시험에 합격한 것을 사용하여야 한다.

　㉡ 이산화탄소는 더 이상 산소와 반응하지 않는 안전한 가스이며 공기보다 무겁다. 또한, 연소의 계속을 억제할 수 있기 때문에 소화제로 많이 쓰인다.

　㉢ 이산화탄소는 고압으로 압축되어 용기에 액상으로 충전되어 있으며, 고압가스용기를 사용하기 때문에 중량이 무겁고 취급이 용이하지 못한 것이 단점이다.

　㉣ 소화약제에 의한 오손이 적고 전기전열성도 크기 때문에 전기화재에 많이 사용된다.

　㉤ 충전비는 이산화탄소 1kg에 대하여 용기의 내용적은 1,500mL 이상이어야 한다(충전비 : 1.5 이상).

② 종 류

　㉠ 소형 소화기(레버식) : 이음매 없는 강철제 고압가스용기이며 봄베 본체는 $200{\sim}250kg/cm^2$에서 작동하는 안전장치가 있으며 전기절연성이 좋은 천이 든 베크라이트제의 폰으로 탄산가스의 소화약제를 방출하는 방식이다.

　㉡ 대형 소화기(핸들식) : 용기의 재질 및 구조는 레버식과 동일하며 바퀴가 달려있어 이동이 수월하다.

③ CO_2소화기의 적응화재 : 방사 시 기화열에 의한 냉각과 질식작용이 소화의 주체이며, B・C급 화재에 적응성이 있다.

④ 소화약제 : 탄산가스는 용량이 99.5% 이상의 액화 탄산가스로서 냄새가 없어야 하며 줄-톰슨 효과에 의하여 수분이 결빙되어 노즐의 구멍을 폐쇄하기 때문에 수분이 0.05% 이하이어야 한다.

⑤ CO_2소화기의 장점 및 단점

　㉠ 장 점
　　• 소화약제에 대한 오손이 적다.
　　• 전기절연성이 우수하며 전기화재에 용이하다.
　　• 이산화탄소는 다른 물질과 반응하지 않으므로 소화 후 청소할 필요가 없다.
　　• 할론 1301에 비해 값이 싸다.

　㉡ 단 점
　　• 중량이 무겁고 취급이 용이하지 않다.
　　• 고압가스이므로 일광, 직사 및 보일러실 등에 설치 시 위험하다($31.35℃$ 이상에서는 임계온도 이상이기 때문에 급히 기화한다).
　　• 금속분화재 사용 시 연소 확대가 우려($2Mg + CO_2 \rightarrow 2MgO + C$)된다.
　　• 피부에 닿으면 동상에 걸리기 쉽다.

(3) 물소화기

① 개념 : 물에 의한 냉각작용으로 소화효과를 증대하기 위해 인산염, 계면활성제 등의 침윤제를 수용액으로 첨가한다.

② 종 류

ㄱ 펌프식 : 수동펌프를 설치하여 피스톤의 압축작용으로 흡입구로 들어간 물이 공기실 내에서 가압된 공기압에 의해 방출되는 방식이다.

ㄴ 축압식 : 압축공기를 넣어서 압력으로 물을 방출하는 방식이다.

ㄷ 가압식 : 이산화탄소 등의 가스를 가압용 봄베에 설치하여 그 가스압력으로 물을 방출하는 방식이다.

③ 소화약제

ㄱ 불순물이 포함된 물은 부적당하기 때문에 될 수 있는 한 수돗물 또는 청수를 이용하는 것이 좋다.

ㄴ 동결 방지를 위해 염화칼슘($CaCl_2$)이나 식염(NaCl)을 사용한다. 예를 들어 15% 농도의 식염수는 $-10^\circ C$까지, 25% 식염수는 $-20^\circ C$까지 동결되지 않는다.

④ 능력 : 용량은 16L, 13L가 있고, 방사거리는 10~12m, 방사시간은 약 90초이다.

⑤ 사용방법 : 발판을 닫고 노즐선단을 화원으로 향하게 하여 펌프의 핸들을 상하로 작동한다.

⑥ 적응화재 : 주수소화 – A급, 분무주수 – A · B급

(4) 산 · 알칼리소화기

① 산 · 알칼리소화기의 개념

ㄱ 중탄산나트륨($NaHCO_3$), 황산(H_2SO_4)을 별도 용기에 수납하여, 전도 또는 파병에 의해 두 약제를 혼합시킨다.

$$H_2SO_4 + 2NaHCO_3 \rightarrow 2CO_2 + 2H_2O + Na_2SO_4$$

ㄴ 화학식에서와 같이 질식과 냉각이 소화의 주체이다.

ㄷ 물소화기의 일종으로 산과 알칼리 반응에서 생기는 CO_2의 가스압을 이용하여, 물을 송출한다.

② 종 류

ㄱ 전도식 : 외통제는 중탄산나트륨($NaHCO_3$) 수용액, 내통제는 농황산이 들어 있어 용기를 전도시키면 혼합되어 발생한 탄산가스의 압력으로 소화약제를 방출하는 방식이다.

ㄴ 파병식 : 용기의 중앙부 상단에 농황산이 든 앰플을 파열시켜 용기 내부의 중탄산나트륨($NaHCO_3$) 수용액과 반응하여 생성한 탄산가스의 압력으로 방출하는 방식이다.

ㄷ 이중병식 : 용기의 중앙부 상단에 중탄산나트륨이 든 유리병에 농황산이 들어 있는 앰플을 파열시켜 반응하여 생성된 탄산가스의 압력으로 방출하는 방식이다.

③ 적응화재 : 주로 A급 화재가 적응하며 무상일 경우 전기화재에도 가능하다.

(5) 강화액소화기

① 개 념

ㄱ 물의 소화능력을 향상시키기 위한 것으로 소화 후 재연 방지용으로 사용된다.

ㄴ 한랭지역 및 겨울철에도 얼지 않도록 물에 탄산칼륨(K_2CO_3)을 첨가하였으며 액성은 강한 알칼리성이다.

ㄷ 연쇄반응을 단절하는 부촉매효과와 냉각소화가 소화의 주체이다.

② 종 류

ㄱ 축압식

• 강화액 자체는 알칼리 금속염의 수용액이고, 이 경우 압축공기 또는 질소가스로 축압한다 ($8.1{\sim}9.8kg/cm^2$).

• 압력이 없으면 사용할 수 없으므로 압력을 용이하게 확인할 수 있도록 압력계가 붙어 있다.

• 강화액소화기 중 가장 많이 쓰인다.

ㄴ 가스가압식 : 강화액을 충전한 용기 속에 가압용 가스(일반적으로 이산화탄소)용기가 정착되어 있거나 외부에 압력용기가 있어 이 가스압력에 의하여 내부액이 방사되는 구조이다.

ㄷ 반응식(파병식) : 알칼리 금속염의 수용액(탄산칼리수용액)에 황산을 반응시켜 반응 시의 발생가스압력으로 방사하는 구조이다.

$$K_2CO_3 + H_2SO_4 \rightarrow CO_2 + H_2O + K_2SO_4$$

③ 약제 : 물에 탄산칼륨(K_2CO_3) 용해

ㄱ 액 비중 : 1.3~1.4

ㄴ 응고점 : −30~−17℃

ㄷ 한랭지역 및 겨울철에 적용

ㄹ 독성 및 부식성이 없다.

④ 적응화재

ㄱ 분무주수(무상주수) : A, C급(냉각소화, 질식소화)

ㄴ 일반적(봉상) : A급(냉각소화)

(6) 증발성 액체소화기(할론소화기, 할로겐화합물소화기)

① 개 념

ㄱ 증발성이 강한 액체를 연소물에 뿌려 주면 화재의 열을 흡수하여 액체를 증발시킨다. 증발된 기체는 불연성이고 공기보다 무겁기 때문에 공기가 침투하지 못하여 질식소화가 된다.

   ⓛ 성분 중에 할로겐 원소는 열에 의해 유리되어 산소와 결합하기 전에 화재현장에 유리된 가연성 유리기와 결합하는 부촉매(억제)효과가 있다.

   ⓒ 연쇄반응을 억제하는 부촉매효과가 소화의 주체이다.

  ② 종 류

   ㉠ 축압식 : 일반적으로 압축공기 또는 질소가스를 넣어서 축압해 사용하며, 안전핀을 뽑고 레버를 누르면 방사가 시작된다.

   ⓛ 수동펌프식 : 본체 용기에 수동펌프가 부착되어 있으며, 핸들을 상하로 움직여서 액체 할로겐화합물을 방사시킨다.

   ⓒ 수동축압식 : 공기가압펌프가 부착되어 있고, 보조적으로 내부의 공기를 가압하는 방식이다. 개폐밸브를 개방함으로써 방사가 시작된다.

   ⓔ 자기증기압식

    • CF_3Br(할론 1301)의 경우, 상온에서는 기체이므로 이것을 충전할 때는 냉동기로 $-57.8℃$ 이하로 냉각시켜서 봄베에 넣고, 봉판을 설치하거나 용기밸브를 설치한다. 또는 가압하여 액화하여 용기밸브로부터 넣는다.

    • 할론 1301의 증기압은 0℃에서 약 $24kg/cm^2$(게이지 압력), 10℃에서 약 $28kg/cm^2$, 30℃에서 약 $37kg/cm^2$, 40℃에서 약 $42kg/cm^2$이다. 따라서 용기밸브를 열어 주면, 전기압력으로 방출하는 것이다.

  ③ 할로겐화합물소화기 사용 시 주의사항

   ㉠ 좁고 밀폐된 실내에서는 사용하지 말 것

   ⓛ 바람 방향에서 방사하고, 사용 후에는 신속히 환기할 것

   ⓒ 발생가스는 유독하기 때문에 흡입하지 말 것

   ⓔ 할로겐화합물소화기는 지하층, 무창층 및 환기에 유효한 개구부의 넓이가 바닥면적의 1/30 이하, 또 바닥면적이 $20m^2$ 이하의 장소에는 설치하여서는 안 된다.

(7) 포소화기(포말소화기)

  ① 종류 및 구조

   ㉠ 종류는 전도식과 파괴식으로 나뉘는데 대부분이 전도식이다.

   ⓛ 전도하였을 때 내통의 덮개가 떨어져서 내외통 내의 약액이 혼합되는 단순 전도식과 전도되기 전에 안전 캡을 벗기고, 타격용 플랜자를 두드렸을 때 덮개를 파괴하는 파괴전도식이 있다.

  ② 소화원리 : 연소 시 산소를 포에 의해 차단, 수증기에 의한 질식소화, 포자체에 함유된 수분에 의한 냉각과 수증기가 기화할 때 잠열에 의한 냉각소화작용을 한다.

③ 소화약제
  ㉠ 내약제(내통액) : 황산알루미늄($Al_2(SO_4)_3$)
  ㉡ 외약제(외통액) : 중탄산나트륨($NaHCO_3$)
④ 포말의 조건
  ㉠ 비중이 적고(기름보다 가벼울 것) 화재면에 부착성이 좋을 것
  ㉡ 바람에 견디는 응집성과 안정성이 있을 것
  ㉢ 열에 대해 센막을 가지며 유동성이 적당할 것
  ㉣ 포소화약제는 방부처리된 것일 것
  ㉤ 소화기로부터 방사되는 거품은 내화성을 지속할 수 있을 것
⑤ 전도식 포소화기의 적용 : 제4류 위험물을 저장·취급하고 있는 기계실, 보일러실 등에 설치하면 적합하다.
⑥ 취급 시 주의사항 : 동물의 뼈와 피가 주성분인 포약제는 변질의 우려가 있고 5℃ 이하에서는 유동성이 나빠지므로 5℃ 이하에서 보온조치해야 한다.

3 소화기의 관리

(1) 소화기 사용 시 일반적인 주의사항

① 소화기는 적응화재에만 사용할 것
② 성능에 따라 불에 가까이 접근해서 사용할 것
③ 소화작업은 바람을 등지고 바람이 부는 위쪽에서 바람이 불어가는 아래쪽을 향해 방사할 것
④ 소화기는 양옆으로 비로 쓸 듯이 골고루 방사할 것

(2) 소화기 사용상 주의사항

① 소화기는 화재 초기에만 효과가 있고 화재가 확대된 후에는 효과가 없다.
② 소화기는 대형 소화설비의 대용은 될 수 없다.
③ 소화기는 그 구조, 성능, 취급법을 알고 있지 않으면 효과가 없다.
④ 만능 소화기는 없다.

(3) 소화기 외부 표시사항(소화기의 형식승인 및 제품검사의 기술기준 제38조)

소화기의 본체 용기에는 다음 사항을 보기 쉬운 부위에 잘 지워지지 아니하도록 표시하여야 한다.
다만, 제13호는 포장 또는 취급설명서에 표시할 수 있다.

① 종별 및 형식

② 형식승인번호

③ 제조년월 및 제조번호

④ 제조업체명 또는 상호, 수입업체명(수입품에 한함)

⑤ 사용온도범위

⑥ 소화능력단위

⑦ 충전된 소화약제의 주성분 및 중(용)량

⑧ 소화기가압용 가스용기의 가스 종류 및 가스량(가압식 소화기에 한함)

⑨ 충중량

⑩ 취급상의 주의사항

　　㉠ 유류화재 또는 전기화재에 사용하여서는 아니 되는 소화기는 그 내용

　　㉡ 기타 주의사항

⑪ 적응화재별 표시사항은 일반화재용 소화기의 경우 "A(일반화재용)", 유류화재용 소화기의
　　경우에는 "B(유류화재용)", 전기화재용 소화기의 경우 "C(전기화재용)", 주방화재용 소화기의
　　경우 "K(주방화재용)"으로 표시하여야 한다.

⑫ 사용방법

⑬ 품질보증에 관한 사항(보증기간, 보증내용, A/S방법, 자체검사필 등)

⑭ 다음 각 호의 부품에 대한 원산지

　　㉠ 용 기

　　㉡ 밸 브

　　㉢ 호 스

　　㉣ 소화약제

02 소화약제

1 소화약제의 개념

(1) 소화약제

① 소화약제란 소화기구 및 자동소화장치에 사용되는 소화성능이 있는 고체·액체 및 기체의 물질을 말한다.

② 소화약제의 조건

    ㉠ 연소의 4요소 중 한 가지 이상을 제거할 수 있는 능력이 탁월할 것

    ㉡ 가격이 저렴할 것

    ㉢ 저장 안정성이 있을 것

    ㉣ 환경에 대한 오염이 적을 것

    ㉤ 인체에 대한 독성이 없을 것

(2) 소화약제의 분류 및 특성 비교

① 소화약제의 분류

    ㉠ 수계 소화약제

      • 물이 주성분으로 된(Water Based) 소화약제이다.

      • 물소화약제, 포소화약제, 강화액소화약제, 산·알칼리소화약제 등이 있다.

    ㉡ 가스계 소화약제

      • 주성분 소화약제의 상태나 양적으로 주된 성분의 상태가 기체상인 소화약제를 가리킨다.

      • 이산화탄소소화약제, 할로겐화합물 및 불활성기체소화약제, 분말소화약제 등이 있다.

② 각종 소화약제의 특성 비교

특 성 \ 종 류	수계소화약제		가스계소화약제		
	물	포	이산화탄소	할 론	분 말
주된 소화효과	냉 각	질식, 냉각	질 식	부촉매	부촉매, 질식
소화속도	느 림	느 림	빠 름	빠 름	빠 름
냉각효과	큼	큼	적 음	적 음	극히 적음
재발화 위험성	적 음	적 음	있 음	있 음	있 음
대응하는 화재 규모	중형~대형	중형~대형	소형~중형	소형~중형	소형~중형
사용 후의 오염	큼	매우 큼	전혀 없음	극히 적음	적 음
적응화재	A급	A, B급	B, C급	(A), B, C급	(A), B, C급

③ 각종 소화약제의 적응화재와 효과

화재의 종류	가연물의 종류	적응 소화약제	개략적인 소화 효과
A급 화재	(일반 가연물질) 목재, 고무, 종이, 플라스틱류, 섬유류 등	• 물 • 수성막포(AFFF) • ABC급 분말 • Halon 1211	• 냉각, 침투 • 냉각, 질식, 침투 • 억제, 피복, 냉각 • 억제, 냉각
B급 화재	(가연성 액체) 휘발유, 그리스, 페인트, 래커, 타르 등	• 수성막포(AFFF) • BC급 분말 • ABC급 분말 • Halon 1211, 1301 • CO_2	• 냉각, 질식 • 질식, 냉각 • 억제, 질식 • 억제, 질식, 냉각 • 질식, 냉각
C급 화재	(통전 중인 전기기구) 전선, 발전기, 모터, 패널, 스위치, 기타 전기설비 등	• BC급 분말 • ABC급 분말 • Halon 1211, 1301 • CO_2	• 부도체 • 부도체 • 부도체 • 부도체
AB급 화재	일반 가연물과 가연성 액체, 기체의 혼합물	• 수성막포(AFFF) • ABC급 분말 • Halon 1211, 1301	• 질식, 냉각 • 억제, 질식 • 억제, 질식, 냉각
BC급 화재	가연성 액체·기체와 통전 중인 전기기구와의 혼합물	• BC급 분말 • ABC급 분말 • Halon 1211, 1301 • CO_2	• 억제, 질식, 부도체 • 억제, 질식, 부도체 • 억제, 질식, 냉각, 부도체 • 질식, 냉각, 부도체
ABC급 화재	일반 가연물과 가연성 액체, 기체와 통전 중인 전기기구와의 혼합물	• ABC급 분말 • Halon 1211	• 억제, 질식, 부도체 • 억제, 질식, 냉각 • 부도체
D급 화재	가연성 금속과 가연성 금속의 합금	금속화재용 분말	질식(공기 차단), 냉각

2 수계 소화약제

(1) 물

① 소화원리

  ㉠ 주로 냉각작용에 의한 소화이며 기화 시에는 질식작용으로 소화에 영향을 줄 수 있다.

  ㉡ 물은 큰 비열과 잠열을 가지고 있다. 수온이 상승할 때 증발 시의 잠열은 539kcal/kg이고 비열은 1kcal/kg에서 20℃의 물이 100℃까지 가열되어도 80kcal/kg의 열밖에 탈취할 수 없어 잠열이 크다.

  ㉢ 물소화약제는 상태 변화가 없고 온도 변화가 있는 현열과, 상태 변화가 있고 온도 변화가 없는 잠열작용에 의한 냉각 소화원리를 갖는다. 또 물분자 내 수소원소와 산소원소 간에는 공유결합을 이루고 있다.

  ㉣ 통상 열분해물질은 250~450℃에 이르는데, 물은 100℃에서 증발함으로써 연쇄반응에 필요한 열을 효과적으로 냉각시킬 수 있다(고체화재에 적합).

ⓜ 물방울의 크기가 작으면 단위량당 표면적이 증가하여 열을 흡수하는 증발이 용이하다.

ⓗ 물이 수증기로 변화할 때 약 1,650배로 부피가 팽창하여 연소면을 덮기 때문에 물분무소화 시 질식효과도 기대할 수 있다.

ⓢ 물의 주수형태

봉 상	막대 모양의 굵은 물줄기를 가연물에 직접 주수하는 방법으로 소방용 방수노즐을 이용한 주수가 대부분 여기에 속한다. 현재도 가장 널리 사용되고 있으며 열용량이 큰 일반 고체 가연물의 대규모 화재에 유효한 주수형태이다. 감전의 위험이 있기 때문에 어느 정도의 안전거리를 유지하여야 한다.
적 상	스프링클러 소화설비 헤드의 주수형태로 살수(撒水)라고도 한다. 저압으로 방출되기 때문에 물방울의 평균 직경은 0.5~6mm 정도이다. 일반적으로 실내 고체 가연물의 화재에 사용된다.
무 상	물분무 소화설비의 헤드나 소방대의 분무노즐에서 고압으로 방수할 때 나타나는 안개 형태의 주수로 물방울의 평균 지름은 0.1~1.0mm 정도이다. 소화효과의 측면에서 본 최저 입경은 열전달과 물방울의 최대 속도와의 관계로부터 이론적으로 유도해 보면 0.35mm 정도이다. 일반적으로 유류화재에 물을 사용하면 연소면이 확대되기 때문에 물의 사용을 금하고 있지만 중질유 화재(중질의 연료유, 윤활유, 아스팔트 등과 같은 고비점유의 화재)의 경우에는 물을 무상으로 주수하면 급속한 증발에 의한 질식효과와 에멀션 효과에 의해 소화가 가능하다. 에멀션 효과란 물의 미립자가 기름의 연소면을 두드려서 표면을 물과 기름이 섞인 유화상으로 만들어 기름의 증발능력을 떨어뜨려 연소성을 상실시키는 효과로, 에멀션 효과를 높이기 위해서는 유면에 타격력을 증가(속도에너지 부가)시켜 주어야 하므로 질식효과를 기대할 때보다 입경을 약간 크게 해야 한다. 일반적으로 물을 사용하여 소화할 수 있는 유류화재는 유류의 인화점이 37.8℃(100℉) 이상인 경우이다. 또한, 무상주수는 다른 주수법에 비하면 전기전도성이 좋지 않기 때문에 전기화재에도 유효하나 이때에는 일정한 거리를 유지하여 감전을 방지해야 한다.

ⓞ 물의 소화효과 : 냉각효과, 질식효과, 유화효과, 희석효과, 타격 및 파괴효과

ⓩ 물소화약제의 첨가제

• 동결방지제(부동제) : 저온에서의 동결을 보완하기 위해서 첨가하는 약제로 에틸렌글리콜을 가장 많이 사용하고 있다.

• 증점제 : 화재에 방사되는 물소화약제의 가연물에 대한 접착 성질을 강화시키기 위하여 첨가하는 물질을 증점제라 하며, 물의 사용량을 줄일 수 있고 높은 장소(공중소화)에서 사용 시 물이 분산되지 않으므로 목표물에 정확히 도달할 수 있어 소화효과를 높일 수 있는 장점이 있어 산림화재 진압용으로 많이 사용된다. 반면, 증점제를 사용하면 가연물에 대한 침투성이 떨어지고, 방수 시 마찰손실이 증가하고, 분무 시 물방울의 직경이 커지는 등의 단점이 있다. 증점제로 유기계는 알킨산나트륨염, 펙틴(Pectin), 각종 껌 등의 고분자 다당류, 셀룰로스 유도체, 비이온성 계면활성제 등이 있다. 산림화재 시 대표적으로 사용하는 유기계 증점제로는 CMC(Sodium Carboxy Methyl Cellulose)와 Gelgard(Dow Chemical사의 상품명)등이 있다. 무기계로는 벤토나이트, 붕산염 등이 사용되고 있으며 이들을 기계적으로 혼합하여 슬러지상으로 만들어 주로 산림화재에 사용하고 있다.

- 침투제 : 물은 표면장력이 커서 방수 시 가연물에 침투되기 어렵기 때문에 표면장력을 작게 하여 침투성을 높여 주기 위해 첨가하는 계면활성제의 총칭을 침투제라고 한다. 일반적으로 첨가하는 계면활성제의 양은 1% 이하이다. 침투제가 첨가된 물을 "Wet Water"라고 부르며, 이것은 가연물 내부로 침투하기 어려운 목재, 고무, 플라스틱, 원면, 짚 등의 화재에 사용되고 있다.
- Rapid Water : 소방활동에서 호스 내의 물의 마찰손실을 줄이면 보다 많은 양의 방수가 가능해지고 가는 호스로도 방수가 가능해지므로 소방관의 부담이 줄게 된다. 이와 같은 목적을 위해 첨가하는 약제로 미국 Union Carbide사에서의 Rapid Water라는 명칭의 첨가제를 발매하고 있다.
- 유화제 : 중유나 엔진오일 등은 인화점이 높은 고비점 유류이므로 화재 시 에멀션 형성을 증가시키기 위해 계면활성제(Poly Oxyethylene Alkylether)를 첨가하여 사용하는 약제이다.

② 장 점
  ㉠ 주로 냉각작용을 소화할 수 있으며 어디서나 쉽게 구할 수 있다.
  ㉡ 값도 싸고 약제에 대한 독성도 없다.
  ㉢ 다른 어떤 비가연성 액체보다 최소 4배 이상 큰 증발잠열을 갖는다.

③ 단 점
  ㉠ 0℃ 이하에서는 얼고, 전기가 통하는 도체이며, 진화 시 수손 피해를 입는다.
  ㉡ 물을 사용하면 폭발하거나, 가연성가스를 발하는 금수성 물질에는 사용할 수 없다.
  ㉢ 휘발유와 같이 물보다 가볍고 물에 녹지 않는 비수용성 액체인 위험물 화재에는 적합하지 않다.
  ㉣ 윤활유나 중유, 동물성 기름과 같이 연소하는 물질이 물보다 비등점이 높으면, 물이 액체 속으로 가라앉았다가 유면으로 떠오르면서 수증기로 변해 물질을 분출하게 만들고, 연소속도를 더 빠르게 촉진시킨다.

(2) 포(거품)소화약제

① 개 념
  ㉠ 물에 의한 소화능력을 향상시키기 위해서 포를 첨가시켜 질식작용을 추가한 형태의 약제이다.
  ㉡ 물이 가지는 냉각소화 외에 질식 소화작용을 효과적으로 소화에 적용시킬 수 있는 약제이다.
  ㉢ 약제는 크게 단백계와 계면활성제계로 나누어지며 단백계에는 단백포 소화약제, 불화 단백포소화약제, 계면활성제계에는 합성 계면활성제포소화약제, 수성막포소화약제, 내알코올포(수용성 액체용포) 소화약제가 있다.

② 포소화약제의 구비조건 : 내열성, 발포성, 내유성, 유동성, 점착성

③ 포소화약제의 종류

　　㉠ 공기포(기계포)

　　　• 물과 약제의 혼합액의 흐름에 공기를 불어넣어서 발생시킨 포

　　　• 공기포는 기계적으로 포를 발생시켰기 때문에 기계포(Mechanical Foam)라고도 부른다.

　　　• 팽창비에 따라 : 고팽창포, 중팽창포, 저팽창포

　　　※ 우리나라는 팽창비가 20 미만인 저팽창포와 80 이상인 고팽창포의 2가지로 구분하고 있다. 저팽창포에는 단백포, 불화 단백포, 합성 계면활성제포, 수성막포, 내알코올포가 있고, 고팽창포에는 합성 계면활성제포가 있다.

　　　• 기제의 내용물에 따라 : 단백포 포소화약제, 합성 계면활성제 포소화약제, 수성막 포소화약제, 특수포(알코올형) 포소화약제

　　㉡ 화학포

　　　• 성 분

　　　　－ A약제인 탄산수소나트륨(중조 또는 중탄산나트륨, $NaHCO_3$)

　　　　－ B약제인 황산알루미늄[$Al_2(SO_4)_3$]의 수용액에 발포제와 안정제 및 방부제를 첨가하여 제조한다.

　　　• 소화효과 : 화학포는 점착성이 커서 연소물에 부착되어 냉각과 질식작용으로 화재를 진화한다. 특히 유류화재에 대해서는 액면을 포로 덮어서 내화성이 강한 층을 형성하기 때문에 우수한 소화효과를 나타낸다.

　　　• 화학포 소화약제의 화학반응식

　　　　$6NaHCO_3 + Al_2(SO_4)_2 \cdot 18H_2O \rightarrow 6CO_2 + 2Al(OH)_3 + 3Na_2SO_4 + 18H_2O$

　　　　－ 황산알루미늄 : 탄산수소나트륨의 몰 비는 1 : 6이다.

　　　　－ 탄산수소나트륨과 이산화탄소의 몰 반응비는 1:1이므로 탄산수소나트륨 6몰이 반응하면 6몰의 이산화탄소가 생성된다. 1몰은 22.4L이므로 이산화탄소는 6 × 22.4 = 134.4L 생성된다.

　　　• 기포안정제 : 가수분해 단백질(단백질 분해물), 사포닝, 계면활성제, 소다회 등이 있다.

④ 공기포 소화약제의 종류

　　㉠ 단백포

　　　• 동물의 뼈, 식물성 단백질이 주성분이며, 여기에 방부제, 안정제(황산제일철, 계면활성제, 샤포닝, 염화제일철), 접착제, 점도증가제, 내박테리아제 등을 첨가하여 사용한다.

　　　• 겨울철 및 한랭지역 등에서는 유동성이 떨어지며 안정제의 주입이 요망되며 약제가 너무 차갑지 않도록 하여야 한다.

　　　• 다른 포약제에 비하여 부식성이 있으며 값이 싸다.

- 약제 방사 후 형성된 포는 박테리아균 등에 분해될 수 있는 속도가 다른 포에 비해 빠르므로 이것은 환경보호 측면에서 좋은 점에 속한다.
- 약제의 사용형태는 3%, 6%형의 저발포형 약제로 사용된다.
- 단백포 3%형이란 단백포 원액 3L에 물 97L를 가해서 포수용액 100L를 만들고, 6%형은 3%보다 묽다는 뜻을 나타낸다. 즉, 3%형은 6%형보다 농축되어 있다는 뜻을 가진다.

ⓛ 불화 단백포

불소계 합성 계면활성제와 분해 단백질을 혼합하여 제조한 것으로 화재 시 불소에 의한 소화효과가 뛰어나다.

ⓒ 합성 계면활성제포

- 합성 계면활성제(알킬벤젠, 술폰산염, 고급 알코올, 황산에스테르 등)를 물에 첨가하고 여기에 안정제를 가하여 사용하는 포약제이다. 포약제의 변질이 없고, 거품이 잘 만들어진다.
- 저발포 및 고발포가 가능하고 유류화재에도 사용이 가능하다.
- 단백포에 비하여 유동성이 좋고 추위에도 비교적 안정성이 있다.
- 합성 계면활성제를 사용하므로 환경오염의 원인이 되기도 한다.

ⓓ 수성막포

- 불소계 합성 계면활성제를 기초로 한 수성막포는 피막으로 연소물을 덮어서 소화할 수 있는 약제로 여기에 안정제를 첨가하여 사용하는 것이다.
- 포소화약제 중 가장 우수한 소화효과를 가지고 있다.
- 합성 계면활성제와 마찬가지로 일반화재뿐 아니라, 유류화재에도 매우 효과가 뛰어나다.
- 배의 선실, 보일러실과 같이 화재가 발생한 장소에 접근하기 어려운 경우에는 대량의 수성막포를 투입하여 질식소화를 시키는 방법이 효과적이다.
- 재연소 방지효과가 뛰어나다(단백포의 1.3배).
- 불소계 계면활성제의 일종으로 제품명은 Light Water이다.
- 보존성이 타 약제에 비해 우수하며, 단백포에 비해 내열성·내포화성이 우수하다.
- A급 화재에도 타 약제에 비해 우수하며, 타 약제와 함께 사용할 수 있다.
- 1,000℃ 이상 적열된 부분에 접촉되면 표면막이 파괴되어 소화가 곤란하다. 이때는 수분의 양을 증가시켜 냉각도를 높여야 한다.

ⓔ 내알코올형 포

- 알코올 등 수용성이 위험물에 대응하기 위한 포소화약제이다.
- 일반 포소화약제를 알코올화재에 사용할 때 나타나는 소포성(거품이 깨지는 현상)을 막기 위하여 지방산염 계통의 복염을 단백질의 가수분해물에 첨가하여 제조한다.
- 알코올형 포소화약제 대상 인화물 : 아세톤, 초산메틸에스테르저분자류, 인산에스테르저분자류, 메틸알코올, 에틸알코올, 피리딘, 초산, 글리세린 등

[공기포 소화약제의 특성]

명 칭	팽창비	특 성	사용농도	적용소화 대상물
단백포	저발포	동식물의 단백질 가수분해, 내유성 우수, 포의 유동성이 좋지 않고 자극성 냄새, 가격은 저렴하나 변질로 인한 보관성 문제	3% 6%	유류탱크, 화학플랜트
불화단백포	저발포	불소계 첨가로 안정적임, 내약품성 우수, 표면하주입법도 효과적	3% 6%	유류탱크 석유화학 플랜트
합성계면 활성제포	저발포 중발포 고발포	합성 계면활성제 사용, 팽창범위 다양, 포의 유동성 우수, 내유성 단점	3% 6%	고압가스, 액화가스, 위험물 저장소, 고체연료
수성막포	저발포	불소계 첨가로 안정성 및 내약품성 우수, 소화능력 및 보존성 우수, 대형 화재 시 표면막 생성 어려움	3% 6%	유류탱크, 화학플랜트
내알코올포	저발포	수용성 액체(알코올, 케톤 등), 알코올류 소화에 사용	3%	수용성 액체 위험물

(3) 강화액(Loaded Steam) 소화약제

① 물 소화약제의 동결현상을 극복하기 위해 탄산칼륨(K_2CO_3), 황산암모늄[$(NH_4)_2SO_4$], 인산암모늄[$(NH_4)_2PO_4$] 및 침투제 등을 첨가한 약알칼리성 소화약제를 말한다.

② 수소이온농도(pH)는 약알칼리성으로 11~12이며, 응고점은 -30~$-26℃$이다.

③ 색상은 일반적으로 황색 또는 무색의 점성이 있는 수용액이다.

④ 강화액의 소화효과는 물이 갖는 소화효과와 첨가제가 갖는 부촉매효과를 합한 것이다.

⑤ 용도는 주로 소화기에 충약해서 목재 등의 고체형태인 일반 가연물 화재에 사용한다.

(4) 산-알칼리 소화약제

① 산(H_2SO_4)과 알칼리($NaHCO_3$)의 두 가지 약제가 혼합되면 화학작용에 의하여 이산화탄소와 포(거품)이 형성되어 용기 내에서 발생된 이산화탄소의 증기압에 의하여 포가 방출된다.

② 주로 소화기에 이용되며 내통과 외통으로 구분하여 따로 약제를 저장하며 내부 저장용기에 물 30%와 진한 황산 70%의 수용액, 외부저장용기에는 물 90%와 탄산수소나트륨 10% 수용액을 충전하여 사용하는데 저장 및 보관, 용기에 대한 부식성, 불완전한 약제의 혼합이 소화의 신뢰성이 떨어져 거의 사용을 하지 않고 있다.

③ 산과 알칼리 소화약제는 수용액 상태로 분리 저장되어 있다가 방출 시 중간 혼합실에서 알칼리와 산의 화학작용에 의하여 CO_2의 발생에 의하여 방출원의 압력을 동력원으로 하여 사용되며 소화기에 사용하는 것으로서 A급 화재에만 사용되고 있다. 알칼리와 산의 반응식은 아래와 같다.

$2NaHCO_3 + H_2SO_4 \rightarrow Na_2SO_4 + 2H_2O + 2CO_2$

3 가스계 소화약제

(1) 이산화탄소소화약제

① 특 징

ㄱ 주된 소화효과는 질식소화이다. 즉, 탄산가스에 의한 소화는 가연물을 둘러싸고 있는 공기 중의 21%의 산소를 16% 이하로 낮추는 질식소화이다.

ㄴ CO_2가스는 방사 시 산소농도를 저하시킴으로써 질식작용을 하며, 기화 시 주위의 열을 흡수하는 냉각작용을 한다.

ㄷ 불연성가스에는 이산화탄소, 질소, 아르곤, 네온, 수증기 등이 있지만, 그중 가장 실용적이고 값이 싼 것은 이산화탄소(CO_2)이다.

ㄹ 공기비중이 크다. 즉, 이산화탄소의 공기비중은 1.52배이므로 틈만 있으면 침투가 되어 방호대상물 전반에 걸쳐 소화가 가능하다.

ㅁ 기화팽창률 및 기화잠열이 크다. 즉, 1kg의 액화탄산가스는 15℃에서 대기 중에 방출하면 534L로 팽창한다.

ㅂ CO_2는 기화 시 체적이 클수록 좋으며 기체를 액화하기 위하여 냉각작용이 필요하다. −79℃ 정도에서 539배이며, 방출압력은 60kgf/cm^2 정도이다.

ㅅ 무색·무취의 비전도성 가스로서 임계온도 이하에서 압축하면 액화가 용이한 불연성 가스이다.

ㅇ 용기에 액화상태로 저장한 후 방출 시에는 기체화된다.

※ 이산화탄소는 유기물의 연소에 의해서 생기는 가스로, 공기보다 1.5배 정도 무겁다. 상온에서는 기체이지만 압력을 가하면 액화되기 때문에 고압가스 용기 속에 액화시켜 보관한다. 이산화탄소의 임계점은 온도 31.35℃, 압력 72.9atm이다.

> **더 알아두기**　**이산화탄소소화약제 소화효과**
>
> • 질식효과 : 주된 효과로 이산화탄소가 공기 중의 산소 공급을 차단하여 소화한다.
> • 냉각효과 : 이산화탄소 방사 시 기화열을 흡수하여 점화원을 냉각시키므로 소화한다.
> • 피복효과 : 비중이 공기의 1.52배 정도로 무거운 이산화탄소를 방사하여 가연물의 깊이 있는 곳까지 침투, 피복하여 소화한다.

② 장 점

ㄱ 이산화탄소소화약제는 나이트로셀룰로스, 셀룰로이드 제품 등과 같이 연소 시 공기 중의 산소를 필요로 하지 않고 자체에 산소를 가지고 있는 물질이나 나트륨, 칼슘, 칼륨 등의 활성금속을 제외한 모든 가연물질에 적용이 가능하다.

ㄴ 소화 시 가스 상태로 분사되므로 침투·확산이 유리하며, 어떤 장소든지 소화가 가능하다.

ⓒ 비전도성 불연성가스이므로 전류를 통하고 있는 상태에서 사용이 가능하여 C급 화재에 적응성이 있다.

ⓓ 질식효과로 소화함으로써 심부화재에 적용 시에도 소화력이 우수하다.

ⓔ 자체 증기압이 높으며 화재 심부까지 침투가 용이하다(증기압 60kg/cm², 기온 20℃).

ⓕ 소화 후 잔존물이 없어 소화대상물을 오염·손상시키지 않으므로 전산실 등 정밀장치의 소화에 효과적이다.

③ 단 점

ⓐ 질식의 위험이 있다.

ⓑ 배관 및 용기가 고압설비이다.

ⓒ 온실가스로서 지구온난화 물질이다.

※ CO_2는 지구온난화 효과를 일으키는 대표적인 온실가스로서 GWP(Global Warming Potential)가 제일 높은 물질이다.

④ 이산화탄소소화약제의 사용 제한

ⓐ 제5류 위험물(자기반응성 물질)과 같이 자체적으로 산소를 가지고 있는 물질

ⓑ CO_2를 분해시키는 반응성이 큰 금속(Na, K, Mg, Ti, Zr 등)과 금속수소화물(LiH, NaH, CaH_2)

ⓒ 방출 시 인명 피해가 우려되는 밀폐된 지역

더 알아두기 | **이산화탄소의 소화농도**

소화작용을 나타내기 위한 이산화탄소의 소화농도는 가연성 기체의 종류에 따라 다르게 산출되며 실제 설계농도는 이론적인 소화농도에 20%를 더 추가한 농도로 결정된다.

$$CO_2의\ 소화농도(Vol.\%) = \frac{21 - LOC}{21} \times 100$$

※ LOC(Limited Oxygen Concentration, 한계산소농도, vol%)

예제

이산화탄소를 방사해서 공기 중 산소농도가 10%로 변했다면, 이때 외부로 방출된 이산화탄소(CO_2)의 농도는 약 몇 %인가?(단, 소수점 이하 첫째자리에서 반올림한 값으로 구한다)

풀이 이산화탄소 농도(%) $= \frac{(21 - 10)}{21} \times 100 ≒ 52.38(\%)$

∴ 소수점 이하 첫째자리에서 반올림하면 52%

물질명	LOC(vol%)	물질명	LOC(vol%)
수 소	7.98	프로판	14.7
아세틸렌	9.45	헥 산	14.91
이황화탄소	9.45	부 탄	15.12
일산화탄소	9.87	펜 탄	14.91
에틸렌	12.39	가솔린	15.12
에틸알코올	13.44	윤활유	15.12
에 탄	14.07	메틸알코올	15.65
벤 젠	14.49	메 탄	15.96

(2) 할론소화약제

① 개 념

㉠ 할론소화약제는 할론이라고 하며, 이는 메탄(CH_4), 에탄(C_2H_6) 등의 수소 일부 또는 전부가 플루오린(F), 염소(Cl), 브롬(Br), 아이오딘(I) 등의 할로겐 원소로 치환된 화합물을 말한다.

㉡ 소화능력은 탄화수소의 수소분자가 어떤 할로겐 원자와 치환되느냐에 따라 좌우된다.

• 반응성 : F > Cl > Br > I

• 분자 간 인력 : F < Cl < Br < I

㉢ 약간의 냉각·질식효과가 있지만 주된 효과는 화학효과(부촉매효과)이다.

㉣ 주로 유류화재(B급), 전기화재(C급)에 많이 사용되고 있다.

㉤ 할론은 상온에서 압축하면 액체로 변하므로 용기에 쉽게 저장할 수 있다.

㉥ 공기 중에 노출되면 가스로 변하므로 물을 사용할 수 없는 전기시설, 컴퓨터, 통신시설의 화재에 유용하게 사용된다.

㉦ 적은 양으로도 소화효과가 뛰어나고, 노즐에서 일부분만 기화하므로 이산화탄소보다 더 멀리 분사되지만, 부식성과 독성이 있다.

더 알아두기 **할론소화약제의 명명법**

• 제일 앞에 Halon이란 말을 쓴다.

• 그 뒤에 구성요소들의 숫자를 C, F, Cl, Br, I의 순서대로 쓰되 해당 원소가 없는 경우는 0으로 표시한다.

• 맨 끝의 숫자가 0으로 끝나면 0을 생략한다.

• 기본 탄화수소 CH_4(Methane) 및 C_2H_6(Ethane)이다.

※ 할론은 오존층을 파괴한다는 것이 밝혀져 1987년 체결된 몬트리올 협정에 따라 1994년부터 염화불화탄소류(CFC)와 함께 전세계적으로 사용이 금지되었다.

[대표적인 할론소화약제와 Halon 번호]

분자식	CH_3Br	CH_3I	CH_2ClBr	CF_2Br_2	CF_2ClBr	CF_3Br	CCl_4	$C_2F_4Br_2$
Halon No.	1001	10001	1011	1202	1211	1301	104	2402

② **종류** : 할론소화약제는 메탄(CH_4)에서 파생된 물질로 할론 1301(CF_3Br), 할론 1211 (CF_2ClBr), 할론 2402($C_2F_4Br_2$)가 있다.

　　㉠ 할론 1301 : 독성이 약하고 넓게 확산되는 성질이 있으며 소화효과가 가장 커 널리 쓰인다. 오존파괴지수(ODP)가 가장 크다.

　　　　• 할론 1301의 분해 생성물에는 플루오린화수소(HF), 브롬화수소(HBr), 브롬(Br_2) 등이 있으며, 이것은 독성이 강하고 브롬화코발트($CoBr_2$), 플루오린화카르보닐(COF_2)이 미량 생성된다.

　　　　• 할론 1301(CF_3Br)은 탄소(C), 플루오린(F), 브롬(Br)으로 구성되어 있다.

　　　　• 분자량 C : 12, F : 19, Br : 80 → 할론 1301의 분자량 : 12+(19×3)+80=149

　　　　• 증기비중은 $\dfrac{149}{29} ≒ 5.14$

　　㉡ 할론 1211, 2402 : 할론 1211이나 할론 2402(할론 1301 제외)는 독성 때문에 실내 지하층, 무창층 또는 밀폐된 거실로서 바닥면적이 $20m^2$ 미만의 장소에는 사용할 수 없도록 규정하고 있다.

③ **장 점**

　　㉠ 화학적인 부촉매작용에 의해 연소억제작용을 하므로 소화능력이 타 소화약제에 비해 대단히 우수하다.

　　㉡ 약제의 변질 및 분해가 거의 없고, 전기음성도가 강하여 부촉매효과에 의한 소화효과가 우수하다.

　　㉢ 약제에 관련된 독성이나 금속에 대한 부식성이 매우 낮으며, 소화 시 인체에 미치는 영향이 적다.

　　㉣ 저농도로 소화가 가능하므로 질식의 우려가 없다.

　　㉤ 전기의 부도체이다. 절연류와 같은 정도로 절연성이 우수하여 전기화재에 적용이 가능하다.

　　㉥ 화재 시 가스 상태로(Halon 2402는 액체) 분사되므로 침투·확산이 유리하고, 어느 장소든지 소화가 가능하다.

　　㉦ 소화 후 잔존물이 없어 깨끗하므로 소화 후 소화대상물을 오염·손상시키지 않는다.

　　㉧ Halon 1301 소화약제의 경우 소화농도는 거주자에게 안전하다.

④ **단 점**

　　㉠ CFC계열의 물질로 오존층 파괴의 원인물이다.

　　㉡ 가격이 CO_2에 비해 매우 고가이다.

　　㉢ CFC 규제대상이므로 약제 생산 및 사용이 제한되어 안정적인 수급이 불가능하다.

⑤ **할론의 독성** : 예로서 할론 1301의 분해 생성물에는 플루오린화수소(HF), 브롬화수소(HBr), 브롬(Br_2) 등이 있으며, 이것은 독성이 강하고 브롬화카르보닐($COBr_2$), 플루오린화카르보닐(COF_2)은 대단히 미량이 생성된다.

※ 할론은 비교적 근래에 도입된 강력한 소화약제였으나, 오존층을 파괴한다는 것이 밝혀져 1987년 체결된 몬트리올 협정에 따라 1994년부터 CFC(ChloroFluoroCarbons : 염화불화탄소류)와 함께 전 세계적으로 사용이 금지되었다. 1992년 1월부터 1986년 수준으로 동결하고 1995년 1월부터는 1986의 50% 수준으로 동결하며 2003년 이후부터는 사용을 금지하기로 하였다. 그러나 1992년 11월 23일 덴마크의 코펜하겐에서 열린 제4차 몬트리올 의정서에서는 현행 규제 일정이 오존층 파괴의 심각성에 비추어 볼 때 충분하지 못하다고 판단되어 규제 일정을 앞당기게 되었다. 선진국의 경우는 1994년 1월 1일부터 생산 및 사용을 완전 중단하기로 합의하였다. 단, 필수적인 경우는 예외로 하며 우리나라의 경우 개발도상국 조항을 적용받아 규제 시기가 2010년부터 생산 및 소비가 중단되어 지금까지 할론소화약제를 사용하여 화재의 위험으로부터 귀중한 인명과 재산을 보호하던 곳에서는 새로운 대응이 필요하게 되었다. 이를 계기로 연구 개발되어 대체된 소화약제가 할로겐화합물 및 불활성기체 소화약제이다.

(3) 할로겐화합물 및 불활성기체소화약제

① "할로겐화합물 및 불활성기체소화약제"란 할로겐화합물(할론 1301, 할론 2402, 할론 1211 제외) 및 불활성기체로서 전기적으로 비전도성이며 휘발성이 있거나 증발 후 잔여물을 남기지 않는 소화약제를 말한다.

② "할로겐화합물소화약제"란 플루오린, 염소, 브롬 또는 아이오딘 중 하나 이상의 원소를 포함하고 있는 유기화합물을 기본성분으로 하는 소화약제를 말한다.

③ "불활성기체소화약제"란 헬륨, 네온, 아르곤 또는 질소가스 중 하나 이상의 원소를 기본성분으로 하는 소화약제를 말한다.

④ 할로겐화합물소화약제의 종류

Freon Name	상품명	화학식
FC-3-1-10	PFC-410	C_4F_{10}(Perfluorobutane)
HCFC BLEND A	NAF S-111	$CHCl_2CF_3$(HCFC-123) : 4.75wt%
		$CHClF_2$(HCFC-22) : 82wt%
		$CHClFCF_3$(HCFC-124) : 9.5wt%
		$C_{10}H_{16}$: 3.75wt%
HCFC-124	FE-241	$CHClFCH_3$(Chlorotetrafluoroethane)
HFC-125	FE-25	CHF_2CF_3(Pentafluoroethane)
HFC-227ea	FM-200	CF_3CHFCF_3(Heptafluoropropane)
HFC-23	FE-13	CHF_3(Trifluoromethane)
HFC-236fa	FE-36	$CF_3CH_2CF_3$
FIC-13I1	Triodide	CF_3I
FK-5-1-12		

ⓐ HCFC-124(클로로테트라플루오르에탄) : 전역방출방식의 소화설비와 휴대용 소화기 모두에 사용할 수 있는 약제이며 NOAEL이 1.0%이다.

ⓑ HFC-23(트리플루오르메탄) : NOAEL이 50%로서 독성은 매우 낮은 편이며 Halon 1301에 비해 소화능력은 25% 정도이다.

ⓒ FIC-13I1(트리플루오로이오다이드) : Halon 1301에 브롬(Br)대신 아이오딘(I)를 치환시킨 물질로서 ODP가 0.008이고 GWP는 1 이하이다. 소화능력도 우수하지만 NOAEL이 0.2%, LOAEL이 0.4%로서 사람이 있는 공간에서의 전역방출방식의 운용이 부적합한 점이 단점이다.

더 알아두기 할로겐화합물 및 불활성기체소화약제의 기준

- 세계적인 추세는 미국을 포함하여 일반적으로 오존파괴지수(ODP), 지구온난화지수(GWP), 대기 중 수명(Yr), 인체에 미치는 독성의 4가지 기준으로 규정하고 있다.
- 할로겐화합물 및 불활성기체소화약제는 현재 소화성능, 대기 중 잔류량, 환경지수(ODP, GWP), 인체의 독성에 관한 4가지 기준 외에도 피소화물질에의 잔유물질량, 저장성, 열분해물질의 종류와 양 등이 평가기준이 되고 있다.
- 대기권 수명은 대기권 내 잔존년수(ALT)로 판단하며 특히 인체에 미치는 독성에 대해서는 전역방출방식의 경우 최대 허용독성농도(NOAEL ; No Observed Adverse Effect Level)과 독성인정최저농도(LOAEL ; Lowest Observed Adverse Effect Level)를 기준으로 하여 다음과 같은 4가지 조건을 요구하고 있다.
  - 대피시간이 30초~1분인 장소에서는 LOAEL보다 높은 농도의 소화약제를 사용할 수 없다.
  - 대피시간이 1분 이내인 장소에서는 NOAEL보다 높은 농도의 소화약제를 사용할 수 없다.
  - LOAEL보다 설계농도가 높은 소화약제는 사람이 없거나 30초 이내에 대피할 수 있는 장소에서만 사용할 수 있다.
  - 소화설비의 설계 시 소화약제의 방출 후에도 산소농도는 16% 이상 유지되어야 한다.

더 알아두기

할론 대체 소화제의 흡입독성은 일반적으로 ALC, NOAEL, LOAEL, LC_{50}으로 평가되며 다음과 같이 정의된다.
- ALC(Approximate Lethal Concentration) : 실험용 쥐의 1/2이 15분 이내에 사망하는 농도로 ALC값이 클수록 물질의 독성이 낮다.
- NOAEL(No Observed Adverse Effect Level) : 농도를 증가시킬 때 아무런 악영향도 감지할 수 없는 최대 농도
- LOAEL(Lowest Observed Adverse Effect Level) : 농도를 감소시킬 때 악영향을 감지할 수 있는 최소 농도
※ LC_{50}(50% Lethal Concentation) : 반수(半數) 치사농도(ppm)

⑤ 불활성기체소화약제의 종류

Freon N	상품명	화학식(성분)
IG-01	Argotec	Ar(Argon)
IG-100	NN100	N_2(Nitrogen)
IG-541	Inergen	N_2(Nitrogen) : 52% Ar(Argon) : 40% CO_2(Carbon dioxide) : 8%
IG-55	Argonite	N_2(Nitrogen) : 50% Ar(Argon) : 50%

㉠ IG-541(불연성・불활성기체 혼합가스)
- 질소 52%, 아르곤 40%, 이산화탄소 8%로 이루어진 혼합 소화약제로 A급 및 B급 화재의 소화에 적합하다.
- 이 소화제의 장점은 소화성능을 발휘할 수 있는 약제의 농도에서도 사람의 호흡에 문제가 없으므로 사람이 있는 곳에서도 사용할 수 있다는 점이다.

㉡ IG-01・IG-55・IG-100(불연성・불활성기체 혼합가스)
- IG-01은 아르곤이 99.9vol% 이상, IG-55는 질소가 50vol%, 아르곤이 50vol%인 성분으로 되어 있으며 IG-100은 질소가 99.9vol% 이상이다.
- 불연성・불활성기체 혼합가스 소화약제로서 대기 잔존지수와 GWP가 0이며 ODP도 0이다. 이들 소화약제는 할론이나 분말소화제와 같이 화학적 소화특성을 지니고 있는 것은 아니고 주로 밀폐된 공간에서 산소농도를 낮추는 것에 의해 소화한다.

⑥ 일반적인 소화작용
㉠ 부촉매소화작용, 냉각소화작용, 질식소화작용이다.
㉡ 부촉매소화작용의 능력은 할론 소화약제에 비해 조금 약하거나 비슷한 수준이나 냉각소화작용은 상대적으로 큰 증발열로 인해 할론소화약제보다 우수한 편이다.

⑦ 적용할 수 있는 화재의 종류
㉠ 할론소화약제와 동일하며 전역방출방식의 경우 모든 종류의 화재에 사용이 가능하다.
㉡ 할론소화약제와 비교하면 특성상의 장단점은 거의 유사하나 ODP와 GWP가 크게 낮아 환경적인 문제가 없다.

(4) 분말소화약제

① 개 념
㉠ 분해할 수 있는 분말을 연소물에 뿌려서 화재열로 분해 생성된 이산화탄소, 수증기, 메탄인산(HPO_3) 등에 의해서 소화시키는 약제를 말한다.

ⓛ 분말소화약제는 소화에 사용할 수 있는 물질을 미세한 분자로 만들어 유동성을 높인 후 이를 가스압(주로 N_2 또는 CO_2의 압력)으로 분출시켜 소화시키는 약제이다.

ⓒ 가연성 액체의 표면화재에 매우 효과적이며 전기화재나 일반화재에도 효과가 있다. 주로 유류화재(B급), 전기화재(C급)에 효과적이다.

ⓓ 제일인산암모늄($NH_4H_2PO_4$)이 주성분인 제3종 분말소화약제가 가장 널리 사용되고 있으며 A, B, C급 화재에 모두 적용되기 때문에 ABC급 소화약제라고 한다.

② 분말약제의 종류 및 특성

종 별	주성분	효 과	적응화재	색 깔
제1종 분말	탄산수소나트륨 (= 중탄산나트륨, 중조, $NaHCO_3$)	질식, 냉각, 부촉매효과	B급, C급	백 색
제2종 분말	탄산수소칼륨 (= 중탄산칼륨, $KHCO_3$)	질식, 냉각, 부촉매효과	B급, C급	담회색 (담자색)
제3종 분말	제1인산암모늄 (= 인산이수소암모늄, $NH_4H_2PO_4$)	일반화재에 적합	A급, B급, C급	담홍색
제4종 분말	탄산수소칼륨과 요소와의 반응물 $KHCO_3 + (NH_2)_2CO$	질식, 냉각, 부촉매효과	B급, C급	회 색

㉠ 제1종 분말

• 주성분은 탄산수소나트륨($NaHCO_3$)으로서 스테아린산아연・마그네슘으로 방습가공되어 있다. 또 요리용 기름의 화재 시 비누화 반응을 일으켜 질식효과와 재발화 방지효과를 나타낸다.

• 열분해 반응식

270℃ : $2NaHCO_3 \rightarrow Na_2CO_3 + H_2O + CO_2$

850℃ : $2NaHCO_3 \rightarrow Na_2O + H_2O + 2CO_2$

※ 동식물성 유지류의 액체화재는 분말소화제나 알칼리 용액으로 진화한다. 이 경우 비누화가 일어나고, 수증기나 비누가 포를 형성하며, 이때 발생한 탄산가스 및 글리세린이 소화를 돕는다.

㉡ 제2종 분말 : 탄산수소칼륨($KHCO_3$)을 주성분으로 한 분말

• 열분해 반응식

190℃ : $2KHCO_3 \rightarrow K_2CO_3 + CO_2 + H_2O$

590℃ : $2KHCO_3 \rightarrow K_2O + 2CO_2 + H_2O$

※ 제1종과 제2종 분말이 각각 열분해될 때 공통적으로 생성되는 물질인 이산화탄소와 수증기에 의한 질식 및 냉각효과와 나트륨염과 칼륨염에 의한 부촉매효과가 소화의 주체이다.

ⓒ 제3종 분말 : 인산염류를 주성분으로 한 것

  • 열분해 반응식-제일인산암모늄($NH_4H_2PO_4$)

    $NH_4H_2PO_4 \rightarrow HPO_3 + NH_3 + H_2O$

ⓔ 제4종 분말

  • 탄산수소칼륨($KHCO_3$)과 요소[$(NH_2)_2CO$]의 반응 생성물로 된 것

  • 열분해 반응식 : $2KHCO_3 + (NH_2)_2CO \rightarrow K_2CO_3 + 2NH_3 + 2CO_2$

  ※ 분말소화설비의 약제 방출 후 클리닝장치로 배관 내를 청소하지 않을 때에는 배관 내에서 약제가 굳어져 차후에 사용 시 약제 방출에 장애를 초래한다.

③ 소화원리

ⓐ 분말운무에 의한 방사열의 차단효과가 있다.

ⓑ 부촉매효과(금속이온, NH_4^+이온에 의한 효과)가 있다.

ⓒ 발생한 불연성가스에 의한 질식효과가 있다.

(5) 간이 소화제

① 마른 모래(A, B, C, D급 화재 유효)

ⓐ 모래는 반드시 건조되어 있을 것

ⓑ 가연물이 함유되어 있지 않을 것

ⓒ 모래는 반절된 드럼 또는 벽돌담 안에 저장하며, 양동이 · 삽 등의 부속기구를 상비할 것

② 팽창질석, 팽창진주암 : 질석을 고온처리(약 1,000~1,400℃)하여 10~15배 팽창시킨 비중이 아주 적은 것으로 발화점이 낮은 알킬알루미늄류 화재에 적합하다.

  ※ 알킬알루미늄 : 금속 알루미늄과 결합된 알킬기의 화합물로, 탄소가 1~4개까지는 자연 발화위험이 있다.

③ 소화탄 : 소화액을 유리용기에 봉입한 것으로 소화액은 중조($NaHCO_3$), 탄산암모니아 [$(NH_4)_2CO_3$] 또는 증발성액이 이용되며 투척용 소화제이다.

④ 중조톱밥 : 중조에 톱밥을 혼합한 것으로 인화성 액체의 화재에 적합하다.

  ※ 중조 : 열분해생성물로 인한 소화작용, 톱밥 : 흡수(모세관현상)

04 적중예상문제

01 소화원리에 대한 것 중 틀린 것은?

① 질식소화
② 가압소화
③ 제거소화
④ 냉각소화

> **해설** 소화효과에는 질식, 냉각, 제거, 부촉매효과 등이 있다.

02 목재화재 시 다량의 물을 뿌려 소화하고자 한다. 이때 가장 기대되는 소화효과는?

① 질식소화효과
② 냉각소화효과
③ 부촉매소화효과
④ 희석소화효과

> **해설** **냉각소화효과** : 목재화재 시 주수소화하여 연소온도를 발화점 이하로 낮추어 소화하는 효과

03 물이 냉각소화제로 효과가 가장 큰 이유는?

① 비열과 비점
② 비열과 증발잠열
③ 기화열과 비점
④ 융점과 비열

> **해설** 물의 냉각소화의 효율성은 그 물질의 비열, 비점, 잠열 등 여러 가지 요인이 있지만, 비열과 증발잠열이 커서 냉각의 경제적인 효과를 얻을 수 있다.

1 ② 2 ② 3 ② **정답**

04 물의 성질 중 잘못 설명하고 있는 것은?

① 물은 비열이 낮다.
② 물은 녹는점과 끓는점이 높다.
③ 물은 용해성이 좋아서 만유용매라고도 한다.
④ 물은 고체가 자신의 액체에 뜨는 유일한 물질이다.

> 해설 물은 비열이 높기 때문에 쉽게 뜨거워지거나 빨리 식지 않는다.

05 물의 소화효과(작용)와 가장 거리가 먼 것은?

① 냉 각   ② 희 석
③ 억 제   ④ 유 화

> 해설 물을 사용하는 주수소화효과는 질식, 냉각, 희석, 유화효과 등이 있다.
> 억제효과는 연쇄반응을 억제시키는 부촉매효과와 같다.

06 액체 인화물의 화재에 물을 공급했을 때 어떤 문제가 있는가?

① 연소면 축소   ② 연소면 확대
③ 부촉매효과   ④ 발생 수증기로 인한 희석효과

> 해설 대체적인 액체 인화물은 물보다 가볍고 물에 녹지 않기 때문에 물을 뿌리면 연소면의 확대현상이 나타난다.

07 가솔린, 등유, 경유 등 유류화재 발생 시 가장 적합한 소화방식은?

① 유화소화   ② 질식소화
③ 희석소화   ④ 부촉매소화

> 해설 유류화재에 가장 적합한 소화방식은 공기 차단인 질식소화이다.

08 다음 중 질식소화방법이 아닌 것은?

① 거품에 의한 소화
② 소화분말에 의한 소화
③ 이산화탄소(CO_2)에 의한 소화
④ 봉상의 물에 의한 소화

> **해설** 봉상의 주수는 냉각소화이다.

09 연소의 3요소 중 산소 함량을 몇 % 이하로 낮추어야 질식소화를 할 수 있는가?

① 23%   ② 15%
③ 12%   ④ 10%

> **해설** 공기 중의 산소의 농도를 21%에서 15% 이하로 낮추어서 질식소화한다.

10 소화효과에 대한 설명 중 잘못된 것은?

① 물에 의한 소화는 냉각효과이다.
② 산소 공급 차단에 의한 소화는 제거효과이다.
③ 불연성가스에 의한 소화는 질식효과이다.
④ 소화분말에 의한 소화는 억제, 냉각, 질식의 상승효과이다.

> **해설** ② 산소 공급이 차단되면 질식효과이다.
> **제거소화** : 가연성 물질을 제거하여 더 이상 연소하기 어렵게 하는 것이다.

11 소화방법 중 제거소화에 해당하지 않는 것은?

① 액체 연료탱크에 화재 발생 시 다른 빈 탱크로 이송한다.
② 산림의 화재 시 불의 진행 방향을 앞질러 벌목하여 진화한다.
③ 불타고 있는 액체나 고체 표면을 물로 덮어씌운다.
④ 가정의 방에 화재 발생 시 담요로 화재면을 덮어씌운다.

> **해설** ④는 질식소화이다.

12 다음 소화효과 중 그 성질이 다른 하나는?

① 질식효과
② 냉각효과
③ 제거효과
④ 억제효과

> **해설** 화재 진화에는 제거, 질식, 냉각, 연쇄반응 차단효과를 이용한다.
> • 물리적 소화 : 제거소화(가연물 제거), 질식소화(산소 배제), 냉각소화(온도 감소)
> • 화학적 소화 : 부촉매소화(화학적 연쇄반응 억제)

13 부촉매소화효과를 나타낼 수 있는 소화기는?

① 분말소화기
② CO_2 소화기
③ 산·알칼리소화기
④ 포말소화기

> **해설** **부촉매효과(화학소화)** : 연쇄반응을 억제하면서 동시에 냉각, 산소 희석, 연료 제거 등의 작용을 하는데, 소화기로는 분말소화기와 할로겐 화합물 소화기가 부촉매작용을 한다.

14 다음 중 분말소화기의 원료로 사용되지 않는 약제는?

① 탄산수소나트륨
② 탄산수소칼륨
③ 제1인산암모늄
④ 인산나트륨

> **해설** 분말소화기의 소화약제로 인산나트륨은 사용되지 않는다.

15 분말소화기의 소화분말과 색깔이 잘못 연결된 것은?

① 제1종 분말 – 백색
② 제2종 분말 – 담회색
③ 제3종 분말 – 보라색
④ 제4종 분말 – 회색

> **해설** 제3종 분말은 담홍색이며, ABC 소화약제이다.

16 다음 소화기 중 방사거리가 가장 짧은 것은?

① 산·알칼리소화기
② 강화액소화기
③ 이산화탄소소화기
④ 포말소화기

> **해설** **이산화탄소(CO_2)소화기**
> • 방사거리가 짧다.
> • 개방된 장소에는 사용이 어렵다.
> • 고압이므로 고온장소에 설치를 금지한다.

17 다음 중 강화액소화기 형식에 해당하지 않는 것은?

① 가스가압식
② 전도식
③ 축압식
④ 반응식

> **해설** 전도식은 포말소화기형식이다.

18 강화액소화기의 성질 중 틀린 것은?

① 비중 1.3~1.4
② 응고점 −30~−17℃
③ 봉상일 때 A, B, C급 사용
④ 물에 탄산칼륨을 용해시켰다.

> **해설** **강화액소화기 적응화재**
> • 분무 상태일 때 : A, C급(냉각소화, 질식소화)
> • 일반적(봉상) : A급(냉각소화)

19 전기화재 발생 시 소화기로서 적합한 것은?

① 봉상의 물소화기
② 봉상의 강화액소화기
③ 분말소화기
④ 봉상의 산·알칼리소화기

> **해설** **분말소화기**
> 분말소화기는 소화약제로 건조된 미세 분말을 방습제 및 분산제로 처리한 것으로, 탄산수소나트륨이나 탄산수소칼륨을 주성분으로 하는 것은 BC급 화재용 소화기로 사용되며, 인산암모늄을 주성분으로 하는 것은 ABC급 화재용 소화기로 사용된다.

20 할론소화기는 연소의 어느 요소를 제거함으로써 소화작용을 하는가?

① 점화에너지   ② 가연물

③ 산화제   ④ 연쇄반응

해설   할론소화기는 연쇄반응을 억제하여 소화시키는 부촉매효과가 있다.

21 지하층 및 무창층에서의 사용이 제한되는 소화기의 조합으로 맞는 것은?

① 이산화탄소 – 할론 1301

② 강화액 – 인산암모늄분말

③ 이산화탄소 – 할론 1211

④ 가압식분말 – 축압식 분말

해설 CO_2소화기 및 Halon 1211소화기는 환기가 불량한 장소(지하층, 무창층, 밀폐된 거실 및 사무실로서 바닥면적이 20m^2 미만)에서는 사용할 수 없으나 Halon 1301 소화기는 사용 장소에 제한이 없다.

22 소화기 설치 장소 중 옳지 않은 것은?

① 통행 또는 피난에 지장을 주지 않는 장소

② 사용 시 방출이 용이한 장소

③ 장난을 방지하기 위하여 사람들의 눈에 띄지 않는 장소

④ 위험물 등 각 부분으로부터 규정된 거리 이내의 장소

해설   소화기는 남녀노소가 사용할 수 있도록 바닥으로부터 1.5m 이하의 위치에 피난 및 통행에 지장을 주지 않는 잘 보이는 곳에 설치하여야 한다.

23 소화기 사용방법 중 틀린 것은?

① 적응화재에만 사용한다.

② 성능에 따라서 불에서 떨어져서 사용한다.

③ 바람을 등지고 풍상에서 풍하로 사용한다.

④ 양옆으로 비로 쓸 듯이 골고루 사용한다.

해설   ② 성능에 따라서 불 가까이 접근하여 사용하여야 한다.

24 소화설비 중 가스계 소화설비가 아닌 것은?

① 포소화설비
② 이산화탄소소화설비
③ 할로겐화합물 및 불활성기체소화설비
④ 할론소화설비

해설 포소화설비는 수계 소화설비의 종류이다.

25 물소화약제의 장점으로 옳지 않은 것은?

① 값이 싸고, 구하기 쉽다.
② 표면장력이 크고 공기나 CO_2 등 기체 흡수성이 크다.
③ 낮은 온도에서 쉽게 얼어 장기 보관이 가능하다.
④ 비열, 증발잠열 등이 커서 냉각효과가 크다.

해설 동결방지대책으로는 난방, 보온, 가열, 물의 흐름, 냉풍 차단, 부동액 첨가 등이 있다.

26 물소화약제에 관한 설명으로 옳지 않은 것은?

① 물의 증발잠열은 약 539cal/g이다.
② 기화 시 부피가 약 1,600배~1,700배 정도 증가하므로 질식효과도 기대할 수 있다.
③ 물분자 내 수소원소와 산소원소 간에는 공유결합을 이루고 있다.
④ 물의 비열은 0.7cal/g · ℃이므로 냉각효과가 우수한 소화약제이다.

해설 물 1g을 1℃ 올리는 데 필요한 열량인 비열은 1cal/g · ℃로 다른 물질에 비해 상당히 큰 편이다.

27 화재가 발생하여 20℃의 물 100L를 뿌렸다. 소화약제로 사용된 물이 상태 변화 없이 모두 100℃의 액체 상태로 가열되었다면, 이때 물이 연소 중인 물체에서 흡수한 열은 몇 kJ이 되는가?(단, 물의 밀도는 1,000kg/m³, 비열은 4.19kJ/kg · ℃이다)

① 335
② 3,352
③ 33,520
④ 335,200

해설 열량 $Q = cmt$ (비열 × 질량 × 온도의 변화)
$= 4.19$kJ/kg · ℃ × 1,000kg/m³ × 100L × 1m³/1,000L × 80℃
$= 33,520$kJ

28 다음 위험물 중 주수소화하면 더욱 위험한 것은?

① 알코올 ② 알루미늄 분말
③ 황 린 ④ 황

> 해설 알루미늄 분말은 주수소화하면 가연성가스(수소)가 발생하므로 위험하다.
> $Al + 2H_2O \rightarrow Al(OH)_2 + H_2 \uparrow$

29 주수소화 시 소화효과를 높이기 위한 방법 중 가장 적당한 것은?

① 물줄기를 높은 곳에서 낮은 곳으로 방사한다.
② 안개 모양으로 분무주수한다.
③ 압력을 세게 하여 방사한다.
④ 다량의 물을 한꺼번에 방사한다.

> 해설 봉상 · 적상주수보다는 분무(무상)주수가 화재면과 접촉면적을 크게 하므로 효과적이다.

30 다음은 포소화설비의 소화작용에 대한 것이다. 주된 소화작용은?

① 질식작용 ② 희석작용
③ 유화작용 ④ 피복작용

> 해설 포소화설비의 소화작용은 질식, 냉각작용이다.

31 포소화약제(A제)의 주성분으로서 틀린 것은?

① 중 조 ② 카세인
③ 황산알루미늄 ④ 소다회

> 해설 황산알루미늄은 B제(내통) 약제에 해당한다.

32 포소화약제의 특징을 나열한 것 중 틀린 것은?

① 연소대상물이 액상인 경우 유동 전개되는 성질이 있다.
② 물체에 접착하는 성질이 있다.
③ 연소물에 대한 포의 피복현상으로 유독가스의 발생 억제 및 열의 차단효과도 낼 수 있다.
④ 포소화약제는 다른 약제에 비해서 변형력이 없어 반영구적이다.

> **해설** 포소화약제는 다른 약제에 비해서 쉽게 변형된다.

33 포소화약제가 가연성 액체소화에 적합한 이유 중 틀린 것은?

① 냉각소화 효과가 있기 때문이다.
② 질식소화 효과가 있기 때문이다.
③ 재연성의 위험이 적기 때문이다.
④ 연쇄반응의 억제효과가 있기 때문이다.

> **해설** 포소화약제는 연쇄반응 단절보다는 질식 및 냉각소화가 우선이다.
> ※ 부촉매효과 소화약제 : 물소화약제, 강화액소화약제, 분말소화약제, 할론소화약제

34 포말약제로부터 방사되는 포말의 구비조건이 아닌 것은?

① 비중이 작아서 연소물에 떠 있을 것
② 열에 대하여 강한 막을 가지고 있으며 바람에 견딜 것
③ 기화하기 쉬울 것
④ 적당한 유동성과 부착력이 있을 것

> **해설** 포말약제가 기화하면 포가 터진다는 뜻이므로 질식효과를 기대할 수 없기 때문에 사용할 수 없다.

35 수용성 액체 위험물에 일반 화학포를 사용하지 못하는 이유는?

① 소포성   ② 확산성
③ 유동성   ④ 유독성

> **해설** 수용성 위험물은 포를 터뜨리는 소포성이 있기 때문에 일반 화학포를 사용할 수 없으며 알코올용포를 사용한다.
> ※ 알코올용포 : 불용성인 지방산염을 첨가한다.

36 분말소화설비와 겸용해서 좋은 소화효과를 나타낼 수 있는 약제는?

① 수성막포   ② 단백포
③ 고팽창포   ④ 기계포

해설　수성막포는 소화포약제 중 분말약제와 같이 사용할 수 있는 소화제이다.

37 알코올포가 소화제로서 가장 유효하게 쓰이는 위험물은?

① 경 유   ② 메틸알코올
③ 등 유   ④ 가솔린

해설　수용성이 있는 액체 위험물은 일반화학포 사용 시는 소포성 작용 때문에 사용할 수 없다. 따라서 수용성 액체 위험물은 알코올포를 사용한다.
　　※ 알코올형 포소화약제 대상 인화물 : 아세톤, 초산메틸에스테르저분자류, 인산에스테르저분자류, 메틸알코올, 에틸알코올, 피리딘, 초산, 글리세린 등

38 보통 상태에서 연소할 때 검은 연기를 내지 않고 불타는 것은?

① 가솔린   ② 벤 젠
③ 아세틸렌(C_2H_2)   ④ 메탄올(CH_2OH)

해설　메탄올(메틸알코올)은 휘발성인 무색 투명한 액체로 연한 청색 화염을 내면서 연소한다.

39 이산화탄소소화약제의 소화효과와 관계없는 것은?

① 질 식   ② 냉 각
③ 화염에 대한 피복작용   ④ 유 화

해설　**이산화탄소소화약제 소화효과**
　　• 질식효과 : 주된 효과로 이산화탄소가 공기 중의 산소 공급을 차단하여 소화한다.
　　• 냉각효과 : 이산화탄소 방사 시 기화열을 흡수하여 점화원을 냉각시키므로 소화한다.
　　• 피복효과 : 비중이 공기의 1.52배 정도로 무거운 이산화탄소를 방사하여 가연물의 깊이 있는 곳까지 침투, 피복하여 소화한다.

40 이산화탄소소화약제의 사용 제한으로 잘못된 것은?

① 소화작업 후 2차적인 오염으로 피해가 예상되는 곳
② 제5류 위험물 등 자체적으로 산소를 함유하는 물질
③ 금속의 수소화물
④ CO_2를 분해시키는 반응성이 큰 금속물질

> **해설** 이산화탄소소화약제는 다음과 같은 경우에는 사용을 제한하고 있다.
> • 제5류 위험물(자기 반응성 물질)과 같이 자체적으로 산소를 가지고 있는 물질
> • CO_2를 분해시키는 반응이 큰 금속(Na, K, Mg, Ti, Zr 등)과 금속수소화물(LiH, NaH, CaH₂)
> • 방출 시 인명 피해가 우려되는 밀폐된 지역

41 건축물 화재 발생 시 CO_2 소화약제를 방사하였을 때 인체에 대한 위험성은?

① 마취성　　　　　　　　② 독 성
③ 동 상　　　　　　　　④ 질식성

> **해설** CO_2 자체는 무독성이지만, 방사 후의 산소농도가 14~16%까지 저하되므로 질식 위험이 있다.

42 제시된 위험물과 적응성이 있는 소화약제의 연결이 옳지 않은 것은?

① 적린 – 물　　　　　　　② 유기과산화물 – 물
③ 아세톤 – 알코올형포　　　④ 마그네슘 – 이산화탄소

> **해설** ④ 마그네슘과 이산화탄소가 반응하여 가연성의 탄소가 생성되기 때문에 마그네슘의 화재 시 이산화탄소소화약제를 사용하면 안 된다.

43 이산화탄소의 용도가 아닌 것은?

① 소화제 용도　　　　　　② 연료용
③ 요소비료의 제조원료　　　④ 냉동제

> **해설** CO_2는 더 이상 산소와 반응할 수 없는 안전한 가스이므로 연료용으로는 사용할 수 없다.

40 ①　41 ④　42 ④　43 ② **정답**

44 할론원자의 반응력 크기 순서가 맞는 것은?

① Cl > Br > F > I

② I > F > Br > Cl

③ F > Cl > Br > I

④ Cl > Br > I > F

해설 전기음성도 차이에 따라 반응력이 결정된다. F>Cl>Br>I 순서이다.

45 할론소화약제의 가장 기본(초기) 소화수단은 다음 어떤 성질에 의한 증기 생성인가?

① 약제의 열분해 생성 기체에 의한 소화이다.

② 약제의 분해에 따른 불연성 피막에 의한 소화이다.

③ 약제의 증발에 따른 증기에 의한 소화이다.

④ 약제의 수분 흡수에 의한 건조효과의 소화수단이다.

해설 할론소화약제는 열 등에 의한 분해가 아니고 증기 발생에 의한 질식소화이다.

46 다음 소화약제 중 주된 소화효과가 다른 하나는?

① 이산화탄소소화약제

② 할론 1301

③ IG-541

④ IG-01

해설 할론소화약제는 다른 소화약제와는 달리 연소의 4요소 중의 하나인 연쇄반응을 차단시켜 화재를 소화한다. 이러한 소화를 부촉매소화 또는 억제소화라고 하며, 이는 화학적 소화에 해당된다.

47 소화약제에 관한 설명으로 옳은 것은?

① 물소화약제는 상태 변화가 없고 온도 변화가 있는 잠열과, 상태 변화가 있고 온도 변화가 없는 현열의 작용에 의한 냉각 소화원리를 갖는다.

② 이산화탄소소화약제는 저장용기 내에서 기체 상태로 저장되어 있다가 외부로 방출되어 주로 질식, 억제소화효과를 나타낸다.

③ 제2종 분말소화약제는 탄산수소나트륨이 주성분이다.

④ 할로겐화합물 및 불활성기체소화약제는 할론 1301, 할론 2402, 할론 1211를 제외한 할로겐화합물 및 불활성기체로서 전기적으로 비전도성이며 휘발성이 있거나 증발 후 잔여물을 남기지 않는 소화약제를 말한다.

> **해설**
> ① 물소화약제는 상태 변화가 없고 온도 변화가 있는 현열과, 상태 변화가 있고 온도 변화가 없는 잠열의 작용에 의한 냉각 소화원리를 갖는다.
> ② 이산화탄소는 유기물의 연소에 의해서 생기는 가스로 공기보다 1.5배 정도 무거운 기체이며 상온에서는 기체이지만 압력을 가하면 액화되기 때문에 고압가스용기 속에서 액화시켜 보관한다.
> ③ 제1종 분말소화약제는 탄산수소나트륨이 주성분이다. 제2종 분말/탄산수소칼륨(중탄산칼륨)이 주성분이다.
> ※ • 현열 : 물질의 상태 변화 없이 온도 변화에만 필요한 열량
> • 잠열 : 물질의 온도 변화 없이 상태 변화에만 필요한 열량

48 할론소화약제의 특성 중 맞지 않는 것은?

① 전기 절연성이 크다.

② 무색·무취이다.

③ 독성이 없다.

④ 매우 안정한 화합물로서 변색·분해·부식에 대해서도 우수하다.

> **해설** 할론소화약제는 F, Cl, Br로 이루어져 있어 독성이 있다.

49 할론소화약제의 소화효과로 맞지 않는 것은?

① 부촉매효과

② 질식효과

③ 냉각효과

④ 유화효과

> **해설** 할론소화약제의 소화효과는 질식, 냉각, 부촉매효과이다.

50 불활성기체소화약제를 구성하는 기본성분에 해당되는 물질로 옳지 않은 것은?

① 네 온
② 헬 륨
③ 브 롬
④ 아르곤

> **해설** "불활성기체소화약제"란 헬륨, 네온, 아르곤 또는 질소가스 중 하나 이상의 원소를 기본성분으로 하는 소화약제를 말한다.

51 할론소화약제의 종류로 옳지 않은 것은?

① HFC–227ea
② IG–541
③ FC–3–1–10
④ FK–5–1–12

> **해설** IG–541은 대기 중의 성분인 질소 52%, 아르곤 40%, 이산화탄소 8% 등 세 가지의 혼합물로 구성된 불활성기체 소화약제이다.

52 분말소화약제에 대한 설명 중 틀린 것은?

① 약제의 주성분은 중조분말이다.
② 압축된 방사원은 이산화탄소와 질소이다.
③ 소화효과는 냉각소화가 주된 효과이다.
④ 가스가압식과 축압식으로 구분할 수 있다.

> **해설** 분말약제는 질식소화가 주된 효과이며, 일부 냉각소화할 수 있다.

53 제1종, 제2종, 제3종 분말소화약제를 열분해시켰을 때 공통적으로 발생되는 물질은?

① 이산화탄소

② 암모니아

③ 물

④ 베타민산

해설 • 제1종 분말소화약제의 열분해 시 생성되는 물질 : Na_2CO_3, Na_2O, H_2O, CO_2 등
• 제2종 분말소화약제의 열분해 시 생성되는 물질 : K_2CO_3, K_2O, H_2O, CO_2 등
• 제3종 분말소화약제의 열분해 시 생성되는 물질 : NH_3, H_2O, HPO_3 등
따라서 제1종, 제2종, 제3종 분말소화약제를 열분해시켰을 때 공통으로 발생되는 물질은 H_2O이다.

54 제3종 분말소화약제의 열분해반응으로 생성되는 물질로 옳지 않은 것은?

① NH_3

② CO_2

③ H_2O

④ HPO_3

해설 제3종 분말소화약제의 열분해 반응식은 다음과 같다.
• 190℃ : $NH_4H_2PO_4 \rightarrow H_3PO_4 + NH_3$
• 215℃ : $2H_3PO_4 \rightarrow H_4P_2O_7 + H_2O$
• 300℃ 이상 : $H_4P_2O_7 \rightarrow 2HPO_3 + H_2O$
• 250℃ 이상 : $2HPO_3 \rightarrow P_2O_5 + H_2O$

55 분말소화약제의 종류에 따른 착색 및 적응화재에 관한 설명으로 옳지 않은 것은?

① $KHCO_3$ – 담회색 – B급, C급 화재

② $NaHCO_3$ – 백색 – B급, C급 화재

③ $NaHCO_3 + (NH_2)_2CO$ – 황색 – B급, C급 화재

④ $NH_4H_2PO_4$ – 담홍색 – A급, B급, C급 화재

해설 ③ 제4종 분말/탄산수소칼륨과 요소와의 반응물($KC_2N_2H_3O_3$)
$KHCO_3 + (NH_2)_2CO$ – 회색 – B급, C급
① 제2종 분말
② 제1종 분말
④ 제3종 분말

56 섬유소(Cellulose)에 대한 탈수·탄화 소화효과가 있는 분말소화약제의 주성분은?

① 탄산수소나트륨

② 탄산수소칼륨

③ 제1인산암모늄

④ 탄산수소칼륨 + 요소

> **해설** 제3종 분말소화제(제1인산암모늄)의 소화효과는 열분해 시 흡열반응에 의한 냉각 효과, 열분해 시 발생되는 불연성 가스에 의한 질식효과, 반응과정에서 생성된 메타인산의 방진효과, 오르토(ortho)인산에 의한 섬유소의 탈수·탄화작용 등이다.

57 분말소화약제의 분말 입도와 소화성능에 대하여 가장 옳게 설명한 것은?

① 미세할수록 소화성능이 우수하다.

② 밀도가 클수록 소화성능이 우수하다.

③ 입도와 소화성능과는 관련이 전혀 없다.

④ 입도가 너무 미세하거나 너무 커도 소화성능은 저하된다.

> **해설** 분말입자의 크기는 10~75μm이나 20~25μm가 가장 적당하다.

58 다음 중 간이소화제에 해당하지 않는 것은?

① 마른 모래

② 팽창진주암

③ 팽창질석

④ 이산화탄소

> **해설** **간이소화제** : 마른 모래, 팽창질석, 팽창진주암이 해당한다.
> 이산화탄소는 이산화탄소소화기에 사용되는 소화약제이다.

59 주로 인화성 액체의 소화 용도로 개발된 간이소화기는 무엇인가?

① 소화탄

② 강화액소화기

③ 중조톱밥

④ 할로겐화합물소화기

> **해설** **중조톱밥** : 중조에 톱밥을 혼합한 것으로 인화성 액체의 화재에 적합하다.

CHAPTER

05 안전관리

01 안전관리(Safety Management)

1 안전관리 개념

(1) 산업안전 측면

생산성의 향상과 손실(Loss)의 최소화를 위하여 행하는 것으로 비능률적 요소인 사고가 발생하지 않는 상태를 유지하기 위한 활동, 즉 재해로부터 인간의 생명과 재산을 보호하기 위한 계획적이고 체계적인 제반활동이다.

(2) 재난 및 안전관리 기본법

재난이나 그 밖의 각종 사고로부터 사람의 생명·신체 및 재산의 안전을 확보하기 위한 모든 활동이다.

2 안전에 영향을 주는 요소

(1) 활동에 대한 이해(활동 자체에 대한 어려움)

현장활동 임무수행에 앞서 그 활동에 어떤 위험성이 잠재되어 있고 수반되는지를 이해하고 활동하여야 한다.

(2) 행동자의 능력 수준

개인의 현장적응에 대한 기술이나 능력 미달은 종종 사고 발생의 큰 원인이 되고 있으며 육체적 한계 역시 행동에 영향을 미칠 수 있다.

(3) 행동자의 정신적·신체적 상태

행동자의 정신적·신체적인 직간접적 상태는 인간의 행동을 결정하는 데 중요한 역할을 하는데, 순간의 상황대응요구가 인간의 자기능력보다 더 클 때 각종 안전사고가 발생한다.

(4) 현장의 환경 및 분위기

자연적 환경요소에는 비, 눈, 먼지, 얼음, 바람, 추위와 더위 등이 있고, 인적 환경요소에는 집, 이웃, 직장, 책임자(지휘자) 그리고 매일 사용하는 장비와 기계 등이 있다. 이러한 자연적·인적 환경요소는 개인의 안전을 감소시킬 수도 있지만 때로는 증진시킬 수도 있다.

02 전기 안전관리

1 전기와 설비

(1) 전기의 기초이론

① 전압(V) : 전기를 보내는 힘을 전압이라 한다. 즉, 수압이 높을수록 물이 잘 나오듯이 전기도 전압이 높을수록 잘 통하게 된다. 전압의 단위는 볼트(V)를 사용하며 전류(I)와 저항(R)에 비례한다($V = I \times R$).

② 전류(I) : 전기가 전선을 통하여 흐르는 양을 전류라고 한다. 전선이 굵을수록 많은 양의 전류를 보낼 수 있다. 전류의 크기는 도체의 단면을 단위시간에 통과하는 전기량 또는 전하량으로 나타내며 단위는 암페어(A ; Ampere)를 사용한다. 전류는 직류와 교류로 나뉜다.

  ㉠ 직류(DC) : 전압 및 전류의 크기와 방향이 시간에 따라 항상 일정한 전기로, 건물 내 정보통신 설비와 고속용 엘리베이터 전원용으로 사용된다.

  ㉡ 교류(AC) : 전압 및 전류의 크기와 방향이 시간에 따라 변화하는 전기로 건물에서 전등·동력용 등 대부분의 전기설비에 사용된다. 우리나라의 교류전기는 60Hz를 정격주파수로 사용하고 있다. 교류는 전원과 전력부하를 2줄의 전선으로 결선하는 단상교류(전등·콘센트용)와 3줄의 전선으로 결선하는 삼상교류(동력용)로 나뉜다.

③ 저항(R) : 도체에서 전류의 흐름을 방해하는 것을 저항이라고 한다. 저항의 단위는 옴(Ω ; Ohm)으로 표시하며 도체저항(R, Ω)의 크기는 동일한 재료라도 길이(l, m)에 비례하고 단면적(A, m^2)에는 반비례한다.

$$R = \frac{l}{A}$$

④ 전력과 전력량

  ㉠ 전력 : 전류가 단위시간에 하는 일의 양을 전력(P ; Electric Power)이라고 하며, 단위는 와트(W ; Watt)를 사용한다.

  · 전력 P = 전압 V × 전류 I

  · 저항 $R = \dfrac{전압}{전류}$

ⓒ 전력량 : 전류가 어느 단위시간 내에 한 일의 총량을 전력량이라고 하며, 단위는 Wh, kWh를 사용한다. 1kWh는 860kcal/h이다.

> **더 알아두기 방 전**
>
> 점화원의 종류 중 도체로부터의 방전에너지(E)를 구하는 공식
> 방전에너지 E는 대전물체의 전위 V, 전하량 Q, 정전용량 C 중 둘만 정확히 알면,
> $E = \dfrac{1}{2}CV^2$, $E = \dfrac{1}{2}QV$, $E = \dfrac{1}{2}\dfrac{Q^2}{C}$ 로 계산할 수 있다.

⑤ **역률(Power Factor)** : 위상차가 없는 전압(V)과 전류(A)의 곱으로 나타내는 피상전력(P_a ; Apparent Power)(VA)에 대한 유효전력(P ; Effective Power)의 비율이다. 즉, 역률은 전기가 얼마나 유효하게 일을 할 수 있는지를 나타낸다.

⑥ **배선과 간선**

　㉠ 배선 : 전기 사용 장소에 시설하는 전선(전기기계·기구 내의 전선 및 전선로의 전선을 제외한다)을 말한다.

　㉡ 간선 : 인입구에서 분기 과전류차단기에 이르는 배선이다. 분기회로의 분기점에서 전원측까지의 부분으로, 고압수전의 경우는 저압의 주배전반(수전실 등에 시설되고 공급 변압기에서 보아 최초의 배전반)에서부터로 한다.

⑦ **각종 장소**

　㉠ 건조한 장소 : 평상시 습기 또는 수분이 없는 장소

　㉡ 물기가 있는 장소 : 생선가게, 채소가게, 세탁소 등과 같이 물을 취급하는 장소나 세척장(세차장 및 목욕장의 샤워장 포함) 또는 이러한 장소 부근에 물방울이 튀는 장소, 상시 물이 새어나오거나 물방울이 맺히는 지하실, 기타 이와 유사한 장소

　㉢ 사람이 쉽게 접촉할 우려가 있는 장소 : 옥내에서는 바닥에서 1.8m 이하, 옥외에서는 지표상 2m 이하인 장소, 그 밖에 계단의 중간, 창 등에서 손을 뻗어서 쉽게 닿을 수 있는 범위

　㉣ 사람이 접촉할 우려가 있는 장소 : 옥내에서는 바닥에서 저압인 경우 1.8m 이상 2.3m 이하(고압인 경우는 1.8m 이상 2.5m 이하), 옥외에서는 지표상 2m 이상 2.5m 이하인 장소, 그 밖에 계단의 중간, 창 등에서 손을 뻗어서 쉽게 닿을 수 있는 범위

　㉤ 습기가 많은 장소 : 욕탕 또는 음식점의 주방(주택의 주방은 제외) 등의 장소와 같이 수증기가 많은 장소, 마루 밑, 술·간장·음료수 등을 양조하거나 저장하는 장소, 기타 이와 유사한 장소

　㉥ 점검 가능한 은폐장소 : 점검구가 있는 천장 안이나 벽장 또는 다락같은 장소

　㉦ 점검할 수 없는 은폐장소 : 점검구가 없는 천장 안, 마루 밑, 벽 내, 콘크리트 바닥 내, 지중과 같은 장소

2 한국전기설비규정

(1) 전압의 구분

① 저 압
- ㉠ 교류 : 1kV 이하
- ㉡ 직류 : 1.5kV 이하

② 고 압
- ㉠ 교류 : 1kV 초과 7kV 이하
- ㉡ 직류 : 1.5kV 초과 7kV 이하

③ 특고압

7kV 초과

(2) 전 선

① 전선의 식별

상(문자)	색 상
L1	갈 색
L2	흑 색
L3	회 색
N	청 색
보호도체	녹색-노란색

② 전선의 접속
- ㉠ 나전선 상호 또는 나전선과 절연전선 또는 캡타이어 케이블과 접속하는 경우
  - 전선의 세기[인장하중(引張荷重)으로 표시한다]를 20% 이상 감소시키지 아니할 것
  - 접속부분은 접속관 기타의 기구를 사용할 것. 다만, 가공전선 상호, 전차선 상호 또는 광산의 갱도 안에서 전선 상호를 접속하는 경우에 기술상 곤란할 때에는 적용하지 않는다.
- ㉡ 도체에 알루미늄(알루미늄 합금을 포함한다)을 사용하는 전선과 동(동합금을 포함한다)을 사용하는 전선을 접속하는 등 전기 화학적 성질이 다른 도체를 접속하는 경우에는 접속부분에 전기적 부식(電氣的腐蝕)이 생기지 않도록 할 것
- ㉢ 두 개 이상의 전선을 병렬로 사용하는 경우
  - 병렬로 사용하는 각 전선의 굵기는 구리선 $50mm^2$ 이상 또는 알루미늄 $70mm^2$ 이상으로 하고, 전선은 같은 도체, 같은 재료, 같은 길이 및 같은 굵기의 것을 사용할 것
  - 같은 극의 각 전선은 동일한 터미널러그에 완전히 접속할 것
  - 같은 극인 각 전선의 터미널러그는 동일한 도체에 2개 이상의 리벳 또는 2개 이상의 나사로 접속할 것

- 병렬로 사용하는 전선에는 각각에 퓨즈를 설치하지 말 것
- 교류회로에서 병렬로 사용하는 전선은 금속관 안에 전자적 불평형이 생기지 않도록 시설할 것
② 밀폐된 공간에서 전선의 접속부에 사용하는 테이프 및 튜브 등 도체의 절연에 사용되는 절연 피복은 KS C IEC 60454(전기용 점착 테이프)에 적합한 것을 사용할 것

(3) 전로의 절연저항 및 절연내력

① 기 준 : 사용전압이 저압인 전로에서 정전이 어려운 경우 등 절연저항 측정이 곤란한 경우에는 누설전류를 1mA 이하로 유지하여야 한다.

② 전로의 종류 및 시험 : 고압 및 특고압의 전로(회전기, 정류기, 연료전지 및 태양전지 모듈의 전로, 변압기의 전로, 기구 등의 전로 및 직류식 전기철도용 전차선을 제외)는 표에서 정한 시험전압을 전로와 대지 사이(다심케이블은 심선 상호 간 및 심선과 대지 사이)에 연속하여 10분간 가하여 절연내력을 시험하였을 때에 이에 견디어야 한다. 다만, 전선에 케이블을 사용하는 교류 전로로서 표에서 정한 시험전압의 2배의 직류전압을 전로와 대지 사이(다심케이블은 심선 상호 간 및 심선과 대지 사이)에 연속하여 10분간 가하여 절연내력을 시험하였을 때에 이에 견디는 것에 대하여는 그러하지 아니하다.

[전로의 종류 및 시험전압]

전로의 종류	시험전압
1. 최대사용전압 7kV 이하인 전로	최대사용전압의 1.5배의 전압
2. 최대사용전압 7kV 초과 25kV 이하인 중성점 접지식 전로(중성선을 가지는 것으로서 그 중성선을 다중접지 하는 것에 한한다)	최대사용전압의 0.92배의 전압
3. 최대사용전압 7kV 초과 60kV 이하인 전로(2란의 것을 제외한다)	최대사용전압의 1.25배의 전압(10.5kV 미만으로 되는 경우는 10.5kV)
4. 최대사용전압 60kV 초과 중성점 비접지식 전로(전위 변성기를 사용하여 접지하는 것을 포함한다)	최대사용전압의 1.25배의 전압
5. 최대사용전압 60kV 초과 중성점 접지식 전로(전위 변성기를 사용하여 접지하는 것 및 6란과 7란의 것을 제외한다)	최대사용전압의 1.1배의 전압(75kV 미만으로 되는 경우에는 75kV)
6. 최대사용전압이 60kV 초과 중성점 직접 접지식 전로(7란의 것을 제외한다)	최대사용전압의 0.72배의 전압
7. 최대사용전압이 170kV 초과 중성점 직접 접지식 전로로서 그 중성점이 직접 접지되어 있는 발전소 또는 변전소 혹은 이에 준하는 장소에 시설하는 것	최대사용전압의 0.64배의 전압

전로의 종류	시험전압
8. 최대사용전압이 60kV를 초과하는 정류기에 접속되고 있는 전로	교류측 및 직류 고전압측에 접속되고 있는 전로는 교류측의 최대사용전압의 1.1배의 직류전압
	직류측 중성선 또는 귀선이 되는 전로(직류 저압측 전로)는 아래에 규정하는 계산식에 의하여 구한 값

※ 직류 저압측 전로의 절연내력시험 전압의 계산방법

$$E = V \times \frac{1}{\sqrt{2}} \times 0.5 \times 1.2$$

여기서, E : 교류 시험 전압(V를 단위로 한다)

V : 역변환기의 전류 실패 시 중성선 또는 귀선이 되는 전로에 나타나는 교류성 이상전압의 파고 값(V를 단위로 한다). 다만, 전선에 케이블을 사용하는 경우 시험전압은 E의 2배의 직류전압으로 한다.

(4) 접지시스템

① 접지의 구분

㉠ 계통접지

㉡ 보호접지

㉢ 피뢰시스템 접지

② 접지의 종류

㉠ 단독접지

㉡ 공통접지

㉢ 통합접지

③ 접지시스템의 구성요소

접지극, 접지도체, 보호도체 및 기타 설비

④ 접지극의 시설(다음 중 하나 또는 복수로 구성)

㉠ 콘크리트에 매입된 기초 접지극

㉡ 토양에 매설된 기초 접지극

㉢ 토양에 수직 또는 수평으로 직접 매설된 금속전극(봉, 전선, 테이프, 배관, 판 등)

㉣ 케이블의 금속외장 및 그 밖에 금속피복

㉤ 지중 금속구조물(배관 등)

㉥ 대지에 매설된 철근콘크리트의 용접된 금속 보강재. 다만, 강화콘크리트는 제외한다.

⑤ 접지극의 매설

㉠ 접지극은 매설하는 토양을 오염시키지 않아야 하며, 가능한 다습한 부분에 설치한다.

㉡ 접지극은 지표면으로부터 지하 0.75m 이상으로 하되 동결 깊이를 감안하여 매설 깊이를 정해야 한다.

ⓒ 접지도체를 철주 기타의 금속체를 따라서 시설하는 경우에는 접지극을 철주의 밑면으로부터 0.3m 이상의 깊이에 매설하는 경우 이외에는 접지극을 지중에서 그 금속체로부터 1m 이상 떼어 매설하여야 한다.

⑥ 수도관을 접지극으로 사용하는 경우

    ㉠ 지중에 매설되어 있고 대지와의 전기저항 값이 3Ω 이하의 값을 유지하고 있는 금속제 수도관로가 다음에 따르는 경우 접지극으로 사용이 가능하다.

- 접지도체와 금속제 수도관로의 접속은 안지름 75mm 이상인 부분 또는 여기에서 분기한 안지름 75mm 미만인 분기점으로부터 5m 이내의 부분에서 하여야 한다. 다만, 금속제 수도관로와 대지 사이의 전기저항 값이 2Ω 이하인 경우에는 분기점으로부터의 거리는 5m을 넘을 수 있다.
- 접지도체와 금속제 수도관로의 접속부를 수도계량기로부터 수도 수용가 측에 설치하는 경우에는 수도계량기를 사이에 두고 양측 수도관로를 등전위본딩하여야 한다.
- 접지도체와 금속제 수도관로의 접속부를 사람이 접촉할 우려가 있는 곳에 설치하는 경우에는 손상을 방지하도록 방호장치를 설치하여야 한다.
- 접지도체와 금속제 수도관로의 접속에 사용하는 금속제는 접속부에 전기적 부식이 생기지 않아야 한다.

    ㉡ 건축물·구조물의 철골 기타의 금속제는 이를 비접지식 고압전로에 시설하는 기계기구의 철대 또는 금속제 외함의 접지공사 또는 비접지식 고압전로와 저압전로를 결합하는 변압기의 저압전로의 접지공사의 접지극으로 사용할 수 있다. 다만, 대지와의 사이에 전기저항 값이 2Ω 이하인 값을 유지하는 경우에 한한다.

⑦ **접지도체** : 계통, 설비 또는 기기의 한 점과 접지극 사이의 도전성 경로 또는 그 경로의 일부가 되는 도체

    ㉠ 접지도체는 지하 0.75m부터 지표 상 2m까지 부분은 합성수지관(두께 2mm 미만의 합성수지제 전선관 및 가연성 콤바인덕트관은 제외) 또는 이와 동등 이상의 절연효과와 강도를 가지는 몰드로 덮어야 한다.

    ㉡ 접지도체의 굵기

- 특고압·고압 전기설비용 접지도체 : 단면적 $6mm^2$ 이상의 연동선
- 중성점 접지용 접지도체 : 공칭단면적 $16mm^2$ 이상의 연동선
- 공칭단면적 $6mm^2$ 이상의 연동선으로 할 수 있는 경우
  - 7kV 이하의 전로
  - 사용전압이 25kV 이하인 특고압 가공전선로. 다만, 중성선 다중접지식의 것으로서 전로에 지락이 생겼을 때 2초 이내에 자동적으로 이를 전로로부터 차단하는 장치가 되어 있는 것

⑧ 보호도체 : 감전에 대한 보호 등 안전을 위해 제공되는 도체
  ㉠ 보호도체의 종류(다음 중 하나 또는 복수로 구성)
   • 다심케이블의 도체
   • 충전도체와 같은 트렁킹에 수납된 절연도체 또는 나도체
   • 고정된 절연도체 또는 나도체
   • 금속케이블 외장, 케이블 차폐, 케이블 외장, 전선묶음(편조전선), 동심도체, 금속관
  ㉡ 보호도체 또는 보호본딩도체로 사용해서는 안 되는 부분
   • 금속 수도관
   • 가스·액체·분말과 같은 잠재적인 인화성 물질을 포함하는 금속관
   • 상시 기계적 응력을 받는 지지 구조물 일부
   • 가요성 금속배관. 다만, 보호도체의 목적으로 설계된 경우는 예외로 한다.
   • 가요성 금속전선관
   • 지지선, 케이블트레이 및 이와 비슷한 것
  ㉢ 보호도체의 최소 단면적
   ⓐ 보호도체의 최소 단면적은 ⓑ에 따라 계산하거나 다음 표에 따라 선정할 수 있다. 다만, ⓒ의 요건을 고려하여 선정한다.

선도체의 단면적 $S(\mathrm{mm}^2, 구리)$	보호도체의 최소 단면적(mm^2, 구리)	
	보호도체의 재질이 선도체와 같은 경우	보호도체의 재질이 선도체와 다른 경우
$S \leq 16$	S	$(k_1/k_2) \times S$
$16 < S \leq 35$	16^a	$(k_1/k_2) \times 16$
$S > 35$	$S^a/2$	$(k_1/k_2) \times (S/2)$

여기서, k_1 : 도체 및 절연의 재질에 따라 선정된 선도체에 대한 k값
   k_2 : KS C IEC에서 선정된 보호도체에 대한 k값
   a : PEN 도체의 최소 단면적은 중성선과 동일하게 적용한다.

   ⓑ 차단시간이 5초 이하인 경우에만 다음 계산식을 적용한다.

$$S = \frac{\sqrt{I^2 t}}{k}$$

   여기서, S : 단면적(mm^2)
     I : 보호장치를 통해 흐를 수 있는 예상 고장전류 실횻값(A)
     t : 자동차단을 위한 보호장치의 동작시간(s)
     k : 보호도체, 절연, 기타 부위의 재질 및 초기온도와 최종온도에 따라 정해지는 계수

ⓒ 보호도체가 케이블의 일부가 아니거나 선도체와 동일 외함에 설치되지 않으면 단면적은 다음의 굵기 이상으로 하여야 한다.

- 기계적 손상에 대해 보호가 되는 경우는 구리 2.5mm^2, 알루미늄 16mm^2 이상
- 기계적 손상에 대해 보호가 되지 않는 경우는 구리 4mm^2, 알루미늄 16mm^2 이상
- 케이블의 일부가 아니라도 전선관 및 트렁킹 내부에 설치되거나, 이와 유사한 방법으로 보호되는 경우 기계적으로 보호되는 것으로 간주한다.

ⓓ 보호도체가 두 개 이상의 회로에 공통으로 사용되면 단면적은 다음과 같이 선정하여야 한다.

- 회로 중 가장 부담이 큰 것으로 예상되는 고장전류 및 동작시간을 고려하여 ⓐ 또는 ⓑ에 따라 선정한다.
- 회로 중 가장 큰 선도체의 단면적을 기준으로 ⓐ에 따라 선정한다.

⑨ 보호등전위본딩의 적용

㉠ 건축물 · 구조물에서 접지도체, 주접지단자와 다음의 도전성부분은 등전위본딩하여야 한다. 다만, 이들 부분이 다른 보호도체로 주접지단자에 연결된 경우는 그러하지 아니하다.
- 수도관 · 가스관 등 외부에서 내부로 인입되는 금속배관
- 건축물 · 구조물의 철근, 철골 등 금속보강재
- 일상생활에서 접촉이 가능한 금속제 난방배관 및 공조설비 등 계통외도전부

㉡ 주접지단자에 보호등전위본딩도체, 접지도체, 보호도체, 기능성 접지도체를 접속하여야 한다.

(5) 피뢰시스템

구조물 뇌격으로 인한 물리적 손상을 줄이기 위해 사용되는 전체 시스템

① 적용범위

㉠ 전기전자설비가 설치된 건축물 · 구조물로서 낙뢰로부터 보호가 필요한 것 또는 지상으로부터 높이가 20m 이상인 것

㉡ 전기설비 및 전자설비 중 낙뢰로부터 보호가 필요한 설비

② 구 성

㉠ 직격뢰로부터 대상물을 보호하기 위한 외부피뢰시스템

㉡ 간접뢰 및 유도뢰로부터 대상물을 보호하기 위한 내부피뢰시스템

③ 외부피뢰시스템

㉠ 수뢰부시스템

㉡ 인하도선시스템

㉢ 접지극시스템

④ 내부피뢰시스템
  ㉠ 전기전자설비 보호용 피뢰시스템
    • 전기적 절연
    • 접지와 본딩
    • 서지보호장치 시설
  ㉡ 피뢰등전위본딩
    • 일반사항
      피뢰시스템의 등전위화는 다음과 같은 설비들을 서로 접속함으로써 이루어진다.
      – 금속제 설비
      – 구조물에 접속된 외부 도전성 부분
      – 내부시스템
    • 등전위본딩 상호접속
      – 자연적 구성부재로 인한 본딩으로 전기적 연속성을 확보할 수 없는 장소는 본딩도체로 연결
      – 본딩도체로 직접 접속할 수 없는 장소의 경우에는 서지보호장치를 이용
      – 본딩도체로 직접 접속이 허용되지 않는 장소는 절연방전갭을 사용
    • 금속제설비의 등전위본딩
    • 인입설비의 등전위본딩
    • 등전위본딩바

3 전기와 화재

(1) 의 의

① 전기화재의 개념
  전기에너지에 의하여 발화되는 것, 즉 발화에너지원이 전기인 것으로 모든 전기제품이나 전기설비에서는 발열이 있고 발열은 자연발열로 온도를 유지하게 되나, 어떤 이상에 의하여 발열부분의 온도가 주변의 가연물에 착화시킬 수 있는 온도까지 올라가서 발생하는 화재이다.
② 전기화재의 분류
  ㉠ 발화원별로 나누는 방법 : 전기난로, 전기다리미, 가전기기, 조명기구(백열전구, 형광등), 전동기 등
  ㉡ 발화형태별로 나누는 방법 : 합선(가장 빈번함), 과전류, 누전, 접속부 과열, 스파크, 정전기, 낙뢰 등

ⓒ 발화원·발화형태(출화의 경과)·착화물로 나누는 방법 : 형광등 안정기 코일의 누전에 의한 줄(Joule)열로 코일 절연 바니시(Varnish) 및 안정기 내부 충전물인 전기절연 콤파운드에 불이 붙는 경우

ⓔ 사용상황별로 나누는 방법 : 사용 부주의, 사용 상태로 방치, 취급 불량 등

(2) 전기화재 발화형태별 분석

① 합선(合線, 短絡)에 의한 발화 : 전선 및 전기기기의 절연체가 전기적, 화학적, 열적 원인으로 열화하거나 기계적 요인으로 파괴되어 합선현상이 일어나면, 합선되는 순간의 단락전류는 전원측 임피던스와 배선의 조건에 따라 다르게 나타나지만, 일반 주택 저압 옥내배선의 경우, 수백~수천의 단락전류(A)가 발생하고 이로 인한 스파크(Spark) 열에 의해 주변 가연물 등이 발화될 수 있다.

② 과전류에 의한 발화

ⓐ 과전류에 의하여 발생한 발열량과 방열량의 평형이 깨어지면 절연체의 최고 허용온도를 초과하게 되므로, 절연피복이 급속도로 열화하게 되고 피복이 탄화되어 누전 또는 선간단락으로 발화의 원인이 될 수 있다.

ⓑ 과열이란 전기기기, 배선 등이 설계된 정상동작 상태의 온도 이상으로 올라가거나 피가열체에 의해 위험온도 이상으로 가열되는 것이다. 과부하에 의한 전선의 온도 상승은 전자이고, 후자의 예로서는 전열기를 꽂은 채 방치함으로써 발생하는 탄화연소 등이 해당된다.

ⓒ 예방대책으로는 부하전류에 적합한 배선기구 사용, 부하의 용량에 적합한 과전류차단기 설치, 용량에 적합한 굵기의 전선 등의 사용과 발생한 열의 방산을 저해하는 코드를 다발로 묶어서 사용하거나 전기이불이나 요 등의 발열체 밑으로 코드배선 등을 하지 않아야 한다.

③ 누전에 의한 발화 : 누전이란 전류의 통로로 설계된 이외의 곳으로 전류가 흐르는 현상이다. 누전화재란 전류가 통로로 설계된 부분으로부터 새서 건물 및 부대설비 또는 공작물의 일부 중 누설전류가 특정한 부분으로 장시간 흐르게 되면 누전경로를 따라 특정부분의 탄화촉진으로 이것을 발열시켜서 발생되는 화재이다.

ⓐ 저압누전화재 : 전압측 전선에서 전류가 새는 누설현상에 의해 열이 발생하여 일어난 화재인데, 특이한 경우에는 전류가 새는 전로와 다른 배선이나 접지저항이 낮은 도체와 누전회로를 형성하여 발화되는 경우도 있다.

ⓑ 고압누전화재 : 네온용 변압기의 2차측(고압) 배선에서 누전되어 발화한 경우가 종종 있는데, 네온용 변압기의 고압측(무부하전압 3,000~15,000V은) 단락전류가 50mA 이하로 억제되어 있으나, 전압이 높기 때문에 목재나 플라스틱 간판 등이 오염되어 있을 경우에 고압누설전류가 흘러서 발화에 이른다.

ⓒ 결로에 의한 누전사고 : 결로(結露, Dewing)란 공기가 이슬점 이하로 냉각되었을 때 공기 속의 수증기가 액화하여 이슬로 맺혀지는 현상이다. 내부의 온도가 이슬점 이하로 떨어져 물체의 표면에 공기 중의 수증기가 물방울이 되어 달라붙은 현상으로 온도차가 있는 경계면에서 많이 일어난다. 결로가 일어나기 쉬운 장소란 온도가 높고, 압력이 낮을 때 습한 공기가 차가운 면에 닿는 밀폐된 전기실, 옥외의 폐쇄용 수·배전반, 공사 중인 빌딩이나 지하실 등의 벽에 매입한 수구의 아래쪽, 배·분전반에 접속된 배관의 개구부 등으로 온도와 습도가 높고, 바람이 잘 통하지 않는 장소에 놓여진 기기의 표면에 발생되기 쉽다.

④ 절연열화 또는 탄화에 의한 발화 : 배선기구의 절연은 유기질 절연재료로 되어 있어 오랜 시간이 경과하면 절연성능이 저하하거나 접촉 부분이 탄화되어 발열 또는 트래킹(Tracking) 현상에 의해 발화원이 될 수 있다. 즉, 절연파괴현상이란 전기적으로 절연된 물질 상호 간에 전기저항이 낮아져서 많은 전류를 흐르게 하는 현상이다.

⑤ 전기불꽃(Spark)에 의한 발화

ⓐ 화재원인으로서의 전기불꽃은 개폐기나 스위치 등의 전기회로를 개폐할 때 또는 용접기 등을 사용할 경우에 발생하는 불꽃이 원인이다.

ⓑ 개폐기 또는 스위치류는 회로를 차단 또는 투입할 때에 불꽃이 일어나고, 특히 회로 중에 전동기 등의 인덕턴스 부하가 포함될 때는 더욱 심하여 회로전압이 최소 아크(Arc) 발생전압 이하라도 과도현상에 의한 전압 상승으로 차단할 때 Arc 또는 Glow 방전현상에 의한 불꽃이 발생된다.

ⓒ 개폐 시 접촉저항에 의한 접촉 부분의 금속이 과열되어 불꽃을 내는 일도 있으나, 일반적으로 전기불꽃은 회로를 개로(Off)할 때 더 심하다.

ⓓ 백열전등도 유리가 파손되면 필라멘트가 노출되어 전기불꽃과 같은 위험이 될 수 있으며, 전기설비에서 발생하는 전기불꽃은 모두 점화원이 될 수 있다.

ⓔ 예방대책으로 스파크(Spark) 등의 불꽃이 외부로 누출되지 않는 밀폐된 방폭형의 스위치를 사용하고 용접기 등을 사용할 때는 안전한 장소나 옥외에서 사용하여야 하며, 위험 분위기 장소에서는 반드시 방폭형 기기를 사용하여야 한다.

⑥ 접속부의 과열에 의한 발화

ⓐ 전선과 전선, 전선과 접속단자 또는 접촉편 등의 도체에서 전기적인 접속이나 접촉 상태가 불완전할 때의 접촉저항에 의한 발열에 의하여 발화원이 될 수 있다.

ⓑ 이러한 발열은 국부적이고 그 부분은 시간의 경과에 따라 접촉부의 변형으로 접촉 부위 면이 거칠어지고 저항이 증가하게 되어 접촉 부위에서 발열이 지속된다. 이때 접촉면의 산화는 물론 주변 절연체의 열적열화를 촉진하게 되고 부하 상태에 따라 접촉면의 발열이 증가되어 발화원이 될 수 있다.

ⓒ 전선 접속부 및 단자 접속부의 접속 상태, 반단선, 접촉면의 아산화동(산화이구리) 증식과 그래파이트 현상 등의 예방대책으로는 정기적인 안전점검과 일정주기마다 실시하는 예방정

비가 요구된다.

⑦ **지락에 의한 발화** : 1상 단락전류가 대지로 통하는 것을 지락(地絡)이라고 한다. 이 경우 전류가 대지로 흘러 지락점의 접지저항치에 따라 지락전류의 크기가 결정되는데 우리나라에서는 대부분 변압기 2차측에 접지를 실시하기 때문에 지락현상이 발생하면 많은 전류가 흘러 발화한다. 또한, 특별고압회로인 경우에는 다음의 원인으로 발화원이 될 수 있다.

ㄱ 금속체 등에 지락될 때의 스파크(Spark)에 의해 주변 가연물에 착화

ㄴ 목재 등의 가연성 물질로 전류가 흐르는 경우의 발화현상

⑧ **열적 경과에 의한 발화**

ㄱ 열 발생 전기기기를 가연물 주위에서 사용하거나 열의 방산이 잘 안 되는 장소에서 사용할 경우 또는 거울 등에 의해 반사되어 가연물에 열이 축적되어 발화하는 경우이다.

ㄴ 백열전구나 전기스토브 등을 난방용으로 사용하기 위하여 천이나 담요로 씌워 방치한 결과 백열전구 또는 전기스토브 열이 축적되어 담요에 착화한 경우 등을 예로 들 수 있다.

⑨ **정전기에 의한 발화** : 정전기 방전은 정전기의 전기적 작용에 의해 일어나는 전리작용으로서 일반적으로 대전물체에 의해 발생하는 정전계가 공기의 절연파괴전계강도(30kV/cm)에 달했을 때에 일어나는 기체의 전리현상이다.

ㄱ 점화원 : 정전기 화재는 정전기 스파크에 의하여 가연성가스 및 증기 등에 인화할 위험이 가장 크다. 정전기는 물질의 마찰, 박리 등에 의하여 발생하는 것으로서, 정전기 불꽃으로 인하여 화재폭발의 우려가 있는 장소에서는 정전기 불꽃이 발생하지 않도록 적절한 조치를 취해야 한다.

ㄴ 인체에 대한 위험 : 정전기의 인체 대전으로 인한 불쾌감이나 상해 또는 생산장애·화재폭발 등의 우려가 있는 경우에는, 여러 위험요인을 고려하여 정전기 축적 방지는 물론, 정전기 불꽃이 발생하지 않도록 적절한 조치를 취해야 한다.

⑩ **낙뢰에 의한 발화**

ㄱ 낙뢰는 일종의 정전기로서 구름과 대지 간의 방전현상이다. 낙뢰가 발생하면 전기회로에 이상전압이 유기되어 절연을 파괴할 뿐만 아니라, 이때 흐르는 큰 전류가 화재의 원인이 된다.

ㄴ 낙뢰에 의해 건물에 발화된 경우 그 경로별로 분류한 결과, 건물에 직격뢰가 떨어지면 화재가 일어나는 경우가 많았으며, 큰 전위차에 의해 주변에 있는 물체로의 측격에 의한 경우도 있었고, 또한 나무나 전선 그리고 안테나(Antenna) 등에서 떨어져서 화재가 일어나는 경우도 있다.

ㄷ 일반적인 뇌전압의 침입경로는 피뢰설비(피뢰침, 수평 도체 등)나 건물의 접지, 안테나 (Antenna)설비, 전원 인입선, 통신선(전화선, 케이블 TV 등), 기타 주변의 높은 구조물이나 큰 나무에 낙뢰 시 대지를 통해 침입한다.

4 전기와 안전

(1) 옥내·외 설비의 일상점검요령

① 습기나 물기가 많은 곳에서 전기를 사용할 때에는 기계·기구에 접지시설이 되어 있어야 하고, 손과 발에 물기가 없어야 한다.

② 전기기기 사용을 위한 코드나 배선기구는 용량과 규격에 맞는 것을 사용한다.

③ 누전으로 인한 화재나 감전사고 예방의 기본 장치인 누전차단기는 월 1회 이상 시험 버튼으로 정상작동 여부를 확인한다.

④ 노후된 전기설비의 지속적인 사용은 누전, 합선, 감전사고의 위험이 매우 높으므로 반드시 개·보수하여 사용한다.

⑤ 무자격자에게 전기설비의 개·보수를 의뢰하는 경우 더 위험한 결과를 불러올 수 있으므로 반드시 전문시공업체에 의뢰한다.

(2) 전기설비별 올바른 유지·관리요령

① 인입선
  ㉠ 전주 또는 전선에 걸린 장애물 제거 시 추락사고 및 부주의에 의한 감전사고의 우려가 있으므로 안전관리자의 책임하에 작업한다.
  ㉡ 지중에 매설된 케이블은 차량이 통과할 때 중량물의 압력으로 손상될 우려가 있으므로 1.2m 이상 깊이로 매설한다.
  ㉢ 케이블이 매설된 부근에서의 굴착작업은 케이블이 손상될 위험성이 있으므로 관계자의 감독하에 작업한다.

② 배·분전반
  ㉠ 전력량계 및 누전차단기, 개폐기(차단기) 등은 옥내 전기 공급의 첫번째 안전장치 집합장소로서 일반적으로 지상 1.8m 이상 높이에 설치한다.
  ㉡ 유사시 쉽게 조작해야 하므로, 앞에 물건을 쌓아 두거나 철사, 철파이프 등이 닿지 않도록 해야 한다.

③ 누전차단기
  ㉠ 옥내 전로 및 기계·기구에서 미세한 전류라도 누전되면 짧은 시간(0.03초 내)에 전로를 자동차단시키는 고감도기능을 갖춘 안전장치로 220V를 사용할 때는 의무적으로 부설해야 한다.
  ㉡ 월 1회 이상 정상작동 여부를 확인하여 이상 발견 시 장치의 고장인지, 옥내에 누전이 있는지 한국전기안전공사나 시공업체에 점검을 요청하여 적절한 조치를 취한다.

④ 개폐기(차단기)
  ㉠ 과전류가 흐를 때 전기를 자동적으로 끊어(차단) 주거나, 정전이 필요할 때 안전을 위하여 전기 공급을 차단시켜 주는 안전장치로서 뚜껑 등의 파손 여부를 확인한다.
  ㉡ 뚜껑 이탈, 몸체 파손 및 레버(손잡이)가 손상되면 충전부의 노출로 감전의 우려가 있으므로 즉시 새것으로 교체하여 사용한다.
  ㉢ 충전부 단자의 변색, 볼트와 너트의 조임 상태, 부품의 파손, 탈락 여부 등을 수시로 확인한다.
  ㉣ 원활한 작동이 되지 않을 때는 기계적 구동부에 약간의 오일이나 그리스를 바른다.
  ㉤ 개폐표시기 또는 개폐표시등이 정확하게 지시하는지를 확인한다.
  ㉥ 정전이 발생할 가능성이 있는 경우에는 절연 부분을 마른걸레로 깨끗하게 닦아 준다.
⑤ 퓨 즈
  ㉠ 허용된 전류용량 한도를 초과하여 사용하면 일정시간 경과 후 끊어져 화재 및 사고를 미연에 방지하도록 규격화된 제품으로 용량에 맞는 것을 사용해야 한다. 용량은 제품의 양끝에 표시되어 있고 보통 개폐기(차단기) 뚜껑, 손잡이 등에 표시되어 있는 용량을 사용하면 된다.
  ㉡ 퓨즈가 끊어지면 전기 사용량이 많아지거나 합선이 생길 수 있으므로, 전자의 경우는 상태를 파악하여 배선을 분리・조절해야 하며, 후자의 경우에는 합선지점을 제거한 후에 퓨즈 대신 철선, 구리선 등을 사용해서는 안 된다는 점에 특히 주의한다.
⑥ 배 선
  ㉠ 옥내 모든 배선은 규격전선(지름 1.6mm 이상)을 사용해야 한다.
  ㉡ 전선 자체가 노출되면 예기치 않은 충격 등으로 합선 및 여타 사고를 초래할 수 있으므로 전선보호용 관을 사용해야 한다.
  ㉢ 전선을 연결할 때는 연결지점이 헐거워지지 않도록 단단히 조여야 하는데, 고정시킬 때에는 못을 박거나 철사로 조여 매는 것은 위험하므로 전선보호용구를 이용한다.
⑦ 수전실(변전실)
  ㉠ 수전실의 출입문에는 잠금장치를 하고 위험 표시를 하여 관계자 외 일반인이 출입하지 못하도록 한다.
  ㉡ 옥외수전실에는 보호 울타리를 설치하여 어린이 또는 가축 등이 들어가지 못하도록 한다.
  ㉢ 수전실에는 가연성 또는 인화성 물질을 두지 않는다.
  ㉣ 옥외 수전설비 장소에 잡초나 수목이 있을 경우 지락사고의 위험이 있으므로 제거한다.
⑧ 변압기
  ㉠ 운전 중인 변압기는 전압, 전류 등을 측정하여 과부하로 운전되고 있는지의 여부를 확인한다.
  ㉡ 변압기의 부싱에는 캡을 씌워 충전부가 노출되지 않도록 한다.
  ㉢ 변압기에서 이상음이나 냄새가 나는지를 확인한다.

② 계절용으로 사용하는 변압기는 사용하지 않는 기간에는 차단기 또는 개폐기를 개방하여
　　　무부하손실이 없도록 한다.

⑨ 콘덴서

　　③ 콘덴서는 개방할 때 잔류전하를 방전시켜야 하며 필요시 방전장치 내장형 콘덴서를 설치
　　　한다.

　　⑥ 콘덴서 외함의 접지 여부 및 접지선 탈락, 부싱 커버 파손, 외함 변형 여부 등을 수시로
　　　확인한다.

　　⑥ 단자 이완 및 발열, 콘덴서유의 누설 여부 등을 점검하며 전선 굵기가 적정한지를 확인한다.

　　② 저압용 콘덴서는 개개의 전기기기별로 설치하는 것이 바람직하며 전기기기와 동시에 개폐
　　　되는 구조로 설치한다.

⑩ 예비 발전설비

　　③ 디젤엔진 발전기는 최소 주 1회 20분 정도 무부하 운전하며, 매 3회 시운전마다 최소 30%
　　　부하에서 15분 정도 운전하여 비상시 즉시 가동될 수 있도록 점검한다.

　　⑥ 엔진오일은 수시로 점검하며 규격에 맞는 오일로 보충 및 교환한다(매 100~150시간마다
　　　교환).

　　⑥ 라디에이터는 항상 냉각수를 보충하여 부족하지 않도록 하며 녹물이 생겼을 때는 교환한다.

　　② 연료탱크 연료량은 항상 충만하게 유지한다.

　　⑩ 시운전 및 운전 시 정격회전수, 엔진오일압력이 정상(2.5~4.0kg/cm²)인지 확인한다.

　　⑭ 축전지의 전해액이 피부에 닿거나 눈에 들어가면 위험하므로 취급에 유의한다(눈에 들어갔
　　　을 때는 물로 씻고 전문의에게 진료받을 것).

　　② 연축전지는 충전 중에 인화폭발성 가스가 발생하므로 화기나 정전기를 근접시켜서는 안
　　　된다.

(3) 전기안전 작업요령

① 안전작업 시의 마음자세는 항상 평정을 유지하고 신중하게 작업에 임한다.

② 안전작업을 위하여 안전장구를 착용한다.

③ 기후가 좋지 않거나 더위로 신체에 땀이 났을 때는 감전사고의 우려가 높으므로 특히 주의한다.

④ 작업장소의 조명, 환기, 소음은 안전상 지장이 없도록 한다.

⑤ 작업복장은 간편하고 단정하며 자신의 몸에 맞는 것을 착용한다.

⑥ 활선작업 시에는 반지, 손목시계, 금속밴드 등을 반드시 빼고 작업에 임한다.

⑦ 개방된 차단기나 개폐기는 작업 중임을 표시하거나 잠금장치를 한다.

⑧ 전로를 개방할 때는 고압 고무장갑을 착용하며 정전 확인은 사용전압에 적합한 검전기를 사용
　해 각 선로마다 충전 여부를 확인한다.

⑨ 고압 및 특별고압의 작업 시에는 정전 후 개방된 전원측 전로(정전 중인)에 단락 접지용구를 설치한다.

⑩ 어떠한 경우라도 활선 상태로의 작업을 금하며, 부득이한 경우 활선작업용 안전장구를 착용하고 작업해야 한다.

⑪ 정전작업 시 작업범위를 명시하여 출입금지구역 및 로프 등을 설치하여 작업장소에 타인이 접근하지 않도록 한다.

⑫ 주상작업이나 사다리를 이용하여 작업 시에는 추락의 위험이 없도록 주의한다.

(4) 전기화재 및 감전예방대책

① 분진이 많은 장소에서는 전기설비 취급 부주의 또는 모터 과열 등, 점화원에 의한 화재가 발생할 수 있으므로 분진방폭형 기기를 사용한다.

② 목재나 가구공장 등은 자연통풍이 잘되는 장소로 선정하며 배기, Fan 등에 쌓인 분진을 주기적으로 청소한다.

③ 옷가게 및 재래시장 등에 사용하는 백열전구는 전구보호망을 씌워 가연물과 이격한다.

④ 쇼윈도 또는 쇼케이스 안의 조명용 전선은 0.75mm^2 이상의 코드 또는 캡타이어케이블을 사용한다.

⑤ 옥내 네온사인은 네온전선을 사용하며 지지점 간 이격거리는 1m 이내로 하고 전선 상호 간 간격은 6cm 이상 이격한다.

⑥ 아크용접기는 자동전격방지기를 부착하여 사용하며 용접기케이블이 손상되거나 손잡이 홀더 부분이 노출되지 않도록 한다.

⑦ 습기나 물기가 있는 장소에는 반드시 누전차단기를 설치한다.

---

03 가스안전관리

1 가스사고의 분류

가스사고는 화재나 폭발 등으로 인하여 사람의 생명이나 신체 및 재산 피해를 일으키는 것이다. 가스로 인한 사고유형은 발생원인에 따른 분류, 사고형태별 분류, 피해 등급에 따른 분류로 나눌 수 있고, 이 분류방법은 가스전문기관이 행하고 있는 것으로 일반화되어 있다.

(1) 사고원인에 따른 분류

사용자 취급 부주의에 의한 사고, 공급자 취급 부주의에 의한 사고, 시설 미비, 타 공사에 의한 사고, 제품 불량에 의한 사고 등이 있다.

(2) 사고형태에 따른 분류

누출, 폭발, 화재, 중독, 질식(산소결핍), 파열 등이 있다.

(3) 사고 등급 분류

① 1급 사고 : 사망자 5명 이상, 사망자 및 중상자 10명 이상, 사망자 및 부상자 30명 이상, 물적 피해액 20억원 이상

② 2급 사고 : 사망자 1명 이상 4명 이하, 중상자 2명 이상 9명 이하, 부상자 6명 이상 29명 이하, 물적 피해액 10억원 이상 20억원 미만

③ 3급 사고 : 1급 사고 및 2급 사고 이외의 인명 피해 또는 재산 피해가 발생한 사고
  ㉠ 가급 : 1억원 이상 10억원 미만
  ㉡ 나급 : 1천만원 이상 1억원 미만
  ㉢ 다급 : 50만원 이상 1천만원 미만
  ㉣ 라급 : 50만원 미만

④ 4급 사고
  ㉠ 가스 누출 : 가스 누출사고 중 아차사고를 제외한 인적·물적 피해를 수반하지 않은 경미한 누출로 제품의 제조상 결함에 의한 것은 제외한다.
    • 압력조정기, 호스, 계량기 등의 체결 불량에 의한 가스 누출
    • 플랜지, 볼트의 이완 등에 의한 가스 누출
    • 밸브, 연소기 등의 오조작으로 인한 가스 누출
  ㉡ 과열화재 등 : 가스를 연료로 하는 각종 연소기를 이용하는 과정에서 과열로 인하여 가연물에 인화되어 화재가 발생한 것이다.
  ㉢ 교통사고 등 : 교통안전수칙을 준수하지 않아 발생한 것으로 차량의 전복, 추돌 등으로 인하여 가스 관련 법에서 정의하는 가스 관련 설비·시설·제품의 손상 등으로 인하여 가스 누출·가스화재·가스폭발이 발생한 것이다. 다만, 고압가스안전관리법 제22조에 정한 기준을 준수하지 않아 발생한 것은 제외한다.

⑤ 기 타
  ㉠ 고의사고 : 방화, 자해, 가해, 고의 흡입을 목적으로 가스 누출·가스화재·가스폭발을 일으킨 것이다.

ⓛ 아차사고 : 가스 누출사고 중 인적·물적 피해를 수반하지 않는 경미한 단순 누출의 경우로 다음과 같으며 가스사고 외 별도로 통계관리한다.
- 사업자(공급자, 사용자) 등의 자체 안전점검으로 가스 누출이 확인되었으나 현장에서 즉시 조치된 경우
- 기타 단순원인 및 노후, 핀홀 등에 의하여 가스가 누출된 것으로 현장에서 즉시 조치된 경우

(4) 사상자(인명 피해)별 분류

① **사망자** : 가스사고로 인하여 사고현장에서 사망하거나, 사고시간으로부터 72시간 이내에 사망한 자를 말한다.
② **중상자** : 가스사고로 인하여 부상을 당하여 3주 이상의 치료를 요하는 진료소견을 받은 자를 말한다.
③ **경상자** : 사망자 내지 중상자 이외의 자를 말한다.

2 가스폭발의 특성

(1) 가스폭발의 효과

가연성가스 또는 증기와 산소의 반응에 의하여 발생한 화학에너지(Chemical Energy)와 압축가스가 팽창할 때 방출하는 물리에너지(Fluid Expansion Energy)로 구분된다.

(2) 폭발의 형태

폭발(Explosion)은 화학적 반응 또는 이상반응에 의해 "급격한 압력의 발생 또는 해방의 결과로 가스가 폭음을 수반하여 격렬하게 팽창하는 현상"이다. 폭발은 연소파의 전파속도에 따라서 폭연과 폭굉으로 구분된다.
① **폭연(Deflagration)** : 연소파의 속도가 음속 이하인 경우
② **폭굉(Detonation)** : 연소파의 속도가 음속보다 큰 경우

3 액화석유가스(LPG ; Liquefied Petroleum Gas)

(1) 정 의

LPG란 액화석유가스의 안전 및 사업관리법에 따르면 "프로판·부탄을 주성분으로 한 가스를 액화한 것(기화된 것을 포함)"이다.

(2) 일반적 성질

① 상온·상압에서는 기체이지만 상온에서는 비교적 저압에서 액화시킬 수 있다.

② 순수한 LPG는 무색·무취이다. 다만, 에틸렌은 약간의 꽃향기가 있다.

(3) 특 성

① 작은 용기에 많은 양의 가스를 저장·보관할 수 있기 때문에 보관·수송이 용이하다.

② 유황성분이 거의 없고, 일산화탄소(CO)가 전혀 함유되어 있지 않다.

③ 발열량이 타 연료에 비하여 비교적 높다.

④ 여타 가스에 비하여 많은 공기량을 필요로 한다.

⑤ 액체 상태는 물보다 가볍고(비중 0.5), 기체 상태는 공기보다 무겁다.

(4) 저장설비

① 가정용으로는 10kg 소형 용기와 20kg 용기가 있다.

② 상업용으로는 50kg과 공업용 대형 용기인 500~600kg의 용기가 있다.

(5) 수송상의 주의

① 운반차량은 차량의 보기 쉬운 곳에 고압가스 또는 LPG의 표시를 하여야 한다.

② 운반 중 용기의 온도가 40℃ 이상으로 상승하지 않도록 주의하고, 주차 시 직사광선을 받지 않도록 한다. 또, 도로상에 주차할 때에는 건물 및 교통량이 적은 안전한 장소를 선택하여 주차하고, 승무원은 차량으로부터 멀리 떨어지지 않도록 한다.

③ 분말소화기 또는 이산화탄소소화기를 상시 배치하여야 한다.

④ LPG의 누설을 안 경우에는 즉시 도로의 측면 또는 교통량이 적은 도로, 공터 등에 정차하고 응급조치를 하여야 한다.

⑤ 주위에 위험을 유발할 수 있다고 판단될 경우에는 경찰서·소방서에 통보하고, 아울러 주변의 주민에 대하여도 화기 사용금지, 교통 차단에 대한 협력을 구하여야 한다.

⑥ 트럭에 적재하여 운반할 때에는 용기를 수직으로 세우고 로프 등을 사용하여 용기의 전도, 전락, 충돌을 방지하여야 한다.

⑦ 프로텍터가 없는 50kg 용기를 운반할 때에는 밸브 손상을 방지하기 위하여 캡을 씌워야 한다.

(6) 안전관리

① 용기에 의한 저장 시 주의사항

㉠ LPG를 용기로 저장할 때에는 통풍이 잘되는 곳에 전도와 전락이 되지 않게 세울 것

㉡ 충전용기는 40℃ 이하로 보관하여야 할 것

ⓒ 용기보관실 2m 이내에는 화기 사용을 금지하고, 부근에는 발화성 물질을 두지 말 것

ⓔ 용기보관실은 불연성 재료로 할 것

ⓜ 용기보관실은 화기엄금 등의 표시를 하고 소화기를 비치할 것

② 저장탱크에 의한 저장 시 주의사항

ⓐ 저장탱크는 통풍이 좋은 장소에 설치하고, 2m 이내에서는 화기 사용을 금지할 것

ⓑ 저장탱크 내용적의 90%를 초과하여 저장하지 말 것

ⓒ 저장탱크는 관련 법규에 의한 안전거리를 유지하여 설치할 것

ⓓ 저장탱크에 부착된 안전밸브에는 가스방출관을 설치하고 가스방출관은 지면에서 5m 이상 또는 저장탱크의 정상부에서 2m 높이의 위치에 설치할 것

ⓔ 지상에 설치하는 저장탱크 및 그 지주는 내열구조로 하고 저장탱크 및 그 주위에는 외면으로 부터 5m 이상 떨어진 위치에서 조작할 수 있는 냉각살수장치를 설치할 것

ⓗ 액의 출입구에는 긴급차단장치를 설치할 것

③ 소방시설에서의 주의사항

ⓐ 용기와 조정기는 옥외의 통풍이 잘되는 장소에 설치하고, 주변에 연소하기 쉬운 물질을 두지 않을 것

ⓑ 가스배관이 움직이지 않도록 고정할 것

ⓒ 소비자가 가스 누설 등의 이상을 발견한 경우에는 용기밸브를 폐지하고 환기를 시킨 후 즉시 판매업자에 통보하여 수리 등의 조치를 할 것

ⓓ 호스의 균열 등을 조기 발견하여 교체할 것

ⓔ 야간 또는 사용 종료 시에는 필히 중간 밸브 또는 용기의 밸브를 잠글 것

ⓗ 빈 용기의 밸브는 필히 잠글 것

④ LPG 누설 시의 조치

ⓐ LPG는 공기보다 무거워 누설되면 바닥에 체류하기 때문에 주의하여야 한다.

ⓑ 누설이 된 경우에는 주변의 발화원 제거 및 용기밸브를 잠가 가스 공급을 중단하고 창문과 출입문을 열어 누설된 가스 냄새가 없어질 때까지 환기시킨다.

ⓒ 용기의 안전밸브가 작동한 경우에는 용기 몸체에 물을 부어 용기를 냉각시킨다. 이때 용기가 전도되지 않도록 주의하여야 한다.

ⓓ 저장탱크에서 누설된 경우에는 살수장치, 물분무장치로 냉각시켜 가스의 압력을 낮추고 동시에 누설된 가스를 확산시킨다. 혹은 별도의 탱크로 옮기거나 긴급방출관으로 대기 중에 방출하는 등의 응급조치를 한다.

(7) 소 화

① 누설을 즉시 멈추게 할 수 없을 경우에는 폭발 위험성이 있으므로 연소하고 있는 LPG를 소화하지 않는 것이 좋다.

② 살수가 가능한 경우에는 빠르게 살수를 하여 탱크를 냉각시키고, 이산화탄소소화기를 사용한다.

③ 초기 소화가 가능한 경우 분말소화기 및 이산화탄소소화기로 소화한다.

④ 분출착화(안전밸브의 작동 등)인 경우에는 분말소화기를 분출하고 있는 가스의 근원부터 순차적으로 불꽃의 선단을 향하게 하여 소화하는 것이 효과적이다.

⑤ 이산화탄소소화기는 근접시켜 가스의 강한 방출압력으로서 연소면의 끝부분부터 점차 불꽃을 제어한다. 소화 후에도 잠깐 동안 연소표면에 이산화탄소를 계속 방출하여 드라이아이스가 부착될 때까지 냉각하여 재차 연소를 방지한다.

4 액화천연가스(LNG ; Liquefied Natural Gas)

(1) 정 의

지하(유정)에서 뽑아 올린 가스로서, 유정가스(Wet Gas) 중에서 메탄성분만을 추출한 천연가스이다. 이 천연가스는 수송 및 저장을 위해 $-162℃$로 냉각시켜 그 부피를 $1/600$로 줄인 무색 투명한 초저온 액체로 공해물질이 거의 없고 열량이 높아 경제적이며 주로 도시가스 및 발전용 연료로 사용된다.

[LNG의 성분 및 조성비]

성 분	조성비(%)
메탄(CH_4)	85.2
에탄(C_2H_6)	9.7
프로판(C_3H_8)	3.5
부탄(C_4H_{10})	1.5
기 타	0.1(불연성)

(2) 일반적 성질

① LNG의 비점은 $-162℃$이며 비점 이하의 저온에서 단열용기에 저장한다.

② 기화한 가스는 약 $-113℃$ 이하에서는 건조된 공기보다 무거우나 그 이상의 온도에서는 공기보다 가볍다.

③ LNG는 메탄을 주성분으로 에탄(CH_4) · 프로판 · 부탄류 · 펜탄류 등의 저급지방족 탄화수소와 질소가 소량 함유되어 있다.

④ 액화천연가스의 주성분인 메탄(CH_4)은 다른 지방족 탄화수소에 비해서 연소속도가 느리다.

(3) 특 성

① 액화 시에 체적이 1/600로 축소되고 무색 투명하다.

② 주성분은 메탄으로 비중이 0.65로 공기보다 약 절반 정도 가벼워 가스가 누설되면 대기 중으로 날아가 프로판가스나 부탄가스보다 폭발의 위험이 적고 깨끗한 가스이다.

③ 천연가스는 연소 시 공해물질이 거의 없는 청정연료로서 대기를 맑게 하며, 쾌적한 생활환경을 조성한다.

④ 불꽃 조절이 용이하고, 열효율이 높기 때문에 가정에서 취사 · 조리용은 물론 급탕, 냉난방 등 다용도로 사용된다.

⑤ 천연가스는 선진국형 대중연료로서 지하배관으로 공급되므로 연료 수송에 따른 교통난을 해소한다.

⑥ 천연가스는 취사, 냉난방용 외에도 자동차산업, 유리산업, 전자공업 등 광범위하게 이용되고 있다.

⑦ 매장량이 풍부하여 석유 대체에너지로서의 중요한 역할을 담당하고 있다.

⑧ 천연가스는 냄새나 색깔이 없는 무색 · 무취의 기체이지만, 마늘 썩는 냄새가 나는데 그 이유는 누설 시 쉽게 감지할 수 있도록 메르캅탄이라는 자극적인 냄새의 부취제를 첨가하였기 때문이다.

(4) 안전관리

① 비등하고 있는 저온 액체로서의 주의점 : 일반적으로 LNG는 비점 이하에서 유지되지만, 약간의 침입열량에 의하여 기화가 촉진되므로 저장탱크나 배관 등의 설비는 단열재로 보랭하여 외부로부터 흡열을 극히 작게 하여야 한다. 또한, 흡열에 의한 가스압력 상승을 방지하기 위하여 안전밸브를 부착하고, 이 안전장치가 결빙현상에 의하여 작동에 결함이 생기지 않도록 주의하여야 한다.

② 누설 시 조치 : 누설이 탱크로리에서 일어난 경우에는 즉시 차량을 정지시켜서 엔진과 전동기 등을 긴급정지시켜야 한다. 저장설비에서 누설이 일어난 경우에는 해당 설비의 조업을 긴급하게 정지시키고 누설 부분을 긴급차단으로 응급조치한 후 소화기를 누설 부분의 근처에 배치하고, 경찰서 · 소방서에 통보한다. 또한, 부근의 주민에게 화기 사용금지, 교통 차단 등의 협력을 구하여 화재, 폭발, 산소결핍 발생 등의 2차 재해방지를 위하여 노력하여야 한다.

③ 폭발성 및 인화성 : LNG로부터 기화된 메탄가스 등은 공기 또는 산소와 혼합되면 폭발성 가스가 형성되므로 취급 시 주의가 필요하다. LNG가 공기 중에 누설·유출되면 일반적으로 저온 때문에 공기 중 수분의 응축으로 인해 안개가 생기므로, 이것에 의해 가스의 누설을 눈으로 확인할 수 있다. 또한, LNG의 전기저항은 적고, 유동·여과·적하 및 분무 등에 의한 정전기의 발생이 크기 때문에 LNG 취급설비는 만일의 경우에 대비하여 접지와 접속에 의해 정전기 부하가 축적되지 않도록 해야 한다.

④ 인체에 미치는 영향 : LNG로부터 기화한 가스는 메탄이 주성분으로 에탄, 프로판 등을 포함한다. 따라서 그 자체에는 독성이 없으나 이들은 단순 질식성 가스이므로 고농도로 존재할 경우에는 공기 중의 산소농도 저하에 의한 산소결핍증에 주의하여야 한다.

(5) 소 화

누설된 LNG가 착화된 경우에는 누설원을 차단해야 하며, 화재의 소화에는 분말소화기를 사용한다. 그러나 일단 소화가 되더라도 누설된 LNG의 증발을 정지하는 일은 가능하지 않아, LNG가 기화하여 부근의 공기 중에 확산·체류하여 재차 발화할 우려가 있기 때문에 상황에 따라 누설된 LNG를 전부 연소시키는 방법이 효과적인 경우도 있다.

5 산소(O_2 ; Oxygen)

(1) 정 의

산소는 공기 중에 약 21% 함유되어 있으며, 생물의 생명과 연소에 있어서 불가분의 가스이며 폭발사고에도 중요한 관계를 맺고 있다.

(2) 용 도

① 의료의 목적으로 질식 상태나 타 가스에 의한 마취로부터의 소생 등에 이용
② 산소는 높은 고공 비행이나 깊은 바다의 잠수, 우주탐사 시 호흡 및 연료원으로 사용
③ 산업용으로는 산소제강이나 고로용 산소 등 철강의 가열로에 사용
④ 대부분 용기에 충전하여 용접이나 절단용으로 사용
⑤ 인조보석 제조, 로켓 추진의 산화제 및 액체산소폭약에 사용

(3) 성 질

물리적 성질	화학적 성질
• 무색·무미·무취의 기체이며 물에는 약간 녹는다. • 상온에서 2원자로 1분자를 만들며 1L의 무게는 1.428g이다. • 액화산소는 담청색이다. • 비등점은 −183.0℃, 융점은 −218℃이다. • 임계온도는 −118.4℃, 임계압력은 50.1atm이다.	• 산소는 화학적으로 활발한 원소이며 희가스, 할로겐 원소, 백금, 금 등의 귀금속 이외의 모든 원소와 직접 화합하여 산화물을 만든다. • 황, 인, 마그네슘은 공기 중보다 심하게 연소한다. • 알루미늄선, 철선, 구리선 등도 빨갛게 가열한 뒤 산소 중에 통과하면 눈부시게 빛을 내며 연소한다. • 수소와 격렬하게 반응하여 폭발하고 물을 생성한다. • 기름이나 그리스(유지류) 같은 가연성 물질은 발화 시 산소 중에서 거의 촉발적으로 반응한다.

(4) 안전관리

① **폭발성 및 인화성** : 물질의 연소성은 산소농도나 분압이 높아짐에 따라 현저하게 증대하고 연소의 급격한 증가, 발화온도의 저하, 화염온도의 상승 및 화염 길이의 증가를 가져온다. 폭발한계 및 폭굉한계도 공기 중과 비교하면 산소 중에서는 현저하게 넓고, 물질의 점화에너지도 저하하여 폭발의 위험성이 증대한다. 이것은 가연성가스에서 뿐만 아니라 가연성 액체 및 가연성 분체에 있어서도 같은 현상이 일어난다. 산소를 화학반응에 사용하는 경우는 과산화물 등이 생성되어 폭발의 원인이 되는 경우가 있으므로 주의할 필요가 있다.

② **인체에 미치는 영향** : 기체산소의 흡입은 인체에 독성효과보다 강장(원기회복)의 효과가 있다. 그러나 산소를 과잉 흡입하거나 순산소인 경우는 인체에 유해하다. 60% 이상의 고농도를 12시간 이상 흡입하면 폐충혈이 되며 어린아이나 작은 동물은 실명·사망하게 된다. 또한, 산소가 부족하면 생명의 위험을 받게 되므로 모든 작업장에서는 산소농도를 18% 이상 유지해야 한다.

(5) 소 화

산소 자체는 연소하지 않으나 여타 물질의 연소에 관여하여 위험성을 증대시키므로 여타 물질의 누설 및 누출에 의한 화재 발생 시 화재에 적합한 소화기로 소화하고 용기 본체를 석면포 등으로 덮어 과열을 방지하고 소화기나 물 등으로 냉각한다.

6 수소(H₂ ; Hydrogen)

(1) 성 질

물리적 성질	화학적 성질
• 무색·무취의 기체이다. • 모든 가스 중에서 가장 가볍고 분자의 운동 속도는 1.84km/s(0℃)로서 확산속도가 대단히 크다. • 열전달률, 열전도율이 대단히 크다. • 비등점은 −252.8℃, 융점은 −259.1℃이다. • 임계온도는 −239.9℃, 임계압력은 12.8atm이다. • 비중(공기 = 1)은 0.0695이다.	• 공기 중에서 산소와 반응하여 물을 생성한다. • 폭발하한계는 공기 중에서 4~75.0V%(상온, 상압), 산소 중에서 4.65~93.9V%이다. • 발화점은 공기 중에서 530℃이며, 산소 중에서는 450℃이다. • 고온에서 금속산화물을 환원시키는 성질이 있어 환원제로 쓰인다. • 특히, 염소와의 혼합기체에 빛을 비추어 주면 격렬하게 반응하여 염화수소를 생성한다.

(2) 용 도

① 기구풍선에 넣는다.

② 산소−수소 불꽃(2,800℃)을 만들어 용접에 이용한다.

③ 암모니아 합성원료, 석유공업, 메탄올의 합성, 유지공업, 염산의 제조, 인조보석 제조, 유리공업, 금속제련 등에 사용된다.

④ 로켓연료, 자동차 연료 등에 사용된다.

(3) 안전관리

① 누설 시 조치

  ㉠ 공기 중에 누설된 수소는 폭발을 일으키기 쉬운 조건을 갖추고 있다.

  ㉡ 가스 누설의 감지는 비눗물, 가연성 가스측정기, 휴대용 수소감지기 등을 사용한다.

  ㉢ 안전장치를 작동하여 가스가 분출하면 빨리 실내를 환기시키고 화기를 경계한다.

  ㉣ 가스 누설의 경우에는 착화할 위험이 많으므로 화학섬유로 된 작업복의 정전기나 금속 등의 마찰충격에 의한 스파크가 일어나지 않도록 주의하여야 한다.

② 폭발성 및 인화성 : 수소가 공기 중에 연소할 때는 연한 청색을 나타내며 그 불꽃은 거의 보이지 않는다. 대기압하에서 공기와 혼합되거나 산소와 혼합된 경우의 점화온도는 560℃ 전후이다. 수소의 최소 발화에너지는 매우 작아 미세한 정전기 스파크로도 폭발의 발화원이 될 수 있으며, 수소가스가 고속으로 용기에서 분출하면 마찰 등의 원인으로 발화하는 경우도 있다. 수소와 염소 및 불소와의 반응 시에도 폭발이 일어나지만 폭발사고의 대부분은 공기와의 혼합에 의한 것이다.

③ 인체에 미치는 영향 : 수소는 비독성이나 산소와 치환하여 질식제로 작용한다. 수소는 많이 마셔도 현기증 같은 자각증세가 전혀 없어 모르는 사이에 질식되므로 주의하여야 한다.

(4) 소 화

① 안전밸브 등으로부터의 분출가스가 착화된 경우, 불꽃이 강렬한 경우 석면포 등으로 용기 본체를 덮어 과열을 방지하고 소화기나 물 등으로 소화한다.

② 옥내의 용기에서 누설하여 착화된 경우에는 용기 및 그 주위를 살수·냉각하고 화재의 영향을 받지 않게 해당 용기를 옥외로 운반하여 소화한다. 다른 가스화재와는 달리 수소의 화염은 눈에 직접 보이지 않는다.

7 아세틸렌(C_2H_2 ; Acetylene)

(1) 성 질

물리적 성질	화학적 성질
• 에틴이라고 하며, 무색의 독성이 있는 가스이며 순수한 것에는 방향성이 있다. • 비점(-83.6℃)과 융점(-81.8℃)의 온도차가 적으므로 고체 아세틸렌은 승화한다. • 액체 아세틸렌은 불안정하나 고체 아세틸렌은 비교적 안정하다.	• 산소가스에 의해 연소 시 3,000℃를 넘는 불꽃을 낸다. • 분해폭발성이 있는 가스이므로 단독으로 가압하여 사용할 수 없으나 아세톤(CH_3COCH_3)에 잘 용해되며, 그 용해능력은 15℃에서 25배에 달한다.

(2) 용 도

① 산소·아세틸렌염으로서 금속의 용접·절단에 많이 사용된다.

② 800℃에서 분해하여 카본블랙을 만들며, 이것은 제도용 잉크의 원료로 이용된다.

③ 아세틸렌에서 아세트알데하이드를 거쳐 초산을 만들고, 합성수지의 원료인 염화비닐, 초산비닐, 합성고무의 원료인 부타다이엔과 에틸렌의 제조에 사용된다.

(3) 안전관리

① 사용상 주의

  ㉠ 아세틸렌과 접촉되는 부분은 구리 또는 구리 함유량 62% 이상의 구리합금은 사용하지 않아야 한다.

  ㉡ 화기의 취급에 주의하고 전기설비는 방폭성능을 가진 것을 사용하여야 한다.

  ㉢ 아세틸렌을 용기에 충전할 때에는 25kg/cm² 이하로 충전한다.

  ㉣ 아세틸렌을 25kg/cm² 이상의 압력으로 가압하는 경우에는 질소, 메탄, 이산화탄소 등의 희석제를 첨가하여 폭발범위 밖의 범위가 되도록 한다.

  ㉤ 기기의 전후, 배관의 도중 등 필요한 개소에 역화방지기, 체크밸브 등을 설치한다.

② 아세틸렌 누설 시의 조치 : 가스호스의 연결 부분에서 누설되는 경우 용기의 밸브를 잠그고 호스밴드를 사용하여 조치한다. 또한, 아세틸렌은 정전기나 철제공구의 충격에 의한 스파크로 착화가 되므로 주의하여야 한다.

③ 폭발성 및 인화성 : 아세틸렌은 매우 연소하기 쉬운 기체로서 공기 또는 산소와 혼합하여 넓은 범위의 폭발성 혼합가스를 형성하므로 폭발범위가 넓다.

④ 인체에 미치는 영향 : 순수한 아세틸렌은 독성이 없다. 즉, 단순히 질식성 물질로서 농도가 높은 경우에는 흡입공기 중 산소량 부족에 의한 질식의 위험을 일으킨다.

(4) 소 화

옥내에서 소화기를 사용하여 소화하여도 주위가 과열되어 있으면 재착화되며 그 사이에 가스가 분출하면 큰 폭발이 생긴다. 완전히 소화되지 않은 경우에는 그대로 방치해서는 안 된다. 물속에 넣거나 석면포로 덮거나, 모래 등으로 소화한다. 또한, 분말소화기·이산화탄소소화기를 사용하는 것도 유효하다.

8 염소(Cl_2 ; Chlorine)

(1) 성 질

물리적 성질	화학적 성질
• 상온에서 자극성이 있는 황록색의 기체로, 무겁고 맹독성 기체이다. • −34℃에서 냉각시켜 상온에서 6~8기압을 가하면 쉽게 액화시킬 수 있어 액화가스로 취급된다.	• 화학적으로 활성이 강한 기체이다. • 수분이 없으면 상온에서 금속과 반응이 일어나지 않으나 수분이 존재하면 대부분의 금속과 염화물을 생성한다.

(2) 독 성

① 대기 중에 누설된 염소는 눈, 코, 기관지, 폐 등을 상하게 한다.

② 허용농도는 1ppm이다.

③ 액화염소가 피부에 닿으면 동상의 위험성이 있다.

(3) 염소의 안전관리

① 누설 시 조치

㉠ 염소가스가 누설될 때에는 주위의 습기와 반응하여 흰 연기가 나타나므로 초기에 누설을 발견할 수 있으며, 발견 즉시 조치하여야 한다.

㉡ 방독마스크나 기타의 보호구를 확실하게 착용하여 처리한다.

ⓒ 염소 누설사고에 대비하여 바람의 방향을 감지하기 위하여 풍향계를 보기 쉬운 곳에 설치한다.

ⓔ 응급조치를 할 경우에는 반드시 풍향 방향에서 접근하여 누설 부분을 확인한 후 조치한다.

ⓜ 염소가 기체 상태로 누설될 때에는 소석회를 살포·흡수하여 중화시키고, 만일 용기에서 액체 상태로 누출되는 경우에는 소석회로 주위로의 확산을 방지하고, 고무시트 등을 덮어 기화를 억제할 수 있으므로 항상 소석회를 준비해 둔다.

ⓗ 누설 용기에 살수하면 부식이 촉진되고, 염소의 기화속도를 빨라지기 때문에 살수하여서는 안 된다.

② **폭발성 및 인화성** : 염소 자체에는 폭발성이나 인화성이 없지만 조연성이 있어 다른 물질의 연소를 도와준다. 많은 금속과는 약간만 가열해 주어도 심하게 연소를 하고 미세한 금속타이타늄은 건조염소(수분 함량 0.0005%) 속에서 착화한다.

③ **인체에 미치는 영향**

ⓐ 염소는, 특히 호흡기를 자극하는 유해한 것으로 부피가 3~5ppm 이상의 농도에서 쉽게 알 수 있다. 액체염소가 피부와 눈에 접촉되면 위험하다. 고농도의 염소는 점막·호흡기·피부를 자극하고, 다량 흡입 시에는 눈을 자극하며 심한 기침과 호흡곤란을 일으킨다.

ⓑ 염소에 과다하게 노출되면 사람을 흥분시키고 목구멍을 자극시키며 재채기를 유발한다. 따라서 천식 또는 만성호흡기병이 있는 사람은 특히 주의해야 하며, 만성중독의 증상으로는 눈, 코, 기관, 폐 등의 국소점막에 유해한 현상이 일어난다.

④ **재해설비**

ⓐ 중화제 : 염소의 중화제로서는 석회유 및 가성소다용액이 사용된다. 석회유의 농도가 너무 높으면 석회가 침강하여 농도가 불균일하게 되고 휘저으면 점도가 상승한다. 가성소다용액의 농도가 너무 높으면 염화나트륨이 생성되어 용액을 보낼 때 노즐이 막히므로 적당한 농도로 하여야 한다.

ⓑ 보호구 : 염소농도가 1% 이상인 경우에 산소 또는 공기 흡입식 마스크를 사용한다. 염소가 액체인 상태로 누설한 경우의 처리 시에 동상을 방지하기 위하여 보호장갑 및 보호복을 착복하여야 한다.

(4) 소 화

① 운전을 정지한 후 충전용기는 즉시 안전한 장소로 이동시킨다.

② 소화작업원은 화재가 일어난 부근의 충전용기에 대하여 실수를 하지 않고, 용기 내의 압력이 상승되지 않도록 한다.

③ 화재로 충전용기의 안전밸브가 작동하여 염소가스가 방출된 경우에는 바람을 등지고 진압하고, 부근의 주민을 대피시킨다.

9 암모니아(NH₃ ; Ammonia)

(1) 성 질

물리적 성질	화학적 성질
• 상온·상압에서 강한 자극성 냄새를 갖는 무색의 기체이다. • 물에 잘 용해된다. • 증발잠열이 크다(0℃에서 301.8kcal/kg). • 20℃에서 8.46atm 정도 가압하면 쉽게 액화된다.	• 산소 중에서 연소시키면 황색염을 내며 질소와 물을 생성한다. • Zn, Cu, Ag, Co 등과 같은 금속이온과 반응하여 착이온을 만든다. • 마그네슘과는 고온에서 질화마그네슘을 만든다. • 상온에서 안정하나 1,000℃ 정도에서 분해된다.

(2) 안전관리

① 누설검지 : 암모니아는 밸브나 공급라인에서 누설 시 냄새로 쉽게 알 수 있다. 염산(HCl) 수용액의 병뚜껑을 열어 놓으면 암모니아와 반응하여 흰 연기를 발생하므로 정확한 누설지점을 알 수 있다. 또 다른 방법으로는 페놀프탈레인 용액이나 적색 리트머스시험지를 암모니아에 접촉시키면 색깔이 변하게 되므로 암모니아 누설 여부를 검지할 수 있다.

② 누설 시 조치

㉠ 암모니아가스는 독성 및 가연성가스이므로 누설 부위에 화기를 차단시키고, 방독면 등의 보호구를 착용한 후 접근하여야 한다.

㉡ 누설 부위에 접근할 때에는 바람을 등지고 접근하여야 한다.

㉢ 액체 암모니아가 누출될 때에는 물을 살수하여 암모니아 가스를 흡수시켜 중화한다.

③ 인체에 미치는 영향

㉠ 암모니아는 공기 중 5ppm 이하에서도 냄새를 느끼는 사람이 있고, 20ppm 이상되면 쉽게 감지할 수 있다. 8시간 노출 최대 허용치는 25ppm, 눈·코·인후의 점막을 자극하는 최소 농도는 200~300ppm이고, 1,000ppm 이상에서는 단시간 흡입에 의해 호흡기관 및 눈의 점막이 자극을 받아 위험증상이 나타나고 5,000~10,000ppm의 경우는 단시간의 노출로 사망한다.

㉡ 액체 암모니아가 저장탱크·용기·파이프에서 누설되는 경우에는 급격한 기화에 의해 고농도의 암모니아가스로 되며 이것을 흡입하면 몇 분 내로 사망한다.

㉢ 액체암모니아는 대기 중에 기화하면서 열을 흡수하기 때문에 피부와 접촉 시 동상에 걸려 심한 상처를 입게 되므로 주의하여야 한다.

(3) 소 화

소화기로서는 물 계통의 것이 좋다. 암모니아는 물에 잘 녹기 때문에 물을 뿌리는 것이 유효하다.

10 포스겐($COCl_2$; Phosgen)

(1) 성 질

① 공기보다 무거우며 무색의 자극적 냄새가 난다.

② 물에 분해되며 벤젠이나 톨루엔에 쉽게 용해된다.

③ 천천히 분해하면서 유독하고 부식성 있는 가스를 발생시킨다.

④ 자체로 폭발성 및 인화성은 없다.

⑤ 허용농도는 0.1ppm이다.

(2) 용 도

제초제, 의약품 및 접착제의 원료로 쓰인다.

(3) 안전관리

① 직사광선을 피하고 냉암소에 보관한다.

② 맹독성이 있기 때문에 환기에 유의한다.

③ 인체에 미치는 영향은 흡입 시 폐에 강한 자극을 주어 폐수종을 일으키고 호흡곤란 및 질식에 이르게 된다. 제1차 세계대전에서 독가스로 사용될 정도로 독성이 강하고 피부에 노출될 경우 피부염이나 눈에 염증이 생길 수 있다.

(4) 소화 시 주의사항

① 맹독성이므로 충분히 통풍 및 환기하고 공기호흡기를 착용한다.

② 부식성이 있으므로 장구 사용에 주의하고 용기에서 분출될 경우 분무방수와 함께 밸브폐쇄 또는 나무마개(쐐기) 등으로 차단한다.

11 염화수소(HCl ; Hydrogen Chloride)

(1) 성 질

① 공기보다 약간 무겁고 물, 알코올, 에테르에 녹는다.

② 순수한 것은 무색 투명하고 자극적인 냄새가 나는 기체 또는 담황색 액체이다.

③ 부식성이 강하고 강산성이며, 허용농도는 5ppm이다.

(2) 용 도

염화비닐의 제조, 도료, 의약품, 농약의 제조 등에 쓰인다.

(3) 안전관리

① 직사광선이나 산화제와의 접촉을 피한다.

② 인체는 물론 금, 백금 등의 금속류도 부식시키므로 기밀용기에 담아 야외에 저장한다.

③ 누출 시 직접 중화제를 살포하면 발열과 함께 산이 비산하므로 위험하다.

④ 인체에 미치는 영향은 피부 접촉 시 가려움증 및 눈에 결막염을 일으키며, 다량 흡입 시 폐수종을 일으켜 사망할 수 있다.

(4) 소화 시 주의사항

① 분말, 이산화탄소, 할론 등에 의한 질식소화를 한다.

② 염화수소 자체는 폭발성이 없으나 금속과 반응하여 수소가스를 발생시켜 2차 폭발의 가능성이 있으므로 환기에 유의한다.

12 시안화수소(HCN ; Hydro Cyanide)

(1) 성 질

① 공기보다 약간 가볍다.

② 복숭아 냄새의 무색 기체이다.

③ 물, 에탄올, 미량의 에테르에 녹는다.

④ 점화 시 보라색 불꽃을 내며 연소한다.

⑤ 알칼리와 접촉하면 폭발 가능성이 있다.

⑥ 허용농도는 $5mg/m^2$이다.

(2) 용 도

유기합성 원료, 농약, 쥐약의 원료로 쓰인다.

(3) 안전관리

① 햇빛과 가열을 피하고 고압용기에 저장할 때에는 35℃ 이하를 유지한다.

② 연소성, 부식성, 알칼리성 물질과 격리하고 장기간(90일 이상) 저장하지 않는다.

③ 충전용기 또는 빈 용기라도 충격을 가하지 않도록 한다.

④ 인체에 미치는 영향은 맹독성으로 2~3회만 흡입해도 치명적 호흡마비를 일으키며 다량의 가스를 흡입하면 즉사한다. 눈 또는 피부와 접촉 시 생리식염수, 비눗물 또는 다량의 물로 세척한다.

(4) 소화 시 주의사항

① 물분무, 이산화탄소, 할로겐소화가 유효하다.

② 용기의 파손 부위는 밀봉하고 염소 등을 뿌려 중화한 뒤 비활성 흡착제를 뿌려 수거한다.

13 아황산가스(SO_2 ; Sulfur Dioxide)

(1) 성 질

① 공기보다 무거우며 물, 알코올, 에테르에 녹는다.

② 환원성이 있고 2~3기압으로 압축하면 액화한다.

③ 허용농도는 2ppm이다.

(2) 용 도

살충제, 방부제, 살균·표백제 등으로 쓰인다.

(3) 안전관리

① 직사광선을 피하고 통풍이 좋은 장소에 저장한다.

② 용기는 냉각 저장하고 청결하게 보관한다.

③ 인체에 미치는 영향은 자극성이 심한 가스로 눈·코 및 기도를 강하게 자극한다. 대기오염의 주원인이며, 고농도에서 장기간 노출되면 생명을 잃을 수 있다. 흡입 시에는 중조수로 입을 헹구고 산소 호흡을 시킨다.

(4) 소화 시 주의사항

통풍 및 환기를 충분히 하고 공기(산소)호흡기 등 보호구를 착용한다.

14 도시가스(City Gas)

(1) 정 의

고체연료, 액체연료, 기체연료 등을 원료로 하여 적당한 발열량을 갖도록 제조한 가스를 배관망을 통하여 소비자에게 직접 공급하는 가스 공급방식을 도시가스라고 한다.

(2) 도시가스의 특성

① **사용 편리** : 배관으로 공급되므로 연료 운송, 저장에 불편이 없고, 폐기물 처리가 필요없다.
② 공해물질이 없다.
③ 경제적이며 종합 열효율이 높다(열효율 : 연탄 30%, 석유 40%, 전기 38%, 도시가스 45%).
④ **도시가스의 용도** : 가정용(취사조리, 냉난방), 상업용(대중음식점, 대중목욕탕, 호텔 등 대형 건물의 냉난방 연료·업무용), 산업용(자동차산업, 유리산업, 전자공업)

(3) 부취제의 선정조건

① 독성이 없을 것
② 일반적인 일상생활의 냄새와는 확연히 구분될 것
③ 저농도에 있어서도 냄새를 알 수 있을 것
④ 가스배관이나 가스미터에 흡착되지 않을 것
⑤ 완전히 연소하고 연소 후에는 유해하거나 냄새를 가지는 물질을 남기지 않을 것
⑥ 배관 내에서 응축되지 않을 것
⑦ 화학적으로 안정될 것
⑧ 물에 녹지 않을 것
⑨ 토양에 대한 투과성이 좋을 것
⑩ 부식성이 없을 것

05 적중예상문제

01 전원과 전력부하를 2줄의 전선으로 결선하여 전류를 흐르게 하는 것은?

① 직 류   ② 단상교류
③ 이상교류   ④ 삼상교류

> **해설** 단상교류는 전원과 전력부하를 2줄의 전선으로 결선하여 전류를 흐르게 하는 것으로 주택이나 건물에서
> 사용하는 전등·콘센트용 전기설비에 사용된다.

02 전기히터가 220V에서 작동하여 1,500W를 소비하였을 때 저항치(Ω)는?(단, 소수점 이하 둘째자리에서 반올림한다)

① 12.3   ② 22.3
③ 32.3   ④ 42.3

> **해설** 전력 P = 전압 V × 전류 I 에서 $1{,}500W = 220V \times$ 전류 I
> ∴ 전류 I = 6.82A
> 저항 $R = \dfrac{\text{전압}}{\text{전류}} = \dfrac{220}{6.82} \fallingdotseq 32.258 = 32.3\Omega$

03 전력량 1kWh는 몇 kcal/h인가?

① 480kcal/h   ② 620kcal/h
③ 740kcal/h   ④ 860kcal/h

> **해설** 전류가 어느 단위시간 내에 한 일의 총량을 전력량이라 하며, 단위는 Wh, kWh를 사용한다. 1kWh는 860kcal/h
> 이다.

1 ② 2 ③ 3 ④ **정답**

04 점화원의 종류 중 도체로부터의 방전에너지(E)를 구하는 공식으로 옳지 않은 것은?(단, C는 정전용량, V는 전압, Q는 전하량이다)

① $E = \dfrac{1}{2}CV^2$

② $E = \dfrac{1}{2}QV$

③ $E = \dfrac{1}{2}\dfrac{Q^2}{C}$

④ $E = \dfrac{1}{2}\dfrac{C^2}{V}$

> 해설 방전에너지 E는 대전물체의 전위 V, 전하량 Q, 정전용량 C 중 둘만 정확히 알면,
> $E = 0.5CV^2 = 0.5QV = \dfrac{0.5Q^2}{C}$로 계산할 수 있다.

05 다음 중 일반적인 펌프수차 본체의 구성이 아닌 것은?

① 주축 베어링

② 케이싱

③ 가이드베인

④ 흡출관 수면압하장치

> 해설 펌프수차란, 수차 및 펌프 양쪽에 가역적으로 사용하는 회전기계를 말하며, 펌프수차 본체와 부속장치로 구성된다.
> • 펌프수차 본체 : 일반적으로 케이싱, 덮개, 가이드베인, 러너, 흡출관, 주축, 주축 베어링 등으로 구성된다.
> • 부속장치 : 일반적으로 입구밸브, 속도조절기, 유압장치, 윤활유장치, 급수장치, 배수장치, 흡출관 수면압하장치, 운전제어장치 등으로 구성된다.

06 한국전기설비규정상 교류전압에서 저압으로 구분하는 기준은?

① 750V 이하

② 1kV 이하

③ 1.5kV 이하

④ 7kV 이하

> 해설 **한국전기설비규정상 전압(저압, 고압 및 특고압)을 구분하는 기준**
> • 저압 : 직류는 1.5kV 이하, 교류는 1kV 이하인 것
> • 고압 : 직류는 1.5kV를, 교류는 1kV를 초과하고, 7kV 이하인 것
> • 특고압 : 7kV를 초과하는 것

07 한국전기설비규정상 특고압에 해당하는 것은?

① 1.5kV 초과

② 3kV 초과

③ 5kV 초과

④ 7kV 초과

해설 7kV를 초과하는 것을 말한다.

08 전선의 식별 표시가 잘못된 것은?

① L1 – 갈 색

② L2 – 흰 색

③ L3 – 회 색

④ N – 파란색

해설

상(문자)	색 상
L1	갈 색
L2	검은색
L3	회 색
N	파란색
보호도체	녹색–노란색

09 보호도체의 색상은?

① 검은색

② 회 색

③ 빨간색

④ 녹색–노란색

10 전선을 접속하는 경우 전선의 세기(인장하중)는 몇 % 이상 감소되지 않아야 하는가?

① 10   ② 15

③ 20   ④ 25

> **해설** 전선의 세기(인장하중)를 20% 이상 감소시키지 아니할 것

11 고압 및 특고압전로의 절연내력시험을 하는 경우 시험전압을 연속하여 몇 분간 가하여 견디어야 하는가?

① 1   ② 3

③ 5   ④ 10

> **해설** **전로의 절연저항 및 절연내력(한국전기설비규정 132)**
> 고압 및 특고압의 전로(전로의 절연원칙, 회전기, 정류기, 연료전지 및 태양전지 모듈의 전로, 변압기의 전로, 기구 등의 전로 및 직류식 전기철도용 전차선을 제외)는 규정에서 정한 시험전압을 전로와 대지 사이(다심케이블은 심선 상호 간 및 심선과 대지 사이)에 연속하여 10분간 가하여 절연내력을 시험하였을 때에 이에 견디어야 한다. 다만, 전선에 케이블을 사용하는 교류 전로로서 표에서 정한 시험전압의 2배의 직류전압을 전로와 대지 사이(다심케이블은 심선 상호 간 및 심선과 대지 사이)에 연속하여 10분간 가하여 절연내력을 시험하였을 때에 이에 견디는 것에 대하여는 그러하지 아니하다.

12 접지시스템 중 시설의 종류가 아닌 것은?

① 단독접지   ② 공통접지

③ 연합접지   ④ 통합접지

> **해설** **접지시스템의 시설** : 단독접지, 공통접지, 통합접지

13 접지시스템의 구성요소에 해당되지 않는 것은?

① 접지극

② 계통도체

③ 보호도체

④ 접지도체

> **해설** **접지시스템의 구성요소** : 접지극, 접지도체, 보호도체 및 기타 설비

14 피뢰시스템의 적용범위에서 전기전자설비가 설치된 건축물 · 구조물로서 낙뢰로부터 보호가 필요한 것 또는 지상으로부터 높이가 몇 m 이상인가?

① 5

② 10

③ 20

④ 25

> **해설** **피뢰시스템의 적용범위**
> • 전기전자설비가 설치된 건축물 · 구조물로서 낙뢰로부터 보호가 필요한 것 또는 지상으로부터 높이가 20m 이상인 것
> • 전기설비 및 전자설비 중 낙뢰로부터 보호가 필요한 설비

15 외부피뢰시스템에 해당하지 않는 것은?

① 수뢰부시스템

② 인하도선시스템

③ 접지극시스템

④ 서지보호시스템

> **해설** **외부피뢰시스템**
> • 수뢰부시스템
> • 인하도선시스템
> • 접지극시스템

16 전기화재의 분류 중 발화형태별 분류에 해당하지 않는 것은?

① 합 선
② 취급 불량
③ 접속부 과열
④ 정전기

해설 **발화형태별 분류** : 합선(가장 빈번함), 과전류, 누전, 접속부 과열, 스파크, 정전기, 낙뢰 등
※ 사용상황별로 나누는 방법 : 사용 부주의, 사용 상태로 방치, 취급 불량 등

17 절연파괴의 원인 중 열적열화를 일반적으로 야기하는 것은?

① 사용 부주의
② 이상전압
③ 결 로
④ 허용전류를 넘는 과전류

해설 열적열화는 일반적으로 허용전류를 넘는 과전류에 의해 발생한다.

18 누전차단기는 누전이 발생하면 얼마 이내에 전로를 차단하여야 하는가?

① 0.01초 이내
② 0.03초 이내
③ 0.1초 이내
④ 0.3초 이내

해설 누전차단기는 옥내 전로 및 기계·기구에서 미세한 전류라도 누전되면 짧은 시간(0.03초 이내)에 전로를
자동차단하는 고감도기능을 갖춘 안전장치로 220V를 사용할 때는 의무적으로 부설해야 한다.

19 다음 중 변압기의 안전관리방법으로 적절하지 않은 것은?

① 운전 중인 변압기는 전압, 전류 등을 측정하여 과부하로 운전되고 있는지의 여부를 확인한다.

② 변압기의 부싱 상태를 유지하도록 한다.

③ 변압기에서 이상음이나 냄새가 나는지를 확인한다.

④ 계절용으로 사용하는 변압기는 사용하지 않는 기간에는 차단기 또는 개폐기를 개방하여 무부하손실이 없도록 한다.

> **해설** 변압기의 부싱에는 캡을 씌워 충전부가 노출되지 않도록 한다.

20 가스사고 시 피해 등급에 따른 사고 분류 중 사망자 1명에 해당하는 사고는?

① 1급 사고

② 2급 사고

③ 3급 사고

④ 4급 사고

> **해설** 2급 사고는 사망자 1명 이상 4명 이하, 중상자 2명 이상 9명 이하, 부상자가 6명 이상 29명 이하, 물적 피해액 10억원 이상 20억원 미만이다.

21 다음 중 LPG에 대한 설명으로 틀린 것은?

① 상온·상압에서는 기체이지만 상온에서는 비교적 저압에서 액화시킬 수 있다.

② 순수한 LPG는 마늘 썩는 냄새가 난다.

③ 액화 시 체적이 1/250로 축소되므로 적은 용기에 많은 양의 가스를 저장·보관할 수 있기 때문에 보관·수송이 용이하다.

④ 황산화물 생성성분인 유황성분이 거의 없고, 가스성분 중에 일산화탄소(CO)가 전혀 함유되어 있지 않다.

> **해설** 순수한 LPG는 무색·무취이다. 다만, 에틸렌은 약간의 꽃향기가 있다. 냄새가 없기 때문에 일반 소비자에게 공급하는 가스는 실내에서 누설될 경우를 대비하여 공기 중의 혼합비율이 용량으로 1,000분의 1인 상태에서 감지가 될 수 있도록 부취제를 주입하고 있다.

22 LPG의 용기에 의한 저장 시 안전관리에 대한 설명으로 틀린 것은?

① LPG를 용기로 저장할 때에는 통풍이 잘되는 곳에 전도와 전락이 되지 않게 세울 것
② 충전용기는 20℃ 이하로 보관할 것
③ 용기보관실 2m 이내에는 화기 사용을 금지하고, 부근에는 발화성 물질을 두지 말 것
④ 용기보관실은 불연성 재료로 할 것

> 해설 충전용기는 40℃ 이하로 보관하여야 할 것

23 고압가스안전관리법령상 고압가스 저장의 안전유지기준으로 옳지 않은 것은?

① 용기보관장소의 주위 2m 이내에는 화기 또는 인화성 물질이나 발화성 물질을 두지 않을 것
② 충전용기는 항상 55℃ 이하의 온도를 유지하고, 직사광선을 받지 않도록 조치할 것
③ 충전용기와 잔가스용기는 각각 구분하여 용기보관장소에 놓을 것
④ 가연성가스 용기보관장소에는 방폭형 휴대용 손전등 외의 등화를 지니고 들어가지 않을 것

> 해설 **고압가스안전관리법 시행규칙 별표 9**
> 충전용기는 항상 40℃ 이하의 온도를 유지하고, 직사광선을 받지 않도록 조치할 것

24 LPG의 저장탱크에 의한 저장 시 안전관리에 대한 설명으로 틀린 것은?

① 저장탱크는 통풍이 좋은 장소에 설치하고, 2m 이내에서는 화기 사용을 금지한다.
② 저장탱크 내용적의 90%를 초과하여 저장해서는 안 된다.
③ 지상에 설치하는 저장탱크 및 그 지주는 내열구조로 하고, 저장탱크 및 그 주위에는 외면으로부터 5m 이상 떨어진 위치에서 조작할 수 있는 냉각살수장치를 설치한다.
④ 저장탱크에 부착된 안전밸브에는 가스방출관을 설치하고, 가스방출관은 지면에서 2m 이상 또는 저장탱크의 정상부에서 2m 높이의 위치에 설치한다.

> 해설 저장탱크에 부착된 안전밸브에는 가스방출관을 설치하고, 가스방출관은 지면에서 5m 이상 또는 저장탱크의 정상부에서 2m 높이의 위치에 설치한다.

25 다음 중 액화석유가스 용기보관실의 안전유지에 대한 설명으로 틀린 것은?

① 용기보관실의 주위의 2m(우회거리) 이내에는 화기 취급을 하거나 인화성 물질 및 가연성 물질을 두지 아니할 것
② 용기보관실 내에서 사용하는 휴대용 손전등은 방폭형일 것
③ 용기보관실에는 계량기 등 작업에 필요한 물건 외에는 두지 아니할 것
④ 용기는 반드시 2단 이상으로 쌓지 아니할 것

> **해설** 용기는 2단 이상으로 쌓지 않는 것을 원칙으로 한다. 다만, 내용적 30L 미만의 용접용기는 2단으로 쌓을 수 있다.

26 LPG 누설 시의 조치사항으로 적절하지 않은 것은?

① LPG는 공기보다 가볍기 때문에 누설 시 천장부에 체류하므로 주의하여야 한다.
② 누설이 된 경우에는 주변의 발화원 제거 및 용기의 밸브를 잠그고 가스의 공급을 중단하고 창문과 출입문을 열어 누설된 가스 냄새가 없어질 때까지 환기시킨다.
③ 용기의 안전밸브가 작동한 경우에는 용기 몸체에 물을 부어 용기를 냉각시킨다. 이때 용기가 전도되지 않도록 주의하여야 한다.
④ 저장탱크에서 누설된 경우에는 살수장치, 물분무장치로 냉각시켜 가스의 압력을 낮추고 동시에 누설된 가스를 확산시키거나 별도의 탱크에 옮기고 긴급방출관으로 대기 중에 방출하는 등의 응급조치를 한다.

> **해설** LPG는 공기보다 무거워 누설되면 바닥에 체류하므로 주의하여야 한다.

27 다음 중 액화석유가스 누설 시 조치요령으로 적절하지 않은 것은?

① LPG가 누설되면 공기보다 무거워서 낮은 곳에 고이게 되므로 특히 주의할 것
② 가스가 누설될 때는 부근의 착화원이 될 만한 것은 신속히 치우고 용기밸브, 중간밸브를 잠그고 창문 등을 열어 신속히 환기시킬 것
③ 누설용기에 살수하면 부식이 촉진되고, 기화속도를 빠르게 하기 때문에 절대 살수하지 않을 것
④ 용기밸브가 진동·충격에 의하여 누설 시에는 부근의 화기를 멀리하고 즉시 밸브를 잠글 것

> **해설** 용기의 안전밸브에서 가스가 누설될 때에는 용기에 물을 뿌려서 냉각시킬 것. 이때 용기가 넘어지지 않도록 주의할 것(용기는 안전한 장소로 이동)

28 다음 중 LPG의 소화대책으로 적절하지 않은 것은?

① 누설을 즉시 멈추게 할 수 없을 경우 폭발 위험이 있으므로 연소 중인 LPG를 소화하지 않는 것이 좋다.

② 살수가 가능한 경우에는 빠르게 살수를 하여 탱크를 냉각시키고, 이산화탄소소화기를 사용한다.

③ 초기 소화가 가능한 경우 포말소화기 및 할론소화기로 소화한다.

④ 분출착화인 경우에는 분말소화기를 분출하고 있는 가스의 근원부터 순차적으로 불꽃의 선단을 향하여 소화하는 것이 효과적이다.

해설 초기 소화가 가능한 경우 분말소화기 및 이산화탄소소화기로 소화한다.

29 다음 중 LNG의 특성으로 틀린 것은?

① 액화 시에 체적이 1/600로 축소되고 무색 투명하다.

② 주성분이 메탄으로서 비중이 1.65로 공기보다 무거운 편이다.

③ 천연가스는 연소 시 공해물질이 거의 없는 청정연료로서 대기를 맑게 하며, 쾌적한 생활환경을 조성한다.

④ 불꽃 조절이 용이하고, 열효율이 높기 때문에 가정에서 취사, 조리용은 물론 급탕, 냉난방 등 다용도로 사용된다.

해설 주성분이 메탄으로서 비중이 0.65로 공기 무게의 약 절반 정도로 가벼워 가스가 누설된 경우 대기 중으로 날아가 프로판가스나 부탄가스보다 폭발의 위험이 적고 깨끗한 가스이다.

30 LNG의 성분 중 대부분을 차지하는 것은?

① 메탄(CH_4)

② 에탄(C_2H_6)

③ 프로판(C_3H_8)

④ 부탄(C_4H_{10})

해설 메탄(CH_4)이 85.2%를 차지한다.

31 다음 중 산소의 물리적 성질로 틀린 것은?

① 무색·무미·무취의 기체이며 물에는 약간 녹는다.

② 상온에서 2원자로 1분자를 만들며 1L의 무게는 1.428g이다.

③ 액화산소는 담홍색을 나타낸다.

④ 비등점 -183.0℃, 융점 -218℃

해설 액화산소는 담청색을 나타낸다.

32 다음 중 수소의 폭발성에 대한 설명으로 틀린 것은?

① 수소는 공기 중에 연소할 때는 진한 홍색을 나타낸다.

② 대기압하에서 공기와 혼합되거나 산소와 혼합된 경우의 점화온도는 560℃ 전후이다.

③ 수소의 최소 발화에너지는 매우 작아 미세한 정전기 스파크로도 폭발의 발화원이 될 수 있다.

④ 수소가스가 고속으로 용기에서 분출하면 마찰 등의 원인으로 발화하는 경우도 있다.

해설 수소는 공기 중에 연소할 때는 연한 청색을 나타내며 그 불꽃은 거의 보이지 않는다.

33 다음 중 아세틸렌(C_2H_2 ; Acetylene)에 대한 설명으로 틀린 것은?

① 에틴이라고도 하며, 무색의 독성이 있는 가스이며 순수한 것에는 방향성이 있다.

② 비점(-83.6℃)과 융점(-81.8℃)의 온도차가 적으므로 고체 아세틸렌은 승화한다.

③ 고체 아세틸렌은 불안정하나 액체 아세틸렌은 비교적 안정하다.

④ 산소가스에 의해 연소 시 3,000℃를 넘는 불꽃을 낸다.

해설 액체 아세틸렌은 불안정하나 고체 아세틸렌은 비교적 안정하다.

34 다음 중 아세틸렌의 사용상 주의에 대한 설명으로 틀린 것은?

① 아세틸렌과 접촉되는 부분은 구리 또는 구리 함유량 80% 이상의 구리합금은 사용하지 말아야 한다.
② 화기의 취급에 주의하고 전기설비는 방폭성능을 가진 것을 사용하여야 한다.
③ 아세틸렌을 용기에 충전할 때에는 $25kg/cm^3$ 이하로 충전한다.
④ 아세틸렌을 $25kg/cm^3$ 이상의 압력으로 가압하는 경우에는 질소, 메탄, 이산화탄소 등의 희석제를 첨가하여 폭발범위 밖의 범위가 되도록 한다.

해설 아세틸렌과 접촉되는 부분은 구리 또는 구리 함유량 62% 이상의 구리합금은 사용하지 말 것

35 다음 중 염소의 성질에 대한 설명으로 틀린 것은?

① 상온에서 자극성이 있는 황록색의 무거운 기체이며 맹독성기체이다.
② -34℃에서 냉각시켜 상온에서 6~8기압을 가하면 쉽게 액화시킬 수 있어 액화가스로 취급된다.
③ 화학적으로 활성이 강한 기체이다.
④ 수분이 없어도 상온에서 금속과 활발한 반응을 일으킨다.

해설 수분이 없으면 상온에서 금속과 반응이 일어나지 않으나 수분이 존재하면 대부분의 금속과 염화물을 생성한다.

36 염소의 누설 시 조치에 대한 설명으로 틀린 것은?

① 염소 누설사고에 대비하여 바람의 방향을 감지하기 위하여 풍향계를 보기 쉬운 곳에 설치한다.
② 응급조치를 할 경우에는 반드시 풍향 방향에서 접근하여 누설 부분을 확인한 후 조치를 한다.
③ 염소가 기체 상태로 누설될 때에는 소석회를 살포·흡수하여 중화시킨다.
④ 누설용기에 살수하여 온도를 낮춘다.

해설 누설용기에 살수하면 부식이 촉진되고, 염소의 기화속도를 빠르게 하기 때문에 살수하여서는 안 된다.

37 다음 중 암모니아의 물리적 성질로 틀린 것은?

① 상온·상압에서 강한 자극성의 냄새를 갖는 무색의 기체이다.

② 물에 잘 용해되지 않는다.

③ 증발잠열이 크다(0℃에서 301.8kcal/kg).

④ 20℃에서 8.46atm 정도 가압하면 쉽게 액화된다.

> **해설** 암모니아는 물에 잘 용해된다.

38 암모니아가 인체에 끼치는 영향으로 틀린 것은?

① 1,000ppm 이상에서는 단시간 흡입에 의해 호흡기관 및 눈의 점막이 자극을 받아 위험증상이 나타난다.

② 5,000~10,000ppm의 경우는 단시간의 노출로 사망한다.

③ 액체암모니아가 저장탱크·용기·파이프에서 누설할 경우에는 급격한 기화에 의해 고농도의 암모니아 가스로 되며 이것을 흡입하면 몇 분 내로 사망한다.

④ 액체암모니아는 대기 중에 기화하면서 피부와 접촉 시 화상을 입힐 수 있다.

> **해설** 액체암모니아는 대기 중에 기화하면서 열을 흡수하기 때문에 피부와 접촉 시 동상에 걸려 심한 상처를 입게 되므로 주의해야 한다.

39 암모니아 소화 시 가장 유효한 것은?

① 물소화기

② 이산화탄소소화기

③ 포소화기

④ 할로겐소화기

> **해설** 암모니아는 물에 잘 녹기 때문에 물을 뿌리는 것이 유효하다.

40 다음 중 포스겐의 성질에 대한 설명으로 틀린 것은?

① 공기보다 무거우며 무색의 자극적 냄새가 난다.
② 물에 분해되며 벤젠이나 톨루엔에 쉽게 용해된다.
③ 천천히 분해하면서 유독하고 부식성 있는 가스를 발생시킨다.
④ 화학적으로 불안정하고 자체로 폭발성이 있다.

해설 포스겐 자체는 폭발성 및 인화성이 없다.

41 다음 중 염화수소의 허용농도는?

① 2ppm   ② 3ppm
③ 5ppm   ④ 8ppm

해설 허용농도는 5ppm이다.

42 염화수소의 안전관리에 대한 설명으로 틀린 것은?

① 직사광선이나 산화제와의 접촉을 피한다.
② 부식성이 강하므로 금, 백금 등의 금속용기에 담아 야외에 저장한다.
③ 누출 시 직접 중화제를 살포하면 발열과 함께 산이 비산하므로 위험하다.
④ 염화수소 자체는 폭발성이 없으나 금속과 반응하여 수소가스를 발생시켜 2차 폭발의 가능성이 있으므로 환기에 유의한다.

해설 염화수소는 인체 및 금, 백금 등의 금속류도 부식시키므로 기밀용기에 담아 야외에 저장한다.

43 다음 중 시안화수소의 성질로 틀린 것은?

① 공기보다 약간 가볍고 복숭아 냄새의 무색 기체이다.

② 물, 에탄올, 미량의 에테르에 녹는다.

③ 점화 시 보라색 불꽃을 내며 연소한다.

④ 산성과 접촉하면 폭발 가능성이 있다.

해설   시안화수소는 알칼리와 접촉하면 폭발가능성이 있다.

44 도시가스 부취제의 선정 조건으로 적절하지 않은 것은?

① 독성이 없을 것

② 일반적인 일상생활의 냄새와는 확연히 구분될 것

③ 저농도에 있어서도 냄새를 알 수 있을 것

④ 토양에 잘 투과되지 않을 것

해설   토양에 대한 투과성이 좋을 것

CHAPTER

06 소방시설론

01 소방시설의 개요

1 소화설비

물 또는 그 밖의 소화약제를 사용하여 소화하는 기계·기구 또는 설비로서 다음에 해당하는 것

(1) 소화기구

① 소화기
② 간이소화용구 : 에어로졸식 소화용구, 투척용 소화용구, 소공간용 소화용구 및 소화약제 외의 것을 이용한 간이소화용구(팽창질석, 팽창진주암, 마른 모래)
③ 자동확산소화기 : 화재를 감지하여 자동으로 소화약제를 방출·확산시켜 국소적으로 소화하는 소화기

(2) 자동소화장치

① 주거용 주방자동소화장치 : 주거용 주방에 설치된 열발생 조리기구의 사용으로 인한 화재 발생 시 열원(전기 또는 가스)을 자동으로 차단하며 소화약제를 방출하는 소화장치
② 상업용 주방자동소화장치 : 상업용 주방에 설치된 열발생 조리기구의 사용으로 인한 화재 발생 시 열원(전기 또는 가스)을 자동으로 차단하며 소화약제를 방출하는 소화장치(형식승인 대상이 아님)
③ 캐비닛형 자동소화장치 : 열, 연기 또는 불꽃 등을 감지하여 소화약제를 방사하여 소화하는 캐비닛 형태의 소화장치
④ 가스자동소화장치 : 열, 연기 또는 불꽃 등을 감지하여 가스계 소화약제를 방사하여 소화하는 소화장치
⑤ 분말자동소화장치 : 열, 연기 또는 불꽃 등을 감지하여 분말의 소화약제를 방사하여 소화하는 소화장치
⑥ 고체에어로졸자동소화장치 : 열, 연기 또는 불꽃 등을 감지하여 에어로졸의 소화약제를 방사하여 소화하는 소화장치

(3) 옥내소화전설비(호스릴옥내소화전설비 포함)

(4) 스프링클러설비 등

   ① 스프링클러설비

   ② 간이스프링클러설비(캐비닛형 간이스프링클러설비 포함)

   ③ 화재조기진압용 스프링클러설비

(5) 물분무등소화설비

   ① 물분무소화설비

   ② 미분무소화설비

   ③ 포소화설비

   ④ 이산화탄소소화설비

   ⑤ 할론소화설비

   ⑥ 할로겐화합물 및 불활성기체(다른 원소와 화학 반응을 일으키기 어려운 기체를 말한다)소화
      설비

   ⑦ 분말소화설비

   ⑧ 강화액소화설비

   ⑨ 고체에어로졸소화설비

(6) 옥외소화전설비

2 경보설비

화재발생 사실을 통보하는 기계·기구 또는 설비로서 다음에 해당하는 것

   ① 단독경보형감지기

   ② 비상경보설비 : 비상벨설비, 자동식사이렌설비

   ③ 시각경보기

   ④ 자동화재탐지설비

   ⑤ 비상방송설비

   ⑥ 자동화재속보설비

   ⑦ 통합감시시설

   ⑧ 누전경보기

   ⑨ 가스누설경보기

3 피난구조설비

화재가 발생할 경우 피난하기 위하여 사용하는 기구 또는 설비로서 다음에 해당하는 것

(1) 피난기구
① 피난사다리
② 구조대
③ 완강기
④ 간이 완강기
⑤ 그 밖에 화재안전기준으로 정하는 것(피난기구의 화재안전성능기준 제3조에서 규정한 미끄럼 대ㆍ피난교ㆍ피난용트랩ㆍ간이완강기ㆍ공기안전매트ㆍ다수인 피난장비ㆍ승강식 피난기)

(2) 인명구조기구
① 방열복, 방화복(안전모, 보호장갑 및 안전화 포함)
② 공기호흡기
③ 인공소생기

(3) 유도등
① 피난유도선
② 피난구유도등
③ 통로유도등
④ 객석유도등
⑤ 유도표지

(4) 비상조명등 및 휴대용비상조명등

4 소화용수설비

화재를 진압하는 데 필요한 물을 공급하거나 저장하는 설비로서 다음에 해당하는 것
① 상수도소화용수설비
② 소화수조ㆍ저수조, 그 밖의 소화용수설비

5 소화활동설비

화재를 진압하거나 인명구조활동을 위하여 사용하는 설비로서 다음에 해당하는 것
① 제연설비
② 연결송수관설비
③ 연결살수설비
④ 비상콘센트설비
⑤ 무선통신보조설비
⑥ 연소방지설비

02 소화설비

1 소화기

소화약제를 압력에 따라 방사하는 기구로서 사람이 수동으로 조작하여 소화하는 다음의 것을 말한다.

(1) 소화기의 적응 화재

① A급 화재(일반화재) : 나무, 섬유, 종이, 고무, 플라스틱류와 같은 일반 가연물이 타고 나서 재가 남는 화재를 말한다. 일반화재에 대한 소화기의 적응 화재별 표시는 'A'로 표시한다.
② B급 화재(유류화재) : 인화성 액체, 가연성 액체, 석유 그리스, 타르, 오일, 유성도료, 솔벤트, 래커, 알코올 및 인화성 가스와 같은 유류가 타고 나서 재가 남지 않는 화재를 말한다. 유류화재에 대한 소화기의 적응 화재별 표시는 'B'로 표시한다.
③ C급 화재(전기화재) : 전류가 흐르고 있는 전기기기, 배선과 관련된 화재를 말한다. 전기화재에 대한 소화기의 적응 화재별 표시는 'C'로 표시한다.
④ K급 화재(주방화재) : 주방에서 동식물유를 취급하는 조리기구에서 일어나는 화재를 말한다. 주방화재에 대한 소화기의 적응 화재별 표시는 'K'로 표시한다.

(2) 소화능력단위에 의한 분류

① 소형 소화기 : 능력단위가 1단위 이상이고 대형소화기의 능력단위 미만인 소화기
② 대형 소화기 : 화재 시 사람이 운반할 수 있도록 운반대와 바퀴가 설치되어 있고 능력단위가 A급 10단위 이상, B급 20단위 이상인 소화기

(3) 가압방식에 의한 분류

① 축압식 : 소화기의 용기 내부에 소화약제와 압축공기 또는 불연성 가스인 이산화탄소, 질소를
충전시켜 그 압력에 의해 약제가 방출되도록 한 것. 압력계는 녹색($8.1\sim9.8\text{kg/cm}^2$)을 지시하
면 정상이고 압력미달이나 과충전되어 있으면 안 된다.

② 가압식
  ㉠ 수동펌프식 : 피스톤식 수동펌프에 의한 가압으로 소화약제 방출
  ㉡ 화학반응식 : 소화약제의 화학반응에 의해서 생성된 가스의 압력에 의해 소화약제 방출
  ㉢ 가스가압식 : 소화약제의 방출을 위한 가압용 가스용기가 소화기의 내부나 외부에 따로
  부설되어 가압가스의 압력에 의해서 소화약제 방출

(4) 방사성능(소화기의 형식승인 및 제품검사의 기술기준 제19조)

① 방사조작완료 즉시 소화약제를 유효하게 방사할 수 있어야 한다.
② 소화기의 방사시간은 $(20\pm2)℃$ 온도에서 최소 8초 이상이어야 하고, 사용상한온도, (20 ± 2)
$℃$의 온도, 사용하한온도에서 각각 설계값의 ± 30% 이내이어야 한다.
③ 방사거리가 소화에 지장 없을 만큼 길어야 한다.
④ 충전된 소화약제의 용량 또는 중량의 90% 이상이 방사되어야 한다.

(5) 사용온도범위(소화기의 형식승인 및 제품검사의 기술기준 제36조)

① 소화기는 그 종류에 따라 다음의 온도범위에서 사용할 경우 소화 및 방사의 기능을 유효하게
발휘할 수 있는 것이어야 한다.
  ㉠ 강화액소화기 : $-20℃$ 이상 $40℃$ 이하
  ㉡ 분말소화기 : $-20℃$ 이상 $40℃$ 이하
  ㉢ 그 밖의 소화기: $0℃$ 이상 $40℃$ 이하
② ①에도 불구하고 사용온도의 범위를 확대하고자 할 경우에는 $10℃$ 단위로 하여야 한다.

(6) 설치 기준

소화기구는 다음의 기준에 따라 설치해야 한다.

① 소화기구의 소화약제별 적응성

소화약제 구분 적응대상	가 스			분 말		액 체				기 타			
	이산화탄소소화약제	할론소화약제	할로겐화합물 및 불활성기체소화약제	인산염류소화약제	중탄산염류소화약제	산알칼리소화약제	강화액소화약제	포소화약제	물·침윤소화약제	고체에어로졸화합물	마른 모래	팽창질석·팽창진주암	그 밖의 것
일반화재(A급 화재)	−	○	○	○	−	○	○	○	○	○	○	○	−
유류화재(B급 화재)	○	○	○	○	○	○	○	○	○	○	○	○	−
전기화재(B급 화재)	○	○	○	○	○	*	*	*	*	○	−	−	−
주방화재(K급 화재)	−	−	−	−	*	−	*	*	*	−	−	−	*

비고 : "*"의 소화약제별 적응성은 소방시설 설치 및 관리에 관한 법률 제37조에 의한 형식승인 및 제품검사의 기술기준에 따라 화재 종류별 적응성에 적합한 것으로 인정되는 경우에 한한다.

② 특정소방대상물별 소화기구의 능력단위기준

특정소방대상물	소화기구의 능력단위
위락시설	해당 용도의 바닥면적 30m²마다 능력단위 1단위 이상
공연장·집회장·관람장·문화재·장례식장 및 의료시설	해당 용도의 바닥면적 50m²마다 능력단위 1단위 이상
근린생활시설·판매시설·운수시설·숙박시설·노유자시설·전시장·공동주택·업무시설·방송통신시설·공장·창고시설·항공기 및 자동차 관련 시설 및 관광휴게시설	해당 용도의 바닥면적 100m²마다 능력단위 1단위 이상
그 밖의 것	해당 용도의 바닥면적 200m²마다 능력단위 1단위 이상

비고 : 소화기구의 능력단위를 산출함에 있어서 건축물의 주요구조부가 내화구조이고, 벽 및 반자의 실내에 면하는 부분이 불연재료·준불연재료 또는 난연재료로 된 특정소방대상물에 있어서는 위 표의 기준면적의 2배를 해당 특정소방대상물의 기준면적으로 한다.

[소화약제 외의 것을 이용한 간이소화용구의 능력단위]

간이소화용구		능력단위
마른 모래	삽을 상비한 50L 이상의 것 1포	0.5단위
팽창질석 또는 팽창진주암	삽을 상비한 80L 이상의 것 1포	

③ 부속용도별로 추가해야 할 소화기구 및 자동소화장치

용도별				소화기구의 능력단위
1. 다음의 시설. 다만, 스프링클러설비·간이스프링클러설비·물분무등소화설비 또는 상업용 주방자동소화장치가 설치된 경우에는 자동확산소화기를 설치하지 아니 할 수 있다. 가. 보일러실·건조실·세탁소·대량화기취급소 나. 음식점(지하가의 음식점을 포함한다)·다중이용업소·호텔·기숙사·노유자시설·의료시설·업무시설·공장·장례식장·교육연구시설·교정 및 군사시설의 주방. 다만, 의료시설·업무시설 및 공장의 주방은 공동취사를 위한 것에 한한다. 다. 관리자의 출입이 곤란한 변전실·송전실·변압기실 및 배전반실(불연재료로 된 상자 안에 장치된 것을 제외한다)				1. 해당 용도의 바닥면적 $25m^2$마다 능력단위 1단위 이상의 소화기로 할 것. 이 경우 나목의 주방에 설치하는 소화기 중 1개 이상은 주방화재용 소화기(K급)로 설치해야 한다. 2. 자동확산소화기는 해당 용도의 바닥면적을 기준으로 $10m^2$ 이하는 1개, $10m^2$ 초과는 2개 이상을 설치하되, 보일러, 조리기구, 변전설비 등 방호대상에 유효하게 분사될 수 있는 위치에 배치될 수 있는 수량으로 설치할 것
2. 발전실·변전실·송전실·변압기실·배전반실·통신기기실·전산기기실·기타 이와 유사한 시설이 있는 장소. 다만, 제1호 다목의 장소를 제외한다.				해당 용도의 바닥면적 $50m^2$마다 적응성이 있는 소화기 1개 이상 또는 유효설치방호체적 이내의 가스·분말·고체에어로졸 자동소화장치, 캐비닛형 자동소화장치(다만, 통신기기실·전자기기실을 제외한 장소에 있어서는 교류 600V 또는 직류 750V 이상의 것에 한한다)
3. 위험물안전관리법 시행령 별표 1에 따른 지정수량의 1/5 이상 지정수량 미만의 위험물을 저장 또는 취급하는 장소				능력단위 2단위 이상 또는 유효설치방호체적 이내의 가스·분말·고체에어로졸 자동소화장치, 캐비닛형 자동소화장치
4. 화재의 예방 및 안전관리에 관한 법률 시행령 별표 2에 따른 특수가연물을 저장 또는 취급하는 장소	화재의 예방 및 안전관리에 관한 법률 시행령 별표 2에서 정하는 수량 이상			화재의 예방 및 안전관리에 관한 법률 시행령 별표 2에서 정하는 수량의 50배 이상마다 능력단위 1단위 이상
	화재의 예방 및 안전관리에 관한 법률 시행령 별표 2에서 정하는 수량의 500배 이상			대형소화기 1개 이상
5. 고압가스안전관리법·액화석유가스의 안전관리 및 사업법 및 도시가스사업법에서 규정하는 가연성가스를 연료로 사용하는 장소	액화석유가스, 기타 가연성가스를 연료로 사용하는 연소기기가 있는 장소			각 연소기로부터 보행거리 10m 이내에 능력단위 3단위 이상의 소화기 1개 이상. 다만, 상업용 주방자동소화장치가 설치된 장소는 제외한다.
	액화석유가스, 기타 가연성가스를 연료로 사용하기 위하여 저장하는 저장실(저장량 300kg 미만은 제외한다)			능력단위 5단위 이상의 소화기 2개 이상 및 대형 소화기 1개 이상
6. 고압가스안전관리법·액화석유가스의 안전관리 및 사업법 또는 도시가스사업법에서 규정하는 가연성가스를 제조하거나 연료 외의 용도로 저장·사용하는 장소	저장하고 있는 양 또는 1개월 동안 제조·사용하는 양	200kg 미만	저장하는 장소	능력단위 3단위 이상의 소화기 2개 이상
			제조·사용하는 장소	능력단위 3단위 이상의 소화기 2개 이상
		200kg 이상 300kg 미만	저장하는 장소	능력단위 5단위 이상의 소화기 2개 이상
			제조·사용하는 장소	바닥면적 $50m^2$마다 능력단위 5단위 이상의 소화기 1개 이상
		300kg 이상	저장하는 장소	대형 소화기 2개 이상
			제조·사용하는 장소	바닥면적 $50m^2$마다 능력단위 5단위 이상의 소화기 1개 이상

비고 : 액화석유가스·기타 가연성가스를 제조하거나 연료 외의 용도로 사용하는 장소에 소화기를 설치하는 때에는 해당 장소 바닥면적 $50m^2$ 이하인 경우에도 해당 소화기를 2개 이상 비치해야 한다.

④ 소화기는 다음의 기준에 따라 설치할 것

    ㉠ 특정소방대상물의 각 층마다 설치하되, 각 층이 2 이상의 거실로 구획된 경우에는 각 층마다 설치하는 것 외에 바닥면적이 $33m^2$ 이상으로 구획된 각 거실에도 배치할 것

    ㉡ 특정소방대상물의 각 부분으로부터 1개의 소화기까지의 보행거리가 소형 소화기의 경우에는 20m 이내, 대형 소화기의 경우에는 30m 이내가 되도록 배치할 것. 다만, 가연성물질이 없는 작업장의 경우에는 작업장의 실정에 맞게 보행거리를 완화하여 배치할 수 있다.

⑤ 능력단위가 2단위 이상이 되도록 소화기를 설치해야 할 특정소방대상물 또는 그 부분에 있어서는 간이소화용구의 능력단위가 전체 능력단위의 2분의 1을 초과하지 아니하게 할 것. 다만, 노유자시설의 경우에는 그렇지 않다.

⑥ 소화기구(자동확산소화기를 제외한다)는 거주자 등이 손쉽게 사용할 수 있는 장소에 바닥으로부터 높이 1.5m 이하의 곳에 비치하고, 소화기에 있어서는 "소화기", 투척용 소화용구에 있어서는 "투척용 소화용구", 마른 모래에 있어서는 "소화용 모래", 팽창질석 및 팽창진주암에 있어서는 "소화질석"이라고 표시한 표지를 보기 쉬운 곳에 부착할 것

더 알아두기

화재안전기준에 따라 소화기구를 설치해야 하는 특정소방대상물(소방시설 설치 및 관리에 관한 법률 시행령 별표 4)

1. 연면적 $33m^2$ 이상인 것. 다만, 노유자시설의 경우에는 투척용 소화용구 등을 화재안전기준에 따라 산정된 소화기 수량의 2분의 1 이상으로 설치할 수 있다.
2. 1.에 해당하지 않는 시설로서 가스시설, 발전시설 중 전기저장시설 및 문화재
3. 터 널
4. 지하구

더 알아두기

자동소화장치를 설치해야 하는 특정소방대상물(소방시설 설치 및 관리에 관한 법률 시행령 별표 4)

1. 주거용 주방자동소화장치를 설치해야 하는 것 : 아파트 등 및 오피스텔의 모든 층
2. 상업용 주방자동소화장치를 설치해야 하는 것
    가) 판매시설 중 유통산업발전법 제2조제3호에 해당하는 대규모 점포에 입점해 있는 일반음식점
    나) 식품위생법 제2조제12호에 따른 집단급식소
3. 캐비닛형 자동소화장치, 가스자동소화장치, 분말자동소화장치 또는 고체에어로졸자동소화장치를 설치해야 하는 것 : 화재안전기준에서 정하는 장소

※ 2022년 12월 1일 화재예방, 소방시설 설치·유지 및 안전관리에 관한 법률이 화재의 예방 및 안전관리에 관한 법률, 소방시설 설치 및 관리에 관한 법률로 분리 시행되었다.

2 옥내소화전설비(NFPC/NFTC 102)

※ 2022년 12월 1일 화재안전기준(NFSC)이 화재안전성능기준(NFPC)과 화재안전기술기준(NFTC)으로 분리 시행되었다. 개정 절차의 간소화와 신기술의 현장 적시 적용을 기대하며 도입되었으며, 화재안전성능기준(NFPC)은 기술이나 환경이 변하여도 반드시 유지될 필요가 있는 것(소방청 담당), 화재안전기술기준(NFTC)은 성능기준을 만족하는 구체적인 기술(국립소방연구원 담당)로 이해하면 학습에 도움이 될 것이다.

(1) 개 요

① 화재 초기에 건축물 내의 화재를 진화하는 고정된 수동식 소화설비이다.
② 화재발생 초기에 자체요원에 의하여 소화할 목적으로 건물 내에 설치하는 고정설비이다.

(2) 옥내소화전설비를 설치해야 하는 특정소방대상물(소방시설 설치 및 관리에 관한 법률 시행령 별표 4)

위험물 저장 및 처리 시설 중 가스시설, 지하구 및 업무시설 중 무인변전소(방재실 등에서 스프링클러설비 또는 물분무 등 소화설비를 원격으로 조정할 수 있는 무인변전소로 한정한다)는 제외한다.

① 다음의 어느 하나에 해당하는 경우에는 모든 층
  ㉠ 연면적 $3,000m^2$ 이상인 것(지하가 중 터널은 제외한다)
  ㉡ 지하층·무창층(축사는 제외한다)으로서 바닥면적이 $600m^2$ 이상인 층이 있는 것
  ㉢ 층수가 4층 이상인 것 중 바닥면적이 $600m^2$ 이상인 층이 있는 것

② ①에 해당하지 않는 근린생활시설, 판매시설, 운수시설, 의료시설, 노유자 시설, 업무시설, 숙박시설, 위락시설, 공장, 창고시설, 항공기 및 자동차 관련 시설, 교정 및 군사시설 중 국방·군사시설, 방송통신시설, 발전시설, 장례시설 또는 복합건축물로서 다음의 어느 하나에 해당하는 경우에는 모든 층
  ㉠ 연면적 $1,500m^2$ 이상인 것
  ㉡ 지하층·무창층으로서 바닥면적이 $300m^2$ 이상인 층이 있는 것
  ㉢ 층수가 4층 이상인 것 중 바닥면적이 $300m^2$ 이상인 층이 있는 것

③ 건축물의 옥상에 설치된 차고·주차장으로서 사용되는 면적이 $200m^2$ 이상인 경우 해당 부분

④ 지하가 중 터널로서 다음에 해당하는 터널
  ㉠ 길이가 $1,000m$ 이상인 터널
  ㉡ 예상교통량, 경사도 등 터널의 특성을 고려하여 행정안전부령으로 정하는 터널

⑤ ① 및 ②에 해당하지 않는 공장 또는 창고시설로서 화재의 예방 및 안전관리에 관한 법률 시행령 별표 2에서 정하는 수량의 750배 이상의 특수가연물을 저장·취급하는 것

(3) 구 성

옥내소화전설비는 수원, 가압송수장치, 기동용 수압개폐장치(압력체임버, 압력스위치), 개폐밸브, 호스, 노즐, 소화전함, 비상전원, 제어반, 방수구, 펌프, 성능시험배관, 순환배관 등으로 구성되어 있다.

① 수 원
  ㉠ 종류 : 고가수조, 압력수조, 지하수조(펌프식), 가압수조 등
  ㉡ 옥내소화전설비용 수조의 설치 기준
    • 점검이 편리한 곳에 설치할 것
    • 동결방지조치를 하거나 동결의 우려가 없는 장소에 설치할 것
    • 수조에는 수위계, 고정식 사다리, 청소용 배수밸브(또는 배수관), 표지 및 실내 조명 등 수조의 유지관리에 필요한 설비를 설치할 것
  ㉢ 수원의 양 산출 기준
    • 그 저수량이 옥내소화전의 설치 개수가 가장 많은 층의 설치 개수(2개 이상 설치된 경우에는 2개)에 2.6m³(호스릴옥내소화전설비를 포함한다)를 곱한 양 이상이 되도록 해야 한다.

> **더 알아두기**
>
> • 수원의 양(저수량) 기준 = 옥내소화전 설치 개수(최대 2개) × 2.6m³
> • 2.6m³ = 130L/분 × 20분 동안 화재 시 방사할 수 있는 양의 기준

> **예제**
>
> 1층에 2개, 2층에 3개, 3층에 5개, 4층에 7개의 옥내소화전이 있다. 이 건축물의 수원의 산정은?
>
> **풀이** 수원의 양 기준 = 옥내소화전 설치 개수(최대 2개) × 2.6m³
> 옥내소화전 설치 개수가 가장 많은 층인 4층에 7개의 옥내소화전이 있으므로
> 수원의 양 기준 = 2 × 2.6m³ = 5.2m²

    • 옥내소화전설비의 수원은 산출된 유효수량 외에 유효수량의 1/3 이상을 옥상(옥내소화전설비가 설치된 건축물의 주된 옥상)에 설치해야 한다. 다만, 다음 중 어느 하나에 해당하는 경우에는 그렇지 않다.
      – 지하층만 있는 건축물
      – 고가수조를 가압송수장치로 설치한 경우
      – 수원이 건축물의 최상층에 설치된 방수구보다 높은 위치에 설치된 경우
      – 건축물의 높이가 지표면으로부터 10m 이하인 경우
      – 주펌프와 동등 이상의 성능이 있는 별도의 펌프로서 내연기관의 기동과 연동하여 작동되거나 비상전원을 연결하여 설치한 경우

- 학교·공장·창고시설(옥상수조를 설치한 대상은 제외)로서 동결의 우려가 있는 장소
- 가압수조를 가압송수장치로 설치한 경우

② 가압송수장치

㉠ 각 노즐선단의 방수압력 : 0.17MPa 이상 0.7MPa 이하

㉡ 각 노즐선단의 방수량 : 130L/min 이상

㉢ 노즐선단의 방수압력이 0.7MPa를 초과할 때 : 호스접결구의 인입측에 감압장치를 설치

더 알아두기

- 고가수조방식 : 구조물 또는 지형지물 등에 설치하여 자연낙차의 압력으로 급수하는 수조를 이용하는 방식
- 압력수조방식 : 소화용수와 공기를 채우고 일정압력 이상으로 가압하여 그 압력으로 급수하는 수조를 말한다.
- 지하수조방식 : 펌프방식으로서 기동용 수압개폐장치를 설치하여 소화전의 개폐밸브 개방 시 배관 내 압력 저하에 의하여 압력스위치가 작동함으로써 펌프가 기동되며 지하수원을 올리는 방식
- 가압수조방식 : 가압원인 압축공기 또는 불연성 고압기체에 따라 소방용수를 가압시키는 수조를 이용하는 방식

---

③ 기동용 수압개폐장치(압력체임버, 용량은 100L 이상)

㉠ 개념 : 소화설비의 배관 내 압력변동을 검지하여 자동적으로 펌프를 기동 및 정지시키는 것으로서 압력체임버 또는 기동용 압력스위치 등을 말한다.

㉡ 구성 : 상부는 압력스위치, 안전밸브, 압력계, 하부는 배수밸브로 이루어져 있다.

④ 압력계, 진공계, 연성계

㉠ 펌프의 토출측에는 압력계를 체크밸브 이전에 펌프토출 측 플랜지에서 가까운 곳에 설치한다.

㉡ 흡입측에는 연성계 또는 진공계를 설치하며, 수원의 수위가 펌프의 위치보다 높거나 수직회전축 펌프의 경우에는 연성계 또는 진공계를 설치하지 않을 수 있다.

㉢ 펌프의 흡입측 배관은 공기고임이 생기지 아니하는 구조로 하고 여과장치를 설치하며, 수조가 펌프보다 낮게 설치된 경우에는 각 펌프(충압펌프를 포함한다)마다 수조로부터 별도로 설치한다.

㉣ 압력계는 대기압 이상의 압력(정압)을 측정하고, 진공계는 대기압 이하의 압력(부압)을 측정하며, 연성계는 대기압 이상과 대기압 이하의 압력을 측정하는 데 사용된다.

⑤ 옥내소화전함

㉠ 소화전함 재료(소화전함의 성능인증 및 제품검사의 기술기준 제7조)

- 소화전함의 각 부분은 내구성이 우수한 재료로 제작하여야 한다.

- 소화전함에 사용되는 재료(지하소화장치함 제외)는 다음 표에 적합한 것이거나 이와 동등 이상의 강도가 있는 것이어야 한다. 다만, 옥내소화전함의 경우 문의 일부를 난연재료 또는 망유리로 할 수 있다.

표 준	재 료
KS D 3501(열간 압연 연강판 및 강대)	SPHC에 적합한 것일 것
KS D 3528(전기 아연 도금 강판 및 강대)	SBCC에 적합한 것일 것
KS D 3698(냉간 압연 스테인리스 강판 및 강대)	STS 304에 적합한 것일 것

- 소화전함의 재료로 위에 규정한 것 이외에 합성수지를 사용하는 것은 두께 4.0mm 이상의 내열성 및 난연성이 있는 것으로 한다.

ⓒ 구조 : 설치방법에 따라 노출형과 매립형으로 구분하며, 다음에 적합하여야 한다(소화전함의 성능인증 및 제품검사의 기술기준 제3조).

- 소화전용 배관이 통과하는 부분의 구경은 32mm 이상이어야 한다.
- 표시등(위치표시등, 기동표시등)을 설치할 수 있는 타공은 함의 상부에 하여야 한다.
- 문을 포함한 외함은 내함에 결합시킬 수 있는 구조여야 하며, 입식의 것은 다리를 갖는 구조로 할 수 있다.
- 경종이 소화전함 내에 설치할 수 있는 구조인 것은 경종의 발신음을 외부로 전달할 수 있는 구조여야 한다.
- 표시등 및 경종이 설치되는 곳은 방수용 기구가 보관되는 곳과 구획되어야 하며, 별도의 문이 있는 구조여야 한다.

> **더 알아두기** **소화전함의 일반구조**
>
> 1. 견고하여야 하며 쉽게 변형되지 않는 구조이어야 한다.
> 2. 보수 및 점검이 쉬워야 한다.
> 3. 소화전함의 내부폭은 180mm 이상이어야 한다. 다만, 소화전함이 원통형인 경우 단면 원은 가로 500mm, 세로 180mm의 직사각형을 포함할 수 있는 크기여야 한다.
> 4. 여닫이 방식의 문은 120° 이상 열리는 구조여야 한다. 다만, 지하소화장치함의 문은 80° 이상 개방되고 고정할 수 있는 장치가 있어야 한다.
> 5. 문은 2번 이하의 동작에 의하여 열리는 구조이어야 한다. 다만, 지하소화장치함은 제외한다.
> 6. 문의 잠금장치는 외부 충격에 의하여 쉽게 열리지 않는 구조여야 한다.
> 7. 문의 면적은 0.5m² 이상이어야 하며, 짧은 변의 길이(미닫이 방식의 경우 최대 개방길이)는 500mm 이상이어야 한다.
> 8. 미닫이 방식의 문을 사용하는 경우, 최대 개방 시 문에 의해 가려지는 내부 공간은 소방용품이 적재될 수 없도록 칸막이 등으로 구획하여야 한다.
> 9. 소화전함의 두께는 1.5mm 이상이어야 한다.

ⓒ 옥내소화전설비의 함에는 그 표면에 "소화전"이라는 표시를 해야 한다.

⑥ 방수구

    ㉠ 특정소방대상물의 층마다 설치하되, 해당 특정소방대상물의 각 부분으로부터 하나의 옥내소화전 방수구까지의 수평거리가 25m(호스릴옥내소화전설비를 포함한다) 이하가 되도록 할 것. 다만, 복층형 구조의 공동주택의 경우에는 세대의 출입구가 설치된 층에만 설치할 수 있다.

    ㉡ 바닥으로부터의 높이가 1.5m 이하가 되도록 할 것

    ㉢ 호스는 구경 40mm(호스릴옥내소화전설비의 경우에는 25mm) 이상의 것으로서 특정소방대상물의 각 부분에 물이 유효하게 뿌려질 수 있는 길이로 설치할 것

    ㉣ 호스릴옥내소화전설비의 경우 그 노즐에는 노즐을 쉽게 개폐할 수 있는 장치를 부착할 것

> **더 알아두기** | **방수구의 설치 제외 장소**
>
> 불연재료로 된 특정소방대상물 또는 그 부분으로서 다음의 어느 하나에 해당하는 곳에는 옥내소화전 방수구를 설치하지 않을 수 있다.
> 1. 냉장창고 중 온도가 영하인 냉장실 또는 냉동창고의 냉동실
> 2. 고온의 노가 설치된 장소 또는 물과 격렬하게 반응하는 물품의 저장 또는 취급 장소
> 3. 발전소·변전소 등으로서 전기시설이 설치된 장소
> 4. 식물원·수족관·목욕실·수영장(관람석 부분을 제외한다) 또는 그 밖의 이와 비슷한 장소
> 5. 야외음악당·야외극장 또는 그 밖의 이와 비슷한 장소

⑦ 위치표시등

    ㉠ 옥내소화전설비의 위치를 표시하는 표시등은 함의 상부에 설치한다.

    ㉡ 적색으로 점등되어야 하며, 표시등의 불빛은 부착면과 15° 이하의 각도로도 발산되어야 하고 주위의 밝기가 0lx인 장소에서 측정하여 10m 떨어진 위치에서 켜진 등이 확실히 식별되어야 한다.

⑧ 전 원

    ㉠ 다음에 해당하는 특정소방대상물의 옥내소화전설비에는 비상전원을 설치해야 한다. 다만, 2 이상의 변전소에서 전력을 동시에 공급받을 수 있거나 하나의 변전소로부터 전력의 공급이 중단되는 때에는 자동으로 다른 변전소로부터 전원을 공급받을 수 있도록 상용전원을 설치한 경우와 가압수조방식에는 그렇지 않다.

      • 층수가 7층 이상으로서 연면적이 2,000m² 이상인 것

      • 위의 내용에 해당하지 아니하는 특정소방대상물로서 지하층의 바닥면적의 합계가 3,000m² 이상인 것

    ㉡ 비상전원은 자가발전설비, 축전비설비, 전기저장장치로서 옥내소화전설비를 유효하게 20분 이상 작동할 수 있어야 한다.

3 옥외소화전설비(NFPC/NFTC 109)

(1) 개 요

① 초기화재뿐만 아니라 본격화재에도 적합하다.

② 인접건물로의 연소방지를 위해서 건축물 외부로부터의 소화 작업을 실시하기 위한 설비이다.

③ 자위소방대 및 소방대원이 화재진압 활동을 할 수 있도록 건물 내에 수원을 저장하여 설치한 수동식 소화전이다.

(2) 옥외소화전설비를 설치해야 하는 특정소방대상물

아파트 등, 위험물 저장 및 처리 시설 중 가스시설, 지하구 또는 지하가 중 터널은 제외한다.

① 지상 1·2층의 바닥면적의 합계가 9,000m² 이상인 것

② 문화재 중 보물 또는 국보로 지정된 목조건축물

③ ①에 해당하지 않는 공장 또는 창고시설로서 지정수량 750배 이상의 특수가연물을 저장·취급하는 것

(3) 구 성

옥외소화전설비는 수원, 가압송수장치, 배관, 옥외소화전함, 호스, 노즐, 제어반 등으로 되어 있다.

① 수 원

　㉠ 종류 : 고가수조, 압력수조, 지하수조(펌프식), 가압수조

　㉡ 수원의 양 산출기준 : 그 저수량이 옥외소화전의 설치 개수(옥외소화전이 2개 이상 설치된 경우에는 2개)에 7m³를 곱한 양 이상이 되도록 해야 한다.

> **더 알아두기**
>
> • 수원의 양(저수량) 기준 = 옥외소화전 설치 개수(최대 2개) × 7m³
> • 7m³ = 350L/min × 20분

② 가압송수장치

　㉠ 각 노즐선단의 방수압력 : 0.25MPa 이상

　　(각 노즐선단의 방수압력이 0.7MPa를 초과할 때 : 호스 접결구 인입측에 감압장치를 설치)

　㉡ 각 노즐선단의 방수량 : 350L/min 이상

③ 배 관
  ㉠ 호스접결구
    • 지면으로부터 높이 0.5m 이상 1m 이하에 설치
    • 특정소방대상물 각 부분으로부터 하나의 호스접결구까지의 수평거리가 40m 이하가 되도록 설치
  ㉡ 호스구경 : 65mm
④ 옥외소화전함
  ㉠ 설치 기준 : 옥외소화전마다 그로부터 5m 이내의 장소에 옥외소화전함을 설치한다.
    • 옥외소화전이 10개 이하 설치된 때에는 옥외소화전마다 5m 이내의 장소에 1개 이상의 소화전함을 설치한다.
    • 옥외소화전이 11개 이상 30개 이하 설치된 때에는 11개 이상의 소화전함을 각각 분산하여 설치한다.
    • 옥외소화전이 31개 이상 설치된 때에는 옥외소화전 3개마다 1개 이상의 소화전함을 설치한다.
  ㉡ 구 조
    • 소화전용 배관이 통과하는 부분의 구경은 80mm 이상이어야 한다.
    • 표시등(위치표시등, 기동표시등)을 설치할 수 있는 타공은 함의 상부에 해야 한다.
    • 건물 벽면에 부착하는 구조의 것은 벽면에 결합할 수 있는 구조여야 하며, 입식의 것은 300mm 이상의 다리를 갖는 구조이어야 한다.
    • 함의 바닥면으로부터 30mm 이상의 높이에 철망 등을 설치해야 한다.
    • 경종이 소화전함 내에 설치할 수 있는 구조인 것은 경종의 발신음을 외부로 전달할 수 있는 구조여야 한다.
    • 표시등 및 경종을 설치하는 부분은 방수용기구를 보관하는 부분과 구획해야 하며, 별도의 문이 있는 구조여야 한다.
  ㉢ 옥외소화전설비의 소화전함 표면에는 "옥외소화전"이라고 표시하고, 가압송수장치의 조작부 또는 그 부근에는 가압송수장치의 기동을 명시하는 적색등을 설치해야 한다.

더 알아두기	방수압력에 의한 힘을 구하는 공식

$F = m \times a$ (여기서, F는 힘(N), m은 질량(kg), a는 가속도(m/s^2))

> **예제**
>
> 옥내소화전의 방수압력이 5kgf/cm²이었을 경우 약 몇 Pa인가?(단, 중력가속도는 9.8m/s²이다)
>
> **풀이**   1kgf/cm² = 9.8N/0.0001m²(여기서 1kgf = 9.8N, cm² = 0.0001m²)
>   = 98,000N/m² = 98,000Pa
>   문제에서 방수압력이 5kgf/cm²이므로
>   ∴ 5kgf/cm² = 5 × 9.8N/0.0001m² = 490,000N/m² = 490,000Pa

4 스프링클러설비(NFPC/NFTC 103)

(1) 개 요

① 초기에 화재를 소화할 목적으로 설치된 소화설비이다.

② 화재가 발생한 경우 천장이나 반자에 설치된 헤드가 감열 작동하여 자동적으로 화재를 발견함과 동시에 주변에 비가 오듯이 뿌려주므로 효과적으로 화재를 진압할 수 있는 적상주수방식의 고정식 소화설비이다.

(2) 스프링클러설비를 설치해야 하는 특정소방대상물(소방시설 설치 및 관리에 관한 법률 시행령 별표 4)

위험물 저장 및 처리시설 중 가스시설 또는 지하구는 제외한다.

① 층수가 6층 이상인 특정소방대상물의 경우에는 모든 층. 다만, 다음의 어느 하나에 해당하는 경우에는 제외한다.

    ㉠ 주택 관련 법령에 따라 기존의 아파트 등을 리모델링하는 경우로서 건축물의 연면적 및 층높이가 변경되지 않는 경우. 이 경우 해당 아파트 등의 사용검사 당시의 소방시설의 설치에 관한 대통령령 또는 화재안전기준을 적용한다.

    ㉡ 스프링클러설비가 없는 기존의 특정소방대상물을 용도변경하는 경우. 다만, ②~⑥까지 및 ⑨부터 ⑫까지의 규정에 해당하는 특정소방대상물로 용도변경하는 경우에는 해당 규정에 따라 스프링클러설비를 설치한다.

② 기숙사(교육연구시설·수련시설 내에 있는 학생 수용을 위한 것) 또는 복합건축물로서 연면적 5,000m² 이상인 경우에는 모든 층

③ 문화 및 집회시설(동·식물원 제외), 종교시설(주요구조부가 목조인 것은 제외), 운동시설(물놀이형 시설 및 바닥이 불연재료이고 관람석이 없는 운동시설은 제외)로서 다음의 어느 하나에 해당하는 경우에는 모든 층

    ㉠ 수용인원이 100명 이상인 것

ⓒ 영화상영관의 용도로 쓰이는 층의 바닥면적이 지하층 또는 무창층인 경우에는 500m² 이상, 그 밖의 층의 경우에는 1,000m² 이상인 것

ⓒ 무대부가 지하층·무창층 또는 4층 이상의 층에 있는 경우에는 무대부의 면적이 300m² 이상인 것

ⓔ 무대부가 ⓒ 외의 층에 있는 경우에는 무대부의 면적이 500m² 이상인 것

④ 판매시설, 운수시설 및 창고시설(물류터미널에 한정)로서 바닥면적의 합계가 5,000m² 이상이거나 수용인원이 500명 이상인 경우에는 모든 층

⑤ 다음의 어느 하나에 해당하는 용도로 사용되는 시설의 바닥면적의 합계가 600m² 이상인 것은 모든 층

ⓐ 근린생활시설 중 조산원 및 산후조리원

ⓑ 의료시설 중 정신의료기관

ⓒ 의료시설 중 종합병원, 병원, 치과병원, 한방병원 및 요양병원

ⓓ 노유자시설

ⓔ 숙박이 가능한 수련시설

ⓕ 숙박시설

⑥ 창고시설(물류터미널 제외)로서 바닥면적 합계가 5,000m² 이상인 경우에는 모든 층

⑦ 특정소방대상물의 지하층·무창층(축사 제외) 또는 층수가 4층 이상인 층으로서 바닥면적이 1,000m² 이상인 층이 있는 경우에는 해당 층

⑧ **랙식 창고(Rack Warehouse)** : 랙(물건을 수납할 수 있는 선반이나 이와 비슷한 것을 말한다)을 갖춘 것으로서 천장 또는 반자(반자가 없는 경우에는 지붕의 옥내에 면하는 부분을 말한다)의 높이가 10m를 초과하고 랙이 설치된 층의 바닥면적의 합계가 1,500m² 이상인 경우에는 모든 층

⑨ 공장 또는 창고시설로서 다음의 어느 하나에 해당하는 시설

ⓐ 화재의 예방 및 안전관리에 관한 법률 시행령 별표 2에서 정하는 수량의 1,000배 이상의 특수가연물을 저장·취급하는 시설

ⓑ 원자력안전법 시행령 제2조제1호에 따른 중·저준위방사성폐기물의 저장시설 중 소화수를 수집·처리하는 설비가 있는 저장시설

⑩ 지붕 또는 외벽이 불연재료가 아니거나 내화구조가 아닌 공장 또는 창고시설로서 다음의 어느 하나에 해당하는 것

ⓐ 창고시설(물류터미널 한정) 중 ④에 해당하지 않는 것으로서 바닥면적의 합계가 2,500m² 이상이거나 수용인원이 250명 이상인 경우에는 모든 층

ⓑ 창고시설(물류터미널 제외) 중 ⑥에 해당하지 않는 것으로서 바닥면적의 합계가 2,500m² 이상인 경우에는 모든 층

© 공장 또는 창고시설 중 ⑦에 해당하지 않는 것으로서 지하층·무창층 또는 층수가 4층 이상인 것 중 바닥면적이 500m² 이상인 경우에는 모든 층

② 랙식 창고 중 ⑧에 해당하지 않는 것으로서 바닥면적의 합계가 750m² 이상인 경우에는 모든 층

◎ 공장 또는 창고시설 중 ⑨의 ⑦에 해당하지 않는 것으로서 화재의 예방 및 안전관리에 관한 법률 시행령 별표 2에서 정하는 수량의 500배 이상의 특수가연물을 저장·취급하는 시설

⑪ 교정 및 군사시설 중 다음의 어느 하나에 해당하는 경우에는 해당 장소

⑦ 보호감호소, 교도소, 구치소 및 그 지소, 보호관찰소, 갱생보호시설, 치료감호시설, 소년원 및 소년분류심사원의 수용거실

ⓛ 출입국관리법에 따른 보호시설(외국인보호소의 경우에는 보호대상자의 생활공간으로 한정)로 사용하는 부분. 다만, 보호시설이 임차건물에 있는 경우는 제외한다.

© 경찰관 직무집행법 제9조에 따른 유치장

⑫ 지하가(터널 제외)로서 연면적 1,000m² 이상인 것

⑬ 발전시설 중 전기저장시설

⑭ ①부터 ⑬까지의 특정소방대상물에 부속된 보일러실 또는 연결통로 등

(3) 스프링클러설비 시스템의 종류

① 습식 스프링클러설비

⑦ 가압송수장치에서 폐쇄형 스프링클러헤드까지 배관 내에 항상 물이 가압되어 있다가 화재로 인한 열로 폐쇄형 스프링클러헤드가 개방되면 배관 내에 유수가 발생하여 습식 유수검지장치가 작동하게 되는 스프링클러설비를 말한다.

ⓛ 건식설비에 비하여 구조가 간단하고 즉시 소화가 가능한 장점이 있으나 동결의 우려가 있는 장소에는 부적합하다.

② 건식 스프링클러설비

⑦ 건식 유수검지장치 2차 측에 압축공기 또는 질소 등의 기체로 충전된 배관에 폐쇄형 스프링클러헤드가 부착된 스프링클러설비로서, 폐쇄형 스프링클러헤드가 개방되어 배관 내의 압축공기 등이 방출되면 건식 유수검지장치 1차 측의 수압에 의하여 건식 유수검지장치가 작동하게 되는 스프링클러설비를 말한다.

ⓛ 동결의 우려가 있는 장소 등에 설치하며 화재 시 소화활동 시간이 다소 지연되고 습식보다 설비가 고가이다.

③ 부압식 스프링클러설비

가압송수장치에서 준비작동식 유수검지장치의 1차측까지는 항상 정압의 물이 가압되고, 2차 측 폐쇄형 스프링클러헤드까지는 소화수가 부압으로 되어 있다가 화재 시 감지기의 작동에 의해 정압으로 변하여 유수가 발생하면 작동하는 스프링클러설비를 말한다.

④ 준비작동식 스프링클러설비

　㉠ 가압송수장치에서 준비작동식 유수검지장치 1차 측까지 배관 내에 항상 물이 가압되어 있고 2차 측에서 폐쇄형 스프링클러헤드까지 대기압 또는 저압으로 있다가 화재발생 시 감지기의 작동으로 준비작동식 유수검지장치가 작동하여 폐쇄형 스프링클러헤드까지 소화용수가 송수되어 폐쇄형 스프링클러헤드가 열에 따라 개방되는 방식의 스프링클러설비를 말한다.

　㉡ 동결의 우려가 있는 장소 등에 설치하며 준비작동식 밸브의 작동을 위한 화재감지장치를 별도로 설치하므로 설비가 고가이다.

⑤ 일제살수식 스프링클러설비

　㉠ 가압송수장치에서 일제개방밸브 1차 측까지 배관 내에 항상 물이 가압되어 있고 2차 측에서 개방형 스프링클러헤드까지 대기압으로 있다가 화재발생 시 자동감지장치 또는 수동식 기동장치의 작동으로 일제개방밸브가 개방되면 스프링클러헤드까지 소화용수가 송수되는 방식의 스프링클러설비를 말한다.

　㉡ 작동원리가 준비작동식과 유사하다. 기동방식에 따라 화재감지기에 의한 방식과 수압개폐장치에 의한 방식이 있으며, 두 가지를 혼용하는 경우도 있다.

(4) 구 성

① 수원 및 가압송수장치

수원 및 가압송수장치는 옥내소화전설비를 준용한다.

　㉠ 수원의 저수량

　　• 폐쇄형 스프링클러헤드를 사용하는 경우에는 다음 표의 스프링클러설비 설치장소별 스프링클러헤드의 기준 개수(스프링클러헤드의 설치 개수가 가장 많은 층(아파트의 경우에는 설치개수가 가장 많은 세대)에 설치된 스프링클러헤드의 개수가 기준 개수보다 작은 경우에는 그 설치 개수를 말한다)에 $1.6m^3$를 곱한 양 이상이 되도록 할 것

스프링클러설비 설치장소			기준개수
지하층을 제외한 층수가 10층 이하인 특정소방대상물	공 장	특수 가연물을 저장·취급하는 것	30
		그 밖의 것	20
	근린생활시설·판매시설·운수시설 또는 복합건축물	판매시설 또는 복합건축물(판매시설이 설치된 복합건축물)	30
		그 밖의 것	20
	그 밖의 것	헤드의 부착높이가 8m 이상의 것	20
		헤드의 부착높이가 8m 미만의 것	10
지하층을 제외한 층수가 11층 이상인 특정소방대상물(아파트 제외)·지하가 또는 지하역사			30

비고 : 하나의 소방대상물이 2 이상의 "스프링클러헤드의 기준개수"란에 해당하는 때에는 기준 개수가 많은 것을 기준으로 한다. 다만, 각 기준개수에 해당하는 수원을 별도로 설치하는 경우에는 그렇지 아니하다.

- 개방형 스프링클러헤드를 사용하는 스프링클러설비의 수원은 최대 방수구역에 설치된 스프링클러헤드의 개수가 30개 이하일 경우에는 설치헤드에 1.6m^{3}을 곱한 양 이상으로 하고, 30개를 초과하는 경우에는 수리 계산에 따를 것

> **더 알아두기**
>
> 1.6m^3 = 80L/min × 20분

ⓒ 가압송수장치
- 하나의 헤드선단의 방수압력 : 0.1MPa 이상 1.2MPa 이하
- 하나의 헤드선단의 방수량 : 80L/min 이상

② 스프링클러헤드
ⓐ 설치 기준
- 특정소방대상물의 천장・반자・천장과 반자 사이・덕트・선반・기타 이와 유사한 부분(폭이 1.2m를 초과하는 것에 한한다)에 설치해야 한다. 다만, 폭이 9m 이하인 실내에 있어서는 측벽에 설치할 수 있다.
- 무대부・화재의 예방 및 안전관리에 관한 법률 시행령 별표 2의 특수가연물을 저장 또는 취급하는 장소에 있어서는 1.7m 이하
- 위 규정 외의 특정소방대상물에 있어서는 2.1m 이하(내화구조로 된 경우에는 2.3m 이하)
- 무대부 또는 연소할 우려가 있는 개구부에 있어서는 개방형 스프링클러헤드를 설치해야 한다.
- 공동주택・노유자시설의 거실, 오피스텔・숙박시설의 침실, 병원・의원의 입원실은 조기반응형 스프링클러헤드를 설치해야 한다.

ⓑ 설치 방법
- 살수가 방해되지 아니하도록 스프링클러헤드로부터 반경 60cm 이상의 공간을 보유할 것. 다만, 벽과 스프링클러헤드 간의 공간은 10cm 이상으로 한다.
- 스프링클러헤드와 그 부착면(상향식 헤드의 경우에는 그 헤드의 직상부의 천장・반자 또는 이와 비슷한 것을 말한다)과의 거리는 30cm 이하로 할 것
- 배관・행거 및 조명기구 등 살수를 방해하는 것이 있는 경우에는 그로부터 아래에 설치하여 살수에 장애가 없도록 할 것. 다만, 스프링클러헤드와 장애물과의 이격거리를 장애물 폭의 3배 이상 확보한 경우에는 그렇지 않다.
- 스프링클러헤드의 반사판은 그 부착면과 평행하게 설치할 것. 다만, 측벽형 헤드 또는 연소할 우려가 있는 개구부에 설치하는 스프링클러헤드의 경우에는 그렇지 않다.
- 천장의 기울기가 10분의 1을 초과하는 경우에는 가지관을 천장의 마루와 평행하게 설치하고, 스프링클러헤드는 다음의 어느 하나의 기준에 적합하게 설치할 것

- 천장의 최상부에 스프링클러헤드를 설치하는 경우에는 최상부에 설치하는 스프링클러헤드의 반사판을 수평으로 설치할 것
- 천장의 최상부를 중심으로 가지관을 서로 마주보게 설치하는 경우에는 최상부의 가지관 상호 간의 거리가 가지관상의 스프링클러헤드 상호 간의 거리의 2분의 1 이하(최소 1m 이상이 되어야 한다)가 되게 스프링클러헤드를 설치하고, 가지관의 최상부에 설치하는 스프링클러헤드는 천장의 최상부로부터의 수직거리가 90cm 이하가 되도록 할 것. 톱날지붕, 둥근지붕, 기타 이와 유사한 지붕의 경우에도 이에 준한다.

- 연소할 우려가 있는 개구부에는 그 상하좌우에 2.5m 간격으로(개구부의 폭이 2.5m 이하인 경우에는 그 중앙에) 스프링클러헤드를 설치하되, 스프링클러헤드와 개구부의 내측 면으로부터 직선거리는 15cm 이하가 되도록 할 것. 이 경우 사람이 상시 출입하는 개구부로서 통행에 지장이 있는 때에는 개구부의 상부 또는 측면(개구부의 폭이 9m 이하인 경우에 한한다)에 설치하되, 헤드 상호 간의 간격은 1.2m 이하로 설치해야 한다.
- 습식 스프링클러설비 및 부압식 스프링클러설비 외의 설비에는 상향식 스프링클러헤드를 설치할 것. 다만, 다음의 어느 하나에 해당하는 경우에는 그렇지 않다.
  - 드라이펜던트 스프링클러헤드를 사용하는 경우
  - 스프링클러헤드의 설치 장소가 동파의 우려가 없는 곳인 경우
  - 개방형 스프링클러헤드를 사용하는 경우
- 측벽형 스프링클러헤드를 설치하는 경우 긴 변의 한쪽 벽에 일렬로 설치(폭이 4.5m 이상 9m 이하인 실에 있어서는 긴변의 양쪽에 각각 일렬로 설치하되 마주보는 스프링클러헤드가 나란히꼴이 되도록 설치)하고 3.6m 이내마다 설치할 것
- 상부에 설치된 헤드의 방출수에 따라 감열부에 영향을 받을 우려가 있는 헤드에는 방출수를 차단할 수 있는 유효한 차폐판을 설치할 것

더 알아두기 **헤드의 설치 제외**

1. 스프링클러설비를 설치해야 할 특정소방대상물에 있어서 다음의 어느 하나에 해당하는 장소에는 스프링클러헤드를 설치하지 않을 수 있다.
   ① 계단실(특별피난계단의 부속실을 포함)·경사로·승강기의 승강로·비상용승강기의 승강장·파이프덕트 및 덕트피트(파이프·덕트를 통과시키기 위한 구획된 구멍에 한한다)·목욕실·수영장(관람석 부분을 제외)·화장실·직접 외기에 개방되어 있는 복도·기타 이와 유사한 장소
   ② 통신기기실·전자기기실·기타 이와 유사한 장소
   ③ 발전실·변전실·변압기·기타 이와 유사한 전기설비가 설치되어 있는 장소
   ④ 병원의 수술실·응급처치실·기타 이와 유사한 장소
   ⑤ 천장과 반자 양쪽이 불연재료로 되어 있는 경우로서 그 사이의 거리 및 구조가 다음 중 어느 하나에 해당하는 부분
   • 천장과 반자 사이의 거리가 2m 미만인 부분

- 천장과 반자 사이의 벽이 불연재료이고 천장과 반자 사이의 거리가 2m 이상으로서 그 사이에 가연물이 존재하지 아니하는 부분
⑥ 천장·반자 중 한쪽이 불연재료로 되어 있고 천장과 반자 사이의 거리가 1m 미만인 부분
⑦ 천장 및 반자가 불연재료 외의 것으로 되어 있고 천장과 반자 사이의 거리가 0.5m 미만인 부분
⑧ 펌프실·물탱크실·엘리베이터·권상기실·그 밖의 이와 비슷한 장소
⑨ 현관 또는 로비 등으로서 바닥으로부터 높이가 20m 이상인 장소
⑩ 영하의 냉장창고의 냉장실 또는 냉동창고의 냉동실
⑪ 고온의 노가 설치된 장소 또는 물과 격렬하게 반응하는 물품의 저장 또는 취급장소
⑫ 불연재료로 된 특정소방대상물 또는 그 부분으로서 다음 중 어느 하나에 해당하는 장소
- 정수장·오물처리장 그 밖의 이와 비슷한 장소
- 펄프공장의 작업장·음료수공장의 세정 또는 충전하는 작업장 그 밖의 이와 비슷한 장소
- 불연성의 금속·석재 등의 가공공장으로서 가연성 물질을 저장 또는 취급하지 아니하는 장소
- 가연성 물질이 존재하지 않는 건축물의 에너지절약설계기준에 따른 방풍실
⑬ 실내에 설치된 테니스장·게이트볼장·정구장 또는 이와 비슷한 장소로서 실내 바닥·벽·천장이 불연재료 또는 준불연재료로 구성되어 있고 가연물이 존재하지 않는 장소로서 관람석이 없는 운동시설(지하층은 제외한다)
2. 연소할 우려가 있는 개구부에 다음의 기준에 따른 드렌처설비를 설치한 경우에는 해당 개구부에 한하여 스프링클러헤드를 설치하지 않을 수 있다.
① 드렌처헤드는 개구부 위 측에 2.5m 이내마다 1개를 설치할 것
② 제어밸브(일제개방밸브·개폐표시형밸브 및 수동조작부를 합한 것을 말한다)는 특정소방대상물 층마다에 바닥 면으로부터 0.8m 이상 1.5m 이하의 위치에 설치할 것
③ 수원의 수량은 드렌처헤드가 가장 많이 설치된 제어밸브의 드렌처헤드의 설치개수에 $1.6m^3$를 곱하여 얻은 수치 이상이 되도록 할 것
④ 드렌처설비는 드렌처헤드가 가장 많이 설치된 제어밸브에 설치된 드렌처헤드를 동시에 사용하는 경우에 각각의 헤드선단에 방수압력이 0.1MPa 이상, 방수량이 80L/min 이상이 되도록 할 것
⑤ 수원에 연결하는 가압송수장치는 점검이 쉽고 화재 등의 재해로 인한 피해우려가 없는 장소에 설치할 것

③ 송수구

㉠ 송수구는 소방차가 쉽게 접근할 수 있는 잘 보이는 장소에 설치하되 화재 층으로부터 지면으로 떨어지는 유리창 등이 송수 및 그 밖의 소화작업에 지장을 주지 아니하는 장소에 설치할 것

㉡ 송수구로부터 스프링클러설비의 주배관에 이르는 연결배관에 개폐밸브를 설치한 때에는

그 개폐상태를 쉽게 확인 및 조작할 수 있는 옥외 또는 기계실 등의 장소에 설치할 것

ⓒ 구경 65mm의 쌍구형으로 할 것

ⓔ 송수구에는 그 가까운 곳의 보기 쉬운 곳에 송수압력범위를 표시한 표지를 할 것

ⓜ 폐쇄형 스프링클러헤드를 사용하는 스프링클러설비의 송수구는 하나의 층의 바닥면적이 3,000m²를 넘을 때마다 1개 이상(5개를 넘을 경우에는 5개로 한다)을 설치할 것

ⓗ 지면으로부터 높이가 0.5m 이상 1m 이하의 위치에 설치할 것

ⓢ 송수구의 부근에는 자동배수밸브(또는 직경 5mm의 배수공) 및 체크밸브를 설치할 것. 이 경우 자동배수밸브는 배관 안의 물이 잘 빠질 수 있는 위치에 설치하되, 배수로 인하여 다른 물건이나 장소에 피해를 주지 않아야 한다.

ⓞ 송수구에는 이물질을 막기 위한 마개를 씌워야 한다.

④ 전 원

㉠ 스프링클러설비에는 그 특정소방대상물의 수전방식에 따라 다음의 기준에 따른 상용전원회로의 배선을 설치해야 한다. 다만, 가압수조방식으로서 모든 기능이 20분 이상 유효하게 지속될 수 있는 경우에는 그렇지 않다.
  • 저압수전인 경우에는 인입개폐기의 직후에서 분기하여 전용배선으로 해야 하며, 전용의 전선관에 보호되도록 할 것
  • 특별고압수전 또는 고압수전일 경우에는 전력용 변압기 2차 측의 주차단기 1차 측에서 분기하여 전용배선으로 하되, 상용전원의 상시공급에 지장이 없을 경우에는 주차단기 2차 측에서 분기하여 전용배선으로 할 것. 다만, 가압송수장치의 정격입력전압이 수전전압과 같은 경우에는 위의 기준에 따른다.

㉡ 스프링클러설비에는 자가발전설비, 축전지설비(내연기관에 따른 펌프를 설치한 경우에는 내연기관의 기동 및 제어용축전지를 말한다) 또는 전기저장장치에 따른 비상전원을 설치하여야 한다. 다만, 차고·주차장으로서 스프링클러설비가 설치된 부분의 바닥면적의 합계가 1,000m² 미만인 경우에는 비상전원수전설비로 설치할 수 있으며, 2 이상의 변전소에서 전력을 동시에 공급받을 수 있거나 하나의 변전소로부터 전력의 공급이 중단되는 때에는 자동으로 다른 변전소로부터 전력을 공급받을 수 있도록 상용전원을 설치한 경우와 가압수조방식에는 비상전원을 설치하지 않을 수 있다.

㉢ ㉡에 따른 비상전원 중 자가발전설비, 축전기설비 또는 전기저장장치는 다음의 기준에 따라 설치하고, 비상전원수전설비는 소방시설용 비상전원수전설비의 화재안전기술기준(NFTC 602)에 따라 설치해야 한다.
  • 점검에 편리하고 화재 및 침수 등의 재해로 인한 피해를 받을 우려가 없는 곳에 설치할 것
  • 스프링클러설비를 유효하게 20분 이상 작동할 수 있어야 할 것
  • 상용전원으로부터 전력의 공급이 중단된 때에는 자동으로 비상전원으로부터 전력을 공급받을 수 있도록 할 것

- 비상전원(내연기관의 기동 및 제어용 축전기를 제외)의 설치장소는 다른 장소와 방화구획할 것. 이 경우 그 장소에는 비상전원의 공급에 필요한 기구나 설비 외의 것(열병합발전설비에 필요한 기구나 설비는 제외)을 두지 않을 것
- 비상전원을 실내에 설치하는 때에는 그 실내에 비상조명등을 설치할 것
- 옥내에 설치하는 비상전원실에는 옥외로 직접 통하는 충분한 용량의 급배기설비를 설치할 것
- 비상전원의 출력용량은 다음의 기준을 충족할 것
  - 비상전원 설비에 설치되어 동시에 운전될 수 있는 모든 부하의 합계 입력용량을 기준으로 정격출력을 선정할 것. 다만, 소방전원 보존형 발전기를 사용할 경우에는 그렇지 않다.
  - 기동전류가 가장 큰 부하가 기동될 때에도 부하의 허용 최저입력전압 이상의 출력전압을 유지할 것
  - 단시간 과전류에 견디는 내력은 입력용량이 가장 큰 부하가 최종 기동할 경우에도 견딜 수 있을 것
- 자가발전설비는 부하의 용도와 조건에 따라 다음 중 하나를 설치하고 그 부하용도별 표지를 부착해야 한다. 다만, 자가발전설비의 정격출력용량은 하나의 건축물에 있어서 소방부하의 설비용량을 기준으로 하고, 소방부하 겸용 발전기의 경우 비상부하는 국토해양부장관이 정한 건축전기설비설계기준의 수용률 범위 중 최댓값 이상을 적용한다.
  - 소방전용 발전기 : 소방부하용량을 기준으로 정격출력용량을 산정하여 사용하는 발전기
  - 소방부하 겸용 발전기 : 소방 및 비상부하 겸용으로서 소방부하와 비상부하의 전원용량을 합산하여 정격출력용량을 산정하여 사용하는 발전기
  - 소방전원 보존형 발전기 : 소방 및 비상부하 겸용으로서 소방부하의 전원용량을 기준으로 정격출력용량을 산정하여 사용하는 발전기
- 비상전원실의 출입구 외부에는 실의 위치와 비상전원의 종류를 식별할 수 있도록 표지판을 부착할 것

⑤ 스프링클러설비의 장점
  ㉠ 초기 화재에 절대적인 효과가 있다.
  ㉡ 소화약제가 물이므로 가격이 싸며 소화 후 복구가 용이하다.
  ㉢ 감지부의 구조가 기계적이기 때문에 오동작, 오보가 적다.
  ㉣ 조작이 쉽고 안전하다.
  ㉤ 완전자동이므로 사람이 없는 시간에도 자동적으로 화재를 감지하여 소화 및 경보를 해준다.

⑥ 스프링클러설비의 단점
  ㉠ 초기 시공비가 많이 든다.
  ㉡ 시공이 타 소화설비보다 복잡하다.
  ㉢ 물로 인한 2차 피해가 크다.

5 간이스프링클러설비(NFPC/NFTC 103A)

(1) 간이스프링클러설비를 설치해야 하는 특정대상물(소방시설 설치 및 관리에 관한 법률 시행령 별표 4)

① 공동주택 중 연립주택 및 다세대주택(연립주택 및 다세대주택에 설치하는 간이스프링클러설비는 화재안전기준에 따른 주택전용 간이스프링클러설비를 설치한다)

② 근린생활시설 중 다음의 어느 하나에 해당하는 것
  ㉠ 근린생활시설로 사용하는 부분의 바닥면적 합계가 1,000m² 이상인 것은 모든 층
  ㉡ 의원, 치과의원 및 한의원으로서 입원실이 있는 시설
  ㉢ 조산원 및 산후조리원으로서 연면적 600m² 미만인 시설

③ 의료시설 중 다음의 어느 하나에 해당하는 시설
  ㉠ 종합병원, 병원, 치과병원, 한방병원 및 요양병원(의료재활시설은 제외한다)으로 사용되는 바닥면적의 합계가 600m² 미만인 시설
  ㉡ 정신의료기관 또는 의료재활시설로 사용되는 바닥면적의 합계가 300m² 이상 600m² 미만인 시설
  ㉢ 정신의료기관 또는 의료재활시설로 사용되는 바닥면적의 합계가 300m² 미만이고, 창살(철재·플라스틱 또는 목재 등으로 사람의 탈출 등을 막기 위하여 설치한 것을 말하며, 화재 시 자동으로 열리는 구조로 되어 있는 창살은 제외)이 설치된 시설

④ 교육연구시설 내에 합숙소로서 연면적 100m² 이상인 경우에는 모든 층

⑤ 노유자시설로서 다음의 어느 하나에 해당하는 시설
  ㉠ 소방시설 설치 및 관리에 관한 법률 시행령 제7조제1항제7호 각 목에 따른 시설 같은 호 나목부터 바목까지의 시설 중 단독주택 또는 공동주택에 설치되는 시설은 제외하며, 이하 "노유자 생활시설"이라 한다)
  ㉡ ㉠에 해당하지 않는 노유자시설로 해당 시설로 사용하는 바닥면적의 합계가 300m² 이상 600m² 미만인 시설
  ㉢ ㉠에 해당하지 않는 노유자시설로 해당 시설로 사용하는 바닥면적의 합계가 300m² 미만이고, 창살(철재·플라스틱 또는 목재 등으로 사람의 탈출 등을 막기 위하여 설치한 것을 말하며, 화재 시 자동으로 열리는 구조로 되어 있는 창살은 제외)이 설치된 시설

⑥ 숙박시설로 사용되는 바닥면적의 합계가 300m² 이상 600m² 미만인 시설

⑦ 건물을 임차하여 출입국관리법에 따른 보호시설로 사용하는 부분

⑧ 복합건축물로서 연면적 1,000m² 이상인 것은 모든 층

(2) 수 원

① 수 원

    ㉠ 상수도직결형의 경우에는 수돗물

    ㉡ 수조("캐비닛형"을 포함)를 사용하고자 하는 경우에는 적어도 1개 이상의 자동급수장치를 갖추어야 하며, 2개의 간이헤드에서 최소 10분 이상 방수할 수 있는 양 이상을 수조에 확보할 것

더 알아두기   **5개의 간이헤드에서 최소 20분 이상 방수할 수 있는 양을 수조에 확보해야 하는 경우**

1. 근린생활시설로 사용하는 부분의 바닥면적 합계가 1,000m^2 이상
2. 숙박시설로 사용되는 바닥면적의 합계가 300m^2 이상 600m^2 미만인 시설과 복합건축물 (하나의 건축물이 근린생활시설, 판매시설, 업무시설, 숙박시설 또는 위락시설의 용도와 주택의 용도로 함께 사용되는 것)로서 연면적 1,000m^2 이상인 것

---

② 간이스프링클러설비의 수원을 수조로 설치하는 경우에는 소방설비의 전용수조로 해야 한다. 다만, 다음 중 어느 하나에 해당하는 경우에는 그렇지 않다.

    ㉠ 간이스프링클러설비용 펌프의 풋밸브 또는 흡수배관의 흡수구(수직회전축펌프의 흡수구를 포함)를 다른 설비(소방용 설비 외의 것을 말함)의 풋밸브 또는 흡수구보다 낮은 위치에 설치한 때

    ㉡ 고가수조로부터 소화설비의 수직배관에 물을 공급하는 급수구를 다른 설비의 급수구보다 낮은 위치에 설치한 때

③ 저수량을 산정함에 있어서 다른 설비와 겸용하여 간이스프링클러설비용 수조를 설치하는 경우에는 간이스프링클러설비의 풋밸브·흡수구 또는 수직배관의 급수구와 다른 설비의 풋밸브·흡수구 또는 수직배관의 급수구와의 사이의 수량을 그 유효수량으로 한다.

(3) 가압송수장치

① 방수압력은 가장 먼 가지배관에서 2개의 간이헤드를 동시에 개방할 경우, 각각의 간이헤드 선단의 방수압력은 0.1MPa 이상, 방수량은 50L/min 이상이어야 한다.

더 알아두기

다음에 해당하는 장소는 가장 먼 가지배관에서 5개의 간이헤드를 동시에 개방할 경우, 각각의 간이헤드 선단의 방수압력이 0.1MPa 이상, 방수량은 50L/min 이상이어야 한다.
1. 근린생활시설로 사용하는 부분의 바닥면적 합계가 1,000m^2 이상
2. 숙박시설로 사용되는 바닥면적의 합계가 300m^2 이상 600m^2 미만인 시설과 복합건축물(하나의 건축물이 근린생활시설, 판매시설, 업무시설, 숙박시설 또는 위락시설의 용도와 주택의 용도로 함께 사용되는 것)로서 연면적 1,000m^2 이상인 것

---

② 주차장에 표준반응형 스프링클러헤드를 사용할 경우 헤드 1개의 방수량은 80L/min 이상이어야 한다.

6 물분무소화설비(NFPC/NFTC 104)

(1) 개 요

① 소화작용
- ㉠ 냉각작용 : 물의 증발잠열(539kcal/kg) 흡수
- ㉡ 질식작용 : 수증기의 부피팽창(1,680배)
- ㉢ 유화(에멀션)작용 : 유류 화재 시 기름표면에 방사된 물이 불연성의 유화층을 형성하여 유면을 덮는 작용
- ㉣ 희석작용 : 방사된 물입자로 희석 → 수용성액체(알코올류) 해당

② **구성** : 배관, 제어반, 비상전원, 동력장치, 감지기, 기동장치, 제어밸브, 배수밸브, 물분무헤드, 수원, 기동용 수압개폐장치 등

(2) 물분무소화설비를 설치해야 하는 특정소방대상물

위험물 저장 및 처리 시설 중 가스시설 또는 지하구는 제외한다.

① 항공기 및 자동차 관련 시설 중 항공기격납고

② 차고, 주차용 건축물 또는 철골 조립식 주차시설. 이 경우 연면적 $800m^2$ 이상인 것만 해당한다.

③ 건축물 내부에 설치된 차고 또는 주차장으로서 차고 또는 주차의 용도로 사용되는 면적이 $200m^2$ 이상인 경우 해당 부분(50세대 미만 연립주택 및 다세대주택은 제외한다)

④ 기계장치에 의한 주차시설을 이용하여 20대 이상의 차량을 주차할 수 있는 시설

⑤ 특정소방대상물에 설치된 전기실·발전실·변전실(가연성 절연유를 사용하지 않는 변압기·전류차단기 등의 전기기기와 가연성 피복을 사용하지 않은 전선 및 케이블만을 설치한 전기실·발전실 및 변전실은 제외)·축전지실·통신기기실 또는 전산실, 그 밖에 이와 비슷한 것으로서 바닥면적이 $300m^2$ 이상인 것[하나의 방화구획 내에 둘 이상의 실(室)이 설치되어 있는 경우에는 이를 하나의 실로 보아 바닥면적을 산정]. 다만, 내화구조로 된 공정제어실 내에 설치된 주조정실로서 양압시설(외부 오염 공기 침투를 차단하고 내부의 나쁜 공기가 자연스럽게 외부로 흐를 수 있도록 한 시설을 말한다)이 설치되고 전기기기에 220V 이하인 저전압이 사용되며 종업원이 24시간 상주하는 곳은 제외한다.

⑥ 소화수를 수집·처리하는 설비가 설치되어 있지 않은 중·저준위방사성폐기물의 저장시설. 이 시설에는 이산화탄소소화설비, 할론소화설비 또는 할로겐화합물 및 불활성기체소화설비를 설치해야 한다.

⑦ 지하가 중 예상 교통량, 경사도 등 터널의 특성을 고려하여 행정안전부령으로 정하는 터널. 이 시설에는 물분무소화설비를 설치해야 한다.
⑧ 문화재 중 문화재보호법 제2조제3항제1호 또는 제2호에 따른 지정문화재로서 소방청장이 문화재청장과 협의하여 정하는 것

> **더 알아두기 | 물분무헤드를 설치하지 않을 수 있는 장소**
>
> 1. 물에 심하게 반응하는 물질 또는 물과 반응하여 위험한 물질을 생성하는 물질을 저장 또는 취급하는 장소
> 2. 고온의 물질 및 증류범위가 넓어 끓어 넘치는 위험이 있는 물질을 저장 또는 취급하는 장소
> 3. 운전 시에 표면의 온도가 260℃ 이상으로 되는 등 직접 분무를 하는 경우 그 부분에 손상을 입힐 우려가 있는 기계장치 등이 있는 장소

(3) 수원(필요저수량)

① 특수가연물을 저장 또는 취급하는 특정소방대상물 : 바닥면적(최대 방수구역의 바닥면적을 기준으로 하며, 50m² 이하인 경우에는 50m²) 1m²에 대하여 10L/min로 20분간 방수할 수 있는 양 이상으로 할 것
② 차고 또는 주차장 : 그 바닥면적(최대 방수구역의 바닥면적을 기준으로 하며, 50m² 이하인 경우에는 50m²) 1m²에 대하여 20L/min로 20분간 방수할 수 있는 양 이상으로 할 것
③ 절연유 봉입 변압기 : 바닥부분을 제외한 표면적을 합한 면적 1m²에 대하여 10L/min로 20분간 방수할 수 있는 양 이상으로 할 것
④ 케이블트레이, 케이블덕트 : 투영된 바닥면적 1m²에 대하여 12L/min로 20분간 방수할 수 있는 양 이상으로 할 것
⑤ 컨베이어벨트 등 : 벨트부분의 바닥면적 1m²에 대하여 10L/min로 20분간 방수할 수 있는 양 이상으로 할 것

(4) 배수설비

① 차량이 주차하는 장소의 적당한 곳에 높이 10cm 이상의 경계턱으로 배수구를 설치할 것
② 배수구에는 새어나온 기름을 모아 소화할 수 있도록 길이 40m 이하마다 집수관·소화피트 등 기름분리장치를 설치할 것
③ 차량이 주차하는 바닥은 배수구를 향하여 100분의 2 이상의 기울기를 유지할 것
④ 배수설비는 가압송수장치의 최대송수능력의 수량을 유효하게 배수할 수 있는 크기 및 기울기로 할 것

(5) 기 타

① 제어밸브는 바닥으로부터 0.8m 이상 1.5m 이하의 위치에 설치할 것
② 비상전원은 20분 이상 작동이 가능해야 한다.

7 포소화설비(NFPC/NFTC 105)

(1) 개 요

① 포소화설비는 물에 의한 소화 방법으로는 효과가 적거나 화재가 확대될 위험성이 있는 가연성 액체 등의 화재에 사용하는 설비이다.
② 설비의 종류
    ㉠ 설치방식에 따른 분류 : 고정식, 반고정식, 이동식
    ㉡ 방출방식에 의한 분류 : 고정포 방출방식, 포헤드방식, 포소화전방식, 호스릴방식
③ 구성 : 수원, 가압송수장치, 혼합장치, 저장탱크, 개방밸브, 배관, 포헤드, 제어반, 동력장치, 화재감지기, 기동장치 등

(2) 특정소방대상물에 따라 적응하는 포소화설비

① 특수가연물을 저장·취급하는 공장 또는 창고 : 포워터스프링클러설비·포헤드설비 또는 고정 포방출설비, 압축공기포소화설비
② 차고 또는 주차장 : 포워터스프링클러설비·포헤드설비 또는 고정포방출설비, 압축공기포소화설비

> **더 알아두기**
>
> 다음의 어느 하나에 해당하는 차고·주차장에는 호스릴포소화설비 또는 포소화전설비를 설치할 수 있다.
> 1. 완전 개방된 옥상주차장 또는 고가 밑의 주차장으로서 주된 벽이 없고 기둥뿐이거나 주위가 위해방지용 철주 등으로 둘러싸인 부분
> 2. 지상 1층으로서 지붕이 없는 부분

③ 항공기격납고 : 포워터스프링클러설비·포헤드설비 또는 고정포방출설비, 압축공기포소화설비. 다만, 바닥면적의 합계가 1,000m² 이상이고 항공기의 격납위치가 한정되어 있는 경우에는 그 한정된 장소 외의 부분에 대하여는 호스릴포소화설비를 설치할 수 있다.
④ 발전기실, 엔진펌프실, 변압기, 전기케이블실, 유압설비 : 바닥면적의 합계가 300m² 미만의 장소에는 고정식 압축공기 포소화설비를 설치할 수 있다.

(3) 혼합장치

포소화약제의 혼합장치는 포소화약제의 사용농도에 적합한 수용액으로 혼합할 수 있도록 다음의 어느 하나에 해당하는 방식에 따르되, 제품검사에 합격한 것으로 설치해야 한다.

① **펌프 프로포셔너방식** : 펌프의 토출관과 흡입관 사이의 배관도중에 설치한 흡입기에 펌프에서 토출된 물의 일부를 보내고, 농도 조정밸브에서 조정된 포소화약제의 필요량을 포소화약제 탱크에서 펌프 흡입측으로 보내어 이를 혼합하는 방식

② **프레셔 프로포셔너방식** : 펌프와 발포기의 중간에 설치된 벤투리관의 벤투리작용과 펌프 가압수의 포소화약제 저장탱크에 대한 압력에 따라 포소화약제를 흡입·혼합하는 방식

③ **라인 프로포셔너방식** : 펌프와 발포기의 중간에 설치된 벤투리관의 벤투리작용에 따라 포소화약제를 흡입·혼합하는 방식

④ **프레셔사이드 프로포셔너방식** : 펌프의 토출관에 압입기를 설치하여 포소화약제 압입용펌프로 포소화약제를 압입시켜 혼합하는 방식

⑤ **압축공기포 소화설비** : 압축공기 또는 압축질소를 일정비율로 포수용액에 강제 주입 혼합하는 방식

(4) 차고·주차장에 설치하는 호스릴포소화설비 또는 포소화전설비의 기준

① 특정소방대상물의 어느 층에 있어서도 그 층에 설치된 호스릴포방수구 또는 포소화전방수구 (호스릴포방수구 또는 포소화전방수구가 5개 이상 설치된 경우에는 5개)를 동시에 사용할 경우 각 이동식 포노즐 선단의 포수용액 방사압력이 0.35MPa 이상이고 300L/min 이상(1개층의 바닥면적이 $200m^2$ 이하인 경우에는 230L/min 이상)의 포수용액을 수평거리 15m 이상으로 방사할 수 있도록 할 것

② 저발포의 포소화약제를 사용할 수 있는 것으로 할 것

③ 호스릴 또는 호스를 호스릴포방수구 또는 포소화전방수구로 분리하여 비치하는 때에는 그로부터 3m 이내의 거리에 호스릴함 또는 호스함을 설치할 것

④ 호스릴함 또는 호스함은 바닥으로부터 높이 1.5m 이하의 위치에 설치하고 그 표면에는 "포호스릴함(또는 포소화전함)"이라고 표시한 표지와 적색의 위치표시등을 설치할 것

⑤ 방호대상물의 각 부분으로부터 하나의 호스릴포방수구까지의 수평거리는 15m 이하(포소화전방수구의 경우에는 25m 이하)가 되도록 하고 호스릴 또는 호스의 길이는 방호대상물의 각 부분에 포가 유효하게 뿌려질 수 있도록 할 것

8 이산화탄소소화설비(NFPC/NFTC 106)

(1) 개 요

① 이산화탄소(CO_2)는 산소의 공급을 차단하는 질식효과는 물론 냉각에 의한 소화효과도 크다.

② 소화약제로서 CO_2는 오손, 부식, 손상의 우려가 없고 소화 후에도 어떠한 흔적도 남지 않으며, 기체이기 때문에 어떠한 장소에서도 침투·확산되어 소화가 가능하다.

③ 설비의 종류

    ㉠ 저장방식에 따른 분류 : 고압, 저압

    ㉡ 방출방식에 따른 분류

        • 전역방출방식 : 소화약제 공급장치에 배관 및 분사헤드 등을 고정 설치하여 밀폐 방호구역 내에 소화약제를 방출하는 방식을 말한다.

        • 국소방출방식 : 소화약제 공급장치에 배관 및 분사헤드를 설치하여 직접 화점에 소화약제를 방출하는 방식을 말한다.

        • 호스릴방식 : 소화수 또는 소화약제 저장용기 등에 연결된 호스릴을 이용하여 사람이 직접 화점에 소화수 또는 소화약제를 방출하는 방식을 말한다.

④ 구성 : 감지기, 가스저장용기, 전자밸브, 기동장치, 가압용 가스용기, 압력조정기, 메인밸브, 선택밸브, 배관, 자동폐쇄장치, 분사헤드, 제어반, 비상전원 등

(2) 이산화탄소소화약제의 저장용기 등

① 저장용기의 설치 장소

    ㉠ 방호구역 외의 장소에 설치할 것. 단, 방호구역 내에 설치할 경우 피난 및 조작이 용이하도록 피난구 부근에 설치한다.

    ㉡ 온도가 40℃ 이하이고, 온도변화가 적은 곳에 설치할 것

    ㉢ 직사광선 및 빗물이 침투할 우려가 없는 곳에 설치할 것

    ㉣ 방화문으로 구획된 실에 설치할 것

    ㉤ 용기의 설치 장소에는 해당 용기가 설치된 곳임을 표시하는 표지를 할 것

    ㉥ 용기 간의 간격은 점검에 지장이 없도록 3cm 이상의 간격을 유지할 것

    ㉦ 저장용기와 집합관을 연결하는 연결배관에는 체크밸브를 설치할 것. 다만, 저장용기가 하나의 방호구역만을 담당하는 경우에는 그렇지 않다.

> **더 알아두기**
>
> 이산화탄소소화약제, 할론소화약제, 분말소화약제의 저장용기 설치 장소는 모두 동일하다.

② 저장용기의 설치 기준

    ⊙ 저장용기의 충전비는 고압식은 1.5 이상 1.9 이하, 저압식은 1.1 이상 1.4 이하로 할 것

    ⓛ 저압식 저장용기에는 내압시험압력의 0.64배부터 0.8배의 압력에서 작동하는 안전밸브와 내압시험압력의 0.8배부터 내압시험압력에서 작동하는 봉판을 설치할 것

    ⓒ 저압식 저장용기에는 액면계 및 압력계와 2.3MPa 이상 1.9MPa 이하의 압력에서 작동하는 압력경보장치를 설치할 것

    ⓔ 저압식 저장용기에는 용기내부의 온도가 영하 18℃ 이하에서 2.1MPa의 압력을 유지할 수 있는 자동냉동장치를 설치할 것

    ⓜ 저장용기는 고압식은 25MPa 이상, 저압식은 3.5MPa 이상의 내압시험압력에 합격한 것으로 할 것

③ 이산화탄소소화약제 저장용기의 개방밸브는 전기식·가스압력식 또는 기계식에 따라 자동으로 개방되고 수동으로도 개방되는 것으로서 안전장치가 부착된 것으로 해야 한다.

④ 이산화탄소소화약제 저장용기와 선택밸브 또는 개폐밸브 사이에는 내압시험압력 0.8배에서 작동하는 안전장치를 설치해야 한다.

(3) 분사헤드 설치 제외 장소

① 방재실·제어실 등 사람이 상시 근무하는 장소

② 나이트로셀룰로스·셀룰로이드제품 등 자기연소성물질을 저장·취급하는 장소

③ 나트륨·칼륨·칼슘 등 활성금속물질을 저장·취급하는 장소

④ 전시장 등의 관람을 위하여 다수인이 출입·통행하는 통로 및 전시실 등

(4) 자동식 기동장치의 화재감지기 설치 기준

① 각 방호구역 내의 화재감지기의 감지에 따라 작동되도록 할 것

② 화재감지기의 회로는 교차회로방식으로 설치할 것. 다만, 화재감지기를 자동화재탐지설비 및 시각경보장치의 화재안전기술기준(NFTC 203)의 감지기로 설치하는 경우에는 그렇지 않다.

③ 교차회로 내의 각 화재감지기회로별로 설치된 화재감지기 1개가 담당하는 바닥면적은 자동화재탐지설비 및 시각경보장치의 화재안전기술기준(NFTC 203)의 규정에 따른 바닥면적으로 할 것

(5) 음향경보장치

① 이산화탄소소화설비의 음향경보장치 설치 기준

    ⊙ 수동식 기동장치를 설치한 것은 그 기동장치의 조작과정에서, 자동식 기동장치를 설치한 것은 화재감지기와 연동하여 자동으로 경보를 발하는 것으로 할 것

ⓛ 소화약제의 방사개시 후 1분 이상 경보를 계속할 수 있는 것으로 할 것

ⓒ 방호구역 또는 방호대상물이 있는 구획 안에 있는 자에게 유효하게 경보할 수 있는 것으로 할 것

② 방송에 따른 경보장치 설치 기준

ⓐ 증폭기 재생장치는 화재 시 연소의 우려가 없고, 유지관리가 쉬운 장소에 설치할 것

ⓛ 방호구역 또는 방호대상물이 있는 구획의 각 부분으로부터 하나의 확성기까지의 수평거리는 25m 이하가 되도록 할 것

ⓒ 제어반의 복구스위치를 조작하여도 경보를 계속 발할 수 있는 것으로 할 것

9 할론소화설비(NFPC/NFTC 107)

(1) 할론소화약제의 저장용기 등

① 저장용기의 설치 장소

ⓐ 방호구역 외의 장소에 설치할 것. 다만, 방호구역 내에 설치할 경우에는 피난 및 조작이 용이하도록 피난구 부근에 설치해야 한다.

ⓛ 온도가 40℃ 이하이고, 온도변화가 적은 곳에 설치할 것

ⓒ 직사광선 및 빗물이 침투할 우려가 없는 곳에 설치할 것

ⓔ 방화문으로 구획된 실에 설치할 것

ⓜ 용기의 설치장소에는 해당 용기가 설치된 곳임을 표시하는 표지를 할 것

ⓗ 용기 간의 간격은 점검에 지장이 없도록 3cm 이상의 간격을 유지할 것

ⓢ 저장용기와 집합관을 연결하는 연결배관에는 체크밸브를 설치할 것. 다만, 저장용기가 하나의 방호구역만을 담당하는 경우에는 그렇지 않다.

② 저장용기의 설치 기준

ⓐ 축압식 저장용기의 압력은 온도 20℃에서 할론 1211을 저장하는 것은 1.1MPa 또는 2.5MPa, 할론 1301을 저장하는 것은 2.5MPa 또는 4.2MPa이 되도록 질소가스로 축압할 것

ⓛ 저장용기의 충전비

• 할론 2402를 저장하는 것 중 가압식 저장용기는 0.51 이상 0.67 미만, 축압식 저장용기는 0.67 이상 2.75 이하로 할 것

• 할론 1211은 0.7 이상 1.4 이하, 할론 1301은 0.9 이상 1.6 이하로 할 것

ⓒ 동일 집합관에 접속되는 용기의 소화약제 충전량은 동일충전비의 것이어야 할 것

③ 가압용 가스용기는 질소가스가 충전된 것으로 하고, 그 압력은 21℃에서 2.5MPa 또는 4.2MPa이 되도록 해야 한다.

④ 할론소화약제 저장용기의 개방밸브는 전기식·가스압력식 또는 기계식에 따라 자동으로 개방되고 수동으로도 개방되는 것으로서 안전장치가 부착된 것으로 해야 한다.

⑤ 가압식 저장용기에는 2.0MPa 이하의 압력으로 조정할 수 있는 압력조정장치를 설치해야 한다.

⑥ 하나의 구역을 담당하는 소화약제 저장용기의 소화약제량의 체적합계보다 그 소화약제 방출 시 방출경로가 되는 배관(집합관 포함)의 내용적이 1.5배 이상일 경우에는 해당 방호구역에 대한 설비는 별도 독립방식으로 해야 한다.

(2) 분사헤드 설치 기준

① 전역방출방식의 할론소화설비의 분사헤드
   ㉠ 방사된 소화약제가 방호구역의 전역에 균일하게 신속히 확산할 수 있도록 할 것
   ㉡ 할론 2402를 방출하는 분사헤드는 해당 소화약제가 무상으로 분무되는 것으로 할 것
   ㉢ 분사헤드의 방사압력
      • 할론 2402를 방사하는 것은 0.1MPa 이상
      • 할론 1211을 방사하는 것은 0.2MPa 이상
      • 할론 1301을 방사하는 것은 0.9MPa 이상
   ㉣ 기준저장량의 소화약제를 10초 이내에 방사할 수 있는 것으로 할 것

② 국소방출방식의 할론소화설비의 분사헤드
   ㉠ 소화약제의 방사에 따라 가연물이 비산하지 아니하는 장소에 설치할 것
   ㉡ 할론 2402를 방사하는 분사헤드는 해당 소화약제가 무상으로 분무되는 것으로 할 것
   ㉢ 분사헤드의 방사압력
      • 할론 2402를 방사하는 것 : 0.1MPa 이상
      • 할론 1211을 방사하는 것 : 0.2MPa 이상
      • 할론 1301을 방사하는 것 : 0.9MPa 이상
   ㉣ 기준저장량의 소화약제를 10초 이내에 방사할 수 있는 것으로 할 것

③ 화재 시 현저하게 연기가 찰 우려가 없는 장소로서 다음의 어느 하나에 해당하는 장소에는 호스릴방식의 할론소화설비를 설치할 수 있다.
   ㉠ 지상 1층 및 피난층에 있는 부분으로서 지상에서 수동 또는 원격조작에 따라 개방할 수 있는 개구부의 유효면적의 합계가 바닥면적의 15% 이상이 되는 부분
   ㉡ 전기설비가 설치되어 있는 부분 또는 다량의 화기를 사용하는 부분(해당 설비의 주위 5m 이내의 부분을 포함한다)의 바닥면적이 해당 설비가 설치되어 있는 구획의 바닥면적의 5분의 1 미만이 되는 부분

④ 호스릴할론소화설비
  ㉠ 방호대상물의 각 부분으로부터 하나의 호스접결구까지의 수평거리가 20m 이하가 되도록 할 것
  ㉡ 소화약제의 저장용기의 개방밸브는 호스릴의 설치장소에서 수동으로 개폐할 수 있는 것으로 할 것
  ㉢ 소화약제의 저장용기는 호스릴을 설치하는 장소마다 설치할 것
  ㉣ 노즐은 20℃에서 하나의 노즐마다 1분당 할론 2402는 45kg(할론 1211은 40kg, 할론 1301은 35kg) 이상의 소화약제를 방출할 수 있는 것으로 할 것
  ㉤ 소화약제 저장용기의 가장 가까운 곳의 보기 쉬운 곳에 적색의 표시등을 설치하고, 호스릴방식의 할론소화설비가 있다는 뜻을 표시한 표지를 할 것
⑤ 할론소화설비의 분사헤드의 오리피스구경·방출률·크기 등
  ㉠ 분사헤드에는 부식방지조치를 해야 하며 오리피스의 크기, 제조일자, 제조업체가 표시되도록 할 것
  ㉡ 분사헤드의 개수는 방호구역에 소화약제의 방출시간이 충족되도록 설치할 것
  ㉢ 분사헤드의 방출률 및 방출압력은 제조업체에서 정한 값으로 할 것
  ㉣ 분사헤드의 오리피스의 면적은 분사헤드가 연결되는 배관구경 면적의 70% 이하가 되도록 할 것

10 할로겐화합물 및 불활성기체소화설비(NFPC/NFTC 107A)

(1) 할로겐화합물 및 불활성기체소화약제의 저장용기

① 저장용기의 설치 장소
  ㉠ 방호구역 외의 장소에 설치할 것. 다만, 방호구역 내에 설치할 경우에는 피난 및 조작이 용이하도록 피난구 부근에 설치해야 한다.
  ㉡ 온도가 55℃ 이하이고 온도의 변화가 작은 곳에 설치할 것
  ㉢ 직사광선 및 빗물이 침투할 우려가 없는 곳에 설치할 것
  ㉣ 저장용기를 방호구역 외에 설치한 경우에는 방화문으로 구획된 실에 설치할 것
  ㉤ 용기의 설치장소에는 해당 용기가 설치된 곳임을 표시하는 표지를 할 것
  ㉥ 용기 간의 간격은 점검에 지장이 없도록 3cm 이상의 간격을 유지할 것
  ㉦ 저장용기와 집합관을 연결하는 연결배관에는 체크밸브를 설치할 것. 다만, 저장용기가 하나의 방호구역만을 담당하는 경우에는 그렇지 않다.

② 저장용기의 기준

ㄱ 저장용기의 충전밀도 및 충전압력은 규정에 따를 것

ㄴ 저장용기는 약제명·저장용기의 자체중량과 총중량·충전일시·충전압력 및 약제의 체적을 표시할 것

ㄷ 동일 집합관에 접속되는 저장용기는 동일한 내용적을 가진 것으로 충전량 및 충전압력이 같도록 할 것

ㄹ 저장용기에 충전량 및 충전압력을 확인할 수 있는 장치를 하는 경우에는 해당 소화약제에 적합한 구조로 할 것

ㅁ 저장용기의 약제량 손실이 5%를 초과하거나 압력손실이 10%를 초과할 경우에는 재충전하거나 저장용기를 교체할 것. 다만, 불활성기체 소화약제 저장용기의 경우에는 압력손실이 5%를 초과할 경우 재충전하거나 저장용기를 교체해야 한다.

③ 하나의 방호구역을 담당하는 저장용기의 소화약제의 체적합계보다 소화약제의 방출 시 방출경로가 되는 배관(집합관을 포함한다)의 내용적의 비율이 할로겐화합물 및 불활성기체소화약제 제조업체의 설계기준에서 정한 값 이상일 경우에는 해당 방호구역에 대한 설비는 별도 독립방식으로 해야 한다.

(2) 분사헤드

① 분사헤드의 기준

ㄱ 분사헤드의 설치높이는 방호구역의 바닥으로부터 최소 0.2m 이상 최대 3.7m 이하로 해야 하며 천장높이가 3.7m를 초과할 경우에는 추가로 다른 열의 분사헤드를 설치할 것. 다만, 분사헤드의 성능인정 범위 내에서 설치하는 경우에는 그렇지 않다.

ㄴ 분사헤드의 개수는 방호구역에 할로겐화합물소화약제는 10초 이내에, 불활성기체소화약제는 A·C급 화재 2분, B급 화재 1분 이내에 방호구역 각 부분에 최소설계농도의 95% 이상 해당하는 약제량이 방출되도록 설치할 것

ㄷ 분사헤드에는 부식방지조치를 해야 하며 오리피스의 크기, 제조일자, 제조업체가 표시되도록 할 것

② 분사헤드의 방출률 및 방출압력은 제조업체에서 정한 값으로 한다.

③ 분사헤드의 오리피스의 면적은 분사헤드가 연결되는 배관구경 면적의 70% 이하가 되도록 할 것

11 분말소화설비(NFPC/NFTC 108)

(1) 분말소화약제의 저장용기

① 저장용기의 설치 장소

  ㉠ 방호구역 외의 장소에 설치할 것. 다만, 방호구역 내에 설치할 경우에는 피난 및 조작이 용이하도록 피난구 부근에 설치해야 한다.

  ㉡ 온도가 40℃ 이하이고, 온도변화가 적은 곳에 설치할 것

  ㉢ 직사광선 및 빗물이 침투할 우려가 없는 곳에 설치할 것

  ㉣ 방화문으로 구획된 실에 설치할 것

  ㉤ 용기의 설치장소에는 해당용기가 설치된 곳임을 표시하는 표지를 할 것

  ㉥ 용기 간의 간격은 점검에 지장이 없도록 3cm 이상의 간격을 유지할 것

  ㉦ 저장용기와 집합관을 연결하는 연결배관에는 체크밸브를 설치할 것. 다만, 저장용기가 하나의 방호구역만을 담당하는 경우에는 그렇지 않다.

② 저장용기의 설치 기준

  ㉠ 저장용기의 내용적은 다음 표에 따를 것

소화약제의 종류	소화약제 1kg당 저장용기의 내용적
제1종 분말(탄산수소나트륨을 주성분으로 한 분말)	0.8L
제2종 분말(탄산수소칼륨을 주성분으로 한 분말)	1L
제3종 분말(인산염을 주성분으로 한 분말)	1L
제4종 분말(탄산수소칼륨과 요소가 화합된 분말)	1.25L

  ㉡ 저장용기에는 가압식은 최고사용압력의 1.8배 이하, 축압식은 용기의 내압시험압력의 0.8배 이하의 압력에서 작동하는 안전밸브를 설치할 것

  ㉢ 저장용기에는 저장용기의 내부압력이 설정압력으로 되었을 때 주밸브를 개방하는 정압작동장치를 설치할 것

  ㉣ 저장용기의 충전비는 0.8 이상으로 할 것

  ㉤ 저장용기 및 배관에는 잔류 소화약제를 처리할 수 있는 청소장치를 설치할 것

  ㉥ 축압식 저장용기에는 사용압력 범위를 표시한 지시압력계를 설치할 것

(2) 분사헤드 설치 기준

① 전역방출방식의 분말소화설비의 분사헤드

  ㉠ 방출된 소화약제가 방호구역의 전역에 균일하고 신속하게 확산할 수 있도록 할 것

  ㉡ 소화약제 저장량을 30초 이내에 방사할 수 있는 것으로 할 것

② 국소방출방식의 분말소화설비의 분사헤드

　　㉠ 소화약제의 방출에 따라 가연물이 비산하지 아니하는 장소에 설치할 것

　　㉡ 기준저장량의 소화약제를 30초 이내에 방사할 수 있는 것으로 할 것

③ 화재 시 현저하게 연기가 찰 우려가 없는 장소로서 다음 중 어느 하나에 해당하는 장소에는 호스릴방식의 분말소화설비를 설치할 수 있다. 다만, 차고 또는 주차의 용도로 사용되는 장소는 제외한다.

　　㉠ 지상 1층 및 피난층에 있는 부분으로서 지상에서 수동 또는 원격조작에 따라 개방할 수 있는 개구부의 유효면적의 합계가 바닥면적의 15% 이상이 되는 부분

　　㉡ 전기설비가 설치되어 있는 부분 또는 다량의 화기를 사용하는 부분(해당 설비의 주위 5m 이내의 부분을 포함한다)의 바닥면적이 해당 설비가 설치되어 있는 구획의 바닥면적의 5분의 1 미만이 되는 부분

④ 호스릴분말소화설비

　　㉠ 방호대상물의 각 부분으로부터 하나의 호스접결구까지의 수평거리가 15m 이하가 되도록 할 것

　　㉡ 소화약제의 저장용기의 개방밸브는 호스릴의 설치장소에서 수동으로 개폐할 수 있는 것으로 할 것

　　㉢ 소화약제의 저장용기는 호스릴을 설치하는 장소마다 설치할 것

　　㉣ 호스릴방식의 분말소화설비는 하나의 노즐마다 1분당 제2종 또는 제3종 분말은 27kg(제1종 분말은 45kg, 제4종 분말은 18kg) 이상의 소화약제를 방출할 수 있는 것으로 할 것

　　㉤ 저장용기에는 가장 가까운 곳의 보기 쉬운 곳에 적색의 표시등을 설치하고, 호스릴방식의 분말소화설비가 있다는 뜻을 표시한 표지를 할 것

03　경보설비

1 비상경보설비 및 단독경보형감지기(NFPC/NFTC 201)

(1) 비상벨설비 또는 자동식사이렌설비

① 비상벨설비 또는 자동식사이렌설비는 부식성가스 또는 습기 등으로 인하여 부식의 우려가 없는 장소에 설치해야 한다.

② 지구음향장치는 특정소방대상물의 층마다 설치하되, 해당 특정소방대상물의 각 부분으로부터 하나의 음향장치까지의 수평거리가 25m 이하가 되도록 하고, 해당층의 각 부분에 유효하게 경보를 발할 수 있도록 설치해야 한다. 다만, 비상방송설비의 화재안전기술기준(NFTC 202)

에 적합한 방송설비를 비상벨설비 또는 자동식사이렌설비와 연동하여 작동하도록 설치한 경우에는 지구음향장치를 설치하지 않을 수 있다.

③ 음향장치는 정격전압의 80% 전압에서도 음향을 발할 수 있도록 해야 한다. 다만, 건전지를 주전원으로 사용하는 음향장치는 그렇지 않다.

④ 음향장치의 음향의 크기는 부착된 음향장치의 중심으로부터 1m 떨어진 위치에서 음압이 90dB 이상이 되는 것으로 해야 한다.

⑤ 발신기의 설치 기준

ㄱ 조작이 쉬운 장소에 설치하고, 조작스위치는 바닥으로부터 0.8m 이상 1.5m 이하의 높이에 설치할 것

ㄴ 특정소방대상물의 층마다 설치하되, 해당 층의 각 부분으로부터 하나의 발신기까지의 수평거리가 25m 이하가 되도록 할 것. 다만, 복도 또는 별도로 구획된 실로서 보행거리가 40m 이상일 경우에는 추가로 설치해야 한다.

ㄷ 발신기의 위치표시등은 함의 상부에 설치하되, 그 불빛은 부착면으로부터 15° 이상의 범위 안에서 부착지점으로부터 10m 이내의 어느 곳에서도 쉽게 식별할 수 있는 적색등으로 할 것

⑥ 비상벨설비 또는 자동식사이렌설비에는 그 설비에 대한 감시상태를 60분간 지속한 후 유효하게 10분 이상 경보할 수 있는 비상전원으로서 축전지설비(수신기에 내장하는 경우를 포함한다) 또는 전기저장장치(외부 전기에너지를 저장해 두었다가 필요한 때 전기를 공급하는 장치)를 설치해야 한다. 다만, 상용전원이 축전지설비인 경우 또는 건전지를 주전원으로 사용하는 무선식 설비인 경우에는 그렇지 않다.

(2) 비상경보설비를 설치해야 할 특정소방대상물(소방시설 설치 및 관리에 관한 법률 시행령 별표 4)

모래 · 석재 등 불연재료 공장 및 창고시설, 위험물 저장 및 처리 시설 중 가스시설, 사람이 거주하지 않거나 벽이 없는 축사 등 동물 및 식물 관련 시설 및 지하구는 제외한다.

① 연면적 400m² 이상인 것은 모든 층

② 지하층 또는 무창층의 바닥면적이 150m²(공연장의 경우 100m²) 이상인 것은 모든 층

③ 지하가 중 터널로서 길이가 500m 이상인 것

④ 50명 이상의 근로자가 작업하는 옥내 작업장

(3) 단독경보형감지기

① 설치 기준

　ⓐ 각 실(이웃하는 실내의 바닥면적이 각각 30m² 미만이고 벽체의 상부의 전부 또는 일부가 개방되어 이웃하는 실내와 공기가 상호유통되는 경우에는 이를 1개의 실로 본다)마다 설치하되, 바닥면적이 150m²를 초과하는 경우에는 150m²마다 1개 이상 설치할 것

　ⓑ 최상층의 계단실의 천장(외기가 상통하는 계단실의 경우를 제외한다)에 설치할 것

　ⓒ 건전지를 주전원으로 사용하는 단독경보형감지기는 정상적인 작동상태를 유지할 수 있도록 주기적으로 건전지를 교환할 것

　ⓓ 상용전원을 주전원으로 사용하는 단독경보형감지기의 2차전지는 제품검사에 합격한 것을 사용할 것

② 단독경보형감지기를 설치해야 하는 특정소방대상물

　ⓐ 교육연구시설 내에 있는 기숙사 또는 합숙소로서 연면적 2,000m² 미만인 것

　ⓑ 수련시설 내에 있는 기숙사 또는 합숙소로서 연면적 2,000m² 미만인 것

　ⓒ 노유자 생활시설에 해당하지 않는 노유자시설로서 연면적 400m² 이상인 노유자시설 및 숙박시설이 있는 수련시설로서 수용인원 100명 미만인 수련시설(숙박시설이 있는 것만 해당)

　ⓓ 연면적 400m² 미만의 유치원

　ⓔ 공동주택 중 연립주택 및 다세대주택(이 경우 단독경보형감지기는 연동형으로 설치해야 한다)

2 비상방송설비(NFPC/NFTC 202)

(1) 음향장치의 설치 기준

이 경우 엘리베이터 내부에는 별도의 음향장치를 설치할 수 있다.

① 확성기의 음성입력은 3W(실내에 설치하는 것에 있어서는 1W) 이상일 것

② 확성기는 각층마다 설치하되, 그 층의 각 부분으로부터 하나의 확성기까지의 수평거리가 25m 이하가 되도록 하고, 해당층의 각 부분에 유효하게 경보를 발할 수 있도록 설치할 것

③ 음량조정기를 설치하는 경우 음량조정기의 배선은 3선식으로 할 것

④ 조작부의 조작스위치는 바닥으로부터 0.8m 이상 1.5m 이하의 높이에 설치할 것

⑤ 조작부는 기동장치의 작동과 연동하여 해당 기동장치가 작동한 층 또는 구역을 표시할 수 있는 것으로 할 것

⑥ 증폭기 및 조작부는 수위실 등 상시 사람이 근무하는 장소로서 점검이 편리하고 방화상 유효한 곳에 설치할 것

⑦ 층수가 11층(공동주택의 경우에는 16층) 이상의 특정소방대상물은 다음의 기준에 따라 경보를 발할 수 있도록 해야 한다.

㉠ 2층 이상의 층에서 발화한 때에는 발화층 및 그 직상 4개 층에 경보를 발할 것

㉡ 1층에서 발화한 때에는 발화층·그 직상 4개 층 및 지하층에 경보를 발할 것

㉢ 지하층에서 발화한 때에는 발화층·그 직상층 및 기타의 지하층에 경보를 발할 것

⑧ 다른 방송설비와 공용하는 것에 있어서는 화재 시 비상경보 외의 방송을 차단할 수 있는 구조로 할 것

⑨ 다른 전기회로에 따라 유도장애가 생기지 아니하도록 할 것

⑩ 하나의 특정소방대상물에 2 이상의 조작부가 설치되어 있는 때에는 각각의 조작부가 있는 장소 상호 간에 동시통화가 가능한 설비를 설치하고, 어느 조작부에서도 해당 특정소방대상물의 전 구역에 방송을 할 수 있도록 할 것

⑪ 기동장치에 따른 화재신고를 수신한 후 필요한 음량으로 화재발생 상황 및 피난에 유효한 방송이 자동으로 개시될 때까지의 소요시간은 10초 이내로 할 것

⑫ 음향장치의 구조 및 성능

㉠ 정격전압의 80% 전압에서 음향을 발할 수 있는 것을 할 것

㉡ 자동화재탐지설비의 작동과 연동하여 작동할 수 있는 것으로 할 것

(2) 비상방송설비를 설치해야 하는 특정소방대상물(소방시설 설치 및 관리에 관한 법률 시행령 별표 4)

위험물 저장 및 처리 시설 중 가스시설, 사람이 거주하지 않거나 벽이 없는 축사 등 동물 및 식물 관련 시설, 지하가 중 터널, 축사 및 지하구는 제외한다.

① 연면적 $3,500m^2$ 이상인 것은 모든 층

② 층수가 11층 이상인 것은 모든 층

③ 지하층의 층수가 3층 이상인 것은 모든 층

3 자동화재탐지설비 및 시각경보장치(NFPC/NFTC 203)

(1) 개 요

① 자동화재탐지설비는 건물 내에서 발생한 화재를 초기단계에서 화재에 의해 발생하는 열, 연기 또는 화염을 감지하여 자동으로 화재를 발견하고, 벨 또는 사이렌 등의 음향장치에 의해 건물 내의 관계자 또는 거주자에게 경보를 발하는 설비이다.

② 용어의 정의

    ㉠ 경계구역 : 특정소방대상물 중 화재신호를 발신하고 그 신호를 수신 및 유효하게 제어할 수 있는 구역을 말한다.

    ㉡ 수신기 : 감지기나 발신기에서 발하는 화재신호를 직접 수신하거나 중계기를 통하여 수신하여 화재의 발생을 표시 및 경보하여 주는 장치를 말한다.

    ㉢ 중계기 : 감지기·발신기 또는 전기적 접점 등의 작동에 따른 신호를 받아 이를 수신기의 제어반에 전송하는 장치를 말한다.

    ㉣ 감지기 : 화재 시 발생하는 열, 연기, 불꽃 또는 연소생성물을 자동적으로 감지하여 수신기에 발신하는 장치를 말한다.

    ㉤ 발신기 : 수동누름버튼 등의 작동으로 화재 신호를 수신기에 수동으로 발신하는 장치를 말한다.

    ㉥ 시각경보장치 : 자동화재탐지설비에서 발하는 화재신호를 시각경보기에 전달하여 청각장애인에게 점멸형태의 시각경보를 하는 것을 말한다.

③ **신호처리방식** : 화재신호 및 상태신호 등(이하 "화재신호 등"이라 한다)을 송수신하는 방식은 다음과 같다.

    ㉠ 유선식 : 화재신호 등을 배선으로 송·수신하는 방식

    ㉡ 무선식 : 화재신호 등을 전파에 의해 송·수신하는 방식

    ㉢ 유·무선식 : 유선식과 무선식을 겸용으로 사용하는 방식

(2) 경계구역

① 설정 기준

    ㉠ 하나의 경계구역이 2개 이상의 건축물에 미치지 아니하도록 할 것

    ㉡ 하나의 경계구역이 2개 이상의 층에 미치지 아니하도록 할 것. 다만, 500m² 이하의 범위 안에서는 2개의 층을 하나의 경계구역으로 할 수 있다.

    ㉢ 하나의 경계구역의 면적은 600m² 이하로 하고 한 변의 길이는 50m 이하로 할 것. 다만, 해당 특정소방대상물의 주된 출입구에서 그 내부 전체가 보이는 것에 있어서는 한 변의 길이가 50m의 범위 내에서 1,000m² 이하로 할 수 있다.

② 계단(직통계단 외의 것에 있어서는 떨어져 있는 상하계단의 상호 간의 수평거리가 5m 이하로서 서로 간에 구획되지 아니한 것에 한함)·경사로(에스컬레이터경사로 포함)·엘리베이터 승강로(권상기실이 있는 경우에는 권상기실)·린넨슈트·파이프 피트 및 덕트 기타 이와 유사한 부분에 대하여는 별도로 경계구역을 설정하되, 하나의 경계구역은 높이 45m 이하(계단 및 경사로에 한함)로 하고, 지하층의 계단 및 경사로(지하층의 층수가 1개 층일 경우는 제외)는 별도로 하나의 경계구역으로 해야 한다.

③ 외기에 면하여 상시 개방된 부분이 있는 차고·주차장·창고 등에 있어서는 외기에 면하는 각 부분으로부터 5m 미만의 범위 안에 있는 부분은 경계구역의 면적에 산입하지 아니한다.

④ 스프링클러설비·물분무등소화설비 또는 제연설비의 화재감지장치로서 화재감지기를 설치한 경우의 경계구역은 해당 소화설비의 방사구역 또는 제연구역과 동일하게 설정할 수 있다.

(3) 구 성

자동화재탐지설비는 수신기, 중계기, 음향장치, 시각경보장치, 발신기, 중계기 등으로 구성되어 있다.

① 수신기

  ㉠ 자동화재탐지설비에 적합한 수신기
   - 해당 특정소방대상물의 경계구역을 각각 표시할 수 있는 회선 수 이상의 수신기를 설치할 것
   - 해당 특정소방대상물에 가스누설탐지설비가 설치된 경우에는 가스누설탐지설비로부터 가스누설신호를 수신하여 가스누설경보를 할 수 있는 수신기를 설치할 것(가스누설탐지설비의 수신부를 별도로 설치한 경우에는 제외한다)

  ㉡ 설치 기준
   - 수위실 등 상시 사람이 근무하는 장소에 설치할 것. 다만, 사람이 상시 근무하는 장소가 없는 경우에는 관계인이 쉽게 접근할 수 있고 관리가 용이한 장소에 설치할 수 있다.
   - 수신기가 설치된 장소에는 경계구역 일람도를 비치할 것. 다만, 모든 수신기와 연결되어 각 수신기의 상황을 감시하고 제어할 수 있는 수신기(주수신기)를 설치하는 경우에는 주수신기를 제외한 기타 수신기는 그렇지 않다.
   - 수신기의 음향기구는 그 음량 및 음색이 다른 기기의 소음 등과 명확히 구별될 수 있는 것으로 할 것
   - 수신기는 감지기·중계기 또는 발신기가 작동하는 경계구역을 표시할 수 있는 것으로 할 것
   - 화재·가스 전기 등에 대한 종합방재반을 설치한 경우에는 해당 조작반에 수신기의 작동과 연동하여 감지기·중계기 또는 발신기가 작동하는 경계구역을 표시할 수 있는 것으로 할 것
   - 하나의 경계구역은 하나의 표시등 또는 하나의 문자로 표시되도록 할 것
   - 수신기의 조작 스위치는 바닥으로부터의 높이가 0.8m 이상 1.5m 이하인 장소에 설치할 것
   - 하나의 특정소방대상물에 2 이상의 수신기를 설치하는 경우에는 수신기를 상호 간 연동하여 화재발생 상황을 각 수신기마다 확인할 수 있도록 할 것

② 감지기

　㉠ 구조 및 기능에 따른 종류

　　• 열감지기

　　　– 차동식 : 스포트(Spot)형, 분포형

　　　– 정온식 : 스포트형, 감지선형

　　　– 보상식 : 스포트형

　　• 연기감지기 : 이온화식, 광전식

　　• 불꽃감지기, 복합형감지기

　㉡ 연기감지기의 설치 장소

　　• 계단·경사로 및 에스컬레이터 경사로

　　• 복도(30m 미만의 것 제외)

　　• 엘리베이터 승강로(권상기실이 있는 경우에는 권상기실)·린넨슈트·파이프 피트 및 덕트 기타 이와 유사한 장소

　　• 천장 또는 반자의 높이가 15m 이상 20m 미만의 장소

　　• 다음의 어느 하나에 해당하는 특정소방대상물의 취침·숙박·입원 등 이와 유사한 용도로 사용되는 거실

　　　– 공동주택·오피스텔·숙박시설·노유자시설·수련시설

　　　– 교육연구시설 중 합숙소

　　　– 의료시설, 근린생활시설 중 입원실이 있는 의원·조산원

　　　– 교정 및 군사시설

　　　– 근린생활시설 중 고시원

　㉢ 감지기의 설치 기준

　　• 감지기(차동식분포형의 것을 제외)는 실내로의 공기유입구로부터 1.5m 이상 떨어진 위치에 설치할 것

　　• 감지기는 천장 또는 반자의 옥내에 면하는 부분에 설치할 것

　　• 보상식스포트형감지기는 정온점이 감지기 주위의 평상시 최고온도보다 20℃ 이상 높은 것으로 설치할 것

　　• 정온식감지기는 주방·보일러실 등으로서 다량의 화기를 취급하는 장소에 설치하되, 공칭작동온도가 최고주위온도보다 20℃ 이상 높은 것으로 설치할 것

　　• 차동식스포트형·보상식스포트형 및 정온식스포트형 감지기는 그 부착 높이 및 특정소방대상물에 따라 규정에 따른 바닥면적마다 1개 이상을 설치할 것

　　• 스포트형감지기는 45° 이상 경사되지 아니하도록 부착할 것

　　• 공기관식 차동식분포형감지기의 설치 기준

　　　– 공기관의 노출부분은 감지구역마다 20m 이상이 되도록 할 것

- 공기관과 감지구역의 각 변과의 수평거리는 1.5m 이하가 되도록 하고, 공기관 상호 간의 거리는 6m(주요 구조부가 내화구조로 된 특정소방대상물 또는 그 부분에 있어서는 9m) 이하가 되도록 할 것
- 공기관은 도중에서 분기하지 아니하도록 할 것
- 하나의 검출부분에 접속하는 공기관의 길이는 100m 이하로 할 것
- 검출부는 5° 이상 경사되지 아니하도록 부착할 것
- 검출부는 바닥으로부터 0.8m 이상 1.5m 이하의 위치에 설치할 것
- 열전대식 차동식분포형감지기의 설치 기준
  - 열전대부는 감지구역의 바닥면적 18m²(주요구조부가 내화구조로 된 특정소방대상물에 있어서는 22m²)마다 1개 이상으로 할 것. 다만, 바닥면적이 72m²(주요구조부가 내화구조로 된 특정소방대상물에 있어서는 88m²) 이하인 특정소방대상물에 있어서는 4개 이상으로 해야 한다.
  - 하나의 검출부에 접속하는 열전대부는 20개 이하로 할 것. 다만, 각각의 열전대부에 대한 작동여부를 검출부에서 표시할 수 있는 것(주소형)은 형식승인 받은 성능인정범위 내의 수량으로 설치할 수 있다.
- 연기감지기의 설치 기준
  - 감지기의 부착 높이에 따라 다음 표에 따른 바닥면적마다 1개 이상으로 할 것

부착 높이	감지기 종류(단위 : m²)	
	1종, 2종	3종
4m 미만	150	50
4m 이상 20m 미만	75	-

  - 감지기는 복도 및 통로에 있어서는 보행거리 30m(3종에 있어서는 20m)마다, 계단 및 경사로에 있어서는 수직거리 15m(3종에 있어서는 10m)마다 1개 이상으로 할 것
  - 천장 또는 반자가 낮은 실내 또는 좁은 실내에 있어서는 출입구의 가까운 부분에 설치할 것
  - 천장 또는 반자부근에 배기구가 있는 경우에는 그 부근에 설치할 것
  - 감지기는 벽 또는 보로부터 0.6m 이상 떨어진 곳에 설치할 것
- 정온식감지선형감지기의 설치 기준
  - 보조선이나 고정금구를 사용하여 감지선이 늘어지지 않도록 설치할 것
  - 단자부와 마감 고정금구와의 설치간격은 10cm 이내로 설치할 것
  - 감지선형감지기의 굴곡반경은 5cm 이상으로 할 것
  - 감지기와 감지구역의 각 부분과의 수평거리가 내화구조의 경우 1종 4.5m 이하, 2종 3m 이하로 할 것. 기타 구조의 경우 1종 3m 이하, 2종 1m 이하로 할 것

- 케이블트레이에 감지기를 설치하는 경우에는 케이블트레이 받침대에 마감금구를 사용하여 설치할 것
- 지하구나 창고의 천장 등에 지지물이 적당하지 않는 장소에서는 보조선을 설치하고 그 보조선에 설치할 것
- 분전반 내부에 설치하는 경우 접착제를 이용하여 돌기를 바닥에 고정시키고 그곳에 감지기를 설치할 것
- 그 밖의 설치 방법은 형식승인 내용에 따르며 형식승인 사항이 아닌 것은 제조사의 시방(示方)에 따라 설치할 것

- 불꽃감지기의 설치 기준
  - 공칭감시거리 및 공칭시야각은 형식승인 내용에 따를 것
  - 감지기는 공칭감시거리와 공칭시야각을 기준으로 감시구역이 모두 포용될 수 있도록 설치할 것
  - 감지기는 화재감지를 유효하게 감지할 수 있는 모서리 또는 벽 등에 설치할 것
  - 감지기를 천장에 설치하는 경우에는 감지기는 바닥을 향하여 설치할 것
  - 수분이 많이 발생할 우려가 있는 장소에는 방수형으로 설치할 것
  - 그 밖의 설치 기준은 형식승인 내용에 따르며 형식승인 사항이 아닌 것은 제조사의 시방에 따라 설치할 것

- 광전식분리형감지기의 설치 기준
  - 감지기의 수광면은 햇빛을 직접 받지 않도록 설치할 것
  - 광축(송광면과 수광면의 중심을 연결한 선)은 나란한 벽으로부터 0.6m 이상 이격하여 설치할 것
  - 감지기의 송광부와 수광부는 설치된 뒷벽으로부터 1m 이내 위치에 설치할 것
  - 광축의 높이는 천장 등(천장의 실내에 면한 부분 또는 상층의 바닥하부면을 말한다) 높이의 80% 이상일 것
  - 감지기의 광축의 길이는 공칭감시거리 범위이내 일 것
  - 그 밖의 설치 기준은 형식승인 내용에 따르며 형식승인 사항이 아닌 것은 제조사의 시방에 따라 설치할 것

② 감지기 설치 제외 장소
- 천장 또는 반자의 높이가 20m 이상인 장소. 다만, 불꽃감지기·정온식감지선형감지기·분포형감지기·복합형감지기·광전식분리형감지기·아날로그방식의 감지기·다신호방식의 감지기·축적방식의 감지기로서 부착높이에 따라 적응성이 있는 장소는 제외한다.
- 헛간 등 외부와 기류가 통하는 장소로서 감지기에 따라 화재발생을 유효하게 감지할 수 없는 장소
- 부식성가스가 체류하고 있는 장소

- 고온도 및 저온도로서 감지기의 기능이 정지되기 쉽거나 감지기의 유지관리가 어려운 장소
- 목욕실·욕조나 샤워시설이 있는 화장실·기타 이와 유사한 장소
- 파이프덕트 등 그 밖의 이와 비슷한 것으로서 2개층 마다 방화구획된 것이나 수평단면적이 $5m^2$ 이하인 것
- 먼지·가루 또는 수증기가 다량으로 체류하는 장소 또는 주방 등 평시에 연기가 발생하는 장소(연기감지기에 한한다)
- 프레스공장·주조공장 등 화재발생의 위험이 적은 장소로서 감지기의 유지관리가 어려운 장소

③ 음향장치 및 시각경보장치

㉠ 음향장치의 설치 기준
- 주음향장치는 수신기의 내부 또는 그 직근에 설치할 것
- 층수가 11층(공동주택의 경우에는 16층) 이상의 특정소방대상물은 다음의 기준에 따라 경보를 발할 수 있도록 할 것
  - 2층 이상의 층에서 발화한 때에는 발화층 및 그 직상 4개 층에 경보를 발할 것
  - 1층에서 발화한 때에는 발화층·그 직상 4개 층 및 지하층에 경보를 발할 것
  - 지하층에서 발화한 때에는 발화층·그 직상층 및 기타의 지하층에 경보를 발할 것
- 지구음향장치는 특정소방대상물의 층마다 설치하되, 해당 특정소방대상물의 각 부분으로부터 하나의 음향장치까지의 수평거리가 25m 이하가 되도록 하고, 해당층의 각부분에 유효하게 경보를 발할 수 있도록 설치할 것. 다만, 비상방송설비의 화재안전기술기준(NFTC 202)에 적합한 방송설비를 자동화재탐지설비의 감지기와 연동하여 작동하도록 설치한 경우에는 지구음향장치를 설치하지 않을 수 있다.
- 음향장치의 구조 및 성능 기준
  - 정격전압의 80% 전압에서 음향을 발할 수 있는 것으로 할 것. 다만, 건전지를 주전원으로 사용하는 음향장치는 그렇지 않다.
  - 음향의 크기는 부착된 음향장치의 중심으로부터 1m 떨어진 위치에서 90dB 이상이 되는 것으로 할 것
  - 감지기 및 발신기의 작동과 연동하여 작동할 수 있는 것으로 할 것
  - 위의 세 번째 기준을 초과하는 경우로서 기둥 또는 벽이 설치되지 아니한 대형공간의 경우 지구음향장치는 설치대상 장소의 가장 가까운 장소의 벽 또는 기둥 등에 설치할 것

ⓛ 청각장애인용 시각경보장치의 설치 기준

더 알아두기 **소방청장이 정하여 고시한 시각경보장치의 성능인증 및 제품검사의 기술기준에 적합한 것**

시각경보장치의 구조는 다음에 적합하여야 한다.
1. 부식에 의하여 기계적 기능이 영향을 받을 수 있는 부분은 내식성능이 있는 재질을 사용하거나 또는 내식가공 및 방청가공을 하여야 한다.
2. 극성이 있는 경우에는 오접속을 방지하기 위하여 필요한 조치를 하여야 한다.
3. 충전부는 광원(제논 섬광 램프 또는 이와 동등 이상의 광도가 있어야 한다)을 교환 및 점검할 때 감전되지 않도록 보호조치를 하여야 한다.

- 복도·통로·청각장애인용 객실 및 공용으로 사용하는 거실(로비, 회의실, 강의실, 식당, 휴게실, 오락실, 대기실, 체력단련실, 접객실, 안내실, 전시실, 기타 이와 유사한 장소를 말한다)에 설치하며, 각 부분으로부터 유효하게 경보를 발할 수 있는 위치에 설치할 것
- 공연장·집회장·관람장 또는 이와 유사한 장소에 설치하는 경우에는 시선이 집중되는 무대부 부분 등에 설치할 것
- 설치높이는 바닥으로부터 2m 이상 2.5m 이하의 장소에 설치할 것. 다만, 천장의 높이가 2m 이하인 경우에는 천장으로부터 0.15m 이내의 장소에 설치해야 한다.
- 시각경보장치의 광원은 전용의 축전지설비 또는 전기저장장치(외부 전기에너지를 저장해 두었다가 필요한 때 전기를 공급하는 장치)에 의하여 점등되도록 할 것. 다만, 시각경보기에 작동전원을 공급할 수 있도록 형식승인을 얻은 수신기를 설치한 경우에는 그렇지 않다.

ⓒ 하나의 특정소방대상물에 2 이상의 수신기가 설치된 경우 어느 수신기에서도 지구음향장치 및 시각경보장치를 작동할 수 있도록 할 것

ⓔ 시각경보기를 설치해야 하는 특정소방대상물
자동화재탐지설비를 설치해야 하는 특정소방대상물 중 다음의 어느 하나에 해당하는 것과 같다.
- 근린생활시설, 문화 및 집회시설, 종교시설, 판매시설, 운수시설, 의료시설, 노유자시설, 창고시설 중 물류터미널
- 운동시설, 업무시설, 숙박시설, 위락시설, 창고시설 중 물류터미널, 발전시설 및 장례시설
- 교육연구시설 중 도서관, 방송통신시설 중 방송국
- 지하가 중 지하상가

④ 발신기
ⓐ 설치 기준
- 조작이 쉬운 장소에 설치하고, 스위치는 바닥으로부터 0.8m 이상 1.5m 이하의 높이에 설치할 것

- 특정소방대상물의 층마다 설치하되, 해당 특정소방대상물의 각 부분으로부터 하나의 발신기까지의 수평거리가 25m 이하가 되도록 할 것. 다만, 복도 또는 별도로 구획된 실로서 보행거리가 40m 이상일 경우에는 추가로 설치해야 한다.
- 위의 두 번째 기준을 초과하는 경우로서 기둥 또는 벽이 설치되지 아니한 대형공간의 경우 발신기는 설치 대상 장소의 가장 가까운 장소의 벽 또는 기둥 등에 설치할 것
  - ⓛ 발신기의 위치를 표시하는 표시등은 함의 상부에 설치하되, 그 불빛은 부착면으로부터 15° 이상의 범위 안에서 부착지점으로부터 10m 이내의 어느 곳에서도 쉽게 식별할 수 있는 적색등으로 해야 한다.

⑤ 중계기
  ⓖ 설치 기준
  - 수신기에서 직접 감지기회로의 도통시험을 행하지 아니하는 것에 있어서는 수신기와 감지기 사이에 설치할 것
  - 조작 및 점검에 편리하고 화재 및 침수 등의 재해로 인한 피해를 받을 우려가 없는 장소에 설치할 것
  - 수신기에 따라 감시되지 아니하는 배선을 통하여 전력을 공급받는 것에 있어서는 전원입력 측의 배선에 과전류 차단기를 설치하고 해당 전원의 정전이 즉시 수신기에 표시되는 것으로 하며, 상용전원 및 예비전원의 시험을 할 수 있도록 할 것

4 자동화재속보설비(NFPC/NFTC 204)

(1) 설치 기준

① 자동화재탐지설비와 연동으로 작동하여 자동적으로 화재발생 상황을 소방관서에 전달되는 것으로 할 것. 이 경우 부가적으로 특정소방대상물의 관계인에게 화재발생상황을 전달되도록 할 수 있다.

② 조작스위치는 바닥으로부터 0.8m 이상 1.5m 이하의 높이에 설치할 것

③ 속보기는 소방관서에 통신망으로 통보하도록 하며, 데이터 또는 코드전송방식을 부가적으로 설치할 수 있다. 다만, 데이터 및 코드전송방식의 기준은 소방청장이 정하여 고시한 자동화재속보설비의 속보기의 성능인증 및 제품검사의 기술기준 제5조제12호에 따른다.

④ 문화재에 설치하는 자동화재속보설비는 ①의 기준에도 불구하고 속보기에 감지기를 직접 연결하는 방식(자동화재탐지설비 1개의 경계구역에 한한다)으로 할 수 있다.

⑤ 속보기는 소방청장이 정하여 고시한 자동화재속보설비의 속보기의 성능인증 및 제품검사의 기술기준에 적합한 것으로 설치해야 한다.

(2) 자동화재속보설비를 설치해야 하는 특정소방대상물

다음에 해당하는 것으로 한다. 다만, 방재실 등 화재 수신기가 설치된 장소에 24시간 화재를 감시할 수 있는 사람이 근무하고 있는 경우에는 자동화재속보설비를 설치하지 않을 수 있다.

① 노유자 생활시설

② 노유자시설로서 바닥면적이 500m² 이상인 층이 있는 것

③ 수련시설(숙박시설이 있는 것만 해당한다)로서 바닥면적이 500m² 이상인 층이 있는 것

④ 문화재 중 문화재보호법 제23조에 따라 보물 또는 국보로 지정된 목조건축물

⑤ 근린생활시설 중 다음의 어느 하나에 해당하는 시설

    ㉠ 의원, 치과의원 및 한의원으로서 입원실이 있는 시설

    ㉡ 조산원 및 산후조리원

⑥ 의료시설 중 다음의 어느 하나에 해당하는 시설

    ㉠ 종합병원, 병원, 치과병원, 한방병원 및 요양병원(의료재활시설은 제외)

    ㉡ 정신병원 및 의료재활시설로 사용되는 바닥면적의 합계가 500m² 이상인 층이 있는 것

⑦ 판매시설 중 전통시장

5 누전경보기(NFPC/NFTC 205)

(1) 용어의 정의

① **누전경보기** : 내화구조가 아닌 건축물로서 벽, 바닥 또는 천장의 전부나 일부를 불연재료 또는 준불연재료가 아닌 재료에 철망을 넣어 만든 건물의 전기설비로부터 누설전류를 탐지하여 경보를 발하는 기기로서, 변류기와 수신부로 구성된 것을 말한다.

② **수신부** : 변류기로부터 검출된 신호를 수신하여 누전의 발생을 해당 특정소방대상물의 관계인에게 경보하여 주는 것(차단기구를 갖는 것을 포함한다)을 말한다.

③ **변류기** : 경계전로의 누설전류를 자동적으로 검출하여 이를 누전경보기의 수신부에 송신하는 것을 말한다.

(2) 설치 방법

① 경계전로의 정격전류가 60A를 초과하는 전로에 있어서는 1급 누전경보기를, 60A 이하의 전로에 있어서는 1급 또는 2급 누전경보기를 설치할 것. 다만, 정격전류가 60A를 초과하는 경계전로가 분기되어 각 분기회로의 정격전류가 60A 이하로 되는 경우 당해 분기회로마다 2급 누전경보기를 설치한 때에는 당해 경계전로에 1급 누전경보기를 설치한 것으로 본다.

② 변류기는 특정소방대상물의 형태, 인입선의 시설 방법 등에 따라 옥외 인입선의 제1지점의 부하측 또는 제2종 접지선측의 점검이 쉬운 위치에 설치할 것. 다만, 인입선의 형태 또는 특정소방대상물의 구조상 부득이한 경우에는 인입구에 근접한 옥내에 설치할 수 있다.

③ 변류기를 옥외의 전로에 설치하는 경우에는 옥외형으로 설치할 것

(3) 설치 장소

누전경보기는 계약전류용량(같은 건축물에 계약 종류가 다른 전기가 공급되는 경우에는 그 중 최대계약전류용량을 말한다)이 100A를 초과하는 특정소방대상물(내화구조가 아닌 건축물로서 벽·바닥 또는 반자의 전부나 일부를 불연재료 또는 준불연재료가 아닌 재료에 철망을 넣어 만든 것만 해당한다)에 설치해야 한다. 다만, 위험물 저장 및 처리 시설 중 가스시설, 지하가 중 터널 또는 지하구의 경우에는 설치하지 않아도 된다.

(4) 수신부 설치 제외 장소

① 가연성의 증기·먼지·가스 등이나 부식성의 증기·가스 등이 다량으로 체류하는 장소

② 화약류를 제조하거나 저장 또는 취급하는 장소

③ 습도가 높은 장소

④ 온도의 변화가 급격한 장소

⑤ 대전류회로·고주파 발생회로 등에 따른 영향을 받을 우려가 있는 장소

(5) 전원의 설치 기준

① 전원은 분전반으로부터 전용회로로 하고, 각 극에 개폐기 및 15A 이하의 과전류차단기(배선용 차단기에 있어서는 20A 이하의 것으로 각 극을 개폐할 수 있는 것)를 설치할 것

② 전원을 분기할 때에는 다른 차단기에 따라 전원이 차단되지 아니하도록 할 것

③ 전원의 개폐기에는 누전경보기용임을 표시한 표지를 할 것

1 피난기구(NFPC/NFTC 301)

(1) 용어의 정의

① 피난사다리 : 화재 시 긴급대피를 위해 사용하는 사다리를 말한다.

② 완강기 : 사용자의 몸무게에 따라 자동적으로 내려올 수 있는 기구 중 사용자가 교대하여 연속적으로 사용할 수 있는 것을 말한다.

③ 간이완강기 : 사용자의 몸무게에 따라 자동적으로 내려올 수 있는 기구 중 사용자가 연속적으로 사용할 수 없는 것을 말한다.

④ 구조대 : 포지 등을 사용하여 자루 형태로 만든 것으로서 화재 시 사용자가 그 내부에 들어가서 내려옴으로써 대피할 수 있는 것을 말한다.

⑤ 공기안전매트 : 화재 발생 시 사람이 건축물 내에서 외부로 긴급히 뛰어 내릴 때 충격을 흡수하여 안전하게 지상에 도달할 수 있도록 포지에 공기 등을 주입하는 구조로 되어 있는 것을 말한다.

⑥ 다수인 피난장비 : 화재 시 2인 이상의 피난자가 동시에 해당층에서 지상 또는 피난층으로 하강하는 피난기구를 말한다.

⑦ 승강식 피난기 : 사용자의 몸무게에 의하여 자동으로 하강하고 내려서면 스스로 상승하여 연속적으로 사용할 수 있는 무동력 승강식피난기를 말한다.

⑧ 하향식 피난구용 내림식사다리 : 하향식 피난구 해치에 격납하여 보관하고 사용 시에는 사다리 등이 소방대상물과 접촉되지 아니하는 내림식 사다리를 말한다.

(2) 피난기구의 설치 개수

① 층마다 설치하되 다음 기준에 따른 개수 이상을 설치해야 한다.

   ⊙ 숙박시설·노유자시설 및 의료시설로 사용되는 층 : 그 층의 바닥면적 500m²마다 1개

   ⓒ 위락시설·문화집회 및 운동시설·판매시설로 사용되는 층 또는 복합용도의 층 : 그 층의 바닥면적 800m²마다 1개

   ⓒ 계단실형 아파트에 있어서는 각 세대마다 1개

   ⓒ 그 밖의 용도의 층에 있어서는 그 층의 바닥면적 1,000m²마다 1개

② ①에 따라 설치한 피난기구 외에 숙박시설(휴양콘도미니엄을 제외한다)의 경우에는 추가로 객실마다 완강기 또는 그 이상의 간이완강기를 설치할 것

③ ①에 따라 설치한 피난기구 외에 4층 이상의 층에 설치된 노유자시설 중 장애인 관련 시설로서 주된 사용자 중 스스로 피난이 불가한 자가 있는 경우에는 층마다 구조대를 1개 이상 추가로 설치할 것

(3) 피난기구의 설치 기준

① 피난기구는 계단·피난구·기타 피난시설로부터 적당한 거리에 있는 안전한 구조로 된 피난 또는 소화활동상 유효한 개구부(가로 0.5m 이상 세로 1m 이상인 것을 말한다. 이 경우 개구부 하단이 바닥에서 1.2m 이상이면 발판 등을 설치해야 하고, 밀폐된 창문은 쉽게 파괴할 수 있는 파괴장치를 비치해야 한다)에 고정하여 설치하거나 필요한 때에 신속하고 유효하게 설치할 수 있는 상태에 둘 것

② 피난기구를 설치하는 개구부는 서로 동일직선상이 아닌 위치에 있을 것. 다만, 피난교·피난용 트랩·간이완강기·아파트에 설치되는 피난기구(다수인 피난장비는 제외한다) 기타 피난상 지장이 없는 것에 있어서는 그렇지 않다.

③ 피난기구는 소방대상물의 기둥·바닥·보·기타 구조상 견고한 부분에 볼트조임·매입·용접·기타의 방법으로 견고하게 부착할 것

④ 4층 이상의 층에 피난사다리(하향식 피난구용 내림식사다리는 제외한다)를 설치하는 경우에는 금속성 고정사다리를 설치하고, 당해 고정사다리에는 쉽게 피난할 수 있는 구조의 노대를 설치할 것

⑤ 완강기는 강하 시 로프가 건축물 또는 구조물 등과 접촉하여 손상되지 않도록 하고, 로프의 길이는 부착위치에서 지면 또는 기타 피난상 유효한 착지 면까지의 길이로 할 것

⑥ 미끄럼대는 안전한 강하속도를 유지하도록 하고, 전락방지를 위한 안전조치를 할 것

⑦ 구조대의 길이는 피난상 지장이 없고 안정한 강하속도를 유지할 수 있는 길이로 할 것

(4) 다수인 피난장비의 설치 기준

① 피난에 용이하고 안전하게 하강할 수 있는 장소에 적재 하중을 충분히 견딜 수 있도록 건축물의 구조기준 등에 관한 규칙 제3조에서 정하는 구조안전의 확인을 받아 견고하게 설치할 것

② 다수인 피난장비 보관실은 건물 외측보다 돌출되지 아니하고, 빗물·먼지 등으로부터 장비를 보호할 수 있는 구조일 것

③ 사용 시에 보관실 외측 문이 먼저 열리고 탑승기가 외측으로 자동으로 전개될 것

④ 하강 시에 탑승기가 건물 외벽이나 돌출물에 충돌하지 않도록 설치할 것

⑤ 상·하층에 설치할 경우에는 탑승기의 하강경로가 중첩되지 않도록 할 것

⑥ 하강 시에는 안전하고 일정한 속도를 유지하도록 하고 전복, 흔들림, 경로이탈 방지를 위한 안전조치를 할 것

⑦ 보관실의 문에는 오작동 방지조치를 하고, 문 개방 시에는 당해 소방대상물에 설치된 경보설비와 연동하여 유효한 경보음을 발하도록 할 것

⑧ 피난층에는 해당 층에 설치된 피난기구가 착지에 지장이 없도록 충분한 공간을 확보할 것

⑨ 한국소방산업기술원 또는 성능시험기관으로 지정받은 기관에서 그 성능을 검증받은 것으로 설치할 것

(5) 승강식 피난기 및 하향식 피난구용 내림식사다리의 설치 기준

① 승강식 피난기 및 하향식 피난구용 내림식사다리는 설치경로가 설치층에서 피난층까지 연계될 수 있는 구조로 설치할 것. 다만, 건축물의 구조 및 설치 여건 상 불가피한 경우에는 그렇지 않다.

② 대피실의 면적은 $2m^2$(2세대 이상일 경우에는 $3m^2$) 이상으로 하고, 건축법 시행령 제46조제4항의 규정에 적합해야 하며 하강구(개구부) 규격은 직경 60cm 이상일 것. 단, 외기와 개방된 장소에는 그렇지 않다.

③ 하강구 내측에는 기구의 연결 금속구 등이 없어야 하며 전개된 피난기구는 하강구 수평투영면적 공간 내의 범위를 침범하지 않는 구조이어야 할 것. 단, 직경 60cm 크기의 범위를 벗어난 경우이거나, 직하층의 바닥 면으로부터 높이 50cm 이하의 범위는 제외한다.

④ 대피실의 출입문은 갑종방화문으로 설치하고, 피난방향에서 식별할 수 있는 위치에 "대피실" 표지판을 부착할 것. 단, 외기와 개방된 장소에는 그렇지 않다.

⑤ 착지점과 하강구는 상호 수평거리 15cm 이상의 간격을 둘 것

⑥ 대피실 내에는 비상조명등을 설치할 것

⑦ 대피실에는 층의 위치표시와 피난기구 사용설명서 및 주의사항 표지판을 부착할 것

⑧ 대피실 출입문이 개방되거나, 피난기구 작동 시 해당층 및 직하층 거실에 설치된 표시등 및 경보장치가 작동되고, 감시 제어반에서는 피난기구의 작동을 확인할 수 있어야 할 것

⑨ 사용 시 기울거나 흔들리지 않도록 설치할 것

⑩ 승강식 피난기는 한국소방산업기술원 또는 성능시험기관으로 지정받은 기관에서 그 성능을 검증받은 것으로 설치할 것

더 알아두기 **피난기구의 위치 표시**

피난기구를 설치한 장소에는 가까운 곳의 보기 쉬운 곳에 피난기구의 위치를 표시하는 발광식 또는 축광식표지와 그 사용방법을 표시한 표지를 부착하되, 축광식표지는 다음의 기준에 적합한 것이어야 한다.

1. 방사성물질을 사용하는 위치표지는 쉽게 파괴되지 아니하는 재질로 처리할 것
2. 위치표지는 주위 조도 0lx에서 60분간 발광 후 직선거리 10m 떨어진 위치에서 보통시력으로 표시면의 문자 또는 화살표 등을 쉽게 식별할 수 있는 것으로 할 것
3. 위치표지의 표시면은 쉽게 변형·변질 또는 변색되지 아니할 것
4. 위치표지의 표시면 휘도는 주위 조도 0lx에서 60분간 발광 후 $7mcd/m^2$으로 할 것

(6) 피난기구 설치 대상물

피난기구는 특정소방대상물의 모든 층에 화재안전기준에 적합한 것으로 설치해야 한다. 다만, 피난층, 지상 1층, 지상 2층(노유자시설 중 피난층이 아닌 지상 1층과 피난층이 아닌 지상 2층은 제외한다), 층수가 11층 이상인 층과 위험물 저장 및 처리시설 중 가스시설, 지하가 중 터널 및 지하구의 경우에는 그렇지 않다.

[소방대상물의 설치 장소별 피난기구의 적응성]

설치 장소별 \ 층별	1층	2층	3층	4층 이상 10층 이하
노유자시설	• 미끄럼대 • 구조대 • 피난교 • 다수인 피난장비 • 승강식 피난기	• 미끄럼대 • 구조대 • 피난교 • 다수인 피난장비 • 승강식 피난기	• 미끄럼대 • 구조대 • 피난교 • 다수인 피난장비 • 승강식 피난기	• 구조대[1] • 피난교 • 다수인 피난장비 • 승강식 피난기
의료시설 · 근린생활시설 중 입원실이 있는 의원 · 접골원 · 조산원			• 미끄럼대 • 구조대 • 피난교 • 피난용 트랩 • 다수인 피난장비 • 승강식 피난기	• 구조대 • 피난교 • 피난용 트랩 • 다수인 피난장비 • 승강식 피난기
다중이용업소의 안전관리에 관한 특별법 시행령 제2조에 따른 다중이용업소로서 영업장의 위치가 4층 이하인 다중이용업소		• 미끄럼대 • 피난사다리 • 구조대 • 완강기 • 다수인 피난장비 • 승강식 피난기	• 미끄럼대 • 피난사다리 • 구조대 • 완강기 • 다수인 피난장비 • 승강식 피난기	• 미끄럼대 • 피난사다리 • 구조대 • 완강기 • 다수인 피난장비 • 승강식 피난기
그 밖의 것			• 미끄럼대 • 피난사다리 • 구조대 • 완강기 • 피난교 • 피난용 트랩 • 간이완강기[2] • 공기안전매트[3] • 다수인 피난장비 • 승강식 피난기	• 피난사다리 • 구조대 • 완강기 • 피난교 • 간이완강기[2] • 공기안전매트[3] • 다수인 피난장비 • 승강식 피난기

1) 구조대의 적응성은 장애인 관련 시설로서 주된 사용자 중 스스로 피난이 불가한 자가 있는 경우 추가로 설치하는 경우에 한한다.

2), 3) 간이완강기의 적응성은 숙박시설의 3층 이상에 있는 객실에, 공기안전매트의 적응성은 공동주택(공동주택관리법 제2조제1항제2호 가목부터 라목까지 중 어느 하나에 해당하는 공동주택)에 추가로 설치하는 경우에 한한다.

2 유도등 및 유도표지(NFPC/NFTC 303)

(1) 용어의 정의

① 유도등 : 화재 시에 피난을 유도하기 위한 등으로서 정상상태에서는 상용전원에 따라 켜지고 상용전원이 정전되는 경우에는 비상전원으로 자동전환되어 켜지는 등을 말한다.

② 피난구유도등 : 피난구 또는 피난경로로 사용되는 출입구를 표시하여 피난을 유도하는 등을 말한다.

③ 통로유도등 : 피난통로를 안내하기 위한 유도등으로 복도통로유도등, 거실통로유도등, 계단 통로유도등을 말한다.

④ 복도통로유도등 : 피난통로가 되는 복도에 설치하는 통로유도등으로서 피난구의 방향을 명시 하는 것을 말한다.

⑤ 거실통로유도등 : 거주, 집무, 작업, 집회, 오락, 그 밖에 이와 유사한 목적을 위하여 계속적으로 사용하는 거실, 주차장 등 개방된 통로에 설치하는 유도등으로 피난의 방향을 명시하는 것을 말한다.

⑥ 계단통로유도등 : 피난통로가 되는 계단이나 경사로에 설치하는 통로유도등으로 바닥면 및 디딤 바닥면을 비추는 것을 말한다.

⑦ 객석유도등 : 객석의 통로, 바닥 또는 벽에 설치하는 유도등을 말한다.

⑧ 피난구유도표지 : 피난구 또는 피난경로로 사용되는 출입구를 표시하여 피난을 유도하는 표지 를 말한다.

⑨ 통로유도표지 : 피난통로가 되는 복도, 계단 등에 설치하는 것으로서 피난구의 방향을 표시하는 유도표지를 말한다.

⑩ 피난유도선 : 햇빛이나 전등불에 따라 축광(축광방식)하거나 전류에 따라 빛을 발하는(광원점 등방식) 유도체로서 어두운 상태에서 피난을 유도할 수 있도록 띠 형태로 설치되는 피난유도시 설을 말한다.

(2) 피난구유도등

① 설치 장소
  ㉠ 옥내로부터 직접 지상으로 통하는 출입구 및 그 부속실의 출입구
  ㉡ 직통계단·직통계단의 계단실 및 그 부속실의 출입구
  ㉢ ㉠과 ㉡에 따른 출입구에 이르는 복도 또는 통로로 통하는 출입구
  ㉣ 안전구획된 거실로 통하는 출입구

② 피난구유도등은 피난구의 바닥으로부터 높이 1.5m 이상으로서 출입구에 인접하도록 설치해 야 한다.

(3) 통로유도등의 설치 기준

① 통로유도등은 특정소방대상물의 각 거실과 그로부터 지상에 이르는 복도 또는 계단의 통로에 다음의 기준에 따라 설치해야 한다.

　㉠ 복도통로유도등의 설치 기준
　　• 복도에 설치하되 피난구유도등이 설치된 출입구의 맞은편 복도에는 입체형으로 설치하거나, 바닥에 설치할 것
　　• 구부러진 모퉁이 및 설치된 통로유도등을 기점으로 보행거리 20m마다 설치할 것
　　• 바닥으로부터 높이 1m 이하의 위치에 설치할 것. 다만, 지하층 또는 무창층의 용도가 도매시장·소매시장·여객자동차터미널·지하역사 또는 지하상가인 경우에는 복도·통로 중앙부분의 바닥에 설치해야 한다.
　　• 바닥에 설치하는 통로유도등은 하중에 따라 파괴되지 아니하는 강도의 것으로 할 것

　㉡ 거실통로유도등의 설치 기준
　　• 거실의 통로에 설치할 것. 다만, 거실의 통로가 벽체 등으로 구획된 경우에는 복도통로유도등을 설치할 것
　　• 구부러진 모퉁이 및 보행거리 20m마다 설치할 것
　　• 바닥으로부터 높이 1.5m 이상의 위치에 설치할 것. 다만, 거실통로에 기둥이 설치된 경우에는 기둥부분의 바닥으로부터 높이 1.5m 이하의 위치에 설치할 수 있다.

　㉢ 계단통로유도등의 설치 기준
　　• 각층의 경사로 참 또는 계단참마다(1개층에 경사로 참 또는 계단참이 2 이상 있는 경우에는 2개의 계단참마다) 설치할 것
　　• 바닥으로부터 높이 1m 이하의 위치에 설치할 것

② 통로유도등은 통행에 지장이 없도록 설치하고, 주위에 이와 유사한 등화광고물·게시물 등을 설치하지 않을 것

(4) 객석유도등의 설치 기준

① 객석유도등은 객석의 통로, 바닥 또는 벽에 설치해야 한다.

② 객석 내의 통로가 경사로 또는 수평로로 되어 있는 부분은 다음의 식에 따라 산출한 개수(소수점 이하의 수는 1로 본다)의 유도등을 설치해야 한다.

$$설치\ 개수 = \frac{객석\ 통로의\ 직선부분\ 길이(m)}{4} - 1$$

③ 객석 내의 통로가 옥외 또는 이와 유사한 부분에 있는 경우에는 해당 통로 전체에 미칠 수 있는 수의 유도등을 설치해야 한다.

(5) 유도표지 설치 기준

① 계단에 설치하는 것을 제외하고는 각층마다 복도 및 통로의 각 부분으로부터 하나의 유도표지까지의 보행거리가 15m 이하가 되는 곳과 구부러진 모퉁이의 벽에 설치할 것

② 피난구유도표지는 출입구 상단에 설치하고, 통로유도표지는 바닥으로부터 높이 1m 이하의 위치에 설치할 것

③ 주위에는 이와 유사한 등화·광고물·게시물 등을 설치하지 않을 것

④ 유도표지는 부착판 등을 사용하여 쉽게 떨어지지 아니하도록 설치할 것

⑤ 축광방식의 유도표지는 외광 또는 조명장치에 의하여 상시 조명이 제공되거나 비상조명등에 의한 조명이 제공되도록 설치할 것

(6) 피난유도선 설치 기준

① 축광방식 피난유도선의 설치 기준

  ㉠ 구획된 각 실로부터 주출입구 또는 비상구까지 설치할 것

  ㉡ 바닥으로부터 높이 50cm 이하의 위치 또는 바닥 면에 설치할 것

  ㉢ 피난유도 표시부는 50cm 이내의 간격으로 연속되도록 설치

  ㉣ 부착대에 의하여 견고하게 설치할 것

  ㉤ 외부의 빛 또는 조명장치에 의하여 상시 조명이 제공되거나 비상조명등에 의한 조명이 제공되도록 설치할 것

② 광원점등방식 피난유도선의 설치 기준

  ㉠ 구획된 각 실로부터 주출입구 또는 비상구까지 설치할 것

  ㉡ 피난유도 표시부는 바닥으로부터 높이 1m 이하의 위치 또는 바닥 면에 설치할 것

  ㉢ 피난유도 표시부는 50cm 이내의 간격으로 연속되도록 설치하되 실내장식물 등으로 설치가 곤란할 경우 1m 이내로 설치할 것

  ㉣ 수신기로부터의 화재신호 및 수동조작에 의하여 광원이 점등되도록 설치할 것

  ㉤ 비상전원이 상시 충전상태를 유지하도록 설치할 것

  ㉥ 바닥에 설치되는 피난유도 표시부는 매립하는 방식을 사용할 것

  ㉦ 피난유도 제어부는 조작 및 관리가 용이하도록 바닥으로부터 0.8m 이상 1.5m 이하의 높이에 설치할 것

(7) 유도등의 전원

① 유도등의 상용전원은 전기가 정상적으로 공급되는 축전지설비, 전기저장장치(외부 전기에너지를 저장해 두었다가 필요한 때 전기를 공급하는 장치) 또는 교류전압의 옥내 간선으로 하고, 전원까지의 배선은 전용으로 해야 한다.

② 비상전원의 설치 기준

    ㉠ 축전지로 할 것

    ㉡ 유도등을 20분 이상 유효하게 작동시킬 수 있는 용량으로 할 것. 다만, 다음의 특정소방대상물의 경우에는 그 부분에서 피난층에 이르는 부분의 유도등을 60분 이상 유효하게 작동시킬 수 있는 용량으로 해야 한다.

        • 지하층을 제외한 층수가 11층 이상의 층

        • 지하층 또는 무창층으로서 용도가 도매시장·소매시장·여객자동차터미널·지하역사 또는 지하상가

(8) 유도등을 설치해야 할 대상

① 피난구유도등, 통로유도등 및 유도표지는 특정소방대상물에 설치한다. 다만, 다음의 어느 하나에 해당하는 경우는 제외한다.

    ㉠ 동물 및 식물 관련 시설 중 축사로서 가축을 직접 가두어 사육하는 부분

    ㉡ 지하가 중 터널

② 객석유도등은 다음의 어느 하나에 해당하는 특정소방대상물에 설치한다.

    ㉠ 유흥주점영업시설(유흥주점영업 중 손님이 춤을 출 수 있는 무대가 설치된 카바레, 나이트클럽 또는 그 밖에 이와 비슷한 영업시설만 해당한다)

    ㉡ 문화 및 집회시설

    ㉢ 종교시설

    ㉣ 운동시설

3 비상조명등(NFPC/NFTC 304)

(1) 용어의 정의

① 비상조명등 : 화재발생 등에 따른 정전 시에 안전하고 원활한 피난활동을 할 수 있도록 거실 및 피난통로 등에 설치되어 자동 점등되는 조명등을 말한다.

② 휴대용비상조명등 : 화재발생 등으로 정전 시 안전하고 원활한 피난을 위하여 피난자가 휴대할 수 있는 조명등을 말한다.

(2) 비상조명등의 설치 기준

① 특정소방대상물의 각 거실과 그로부터 지상에 이르는 복도·계단 및 그 밖의 통로에 설치할 것

② 조도는 비상조명등이 설치된 장소의 각 부분의 바닥에서 1lx 이상이 되도록 할 것

③ 예비전원을 내장하는 비상조명등에는 평상시 점등여부를 확인할 수 있는 점검스위치를 설치하고 해당 조명등을 유효하게 작동시킬 수 있는 용량의 축전지와 예비전원 충전장치를 내장할 것

④ 예비전원을 내장하지 아니하는 비상조명등의 비상전원은 자가발전설비, 축전지설비 또는 전기저장장치를 다음의 기준에 따라 설치해야 한다.

　㉠ 점검에 편리하고 화재 및 침수 등의 재해로 인한 피해를 받을 우려가 없는 곳에 설치할 것

　㉡ 상용전원으로부터 전력의 공급이 중단된 때에는 자동으로 비상전원으로부터 전력을 공급받을 수 있도록 할 것

　㉢ 비상전원의 설치장소는 다른 장소와 방화구획 할 것

　㉣ 비상전원을 실내에 설치하는 때에는 그 실내에 비상조명등을 설치할 것

⑤ ③과 ④에 따른 예비전원과 비상전원은 비상조명등을 20분 이상 유효하게 작동시킬 수 있는 용량으로 할 것. 다만, 다음의 특정소방대상물의 경우에는 그 부분에서 피난층에 이르는 부분의 비상조명등을 60분 이상 유효하게 작동시킬 수 있는 용량으로 해야 한다.

　㉠ 지하층을 제외한 층수가 11층 이상의 층

　㉡ 지하층 또는 무창층으로서 용도가 도매시장·소매시장·여객자동차터미널·지하역사 또는 지하상가

⑥ 비상조명등의 설치면제 요건에서 "그 유도등의 유효범위"란 유도등의 조도가 바닥에서 1lx 이상이 되는 부분을 말한다.

(3) 비상조명등을 설치해야 하는 특정소방대상물

창고시설 중 창고 및 하역장, 위험물 저장 및 처리 시설 중 가스시설 및 사람이 거주하지 않거나 벽이 없는 축사 등 동물 및 식물 관련 시설은 제외한다.

① 지하층을 포함하는 층수가 5층 이상인 건축물로서 연면적 $3,000m^2$ 이상인 경우에는 모든 층

② ①에 해당하지 않는 특정소방대상물로서 그 지하층 또는 무창층의 바닥면적이 $450m^2$ 이상인 경우에는 해당 층

③ 지하가 중 터널로서 그 길이가 500m 이상인 것

(4) 휴대용비상조명등의 설치 기준

① 설치 장소

　㉠ 숙박시설 또는 다중이용업소에는 객실 또는 영업장 안의 구획된 실마다 잘 보이는 곳(외부에 설치 시 출입문 손잡이로부터 1m 이내 부분)에 1개 이상 설치

　㉡ 유통산업발전법 제2조제3호에 따른 대규모 점포(지하상가 및 지하역사는 제외한다)와 영화상영관에는 보행거리 50m 이내마다 3개 이상 설치

ⓒ 지하상가 및 지하역사에는 보행거리 25m 이내마다 3개 이상 설치

② 설치높이는 바닥으로부터 0.8m 이상 1.5m 이하의 높이에 설치할 것

③ 어둠 속에서 위치를 확인할 수 있도록 할 것

④ 사용 시 자동으로 점등되는 구조일 것

⑤ 외함은 난연성능이 있을 것

⑥ 건전지를 사용하는 경우에는 방전방지조치를 해야 하고, 충전식 배터리의 경우에는 상시 충전 되도록 할 것

⑦ 건전지 및 충전식 배터리의 용량은 20분 이상 유효하게 사용할 수 있는 것으로 할 것

(5) 휴대용 비상조명등을 설치해야 하는 특정소방대상물

① 숙박시설

② 수용인원 100명 이상의 영화상영관, 판매시설 중 대규모 점포, 철도 및 도시철도 시설 중 지하역사, 지하가 중 지하상가

4 인명구조기구(NFPC/NFTC 302)

(1) 용어의 정의

① **방열복** : 고온의 복사열에 가까이 접근하여 소방활동을 수행할 수 있는 내열피복을 말한다.

② **공기호흡기** : 소화활동 시에 화재로 인하여 발생하는 각종 유독가스 중에서 일정시간 사용할 수 있도록 제조된 압축공기식 개인호흡장비(보조마스크를 포함한다)를 말한다.

③ **인공소생기** : 호흡 부전 상태인 사람에게 인공호흡을 시켜 환자를 보호하거나 구급하는 기구를 말한다.

④ **방화복** : 화재진압 등의 소방활동을 수행할 수 있는 피복을 말한다.

⑤ **인명구조기구** : 화열, 화염, 유해성가스 등으로부터 인명을 보호하거나 구조하는 데 사용되는 기구를 말한다.

⑥ **축광식 표지** : 평상시 햇빛 또는 전등불 등의 빛에너지를 축적하여 화재 등의 비상시 어두운 상황에서도 도안·문자 등이 쉽게 식별될 수 있는 표지를 말한다.

(2) 설치 기준

① 특정소방대상물의 용도 및 장소별로 설치해야 할 인명구조기구는 다음 표에 따라 설치하여야한다.

[특정소방대상물의 용도 및 장소별로 설치해야 할 인명구조기구]

특정소방대상물	인명구조기구	설치 수량
지하층을 포함하는 층수가 7층 이상인 관광호텔 및 5층 이상인 병원	• 방열복 또는 방화복(안전모, 보호장갑 및 안전화를 포함한다) • 공기호흡기 • 인공소생기	각 2개 이상 비치할 것. 다만, 병원의 경우에는 인공소생기를 설치하지 않을 수 있다.
• 문화 및 집회시설 중 수용인원 100명 이상의 영화상영관 • 판매시설 중 대규모 점포 • 운수시설 중 지하역사 • 지하가 중 지하상가	공기호흡기	층마다 2개 이상 비치할 것. 다만, 각층마다 갖추어 두어야 할 공기호흡기 중 일부를 직원이 상주하는 인근 사무실에 갖추어 둘 수 있다.
물분무등소화설비 중 이산화탄소소화설비를 설치해야 하는 특정소방대상물	공기호흡기	이산화탄소소화설비가 설치된 장소의 출입구 외부 인근에 1대 이상 비치할 것

② 화재 시 쉽게 반출 사용할 수 있는 장소에 비치할 것

③ 인명구조기구가 설치된 가까운 장소의 보기 쉬운 곳에 "인명구조기구"라는 축광식 표지와 그 사용방법을 표시한 표시를 부착하되, 축광식 표지는 소방청장이 고시한 축광표지의 성능인증 및 제품검사의 기술기준에 적합한 것으로 할 것

④ 방열복은 소방청장이 고시한 소방용 방열복의 성능인증 및 제품검사의 기술기준에 적합한 것으로 설치할 것

⑤ 방화복(안전모, 보호장갑 및 안전화를 포함한다)은 소방장비관리법 제10조제2항 및 표준규격을 정해야 하는 소방장비의 종류고시 제2조제1항제4호에 따른 표준규격에 적합한 것으로 설치할 것

05　소화용수설비

1　소화수조 및 저수조(NFPC/NFTC 402)

(1) 용어의 정의

① 소화수조 또는 저수조 : 수조를 설치하고 여기에 소화에 필요한 물을 항시 채워두는 것으로서, 소화수조는 소화용수의 전용 수조를 말하고, 저수조란 소화용수와 일반 생활용수의 겸용 수조를 말한다.

② 채수구 : 소방차의 소방호스와 접결되는 흡입구를 말한다.

③ 흡수관투입구 : 소방차의 흡수관이 투입될 수 있도록 소화수조 또는 저수조에 설치된 원형 또는 사각형의 투입구를 말한다.

(2) 소화수조 및 저수조의 설치 기준

① 소화수조, 저수조의 채수구 또는 흡수관투입구는 소방차가 2m 이내의 지점까지 접근할 수 있는 위치에 설치해야 한다.

② 소화수조 또는 저수조의 저수량은 소방대상물의 연면적을 다음 표에 따른 기준면적으로 나누어 얻은 수(소수점 이하의 수는 1로 본다)에 20m³를 곱한 양 이상이 되도록 해야 한다.

소방대상물의 구분	기준면적
1층 및 2층의 바닥면적 합계가 15,000m² 이상인 소방대상물	7,500m²
1층 및 2층의 바닥면적 합계가 15,000m² 이상인 소방대상물에 해당되지 아니하는 그 밖의 소방대상물	12,500m²

③ 소화수조 또는 저수조는 다음의 기준에 따라 흡수관투입구 또는 채수구를 설치해야 한다.

  ㉠ 지하에 설치하는 소화용수설비의 흡수관투입구는 그 한 변이 0.6m 이상이거나 직경이 0.6m 이상인 것으로 하고, 소요수량이 80m³ 미만인 것은 1개 이상, 80m³ 이상인 것은 2개 이상을 설치해야 하며, "흡수관투입구"라고 표시한 표지를 할 것

  ㉡ 소화용수설비에 설치하는 채수구는 다음의 기준에 따라 설치할 것

  • 채수구는 다음 표에 따라 소방용 호스 또는 소방용 흡수관에 사용하는 구경 65mm 이상의 나사식 결합금속구를 설치할 것

소요수량	20m³ 이상 40m³ 미만	40m³ 이상 100m³ 미만	100m³ 이상
채수구 수	1개	2개	3개

  • 채수구는 지면으로부터의 높이가 0.5m 이상 1m 이하의 위치에 설치하고 "채수구"라고 표시한 표지를 할 것

④ 소화용수설비를 설치해야 할 특정소방대상물에 있어서 유수의 양이 0.8m³/min 이상인 유수를 사용할 수 있는 경우에는 소화수조를 설치하지 않을 수 있다.

2 상수도소화용수설비를 설치해야 하는 특정소방대상물(소방시설 설치 및 관리에 관한 법률 시행령 별표 4)

상수도소화용수설비를 설치해야 하는 특정소방대상물은 다음의 어느 하나에 해당하는 것으로 한다. 다만, 상수도소화용수설비를 설치해야 하는 특정소방대상물의 대지 경계선으로부터 180m 이내에 지름 75mm 이상인 상수도용 배수관이 설치되지 않은 지역의 경우에는 화재안전기준에

따른 소화수조 또는 저수조를 설치해야 한다.

① 연면적 5,000m² 이상인 것. 다만, 위험물 저장 및 처리 시설 중 가스시설, 지하가 중 터널 또는 지하구의 경우에는 그렇지 않다.

② 가스시설로서 지상에 노출된 탱크의 저장용량의 합계가 100톤 이상인 것

③ 자원순환 관련 시설 중 폐기물재활용시설 및 폐기물처분시설

06 소화활동설비

1 제연설비(NFPC/NFTC 501)

(1) 용어의 정의

① **제연구역** : 제연경계(제연경계가 면한 천장 또는 반자를 포함한다)에 의해 구획된 건물 내의 공간을 말한다.

② **제연경계** : 연기를 예상제연구역 내에 가두거나 이동을 억제하기 위한 보 또는 제연경계벽 등을 말한다.

③ **제연경계벽** : 제연경계가 되는 가동형 또는 고정형의 벽을 말한다.

④ **제연경계의 폭** : 제연경계가 면한 천장 또는 반자로부터 그 제연경계의 수직하단 끝부분까지의 거리를 말한다.

⑤ **수직거리** : 제연경계의 하단 끝으로부터 그 수직한 하부 바닥면까지의 거리를 말한다.

⑥ **예상제연구역** : 화재 시 연기의 제어가 요구되는 제연구역을 말한다.

⑦ **공동예상제연구역** : 2개 이상의 예상제연구역을 동시에 제연하는 구역을 말한다.

⑧ **통로배출방식** : 거실 내 연기를 직접 옥외로 배출하지 않고 거실에 면한 통로의 연기를 옥외로 배출하는 방식을 말한다.

⑨ **보행중심선** : 통로 폭의 한 가운데 지점을 연장한 선을 말한다.

⑩ **유입풍도** : 예상제연구역으로 공기를 유입하도록 하는 풍도를 말한다.

⑪ **배출풍도** : 예상제연구역의 공기를 외부로 배출하도록 하는 풍도를 말한다.

⑫ **방화문** : 건축법 시행령 제64조의 규정에 따른 60분 + 방화문, 60분 방화문 또는 30분 방화문으로서 언제나 닫힌 상태를 유지하거나 화재감지기와 연동하여 자동적으로 닫히는 구조를 말한다.

⑬ **불연재료** : 건축법 시행령 제2조제10호에 따른 기준에 적합한 재료로서, 불에 타지 않는 성질을 가진 재료를 말한다.

⑭ 난연재료 : 건축법 시행령 제2조제9호에 따른 기준에 적합한 재료로서, 불에 잘 타지 않는 성능을 가진 재료를 말한다.

(2) 제연설비 설치 장소의 제연구역 구획 기준

① 하나의 제연구역의 면적은 1,000m² 이내로 할 것
② 거실과 통로(복도를 포함한다)는 상호 제연구획할 것
③ 통로상의 제연구역은 보행중심선의 길이가 60m를 초과하지 않을 것
④ 하나의 제연구역은 직경 60m 원 내에 들어갈 수 있을 것
⑤ 하나의 제연구역은 2 이상의 층에 미치지 아니하도록 할 것. 다만, 층의 구분이 불분명한 부분은 그 부분을 다른 부분과 별도로 제연구획해야 한다.

(3) 제연구역의 구획 중 보 · 제연경계벽 및 벽의 설치 기준

① 재질은 내화재료, 불연재료 또는 제연경계벽으로 성능을 인정받은 것으로서 화재 시 쉽게 변형 · 파괴되지 아니하고 연기가 누설되지 않는 기밀성 있는 재료로 할 것
② 제연경계는 제연경계의 폭이 0.6m 이상이고, 수직거리는 2m 이내이어야 한다. 다만, 구조상 불가피한 경우는 2m를 초과할 수 있다.
③ 제연경계벽은 배연 시 기류에 따라 그 하단이 쉽게 흔들리지 않고, 또한 가동식의 경우에는 급속히 하강하여 인명에 위해를 주지 않는 구조일 것

(4) 제연방식

① 예상제연구역에 대하여는 화재 시 연기배출(이하 "배출"이라 한다)과 동시에 공기유입이 될 수 있게 하고, 배출구역이 거실일 경우에는 통로에 동시에 공기가 유입될 수 있도록 해야 한다.
② 통로와 인접하고 있는 거실의 바닥면적이 50m² 미만으로 구획(제연경계에 따른 구획은 제외한다. 다만, 거실과 통로와의 구획은 그렇지 않다)되고 그 거실에 통로가 인접하여 있는 경우에는 화재 시 그 거실에서 직접 배출하지 아니하고 인접한 통로의 배출로 갈음할 수 있다. 다만, 그 거실이 다른 거실의 피난을 위한 경유거실인 경우에는 그 거실에서 직접 배출해야 한다.
③ 통로의 주요 구조부가 내화구조이며 마감이 불연재료 또는 난연재료로 처리되고 통로 내부에 가연성 내용물이 없는 경우에 그 통로는 예상제연구역으로 간주하지 않을 수 있다. 다만, 화재 시 연기의 유입이 우려되는 통로는 그렇지 않다.

(5) 배출량 및 배출방식

① 거실의 바닥면적이 400m² 미만으로 구획된 예상제연구역에 대한 배출량은 바닥면적 1m²당 1m³/min 이상으로 하되, 예상제연구역에 대한 최소 배출량은 5,000m³/hr 이상으로 할 것, 또한 바닥면적이 50m² 미만인 예상제연구역을 통로배출방식으로 하는 경우에는 통로보행중심선의 길이 및 수직거리에 따라 규정에서 정하는 배출량 이상으로 할 것

② 바닥면적 400m² 이상인 거실의 예상제연구역의 배출량은 예상제연구역이 직경 40m인 원의 범위 안에 있을 경우 배출량은 40,000m³/h 이상으로 할 것

③ 예상제연구역이 직경 40m인 원의 범위를 초과할 경우 배출량은 45,000m³/h 이상으로 할 것

(6) 기 타

① 배출구 : 예상제연구역의 각 부분으로부터 하나의 배출구까지의 수평거리는 10m 이내가 되도록 해야 한다.

② 유입구

  ㉠ 예상제연구역에 공기가 유입되는 순간의 풍속은 5m/s 이하가 되도록 한다.

  ㉡ 예상제연구역에 대한 공기유입구의 크기는 해당 예상제연구역 배출량 1m³/min에 대하여 35cm² 이상으로 해야 한다.

③ 배출기 : 배출기의 흡입측 풍도안의 풍속은 15m/s 이하로 하고 배출 측 풍속은 20m/s 이하로 할 것

④ 유입풍도 : 유입풍도 안의 풍속은 20m/s 이하로 한다.

⑤ 비상전원 : 제연설비를 유효하게 20분 이상 작동할 수 있도록 할 것

더 알아두기 **방연풍속**

방연풍속은 제연구역의 선정방식에 따라 다음 표의 기준에 따라야 한다.

제연구역		방연풍속
계단실 및 그 부속실을 동시에 제연하는 것 또는 계단실만 단독으로 제연하는 것		0.5m/s 이상
부속실만 단독으로 제연하는 것 또는 비상용 승강기의 승강장만 단독으로 제연하는 것	부속실 또는 승강장이 면하는 옥내가 거실인 경우	0.7m/s 이상
	부속실 또는 승강장이 면하는 옥내가 복도로서 그 구조가 방화구조(내화시간이 30분 이상인 구조를 포함한다)	0.5m/s 이상

---

(7) 제연설비를 설치해야 하는 특정소방대상물

① 문화 및 집회시설, 종교시설, 운동시설 중 무대부의 바닥면적인 200m² 이상인 경우에는 해당 무대부

② 문화 및 집회시설 중 영화상영관으로서 수용인원 100명 이상인 경우에는 해당 영화상영관

③ 지하층이나 무창층에 설치된 근린생활시설, 판매시설, 운수시설, 숙박시설, 위락시설, 의료 시설, 노유자시설 또는 창고시설(물류터미널만 해당한다)로서 해당 용도로 사용되는 바닥면 적의 합계가 1,000m² 이상인 경우 해당 부분

④ 운수시설 중 시외버스정류장, 철도 및 도시철도 시설, 공항시설 및 항만시설의 대기실 또는 휴게시설로서 지하층 또는 무창층의 바닥면적이 1,000m² 이상인 경우에는 모든 층

⑤ 지하가(터널은 제외한다)로서 연면적 1,000m² 이상인 것

⑥ 지하가 중 예상 교통량, 경사도 등 터널의 특성을 고려하여 행정안전부령으로 정하는 터널

⑦ 특정소방대상물(갓복도형 아파트 등은 제외한다)에 부설된 특별피난계단, 비상용 승강기의 승강장 또는 피난용 승강기의 승강장

2 연결송수관설비(NFPC/NFTC 502)

(1) 용어의 정의

① **연결송수관설비** : 건축물의 옥외에 설치된 송수구에 소방차로부터 가압수를 송수하고 소방관 이 건축물 내에 설치된 방수기구함에 비치된 호스를 방수구에 연결하여 화재를 진압하는 소화 활동설비를 말한다.

② **주배관** : 각 층을 수직으로 관통하는 수직배관을 말한다.

③ **분기배관** : 배관 측면에 구멍을 뚫어 둘 이상의 관로가 생기도록 가공한 배관으로서 확관형 분기배관과 비확관형 분기배관을 말한다.

　㉠ 확관형 분기배관 : 배관의 측면에 조그만 구멍을 뚫고 소성가공으로 확관시켜 배관 용접이음 자리를 만들거나 배관 용접이음자리에 배관이음쇠를 용접 이음한 배관을 말한다.

　㉡ 비확관형 분기배관 : 배관의 측면에 분기호칭내경 이상의 구멍을 뚫고 배관이음쇠를 용접 이음한 배관을 말한다.

④ **송수구** : 소화설비에 소화용수를 보급하기 위하여 건물 외벽 또는 구조물의 외벽에 설치하는 관을 말한다.

⑤ **방수구** : 소화설비로부터 소화용수를 방수하기 위하여 건물내벽 또는 구조물의 외벽에 설치하 는 관을 말한다.

⑥ **충압펌프** : 배관 내 압력손실에 따라 주펌프의 빈번한 기동을 방지하기 위하여 충압역할을 하는 펌프를 말한다.

⑦ **정격토출량** : 펌프의 정격부하 운전 시 토출량으로서 정격토출압력에서의 펌프의 토출량을 말한다.

⑧ **정격토출압력** : 펌프의 정격부하 운전 시 토출압력으로서 정격토출량에서의 펌프의 토출 측 압력을 말한다.

⑨ **진공계** : 대기압 이하의 압력을 측정하는 계측기를 말한다.

⑩ **연성계** : 대기압 이상의 압력과 대기압 이하의 압력을 측정할 수 있는 계측기를 말한다.

⑪ **체절운전** : 펌프의 성능시험을 목적으로 펌프토출 측의 개폐밸브를 닫은 상태에서 펌프를 운전하는 것을 말한다.

⑫ **기동용 수압개폐장치** : 소화설비의 배관 내 압력변동을 검지하여 자동적으로 펌프를 기동 및 정지시키는 것으로서 압력챔버 또는 기동용 압력스위치 등을 말한다.

(2) 송수구의 설치 기준

① 소방차가 쉽게 접근할 수 있고 잘 보이는 장소에 설치할 것

② 지면으로부터 높이가 0.5m 이상 1m 이하의 위치에 설치할 것

③ 송수구는 화재층으로부터 지면으로 떨어지는 유리창 등이 송수 및 그 밖의 소화작업에 지장을 주지 아니하는 장소에 설치할 것

④ 송수구로부터 연결송수관설비의 주배관에 이르는 연결배관에 개폐밸브를 설치한 때에는 그 개폐상태를 쉽게 확인 및 조작할 수 있는 옥외 또는 기계실 등의 장소에 설치할 것. 이 경우 개폐밸브에는 그 밸브의 개폐상태를 감시제어반에서 확인할 수 있도록 급수개폐밸브 작동표시 스위치를 다음의 기준에 따라 설치해야 한다.

   ㉠ 급수개폐밸브가 잠길 경우 탬퍼스위치의 동작으로 인하여 감시제어반 또는 수신기에 표시되어야 하며 경보음을 발할 것

   ㉡ 탬퍼스위치는 감시제어반 또는 수신기에서 동작의 유무확인과 동작시험, 도통시험을 할 수 있을 것

   ㉢ 탬퍼스위치에 사용되는 전기배선은 내화전선 또는 내열전선으로 설치할 것

⑤ 구경 65mm의 쌍구형으로 할 것

⑥ 송수구에는 그 가까운 곳의 보기 쉬운 곳에 송수압력범위를 표시한 표지를 할 것

⑦ 송수구는 연결송수관의 수직배관마다 1개 이상을 설치할 것. 다만, 하나의 건축물에 설치된 각 수직배관이 중간에 개폐밸브가 설치되지 아니한 배관으로 상호 연결되어 있는 경우에는 건축물마다 1개씩 설치할 수 있다.

⑧ 송수구의 부근에는 자동배수밸브 및 체크밸브를 다음의 기준에 따라 설치할 것. 이 경우 자동배수밸브는 배관 안의 물이 잘 빠질 수 있는 위치에 설치하되, 배수로 인하여 다른 물건이나 장소에 피해를 주지 않아야 한다.

   ㉠ 습식의 경우에는 송수구 · 자동배수밸브 · 체크밸브의 순으로 설치할 것

   ㉡ 건식의 경우에는 송수구 · 자동배수밸브 · 체크밸브 · 자동배수밸브의 순으로 설치할 것

⑨ 송수구에는 가까운 곳의 보기 쉬운 곳에 "연결송수관설비송수구"라고 표시한 표지를 설치할 것

⑩ 송수구에는 이물질을 막기 위한 마개를 씌울 것

(3) 배 관

① 설치 기준

    ㉠ 주배관의 구경은 100mm 이상의 것으로 할 것

    ㉡ 지면으로부터의 높이가 31m 이상인 특정소방대상물 또는 지상 11층 이상인 특정소방대상물에 있어서는 습식설비로 할 것

② 연결송수관설비의 배관은 주배관의 구경이 100mm 이상인 옥내소화전설비·스프링클러설비 또는 물분무등소화설비의 배관과 겸용할 수 있다.

③ 배관은 다른 설비의 배관과 쉽게 구분이 될 수 있는 위치에 설치하거나, 그 배관표면 또는 배관 보온재표면의 색상은 한국산업표준(배관계의 식별 표시, KS A 0503) 또는 적색으로 식별이 가능하도록 소방용 설비의 배관임을 표시해야 한다.

(4) 방수구의 설치 기준

① 연결송수관설비의 방수구는 그 특정소방대상물의 층마다 설치할 것. 다만, 다음 중 어느 하나에 해당하는 층에는 방수구를 설치하지 않을 수 있다.

    ㉠ 아파트의 1층 및 2층

    ㉡ 소방차의 접근이 가능하고 소방대원이 소방차로부터 각 부분에 쉽게 도달할 수 있는 피난층

    ㉢ 송수구가 부설된 옥내소화전을 설치한 특정소방대상물(집회장·관람장·백화점·도매시장·소매시장·판매시설·공장·창고시설 또는 지하가를 제외한다)로서 다음의 어느 하나에 해당하는 층

        • 지하층을 제외한 층수가 4층 이하이고 연면적이 $6,000m^2$ 미만인 특정소방대상물의 지상층

        • 지하층의 층수가 2 이하인 특정소방대상물의 지하층

② 방수구는 아파트 또는 바닥면적이 $1,000m^2$ 미만인 층에 있어서는 계단(계단이 둘 이상 있는 경우에는 그중 1개의 계단을 말한다)으로부터 5m 이내에, 바닥면적 $1,000m^2$ 이상인 층(아파트를 제외한다)에 있어서는 각 계단(계단의 부속실을 포함하며 계단이 셋 이상 있는 층의 경우에는 그중 2개의 계단을 말한다)으로부터 5m 이내에 설치하되, 그 방수구로부터 그 층의 각 부분까지의 거리가 다음의 기준을 초과하는 경우에는 그 기준 이하가 되도록 방수구를 추가하여 설치할 것

    ㉠ 지하가(터널은 제외한다) 또는 지하층의 바닥면적의 합계가 $3,000m^2$ 이상인 것 : 수평거리 25m

    ㉡ ㉠에 해당하지 않는 것 : 수평거리 50m

③ 11층 이상의 부분에 설치하는 방수구는 쌍구형으로 할 것. 다음 중 어느 하나에 해당하는 층에는 단구형으로 설치할 수 있다.
  ㉠ 아파트의 용도로 사용되는 층
  ㉡ 스프링클러설비가 유효하게 설치되어 있고 방수구가 2개소 이상 설치된 층
④ 방수구의 호스접결구는 바닥으로부터 높이 0.5m 이상 1m 이하의 위치에 설치할 것
⑤ 방수구는 연결송수관설비의 전용방수구 또는 옥내소화전방수구로서 구경 65mm의 것으로 설치할 것
⑥ 방수구의 위치표시는 표시등 또는 축광식 표지로 하되 표시등을 설치하는 경우에는 함의 상부에 설치하고 소방청장이 고시한 표시등의 성능인증 및 제품검사의 기술기준에 적합한 것으로 설치해야 한다.
⑦ 방수구는 개폐기능을 가진 것으로 설치해야 하며, 평상시 닫힌 상태를 유지할 것

(5) 방수기구함 설치 기준

① 방수기구함은 피난층과 가장 가까운 층을 기준으로 3개층마다 설치하되, 그 층의 방수구마다 보행거리 5m 이내에 설치할 것
② 방수기구함에는 길이 15m의 호스와 방사형 관창을 다음의 기준에 따라 비치할 것
  ㉠ 호스는 방수구에 연결하였을 때 그 방수구가 담당하는 구역의 각 부분에 유효하게 물이 뿌려질 수 있는 개수 이상을 비치할 것. 이 경우 쌍구형 방수구는 단구형 방수구의 2배 이상의 개수를 설치해야 한다.
  ㉡ 방사형 관창은 단구형 방수구의 경우에는 1개, 쌍구형 방수구의 경우에는 2개 이상 비치할 것
③ 방수기구함에는 "방수기구함"이라고 표시한 축광식 표지를 할 것. 이 경우 축광식 표지는 소방청장이 고시한 축광표지의 성능인증 및 제품검사의 기술기준에 적합한 것으로 설치하여야 한다.

(6) 연결송수관설비를 설치해야 하는 특정소방대상물(소방시설 설치 및 관리에 관한 법률 시행령 별표 4)

위험물 저장 및 처리 시설 중 가스시설 또는 지하구는 제외한다.
① 층수가 5층 이상으로서 연면적 6,000m² 이상인 경우는 모든 층
② ①에 해당하지 않는 특정소방대상물로서 지하층을 포함하는 층수가 7층 이상인 경우는 모든 층
③ ① 및 ②에 해당하지 않는 특정소방대상물로서 지하층의 층수가 3층 이상이고 지하층의 바닥면적의 합계가 1,000m² 이상인 경우는 모든 층
④ 지하가 중 터널로서 길이가 1,000m 이상인 것

3 연결살수설비(NFPC/NFTC 503)

(1) 용어의 정의

① 호스접결구 : 호스를 연결하는데 사용되는 장비 일체를 말한다.

② 체크밸브 : 흐름이 한 방향으로만 흐르도록 되어 있는 밸브를 말한다.

③ 주배관 : 수직배관을 통해 교차배관에 급수하는 배관을 말한다.

④ 교차배관 : 주배관을 통해 가지배관에 급수하는 배관을 말한다.

⑤ 가지배관 : 헤드가 설치되어 있는 배관을 말한다.

⑥ 분기배관 : 배관 측면에 구멍을 뚫어 둘 이상의 관로가 생기도록 가공한 배관으로서 확관형 분기배관과 비확관형 분기배관을 말한다.

    ㉠ 확관형 분기배관 : 배관의 측면에 조그만 구멍을 뚫고 소성가공으로 확관시켜 배관 용접이음 자리를 만들거나 배관 용접이음자리에 배관이음쇠를 용접 이음한 배관을 말한다.

    ㉡ 비확관형 분기배관 : 배관의 측면에 분기호칭내경 이상의 구멍을 뚫고 배관이음쇠를 용접 이음한 배관을 말한다.

⑦ 송수구 : 소화설비에 소화용수를 보급하기 위하여 건물 외벽 또는 구조물에 설치하는 관을 말한다.

⑧ 연소할 우려가 있는 개구부 : 각 방화구획을 관통하는 컨베이어·에스컬레이터 또는 이와 유사한 시설의 주위로서 방화구획을 할 수 없는 부분을 말한다.

⑨ 선택밸브 : 둘 이상의 방호구역 또는 방호대상물이 있어, 소화수 또는 소화약제를 해당하는 방호구역 또는 방호대상물에 선택적으로 방출되도록 제어하는 밸브를 말한다.

⑩ 자동개방밸브 : 전기적 또는 기계적 신호에 의해 자동으로 개방되는 밸브를 말한다.

⑪ 자동배수밸브 : 배관의 도중에 설치되어 배관 내 잔류수를 자동으로 배수시켜 주는 밸브를 말한다.

(2) 송수구 등

① 송수구의 설치 기준

    ㉠ 소방차가 쉽게 접근할 수 있고 노출된 장소에 설치할 것

    ㉡ 가연성가스의 저장·취급시설에 설치하는 연결살수설비의 송수구는 그 방호대상물로부터 20m 이상의 거리를 두거나 방호대상물에 면하는 부분이 높이 1.5m 이상 폭 2.5m 이상의 철근콘크리트 벽으로 가려진 장소에 설치해야 한다.

    ㉢ 송수구는 구경 65mm의 쌍구형으로 설치할 것. 다만, 하나의 송수구역에 부착하는 살수헤드의 수가 10개 이하인 것은 단구형의 것으로 할 수 있다.

    ⓔ 개방형 헤드를 사용하는 송수구의 호스접결구는 각 송수구역마다 설치할 것. 다만, 송수구
      역을 선택할 수 있는 선택밸브가 설치되어 있고 각 송수구역의 주요구조부가 내화구조로
      되어 있는 경우에는 그렇지 않다.

    ⓜ 소방관의 호스연결 등 소화작업에 용이하도록 지면으로부터 높이가 0.5m 이상 1m 이하의
      위치에 설치할 것

    ⓗ 송수구로부터 주배관에 이르는 연결배관에는 개폐밸브를 설치하지 아니 할 것. 다만, 스프
      링클러설비·물분무소화설비·포소화설비 또는 연결송수관설비의 배관과 겸용하는 경우
      에는 그렇지 않다.

    ⓢ 송수구의 부근에는 "연결살수설비 송수구"라고 표시한 표지와 송수구역 일람표를 설치할
      것. 다만, 선택밸브를 설치한 경우에는 그렇지 않다.

    ⓞ 송수구에는 이물질을 막기 위한 마개를 씌워야 한다.

② **선택밸브의 설치 기준**
  연결살수설비의 선택밸브는 다음의 기준에 따라 설치해야 한다. 다만, 송수구를 송수구역마다
  설치한 때에는 그렇지 않다.

    ㉠ 화재 시 연소의 우려가 없는 장소로서 조작 및 점검이 쉬운 위치에 설치할 것

    ㉡ 자동개방밸브에 따른 선택밸브를 사용하는 경우에는 송수구역에 방수하지 아니하고 자동밸
      브의 작동시험이 가능하도록 할 것

    ㉢ 선택밸브의 부근에는 송수구역 일람표를 설치할 것

③ **송수구의 가까운 부분에 자동배수밸브와 체크밸브 설치 시 기준**

    ㉠ 폐쇄형 헤드를 사용하는 설비의 경우에는 송수구·자동배수밸브·체크밸브의 순으로 설치
      할 것

    ㉡ 개방형 헤드를 사용하는 설비의 경우에는 송수구·자동배수밸브의 순으로 설치할 것

    ㉢ 자동배수밸브는 배관 안의 물이 잘 빠질 수 있는 위치에 설치하되, 배수로 인하여 다른
      물건 또는 장소에 피해를 주지 않을 것

④ 개방형 헤드를 사용하는 연결살수설비에 있어서 하나의 송수구역에 설치하는 살수헤드의
  수는 10개 이하가 되도록 해야 한다.

(3) 배관 등

① 폐쇄형 헤드를 사용하는 연결살수설비의 주배관은 다음 중 어느 하나에 해당하는 배관 또는
  수조에 접속해야 한다. 이 경우 접속부분에는 체크밸브를 설치하되 점검하기 쉽게 해야 한다.

    ㉠ 옥내소화전설비의 주배관(옥내소화전설비가 설치된 경우에 한한다)

    ㉡ 수도배관(연결살수설비가 설치된 건축물 안에 설치된 수도배관 중 구경이 가장 큰 배관을
      말한다)

ⓒ 옥상에 설치된 수조(다른 설비의 수조를 포함한다)

② 개방형 헤드를 사용하는 연결살수설비의 수평주행배관은 헤드를 향하여 상향으로 100분의 1 이상의 기울기로 설치하고 주배관 중 낮은 부분에는 자동배수밸브를 기준(자동배수밸브는 배관 안의 물이 잘 빠질 수 있는 위치에 설치하되, 배수로 인하여 다른 물건 또는 장소에 피해를 주지 않을 것)에 따라 설치해야 한다.

③ 가지배관 또는 교차배관을 설치하는 경우에는 가지배관의 배열은 토너먼트 방식이 아니어야 하며, 가지배관은 교차배관 또는 주배관에서 분기되는 지점을 기점으로 한쪽 가지배관에 설치되는 헤드의 개수는 8개 이하로 해야 한다.

④ 습식 연결살수설비의 배관은 동결방지조치를 하거나 동결의 우려가 없는 장소에 설치해야 한다. 다만, 보온재를 사용할 경우에는 난연재료 성능 이상의 것으로 해야 한다.

(4) 헤드

① 연결살수설비의 헤드는 연결살수설비전용헤드 또는 스프링클러헤드로 설치해야 한다.

② 건축물에 설치하는 연결살수설비의 헤드 설치 기준
  ㉠ 천장 또는 반자의 실내에 면하는 부분에 설치할 것
  ㉡ 천장 또는 반자의 각 부분으로부터 하나의 살수헤드까지의 수평거리가 연결살수설비전용헤드의 경우은 3.7m 이하, 스프링클러헤드의 경우는 2.3m 이하로 할 것. 다만, 살수헤드의 부착면과 바닥과의 높이가 2.1m 이하인 부분은 살수헤드의 살수분포에 따른 거리로 할 수 있다.

③ 가연성 가스의 저장·취급시설에 설치하는 연결살수설비의 헤드 설치 기준
  가연성 가스의 저장·취급시설에 설치하는 연결살수설비의 헤드는 다음의 기준에 따라 설치하여야 한다. 다만, 지하에 설치된 가연성가스의 저장·취급시설로서 지상에 노출된 부분이 없는 경우에는 그렇지 않다.
  ㉠ 연결살수설비 전용의 개방형 헤드를 설치할 것
  ㉡ 가스저장탱크·가스홀더 및 가스발생기의 주위에 설치하되, 헤드상호 간의 거리는 3.7m 이하로 할 것
  ㉢ 헤드의 살수범위는 가스저장탱크·가스홀더 및 가스발생기의 몸체 중간 윗부분의 모든 부분이 포함되도록 해야 하고 살수된 물이 흘러내리면서 살수범위에 포함되지 아니한 부분에도 모두 적셔질 수 있도록 할 것

(5) 연결살수설비를 설치해야 하는 특정소방대상물(소방시설 설치 및 관리에 관한 법률 시행령 별표 4)

지하구는 제외한다.

① 판매시설, 운수시설, 창고시설 중 물류터미널로서 해당 용도로 사용되는 부분의 바닥면적의 합계가 1,000m² 이상인 경우에는 해당 시설

② 지하층(피난층으로 주된 출입구가 도로와 접한 경우는 제외한다)으로서 바닥면적의 합계가 150m² 이상인 경우에는 지하층의 모든 층. 다만, 주택법 시행령 제46조제1항에 따른 국민주택 규모 이하인 아파트 등의 지하층(대피시설로 사용하는 것만 해당한다)과 교육연구시설 중 학교의 지하층의 경우에는 700m² 이상인 것으로 한다.

③ 가스시설 중 지상에 노출된 탱크의 용량이 30톤 이상인 탱크시설

④ ① 및 ②의 특정소방대상물에 부속된 연결통로

4 비상콘센트설비(NFPC/NFTC 504)

(1) 용어의 정의

① **비상전원** : 상용전원으로부터 전력의 공급이 중단된 때에는 자동으로 공급되는 전원을 말한다.

② **비상콘센트설비** : 화재 시 소화활동 등에 필요한 전원을 전용회선으로 공급하는 설비를 말한다.

③ **인입개폐기** : 전기설비기술기준의 판단기준 제169조에 따른 것을 말한다.

④ **저압** : 직류는 1.5kV 이하, 교류는 1kV 이하인 것을 말한다.

⑤ **고압** : 직류는 1.5kV를, 교류는 1kV를 초과하고, 7kV 이하인 것을 말한다.

⑥ **특고압** : 7kV를 초과하는 것을 말한다.

⑦ **변전소** : 전기설비기술기준 제3조제1항제2호(변전소의 밖으로부터 전송받은 전기를 변전소 안에 시설한 변압기·전동발전기·회전변류기·정류기 그 밖의 기계기구에 의하여 변성하는 곳으로서 변성한 전기를 다시 변전소 밖으로 전송하는 곳을 말한다)에 따른 것을 말한다.

(2) 전원회로의 설치 기준

① 비상콘센트설비의 전원회로는 단상교류 220V인 것으로서, 그 공급용량은 1.5kVA 이상인 것으로 할 것

② 전원회로는 각층에 2 이상이 되도록 설치할 것. 다만, 설치해야 할 층의 비상콘센트가 1개인 때에는 하나의 회로로 할 수 있다.

③ 전원회로는 주배전반에서 전용회로로 할 것. 다만, 다른 설비회로의 사고에 따른 영향을 받지 아니하도록 되어 있는 것은 그렇지 않다.

④ 전원으로부터 각층의 비상콘센트에 분기되는 경우에는 분기배선용 차단기를 보호함 안에 설치할 것

⑤ 콘센트마다 배선용 차단기(KS C 8321)를 설치해야 하며, 충전부가 노출되지 아니하도록 할 것

⑥ 개폐기에는 "비상콘센트"라고 표시한 표지를 할 것

⑦ 비상콘센트용의 풀박스 등은 방청도장을 한 것으로서, 두께 1.6mm 이상의 철판으로 할 것

⑧ 하나의 전용회로에 설치하는 비상콘센트는 10개 이하로 할 것. 이 경우 전선의 용량은 각 비상콘센트(비상콘센트가 3개 이상인 경우에는 3개)의 공급용량을 합한 용량 이상의 것으로 해야 한다.

(3) 비상콘센트의 설치 기준

① 바닥으로부터 높이 0.8m 이상 1.5m 이하의 위치에 설치할 것

② 비상콘센트의 배치는 바닥면적이 1,000m² 미만인 층은 계단의 출입구(계단의 부속실을 포함하며 계단이 2 이상 있는 경우에는 그중 1개의 계단을 말한다)로부터 5m 이내에, 바닥면적 1,000m² 이상인 층은 각 계단의 출입구 또는 계단부속실의 출입구(계단의 부속실을 포함하며 계단이 3 이상 있는 층의 경우에는 그중 2개의 계단을 말한다)로부터 5m 이내에 설치하되, 그 비상콘센트로부터 그 층의 각 부분까지의 거리가 다음의 기준을 초과하는 경우에는 그 기준 이하가 되도록 비상콘센트를 추가하여 설치할 것

㉠ 지하상가 또는 지하층의 바닥면적의 합계가 3,000m² 이상인 것 : 수평거리 25m

㉡ ㉠에 해당하지 아니하는 것 : 수평거리 50m

(4) 비상콘센트보호함의 설치 기준

① 보호함에는 쉽게 개폐할 수 있는 문을 설치할 것

② 보호함 표면에 "비상콘센트"라고 표시한 표지를 할 것

③ 보호함 상부에 적색의 표시등을 설치할 것. 다만, 비상콘센트의 보호함을 옥내소화전함 등과 접속하여 설치하는 경우에는 옥내소화전함 등의 표시등과 겸용할 수 있다.

(5) 비상콘센트설비를 설치해야 하는 특정소방대상물(소방시설 설치 및 관리에 관한 법률 시행령 별표 4)

위험물 저장 및 처리 시설 중 가스시설 또는 지하구는 제외한다.

① 층수가 11층 이상인 특정소방대상물의 경우에는 11층 이상의 층

② 지하층의 층수가 3층 이상이고 지하층의 바닥면적의 합계가 1,000m² 이상인 것은 지하층의 모든 층

③ 지하가 중 터널로서 길이가 500m 이상인 것

5 무선통신보조설비(NFPC/NFTC 505)

(1) 용어의 정의

① **누설동축케이블** : 동축케이블의 외부도체에 가느다란 홈을 만들어서 전파가 외부로 새어나갈 수 있도록 한 케이블을 말한다.

② **분배기** : 신호의 전송로가 분기되는 장소에 설치하는 것으로 임피던스 매칭(Matching)과 신호 균등분배를 위해 사용하는 장치를 말한다.

③ **분파기** : 서로 다른 주파수의 합성된 신호를 분리하기 위해서 사용하는 장치를 말한다.

④ **혼합기** : 2 이상의 입력신호를 원하는 비율로 조합한 출력이 발생하도록 하는 장치를 말한다.

⑤ **증폭기** : 전압·전류의 진폭을 늘려 감도 등을 개선하는 장치를 말한다.

⑥ **무선중계기** : 안테나를 통하여 수신된 무전기 신호를 증폭한 후 음영지역에 재방사하여 무전기 상호 간 송수신이 가능하도록 하는 장치를 말한다.

⑦ **옥외안테나** : 감시제어반 등에 설치된 무선중계기의 입력과 출력포트에 연결되어 송수신 신호를 원활하게 방사·수신하기 위해 옥외에 설치하는 장치를 말한다.

⑧ **임피던스** : 교류 회로에 전압이 가해졌을 때 전류의 흐름을 방해하는 값으로서 교류 회로에서의 전류에 대한 전압의 비를 말한다.

(2) 설치 제외

지하층으로서 특정소방대상물의 바닥부분 2면 이상이 지표면과 동일하거나 지표면으로부터의 깊이가 1m 이하인 경우에는 해당 층에 한하여 무선통신보조설비를 설치하지 않을 수 있다.

(3) 누설동축케이블의 설치 기준

① 소방전용주파수대에서 전파의 전송 또는 복사에 적합한 것으로서 소방전용의 것으로 할 것. 다만, 소방대 상호 간의 무선연락에 지장이 없는 경우에는 다른 용도와 겸용할 수 있다.

② 누설동축케이블과 이에 접속하는 안테나 또는 동축케이블과 이에 접속하는 안테나로 구성할 것

③ 누설동축케이블 및 동축케이블은 불연 또는 난연성의 것으로서 습기 등의 환경조건에 따라 전기의 특성이 변질되지 않는 것으로 하고, 노출하여 설치한 경우에는 피난 및 통행에 장애가 없도록 할 것

④ 누설동축케이블 및 동축케이블은 화재에 따라 해당 케이블의 피복이 소실된 경우에 케이블 본체가 떨어지지 않도록 4m 이내마다 금속제 또는 자기제 등의 지지금구로 벽·천장·기둥 등에 견고하게 고정시킬 것. 다만, 불연재료로 구획된 반자 안에 설치하는 경우에는 그렇지 않다.

⑤ 누설동축케이블 및 안테나는 금속판 등에 따라 전파의 복사 또는 특성이 현저하게 저하되지 않는 위치에 설치할 것

⑥ 누설동축케이블 및 안테나는 고압의 전로로부터 1.5m 이상 떨어진 위치에 설치할 것. 다만, 해당 전로에 정전기 차폐장치를 유효하게 설치한 경우에는 그렇지 않다.

⑦ 누설동축케이블의 끝부분에는 무반사 종단저항을 견고하게 설치할 것

(4) 무선통신보조설비의 설치 기준

① 누설동축케이블 또는 동축케이블과 이에 접속하는 안테나가 설치된 층은 모든 부분(계단실, 승강기, 별도 구획된 실 포함)에서 유효하게 통신이 가능할 것

② 옥외안테나와 연결된 무전기와 건축물 내부에 존재하는 무전기 간의 상호통신, 건축물 내부에 존재하는 무전기 간의 상호통신, 옥외안테나와 연결된 무전기와 방재실 또는 건축물 내부에 존재하는 무전기와 방재실 간의 상호통신이 가능할 것

(5) 옥외안테나의 설치 기준

① 건축물, 지하가, 터널 또는 공동구의 출입구(건축법 시행령 제39조에 따른 출구 또는 이와 유사한 출입구를 말한다) 및 출입구 인근에서 통신이 가능한 장소에 설치할 것

② 다른 용도로 사용되는 안테나로 인한 통신장애가 발생하지 않도록 설치할 것

③ 옥외안테나는 견고하게 파손의 우려가 없는 곳에 설치하고 그 가까운 곳의 보기 쉬운 곳에 "무선통신보조설비 안테나"라는 표시와 함께 통신 가능거리를 표시한 표지를 설치할 것

④ 수신기가 설치된 장소 등 사람이 상시 근무하는 장소에는 옥외안테나의 위치가 모두 표시된 옥외안테나 위치표시도를 비치할 것

(6) 분배기·분파기 및 혼합기 등의 설치 기준

① 먼지·습기 및 부식 등에 따라 기능에 이상을 가져오지 아니하도록 할 것

② 임피던스는 50Ω의 것으로 할 것

③ 점검에 편리하고 화재 등의 재해로 인한 피해의 우려가 없는 장소에 설치할 것

(7) 증폭기 및 무선이동중계기의 설치 기준

① 상용전원은 전기가 정상적으로 공급되는 축전지설비, 전기저장장치 또는 교류전압 옥내간선으로 하고, 전원까지의 배선은 전용으로 할 것

② 증폭기의 전면에는 주 회로의 전원이 정상인지의 여부를 표시할 수 있는 표시등 및 전압계를 설치할 것

③ 증폭기에는 비상전원이 부착된 것으로 하고 해당 비상전원 용량은 무선통신보조설비를 유효하게 30분 이상 작동시킬 수 있는 것으로 할 것

④ 증폭기 및 무선중계기를 설치하는 경우에는 전파법 제58조의2에 따른 적합성 평가를 받은 제품으로 설치하고 임의로 변경하지 않도록 할 것

⑤ 디지털 방식의 무전기를 사용하는 데 지장이 없도록 설치할 것

(8) 무선통신보조설비를 설치해야 하는 특정소방대상물

위험물 저장 및 처리 시설 중 가스시설은 제외한다.

① 지하가(터널은 제외한다)로서 연면적 $1,000m^2$ 이상인 것

② 지하층의 바닥면적의 합계가 $3,000m^2$ 이상인 것 또는 지하층의 층수가 3층 이상이고 지하층의 바닥면적의 합계가 $1,000m^2$ 이상인 것은 지하층의 모든 층

③ 지하가 중 터널로서 길이가 500m 이상인 것

④ 지하구 중 공동구

⑤ 층수가 30층 이상인 것으로서 16층 이상 부분의 모든 층

6 지하구(NFPC/NFTC 605)

(1) 용어의 정의

① 지하구 : 영 별표 2 제28호에서 규정한 지하구를 말한다.

② 제어반 : 설비, 장치 등의 조작과 확인을 위해 제어용 계기류, 스위치 등을 금속제 외함에 수납한 것을 말한다.

③ 분전반 : 분기개폐기·분기과전류차단기와 그 밖에 배선용기기 및 배선을 금속제 외함에 수납한 것을 말한다.

④ 방화벽 : 화재 시 발생한 열, 연기 등의 확산을 방지하기 위하여 설치하는 벽을 말한다.

⑤ 분기구 : 전기, 통신, 상하수도, 난방 등의 공급시설의 일부를 분기하기 위하여 지하구의 단면 또는 형태를 변화시키는 부분을 말한다.

⑥ 환기구 : 지하구의 온도, 습도의 조절 및 유해가스를 배출하기 위해 설치되는 것으로 자연환기구와 강제환기구로 구분된다.

⑦ 작업구 : 지하구의 유지관리를 위하여 자재, 기계기구의 반·출입 및 작업자의 출입을 위하여 만들어진 출입구를 말한다.

⑧ 케이블접속부 : 케이블이 지하구 내에 포설되면서 발생하는 직선 접속 부분을 전용의 접속재로 접속한 부분을 말한다.

⑨ **특고압 케이블** : 사용전압이 7,000V를 초과하는 전로에 사용하는 케이블을 말한다.

⑩ **분기배관** : 배관 측면에 구멍을 뚫어 2 이상의 관로가 생기도록 가공한 배관으로서 확관형 분기배관과 비확관형 분기배관을 말한다.

  ㉠ 확관형 분기배관 : 배관의 측면에 조그만 구멍을 뚫고 소성가공으로 확관시켜 배관 용접이음 자리를 만들거나 배관 용접이음자리에 배관이음쇠를 용접 이음한 배관을 말한다.

  ㉡ 비확관형 분기배관 : 배관의 측면에 분기호칭내경 이상의 구멍을 뚫고 배관이음쇠를 용접 이음한 배관을 말한다.

(2) 소화기구 및 자동소화장치의 설치 기준

① 소화기의 능력단위

  ㉠ A급 화재 : 개당 3단위 이상

  ㉡ B급 화재 : 개당 5단위 이상

  ㉢ C급 화재 : 화재에 적응성이 있는 것으로 할 것

② 소화기 한 대의 총중량은 사용 및 운반의 편리성을 고려하여 7kg 이하로 할 것

③ 소화기는 사람이 출입할 수 있는 출입구(환기구, 작업구 포함) 부근에 5개 이상 설치할 것

④ 소화기는 바닥면으로부터 1.5m 이하의 높이에 설치할 것

(3) 연소방지설비

① 배관의 설치기준

  ㉠ 연소방지설비 전용헤드를 사용하는 경우

하나의 배관에 부착하는 연소방지설비 전용헤드의 개수	1개	2개	3개	4개 또는 5개	6개 이상
배관의 구경(mm)	32	40	50	65	80

  ㉡ 교차배관은 가지배관과 수평으로 설치하거나 또는 가지배관 밑에 설치하고 최소 구경은 40mm 이상이 되도록 할 것

  ㉢ 수평주행배관에는 4.5m 이내마다 1개 이상의 행거를 설치할 것

② 헤드의 설치기준

  ㉠ 천장 또는 벽면에 설치할 것

  ㉡ 헤드 간 수평거리

헤드의 종류	연소방지설비 전용헤드	개방형 스프링클러헤드
수평거리	2m 이하	1.5m 이하

ⓒ 소방대원의 출입이 가능한 환기구·작업구마다 지하구의 양쪽방향으로 살수헤드를 설정하되 한쪽방향의 살수구역의 길이는 3m 이상으로 할 것. 다만, 환기구 사이의 간격이 700m를 초과할 경우에는 700m 이내마다 살수구역을 설정하되, 지하구의 구조를 고려하여 방화벽을 설치한 경우에는 그렇지 않다.

③ 송수구의 설치기준
　　ⓐ 소방차가 쉽게 접근할 수 있는 노출된 장소에 설치하되 눈에 띄기 쉬운 보도 또는 차도에 설치할 것
　　ⓑ 송수구는 구경 65mm의 쌍구형으로 할 것
　　ⓒ 송수구로부터 1m 이내에 살수구역 안내표지를 설치할 것
　　ⓓ 지면으로부터 높이가 0.5m 이상 1m 이하의 위치에 설치할 것
　　ⓔ 송수구의 가까운 부분에 자동배수밸브(또는 직경 5mm의 배수공)를 설치할 것. 이 경우 자동배수밸브는 배관 안의 물이 잘 빠질 수 있는 위치에 설치하되, 배수로 인하여 다른 물건 또는 장소에 피해를 주지 않아야 한다.
　　ⓕ 송수구로부터 주배관에 이르는 연결배관에는 개폐밸브를 설치하지 아니 할 것
　　ⓖ 송수구에는 이물질을 막기 위한 마개를 씌울 것

06 적중예상문제

01 물분무등소화설비에 해당되지 않는 것은?

① 물분무소화설비
② 포소화설비
③ 스프링클러소화설비
④ 할론소화설비

> **해설** **물분무등소화설비**
> • 물분무소화설비
> • 미분무소화설비
> • 포소화설비
> • 이산화탄소소화설비
> • 할론소화설비
> • 할로겐화합물 및 불활성기체(다른 원소와 화학 반응을 일으키기 어려운 기체를 말한다)소화설비
> • 분말소화설비
> • 강화액소화설비
> • 고체에어로졸소화설비

02 다음 중 경보설비에 해당되지 않는 것은?

① 비상콘센트설비
② 자동화재탐지설비
③ 비상경보설비
④ 누전경보기

> **해설** **경보설비의 종류**
> • 단독경보형감지기
> • 비상경보설비 : 비상벨설비, 자동식사이렌설비
> • 시각경보기
> • 자동화재탐지설비
> • 비상방송설비
> • 자동화재속보설비
> • 통합감시시설
> • 누전경보기
> • 가스누설경보기

03 피난기구의 화재안전성능기준 및 기술기준상 다음에서 설명하는 피난기구는?

> 화재 발생 시 사람이 건축물 내에서 외부로 긴급히 뛰어 내릴 때 충격을 흡수하여 안전하게 지상에 도달할 수 있도록 포지에 공기 등을 주입하는 구조로 되어 있는 것을 말한다.

① 피난사다리　　　　　　　　　② 완강기
③ 구조대　　　　　　　　　　　④ 공기안전매트

> **해설** ① 피난사다리 : 화재 시 긴급대피를 위해 사용하는 사다리를 말한다.
> ② 완강기 : 사용자의 몸무게에 따라 자동적으로 내려올 수 있는 기구 중 사용자가 교대하여 연속적으로 사용할 수 있는 것을 말한다.
> ③ 구조대 : 포지 등을 사용하여 자루 형태로 만든 것으로서 화재 시 사용자가 그 내부에 들어가서 내려옴으로써 대피할 수 있는 것을 말한다.

04 소방시설의 분류 중에서 그 분류가 다른 하나는?

① 연결살수설비　　　　　　　　② 비상경보설비
③ 무선통신보조설비　　　　　　④ 제연설비

> **해설** ①, ③, ④는 소화활동설비이고 ②는 경보설비이다.

05 국가화재안전기준상 옥내소화전설비에서 고가수조에 관한 내용으로 옳은 것은?

① 자연낙차의 압력으로 급수하는 수조
② 가압공기로 가압하여 급수하는 수조
③ 고압기체로 가압하여 급수하는 수조
④ 펌프를 이용하여 급수하는 수조

> **해설** 고가수조란 구조물 또는 지형지물 등에 설치하여 자연낙차의 압력으로 급수하는 수조를 말한다.

06 스프링클러설비의 화재안전성능기준 및 기술기준상 유수검지장치에서 스프링클러헤드까지 압축공기 또는 질소 등의 기체로 충전된 스프링클러설비는?

① 습식 스프링클러설비　　　　　② 건식 스프링클러설비
③ 준비작동식 스프링클러설비　　④ 일제살수식 스프링클러설비

해설 **건식 스프링클러설비**
건식 유수검지장치 2차 측에 압축공기 또는 질소 등의 기체로 충전된 배관에 폐쇄형 스프링클러헤드가 부착된 스프링클러설비로서, 폐쇄형 스프링클러헤드가 개방되어 배관 내의 압축공기 등이 방출되면 건식 유수검지장치 1차 측의 수압에 의하여 건식 유수검지장치가 작동하게 되는 스프링클러설비를 말한다.

07 건식 스프링클러설비의 특징을 설명한 내용 중 거리가 가장 먼 것은?

① 화재감지로부터 헤드가 작동될 때까지의 시간이 오래 걸린다.
② 관리비가 많이 든다.
③ 공사비가 비교적 많이 든다.
④ 관이 동결될 우려가 없는 곳 등에 설치한다.

해설 건식의 경우는 습식에 비하여 화재감지에서 헤드의 작동 시까지의 시간이 많이 걸리며, 관리비와 공사비가 습식보다 비교적 많이 든다. 설치 장소는 주로 관 내에 물이 얼 수 있는 곳이다.

08 스프링클러설비의 법정 방수량은 얼마인가?

① 80L/min　　　　　② 130L/min
③ 350L/min　　　　　④ 20L/min

해설 스프링클러설비의 법정 방수량은 80L/min 이상으로 20분간 연속 방사할 수 있어야 한다.

09 스프링클러설비의 화재안전성능기준 및 기술기준상 스프링클러설비 가압송수장치의 정격토출압력에 있어서 하나의 헤드선단에서의 최소 및 최대 방수압력기준은?

① 0.07MPa, 0.7MPa
② 0.25MPa, 0.7MPa
③ 0.1MPa, 1.2MPa
④ 0.1MPa, 1.7MPa

해설 가압송수장치의 정격토출압력은 하나의 헤드선단에 0.1MPa 이상 1.2MPa 이하의 방수압력이 될 수 있게 하는 크기일 것

10 물분무소화설비와 스프링클러설비에 관한 비교 설명으로 바른 것은?

① 물분무소화설비에서 방사되는 물의 입자는 스프링클러에서 분무되는 물보다 크기가 작다.

② 스프링클러의 물입자는 물분무의 물입자보다 미세하다.

③ 전기화재에 절대 사용할 수 없음에 명시한다.

④ 스프링클러소화설비는 자동화재감지장치가 없어도 된다.

> **해설** ② 물분무의 물입자는 스프링클러의 물입자보다 미세하다.
> ③ 물분무소화설비는 전기화재에도 사용가능하며, 이때 일정거리를 유지해야만 한다.
> ④ 스프링클러소화설비 중 폐쇄형은 헤드가 감열체가 달려 있어 감지기가 필요없고, 개방형은 감지기가 필요하다.

11 물분무소화설비의 내용으로 맞지 않는 것은?

① 물방울이 미세하여 열흡수가 좋고 분포가 균일하여 냉각효과가 크다.

② 다량의 수증기를 발생하여 연소에 필요한 산소를 차단하기 때문에 질식효과가 있다.

③ 기름표면에 방사된 물이 불연성 유화층을 만들어 소화작용이 일어난다.

④ 수류의 절연도가 낮다.

> **해설** 물분무소화설비는 수류의 절연도가 높다.

12 다음 중 이산화탄소소화설비에 대한 설명으로 옳지 않은 것은?

① 질식 및 냉각효과에 의한 소화를 목적으로 한다.

② 연소의 3대 요소 중 하나인 CO_2의 공급을 차단하여 소화한다.

③ 심부화재에 효과가 있다.

④ 소화 후 오손, 수손, 부식 등의 피해가 없다.

> **해설** 이산화탄소소화설비는 연소의 3대 요소 중 하나인 산소의 공급을 차단하여 소화하는 것이다.

13 이산화탄소에 대한 다음 설명 중 옳지 못한 것은?

① 액화이산화탄소는 자신은 연소하지 못하나 다른 것을 연소시킬 수 있다.

② 기체상태의 이산화탄소는 공기보다 무겁다.

③ 이산화탄소는 대기압 하에서 무색·무취의 기체이다.

④ 이산화탄소는 35℃의 온도에서 액체상태로 존재할 수 없다.

해설 이산화탄소는 자신이 연소하지 못하며 또한 다른 물질을 연소시키지도 못한다.

14 이산화탄소소화설비의 화재안전성능기준 및 기술기준에 따른 이산화탄소소화약제의 저장용기 설치 기준으로 틀린 것은?

① 직사광선 및 빗물이 침투할 우려가 없는 곳에 설치한다.

② 방화문으로 구획된 실에 설치한다.

③ 용기 간의 간격은 점검에 용이하도록 최대한 가까이 한다.

④ 방호구역 외의 장소에 설치한다.

해설 **저장용기의 설치 장소**
- 방호구역 외의 장소에 설치할 것. 단, 방호구역 내에 설치할 경우 피난 및 조작이 용이하도록 피난구 부근에 설치해야 한다.
- 온도가 40℃ 이하이고, 온도변화가 적은 곳에 설치할 것
- 직사광선 및 빗물이 침투할 우려가 없는 곳에 설치할 것
- 방화문으로 구획된 실에 설치할 것
- 용기의 설치 장소에는 해당 용기가 설치된 곳임을 표시하는 표지를 할 것
- 용기 간의 간격은 점검에 지장이 없도록 3cm 이상의 간격을 유지할 것
- 저장용기와 집합관을 연결하는 연결배관에는 체크밸브를 설치할 것. 다만, 저장용기가 하나의 방호구역만을 담당하는 경우에는 그렇지 않다.

15 다음 중 이산화탄소소화약제 저장용기에 관한 설명 중 옳지 않은 것은?

① 주위 온도는 55℃ 이하로 한다.

② 방화문이 구획된 곳에 설치한다.

③ 직사광선 및 빗물 침투 우려가 없는 곳에 설치한다.

④ 용기 간격은 점검에 지장이 없도록 3cm 이상의 간격을 둔다.

해설 할로겐화합물 및 불활성기체소화약제 저장용기의 설치 장소는 주위온도가 55℃ 이하이어야 하며, 이산화탄소나 할론, 분말소화약제의 저장용기는 주위온도가 40℃ 이하이고 온도 변화가 적은 곳에 설치한다.

16 이산화탄소(CO_2)소화약제에 관한 설명으로 옳지 않은 것은?

① 주된 소화효과는 질식소화이다.
② 기체상태 가스 비중은 약 1.5로 공기보다 무겁다.
③ 용기에 액화상태로 저장한 후 방출 시에는 기체화된다.
④ 나트륨·칼륨·칼슘 등 활성금속물질에 소화효과가 있다.

> **해설** 이산화탄소소화약제는 나이트로셀룰로스, 셀룰로이드 제품 등과 같이 연소 시 공기 중의 산소를 필요로
> 하지 않고 자체에 산소를 가지고 있는 물질이나 나트륨, 칼슘, 칼륨 등의 활성금속을 제외한 모든 가연물질에
> 적용이 가능하다.

17 분말소화설비 내용에 대한 설명 중 틀린 것은?

① 방사 시 원활하게 유동하고, 습기 혼입을 차단할 수 있을 것
② 분말용기에는 크리닝할 것
③ 분말용기에는 안전밸브를 설치하지 않을 것
④ 용기에는 주밸브를 설치할 것

> **해설** 안전밸브는 용기의 안전을 확보하기 위해서 설치한다.

18 탄산수소칼륨($KHCO_3$)은 어느 소화설비에 쓰이는 약제인가?

① 포소화설비
② 분말소화설비
③ 할론소화설비
④ 연결살수소화설비

> **해설** 탄산수소칼륨($KHCO_3$)은 제2종 소화분말이다.

19 비상경보설비의 기동장치 상부에 설치하는 적색등은 부착면과 몇 m 떨어진 위치에서 식별할 수 있어야 하는가?

① 10m
② 20m
③ 30m
④ 40m

> **해설** 부착면에서 15° 이상의 범위 안에서 부착지점으로부터 10m 이내의 어느 곳에서도 쉽게 식별할 수 있는
> 위치에 설치한다.

20 소방시설 설치 및 관리에 관한 법률상 단독경보형감지기를 설치해야 하는 특정소방대상물에 해당되지 않는 것은?

① 연면적 400m² 미만의 유치원

② 공동주택 중 연립주택 및 다세대주택

③ 연면적 1,000m² 미만의 아파트

④ 교육연구시설 내에 있는 기숙사 또는 합숙소로서 연면적 2,000m² 미만인 것

> **해설** **단독경보형감지기를 설치해야 하는 특정소방대상물(소방시설 설치 및 관리에 관한 법률 시행령 별표 4)**
> • 교육연구시설 내에 있는 기숙사 또는 합숙소로서 연면적 2천m² 미만인 것
> • 수련시설 내에 있는 기숙사 또는 합숙소로서 연면적 2천m² 미만인 것
> • 노유자 시설로서 연면적 400m² 이상인 노유자 시설 및 숙박시설이 있는 수련시설로서 수용인원 100명 이상인 경우에는 모든 층에 해당하지 않는 수련시설(숙박시설이 있는 것만 해당한다)
> • 연면적 400m² 미만의 유치원
> • 공동주택 중 연립주택 및 다세대주택(연동형으로 설치)

21 비상방송설비에 음량조정기를 설치하는 경우 배선방법으로 맞는 것은?

① 2선식   ② 3선식

③ 4선식   ④ 5선식

> **해설** 음량조정기라 함은 확성기의 음량을 크게 또는 작게 할 수 있는 것으로 비상시에는 음량조정기를 거치지 않고 확성기로 바로 연결되어야 하므로 3선식 배선으로 한다.

22 비상방송설비의 화재안전성능기준 및 기술기준에서 규정된 음향장치 설치기준으로 옳지 않은 것은?

① 조작부의 조작스위치는 바닥으로부터 0.5m 이상 1.5m 이하의 높이에 설치할 것

② 음량조정기를 설치하는 경우 음량조정기의 배선은 3선식으로 할 것

③ 확성기의 음성입력은 3W(실내에 설치하는 것에 있어서는 1W) 이상일 것

④ 증폭기 및 조작부는 수위실 등 상시 사람이 근무하는 장소로서 점검이 편리하고 방화상 유효한 곳에 설치할 것

> **해설** 조작부의 조작스위치는 바닥으로부터 0.8m 이상 1.5m 이하의 높이에 설치할 것

23 자동화재탐지설비 및 시각경보장치의 화재안전기술기준에 따른 자동화재탐지설비 음향장치에 관한 기준으로 (   ) 안에 들어갈 내용으로 옳은 것은?

> • 정격전압의 80% 전압에서 음향을 발할 수 있는 것으로 할 것
> • 음향의 크기는 부착된 음향장치의 중심으로부터 1m 떨어진 위치에서 (   )dB 이상이 되는 것으로 할 것
> • 감지기 및 발신기의 작동과 연동하여 작동할 수 있는 것으로 할 것

① 60   ② 70
③ 80   ④ 90

해설 **자동화재탐지설비의 음향장치(자동화재탐지설비 및 시각경보장치의 화재안전기술기준 2.5.1.4)**
• 정격전압의 80% 전압에서 음향을 발할 수 있는 것으로 할 것. 다만, 건전지를 주전원으로 사용하는 음향장치는 그렇지 않다.
• 음향의 크기는 부착된 음향장치의 중심으로부터 1m 떨어진 위치에서 90dB 이상이 되는 것으로 할 것
• 감지기 및 발신기의 작동과 연동하여 작동할 수 있는 것으로 할 것

24 자동화재탐지설비 및 시각경보장치의 화재안전성능기준 및 기술기준상 감지기에 관한 정의에서 (   ) 안에 들어갈 용어로 옳은 것은?

> 감지기란 화재 시 발생하는 열, 연기, 불꽃 또는 연소생성물을 자동적으로 감지하여 (   )에 발신하는 장치를 말한다.

① 경 종   ② 발신기
③ 수신기   ④ 시각경보장치

해설 감지기란 화재 시 발생하는 열, 연기, 불꽃 또는 연소생성물을 자동적으로 감지하여 수신기에 발신하는 장치를 말하며, 수신기란 감지기나 발신기에서 발하는 화재신호를 직접 수신하거나 중계기를 통하여 수신하여 화재의 발생을 표시 및 경보하여 주는 장치를 말한다.

25 자동화재탐지설비의 감지기 중 열감지기의 종류가 아닌 것은?

① 보상식스포트형감지기

② 정온식감지선형감지기

③ 차동식분포형감지기

④ 광전식분리형감지기

해설 **구조 및 기능에 따른 감지기의 종류**
- 열감지기
  - 차동식 : 스포트(Spot)형, 분포형
  - 정온식 : 스포트형, 감지선형
  - 보상식 : 스포트형
- 연기감지기 : 이온화식, 광전식
- 불꽃감지기, 복합형감지기

26 다음 중 차동식 기능과 정온식 기능을 동시에 보유한 감지기는?

① 열반도체식감지기

② 열전기식감지기

③ 차동식분포형공기관식감지기

④ 보상식스포트형감지기

해설 보상식스포트형감지기란 차동식스포트형감지기와 정온식스포트형감지기의 성능을 겸한 것으로서 차동식 스포트형감지기의 성능 또는 정온식스포트형감지기의 성능 중 어느 한 기능이 작동되면 작동신호를 발하는 것을 말한다.

27 누전경보기의 수신기를 설치해야 하는 장소는?

① 가연성 가스나 부식성 증기, 가스 등이 다량으로 체류하는 장소

② 화약류를 제조하거나 저장 또는 취급하는 장소

③ 온도의 변화가 없는 장소

④ 습도가 높은 장소

해설 ①, ②, ④와 온도 변화가 급격한 장소, 대전류회로·고주파 발생회로 등에 따른 영향을 받은 우려가 있는 장소에는 수신기를 설치할 수 없다.

28 피난기구의 화재안전성능기준 및 기술기준상 노유자시설로 사용되는 층의 바닥면적이 1,500m²일 경우 피난기구의 최소 설치 개수는?(단, 피난기구 설치의 감소 기준은 고려하지 않는다)

① 1개   ② 2개

③ 3개   ④ 4개

> **해설** 피난기구는 층마다 설치하되, 숙박시설·노유자시설 및 의료시설로 사용되는 층에 있어서는 그 층의 바닥면적 500m²마다 1개씩 설치해야 하므로, 층 바닥면적이 1,500m² 일 경우 피난기구의 최소 설치 개수는 3개이다.

29 다음 중 유도등의 종류에 해당되지 않는 것은?

① 피난구유도등   ② 통로유도등

③ 객석유도등   ④ 비상유도등

> **해설** **유도등의 종류**
> • 유도등 : 피난구유도등, 통로유도등, 객석유도등
> • 통로유도등 : 계단통로유도등, 복도통로유도등, 거실통로유도등

30 다음 용어의 설명 중 맞지 않는 것은 어느 것인가?

① 유도등이라 함은 피난구유도등, 통로유도등, 객석유도등을 말한다.

② 피난구유도등이라 함은 피난구 또는 피난경로로 사용되는 출입구를 표시하여 피난을 유도하는 등을 말한다.

③ 통로유도등이란은 복도통로유도등, 거실통로유도등, 계단통로유도등을 말한다.

④ 객석유도등이라 함은 객석의 통로 옆에 설치하는 유도등을 말한다.

> **해설** **객석유도등** : 객석의 통로, 바닥 또는 벽에 설치하는 유도등을 말한다.

31 다음 중 객석유도등의 설치 위치가 아닌 것은?

① 통 로
② 바 닥
③ 벽
④ 기 둥

해설 **객석유도등** : 객석의 통로, 바닥 또는 벽에 설치해야 한다.

32 피난구유도등의 설치 높이로 옳은 것은?

① 피난구의 바닥으로부터 1.5m 이상
② 피난구의 바닥으로부터 1m 이상
③ 피난구의 바닥으로부터 1.5m 미만
④ 피난구의 바닥으로부터 1m 미만

해설 피난구유도등은 피난구의 바닥으로부터 높이 1.5m 이상으로서 출입구에 인접하도록 설치해야 한다.

33 유도등 및 유도표지의 화재안전성능기준 및 기술기준상 유도등의 설치 기준으로 옳지 않은 것은?

① 복도통로유도등은 바닥으로부터 높이 1.5m 이하의 위치에 보행거리 20m마다 설치할 것
② 객석유도등은 객석의 통로, 바닥 또는 벽에 설치해야 한다.
③ 거실통로유도등은 거실통로에 기둥이 설치된 경우에는 기둥부분의 바닥으로부터 높이 1.5m 이하의 위치에 설치할 수 있다.
④ 피난구유도등은 피난구의 바닥으로부터 높이 1.5m 이상으로서 출입구에 인접하도록 설치해야 한다.

해설 **복도통로유도등의 설치 기준**
• 복도에 설치하되 피난구유도등이 설치된 출입구의 맞은편 복도에는 입체형으로 설치하거나, 바닥에 설치할 것
• 구부러진 모퉁이 및 기준에 따라 설치된 통로유도등을 기점으로 보행거리 20m마다 설치할 것
• 바닥으로부터 높이 1m 이하의 위치에 설치할 것. 다만, 지하층 또는 무창층의 용도가 도매시장·소매시장·여객자동차터미널·지하역사 또는 지하상가인 경우에는 복도·통로 중앙부분의 바닥에 설치해야 한다.
• 바닥에 설치하는 통로유도등은 하중에 따라 파괴되지 아니하는 강도의 것으로 할 것

34 비상조명등이 설치된 장소의 조도는 각 부분이 바닥에서 몇 룩스(lx) 이상이어야 하는가?

① 0.2 ② 1.0
③ 10 ④ 30

> **해설** 조도는 비상조명등이 설치된 장소의 각 부분의 바닥에서 1lx 이상이 되도록 할 것

35 인명구조기구의 종류에 해당하지 않는 것은?

① 방화복 ② 비상조명등
③ 공기호흡기 ④ 인공소생기

> **해설** 비상조명등은 피난구조설비에 해당된다.

36 소화수조 및 저수조의 화재안전성능기준 및 기술기준상 소화수조 등에 관한 내용에서 ( ) 안에 들어갈 숫자는?

> 소화수조, 저수조의 채수구 또는 흡수관투입구는 소방차가 ( )m 이내의 지점까지 접근할 수 있는 위치에 설치해야 한다.

① 2 ② 3
③ 4 ④ 5

> **해설** 소화수조, 저수조의 채수구 또는 흡수관투입구는 소방차가 2m 이내의 지점까지 접근할 수 있는 위치에 설치해야 한다.

37 소화수조 및 저수조의 화재안전성능기준 및 기술기준상 1층 및 2층의 바닥면적의 합계가 20,000m²인 특정소방대상물에 소화수조를 설치하는 경우, 소화수조의 최소 저수량(m³)과 흡수관 투입구의 최소 설치 개수는?

① 40m³, 1개
② 40m³, 2개
③ 60m³, 1개
④ 60m³, 2개

해설 **소화수조**

• 소화수조 또는 저수조의 저수량은 특정소방대상물의 연면적을 다음 표에 따른 기준면적으로 나누어 얻은 수(소수점 이하의 수는 1로 본다)에 20m³를 곱한 양 이상이 되도록 해야 한다.

소방대상물의 구분	면 적
1층 및 2층의 바닥면적 합계가 15,000m² 이상인 소방대상물	7,500m²
1층 및 2층의 바닥면적 합계가 15,000m² 이상인 소방대상물에 해당되지 아니하는 그 밖의 소방대상물	12,500m²

• 지하에 설치하는 소화용수설비의 흡수관 투입구는 그 한 변이 0.6m 이상이거나 직경이 0.6m 이상인 것으로 하고, 소요수량이 80m³ 미만인 것은 1개 이상, 80m³ 이상인 것은 2개 이상을 설치해야 하며, "흡수관투입구"라고 표시한 표지를 할 것

1. 소화수조의 저수량 계산(m³)
   ① 1층 및 2층 바닥면적 합계 : 20,000m²
      기준면적은 7,500m² 적용한다.
   ② $\frac{연면적}{기준면적} = \frac{20,000}{7,500} = 2.6 = 3$으로 적용한다.
      저수량 $= 3 \times 20\text{m}^3 = 60\text{m}^3$
2. 흡수관 투입구 : 소요수량이 80m³ 미만인 것은 1개 이상

38 제연설비에 있어 자동화재감지기와 연동되지 않아도 되는 것은?

① 가동식 벽
② 제연경계벽
③ 배출기
④ 퓨즈 댐퍼

해설 퓨즈 댐퍼는 퓨즈에 의하여 자동으로 작동하므로 감지기와 연동할 필요가 없다.

39 제연설비의 화재안전성능기준 및 기술기준상 제연설비 설치 장소의 제연구역 구획 기준으로 옳지 않은 것은?

① 하나의 제연구역의 면적은 1,000m² 이내로 할 것
② 거실과 통로(복도 포함)는 상호 제연구획할 것
③ 하나의 제연구역은 직경 60m 원 내에 들어갈 수 있을 것
④ 통로(복도 포함)상의 제연구역은 보행중심선의 길이가 90m를 초과하지 않을 것

> **해설** 통로상의 제연구역은 보행중심선의 길이가 60m를 초과하지 않을 것

40 제연설비의 화재안전성능기준 및 기술기준상 제연설비의 비상전원 설치 기준에 대한 설명 중 잘못된 것은?

① 제연설비를 유효하게 20분 이상 작동할 수 있도록 할 것
② 상용전원으로부터 전력의 공급이 중단된 때에는 자동으로 비상전원으로부터 전력을 공급받을 수 있도록 할 것
③ 비상전원의 설치장소는 다른 장소와 방화구획할 것
④ 비상전원을 실내에 설치하는 때에는 그 근처에 휴대전등을 비치할 것

> **해설** 비상전원을 실내에 설치하는 때에는 그 실내에 비상조명등을 설치할 것

41 특별피난계단의 계단실 및 부속실 제연설비의 화재안전성능기준 및 기술기준에서 부속실만 단독으로 제연하는 것 또는 비상용 승강기의 승강장만 단독으로 제연하는 것으로 부속실 또는 승강장이 면하는 옥내가 거실인 경우의 최소 방연풍속은?

① 0.5m/s
② 0.6m/s
③ 0.7m/s
④ 0.8m/s

> **해설** **제연구역에 따른 방연풍속**

제연구역		방연풍속
계단실 및 그 부속실을 동시에 제연하는 것 또는 계단실만 단독으로 제연하는 것		0.5m/s 이상
부속실만 단독으로 제연하는 것 또는 비상용 승강기의 승강장만 단독으로 제연하는 것	부속실 또는 승강장이 면하는 옥내가 거실인 경우	0.7m/s 이상
	부속실 또는 승강장이 면하는 옥내가 복도로서 그 구조가 방화구조(내화시간이 30분 이상인 구조를 포함한다)인 것	0.5m/s 이상

42 연결송수관설비의 화재안전성능기준 및 기술기준에 관한 설명으로 옳지 않은 것은?

① 송수구는 지면으로부터 0.5m 이상 1m 이하의 위치에 설치해야 한다.

② 배관 및 방수구의 주배관 구경은 65mm 이상의 것으로 해야 한다.

③ 아파트의 1층 및 2층에는 연결송수관설비의 방수구를 설치하지 않을 수 있다.

④ 방수기구함은 피난층과 가장 가까운 층을 기준으로 3개층마다 설치하되, 그 층의 방수구마다 보행거리 5m 이내에 설치해야 한다.

해설 주배관의 구경은 100mm 이상의 것으로 하고 방수구는 구경 65mm의 것으로 설치해야 한다.

43 비상콘센트설비의 설명 중 틀린 것은?

① 하나의 전용회로에 설치하는 비상콘센트의 수는 12개 이하로 한다.

② 콘센트마다 배선용 차단기를 설치해야 하며, 충전부가 노출되지 않도록 한다.

③ 개폐기에는 "비상콘센트"라고 표시한 표지를 한다.

④ 플러그접속기의 칼받이의 접지극에는 접지공사를 해야 한다.

해설 하나의 전용회로에 설치하는 비상콘센트의 수는 10개 이하이다.

44 무선통신보조설비에 대한 설명으로 잘못된 것은?

① 지하가의 화재 시 소방대 상호 간의 무선연락을 하기 위한 설비이다.

② 누설동축케이블의 끝부분에는 무반사 종단저항을 견고하게 설치해야 한다.

③ 소방전용의 주파수대에서 전파의 전송 또는 복사에 적합한 것으로서 반드시 소방전용의 것이어야 한다.

④ 누설동축케이블과 이에 접속하는 안테나 또는 동축케이블과 이에 접속하는 안테나로 구성한다.

해설 소방전용주파수대에서 전파의 전송 또는 복사에 적합한 것으로서 소방전용의 것으로 할 것. 다만, 소방대 상호 간의 무선연락에 지장이 없는 경우에는 다른 용도와 겸용할 수 있다.

CHAPTER

07 위험물안전관리법 및 위험물의 종류

01 위험물안전관리법

1 총 칙

(1) 용어의 정의

① 위험물 : 인화성 또는 발화성 등의 성질을 가지는 것으로서 대통령령이 정하는 물품을 말한다.

> **더 알아두기** 종류별 위험물의 정의
>
> 1. 제1류(산화성 고체) : 고체[액체(1기압 및 20℃에서 액상인 것 또는 20℃ 초과 40℃ 이하에서 액상인 것을 말한다. 이하 같다) 또는 기체(1기압 및 20℃에서 기상인 것을 말한다) 외의 것을 말한다. 이하 같다]로서 산화력의 잠재적인 위험성 또는 충격에 대한 민감성을 판단하기 위하여 소방청장이 정하여 고시하는 시험에서 고시로 정하는 성질과 상태를 나타내는 것을 말한다.
> 2. 제2류(가연성 고체) : 고체로서 화염에 의한 발화의 위험성 또는 인화의 위험성을 판단하기 위하여 고시로 정하는 시험에서 고시로 정하는 성질과 상태를 나타내는 것을 말한다.
> 3. 제3류(자연발화성 물질 및 금수성 물질) : 고체 또는 액체로서 공기 중에서 발화의 위험성이 있거나 물과 접촉하여 발화하거나 가연성 가스를 발생하는 위험성이 있는 것을 말한다.
> 4. 제4류(인화성 액체) : 액체(제3석유류, 제4석유류 및 동식물유류의 경우 1기압과 20℃에서 액체인 것만 해당)로서 인화의 위험성이 있는 것을 말한다.
> 5. 제5류(자기반응성 물질) : 고체 또는 액체로서 폭발의 위험성 또는 가열분해의 격렬함을 판단하기 위하여 고시로 정하는 시험에서 고시로 정하는 성질과 상태를 나타내는 것을 말한다.
> 6. 제6류(산화성 액체) : 액체로서 산화력의 잠재적인 위험성을 판단하기 위하여 고시로 정하는 시험에서 고시로 정하는 성질과 상태를 나타내는 것을 말한다.

② **지정수량** : 위험물의 종류별로 위험성을 고려하여 대통령령이 정하는 수량으로서 제조소 등의 설치허가 등에 있어서 최저의 기준이 되는 수량을 말한다.

③ **제조소** : 위험물을 제조할 목적으로 지정수량 이상의 위험물을 취급하기 위하여 허가를 받은 장소를 말한다.

④ **저장소** : 지정수량 이상의 위험물을 저장하기 위한 대통령령이 정하는 장소로서 허가를 받은 장소를 말한다.

[지정수량 이상의 위험물을 저장하기 위한 장소와 그에 따른 저장소의 구분(시행령 별표 2)]

지정수량 이상의 위험물을 저장하기 위한 장소	저장소의 구분
1. 옥내(지붕과 기둥 또는 벽 등에 의하여 둘러싸인 곳을 말한다. 이하 같다)에 저장(위험물을 저장하는 데 따르는 취급을 포함한다. 이하 이 표에서 같다)하는 장소. 다만, 제3호의 장소를 제외한다.	옥내저장소
2. 옥외에 있는 탱크(제4호 내지 제6호 및 제8호에 규정된 탱크를 제외한다. 이하 제3호에서 같다)에 위험물을 저장하는 장소	옥외탱크저장소
3. 옥내에 있는 탱크에 위험물을 저장하는 장소	옥내탱크저장소
4. 지하에 매설한 탱크에 위험물을 저장하는 장소	지하탱크저장소
5. 간이탱크에 위험물을 저장하는 장소	간이탱크저장소
6. 차량(피견인자동차에 있어서는 앞차축을 갖지 아니하는 것으로서 당해 피견인자동차의 일부가 견인자동차에 적재되고 당해 피견인자동차와 그 적재물의 중량의 상당부분이 견인자동차에 의하여 지탱되는 구조의 것에 한한다)에 고정된 탱크에 위험물을 저장하는 장소	이동탱크저장소
7. 옥외에 다음에 해당하는 위험물을 저장하는 장소. 다만, 제2호의 장소를 제외한다. 가. 제2류 위험물 중 유황 또는 인화성 고체(인화점이 0℃ 이상인 것에 한한다) 나. 제4류 위험물 중 제1석유류(인화점이 0℃ 이상인 것에 한한다) · 알코올류 · 제2석유류 · 제3석유류 · 제4석유류 및 동식물유류 다. 제6류 위험물 라. 제2류 위험물 및 제4류 위험물 중 특별시 · 광역시 또는 도의 조례에서 정하는 위험물(관세법 제154조의 규정에 의한 보세구역 안에 저장하는 경우에 한한다) 마. 국제해사기구에 관한 협약에 의하여 설치된 국제해사기구가 채택한 국제해상위험물규칙(IMDG Code)에 적합한 용기에 수납된 위험물	옥외저장소
8. 암반 내의 공간을 이용한 탱크에 액체의 위험물을 저장하는 장소	암반탱크저장소

⑤ 취급소 : 지정수량 이상의 위험물을 제조 외의 목적으로 취급하기 위한 대통령령이 정하는 장소로서 허가를 받은 장소를 말한다.

[위험물을 제조 외의 목적으로 취급하기 위한 장소와 그에 따른 취급소의 구분(시행령 별표 3)]

구분	내용
㉠ 주유취급소	고정된 주유설비(항공기에 주유하는 경우에는 차량에 설치된 주유설비를 포함한다)에 의하여 자동차·항공기 또는 선박 등의 연료탱크에 직접 주유하기 위하여 위험물(석유 및 석유대체연료사업법 규정에 의한 가짜석유제품에 해당하는 물품을 제외한다)을 취급하는 장소(위험물을 용기에 옮겨 담거나 차량에 고정된 5,000L 이하의 탱크에 주입하기 위하여 고정된 급유설비를 병설한 장소를 포함한다)
㉡ 판매취급소	점포에서 위험물을 용기에 담아 판매하기 위하여 지정수량의 40배 이하의 위험물을 취급하는 장소
㉢ 이송취급소	배관 및 이에 부속된 설비에 의하여 위험물을 이송하는 장소. 다만, 다음에 해당하는 경우의 장소를 제외한다. 가. 송유관안전관리법에 의한 송유관에 의하여 위험물을 이송하는 경우 나. 제조소 등에 관계된 시설(배관을 제외한다) 및 그 부지가 같은 사업소 안에 있고 당해 사업소 안에서만 위험물을 이송하는 경우 다. 사업소와 사업소의 사이에 도로(폭 2m 이상의 일반교통에 이용되는 도로로 자동차의 통행이 가능한 것을 말한다)만 있고 사업소와 사업소 사이의 이송배관이 그 도로를 횡단하는 경우 라. 사업소와 사업소 사이의 이송배관이 제3자(당해 사업소와 관련이 있거나 유사한 사업을 하는 자에 한한다)의 토지만을 통과하는 경우로서 당해 배관의 길이가 100m 이하인 경우 마. 해상구조물에 설치된 배관(이송되는 위험물이 제4류 위험물 중 제1석유류인 경우에는 배관의 내경이 30cm 미만인 것에 한한다)으로 당해 해상구조물에 설치된 배관의 길이가 30m 이하인 경우 바. 사업소와 사업소 사이의 이송배관이 다. 내지 마.의 규정에 의한 경우 중 2 이상에 해당하는 경우 사. 농어촌 전기공급사업 촉진법에 따라 설치된 자가발전시설에 사용되는 위험물을 이송하는 경우
㉣ 일반취급소	㉠ 내지 ㉢ 외의 장소(석유 및 석유대체연료사업법 규정에 의한 가짜석유제품에 해당하는 위험물을 취급하는 경우의 장소를 제외한다)

⑥ 제조소 등 : 제조소·저장소 및 취급소를 말한다.

(2) 적용범위

① 위험물안전관리법은 항공기·선박(선박법 제1조의2제1항의 규정에 따른 선박을 말한다)·철도 및 궤도에 의한 위험물의 저장·취급 및 운반에 있어서는 이를 적용하지 아니한다.

② 지정수량 미만인 위험물의 저장 또는 취급에 관한 기술상의 기준은 특별시·광역시·특별자치시·도 및 특별자치도(이하 "시·도"라 한다)의 조례로 정한다.

(3) 위험물의 저장 및 취급의 제한(법 제5조)

① 저장 및 취급의 원칙과 예외

㉠ 원칙 : 지정수량 이상의 위험물을 저장소가 아닌 장소에서 저장하거나 제조소 등이 아닌 장소에서 취급하여서는 아니 된다.

㉡ 예외 : 다음에 해당하는 경우에는 제조소 등이 아닌 장소에서 지정수량 이상의 위험물을 취급할 수 있다. 이 경우 임시로 저장 또는 취급하는 장소에서의 저장 또는 취급의 기준과 임시로 저장 또는 취급하는 장소의 위치·구조 및 설비의 기준은 시·도의 조례로 정한다.

• 시·도의 조례가 정하는 바에 따라 관할소방서장의 승인을 받아 지정수량 이상의 위험물을 90일 이내의 기간 동안 임시로 저장 또는 취급하는 경우

• 군부대가 지정수량 이상의 위험물을 군사목적으로 임시로 저장 또는 취급하는 경우

② 저장 및 취급의 기준 : 제조소 등에서의 위험물의 저장 또는 취급에 관하여는 다음의 중요기준 및 세부기준에 따라야 한다.

㉠ 중요기준 : 화재 등 위해의 예방과 응급조치에 있어서 큰 영향을 미치거나 그 기준을 위반하는 경우 직접적으로 화재를 일으킬 가능성이 큰 기준으로서 행정안전부령이 정하는 기준

㉡ 세부기준 : 화재 등 위해의 예방과 응급조치에 있어서 중요기준보다 상대적으로 적은 영향을 미치거나 그 기준을 위반하는 경우 간접적으로 화재를 일으킬 수 있는 기준 및 위험물의 안전관리에 필요한 표시와 서류·기구 등의 비치에 관한 기준으로서 행정안전부령이 정하는 기준

③ 제조소 등의 위치·구조 및 설비의 기술기준은 행정안전부령으로 정한다.

④ 둘 이상의 위험물을 같은 장소에서 저장 또는 취급하는 경우에 있어서 당해 장소에서 저장 또는 취급하는 각 위험물의 수량을 그 위험물의 지정수량으로 각각 나누어 얻은 수의 합계가 1 이상인 경우 당해 위험물은 지정수량 이상의 위험물로 본다.

2 위험물시설의 안전관리

(1) 위험물시설의 유지·관리

① 제조소 등의 관계인은 당해 제조소 등의 위치·구조 및 설비가 규정에 따른 기술기준에 적합하도록 유지·관리하여야 한다.

② 시·도지사, 소방본부장 또는 소방서장은 제1항의 규정에 따른 유지·관리의 상황이 규정에 따른 기술기준에 부적합하다고 인정하는 때에는 그 기술기준에 적합하도록 제조소 등의 위치·구조 및 설비의 수리·개조 또는 이전을 명할 수 있다.

(2) 위험물안전관리자

① 위험물취급자격자의 자격(시행령 별표 5)

위험물취급자격자의 구분	취급할 수 있는 위험물
1. 국가기술자격법에 따라 위험물기능장, 위험물산업기사, 위험물기능사의 자격을 취득한 사람	별표 1의 모든 위험물
2. 안전관리자교육이수자(법 제28조제1항에 따라 소방청장이 실시하는 안전관리자교육을 이수한 자를 말한다. 이하 별표 6에서 같다)	별표 1의 위험물 중 제4류 위험물
3. 소방공무원경력자(소방공무원으로 근무한 경력이 3년 이상인 자를 말한다. 이하 별표 6에서 같다)	별표 1의 위험물 중 제4류 위험물

② 제조소 등의 종류 및 규모에 따라 선임하여야 하는 안전관리자의 자격(시행령 별표 6)

제조소 등의 종류 및 규모			안전관리자의 자격
제조소	1. 제4류 위험물만을 취급하는 것으로서 지정수량 5배 이하의 것		위험물기능장, 위험물산업기사, 위험물기능사, 안전관리자교육이수자 또는 소방공무원경력자
	2. 제1호에 해당하지 아니하는 것		위험물기능장, 위험물산업기사 또는 2년 이상의 실무경력이 있는 위험물기능사
저장소	1. 옥내저장소	제4류 위험물만을 저장하는 것으로서 지정수량 5배 이하의 것	위험물기능장, 위험물산업기사, 위험물기능사, 안전관리자교육이수자 또는 소방공무원경력자
		제4류 위험물 중 알코올류·제2석유류·제3석유류·제4석유류·동식물유류만을 저장하는 것으로서 지정수량 40배 이하의 것	
	2. 옥외탱크저장소	제4류 위험물만 저장하는 것으로서 지정수량 5배 이하의 것	
		제4류 위험물 중 제2석유류·제3석유류·제4석유류·동식물유류만을 저장하는 것으로서 지정수량 40배 이하의 것	
	3. 옥내탱크저장소	제4류 위험물만을 저장하는 것으로서 지정수량 5배 이하의 것	
		제4류 위험물 중 제2석유류·제3석유류·제4석유류·동식물유류만을 저장하는 것	
	4. 지하탱크저장소	제4류 위험물만을 저장하는 것으로서 지정수량 40배 이하의 것	
		제4류 위험물 중 제1석유류·알코올류·제2석유류·제3석유류·제4석유류·동식물유류만을 저장하는 것으로서 지정수량 250배 이하의 것	
	5. 간이탱크저장소로서 제4류 위험물만을 저장하는 것		
	6. 옥외저장소 중 제4류 위험물만을 저장하는 것으로서 지정수량의 40배 이하의 것		

제조소 등의 종류 및 규모		안전관리자의 자격
저장소	7. 보일러, 버너 그 밖에 이와 유사한 장치에 공급하기 위한 위험물을 저장하는 탱크저장소	위험물기능장, 위험물산업기사, 위험물기능사, 안전관리자교육이수자 또는 소방공무원경력자
	8. 선박주유취급소, 철도주유취급소 또는 항공기주유취급소의 고정주유설비에 공급하기 위한 위험물을 저장하는 탱크저장소로서 지정수량의 250배(제1석유류의 경우에는 지정수량의 100배) 이하의 것	
	9. 제1호 내지 제8호에 해당하지 아니하는 저장소	위험물기능장, 위험물산업기사 또는 2년 이상의 실무경력이 있는 위험물기능사
취급소	1. 주유취급소	위험물기능장, 위험물산업기사, 위험물기능사, 안전관리자교육이수자 또는 소방공무원경력자
	2. 판매취급소 / 제4류 위험물만을 취급하는 것으로서 지정수량 5배 이하의 것	
	제4류 위험물 중 제1석유류·알코올류·제2석유류·제3석유류·제4석유류·동식물유류만을 취급하는 것	
	3. 제4류 위험물 중 제1류 석유류·알코올류·제2석유류·제3석유류·제4석유류·동식물유류만을 지정수량 50배 이하로 취급하는 일반취급소(제1석유류·알코올류의 취급량이 지정수량의 10배 이하인 경우에 한한다)로서 다음의 어느 하나에 해당하는 것 가. 보일러, 버너 그 밖에 이와 유사한 장치에 의하여 위험물을 소비하는 것 나. 위험물을 용기 또는 차량에 고정된 탱크에 주입하는 것	
	4. 제4류 위험물만을 취급하는 일반취급소로서 지정수량 10배 이하의 것	
	5. 제4류 위험물 중 제2석유류·제3석유류·제4석유류·동식물유류만을 취급하는 일반취급소로서 지정수량 20배 이하의 것	
	6. 농어촌 전기공급사업 촉진법에 따라 설치된 자가발전시설에 사용되는 위험물을 취급하는 일반취급소	
	7. 제1호 내지 제6호에 해당하지 아니하는 취급소	위험물기능장, 위험물산업기사 또는 2년 이상의 실무경력이 있는 위험물기능사

[비 고]
1. 왼쪽란의 제조소 등의 종류 및 규모에 따라 오른쪽란에 규정된 안전관리자의 자격이 있는 위험물취급자격자는 별표 5에 따라 해당 제조소 등에서 저장 또는 취급하는 위험물을 취급할 수 있는 자격이 있어야 한다.
2. 위험물기능사의 실무경력 기간은 위험물기능사 자격을 취득한 이후 위험물안전관리법 제15조에 따른 위험물안전관리자로 선임된 기간 또는 위험물안전관리자를 보조한 기간을 말한다.

(3) 예방규정(법 제17조)

① 의 의

ⓐ 대통령령이 정하는 제조소 등의 관계인은 당해 제조소 등의 화재예방과 화재 등 재해발생 시의 비상조치를 위하여 행정안전부령이 정하는 바에 따라 예방규정을 정하여 당해 제조소 등의 사용을 시작하기 전에 시·도지사에게 제출하여야 한다. 예방규정을 변경한 때에도 또한 같다.

ⓑ 시·도지사는 ⓐ의 규정에 따라 제출한 예방규정이 규정에 따른 기준에 적합하지 아니하거나 화재예방이나 재해발생 시의 비상조치를 위하여 필요하다고 인정하는 때에는 이를 반려하거나 그 변경을 명할 수 있다.

ⓒ ⓐ의 규정에 따른 제조소 등의 관계인과 그 종업원은 예방규정을 충분히 잘 익히고 준수하여야 한다.

ⓓ 소방청장은 대통령령으로 정하는 제조소 등에 대하여 행정안전부령으로 정하는 바에 따라 예방규정의 이행 실태를 정기적으로 평가할 수 있다.

② 관계인이 예방규정을 정하여야 하는 제조소 등(시행령 제15조)

ⓐ 지정수량의 10배 이상의 위험물을 취급하는 제조소

ⓑ 지정수량의 100배 이상의 위험물을 저장하는 옥외저장소

ⓒ 지정수량의 150배 이상의 위험물을 저장하는 옥내저장소

ⓓ 지정수량의 200배 이상의 위험물을 저장하는 옥외탱크저장소

ⓔ 암반탱크저장소

ⓕ 이송취급소

ⓖ 지정수량의 10배 이상의 위험물을 취급하는 일반취급소. 다만, 제4류 위험물(특수인화물을 제외한다)만을 지정수량의 50배 이하로 취급하는 일반취급소(제1석유류·알코올류의 취급량이 지정수량의 10배 이하인 경우에 한한다)로 다음의 어느 하나에 해당하는 것을 제외한다.
  - 보일러·버너 또는 이와 비슷한 것으로 위험물을 소비하는 장치로 이루어진 일반취급소
  - 위험물을 용기에 옮겨 담거나 차량에 고정된 탱크에 주입하는 일반취급소

③ 예방규정에 포함되어야 할 사항(시행규칙 제63조)

ⓐ 위험물의 안전관리업무를 담당하는 자의 직무 및 조직에 관한 사항

ⓑ 안전관리자가 여행·질병 등으로 인하여 그 직무를 수행할 수 없을 경우 그 직무의 대리자에 관한 사항

ⓒ 자체소방대를 설치하여야 하는 경우에는 자체소방대의 편성과 화학소방자동차의 배치에 관한 사항

ⓓ 위험물의 안전에 관계된 작업에 종사하는 자에 대한 안전교육 및 훈련에 관한 사항

ⓜ 위험물시설 및 작업장에 대한 안전순찰에 관한 사항

ⓗ 위험물시설·소방시설 그 밖의 관련 시설에 대한 점검 및 정비에 관한 사항

ⓢ 위험물시설의 운전 또는 조작에 관한 사항

ⓞ 위험물 취급작업의 기준에 관한 사항

ⓩ 이송취급소에 있어서는 배관공사 현장책임자의 조건 등 배관공사 현장에 대한 감독체제에 관한 사항과 배관 주위에 있는 이송취급소 시설 외의 공사를 하는 경우 배관의 안전확보에 관한 사항

ⓒ 재난 그 밖의 비상시의 경우에 취하여야 하는 조치에 관한 사항

ⓚ 위험물의 안전에 관한 기록에 관한 사항

ⓣ 제조소 등의 위치·구조 및 설비를 명시한 서류와 도면의 정비에 관한 사항

ⓟ 그 밖에 위험물의 안전관리에 관하여 필요한 사항

(4) 자체소방대(법 제19조)

① 의의 : 다량의 위험물을 저장·취급하는 제조소 등으로서 대통령령이 정하는 제조소 등이 있는 동일한 사업소에서 대통령령이 정하는 수량 이상의 위험물을 저장 또는 취급하는 경우 당해 사업소의 관계인은 대통령령이 정하는 바에 따라 당해 사업소에 자체소방대를 설치하여야 한다.

② 자체소방대 설치대상(시행령 제18조)

ⓐ 제4류 위험물의 최대수량의 합이 지정수량의 3,000배 이상을 취급하는 제조소 또는 일반취급소(다만, 보일러로 위험물을 소비하는 일반취급소는 제외)

ⓑ 제4류 위험물의 최대수량이 지정수량의 50만배 이상을 저장하는 옥외탱크저장소

③ 자체소방대에 두는 화학소방차 및 인원(시행령 제18조, 별표 8)

사업소의 구분	화학소방자동차	자체소방대원의 수
제조소 또는 일반취급소에서 취급하는 제4류 위험물의 최대수량의 합이 지정수량의 3,000배 이상 12만배 미만인 사업소	1대	5인
제조소 또는 일반취급소에서 취급하는 제4류 위험물의 최대수량의 합이 지정수량의 12만배 이상 24만배 미만인 사업소	2대	10인
제조소 또는 일반취급소에서 취급하는 제4류 위험물의 최대수량의 합이 지정수량의 24만배 이상 48만배 미만인 사업소	3대	15인
제조소 또는 일반취급소에서 취급하는 제4류 위험물의 최대수량의 합이 지정수량의 48만배 이상인 사업소	4대	20인
옥외탱크저장소에 저장하는 제4류 위험물의 최대수량이 지정수량의 50만배 이상인 사업소	2대	10인

※ 화학소방자동차에는 행정안전부령으로 정하는 소화능력 및 설비를 갖추어야 하고, 소화활동에 필요한 소화약제 및 기구(방열복 등 개인장구를 포함한다)를 비치하여야 한다.

④ 화학소방자동차에 갖추어야 하는 소화능력 및 설비의 기준(시행규칙 제75조, 별표 23)

화학소방자동차의 구분	소화능력 및 설비의 기준
포수용액 방사차	포수용액의 방사능력이 매분 2,000L 이상일 것
	소화약액탱크 및 소화약액혼합장치를 비치할 것
	10만L 이상의 포수용액을 방사할 수 있는 양의 소화약제를 비치할 것
분말 방사차	분말의 방사능력이 매초 35kg 이상일 것
	분말탱크 및 가압용가스설비를 비치할 것
	1,400kg 이상의 분말을 비치할 것
할로겐화합물 방사차	할로겐화합물의 방사능력이 매초 40kg 이상일 것
	할로겐화합물탱크 및 가압용가스설비를 비치할 것
	1,000kg 이상의 할로겐화합물을 비치할 것
이산화탄소 방사차	이산화탄소의 방사능력이 매초 40kg 이상일 것
	이산화탄소저장용기를 비치할 것
	3,000kg 이상의 이산화탄소를 비치할 것
제독차	가성소다 및 규조토를 각각 50kg 이상 비치할 것

3 위험물의 운반 등

(1) 개 요

위험물의 운반이라 함은 일반적으로 일정구역 내에서 위험물의 사용 또는 취급을 위하여 위험물을 이동시키는 개념이며 운송이란 운반보다는 장거리 이동이며, 양에 있어서도 많은 양을 각종 운송장비를 이용하여 위험물을 목적에 부합되게 이동시키는 것을 말하며 일반적으로 가장 대표적인 운송장비는 이동탱크저장시설이다.

(2) 위험물의 운반(법 제20조)

① 운반기준 : 위험물의 운반은 그 용기·적재방법 및 운반방법에 관한 다음의 중요기준과 세부기준에 따라 행하여야 한다.

　㉠ 중요기준 : 화재 등 위해의 예방과 응급조치에 있어서 큰 영향을 미치거나 그 기준을 위반하는 경우 직접적으로 화재를 일으킬 가능성이 큰 기준으로서 행정안전부령이 정하는 기준

　㉡ 세부기준 : 화재 등 위해의 예방과 응급조치에 있어서 중요기준보다 상대적으로 적은 영향을 미치거나 그 기준을 위반하는 경우 간접적으로 화재를 일으킬 수 있는 기준 및 위험물의 안전관리에 필요한 표시와 서류·기구 등의 비치에 관한 기준으로서 행정안전부령이 정하는 기준

② 운반용기의 검사 : 시·도지사는 운반용기를 제작하거나 수입한 자 등의 신청에 따라 제1항의 규정에 따른 운반용기를 검사할 수 있다. 다만, 기계에 의하여 하역하는 구조로 된 대형의 운반용기로서 행정안전부령이 정하는 것을 제작하거나 수입한 자 등은 행정안전부령이 정하는 바에 따라 당해 용기를 사용하거나 유통시키기 전에 시·도지사가 실시하는 운반용기에 대한 검사를 받아야 한다.

(3) 위험물의 운송

① 위험물 운송자(법 제21조)
  ㉠ 정의 : 이동탱크저장소에 의하여 위험물을 운송하는 자
  ㉡ 자격요건 : 국가기술법에 따른 위험물 분야의 자격을 취득한 자 또는 규정에 따른 교육을 수료한 자이어야 한다.
② 위험물 운송책임자(시행규칙 제52조)
  ㉠ 정의 : 위험물 운송에 있어서 운송의 감독 또는 지원을 하는 자
  ㉡ 자격요건
    • 당해 위험물의 취급에 관한 국가기술자격을 취득하고 관련 업무에 1년 이상 종사한 경력이 있는 자
    • 위험물의 운송에 관한 안전교육을 수료하고 관련 업무에 2년 이상 종사한 경력이 있는 자
③ 운송책임자의 감독·지원을 받아 운송하여야 하는 위험물(시행령 제19조)
  ㉠ 알킬알루미늄
  ㉡ 알킬리튬
  ㉢ 알킬알루미늄 또는 알킬리튬의 물질을 함유하는 위험물

02 위험물의 종류와 성질

1 제1류 위험물(산화성 고체)

(1) 개 요

① 강산화성 물질로 상온에서 고체상태이며 마찰 및 충격을 받으면 많은 산소를 방출한다.
② 산화성 고체는 액체 또는 기체 이외의 것으로 일정한 기준 이상의 산화성을 가지고 있거나 충격에 대한 민감성을 가진 물질을 말한다.
③ 취급의 기준이 되는 지정수량이 정해져 있다.

(2) 종류(시행령 별표 1)

유 별	성 질	위험물 품 명	지정수량
제1류	산화성 고체	1. 아염소산염류	50kg
		2. 염소산염류	50kg
		3. 과염소산염류	50kg
		4. 무기과산화물	50kg
		5. 브롬산염류	300kg
		6. 질산염류	300kg
		7. 아이오딘산염류	300kg
		8. 과망간산염류	1,000kg
		9. 다이크롬산염류	1,000kg
		10. 그 밖에 행정안전부령으로 정하는 것 11. 제1호 내지 제10호의 1에 해당하는 어느 하나 이상을 함유한 것	50kg, 300kg 또는 1,000kg

(3) 일반적인 성질

① 산화성 고체이므로 다른 물질의 산화를 돕는다.

② 대부분 산소를 가지고 있으며, 무기화합물이다.

③ 자신은 불연성 물질이지만, 분해 시 산소를 방출하여 가연성 물질의 연소를 돕는다.

④ 무색 결정이거나 백색 분말이며, 비중이 1보다 크고 수용성인 것이 많다.

⑤ 반응성이 커 가열, 충격, 마찰 및 다른 약품과의 접촉에 의해 많은 산소(O_2)를 발생한다.

⑥ 조해성이 있는 것도 있다.

(4) 소화대책

① 위험물 자체의 화재가 아니고 다른 가연물의 화재이므로 무기과산화물을 제외하고 냉각소화에 의해 분해 온도 이하로 낮추고 가연물의 연소도 억제하여야 한다.

② 무기과산화물은 물과 반응하면 발열하여 산소를 방출하므로 주수소화(注水消火)해서는 안 되고 건조사(마른 모래) 등에 의한 질식소화가 유효하다.

2 제2류 위험물(가연성 고체)

(1) 개요

환원성 물질이며 상온에서 고체이고, 특히 산화제로 접촉하면 마찰 또는 충격으로 급격히 폭발할 수 있다.

(2) 종류(시행령 별표 1)

유 별	성 질	위험물 품 명	지정수량
제2류	가연성 고체	1. 황화린	100kg
		2. 적 린	100kg
		3. 유 황	100kg
		4. 철 분	500kg
		5. 금속분	500kg
		6. 마그네슘	500kg
		7. 그 밖에 행정안전부령으로 정하는 것 8. 제1호 내지 제7호의 1에 해당하는 어느 하나 이상을 함유한 것	100kg 또는 500kg
		9. 인화성 고체	1,000kg

(3) 일반적인 성질

① 비교적 낮은 온도에서 착화하기 쉬운 가연성 고체이다.
② 강한 환원성 물질이며 다량의 빛과 열을 발생한다.
③ 산소와 결합이 용이하고 산화되기 쉬우며, 저농도의 산소 조건에서도 잘 연소한다.
④ 연소 시 연소속도가 빠르며 연소열이 크다.
⑤ 황, 철, 마그네슘 및 금속분말이 밀폐된 공간에 부유할 때는 점화원 또는 충격과 마찰 등 물리적 에너지가 공급되면 분진폭발을 일으킨다.
⑥ 연소 중인 금속분에 물을 뿌리면 수소가 발생하여 폭발하고, 연소 시 산소를 소진시키므로 질식의 위험이 있다.
⑦ 금속분은 산, 할로겐 원소, 황화수소, 습기와 접촉하면 발열하거나 자연발화를 한다.
⑧ 모두 물보다 무겁고 물에 녹지 않는다.

(4) 소화대책

① 금속분, 철분, 마그네슘, 황화린은 건조사, 건조분말에 의한 질식소화를 한다.
② 인화성 고체, 적린, 유황은 물에 의한 냉각소화가 적당하다.

③ 화재 시에는 다량의 열과 연기 및 유독가스를 발생하므로 방호의와 공기호흡기 등 보호장구를 착용한다.

3 제3류 위험물(자연발화성 물질 및 금수성 물질)

(1) 개 요

고체 또는 액체로, 공기 중에서 발열발화하며 물과 접촉하여 발열만 하는 물질, 물과 접촉하여 가연성 가스를 발생하는 물질 또는 물과 접촉하여 급격히 발화하는 물질이 있다.

(2) 종류(시행령 별표 1)

위험물			지정수량
유 별	성 질	품 명	
제3류	자연 발화성 물질 및 금수성 물질	1. 칼 륨	10kg
		2. 나트륨	10kg
		3. 알킬알루미늄	10kg
		4. 알킬리튬	10kg
		5. 황 린	20kg
		6. 알칼리금속(칼륨 및 나트륨을 제외한다) 및 알칼리토금속	50kg
		7. 유기금속화합물(알킬알루미늄 및 알킬리튬을 제외한다)	50kg
		8. 금속의 수소화물	300kg
		9. 금속의 인화물	300kg
		10. 칼슘 또는 알루미늄의 탄화물	300kg
		11. 그 밖에 행정안전부령으로 정하는 것 12. 제1호 내지 제11호의 1에 해당하는 어느 하나 이상을 함유한 것	10kg, 20kg, 50kg 또는 300kg

(3) 일반적인 성질

① 제3류 위험물은 황린을 제외하고는 모두 물과 반응하여 가연성 가스를 발생하며, 공기 중에 노출되면 자연발화하거나 물과 접촉하면 발화한다.
② 대부분 무기화합물이다.
③ K, Na, RAl, RLi을 제외하고 물보다 무겁다.

(4) 소화대책

① 어떠한 경우에도 물을 사용한 진화는 하지 말아야 한다(황린 제외).
② 포, CO_2, 할론소화약제도 사용하지 않는다.

③ 상황에 따라 건조사, 팽창진주암, 팽창질석, 건조석회로 조심스럽게 질식소화한다.

④ 칼륨과 나트륨은 금속화재용 분말소화약제로 질식소화한다.

⑤ 황린 등은 유독 가스가 발생하므로 공기호흡기 등 보호장구를 착용해야 한다.

⑥ 알킬알루미늄은 물, CCl_4, CO_2와 반응하므로 사용할 수 없고 팽창질석, 팽창진주암 또는 건조된 모래로써 소화한다.

4 제4류 위험물(인화성 액체)

(1) 개 요

가연성 물질로 인화성 증기를 발생하는 액체위험물이며, 주로 석유 및 동식물유와 관련된 물질이다.

(2) 종류(시행령 별표 1)

유 별	성 질	위험물 품 명		지정수량
제4류	인화성 액체	1. 특수인화물		50L
		2. 제1석유류	비수용성 액체	200L
			수용성 액체	400L
		3. 알코올류		400L
		4. 제2석유류	비수용성 액체	1,000L
			수용성 액체	2,000L
		5. 제3석유류	비수용성 액체	2,000L
			수용성 액체	4,000L
		6. 제4석유류		6,000L
		7. 동식물유류		10,000L

① "특수인화물"이라 함은 이황화탄소, 다이에틸에테르 그 밖에 1기압에서 발화점이 100℃ 이하인 것 또는 인화점이 −20℃ 이하이고 비점이 40℃ 이하인 것을 말한다.

② "제1석유류", "제2석유류", "제3석유류" 및 "제4석유류"라 함은 각각 다음의 물품 및 성상(1기압에 있어서의 성상을 말한다)을 가지는 것을 말한다.

　㉠ 제1석유류 : 아세톤, 휘발유 그 밖에 1기압에서 인화점이 21℃ 미만인 것을 말한다.

　㉡ 제2석유류 : 등유, 경유 그 밖에 1기압에서 인화점이 21℃ 이상 70℃ 미만인 것을 말한다. 다만, 도료류 그 밖의 물품에 있어서 가연성 액체량이 40wt% 이하이면서 인화점이 40℃ 이상인 동시에 연소점이 60℃ 이상인 것은 제외한다.

　㉢ 제3석유류 : 중유, 크레오소트유 그 밖에 1기압에서 인화점이 70℃ 이상 200℃ 미만인 것을 말한다. 다만, 도료류 그 밖의 물품은 가연성 액체량이 40wt% 이하인 것은 제외한다.

ⓔ 제4석유류 : 기어유, 실린더유 그 밖에 1기압에서 인화점이 200℃ 이상 250℃ 미만의 것을 말한다. 다만 도료류 그 밖의 물품은 가연성 액체량이 40wt% 이하인 것은 제외한다.

③ "알코올류"라 함은 1분자를 구성하는 탄소원자의 수가 1개부터 3개까지인 포화1가 알코올(변성알코올을 포함한다)을 말한다. 다만, 1분자를 구성하는 탄소원자의 수가 1개 내지 3개의 포화1가 알코올의 함유량이 60wt% 미만인 수용액이나 가연성 액체량이 60wt% 미만이고 인화점 및 연소점(태그개방식 인화점측정기에 의한 연소점을 말한다)이 에틸알코올 60wt% 수용액의 인화점 및 연소점을 초과하는 것은 제외한다.

④ "동식물유류"라 함은 동물의 지육(枝肉 : 머리, 내장, 다리를 잘라 내고 아직 부위별로 나누지 않은 고기를 말한다) 등 또는 식물의 종자나 과육으로부터 추출한 것으로서 1기압에서 인화점이 250℃ 미만인 것을 말한다. 다만, 행정안전부령이 정하는 용기 기준과 수납·저장기준에 따라 수납되어 저장·보관되고 용기의 외부에 물품의 통칭명, 수량 및 화기엄금(화기엄금과 동일한 의미를 갖는 표시를 포함한다)의 표시가 있는 경우를 제외한다.

(3) 일반적인 성질

① 대표적 성질은 인화성 액체이며, 유기화합물이다.
② 일반적으로 물보다 가볍고, 물에 녹지 않는 것이 많다.
③ 증기 비중은 공기보다 무겁다.
④ 발화점이 낮다.
⑤ 증기는 공기와 약간 혼합되어도 연소의 우려가 있다.
⑥ 액체의 유동성으로 화재의 확대위험이 크다.
⑦ 이황화탄소(CS_2) 가연성 증기발생을 억제하기 위하여 물속에 저장하여야 한다.

(4) 소화대책

① CO_2, 포, 분말, 할론, 물분무소화로 질식소화한다.
② 물에 녹는 수용성 석유류 화재는 알코올포를 사용하여 소화한다.
③ 제4류 위험물의 주수소화는 화재면(연소면) 확대로 금물이다.

⑤ 제5류 위험물(자기반응성 물질)

(1) 개 요

① 자기반응성 물질은 고체 또는 액체로서 일정기준 이상의 폭발·가열 또는 분해의 위험성이 있는 물질을 말한다.

② 내부연소성 물질이며, 가연물인 동시에 자체 내에 산소 공급체가 공존하므로 화약의 원료로 많이 쓰인다.

(2) 종류(시행령 별표 1)

유 별	성 질	위험물 품 명	지정수량
제5류	자기 반응성 물질	1. 유기과산화물	10kg
		2. 질산에스테르류	10kg
		3. 나이트로화합물	200kg
		4. 나이트로소화합물	200kg
		5. 아조화합물	200kg
		6. 다이아조화합물	200kg
		7. 하이드라진 유도체	200kg
		8. 하이드록실아민	100kg
		9. 하이드록실아민염류	100kg
		10. 그 밖에 행정안전부령으로 정하는 것 11. 제1호 내지 제10호의 1에 해당하는 어느 하나 이상을 함유한 것	10kg, 100kg 또는 200kg

(3) 일반적인 성질

① 자기반응성 물질이다. 즉, 외부로부터 공기나 산소 공급 없이도 연소폭발을 일으킬 수 있는 물질이다.
② 자기연소를 일으키며 연소의 속도가 빠르다.
③ 대부분 유기화합물이며, 가열, 충격, 마찰 등으로 인한 폭발의 위험이 있다.
④ 모두 가연성의 액체 또는 고체물질이고 연소할 때는 다량의 가스를 발생한다.
⑤ 물에 잘 녹지 않으며 물과 반응하는 물질은 없다.
⑥ 산화반응이 일어나 열분해가 되어 공기 중에 장시간 노출되면 자연발화를 일으킨다.

(4) 소화대책

① 이산화탄소, 분말, 포소화약제 등에 의한 질식소화는 효과가 없으며, 다량의 냉각주수소화가 적당하다.
② 화재 시 폭발위험이 상존하므로 화재 진압 시에는 안전거리 확보에 유의하고 방수 시에는 무인 방수포 등을 이용한다.
③ 유독가스 발생에 유의하여 공기호흡기를 착용한다.

6 제6류 위험물(산화성 액체)

(1) 개 요

① 강산화성 물질이라고 하며 불연성 물질로서 강한 부식성이 있다.

② 과산화수소는 농도가 36wt% 이상인 것을 위험물로 분류한다.

③ 질산은 비중이 1.49 이상인 것을 위험물로 분류한다.

(2) 종류(시행령 별표 1)

유 별	성 질	위험물	지정수량
		품 명	
제6류	산화성 액체	1. 과염소산	300kg
		2. 과산화수소	300kg
		3. 질 산	300kg
		4. 그 밖에 행정안전부령으로 정하는 것	300kg
		5. 제1호 내지 제4호의 1에 해당하는 어느 하나 이상을 함유한 것	300kg

(3) 일반적인 성질

① 모두 무기화합물이며, 과산화수소를 제외하고는 강산성 물질로 물에 녹으며 발열을 한다.

② 비중이 1보다 커 물보다 무거우며, 물에 잘 녹는다.

③ 제2~5류, 강환원제, 일반가연물과 혼촉, 혼합 시 발화하거나 위험하다.

④ 자체적으로는 불연성이지만 산화성이 커 다른 가연물을 발화시키거나 산화시킨다.

⑤ 증기는 유독하며 피부와 접촉 시 점막을 부식시킨다.

(4) 소화대책

① 자체적으로는 불연성이지만 연소를 돕는 물질(助燃性)이므로, 화재 시에는 가연물과 격리하도록 한다.

② 소량 누출 시에는 다량의 물로 희석할 수 있지만 물과 반응하여 발열하므로 원칙적으로 소화 시 주수는 금지한다.

③ 화재 진압 시 보호장구를 착용한다.

④ 건조사, 탄산가스에 의해 소화한다.

01 위험물안전관리법은 위험물을 그 성질에 따라 몇 가지로 분류하여 정하고 있는가?

① 3가지　　　　　　　　　　　　　　② 4가지
③ 5가지　　　　　　　　　　　　　　④ 6가지

> 해설　**위험물의 종류**
> • 제1류 위험물 : 산화성 고체
> • 제2류 위험물 : 가연성 고체
> • 제3류 위험물 : 자연발화성 물질 및 금수성 물질
> • 제4류 위험물 : 인화성 액체
> • 제5류 위험물 : 자기반응성 물질
> • 제6류 위험물 : 산화성 액체

02 다음 용어 설명 중 올바르지 않은 것은?

① 위험물 : 인화성 또는 발화성 등의 성질을 가지는 것으로 대통령령으로 정하는 물품을 말한다.
② 지정수량 : 위험물의 종류별로 위험성을 고려하여 대통령령이 정하는 수량이다.
③ 저장소 : 지정수량 이상의 위험물을 저장하기 위한 총리령이 정하는 장소로서 허가를 받은 장소
④ 제조소 등 : 제조소, 저장소 및 취급소를 말한다.

> 해설　위험물, 지정수량, 제조소, 저장소, 취급소 모두 대통령령으로 정한다.

03 위험물안전관리법상 위험물제조소 등의 설치허가의 취소 또는 사용정지 처분권자는?

① 행정안전부장관　　　　　　　　　② 시·도지사
③ 경찰서장　　　　　　　　　　　　④ 시장·군수

> 해설　위험물제조소 등의 설치허가의 취소 또는 사용정지 처분권자는 시·도지사이다.

04 위험물의 성질로서 다음 중 틀린 것은?

① 발화·인화하는 것도 있으나 발화·인화를 촉진시켜 주는 것도 있다.

② 화재의 발생위험과 확대위험이 큰 것이다.

③ 일반적으로 한번 연소하면 매우 소화가 곤란하다.

④ 위험물은 모두 가연성 물질이다.

> **해설** 위험물안전관리법에서 규정하는 위험물은 인화성·발화성 물질이므로 반드시 가연성 물질은 아니다.

05 다음 중 위험물의 취급소가 아닌 것은?

① 주유취급소   ② 이송취급소

③ 판매취급소   ④ 저장취급소

> **해설** **위험물취급소의 종류** : 주유취급소, 판매취급소, 이송취급소, 일반취급소

06 다음 중 위험물안전관리법의 적용을 받는 것은?

① 항공기에 의한 위험물의 운반

② 궤도에 의한 위험물의 운반

③ 자동차에 의한 위험물의 운반

④ 철도에 의한 위험물의 운반

> **해설** 위험물안전관리법은 항공기·선박(선박법 제1조의2제1항의 규정에 따른 선박)·철도 및 궤도에 의한 위험물의 저장·취급 및 운반에 있어서는 이를 적용하지 아니한다(법 제3조).

07 지정수량 미만인 위험물의 저장 또는 취급에 관한 기술상의 기준은?

① 대통령령으로 정한다.

② 국무총리령으로 정한다.

③ 행정안전부령으로 정한다.

④ 시·도의 조례로 정한다.

> **해설** 지정수량 미만인 위험물의 저장 또는 취급에 관한 기술상의 기준은 특별시·광역시·특별자치시·도 및 특별자치도(이하 "시·도"라 한다)의 조례로 정한다(법 제4조).

4 ④   5 ④   6 ③   7 ④   **정답**

08 위험물의 저장 및 취급에 대한 다음 설명 중 틀린 것은?

① 지정수량 이상의 위험물을 제조소 등이 아닌 장소에서 취급하여서는 아니 된다.

② 군부대가 지정수량 이상의 위험물을 군사목적으로 임시로 저장하는 경우에는 저장소가 아닌 장소에서 저장할 수 있다.

③ 시·도의 조례가 정하는 바에 따라 시·도지사의 승인을 받아 지정수량 이상의 위험물을 90일 이내의 기간 동안 임시로 취급하는 경우에는 저장소 등이 아닌 장소에서 취급할 수 있다.

④ 지정수량 이상의 위험물을 저장 및 취급하는 제조소 등의 위치·구조 및 설비의 기술기준은 행정안전부령으로 정한다.

해설 **위험물의 저장 및 취급의 제한**

다음의 어느 하나에 해당하는 경우에는 제조소 등이 아닌 장소에서 지정수량 이상의 위험물을 취급할 수 있다. 이 경우 임시로 저장 또는 취급하는 장소에서의 저장 또는 취급의 기준과 임시로 저장 또는 취급하는 장소의 위치·구조 및 설비의 기준은 시·도의 조례로 정한다(법 제5조제2항).
- 시·도의 조례가 정하는 바에 따라 관할소방서장의 승인을 받아 지정수량 이상의 위험물을 90일 이내의 기간 동안 임시로 저장 또는 취급하는 경우
- 군부대가 지정수량 이상의 위험물을 군사목적으로 임시로 저장 또는 취급하는 경우

09 위험물안전관리법령상 위험물제조소의 표지 및 게시판 기준에 관한 설명으로 옳지 않은 것은?

① 제조소 표지의 규격은 한 변이 0.3m 이상 다른 한 변이 0.4m 이상인 직사각형으로 하여야 한다.

② 제조소 표지와 게시판의 바탕은 백색이며 문자는 흑색으로 하여야 한다.

③ 주의사항을 표시 한 게시판 중 "물기엄금"은 청색바탕에 백색문자로 한다.

④ 제2류 위험물(인화성 고체 제외)에 있어서는 "화기주의"를 기재하여 게시하여야 한다.

해설 제조소 표지는 한 변의 길이가 0.3m 이상, 다른 한 변의 길이가 0.6m 이상인 직사각형으로 하여야 한다(시행규칙 별표 4).

10 위험물의 유별에 따른 주의사항에 대한 표시가 잘못된 것은?

① 제2류 위험물(인화성 고체 제외) – 화기주의

② 제3류 위험물 중 금수성 물질 – 물기엄금

③ 제4류 위험물 – 화기주의

④ 제5류 위험물 – 화기엄금

해설 **표지 및 게시판**

위험물의 종류	주의사항	게시판의 색상
제1류 위험물 중 알칼리금속의 과산화물과 이를 함유한 것 또는 제3류 위험물 중 금수성 물질	"물기엄금"	청색바탕에 백색문자
제2류 위험물(인화성 고체를 제외)	"화기주의"	적색바탕에 백색문자
• 제2류 위험물 중 인화성 고체 • 제3류 위험물 중 자연발화성 물질 • 제4류 위험물 • 제5류 위험물	"화기엄금"	적색바탕에 백색문자

11 위험물안전관리법상 제조소의 설비기준 중 환기설비 설치기준으로 옳지 않은 것은?

① 환기는 강제배기방식으로 할 것

② 급기구는 당해 급기구가 설치된 실의 바닥면적 150m²마다 1개 이상으로 할 것

③ 급기구가 설치된 실의 바닥면적이 150m² 이상인 경우 급기구의 크기는 800cm² 이상으로 할 것

④ 급기구는 낮은 곳에 설치하고 가는 눈의 구리망 등으로 인화방지망을 설치할 것

해설 환기는 자연배기방식으로 할 것(위험물안전관리법 시행규칙 별표 4)

12 다음 중 예방규정을 정하여야 하는 제조소 등에 해당되지 않는 것은?

① 이송취급소
② 지정수량의 5배 이상인 제조소
③ 지정수량의 150배 이상인 옥내저장소
④ 지정수량의 200배 이상인 옥외탱크저장소

> **해설** ② 지정수량의 10배 이상인 제조소
> **관계인이 예방규정을 정하여야 하는 제조소 등**
> • 지정수량의 10배 이상의 위험물을 취급하는 제조소
> • 지정수량의 100배 이상의 위험물을 저장하는 옥외저장소
> • 지정수량의 150배 이상의 위험물을 저장하는 옥내저장소
> • 지정수량의 200배 이상의 위험물을 저장하는 옥외탱크저장소
> • 암반탱크저장소
> • 이송취급소
> • 지정수량의 10배 이상의 위험물을 취급하는 일반취급소. 다만, 제4류 위험물(특수인화물은 제외)만을 지정수량의 50배 이하로 취급하는 일반취급소(제1석유류·알코올류의 취급량이 지정수량의 10배 이하인 경우에 한함)로 다음에 해당하는 것을 제외한다.
>   – 보일러·버너 또는 이와 비슷한 것으로 위험물을 소비하는 장치로 이루어진 일반취급소
>   – 위험물을 용기에 옮겨 담거나 차량에 고정된 탱크에 주입하는 일반취급소

13 자체소방대를 두어야 할 위험물제조소 또는 일반취급소의 위험물의 저장·취급수량은 지정수량의 몇 배 이상인가?

① 1,000배　　　　　　② 2,000배
③ 3,000배　　　　　　④ 4,000배

> **해설** 위험물의 저장·취급수량이 지정수량의 3,000배 이상인 제조소 등은 해당 사업소에 자체소방대를 설치하여야 한다.

14 제조소 및 일반취급소에서 지정수량에 따른 자체소방대에 두어야 하는 화학소방차와 자체소방대원 수가 잘못된 것은?

① 지정수량 12만배 미만을 취급하는 것 1대, 5인
② 지정수량 12만배 이상 24만배 미만을 취급하는 것 2대, 10인
③ 지정수량 24만배 이상 48만배 미만을 취급하는 것 3대, 15인
④ 지정수량 48만배 이상을 취급하는 것 4대, 25인

> **해설** 자체소방대에 두는 화학소방자동차 및 인원

사업소의 구분	화학소방자동차	자체소방대원의 수
제조소 또는 일반취급소에서 취급하는 제4류 위험물의 최대수량의 합이 지정수량의 3,000배 이상 12만배 미만인 사업소	1대	5인
제조소 또는 일반취급소에서 취급하는 제4류 위험물의 최대수량의 합이 지정수량의 12만배 이상 24만배 미만인 사업소	2대	10인
제조소 또는 일반취급소에서 취급하는 제4류 위험물의 최대수량의 합이 지정수량의 24만배 이상 48만배 미만인 사업소	3대	15인
제조소 또는 일반취급소에서 취급하는 제4류 위험물의 최대수량의 합이 지정수량의 48만배 이상인 사업소	4대	20인
옥외탱크저장소에 저장하는 제4류 위험물의 최대수량이 지정수량의 50만배 이상인 사업소	2대	10인

15 다음 중 운송책임자의 감독 또는 지원을 받아 운송하여야 하는 위험물은?

① 알킬알루미늄　　　　　② 유기과산화물
③ 금속분　　　　　　　　④ 다이크롬산염류

> **해설** 운송책임자의 감독·지원을 받아 운송하여야 하는 위험물
> ㉠ 알킬알루미늄
> ㉡ 알킬리튬
> ㉢ ㉠ 또는 ㉡의 물질을 함유하는 위험물

16 제1류 위험물로서 그 성질이 산화성 고체인 것은?

① 아염소산염류　　　　　② 마그네슘
③ 금속분류　　　　　　　④ 알킬알루미늄

> **해설** 아염소산염류는 산화성 고체로서 제1류 위험물이다. 마그네슘, 금속분류는 제2류 위험물, 알킬알루미늄은 제3류 위험물에 속한다.

17 제1류 위험물의 화재 시 가장 적당한 소화방법은?

① CO_2가 정당하다.

② CCl_4도 효과가 있다.

③ 일반적으로 주수소화가 가능하다.

④ 일반적으로 증발성 액체가 적당하다.

> **해설** 제1류 위험물의 화재 시에는 산소의 분해방지를 위해 온도를 낮추고 주변 가연물의 소화에 주력한다. 특히, 무기과산화물을 제외하고는 다량의 물을 사용하는 것이 유효하다.

18 다음 중 위험물의 특성이 잘못 연결된 것은?

① 제1류 – 강산화성이며 가열, 충격으로 쉽게 분해한다.

② 제2류 – 금수성이며, 반응속도가 대단히 빠르다.

③ 제3류 – 금수성, 환원성 물질이다.

④ 제5류 – 자연발화하거나 폭발하기 쉽다.

> **해설** 제2류 위험물은 환원성 물질이다.

19 위험물안전관리법에 따른 인화성 고체의 정의를 올바르게 표현한 것은?

① 고형알코올, 그 밖에 1기압에서 인화점이 40℃ 미만인 고체

② 고형알코올, 그 밖에 1기압 및 0℃에서 고체 상태인 것

③ 고형알코올, 그 밖에 25℃ 이상 40℃ 이하에서 고체 상태인 것

④ 1기압에서 발화점이 50℃ 이상인 고체

> **해설** "인화성 고체"라 함은 고형알코올, 그 밖에 1기압에서 인화점이 40℃ 미만인 고체를 말한다.

20 다음의 위험물 중 주수소화가 가능한 물질은?

① 나트륨

② 알킬알루미늄

③ 마그네슘

④ 적 린

> **해설** 적린은 제2류 위험물(가연성 고체)로 주수소화가 가능한 물질이다.

21 황의 화재에 가장 적합한 소화약제는?

① 물

② 분 말

③ 포

④ 할 론

> **해설** 황린, 적린, 유황은 물에 의한 냉각소화가 적당하다.

22 제3류 위험물의 일반적인 성질은?

① 산화성 고체

② 가연성 고체

③ 자연발화성 물질 및 금수성 물질

④ 자기반응성 물질

> **해설** **위험물 성질 비교**
> • 제1류 위험물 : 산화성 고체
> • 제2류 위험물 : 가연성 고체
> • 제3류 위험물 : 자연발화성 물질 및 금수성 물질
> • 제4류 위험물 : 인화성 액체
> • 제5류 위험물 : 자기반응성 물질
> • 제6류 위험물 : 산화성 액체

23 고체 또는 액체로서 공기 중에서 발화의 위험성이 있거나 물과 접촉하여 발화 또는 가연성 가스를 발생하는 위험성이 있는 것은?

① 산화성 고체
② 자연발화성 물질 및 금수성 물질
③ 인화성 액체
④ 자기반응성 물질

해설 자연발화성 물질 및 금수성 물질(제3류 위험물)에 해당한다.

24 인화성 물질이 아닌 것은?

① 가솔린
② 메틸알코올
③ 석 유
④ 카바이드

해설 카바이드는 발화성 물질로서 물과 반응하면 가연성 가스를 발생한다.

25 금속칼륨의 위험성 중 틀린 것은?

① 물과 반응할 때 많은 열을 내고 가연성 가스를 발생한다.
② 금속칼륨이 피부에 닿으면 화상을 입는다.
③ 공기 중의 금속 자체는 연소하지 않고 안정하다.
④ 에탄올과 반응하면 수소를 발생하고 칼륨에틸레이트를 생성한다.

해설 금속칼륨은 수분 또는 습기가 있는 공기와 접촉하면 수소를 발생하고, 발생한 수소는 공기와 함께 폭발성 혼합기체를 형성한다.

26 다음 위험물의 저장방법 중 적당하지 않은 것은?

① 이황화탄소 – 물을 넣은 그릇 안에 저장한다.
② 황린 – 수중에 저장한다.
③ 칼륨 – 석유 속에 저장한다.
④ 나트륨 – 수중에 저장한다.

> **해설** • Na, K : 석유(등유) 속에 보관한다.
> • 나트륨과 물의 반응 : $2Na + 2H_2O \rightarrow 2NaOH + H_2 \uparrow$

27 다음 중 물질의 보관방법 중 틀린 것은?

① 칼륨, 나트륨은 등유 속에 저장한다.
② 황린은 수조의 물속에 저장한다.
③ 이황화탄소는 석유 속에 저장한다.
④ 아세트알데하이드·산화프로필렌은 알루미늄이나 철의 용기에 저장한다.

> **해설** 이황화탄소는 제4류 위험물의 특수인화물로서 물속에 저장한다.

28 황린은 어느 곳에 저장하는가?

① 실 온
② 물
③ 석 유
④ 진 공

> **해설** 황린은 포스핀가스의 발생을 방지하기 위하여 물속에 저장한다.

26 ④ 27 ③ 28 ② **정답**

29 마늘과 같은 자극적인 냄새가 나는 백색 또는 담황색 왁스상의 가연성 고체로 공기 중에서 자연발화성이 있어 물속에 저장하여야 할 위험물은?

① 칼 륨
② 탄화칼슘
③ 알킬리튬
④ 황 린

해설 황린은 제3류 위험물(자연발화성 물질 및 금수성 물질)로 백색 또는 담황색 왁스상의 가연성 고체이며, 물에 녹지 않지만(따라서 물속에 저장) 벤젠, 이황화탄소에 녹는다.

30 금속분에 주수소화를 하면 안 되는 이유는?

① 유독성 가스 발생
② 수소가스 발생
③ 산소가스 발생
④ 질소가스 발생

해설 금속분은 물과 반응하면 수소가스가 발생한다. 따라서 주수소화하면 오히려 위험이 따르므로 건조사 등으로 질식소화를 해야 한다.

31 제3류 위험물의 소화설비로서 가장 적당한 것은?

① 불연성 가스를 방사하는 소화기
② 증발성 액체를 방사하는 소화기
③ 마른 모래
④ 포를 방사하는 소화기

해설 제3류 위험물(황린 제외)은 물이 들어 있는 소화약제는 사용이 어렵다. 또한 증발성 액체 및 불연성 가스 일부 중 CO_2는 금속분과 반응하여 탄소를 유리시켜 소화가 되지 않는다.

32 공기나 물과 반응하여 발화할 수 있는 물질은?

① 벤 젠
② 이황화탄소
③ 알킬알루미늄
④ 비닐 크로라이드모노머

해설 **알킬알루미늄** : 공기나 물을 만나면 격렬하게 반응하여 발화할 수 있다. 특히 저장 시 수분의 접촉을 차단한다.

33 알킬알루미늄의 소화약제로 가장 적합한 것은?

① 물
② 물분무 소화
③ 팽창질석, 팽창진주암
④ 사염화탄소(CCl_4)

해설 알킬알루미늄은 화재 시 물, CO_2, CCl_4와 심하게 반응하므로 건조사 등으로 주위를 막고 분말 소화약제나 팽창질석 또는 팽창진주암을 살포하여 화재를 억제시킨다.

34 위험물에 관한 설명 중 옳은 것은?

① 유동파라핀은 위험물이다.
② 위험물이라 함은 인화성이 있는 물품을 말한다.
③ 기어유는 제2류 위험물이다.
④ 나이트로화합물은 나이트로기가 3개 이상인 것을 말한다.

해설 유동파라핀은 위험물 제4석유류에 속한다.
② 위험물이란 인화성 · 발화성 물질이다.
③ 기어유는 제4류 위험물이다.
④ 나이트로화합물은 나이트로기가 1개 이상인 것을 말한다.

35 휘발유(Gasoline)에 관한 설명으로 옳지 않은 것은?

① 유기용제에 잘 녹고 유지 등을 잘 녹인다.
② 비전도성이므로 유체 마찰에 의해 정전기의 발생 및 축적이 용이하여 인화의 위험성이 있다.
③ 원유를 분별증류하여 얻어지며 탄소수가 15~20개의 포화 및 불포화탄화수소의 화합물 이다.
④ 제1류 위험물과 같은 강산화제와 혼합하면 혼촉발화의 위험이 있다.

해설 휘발유는 원유를 증류하여 탄소수가 4~12개 사이를 추출하여 만든다.

36 등유의 인화성에 대한 설명 중 옳은 것은?

① 겨울에는 어떠한 상태에서도 인화되지 않는다.
② 인화점 이하에서도 안개 모양으로 공기 속에 떠 있으며 인화되기 쉽다.
③ 인화점 이하에서는 어떤 상태라도 인화되지 않는다.
④ 액체인 것은 상온에서 항상 인화의 위험이 있다.

해설 **등유(제2석유류)**: 케로신이라고도 하며, 포화·불포화탄화수소의 혼합물로 물에 녹지 않는다. 또 전기의 불량도체이고, 가솔린과 같이 정전기가 발생하며 축적되지만 보통 인화점이 상온보다 높으므로 방전불꽃에 의한 인화의 위험은 없으나 온도가 인화점 이상으로 가열되면 방전불꽃에 의해 인화될 위험이 있다.

37 벙커C유는 어느 류에 속하는가?

① 동식물유류   ② 제3석유류

③ 초산에스테르류   ④ 제4석유류

<blockquote>해설   벙커C유는 중유를 말하는 것으로 제3석유류에 속한다.</blockquote>

38 동식물유류의 취급 및 위험성으로 맞지 않는 것은?

① 아이오딘값이 높을수록 자연발화되기 어렵다.

② 특히 개자유는 인화점이 낮다.

③ 아마인유는 건성유에 속하며 자연발화의 위험이 있다.

④ 동식물유류는 1기압에서 250℃ 미만인 것을 말한다.

<blockquote>해설   ① 아이오딘값이 높을수록 자연발화되기 쉽다.
일반적으로 동식물유류는 분자 속에 불포화결합을 많이 포함하고 있는 것일수록 건조되기 쉽고, 자연발화되기 쉽다. 또 불포화결합이 많고 적음을 나타내는 데는 아이오딘값, 즉 지방 100g이 흡수하는 아이오딘의 g수를 쓴다.</blockquote>

39 제4류 위험물의 성질에 대한 설명 중 맞지 않는 것은?

① 액체로서 대단히 인화되기 쉽다.

② 증기는 공기보다 가볍다.

③ 물에 녹지 않는 것이 많다.

④ 액체의 유동성으로 화재의 확대위험이 크다.

<blockquote>해설   제4류 위험물은 증기 비중이 대부분 공기보다 무겁기 때문에 낮은 곳에 체류하게 되어 점화원에 대해 연소·폭발한다.</blockquote>

40 제4류 위험물의 공통성질에 대한 설명으로 옳지 않은 것은?

① 물보다 가볍고 물에 녹기 어렵다.

② 액체는 유동성이 있고 물보다 가벼운 것이 많다.

③ 증기 비중은 공기보다 작은 것이 많다.

④ 전기의 부도체로 정전기가 축적되기 쉽다.

해설 제4류 위험물의 인화성 액체는 증기 비중이 공기보다 크다.

41 제4석유류의 인화점은 몇 ℃ 이상인가?

① 100℃

② 200℃

③ 300℃

④ 400℃

해설 제4석유류는 인화점이 200℃ 이상 250℃ 미만인 것이다.

42 제4류 위험물의 저장 취급방법에 있어서 다음 중 옳은 것은?

① 물과의 접촉을 피해야 한다.

② 불티, 불꽃, 고온체에의 접근을 피해야 하며 증기발생을 억제해야 한다.

③ 가연물과 접촉을 금해야 한다.

④ 자연폭발 위험이 있으므로 마찰을 금해야 한다.

해설 제4류 위험물은 화기엄금이므로 어떤 경우에도 화기를 피하고, 증기 누출을 방지하며 폭발혼합기의 형성을 방지해야 한다.

43 제1석유류의 취급상 특히 주의해야 할 사항은 다음 중 어느 것인가?

① 물과의 접촉을 피할 것
② 화기를 가까이 하지 말 것
③ 충격을 가하지 말 것
④ 가연물을 가까이 하지 말 것

해설 제4류 위험물은 인화성 액체로 화기는 절대적으로 피해야 한다.

44 가연성 증기의 발생을 억제하기 위하여 철근콘크리트수조에 넣어 보관하며, 인화점이 영하 30℃인 위험물은?

① 이황화탄소
② 산화프로필렌
③ 다이에틸에테르
④ 메틸에틸케톤

해설 이황화탄소(Carbon Disulfide, CS_2)는 불쾌한 냄새가 나는 무색 또는 노란색 액체로, 액체 비중 1.261, 증기 비중 2.6, 녹는점 −111℃, 끓는점 46℃, 인화점 −30℃, 발화점 100℃이며, 물에 녹지 않고 에탄올, 벤젠, 에테르, 클로로폼, 사염화탄소 등에 녹는다. 인화점 및 발화점이 낮아 위험하고 물보다 무겁다.

45 제4류 위험물 제1석유류의 소화작업에서 틀린 것은?

① 인화점이 낮으므로 냉각소화가 좋다.
② 질식소화가 적당하다.
③ 분말소화기도 효과가 있다.
④ 산, 알칼리의 사용은 적당하지 않다.

해설 ① 질식소화가 적당하다.

46 다음 중 제5류 위험물의 대표적인 성질은?

① 산화성 고체

② 자연발화성 물질

③ 금수성 물질

④ 자기반응성 물질

해설 ① 산화성 고체 : 제1류 위험물
② 자연발화성 물질 및 금수성 물질 : 제3류 위험물

47 제5류 위험물에 대한 설명 중 맞지 않는 것은?

① 자기연소성 물질이다.

② 연소속도가 느리다.

③ 가열, 마찰, 충격 등 폭발의 위험이 있다.

④ 시간 경과에 따라 자연발화의 위험이 있다.

해설 제5류 위험물은 자기반응성 물질로 외부의 산소 공급없이도 자기연소하며, 연소속도가 빠르고 폭발적이다.

48 화재예방에 대한 위험물의 저장방법 중 맞지 않는 것은?

① 금속분은 산화성 물질과의 혼합을 피한다.

② HNO_3는 냉암소에 저장한다.

③ 나이트로글리세린은 흡습성이므로 건조하고 일광이 있는 곳에 저장한다.

④ 무수크롬산(CrO_3)은 환원제와 접촉을 피한다.

해설 ③ 나이트로글리세린은 직사광선을 차단한 곳에 저장해야 한다.

49 제5류 위험물의 화재 시 일반적으로 사용하는 소화방법은?

① 냉각효과   ② 질식효과

③ 제거효과   ④ 억제효과

해설 제5류는 자체적으로 산소를 가지고 있으므로 질식소화는 효과가 없으며 분해를 억제할 수 있는 냉각소화가 우선이다.

50 제6류 위험물의 공통된 특징은?

① 가연성 물질   ② 유기화합물

③ 환원성 물질   ④ 강산화제

> **해설** 제6류는 산화성 액체이고, 제1류는 산화성 고체이다.

51 질산은 비중이 얼마 이상인 것을 위험물이라 하는가?

① 1.35 이상   ② 1.49 이상

③ 1.78 이상   ④ 1.82 이상

> **해설** 질산은 비중이 1.49 이상인 것을 위험물로 분류한다.

52 제6류 위험물의 소화방법 중 틀린 것은?

① 상황에 따라 분무주수가 가능하다.

② 소량일 때는 대량의 물로 희석시킬 수 있다.

③ 모래나 탄산가스도 효과가 있다.

④ 실내에는 사염화탄소가 좋다.

> **해설** 실내에 사염화탄소를 사용하면 포스겐($COCl_2$)을 생성하여 위험하다.

50 ④ 51 ② 52 ④ **정답**

PART 02

구급 및
응급처치론

CHAPTER

01 응급환자관리

01 응급의료서비스 체계

1 응급의료의 개념

(1) 응급환자의 정의(응급의료에 관한 법률 제2조)

"응급환자"란 질병, 분만, 각종 사고 및 재해로 인한 부상이나 그 밖의 위급한 상태로 인하여 즉시 필요한 응급처치를 받지 아니하면 생명을 보존할 수 없거나 심신에 중대한 위해(危害)가 발생할 가능성이 있는 환자 또는 이에 준하는 사람으로서 보건복지부령으로 정하는 사람을 말한다.

① 응급증상 및 이에 준하는 증상(시행규칙 제2조, 별표 1)

응급증상	응급증상에 준하는 증상
• 신경학적 응급증상 : 급성 의식장애, 급성 신경학적 이상, 구토·의식장애 등의 증상이 있는 두부 손상 • 심혈관계 응급증상 : 심폐소생술이 필요한 증상, 급성 호흡곤란, 심장질환으로 인한 급성 흉통, 심계항진, 박동이상 및 쇼크 • 중독 및 대사장애 : 심한 탈수, 약물·알코올 또는 기타 물질의 과다복용이나 중독, 급성 대사장애(간부전·신부전·당뇨병 등) • 외과적 응급증상 : 개복술을 요하는 급성 복증(급성 복막염·장폐색증·급성 췌장염 등 중한 경우에 한함), 광범위한 화상(외부신체 표면적의 18% 이상), 관통상, 개방성·다발성 골절 또는 대퇴부 척추의 골절, 사지를 절단할 우려가 있는 혈관 손상, 전신마취하에 응급수술을 요하는 중상, 다발성 외상 • 출혈 : 계속되는 각혈, 지혈이 안 되는 출혈, 급성 위장관 출혈 • 안과적 응급증상 : 화학물질에 의한 눈의 손상, 급성 시력 손실 • 알레르기 : 얼굴 부종을 동반한 알레르기 반응 • 소아과적 응급증상 : 소아경련성 장애 • 정신과적 응급증상 : 자신 또는 다른 사람을 해할 우려가 있는 정신장애	• 신경학적 응급증상 : 의식장애, 현훈 • 심혈관계 응급증상 : 호흡곤란, 과호흡 • 외과적 응급증상 : 화상, 급성 복증을 포함한 배의 전반적인 이상증상, 골절·외상 또는 탈골, 그 밖에 응급수술을 요하는 증상, 배뇨장애 • 출혈 : 혈관손상 • 소아과적 응급증상 : 소아 경련, 38℃ 이상인 소아 고열(공휴일·야간 등 의료서비스가 제공되기 어려운 때에 8세 이하의 소아에게 나타나는 증상을 말한다) • 산부인과적 응급증상 : 분만 또는 성폭력으로 인하여 산부인과적 검사 또는 처치가 필요한 증상 • 이물에 의한 응급증상 : 귀·눈·코·항문 등에 이물이 들어가 제거술이 필요한 환자

(2) 응급의료와 응급처치(법률 제2조)

① 응급의료 : 응급환자가 발생한 때부터 생명의 위험에서 회복되거나 심신상의 중대한 위해가 제거되기까지의 과정에서 응급환자를 위하여 하는 상담·구조·이송·응급처치 및 진료 등의 조치를 말한다.

② 응급처치 : 응급의료행위의 하나로서 응급환자의 기도를 확보하고 심장박동의 회복, 그 밖에 생명의 위험이나 증상의 현저한 악화를 방지하기 위하여 긴급히 필요로 하는 처치를 말한다.

(3) 응급처치의 중요성 및 일반 원칙

① 중요성
  ㉠ 환자의 생명을 구하고 유지한다.
  ㉡ 병세의 악화를 방지한다.
  ㉢ 환자의 고통을 경감시킨다.
  ㉣ 환자의 치료·입원기간을 단축시킨다.
  ㉤ 기타 불필요한 의료비 지출 등을 절감시킬 수 있다.

② 응급처치의 일반 원칙
  ㉠ 신속히 처리하여 환자가 신뢰감을 갖도록 한다.
  ㉡ 환자의 보온과 충격 방지에 유의한다.
  ㉢ 부상자일 경우 상처를 보이지 않도록 하고 그 가족이 건전한 정신상태를 갖도록 안심시켜야 한다.
  ㉣ 위급하고 중한 부상자를 우선 처리한다.
  ㉤ 많은 사람이 손상을 당한 경우 확인되는 대로 응급처리하고 이송 시 운반기구를 사용한다(즉 제부목 등).
  ㉥ 가장 큰 환부부터 작은 환부 순으로 처치한다.
  ㉦ 가능한 한 현장 주변을 그대로 둔다.
  ㉧ 지혈 등 꼭 필요한 경우 외에는 환부를 직접 만져서는 안 된다.
  ㉨ 의식불명환자에게 물을 포함하여 먹을 것을 주어서는 안 된다.
  ㉩ 부상자를 조사할 때 가능한 한 환자를 움직여서는 안 된다.
  ㉪ 가능한 한 환자의 성명, 연령, 주소, 손상부위, 응급처치상황 등 향후 전문치료에 도움이 될 만한 처치기록지를 부착한다. 이때, 일반인의 처치기록지 서식은 법적으로 정해진 것이 없으나 차후를 대비하여 반드시 작성하도록 한다.

③ 응급처치 시의 유의사항
  ㉠ 처치원은 본인의 신분을 제시한다.
  ㉡ 처치원 자신의 안전을 확보한다.

ⓒ 환자에 대한 생사의 판정은 하지 않는다.

ⓔ 반드시 사전에 환자나 보호자의 동의를 확보해야 한다.

ⓜ 어디까지나 응급처치로 그쳐야 하며 처치는 전문의료원에게 맡긴다.

ⓗ 원칙적으로 의약품은 사용하지 않는다.

④ 응급환자의 분류

응급의료종사자(의료인과 응급구조사)가 응급환자에 대하여 1차적으로 응급 정도를 판별하여 응급처치의 필요성 여부를 결정하는 순간부터 응급환자는 크게 2가지로 분류될 수 있다.

㉠ 위급한 환자(Emergent Cases) : 즉시 응급처치를 하지 않으면 생명의 보전이 어려운 환자로서 숙련된 소생술(Resuscitation)을 적용한다.

㉡ 여러 종류의 다양한 응급 환자(Sub-Acute Cases) : 일반적인 응급처치가 시행되어야 한다.

⑤ 응급구조 활동순서

㉠ 3C 원칙

원 칙	내 용
현장조사(Check)	• 현장은 안전한가? • 무슨 일이 일어났는가? • 몇 명이 다쳤는가? • 도움을 받을 수 있는 사람이 있는가?
응급기관에 연락(Call)	• 이름, 전화번호, 장소 및 상황을 알릴 것 • 119상담원보다 먼저 전화를 끊지 말 것
처치 및 도움(Care)	• 응급처치 실시 • 호흡계와 순환계 확인 • 환자에게 물어봄 • 몸의 징후 확인, 다른 부상 여부 확인

㉡ 구명 4단계

단 계		내 용
1단계	지 혈	직접 압박법, 국소 거양법, 지혈대 사용법 등
2단계	기도유지	부상자를 눕혀 놓고 기도가 개방되도록 목 뒤쪽에 받침을 넣어주고 턱이 위로 향하도록 유지한 다음 이물이나 점액을 구강 내에서 제거하고, 만일 부상자의 호흡이 곤란하게 되면 즉시 인공호흡을 실시함. 비강 및 구강이 인후부와 일직선이 되도록 하여 기도를 개방함
3단계	상처 보호	상처 부위에 압박 붕대나 소독된 깨끗한 천으로 상처를 보호하는 것, 즉 먼지나 세균의 침입을 막고 약화를 방지
4단계	쇼크 방지 및 치료	• 쇼크란 상해, 출혈, 경악, 탈수, 심인성·과민성 반응, 세균에 의한 내독소, 신경기능장애, 대혈관 내 혈류장애, 내분비 기능장애 및 중독 등에 의해서 조직대사에 필요한 산소 결핍으로 인한 현상 • 부상당한 후 어느 시간까지는 쇼크가 발생하지 않으므로 사전에 쇼크에 대한 예방 및 치료가 필요

ⓒ PRICE 원칙

원 칙	내 용
보호(Protection)	2차 손상 방지를 위해 부목보호나 살균용 거즈를 대고 드레싱
휴식 및 안전(Rest)	출혈, 염증, 부종, 조직 손상 방지
냉각(Icing)	가벼운 상해 24~48시간, 심한 경우 72시간 냉각
압박(Compression)	지혈, 부종 억제 위해 탄력붕대나 테이프로 압박
거상(Elevation)	환부를 심장보다 높게 위치

2 응급의료체계(EMSS ; Emergency Medical Services System)

(1) 개 념

① 적정규모의 지역에서 응급상황 발생 시 효과적이고 신속하게 의료를 제공하기 위해서 인력, 시설, 장비를 유기적으로 운용할 수 있도록 재배치하는 것을 말한다.

② 응급환자가 발생하였을 때, 현장에서 적절한 처치를 시행한 후 신속하고 안전하게 환자를 치료에 적합한 병원으로 이송하는 등, 짧은 시간에 최상의 응급의료서비스를 제공하기 위해서는 현장출동 및 처치팀(119 구급대)과 병원 응급의료팀 간의 유기적인 협력체계 구축이 필수적이다.

③ 응급의료체계의 단계

단 계	내 용	비 고
현장단계	환자가 발생한 현장에서부터 응급처치를 시행하는 단계	기본응급처치(민방위대원, 시민)
이송단계	응급환자를 현장으로부터 병원까지 이송하기 위한 단계 (지상이송, 수상이송, 항공이송으로 구분)	전문응급조치(응급구조사 등)
병원단계	응급환자가 응급의료센터에 도착하여 신속하고 전문적인 응급처치를 받는 단계	전문적인 치료(의사 등 의료인)

(2) 운영상 필수 요소

1989년 보건사회부 산하 응급의료체계 구축위원회에서는 우리나라의 응급의료 구축을 위한 초안 작성 시 1973년 미국에서 설정한 15개 요소를 기본 요소로 고려하였다. 이를 바탕으로 법률과 제도를 지속적으로 정비하여 응급의료체계를 발전시키고 있다.

① 응급의료체계에 필요한 인원
② 응급의료종사자의 교육 및 훈련
③ 서로의 연락에 필요한 통신
④ 환자의 이송
⑤ 응급의료병원

⑥ 중환자실

⑦ 경찰이나 소방 같은 공공안전부서

⑧ 소비자 참여

⑨ 응급의료에 관한 접근성

⑩ 환자의 병원 간 이송

⑪ 표준화된 의무기록관리

⑫ 대중홍보 및 교육

⑬ 응급의료체계 검토와 평가

⑭ 대량 재해의 대책

⑮ 각 체계 간의 상호 협조

(3) 인 력

① **일반인** : 응급환자가 발생하였을 때 대부분 근처에 있는 일반인이 처음으로 환자와 접촉하게 되므로, 일반인에게 기본적인 응급처치법과 응급의료체계를 이용하는 방법을 교육시키고 있다.

② **최초 반응자(First Responder)** : 전문적인 응급구조사와는 달리 응급처치에 관한 단기간의 교육을 받은 자로서 일상 업무에 종사하면서 응급환자가 발생하였을 때에는 응급구조사가 현장에 도착할 때까지 응급처치를 시행하는 요원이다. 경찰, 소방, 보건교사, 안전요원 등이 있다.

③ **응급간호사** : 응급환자의 특수성으로 전문성이 필요하며 현재, 응급실 내에서의 간호활동과 현장처치에서 일부 역할을 수행 중이고, 향후 항공이송 등과 같은 특수 분야에서의 활동이 예상된다.

④ **응급구조사** : 국내에서는 응급구조사를 1급과 2급으로 구분하고 있다. 2급 응급구조사는 기본 심폐소생술, 응급환자의 척추나 팔다리의 고정, 환자 이동과 이송 등에 필요한 기본적인 의료 행위만을 수행하게 된다. 1급 응급구조사는 이송과정에서 기도삽관, 인공호흡기 사용, 수액처 치 등과 같은 제반 응급처치를 할 수 있다.

[응급구조사의 자격(법률 제36조)]

1급	• 제36조의4제1항에 따라 지정받은 대학 또는 전문대학에서 응급구조학을 전공하고 졸업한 사람 • 보건복지부장관이 정하여 고시하는 기준에 해당하는 외국의 응급구조사 자격인정을 받은 사람 • 2급 응급구조사로서 응급구조사의 업무에 3년 이상 종사한 사람
2급	• 제36조의4제2항에 따라 지정받은 양성기관에서 대통령령으로 정하는 양성과정을 마친 사람 • 보건복지부장관이 정하여 고시하는 기준에 해당하는 외국의 응급구조사 자격인정을 받은 사람

+ 보건복지부장관이 실시하는 시험에 합격 + 보건복지부장관의 자격인정

[응급구조사의 업무범위(시행규칙 제33조 관련 별표 14)]

1급	• 심폐소생술의 시행을 위한 기도유지[기도기(Airway)의 삽입, 기도삽관(Intubation), 후두마스크 삽관 등을 포함] • 정맥로의 확보 • 인공호흡기를 이용한 호흡의 유지 • 약물 투여 : 저혈당성 혼수 시 포도당의 주입, 흉통 시 나이트로글리세린의 혀 아래(설하) 투여, 쇼크 시 일정량의 수액 투여, 천식발작 시 기관지 확장제 흡입 • 2급 응급구조사의 업무
2급	• 구강 내 이물질의 제거 • 기도기(Airway)를 이용한 기도유지 • 기본 심폐소생술 • 산소 투여 • 부목 · 척추고정기 · 공기 등을 이용한 사지 및 척추 등의 고정 • 외부 출혈의 지혈 및 창상의 응급처치 • 심박 · 체온 및 혈압 등의 측정 • 쇼크방지용 하의 등을 이용한 혈압의 유지 • 자동심장충격기를 이용한 규칙적 심박동의 유도 • 흉통 시 나이트로글리세린의 혀 아래(설하) 투여 및 천식발작 시 기관지 확장제 흡입(환자가 해당 약물을 휴대하고 있는 경우에 한함)

더 알아두기 응급구조사의 준수사항(시행규칙 제32조 관련 별표 13)

1. 구급차 내의 장비는 항상 사용할 수 있도록 점검하여야 하며, 장비에 이상이 있을 때에는 지체 없이 정비하거나 교체하여야 한다.
2. 환자의 응급처치에 사용한 의료용 소모품이나 비품은 소속기관으로 귀환하는 즉시 보충하여야 하며, 유효기간이 지난 의약품 등이 보관되지 아니하도록 하여야 한다.
3. 구급차의 무선장비는 매일 점검하여 통화가 가능한 상태로 유지하여야 하며, 출동할 때부터 귀환할 때까지 무선을 개방하여야 한다.
4. 응급환자를 구급차에 탑승시킨 이후에는 가급적 경보기를 울리지 않고 이동한다.
5. 응급구조사는 구급차 탑승 시 응급구조사의 신분을 알 수 있도록 소속, 성명, 해당자격 등을 기재한 표식을 상의 가슴에 부착하여야 한다.

⑤ **구급상황요원** : 119구급상황관리센터에서 구급대 출동지시, 응급처치 안내 및 의료상담을 수행하는 요원이다.

⑥ **지도의사** : 구급차 등의 운용자는 관할 시 · 도에 소재하는 응급의료기관에 근무하는 전문의 중에서 1인 이상을 지도의사로 선임 또는 위촉하여야 한다. 지도의사의 업무는 다음과 같다.

　㉠ 응급환자가 의료기관에 도착하기 전까지 행하여진 응급의료에 대한 평가

　㉡ 응급구조사의 자질향상을 위한 교육 및 훈련

　㉢ 이송 중인 응급환자에 대한 응급의료 지도

⑦ **응급의학 전문의** : 모든 응급환자에게 포괄적이고 효과적인 응급치료를 제공하는 전문 의료인으로서, 의료적인 처치 이외에도 전문요원의 교육, 응급의료체계의 구성과 운영방법 등에 대한 제반 업무를 수립하고 평가하는 모든 과정을 담당한다.

(4) 장비

① **응급의료 장비** : 응급처치에 필수적인 의료장비를 비롯하여 환자를 이송하는 중에도 사용할 수 있는 각종 중환자 처치장비를 포함한다. 응급구조사의 처치능력에 따라서 준비할 장비도 달라진다.

② **통신장비** : 신속한 연락을 위하여 통신장비는 필수적이다. 통신장비는 전화, 무선 단파 방송, 인터폰, 무선전화 등을 이용하게 되는데 환자나 보호자, 응급의료정보센터, 병원, 구급차, 각종 사회 안전조직과 긴밀하게 연락할 수 있어야 한다. 재난 등의 비상사태에 대비하여 무선통신과 휴대용 전화기 두 가지 모두 갖추는 것이 바람직하다.

③ **구급차** : 단순히 환자이송만을 하는 종류에서부터 중환자 처치, 수술 등을 병원 밖에서도 할 수 있는 특수 차량 등 용도에 따라서 다양하다. 구급차 이외에도 헬기나 일반 비행기 등의 항공이송수단도 이용된다. 현재 국내에서는 구급차 내에서 전문응급처치가 가능하도록 전문 장비를 탑재한 전문구급차와 특수구급차 그리고 보건소와 사설 구급대에서 단순이송용으로 많이 이용하는 일반구급차 등 3가지로 분류되고 있다.

3 응급의료의 운영체계

(1) 개 요

① **응급환자의 평가와 치료 단계**
병원 전 처치 단계, 응급실 단계, 수술실·중환자실 단계로 나눌 수 있다. 이를 세분하면 환자의 평가 단계에서 치료완료 및 연구분석 단계까지 표시할 수 있다.

② **응급의료체계의 진행 단계**
　㉠ 목격자에 의한 환자발견과 기본 응급조치
　㉡ 응급전화에 의한 응급의료체계의 가동
　㉢ 응급의료요원의 현장처치
　㉣ 응급의료종사자의 전문 인명소생술과 이송
　㉤ 응급실에서의 응급처치
　㉥ 병실에서의 지속적인 전문처치
　㉦ 응급의료체계의 문제점 파악 및 평가
　㉧ 문제점 보완 및 개선계획 수립
　㉨ 응급의료정책의 전환 및 부서별 교육

③ **응급처치의 시간 척도**
　㉠ 출동시간(Mobilization Time) : 응급환자의 발생 신고로부터 전문 치료팀이 출동을 시작할 때까지 소요되는 시간

ⓛ 반응시간(Response Time) : 전문 치료팀과 장비가 대기 장소에서 출발하여 환자가 있는 장소까지 도착하는 데 소요된 시간

ⓒ 현장처치시간(Stabilization Time) : 현장에서 환자를 이동시킬 수 있도록 안정시키는 데 소요되는 시간

④ 의료지시 : 의료행위의 최종 책임자는 의사로 되어 있으므로 응급구조사의 치료행위는 모두 의사들이 규정해 주어야 한다.

ⓐ 간접 의료지시 : 상황에 따른 사전 훈련과 지침서에 따라서 응급치료를 할 수 있는 응급구조사가 의사의 직접적인 지시 없이도 치료를 시행하는 것을 말한다. 활동 중에 일어난 상황들을 모두 기록하고 녹음으로 남겨서 이를 검토하여 교정할 부분을 찾아내 새로운 지침서 작성에 반영하는 것도 간접 의료지시의 한 형태이다.

ⓑ 직접 의료지시 : 지침서에 규정된 응급처치 이외의 응급처치를 할 경우 의사와의 무선 통화를 통하여 직접 지시를 받아 시행하는 것을 말한다.

⑤ 구조 활동

ⓐ 응급활동 : 응급환자에 대한 병원 외부에서의 모든 의료행위

ⓑ 구조활동 : 의료적인 치료개념으로서의 응급진료행위 이외에 환자를 위험한 장소에서 안전한 장소로 이동시키는 행위

ⓒ 응급구조사도 기본적인 구조활동을 숙지해야 하며, 반드시 자신의 안전을 확보한 후에 치료를 위한 응급활동이 이루어져야 한다.

⑥ 중증도 분류 : 응급환자의 위급한 정도를 손쉽게 판단하기 위해서는 여러 가지의 기준치가 필요하고, 이것을 환자이송의 객관적인 기준으로 이용해야 한다.

⑦ 적정진료 평가 : 응급구조사의 활동지침으로 쓰이는 각종 현장처치의 지침서에 대하여 응급의료진이 개발, 검토, 교정 등에 적극적으로 참여하여 문제점을 개선하게 된다. 응급실에서도 각종 응급 임상검사의 정확도와 소요시간, 환자의 전문적 처치에 소요된 시간 등을 분석하고, 의료 활동을 검사하여 지적되는 모든 문제점을 보완하는 것이 필요하다.

⑧ 인명소생술 : 응급의료에서 가장 기본이 되는 것은 인명소생술이며 이를 기본 인명소생술과 전문 인명소생술로 나누어 교육하고 있다. 기본 인명소생술은 응급의료체계에 종사하는 사람 중 비교적 간단한 환자의 이송만을 담당하는 인력의 필수 교육과정으로 일반인에게도 교육하여 치료의 효과를 상승시키고 있다.

(2) 우리나라 응급의료체계 관련 부서

① 보건복지부 : 응급의료에 관한 주요 정책을 수립·평가·지원하는 대부분의 행정업무를 주관한다. 보건의료정책실에서 실제 업무를 수행한다.

② 소방청 : 응급환자의 이송, 현장 및 이송 중의 응급처치, 응급상황실 등의 운영을 맡고 있다.

③ 응급의료기관 : 응급의료에 관한 법률에 의해 지정된 기관을 말하며 응급의료기관은 중앙응급의료센터, 권역응급의료센터, 전문응급의료센터, 지역응급의료센터, 지역응급의료기관으로 분류되어 있다.

④ 응급의료지원센터 : 응급의료를 효율적으로 제공할 수 있도록 응급의료자원의 분포와 주민의 생활권을 감안하여 지역별로 응급의료지원센터를 설치·운영한다.

⑤ 대한응급의학회 : 응급의학 전문의들로 구성된 학술의료단체로서 응급의료에 관한 정책자문을 하며, 주요 과제에 대한 공동연구를 수행하고 실제적인 자료를 수집하고 평가한다.

⑥ 한국보건산업진흥원 : 보건의료에 대한 각종 정책 연구 및 평가 사업을 시행하고 있으며, 대부분은 보건복지부와 같은 정부의 연구지원금으로 운영된다.

⑦ 기타 : 한국응급구조학회, 대한응급구조사협회, 대한적십자사, 대한심폐소생협회 등이 있다.

4 응급의료종사자의 법적 책임

(1) 치료기준

① 사회관행으로 정해진 기준 : 유사한 훈련과 경험을 가진 분별력 있는 사람이 유사한 상황에서 장비를 이용하여 동일한 장소에서 어떻게 행동했을까를 판단하는 기준을 말한다.

② 법률에 의해 정해진 기준 : 관행 이외의 법규·법령·조례 또는 판례에 의하여 정해진 기준으로, 이러한 기준을 위반하는 것은 사법적으로는 추정된 과실을 범하는 것이다. 응급의료에 관한 법령에서는 1급과 2급 응급구조사의 업무범위를 정해 놓고 있다.

③ 전문적 또는 제도화된 기준 : 전문적 기준은 응급의료에 관련된 조직과 사회에서 널리 인정된 학술적인 사항에 의한 기준을 말한다. 제도화된 기준은 특수한 법률과 응급구조사가 속해 있는 단체에서의 권장사항에 의한 기준을 말한다.

(2) 과실주의

① 의의 : 법적으로 인정된 치료기준에서 벗어난 응급처치를 실시하여 환자의 상태를 악화시켰을 때를 말하는 것으로 의무의 소홀, 의무의 불이행, 부상이나 손해를 일으킨 경우 등이 있다.

② 의 무

㉠ 의무란 일반적인 치료기준을 준수하는 것을 말한다. 이러한 치료기준은 부상자나 응급환자를 보호하고 양질의 응급조치를 보장하기 위해서 만들어진 것이다.

㉡ 직장규정에 따라 응급처치자로 지정된 사람이 사고 현장에 있을 경우에는 응급처치를 수행할 의무가 있다.

㉢ 공무원, 공공시설과 스포츠시설의 안전요원, 운동선수, 코치, 유치원교사, 양호교사, 영아의 부모, 택시기사 등은 응급처치를 해야 할 의무가 있다.

③ 의무의 불이행
   ㉠ 응급처치 교육을 받은 사람이 응급처치를 하지 않았을 경우 자신의 본분을 다하지 않은 것으로 본다.
   ㉡ 의무의 불이행은 조치를 시행하지 않은 경우처럼 소극적 의미의 의무와 적극적 조치가 필요한 상황에서 조치를 하지 않은 경우로 나눌 수 있다. 예를 들면, 뱀에 물린 부상자의 상처에서 피를 뽑아내기 위해 상처를 절개하는 행위와 같은 경우는 적극적 조치로 볼 수 있으나 드레싱을 하지 않으면 불이행으로 간주된다.
④ 부상이나 손해 야기 : 부상이나 손해를 야기하는 것에는 신체적 부상 이외에도 육체적, 정신적 고통, 의료비용 등의 금전적 손실, 노동력 상실이 포함된다.
⑤ 응급구조사는 기왕증(이전에 있던 질병)에 대해서는 책임이 없다. 그러나 응급구조사가 치료기준을 위반함으로써 환자의 상태를 악화시킨 사항에 대해서는 책임이 있다고 판결될 수 있다.
⑥ 유기 : 응급환자를 그대로 방치하거나 응급처치를 받을 수 있도록 필요한 조치를 취하지 않고 처치를 그만두는 것을 말한다. 일단 응급처치가 시작되면 지속적인 처치를 해야 하고 환자를 의료진에 인계할 때까지 절대로 환자를 방치해서는 안 된다.

(3) 동의의 법칙
① 고시된 동의
   ㉠ 응급구조사가 제공하는 치료에 대해 그 내용을 알고 이해하며 동의한다는 환자의 표현을 말한다.
   ㉡ 응급구조사는 환자가 합리적인 결정을 하도록 필요한 모든 사실을 설명해주어야 한다.

더 알아두기 고시되어야 할 중요한 내용(시행규칙 제3조제1항)
1. 환자에게 발생하거나 발생 가능한 진단명 2. 응급검사 및 응급처치의 내용 3. 응급의료를 받지 않을 경우의 예상결과 또는 예후 4. 기타 응급환자가 설명을 요구하는 사항

   ㉢ 환자는 동의하기 이전에 절차와 범위를 충분히 이해해야 하고, 그러한 판단을 내릴 만큼 충분한 정신적 혹은 육체적 능력을 갖고 있어야 한다.
   ㉣ 응급상황에서 환자에게서 문서화된 동의를 얻어낸다는 것은 현실적으로 어렵다. 대신 구두 동의는 증명되기는 어렵지만, 법적으로 유효하며 구속력을 갖기 때문에 구두 동의를 얻는 것이 좋다.

- "응급의료종사자"란 관계 법령에서 정하는 바에 따라 취득한 면허 또는 자격의 범위에서 응급환자에 대한 응급의료를 제공하는 의료인과 응급구조사를 말한다(법률 제2조제4호).
- 비밀 준수 의무 : 응급구조사는 직무상 알게 된 비밀을 누설하거나 공개하여서는 아니된다(법률 제40조).

② 묵시적 동의
  ㉠ 묵시적 동의는 환자가 의식불명 또는 망상에 빠져 있거나, 신체적으로 동의할 수 없는 경우에 적용된다.
  ㉡ 환자는 즉시 응급처치가 절실하게 필요한 사람(무의식환자와 쇼크, 뇌 손상, 알코올이나 약물중독 등)으로, 그들이 할 수 있다면 응급처치에 동의했을 것이라고 추정한다.
  ㉢ 긴급한 응급처치를 필요로 하는 환자는 사망이나 영구적인 불구를 방지하기 위하여 법률적으로 그에 대한 치료와 이송에 동의해야 한다는 입장이다.
  ㉣ 환자의 동의를 구할 수 없으나 책임을 질 만한 보호자나 친척이 있는 경우에는 그들에게 허락을 얻어내는 것이 바람직하다. 대부분의 경우, 법률은 동의가 불가능한 환자를 대신하여 배우자나 친척 등이 동의할 수 있는 권리를 인정하고 있다.
③ 미성년자 치료에 있어서의 동의
  ㉠ 법률은 미성년자가 응급처치에 대한 유효한 동의를 할 만한 판단력을 갖추지 못했다고 인정한다. 그러나 미성년자가 하는 동의는 개개인의 나이와 성숙도에 따라서 일부는 유효하기도 하다.
  ㉡ 긴급한 응급상황일 경우 미성년자를 치료하는 것에 대한 동의는 묵시적일 수 있으나, 가능하면 친권자나 후견인의 동의를 구해야 한다.
④ 정신질환자의 동의
  ㉠ 정신적으로 무능한 사람은 치료를 받는 데 있어서 응급처치의 필요성에 대한 설명이나 정보가 제공되어도 동의를 할 수 없으며, 긴급한 응급상황이라면 묵시적 동의가 적용되어야 한다.
  ㉡ 피성년후견인으로 결정이 내려진 경우에는 친권자나 성년후견인 같은 사람이 환자를 대신하여 동의권을 갖는 경우가 대부분이다. 착란상태에 빠져 있거나 정신적 결함이 있는 경우, 이러한 증상이 환자가 실제적으로 동의를 할 수 있는지의 여부를 결정하는 데 반드시 고려되어야 한다.

⑤ 치료 거부권

    ㉠ 사고의 능력이 있는 성인은 치료 거부권을 갖는다. 그러나 환자가 망상이나 착란상태인 경우의 치료 거부는 환자가 인지한 상태에서의 거부라고는 할 수 없으므로 치료를 시행하는 것이 최선의 방법이라고 할 수 있다.

    ㉡ 환자가 치료받기를 거부하는 모든 경우에, 응급구조사는 인내심을 갖고 차분한 설득을 통하여 상황을 해결할 수 있어야 한다. 그러나 완고하게 거부하는 경우, 거부하는 사람(환자, 부모, 후견인, 보호자 등)에게 거부를 자인한다는 내용의 공식문서에 서명을 하도록 하는 것이 필요하다. 이러한 서약서는 일반적인 보고서와 응급구조사가 기재하는 보고서와 함께 보관되어야 한다.

(4) 면책의 양식(선한 사마리아인의 법)

① 미국 플로리다 주에서 제정한 법으로 현장에서 응급환자를 돕는 사람이 성심껏 응급처치를 하는 과정에서 나온 실수나 소홀함에 있어서는 법적 책임을 지지 않도록 보장한다.

② 선한 사마리아인의 법은 일상적이고 합리적이며 분별력 있는 사람이 취할 수 있는 행동을 행한 경우에 한한다.

③ 구급대원이 위급한 상황에서, 올바른 신념에 따라 행위를 할 때(좋은 의도로 응급처치를 행한 경우), 보상을 바라지 않고 행동한 경우, 부상자에게 악의에 찬 행동이나 지나친 과실을 범하지 않은 경우(합리적인 우선순위에 따라 응급처치를 행한 경우)에는 응급처치의 결과가 부상자에게 불리하게 나올 경우에도 그를 벌하지 않는다는 내용이다.

④ 근무태만이나 업무상 과실로 인한 환자의 피해에 대해서는 면책되지 않는다.

⑤ 선한 사마리아인의 법이 구조자에게 잘못된 안전의식을 갖도록 한다는 주장을 하는 경우도 있다.

⑥ 우리나라 응급의료에 관한 법률에서도 이와 유사한 면책을 구체적으로 언급하고 있다. 응급의료에 관한 법률 제63조에서 '응급의료종사자가 응급환자에게 발생한 생명의 위험, 심신상의 중대한 위해 또는 증상의 악화를 방지하기 위하여 긴급히 제공하는 응급의료로 인하여 응급환자가 사상에 이른 경우 응급의료행위가 불가피하였고 응급의료행위자에게 중대한 과실이 없는 경우에는 정상을 고려하여 형법 제268조의 형을 감경하거나 면제할 수 있다'고 기술하고 있다.

(5) 책 임

① 정부기관의 응급의료종사자 : 관할 구역 내에서 호출에 응답할 의무가 있다.

② 자원봉사자나 개인 의료기관의 응급의료 종사자 : 호출에 대한 의무가 공시되거나 또는 면허의 조건으로 명시되지 않은 한 호출에 반드시 응답할 의무가 없다.

③ 그러나 응답이 이루어진 후에는 모든 유형의 응급요원에게 치료기준과 행위의 의무에 대한 원칙은 동일하게 적용된다.

(6) 기록과 보고

① 의료 책임에 대한 응급구조사의 최상의 방어는 교육, 충분한 처치, 고도로 숙련된 기술, 그리고 철저한 문서의 기록 등이다.

② 성실하게 기록된 문서는 소송에 대한 최선의 보호책이 될 수 있다. 의학계와 법조계 전문인은 응급의료 상황에 대한 완전하고 정확한 기록이 법적인 분쟁에 대한 중요한 보호막이라고 믿고 있다.

③ 완전한 기록이 없거나 또는 기록이 불완전하다면, 응급구조사가 그 사건을 증언해야 할 때에 당시 상황이나 활동을 기억에만 의존해야 한다. 그러나 사람의 기억에 대한 신뢰도가 낮으므로 법적인 피해를 당하게 될 수 있다.

④ 기록과 보고에 관련한 2가지 중요한 원칙

ㄱ 보고서로 기록되어 있지 않은 행위는 행해진 것이 아니다.

ㄴ 불완전하고 정확하지 않은 기록은 불완전하거나 비전문적인 의료의 증거이다.

⑤ 모든 사고와 환자에 대하여 정확한 기록과 보고서를 작성하여 보관함으로써 이러한 법적 문제로부터 보호받을 수 있다.

ㄱ 특별히 보고가 요구되는 사항

• 아동학대

• 중대한 범죄행위(상해, 총상, 자상 또는 독약)에 의한 손상

• 약물(마약, 향정신성 약물 등)에 관련된 손상

• 자살기도, 교사상, 감염병, 성폭행 등

ㄴ 범죄현장

• 범죄가 일어났을 가능성을 예시하는 증거가 있다면 즉시 수사기관에 연락한다.

• 현장에서 범죄행위가 진행 중이 아니라면 수사기관이 도착하기 전이라도 환자에게 필요한 응급처치를 시행하고 병원으로 이송해야 한다.

• 응급처치가 시행되는 동안에 구급대원은 불가피하게 필요한 것 이상으로 범죄현장을 훼손하지 말아야 한다.

ㄷ 사망한 경우

• 특별한 경우가 아니면 응급구조사는 사망선고를 임의로 내려서는 안 된다. 생명이 유지되거나 환자가 소생할 수 있는 기회가 있다면 응급구조사는 현장에서 또는 의료기관으로 이송 중에 생명보존을 위한 모든 노력을 다해야만 한다.

• 사망이 명백한 경우 응급구조사에게 요구되는 유일한 응급조치는 시체를 보존하고 당시의 상태를 기록하는 것이다.

– 사후강직이 시작된 경우

– 목이 절단된 경우

– 신체가 불에 완전히 탄 경우

– 신체의 일부가 소실된 광범위한 머리 손상인 경우

더 알아두기 법적 책임을 나타내는 사항

분 류	내 용	분 류	내 용
치료기준	사회의 관행으로 정해진 기준	면책의 양식	응급구조사의 법규
	법률에 의해 정해진 기준		의료행위의 면책
	전문적 또는 제도화된 기준		면허 또는 증명의 효과
과실주의	유 기	책 임	호출에 응답할 의무
동의의 법칙	고시된 동의	기록과 보고	특수상황에서의 보고
	묵시적 동의		
	미성년자 치료에 있어서의 동의		범죄에 관한 보고
	정신질환자의 동의		사망자에 대한 사항
	치료 거부권		

02 환자 평가

1 환자 평가의 개요

(1) 현장안전 확인

① 위험물을 평가하거나 통제하고 현장이 안전한지를 확인한다.

② 개인 보호장비를 착용하고 시위현장, 끊어진 전선, 위험물질 유출 등을 살핀다.

③ 필요하다면 1차 평가 전에 추가지원을 요청해야 한다(한전, 경찰, 견인차, 시청 등).

④ 환자나 가족 또는 주변 사람으로부터 환자의 사고경위나 병력을 파악해야 한다.

(2) 1차 평가

① 주요 목적 : 발견되지 않은 치명적인 상태를 발견하고 현장에서 바로 처치하기 위해서이다.

② 평가내용

㉠ 환자의 전반적인 상태

㉡ 환자 평가 : 의식, 기도, 호흡, 순환

ⓒ 치명적인 상태는 즉각 처치 실시 : 기도유지, 산소공급, 인공호흡 제공, 치명적인 출혈에 대한 지혈 등

ⓡ 이송여부 결정

③ 단계적인 평가는 적절한 평가, 즉각적인 처치(평가와 동시에 처치를 하는 것), 우선순위를 결정할 수 있다.

(3) 주요 병력 및 신체검진

① 모든 환자는 위급 정도에 따라 분류된 다음 1차 평가를 하고 주요 병력과 신체검진을 실시해야 한다.

② 이 과정은 내외과 환자에 따라 달라지지만 기본적인 생체징후와 SAMPLE력(병력) 평가는 같다.

③ 기본 생체징후는 맥박, 혈압, 호흡, 피부상태를 포함하며 SAMPLE력 평가의 목적은 환자의 호소에 따른 자료수집에 있다.

④ 비외상환자의 경우 관련 있는 과거 병력뿐만 아니라 현 질병의 증상 및 징후를 결정하는 SAMPLE력을 이용해야 한다.

⑤ 내과환자의 신체검진 범위는 환자의 증상 및 징후로 크게 결정된다.

⑥ 외상환자는 손상기전 파악이 중요하며 머리에서 발끝까지 신속하게 신체를 평가하고 또한 기본 병력과 생체징후를 파악해야 한다.

(4) 세부 신체검진

① 치명적인 상황을 처치한 후에 실시해야 한다. 머리에서부터 시작하고 신체검진 범위는 환자의 질병과 손상에 따라 다양해진다.

② 단순한 손상인 경우는 세부 신체검진이 필요하지 않을 경우도 많다.

③ 일반적으로 비외상환자보다 외상환자 평가에 더 의미가 있다.

(5) 재평가

① 환자의 평가는 계속 바뀔 수 있으며 상태가 악화되거나 호전될 수 있으므로 재평가가 필요하다. 1차 평가 및 주요 병력 그리고 신체검진을 통해 얻은 정보를 기본으로 하고 재평가를 통한 수치와 비교하여 호전되었는지 악화되었는지를 알 수 있다.

② 구급대원의 처치가 환자에게 어떤 영향을 미쳤는지도 평가할 수 있다.

③ 보통 15분마다 평가해야 하며 위급한 환자인 경우는 5분마다 평가해야 한다.

현장안전 확인 ⇒ 1차(즉각적인) 평가 ⇒ 주요 병력 및 신체검진 ⇒ 세부 신체검진 ⇒ 재평가

2 현장안전 확인

(1) 출동 중 정보

① 현장 확인은 현장에 도착하기 전부터 시작한다. 초기 신고전화나 다른 기관으로부터의 정보를 통해 환자의 수, 사고유형, 위험물질, 구조 필요성 등을 알 수 있다.

② 범죄 현장이나 정신질환자 등 현장 위험이 있는 경우는 구급 대원에게 알리고 추가 지원이나 다른 기관에 지원요청을 해야 한다.

(2) 현장안전

위험물은 눈에 보일 수도(건물 붕괴, 화재, 폭력 현장 등), 보이지 않을 수도(감염병, 차량충돌로 인해 끊어진 전선 등) 있다. 잠재적인 위험성에 대해 주의 깊게 생각해야 하며 대원 자신뿐만 아니라 환자, 주변인 모두의 안전을 생각해야 한다.

- 상황실 또는 신고자를 통해 정보를 수집한다.
- 항상 주변 환경에 주의를 기울인다.
  - 끊어진 전선, 새는 연료, 폭력적인 군중, 방치된 개 등이나 비탈진 곳, 얼음 위, 진흙길 등 이동 경로
- 주변 소리에 주의를 기울인다.
  - 다른 기관의 도착 소리, 가스 새는 소리, 스파크 소리 등
- 항상 최악의 사태를 가정한다.
  - 위험한 것이 무엇인지 파악하고 탈출 경로를 파악해야 한다. 끊어진 전선이 있다면 전기가 흐른다고 생각하고 안전거리를 유지해야 하며 연료가 새고 있다면 소화기나 수관을 준비해야 한다.
- 현장이 안전하지 않다면 안전을 위한 조치를 취한다.
  - 화재, 위험물 등에 대한 훈련을 받았다면 조치를 취하고 만약 그렇지 않다면 안전거리에서 추가 지원을 요청해야 한다.

① 개인 보호장비

ㄱ 모든 현장에서 개인 보호장비는 꼭 착용해야 한다.

ㄴ 장갑, 보안경, 마스크, 가운은 손상이나 감염으로부터 보호하는 장비로 현장 도착 전에 정보를 수집·판단하여 착용해야 한다.

ⓒ 사전 정보로는 출혈 상태, 감염성 여부 등을 파악하고 그에 따라 단순히 장갑만 착용할 것인지 전신 보호장비를 착용해야 하는지 판단해야 한다.

② 개인 안전수칙

　㉠ 혈액이나 체액뿐만 아니라 현장에는 잠재적인 위험물이 많이 존재할 수 있으므로 현장에서 위험지역을 정의하고 안전을 위해 단계적인 조치를 취해야 한다.

　㉡ 현장상황에 대한 교육이나 훈련을 받지 않았다면 추가지원을 요청해야 한다.

　ⓒ 주변 환경은 변할 수 있다는 것을 항상 명심하고 환자에게 접근하기에 안전한지, 현장이 계속 안전하게 유지될 수 있는지를 판단해야 한다.

　　• 범죄현장
　　　– 현장안전이 확인될 때까지 현장으로부터 안전거리를 유지해야 하고, 현장이 안전하지 않다면 들어가서는 안 되며 경찰에 도움을 요청해야 한다.

　　• 자동차 충돌 현장
　　　– 깨진 유리, 날카로운 금속, 기름 유출, 화재 등 잠재적인 위험을 확인해야 한다.
　　　– 차량 진입 시 특히 주의해서 천천히 진입해야 한다.
　　　– 차량에 있는 환자를 구출할 경우 환자 처치 전 차량이 안전한지를 확인하는 것이 가장 중요하다.

　　• 위험물과 독성물질
　　　– 공장이나 사무실에서 똑같은 증상을 호소하는 다수의 사람이 있다면 주위에 위험물질이 노출되었는지 확인해야 한다.
　　　　⑩ 사무실로 출동했을 때 많은 사람이 두통, 오심 그리고 허약감을 호소했다면 난방·환기상의 문제로 일산화탄소 중독을 의심할 수 있다.

　　• 자연재해
　　　– 위험한 이동경로(얼음, 진흙, 비탈길, 강 등), 기상악화(더위, 추위, 바람, 눈 등), 위험한 동물(개, 뱀, 동물원 사고 등) 등은 손상이나 질병을 야기할 수 있다.
　　　– 우선적으로 환자를 위험한 현장에서 안전한 곳으로 이동시켜야 한다.

③ 환자 안전

　㉠ 현장이 안전하지 않다면 처치에 앞서 우선 환자를 이동시켜야 한다.

　㉡ 도착 전에 무슨 일이 있었는지 확인하고 환자가 상태를 악화시키는 현장에 얼마나 노출되었는지도 확인해야 한다(위험물, 기상악화 등).

　ⓒ 환자의 안전에 앞서 대원의 안전을 우선적으로 확인해야 한다. 대원의 안전이 보다 나은 환자처치를 제공할 수 있기 때문이다.

④ 주변인 안전

　㉠ 현장 확인을 통해 주변인들이 환자가 아니라고 판단되면 군중들을 통제할 필요가 있다.

　㉡ 통제를 거부한다면 정중하고 단호하게 대응하고 필요하다면 경찰의 도움을 받는다.

(3) 현장 평가

환자처치와 관련된 정보를 수집하기 위해 현장안전 확인 후 현장을 평가해야 한다. 비외상환자라면 질병의 상태를 파악하고, 외상환자라면 사고경위를 파악해야 하며, 환자수를 파악하고 필요한 장비 및 지원을 요청해야 한다.

① 질병의 상태

  ㉠ 환자, 가족, 주변인, 신고자를 통해 정보를 수집하고, 주로 환자의 주 호소에 중점을 둔다.

  ㉡ 환자의 나이, 첫인상, 1차 평가, 병력, 신체검진 등을 통해서도 알 수 있다.

  ㉢ 환자가 무의식 상태이거나 말을 할 수 없다면 가족, 주변인, 신고자를 통해 확인해야 한다.

② 손상기전

환자 손상을 유발시킨 이유를 알아보는 것으로, 차량충돌, 낙상 등이 있다. 손상기전을 파악하는 이유는 현장안전 확인과 환자처치를 위해서이다.

㉠ 둔기 외상

  • 힘이 크면 클수록, 빠르면 빠를수록 힘이 커진다.

  • 힘이 크면 클수록 손상 가능성 또한 커진다.

  • 움직이는 물체가 부딪치면 그 에너지는 흡수되거나 물체를 이동시킨다.

㉡ 차량충돌

  • 전방충돌 : 대부분 치명적이며 충격에 의해 사람이 앞으로 튕겨 나간다.

    – 안전벨트를 미착용 했을 때 손상기전

      ⓐ 사람이 충격에 의해 붕 뜰 경우에는 운전대와 앞 유리창에 부딪치며 대개는 머리, 목, 가슴 그리고 배에 손상을 입는다.

      ⓑ 운전대 밑으로 쏠리는 경우에는 운전대나 계기판 등에 부딪쳐 엉덩이, 무릎, 발에 손상을 입는다.

  • 후방충돌 : 고정되지 않은 운전자의 머리가 과격하게 이동되어 목, 머리, 가슴 손상을 유발시킨다. 또한 후방충돌과 동시에 전방충돌도 일어날 수 있다.

  • 측면충돌 : 측면충돌에는 거의 보호 장치가 없어 위험에 노출될 가능성이 크다. 만약 충돌 측면에 있었다면 머리, 목, 가슴, 배 그리고 골반 외상이 심각할 수 있다. 현장에서 환자가 충돌된 측면에 앉아 있었는지 그렇지 않은지 파악하는 것은 중요하다.

  • 차량전복 : 안전벨트를 착용하지 않았다면 구르는 동안 다양한 충격을 받을 수 있다. 고정되지 않은 운전자는 복합적인 충격과 손상을 경험하게 된다.

  • 기타 : 같은 차량 내에서 죽은 사람이 있다면 살아 있는 사람도 같은 충격을 받아 치명적으로 상태가 악화될 수 있음을 추측할 수 있다. 밖으로 사람이 튕겨져 나가 있다면 치명적인 외상환자로 분류할 수 있다.

- 관통상 : 조직을 뚫고 나가는 것을 말하며 머리, 목, 몸통, 몸쪽 팔다리의 관통상은 들어간 부위는 작지만 내부손상으로 치명적인 결과를 가져올 수 있기 때문에 가볍게 판단해서는 안 된다.
- 폭발로 인한 외상 : 폭발과 폭발에 의한 파편으로 손상을 입는 것을 말한다.
  ⓐ 폭발 파장으로 주위 압력상승에 의한 손상 : 허파와 장 같이 비어있는 조직, 눈과 방광 같이 액체가 가득한 조직은 파열될 수 있다. 대개는 외부 징후가 없다.
  ⓑ 날아가는 파편으로 인한 손상 : 관통상, 열상, 골절 그리고 화상 등의 손상을 입는다.
  ⓒ 파장에 의해 환자가 튕겨져 나가는 손상 : 어떤 물체에 어느 정도의 힘으로 부딪쳤는지에 따라 다르다.
- 낙상 : 높이, 지면 상태, 처음 닿는 인체부위에 따라 손상 정도가 달라진다. 성인은 6m 이상, 소아는 3m 이상의 높이에서 낙상할 경우 위험하며 내부 장기와 척추의 손상이 주로 발생한다.

(4) 환자 수 파악

① 현장 평가를 통해 환자 수를 파악하고 추가 지원 여부를 결정해야 한다.
② 환자 수를 쉽게 파악할 수 없거나 위험물로 인해 추가 환자가 발생할 수 있다면 계속 현장을 재평가하면서 지원을 요청해야 한다.

③ 1차 평가

(1) 첫인상 평가

① 얼마나 심각한지, 무엇을 즉각 처치해 주어야 하는지, 이송 여부를 결정할 수 있다.
② 일반적인 인상은 환자의 주 호소, 주변 환경, 손상기전 그리고 환자의 나이와 성별 등을 근거로 한다.
③ 소아와 노인은 종종 질병이나 외상에 심각한 손상을 입는다는 점과 여성의 복통은 산부인과적 응급상황을 의심할 수 있으므로 환자의 나이와 성별은 중요하다.
④ 일반적인 인상을 통해 내과환자는 질병의 정도를 파악하고, 외상환자는 손상기전을 파악한다.

(2) 의식수준 평가

① 의식수준은 환자의 반응을 통해 알 수 있다.
② 반응은 눈, 말, 움직임을 통해 나타내므로 1차 평가에서 환자가 적절한 반응을 하지 못한다면 뇌 손상을 의심해야 한다.

- 순환기계 손상으로 뇌로 가는 혈류량 저하
- 호흡기계장애로 뇌로 가는 산소 저하와 이산화탄소 증가
- 당과 관련된 문제로 뇌로 가는 당 저하

③ 환자가 의식변화를 나타내면 그 원인을 결정하는 것보다 의식수준이 어느 정도인지 평가·기록하고 이로 인해 기도, 호흡, 순환에 문제가 있는지 확인하며 즉각적인 처치를 제공해야 한다. 환자에게 구급대원임을 밝힐 때부터 의식수준을 평가할 수 있다.

환자의 의식 상태나 정신 상태를 표현하는 방식으로 현장에서 신속하게 판정할 수 있다.
- A(Alert, 명료) : 질문에 적절한 반응이나 대답을 할 수 있는 상태
- V(Verbal Stimuli, 언어지시에 반응) : 질문에 적절한 반응이나 대답은 할 수 없으나 소리나 고함에 반응하는 상태(신음소리도 가능)
- P(Pain Stimuli, 자극에 반응) : 언어지시에는 반응하지 않고 자극에는 반응하는 상태
- U(Unresponsive, 무반응) : 어떠한 자극에도 반응하지 않는 상태

(3) 기도 평가

① 의식이 있는 환자라면 기도 평가는 단순할 수 있다. 환자가 말을 하거나 고함치거나 우는 경우는 이미 기도가 개방된 상태임을 의미한다.
　㉠ 머리 기울임법, 턱 들어올리기법 등으로 기도 개방한다.
　㉡ 상기도 내 이물질은 흡인을 통해 제거한다.
　㉢ 기도가 완전히 폐쇄된 경우에는 이물질 제거법을 이용한다.
② 무의식 환자라면 기도를 개방해야 한다.
　㉠ 비외상환자 : 머리 기울임법, 턱 들어올리기법
　㉡ 외상환자 : 턱 들어올리기법
　㉢ 기도 개방과 동시에 이물질을 제거한다.
　㉣ 기도유지를 위해서는 입·코인두 기도기를 삽입할 수 있다.

(4) 호흡 평가

비정상적인 호흡이라면 산소 공급 또는 포켓마스크나 BVM을 통해 인공호흡을 실시해야 한다. 호흡정지가 일어나면 양압환기를 제공해야 한다.

① 반응이 있는 환자의 호흡 평가

　㉠ 호흡이 정상인지 비정상인지 확인한다.

> **더 알아두기 비정상 호흡**
>
> • 비정상적인 호흡수 : 24회/분 이상 또는 8회/분 이하
> • 비정상적인 양상
> － 비대칭적인 호흡음 또는 호흡 감소, 무호흡
> － 들숨 시 비대칭적이거나 부적절한 가슴 팽창
> － 목, 어깨, 가슴, 배의 호흡보조근 사용 등 힘든 호흡(특히 소아)
> － 얕은 호흡, 의식장애, 창백하거나 청색증
> － 빗장뼈 위, 갈비뼈 사이 그리고 가슴 아래 피부의 견인 증상
> － 고통스러운 호흡, 헐떡거리거나 불규칙한 호흡은 보통 심정지 전에 나타남

　㉡ 비정상 호흡의 징후를 보이는 모든 환자 : 비재호흡마스크를 통해 고농도의 산소(85% 이상)를 공급한다.

　㉢ 호흡이 없는 경우, 고통스러움을 호소하는 경우, 산소 공급으로도 호전되지 않는 환자 : 포켓마스크나 BVM으로 양압환기를 제공한다.

> **더 알아두기 고농도 산소를 제공해야 할 징후**
>
> 가슴통증, 가쁜 호흡, 의식장애, 일산화탄소 중독 가능성 환자

② 무반응 환자의 호흡 평가

　모든 무반응 환자에게는 기도 개방과 기도기를 이용한 기도유지 그리고 필요시 흡인을 제공해야 한다. 또한 고농도 산소를 제공하고 재평가를 실시해야 한다.

　㉠ 호흡이 적정할 때 : 기도를 유지, 비재호흡마스크를 통해 10~15L/분 고농도 산소를 제공한다.

　㉡ 호흡이 부적정할 때 : 기도를 유지, 비재호흡마스크를 통해 15L/분 고농도 산소를 제공한다. 만약, 산소 공급에도 호전되지 않는다면 포켓마스크나 BVM을 통해 양압환기를 제공한다.

　㉢ 무호흡일 때 : 기도를 유지, 포켓마스크나 BVM을 이용하여 양압환기를 실시하며 15L/분의 산소를 제공한다.

(5) 순환 평가

인체 조직이 제 기능을 하는 데 적절한 혈액량을 공급하는지를 맥박, 외부출혈, 피부를 통해 평가하는 것이다.

① 맥 박
  ㉠ 처음에는 성인의 경우 5~10초 정도 노(요골)동맥을 평가하고, 만약 노동맥에서 맥박이 없다면 목(경)동맥을 촉진한다. 맥박이 없다면 CPR(심폐소생술)을 실시한다.
    ※ 2세 이하 소아 : 목이 짧고 지방이 많아 맥박 확인이 어렵기 때문에 위팔(상완)동맥으로 촉진

② 외부 출혈
  ㉠ 출혈은 적절한 순환을 유지할 수 없게 하므로 1차 평가를 통해 적절한 처치를 제공한다.
  ㉡ 심한 상태이거나 계속적인 출혈을 나타내는 부위에 한해 1차 평가와 더불어 즉각적인 처치를 실시해야 한다.

③ 피 부
  ㉠ 피부는 부적절한 순환을 나타내는 징후 중 하나로 피부색, 온도 그리고 상태(습도) 등으로 알 수 있다.

피부색	• 인종에 따라 피부색이 다르므로 손톱, 입술, 아래눈꺼풀을 이용해 평가하는 것이 좋다. • 비정상적인 양상	
	창 백	실혈, 쇼크, 저혈압, 정신적 스트레스로 인한 혈관 수축
	청색증	부적절한 호흡 또는 심장기능장애로 인한 저산소증
	붉은색	심장질환과 중증 일산화탄소 중독, 열 노출
	노란색	간 질환
	얼룩덜룩한 색	일부 쇼크 환자
피부온도와 상태	• 적절한 평가를 위해 대원의 손등을 이용해 평가한다. • 정상 피부는 따뜻하고 건조한 상태이다. • 비정상적인 양상	
	차갑고 축축함	관류가 부적절한 경우와 혈액량이 감소된 경우 (열 손상 환자, 쇼크 환자, 흥분 상태)
	차가움	차가운 환경에 노출된 환자
	뜨겁고 건조함	열이 있거나 중증 열 손상 환자
모세혈관 재충혈	• 손톱이나 발톱을 몇 초간 누른 후 떼었을 때 2초 이내로 정상으로 회복되는지를 평가하는 것으로 순환상태를 알 수 있다.	

(6) 소아 평가

평가내용이나 처치 원리는 성인과 같으나 성인과 해부적, 생리적, 발달 단계별로 다르기 때문에 평가를 실시할 때 주의해야 할 점이 있다.

① 의식수준 평가를 위해 자극을 준다. 손가락을 튕겨 발바닥을 때렸을 때 울어야지 정상반응이다.

② 기도 개방을 위해 목이 과신전되지 않도록 주의해서 신전해야 한다.

③ 피부를 만졌을 때 흐느적거리거나 늘어졌다면 비정상이다.

④ 연령별 정상 호흡수, 맥박 수(위팔동맥 촉진)인지 확인한다.

⑤ 느린맥은 부적절한 기도유지 또는 호흡으로 인한 것이다.

⑥ 모세혈관 재충혈을 확인한다.

⑦ 비정상적인 환자자세에 대해서 기록한다.

(7) 환자 분류(우선순위)

1차 평가에서 마지막 단계로 우선순위에 따라 처치 및 이송을 제공해야 한다. 우선적인 처치 및 이송이 필요한 경우는 아래와 같다.

① 일반적인 인상이 좋지 않은 경우

② 무의식 또는 의식장애

③ 호흡곤란

④ 기도유지 또는 평가가 곤란한 경우

⑤ 부적절한 순환 징후

⑥ 지혈이 안 되는 출혈

⑦ 난 산

⑧ 호흡정지 또는 심정지

⑨ 90mmHg 이하의 수축기압과 같이 나타나는 가슴통증

⑩ 심한 통증

⑪ 고 열

⑫ 알지 못하는 약물에 의한 중독 및 남용

4 2차 평가(주요 병력 및 신체검진)

1차 평가가 끝나면 더 자세한 평가를 실시해야 한다. 2차 평가로는 SAMPLE력(병력)과 생체징후 평가가 있다. 생체징후 측정은 재평가에서도 중요하다.

(1) SAMPLE력(병력)

① 증상 및 징후(Sign & Symptom, S)

　㉠ 증상 : 환자가 말하는 주관적인 내용으로, 증상을 알기 위해서는 단답형 답을 유도하는 질문보다는 개방형 질문을 해야 한다.

　　예 유도해야 하는 대답 : 가슴이 아프다, 숨이 가쁘다, 토할 거 같다 등

　　　개방형 질문 : "어디가 불편하시죠?", "무슨 문제가 있나요?"

　㉡ 징후 : 문진이 아닌 시진, 청진, 촉진 등을 이용해서 알아낸 객관적인 사실이다.

　　예 호흡보조근 사용을 보고, 호흡음을 듣고, 피부가 차갑고 축축한 것을 느끼고, 호흡에서 아세톤 냄새가 나는 것 등

② 알레르기(Allergies, A) : 약물, 음식, 환경 등에 알레르기가 있는지 알기 위해 "약물이나 기타 음식물에 알레르기가 있나요?"라고 물어야 한다.

③ 약물 복용력(Medications, M)

　㉠ 환자가 현재 복용하고 있는 약물이 무엇인지 아는 것은 과거병력 및 현 질환에 대한 중요한 단서를 제공한다.

　㉡ 약물의 부작용과 약물 복용으로 인한 환자의 신체 반응(변화)에 대해 알아야 한다.

　㉢ 환자가 무슨 약을 복용하였는지, 평소 복용하는 약물이 있는지 알기 위해서는 "규칙적으로 복용하는 약이 있나요?", "오늘 혹시 먹은 약이 있나요?"라는 질문을 해야 하며, 특히 병력이 있는 환자에게는 반드시 질문해야 한다.

　㉣ 여성 환자라면 피임약을 먹고 있는지도 질문해야 한다.

④ 과거 질병력(Past History, P)

　㉠ 과거력이 있다면 과거 증상과 비교해서 현재는 어떻게 다른지도 평가한다. 일반적으로 과거력은 되풀이되는 경향이 있기 때문이다.

　㉡ 과거력이 있는 환자가 갖고 있는 약을 복용할 수 있도록 옆에서 도와줘야 한다.

　　예 가슴통증환자 : 나이트로글리세린, 천식환자 : 천식약, 알레르기환자 : 자가 에피네프린

> **더 알아두기**　**과거 병력을 평가하기 위한 질문**
>
> • "과거에 어떤 내과적인 문제가 있었는지(질병이 있었는지)?"
> • "최근에 다친 적이 있는지?"
> • "전에 입원한 적이 있는지?"
> • "현재 어떤 질환으로 병원치료를 받고 있는 것이 있는지?", "최근에 의사를 찾아 간 적이 있는 지?", "병원 이름, 진료과목, 의사 이름은 어떻게 되는지?"
> • "과거에 지금과 같은 증상이 있었는지?"

⑤ 마지막 식이 섭취(Last Oral Intake, L)
　　㉠ "마지막으로 마시거나 먹은 시간이 언제였습니까? 그리고 무엇을 먹었습니까?" 이런 질문으로 얻어진 정보는 복통이나 가슴통증환자를 진단하는 데 도움이 된다.
　　㉡ 수술이 필요한 경우 외과의사와 마취과의사가 시간을 결정하는 데 도움을 준다. 보통 위 내용물 흡인과 같은 합병증 위험을 줄이기 위해 수술 전 최소한 6시간을 금식해야 하기 때문이다.
⑥ 질병이나 상해를 일으킨 사건(Event Prior, E)
　　㉠ 질병이나 상해를 일으킨 사건을 알아내는 것은 환자 병력에서 중요한 부분이다.
　　㉡ 환자가 무엇을 했고 언제 증상이 시작되었는지는 환자 평가에 있어 중요하다.
　　　예 가슴통증환자는 많은 양의 산소를 공급받고 똑같은 처치를 받는다. 그러나 새벽 3시에 가슴통증으로 깨어난 환자는 체육관에서 운동 중 가슴통증을 호소하는 환자보다 심근경색일 가능성이 높다.
　　㉢ 현재 호소하는 질병이나 상해를 일으킨 사건에 대해 알기 위해 "이 증상이 나타나기 전에 무엇을 하고 있었습니까?"라는 질문이 좋다.

더 알아두기　SAMPLE력

- SAMPLE력은 환자의 현재 문제와 그에 영향을 미칠 수 있는 과거력을 수집하는 것이다.
- 환자 병력 평가는 다음의 평가 및 처치에 도움을 줄 수 있다.
- 환자로부터 직접 듣는 것이 가장 좋은 방법이지만 그렇지 못하는 경우에는 가족, 주변인, 신고자로부터 정보를 수집할 수 있다.
- SAMPLE력을 평가할 때는 눈을 맞추고 분명한 어조를 이용해 질문해야 한다.
- 소아인 경우 눈높이를 맞추어 자신을 소개하고 무엇을 할 것인지 설명해 주어야 하고, 전문적인 용어는 피한다.
- 중요한 것은 환자의 말에 경청하는 것과 기록하는 것이다.

---

(2) 생체징후(활력징후)

① 맥 박
　　㉠ 맥박은 뼈 위를 지나가며 피부표면 근처에 위치한 동맥에서 촉지할 수 있다.
　　㉡ 왼심실의 수축으로 생기는 압력의 파장으로 생기며 주로 노동맥에서 촉지된다.
　　㉢ 노동맥은 손목 안쪽 엄지손가락 쪽에서 촉지할 수 있다. 만약, 촉지되지 않는다면 목동맥을 촉지해야 하며 영아의 경우 위팔동맥에서 촉지해야 한다.
　　㉣ 1차 평가에서 맥박유무를 살폈다면 신체검진에서는 맥박수와 양상을 평가해야 한다.
　　　• 맥박 수는 분당 맥박이 뛰는 횟수로 보통 30초간 측정하고 2를 곱해 기록한다.
　　　• 맥박 수는 환자의 나이, 흥분 정도, 심장병, 약물복용 등 다양한 요인에 의해 영향을 받는다.

[맥박 수]		[맥박 양상]	
구 분	맥박 수(회/분)	맥 박	원 인
성 인	60~100	빠르고 규칙적이며 강함	운동, 공포, 열, 고혈압, 출혈 초기, 임신
청소년기(11~14세)	60~105	빠르고 규칙적이며 약함	쇼크, 출혈 후기
학령기(7~11세)	70~110	느 림	머리 손상, 약물 중독, 심질환, 소아의 산소결핍
미취학기(4~6세)	80~120		
유아(2~4세)	80~130	불규칙적	심전도계 문제
6~12개월	80~140	무 맥	심장마비, 중증 출혈, 중증 저체온증
5개월 미만	90~140		
신생아	120~160		

- 맥박 양상은 세기와 규칙성으로 묘사할 수 있다.
  - 빠른맥 : 맥박이 빨리 뛰는 것으로 성인의 경우 100회/분 이상으로 나타난다. 원인은 감정 변화, 심전도계 이상 등 다양하다.
  - 느린맥 : 맥박이 느린 경우로, 심장약 복용 또는 심장질환 등 다양한 원인이 있다.
  - 약한 맥박 : 심장 그리고 순환계에 문제가 있음을 의미한다.
  - 부정맥 : 불규칙한 맥박으로, 무의식 또는 의식장애환자일 경우 위급한 상태를 나타낸다.
  - 맥박의 규칙성은 심전도계의 문제점을 나타내므로 중요하다.

더 알아두기 소아의 맥박

- 정상 맥박보다 느린 경우에는 기도와 호흡을 즉각적으로 평가해야 한다. 산소가 결핍될 경우 심장마비 전에 느린맥이 나타나기 때문이다.
- 기도유지를 위해서는 이물질 제거 및 흡인을 실시한다. 호흡을 돕기 위해 포켓마스크나 BVM을 통해 보조 산소기구로 인공호흡을 실시해야 한다.
- 호흡은 정상이나 느린맥인 경우에는 더 많은 산소를 공급해야 한다.

② 호 흡
  ㉠ 호흡 평가는 호흡수, 양상 그리고 규칙성을 살펴야 한다.
  ㉡ 분당 호흡수를 측정하는 방법
    - 가슴의 오르내림을 확인
    - 가슴에 손을 대고 측정
    - 청진기로 측정

ⓒ 호흡수

구 분	정상 호흡수	구 분	정상 호흡수
성 인	12~20회/분 (10회/분 미만 또는 24회/분 이상인 경우 위험)	유아(2~4)	20~30회/분
청소년기(12~15세)	15~30회/분	6~12개월	20~30회/분
학령기(7~11세)	15~30회/분	5개월 미만	25~40회/분
미취학기(4~6세)	20~30회/분	신생아	30~50회/분

ⓔ 무의식환자의 호흡수가 10초간 없다면 즉시 포켓마스크나 BVM으로 인공호흡을 시작하고 입인두 또는 코인두 기도기 삽관을 고려해야 한다.

ⓜ 호흡기계 응급환자의 호흡수는 보통 높으며 정상보다 낮은 호흡수를 보이는 환자는 많은 양의 산소를 공급하고 보조 환기구를 이용해야 한다.

ⓗ 호흡의 4가지 양상

정상 호흡	호흡장애가 없으며 호흡보조근 사용이 없거나 부적절한 호흡 징후가 없는 경우
호흡 곤란	힘들게 호흡을 하는 경우로 끙끙거리거나 천명, 비익확장, 호흡보조근 사용, 뒷당김 등이 나타난다. 특히, 아동의 경우 갈비뼈 사이와 장뼈가 당겨 올라간다.
얕은 호흡	호흡하는 동안 가슴과 배의 오르내림이 미미할 때
시끄러운 호흡	호흡을 내쉴 때 소리가 나는 경우로 코를 고는 소리, 쌕쌕거림, 꾸르륵거리는 소리, 까마귀 소리 등이 있다. 각 호흡의 원인과 처치는 다음과 같다. • 코를 고는 소리 : 기도폐쇄가 원인이며 기도를 개방해야 한다. • 쌕쌕거림 : 천식과 같은 내과적 문제가 원인이며 처방약 복용의 유무를 확인하고 신속하게 이송을 해야 한다. • 꾸르륵거리는 소리 : 기도에 액체가 있는 경우 소리가 나며 기도 흡인을 하고 신속하게 이송해야 한다. • 귀에 거슬리는 소리(까마귀 소리 등) : 현장처치로 완화되지 않는 내과적 문제로, 신속하게 이송해야 한다.

※ 천명음 : 들숨 시 거칠고 높은 소리

※ 비익확장 : 들숨 시 콧구멍이 넓어짐

ⓢ 규칙성은 뇌졸중과 당뇨응급환자와 같이 호흡조절능력 상실로 인해 불규칙한지를 확인하는 것이다. 이 경우에는 주의 깊게 관찰하고 보조 산소 또는 양압호흡을 제공할 준비를 해야 한다.

③ 혈 압

ⓐ 순환계 : 인체 각 부분에 혈액을 공급하는 역할을 한다(심장은 피를 뿜어내는 역할).

ⓑ 혈압 : 혈관 벽에 전해지는 힘이다.

• 낮은 혈압 : 충분한 혈액을 공급받지 못해 조직은 손상을 받는다.

• 높은 혈압 : 뇌동맥이 파열되어 뇌졸중을 유발하고 조직은 손상된다.

ⓒ 인체 혈관은 항상 압력을 받는 상태이다.
- 수축기압 : 왼심실이 피를 뿜어 낼 때 올라가는 압력
- 이완기압 : 왼심실이 쉬는 동안의 동맥 내 압력
ⓔ 혈압은 수은주(mmHg)로 측정된다.
- 성인의 경우
  - 저혈압 : 수축기압이 90 미만일 때
  - 고혈압 : 수축기압이 140 이상이거나 이완기압이 90 이상일 때
- 수축기압이 200 이상이거나 이완기압이 120 이상인 고혈압의 경우는 위험하다.
ⓜ 비정상적인 혈압이 환자에게 어떤 영향을 미치는지 주의를 기울여야 한다. 똑같은 혈압이라 도 여자 운동선수의 혈압이 80/60으로 나오는 것과 노인의 혈압이 80/60으로 나오는 것은 다르며 이 경우 노인은 위험한 상태이다.
ⓗ 혈압을 측정하는 방법
- 촉진과 청진으로 잰 혈압이 10~20mmHg 이상 차이가 나는 경우에만 촉진과 청진으로 나누어서 기록한다.
- 시끄러운 현장이나 구급차 이동 중에는 촉진을 이용한 수축기압 측정만이 가능하다. 만약 촉진으로만 측정한 혈압인 경우에는 "혈압 140/P"(촉지)라고 기록해야 한다.

촉 진	• 환자상태에 따라 앉거나 눕게 한다. 앉아있는 환자는 팔을 약간 굽히고 심장 높이가 되도록 올린다. • 커프의 밑단이 팔꿈치에서 2.5cm 위로 올라오게 위팔부위에 커프를 감는다. 소아나 비만 환자의 경우 커프 폭이 위팔의 2/3 이상을 감쌀 수 있는 커프를 선택해서 측정해야 한다. 너무 작은 커프는 혈압이 높게 측정된다. • 팔꿈치 안쪽 접히는 부분 위 중간에서 위팔동맥을 촉지하고 공기를 주입해 맥박이 사라지는 지 확인한다(노동맥에서도 가능하다). • 공기를 천천히 빼면서 위팔동맥이 느껴질 때까지 계속 계기판을 주시하고 맥박이 돌아올 때의 수치를 기록한다.
청진기 이용	• 청진기를 위팔동맥을 촉지한 부위에 놓고 맥박이 사라질 때까지 공기를 주입한다. • 3~5mmHg/초 이하의 속도로 천천히 공기를 빼야 하며 계기판을 주시하며 동시에 청진기 로 들어야 한다. 처음 소리가 들릴 때의 압력을 수축기압이라고 한다. • 계속 공기를 빼고 소리가 들리지 않을 때의 압력을 이완기압이라고 한다.

[정상 혈압범위]

구 분	수축기압	이완기압
성 인	90~150(나이+100)	60~90mmHg
아동과 청소년 청소년(12~15세) 아동(7~11세) 소아(4~6세)	약 80+(나이×2) 평균 114 평균 105 평균 99	약 2/3 수축기압 평균 76 평균 69 평균 65

④ 피 부
  ㉠ 계속 재평가를 해야 하며 색, 온도, 피부상태를 평가해야 한다.
  ㉡ 피부색의 변화는 순환 정도를 나타내며 평가하기 좋은 부분은 손톱, 입술, 아래눈꺼풀이다.
  ㉢ 피부온도와 상태를 평가하기 위해서는 장갑을 끼지 않은 상태에서 손등으로 측정해야 한다.
    이때 환자의 혈액이나 체액에 닿지 않도록 조심해야 한다.
⑤ 동 공
  ㉠ 어두운 곳에서는 커지고 밝은 곳에서는 수축하는 것이 정상이며 양쪽이 같은 크기에 같은
    반응을 보여야 한다.
  ㉡ 동공 평가에 있어서 양쪽 눈이 모두 빛에 반응하는지, 크기와 모양이 같은지 평가해야 한다.
  ㉢ 평가 방법
    • 빛을 비추기 전 양쪽 눈의 동공 크기를 평가한다.
      – 극소수의 사람만이 동공의 크기가 다를 뿐, 보통은 같아야 한다.
      – 비정상인 경우는 의식장애를 의심해야 한다.
    • 빛 반응검사를 실시한다.
      – 빛을 비추면 동공이 수축되고 빛을 치우면 다시 이완되어야 한다.
      – 재평가를 하기 위해서는 1~2초 후에 실시해야 한다.
  ㉣ 동공의 반응, 모양, 크기 그 밖에 비정상적인 상태(혈액이 보이는 등)를 평가해야 한다.

[동공반응]

동공 모양	원 인
수 축	살충제 중독, 마약 남용, 녹내장약, 안과치료제, 중추신경계 질환
이 완	공포, 안약, 실혈
비대칭	뇌졸중, 머리 손상, 안구 손상, 인공눈
무반응	뇌 산소결핍, 안구의 부분손상, 약물남용
불규칙한 모양	만성 질병, 수술 후 상태, 급성 손상

[정 상]

[이 완]

[수 축]

[비대칭]

- 생체징후는 호흡, 맥박, 혈압 그리고 피부 상태를 포함하며 동시에 의식수준도 평가해야 한다.
- 의식수준(AVPU) 평가는 무반응 환자 또는 심한 의식변화를 가진 환자에게 중요하다.
- 생체징후를 전부 평가하는 범위에는 피부와 동공 상태 평가도 포함된다.
- 처음 측정한 생체징후를 기본으로 재평가를 통해 계속 비교·평가해야 한다.
- 생체징후의 변화는 환자상태를 나타내는 척도로 평가 후에 항상 기록해야 한다.

5 세부 신체검진(비외상환자)

(1) 비외상환자의 주요 병력 및 신체검진

① 주 호소와 현 질병에 초점을 맞추어야 하며, 비외상환자 평가과정 중에는 현 질병에 대한 정보와 SAMPLE력, 기본 생체징후를 평가해야 한다.

② 신체검진은 신속하게 평가되어야 하고 환자가 의식이 있는지, 없는지에 따라 달라진다.

- 무의식환자 : 빠른 외상평가 실시 ⇒ 기본 생체징후 평가 ⇒ SAMPLE력
- 의식환자 : 현 병력 및 SAMPLE력 평가 ⇒ 주요 신체검진 실시 ⇒ 기본 생체징후 평가

(2) 무의식환자

① 빠른 외상평가 실시

㉠ 1차 평가를 통해 의식수준을 평가하고 비외상환자인 경우 주요 병력 및 신체검진을 결정한다.

㉡ 의식장애환자는 의식수준에 대한 신체적 원인을 확인하기 위해 빠른 신체검진을 실시해야 한다.

머 리	• 외상을 시진·촉진한다. • 타박상, 열상, 부종, 압좌상, 귀 안에 혈액이 있는지를 확인한다. • 머리 외상은 무의식을 나타낼 수 있으며 외상이 있다면 목뼈 손상 가능성이 있으므로 목고정을 실시하고 기도 개방을 유지시켜야 한다.
목 뼈	• 환자임을 나타내는 표시(목걸이)가 있는지 확인하고 목정맥 팽대(JVD)가 있는지 평가한다. • 경정맥 팽창은 환자가 앉아 있을 때 잘 관찰할 수 있고 심장의 수축기능이 원활하게 수행되지 않을 때 나타나는 징후로 울혈성 심부전증(CHF)을 나타낸다.
가 슴	• 호흡할 때 양쪽 가슴이 적절하게 그리고 똑같이 올라오는지 관찰한다. • 가슴과 목 아래 호흡보조근을 사용하는지, 호흡음은 똑같이 적절하게 들리는지 평가한다.

배	• 배의 부종과 색을 평가하고 만져지는 덩어리나 압통이 있는지 촉진한다. • 배대동맥의 정맥류는 배 가운데에서 촉지될 수 있다. • 이 정맥류에서 출혈이 발생하면 의식변화나 무의식을 초래할 수 있다.
골반과 아랫배	• 아랫배 팽창 유무를 시진·촉진하고 골반뼈와 엉덩이뼈에 압통이 있는지도 촉진한다. • 젊은 여성의 아랫배 압통은 산부인과적 응급상황일 수 있다. • 엉덩뼈 골절은 보행 중 또는 낙상으로 노인에게 많이 일어난다.
팔다리	• 팔에서 다리 순으로 실시하며 환자임을 나타내는 팔찌가 있는지 확인한다. • 부종, 변형, 탈구가 있는지 확인하고, 팔에 주삿바늘자국(약물중독)이나 허벅지에 주삿바늘자 국(당뇨 환자)이 있는지 확인한다. • 팔다리에 맥박이 똑같은 강도로 있는지, 운동기능과 감각기능도 평가한다.
등 부위	• 환자를 조심스럽게 옆으로 돌린다. • 특히, 목과 머리 손상이 의심된다면 척추손상에 주의해야 한다. 손상, 변형, 타박상을 확인한다.

② 기본 생체징후 측정

㉠ 빠른 외상 평가 후에는 기본 생체징후를 실시한다.

㉡ 호흡수, 피부상태, 맥박, 동공, 혈압을 측정하고 동시에 의식수준도 평가한다.

㉢ 이 과정은 의식장애가 있는 환자의 경우에는 더욱 중요하다.

③ 환자자세 변경

㉠ 무의식환자는 기도를 유지할 수 없기 때문에 이물질 제거 및 기도유지를 실시해 주어야 한다.

㉡ 기도개방 상태를 유지하기 위해서는 측와위, 회복자세가 도움이 된다. 이 자세는 이송 중 구급대원을 마주 보는 자세로, 관찰 및 흡인하는 데 편리한 자세이다.

㉢ 기도를 계속 유지하기 위해서는 기도기를 이용할 수 있다.

④ SAMPLE력 : 무의식환자인 경우는 가족, 주변인, 신고자를 통해 환자에 대한 정보 및 현 상태를 유발한 사건 등에 대한 정보를 얻어야 한다.

⑤ 세부 신체검진 실시

㉠ 세부 신체검진으로 이송을 지연시키면 안 되며 신속한 신체검진과 기도유지 그리고 이송을 우선으로 하고, 상태가 안정이 되면 세부 신체검진을 실시해야 한다.

㉡ 이 검진은 무의식 상태를 초래한 원인을 모를 때 중요하다.

(3) 의식이 있는 환자

① 현 병력(OPQRST 평가지표)

㉠ SAMPLE력과 신체검진을 실시하고 OPQRST 평가지표를 이용하여 질문한다. 의식이 있는 경우는 많은 정보를 얻을 수 있으며, 이 검진은 특히 호흡이 가쁘거나 가슴통증을 호소할 때 중요하다.

ㄴ 개방형 질문을 사용하여 단답형의 대답이 나오지 않도록 주의한다.

Onset of Event (발병상황)	• 증상이 나타날 때 무엇을 하고 있었는지? • 증상이 갑자기 또는 천천히 시작됐는지?
Provocation or Palliation (주 호소 유발요인)	어떤 움직임이나 압박 또는 외부요인이 증상을 악화 또는 완화시키는지?
Quality of the Pain (통증의 특성)	어떻게 아픈지?(날카롭게 아픈지/뻐근한지 등)
Region and Radiation (통증의 전이)	• 증상을 호전시키는 것이 있는지? • 가슴통증을 호소하는 경우 : 다른 곳까지 아픈지?(목, 턱, 어깨, 팔 등)
Severity (통증의 강도)	어느 정도 아픈지?(1에서 10이라는 수치로 비교 표현)
Time(History) (통증의 발현시간)	• 통증이 얼마간 지속되는지? • 통증이 시작된 이후로 변화가 있었는지?(나아졌는지/심해졌는지/다른 증상이 나타났는지) • 이전에도 이런 통증을 경험했는지?

② 부분 신체검진 : 무의식 환자는 의식장애를 초래한 원인을 알기 위해 빠른 외상평가를 실시하지만 의식이 있는 환자는 주 호소와 관련된 부분 신체검진을 실시한다.

③ 생체징후 : 호흡수, 피부상태, 맥박, 동공, 혈압을 측정하고 동시에 의식수준도 평가한다.

④ 응급처치 제공

ㄱ 1차 평가, 주요 병력과 신체검진을 통해 응급처치를 제공해야 한다.

ㄴ 응급처치는 산소공급과 이송이 동시에 제공되어야 한다.

ㄷ 가슴통증, 의식장애, 심한 통증, 호흡곤란환자는 즉각적인 이송이 필요하다.

⑤ 세부 신체검진 실시 : 환자가 호소하는 증상 및 징후에 관련된 일부만 신체검진을 실시하면 된다.

6 세부 신체검진(외상환자)

외상환자 평가는 현장 확인과 1차 평가를 제외하고는 비외상환자와 다르다. 비외상환자는 환자 병력을 중시하는 반면, 외상환자는 외상 발견에 중점을 둔다.

(1) 손상기전

① 현장 확인으로 손상기전을 확인하고 주요 병력 및 신체검진을 실시해야 한다. 손상기전이 얼마나 심각한지에 따라 주요 병력 및 신체검진 과정을 결정해야 한다.

ㄱ 심각한 경우

• 차량사고 : 차 밖으로 나온 환자, 사망자가 있는 차량 내부 환자, 전복된 차량 내부 환자, 고속충돌 환자, 안전벨트 미착용 환자, 운전대가 변형된 차량 내부 환자

- 차에 부딪힌 보행자
- 오토바이 사고 환자
- 6m 이상의 낙상 환자
- 폭발사고 환자
- 머리, 가슴, 배의 관통상
ⓛ 소아 환자(심각한 외상을 초래)
- 3m 이상의 낙상 환자
- 부적절한 안전벨트를 착용한 차량 환자 : 특히, 배에 벨트 자국이 있는 경우
- 중속의 차량충돌 환자
- 자전거 사고 : 특히 배에 자전거 핸들이 부딪힌 경우
② ㉠, ㉡의 사고들이 반드시 심각한 외상을 초래하는 것은 아니나 보이지 않는 손상으로 위험도가 증가할 수 있다. 1차 평가로 의식장애, 호흡장애, 순환장애가 나타났다면 빠른 외상 평가를 실시해야 한다. 만약 경증 손상인 경우는 손상 부분의 외상 평가와 손상과 관련된 병력만 수집하면 된다.

중증 외상	현장 확인과 1차 평가, 손상기전 확인 → 척추 고정 → 기본소생술 제공 → 이송 여부 결정 → 의식수준 재평가 → 빠른 외상 평가 → 기본 생체징후 평가 → SAMPLE력 → 세부 신체검진
경증 외상	현장 확인과 1차 평가, 손상기전 확인 → 주 호소와 손상기전과 관련된 부분 신체검진 → 기본 생체징후 평가 → SAMPLE력 → 세부 신체검진

(2) 중증 외상

구급대원은 중증 여부를 판단하고 1차 평가를 통한 응급처치를 하고 병력과 신체검진을 통해 증상과 징후, 손상 정도를 판단한다. 현장에서의 시간을 단축하기 위해서 병력 및 신체검진을 다음과 같이 진행해야 한다.

① 척추 고정
ㄱ 현장 확인을 통해 손상기전을 확인한 후 필요하면 척추 고정을 실시해야 한다.
ㄴ 1차 평가 동안 대원 한 명은 손을 이용해 머리 고정을 해야 한다.

② 기본소생술 제공
ㄱ 기도유지 및 CPR을 제공해야 한다.
ㄴ 꼭 필요한 경우를 제외하고 나머지 처치로 이송을 지연시켜서는 안 된다.

③ 이송여부 결정
ㄱ 빠른 외상 평가를 통해 심각한 손상이나 상태 악화가 나타났다면 신속한 이송을 실시해야 한다.
ㄴ 현장에서의 이송을 판단하는 것에는 현장의 위험도, 이송 가능한 차량, 환자의 상태에 따라 달라진다.

④ 의식수준 재평가

　ㄱ 1차 평가에서와 마찬가지로 AVPU를 이용하여 의식수준을 평가한다.

　ㄴ 특히 의식수준이 악화될 때 주의 깊게 평가해야 한다.

⑤ 신속한 외상 평가

　ㄱ 외상과 관련된 병력 및 신체검진을 빠른 외상 평가라고 한다.

　ㄴ 평가순서는 머리에서 발끝 순이며 이를 통해 손상의 증상 및 징후를 발견할 수 있다.

　ㄷ 손상 유형으로는 변형, 타박상, 찰과상, 천자상, 화상, 열상, 부종, 압통, 불안정, 마찰음이 있다.

> **더 알아두기** **머리에서 발끝까지 손상 유형**
>
> 첫 글자를 따서 DCAP-BTLS, TIC라고도 하며 시진과 촉진을 통해 알 수 있다.
> - D(Deformities) : 변형
> - C(Contusions) : 좌상
> - A(Abrasions) : 찰과상
> - P(Punctures) : 관통상
> - B(Burns) : 화상
> - T(Tenderness) : 압통
> - L(Lacerations) : 열상
> - S(Swelling) : 부종

　ㄹ 몸의 전방을 검진한 후에는 통나무 굴리기 방법으로 환자를 옆으로 눕혀 후방을 검진해야 한다. 만약 시간이 된다면 세부 신체검진을 실시할 수 있다. 평가와 더불어 어떻게 처치해야 할지를 생각해 두어야 한다.

신 체	평 가
머 리	얼굴과 머리뼈 시진, 촉진
목	JVD(목정맥팽대) : 울혈성 심부전증이나 위급한 상태
가 슴	• 비정상적인 움직임 : 연가양 가슴 • 호흡음 : 허파 위와 아래 음을 비교하면서 청진
배	팽창, 경직(촉진), 안전벨트 표시(소아인 경우 중상 의심)
골 반	• 골반을 부드럽게 누를 때와 움직일 때의 통증 유무, 대소변 실금
팔다리	• 맥박 : 양쪽 발등동맥과 노동맥 비교 • 감각 : 의식이 있으면 양쪽 비교해서 질문하고 무의식인 경우 통증 자극 • 운동 : 의식이 있으면 손가락과 발가락 움직임을 지시하고 무의식인 경우 자발적인 움직임 유무를 관찰

⑥ 기본 생체징후

비정상적인 생체징후 및 악화는 쇼크를 의심할 수 있다[빠른맥(성인의 경우 혈압이 떨어지기 전에 나타나는 증상), 창백하고 차갑고 축축한 피부].

⑦ SAMPLE력

부분 병력 및 신체검진 후에 마지막으로 실시한다.

⑧ 세부 신체검진

　ㄱ 위급하지 않은 손상과 상태에 대한 정보를 수집하기 위한 검진으로 위급한 처치 및 상태 안정을 확인한 후에 실시해야 한다.

ⓛ 세부 신체검진으로 인해 이송시간을 지연시켜서는 안 되며 머리에서 발끝 순으로 실시해야 한다.

(3) 경증 외상

① 우선순위
  ㉠ 현장 확인을 통하여 손상기전과 1차 평가를 실시한다.
  ㉡ 손상 정도를 판단하기 위해 부분 병력 및 신체검진을 실시해야 한다.
  ㉢ 만약 중증이라면 빠른 외상 평가를 실시하고 경증이라면 일반적인 신체검진, 생체징후 그리고 SAMPLE력을 평가하면 된다.

② 부분 신체검진
  ㉠ 1차 평가를 통해 위급한 상태가 아님을 확인했다면 손상 부분 및 통증 호소 부분을 검진한다.
  ㉡ 시진과 촉진을 이용해 DCAP-BTLS 유형을 평가한다. 빠른 외상 평가와 다른 점은 머리에서 발끝까지 검진하는 것이 아니라 부분만 검진한다는 점이다.

③ 생체징후와 SAMPLE력
  ㉠ 부분 신체검진 후 생체징후 측정과 SAMPLE력을 평가해야 한다.
  ㉡ 평가 정보는 모두 기록지에 남겨야 한다.

④ 세부 신체검진
  ㉠ 경증인 경우 대개는 필요하지 않은 검진으로 부분 신체검진 및 재평가를 통해 손상 부위를 평가해야 한다.
  ㉡ 출혈양상, 환자의 통증호소 및 비정상적인 감각에는 주의를 기울여야 한다.

7 재평가

환자의 상태는 계속 변할 수 있으므로 지속적으로 재평가를 하여 추가적인 의료처치를 실시하고 기록해야 한다. 대개는 구급차 내에서 실시하고 이송이 지연되면 현장에서도 실시해야 한다.

(1) 단 계

1차 평가, 주 병력 그리고 신체검진을 재평가하고 동시에 적절한 의료처치를 실시해야 한다. 재평가는 다음과 같다.

① 의식 평가 : AVPU를 이용한다.
② 기도개방 유지 및 관찰(필요시 흡인)
③ 호흡 평가 : 보고, 듣고, 촉지한다. 만약 부적절하다면 인공호흡을 실시한다.
④ 맥박 평가

⑤ 피부색과 상태 평가 : 보고 만져서 관찰한다(소아인 경우 모세혈관 재충혈을 실시).

⑥ 처치의 우선순위를 다시 확인 : 환자상태 변화에 따라 우선순위를 조정한다.

⑦ 생체징후 재평가 및 기록

⑧ 통증과 손상 부위를 재평가 : 손상 또는 통증 호소 부위를 재평가한다. 만약 새로운 부위를 호소한다면 이 부분을 평가한다.

⑨ 중간 효과 재점검

　㉠ 산소보조기구나 인공호흡이 적절한지 평가한다.

　㉡ 지혈이 잘 되었는지 평가한다.

　㉢ 기타 중재에 대한 환자반응을 평가한다.

⑩ 평가에 대한 기록

(2) 평가 시점

재평가는 모든 환자에게 실시해야 한다. 물론 치명적인 상태에 대한 처치를 끝낸 후에 실시해야 하며 세부 신체검진 후에 실시한다.

① 위급한 환자(무의식환자, 심한 손상기전, 소생술이 필요한 환자) : 적어도 5분마다 재평가를 실시한다.

② 기타 환자(의식이 있는 환자, 정상 생체징후, 경상 환자) : 15분마다 실시한다.

③ 환자의 상태가 갑자기 변하면 즉각적으로 재평가하고 평가내용은 기록해야 한다.

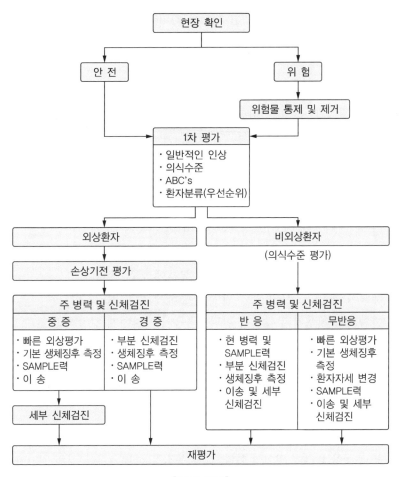

[환자 평가]

환자 들어 올리기와 이동

1 **환자의 안전한 이동**

(1) 이동 전 계획

① 환자 고정 전에 계획을 세운다. : 이동 전에 환자에게 필요한 자세 및 이동경로를 생각해서 환자 구출 방법, 장비, 이동로를 판단한다.

② 필요한 인원을 호출한다. : 환자가 무겁거나 구출하기 어려운 경우에는 충분한 인원을 호출한 후에 실시해야 한다. 무리한 이동은 환자를 떨어뜨리거나 손상을 입힐 수 있다.

③ 환자 고정 전에 1차 평가를 실시하고 적절한 처치를 제공한다. : 환자 상태에 따라 실시해야 하며 만약 주위 환경이 안전하지 않거나 위급한 경우에는 제외한다.

(2) 신체역학

환자를 움직일 때 관절과 근육에 심각한 손상을 야기할 수 있으므로 환자를 들어 올리는 기본적인 원칙을 알아야 한다.

① 환자의 체중을 예측하여 무리 없이 들어 올릴 수 있는 환자만 들어 올린다.

② 허리 높이보다 낮은 곳에서 들어 올릴 때는 가능한 한 몸 가까이 붙이고 무릎을 구부리고 허리는 구부리지 않고 등을 곧게 편 후 다리를 피면서 일어선다.

③ 들어 올릴 때 대퇴부(허벅지)와 둔부(엉덩이)의 근육을 이용하여 무릎을 곧게 편다.

④ 한쪽 발을 다른 쪽보다 약간 앞쪽으로 위치하면서, 발바닥은 바닥에 편평하게 유지한다.

⑤ 어깨를 척추와 골반에 일직선으로 맞추고 복부에 힘을 준다.

⑥ 환자의 체중이 응급구조사의 양쪽 발에 균등하게 유지되도록 한다.

⑦ 중심이 한쪽으로 치우치지 않도록 한다. 근육이 지나치게 긴장하면 안 된다.

⑧ 이송할 때는 다리, 엉덩이 등 가장 강한 근육을 사용한다. 허리 근육은 다리 근육보다 약하기 때문이다.

⑨ 환자를 이송할 때는 보폭은 어깨 넓이보다 넓어서는 안 된다.

⑩ 방향을 바꿀 때는 어깨가 골반과 일치토록 유지한다.

⑪ 머리를 똑바로 세우고 부드럽게 조정하면서 움직인다.

⑫ 들어 올릴 때 몸을 비틀지 말아야 한다. 다른 동작을 하는 것은 부상의 원인이 될 수 있으므로 갑작스런 움직임은 피해야 한다.

⑬ 한 손으로 들어 올릴 때 한쪽으로 몸을 굽히는 것을 피해야 한다. 허리는 항상 일직선을 유지하도록 한다.

⑭ 슬리퍼 등과 같은 것은 안 되며 안전화를 착용해야 한다.

⑮ 보조장비를 최대한 활용한다.

(3) 손을 뻗고 당기는 법

① 허리를 고정시킨다.

② 손을 뻗을 때 몸을 뒤트는 행동은 피해야 한다.

③ 어깨 높이 이상으로 손을 뻗을 때에는 허리를 과신전해서는 안 된다.

④ 물체와 38~50cm 이상 떨어져 있으면 안 되며 가급적이면 물체에 가깝게 접근해야 한다.

⑤ 잡아당기는 것보다 가급적이면 미는 동작을 사용한다.

⑥ 밀 때에는 손뿐만 아니라 상체의 무게를 이용해야 한다.

⑦ 허리를 고정한 후에 실시해야 한다.

⑧ 물체가 낮다면 무릎을 꿇고 실시해야 한다.

⑨ 머리보다 높은 물체를 밀거나 당기는 것은 피해야 한다.

(4) 들어 올리기와 잡기

① 가능한 한 들어 올리는 물체에 가깝게 접근해 다리를 약간 벌려 고정시킨 후 앉는다.

② 허리는 고정시키고 손으로 손잡이 부분을 잡고 들어 올린다.

③ 양 손은 약 20~30cm 떨어져 손바닥과 손가락으로 손잡이 부분을 충분히 감싼다.

④ 손잡이는 같은 높이여야 하며 들어 올리기 전에 손이 미끄럽거나 기구가 젖어 있는지 상태를 확인해야 한다.

2 운반의 다양한 방법

한 손 운반	4명 이상의 대원이 들것을 이용해 각각의 네 모서리를 잡고 이동시킬 때와 한 손으로 장비를 운반할 때 사용된다. ※ 주의사항 • 들어 올릴 때와 내릴 때는 양손을 이용해야 한다. • 한 명의 구령에 의해 실시해야 한다. • 한쪽으로 기울어지지 않도록 해야 한다.
계단에서의 운반	• 주 들것보다는 의자형(계단용) 들것을 이용해야 하며 이동 전에 계단에 장애물이 있다면 제거한 후에 이동해야 한다. • 만약, 3인 이상의 대원이 있다면 환자를 이동하는 대원 2명 외에 나머지 대원은 뒷걸음으로 계단을 내려가는 대원의 뒤에서 등을 받치고 계단의 시작과 끝을 알려주는 역할을 한다.
통나무 굴리기 법	들것으로 환자를 옮길 때 주로 사용되며 척추의 움직임을 최소화하기 위해서 3~4명이 한 팀을 이루어 실시해야 한다. ※ 주의사항 • 등은 일직선상을 유지한다. • 환자를 굴릴 때 손과 어깨를 사용한다. • 허리를 지렛대 역할로 사용하는 것은 피한다.

3 환자안전

(1) 긴급이동

① 환자나 대원에게 즉각적인 피해를 줄 수 있는 위험한 환경에서 벗어나기 위해 이동하는 것이다.

② 고정장치를 이용할 시간이 없을 때 사용되므로 척추손상을 초래할 수 있어 다음과 같이 위급한 경우에만 사용해야 한다. 만약 시간이 허용된다면 척추 고정을 실시한 후에 이동해야 한다.

      ㉠ 화재, 화재 위험, 위험물질이나 폭발물질, 고속도로, 환자의 자세나 위치가 손상을 증가시킬 때

      ㉡ 다른 위급한 환자에게 접근할 때

  ③ 이동방법 : 1인 환자 끌기, 담요 끌기 등

(2) 응급이동

① 환자의 상태가 즉각적인 이송이나 응급처치를 요하는 경우에 사용하는 것으로 쇼크, 가슴 손상으로 인한 호흡곤란 등이 있다.

② 긴급이동과 차이점은 척추손상에 대한 예방조치를 할 수 있다는 점이다.

더 알아두기 **긴급구출**

차량사고에서 짧은 척추고정판이나 조끼형 구조장비로 고정시킬 충분한 시간이 없을 때 사용된다. 보통 척추손상 의심환자를 차량 밖으로 구조하는 데 약 10분 정도 걸리는 것을 1~2분으로 단축시킬 수 있다. 그러나 이 방법은 척추손상 위험이 높다.

- 긴급구출은 3명 이상의 대원이 한 팀으로 다음과 같은 방법으로 실시해야 한다.
  - 구급대원 1 : 환자에게 접근에 머리를 손으로 고정시킨다. 이는 기도를 개방하고 목보호대를 착용하는데 도움을 준다. 보통 팀 리더가 실시한다.
  - 구급대원 2 : 목보호대 크기를 재고 착용시킨다. 어깨, 가슴, 골반을 고정대를 이용해 고정시킨다.
  - 구급대원 3 : 긴 척추보호대를 차 옆에 두고 환자의 골반, 어깨, 머리가 일직선상이 되었는지 확인한다.
  - 3명의 대원이 천천히 환자를 돌려 긴 척추보호대에 눕혀 차량 밖으로 이동시킨 후 보호대에 고정시킨다.

---

(3) 비응급이동

① 충분한 평가와 처치를 실시한 후에 이동하는 것으로, 비응급이동에는 다음과 같은 원칙이 있다.

      ㉠ 계속적인 처치와 추가적 손상 및 악화를 예방한다.

      ㉡ 환자 이동에 따른 구급대원 손상가능성을 최소화시킨다.

      ㉢ 이동 계획 시간을 갖고 적절한 장비를 선택한 후 실시해야 한다.

      ㉣ 만약 이동경로에 장애물이 있다면 이동 전에 제거해야 한다.

      ㉤ 가능하다면 가벼운 장비를 사용해야 한다.

② 이동방법

    ㉠ 직접 들어 올리기

- 척추손상이 없는 환자에게만 사용할 수 있다.
- 2~3명의 구급대원이 환자의 옆에 나란히 무릎을 꿇고 앉아 한 명은 머리와 등에, 다른 한 명은 엉덩이와 넙다리에 손을 넣고 구령에 맞춰 한쪽 무릎을 세우면서 환자를 들어 올리고 그 다음 팔을 굽혀 환자를 가슴쪽으로 당겨 돌리며 일어선다.

    ㉡ 무릎-겨드랑이 들기법 : 두 명의 대원이 척추손상이 없는 환자를 이동할 때 사용하는 방법이다.

- 한 명은 환자 뒤에서 무릎을 꿇고 환자의 겨드랑이로 손을 넣어 손목을 엇갈려 잡고, 다른 한 명은 환자 무릎 앞에 무릎을 꿇고 앉아 무릎 아래로 손을 엇갈려 잡는다.
- 구령에 맞춰 일어선다. 단, 환자의 가슴에 압력이 가해지는 자세이므로 호흡곤란 환자는 피한다.

    ㉢ 앙와위환자 이동 : 침대에 누워있는 환자를 주 들것으로 옮길 때 사용되며 시트를 당기거나 손을 이용할 수 있다.

- 시트 끌기 : 침대 높이에서 환자를 이동할 때 주로 사용되며 시트의 모서리를 각각 잡고 네 명의 대원이 각각 두 명씩 한쪽 편에 서서 구령에 맞춰 이동시켜야 한다. 이 때 멀리 잡거나 허리에 힘을 주는 행동은 피해야 한다. 무거운 환자인 경우에는 침대와 주 들것을 고정시킨 후 이동시켜야 한다.

4 환자 이동 장비

이동 장비를 선택할 시 환자의 상태, 작업 공간, 환자가 있는 장소, 환자를 이동시켜야 할 장소 등을 고려해야 한다.

더 알아두기 **환자 이동 장비 사용 전 유의 사항**

- 가급적이면 가벼운 이동 장비를 사용한다. 구급차 내에 주 들것보다는 이동용 접이식 들것이 훨씬 가볍다.
- 가능하다면 환자를 직접 이동하는 것보다 장비를 이용해 이동해야 한다.
- 들것을 들어 올릴 때에는 최소한 2인 이상이 필요하다. 가능하다면 많은 인원이 동시에 들어 올리는 것이 좋다.
- 2인이 들어 올릴 때에는 서로 키가 비슷해야 하고 같은 힘을 주어야 한다. 이는 고르게 힘을 분산시켜 일을 손쉽게 할 수 있다.
- 가능하다면 환자의 다리가 진행방향으로 가도록 이동한다.
- 대부분의 이동 장비는 신체역학에 맞도록 제작되었다. 이런 장비를 사용하기 전에 사용방법에 익숙해져야 한다. 장비는 적절하게 유지해야 하며 장비 설명서에 따라 이용해야 한다.

(1) 주 들것

① **용도** : 구급차에 환자를 옮겨 싣고 내리는 데 필요한 장비이다.

② **특 징**

ㄱ 바퀴가 있어 환자를 쉽게 이동할 수 있다.

ㄴ 상체의 높이 조절이 가능하다.

ㄷ 구급차에 환자를 안정적으로 옮기거나 내릴 때 사용된다.

ㄹ 엘리베이터에 탑재가 가능하도록 의자형태로 변형가능하다.

ㅁ 운반자의 체력을 최소화할 수 있다.

ㅂ 무게중심이 위에 있어 급회전 시 전복될 수 있다.

ㅅ 바퀴가 너무 작아 작은 걸림돌에도 넘어질 수 있다.

③ **사용 시 유의사항**

ㄱ 환자는 항상 주 들것에 안전하게 고정되어야 한다. 만약, 환자의 손이 고정되어 있지 않다면 주 들것 밖으로 나와 있어 무언가를 잡을 수 있으므로 유의해야 한다.

ㄴ 주 들것의 바퀴를 이용해 환자를 이동시키며, 이때 환자의 다리가 진행방향으로 먼저 와야 하며 대원 모두 진행방향을 향해 위치해야 한다.

ㄷ 바닥이 고르지 못한 지역은 주 들것이 기울 수 있으므로 주의해야 한다. 바닥이 고르지 못하다면 네 명의 대원이 주 들것의 네 모서리에 위치해 환자를 이동시킨다.

ㄹ 대원이 두 명이라면 한 명은 머리 쪽, 다른 한 명은 다리 쪽에 위치하여 환자를 이동시켜야 한다. 이때 대원은 서로 마주보아야 한다. 뒤로 걷는 대원은 이동이 불편할 수 있으므로 대원 간의 지속적인 상호대화가 필요하다. 두 명의 대원이 이동 시에는 각별한 주의가 필요하며 이동통로가 협소할 때 주로 사용된다.

ㅁ 주 들것이 구급차 내에 고정되었는지 이송 전에 확인해야 한다.

(2) 보조 들것(접이식 들것)

① **용도** : 주 들것을 사용할 수 없는 장소에서 환자를 이동시킬 때와 다수 환자가 발생 시에 간이 침상으로 사용이 가능하다.

② **특 징**

ㄱ 보조 들것에는 알루미늄형, 텐트형, 중량의 플라스틱형, 코트형·천형 등이 있다.

ㄴ 대부분 접이식이며 쉽게 적재할 수 있고 세척할 수 있다.

ㄷ 보조 들것은 대부분 바퀴가 없기 때문에 환자 무게에 맞는 충분한 이동대원이 있어야 한다는 단점이 있다.

③ 기구를 들어 올릴 때에는 단단한 부위를 잡아야 한다.

(3) 의자형(계단용) 들것

① 용도 : 좁은 복도나 작은 승강기 등 좁은 공간이나 계단을 내려올 때 사용되는 장비로, 호흡곤란 환자를 이동시키기에 좋다. 단, 척추 손상이나 하체손상환자 그리고 기도유지를 못하는 의식 장애환자에게 사용해서는 안 된다.

② 특 징

　　㉠ 수직으로 힘을 주어야 움직인다.

　　㉡ 척추고정이 안 된다.

　　㉢ 들것 자체로 구급차에 옮길 수가 없으므로 가변형 들것을 사용하는 것이 바람직하다.

　　㉣ 바퀴가 있어 앉은 채로 이동이 가능하다.

③ 계단을 내려올 때에는 환자의 다리가 먼저 진행방향으로 와야 하며 다리 측을 드는 대원의 가슴과 환자의 다리가 수평을 이루어야 한다.

④ 모든 벨트가 조여졌는지 확인해야 하며 환자의 팔이 밖으로 나오거나 환자가 무언가를 잡지 못하도록 고정시켜야 한다.

(4) 분리형 들것

① 용도 : 다발성 외상환자(주로 운동 중 사고나 골반 측 손상)처럼 환자 움직임을 최소화하여 이동할 때 사용한다. 다발성 외상환자를 긴 척추고정판에 옮길 때 유용하다.

② 특 징

　　㉠ 알루미늄 재질로 된 경우 환자의 체온을 급격하게 떨어뜨릴 수 있다.

　　㉡ 양쪽으로 분리하여 사용할 수 있어 환자이송 시 2차 손상을 방지할 수 있다.

　　㉢ 들것 중앙이 개방되어 척추고정 능력이 매우 적다(외상환자에게는 이송용 들것으로 부적합).

　　㉣ 들것 중앙이 개방되어 있으며, X선 투시도 가능하다.

(5) 바스켓형 들것

① 용도 : 주로 고지대·저지대 구출용과 산악용으로 사용되며 긴 척추고정판으로 환자를 고정한 후에 바스켓형에 환자를 결착시킨다.

② 특 징

　　㉠ 플라스틱 중합체나 금속테두리에 철사망으로 만들어져 있다.

　　㉡ 플라스틱 재질은 자외선에 노출되면 변형될 수 있기 때문에 직사광선을 피해 보관해야 한다.

(6) 가변형 들것

① 용도 : 유연성 있는 재질로 만들어져 좁은 계단 및 공간이동 시에 유용하다.

② 특 징

   ㉠ 유연한 재질의 천, 고무 등으로 제작된다.

   ㉡ 손잡이가 다리를 제외한 2면 또는 3면에만 있으며 보관할 때 쉽게 접히거나 말린다.

   ㉢ 단독으로는 척추고정이 안 된다.

   ㉣ 긴 척추고정판을 들것 중앙에 삽입하여 수직 및 수평구조를 할 수 있도록 만든 제품도 있다.

(7) 긴 척추고정판

① 용도 : 들것으로 많이 사용되어지다 보니 들것으로 오인하는 경우가 많지만 목뼈나 척추손상이 의심되는 환자를 고정하는 전신용 부목이다. 구급차에 항시 비치되어 있어야 하는 장비이다.

② 특 징

   ㉠ 재질이 미끄러우므로 장축이동이 가능하다.

   ㉡ 가슴, 배, 다리 고정끈의 결착을 확인해야 한다.

   ㉢ 부력이 있어 수상구조 시 유용하다.

   ㉣ 들것 대용으로도 사용이 가능하여 수직 및 수평구조 시 사용한다.

   ㉤ 긴 척추고정판은 나무, 알루미늄, 플라스틱 중합체로 만들어지며 누워있거나 서 있는 환자에게 사용된다.

   ㉥ 끈과 머리고정 장치도 쉽게 탈·부착 할 수 있다.

③ 임신 말기 환자의 경우 좌측위로 고정판이 왼쪽으로 기울어지게 해야 한다(대정맥 압박 방지).

> **더 알아두기** **짧은 척추고정판, 구출고정장치(조끼형 구출장치)**
>
> 차량사고와 같이 앉아 있는 자세의 척추손상 의심환자를 고정시키는 데 사용된다. 이 기구들은 앉아 있는 환자를 긴 척추고정판 위의 앙와위로 자세를 변경하는 데 사용된다.

5 환자 자세

(1) 환자 유형 및 처치

① 머리나 척추손상이 없는 무의식 환자 : 옆누움자세(좌측위)나 회복자세

   이 자세들은 환자의 구강 내 이물질이나 분비물을 쉽게 제거할 수 있고 구급차 내 이송 중 환자를 마주볼 수 있는 자세이기 때문에 환자처치가 용이하다.

② 호흡곤란이나 가슴통증 호소 환자 : 환자가 편안해 하는 자세, 보통은 좌위나 앉은 자세

③ 머리나 척추손상이 의심되는 환자 : 긴 척추고정판으로 고정시킨 후 이송

필요시 환자의 구강 내 이물질이나 분비물을 제거하기 위해서는 왼쪽으로 보드를 약간 기울일 수 있다.

④ 쇼크 환자 : 다리를 20~30cm 올린 후 바로누운자세(앙와위)로 이송

머리, 목뼈, 척추손상환자에게 시행해서는 안 된다.

⑤ 임신기간이 6개월 이상인 임부 : 옆누움자세(좌측위)로 이송

만약 긴 척추고정판으로 고정시킨 임부라면 베개나 말은 수건을 벽면과 임부 사이에 넣어 좌측위를 취해준다.

⑥ 오심/구토 환자 : 환자가 편안해 하는 자세로 이송

보통은 회복자세를 취해주며 만약, 좌위나 반좌위를 취한 환자라면 기도폐쇄를 주의하고 의식저하환자는 회복자세로 이송해야 한다.

(2) 환자 자세의 종류

구 분	환자 자세	기대효과	그 림
바로누운자세 (앙와위)	얼굴을 위로 향하고 누운 자세	• 신체의 골격과 근육에 무리한 긴장을 주지 않음 • 외상환자들은 척추손상을 예방	
엎드린자세 (복와위)	얼굴을 아래로 향하고 누운 자세	• 무의식·구토환자의 질식 예방에 효과적	
옆누움자세 (측와위)	좌·우 측면으로 누운 자세	• 혀의 이완 방지 • 분비물의 배출 용이 • 질식 방지에 효과적 • 임부의 경우 원활한 순환을 위해 좌측위를 취해 줌	
앉은자세 (반좌위)	윗몸을 45~60° 세워서 앉은 자세	• 흉곽을 넓히고, 폐의 울혈 완화, 가스교환이 용이하여 호흡상태 악화 방지	
트렌델렌버그 (하지거상)	등을 바닥에 대고 바로 누워 침상의 다리쪽을 45° 높여서 머리가 낮고 다리를 높게 하는 자세	• 중요한 장기로 혈액을 순환시켜 증상악화 방지, 하지출혈 감소 • 쇼크 시에는 호흡을 힘들게 하므로 사용 금지	
변형된 트렌델렌버그	머리와 가슴은 수평되게 유지하고 다리를 45°로 올려주는 자세	• 정맥 귀환량을 증가시켜 주어 심박출력을 강화하는 데 효과가 있어 쇼크 자세에 사용	

1 기도확보유지 장비

기도기의 일차적 기능은 혀에 의한 상기도 폐쇄를 예방하여 기도를 확보하고 유지하는 것이다. 일반적으로 입인두 기도기와 코인두 기도기가 많이 사용되며 숙달된 응급구조사일 경우 식도위관 기도기 등도 사용한다.

(1) 입인두 기도기

① 용도 : 무의식 환자의 기도유지를 위해 사용한다.
② 크기 선정방법
　㉠ 입 가장자리에서부터 귓볼까지 길이에 맞춰 선정한다.
　㉡ 입 중심에서부터 하악각까지 길이에 맞춰 선정한다.
③ 규격 : 55, 60, 70, 80, 90, 100, 110, 120mm
④ 재질 : PVC

[입인두 기도기]

⑤ 사용법
　㉠ 크기 선정방법에 따라 크기를 선택한다.
　㉡ 환자의 입을 수지교차법으로 연다.
　㉢ 입인두 기도기의 끝이 입천장을 향하도록 하여 구강 내로 삽입한다.
　㉣ 입천장에 닿으면 180° 회전시켜서 후방으로 밀어 넣는다(입 가장자리에서 입 안으로 넣은 후 90° 회전시키는 방법도 있음).
　㉤ 기도기 플랜지가 환자의 입술이나 치아에 걸려 있도록 한다.
　㉥ 기도기가 입 정중앙에 위치하도록 하고 필요하다면 테이프로 고정한다.
⑥ 주의사항
　㉠ 의식이 있고, 반혼수 상태인 환자에게는 구토유발 및 제거행동이 나타날 수 있어 사용이 부적절하다.
　㉡ 크기가 맞지 않을 경우 후두개 압박이나 성대경련과 같이 오히려 기도유지가 안되거나 기도 폐쇄를 유발할 수 있다.
　㉢ 구토에 의해 위 내용물에 의한 흡인을 방지할 수 없으므로 구토 반사가 나타날 경우 제거해야 한다.

(2) 코인두 기도기

① **용도** : 일시적으로 기도를 확보해 주기 위한 기구로 의식이 있는 환자에게 사용이 가능하다. 입인두 기도기를 사용할 수 없을 때 사용한다.

② **크기 선정방법**

ㄱ 길이 : 코끝에서 귓불 끝까지의 길이에 맞춰 선정한다.

ㄴ 크기 : 콧구멍보다 약간 작은 것(기도기 바깥지름을 측정하거나 환자의 새끼손가락 직경 정도)을 선정한다.

[코인두 기도기]

③ **규격** : 4, 5, 5.5, 6, 6.5, 7.5mm

④ **재질** : PVC

⑤ **사용법**

ㄱ 크기 측정을 하여 적정한 기도기를 선택한다.

ㄴ 출현을 방지하기 위해 기도기에 반드시 윤활제를 묻힌다.

ㄷ 삽입 전에 무엇을 하는지를 환자에게 설명해 준다.

ㄹ 기도기 끝의 단면이 코 안쪽 벽으로 가도록 하여 삽입한다.

ㅁ 플랜지가 피부에 오도록 하여 부드럽게 밀어 넣는다.

ㅂ 기도기를 삽입하는 동안 막히는 느낌이 들면 반대쪽 콧구멍으로 집어넣는다.

(3) 후두마스크 기도기

① **용도** : 입·코인두 기도기보다 기도 확보가 효과적이며 후두경을 사용하지 않고 기도를 확보할 수 있다. 기관 내 삽관보다 비침습적이고 적용이 쉬우므로 병원 전 처치에 효과적이다.

② **특 징**

[후두마스크 기도기]

ㄱ 병원에 도착하기 전 심정지환자나 외상환자(경추손상 등)의 기도확보 시 매우 유용하다.

ㄴ 성문 내 삽관(기관삽관)보다 삽입법이 용이하다.

ㄷ 멸균재사용이 가능하다(약 40회).

③ **삽입순서**

ㄱ 외상환자는 그대로, 비외상환자는 적정한 기도유지 자세를 취한다.

ㄴ 튜브에서 공기를 뺀 후 마스크를 입천장에 밀착시킨다.

ㄷ 밀착시킨 마스크를 입천장을 따라 저항이 느껴질 때까지(상부 식도괄약근 위) 삽입한다.

ㄹ 커프에 맞는 공기를 주입한다.

ㅁ BVM으로 양압환기시킨다.

ㅂ 시진과 청진으로 올바른 환기가 되는지 확인한다.

ㅅ 고정기로 고정한다.

④ 주의사항

    ⊙ 기도확보 후 흔들림에 의해 빠지는 사례가 있으므로 고정에 유의해야 한다.

    ⓒ 성문 내 튜브와 달리 기관과 식도가 완벽하게 분리되지 않아 폐로 위 내용물 흡인이 발생할 수 있다.

    ⓒ 마스크에서 공기 누출이 큰 경우는 양압환기가 불충분해지고, 높은 압력($20cmH_2O$ 이상)으로 양압환기를 하면 위장으로 공기가 들어갈 수 있으므로 유의해야 한다.

(4) 후두튜브(LT)

① 용도 : 후두마스크와 마찬가지로 기본 기도기보다 기도 확보가 쉽고 콤비튜브 형태 기도기로서 환자에게 적용시간이 짧아 어려운 기도확보 장소에서도 빠르게 적용이 가능하다.

② 특징 : 후두마스크와 동일하다.

[후두튜브]

③ 삽입순서

    ⊙ 외상환자는 그대로, 비외상환자는 적정한 기도유지 자세를 취한다.

    ⓒ 튜브에서 공기를 뺀 후 마스크를 입천장에 밀착시킨다.

    ⓒ 해부학적인 구도에 따라 자연스럽게 상부 식도괄약근 위치까지 삽입한다.

    ⓔ 후두튜브에 맞는 공기를 주입한다.

    ⓜ BVM으로 양압환기시킨다.

    ⓗ 시진 또는 청진으로 올바른 환기가 되는지 확인한다.

    ⓢ 고정기로 고정한다(전용고정기가 별도로 있으나 다른 고정기로도 가능).

④ 주의사항

    ⊙ 기도확보 후 흔들림에 의해 빠지는 사례가 발생하므로 고정에 주의한다.

    ⓒ 성문 내 튜브와 달리 기관과 식도가 완벽하게 분리되지 않아 폐로 위 내용물 흡인이 발생할 수 있다.

    ⓒ 마스크에서 공기 누출이 큰 경우는 양압환기가 불충분해진다.

    ⓔ 커프가 얇아 찢어지기 쉬우므로 반드시 수지교차법으로 입을 벌린 후 삽입한다.

더 알아두기 **기관 내 삽관**

기관튜브는 기도를 유지하고, 기도 내 분비물을 흡입하며, 고농도의 산소공급이 가능하고, 일부 약물의 투여 통로로 사용된다. 또한 폐 환기를 유지하고, 위 내용물이나 입, 인두의 혈액과 점액 흡인으로부터 기도를 보호하는 역할을 한다. 소생술 중 마주치는 다양한 환자들과 환경조건에도 불구하고 반복적으로 안전하고 효과적으로 기관 내 삽관을 하려면 상당한 기술과 경험이 필요하다.

2 호흡유지 장비

(1) 흡인기(Suction Unit)

의식이 없는 환자의 구강 또는 비강 내 타액, 분비물 등 이물질을 신속하게 흡인하기 위한 기구이며 작동원리에 따라 전지형(충전식)과 수동형으로, 사용범위에 따라 고정식과 이동식으로 분류한다.

① 전지형(충전식) 흡인기

    ㉠ 장점 : 전지충전식으로 응급상황에서 이동하면서 사용할 수 있으며, 환자의 상태에 따라 흡인압력을 조절할 수 있다.

    ㉡ 구성 : 흡인팁, 흡인튜브, 흡인통, 건전지, 본체 등

    ㉢ 사용법

        • 기계 전원을 켠다.

        • 흡인튜브를 흡인관에 끼운다.

        • 환자의 입 가장자리에서 귓볼까지의 길이를 측정하여 흡인튜브의 적절한 깊이를 결정한다.

        • 흡인 전에 환자에게 산소를 공급한다.

        • 수지교차법으로 입을 벌린 후 흡인튜브를 넣는다.

        • 흡인관을 꺾어서 막고 흡인기를 측정한 깊이까지 입 안으로 넣는다.

        • 흡인관을 펴서 흡인한다(단, 흡인시간은 15초를 초과하지 않는다).

        • 흡인 후에는 흡인튜브에 물을 통과시켜 세척하고 산소를 공급한다.

② 수동형 응급흡인기

    ㉠ 장점 : 전지나 전기 연결 없이 한 손으로 간단히 조작할 수 있다.

    ㉡ 구성 : 본체, 흡인통, 흡인관

    ㉢ 단 점

        • 흡인력이 약하고 오물 수집통이 작다.

        • 환자 구강 내에 흡인도관을 삽입하면서 수동 펌프질 하는 것이 어렵다.

[충전식 흡인기]

[수동형 응급흡인기]

(2) 코삽입관(Nasal Cannula)

① 용도 : 비강용 산소투여 장치로 환자의 거부감을 최소화시켰으며 낮은 산소가 필요한 환자에게 사용된다.

② 특 징

　　㉠ 환자의 코에 삽입하는 2개의 돌출관을 통해 환자에게 산소를 공급하며 유량을 분당 1~6으로 조절하면 산소농도를 24~44%로 유지할 수 있다.

　　㉡ 성인용, 소아용으로 구분한다.

③ 주의사항

　　㉠ 유량속도가 빨라지면 두통이 생길 수 있다.

　　㉡ 장시간 이용 시 코 점막 건조를 예방하기 위해 가습산소를 공급한다.

　　㉢ 비강 내 손상이 있는 환자에게는 사용을 억제하고 다른 기구를 사용한다.

　　㉣ 입으로만 호흡이 가능한 환자에게는 사용을 자제해야 한다.

(3) 단순 얼굴마스크(Oxygen Mask)

① 용도 : 입과 코를 동시에 덮어주는 산소공급기구로 작은 구멍의 배출구와 산소가 유입되는 관 및 얼굴에 고정시키는 끈으로 구성되어 있다. 6~10L의 유량으로 흡입 산소농도를 35~60%까지 증가시킬 수 있다.

② 특 징

　　㉠ 성인용, 소아용으로 구분한다.

　　㉡ 이산화탄소 배출구멍이 있으나 너무 작아 불편감을 호소하기도 한다.

　　㉢ 얼굴에 완전히 밀착되지 않아 산소가 충분히 공급되지 않을 수 있다.

　　㉣ 이산화탄소가 남기 때문에 산소공급량이 높을수록 효과적이다.

(4) 비재호흡마스크(Non-rebreather Mask)

① 용도 : 심한 저산소증 환자에게 사용하며 고농도의 산소를 제공하기에 적합하다.

② 특 징

　　㉠ 체크(일방향) 밸브가 달려 있다.

　　㉡ 산소저장주머니가 달려 있어 호흡 시 100%에 가까운 산소를 제공할 수 있다.

　　㉢ 산소저장주머니를 부풀려 사용하고 최소 분당 10~15L 유량의 산소를 투여하면 85~100%의 산소를 공급할 수 있다.

　　㉣ 얼굴밀착의 정도에 따라 산소농도가 달라진다.

(5) 벤투리마스크(Venturi Mask)

① 용도 : 특수한 용도로 산소를 제공할 경우에 사용되며 표준 얼굴마스크에 연결된 공급배관을 통해 특정 산소농도를 공급해 주는 호흡기구이다.

② 산소농도 : 24%, 28%, 31%, 35%, 40%, 50%(53%)

③ 특 징

　　㉠ 일정한 산소가 공급될 때 공기의 양도 일정하게 섞여 들어가는 형태이다(분당 산소유입량은 2~8L).

　　㉡ 만성 폐쇄성 폐질환(COPD) 환자에게 유용하다.

(6) 포켓마스크(Pocket Mask)

① 용도 : 입 대 입 인공호흡 시 환자와 직접적인 신체접촉을 피할 수 있으며, 산소튜브가 있어 충분한 산소를 보충하면서 인공호흡을 할 수 있다.

② 사용법

　　㉠ 포켓마스크에 일방형 밸브를 연결한다.

　　㉡ 포켓마스크를 환자 얼굴에 밀착시켜 뾰족한 쪽이 코로 가도록 한다.

　　㉢ 일방형 밸브를 통해 환기한다.

　　㉣ 소아는 포켓마스크를 거꾸로 밀착시켜 뾰족한 끝이 턱으로 가도록 한다.

[포켓마스크]

(7) 백-밸브마스크(BVM ; Bag-Valve Mask)

백-밸브마스크는 손으로 인공호흡을 시키는 기구로 가장 보편적으로 사용한다.

① 용도 : 보유 산소 장비 없이 즉각적인 초기 환기를 제공할 수 있다.

② 구성 : 안면마스크, 인공호흡용 백, 밸브, 산소저장백

③ 사용법

　　㉠ 마스크와 백-밸브를 연결한다.

　　㉡ 마스크의 첨부가 콧등을 향하게 하여 비강과 구강을 완전히 덮는다.

ⓒ 마스크와 밸브의 연결부에 엄지와 검지로 C자형의 형태로 고정하고 나머지 세 손가락으로 E자 형태로 하악을 들어 올려 기도유지를 한다.

ⓔ 다른 손으로 백을 잡고 1회에 400~600mL로 짜서 환기시킨다.

④ 특 징

　ⓐ 산소를 추가 투여하지 않은 상태로 21% 정도의 산소를 공급한다.

　ⓑ 분당 10~15L의 산소를 공급할 경우 산소저장주머니 없이 40~50% 산소를 공급한다.

　ⓒ 산소저장주머니 연결 후 분당 10~15L의 산소를 공급할 경우 거의 100%의 산소를 공급한다.

　ⓔ 영아, 소아, 성인용으로 구분한다.

　ⓕ 과압방지용 밸브가 있다.

(8) 자동식 산소소생기(Auto Resuscitator Set) 또는 수요밸브 소생기(Demand Valve Resus-citator)

① 용도 : 무호흡・호흡곤란환자에게 자동 또는 수동으로 적정량의 산소를 공급하고, 자발호흡이 있는 성인 응급환자에게 분당 40L의 속도로 100% 산소를 공급하고자 할 때 사용되는 호흡보조 장비이다.

② 종류 : 압력방식과 부피・시간방식이 있다.

③ 특 징

　ⓐ 자동과 수동선택이 가능하다.

　ⓑ 과압방지 장치가 있다(50~60cmH_2O).

　ⓒ 환자에게 고농도(100%) 산소공급이 가능하다.

　ⓔ 종류(압력과 부피)별 차이점이 있다.

　　• 압력방식은 유량설정이 높으면 산소가 과다공급될 수 있다.

　　• 부피・시간방식은 분당 호흡수 조절이 가능하다.

　　• 두 종류가 완전밀착이 안될 경우 산소가 지속적으로 공급되거나 불충분하게 이루어 질 수 있다.

　ⓕ 자발호흡을 하는 환자에게도 사용할 수 있다.

　ⓖ 산소가 공급될 때 버튼을 누르면 관을 통해 산소가 주입되는 구조로, 기관 내 삽관 튜브와 연결하여 사용하는 것이 효과적이다.

　ⓗ 환자가 흡입할 경우 음압이 감지되어 밸브가 열리면서 산소가 들어가며 환자가 흡입을 멈추면 자동으로 산소주입이 멈춘다.

　ⓘ 위 팽만, 피하기종, 기흉 및 폐 손상을 유발할 수 있다.

　ⓙ 소아에게는 사용하지 않는다.

(1) 자동심폐소생술기

① 용도 : 심폐소생술을 자동으로 해주는 장비로 주변 상황이나 응급구조사의 상태에 관계없이 정확히 심폐소생술을 시행할 수 있다.

② 종류 : 압축공기(산소)용, 전기충전용

③ 특징 : 압축공기 형태는 주로 병원 내 안정적인 산소공급이 가능한 곳에서는 장시간의 심폐소생술에 효과적으로 적용가능하나 구급차 및 헬리콥터 내에서는 산소탱크 용적에 따라 시간제한을 받는다.

[자동심폐소생술기]

(2) 자동제세동기(Automated External Defibrillator)

① 용도 : 심전도를 모르는 현장 응급처치자나 응급구조사가 제세동을 시행할 수 있도록 심전도를 인식하고 제세동을 시행할 것을 지시해줄 수 있는 프로그램이 내장되어 있는 장비이다. 겔로 덮인 큰 접착성 패드를 환자의 가슴에 부착하여 심폐소생술을 멈추는 시간을 최소화하며 연속적으로 제세동할 수 있으며 심실세동 및 무맥성 심실빈맥 외에는 제세동하지 않도록 도안된 장비이다.

② 사용법

㉠ 환자의 무의식, 무호흡 및 무맥박을 확인한다(도움요청 포함).

㉡ 전원버튼을 눌러 자동제세동기를 켠다.

㉢ 두 개의 패드를 가슴에 부착 후 패드의 커넥터를 자동제세동기에 연결한다.

㉣ 모든 동작을 중단하고 분석단추를 누른다.

㉤ 제세동을 시행하라는 말과 글이 나오면 환자와의 접촉금지를 확인한 후 제세동 버튼을 누른다.

㉥ 제세동을 시행한 후 즉시 2분간 심폐소생술을 시행한다.

㉦ 2분마다 제세동을 재분석한다.

목뼈보호대, 머리 고정장비, 철사부목, 패드(성형)부목, 공기부목, 진공부목, 긴 척추고정판

4 무선통신 및 기록

(1) 의사소통

① 일반적인 환자

ㄱ 환자에게 처치자 자신에 대해 소개한다.
 - 환자를 처음 대면 시에 자신이 소방대원인지, 구급대원인지 소개한다.
 - 그와 동시에 현장을 파악하고 환자의 이름 및 불편한 사항을 물어본다.
 - 항상 정중하고 주의 깊게 환자의 말에 경청하는 자세로 대화를 나눠야 한다.

ㄴ 눈을 맞추고 몸짓을 이용하여 소통한다.
 - 환자의 반대편에서 자세를 낮추어 눈을 맞추는 것은 환자의 문제와 환자에 대해 관심이 있다는 것을 나타내기도 한다.
 - 아이의 경우에 자세를 낮추어 눈높이를 맞추는 것은 특히 중요하다.
 - 환자의 손을 잡는 행동, 등을 가볍게 두드리는 행동 등은 대화를 좀 더 부드럽게 진행시킬 수 있지만, 환자가 신체접촉을 피하거나 싫어한다면 실시해서는 안 된다.

ㄷ 가능하다면 환자에게 직접 얘기한다.
 환자의 의식이 명료하며 대화에 기꺼이 응한다면 친구나 환자 주변인이 아닌 환자에게 직접 얘기해야 한다.

ㄹ 말투나 톤에 주의해야 한다.
 - 가능한 간결하고 분명한 어조로 대화를 해야 하며 전문용어는 피하도록 한다.
 - 저자세나 고자세는 피해야 하며 긴급한 상황이 아니라면 환자 평가나 인터뷰를 서둘러서는 안 된다.
 - 환자가 이해를 못한다면 다시 쉬운 말로 설명해 줘야 한다.
 - '아프세요?'라는 질문보다는 '어디가 아픈지, 어떻게 아픈지' 개방형 질문으로 물어봐야 한다.

ㅁ 애매한 대답이나 추측성 발언은 피해야 한다.
 대부분의 환자는 소방대원의 말을 신뢰하기 때문에 환자 질문에 대한 답을 모른다면 정직하게 대답해야 한다.

ⓗ 경청해야 한다.

- 환자의 말에 주의를 기울여야 한다.
- 환자의 말을 이해하지 못한다면 들은 내용을 다시 말하거나 질문해야 한다.

ⓢ 침착하고 전문가적인 행동을 한다.

- 응급상황에서 처치자의 행동은 환자, 가족, 동료들의 행동에 영향을 미친다.
- 흥분은 쉽게 다른 사람에게도 전달되므로 침착하고 전문가적인 자세로 임한다.
- 말과 행동에 있어 책임감을 가져야 환자를 안심시킬 수 있다.

② 의식장애환자

ⓘ 의식장애환자는 대화를 하는데 많은 어려움이 있어서 질문은 간단하고 분명하게 해야 하며 대답을 할 수 있는 충분한 시간을 주어야 한다.

ⓛ 환자 처치를 하기 전 충분한 설명을 하고 가능하다면 처치자의 신체를 빌어 행동을 보여주는 방법도 있다.

③ 폭력적인 환자

ⓘ 폭력으로 인해 대화가 불가능할 수 있으며 눈을 맞추거나 신체접촉과 같은 행동은 오히려 환자를 흥분시킬 수 있다.

ⓛ 처치자의 안전을 우선적으로 확보해야 하기 때문에 환자에게서 떨어져 있어야 한다. 또한 통로(문)와 가까이 있어야 하고 통로를 환자가 막아서지 않도록 주의해야 한다.

ⓒ 다른 기관에서의 협조자(경찰)가 오기 전에는 환자를 처치하거나 진입해서는 안 된다.

④ 소아환자

ⓘ 응급 상황에서의 소아는 두려움, 혼란, 고통을 호소하는데 낯선 사람과 기구들은 이를 더욱 가중시킨다.

ⓛ 환자 평가 및 처치 동안 부모가 가급적 곁에 있어야 하며 부모는 소아가 안정감을 갖도록 침착하고 조용한 분위기를 만들어야 한다.

ⓒ 가능하다면 아이를 부모가 직접 안거나 무릎 위에 앉히도록 하고 아이와 대화하기 전에는 항상 자세를 낮추어 눈높이를 맞추어야 한다.

ⓓ 쉽고 간결한 말을 이용하여 충분히 설명을 해야 한다. 처치 전에 환자가 처치자 자신이나 기구를 직접 만져 보게 하는 등 낯선 환경에 익숙해지도록 도와야 한다.

ⓜ 아동에게 고통을 주는 처치를 하기 전에 '아프지 않다'라는 거짓말을 해서는 안 되며 이해한다는 것을 행동이나 말로 표현해야 한다.

⑤ 노인환자

ⓘ 노인환자의 경우 즉각적인 반응이나 대답을 할 수 없으므로 한 번에 하나의 질문을 하고 대답할 여유를 주어야 한다.

ⓛ 나이로 인해 시력이나 청력에 문제가 있다고 가정해서 큰 소리로 말해서는 안 되며 천천히 분명하게 말해야 한다.

ⓒ 안경을 착용하고 있지 않다면 안경을 쓰는지 물어보고, 쓴다면 안경을 쓰도록 도와줘야 한다. 이는 환자를 안심시키며 대화를 촉진시킬 수 있다.

⑥ 청력장애환자
  ⓐ 많은 청력장애환자들은 입술의 움직임으로 상대방이 무엇을 이야기하는지 알 수 있으므로 환자가 입술을 읽을 수 있게 반대편에 마주서야 한다.
  ⓑ 글을 써서 대화를 나눌 수 있다.
  ⓒ 많은 청력장애환자들은 수화를 할 수 있기 때문에 가족이나 수화를 할 수 있는 사람을 통해 대화를 나눌 수 있다.

⑦ 시력장애환자
  ⓐ 시력장애환자를 평가하고 처치하는 동안에는 모든 행동에 대해 설명해 주어야 한다.
  ⓑ 시력장애환자는 청력에는 문제가 없으므로 목소리를 높여서는 안 된다.
  ⓒ 시각장애 안내견이 있다면 환자와 가능하면 같이 있도록 도와줘야 하는데 이는 환자에게 안도감과 편안함을 동시에 줄 수 있다.

⑧ 외국인환자
  ⓐ 통역을 해 줄 수 있는 주위 친구나 관계자가 있는지 알아본다.
  ⓑ 통역자가 있을 경우에도 통역내용이 반드시 다 맞는다고 판단해서는 안 된다. 통역자가 없다면 의료센터나 통역가능기관과 무전을 통한 방법을 이용한다.

더 알아두기 응급처치 시 의사소통의 종류

- 상황실요원과 구급대원 간의 의사소통
- 구급대원과 환자, 가족원 그리고 신고자 간의 의사소통
- 구급대원과 응급지도의사와의 의사소통
- 소방서와 협력기관 간의 의사소통

---

(2) 통신 체계 요소

상황실은 구급대원, 소방대원, 타 기관요원, 병원직원 간의 통신을 연결해 주어야 한다.

기지국	소방서 내 상황실에 위치해 있으며 20watts로 20km 거리까지 전파가 가능하다.
차량용 무전기	기지국과 같은 20watts이나 기지국보다 낮은 위치에 있어서 전파거리가 짧아진다.
휴대용 무전기	개인 휴대용으로 간편하고 4watts로 4km 거리까지 전파가 가능하다.
원격 기지국	보통 산이나 아파트 옥상에 설치되며 기지국에서 원격 기지국까지는 RD(Ring Dial)선으로 연결되어 있다. 원격 기지국은 전파장애가 있는 음영지역 내 원활한 무선통신을 돕는다.
휴대용 전화기	광범위하게 이용할 수 있으며 원거리 지역이나 병원과의 직접 통화가 가능하다. 현재 구급차, 구조차 내에 비치되어 있다.

(3) 무선통신

① 일반원칙

    ㉠ 무전기가 켜져 있는지 확인하고 소리도 적당하게 조정한다.

    ㉡ 가능하다면 창문을 닫아 외부 소음을 줄인다.

    ㉢ 처음 무전을 시작할 때 잘 들리는지 확인한다.

    ㉣ 송신기 버튼을 누른 후 약 1초간 기다린 뒤 말을 한다. 이는 첫 내용이 끊기는 것을 예방해 준다.

    ㉤ 무전기는 입에서부터 약 5~7cm 정도 간격을 두고 입에서 45° 방향에 위치시킨다.

    ㉥ 다른 기관이나 사람과의 무전을 원할 때에는 "(다른 기관이나 사람), 여기(본인이나 소속기관)"라고 시작한다.

        예 "상황실, 여기 구조하나(구조대장)"

    ㉦ 무전을 받을 때에는 "여기 (본인이나 소속기관)"라고 하면 된다.

    ㉧ 말은 천천히, 간결하게 그리고 분명하게 끊어서 말을 해야 한다.

    ㉨ 30초 이상 말을 해야 한다면 중간에 잠깐 무전을 끊어 다른 무전기 사용자가 응급상황을 말할 수 있게 해줘야 한다.

    ㉩ 서로 약속된 무전약어를 사용해야 한다.

    ㉪ 불필요한 말은 생략한다.

    ㉫ 무전내용은 모든 기관원들이 듣는다는 것을 명심해서 욕설이나 개인에 관련된 내용을 말해서는 안 된다.

    ㉬ 환자에 대해 평가결과를 말해야지 진단을 내려서는 안 된다. 예를 들어 "환자가 가슴통증 호소"라고 해야지 "환자가 심장마비 증상을 보임"이라고 하면 안 된다.

② 통신과 이송

    ㉠ 상황실 직원은 정보수집이나 신고자에게 구급차가 도착하기 전까지의 적절한 행동요령 등을 말할 수 있도록 훈련받아야 한다.

    ㉡ 상황실은 출동차량에 계속적으로 정보를 제공해야 하며 구급대원 역시 다음과 같은 목적으로 상황실과 무전을 취해야 한다.

        • 출동안내를 받기 위해서

        • 현장 도착시간을 줄이기 위한 도로상황이나 지름길을 안내 받기 위해서

        • 현장 도착을 알리고 필요시 추가 지원을 요청하기 위해서

        • 현장에서의 이동을 알리고 환자 수, 이송 병원을 알리기 위해서

        • 병원 도착시간을 알리고 이송 후 출동대기 가능성을 알리기 위해서

        • 본서나 파출소에 도착한 시간을 알리기 위해서

③ 이송 중 통신방법

    ㉠ 이송 전에 이송할 기관에 환자의 상태를 알리는 것은 중요하다. 이는 도착 전에 필요한 인원 및 장비를 준비할 수 있게 해주기 때문이다.

- 본인의 소속기관
- 환자 나이와 성별
- 환자의 주 호소
- 현 증상과 관련 있는 병력
- 주요 과거 병력
- 환자 의식상태
- 생체징후 및 환자 평가 내용
- 제공한 응급처치 내용
- 응급처치 후 환자 상태
- 이송할 기관에 도착할 예정 시간

    ㉡ 위의 통신내용은 간결해야 하며 환자 처치를 우선적으로 실시한 후에 해야 한다. 만약 계속적인 처치가 필요한 환자이며 이송할 기관과 통신할 시간이 없다면, 상황실에 도움을 요청해 상황실에서 통신하도록 해야 한다. 이송 중에 환자 상태가 악화되거나 호전되는 변화가 있다면 반드시 이송할 기관과 상황실에 알려야 한다.

④ 이송 후 통신

    ㉠ 이송할 기관에 도착한 후에는 구두로 환자상태에 대한 정보를 알려줘야 한다. 이는 이송 중 통신내용에 대해 모든 의료진이 알고 있다고 할 수 없기 때문이다.

- 환자의 주 호소
- 현 증상과 관련 있는 병력 및 주요 정보
- 이송 중 처치내용 및 그에 따른 환자 상태
- 이송 중 환자의 생체징후

    ㉡ 환자를 인계한 후에는 의료진의 질문에 대답할 준비를 해야 하며 작성한 구급일지 1부를 의료기관에 제출해야 한다.

(4) 기록지

① 작성 이유

    ㉠ 의료진과 환자 상태에 대한 정보를 연계하기 위해서이다.

    ㉡ 신고에 따른 진행과정에 대해 법적인 문서가 된다.

    ㉢ 환자 처치 및 이송에 대해 체계적으로 실시되었음을 나타낼 수 있다.

    ㉣ 앞으로의 응급의료체계 발전을 위해 필요하다.

    ㉤ 연구 및 통계에 자료를 제공할 수 있다.

ⓗ 기록지의 기능

의료 기능	• 기록의 주 기능은 양질의 응급처치 제공을 위함이다. • 환자상태를 평가하고 주 호소, 생체징후, 처치내용 등을 기록해야 한다. • 병원에서는 환자의 처음 상태와 이송 중 처치내용 그리고 현 상태 등을 기록지를 통해 알 수 있다.

법적 기능	• 구급기록지가 법적 문서로 쓰이는 경우는 다음과 같다.
	  − 환자가 범죄현장과 관련이 있는 경우
	  − 법적 소송이 제기되었을 경우
	• 구급기록지는 판결에 영향을 미치는 중요한 증거 자료가 될 수 있으므로 정확하고 간결하게 신고를 받은 순간부터 이송을 마칠 때까지 기록해야 한다.

행정적 기능	환자의 유형별, 지역별로 통계를 내어 필요한 인원 및 장비를 재배치 할 수 있다. 또한, 환자 평가와 처치내용을 재평가해서 추가적인 구급교육을 제공해야 한다.
교육·연구 기능	기록지를 분석해서 환자 처치나 의약품이 어떠한 것이 효과적인지 결정해서 구급활동의 질을 향상시킨다.

② 법적 문제

ⓐ 비밀성

의료상 비밀유지는 기본원칙으로, 환자 상태에 대한 정보를 알 권한이 없는 사람에게 전달하거나 얘기해서는 안 된다. 보험회사, 경찰 등 의료진이 아닌 사람에게는 적절한 법적 절차를 거쳐 제공하면 된다. 만약 환자가 자살을 시도했거나 감염성 질환이 있다면 배우자, 가족 등에 알려야 한다.

ⓑ 이송·처치거부 환자

• 성인은 치료를 거부할 권리가 있지만 다음의 사항을 점검해야 한다.

− 치료를 거부할 수 있는 나이가 되었는지?

− 알코올이나 약물중독 상태는 아닌지?

− 정확한 판단을 할 수 있는 의식상태인지?

• 위의 사항을 점검한 후 "이송 거절·거부 확인서"를 작성해야 한다. 환자가 이송해야 할 상태이면 왜 처치·이송이 필요한지 설명하고 설득해 보고 상황실에 그 사실을 알려야 한다.

③ 위조·변조

기록지를 위조·변조하는 행위는 중대한 결과를 초래할 수 있다. 응급상황에서 해야 할 일을 하지 않거나 잘못 행해질 때 문제점이 발생하는데, 이때 보통 잘못을 숨기기 위해 위조를 하게 되면 부정확한 정보를 제공하게 된다. 이는 환자가 불필요하거나 부적절한 그리고 위험한 처치를 받을 수도 있으며 구급대원 자신도 법적인 책임을 지게 된다. 따라서 위조·변조는 해서는 안 되며 만약 기록이 잘못 되었다면 소속기관 및 이송할 기관에 알려야 한다.

④ 특수상황

감염질환에 직업상 노출, 현장 활동 중 손상, 아동 또는 노인 학대, 법적 보호가 필요한 환자 등에 대해서 객관적이고 적절하게 기록 및 보고를 해야 한다.

⑤ 대형사고

버스, 비행기, 대형 화재, 위험물질 노출 등 대형사고는 많은 인명피해를 초래한다. 이 경우 환자를 현장으로부터 안전한 곳이나 치료 장소로 이동시킨 후 처치를 해야 하는데, 이 과정에서 한 환자에 대한 응급처치가 중복될 수 있으므로 환자분류표 등을 이용해 기록을 해야 한다.

㉠ 현장확인

- 현장에 처음 도착하면 현장확인이 필요하다. 이는 사고의 전반적인 파악으로 환자 평가나 처치에 앞서 우선적으로 해야 할 일이다. 이를 통해 대량 환자에 필요한 적절한 자원과 도움을 신속하게 요청해야 한다.
- 현장도착과 명령체계 확립 : 지휘체계를 확립하여 신속하게 대응할 수 있도록 한다.
- 안전한 거리에서 현장 파악 및 상황 대응 : 환자 수 및 위급 정도, 위험물질, 구조대상자 수, 필요한 구급차 수, 주위 상황 및 필요자원, 지역 설정 등을 한다.
- 추가 지원요청을 위한 현장확인 내용을 무선통신한다.
- 최초 도착 시 차량 배치 요령
  - 도로 외측에 정차시켜 교통장애를 최소화하도록 하며, 도로에 주차시켜야 할 때에는 차량 주위에 안전표지판을 설치하거나 비상등을 작동시킨다.
  - 구급차량의 전면이 주행차량의 전면을 향한 경우에는 경광등과 전조등을 끄고 비상등만 작동시킨다.
  - 사고로 전선이 지면에 노출된 경우에는 전봇대와 전봇대를 반경으로 한 원의 외곽에 주차시킨다.
  - 화재차량으로부터 30m 밖에 위치시킨다.
  - 폭발물이나 유류를 적재한 차량으로부터는 600~800m 밖에 위치한다.
  - 화학물질이나 유류가 누출되는 경우에는 물질이 유출되어 흘러내리는 방향의 반대편에 위치시킨다.
  - 유독가스가 누출되는 경우에는 바람을 등진 방향에 위치시킨다.

㉡ 무선통신

- 현장에 처음 도착한 대원은 요점만 간결하게 상황실에 보고해야 한다.
- 보고내용에는 상황의 위급한 정도와 추가 지원요청 사항이 포함되어야 한다.
- 현장지휘대장은 무전을 통해 자신의 현장직위를 밝히고 위치(현장지휘소)를 알려야 한다.
- 지원요청 시에는 인원수, 장비, 현장 접근 방법(경로), 대기 장소, 도착 후 업무 등을 얘기해 주어야 한다.

㉢ 구급기능

- 현장확인 : 안전거리를 유지하고 현장안전을 확인한다.
- 인원/장비 배치 : 환자 수 및 상황에 따른 적절한 인원 및 구급차를 배치한다.
- 구조대 투입 : 구조대상자 구출을 위한 구조대 투입한다.

- 환자 분류 : 즉각적인 이송 및 처치에 따라 환자를 분류한다.
- 응급 처치 : 환자 상태에 따른 응급 처치를 제공한다.
- 이송 : 현장 진·출입 통제관의 도움으로 거리, 경로, 우선순위를 결정한다.
- 회복/대기소 : 구조·구급대원의 휴식, 음식물을 제공한다.

ㄹ 환자분류

신속한 평가를 통해 응급 처치 및 이송순위를 결정하는 것을 말한다. 다수의 환자가 발생하면 많은 환자가 보다 나은 처치를 받을 수 있도록 결정해야 한다.

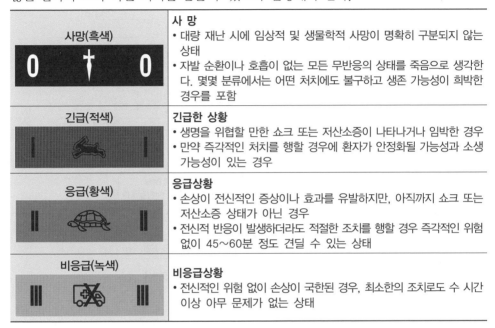

사망(흑색)	사 망 • 대량 재난 시에 임상적 및 생물학적 사망이 명확히 구분되지 않는 상태 • 자발 순환이나 호흡이 없는 모든 무반응의 상태를 죽음으로 생각한다. 몇몇 분류에서는 어떤 처치에도 불구하고 생존 가능성이 희박한 경우를 포함
긴급(적색)	긴급한 상황 • 생명을 위협할 만한 쇼크 또는 저산소증이 나타나거나 임박한 경우 • 만약 즉각적인 처치를 행할 경우에 환자가 안정화될 가능성과 소생 가능성이 있는 경우
응급(황색)	응급상황 • 손상이 전신적인 증상이나 효과를 유발하지만, 아직까지 쇼크 또는 저산소증 상태가 아닌 경우 • 전신적 반응이 발생하더라도 적절한 조치를 행할 경우 즉각적인 위험 없이 45~60분 정도 견딜 수 있는 상태
비응급(녹색)	비응급상황 • 전신적인 위험 없이 손상이 국한된 경우, 최소한의 조치로도 수 시간 이상 아무 문제가 없는 상태

ㅁ START 분류법 : 신속한 분류 및 처치를 위해서 사용된다. 환자 평가 시 RPM(호흡, 맥박, 의식수준)을 기본으로 한다.

- 걸을 수 있는 환자는 지정된 장소로 이동하라고 말한다.

  지정된 곳(구급차 또는 근처 건물 등)으로 모인 환자는 비응급환자로, 의식이 있으며 지시를 따를 수 있고 걸을 수 있으므로 뇌로의 충분한 관류와 호흡·맥박·신경계가 적절히 작용하는 환자이다.

- 지정된 장소에 모인 환자를 재분류한다.

  걸을 수 있다고 해서 모두 비응급 환자라 분류해서는 안 되며 그 중에서도 의식장애, 출혈, 쇼크 전구증상이 있는 환자가 있을 수 있다. 따라서 START 분류법에 의해 호흡, 맥박, 의식 수준을 평가해 재분류해야 한다.

- 지정된 곳으로 가지 못하는 환자를 다시 평가하면서 분류한다.

  의식장애가 있는 환자를 우선으로 START 분류법을 이용해 신속하게 분류하고, 환자 상태에 따라 아래의 3가지 처치만을 제공하고 다른 환자를 분류해야 한다.

- 기도 개방 및 입인두 기도기 삽관
- 직접 압박
- 환자 상태에 따른 팔다리 거상

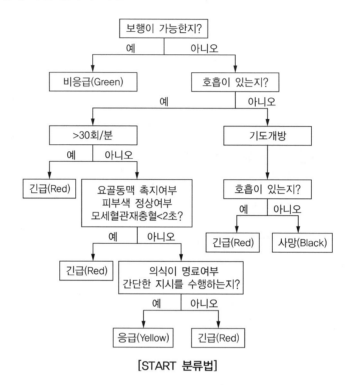

[START 분류법]

적중예상문제

01 구조의 우선순위에서 가장 먼저 시행해야 하는 것은?

① 생명보존
② 재산보호
③ 신속한 구출
④ 육체적 통증경감

해설 응급현장에서 가장 중요한 것은 응급환자의 생명을 위협하는 상태를 정확히 파악하고 신속히 대처함으로써 응급처리의 우선순위를 정하는 것이다.

02 응급처치에 관한 다음 설명 중 옳지 못한 것은?

① 환자의 생명을 구하고 유지한다.
② 질병 등 병세의 악화를 방지한다.
③ 환자의 고통을 경감시킨다.
④ 의료비 지출 등의 부담은 증가한다.

해설 ④ 기타 불필요한 의료비 지출 등을 절감시킬 수 있다.

03 응급처치의 일반원칙으로 옳지 못한 것은?

① 가능한 현장 주변을 그대로 둔다.
② 가장 큰 환부부터 작은 환부 순으로 처치한다.
③ 부상자일 경우 상처를 보이지 않도록 한다.
④ 의식불명환자에게 물을 먹이도록 한다.

해설 의식불명환자에게 물을 포함하여 먹을 것을 주어서는 안 된다.

04 응급처치 시 지켜야 할 사항으로 잘못된 것은?

① 본인의 신분을 제시한다.
② 처치원 자신의 안전을 확보한다.
③ 신속하게 환자에 대한 생사의 판정을 한다.
④ 원칙적으로 의약품은 사용하지 않는다.

해설 환자에 대한 생사의 판정은 하지 않는다.

05 응급구조 활동순서 중 3C원칙의 원칙적인 순서가 맞게 나열된 것은?

① 현장조사(Check) - 응급기관에 연락(Call) - 처치 및 도움(Care)
② 응급기관에 연락(Call) - 현장조사(Check) - 처치 및 도움(Care)
③ 처치 및 도움(Care) - 응급기관에 연락(Call) - 현장조사(Check)
④ 응급기관에 연락(Call) - 처치 및 도움(Care) - 현장조사(Check)

해설 현장조사(Check) → 응급기관에 연락(Call) → 처치 및 도움(Care)의 순서가 원칙이나 상황에 따라서는
앞의 단계를 생략하거나 순서가 바뀔 수도 있다. 예를 들어 산(핸드폰도 통화되지 않는)에서 의식을 잃고
쓰러진 환자를 발견하였을 경우에는 먼저 Care의 단계를 실시하고 환자가 정신을 차리면 응급기관에
연락하고 현장조사를 실시할 수도 있는 것이다.

06 응급처치에 관한 다음 설명 중 올바른 것은?

① 의식이 없는 환자에게는 음료수를 먹여 수분을 공급해 준다.
② 구명 4단계 순서는 [기도유지 → 상처보호 → 지혈 → 쇼크방지] 순이다.
③ 출혈량이 10% 이상이면 맥박이 느껴지지 않으며 사망에 이른다.
④ 동공축소는 약물중독이나 중추신경계의 질환이 있는 경우 나타난다.

해설 ① 의식이 없는 환자에게는 기도폐쇄의 위험이 있으므로 음식물을 공급해서는 안 된다.
② 응급처치의 구명 4단계 : 지혈 → 기도유지 → 상처보호 → 쇼크방지 및 치료의 순이다.
③ 전체혈액량의 10%(400mL) 이상이 출혈로 소실되면 위험해지기 시작한다.

07 응급처치에 적용되는 PRICE 원칙에 포함되지 않는 것은?

① 보호(Protection)

② 휴식 및 안정(Rest)

③ 냉각(Icing)

④ 확인(Check)

> **해설** **PRICE 원칙**
> - 보호(Protection) : 2차 손상 방지를 위해 부목보호나 살균용 거즈를 대고 드레싱
> - 휴식 및 안전(Rest) : 출혈, 염증, 부종, 조직 손상 방지
> - 냉각(Icing) : 가벼운 상해 24~48시간, 심한 경우 72시간 냉각
> - 압박(Compression) : 지혈, 부종억제를 위해 탄력붕대나 테이프로 압박
> - 거상(Elevation) : 환부를 심장보다 높게 위치

08 응급처치의 실시범위와 준수사항 중 옳지 않은 것은?

① 우선적으로 생사의 판정을 해야 한다.

② 원칙적으로 의약품의 사용을 피한다.

③ 의사의 치료를 받기 전까지의 응급처치로 끝난다.

④ 의사에게 응급처치 내용을 설명하고 인계한 후에는 모든 것을 의사의 지시에 따른다.

> **해설** 처치자는 생사의 판정을 하지 않는 것이 원칙이며 생사의 판정, 의약품 투여 등은 의사가 해야 한다.

09 응급구조사가 의사의 지시를 받지 않고 행할 수 있는 경미한 응급처치의 범위로 볼 수 없는 것은?

① 구강 내 이물질 제거

② 의약품의 투여

③ 심폐소생술

④ 의료기구 등을 이용한 기도유지

> **해설** 구조대상자의 생명유지 또는 증상악화를 방지하기 위하여 필요하다고 인정되는 처치, 즉 의약품 투여 등은 응급의료전문가의 지시에 따라야 한다.

10 응급처치상의 의무와 과실에 대한 설명으로 잘못된 것은?

① 법적으로 인정된 치료 기준 내에서 응급처치를 실시하다가 부상자의 상태를 악화시켰을 때를 말한다.

② 법적인 의무가 없는 한 응급처치를 반드시 할 필요는 없다.

③ 응급처치 교육을 받은 사람이 응급처치를 하지 않았을 경우 자신의 본분을 다하지 않은 것으로 본다.

④ 부상이나 손해를 야기하는 것에는 신체적 부상 이외에도 육체적, 정신적 고통, 의료비용 등의 금전적 손실, 노동력 상실이 포함된다.

> 해설 ① 법적으로 인정된 치료 기준에서 벗어난 응급처치를 실시하여 환자의 상태를 악화시켰을 때를 말하는 것으로 의무의 소홀, 의무의 불이행, 부상이나 손해를 일으킨 경우 등이 있다.
> ② 법적인 의무가 없는 한 응급처치를 반드시 할 필요는 없다. 그러나 직장규정에 따라 응급처치자로 지정된 사람이 사고 현장에 있을 경우에는 응급처치를 수행할 의무가 있다.

11 응급처치를 하다 응급환자를 그대로 두거나 응급처치를 받을 수 있도록 필요한 조치를 취하지 않고 처치를 그만두는 경우, 무엇에 해당하는가?

① 상 해

② 유 기

③ 방 임

④ 묵 인

> 해설 **유 기**
> 응급환자를 그대로 두거나 응급처치를 받을 수 있도록 필요한 조치를 취하지 않고 처치를 그만두는 것을 말한다. 일단 응급처치가 시작되면 지속적인 처치를 해야 하고 환자를 의료진에 인계할 때까지 절대로 환자를 방치해서는 안 된다.

12 응급처치 전의 환자의 동의에 관한 다음 설명 중 옳지 못한 것은?

① 고시된 동의는 환자가 합리적인 결정을 하도록 필요한 모든 사실들을 설명한 후에 환자로부터 얻는 동의이다.

② 법률적으로 사망이나 영구적인 불구를 방지하기 위하여 긴급한 응급처치를 필요로 하는 환자일 경우 구급대원은 환자의 동의를 구하지 않고 필요한 치료와 환자이송을 진행시킬 수 있다.

③ 정신적으로 무능한 사람은 치료를 받는 데 있어서 응급처치의 필요성에 대한 설명이나 정보를 제공받는 경우에 한하여 동의를 할 수 있다.

④ 미성년자에 대한 동의권은 부모나 부모와 동일하게 취급될 수 있을 만큼 가까운 사람에게 주어진다.

> **해설** 정신적으로 무능한 사람은 치료를 받는 데 있어서 응급처치의 필요성에 대한 설명이나 정보가 제공되어도 동의를 할 수 없으며, 긴급한 응급상황이라면 묵시적 동의가 적용되어야 한다.

13 응급처치에 관한 내용 중 선한 사마리아인의 법의 내용으로 옳지 못한 것은?

① 현장에서 응급환자를 돕는 사람이 성심껏 응급처치를 하는 과정에서 나온 실수나 소홀함에 있어서는 법적 책임을 지지 않도록 보장한다.

② 구급대원이 위급한 상황에서, 올바른 신념에 따라 행위를 할 때, 보상을 바라지 않고 행동한 경우, 또는 부상자에게 악의에 찬 행동을 하거나 지나친 과실을 범하지 않은 경우에는 응급처치의 결과가 부상자에게 불리하게 나올 경우에도 그를 벌하지 않는다.

③ 근무태만이나 업무상 과실로 인한 환자의 피해에 대해서도 면책된다.

④ 선한 사마리아인법이 구조자에게 잘못된 안전의식을 갖도록 한다는 주장을 하는 경우도 있다.

> **해설** ③ 근무태만이나 업무상 과실로 인한 환자의 피해에 대해서는 면책되지 않는다.
> ① 미국 플로리다 주에서 제정한 법으로 현장에서 응급환자를 돕는 사람이 성심껏 응급처치를 하는 과정에서 나온 실수나 소홀함에 있어서는 법적 책임을 지지 않도록 보장한다.
> ② 구급대원이 위급한 상황에서, 올바른 신념에 따라 행위를 할 때(좋은 의도로 응급처치를 행한 경우), 보상을 바라지 않고 행동한 경우, 부상자에게 악의에 찬 행동을 하거나 지나친 과실을 범하지 않은 경우(합리적인 우선순위에 따라 응급처치를 행한 경우)에는 응급처치의 결과가 부상자에게 불리하게 나올 경우에도 그를 벌하지 않는다는 내용이다.

14 응급의료에 관한 법률상의 선의의 응급치료에 대한 면책규정의 내용으로 옳지 못한 것은?

① 응급의료종사자가 아닌 자, 다른 법령에 따라서 응급처치 제공의무를 가진 자가 아닌 자, 응급의료종사자 및 응급처치 제공의무를 가진 자가 업무수행 중이 아닌 때에 각각 응급의료 또는 응급처치를 제공한 경우에 적용된다.

② 고의 또는 중대한 과실이 없어야 한다.

③ 행위자는 민사책임과 상해에 대한 형사책임을 지지 아니한다.

④ 사망에 대한 형사책임에 대하여는 감면하지 않는다.

> **해설** **선의의 응급의료에 대한 면책(법률 제5조의2)**
> 생명이 위급한 응급환자에게 다음의 어느 하나에 해당하는 응급의료 또는 응급처치를 제공하여 발생한 재산상 손해와 사상(死傷)에 대하여 고의 또는 중대한 과실이 없는 경우 그 행위자는 민사책임과 상해(傷害)에 대한 형사책임을 지지 아니하며 사망에 대한 형사책임은 감면한다.
> • 다음의 어느 하나에 해당하지 아니하는 자가 한 응급처치
>   – 응급의료종사자
>   – 선원법 제86조에 따른 선박의 응급처치 담당자, 119구조 · 구급에 관한 법률 제10조에 따른 구급대 등 다른 법령에 따라 응급처치 제공의무를 가진 자
> • 응급의료종사자가 업무수행 중이 아닌 때 본인이 받은 면허 또는 자격의 범위에서 한 응급의료
> • 응급처치 제공의무를 가진 자가 업무수행 중이 아닌 때에 한 응급처치

15 다음 1차 평가(ABCDE) 중 제일 먼저 이루어지는 것은?

① 호흡확인

② 기도유지

③ 순환확인

④ 의식상태 평가

> **해설** **1차 평가(ABCDE) 순서**
> • A(Airway) : 기도유지
> • B(Breathing) : 호흡확인
> • C(Circulation) : 순환확인
> • D(Disability) : 무능력(의식상태 평가) ; GCS, AVPU 분류법을 사용하여 의식수준을 사정
> • E(Expose, 노출) : 환자의 옷을 벗기고 상처나 피부병변 같은 손상, 질병이 있는지 사정

16 다음 중 글래스고 혼수척도(GCS)의 평가항목으로 옳게 나열한 것은?

① 개안반응, 언어반응, 운동반응
② 피부반응, 언어반응, 운동반응
③ 개안반응, 운동반응, 피부반응
④ 피부반응, 호흡반응, 운동반응

해설 글래스고 혼수척도(Glasgow Comascale)는 Jennett 등(1974)이 소개한 것으로 개안반응(Eye Opening), 언어반응(Verbal Response), 운동반응(Moter Response)의 3가지 평가항목에 대한 대상자 반응에 따라 4~6단계로 나누고 평가합계에 의해 의식수준과 의식장애의 중증도를 평가하는 방식이다.

17 1차 평가(ABCDE)에서 AVPU 분류법과 관련이 있는 단계는?

① A단계
② B단계
③ C단계
④ D단계

해설 환자의 의식상태를 판정할 때 사용하는 AVPU 분류법은 D단계와 밀접한 관련이 있다.
AVPU 분류법
환자의 의식 상태나 정신 상태를 표현하는 방식으로 현장에서 신속하게 판정할 수 있다.

18 응급처치 시 환자의 평가방법에 관한 설명 중 옳지 않은 것은?

① 환자가 의식이 없을 때는 외모에 나타난 증상으로 관찰한다.
② 환자가 의식이 있을 때는 환자의 이름, 연령 등을 10분 간격으로 물어본다.
③ 성인인 경우 맥박 확인은 2~3초 정도를 정맥에서 확인한다.
④ 호흡이 없으면 2회 인공호흡을 실시한 후 환자의 회복상태를 확인한다.

해설 성인인 경우 맥박 확인은 5~10초 정도를 동맥에서 확인한다.

19 의식이 있는 성인 환자의 맥박을 촉지하기 위해 일반적으로 사용되는 부위는?

① 목(경)동맥
② 자(척골)동맥
③ 노(요골)동맥
④ 넙다리(대퇴)동맥

해설 처음에는 노(요골)동맥을 평가하며 만약 없다면 목(경)동맥을 촉진한다.

20 어깨와 팔꿈치 사이에 안쪽 중앙선에서 촉지할 수 있으며 영·유아 CPR에 주로 사용되는 동맥은?

① 대동맥
② 경동맥
③ 대퇴동맥
④ 상완동맥

해설 2세 이하 소아는 목이 짧고 지방이 많아 맥박 확인이 어렵기 때문에 위팔(상완)동맥으로 촉진한다.
① 인체 내에 가장 큰 동맥으로 모든 동맥은 대동맥으로부터 혈액을 공급받는다.
② 목에 위치하며 뇌와 머리에 혈액을 공급한다. 목 중앙선에서 옆으로 촉지할 수 있다.
③ 하지의 주요 동맥으로 장골동맥으로부터 분지되어 하지에 혈액을 공급한다.

21 유아의 심폐소생술 시 구조사가 환자의 맥박을 촉지하는 부위는?

① 측두동맥
② 총경동맥
③ 상완동맥
④ 경동맥

해설 10초 이내에 상완동맥에서 맥박을 확인한다.

22 응급처치 시 환자의 평가방법에 대한 설명으로 옳지 않은 것은?

① 동공의 양쪽이 다르면 뇌 손상, 뇌출혈 등의 증상이다.
② 안색, 피부색이 창백하고 피부가 차갑고 건조하면 고혈압의 증세이다.
③ 동공이 축소되어 있으면 의식장애, 약물중독 등의 증세이다.
④ 안색, 피부색 특히 입술과 손톱색이 청색이면 혈액 속에 산소가 부족한 것을 의미한다.

> **해설** 안색이나 피부색이 붉으면 고혈압, 일산화탄소 중독, 일사병, 열사병, 고열 등의 증상이 나타나고, 안색, 피부색이 창백하고 피부가 차갑고 건조하면 쇼크, 공포, 대출혈, 질식, 심장발작 등으로 혈압이 낮아지고 혈액순환이 악화된 증세이다.

23 간질환이 있을 경우 피부색에 대하여 올바른 설명은?

① 붉은색　　　　　　　　　　② 회 색
③ 노란색　　　　　　　　　　④ 푸르고 창백한 색

> **해설** **피부색과 환자 평가**
> • 붉은 색 : 고혈압, 고열, 일산화탄소 중독, 열사병환자
> • 창백하고 희거나 잿빛, 회색 : 충분치 못한 혈액순환, 쇼크, 공포, 추위에 노출된 환자
> • 푸르고 창백한 색(청색증) : 혈액에 산소가 부족한 경우에 손가락 끝이나 입 주위에서 관찰
> • 노란색(황달) : 간질환

24 정상적인 환경에서 정상인의 말초(모세)혈관 재충혈 시간은?

① 2~3초 이내　　　　　　　　② 5초 이내
③ 5~7초　　　　　　　　　　④ 7~10초

> **해설** 모세혈관 재충혈은 손톱이나 발톱을 몇 초간 누른 후 2초 이내로 정상으로 회복되는지를 평가하는 것으로 순환상태를 알 수 있다.

25 응급 현장에서의 1차 평가에 관한 설명으로 옳지 않은 것은?

① 환자의 생명을 위협하는 상태 발견 시 활력징후 체크 후 다시 빠른 재평가를 실시한다.
② 즉각 이송해야 할 것인지 조금 더 평가하고 치료할 것인지를 결정해야 한다.
③ 전반적인 인상 파악(General Impression)은 환자에 대한 최초의 직관적인 평가이다.
④ 순환 평가는 맥박과 피부를 평가하고 심각한 출혈을 조절하는 것이다.

> **해설** 활력징후 체크는 2차 평가이다.

26 환자의 병력을 조사하기 위한 SAMPLE력에서 마지막 음식 섭취와 관련이 있는 것은?

① A   ② M
③ P   ④ L

> **해설** **부상자의 병력조사(SAMPLE)**
> 1차 조사와 신체검진을 마친 후 필요한 응급처치를 마쳤다면, 환자의 병력조사를 한다.
> • S(Signs/Symptoms) : 증상과 징후를 알아본다.
> • A(Allergies) : 알레르기가 있는가?
> • M(Medications) : 복용하는 약물이 있는가?
> • P(Past History) : 과거 병력이 있는가?
> • L(Last Oral Intake) : 마지막 음식섭취는 언제 하였는가?
> • E(Event Prior) : 부상의 원인이 되는 사건은 무엇인가?

27 다음 중 호흡에서 중점적으로 관찰하여야 할 사항과 거리가 먼 것은?

① 호흡의 양상   ② 분당호흡수
③ 호흡의 온도   ④ 가래의 양과 색깔

> **해설** 호흡에서 중점적으로 관찰해야 할 사항으로는 ①, ②, ④ 및 호흡의 냄새, 호흡상태 등이 있다.

28 성인의 정상적인 분당 호흡수는 얼마인가?

① 분당 5~13회   ② 분당 8~16회
③ 분당 10~18회   ④ 분당 12~20회

> **해설** **호흡수**
>
> | 구 분 | 정상 호흡수 |
> | --- | --- |
> | 성 인 | 12~20회/분(10회/분 미만 또는 24회/분 이상인 경우 위험) |
> | 청소년기(12~15) | 15~30회/분 |
> | 학령기(7~11) | 15~30회/분 |
> | 미취학기(4~6) | 20~30회/분 |
> | 유아(2~4) | 20~30회/분 |
> | 6~12개월 | 20~30회/분 |
> | 5개월 미만 | 25~40회/분 |
> | 신생아 | 30~50회/분 |

29 천식 환자의 날숨(Expiration) 때 들을 수 있는 깊고 높은 휘파람 부는 듯한 호흡음은?

① 거품소리(Rale)

② 그렁거림(Stridor)

③ 쌕쌕거림(Wheezing)

④ 가슴막마찰음(Pleural Friction Rub)

> 해설 ③ 쌕쌕거림(Wheezing) : 기도수축으로 기도가 좁아지거나 부종 및 이물질로 인해 나타나며, 날숨 시 깊고 높은 휘파람 부는 듯한 소리가 들린다.
> ① 거품소리(Rale) : 끈끈한 점액질이 기관지관을 좁게 만들어서 수축되었을 때 들을 수 있는 숨소리로, 수포음, 가벼운 딱딱한 소리가 들린다.
> ② 그렁거림(Stridor) : 상부 기도의 폐색 시에 나타나며 들숨 시 고음의 거친 소리를 들을 수 있다.
> ④ 가슴막 마찰음(Pleural Friction Rub) : 들숨과 날숨 시에 모두 들리고, 늑막염 시 늑막과 흉벽이 닿아서 나는 소리를 들을 수 있다.

30 혈압을 산출하는 다음 공식에서 (   ) 안에 들어갈 용어는?

혈압 = 심박출량 × (   )

① 호흡수

② 혈액산성도

③ 혈액점성도

④ 말초혈관저항

> 해설 혈압은 1분 동안 심장에서 짜내는 혈액의 양(심박출량)과 혈관의 총말초저항이 어느 정도인지에 의해 결정된다.

31 혈압을 조절하는 생리적 기전에 관한 설명으로 옳은 것은?

① 세동맥이 수축하면 혈압이 낮아진다.

② 심박출량이 감소하면 혈압이 높아진다.

③ 혈액의 점도가 높아지면 혈압이 낮아진다.

④ 혈관의 탄력성이 떨어지면 혈압이 높아진다.

> 해설 중년 이후에는 혈관의 탄력성이 떨어지기 때문에 혈압 급상승의 원인이 된다.
> ① 세동맥의 직경이 가늘수록 혈관저항이 증가하여 혈압은 높아진다.
> ② 심박출량이 감소하면 혈압이 떨어진다.
> ③ 혈액의 점도가 높을수록 혈압은 높아진다.

32 혈압을 조절하는 요인에 관한 설명으로 옳은 것은?

① 심장의 박출력이 증가하면 혈압이 낮아진다.
② 혈액의 점도가 높으면 혈압이 낮아진다.
③ 혈관의 탄력성이 낮으면 혈압이 낮아진다.
④ 말초혈관이 이완되면 혈압이 낮아진다.

> 해설 ① 심장의 박출력이 증가하면 혈압이 높아진다.
> ② 혈액의 점도가 높으면 혈압이 높아진다.
> ③ 혈관의 탄력성이 낮으면 혈압이 높아진다.

33 환자의 평가에서 빠르고 약한 맥박의 경우 내릴 수 있는 진단은?

① 혈압저하 상태
② 혈관이 막히거나 손상된 상태
③ 부정맥 상태
④ 심한 쇼크 상태

> 해설 **맥박을 촉진하여 내릴 수 있는 진단**
> • 빠르고 약한 맥박 : 혈압저하, 공포를 느끼거나 심한 통증
> • 맥박이 촉지되지 않을 경우 : 혈관이 막히거나 손상, 심장이 정지, 심근 수축력 감소, 심한 쇼크 상태
> • 불규칙하게 반동 : 부정맥, 심질환

34 폐포에 불충분한 산소가 공급되는 징후로 저산소증을 의미하는 호흡양상은?

① 서 맥
② 비익확장
③ 널뛰기호흡
④ 피부견인

> 해설 서맥(느린 맥박)은 폐포에 불충분한 산소가 공급되는 징후로 저산소증을 의미한다.
> ② 비익확장 : 들숨 시 콧구멍이 넓어지는 현상으로, 비정상적인 호흡을 알 수 있는 중요한 징후이다.
> ③ 널뛰기호흡 : 정상적으로는 가슴과 배가 동시에 팽창·수축되어야 하나 반대로 되는 경우를 말한다.
>   이는 호기가 빨라질 때 생기는 비효율적인 호흡이다.
> ④ 피부견인 : 늑골 사이나 아래, 빗장뼈 위 그리고 흉골 아랫부분의 피부나 조직에서 관찰되며 성인보다
>   소아에게 더 잘 나타난다.

35 혈관계에 대한 설명 중 옳지 못한 것은?

① 혈액에 있는 산소와 영양 그리고 세포 생성물을 신체 구석구석 운반하는 역할을 하고 있다.
② 대동맥은 인체 내에 가장 큰 동맥으로 모든 동맥은 대동맥으로부터 혈액을 공급받는다.
③ 혈액은 혈구와 혈장으로 구성되어 있다.
④ 수축기압은 우심실의 수축으로 생기고, 이완기압은 우심실이 이완되었을 때 측정된다.

> **해설** 수축기압은 좌심실의 수축으로 생기고 이완기압은 좌심실이 이완되었을 때 측정된다.

36 환자상태의 평가에서 환자가 사망한 경우 동공의 상태는?

① 동공이 축소된다.
② 빛을 비추어도 동공이 수축하지 않는다.
③ 동공이 크게 확장되고 동공반사가 사라진다.
④ 동공의 크기가 서로 달라진다.

> **해설** 환자가 사망한 경우에는 동공이 크게 확장되고 동공반사가 사라지게 된다.
> ① 동공이 축소되는 것은 약물중독이나 중추신경계의 병변이 있는 환자에게서 관찰된다.
> ② 빛을 비추어도 동공이 수축하지 않는 경우는 질병이나 약물중독 또는 시신경의 손상을 의미한다.
> ④ 동공의 크기가 다른 경우는 두부손상이나 뇌병변을 의심할 수 있으나 일부 정상인에게서도 동공의 크기가 다른 경우가 있다.

37 환자의 주 호소를 기술하는 병력조사방법인 OPQRST 평가지표에서 P가 뜻하는 것은?

① 발병상황
② 주 호소 유발요인
③ 통증의 특성
④ 통증의 전이

> **해설** **OPQRST 평가지표**
> • Onset of Event : 발병상황
> • Provocation or Palliation : 주 호소 유발요인
> • Quality of the Pain : 통증의 특성
> • Region and Radiation : 통증의 전이
> • Severity : 통증의 강도
> • Time(History) : 통증의 발현시간

38 환자를 이동할 때 유리한 신체역학에 관한 설명으로 옳지 않은 것은?

① 환자나 들것을 운반할 때 걸음은 어깨넓이보다 길거나 넓어야 한다.

② 가능하다면 보조장치를 최대한 사용한다.

③ 가능하면 정상균형을 유지하기 위해 뒤쪽보다 앞쪽으로 이동한다.

④ 환자의 몸무게가 양쪽 발에 균등하게 나누어지도록 한다.

> **해설** **환자를 들어 올리는 기본적인 원칙**
> • 환자의 체중을 예측하여 무리 없이 들어 올릴 수 있는 환자만 들어 올린다.
> • 허리 높이보다 낮은 곳에서 들어 올릴 때는 가능한 한 몸 가까이 붙이고 무릎을 구부리고 허리는 구부리지 않고 등을 곧게 편 후 다리를 피면서 일어선다.
> • 들어 올릴 때 대퇴부(허벅지)와 둔부(엉덩이)의 근육을 이용하여 무릎을 곧게 편다.
> • 한쪽 발을 다른 쪽보다 약간 앞쪽으로 위치하면서, 발바닥은 바닥에 편평하게 유지한다.
> • 어깨를 척추와 골반에 일직선으로 맞추고 복부에 힘을 준다.
> • 환자의 체중이 응급구조사의 양쪽 발에 균등하게 유지되도록 한다.
> • 중심이 한쪽으로 치우치지 않도록 한다. 근육이 지나치게 긴장하면 안 된다.
> • 이송할 때는 다리, 엉덩이 등 가장 강한 근육을 사용한다. 허리 근육은 다리 근육보다 약하기 때문이다.
> • 환자를 이송할 때는 보폭은 어깨 넓이보다 넓어서는 안 된다.
> • 방향을 바꿀 때는 어깨가 골반과 일치토록 유지한다.
> • 머리를 똑바로 세우고 부드럽게 조정하면서 움직인다.
> • 들어 올릴 때 몸을 비틀지 말아야 한다. 다른 동작을 하는 것은 부상의 원인이 될 수 있으므로 갑작스런 움직임은 피해야 한다.
> • 한 손으로 들어 올릴 때 한쪽으로 몸을 굽히는 것을 피해야 한다. 허리는 항상 일직선을 유지하도록 한다.
> • 슬리퍼 등과 같은 것은 안 되며 안전화를 착용해야 한다.
> • 보조장비를 최대한 활용한다.

39 들것을 들어 올릴 때, 구조자의 부상을 방지하기 위한 방법인 파워리프트(Power Lift)에 관한 자세로 옳지 않은 것은?

① 구조자의 등을 반듯이 고정하고 엉덩이보다 상체를 먼저 일으켜 들것을 들어 올린다.

② 구조자의 무게 중심은 발꿈치 또는 바로 그 뒤에 둔다.

③ 구조자가 일어설 때는 발을 평편한 바닥 위에 편안한 상태로 벌려 천천히 일어선다.

④ 구조자의 허리를 구부려 들것손잡이를 잡은 후 몸에서 떨어진 상태에서 들것을 들어 올린다.

> **해설** **들것으로 다친 환자를 운반하는 요령**
> • 허리에 의존해서 척추에 무리하게 힘을 가하지 않는다.
> • 커뮤니케이션을 통해 구조자 및 팀 간의 이동에 대한 조정을 한다.
> • 환자의 체중 및 팀의 한계를 알 수 있도록 대화 및 신호를 통해 보조를 맞춘다.
> • 환자를 운반하고 있을 때는 몸을 비틀지 않아야 한다.
> • 구조자의 등은 편 자세를 유지하면서, 환자를 구조자의 몸 가까이 한다.

40 통나무 굴리기 방법에 대한 설명으로 옳지 못한 것은?

① 등은 일직선상을 유지한다.
② 환자를 굴릴 때 손과 어깨를 사용한다.
③ 허리를 지렛대 역할로 사용한다.
④ 환자의 어깨, 허리, 엉덩이, 다리 부분을 잡고 돌릴 준비를 한다.

해설 허리를 지렛대 역할로 사용하는 것은 피한다.

41 로그롤 이동법이란 무엇인가?

① 응급구조사 1인이 위험한 환경에서 안전한 지역으로 환자를 신속히 이동시키는 방법이다.
② 환자의 기도유지를 위하여 환자를 좌측위로 위치시키면서 이동하는 방법이다.
③ 척추를 최대한 보호하면서 환자의 자세를 바꾸거나 이동하는 방법이다.
④ 환자의 호흡유지를 위하여 상체를 일으킨 자세로 환자를 이동하는 방법이다.

해설 **통나무굴리기(Log Roll)**
로그롤 방법은 누워 있는 상태의 척추손상 가능성이 있는 환자를 움직여야 할 때 사용하는 것이며, 환자를 척추 고정 장비에 올려놓을 때나 엎드려 있는 환자를 눕힐 때도 사용한다.

42 주로 고지대·저지대 구출용과 산악용으로 사용되는 들것은?

① 바스켓형 들것　　　　　② 유연성 있는 들것
③ 계단형 들것　　　　　　④ 분리형 들것

해설 바스켓형 들것은 주로 고지대·저지대 구출용과 산악용으로 사용된다.
② 좁은 곳을 통과할 때 유용하다.
③ 환자를 앉은 자세로 이동시킬 때 사용된다.
④ 주로 운동 중 사고나 골반 측 손상에 사용된다.

43 바구니 들것이 필요한 경우는?

① 환자가 누울 수 없을 경우
② 좁은 엘리베이터 등 좁은 공간을 이동할 때
③ 쇼크환자를 이동시킬 경우
④ 척추손상 의심환자가 높은 건물에 위치한 경우

해설 바구니 들것(바스켓형 들것)은 척추 손상 의심환자가 높은 건물에 위치한 경우에 사용된다.

44 척추 고정 장비에 환자를 안전하게 고정시켰다. 그런데 이송 도중 환자가 구토를 하였을 경우 처치법으로 옳은 것은?

① 전신고정끈을 풀러 머리를 옆으로 돌려준다.
② 두부고정대끈만 풀러 머리를 옆으로 돌려준다.
③ 척추고정판과 함께 환자를 옆으로 돌린다.
④ 경구기도기를 삽입한다.

> **해설** 척추 고정 장비에 환자를 안전하게 고정시킨 후 이송 도중 환자가 구토를 하였을 경우에는 척추고정판과 함께 환자를 옆으로 돌려야 안전하다.

45 환자의 자세 유형에 관한 설명 중 옳지 않은 것은?

① 앙와위(Supine) 자세 – 환자를 위로 향하도록 눕혀 양 무릎을 조금 벌리고 두부, 흉부, 사지가 수평상태가 되도록 한다.
② 측와위(Lateral) 자세 – 환자를 옆으로 향하게 눕혀서 위쪽의 상지를 앞 방향으로 내어 팔꿈치를 구부리고 손등에 얼굴을 댄다. 위쪽의 하지 무릎을 구부리고 복부쪽으로 가까이 조금 끌어 당겨서 안정시킨다.
③ 복와위(Prone) 자세 – 환자를 엎드려 눕혀서 얼굴을 옆으로 향하게 하여 한쪽 손가락 위에 얹는다.
④ 두측고위 자세 – 환자를 앙와위로 눕혀서 양 무릎을 세우고 양쪽 하지를 조금 벌린다. 세운 무릎 아래에는 모포 등의 받침을 넣어 안정시킨다.

> **해설** ④는 슬굴곡위 자세에 대한 설명이다.
> 두측고위 자세는 환자의 두부 측을 수평면보다 약 15° 높은 상태로 하고 모포 등으로 받침을 해서 안정시킨다.

46 다음 중 얼굴을 위로 향하고 누운 자세를 나타내는 용어는?

① 앙와위   ② 복와위
③ 측와위   ④ 반좌위

> **해설** ② 복와위 : 얼굴을 아래로 향하고 누운 자세
> ③ 측와위 : 좌·우측면으로 누운 자세
> ④ 반좌위 : 윗몸을 45~60° 세워서 앉은 자세

47 환자 이송 시 특수한 증상을 가진 환자는 체위를 고려해야 하는 데 다음 중 틀린 것은?

① 혈압이 저하된 환자 – 두부거상 자세
② 척추손상환자 – 반듯이 누운 상태로 고정을 완벽히 한다.
③ 심근경색환자 – 뒤로 반쯤 기댄 상태
④ 출혈성 쇼크환자 – 하지 거상

> **해설** 누운 상태에서는 혈압이 정상이지만, 앉거나 바로 서면 혈압이 저하되므로 하지를 지면으로부터 15~25cm 높여 하지의 혈액이 심장이나 뇌로 가도록 한다.

48 응급환자 발생 시 응급처치로 옳지 않은 것은?

① 환자를 따뜻하게 보온한다.
② 들것이나 구급차 이동 시 세심한 주의를 해야 한다.
③ 출혈에 대한 처치를 한다.
④ 뇌손상 쇼크 의심 시 뇌로 가는 혈량을 증가시키기 위해 머리와 가슴을 다리보다 낮게 한다.

> **해설** 쇼크환자의 적절한 체위는 하지를 45° 상승해야 하며, 머리는 가슴과 같거나 다소 높게 유지한다.

49 이동 장비를 이용해 환자를 운반하기 위한 적절한 자세설명으로 옳지 못한 것은?

① 두부나 척추 손상이 없는 무의식환자는 좌측위나 회복자세를 취해준다.
② 호흡곤란이나 흉통 호소 환자는 환자가 편안해 하는 자세를 취해주는 것이 좋다.
③ 두부나 척추 손상이 의심되는 환자는 긴 척추고정판으로 고정시킨 후 이송해야 한다.
④ 두부, 경추, 척추손상환자는 다리를 20~30cm 올린 후 앙와위로 이송한다.

> **해설** 쇼크환자는 다리를 20~30cm 올린 후 앙와위로 이송한다. 두부, 경추, 척추손상환자에게 시행해서는 안 된다.

50 다음 환자의 자세와 적용에 관한 설명 중 맞지 않는 것은?

① 앙와위 – 손발에 상처가 있을 때
② 측와위 – 구토를 할 때
③ 복와위 – 등 부위에 손상이 있을 때
④ 슬굴곡위 – 의식장애가 있을 때

> **해설** 슬굴곡위 : 복부외상, 복통(급성 복증) 등

51 외상을 입은 임신 3기 환자에게 이송 시 취해주어야 할 자세는?

① 심스자세(Sim's Position)

② 무릎가슴자세(Knee-chest Position)

③ 좌측 옆누운자세(Left Lateral Recumbent Position)

④ 등쪽 누운자세(Dorsal Recumbent Position)

> **해설** **좌측 옆누운자세(Left Lateral Recumbent Position)**
> 눕거나 뒤로 기대는 자세를 영어로 'Recumbent Position'이라 한다. 등을 벽에 대고 비스듬히 누워있는 것이라고 할 수 있으므로 수평면 이외에 어디엔가 의지한 자세로 보면 된다.

52 다음 중 기도를 유지하는 장비가 아닌 것은?

① 흡인기　　　　　　　　　　② 제세동기

③ 인공기도유지기　　　　　　④ 기관 내 삽관

> **해설** ②는 순환유지 장비이다.

53 입-마스크 인공호흡 시 성인(500~600mL)의 경우 1회 호흡량은 몇 mL/kg이어야 하는가?

① 4~5mL/kg　　　　　　　② 6~7mL/kg

③ 8~9mL/kg　　　　　　　④ 10~11mL/kg

> **해설** 입-마스크 인공호흡 시 성인(500~600mL)의 경우 1회 호흡량은 6~7mL/kg이다.

54 가슴압박에서 압박수축기와 압박이완기의 비율은 얼마로 유지하여야 하는가?

① 70 : 30　　　　　　　　② 30 : 70

③ 60 : 40　　　　　　　　④ 50 : 50

> **해설** 가슴압박에서 압박수축기와 압박이완기의 비율은 50 : 50 정도로 유지해야 한다.

55 다음 기관 내 삽관에 관한 설명 중 옳지 않은 것은?

① 기도삽관 고정기는 기도삽관을 시행할 때 시야의 확보를 위해 이용된다.
② 기관 내 삽관은 구강 내의 이물질이 기관으로 유입되는 것을 방지할 수 있다.
③ 기도삽관용 튜브는 환자의 기도 크기에 따라 여러 가지 크기가 이용될 수 있다.
④ 산소탱크는 알루미늄으로 되어 있다.

> **해설** ① 후두경에 대한 설명이다.
> 기관 내 삽관은 심정지 또는 호흡정지환자들에게 시행하는 것으로, 기도이물에 의한 흡인을 방지하고
> 기도를 유지하며 양압환기를 가능하게 하여 적절한 산소를 공급할 수 있게 하는 데 그 목적이 있다.

56 포켓마스크에 대한 설명 중 옳지 않은 것은?

① 인공호흡 시 환자 폐의 환기상태를 느낄 수 있다.
② 구강 대 구강법보다 높은 농도의 산소를 공급할 수 있다.
③ 입을 벌릴 수 없는 경우 사용할 수 없다.
④ 호흡이 정지된 환자에게 인공호흡용으로 사용한다.

> **해설** **포켓마스크(Pocket Mask)**
> • 포켓마스크를 사용하면 구조자의 흡기 내 산소농도가 상승하므로 상대적으로 산소함유량이 높은 호기로
>   환자에게 인공호흡을 할 수 있다.
> • 용도 : 구강대 구강 인공호흡 시 환자와 직접적인 신체접촉을 피할 수 있으며, 또한 산소튜브가 있어
>   충분한 산소를 보충하면서 인공호흡을 할 수 있다. 기도를 개통하기 쉽고 환자의 가슴 움직임도 보기
>   쉽다. 유아에 사용할 때는 마스크를 거꾸로 하여 기저부가 코 위에 놓이도록 하여 사용한다.

57 자발호흡이 있는 성인 응급환자에게 분당 40L의 속도로 100% 산소를 공급하고자 할 때, 사용되는 호흡보조 장비는?

① 포켓마스크
② 백-밸브마스크
③ 비재호흡마스크
④ 수요밸브 소생기

> **해설** **수요밸브 소생기(자동식 산소소생기)** : 무호흡·호흡곤란환자에게 자동 또는 수동으로 산소를 공급한다.

58 수요밸브(Demand Valve) 소생기에 관한 설명으로 옳지 않은 것은?

① 호흡이 없는 환자에게는 사용할 수 없다.

② 위 팽만 및 폐 손상을 유발할 수 있다.

③ 소아에게는 사용하지 않는다.

④ 기관 내 삽관 튜브와 연결하여 사용하는 것이 효과적이다.

59 다음은 자동제세동기의 사용방법 일부이다. 순서로 옳은 것은?

ㄱ. 전원 켜기	ㄴ. 전극 패드 부착
ㄷ. 커넥터 연결	ㄹ. 환자와의 접촉금지

① ㄱ → ㄴ → ㄷ → ㄹ

② ㄱ → ㄷ → ㄴ → ㄹ

③ ㄷ → ㄹ → ㄱ → ㄴ

④ ㄹ → ㄷ → ㄴ → ㄱ

> **해설** **자동제세동기 사용법**
> • 환자의 무의식, 무호흡 및 무맥박을 확인한다(도움요청 포함).
> • 전원버튼을 눌러 자동제세동기를 켠다.
> • 두 개의 패드를 가슴에 부착 후 패드의 커넥터를 자동제세동기에 연결한다.
> • 모든 동작을 중단하고 분석단추를 누른다.
> • 제세동을 시행하라는 말과 글이 나오면 환자와의 접촉금지를 확인한 후 제세동 버튼을 누른다.
> • 제세동을 시행한 후 즉시 2분간 심폐소생술을 시행한다.

60 자동제세동기의 사용방법으로 옳지 않은 것은?

① 제세동 전에 환자의 몸이 젖어 있는 경우에는 환자의 가슴을 건조시켜야 한다.

② 소아일 경우 소아용 변환 시스템이 없으면 성인용 자동제세동기를 사용할 수 있다.

③ 심전도가 분석되는 동안 심폐소생술을 중단해서는 안 된다.

④ 첫 번째 제세동 후 맥박을 확인하지 않고 즉시 가슴압박을 시작한다.

> **해설** '분석 중…'이라는 음성 지시가 나오면, 심폐소생술을 멈추고 환자에게서 손을 뗀다. 제세동이 필요한 경우라면 "제세동이 필요합니다."라는 음성 지시와 함께 자동제세동기 스스로 설정된 에너지로 충전을 시작한다. 자동제세동기의 충전은 수 초 이상 소요되므로 가능한 가슴압박을 시행한다. 제세동이 필요 없는 경우에는 "환자의 상태를 확인하고, 심폐소생술을 계속 하십시오"라는 음성 지시가 나온다. 이 경우에는 즉시 심폐소생술을 다시 시작한다.

61 7세 남아에게 자동제세동기를 사용했지만 회복되지 않아 두 번째 제세동을 하고자 한다. 두 번째 제세동의 에너지량으로 옳은 것은?

① 2J/kg

② 4J/kg

③ 6J/kg

④ 8J/kg

해설 제세동 시에 첫 에너지는 2~4J/kg이고 두 번째는 4J/kg 이상으로 성인의 최대 용량을 넘지 않도록 한다.

62 다음 중 환자의 분류가 바른 것은?

① 지연환자 - 불가역적 손상으로 사망이 예견되거나 사망한 환자

② 응급환자 - 경미한 골절이나 단순한 열상 및 찰과상을 입은 환자

③ 비응급환자 - 호흡장애, 경추손상, 쇼크의 증상이 보이는 환자

④ 긴급환자 - 화상, 중증 혹은 다발성 골절이나 척추손상환자

해설 ② 비응급환자
③ 긴급환자
④ 응급환자

CHAPTER

02 임상응급의학

01 출 혈

1 외부출혈

(1) 출혈의 개요

① 혈관 손상이 발생하여 혈액이 혈관 밖으로 나오는 것이다.

② 일반적으로 성인은 1L, 소아는 0.5L, 신생아는 0.1L 실혈될 경우 위험하다.

③ 내외부출혈 모두 실혈량을 정확히 측정할 수 없으므로 평가에 있어 환자의 증상 및 징후가 중요하다.

④ 출혈이 발생하면 손상혈관이 수축되고 혈소판과 응고인자는 혈액을 응고시켜 지혈반응을 나타내는데 심한 출혈일 경우 이 반응이 정상적으로 작용하지 않을 수 있다.

⑤ 혈액 응고기능을 떨어뜨리는 Coumadin(Wafarin)과 같은 약물을 투여하는 환자의 경우 출혈이 계속 진행될 수 있으므로 주의해야 한다.

　㉠ 인공심장밸브를 갖고 있는 환자

　㉡ 만성 부정맥을 갖고 있는 노인환자

　㉢ 투석을 하는 환자

⑥ 외부출혈은 피부 손상으로 나타나며 외부물체로 인한 것뿐만 아니라 신체 내부에서 골절된 뼈에 의해서도 나타날 수 있다.

(2) 외부출혈의 형태

① 동맥출혈

　㉠ 동맥이나 세동맥 손상으로 일어난다.

　㉡ 산소가 풍부하고 고압상태이므로 선홍색을 띠며 심박동에 맞춰 뿜어져 나온다.

　㉢ 보통 양이 많으며 고압으로 인해 지혈이 어렵다.

　㉣ 지혈되지 않으면 쇼크 증상을 초래하며 열상에서 많이 나타난다.

② 정맥출혈

  ㉠ 정맥이나 세정맥 손상으로 일어난다.

  ㉡ 산소가 풍부하지 않으며 저압상태이므로 검붉은색(암적색)을 띠며 지속적으로 느리게 흘러나
     오는 양상을 나타낸다.

  ㉢ 열상에서 많이 나타나며 지혈이 쉽다.

③ 모세혈관 출혈

  ㉠ 모세혈관 손상으로 일어나며 출혈이 느리고 스며 나오듯이 나온다.

  ㉡ 색은 검붉은색이며 찰과상에서 흔히 볼 수 있다.

  ㉢ 지혈이 쉬우며 실혈량도 적기 때문에 자연적으로 지혈된다.

(3) 응급처치

① 개인 보호 장비를 착용한다.

② 현장안전을 확인 : 환자상태 및 수에 따른 추가 지원을 요청한다.

③ 1차 평가를 실시 : 기도유지를 하고 비정상적인 호흡에는 인공호흡을 실시, 쇼크 증상 및 징후에
   는 산소를 공급한다.

④ 지혈 : 치명적인 출혈인 경우에는 기도 유지와 호흡을 제외한 응급처치 중 지혈을 제일 먼저
   실시해야 한다.

⑤ 재평가를 실시 : 만약 쇼크의 증상 및 징후가 나타난다면 그에 따른 처치를 실시해야 한다.

(4) 지혈 방법

① 직접압박 지혈

  ㉠ 장갑 낀 손으로 출혈부위를 직접 누른다.

  ㉡ 압박을 계속 유지하기 위해서는 소독 드레싱을 실시한다.

② 거 상

  ㉠ 상처부위를 심장보다 높게 올리는 방법이다.

  ㉡ 근골격계 손상이나 척추 손상이 의심되는 경우에는 거상해
     서는 안 된다.

③ 동맥 압박점

  ㉠ 압박점은 뼈 위로 지나는 큰 동맥에 위치해 있으며 팔다리
     상처로 인한 실혈량을 줄일 수 있다.

  ㉡ 보통 압박점으로 팔은 위팔동맥, 다리는 넙다리동맥, 얼굴
     은 관자동맥을 이용한다.

  ㉢ 압박점은 환자의 자세에 상관없이 사용할 수 있다.

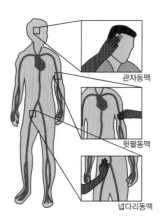

관자동맥

윗팔동맥

넙다리동맥

(5) 지혈기구

① **경성부목** : 경성이나 고정부목은 팔다리 지혈에 도움을 준다. 팔다리의 움직임을 줄여 실혈량을 줄이는 역할을 한다.

② **연성부목(공기부목, 진공부목)**

    ㉠ 공기부목, 진공부목 그리고 쇼크방지용 바지는 큰 상처 부위에 압력을 가해 지혈작용을 하며 움직임을 줄여 실혈량을 줄인다.

    ㉡ 출혈 부위와 부목이 직접 닿지 않도록 상처부위에 거즈를 댄 후에 입으로 공기를 불어 넣는다. 진공부목의 경우 펌프를 이용해야 한다.

③ **지혈대**

    ㉠ 절단 부위에서 치명적인 출혈이 나타날 때 마지막 수단으로 사용된다.

    ㉡ 지혈대 사용은 근육, 혈관, 신경에 커다란 손상을 초래할 수 있으며 이는 환자상태를 악화시키고 접합수술을 불가능하게 만들 수 있다.

    ㉢ 팔다리손상으로 치명적인 출혈이 생겼을 경우 혈압기계의 커프를 지혈대로 사용할 수도 있다.

    ㉣ 지혈대 사용 시 유의사항

       • 항상 폭이 넓은 지혈대를 사용해야 한다.

       • 철사, 밧줄, 벨트 등 폭이 좁은 것은 조직을 손상시키므로 사용해서는 안 된다.

       • 한번 조인 지혈대는 병원에 올 때까지 풀어서는 안 된다.

       • 관절 부위에 사용해서는 안 된다.

> **더 알아두기 | 지혈대 사용법**
>
> • 상처 부위로부터 5~8cm 떨어진 위쪽에 적용한다.
> • 10cm 폭 정도의 지혈대를 두 번 감아 묶고 매듭 안으로 막대기나 단단한 물건을 넣고 단단히 묶는다.
> • 묶여진 막대기를 비틀어서 피가 멈출 때까지 지혈대가 죄어지도록 한다.
> • 출혈이 멈추면서 막대가 풀려 느슨해지지 않도록 주의한다.
> • 지혈대를 사용한 시간을 기록지에 적는다.
> • 상처 부위 감염을 방지하기 위해 드레싱을 실시한다.
> • 추가 출혈이 있는지 계속 관찰한다.

(6) 귀, 코, 입에서의 출혈

① **원 인**

    ㉠ 직접적인 손상

    ㉡ 머리뼈 골절

ⓒ 외상으로 인한 출혈 외에 호흡기계 감염, 고혈압, 응고장애 등

② 일반적인 처치법

ⓐ 귀출혈

• 손상 받은 쪽으로 귀를 기울여 피나 액체가 흘러나오도록 한다.

• 소독 거즈로 귀를 덮고 귀를 막거나 혈액이 흐르는 것을 방해하지 않도록 접착성 테이프로 살짝 붙인다.

ⓑ 입출혈 : 출혈점을 압박하고 기도유지를 한다.

ⓒ 비출혈

• 환자의 혈압이 높거나 불안정하다면 환자를 최대한 안정시킨다.

• 환자를 앉은 자세를 유지하게 하여 혈압을 낮추고 머리를 앞으로 기울이도록 하여 혈액이 허파로 유입되지 않도록 한다.

• 윗입술과 잇몸 사이에 둥글게 말은 거즈를 넣거나 코를 손가락으로 눌러 압박을 한다.

• 코 위에 얼음물 주머니를 올려 놓는 국소적 냉각치료는 지혈에 도움이 된다.

2 내부출혈

(1) 개 요

① 내부출혈은 외부출혈과는 달리 눈에 보이지 않으며 둔기외상, 혈관파열이나 기타 원인으로 발생한다.

② 출혈량이 많은 경우 빠른 속도로 쇼크나 사망을 초래할 수 있다. 특히, 가슴, 배, 골반의 출혈인 경우 치명적이다.

(2) 내부출혈과 관련된 손상기전

① 낙상 : 5m 이상 높이에서의 낙상은 심각한 내부손상을 초래한다. 환자 키의 3배 이상의 높이에서 떨어진 경우는 특히 위험하다.

② 오토바이 사고 : 운전자는 대부분 오토바이로부터 튕겨져 나간다.

③ 차에 치인 보행자 : 세 번의 충격(차량 범퍼, 보닛이나 전면유리, 도로나 차량)을 받을 수 있다.

④ 차량사고 : 고속충돌, 전복, 추락 등으로 심각한 내부손상을 초래할 수 있다.

⑤ 기타 : 내부 장기손상과 출혈을 초래하는 총상, 천자상이 있다.

(3) 내부출혈의 특징적인 증상 및 징후

① 빠른맥

② 손상부위의 찰과상, 타박상, 변형, 충격 흔적, 머리·목·가슴·배·골반 부종

③ 입, 항문, 질, 기타 구멍으로부터의 출혈

④ 갈색이나 붉은색의 구토물

⑤ 검고 끈적거리거나 붉은색의 대변

⑥ 부드럽고 딱딱하거나 팽창된 배

⑦ 쇼크의 증상 및 징후가 나타남(내부출혈이 심각한 경우)

(4) 응급처치

① 개인 보호 장비를 착용한다.

② 현장안전 확인을 하며 외상으로 인한 잠재적인 내부손상을 파악한다.

③ 1차 평가를 실시한다.

④ 병력 청취 및 신체검진을 통해 내부출혈 가능성을 평가한다. 팔다리 변형, 부종, 통증 호소 시, 쇼크 증상 및 징후는 내부출혈을 의심해야 한다.

⑤ 변형, 부종, 통증 호소 부위가 팔다리인 경우 부목으로 고정시켜 준다.

⑥ 쇼크 증상 및 징후가 보인다면 즉각적으로 환자를 이송한다.

⑦ 많은 양의 산소를 공급한다.

⑧ 이송 중 5분마다 재평가를 실시해야 한다.

02   쇼 크

1 쇼크의 개념

(1) 의 의

심한 외상, 화상, 수술, 대출혈 등 물리적 손상과 정신적 손상 또는 알레르기와 같은 과민반응 등으로 인하여 신체의 혈관·신경 조절기능이 저하되고 탈진한 상태 등을 말하며, 적절히 치료 받지 못하면 심장과 뇌 등의 중요 기관이 기능을 잃게 되어 사망할 수 있다. 쇼크라는 용어는 사용되는 환경이나 기준에 따라 매우 다양한 의미를 가지고 있다.

(2) 증 상

① 눈앞이 깜깜해진다.

② 맥박이 빠르다.

③ 피부 색깔이 창백하고, 입술은 파래진다.

④ 식은땀이 나며, 피부는 차갑고 끈적이게 된다.

⑤ 기운이 없고 어지럽다.

⑥ 속이 메스껍거나 토한다.

⑦ 하품을 하거나 헐떡이기도 한다.

⑧ 의식이 저하된다.

⑨ 심장이 정지된다.

(3) 응급처치

① 기도를 유지하고 필요에 따라 지원요청을 하고 심폐소생술을 시행한다.

② 출혈부위를 직접압박하여 지혈한다.

③ 다리 부분을 15~25cm 정도 높여 혈액이 심장이나 뇌로 가도록 한다(흉부 손상이나 뇌손상환자는 제외).

④ 골절부위를 부목으로 고정시킨다.

⑤ 담요 등을 덮어서 체온을 유지한다.

⑥ 가급적 환자를 눕힌 상태로 유지한다. 그러나 심한 심장발작이나 폐질환 후에 쇼크가 나타난 환자는 앉거나, 약간 뒤로 젖혀 앉은 상태에서 호흡을 잘하는 수가 있다.

⑦ 구토가 심한 경우에는 환자의 자세를 옆으로 유지시켜 토사물이 기도를 막지 않도록 한다.

⑧ 목, 가슴, 허리에 압박을 주는 꽉 조이는 옷이나 가죽 벨트 등을 풀러 주어 느슨하게 한다.

⑨ 환자가 병원에 도착할 때까지 호흡과 맥박상태를 계속 관찰한다.

(4) 주의사항

① 불필요하게 움직이거나, 먹거나, 마시거나, 담배를 피우게 해서는 안 된다.

② 환자를 혼자 내버려 두지 않는다.

2 과민반응성 쇼크

(1) 의 의

특정 약물을 주사하거나, 특정 벌레에 물렸을 때, 또는 땅콩 등의 특정 음식을 먹었을 때, 어떤 사람들은 체내에서 강력한 알레르기 반응이 발생하여, 혈압이 떨어지고, 호흡이 힘들어지며, 얼굴과 목이 부어 질식할 수 있다.

(2) 증 상

① 불그스름하고 반점이 섞인 피부발진이 넓게 퍼진다.
② 얼굴과 목이 붓는다.
③ 눈 주위가 붓는다.
④ 숨쉬기 힘들어 한다. 가슴이 답답한 정도에서부터 심한 경우 쌕쌕거리면서 숨을 헐떡일 수도 있다.
⑤ 불안해한다.
⑥ 맥박이 빠르다.

(3) 응급처치

① 일부 환자들은 본인이 심한 알레르기가 있다는 것을 알고 치료 주사제(에피네프린)를 휴대하고 있을 수 있다. 이런 경우 직접 주사하도록 도와준다.
② 119에 연락하여 구급차를 요청한다.
③ 의식이 있는 환자는 앉혀서 호흡곤란을 최대한 감소시킬 수 있도록 한다.
④ 환자의 의식이 없으면, 기도를 열고 호흡을 점검한 뒤 필요하면 심폐소생술을 실시한다.

(4) 주의사항

환자를 혼자 내버려 두지 않는다.

3 저혈량 쇼크

(1) 의 의

실혈로 인한 쇼크를 말한다. 순환계는 인체 조직에 산소를 공급하고 세포로부터의 배설물을 제거하는 기능을 하는데 이 기능이 제대로 이루어지지 않을 경우 저혈류, 즉 쇼크 상태를 초래한다.

① 저혈류를 야기하는 3가지 요소
  ㉠ 심장기능장애
  ㉡ 정상혈관 수축기능 저하
  ㉢ 실혈이나 체액 손실

(2) 실혈에 따른 각 조직의 반응과 증상 및 징후

기 관	실혈 반응	증상 및 징후
뇌	심장과 호흡기능 유지를 위한 뇌 부분의 혈류량 감소	의식 변화 - 혼돈, 안절부절 못함, 흥분
심혈관계	심박동 증가, 혈관수축	빠른호흡, 빠르고 약한 맥박 저혈압, 모세혈관 재충혈 시간 지연
위장관계	소화기계 혈류량 감소	오심, 구토
콩 팥	염분과 수분 보유 기능 저하	소변생산량 감소, 심한 갈증
피 부	혈관 수축으로 인한 혈류량 감소	차갑고 창백하며 축축한 피부, 청색증
팔다리	관류량 저하	말초맥박 저하, 혈압 저하

(3) 응급처치

① 현장안전을 확인하고, 개인 보호 장비를 착용한다.
② 기도개방을 유지하고 호흡이 부적절할 때에는 인공호흡을 실시한다.
③ 외부출혈을 지혈한다.
④ 병원까지의 이송시간이 20분 이상 소요 시 항쇼크바지를 입힌다.
⑤ 약 20~30cm 정도 다리를 올린다. 만약 척추, 머리, 가슴, 배의 손상 증상 및 징후가 있다면 앙와위를 취해주어야 한다. 즉, 긴 척추고정판으로 환자를 옮겨 다리를 올려 준다.
⑥ 골절이나 탈구된 부위는 부목으로 고정한다.
⑦ 보온을 유지하고, 신속하게 병원으로 이송한다.
⑧ 이송 중에 의식장애, 생체징후 등을 재평가해야 한다.

> **더 알아두기** **소아의 저혈량 쇼크**
>
> • 저혈량 쇼크에 대한 생리적 반응이 성인과 다르다.
> • 성인보다 혈압과 심박동 보상반응이 더 오래 유지되기 때문에 전체 혈액량의 1/2 이상이 실혈되어야 혈압이 떨어진다. 그러나 혈압이 떨어지면 급속도로 심장마비로 진행되어 위험하다.
> • 쇼크 증상 및 징후가 없어도 외상평가로 신속한 처치를 제공해야 한다.

4 기타 쇼크의 유형

(1) 신경성 쇼크

① 척추, 경추 손상 등으로 자율신경계가 단절되어 발생한다.

② 혈액이 소실된 것이 아니라 혈관이 이완되어 유발하는 것으로 쇼크로 인하여 체액이 혈관내로 유입되는 보상작용으로 혈액량이 증가한다.

③ 척추고정을 반드시 시행하고 저체온증에 빠지기 쉬우므로 반드시 체온유지를 해주어야 한다.

(2) 심장성 쇼크

① 펌프기능 부전으로 부적합한 조직관류와 산소 공급으로 발생한다.

② 심장근육이 모든 장기에 순환시키기 위한 충분한 압력을 가하지 못해 충분히 혈액을 공급하지 못할 때 발생한다.

(3) 패혈성 쇼크 : 세균감염이 원인으로 신체조직에서 생성된 독소에 의해서 발생한다.

(4) 호흡성 쇼크 : 신체에 충분한 산소 공급이 되지 않을 때 발생한다.

더 알아두기 쇼크의 유형에 따른 증상

구 분	출혈성	저혈량성	심장성	신경성	패혈성
혈 압	저 하	저 하	저 하	저 하	저 하
맥박수	증 가	증 가	증 가	정상/감소	증 가
피부온도	차갑다.	차갑다.	차갑다.	따뜻하다.	차다./따뜻하다.
경정맥	수 축	수 축	팽 대	수 축	수 축
신경마비	없다.	없다.	없다.	있다.	없다.

03 　연부조직 손상

1 피부의 기능과 구조

(1) 피부의 기능

　① 인체를 보호하고 감염을 방지하는 보호벽 기능
　② 인체 내부 수분과 기타 체액을 유지하는 기능
　③ 체온조절기능(혈관의 수축과 확장 그리고 땀의 분비로 체온을 조절)
　④ 외부 충격으로부터 내부 장기 보호기능

(2) 피부의 구조

　① 표 피
　　㉠ 피부의 바깥층으로 표피의 바깥부분은 죽은 피부세포로 구성
　　㉡ 감염에 대한 첫 번째 보호막 역할
　　㉢ 혈관과 신경세포는 없으며 털과 땀샘이 표피층을 통과한다.
　② 진 피
　　㉠ 표피 아래층으로 혈관, 신경섬유, 땀샘, 피지선, 모낭 등 다양한 조직이 있다.
　　㉡ 진피의 손상은 많은 양의 출혈과 통증을 초래한다.
　③ 피하층
　　㉠ 진피 아래 피하조직으로 불리는 지방층으로 지방과 연결조직은 외부충격을 완화시키는 역할을 한다.
　　㉡ 큰 혈관과 신경섬유가 통과하는 곳이다.

2 연부조직 손상의 개념

근육, 신경, 혈관 그리고 조직을 포함한 피부의 손상으로, 이러한 손상에는 경증의 찰과상에서 중증 화상, 가슴 관통상과 같은 치명적인 손상까지 다양하게 나타난다.
　① 폐쇄성 손상 : 피부표면 아래 조직은 손상 받아도 피부표면은 찢기지 않은 경우
　② 개방성 손상 : 피부표면 아래 조직이 손상 받아 피부표면이 찢겨져 나간 경우

3 연부조직 손상의 종류

(1) 폐쇄성 연부조직 손상

① 원인과 증상

둔탁한 물체로 인한 손상으로 차량사고로 핸들에 가슴을 부딪친 경우 등이 있다.

㉠ 타박상
- 진피는 그대로이나 안에 세포나 혈관은 손상을 받은 형태이다.
- 손상된 조직에서 진피 내로 출혈이 유발되어 반상출혈(일명 '멍')이 든다.
- 손상부위는 통증과 부종, 압통이 나타난다.

㉡ 혈종
- 타박상과 비슷하나 진피와 피하지방 조직층에 좀 더 큰 혈관과 조직 손상으로 나타난다.
- 피부 표면에 다른 색으로 부어 있거나 뇌, 배와 같은 인체내부에서도 일어날 수 있다.
- 혈종의 위치와 크기에 따라 쇼크를 유발할 수 있다.

㉢ 폐쇄성 압좌상
- 신체외부에서 내부까지 손상을 받은 형태이다.
- 피부 표면의 손상 없이도 많은 조직 손상을 초래할 수 있다.
  예 망치로 손가락을 친 상태, 산업기계에 팔이 눌린 상태, 건물 붕괴로 묻힌 상태 등
- 손상부위와 원인 물체의 무게에 따라 손상 정도와 실혈량이 달라진다.
- 통증, 부종, 변형, 골절을 동반할 수 있고 특수한 형태로는 외상형 질식이 있다.
- 가슴의 갑작스런 압력이 가해졌을 때 심장과 허파에 압력을 전달되고 가슴 내의 피를 밖으로 짜내어 머리와 목 그리고 어깨로 전달되는 현상이다.

[연부조직의 타박상(좌상)에 대한 징후]

징 후	손상 가능성이 있는 장기 및 처치
직접적인 멍	타박상 아래 장기(지라, 간, 콩팥 등) 손상 가능성이 있다.
부종 또는 변형	골절 가능성이 있다.
머리 또는 목의 타박상	목뼈 또는 뇌 손상 가능성이 있으므로 입, 코, 귀에서의 혈액 확인이 필요하다.
몸통, 복장뼈, 갈비뼈의 타박상	가슴 손상 가능성, 환자가 기침을 할 때 피가 섞인 거품을 보인다면 허파 손상 가능성이 있으므로 호흡곤란이 있는지 확인한다. 또한 청진기를 이용해 양쪽 허파음을 들어 이상한 소리가 있는지 그리고 양쪽이 똑같은지 비교해 본다.
배의 타박상	배내 장기 손상 가능성, 환자가 토하는 경우 특히 배 타박상이 있는지 시진하고 구토물에서 커피색 혈액이 나오는지 확인한다. 또한 배 촉진을 실시한다.

② 평가 및 응급처치

　㉠ 척추 손상이 의심된다면 환자를 똑바로 눕힌 상태에서 1차 평가를 실시하고 척추 손상이 의심되면 목보호대를 착용시켜야 한다.

　㉡ 응급처치

　　• 개인 보호 장비를 착용한다.

　　• 턱 들어올리기법으로 기도를 유지한다.

　　• 호흡곤란이나 쇼크 증상 및 징후가 나타나면 고농도의 산소를 공급한다.

　　• 호흡정지나 호흡장애가 나타나면 인공호흡을 실시한다.

　　• 통증이 있고 붓거나 변형된 팔다리는 부목으로 고정시킨다.

　　• 부종과 통증을 가라앉히기 위해서 혈종과 타박상에 얼음찜질을 해준다.

　　• 병원으로 이송한다.

(2) 개방성 연부조직 손상

① 원인과 증상

　㉠ 찰과상

　　• 표피가 긁히거나 마찰된 상태로 보통은 진피까지 손상을 입는다.

　　• 출혈은 적지만 심한 통증을 호소하며 대부분 상처 부위가 넓다.

　　• 오토바이 사고 환자에게 많다.

　㉡ 열 상

　　• 피부 손상 깊이와 넓이가 다양하며 날카로운 물체에 피부가 잘린 상처이다.

　　• 상처부위는 일직선으로 깨끗하게 또는 불규칙하게 잘릴 수 있으며 출혈은 상처부위 손상 정도에 따라 달라진다.

　　• 큰 혈관 손상을 동반한 열상은 치명적이며 얼굴, 머리, 생식기 부위 등 혈액 공급이 풍부한 곳은 출혈량이 많다.

　㉢ 결출상

　　피부나 조직이 찢겨져 너덜거리는 상태를 말하며, 많은 혈관 손상으로 출혈이 심각하다. 보통 산업현장에서 많이 발생한다.

　㉣ 절 단

　　• 신체로부터 떨어져 나간 상태로 완전절단과 부분절단이 있다.

　　• 출혈은 적거나 많을 수 있는데 절단 부위가 어디냐에 따라 달라진다.

　㉤ 관통/찔린 상처

　　• 날카롭고 뾰족하거나 빠른 속도의 물체가 신체를 뚫은 형태로 피부표면의 상처뿐 아니라 내부조직 손상도 초래한다.

- 외부출혈은 없어도 내부에서는 출혈이 진행될 수 있으며 머리, 목, 몸통부위 손상이라면 특히 주의해야 한다.
ⓗ 개방성 압좌상
- 피부가 파열되어 찢겨진 형태로 연부조직, 내부 장기 그리고 뼈까지 광범위하게 손상을 나타낸다.
- 외부출혈 외에도 내부출혈이 있을 수 있으므로 주의해야 한다.
② 평가 및 응급처치
ⓖ 평 가
- 연부조직 손상환자의 처치에 앞서 항상 개인 보호 장비를 착용해야 하며 적어도 장갑만큼은 착용해야 한다.
- 심한 경우는 가운과 보안경도 착용해야 한다.
- 현장을 확인하는 동안 사고경위를 파악하고 척추 손상이 있는지도 알아야 한다.
- 척추 손상을 알 수 없다면 환자를 일직선으로 똑바로 눕힌 후 실시해야 한다.
- 1차 평가에서 기도유지, 호흡상태를 평가하고 생명에 위험한 외부출혈에 대해 즉각적인 처치를 제공하고 외상환자 평가를 실시한다.
ⓛ 드레싱과 붕대
- 대부분의 개방성 손상은 드레싱과 붕대를 이용한 처치가 필요하다.
- 드레싱은 지혈과 추가 오염을 예방하기 위해 손상부위에 거즈 등을 붙이는 처치로 항상 멸균상태여야 한다.
- 붕대는 드레싱한 부위가 움직이지 않게 하는 처치로, 멸균상태일 필요는 없다.
- 만약 현장에 드레싱 재료가 준비되어 있지 않다면 깨끗한 옷, 수건, 시트 등을 사용할 수 있다.
- 드레싱 크기는 상처의 크기나 출혈상태에 따라 다르게 사용되어야 한다.

일반드레싱	크고 두꺼운 드레싱으로 배 손상과 같은 넓은 부위를 덮는 데 사용한다.
압박드레싱	지혈에 사용되는데 거즈패드를 우선 손상부위에 놓고 두꺼운 드레싱을 놓은 후 붕대로 감는다. 이때, 먼 쪽 맥박을 평가해 붕대를 재조정(조이거나 느슨하게)해야 한다.
폐쇄드레싱	공기유입을 막는 형태로 배나 가슴의 개방성 손상 그리고 경정맥 과다출혈에 사용되어야 한다.

※ 붕대는 너비와 재질에 따라 다양하며 손상부위에 따라 감는 방법을 알아야 한다.

ⓒ 응급처치

드레싱	• 개인 보호 장비를 착용한다. • 손상부위를 노출시킨다. 전체 손상부위를 볼 수 있도록 옷 등을 제거한다. • 멸균거즈를 이용해 손상부위를 덮는다. 이때 드레싱 끝을 잡아 최대한 오염되지 않도록 주의해야 한다. • 단순 출혈의 경우에는 붕대 없이 드레싱과 반창고를 이용해 고정시키고 지혈이 필요한 경우에는 붕대를 이용해 압박드레싱하여 고정시켜야 한다. • 드레싱한 부분을 현장에서 제거해서는 안 된다. 제거할 경우 재출혈 또는 드레싱에 붙은 조직이 떨어져 나갈 수 있기 때문이다. 드레싱한 부위에 계속 출혈양상이 보인다면 새로운 드레싱을 그 위에 덧대고 붕대로 감아준다. ※ 현장에서 드레싱한 부분을 제거해야 하는 경우도 있다. 일반드레싱의 경우 피로 흠뻑 젖은 경우 새 드레싱으로 교체하며 직접압박을 해야 한다.
붕 대	• 붕대를 감을 때 너무 조여 동맥의 흐름을 방해해서는 안 된다. • 너무 느슨한 경우 손상부위로부터 벗어날 수 있으므로 주의해야 한다. • 환자가 움직일 때 매듭이 풀리지 않도록 주의해야 한다. • 혈액순환과 신경검사에 필요한 손가락과 발가락은 감싸지 말아야 한다(손가락과 발가락 화상 시에는 제외). 통증, 피부색 변화, 차가움, 저린감각 등은 붕대를 너무 조일 때 나타난다. • 드레싱 부위는 모두 붕대로 감싸 추가 오염을 방지해야 한다. 단, 삼면드레싱의 경우 제외한다.

더 알아두기 팔다리를 붕대로 감싸는 경우 발생하는 두 가지 문제

• 작은 부위를 붕대로 감쌀 경우 국소적 압박이 발생할 수 있으므로 넓게 붕대를 감아 지속적이며 일정한 압박을 받을 수 있도록 처치해야 한다. 또한, 먼 쪽에서 몸 쪽으로 감싸야 한다.
• 관절부위를 붕대로 감쌀 경우 순환장애 및 붕대가 느슨해지는 문제가 발생할 수 있다. 따라서 부목을 이용해 느슨해지는 것을 예방하거나 팔걸이를 이용해 관절부위 순환장애를 예방할 수 있다.

(3) 특수한 손상에 대한 응급처치

① 개방성 가슴 손상

가슴벽에 관통, 천공 상처가 있는 것을 말하며, 외부공기가 직접 흉강으로 들어온다는 것을 의미한다. 종종 '빨아들이는 소리'나 '상처부위 거품'을 볼 수 있다. 치명적인 손상으로 분류되며 공기는 가슴벽 안과 허파에 쌓이고 호흡곤란과 허파허탈을 초래한다.

㉠ 응급처치

• 개인 보호장비를 착용한다.
• 고농도산소를 공급한다.
• 상처 위에 폐쇄드레싱을 해준다(공기의 유입을 막기 위한 목적).
  – 경우에 따라 폐쇄드레싱은 흉강 내 공기가 빠져나가지 못해 흉강압력이 올라가 긴장성 기흉 상태가 나타날 수 있다. 만약 이송 중 환자가 의식저하, 호흡곤란 악화, 저혈압 징후를 보이면 흉강 내 공기가 빠져나오게 폐쇄드레싱을 제거하거나 삼면드레싱을 해주어야 한다.

- 환자가 편안하게 느끼는 자세를 취해주도록 한다(척추 손상환자 제외).
- 신속하게 이송한다.

② 개방성 배 손상

배 내 장기가 외부로 나와 있는 드문 경우로 내장적출이라고도 한다.

㉠ 응급처치
- 개인 보호 장비를 착용한다.
- 고농도 산소를 공급한다.
- 상처부위를 옷 등을 제거시켜 노출시킨다.
  - 나온 장기에 닿지 않도록 주의해야 하며 다시 집어넣으려 시도하면 안 된다.
- 생리식염수를 적신 멸균거즈로 노출된 장기를 덮고 드레싱한다.
- 무릎과 엉덩이에 상처가 없다면 무릎을 구부리도록 한다(무릎 아래에 베개나 말은 이불을 대어 준다).
- 신속하게 병원으로 이송시킨다.

③ 관통상

조직을 관통한 날카로운 물체로 인해 더 이상의 손상을 막기 위해 고정시키는 것이 중요하다.

㉠ 응급처치
- 개인 보호 장비를 착용한다.
- 관통한 물체를 제거하지 않고 상처부위에 고정시킨다. 단, 아래 사항의 경우는 제거한다.
  - 물체로 인해 이송할 수 없는 경우(크기나 무게 그리고 고정상태 등)
  - CPR 등 응급한 상황에서의 처치에 방해가 될 때
  - 단순하게 뺨을 관통한 상태(기도유지나 추가적인 입안 손상을 막기 위해)
- 상처부위를 노출시키기 위해 옷 등을 가위로 자른다.
- 관통부위가 아닌 옆 부분을 직접 압박하여 지혈시킨다.
- 물체를 고정시키기 위해 압박붕대로 드레싱한다(물체 주위를 겹겹이 드레싱).
- 고정부위가 움직이지 않게 주의하며 병원으로 이송한다.

④ 목 부위의 큰 개방성 상처

목동맥이나 목정맥으로부터 많은 양의 출혈이 나타날 수 있다. 공기가 손상된 정맥으로 들어가 공기색전이나 공기방울이 되어 심장과 허파에 유입되면 사망할 수 있고 목 부위 지혈을 위한 압박은 목동맥의 흐름을 방해해 뇌졸중을 유발시킬 수 있는 위험이 있다.

㉠ 응급처치
- 개인 보호 장비를 착용한다.
- 기도가 개방된 상태인지 확인한다.
- 지혈을 위해 상처 위를 장갑 낀 손으로 직접 압박한다.
- 상처 부위에서 5cm 이상 덮을 수 있는 두꺼운 거즈로 폐쇄드레싱을 하고 지혈을 위해

압박붕대로 감는다.
- 꼭 필요한 경우를 제외하고는 목동맥에 압박을 주는 행위는 피해야 하며 양측 목동맥을 동시에 압박해서는 안 된다.
• 신속하게 병원으로 이송한다.

⑤ 절 단

지혈과 절단부위 처치가 중요하다. 접합수술이 가능하지 않아도 절단부위 회복에 필요할 수 있으므로 절단부위는 환자와 함께 이송해야 한다.

㉠ 응급처치
• 개인보호 장비를 착용한다.
• 지혈을 실시한다. 절단된 끝부분에 압박드레싱을 해준다. 지혈대(Tourniquet)는 최후 수단으로 사용해야 한다.
• 부분 절단된 경우 완전 절단이 되지 않도록 유의해야 한다. : 절단부위가 약간이라도 몸체와 붙어 있다면 접합수술 가능성이 있으므로 고정시키거나 부목을 대야 한다.
• 완전 절단된 경우
- 생리식염수를 적신 멸균 거즈로 감싼다.
- 비닐 백에 조직을 넣어 밀봉 후 차갑게 유지해야 하는데 얼음에 직접 조직이 닿지 않도록 해야 한다.
- 벗겨진 조직에 환자 이름, 날짜, 부위 명을 적어 환자와 같이 이송한다.

⑥ 결출상

벗겨진 조직이 아직 붙어 있는 결출상인 경우 벗겨진 조직이 상처로부터 분리되는 것을 막아야 한다. 넓은 피부 판이나 조직이 벗겨져 있다면 절단부위 처치와 같은 방법으로 처치한 후 이송해야 한다.

㉠ 응급처치
• 벗겨진 조직이 더 이상 손상되거나 상처로부터 분리되지 않도록 한다.
• 가능하면 벗겨진 피부나 조직의 원래 위치에 있도록 한다.
• 지혈을 위해 압박드레싱을 실시한다.
• 환자를 이송한다.

㉡ 완전히 조직이 분리된 상태의 응급처치
• 지혈을 위해 압박드레싱을 실시한다.
• 벗겨진 조직은
- 생리식염수를 적신 멸균 거즈의 물기를 제거 후 조직을 감싼다.
- 비닐 백에 조직을 넣어 밀봉 후 차갑게 유지해야 하는데 얼음에 직접 조직이 닿지 않도록 해야 한다.
- 벗겨진 조직에 환자 이름, 날짜, 부위 명을 적어 환자와 같이 이송한다.

04 근골격계 손상

1 근골격계의 개념

(1) 골반과 팔다리

① 근골격계에서 골격은 인체의 물리적 구조를 형성하고 내부 장기를 보호한다.

② 인체 내부 뼈들은 골격을 형성한다.

③ 골반 : 엉덩뼈와 궁둥뼈 2쌍의 뼈로 이루어졌고 앞으로는 두덩뼈, 뒤로는 엉치척추의 양 쪽에 연결되어 있다. 엉덩뼈능선은 옆구리에서, 궁둥뼈는 아래에서 촉지할 수 있다.

④ 다리 : 엉덩관절을 형성하는 절구라고 불리는 골반의 들어 간 곳에 있는 넙다리뼈머리에서 시작한다. 큰돌기에서 아래로 넙다리각은 넙다리뼈를 형성한다.

    ㉠ 무릎관절 : 세 개의 뼈(넙다리뼈 말단부위, 무릎뼈, 몸쪽 정강뼈)로 구성되어 있다.

    ㉡ 종아리 : 정강뼈와 측면에 위치한 종아리뼈로 구성되어 있다.

    ㉢ 발목뼈 : 대부분 발의 뒷부분에 위치해 있다.

    ㉣ 발의 중간은 발가락과 연결된 발허리뼈이며 발가락은 임상적으로 숫자로 나뉘어 불린다.

⑤ 팔 : 어깨에서 시작되고 각각의 어깨는 어깨뼈, 빗장뼈, 견봉으로 구성된다.

    ㉠ 위팔뼈머리는 어깨관절에 위치해 있고 위팔뼈는 팔의 몸쪽을 형성하며 팔꿈관절은 위팔뼈의 먼 쪽과 두개의 뼈(엄지손가락 측의 노뼈와 새끼손가락 쪽의 자뼈)로 구성되어 있다.

    ㉡ 손목은 노뼈와 자뼈의 먼쪽과 손목이라 불리는 손의 몸쪽 부분으로 구성되어 있다.

    ㉢ 손목은 손바닥뼈를 형성하는 손허리뼈와 연결되어 있다. 손가락 역시 임상적으로 숫자로 나뉜다.

더 알아두기 **근골격의 3가지 주요 기능**

- 인체 외형 형성
- 내부 장기 보호
- 인체 움직임 제공

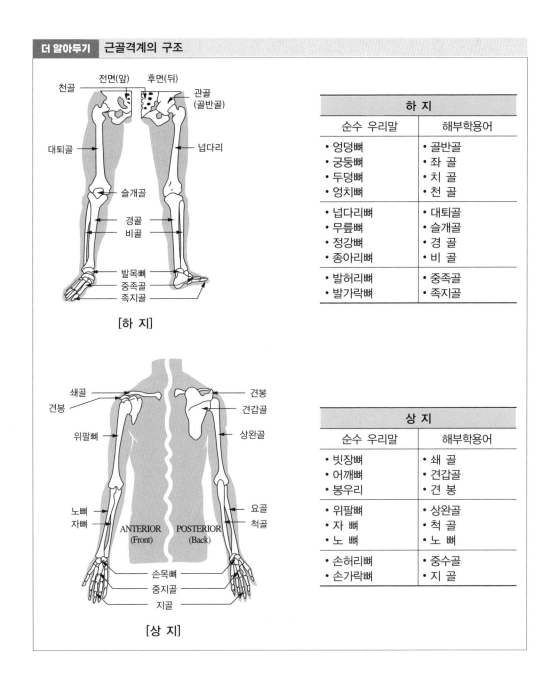

[하 지]

하 지	
순수 우리말	해부학용어
• 엉덩뼈 • 궁둥뼈 • 두덩뼈 • 엉치뼈	• 골반골 • 좌 골 • 치 골 • 천 골
• 넙다리뼈 • 무릎뼈 • 정강뼈 • 종아리뼈	• 대퇴골 • 슬개골 • 경 골 • 비 골
• 발허리뼈 • 발가락뼈	• 중족골 • 족지골

[상 지]

상 지	
순수 우리말	해부학용어
• 빗장뼈 • 어깨뼈 • 봉우리	• 쇄 골 • 견갑골 • 견 봉
• 위팔뼈 • 자 뼈 • 노 뼈	• 상완골 • 척 골 • 노 뼈
• 손허리뼈 • 손가락뼈	• 중수골 • 지 골

(2) 연결 조직, 관절, 근육

① 관절 : 뼈와 뼈 사이의 연결부위로 인대라 불리는 연결조직으로 이어졌다. 엉덩관절과 같은 구상관절과 손가락관절과 같은 타원관절이 있다.

② 근육 : 힘줄로 뼈에 연결되어 있어 관절을 움직이게 할 수 있다.
  ⊙ 골격근육(수의근)
    • 신체근육의 대부분을 차지하고 있으며, 대부분이 골격에 직접 붙어있다.
    • 인체를 움직이게 하는 근육은 뇌의 통제로 수의적으로 움직인다.
  ⓒ 내장근육(불수의근)
    • 현미경으로 관찰하면 골격근육에서 발견되는 가로무늬가 관찰되지 않는다.
    • 의도와 상관없이 자율적으로 시행되는 신체 운동의 대부분을 수행한다.
③ 심장근육 : 특이한 구조와 기능으로 불수의근이면서 골격근육에 해당한다.

2 외상과 근골격계

(1) 근골격계 손상 개념

① 근골격계 외상에서 가장 심각한 형태 중 하나는 골절이다.
② 골절은 뼈로 인해 지탱되던 인체 형태가 변형될 수 있으며 심각한 출혈을 야기할 수 있다.
③ 출혈 중에는 뼈 자체로 인한 것이 있는데 이는 뼈가 비록 단단하나 풍부한 혈액 공급을 갖고 있는 살아있는 조직으로 구성되어 있기 때문이다.
④ 정강뼈와 종아리뼈의 단순 골절 시 500cc, 넙다리뼈 골절 시 1,000cc, 골반 골절 시에는 1,500~3,000cc 정도의 실혈이 있을 수 있다.
⑤ 다른 출혈은 뼈 근처 혈관으로 인한 것으로 발생하는데 이는 인체 주요동맥이 종종 넙다리뼈나 위팔뼈와 같은 긴뼈를 따라 있기 때문이다.
⑥ 골절로 인해 뾰족한 단면은 근처 혈관과 근육 조직을 손상시킨다.
⑦ 뼈와 혈관, 조직으로부터의 출혈은 손상부위에 상당한 양의 부종을 야기할 수 있고 주변 신경에도 영향을 미칠 수 있는데 이는 외상으로 인해 압력이나 손상을 받을 수 있기 때문이다. 이로 인해 손상부위에 압통이나 통증을 유발한다.
⑧ 근골격계 변형, 내부출혈 그리고 신경손상 등의 작용으로 전형적인 근골격계 손상인 통증, 부종, 변형이 나타난다. 아프고 붓고 변형된 부분은 부목 등을 이용해 모두 고정시켜야 한다.

(2) 근골격계 손상기전

① 직접적인 충격 : 가장 쉽게 이해할 수 있는 기전으로 뼈나 다른 구조물에 직접 힘이 가해지는 것을 말한다. 손상은 힘이 가해진 부분에서 발생한다.
② 간접적인 충격 : 인체에 가해진 에너지가 뼈를 통해 다른 부분을 손상시키는 경우이다. 예를 들면, 운전자의 무릎에 전달된 에너지가 다리로 올라가 넙다리뼈 골절이나 엉덩관절이 탈구되는 경우이다.

③ 변형된(비틀림 등) 충격 : 간접적인 충격의 변형 형태로 인체 무게와 움직임 자체가 뼈와 관절의 비정상적인 긴장을 유발한다. 이 기전은 스포츠 활동에서 주로 볼 수 있는데 예를 들면, 스키를 타다 몸통과 다리가 반대로 뒤틀릴 경우에 생긴다.

(3) 근골격계 손상 형태

① 구급대원은 근골격계가 어떤 형태의 손상을 입었는지 정확하게 진단하는 것이 임무가 아니며 아프고 붓고 변형된 팔다리를 응급처치하는 것이 임무이다.

② 처치는 추가 손상방지와 부목 등을 이용해 손상부위를 안정시켜 통증을 감소시키는 데 목적이 있다.

골 절	뼈가 부러진 경우를 말하며 심각한 출혈과 통증 그리고 장기간 안정이 필요하다. 관절을 형성하는 뼈의 끝부분이나 성장판이라 불리는 아동의 성장부위 골절은 심각한 결과를 초래한다.
탈 구	연결부분에 위치한 관절의 정상 구조에서 어긋난 경우로, 관절부위의 심한 굴곡이나 신전으로 발생한다. 손가락 관절과 어깨 그리고 엉덩이에서 종종 발생한다.
염 좌	관절을 지지하거나 둘러싼 인대의 파열이나 비정상적인 잡아당김으로 생긴다. 보통 인체에 변형된 충격(뒤틀림 등)으로 인해 발생한다.
좌 상	뼈와 근육을 연결하는 힘줄이 비정상적으로 잡아 당겨져 생긴다.

(4) 개방·폐쇄형 근골격계 손상

① 연부조직 손상에 따라 개방형과 폐쇄형으로 나뉜다.

② 개방형 팔다리 손상인 경우 외부 물체로 인한 것보다는 골절로 인해 뼈가 피부를 뚫은 경우가 많다. 개방형 골절은 노출된 뼈로 인해 팔다리 감염위험이 높다(정형외과적 응급상황).

(5) 뼈, 힘줄, 근육, 인대가 손상되었을 때 나타나는 증상 및 징후

① 팔다리의 비정상적인 변형

② 손상부위 통증 및 압통 그리고 부종

③ 손상부위의 멍이나 변색

④ 팔다리를 움직일 때 뼈 부딪치는 소리나 감각

⑤ 뼈가 보이거나 손상부위가 찢어짐

⑥ 관절이 정상적으로 움직일 수 없거나 고정된 상태

⑦ 팔다리의 먼 쪽이 차갑고 창백하거나 맥박이 없음(동맥 손상 의심)

(6) 응급처치

① 골절되었다는 가정 하에 처치를 하며 골절이 되지 않았다하여도 병원 전 응급처치는 같다.

② 손상부위를 부목으로 고정하는 것이 응급처치의 중요한 부분을 차지하여도 전반적인 환자의 상태를 항상 주목해야 한다. 즉, 기본적인 ABC평가와 처치가 중요하다.

　㉠ 일반적인 응급처치

- 현장을 확인한다.
- 1차 평가를 실시한다.
- 호흡장애에 쇼크 징후가 보인다면 많은 양의 산소를 공급한다.
- 개방 손상 부위 지혈을 실시한다.
- 위급한 상황에 대한 처치가 끝났다면 손상부위를 부목으로 고정시킨다.
- 부목으로 고정시킨 후 가능하면 손상부위를 올리고 부종과 통증을 감소시키기 위해 얼음찜질을 하면 좋다.

③ 부 목

(1) 부목의 개념

① 근골격계 손상을 처치하는 목적은 추가 손상방지와 통증 감소를 위한 손상부위 안정에 있다. 이를 위해 주로 사용하는 것은 부목이다.

② 부목을 사용하기 전 치명적인 상황에 대한 처치를 우선적으로 해야 한다.

부목을 하지 않은 경우	• 골절로 생긴 날카로운 뼈의 단면으로 신경, 근육 그리고 혈관의 추가 손상이 나타난다. • 움직임으로 추가적인 연부조직 손상이 발생하여 내부출혈이 증가한다. • 움직임으로 통증을 호소한다. • 뼈의 날카로운 단면 움직임으로 폐쇄형에서 개방형으로 전환한다.
부목을 잘못 사용한 경우	• 너무 느슨하게 부목을 고정하면 위와 같은 결과가 나타난다. • 너무 조이면 혈관, 신경, 근육 또는 연부조직이 압박된다. • 만약, 치명적인 상태에서는 부목고정보다 처치나 이송이 우선시 되어야 한다. 치명적인 상태를 무시하거나 부적절한 처치를 한 경우에는 사망에 이르기도 한다.

(2) 부목 형태

① 경성부목

경성부목은 견고한 재료로 만들어지며 손상된 팔다리의 측면과 전면, 후면에 부착할 수 있다. 경성부목의 종류로는 골절부목, 철사부목, 박스부목, 성형부목, 알루미늄부목 등이 있다.

    ㉠ 철사부목
- 용도 : 손상부위에 따라 철사를 구부려 사용할 수 있는 부목으로 긴뼈골절이나 관절부위 손상이 의심되는 부위에 따라 모양 변형이 가능하다.
- 특 징
  - 신체에 적합하도록 변형이 가능하다.
  - 철사 그대로 사용하기보다 착용감을 위해 붕대로 감아주면 더 좋다.
  - 큰 관절이나 근육이 손상된 경우 다른 부목으로 추가 고정해주면 좋다.

    ㉡ 성형(패드)부목
- 용도 : 단순하게 성인 신체의 긴뼈골절 시에 사용하도록 만들어진 부목으로 현장에서 신속하게 고정이 가능
- 특 징
  - 대, 중, 소로 구분한다.
  - 사지골절에 사용하기가 적합하다.
  - 결착형태가 벨크로로 되어 있어 신속결착이 가능하나 관리가 필요하다.
  - X-ray 촬영이 가능하다.

② 연성부목

연성부목은 가장 많이 사용되며, 종류로는 공기부목과 진공부목이 있다.

    ㉠ 공기부목
- 장점 : 환자에게 편안하며 접촉이 균일하고 외부출혈이 있는 상처에 압박을 가할 수 있으므로 지혈도 가능하다.
- 단점 : 온도 및 공기압력에 의해 변화가 생긴다.
- 특 징
  - 비닐 재질로 되어 있어 골절부위의 관찰이 가능하다.
  - 출혈이 있는 경우 지혈효과가 있다.
  - 온도와 압력의 변화에 예민하다.
  - 부목 압력을 수시로 확인하여야 한다(부목 가장자리를 눌러 양쪽 벽이 닿을 정도).
  - 개방성 골절이 있는 환자에게 적용해서는 안 된다.

    ㉡ 진공부목
- 용도 : 내부를 진공상태로 만들면 특수소재가 견고하게 변하여 고정되는 부목으로, 심하게 각이 졌거나 구부러진 곳에서 효과적으로 사용된다.
- 특 징
  - 공기를 제거하면 특수 소재 알갱이들이 단단해지면서 고정된다.
  - 변형된 관절 및 골절에 유용하다.
  - 외형이 찢기거나 뚫리면 부목의 기능을 하지 못하므로 주의해야 한다.

- 전신진공부목은 척추고정이 안 된다.
- 사용하기 전 알갱이를 고루 펴서 적용한다.
- 진공을 시키면 형태가 고정되므로 "C"나 "U" 모양으로 적용한다.
- 진공으로 인해 부피가 감소하며 느슨해진 고정끈을 재결착해야 한다.

③ 견인부목
  ㉠ 관절 및 다리 하부의 손상이 동반되지 않은 넙다리 몸통부 손상 시 사용
  ㉡ 외적인 지지와 고정뿐만 아니라 넙다리 손상이 발생되는 근육경련으로 인해 뼈 끝이 서로 겹쳐 발생되는 통증과 추가적인 연부조직 손상을 줄여, 내부출혈을 감소시킬 수 있는 장비이다.

④ 항쇼크바지(PASG 또는 MAST)
  ㉠ 저체액성 쇼크환자에서 혈압을 유지시키는 목적으로 사용되는 장비로, 골반골절이나 다리 골절 시 고정효과가 있다.
  ㉡ MAST의 압력은 최대 60mmHg를 넘지 않도록 해야 하며, 그 이상의 압력은 의료진의 지시를 받도록 한다.

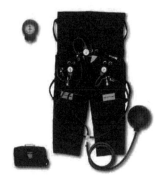

[견인부목]　　　　　　　　　　　[MAST]

⑤ 긴 척추고정판
  ㉠ 용도 : 들것으로 많이 사용되어지다 보니 들것으로 오인하는 경우가 많지만 척추 손상이 의심되는 환자를 고정하는 전신용 부목이다.
  ㉡ 특 징
    • 재질이 미끄러우므로 장축이동이 가능하다.
    • 가슴, 배, 다리 고정끈 결착을 확인한다.
    • 구조현장 및 부력이 있어 수상구조 시 유용하다.
    • 들것대용으로도 사용이 가능하여 수직 및 수평구조 시 사용한다.
    • 임신 말기 환자의 경우 좌측위로 고정판이 왼쪽으로 기울어지게 해야 한다(자궁 대정맥 압박 방지).

[긴 척추고정판]

ⓒ 삼각건과 걸이 : 삼각건은 어깨, 위팔, 팔꿈치 그리고 아래팔에 사용된다. 걸이는 팔꿈치와 아래팔을 지지한다.

ⓔ 기타 : 주위 물건을 이용해 즉흥적으로 만들 수 있는데 베개는 발목관절을 고정하는 데 좋고 신문지를 말면 아래팔을 고정시키는 경성부목으로 사용할 수도 있다.

(3) 일반적인 사용방법 및 주의사항

① 부목 외에 다른 불필요한 것은 제거한다.

② 뼈 손상여부가 의심될 경우에는 손상됐다고 가정하고 부목으로 고정한다.

③ 근골격계 손상환자가 쇼크 징후 등을 보이면 즉각적으로 이송해야 한다. 부목처치 전 신속한 이송이 필요하면 긴 척추고정판을 이용해 환자를 고정해야 한다.

④ 부목 고정 전에 팔다리 먼 쪽의 맥박, 운동기능 그리고 감각을 평가해야 한다. 부목 고정 후에도 다시 한 번 평가한다. 항상 부목 고정 전후에 대해 기록해야 한다.

⑤ 손상부위의 의복은 잘라 내어 개방시킨 후 평가해야 한다.

⑥ 개방상처는 멸균거즈로 드레싱한 후에 부목으로 고정해야 한다.

⑦ 팔다리의 심각한 변형이나 먼 쪽의 청색증 또는 맥박이 촉지되지 않는다면 부드럽게 손으로 견인하여 정상 해부학적 위치로 맞춘 후 부목으로 고정시킨다.

⑧ 뼈가 손상부위 밖으로 나와 있다면 다시 원래 위치로 넣으려고 해서는 안 된다.

⑨ 불편감과 압박을 예방하기 위해 패드를 대준다.

⑩ 가능하다면 환자와 부목 사이 빈 공간에 패드를 대준다.

⑪ 가능하다면 환자를 움직이기 전에 부목을 대준다. 위급한 상황이나 치명적인 상태인 경우에는 제외이다.

⑫ 손상부위 위아래에 있는 관절을 고정시켜야 한다. 예를 들면 아래팔골절에는 팔목과 팔꿈관절을 고정시켜야 한다.

⑬ 관절부위 손상에는 위아래 뼈를 고정시켜야 한다. 예를 들면 팔꿈치골절에는 위팔과 아래팔을 고정시켜야 한다.

⑭ 손과 다리를 포함한 먼 쪽 팔다리손상에서 부목을 대줄 때는 순환상태를 평가하기 위해 손끝과 발끝은 보이게 해야 한다.

⑮ 팔, 손목, 손, 손가락 부목 전에는 팔찌, 시계, 반지 등을 제거해야 한다. 부종으로 인해 순환에 장애를 줄 수 있기 때문이다.

(4) 손상된 팔다리 정렬

① 근골격계 손상으로 팔다리의 먼 쪽으로 가는 혈류에 장애가 생긴다면 부목으로 고정 전에 팔다리를 맞춰야만 한다. 이 경우는 팔다리의 먼 쪽이 창백하거나 청색증을 나타내며 맥박 촉지가 되지 않는다.

② 뼈를 맞출 때 환자가 더한 통증을 호소하더라도 재정렬이 필요하다면 다음과 같이 실시한다.

  ㉠ 손상부위 위와 아래를 우선 지지한다.

  ㉡ 뼈를 부드럽게 위·아래로 잡아당긴다.

  ㉢ 돌려야 하는 경우에는 부드러운 동작으로 동시에 잡아당기면서 돌려야 한다.

  ㉣ 통증과 뼈로부터 소리가 날 수 있으나 이는 팔다리 손상을 예방하기 위함이라는 것을 명심해야 한다.

  ㉤ 많은 저항이 느껴지거나 뼈가 피부 밖으로 나올 염려가 있는 경우에는 실시해서는 안 된다.

(5) 긴뼈부목

① 긴뼈로는 팔에 위팔뼈, 노뼈, 자뼈, 엉덩뼈, 손가락뼈가 있고 다리에는 넙다리뼈, 정강뼈, 종아리뼈, 발허리뼈, 발가락뼈가 있다.

② 긴뼈 손상은 근처 관절 손상을 동반할 수 있으므로 주의해야 한다.

③ 긴뼈부목 시에 알아 두어야 할 사항

  ㉠ 손상기전 및 현장안전을 확인하고 개인 보호 장비를 착용한다.

  ㉡ 손으로 손상부위를 고정시킨다.

  ㉢ 부목 고정 전에 팔다리 손상 먼 쪽의 맥박, 운동 및 감각기능을 평가해야 한다.

  ㉣ 심각한 변형이나 먼 쪽에 청색증이나 맥박이 촉지되지 않는다면 손으로 견인하여 원래 위치로 재정렬해야 한다. 그러나 두드러진 저항이 느껴지면 시도하지 말고 그대로 부목으로 고정한다.

  ㉤ 손상부위뿐 아니라 위아래 관절도 고정시켜야 한다.

  ㉥ 부목 고정 후에 맥박, 운동기능, 감각을 재평가한다.

  ㉦ 부목 고정 후 움직이지 않도록 보호해야 한다.

  ㉧ 가능하다면 고정한 부위를 올리고 차가운 팩을 대준다.

(6) 부위별 처치법

① 팔

  ㉠ 위팔뼈는 삼각건을 이용하는 것이 좋다. 경성부목도 걸이와 삼각건을 사용할 수 있다.

  ㉡ 아래팔뼈는 롤붕대와 골절부목 또는 공기를 이용한 부목이 좋다.

  ㉢ 부목으로 고정한 후에는 걸이로 목에 걸고 삼각건으로 고정시킨다.

② 손

    ㉠ 손, 손목, 아래팔을 고정시킬 때에는 기능적 자세로 고정시켜야 한다.

    ㉡ 손가락을 공을 잡듯이 약간 구부린다.

    ㉢ 환자가 붕대를 쥐게 한 후 골절부목으로 아래팔을 고정시켜 손목과 손을 고정시킨다.

    ㉣ 아래팔, 손목, 손은 롤 거즈붕대로 감고 걸이로 고정시킨다.

③ 발

    ㉠ 발은 다리와 90° 각도이므로 철사부목이나 다리부목을 이용하는 것이 좋다.

    ㉡ 높은 곳에서의 낙상은 발꿈치와 척추 손상을 유발하므로 발과 다리를 부목으로 고정시키고 긴 척추고정판으로 척추를 고정시켜야 한다.

④ 다 리

    ㉠ 경성부목이 좋으며 이를 사용할 때에는 손상된 다리의 무릎과 발목을 고정하기 충분한 길이어야 한다.

    ㉡ 부목이 없다면 접거나 말은 이불을 사용할 수도 있다.

⑤ 허벅지

    ㉠ 넙다리뼈 손상은 심각한 출혈을 야기할 수 있는 심각한 손상으로 쇼크가 나타나기도 한다.

    ㉡ 허벅지의 큰 근육들은 힘이 강해 넙다리가 골절되면 뼈끝을 잡아당겨 날카로운 뼈의 단면으로 인해 조직과 큰 동맥에 심각한 손상을 초래할 수 있다.

    ㉢ 견인부목은 출혈을 줄이고 추가 합병증을 예방하는 데 좋다.

    ㉣ 손상부위 주변에 2곳의 고정지점(골반과 발목)을 정한다. 장력은 부목의 제동기로 두 점 사이에 형성한다. 장력이 증가하면서 부러진 넙다리뼈 끝이 재정렬되고 조직, 신경, 혈관 손상 가능성이 줄어든다.

> **더 알아두기**   **견인부목을 사용해서는 안 되는 경우**
>
> - 엉덩이나 골반 손상
> - 무릎이나 무릎 인접부분 손상
> - 발목 손상
> - 종아리 손상
> - 부분 절상이나 견인기구 적용부위의 결출상

⑥ 관 절

    ㉠ 긴뼈 손상과 같은 방법으로 처치되며 종종 관절 손상으로 기능을 상실한다.

    ㉡ 엉덩이 골절 시 손상받은 부위의 발이 바깥쪽으로 돌아가고 다리가 짧아진다.

    ㉢ 관절 손상환자에 대한 응급처치

        • 손상기전과 현장안전 확인

        • 개인 보호 장비 착용

- 손으로 손상부위 지지·안정화
- 부목 고정 전에 손상에서 먼 쪽의 맥박, 운동기능, 감각평가
- 일반적으로 발견되었을 때 자세 그대로 부목 고정(먼 쪽 청색증이나 맥박 촉지가 안 될 때에는 부드럽게 손으로 견인하여 관절을 재정렬한다. 만약, 통증을 심하게 호소하면 멈추고 그대로 부목으로 고정시킨다)
- 가능하다면 손상부위뿐만 아니라 위·아래 관절까지 고정(엉덩이와 어깨관절은 대부분 불가능하다)

⑦ 엉덩이와 골반

㉠ 엉덩이는 넙다리뼈 몸쪽과 골반의 절구로 이루어진 관절이다.

㉡ 대부분 노인환자에서 낙상으로 많이 발생하며 엉덩이 관절에서 넙다리뼈 몸쪽 골절이 많다.

㉢ 엉덩이 통증과 압통이 있으며 다리가 밖으로 돌아가고 짧아진 변형 형태가 나타난다.

㉣ 엉덩이에는 많은 연부조직이 있어 부종을 감지하기 어렵다.

㉤ 골반 골절은 단순 낙상보다 더 강한 힘에 의해 나타나며 차량 간 충돌이나 보행자 사고에서 많이 나타난다.

㉥ 골반 옆부분을 부드럽게 눌러보거나 앞에서 골반을 아래로 눌러 보면 압통을 호소한다.

㉦ 골반 골절은 내부 실혈로 인해 치명적일 수 있다.

㉧ 긴 척추고정판으로 환자를 고정시켜야 하며 쇼크에 주의해야 한다.

㉨ 항쇼크바지(PASG)를 사용할 수 있다.

⑧ 어 깨

㉠ 운동 중에 종종 일어나며 보통 압통, 부종, 변형이 나타난다.

㉡ 환자는 대부분 앉은 상태에서 정상 팔로 앞으로 쳐져 있는 손상된 어깨를 붙잡고 있다.

㉢ 걸이와 삼각건을 이용하는 것이 좋다.

⑨ 팔꿈치

㉠ 혈관과 신경이 팔꿉관절에 매우 가깝게 지나는 위험한 부위이므로 맥박, 운동기능 감각을 잘 평가해야 한다.

㉡ 보통 팔걸이와 삼각건을 많이 이용하며 팔꿈치 골절 시에는 긴 패드부목으로 고정시킨다.

⑩ 발 목

㉠ 계단을 내려오다 발목이 꺾이면서 자주 손상이 일어나며 가쪽 복사뼈 위로 압통, 부종 그리고 변형이 나타난다.

㉡ 발과 발목은 기능적 자세로 하고 무릎 위까지 긴 패드부목으로 고정시킨다.

㉢ 부목이 없다면 접은 이불이나 베개를 이용해 고정시키고 끈으로 묶을 수 있다.

1 머리 손상

(1) 두부의 개념

① 머리뼈는 뇌를 보호하는 뇌머리뼈와 얼굴뼈 등으로 모두 22개의 뼈로 구성되어 있다.

② 머리뼈는 성인에 이르기까지 계속 팽창되어 크다가 딱딱하게 굳어진다.

③ 머리뼈와 얼굴뼈는 뇌를 보호해 준다. 얼굴을 이루고 있는 모든 얼굴뼈는 전방에서 오는 충격으로부터 뇌를 보호하는 기능이 있다.

④ 눈확(Orbit)은 눈을 보호하기 위해 눈을 둘러 싼 몇 개의 뼈로 구성되어 있고 아래턱과 위턱은 이를 지지하고 있다.

⑤ 코뼈는 코의 후각기능을 지지하고 광대뼈는 뺨을 형성하여 얼굴 형태를 만든다.

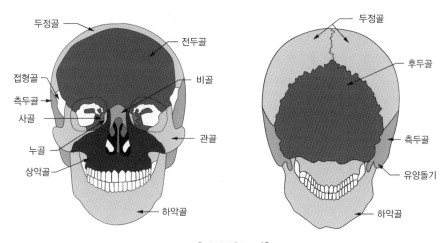

[머리뼈(Skull)]

(2) 머리 손상의 개념

① 머리 손상은 일반적으로 뇌 손상, 연부조직과 뼈 손상으로 나뉜다. 머리의 연부조직과 뼈의 손상은 뇌 손상보다 일반적으로 덜 치명적이다.

② 머리는 혈액공급이 풍부한 곳으로 단순 열상으로도 과다출혈이 일어날 수 있다.

(3) 머리뼈 및 얼굴 손상

① 머리뼈 손상의 징후

㉠ 상당한 힘에 의한 손상기전

㉡ 두피에 심각한 타박상, 깊은 열상, 혈종

ⓒ 머리뼈 표면에 함몰과 같은 변형

ⓔ 귀나 코에서 혈액이나 맑은 액체(뇌척수액)가 흘러나옴

ⓜ 눈 주위 반상출혈(일명 '너구리 눈')

ⓗ 귀 뒤 유양돌기 위에 반상출혈(일명 'Battle's sign')

② 얼굴 손상의 징후

　　ⓐ 눈의 출혈 및 변색

　　ⓑ 얼굴 변형

　　ⓒ 얼굴 타박상

　　ⓓ 치아의 손상 또는 흔들림

　　ⓔ 턱 부위 부종

(4) 뇌 손상

① 뇌 조직은 열상이나 타박상으로 손상받거나 혈종이나 뇌와 머리뼈 사이 얇은 조직층 사이에 피가 고이기도 한다.

② 머리뼈는 딱딱하고 외부 부종을 허용하지 않기 때문에 혈종이 생길 경우 뇌를 급속도로 압박할 수 있다.

③ 뇌 조직은 손상 받으면 부어오르고 머리뼈 내 압력을 증가시키는데 이는 더 나아가 뇌 손상을 야기한다.

④ **개방성 머리 손상** : 개방성 연부조직 손상이 머리뼈를 통과해 뇌까지 이른 경우를 말한다. 다양한 물체로 인해 발생되며 이러한 물질은 억지로 제거하지 말고 움직이지 않고 고정시켜야 한다.

⑤ **특 징**

뇌 손상은 의식상태 변화로 알 수 있다. 따라서 의식수준을 평가하고 아래와 같은 내용을 평가해야 한다.

　　ⓐ 오심/구토

　　ⓑ 불규칙한 호흡양상

　　ⓒ 정상 신경기능 상실 : 몸 한쪽만 운동이나 감각 기능이 증가하거나 소실

　　ⓓ 경 련

　　ⓔ 양쪽 동공 크기 불일치

> **더 알아두기**　**노 인**
>
> 나이가 들어가며 뇌가 줄어들어 머리뼈와 뇌 사이 공간이 더 늘어나며 뇌를 둘러싼 조직의 출혈 시 뇌를 압박해서 증상이 나타나기까지 많은 시간이 걸린다. 더욱이 혈관이 약해 손상받기 쉬워 출혈경향이 높아 현재는 정상이라 해도 뇌 손상 증상 및 징후가 늦게 나타날 수 있다.

(5) 평 가

① 현장을 확인하고 환자 머리에 가해진 힘에 대해 확인해야 한다.

例 차량충돌 사고에서는 앞 유리창을 확인하고, 오토바이나 자전거 사고에서는 헬멧의 손상부위와 정도를 살펴야 한다.

② 머리 손상의 경우 출혈이 심하고 기도에 피가 고여 피를 토하는 경우가 많기 때문에 개인 보호 장비를 꼭 착용해야 한다.

③ 1차 평가 시 목뼈 손상 가능성을 염두하고 평가해야 하며 빗장뼈 윗부분의 손상을 가진 환자라면 척추 손상을 의심해야 한다.

④ 의식수준은 AVPU를 이용하고 기도와 호흡에 대한 처치를 실시한다.

⑤ 기도개방을 위해서는 턱 들어올리기법을 사용한다.

⑥ 필요하다면 산소 공급과 양압환기를 제공한다.

⑦ 주 병력과 신체검진(외상환자 평가와 생체징후, SAMPLE력)을 실시한다.

⑧ 머리와 뇌 손상의 증상 및 징후가 있는지 평가한다.

⑨ 환자가 의식이 있다면 뇌 손상으로 의식이 악화될 수 있으므로 유의해야 하며 한 명의 대원이 외상환자 평가를 실시하는 동안 다른 대원은 SAMPLE력을 평가해야 한다.

⑩ 환자가 의식이 없다면 가족이나 주변인으로부터 SAMPLE력을 얻어야 한다.

⑪ 손상기전, 도착 전 환자상태, 도착한 환자의 의식상태변화 등에 대해 질문해야 한다.

⑫ 머리 손상환자에게서 변형, 함몰, 열상 그리고 관통한 물체를 촉지한다. 그러나 과도한 압력을 주거나 머리뼈를 찌르는 등의 행동을 해서는 안 된다.

(6) 머리 손상의 응급처치

① 현장안전을 확인하고 개인 보호 장비를 착용한다.

② 목뼈 손상이 있다고 가정하고 손을 이용한 머리고정을 실시한다.

③ 기도개방(턱 들어올리기법)을 유지한다.

④ 적절한 산소를 공급한다.

㉠ 호흡이 정상이라면 비재호흡마스크로 많은 양의 산소를 공급한다.

㉡ 비정상이라면 양압환기를 제공한다.

⑤ 환자의 자세와 우선순위에 의해 척추를 고정시킨다. 필요하다면 긴급 구출법을 사용해야 한다.

⑥ 악화 징후에 따른 기도, 호흡, 맥박, 의식상태를 밀접하게 관찰해야 한다. 또한 피, 분비물, 토물에 대한 흡인준비를 해야 한다.

⑦ 머리 손상으로부터의 출혈을 지혈시킨다.

㉠ 개방성 머리 손상이나 머리뼈 함몰부위에 과도한 압력은 피해야 한다.

㉡ 관통한 물체가 있을 경우 고정시키고 많은 액체가 환자의 귀와 코에서 나오면 멈추게 해서는 안 되며 흡수하기 위해 거즈로 느슨하게 드레싱한다.

⑧ 신속하게 병원으로 이송한다.

2 척추 손상

(1) 척주와 척추 손상의 개념

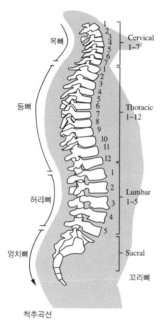

목뼈 — Cervical 1~7

등뼈 — Thoracic 1~12

허리뼈 — Lumbar 1~5

엉치뼈 — Sacral

꼬리뼈

척추곡선

① 척주(Vertebral Column)의 개념

ㄱ 머리를 지지해 주고 뇌의 기저부분에서 골반까지 이어지고 척수를 유지하고 보호해 준다.

ㄴ 인체를 지탱하는 중요한 역할을 하고 있으며 33개의 척추뼈로 구성되어 있다(목뼈 7개, 등뼈 12개, 허리뼈 5개, 엉치뼈 5개, 꼬리뼈 4개의 5부분).

ㄷ 등뼈는 갈비뼈에 의해 지지되고 엉치뼈와 꼬리뼈는 골반에 의해 지지되므로 목뼈와 허리뼈보다 손상을 덜 받는다.

> **더 알아두기** 중추신경계
>
> • 중추신경계는 뇌와 척수로 구성되며 뇌는 머리뼈 내에 위치해 있다.
> • 뇌는 호흡과 같은 기본적인 기능과 생각·기억과 같은 기능을 담당하고 있다.
> • 척수는 뇌저에서 시작해서 척주의 척추뼈에 의해 보호받으면서 등 아래로 내려간다.
> • 척수는 뇌에서부터 신체에 이르기까지 메시지를 전달하는 역할을 한다.
> • 말초신경계 지시를 포함한 이러한 메시지는 수의근의 움직임을 야기한다.
> • 척수는 또한 신체에서 뇌로 메시지를 다시 전달하는데 말초신경계로부터 인체 기능과 환경에 대한 정보를 포함한다.

② 척추 손상의 개념
　　㉠ 척추 손상에서 가장 위험한 것은 척수의 손상으로 수의근의 통제력 상실을 의미한다. 이러한
　　　통제력 상실, 즉 마비는 영구적이다.
　　㉡ 척수 손상은 단순 팔다리근육뿐 아니라 호흡근육에도 영향을 미치기 때문에 목뼈 손상에서
　　　는 특히 주의해야 한다.
　　㉢ 척주의 척추뼈는 척수를 둘러싸고 지지하며 보호하는 역할을 하고 있다.
　　㉣ 척추뼈 손상만으로 마비 또는 척수 손상의 증상 및 징후가 나타나지는 않지만 척수 손상을
　　　야기하거나 마비를 초래할 수 있다.
　　㉤ 척수 손상 시에는 손상부위 말단 신경계 기능이 일반적으로 상실된다.
　　㉥ 첫 번째 또는 두 번째 목뼈가 손상되면 양 팔과 다리를 움직일 수 없고 목뼈의 심한 손상은
　　　호흡정지를 초래할 수 있는 호흡근을 통제하는 신경에 영향을 미친다.

> **더 알아두기 척추와 척주**
>
> • 척추 : 척주를 구성하는 개개의 뼈로 척추뼈 몸통과 척추뼈 고리로 구성되어 있다.
> • 척주 : 척추뼈로 구성되어 있으며 섬유연결인 척추사이원반이 몸통을 연결해 우리 몸의 지주
> 　역할을 한다.

(2) 손상기전

척추의 비정상적 또는 과도한 움직임을 야기하는 어떤 손상기전은 척주와 척수의 손상 위험성을
증가시킬 수 있다.

굴 곡	척추의 앞쪽으로 굽은 것 예 정면충돌/다이빙
신 전	척추의 뒤쪽으로 굽은 것 예 후방충돌
측면 굽힘	척추의 측면으로 굽은 것 예 측면충돌
회 전	척추가 꼬인 것 예 차량 충돌/낙상
압 박	척추의 아래나 위로부터 직접 힘이 가해진 것 예 차량충돌/낙상/다이빙
분 리	척수와 척추뼈가 따로 분리되어지는 힘에 의한 손상 예 목매달기/차량충돌
관 통	어떤 물체가 척수나 척주에 들어오는 경우 예 총이나 칼에 의한 손상

(3) 평 가

① 척추 손상이 의심되는 환자라면 환자를 일직선상으로 눕히고 척추를 고정시켜야 한다.
② 현장에서 환자가 서있거나 걷는다고 해서 척추 손상이 없다고 판단해서는 안 되며 환자에게
　설명하고 일직선상으로 눕게 한 후 척추 손상의 증상 및 징후가 있는지 평가해야 한다.
③ 기도폐쇄와 호흡장애는 종종 심각한 척추 손상을 의미한다. 이 경우 턱 들어올리기법으로
　기도를 개방하고 필요시 양압환기를 제공할 준비를 해야 한다.

④ 주 병력과 신체검진(외상평가, 생체징후, SAMPLE력)을 실시하고 환자가 의식이 있다면 팔다리의 감각과 운동신경을 검사하기 위해 신경검사를 실시한다.

⑤ 척추 손상이 의심되는 환자 평가 시 유의사항
  ㉠ 무의식환자는 척추 손상 가능성이 있다고 가정해야 한다.
  ㉡ 척추부위 압통이 없다고 하는 환자는 척추 손상이 있을 수 있음을 유의해야 한다.
  ㉢ 척추 손상 판단을 위해 척추를 움직이게 하는 행동은 절대 금물이다.

⑥ 의식이 있는 환자라면 SAMPLE력 평가를 실시한다.

⑦ 환자가 무의식상태라면 가족이나 주변인에게 SAMPLE력을 얻어야 하며 손상기전과 도착 전의 환자 상태 및 의식 변화 등에 대한 정보를 얻어야 한다.

(4) 고 정

① 고정은 척추 손상 의심환자에게 중요한 처치로 추가 손상을 방지해 준다.
② 척추고정은 다른 처치(기도개방, 산소 공급, 양압환기, 쇼크처치)와 같이 실시되어야 한다.

> **더 알아두기** 소 아
>
> 소아의 척추는 성인보다 유연하기 때문에 척주의 손상 없이도 척수가 쉽게 손상 받을 수 있다. 척수 손상을 갖고 있는 소아환자의 25~50%는 X-ray상 척추뼈의 골절이 보이지 않는다고 한다. 이런 이유로 소아환자의 경우 척추부위 압통이나 통증이 없다고 하여도 척추 손상이 의심된다면 고정 및 처치해야 한다.

(5) 응급처치

① 손을 이용한 머리 고정
  ㉠ 척추 고정에서 제일 먼저 실시하는 단계로 손으로 환자의 머리를 중립자세로 유지해야 한다. 이는 목보호대 착용, 짧은 고정판이나 구출고정대(KED) 장비 그리고 긴 고정판에 고정 전까지 목뼈의 움직임을 예방해 준다. 이는 머리가 완전히 고정될 때까지 계속 유지해야 한다.
  ㉡ 환자의 목이 앞으로 구부러졌거나 옆으로 돌아갔다면 몸을 긴 축으로 머리와 목을 중립자세로 해 주어야 한다.
  ㉢ 환자가 땅에 누워있다면 대원은 환자 머리맡에 가서 머리 양쪽에 손을 대고 중립자세가 되도록 취해주어야 한다.
  ㉣ 만약 구조나 구출이 늦어진다면 손을 이용한 고정시간이 늘어나 대원의 피로도는 증가할 것이다. 이때에는 땅에 팔꿈치를 대거나, 앉아 있는 환자인 경우 환자의 어깨나 의자 등받이를 이용해야 한다.

② 목보호대
　　㉠ 목보호대는 손을 이용한 머리고정과 척추고정판을 이용한 고정과 함께 사용되어야 한다.
　　㉡ 목보호대만으로는 환자에게 적정한 처치를 제공할 수 없음을 유의해야 한다.
　　㉢ 효과적인 사용을 위해서는 환자에 맞는 크기의 목보호대를 사용해야 한다.
　　㉣ 부적절한 크기는 목을 과신전시키거나 움직이게 하고 척추 손상을 악화시키며 기도폐쇄를 유발시킬 수 있다.
　　　• 뒤에서 환자 머리를 중립상태로 고정시킨 후 목보호대 크기를 잰다.
　　　• 목보호대 크기를 조절하고 턱을 들어 올리거나 목이 과신전되지 않게 주의한다. 보호대가 너무 작거나 꽉 조이지 않는지 확인한다.

③ 짧은 척추고정기구
　　㉠ 짧은 척추고정기구로 짧은 척추고정판과 구출고정대(KED)가 있다. 이 장비들은 차량 충돌 사고로 차에 앉아 있는 환자가 척추 손상이 의심될 때 고정하기 위해 사용되며 머리, 목, 몸통을 고정한다.
　　㉡ 환자를 짧은 장비로 고정시킨 후에 긴 척추고정판에 바로누운자세로 눕힌 후 다시 고정해야 한다.
　　㉢ 구출고정대(KED) 착용법
　　　• 손으로 환자의 머리를 고정하고, 환자의 ABC 상태를 확인한다.
　　　　(이때, 환자의 ABC에 심각한 문제가 있는 경우 목보호대 및 긴 척추고정판을 이용하여 빠른 환자구출법을 시행한다.)
　　　• 적절한 크기의 목보호대를 선택하여 착용시킨다.
　　　• 빠른 외상환자의 1차 평가를 시행한다.
　　　• 구출고정대를 환자의 등 뒤에 조심스럽게 위치시키며, 구출고정대를 몸통의 중앙으로 정렬하고 날개부분을 겨드랑이에 밀착시킨다.
　　　• 구출고정대의 몸통 고정끈을 중간, 하단, 상단의 순으로 연결하고 조인다.
　　　• 양쪽 넙다리 부분에 패드를 적용하고 다리 고정끈을 연결한다.
　　　• 구출고정대의 뒤통수에 빈 공간을 채울 정도만 패드를 넣고 고정한다.
　　　• 환자를 90°로 회전시키고 긴 척추고정판에 눕힌 후 긴 척추고정판을 들어 바닥에 내려놓는다.
　　　• 환자가 긴 척추고정판의 중립위치에 있는지 확인하고 다리, 가슴끈을 느슨하게 해준다.
　　　• 긴 척추고정판에 환자를 고정하고, 팔다리의 순환, 운동, 감각기능을 확인한다.

④ 전신척추고정기구
　　㉠ '긴 척추보호대'라고도 하며 머리, 목, 몸통, 골반, 팔다리 모두 고정한다.
　　㉡ 이 기구는 누워있거나 앉아있거나 서있는 환자 모두에게 사용할 수 있고 짧은 척추고정대와 종종 같이 사용된다.

ⓒ 일반적인 과정
- 손을 이용한 머리고정을 실시한다.
- 팔다리의 맥박, 운동기능 그리고 감각을 평가한다.
- 목뼈 부위를 평가한다.
- 목보호대 크기를 조절하고 고정시킨다.
- 환자 옆에 긴 척추고정판을 놓는다.
- 환자를 통나무 굴리기법 등 적절한 방법으로 긴 척추고정판 위로 이동시킨다.

> **더 알아두기 통나무 굴리기법**
>
> - 대원 1명은 환자의 머리 쪽에서 손을 이용하여 머리 고정을 실시한다.
> - 3명의 대원은 환자의 한쪽에서 무릎을 꿇고 환자 반대편을 손으로 잡는다.
> - 머리 쪽에 있는 대원의 구령에 맞추어 척추가 뒤틀리지 않게 동시에 환자를 구급대원 쪽으로 잡아 당긴다.
> - 한명의 대원은 환자의 목과 등을 재빠르게 시진, 촉진하고 평가해야 한다.
> - 한명의 대원은 환자 밑으로 긴 척추고정판을 넣는다.
> - 머리 쪽에 있는 대원의 구령에 맞게 척추가 뒤틀리지 않도록 동시에 환자를 고정판에 눕힌다.

ⓔ 환자와 긴 척추고정판 사이 공간은 패드를 이용한다.
- 성인 : 몸이나 목 아래 공간이 있는지 확인해야 한다.
- 소아 : 어깨 아래에서부터 발뒤꿈치까지 패드가 필요하다.
ⓜ 골반과 윗가슴 위로 끈을 이용해 고정시킨다. 가능하다면 환자가 편안하게 느껴야 한다.
ⓗ 머리는 지지대와 끈을 이용해 고정시킨다.
ⓢ 무릎 위와 아래를 끈을 이용해 고정시킨다.
ⓞ 의식이 있다면 배 위로 손을 교차해서 놓도록 유도한다. 무의식환자라면 붕대나 끈을 이용해 교차시키거나 옆에 고정시킨다.
ⓩ 팔다리의 맥박, 운동기능 그리고 감각을 재평가한다.
ⓒ 주의사항 : 머리를 먼저 고정시키면 몸무게로 인해 목뼈가 좌우로 흔들릴 수 있기 때문에 환자의 가슴과 골반을 끈으로 고정시킨 후에 머리를 고정시켜야 한다.

⑤ 척추 손상 의심환자의 응급처치
ⓖ 손상기전을 염두하고 현장을 확인한다.
ⓛ 환자 평가를 실시하고 손을 이용한 머리고정을 실시한다.
- 환자가 통증을 호소하거나 머리 이동이 쉽지 않은 경우를 제외하고 척추를 축으로 머리를 중립자세로 취한다.
- 머리가 긴 척추고정판에 완전히 고정될 때까지 계속 중립을 유지해야 한다.

ⓒ 1차 평가를 실시한다. 환기나 산소가 필요한 경우에는 턱 들어올리기법을 사용하여 기도를 유지한다.

ⓔ 팔다리의 맥박, 운동기능 그리고 감각을 평가한다.

ⓜ 손상, 변형, 압통과 같은 징후가 목뼈와 목 부위에 있는지 평가한다.

ⓗ 목보호대의 크기를 측정하고 고정시킨다.

ⓢ 환자의 자세와 상태에 따라 척추고정 방법과 기구를 선택한다.

- 땅에 누워있는 환자라면 긴 척추고정판을 직접 사용할 수 있다.
- 앉아 있고 위급하지 않으며 주변 환경이 위험하지 않다면 짧은 척추고정판을 이용한다.
- 앉아 있고 위급하거나 주변 환경이 위험한 경우에는 긴 척추고정판을 이용하여 빠른 환자구 출법으로 환자를 이동한다.

ⓞ 긴 척추고정판에 완전히 환자를 고정한 후에는 팔다리의 맥박, 운동기능 그리고 감각을 재평가해야 한다.

ⓩ 고농도산소를 공급하고 필요시 양압환기를 제공하며 신속하게 이송한다.

더 알아두기 | **소아의 척추고정**

- 소아의 경우 고정하는 과정을 장시간 참을 수 없기 때문에 보호자가 옆에 동승해서 계속 지지해 주는 것이 좋다.
- 소아용 목보호대가 없다면 수건을 말아 머리와 목 옆에 놓고 고정시킨다.
- 소아의 뒤통수는 매우 튀어나와있기 때문에 어깨에서 발뒤꿈치까지 길게 패드를 대 주어야 한다.
- 소아용 안전의자에 있는 경우 의자와 소아의 머리와 목 부위 공간에 말은 수건을 대 준다.

더 알아두기 | **헬멧 제거**

헬멧을 쓰고 있는 환자인 경우 머리나 척추 손상에 대한 평가와 처치를 더 복잡하게 할 수 있다. 헬멧을 쓰고 있다는 자체가 머리와 목뼈 손상 위험이 높다는 것을 말해 준다. 헬멧을 쓰고 있는 환자는 환자를 평가하고 처치하고 고정시키기 위해 헬멧을 제거할건지를 결정하는 것이 가장 중요하다.

- 헬멧을 제거해야 하는 경우
  - 헬멧이 기도와 호흡을 평가하고 관찰하는 데 방해가 될 때
  - 헬멧이 환자의 기도 유지와 인공호흡을 방해할 때
  - 헬멧 형태가 척추고정을 방해할 때(소방관 헬멧의 경우 넓은 가장자리 때문에 머리와 목을 고정시키기에는 부적절하다)
  - 헬멧 안의 공간이 넓어 머리가 고정되지 않을 때
  - 환자가 호흡정지나 심장마비가 있을 때

1 응급 심장질환

(1) 심혈관계의 순환

순환계는 3개의 주요 요소인 심장, 혈관, 혈액으로 구성되어 있다. 이 요소들은 인체조직세포로 산소와 영양분을 운반해 주고 폐기물을 받아 운반해 준다. 이런 과정을 관류라고 한다. 순환계의 효과적인 활동을 위해서는 이 3가지 요소가 적절한 기능을 해야 한다.

① 심 장
    ㉠ 심장은 순환계의 중심으로 가슴 아래 복장뼈 중앙에 위치한 근육조직이다. 전신에 혈액을 뿜어내는 역할을 한다.
    ㉡ 구성 : 심장은 2개의 심방과 2개의 심실로 구성되어 있다.
        • 오른심방과 오른심실 : 압력이 낮고 정맥혈을 받아들여 산소교환을 위해 허파로 혈액을 보내는 기능
        • 왼심방 : 허파로부터 그 혈액을 받아들이는 기능
        • 왼심실 : 고압으로 동맥을 통해 전신으로 피를 뿜어내는 기능
    ㉢ 왼심실의 작용으로 생기는 힘은 맥박을 형성하고 뼈 위를 지나가는 동맥에서 촉지할 수 있다.
    ㉣ 심방과 심실 사이엔 판막이 있어 혈액이 역류하는 것을 막아준다.

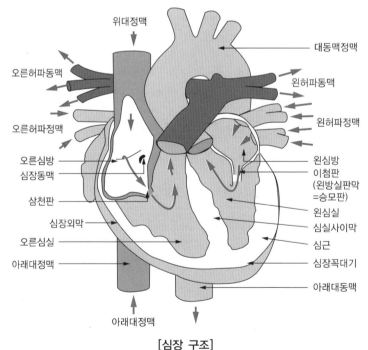

[심장 구조]

② 혈 관

　㉠ 동 맥

　　• 심장으로부터 혈액을 멀리 운반한다. 왼심실에서 나오는 주요 동맥을 대동맥이라고 한다.

　　• 혈액의 이동 : 왼심실 → 대동맥 → 소동맥 → 세동맥 → 모세혈관

　　• 심장동맥은 작은 동맥으로 심장에 혈액을 공급한다.

　　• 심장의 외부에 위치한 심장동맥은 심장에 산소를 공급한다.

　　• 심장동맥의 혈류량 감소는 심장 근육의 허혈을 야기한다(예 혈전 또는 저혈압 등).

　　• 허혈이 지속되면 심근경색이 진행되므로 심질환 의심환자에게는 산소를 공급해야 한다. 허혈과 관련된 통증을 협심증이라고 하며 심장동맥이 좁아져 협심증이 진행되면 심근경색 또는 심장마비가 나타난다. 초기 산소 공급은 이러한 진행을 예방할 수 있다.

　㉡ 정 맥

　　• 혈액을 오른심방으로 이동시키는 역할을 한다.

　　• 소정맥은 모세혈관에서 대정맥으로 혈액을 운반하며 최종적으로 상·하대정맥으로 이동시켜 오른심방으로 유입시킨다.

　　• 동맥에 비해 벽이 얇으며 압력이 낮다.

　　• 오른심방으로 들어 온 혈액은 오른심실에서 허파로 이동해 산소를 교환하고 왼심방으로 들어가 왼심실에서 전신으로 동맥을 통해 뿜어져 나간다.

　㉢ 모세혈관

　　모세혈관벽 두께는 하나의 세포두께 정도이며 이 얇은 벽을 통해 산소, 영양분, 폐기물이 교환된다.

③ 혈 액

　㉠ 혈액은 혈관을 통해 온몸을 돌면서 각 기관에 산소와 영양소 등을 공급해주고 노폐물을 운반하여 신장을 통해 배설된다. 그 외 내분비기관에서 분비되는 호르몬의 운반, 외부의 병원체에 대한 방어와 체온 조절을 담당한다.

　㉡ 혈액의 구성

적혈구	모든 근육의 생존을 위해 세포에 산소를 운반해 주고 이산화탄소를 받으며 혈액의 색을 결정하는 요소
백혈구	면역체계의 일부분으로 감염을 방지
혈소판	세포의 특수한 부분으로 지혈작용
혈 장	혈액량의 1/2 이상을 차지하며 전신에 혈구와 혈소판을 운반하는 역할

　　※ 성인의 경우 체중 1kg당 약 70mL의 혈액량을 갖고 있다.

(2) 심질환

① 개 요

- ㉠ 심질환은 가슴통증, 빠른호흡과 같은 증상을 야기하고 심장박동조절부위에 문제가 있는 것으로, 증상이 다양하다. 어떤 환자는 건강한 외모에 정상 생체징후를 나타내기도 하고 생체징후 없이 심장마비를 보이기도 한다.
- ㉡ 심장박동조절부위의 문제로 나타나는 증상 및 징후는 다른 내과적 문제로 인한 증상과 징후와 비슷할 수 있다. 이런 경우 심장박동조절부위상의 문제를 가진 환자로 간주하고 응급처치를 실시해야 한다.
- ㉢ 율동장애 : 심장근육은 심장 수축을 유도하는 전기 자극에 반응하는 특수한 조직으로 구성되어 있는데 이러한 자극을 전달하는 경로가 손상되었을 때 심박동이 불규칙해지는 것을 말한다. 율동장애는 심장 수축을 멈춰 심장마비를 일으키는데 자동제세동기 사용으로 정상으로 회복시킬 수 있다.

② 평 가

- ㉠ 현장안전을 우선적으로 확인하고 개인 보호 장비를 착용한다. 1차 평가를 실시하고 만약 환자가 무의식, 무맥인 경우에는 CPR을 실시하고 AED를 작동시켜야 한다.
- ㉡ 의식이 있는 환자 : 주요 병력 평가와 신체검진을 실시하고 OPQRST질문을 통해 생체징후를 측정하고 기록해야 한다.

[심장박동조절부위에 문제가 있는 환자로부터 정보를 얻기 위해 쓰이는 질문]

Onset	언제 통증이 시작됐고 그 때 무엇을 하고 있었는지?
Provocation	무엇이 통증을 악화시켰는지?
Quality	통증이 어떻게 아픈지?
Region/Radiation	통증을 완화시키는 것이 있는지?/통증이 다른 부위까지 퍼졌는지?
Severity	1에서 10이라는 수치라는 가정 하에 통증이 어느 정도인지?
Time	얼마나 오랫동안 통증이 지속됐는지?

- ㉢ 증상과 징후
  - 가슴, 윗배, 목 또는 왼쪽 어깨에 통증, 압박감, 불편감, 절박감
  - 갑작스럽게 많은 땀을 흘림
  - 오심/구토, 흥분 또는 불안감
  - 가슴통증
    - "무언가 누르는 듯한, 쑤시는, 쥐어짜는 듯한" 통증이나 통증 없이 단지 불편감만을 호소할 수 있다. 통증은 팔이나 목으로 전이될 수 있다. 유도질문은 피해서 환자 스스로 표현하도록 해야 한다.

- 과거에 환자가 가슴통증 경험이 있다면 현재와 비교해서 어떤지를 물어야 한다. 환자가 심장마비를 과거에 경험했고 지금 통증이 과거와 비슷하다고 하면 심장문제로 인한 통증임을 추측할 수 있다.
  - 환자의 움직임과 통증과의 관계는 매우 중요하다. 환자가 최근에 짧은 거리를 걸은 후에 통증이 있었다고 한다면 이는 심장에 혈류량이 감소되었음을 알 수 있다. 적절한 치료를 받지 않는다면 경색증이 초래될 수 있다.
- 빠른호흡 : 당뇨환자일 경우 가슴통증 없이 빠른호흡만을 호소할 수 있다. 보통 이런 환자는 매우 흥분된 상태로 절박감을 호소한다. 모든 환자가 이런 증상을 호소한다고 할 수는 없다.
- 맥박 : 맥박은 세기와 규칙성, 횟수를 평가해야 한다. 심장박동조절부위에 문제가 있는 경우 빠른맥과 느린맥 모두 나타날 수 있으며 불규칙한 맥박을 나타내기도 한다.
  - 느린맥 : 60회/분 이하인 경우
  - 빠른맥 : 100회/분 이상인 경우
- 혈 압
  - 정상을 나타내기도 하고 몇몇 환자는 고혈압 또는 저혈압을 나타나기도 한다.
  - 저혈압은 심각한 저관류 또는 쇼크를 의미한다. 이는 심장이 효과적으로 수축하는 능력을 상실했기 때문이다.
  - 쇼크 상태에서는 심장을 포함한 인체 모든 조직에 혈류량이 감소하고 허혈 또는 경색증을 일으킬 수 있다. 뇌의 경우는 의식을 잃어 실신을 야기할 수 있다(고혈압 : 수축기압이 150mmHg 이상이거나 이완기압이 90mmHg 이상, 저혈압 : 수축기압이 90mmHg 미만).

③ 응급처치
　㉠ 편안한 자세를 취해준다.
- 대부분 앉아 있는 자세를 취해준다. 환자가 저혈압이라면 바로누운자세(앙와위)로 발을 심장보다 높게 해주어 보다 많은 혈액이 뇌와 심장으로 가도록 도와준다.
- 호흡곤란 또는 울혈성 심부전 환자는 앉아 있는 자세가 편안함을 줄 수 있다.
　㉡ 산소포화도를 측정하여 90% 미만일 경우 코 삽입관으로 4~6L의 산소를 공급한다. 그 후에도 산소포화도가 90% 이상을 초과하지 못할 경우에는 마스크 또는 비재호흡마스크를 통해 높은 농도의 산소를 공급한다. 호흡이 불규칙하여 청색증 또는 호흡이 없다면 포켓마스크, BVM 등을 이용하여 산소를 공급한다.
　㉢ 계속 ABC를 관찰해야 한다. : 심장마비에 대비해 CPR과 AED를 준비한다.
　㉣ 나이트로글리세린을 처방받은 환자라면 복용하도록 옆에서 도와주어야 한다.
　㉤ 신속하게 병원으로 이송한다.

④ 나이트로글리세린

　　㉠ 협심증 환자의 가슴통증에 사용되는 약으로 혈관을 이완시키고 심장의 부하량을 줄여준다.

　　㉡ 적절한 복용을 위해 적응증, 복용법, 금기사항, 효능에 대해 알아야 한다.

　　㉢ 유효기간이 지나면 약효가 떨어지므로 유효기간을 확인하고 만약 유효기간이 넘은 약을
　　　　복용했다면 환자에게 두통이나 혀에 이상한 감각이 느껴지는지 물어봐야 한다.

⑤ 울혈성 심부전증(Congestive Heart Failure, CHF)

심장의 부적절한 수축으로 몸의 일부 기관 또는 허파에 과도한 체액이 축적되는 상태를 말한다.
이러한 축적은 부종을 야기한다. 울혈성 심부전증은 심장의 판막질환, 고혈압, 허파기종으로
인해 나타날 수 있다.

⑥ 협심증과 심근경색에서 통증의 양상

구 분	협심증	급성 심근경색
통증 지속시간	30분 이내	30분 이상
흉통 발생 양상	주로 운동 시 발생, 휴식으로 완화	운동과 무관, 휴식으로 완화가 안 됨
나이트로글리세린에 대한 반응	흉통의 경감 또는 소실	흉통이 경감될 수는 있으나 소실은 안 됨

(3) 심장마비

① 개 요

　　㉠ 심장박동이 멈추거나 다른 종류의 전기적 활동이 대신하는 경우로 때때로 빠른맥이 나타나
　　　　거나 심장근육에 세동이 나타날 수 있다. 이러한 비정상적인 활동은 전신에 적절한 혈류량을
　　　　제공하지 못한다.

　　㉡ 심장마비환자는 맥박 또는 호흡이 없고 무의식 상태를 나타낸다. 심박동이 멈추면 세포는
　　　　죽어가기 시작하고 4~6분 내에 뇌세포도 죽기 시작한다. 신속하고 효과적인 처치가 없다면
　　　　사망에 이를 수 있다.

② 성인 심장마비환자의 생존사슬(Chain of Survival)

　　㉠ 심정지의 예방과 조기발견 : 생존사슬의 첫 번째 고리로 2015년에 도입한 개념이다. 일단
　　　　심정지가 발생했을 때 목격자가 심정지를 신속하게 인지함으로써 응급의료체계로의 신고기
　　　　간을 단축시켜야 한다.

　　㉡ 신속한 신고 : 생존사슬의 두 번째 고리는 신속한 신고이다. 이 과정에서는 심정지를 인식한
　　　　목격자가 응급의료체계에 전화를 걸어 심정지의 발생을 알리고, 연락을 받은 응급의료전화
　　　　상담원이 환자발생 지역으로 119구급대원을 출동시키는 일련의 과정이 포함된다. 두 번째
　　　　고리가 신속하게 연결되려면 응급환자를 신고할 수 있는 신고체계가 갖추어져야 하며, 전화
　　　　신고에 반응하여 구급대원이 출동할 수 있는 연락체계가 있어야 한다.

ⓒ 신속한 심폐소생술 : 신속한 신고 후에 구급대원이 도착할 때까지 심정지환자에게 가장 필요한 처치는 목격자에 의한 심폐소생술이다. 목격자에 의한 심폐소생술이 시행된 경우에는 시행되지 않은 경우보다 심정지환자의 생존율이 2~3배 높아진다.

ⓔ 신속한 제세동 : 제세동 처치는 빨리 시행할수록 효과적이다. 빠른 제세동을 위해 구급차에 자동제세동기가 보급되었고, 자동제세동기가 공공장소에 설치됨으로써, 제세동 치료를 받은 심실세동 환자의 생존율이 획기적으로 높아졌다. 자동제세동기는 심정지환자에게 패드를 붙여 놓기만 하면 환자의 심전도를 자체적으로 판독하여 자동으로 제세동을 유도하는 의료 장비이므로 일반인도 일정 수준의 교육을 시행 받은 뒤에 안전하게 사용할 수 있다.

ⓜ 효과적 전문소생술과 심정지 후 치료 : 제세동 처치에 반응하지 않는 심정지 환자의 자발순환을 회복시키려면 혈관수축제 또는 항부정맥제 등의 약물을 투여하고 전문기도유지술 등의 전문소생술을 시행해야 한다. 효과적인 전문소생술은 심정지 환자의 생존율을 증가시킬 것으로 예측되었지만 현장에서의 전문소생술이 심정지 환자의 생존율을 뚜렷이 증가시킨다는 근거는 아직까지 부족하다. 그러나 자발순환이 회복된 환자에서 혈역학적 안정을 유지하고 심정지의 재발을 막기 위한 효과적인 전문소생술은 환자의 생존에 중요하다.

③ 소아 심장마비환자 생존사슬

소아와 성인 사이에는 심정지 원인에 차이가 있으며 체구가 다르기 때문에 심폐소생술의 방법에도 약간의 차이가 있다. 그러나 한 가지 특징만으로는 소아와 성인을 구분하기 어렵고 심폐소생술 방법을 다르게 적용해야 하는 나이를 결정하기 위한 과학적 근거가 부족하다. 소아의 체구가 커서 성인과의 구분이 어려울 때에는 구조자의 판단에 따라 소아 또는 성인 심폐소생술을 적용하면 된다. 비록 구조자가 심정지 환자의 연령을 잘못 판단하였더라도 환자에게 중대한 위해를 초래하지는 않는다. 심폐소생술에서 나이의 정의는 다음과 같다.

㉠ 신생아 : 출산된 때로부터 4주까지

㉡ 영아 : 만 1세 미만의 아기

㉢ 소아 : 만 1세부터 만 8세 미만까지

㉣ 성인 : 만 8세부터

(4) 제세동

① 심정지의 대부분은 심실세동에 의해 유발되며, 심실세동에서 가장 중요한 처치는 전기적 제세동이다. 제세동 처치는 빨리 시행할수록 효과적이므로 현장에서 신속하게 시행되어야 한다.

② 심실세동에서 제세동이 1분 지연될 때마다 제세동의 성공 가능성은 7~10%씩 감소한다.

③ 자동 심장충격기는 의료지식이 충분하지 않은 일반인이나 의료제공자들이 쉽게 사용할 수 있도록 환자의 심전도를 자동으로 분석하여 제세동이 필요한 심정지를 구분해주며, 사용자가 제세동할 수 있도록 유도하는 장비이다.

④ '심실세동'과 '무맥성 심실빈맥'은 제세동으로 치료가 될 수 있다.

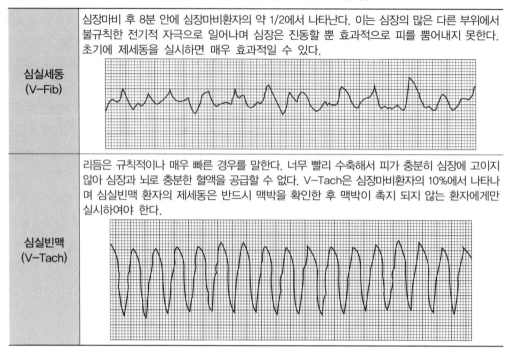

심실세동 (V-Fib)	심장마비 후 8분 안에 심장마비환자의 약 1/2에서 나타난다. 이는 심장의 많은 다른 부위에서 불규칙한 전기적 자극으로 일어나며 심장은 진동할 뿐 효과적으로 피를 뿜어내지 못한다. 초기에 제세동을 실시하면 매우 효과적일 수 있다.
심실빈맥 (V-Tach)	리듬은 규칙적이나 매우 빠른 경우를 말한다. 너무 빨리 수축해서 피가 충분히 심장에 고이지 않아 심장과 뇌로 충분한 혈액을 공급할 수 없다. V-Tach은 심장마비환자의 10%에서 나타나며 심실빈맥 환자의 제세동은 반드시 맥박을 확인한 후 맥박이 촉지 되지 않는 환자에게만 실시하여야 한다.

(5) 제세동기(심장충격기)

① 개 요

㉠ 제세동기는 비정상적인 전기적 자극을 안정시키는 데 사용된다.

㉡ 심전도계는 심박동을 유발하고 이러한 전기적 활동을 관찰하기 위해 제세동기의 전극을 사용한다.

㉢ 자동제세동기는 심장 활동을 분석하고 비정상이라면 전기충격을 이용해 정상으로 회복시킬 수 있다.

㉣ 제세동기는 크게 내·외부 제세동기로 나눌 수 있다.

② 내부 제세동기(AICD ; Automatic Implantable Cardioverter Defibrillator)

이 기구를 갖고 있는 환자가 심장마비를 보일 경우에는 AICD에서 적어도 약 3cm 떨어진 부분에 전극패드를 부치고 제세동을 실시해야 한다. 심장박동조율기의 경우에도 마찬가지이다.

③ 외부 제세동기(AEDs, 자동 체외 심장충격기)

㉠ 전자동 제세동기 : 구급대원은 단순히 전극(패드)을 부착하고 전원을 켜기만 하면 된다. 기계는 자동으로 분석하고 적절한 전기 충격량을 결정하고 자동으로 제세동을 실시한다.

㉡ 반자동 제세동기 : 구급대원은 전극(패드)을 부착하고 전원을 켜고 리듬분석 버튼을 눌러야 한다. 제세동기는 리듬을 분석하고 분석 및 행동에 대한 지시를 하고 구급대원은 이에 따라 제세동 버튼을 눌러야만 한다.

④ 제세동기의 이점 및 사용
　㉠ 전자동 제세동기는 조작이 쉬워졌고 제세동 사용에 걸리는 시간이 줄어들었다.
　㉡ 제세동기 오류는 기계적 오류보다 부적절한 패치부착 및 배터리 방전 등 사용·관리 미숙으로 인한 것이 많다.
　㉢ 패치를 부착하는 위치 및 방법
　　• 전외 위치법 : 가장 많이 사용되는 방법으로 한 전극을 오른 빗장뼈의 바로 아래에 위치시키고 다른 전극은 좌측 유두의 왼쪽으로 중간겨드랑이에 부착한다.
　　• 좌우 위치법 : 양쪽 겨드랑이에 위치시키는 방법이다.
　　• 전후 위치법 : 한 전극은 복장뼈의 좌측에, 다른 전극은 등의 어깨뼈 밑에 위치시키는 방법이다.

[제세동기 전극 부착 부위]

A 전외 위치법　　　　　　　　　　　　B 전후 위치법

　㉣ 실시요령
　　• 심폐소생술 시행 도중 자동 또는 수동 제세동기를 가진 사람이 도착하면 즉시 심전도 리듬을 분석하여 심실세동이나 맥박이 없는 심실빈맥일 경우 1회의 제세동을 실시한다.
　　• 제세동 후에는 맥박 확인이나 리듬 분석을 시행하지 않고 곧바로 가슴압박을 실시하며 5주기의 심폐소생술을 시행한 후에 다시 한 번 심전도를 분석하여 적응증이 되면 제세동을 반복한다.
　　• 제세동이 필요 없는 심전도 리듬인 경우에는 가슴압박과 인공호흡을 계속한다. 제세동기를 사용하는 과정에서도 가능하면 가슴압박의 중단이 최소화 되도록 노력한다.
　　• 현장에서 자동제세동기를 사용하는 경우 5~10분 정도의 심폐소생술을 시행한 후 가까운 병원으로 이송하는 것을 권장하며 이송 중에도 가능하면 계속 심폐소생술을 시행한다.

⑤ 제세동기 적응증

심장마비 환자에게 쓰이나 모든 심장마비 환자에게 쓰이는 것은 아니다. 제세동기 적응증 환자는 다음과 같다.

㉠ 모든 심장마비 환자
- 1세 미만의 영아에게는 소아 제세동 용량으로 변경시킨 뒤에 심장충격기를 적용하나, 소아용 패드나 에너지 용량 조절장치가 구비되어 있지 않는 경우에는 1세 미만의 영아에게도 성인용 심장충격기를 사용하여 2~4J/kg으로 제세동한다.
- 제세동 시에 첫 에너지는 2~4J/kg이고 두 번째는 4J/kg 이상으로 성인의 최대 용량을 넘지 않도록 한다.
- 수동 제세동기를 사용하지 못할 경우 아동용 충격량 감쇄 시스템이 부착된 자동제세동기를 사용해야 한다.

㉡ 심실세동, 무맥성심실빈맥, 불안정한 다형심실빈맥을 보이는 환자

> **더 알아두기** **제세동 사용 금지 환자**
>
> - 의식, 맥박, 호흡이 있는 환자는 오히려 사망에 이르게 할 수 있다.
> - 심각한 외상환자의 심정지
>   - 대부분 심각한 출혈과 생체기관이 한 개 또는 둘 이상 손상이 되며 환자에게 제세동이 실시된다고 하여도 성공의 가능성은 없다.
>   - 심각한 외상의 경우에는 현장에서 가능하면 최소한의 시간을 사용하여야 하고 환자는 수술이 가능한 병원으로 신속히 이송되어야 한다.

⑥ 주의사항
㉠ 비 오는 외부나 축축한 장소에서의 사용은 금지한다.
㉡ 금속 들것 위 또는 표면에 환자가 있다면 비금속 장소로 이동 후에 실시한다.
㉢ 시작 전에 환자 머리에서 발끝까지 둘러보면서 "모두 물러나세요"라고 소리치고 눈으로 확인한다.
㉣ 당뇨환자 배에 혈당조절기를 위한 바늘이 삽입된 경우에는 제거한 후에 실시한다.
㉤ 주위에 끊어진 전선이 있다면 장소를 옮겨 사용한다.

⑦ CPR과 제세동기
㉠ 조기 제세동은 회복 가능성을 높이므로 가능한 신속하게 실시해야 한다.
㉡ 기본 CPR은 제세동 과정에서 필수 요소로서 심장의 기능을 대신해 피와 산소를 조직에 공급해 주는 역할을 한다. CPR과 AED를 적절하게 사용하는 것은 매우 중요하다.
㉢ 한 명의 대원이 AED를 준비하는 동안 다른 대원은 CPR을 실시해야 한다.
㉣ AED준비가 끝나면 CPR을 멈추고 환자 주위 사람들을 모두 물러나게 한 후 제세동을 실시해야 한다.

⑧ 심장마비 환자평가

　㉠ 현장안전을 확인하고 개인 보호장비를 착용한 후 현장에 진입해야 한다.

　㉡ 1차 평가를 통해 심장마비가 의심된다면 심질환 환자에 대한 평가와 처치를 실시해야 한다.

　㉢ 맥박과 호흡이 없는 환자에게는 즉시 CPR을 실시하며, AED가 준비되면 즉시 리듬을 분석하여 필요시 제세동을 실시한다.

　㉣ 추가 대원이 있다면 주요 병력 및 신체검진을 실시하여 언제 시작했는지, 그 전에 어떤 증상과 징후가 있었는지 알아봐야 한다.

더 알아두기　심장마비환자의 AED와 CPR 처치

- CPR을 시작하고 고농도의 산소를 제공한다.
- 제세동 준비를 한다.
  - 사생활 보호에 유의하며 가슴을 노출시킨다(시간지연 금지).
  - 가슴과 배에 부착된 기구가 있다면 제거하고 너무 많은 가슴 털은 면도한다.
  - 환자가 젖어 있다면 수건 등으로 물기를 닦는다.
- AED 전원을 켠다.
- 패치를 환자의 가슴 적정한 위치에 부착한다.
- 연결장치(커넥터)를 기계와 연결한다.
- 기계로부터 "분석 중입니다. 물러나세요"라는 음성지시가 나오면 CPR을 중단하고 환자 주위 사람들을 모두 물러나게 한다.
- 기계가 "제세동이 필요합니다"라는 음성지시가 나오면 에너지가 충전될 때까지 가슴압박을 계속한다.
- 기계의 충전이 완료되면 "모두 물러나세요"라고 말하여 주변 사람들을 물러서게 한 후 제세동 버튼을 누른다.
- 버튼을 누른 후 즉시 가슴압박을 시작한다.
- 2분간 5주기의 CPR을 실시한 후 리듬을 재분석한다.
  - 회복상태라면 호흡과 맥박을 확인하고 산소 공급과 신속한 이송을 실시한다.
  - 비회복상태라면 CPR과 제세동을 반복하여 실시한다.
- 분석 버튼을 눌렀을 때 회복상태를 나타내면 호흡과 맥박을 확인한다.
  - 호흡이 비정상 : BVM을 이용한 인공호흡으로 고농도산소를 제공하고 이송해야 한다.
  - 호흡이 정상 : 비재호흡마스크를 이용해서 10~15L/분 산소를 공급하고 이송해야 한다.

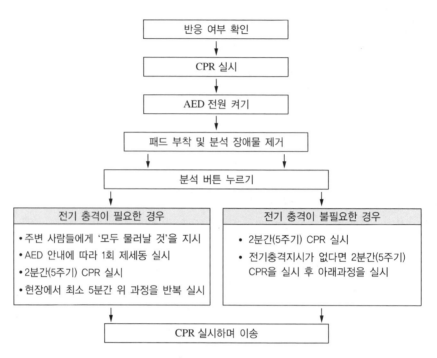

```
반응 여부 확인
        ↓
CPR 실시
        ↓
AED 전원 켜기
        ↓
패드 부착 및 분석 장애물 제거
        ↓
분석 버튼 누르기
```

전기 충격이 필요한 경우	전기 충격이 불필요한 경우
• 주변 사람들에게 '모두 물러날 것'을 지시 • AED 안내에 따라 1회 제세동 실시 • 2분간(5주기) CPR 실시 • 현장에서 최소 5분간 위 과정을 반복 실시	• 2분간(5주기) CPR 실시 • 전기충격지시가 없다면 2분간(5주기) CPR을 실시 후 아래과정을 실시

```
CPR 실시하며 이송
```

※ 주의사항
  • '전기 충격 지시'가 없을 때마다 2분간(5주기) CPR을 실시한다. 만약 맥박이 있다면 호흡을
    확인하고 산소를 공급하거나 고농도산소로 환기를 제공해준다.
  • 전기 충격을 준 후 '전기 충격이 불필요하다'란 안내가 나온다면 위 도표에서 오른쪽 부분의
    지시에 따르면 된다.
  • 처음에 '전기 충격이 불필요하다'란 안내 후에 다음 분석에서 '전기 충격이 필요하다'란
    안내가 나오면 위 도표에서 왼쪽 부분의 지시에 따른다.

[자동제세동기 사용 순서]

2 호흡곤란

(1) 호흡기계의 개념

① 공기는 입과 코로 들어와서 인두를 지나간다. 코 뒤에 위치한 부분은 코인두, 입 뒤에 위치한
   부분은 입인두라고 한다. 인두 아랫부분은 인두후두부이고 그 아래에는 공기와 음식이 따로
   들어갈 수 있도록 식도와 기관, 2부분으로 나누어진다.

② 식도는 음식물이 위로 들어가는 길이고, 기관은 공기가 허파로 들어가는 길이다.

③ 음식물이 기관으로 들어오는 것을 막기 위해 잎 모양의 후두덮개가 있어 음식물이 들어오면
   기관 입구를 덮는다. 후두덮개 아래의 기관 윗부분은 후두라고 하며 여기에 성대가 있다.
   반지연골은 후두 아랫부분에 있다.

④ 기관은 기관지라 불리는 2개의 관으로 나눠진다. 기관지는 각각 좌·우 허파와 연결되어 있고 다시 세기관지로 나누어진다. 세기관지는 가스교환이 이루어지는 허파꽈리라 불리는 수천 개의 작은 공기주머니와 연결되어 있다. 오른쪽 허파는 3개 엽을 갖고 있고 왼쪽 허파는 2개 엽을 갖고 있다.

⑤ 배와 가슴을 나누는 것은 가로막이다. 들숨은 가로막과 늑간근이 수축할 때 일어난다. 이때 갈비뼈는 올라가고 팽창되며 가로막은 내려간다. 이로 인해 흉강 크기는 증가하고 허파로 공기유입을 증가시킨다. 날숨은 가로막과 늑간근이 이완될 때 일어나며 흉강 크기는 작아지고 갈비뼈는 아래로 내려가고 수축되며 가로막은 올라간다.

> **더 알아두기** 신생아와 소아가 성인과 다른 점
>
> • 성인에 비해 기도가 작아 쉽게 폐쇄된다.
> • 혀가 성인에 비해 입안 공간을 많이 차지해서 쉽게 기도를 막을 수 있다.
> • 기관이 작고 연해서 부종, 외상, 목의 신전·굴곡에 의해 쉽게 폐쇄된다.
> • 반지연골이 성인보다 딱딱하지 않다.
> • 가슴벽이 부드러워 호흡할 때 가로막에 더 의존한다.

(2) 정상호흡과 비정상호흡

비정상적인 호흡은 생명을 위협하므로 호흡에 대한 평가와 즉각적인 처치가 중요하다.

① 정상호흡 및 비정상호흡

구 분	정상호흡	비정상호흡
호흡수	• 성인 12~20회/분 • 아동 15~30회/분 • 유아 25~50회/분	• 연령대별 정상 • 횟수보다 높거나 낮은 경우
규칙성	• 호흡 간격이 일정 • 말할 때에도 규칙적	불규칙
양 상	• 호흡음 : 양쪽 허파음이 같음 • 가슴팽창 : 양쪽이 같음 • 호흡노력 : 힘들게 호흡하거나 호흡보조근을 사용하지 않음 • 깊이 : 적정	• 호흡음 : 허파음이 약하거나 들리지 않을 경우, 잡음, 양쪽 허파음이 다른 경우 • 가슴팽창 : 양쪽이 틀린 경우 • 호흡노력 : 힘들게 호흡하거나 호흡보조근을 사용 • 깊이 : 깊거나 얕은 경우 • 피부 : 창백하거나 청색, 차갑고 축축함

② 인공호흡법

㉠ 인공호흡법 종류

• 보조 산소와 포켓마스크

• 보조 산소와 2인 BVM

• 보조 산소와 1인 BVM

ⓛ 징후 관찰 내용
- 기구에 맞춰 가슴의 오르내림이 일정한지 관찰한다.
- 성인 10~12회/분, 소아 12~20회/분 적정 인공호흡을 제공하는지 관찰한다.
- 맥박이 정상으로 회복되는지 관찰한다.

ⓒ 적절한 인공호흡이 되고 있지 않다면 재교정하고 기도가 개방되었는지 확인하고 그렇지 않다면 머리를 이용해 교정하거나 입인두·코인두 기도기를 삽관한다.

ⓔ 마스크가 적절하게 착용되었는지 확인하고 산소와 제대로 연결되었는지, 산소는 잘 나오는 지도 확인한다. 산소량과 인공호흡 비율도 조절한다.

(3) 호흡곤란

① 개 요

ⓞ 호흡에 어려움이 있는 상태로 빠른호흡에서 호흡정지까지 넓은 범위를 차지한다.

ⓛ 유발원인 : 질병, 알레르기 반응, 심장 문제, 머리·얼굴·목·가슴 손상, 호흡계 질환 등

ⓒ 환자의 현장처치는 기도를 유지하고 산소를 공급하여 적절한 호흡을 돕는 것이 중요하다.

ⓔ 호흡계 질환에 따른 증상 및 징후

질 병	설 명
허파기종	만성 폐쇄성 폐질환(COPD)은 허파꽈리벽을 파괴하고 탄력성을 떨어뜨린다. 과도한 분비물과 허파꽈리가 손상을 받아 허파에서의 공기이동을 저하시킨다.
만성 기관지염	세기관지 염증을 말한다. 점액의 과도한 분비는 세기관지부터 점액을 제거하려는 섬모운동을 방해한다.
천 식	• 알레르기, 운동, 정신적인 스트레스, 세기관지 수축, 점액 분비로 일어난다. 고음의 천명음과 심각한 호흡곤란이 나타난다. • 천식은 노인이나 소아환자에게 많으며 불규칙한 간격으로 갑자기 일어난다. • 간격 사이에서는 증상이 없어진다. • 특징적인 증상은 발작으로, 밤에 잘 일어난다.
만성 심부전	심장으로 인해 야기되나 허파에 영향을 미친다. 심부전은 적정량을 뿜어내지 못해 허파순환이 저하되어 허파부종을 일으킨다. 따라서 호흡곤란이 야기되며 시끄러운 호흡음, 빠른맥, 축축한 피부, 창백하거나 청색증, 발목 부종이 나타난다. 심한 경우 핑크색 거품의 가래가 나오기도 한다.

② 평 가

ⓞ 호흡곤란은 경증에서 중증까지 다양하다. 한 가지 분명한 것은 호흡곤란환자는 종종 흥분 상태를 보이며 죽음에 대한 공포를 호소하므로 환자를 평가 및 처치하는 동안 침착한 태도를 유지해야 한다.

ⓛ 현장확인을 통해 호흡곤란 유발요소가 있는지 확인하고 1차 평가를 실시한다. 환자 자세를 살펴야 하는데 대부분 호흡곤란으로 좌위나 반좌위를 취한다.

ⓒ 초조하거나 안절부절못하거나 반응이 없는 경우는 산소부족으로 인한 뇌 반응이므로 주의한다. 또한 완전한 문장이 아닌 짧은 단어로 이야기하는 것도 산소부족을 의미한다.

ⓔ ABC를 평가할 때 특히, 기도와 호흡에 주의해야 한다. 호흡에서 이상한 소리가 나면 기도 내 장애물이 있으므로 기도 유지를 위해 자세 교정 및 흡인이 필요하다.

ⓜ 호흡을 평가할 때에는 적절한 호흡인지를 잘 평가하고 부적절한 호흡양상을 보이면 평가를 중지하고 산소 공급 또는 인공호흡을 통해 응급처치를 실시해야 한다.

ⓗ 호흡이 정상으로 회복되면 다시 평가를 실시한다. 의식이 있는 환자라면 주요 병력 및 신체검진을 실시한다.

ⓐ 질병이 있는 환자는 병력이 중요하며 OPQRST식 질문으로 정보를 얻는다.

ⓞ 호흡곤란 시 복용하는 약물이나 기타 처치가 있는지 묻는다.

[호흡곤란환자로부터 정보를 얻기 위해 쓰이는 질문]

Onset	• 언제 호흡곤란이 나타났는가? • 무엇을 하고 있었나?
Provocation	호흡곤란이 심해지거나 완화시키는 것이 있다면 무엇인가?
Quality	호흡곤란이 어느 정도인지 표현해 보라.
Region/Radiation	• 호흡곤란과 관련된 통증이 있는지? • 통증이 다른 신체부위까지 아픈지?
Severity	통증 정도를 1에서 10으로 볼 때 어느 정도인지?
Time	얼마나 오랫동안 호흡곤란이 지속되었는지?

③ 호흡곤란의 증상 및 징후
  ⓐ 비정상적인 호흡수, 불규칙한 호흡양상, 얕은 호흡, 시끄러운 호흡음
  ⓑ 목, 가슴 위쪽에 있는 호흡보조근 사용 및 늑간 견축
  ⓒ 성인은 빠른맥, 소아는 느린맥, 짧은 호흡, 불안정, 흥분, 의식장애
  ⓓ 창백, 청색증, 홍조, 삼각자세 또는 앉아서 앞으로 숙인 자세
  ⓔ 통모양의 가슴(보통 허파기종 환자), 대화장애(완전한 문장 표현 어려움)

④ 응급처치
  ⓐ 현장확인과 1차 평가에서 비정상적인 호흡 또는 무호흡일 경우 기도개방 여부를 확인하고 기도유지를 한다. 필요하다면 기도를 유지하기 위해 입·코인두 기도기를 이용한다.
  ⓑ 고농도산소를 양압환기를 통해 제공한다.
  ⓒ 신속하게 병원으로 이송한다.

⑤ 혈중산소농도 조절
  ⓐ 호흡은 불수의적으로 일어나며 뇌가 체내 수용체를 통해 혈중 이산화탄소 수치에 따라 호흡수를 조절한다. 이산화탄소 수치가 증가하면 호흡수도 증가한다.

ⓛ COPD(만성 폐쇄성 폐질환)환자의 경우 혈중 이산화탄소 수치가 계속 높기 때문에 수용체는 호흡이 더 필요한 상태에서도 필요성을 못 느낄 수 있다. 이 경우 뇌는 혈중산소농도 조절을 한다.

ⓒ 혈중산도농도 조절 : 혈중 산소포화도를 감지하는 수용체를 통해 호흡의 필요성을 인식하고 호흡자극이 일어난다. 산소수치가 내려가면 뇌는 빠르고 깊게 호흡하도록 지시한다.

ⓔ 이와 같은 상태의 환자에게 산소가 주어진다면 수용체는 뇌에 산소가 풍부하다는 정보를 주게 되고 뇌는 다시 호흡계에 느리게 심지어 정지하라고 지시한다. 이런 경우는 드물며 일부 COPD환자의 경우에 일어날 수 있다.

ⓜ 과거에는 모든 COPD환자에게 산소를 주면 안 된다고 되어 있었으나 최근에는 산소를 공급하지 않는 것이 더 해롭다는 평가가 나와 있다.

ⓗ 심한 호흡곤란, 가슴통증, 외상, 기타 응급상황에서 COPD환자에게 고농도산소를 비재호흡마스크로 공급해 주어야 한다. 단, 세심하게 환자를 관찰해야 하며 만약 환자의 호흡이 느려지거나 멈추면 즉각적으로 인공호흡을 실시할 준비를 해야 한다.

(4) 신생아와 소아

① 소아의 경우 성인과 다른 호흡곤란 징후가 나타난다.

ⓐ 목, 가슴, 갈비뼈 사이 견인이 심하게 나타난다.

ⓑ 날숨 시 비익이 확장되고 들숨 시 비익이 축소되며 호흡하는 동안 배와 가슴이 각기 다른 방향으로 움직인다.

② 저산소증 : 성인보다 늦게 청색증이 나타나며 또한 성인과 달리 심한 저산소증에서 맥박이 느려진다. 만약 처치결과로 성인의 맥박이 느려지면 호전을 나타내지만 소아의 경우는 심정지를 의미할 수 있다.

③ 비정상적인 호흡과 맥박 저하 : 즉시 많은 양의 산소를 공급해 주어야 한다. 인공호흡을 실시하고 맥박이 정상 이하일 때에는 처치에 대한 재평가를 실시해야 한다. 기도가 개방된 상태인지, 이물질은 없는지, 산소는 충분한지, 튜브는 꼬이거나 눌리지 않았는지 확인하고 필요하다면 흡인하고 코·입인두 유지기를 사용한다.

④ 소아의 경우 가능하다면 상기도폐쇄로 인한 것인지 하기도질병으로 인한 것인지 구분하는 것이 중요하다. 두 경우 모두 소아의 호흡곤란을 야기할 수 있다. 산소 공급과 편안한 자세를 취해주는 것이 중요하다.

ⓐ 상기도는 입, 코, 인두, 후두덮개로 이루어져 있고 연약하고 좁은 구조로 질병이나 약한 외상에도 쉽게 부어오른다.

ⓑ 하기도는 후두아래 구조로 기관, 기관지, 허파 등을 포함한다.

ⓒ 상기도 폐쇄는 이물질로 인한 경우와 기도를 막는 후두덮개엽 부종 등의 질병으로 인한 경우가 있다. 이물질이 분명히 보이지 않거나 끄집어 낼 수 없는 위치에 있으면 절대로 제거하려 해선 안 된다.

ⓔ 상기도에 이물질이 있는 소아의 입과 인두를 무리하게 검사하는 것은 외상 또는 인두의 경련수축을 야기해서 기도를 완전히 폐쇄시킬 수 있기 때문이다.

⑤ 소아의 호흡곤란이 상기도 폐쇄로 인한 것인지 하기도 질병으로 인한 것이지 결정하는 것은 매우 어려울 수 있다.

ⓐ 거칠고 고음의 천명이 들리면 대개 상기도 협착을 의심할 수 있다.

ⓑ 먹다 남은 음식, 구슬 등이 주변에 보인다면 상기도폐쇄를 의심할 수 있다.

⑥ 소아는 낯선 사람에게는 불안감을 느끼므로 구급대원은 침착하게 현재 호흡곤란을 도와주기 위해 어떠한 행동을 한다는 것을 설명해야 한다. 아동이 대부분 편안하게 생각하는 자세는 부모가 안고 앉아 있는 자세이다.

(5) 연기 흡입

① 호흡기계 손상의 주요한 3요소

ⓐ 연기 흡입 : 호흡기계 자극, 화상 가능성이 있으며 주위 공기와 타는 물질에 따라 일산화탄소 농도가 달라진다. 들숨 시 낮은 산소 포화도를 야기한다.

ⓑ 연소로 인한 독성물질 흡입 : 황화수소 또는 시안화칼륨(사이아나이드칼륨)과 같은 물질로 기도 내 화학화상을 유발하고 혈중 독성물질을 생산하기도 한다. 증상 및 징후가 몇 시간 후에 나타날 수도 있다.

ⓒ 화상 : 가열된 공기, 증기, 불꽃이 기도로 들어와 화상을 일으키는 경우로 부종과 기도폐쇄를 유발한다.

② 연기 흡입이 의심되는 증상 및 징후

ⓐ 화재현장에서 환자 발견(특히, 밀폐된 공간)

ⓑ 입 또는 코 주변의 그을음

ⓒ 머리카락이나 코털이 그을린 자국

ⓔ 천명이나 쌕쌕거림, 쉰 목소리, 기침 등

③ 응급처치

ⓐ 현장확인 : 장비가 없거나 훈련 받지 않은 대원이라면 무리하게 구조를 시도하지 않는다.

ⓑ 화재현장에서 안전한 곳으로 환자를 이동시킨다.

ⓒ 1차 평가를 실시하고 인공호흡을 실시하거나 환기를 제공 : 적절한 호흡보조 기구를 이용해 고농도산소를 공급한다.

ⓔ 주 병력과 신체검진을 실시하고 기타 손상 가능성에 대해 주의를 기울인다.

ⓜ 신속하게 병원으로 이송한다.

(1) 배(복부)의 개념

① 배는 가로막과 골반 사이를 말하며 소화, 생식, 배뇨, 내분비기관과 조절기능을 담당하는 다양한 기관이 위치해 있다.

② 혈당을 조절하기 위한 인슐린 분비(이자의 랑게르한스섬), 혈액 여과작용, 면역반응 보조역할 (지라), 독소제거(간) 등 많은 역할을 하고 있다.

[배내 장기 및 구조]

장 기	유 형	기 능
식 도	속이 빈 소화기관	음식물을 입과 인두에서 위까지 이동시킨다.
위	속이 빈 소화기관	가로막 아래 위치한 팽창기관이며 작은창자와 식도를 연결한다.
작은창자	속이 빈 소화기관	샘창자, 공장, 회장으로 구성되었으며 큰창자와 연결되어 있다. 영양소를 흡수한다.
큰창자	속이 빈 소화기관	물을 흡수하고 대변을 만들어 직장과 항문을 통해 배출시킨다.
막창자	속이 빈 림프관	소화기능이 없는 림프조직이 풍부한 장 주머니로, 통증과 수술이 필요한 염증반응이 나타날 수 있다.
간	고형체의 소화기관 혈액조절과 해독 기능	• 혈액 내 탄수화물과 다른 물질의 수치를 조절한다. • 지방 소화를 위한 담즙을 분비한다. • 해독작용을 한다.
쓸 개	속이 빈 소화기관	작은창자로 분비되기 전 담즙을 저장한다.
지 라	고형체의 림프조직	비정상 혈액세포 제거 및 면역반응과 관련이 있다.
이 자	고형체의 소화기관	음식을 흡수 가능한 분자로 만들어 작은창자로 내려 보내는 효소를 분비하고 혈당을 조절하는 인슐린을 분비한다.
콩 팥	고형체의 비뇨기계	• 노폐물을 배출하고 여과한다. • 물, 혈액, 전해질 수치를 조절한다. • 독소 배출을 담당한다.
방 광	속이 빈 비뇨기계	콩팥으로부터 소변을 저장한다.

③ 배는 4부분으로 나눌 수 있는데 통증, 압통, 불편감, 손상 또는 기타 비정상 소견 등 정확한 부위를 묘사할 때 사용된다.

④ 배 내 대부분의 장기는 복막으로 둘러싸여 있다. 복막은 두개의 층(장기를 감싸는 내장 쪽 복막과 복벽과 닿는 벽 쪽 복막)으로 구성되어 있다. 두 층 사이는 윤활액으로 채워져 있다. 복막 뒤에 있는 장기는 콩팥, 이자, 큰창자가 있다.

⑤ 여성의 생식기관(난소, 나팔관, 자궁)은 배와 골반 사이에 위치해 있으며 여성의 복통을 유발하는 원인이 될 수도 있다.

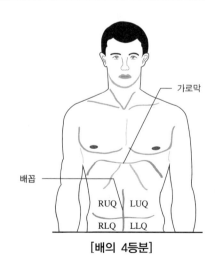

[배의 4등분]

(2) 복통의 유형

내장 통증	• 배 내 장기는 많은 신경섬유를 갖고 있지 않아 종종 둔하고 아픈 듯 하거나 또는 간헐적으로 통증이 나타나 정확한 위치를 알아내기 힘들다. • 간헐적이고 분만통증과 같은 복통은 흔히 배 내 속이 빈 장기로 인해 나타나고, 둔하고 지속적인 통증은 고형체의 장기로 인해 나타난다.
벽 쪽 통증	• 복강을 따라 벽 쪽 복막에서 나타나는 통증이다. 넓게 분포하고 신경섬유로 인해 벽 쪽 복막으로부터 유발된 통증일 경우 내장 통증보다 더 쉽게 부위를 알 수 있다. • 벽 쪽 통증은 복막의 부분 자극으로 직접 나타난다. 이러한 통증은 내부출혈로 인한 자극 또는 감염·염증에 의해 나타날 수도 있다. 또한 날카롭거나 지속적이며 국소적인 경향을 나타낸다. • SAMPLE력을 조사할 때 환자는 이러한 통증을 설명할 때 무릎을 굽힌 자세 또는 움직이지 않으면 나아지고 움직이면 다시 아프다고 표현하기도 한다.
쥐어뜯는 듯한 통증	• 복통으로는 흔하지 않은 유형으로 대동맥을 제외한 대부분의 배 내 장기는 이러한 통증을 느끼는 감각이 없다. • 배대동맥류의 경우 대동맥 내층이 손상받아 혈액이 외층으로 유출될 때 등쪽에서 이러한 통증이 나타난다. • 유출된 혈액이 모여 마치 풍선과 같은 유형을 나타내기도 한다.
연관 통증	• 통증 유발 부위가 아닌 다른 부위에서 느끼는 통증이다(예 방광에 문제가 있을 때 오른 어깨뼈에 통증이 나타나는 것을 말한다). • 방광으로부터 나온 신경이 어깨부위 통증을 감지하는 신경과 같이 경로를 나눠 쓰는 척수로 돌아오기 때문이다.

※ 주의사항 : 심근경색으로 인한 통증은 배의 불편감(마치 소화가 안 되는 듯한)으로 나타나기도 한다. 이러한 통증은 보통 윗배에 나타나므로 주의해야 한다.

(3) 환자평가

① 현장확인 : 가능한 손상기전을 확인한다.

② 1차 평가

　㉠ 일반적인 인상, 의식수준, 기도, 호흡 그리고 순환을 평가한다.

　㉡ 산소를 공급하고 이송여부를 판단 후 이송한다.

③ 환자 자세 : 주위를 조용히 하고 환자가 안정감을 찾도록 도와준다.

④ SAMPLE력, 신체검진 그리고 생체징후를 확인한다.

⑤ 5분마다 재평가를 한다.

> **더 알아두기**
>
> 환자평가에서 다루어야 할 점은 정확한 신체검진, SAMPLE력, 쇼크와 같은 심각한 상태 가능성이 있는지 판단하는 것이 중요하다.

(4) 응급처치

① 1차 평가 동안 기도를 유지한다. 의식변화가 있다면 기도를 유지해야 하며 복통환자인 경우 구토를 할 수 있으므로 필요시 흡인해야 한다.

② 비재호흡마스크를 통해 분당 10~15 L 의 산소를 공급한다.

③ 환자가 편하다고 생각하는 자세를 취해준다. 그러나 쇼크 또는 기도유지에 문제가 있다면 상태에 따른 자세를 취해줘야 한다.

④ 복통 또는 불편감을 호소하는 환자에게는 구강으로 아무것도 주어서는 안 된다.

⑤ 환자가 흥분하지 않게 침착한 자세로 안정감을 유지하며 신속하게 이송한다.

(5) 복통유발 질병

① 충수돌기염(맹장염)

  ㉠ 수술이 필요하다.

  ㉡ 오심 또는 구토가 있으며 처음에는 배꼽부위 통증(처음)을 호소하다가 RLQ부위의 지속적인 통증을 호소한다.

② 담낭염(쓸개염)/담석

  ㉠ 쓸개염은 종종 담석으로 인해 야기되며 심한 통증 및 때때로 윗배 또는 RUQ의 통증을 호소한다.

  ㉡ 통증은 어깨 또는 등 쪽에서도 나타날 수 있고 지방이 많은 음식물을 섭취할 때 더 악화될 수 있다.

③ 췌장염(이자염)

  ㉠ 만성 알코올환자에게 흔히 나타나며 윗배 통증을 호소한다.

  ㉡ 췌장(이자)이 위아래, 후복막에 위치해 있어 등이나 어깨에 통증이 방사될 수 있다. 심한 경우 쇼크 징후가 나타나기도 한다.

④ 궤양/내부출혈

  ㉠ 소화경로 내부출혈(위궤양) : 식도에서 항문까지 어느 곳에서도 나타날 수 있으며 혈액은 구토(선홍색 또는 커피색) 또는 대변(선홍색, 적갈색, 검정색)으로 나온다. 이로 인한 통증은 있을 수도 있지만 없을 수도 있다.

  ㉡ 복강 내 출혈 : 외상으로 인한 지라출혈이 있으며 출혈은 복막을 자극하고 복통/압통과도 관련이 있다.

⑤ 배대동맥류(AAA)

  ㉠ 배를 지나가는 대동맥 벽이 약해지거나 풍선처럼 부풀어 올랐을 때 나타난다.

  ㉡ 혈관의 안층이 찢어져 외층으로 피가 나와 점점 커지거나 심한 경우 터질 수 있다. 만약 터진다면 사망가능성이 높아진다.

ⓒ 작은 크기인 경우에는 즉각적인 수술이 필요하지 않다. 그러나 병력을 통해 배대동맥류를 진단 받은 적이 있고 현재 복통을 호소한다면 즉각적인 이송을 실시해야 한다.

ⓔ 혈액유출이 서서히 진행된다면 환자는 날카롭거나 찢어질 듯한 복통을 호소하고 등 쪽으로 방사통도 호소할 수 있다.

⑥ 탈 장

ㄱ 복벽 밖으로 내장이 튀어나온 것을 말하며 무거운 물건을 들거나 힘을 주었을 때 나타날 수 있다.

ㄴ 보통 무거운 것을 들은 후 갑작스러운 복통을 호소하고 배나 서혜부 촉진을 통해 덩어리가 만져질 수 있다.

ㄷ 매우 심한 통증을 호소하나 장이 꼬이거나 막혔을 때를 제외하고는 치명적이지 않다.

⑦ 신장/요로 결석

콩팥에 작은 돌이 요로를 통해 방광으로 내려갈 때 심한 옆구리 통증과 오심, 구토 그리고 서혜부 방사통이 나타날 수 있다.

07   의식장애

1 의식장애의 개념

(1) 의식장애의 개요

① 의식장애는 경미한 착란현상, 지남력장애에서 무반응까지 다양하다.

② 의식장애를 초래하는 원인으로는 뇌로 가는 당, 산소, 혈액결핍 등이 있으며 뇌는 손상이 영구적이고 쉽게 손상 받을 수 있다는 문제점이 있다.

③ 의식장애 환자는 신속한 이송이 가장 중요하다.

> **더 알아두기**
>
> • 의식장애를 초래하는 원인 : 머리손상, 감염, 경련, 경련 후 상태, 쇼크, 중독, 약물이나 알코올 남용, 저산소증, 호흡곤란으로 이산화탄소 축적, 뇌졸중, 당뇨 등
> • 의식변화를 초래한 원인을 진단하는 것은 의사의 고유 권한
> • 구급대원의 업무 : 기도, 호흡, 순환 평가, 처치, 이송

(2) 응급처치

① 기도를 개방한다. 단, 외상환자의 경우 턱 들어올리기법을 이용한다.
② 저산소증으로 의식장애가 초래될 수 있으므로 고농도산소를 공급한다.
③ 필요하다면 인공호흡기를 적용하고 기도 내 이물질을 흡인한다.
④ 환자를 이송한다.

2 당뇨와 의식장애

(1) 개 요

① 뇌의 신경세포는 적절한 전기자극을 생산하기 위해서 산소와 포도당을 소비한다.
② 뇌로 가는 혈액차단 및 혈액 내에 산소와 포도당이 저하되면 의식장애를 초래한다.
③ 당뇨환자는 인체의 혈당을 조절하지 못하는 문제점이 있어 의식장애 발생 위험성이 많다.

(2) 당뇨의 생리학

① 당은 음식물 소화를 통해 얻을 수 있으며 체내에서 포도당으로 전환된다. 포도당이 뇌와 조직으로 흡수되기 위해서는 인슐린이라 불리는 호르몬이 필요하다.
② 인슐린은 포도당을 혈액에서 조직으로 이동시키는 역할을 한다. 하지만 당뇨환자는 혈액 내의 포도당을 조직으로 이동시키지 못한다.
③ 당뇨환자 분류
  ㉠ Ⅰ형 : 적정량만큼 인슐린을 생산하지 못하는 경우로 인슐린 투여가 필요한 환자이다. 통상 학령기 아동의 2/1,000가 Ⅰ형으로 성장과 활동에 따라 인슐린 양이 달라진다.
  ㉡ Ⅱ형 : 당뇨 대부분의 환자가 이 유형이며 인체 세포가 인슐린에 적절히 반응하지 못하는 것으로 노인환자가 많다. 이런 환자의 경우는 세포가 혈액으로부터 인슐린을 취하도록 구강용 혈당저하제를 복용해야 한다.
④ 위의 Ⅰ, Ⅱ형 모두 혈액 내 당수치가 증가되어 있기 때문에 인슐린과 구강용 혈당저하제로 혈액 내 당을 조직으로 이동시켜 혈당을 낮추어야 한다.
⑤ 고혈당으로 인한 의식변화가 저혈당보다 더 일반적이며 저혈당은 처방약을 과다복용하거나 너무 빠르게 혈당이 떨어졌을 때 일어난다.
⑥ 저혈당의 원인
  ㉠ 인슐린 복용 후 식사를 하지 않은 경우
  ㉡ 인슐린 복용 후 음식물을 토한 경우
  ㉢ 평소보다 힘든 운동이나 작업을 했을 경우

⑦ 저혈당과 고혈당을 비교했을 때 3가지 전형적인 차이점

시 작	• 고혈당 : 뇌로 혈당이 전달되기 때문에 서서히 진행 • 저혈당 : 혈당이 뇌에 도달할 수 없기 때문에 갑자기 진행
피 부	• 고혈당 : 따뜻하고 붉으며 건조한 피부 • 저혈당 : 차갑고 창백하며 축축한 피부
호 흡	고혈당 : 아세톤 냄새, 종종 빠르고 깊은 호흡, 구갈증, 복통, 구토 증상

※ 고혈당과 저혈당을 분명히 구분하기 위해서는 혈당측정기를 이용해야 한다.

(3) 환자평가

① 당뇨환자를 나타내는 표시나 인슐린 펌프, 인슐린 약 등이 있는지 확인한다. 1차 평가를 실시한다.

② 의식장애가 있는 당뇨환자의 일반적인 증상 및 징후

ㄱ 중독된 모습(마치 술에 취한 듯), 빠르고 분명치 않은 말, 비틀거리는 걸음

ㄴ 무반응, 폭력적이고 호전적인 행동, 흥분 상태, 무의미한 행동

ㄷ 경련, 배고픔 호소, 차고 축축한 피부, 빠른맥

(4) 응급처치

① 기도를 개방한다. 외상환자의 경우 턱 들어올리기법을 이용하고 의식장애가 있는 당뇨환자의 경우 구토와 분비물로 인한 기도폐쇄가 있을 수 있으므로 흡인을 실시한다.

② 다량의 산소를 공급한다.

③ 환자가 삼킬 수 있는지 확인하고 지도 의사의 허락을 받은 뒤 환자가 갖고 있는 구강 혈당조절제를 투여한다.

3 경 련

(1) 개 요

① 뇌의 부적절한 자극으로 정상 신경반응이 일시적으로 갑자기 변화되면서 일어난다.

② 경련하는 동안과 경련 후 몇 분간은 의식장애를 나타내며 그 이후로는 점차적으로 회복된다.

③ 원 인

ㄱ 소아 : 갑작스러운 고열

ㄴ 성인 : 경련병력이 있는 경우가 대부분

ㄷ 기타 원인 : 머리손상, 중독, 간질, 뇌졸중, 저혈당, 저산소증

④ 경련은 의식장애뿐만 아니라 비정상적인 신체움직임을 나타낸다. 환자는 갑자기 의식을 잃고 비정상적인 행동을 시작하거나 매우 이상한 행동을 보인다.

⑤ 경련은 아주 짧거나 15분 이상 지속될 수 있다. 대부분의 경련은 수분 내로 끝나며 치명적이지 않다. 만약 경련이 연속적으로 일어난다면 치명적일 수 있으며 이를 '경련지속증'이라고 한다.

(2) 응급처치

① 주위 위험한 물건은 치운다. 치울 수 없다면 손상될 수 있는 부분에 쿠션 및 이불을 대어 손상을 최소화시킨다(안경을 쓴 환자라면 제거).

② 사생활 보호를 위해 관계자의 주변 사람들은 격리시킨다(치마를 입은 환자라면 이불을 이용해 덮어준다).

③ 경련 중에 혀를 깨물지 못하도록 억지로 혀에 무언가를 넣지 말아야 하며 신체를 구속시켜서는 안 된다. 단, 머리보호를 위해 주위에 위험한 물질은 치운다.

④ 기도를 개방한다. 경련 중에 기도를 개방하기란 어려운 행동이지만 흡인과 더불어 기도를 개방하고 고농도산소를 공급한다.

⑤ 목뼈 손상이 의심이 되지 않는다면 환자를 회복자세로 눕힌다.

⑥ 환자가 청색증을 보이면 기도개방을 확인하고 인공호흡기로 고농도산소를 공급한다.

⑦ 환자를 병원으로 이송한다. 이송 중 ABC와 생체징후를 관찰한다.

4 뇌졸중

(1) 개 요

① 뇌졸중은 심근경색과 같이 작은 혈전이나 방해물이 뇌의 일부분으로 가는 뇌동맥을 차단하여 뇌에 영향을 미치고 담당하는 기능이 상실된다.

② 어떤 뇌졸중은 약해진 혈관(동맥류)을 파열시키거나 영구적인 손상, 심지어 죽음을 초래하기도 한다.

③ 뇌졸중 증상이 시작된 지 3시간이 지나지 않은 환자는 뇌혈관을 막고 있는 혈전을 녹이는 치료를 받는다. 빠른 치료를 위해서는 뇌졸중의 증상을 빨리 파악하여 병원으로 신속히 이송하는 것이 중요하다.

(2) 증상 및 징후

일반적인 증상 및 징후	기타 증상 및 징후
• 얼굴, 한쪽 팔과 다리의 근력저하나 감각이상 • 갑작스러운 언어장애나 생각의 혼란 • 한쪽이나 양쪽의 시력 손실 • 갑작스런 보행장애, 어지러움 • 평형감각이나 운동조절기능 마비 • 원인불명의 심한 두통 등	• 어지러움, 혼란에서부터 무반응까지 다양한 의식변화 • 편마비, 한쪽 감각의 상실 • 비대칭 동공 • 시력장애나 복시 호소 • 편마비된 쪽으로부터 눈이 돌아감 • 오심/구토 • 의식장애 전에 심한 두통 및 목 경직 호소

(3) 의식이 있는 뇌졸중환자 평가 방법

① F(Face) : 입 꼬리가 올라가도록 웃으면서 따라서 웃도록 시킨다. 치아가 보이지 않거나 양쪽이 비대칭인 경우 비정상

② A(Arm) : 눈을 감고 양 손을 동시에 앞으로 들어 올려 10초간 멈추도록 한다. 양손의 높이가 다르거나 한 손을 전혀 들어 올리지 못할 경우 비정상

③ S(Speech) : 하나의 문장을 따라하도록 시켜서 말이 느리거나 못한다면 비정상

④ T(Time) : 시계가 있다면 몇 시인지 물어보고 없다면 낮인지 밤인지 물어본다.

(4) 응급처치

① 환자를 안정시키기 위해 주위를 조용히 하고 지속적으로 환자의 생체징후를 측정하며, 산소포화도가 94% 미만이거나 산소포화도를 알 수 없을 경우에 코 삽입관을 이용하여 산소를 4~6L 공급한다.

② 환자가 호흡곤란을 호소하면 BVM으로 고농도산소를 공급하고 인공호흡을 준비한다.

③ 의식이 없거나 기도를 유지할 수 없는 의식저하 상태라면 기도를 유지하여 고농도산소를 공급하고 마비된 쪽을 밑으로 한 측와위 자세를 취해주어 이송한다.

④ 신속하게 병원으로 이송하며, 재평가를 실시한다.

⑤ 이송 중 병원에 연락을 취해 병원도착 예정시간과 증상이 나타난 시간을 알려준다.

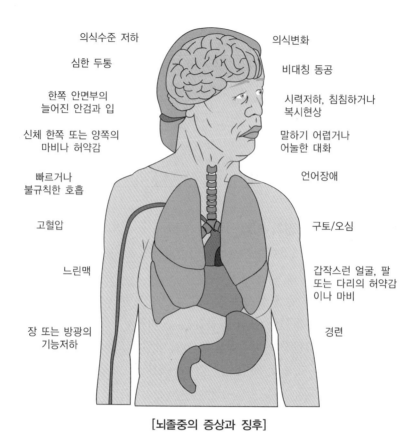

의식수준 저하

심한 두통

한쪽 안면부의
늘어진 안검과 입

신체 한쪽 또는 양쪽의
마비나 허약감

빠르거나
불규칙한 호흡

고혈압

느린맥

장 또는 방광의
기능저하

의식변화

비대칭 동공

시력저하, 침침하거나
복시현상

말하기 어렵거나
어눌한 대화

언어장애

구토/오심

갑작스런 얼굴, 팔
또는 다리의 허약감
이나 마비

경련

[뇌졸중의 증상과 징후]

08 소아 및 노인, 산부인과 응급

1 소아 응급

(1) 소아 응급처치 및 개념

① 성인에 비해 구급신고 및 위급한 상황 발생 수가 적으나 성인보다 위급한 경우가 많다. 소아의
해부적·생리적 차이점을 이해하는 것은 응급처치를 하는 데 도움이 된다.

② 소아는 계속 성장하는 단계로 모든 조직 특히 머리뼈, 갈비뼈 그리고 긴뼈와 같은 골격계는
성장에 적합한 구조로 되어 있다.

③ 소아는 성인에 비해 질병에 걸리는 비율이 낮다.

　㉠ 협심증과 심근경색 그리고 급성 심장사와 같은 심장동맥질환이 드물다.

　㉡ 감염과 천식과 같은 호흡기계 문제는 성인에 비해 만성화되거나 허파공기증 등을 일으킬
수 있다.

④ 소아의 건강한 기관은 성인에 비해 질병(특히 호흡기계와 심혈관계와 관련한 질병)에 대한 저항력이 높다.

⑤ 질병이나 손상에 대한 회복력이 빠른 반면에 반응도 빨라 호흡곤란이 나타나면 맥박이 떨어지고 심정지가 빠르게 진행된다.

[성인과 소아의 차이점]

차이점	평가와 처치에 영향
상대적으로 큰 혀, 좁은 기도, 많은 분비물, 젖니(탈락성)	기도폐쇄 가능성 증가
평평한 코와 얼굴	얼굴 마스크 밀착 시 어려움
몸에 비례해서 큰 머리, 발달이 덜 된 목과 근육	외상에 있어 쉽게 머리 손상 증가
완전히 결합되지 않은 머리뼈	숨구멍(대천문, 소천문)이 올라가면 두개 내 압력을 의미, 내려가면 탈수를 의미(울 때 올라가는 것은 정상)
얇고 부드러운 뇌조직	심각한 뇌손상 가능성
짧고 좁으며 유연한 기관	과신전 시 기관 폐쇄
짧은 목	고정 및 안정시키기 어려움
배호흡	호흡 측정이 어려움
빠른호흡	호흡근이 쉽게 피로해져 호흡곤란을 야기함
신생아는 처음에 비강호흡을 함	코가 막혀 있다면 구강호흡을 자동으로 할 수 없는 경우가 있어 쉽게 기도가 폐쇄됨
신체에 비례해 넓은 체표면적	저체온 가능성이 높음
약한 골격계	골절은 적고 휘어질 가능성이 높음. 따라서 외부 압력은 갈비뼈 골절 없이 내부로 전달되어 장기를 손상시킬 수 있음(특히 허파 손상).
이자와 간 노출 증가	배에 외부 압력으로 쉽게 손상된다.

(2) 소아의 정서적 발달과 처치

소아는 신체적인 발달뿐만 아니라 정서적 성장도 함께 일어난다. 정서적 발달단계는 병원 전처치에 있어 중요한데 그 이유는 질병과 손상에 어떻게 반응하는지와 행동하는지를 알 수 있기 때문이다.

[소아의 정서적·사회적 특성]

연 령	정서적·사회적 특성	처 치
2세 이하	• 부모와의 격리불안 • 낯선 것에 대한 약간의 불안감 • 움직이는 것을 눈으로 쫓음 • 산소마스크에 대한 거부감	• 처치·평가 시 부모가 곁에 있도록 한다. • 보온유지(처치자 손과 기구도 포함) • 가급적 거리를 두고 가슴의 움직임과 피부색으로 호흡을 평가한다. • 머리는 맨 나중에 평가하고 심장과 허파를 우선적으로 평가한다. • 산소는 소아용 비재호흡마스크를 이용해 얼굴에서 약간 떨어진 상태에서 공급한다.
2~4세	• 낯선 사람과의 신체접촉을 싫어함 • 부모와의 격리불안 • 질병·손상이 자기가 잘못해서 벌 받는 것이라 생각 • 옷을 벗기는 것을 싫어함 • 주삿바늘이나 통증에 대해 쉽게 흥분하고 과잉행동을 보임 • 산소마스크에 대한 거부감	• 처치·평가 시 부모가 곁에 있도록 한다. • 환아의 잘못 때문에 아픈 것이 아니라는 것을 확인시켜 준다. • 꼭 필요한 경우에만 옷을 제거한다. • 머리는 맨 나중에 평가해 불안감을 최소화시켜준다. • 이해할 수 있는 나이라면 처치 전 꼭 설명을 하고 실시한다.
4~7세	• 낯선 사람과의 접촉 및 부모와의 격리를 싫어함 • 옷을 벗는 것을 창피하게 생각함 • 질병·손상이 자기가 잘못해서 벌 받는 것이라 생각 • 혈액, 통증, 영구 손상에 대한 두려움 • 호기심, 사회성이 있으며 협조적일 수 있다. • 산소마스크에 대한 거부감	• 처치·평가 시 부모가 곁에 있도록 한다. • 옷을 제거 시에는 사생활을 존중해준다. • 침착하고, 전문적이며 신뢰감 있는 행동을 보여준다. • 처치 전 충분히 설명한다. • 산소는 소아용 비재호흡마스크를 이용해 얼굴에서 약간 떨어진 상태에서 공급한다.
7~13세	• 또래 문화이며 자기 의견에 대해 경청해 줄 것을 원한다. • 혈액, 통증, 미관 손상, 영구 손상에 대한 두려움 • 옷을 벗는 것을 창피하게 생각함	• 환아가 자신에 대해 설명하는 것을 경청한다. • 처치 전 충분히 설명한다. • 침착하고, 전문적이며 신뢰감 있는 행동을 보여준다. • 환아의 자존심을 존중해준다.
13~19세	• 성인과 같이 취급해 줄 것을 원함 • 영구손상 및 미관 손상에 대한 두려움 • 정서적으로 민감하며 신체변화에 대해 불안감을 느낄 수 있다. • 경우에 따라 평가·처치 시 부모가 곁에 있는 것을 싫어하기도 한다.	• 어린아이 취급을 삼가고 사생활을 보호해준다. • 침착하고, 전문적이며 신뢰감 있는 행동을 보여준다. • 처치 전 충분히 설명한다. • 자존심을 존중해준다. • 가능하다면 같은 성의 구급대원이 처치한다.

(3) 소아의 기도에 대한 처치

① 소아의 기도 처치에 필요한 해부적·생리적 고려사항

  ㉠ 얼굴, 코 그리고 입이 작아서 쉽게 분비물에 의해 폐쇄될 수 있다.

  ㉡ 상대적으로 혀가 차지하는 공간이 커서 무의식 상태에서 쉽게 기도를 폐쇄시킬 수 있다.

  ㉢ 기관이 부드럽고 유연하다.

- 기도유지를 위해 목과 머리를 과신전하면 기도가 폐쇄될 수 있다.
- 머리를 앞으로 굽혀도 기도가 폐쇄된다.

② 유아는 입보다 코를 통해 숨을 쉬며 만약 코가 막히면 입으로 숨을 쉬는 법을 모른다.

⑩ 가슴벽은 부드럽고 호흡할 때 호흡보조근보다 가로막에 더 의존한다.

⑪ 소아는 호흡기계 문제 시 단기간에 호흡수를 늘려 보상작용을 할 수 있다. 보상작용은 복근을 포함해 호흡보조근을 사용하며 호흡곤란으로 빠르게 심정지가 일어나기도 한다.

⑫ 포켓 마스크나 BVM 이용 시 잘 밀착시키기 위해 적당한 크기를 사용해야 하며 적당한 크기가 없는 경우 마스크를 거꾸로 사용하기도 한다.

⑬ 기도의 직경이 작아 기도 내에 기구를 삽입하는 것은 부종을 쉽게 유발시킬 수 있다. 따라서 최후의 수단으로 기구를 삽입해야 한다.

② 기도개방

㉠ 모든 처치 중 가장 먼저 실시해야 하며 소아의 목이 과신전되지 않도록 머리기울임/턱 들어올리기법으로 기도를 개방해야 한다. 접은 수건을 어깨 아래 넣어 목을 약간 뒤로 젖힌다. 혀로 인한 기도폐쇄 가능성으로 구급대원은 계속 기도개방을 유지해야 한다.

㉡ 외상이 의심된다면 턱 들어올리기법을 이용한다. 이때 연부조직 압박은 기관압박을 초래하기 때문에 하악 아래턱뼈에 손을 위치시켜야 한다.

③ 흡 인

㉠ 효과적으로 흡인하는 것은 기도유지에 필수적인 요소이다.

㉡ 분비물 또는 입과 코의 기타 액체 성분을 흡인해야 하며 특히, 의식장애가 있는 경우 중요하다. 왜냐하면 기도를 보호하는 능력이 없거나 감소하기 때문이다.

㉢ 구형 흡입기, 연성 흡입관, 경성 흡입관이 사용될 수 있으며 환자의 나이와 상황에 따라 달라진다.

㉣ 흡인은 잠재적인 위험성을 갖고 있는데 특히, 저산소증을 주의해야 한다. 저산소증은 급속한 심정지를 일으키는 느린맥을 초래할 수 있다. 흡인 전에 100% 산소를 공급하거나 15L/분 산소를 공급해 저산소증을 예방해야 한다. 또한 15초 이상 흡인해서는 안 된다. 필요하다면 포켓마스크로 인공호흡을 제공해야 한다.

㉤ 인두 깊숙이 흡인하는 것 역시 미주신경을 자극해 느린맥이나 심정지를 유발할 수 있다. 눈으로 보이지 않는 깊이까지 흡인해서는 안 되며, 흡인시간이 한번에 15초를 넘지 않도록 주의해야 한다.

㉥ 유아의 경우 비강호흡을 하므로 코가 막히지 않도록 해야 하며 너무 깊게 흡입관이 들어가지 않도록 주의해야 한다.

④ 기도 내 이물질 제거

　㉠ 상기도폐쇄는 소아사망에 있어 주요한 원인 중 하나이다. 따라서 기도 내 이물질 제거는 세심하게 다루어져야 한다. 현장에서 기도폐쇄가 완전 또는 부분적인지 판단하는 것이 중요하다.

　㉡ 경미한 기도폐쇄인 경우
　　• 쉰 목소리를 내고 기침을 하거나 들숨 시 고음의 소리를 낸다.
　　• 성급한 처치는 잘못하면 완전 기도폐쇄를 유발시킬 수 있으므로 편안한 자세로 신속히 이송해야 하며 완전 기도폐쇄 증상이 나타나는지 관찰해야 한다.

　㉢ 심각한 기도폐쇄인 경우
　　• 무반응의 소아 : 청색증
　　• 반응이 있는 소아 : 말하거나 울지 못하고 청색증을 나타냄
　　• 영아에서는 5회 등 두드리기를 하고 5회 가슴 밀어내기를 이물이 나올 때까지 또는 의식이 없어질 때까지 반복한다.
　　• 영아에서는 간이 상대적으로 크기 때문에 배 밀어내기는 간 손상의 위험이 있으므로 시행하지 않는다.
　　• 소아에서 기도폐쇄가 심하다고 판단되면 가로막아래 복부밀어내기(하임리히법)를 이물이 나올 때까지 또는 의식이 없어질 때까지 시행한다.
　　• 이물질 제거는 꼭 눈으로 확인하고 제거해야지 그냥 실시하게 되면 이물질을 다시 안으로 집어넣을 수 있다.
　　※ 성인이나 1세 이상의 소아 환자를 발견하면 즉시 등 두드리기(Back Blow)를 시행한다. 등 두드리기를 5회 연속 시행한 후에도 효과가 없다면 5회의 복부 밀어내기(Abdominal Thrust, 하임리히법)를 시행한다.

⑤ 기도유지기 사용

　㉠ 입·코인두 기도기는 인공호흡을 오래 필요로 하는 소아와 영아에게 사용된다.

　㉡ 성인과 달리 인공호흡이 시작되자마자 기도유지기를 위치시켜야 하지만 초기 인공호흡을 위해서 사용되어서는 안 된다. 왜냐하면 소아나 영아의 호흡노력과 산소화는 100% 인공호흡의 결과만으로도 종종 빠르게 나아지므로 가끔은 기도유지기가 필요하지 않다.

　㉢ 기구사용은 오히려 상태를 악화시킬 수 있으며 빠른 호흡향상이 나타날 수 있으므로 가급적이면 기도유지기 사용을 피해야 한다.

　㉣ 기도유지기 합병증으로는 연부조직 손상으로 출혈이나 부종, 구토 그리고 느린맥이나 심장마비를 유발할 수 있는 미주신경 자극이 있다.

　㉤ 입인두 기도기는 연령별로 다양한 크기가 있으므로 적절한 크기를 사용해야 한다.
　　• 너무 작은 경우는 입안으로 들어가 기도를 폐쇄할 수 있으며 큰 경우는 외상이 나타날 수 있다.

- 크기는 입 가장자리와 귓불 사이 길이를 재어 결정하면 된다.
- 구토반사가 있는 경우는 구토반사를 자극해 구토를 유발하고 심박동을 증가시키기 때문이다.

ⓑ 코인두 기도기는 소아환자에서 대개는 사용하지 않으나 구토반사가 있는 소아환자에게 인공호흡을 유지할 필요가 있는 경우에 효과적이다.
- 코인두 기도기는 연령별로 크기가 다양하지만 1년 이하의 신생아에게는 일반적으로 사용되지 않는다.
- 콧구멍 크기에 맞는 기도기를 선택해야 하며 보통은 환자의 새끼손가락 크기와 비슷하다.
- 합병증으로 비출혈이 종종 나타나며 비익부분을 눌러 지혈처치를 실시해야 한다. 필요하다면 흡인해 주어야 한다.
- 다른 합병증으로는 머리뼈 골절로 부적절하게 삽관되어 코 또는 두개내 손상을 유발할 수 있다. 따라서 코, 얼굴 또는 머리 외상이 있는 경우에는 코인두 기도기를 사용해서는 안 된다.

> **더 알아두기** **코인두 기도기 처치법**
>
> - 적당한 크기의 기도기를 선택한다.
> - 기도기 몸체와 끝에 수용성 윤활제를 바른다.
> - 비중격을 향해 사선으로 기도기를 넣는다. 만약, 저항이 느껴지면 다른 콧구멍으로 시도해 본다.
> - 천천히 코인두 내로 넣는다. 삽입 도중 기침이나 구토반사가 나타나면 즉시 제거하고 머리 위치를 변경해 기도를 개방·유지시킨다.

(4) 산소 공급

① 호흡장애(비익확장, 호흡보조근 사용 등의 빠른 호흡)나 쇼크 증상 및 징후가 있는 경우에는 고농도산소를 공급해야 한다.
② 고농도산소 공급에 사용되는 기구에는 소아용 비재호흡마스크와 코 삽입관이 있다. 만약, 거부감을 나타내면 기구를 코 근처에 가까이 해서 공급해주어야 한다.

(5) 인공호흡

① 호흡정지 또는 호흡부전에는 즉각적으로 고농도의 인공호흡을 실시해야 한다.
② 소아의 인공호흡 비율은 분당 12~20회(3~5초마다 1번 호흡)로 실시한다.
③ 각 호흡은 1초간 하고 가슴이 부풀어 오를 정도의 1회 호흡량을 유지한다.

인공호흡 시 주의사항

- 과도한 압력이나 산소량은 피해야 한다. 호흡기의 백은 천천히 지속적으로 눌러야 하며 가슴이 충분히 올라갈 정도면 된다.
- 적정한 크기의 마스크를 사용해야 한다.
- 자동식 산소소생기는 소아에게 사용해서는 안 된다.
- 인공호흡 도중에 종종 위 팽창이 나타난다. 위 팽창은 가로막을 밀어 올리고 허파의 팽창을 제한해 효과를 떨어뜨린다. 이 경우 비위관을 삽입할 필요가 있다.
- 입·코인두 기도기는 다른 방법으로는 기도를 유지할 수 없고 인공호흡을 지속시켜야 할 때 사용한다.
- 인공호흡 동안 흡인을 할 경우에는 경성 흡인관을 사용해 기도 뒤를 자극하지 않도록 주의해서 사용해야 한다.
- 인공호흡 동안 목이 과신전되지 않도록 주의해야 한다.
- 턱 들어올리기법은 머리 또는 척추 손상환자를 인공호흡시킬 때 사용해야 한다.
- BVM에 부착된 저장주머니를 사용해 100% 산소를 공급한다.
- 산소 주입구가 달린 포켓마스크를 사용한다면 고농도산소를 연결시켜야 한다.

(6) 평 가

① 1차 평가 : 현장에 도착했을 때 실시하는 것으로 손상기전, 환경, 일반적인 인상을 포함한다.

  ㉠ 일반적인 인상 : 인상으로 상태가 괜찮은지, 그렇지 않은지 2가지로 분류할 수 있다.

일반적인 인상에 대한 요소

- 피부색 : 회색, 창백, 얼룩, 청색
- 말이나 울음소리 : 기도와 호흡평가에 있어 중요하다.
- 주위 환경에 대한 반응 : 눈 맞춤, 움직임, 부모에 대한 반응 등
- 정서 상태 : 나이와 상황에 맞는 정서상태
- 구급대원에 대한 반응 : 낯선 사람에 대한 두려움이나 호기심 등
- 자세 및 근육의 탄력성 : 이상한 자세, 절뚝거림, 슬흉위 등

  ㉡ 의식 수준

- AVPU를 이용해 의식 수준을 확인한다.
- 처음엔 언어로 확인하고 나중에 자극을 통해 확인한다.
- 의식장애는 종종 뇌 혈류량 감소로 인해 일어난다.

ⓒ 기도, 호흡, 순환

[소아의 연령별 호흡, 맥박, 혈압]

나 이	호흡수	맥 박	혈 압	
			수축기압	이완기압
신생아	30~50회/분	120~160회/분	80+(나이×2)	2/3수축기압
~5개월	25~40회/분	90~140회/분		
6~12개월	20~30회/분	80~140회/분		
2~4세	20~30회/분	80~130회/분		
4~6세	20~30회/분	80~120회/분	80~115	평균 65
7~11세	15~30회/분	70~110회/분	80~120	평균 70
12~15세	12~20회/분	60~105회/분	90~140	평균 80

- 호흡수 측정 : 연령별 정상 수치에 있는지 확인한다.
- 들숨 시 좌우 대칭인지 충분히 가슴이 올라오는지 확인한다. 얕은 호흡이나 비대칭적인 가슴의 움직임은 호흡이 부적절하다는 것을 의미한다.
- 얼마나 힘들게 호흡하는지 기록한다(호흡보조근 사용과 비익 확장 등).
- 비정상적인 호흡음을 청진한다(그르렁거림, 천명 그리고 시끄러운 소리 등).
- 좌우 가슴 모두 청진기로 청진한다(양쪽이 같은 크기의 같은 음인지 확인한다).
- 순환은 소아평가에 있어 중요한 요소 중 하나이다.
  - 말초 순환 평가 : 팔다리에 있는 맥박을 촉진하거나 6세 미만의 소아인 경우에는 모세혈관 재충혈로 평가한다. 손톱이나 발톱을 눌러 2초 내에 회복되면 정상이다.
  - 피부의 색·습도·온도 평가 : 쇼크 징후로 창백하거나 피부가 얼룩지고 피부는 차갑고 축축하다.
  - 4세 이상은 혈압 측정 : 적절한 크기의 커프를 사용해 측정해야 한다.

② 병력과 신체검진

ⓐ 대부분 소아의 과거력은 한정적이며 만약 있다면 매우 중요하므로 기록해 두어야 한다.

ⓑ 현 병력도 평가해야 하며 연령과 상태는 신체검진을 결정하는 데 필요하다.

ⓒ 신체검진을 할 때에는 팔다리를 우선 실시하고 몸을 검진한 후 머리는 맨 마지막으로 실시해야 한다. 이는 소아의 두려움을 감소시키는 데 도움을 줄 수 있기 때문이다.

(7) 일반적인 내과 문제

기도폐쇄, 호흡기계 응급상황, 경련, 의식 장애, 열, 중독, 쇼크, 익수, 신생아돌연사증후군 등이 있다.

① 기도폐쇄

ⓐ 기도폐쇄 현장에서 우선해야 할 사항으로는 부분폐쇄인지 완전폐쇄인지 확인하는 것이다.

[기도폐쇄의 증상 및 징후]

기도폐쇄	증상 및 징후	응급처치
경미한 폐쇄	• 들숨 시 천명음과 움츠린 자세 • 시끄러운 호흡음 • 심한 기침 • 명료한 의식 수준 • 정상적인 모세혈관 재충혈 • 정상 피부색	• 환자가 편안하게 느끼는 자세를 취해준다. • 소아의 경우 부모가 팔로 지지한 상태로 앉아 있는 자세(강압적으로 눕히면 폐쇄를 악화시킬 수 있다)를 편안하게 느낀다. • 정서적 안정을 위해 흥분한 태도를 보이면 안 된다. • 꼭 필요한 검사만 실시한다. 혈압을 측정하지 않는다. • 가능한 신속한 병원이송 실시 • 산소 공급마스크에 거부감을 느끼면 코 근처에서 공급한다. • 주의 깊게 환자를 관찰한다. • 부분폐쇄는 순간적으로 완전폐쇄가 될 수 있다.
심각한 폐쇄, 청색증 또는 의식 변화가 있는 경미한 폐쇄	• 청색증, 의식장애 • 말을 못하거나 울지 못함 • 미미한 기침 • 천명음과 동시에 호흡곤란 증가	• 기도 내 이물질을 제거한다. • 1세 미만 영아의 경우 등 두드리기와 가슴 밀어내기를 실시하고 입 안의 이물질을 확인·제거한다. • 1세 이상의 소아는 배 밀어내기를 실시하고 입안의 이물질을 확인·제거한다. • BVM을 이용한 인공호흡을 실시한다. • 신속하게 이송한다.

② 호흡기계 응급상황

㉠ 상기도폐쇄와 하기도질환

• 상기도폐쇄와 하기도질환의 차이점을 알고 각각에 대한 응급처치를 해야 한다.
  – 상기도폐쇄 시 보이는 이물질을 손가락으로 제거한다.
  – 하기도질환일 경우 손가락을 입에 넣으면 기도폐쇄를 유발할 수 있는 경련이 나타날 수 있다.
• 하기도질환에서는 천명음 대신 씨근덕거리는 소리가 들리고 호흡을 힘들게 한다.

㉡ 호흡기계 응급상황 구별

호흡기계 응급상황은 호흡곤란에서 호흡정지까지 신속하게 진행될 수 있다.

구 분	징후 및 증상	응급처치
초기 호흡곤란	• 비익 확장 • 호흡보조근 사용 • 협착음, 헐떡거림 • 날숨 시 그렁거림 • 호흡 시 배와 목 근육 사용	• 고농도산소를 공급해야 한다. • 비재호흡마스크가 가장 좋으며 거부감을 호소하는 소아인 경우 코 근처에서 공급해도 좋다. • 호흡부전이나 정지에 대한 세심한 관찰을 한다. • 만약 천식이 있고 자가 흡입제가 있다면 흡입할 수 있도록 도와야 한다.
심한 호흡곤란 / 호흡부전	• 호흡수가 10회/분 미만 또는 60회/분 이상 • 청색증, 의식장애 • 심한 호흡보조근 사용 • 말초 순환 저하 • 심하고 지속적인 그렁거림	BVM을 통해 100% 산소를 인공호흡을 통해 주어야 한다.
호흡정지	• 호흡 저하 • 무반응 • 느린맥 또는 무맥	• BVM을 통해 인공호흡을 실시해야 한다. • 만약 계속 인공호흡을 해야 하는 상황이라면 입인두 기도기를 삽관하고 제공해야 한다.

③ 경 련
  ㉠ 주로 열에 의해 갑자기 일어나며 기왕력이 있는 경우에도 자주 일어난다.
  ㉡ 뇌수막염, 머리 손상, 저혈당, 중독, 저산소증과 같은 원인으로도 일어날 수 있다.
  ㉢ 대부분 증상이 짧고 치명적이지 않지만 구급대원은 모든 경련을 심각하게 다루어야 한다.
  ㉣ 기도가 개방되었는지 호흡은 적절한지를 평가해야 하는데 경련 중이나 후에 기도 내 분비물이나 약간의 호흡곤란은 정상이다.
  ㉤ 경련 후 의식장애도 정상으로 경련을 야기한 원인이 있었는지를 보호자에게 물어야 한다.
    • 최근 질병이나 열이 났는지?
    • 과거에도 경련을 했는지? 있다면 항경련제를 복용한 상태에서도 한 것인지? 과거와 비교했을 때 어땠는지?
  ㉥ 보통의 경련과는 다른 양상을 보이거나 시간이 지연되면 치명적일 수 있다.
  ㉦ 응급처치
    • 기도개방을 확인한다.
    • 척추 손상이 없다면 측위를 취해준다.
    • 필요시 흡인한다.
    • 산소를 공급한다.
    • 호흡부전 징후가 나타나면 BVM으로 100% 산소를 제공하고 호흡정지 시에는 인공호흡을 실시한다.
    • 비록 현재 생명에 위험하지 않아도 경련을 유발하는 잠재적인 상태일 수 있으므로 이송해야 한다.
④ 의식장애
  ㉠ 원인 : 저혈당, 고혈당, 중독, 경련 후, 감염, 머리 손상, 저산소증, 쇼크 등
  ㉡ 응급처치
    • 기도개방을 유지하고 필요시 흡인한다.
    • 추가 산소를 공급한다.
    • 인공호흡을 실시하거나 준비한다.
    • 이송한다.
⑤ 열
  ㉠ 소아를 대상으로 한 현장 출동 중 가장 많은 원인이 되며 치명적이지는 않다.
  ㉡ 주의해야 할 원인 인자로는 뇌수막염, 뇌와 척수를 둘러 싼 조직의 감염이 있다. 이 경우 목 경직, 경련, 전신 발작 등을 동반한 열이 나타난다.
  ㉢ 치명적인 잠재성을 갖고 있는 경우는 다음과 같다.
    • 경련이나 의식변화를 동반한 열
    • 1개월 미만에서의 열

- 3세 미만 소아에서의 고열(39.2℃ 이상)
- 발진을 동반한 열

② 응급처치
- 소아의 옷이나 싸개를 느슨하게 한다(심장 압박을 줄이기 위해).
- 이송한다.
- 호흡장애나 경련과 같은 환자의 상태 변화에 유의한다.

⑥ **중 독**

㉠ 호기심으로 입을 통해 중독되는 경우가 대부분으로 현장에 도착한 즉시, 약물을 확인하고 환자이송 시 같이 병원으로 인계해야 한다.

㉡ 반응이 있는 경우
- 산소를 공급한다.
- 이송한다.
- 환자상태가 갑자기 변할 수 있으므로 지속적인 평가 및 관찰이 필요하다.

㉢ 반응이 없는 경우
- 기도개방을 유지한다. : 필요시 흡인을 한다.
- 산소를 공급한다.
- 호흡부전이나 정지 징후가 보이면 인공호흡을 실시한다.
- 이송한다.
- 의식변화 요인으로 외상이 있는지 확인한다.

⑦ **저혈류량 쇼크**

㉠ 원인 : 대부분은 구토나 설사로 인한 탈수, 외상, 감염, 배 손상으로 인한 실혈, 알레르기 반응, 중독, 심장질환 등으로 인해 나타난다.

㉡ 쇼크의 증상 및 징후
- 호흡곤란을 동반하거나 동반하지 않은 빠른 호흡
- 차갑고 창백하며 축축한 피부
- 말초 맥박이 약하거나 촉지되지 않음
- 모세혈관 재충혈 시간이 2초 이상 걸림
- 의식의 변화
- 우는데도 불구하고 눈물을 흘리지 않음(탈수 징후)
- 소변량 감소(기저귀 교환 시기나 화장실 가는 것이 보통 때보다 적은지)
- 신생아인 경우 숨구멍(대천문, 소천문)의 함몰

[저혈량 쇼크에 따른 기관 반응]

기 관	경증 (실혈량 30% 이하)	중등도 (실혈량 30~45%)	중증 (실혈량 45% 이상)
심혈관계	• 약하고 빠른 맥박 • 정상 수축기압 　(80~90 + 2 × 나이)	• 약하고 빠른 맥박 • 말초맥박 촉지 못함 • 낮은 수축기압 　(70~80 + 2 × 나이)	• 서맥 후 빈맥 • 저혈압 　(<70 + 2 × 나이) • 이완기압 촉지 못함
중추신경계	흥분, 혼돈, 울음	기면상태 통증에 둔한 반응	혼수상태
피 부	차갑고 얼룩진 색, 모세혈관 재충혈 지연	청색증 모세혈관 재충혈 지연	창백, 차가운 피부
소변량	점점 줄어듦	아주 조금	없 음

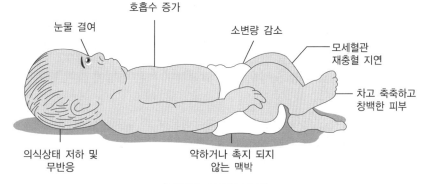

[저혈량 쇼크의 징후]

　　ⓒ 응급처치
　　　• 기도개방을 유지한다.
　　　• 고농도산소 공급을 한다.
　　　• 외부출혈인 경우 지혈을 한다.
　　　• 척추 손상이 의심되지 않다면 다리를 거상해 준다(의심된다면 척추고정판에 고정시킨
　　　　후 다리부분만 거상).
　　　• 보온을 유지한다.
　　　• 병원으로 신속하게 이송한다.
　⑧ 익 수
　　㉠ 주의사항
　　　• 현장안전을 확인하고 수상안전조끼를 착용한다.
　　　• 다이빙과 관련된 사고나 높은 곳에서 물로 떨어진 경우는 척추 손상을 의심해야 한다.
　　　• 일반적으로 저체온증 가능성을 염두에 두어야 한다.
　　　• 청소년기인 경우 술로 인한 의식 장애와 구토 가능성을 생각해야 한다.

ⓛ 2차 익수증후군이라 불리는 내과적 현상의 경우 현재는 정상이지만 나중에 호흡장애와 부전 심지어 호흡정지가 나타난다. 이런 이유로 모든 익수환자는 병원으로 이송해 평가와 관찰을 받아야 한다.

ⓒ 응급처치
- 기도개방을 확인한다. 척추 손상 의심 시에는 턱 들어올리기법을 이용한다.
- 필요시 기도를 흡인한다.
- 자발적인 호흡을 하지 못하거나 고농도산소를 공급한다.
- 호흡장애, 부전이나 정지 징후가 나타나면 BVM을 이용하여 100% 산소로 인공호흡을 실시하거나 포켓마스크로 고농도산소를 제공한다.
- 손상이 의심된다면 목보호대나 긴 척추보호대로 고정시킨다.
- 젖은 옷은 제거하고 이불 등을 이용해 보온을 유지한다.

⑨ 신생아돌연사증후군(SIDS)

ⓣ 보통 영아에서 일어나며 명확한 원인은 밝혀지지 않았다. 연구에 의하면 아이를 똑바로 눕힌 것보다 엎어 놓은 경우 많이 발생하며 이른 아침에 많이 발견된다는 보고가 있다.

ⓛ 응급처치
- 사후강직이 일어나기 전이라면 즉각적으로 소생술을 실시한다.
- 신속하게 병원으로 이송한다.
- 비난이나 후회 섞인 말은 피해야 한다.

(8) 외 상

① 손상기전

ⓣ 안전벨트 손상
- 안전벨트로 인해 허리뼈골절과 배쪽 장기 손상이 나타날 수 있다.
- 만약 배에 안전벨트 자국이 있다면 척추고정과 신속한 이송이 필요하다.

ⓛ 자전거 사고
- 단순한 찰과상에서 치명적인 골절까지 다양한 손상이 나타날 수 있다.
- 손잡이가 배를 강타한 경우에는 작은창자의 혈종과 이자와 간의 손상을 포함한 심각한 배 손상을 의심할 수 있다.
- 만약 자동차와 부딪쳤다면 머리, 척추, 배 손상을 받을 수 있다.

ⓒ 보행자 사고
- 성인의 경우 차량범퍼 충돌로 하지 손상을 의심할 수 있지만 소아는 더 심각한 손상을 가져올 수 있다.
- 소아는 체구나 키가 작기 때문에 범퍼에 몸통이 부딪쳐 심각한 넙다리 · 골반골절, 목뼈 · 머리 손상, 배 내부출혈이 나타날 수 있다.

② 머리·목뼈 손상
 - 손상원인은 야외활동, 낙상, 신체 학대 등 다양하므로 현장확인을 통해 자세히 관찰해야 한다.
 - 우선 목뼈와 척추를 보호대로 고정시키고 혀로 인한 기도폐쇄에 유의해야 한다.
 - 고농도산소(80% 이상) 제공과 턱 들어올리기법을 이용한 기도유지가 필요하다.

⑩ 화 상
 - 화상원인으로는 뜨거운 물로 인한 화상이 많다. 화상 정도를 표시하는 수치가 성인과 다른 점을 유의해야 한다.
 - 일반적으로 20% 이상 중등도 이상의 화상과 손, 얼굴, 기도, 생식기를 포함한 경우를 중증화상으로 분류하며 화상전문병원의 치료가 필요하다.
 - 모든 화상은 비접착성 멸균 거즈로 드레싱해야 하며 기도 손상유무를 확인하고 호흡곤란 징후가 나타나지 않는지 관찰해야 한다.

② 신체부위별 외상
 ㉠ 두 부
 - 응급처치에서 가장 중요한 부분은 기도와 호흡유지이다.
 - 무의식환자인 경우 혀로 인한 기도폐쇄가 자주 일어난다. 기도폐쇄는 저산소증과 호흡·심정지를 초래하므로 하악견인법(턱 들어올리기)을 이용해 기도를 개방시켜야 한다.
 - 머리 손상은 오심과 구토 증상이 나타날 수 있으므로 흡인을 준비해야 한다.
 - 심각한 머리 손상은 호흡·심정지를 유발할 수 있으므로 100% 산소를 포켓마스크나 BVM을 통한 인공호흡을 준비해야 한다.
 - 척추 손상은 대부분 머리 손상과 같이 나타나므로 척추고정을 시켜 주어야 한다.
 - 머리 손상은 내부 장기 특히, 가슴과 배 손상을 동반할 수 있으며 실혈로 인한 쇼크에 유의해야 한다.

 ㉡ 가 슴
 - 갈비뼈가 연하고 탄력이 있어 골절 없이 에너지가 전달되어 작은 충격에도 심각한 가슴 손상이 나타날 수 있으며, 폐와 심장을 손상시킬 수 있다.
 - 만약 가슴에 압통, 타박상, 염발음 등의 징후가 있다면 심각한 손상을 의심해야 한다.

 ㉢ 복 부
 - 심각한 배 손상은 평가할 때 바로 나타나지 않을 수 있다.
 - 간과 이자와 같은 내부 장기에 손상이 생겼을 경우 치명적인 실혈을 야기할 수 있다.
 - 많은 외부출혈 없이 쇼크 징후가 나타난다면 배 손상을 의심해 보아야 한다.

 ㉣ 사 지
 - 병원 전 처치는 성인과 같다.
 - 골격 손상은 성인보다 많은 입원기간과 장기치료를 요한다.

③ 응급처치

　　㉠ 하악견인법(턱 들어올리기)을 이용한 기도개방을 한다.

　　㉡ 필요시 기도유지를 위한 흡인을 한다.

　　㉢ 많은 양의 산소를 공급한다.

　　㉣ 호흡정지 시 인공호흡을 실시한다.

　　㉤ 척추고정을 실시한다(KED를 이용한 척추고정).

　　㉥ 심각한 저혈량 쇼크 시 항쇼크바지를 사용한다. 단, 소아용 크기를 사용해야 하며 배 부분을 압박하는 것은 호흡을 방해하므로 주의해야 한다.

　　㉦ 신속하게 이송을 한다.

(9) 아동 학대와 방임

① 학대 : 신체적 또는 정서·심리적으로 손상을 초래하는 과격하거나 부적절한 행동을 의미한다.

② 방임 : 충분한 주의나 보살핌을 주지 못하는 것을 의미한다.

③ 신체적 학대의 일반적인 증상 및 징후

　　㉠ 회복단계가 각각 다른 여러 손상부위 : 타박상은 처음 빨간색에서 검정색과 파란색으로 변하며 마지막으로 희미한 색을 띠거나 노랗게 변한다.

　　㉡ 손상기전과 다른 손상 : 손상기전에 따라 손상형태를 추측할 수 있는데 손상기전과 다른 형태를 나타내거나 더 심각한 경우 의심해 보아야 한다.

　　㉢ 선명한 화상 : 담배자국이나 손과 발 등 국소 화상인 경우

　　㉣ 반복적인 구급신고가 들어오는 경우

　　㉤ 부모나 보모가 부적절한 대답 및 회피 반응을 보일 경우

④ 방임과 관련된 상태

　　㉠ 손상 잠재성에 대한 부모의 부주의 : 아이를 혼자 두거나 위험한 곳에서 놀게 할 때

　　㉡ 위험한 환경에 방임 : 위험한 물건을 안전하지 않은 곳에 두거나 안전장치를 하지 않았을 때

　　㉢ 만성 질병(천식, 당뇨 등)에 대한 적절한 치료를 하지 않을 때

　　㉣ 영양실조

２ 노인 응급

(1) 노인의 해부와 생리

① 노화로 인해 인체는 해부학적 구조와 생리적 기능에서 변화가 나타난다. 일반적으로 인체는 노화가 시작되면서 기능이 저하되기 시작한다.

② 노인들은 질병과 외상에 쉽게 노출됨은 물론 정상인보다 치료가 어렵고 많은 시간이 소요됨을 알아야 한다.

[노화에 따른 해부학적 · 생리학적인 변화]

신체계통	노화에 따른 변화	임상적 중요성
신경계	• 뇌조직 위축, 기억력 감소 • 일반적인 우울증 • 일반적인 의식상태 변화 • 불균형	• 머리 손상을 당했을 시 증상 발현 지연 • 환자평가의 어려움 • 낙상 가능성의 증가
심혈관계	• 동맥의 탄성 감소 및 경화 • 심박동, 리듬, 효율성의 변화	• 일반적 고혈압 • 뇌졸중, 심장마비 가능성의 증가 • 작은 손상에서의 출혈 가능성의 증가
호흡계	• 호흡근육의 장력 및 협조능력의 감소 • 기침, 구개반사의 저하	호흡기계 감염 가능성의 증가
근골격계	• 뼈 장력의 감소(골다공증) • 관절유연성 및 장력의 감소(골관절염)	• 골절 가능성의 증가 • 치유지연 • 낙상 가능성의 증가
위장관계	소화기능의 감소	• 일반적 변비 • 영양결핍 가능성의 증가
콩팥계	콩팥 크기 및 기능의 감소	약독성 문제 증가
피 부	• 야위고 허약해짐 • 발한 감소	• 열상 및 욕창 • 타박상 • 치유지연 • 열과 관련된 응급상황 증가

(2) 노인환자에 대한 접근

① 환자의 가족이나 치료 시설의 요원에게 말하는 것이 빠르고 쉽다 할지라도 환자 본인에게 직접 말해야 한다.

② 이는 환자 자존심은 물론 존경을 나타내는 것이기 때문이다.

③ 대화는 환자의 위치에 맞추어 자세를 낮추고 눈을 맞추며 천천히 분명하게 말해야 한다.

(3) 평 가

① 환자의 우선순위 평가는 연령을 불문하고 모든 환자에게서 동일하다.

② 노인환자는 대부분 젊은 환자들보다 섬세하고 장기간의 평가가 요구된다.

③ 장기간의 평가가 요구되는 이유

　㉠ 많은 질병을 갖고 있는 상태

　㉡ 다양한 처방약 복용

　㉢ 의사소통의 어려움

　㉣ 의식상태 저하

(4) 외 상

① 낙 상

　　㉠ 낙상은 노인환자들에 있어 가장 흔한 유형의 외상이다.

　　㉡ 낙상과 관련된 골절부위 : 몸쪽 넙다리 골절 또는 엉덩이골절, 골반, 전완 먼 쪽, 위팔 몸쪽, 갈비뼈, 목뼈 등이 있다.

　　㉢ 낙상된 노인환자들을 평가 시 손상에 대한 둔부, 골반, 가슴, 아래팔, 위팔 등을 촉진 및 검진한다.

　　㉣ 골절과 더불어 낙상은 노인환자들의 약 10%에서 심각한 뇌 또는 배 손상을 초래하기도 한다.

　　㉤ 몇몇 노인환자들은 간단한 실족 및 낙상일지라도 다른 의학적 상황과 함께 심각한 증상으로 변질되기 쉽다.

　　㉥ 낙상된 노인환자를 평가하는 동안 환자가 낙상 또는 의식소실에 대해 기억하는지 질문해야 한다. 또한 다른 의학적 응급상황이나 심장의 이상 징후에 대해서도 평가해야 한다.

　　㉦ 처음 생체징후를 측정할 때에는 혈압 및 맥박을 주의 깊게 평가하고 특히 심부정맥을 암시하는 불규칙한 맥박에 주의해야 한다.

　　㉧ 낙상된 노인환자들의 평가 시에는 낙상의 원인 및 낙상 전의 사건에 대한 동기도 주의 깊게 평가해야 한다.

② 자동차사고

　　㉠ 노인에서 자동차사고의 잠재적 위험성이 증가하는데 그 이유는 노화가 진행될수록 측면 또는 말초시야가 감퇴하기 때문이다.

　　㉡ 이러한 말초시야 감퇴와 위험에 대한 반응시간 감소는 측면 충돌사고 증가를 유발시킬 수 있다. 측면 충돌 또는 "T–bone" 사고는 노인 운전자가 일반인보다 느린 반응으로 상황에 대처하지 못하고 다른 운전자의 측면을 치기 때문에 종종 일어난다.

　　㉢ 자동차사고를 포함해 모든 노인환자 응급처치에서는 초기 평가단계에서 즉각적인 목뼈 고정 장치를 적용해야 한다.

　　㉣ 노인환자의 쇼크 징후를 판단하는 것은 어려울 수 있다.

　　㉤ 노인환자의 혈압은 젊은 환자보다 높게 측정되기 때문에 평소 160/90이라는 정상혈압을 가진 환자라면 110/80은 후반기 쇼크의 징후를 나타내므로 주의해야 한다.

　　㉥ 노인환자들은 쇼크 및 저관류 등 일반적인 징후가 보이지 않기 때문에 심각한 자동차사고를 당한 모든 노인환자들은 쇼크 상태라 가정하고 치료해야 한다. 이것은 특히 환자가 혼돈이나 흥분과 같은 정신상태 변화가 있다면 꼭 실시해야 한다. 의식장애는 노인에게 있어 쇼크의 가장 흔한 징후 중 하나이기 때문이다.

③ 머리 손상
  ㉠ 노인환자의 경우에는 피부가 얇고 혈관이 약하기 때문에 심각한 손상을 초래할 수 있다. 머리 손상 후 의식변화는 심각한 머리손상 가능성을 나타낸다.
  ㉡ 혈전 용해제인 쿠마딘(Coumadin)과 같은 약물을 복용하는 노인환자들은 가벼운 머리 손상이라 할지라도 치명적인 출혈 위험성이 있다.
  ㉢ 노인환자는 외상발생 시 목뼈골절 위험이 높기 때문에 항상 척추고정을 실시해야 한다. 그러나 나이로 인한 척추 변형으로 앙와위 시 머리가 척추보호대에 닿지 않을 수 있다. 따라서 자세를 고정하기 위해 담요나 수건을 이용해야 한다.
④ 학 대
  ㉠ 노인환자들을 평가하고 치료할 때 정신적, 신체적 학대의 가능성에 대해서도 고려하여야 한다.
  ㉡ 비록 노인학대가 의심되어 직접적인 신고가 필요하지 않다 하더라도 후송 병원 관계자에 그 사실을 알리고 기록해야 한다.
⑤ 의학적 응급상황
  ㉠ 노인환자를 평가할 때 항상 치명적인 질병이나 심각한 증상에 대한 주 호소(실신, 현기증, 갑작스러운 의식 혼란, 가슴통증, 호흡곤란, 복통 등)를 고려해야 한다.
⑥ 실 신
  ㉠ 뇌로 가는 혈류의 저하로 발생하는 일시적인 의식 소실이다.
  ㉡ 노인의 경우 종종 부정맥이나 저혈압으로 인해 발생할 수도 있다.
  ㉢ 산소 공급 및 쇼크에 대한 처치, 낙상과 관련된 손상처치를 포함한다.
⑦ 급성 혼돈
  ㉠ 다양한 질병을 경험하는 노인환자들은 갑작스런 의식변화나 혼돈을 호소할 수 있다.
  ㉡ 건강 상태에 따라 뇌졸중, 심장마비, 심각한 감염증상, 혈당, 쇼크 등으로 의식변화가 나타날 수 있다. 이런 경우 환자의 현재 의식상태가 정상인지, 변화가 있는지 판단해야 하며 가족, 친구 혹은 간병인에게 평상시 의식상태가 현재와 어떻게 다른지 물어보아야 한다.
⑧ 가슴통증과 빠른호흡
  ㉠ 많은 노인환자들은 심장 발작 시 가슴 불편감이 거의 없을 수 있다.
  ㉡ 실제로 빠른호흡은 노인환자에게 있어 심장에 이상이 생겼다는 유일한 징후일 수도 있다.
  ㉢ 가슴통증 또는 빠른호흡을 가진 노인환자는 잠재적으로 불안정한 상태임을 고려해야 하고 고농도산소를 공급하고 주의 깊게 평가를 해야 한다.
  ㉣ 만성적인 가슴통증을 경험한 환자들은 나이트로글리세린을 투여할 수도 있다.
  ㉤ 환자의 가슴통증, 빠른호흡은 협심증의 대표적인 증상이다.

⑨ 복 통

　⊙ 복통은 다양한 질병의 증상으로 노인환자일 경우 매우 심각할 수 있다. 왜냐하면 젊은 사람보다 사망률을 10배 이상 높이기 때문이다.

　ⓛ 게다가 배 동맥 파열과 같이 치명적인 상태인 경우의 노인환자에서 복통이 나타나기 때문에 주의해야 한다.

3 산부인과 응급

(1) 임신 해부학과 생리학

① 여성의 생식기계는 아랫배에 있는 골반 내에 위치해 있다.

② 구성 : 2개의 난소와 2개의 나팔관 그리고 이와 연결된 자궁과 질, 경부

③ 출산경로는 이 중에 자궁 아랫부분과 자궁목, 질로 구성되어 있다.

④ 외부 질 입구와 항문 사이는 회음부라 하며 이 모든 부분은 풍부한 혈액이 공급되는 부위로 출혈 시에는 응급상황이 발생한다.

⑤ 정상 임신과정은 한 개의 난소에서 난자를 생성하고 난자는 나팔관을 지나 정자와 수정된다. 수정된 난자는 자궁벽에 착상하고 성장을 통해 배아가 된다.

⑥ 양막 : 양수로 채워져 태아를 보호하고 분만을 원활하게 진행시키는 역할을 한다.

⑦ 태반 : 제대를 통해 모체와 태아 사이 풍부한 혈액과 영양, 산소를 공급해 주고 배설물을 제거시켜 주기도 한다.

⑧ 정상 임신기간은 수정에서 분만까지 약 9달이며 초기, 중기, 말기로 나뉜다.

⑨ 임신 초기에는 두개의 세포에서 두드러진 성장이 나타난다.

⑩ 중기에는 태아가 빠르게 성장하며 5개월에는 자궁이 배꼽선에서 만져진다.

⑪ 말기에는 자궁이 윗배에서 만져진다.

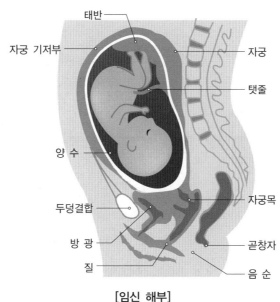

[임신 해부]

[임신기간 중 생리적 변화]

변 화	의 미
혈류량과 혈관분포정도가 증가한다.	맥박은 증가하고 혈압은 감소한다.
자궁이 커지면서 소화기계를 압박한다.	구토할 가능성이 높다.
자궁이 하대정맥을 눌러 심장으로 가는 혈류량을 감소시킨다.	앙와위는 저혈압과 태아절박가사를 초래할 수 있다.

⑫ 임신부의 특징

　　㉠ 임신부는 보통 여자보다 혈류량과 심박동수가 증가하고 생식기계에 공급되는 혈관의 수와 크기가 증가한다. 이는 혈압을 감소시키고 임신말기 자궁은 소화기계를 압박해 소화를 지연시키거나 토하게 한다.

　　㉡ 임부가 앙와위 하대정맥을 눌러 심장으로 가는 혈류량을 감소시켜 저혈압을 유발하는데, 저혈압은 임신부에게 위험할 뿐만 아니라 태아절박가사를 초래할 수 있다. 이러한 상태는 임신부를 좌측으로 눕게 한 다음 오른쪽 엉덩이 아래에 이불 등으로 지지하면 쉽게 호전된다.

(2) 분 만

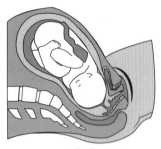 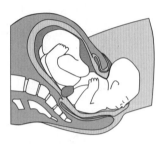 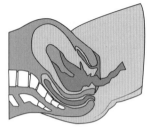

제1기	제2기	제3기
자궁수축 시작부터 경부가 완전 열릴 때까지(10cm)	아기가 산도 내로 진입해서 태어날 때까지	태반만출

[분만의 3단계]

① 임신 말기에 태아는 회전해서 머리가 보통 아래로 향하게 되는데 회전하지 않으면 둔위가 된다.

② 분만 1기에 자궁목은 확장하기 위해 부드러워지며 진진통 전에 가진통이 나타날 수 있다. 본격적인 진진통이 시작되면 태아의 머리는 아래로 내려오고 자궁벽은 붉게 충혈되고 경부는 짧고 얇아진다.

③ 분만이 다가오면 수축시간이 짧아지고 수축 빈도는 30분에서 3분으로 줄어든다. 수축하는 동안 배를 촉지하면 딱딱함을 알 수 있다.

④ 태아가 내려오고 경부가 이완되면 양막은 보통 파열된다. 정상적으로는 깨끗해야 하며 녹색이나 노란색을 띠는 갈색인 경우는 태아 스트레스로 인해 태변으로 오염되었음을 짐작할 수 있다.

⑤ 이슬 : 분만 1기에 자궁 경부가 확장되면서 피가 섞인 점액질 덩어리

⑥ 분만 2기는 자궁수축 빈도가 증가하고 통증이 심해진다. 새로운 호소로는 "대변을 보고 싶다"고 하는데 이는 태아가 내려오면서 직장을 누르기 때문이다.

⑦ 2기가 시작되면서 분만은 빠르게 진행된다. 따라서 산모평가를 통해 현장에서 분만할 것인지 이송할 것인지를 결정해야 한다.

(3) 정상 분만

① 분만 장비

　　㉠ 감염방지를 위한 소독된 외과용 장갑

　　㉡ 산모를 감쌀 수건이나 포

　　㉢ 신생아를 닦을 수 있는 거즈

　　㉣ 구형 흡입기

　　㉤ 제대 결찰기

ⓗ 제대를 묶을 수 있는 테이프

ⓐ 제대를 자르기 위한 외과용 가위

ⓞ 보온을 위한 신생아 포

ⓩ 적출물을 담을 봉투

ⓒ 피와 체액을 흡수하기 위한 산모용 생리대

② 산모평가

생체징후 등으로 이송여부를 결정해야 하며, 서두르는 행동은 산모를 불안하게 만들 수 있으므로 유의해야 한다. 평가를 통해 수 분 안에 분만이 진행된다면 현장에서 분만준비를 해야 한다.

③ 분만 과정

현장에 도착했을 때 분만이 임박한 상황이라면 분만준비를 하고 응급환자가 산모와 신생아 2명이라는 점에 유의해야 한다. 만약 구급대원이 2명뿐이라면 추가 인원을 요청해야 한다.

㉠ 분만 전 처치

• 사생활 보호를 위해 꼭 필요한 사람 외에는 나가 있게 한다.

• 분만 중 피와 체액으로부터 보호하기 위해 개인 보호 장비를 착용한다.

• 산모를 침대나 견고한 장소에 눕히고 이불을 이용해 엉덩이를 높여 준다. 산모는 다리를 세워 벌리고 있게 한다. 산모의 엉덩이 아래 공간은 적어도 60cm가 되어야 신생아 처치를 즉각적으로 할 수 있다.

• 질이 열리는 것을 보기 위해 장애(옷 등)가 되는 것을 치운다. 소독포로 산모의 양쪽 다리를 감싸고 엉덩이와 회음부 아래에도 놓는다.

• 동료대원이나 산모가 동의한 협조자는 산모의 머리맡에 위치한다.

• 분만세트는 탁자나 의자에 놓는다. 모든 기구는 쉽게 잡을 수 있는 위치에 놓는다.

㉡ 분만 중 처치

• 정서적 지지와 생체징후 측정, 구토에 대비해 협조자는 산모의 머리맡에 위치한다.

• 태아의 머리가 보이면 장갑을 착용하고 준비해야 한다.

• 태아의 머리를 지지한다.

– 한 손은 손가락을 쫙 펴서 태아의 머리 아래에 두어야 하는데 이때, 숨구멍을 누르지 않도록 조심해야 한다.

– 다른 한 손으로는 질과 항문 사이가 찢어지지 않도록 소독된 거즈로 지지해야 한다. 태아를 잡아 당겨서는 안 된다.

• 태아의 머리가 보이는데도 양막이 터지지 않으면 손가락이나 분만세트 안에 있는 클램프로 양막을 터트린다.

• 머리가 나왔다면 제대가 목을 감고 있는지 확인한다.

– 확인하는 동안 산모에게 힘을 주지 말고 짧고 빠른호흡을 하도록 격려한다.

– 그 동안 제대를 느슨하게 해줘야 하는데 찢어지지 않도록 조심해야 한다.

- 태아의 목 뒤 제대 아래로 두 손가락을 넣어 앞으로 당긴 후 머리 위로 넘겨야 한다.
- 만약 느슨하게 할 수 없다면 즉각적으로 2개의 제대감자(집게)로 결찰한 후에 소독가위를 이용하여 자르고 태아의 목을 감고 있는 제대를 풀어내고 분만을 진행시킨다.
- 태아의 기도를 확인한다.
  - 대부분의 태아는 머리를 아래로 하고 질 밖으로 나와서 왼쪽이나 오른쪽으로 머리를 돌린다.
  - 태아의 머리가 산모의 항문 쪽에 닿지 않도록 지지해야 한다.
  - 태아의 머리가 완전히 나오면 한손으로 계속 지지하고 다른 손은 소독된 거즈로 닦고 구형 흡입기로 입, 코 순으로 흡인한다.
  - 구형 흡입기를 누른 다음 입에 약 2.5~3.5cm 넣고 흡인하고 뺀 후에는 수건에 흡인물을 버리도록 한다.
  - 이 과정을 두세 번 반복하고 코는 1~2번 반복한다.
  - 코에는 1.2cm 이하로 넣어야 한다.
- 어깨가 나오는 것을 돕는다.
  - 부드럽게 태아의 머리를 아래로 향하게 하여 위 어깨가 나오는 것을 돕는다.
  - 위 어깨가 나오고 아래 어깨가 나오는 것이 늦어지면 태아의 머리를 위로 살짝 올려 나오는 것을 돕는다.
- 전 과정 동안 태아를 지지해야 한다.
  - 태아는 미끄럽기 때문에 주의해야 하며 다리까지 모두 나왔다면 머리를 약간 낮추고 한쪽으로 눕혀 입과 코에 있는 이물질이 잘 나오도록 한다.
  - 구형 흡입기로 다시 입과 코를 흡입하고 제대에 맥박이 만져지지 않을 때까지 태아와 산모 높이가 같도록 유지한다.
  - 신생아는 따뜻하고 건조한 포로 감싼다.
- 출생시간을 기록한다.
- 제대에 맥박이 촉지되지 않으면 제대를 결찰하고 자른다.
- 신생아에 대한 평가와 처치가 즉각적으로 이루어져야 한다.
- 분만 3기에서의 제대와 태반분리에 대해 준비한다.
- 정서적 지지를 계속 실시한다.

④ 신생아 평가와 처치
  ㉠ 평 가
  - 신생아의 상태는 아프가 점수(Apgar Score)를 이용하여 평가할 수 있다.
  - 출생 후 1분과 5분 후에 재평가로 각각 측정하는데, 건강한 신생아의 전체 점수의 합은 10점이다.
  - 대부분의 신생아들은 생후 1분의 점수가 8~10점이다.

• 6점 이하이면 신생아의 집중관리가 필요하므로 기도확보 및 체온유지를 하면서 신속히 병원으로 이송한다.

[아프가 점수(출생 후 1분, 5분 후 재평가 실시)]

평가내용	점 수		
	0	1	2
피부색 : 일반적 외형	청색증	몸은 핑크, 손과 팔다리는 청색	손과 발까지 핑크색
심장박동 수	없 음	100회 이하	100회 이상
반사흥분도 : 찡그림	없 음	자극 시 최소의 반응/얼굴을 찡그림	코 안쪽 자극에 울고 기침, 재채기 반응
근육의 강도 : 움직임	흐늘거림/부진함	팔과 다리에 약간의 굴곡/제한된 움직임	적극적으로 움직임
호흡 : 숨 쉬는 노력	없 음	약하고 느림/불규칙	우렁참

- 8~10점 : 정상출산으로 기본적인 신생아 관리
- 3~7점 : 경증의 질식 상태, 호흡을 보조함, 부드럽게 자극, 입-코 흡인
- 0~2점 : 심한 질식 상태, 기관 내 삽관, 산소 공급, CPR

ⓛ 신생아 소생술
• 보온 유지 및 기도 내 이물질 제거
구형 흡입기로 우선 입을 흡인하고 그 다음에 코를 흡인한다. 입과 코 주변의 분비물은 소독된 거즈로 닦아낸다.

더 알아두기 주 의

코를 먼저 흡인하면 신생아는 헐떡거리거나 호흡을 시작하게 되고, 이때 입에 있는 태변, 혈액, 체액, 점액이 허파에 흡인될 수 있다.

• 신생아를 소아용 침대에 한쪽으로 눕히고 구형 흡입기로 다시 입, 코 순으로 흡인한다(준비된 장소가 없다면 품에 안고 실시할 수도 있다).
• 호흡평가
  - 기도 내 이물질을 제거한 순간부터 자발적으로 호흡하는 것이 정상이며 30초 내에 호흡을 시작해야 한다.
  - 만약 그렇지 않다면 호흡을 격려해야 하는데 등을 부드럽고 활발하게 문지르거나 손가락으로 발바닥을 자극하는 방법이 있다.
  - 발바닥을 치켜들고 손바닥으로 쳐서는 안 되며 호흡이 있으나 팔다리에 약간의 청색증이 있다고 해서 등을 문지르거나 발바닥을 자극해서는 안 된다.

- 태어나서 수분 동안은 이런 팔다리의 청색증이 정상이다. 그러나 만약 호흡이 얕고 느리거나 없다면 40~60회/분 인공호흡을 실시해야 한다.

> **더 알아두기 주 의**
>
> 구강 대 마스크를 이용한다면 신생아용 소형 펌프를 사용해야 하며 유아용 백-밸브마스크를 사용할 때에는 백을 조금만 짜야 한다. 30초 후에 호흡을 재평가해서 호전되지 않는다면 계속 실시해야 한다.

- 심박동평가
  - 왼쪽 유두 윗부분에서 제일 잘 들리며 심박동이 100회/분 이하이면 40~60회/분 인공호흡을 실시해야 한다.
  - 30초 후에 재평가해서 60~80회/분이고 심박동 수가 올라갔다면 계속 인공호흡을 실시하고 30초 후에 재평가를 해야 한다.
  - 만약 60회/분 이하이며 올라가지 않았다면 인공호흡과 더불어 가슴압박을 실시해야 한다.
  - 가슴압박 횟수는 120회/분이며 양엄지 손가락은 복장뼈 중앙에, 나머지 손가락은 등을 지지하고 압박해야 한다.
  - 압박깊이는 가슴의 1/3 정도이고 호흡과 가슴압박의 비율은 1 : 3이 되어야 하며 1분에 90회의 가슴 압박과 30회의 호흡으로 실시해야 한다.
  - 호흡과 맥박은 정상이나 몸통에 청색증을 계속 보이면 산소를 공급한다. 산소는 10~15L/분로 공급하며 직접 주는 것이 아니라 얼굴 가까이 산소튜브를 놓고 공급해야 한다.
  - 이송 중에 계속 평가를 실시해야 한다.

ⓒ 제대 결찰

정상적으로는 제대를 결찰하거나 잘라내기 전에 스스로 신생아가 호흡을 시작한다. 제대를 결찰하거나 잘라내기 전에 반드시 손가락으로 맥박이 뛰지 않는 것을 확인해야 한다.

- 신생아 보온을 유지한다. 제대 결찰 전에 수분을 없애고 신생아 포로 전신을 감싸야 한다. 태지는 보호막이므로 물로 닦아서는 안 된다.
- 분만용 세트에서 제대감자로 제대가 찢어지지 않도록 천천히 결찰한다.
- 첫 번째 제대감자의 결찰높이는 신생아로부터 약 10cm 정도 떨어져 결찰한다.
- 두 번째 제대감자의 결찰높이는 첫 번째 제대에서 신생아 쪽으로 5cm 정도 떨어져 결찰한다.
- 소독된 가위로 제대감자 사이를 자른다. 자른 후에는 결찰을 풀거나 다시 하려고 시도해서는 안 된다. 태반측 제대는 피, 체액, 배설물에 닿지 않게 놓고 신생아편 제대 끝에서는

출혈되지 않는지 확인해야 한다. 출혈이 있다면 가능하다면 현 제대감자에 가까운 위치에 다른 제대감자를 사용하여 결찰한다.
- 신생아를 옮길 때 제대에 충격이 가지 않도록 주의한다. : 제대에서 흐르는 약간의 실혈로도 치명적일 수 있다.

> **더 알아두기** | **주 의**
> - 신생아가 호흡하지 않는다면 제대를 결찰해서는 안 된다(제외사항 – 제대가 신생아의 목을 조이는 상황과 CPR을 실시해야 하는 상황).
> - 제대에서 맥박이 뛴다면 결찰해서는 안 된다.

ㄹ 보온 유지
- 태어나자마자 수건으로 물기를 제거하고 따뜻하고 건조된 수건, 이불, 포대기 등으로 신생아를 감싸야 한다.
- 신생아의 얼굴이 아닌 머리 부위도 감싸야 한다.
- 태반이 분리되는 동안 산모의 배 위에 신생아를 놓아 안게 하거나 동료대원이 신생아를 안고 있도록 한다. 구급차 내 적정온도를 유지한다.

⑤ **계속적인 산모처치**
ㄱ 태 반
- 분만 3기는 제대의 일부, 양막, 자궁의 일부조직을 포함한 태반이 분리되는 시기이다. 이때, 태아가 나온 후 멈춘 분만통이 짧게 나타난다.
- 태반이 자궁으로부터 분리되면 제대길이가 길어지는 것으로 알 수 있다.
- 대부분 분만 후 수 분 내에 일어나며 30분 정도가 걸린다.
- 촉진시키기 위해 자궁 위 배에 압력을 가하거나 제대를 잡아당겨서는 안 된다.
- 산모와 태아가 모두 건강하다면 태반이 분리될 때까지 20분 정도 병원이송을 지연시킬 수 있다.
- 분만 시 나온 모든 조직들은 분만 세트 내의 보관함에 산모 이름, 시간, 내용물을 기록한 후 병원에 인계해야 한다.
- 만약 20분이 경과해도 태반이 분리되지 않는다면 신속하게 병원으로 이송해야 한다.
ㄴ 분만 후 질 출혈 처치
정상적으로는 500cc 이상 출혈되지 않는다.
- 질 입구에 패드를 댄다.
- 발을 올려준다.
- 자궁수축을 돕기 위해 부드럽게 원을 그리며 자궁을 마사지 한다. : 자궁이 수축하고 단단해지며 출혈량이 줄어들 것이다.

- 자궁마사지에도 불구하고 출혈이 계속된다면 신속하게 병원으로 이송해야 한다. 많은 양의 산소를 제공하고 쇼크에 대한 처치를 실시해야 한다.
- 분만 후 출혈로는 질과 항문 사이 피부에서 일어날 수 있다. 분만 과정에서 회음부위가 찢어지면서 출혈과 불편감을 호소할 수 있다. 이 경우 멸균거즈로 압박하고 드레싱을 해준다.

ⓒ 정서적 지지
- 정서적 지지는 분만 전후 모든 과정을 통해 이루어져야 하며 이 과정 중의 정서적 경험은 작은 일에도 민감하게 반응하며 오랫동안 기억된다.
- 산모의 얼굴과 손을 축축한 수건으로 닦아주고 마른 수건으로 다시 닦아 주는 행위는 정서적 지지에 도움이 된다.
- 이불을 덮어주는 행위도 안정감과 보온을 동시에 제공할 수 있다.

(4) 분만 합병증

① 제대탈출
  ㉠ 태아보다 제대가 먼저 나오는 경우로 제대가 태아와 분만경로 사이에 눌리게 된다.
  ㉡ 이는 태아로 가는 산소 공급을 차단하기 때문에 위급한 상태이며 주로 둔위분만이나 불완전 둔위분만의 경우에 나타난다.
  ㉢ 응급처치
   - 목적 : 병원 이송 전까지 태아에게 산소를 최대한 공급하는 것이다.
   - 개인 보호장비를 착용한다.
   - 분만경로의 압력을 낮추기 위해 이불 등을 이용해 엉덩이를 올리고 머리를 낮춘다.
   - 비재호흡마스크를 통해 고농도산소를 공급한다.
   - 멸균 장갑을 착용한다.
   - 제대에 가해지는 압력을 낮추기 위해 질 안으로 손을 넣는다는 것을 산모에게 설명한다.
   - 질 안으로 손가락 몇 개를 집어 넣고 제대를 누르고 있는 태아의 신체 일부를 부드럽게 밀어낸다.
   - 병원으로 신속하게 이송한다.
   - 촉진을 하여 제대순환이 제대로 되는지 확인한다.
   - 가능하다면 멸균된 거즈를 따뜻하고 축축하게 한 다음 제대를 감싸 건조되는 것을 예방한다.
   - 다른 처치자는 산모의 생체징후를 계속 측정한다.

② 둔위분만
  ㉠ 엉덩이나 양 다리가 먼저 나오는 분만형태로 신생아에게 외상 및 제대탈출 위험이 높다.
  ㉡ 자발적으로 분만할 수도 있지만 합병증 비율이 높다.

ⓒ 응급처치
- 즉각적으로 이송한다.
- 다리를 잡아당기는 등의 분만을 시도해서는 안 된다.
- 고농도산소를 공급한다.
- 골반이 올라오도록 자세를 취해주어 머리를 낮추고 정서적 지지를 제공한다.
- 만약 엉덩이가 나온다면 손으로 지지해 준다.

③ 불완전 둔위분만
ⓐ 머리가 아닌 팔다리가 먼저 나오는 형태로 이 경우 병원으로 빨리 이송해야 한다.
ⓑ 발로(Crowning) 때 머리가 아니라 손, 다리, 어깨 등이 나오며 제대가 나올 수도 있다.
ⓒ 응급처치
- 제대가 나와 있다면 앞서 언급한 제대탈출에 따른 처치를 실시한다.
- 골반이 올라오도록 머리를 낮춘다.
- 비재호흡마스크로 고농도산소를 공급한다.
- 신속하게 병원으로 이송한다.

④ 다태아 분만
ⓐ 쌍둥이의 경우 일반 분만과 같은 응급처치를 제공하지만 그 이상의 다태아 분만인 경우에는 인원과 장비, 구급차가 더 필요하다.
ⓑ 다태아 분만의 경우 임부의 배가 보통 임부의 배보다 더 크며 한 명을 분만한 후에도 크기의 변화가 적고 분만수축이 계속된다.
ⓒ 두 번째 분만은 보통 수 분 내에 이루어지며 둔위분만인 경우는 드물다.
ⓓ 응급처치
- 추가 지원을 요청한다(분만장비, 인원, 구급차 등).
- 두 번째 분만 전에 제대를 결찰한다.
- 태반은 한 개이거나 여러 개일 수 있다. 태반은 일반 분만과 같이 처치한다.
- 각 태아별로 태어난 시간을 기록한다(태어난 순서를 식별).
- 다태아의 경우 일반 태아보다 작으며 신속하게 분만이 이루어진다.
- 신속하면서도 부드럽게 처치한다.

⑤ 미숙아
ⓐ 재태기간 37주 미만 또는 최종 월경일로부터 37주 미만에 태어난 아기를 미숙아(Premature Infant) 또는 조산아(Preterm Infant)라고 한다.
ⓑ 응급처치
- 보온을 유지한다.
  - 보온을 위한 지방축적이 충분하지 않기 때문에 저체온증의 위험성이 높다.
  - 물기를 닦아내고 따뜻한 이불로 포근하게 감싸줘야 한다.

- 기도 내 이물질을 제거한다.
- 상태에 따른 소생술을 실시한다(특히, 임신주수가 적은 경우).
- 직접적인 공급은 피하며 코 주변에서 산소를 공급한다.
- 오염되지 않도록 한다(감염 주의).
- 구급차 내 온도를 올린 후 이송한다.
  - 적절한 온도범위는 32~38℃이며 이송 전에 온도를 맞춰 놓는다.
  - 여름인 경우 냉각기를 사용해서는 안 되며 창문을 이용해 온도를 조절한다.
  - 바깥공기가 직접 닿지 않도록 하고 가급적이면 닫은 상태로 이송한다.

⑥ 태 변
  ㉠ 태아의 대변은 태아나 임부의 스트레스를 나타내는 징후이다.
  ㉡ 태변은 양수를 녹색이나 노란 갈색으로 착색시킨다.
  ㉢ 태변을 흡인한 태아는 호흡기계 위험성이 높다.
  ㉣ 응급처치
    - 흡인하기 전에 신생아를 자극시키지 않는다.
      - 태변과 관련된 대부분의 합병증은 신생아의 허파로 태변이 흡인된 경우이다.
      - 입을 먼저 흡인한 후 코를 실시한다.
    - 기도를 유지하고 신생아를 평가한다.
      - 태변은 분만으로 인한 태아의 스트레스를 나타내는 징후이며 소생술이 필요할 수도 있다.
      - 호흡과 심장의 상태에 따라 심폐소생술을 실시할 준비를 해야 한다.
    - 가능하면 즉각적으로 이송을 실시한다. 이송 중 보온을 유지하며 이송병원에 도착 전에 정보를 제공한다.

(5) 임신 중 응급상황 및 처치
① 자연유산
  ㉠ 임신 기간 20주 내에 유산된 경우를 말하며 태아와 자궁조직이 경부를 통해 질 밖으로 나온다.
  ㉡ 배의 경련이나 통증을 동반한 질 출혈을 호소하며 정서적인 스트레스를 받는다.
  ㉢ 환자평가 및 처치 과정
    - 개인 보호 장비를 착용하고 현장을 평가한다. 환자와 가족의 정서상태는 때때로 구급대원에게 향하기도 한다.
    - 환자를 평가한다. 복통을 호소하며 보통은 호흡과 순환이 정상이다. 하지만 질 출혈이 지속됨으로써 비정상적인 생체징후를 나타내므로 응급처치와 더불어 이송을 실시해야 한다.

- 임신주수를 알아보고 24~25주 이상의 태아는 살아날 수도 있다.
- 생체징후 및 신체검진을 실시한다. 질에서 많은 출혈이나 덩어리가 나온다면 회음부위를 간단히 검사한 후 외부에 패드를 댄다. 사생활 보호를 유지한다.
- 증상 및 징후에 따른 처치를 제공한다. 많은 양의 산소를 공급하고 질 출혈에 대해서는 질 외부에 산모용 생리대를 댄다.
- 계속적으로 정서를 지지한다.
- 자궁에서 나온 물질들을 병원에 인계한다.

② 임신 중 경련
  ㉠ 경련 중에는 호흡이 원활하게 이루어지지 않아 태아에게 영향을 미치기 때문에 임신 중의 경련은 특히 위험하다.
  ㉡ 원인 : 경련병력이 있거나 임신으로 인한 임신중독증, 자간증으로 인해 일어난다.
  ㉢ 자간증 환자는 임신후기에 보통 경련증상이 나타난다. 자간증의 증상 및 징후로는 두통, 고혈압, 부종이 있다.
  ㉣ 평가 및 처치 과정
    - 개인 보호 장비를 착용한다.
    - 환자의 의식상태, 기도와 호흡평가, 병력사정, 신체검진, 복용하는 약물, 부종 등을 평가한다.
    - 주변의 위험한 물건 등을 치운다.
    - 기도가 개방되었는지 확인하고 유지한다.
    - 비재호흡마스크를 통해 많은 양의 산소를 공급한다.
    - 필요시 백-밸브 마스크로 인공호흡을 도울 준비를 한다.
    - 필요하다면 흡인 기구를 즉각적으로 사용할 수 있도록 준비한다.
    - 좌측위 자세로 취해주고 환자를 이송한다.

③ 임신 중 질 출혈
  ㉠ 임신초기 질 출혈은 자연유산의 징후로 볼 수 있으며 임신후기의 질 출혈 특히, 마지막 석달 동안 나타나는 경우 임부와 태아 모두에게 위험하다. 그 이유는 태반으로 인한 출혈(태반박리, 전치태반 등) 때문이다.
  ㉡ 임신후기의 질 출혈은 복통을 동반하지 않을 수도 있다.
  ㉢ 환자평가 및 처치 과정
    - 개인 보호 장비를 착용하고 현장을 확인한다.
    - 1차 평가 동안 순환 상태 및 쇼크 증상이 있는지 주의한다.
    - 임신후기 질 출혈 환자는 즉각적으로 병원으로 이송한다.
    - 많은 양의 산소를 공급하고 피를 흡수하기 위해 패드를 댄다. 단, 질 안에 거즈를 넣어서는 안 되며 환자를 좌측위 자세로 취해주고 이송한다.

④ 임신 중 외상
  ㉠ 임부의 상태는 태아에게 직접적으로 영향을 미친다.
  ㉡ 임부의 외상처치는 일반 외상처치와 같으나 태아에 대한 걱정으로 심한 스트레스를 받는다는 점과 태아에게 영향을 미친다는 점이 다르다.
  ㉢ 평가 및 처치 과정
    • 개인 보호 장비를 착용하고 현장이 안전한지를 확인한다.
    • 1차 평가를 실시한다.
    • 병력과 신체검진 그리고 생체징후를 측정한다. 이때, 보통 비임부 여성과 임부의 생체징후는 다르다는 것을 알아야 한다. 임부의 경우 맥박은 빠르고 혈압은 보통 낮다. 하지만 외상으로 인해 생체징후가 변할 수 있다는 점을 유의하고 적절한 처치를 실시해야 한다.
    • 증상 및 징후에 따른 처치를 제공한다. 일반 외상환자와 같이 처치를 하되 많은 양의 산소를 공급하고 좌측위로 환자를 이송해야 한다.
    • 정서적인 지지를 제공해야 한다. 현재 제공하는 응급처치가 태아와 환자에게 모두 도움이 된다는 점을 알려 준다.

(6) 부인과 응급
① 질 출혈
  ㉠ 외상이나 생리로 인한 질 출혈 외의 출혈은 응급상황으로 보통 복통도 같이 호소한다.
  ㉡ 가장 위험한 합병증으로는 실혈로 인한 저혈량성 쇼크이다.
  ㉢ 평가 및 처치 과정
    • 개인 보호 장비를 착용하고 현장을 평가한다.
    • 1차 평가를 실시한다(의식상태, 기도개방 확인, 호흡과 순환 평가).
    • 증상 및 징후에 따른 처치를 제공한다. 쇼크 상태라면 많은 양의 산소를 공급한다.
    • 신속하게 병원으로 이송한다.
② 외부 생식기관의 외상
  ㉠ 보통 환자가 처치를 거부하거나 심한 통증을 동반하기 때문에 처치하기 곤란하다.
  ㉡ 외부 생식기관은 혈액공급량이 많은 부위로 많은 출혈을 동반한다.
  ㉢ 평가 및 처치 과정
    • 개인 보호 장비를 착용하고 상처부위를 확인한다.
    • 1차 평가를 실시한다.
    • 증상 및 징후에 따른 처치를 제공한다. 출혈부위는 거즈를 이용해 직접압박을 실시하되 지혈을 위해 질 안에 거즈를 넣어서는 안 된다. 냉찜질은 심한 통증을 감소시키는 데 유용하다.
    • 사생활 보호를 위해서 주위 사람들을 물리치고 필요할 때에만 상처부위를 노출시킨다.

③ 성폭행

　㉠ 환자처치를 할 때 의학적·정신적·법적인 면을 모두 고려해야 한다.

　㉡ 성폭행 피해자는 굉장한 스트레스를 받기 때문에 개인적인 판단은 피하고 전문적 태도를 보여야 하며 동정하는 태도를 보여서는 안 된다.

　㉢ 정보수집 및 응급처치를 제공하는 것은 같은 성의 구급대원이 하는 것이 좋다.

　㉣ 평가 및 처치 과정

　　• 현장 도착 전 환자에게 증거확보(정액)를 위해 누워 있게 하며, 주변을 청소하거나 샤워, 옷을 갈아입는 행동을 하지 않도록 미리 알려준다.

　　• 현장안전을 확인한다. 범죄현장이 의심된다면 안전을 확보하고 필요하다면 경찰의 도움을 요청한다.

　　• 1차 평가에서 환자의 의학적·정신적인 면을 모두 평가한다.

　　• 성폭행으로 인한 다른 상처가 있는지 신체검진과 정보수집을 실시한다. 심한 출혈이 있다면 생식기를 검사한다.

　　• 증상과 징후에 따른 처치를 제공한다. 단, 증거가 훼손되지 않도록 주의해야 한다.

　　• 법적인 자료가 될 수 있으므로 기록에 유의한다.

　　• 증거(정액) 확보로 환자를 걷게 하면 안 되며 들것을 이용해 이동한다.

01 모세혈관 출혈에 대한 설명으로 옳지 못한 것은?

① 출혈도 느리며 스며 나오듯이 나온다.

② 지혈이 어렵다.

③ 색은 검붉은 색이다.

④ 찰과상에서 흔히 볼 수 있다.

> 해설 모세혈관 출혈은 지혈이 쉬우며 실혈량도 적고 자연적으로 지혈되는 형태이다.

02 다음의 지혈기구 중에서 절단 부위로부터 치명적인 출혈을 보일 때 마지막 수단으로 사용되는 것은?

① 경성부목

② 진공부목

③ 항쇼크바지

④ 지혈대

> 해설 **지혈대**
> 절단 부위로부터 치명적인 출혈을 보일 때 마지막 수단으로 보통 사용된다. 지혈대 사용은 근육, 혈관, 신경에 커다란 손상을 초래할 수 있으며 이는 환자 상태를 악화시키고 접합수술을 불가능하게 만들 수 있다.

03 지혈대의 설명 중 틀린 것은?

① 지혈방법 중 최후의 수단이다.

② 삼각건으로 지혈대를 감싼다.

③ 지혈대의 착용시간을 기재한다.

④ 가능한 한 넓은 것을 사용하고 완전히 조여야 한다.

> 해설 출혈을 멈추기 위하여 지혈대를 사용할 수 있으나 여러 가지 합병증을 초래할 수 있으므로 주의해야 하며 지혈대 사용은 마지막 수단으로 이용되어야 한다. 삼각건으로 지혈대를 감싸서는 안 된다. 개방시켜놓고 완전히 보이는 상태로 둔다.

04 코의 전방에 손상을 입어 코피를 흘리는 환자가 있다. 지혈하는 방법으로 옳지 않은 것은?(단, 머리뼈 골절은 없다)

① 코 위에 얼음물 주머니를 댄다.
② 콧방울을 손가락으로 눌러 압박한다.
③ 머리를 뒤로 젖힌다.
④ 혈압이 높거나 불안해하는 경우 최대한 안정시킨다.

해설 환자를 앉은 상태에서 머리를 앞으로 기울이도록 하여 혈액이 허파로 유입되지 않도록 한다.

05 비출혈에 대한 응급처치 중 옳지 않은 것은?

① 환자를 바른 자세로 눕혀 안정을 취하도록 한다.
② 손가락으로 코끝을 지긋이 눌러 준다.
③ 윗입술과 잇몸 사이에 붕대를 감아서 넣고 눌러준다.
④ 입 안으로 흘러내리는 피는 뱉어내도록 한다.

해설 비출혈의 혈액이 폐로 유입되지 않도록 가능한 환자를 앉은 상태에서 머리를 앞으로 기울이도록 한다.

06 뇌내 출혈의 종류 중 가장 심각하고 급성으로 증상이 나타나는 경우는?

① 경막외혈종   ② 경막하혈종
③ 지주막하혈종   ④ 뇌내혈종

해설 **두개내출혈(Intracranial Hemorrhage)**
• 두개골 하부와 경막 상부에 위치 : 경막외혈종(가장 심각한 급성)
• 경막 하부와 뇌의 외부에 위치 : 경막하혈종
• 뇌조직 내에 위치 : 뇌실질혈종

07 일반적인 쇼크의 증상이나 징후가 아닌 것은?

① 약하고 빠른 맥박   ② 느린 호흡
③ 의식상태의 변화   ④ 식은땀

해설 **쇼크의 증상**
약하고 빠른 맥박, 불안·두려움, 차갑고 축축한 피부, 청색증, 얕고 빠르며 불규칙한 호흡, 느린 동공 반응, 갈증, 오심과 구토, 혈압저하, 의식소실 등

08 쇼크환자에 대한 처치로 부적합한 사항은?

① 기도를 유지하고 산소를 투여한다.

② 골절부위를 부목으로 고정한다.

③ 체온의 손실을 방지한다.

④ 상체를 거상하여 흡인을 방지한다.

해설 다리 부분을 15~25cm 정도 높여 혈액이 심장이나 뇌로 가도록 한다(흉부나 뇌손상환자 제외).

09 쇼크의 응급처치에 관한 사항 중 옳지 않은 것은?

① 기도유지에 신경 쓴다.

② 다리부분을 15~25cm 정도 높여 준다.

③ 구토가 심한 경우에는 환자를 옆으로 눕게 한다.

④ 환자에게 따뜻한 물을 마시게 하여 위장기능을 회복시켜 준다.

해설 쇼크환자는 위장운동이 저하되어 있으므로 내용물을 토할 수 있기 때문에 환자에게 음식물(물 포함)을 주지 않아야 한다.

10 저혈량 쇼크에 대한 설명으로 옳지 못한 것은?

① 실혈로 인한 쇼크를 말한다.

② 허약감, 약한 맥박, 창백하고 끈적한 피부를 나타낸다.

③ 약 5cm 정도 하지를 올린다.

④ 보온을 유지해야 한다.

해설 약 20~30cm 정도 하지를 올린다. 척추, 머리, 가슴, 배의 손상 증상 및 징후가 있다면 앙와위를 취해주어야 한다. 즉, 긴 척추고정판으로 환자를 옮겨 하지를 올린다.

11 다음 추락 환자의 출혈성 쇼크 단계와 증상 및 징후로 옳은 것은?

> • 20대 연령의 체중 70kg 정도인 남성
> • 양쪽 어깨 근육 부위에 500mL 출혈
> • 왼쪽 넙다리뼈(대퇴골)에 개방성 골절로 인한 1,200mL 출혈

① 쇼크 1기로 호흡은 정상이나 환자는 불안해하며, 피부는 차고 창백하다.
② 쇼크 2기로 호흡은 증가하나 갈증 징후는 없다.
③ 쇼크 3기로 호흡이 빠르고 의식이 떨어지며 식은땀이 나고 소변량이 줄어든다.
④ 쇼크 4기로 호흡이 비효율적이며 기면상태이다.

> **해설** **출혈성 쇼크 3기 증상 및 징후(70kg 성인남자 기준)**
> • 총혈액량(5~6.6L) 중 30~40% 이상의 혈액량이 소실된다.
> • 환자에게 수액 및 수혈 등의 응급처치가 이루어져야 한다.
> • 맥박수는 증가한다.
> • 수축기 혈압은 감소한다.
> • 3기에서 환자의 의식은 혼미상태로 빠져든다.

12 외상을 입은 환자에게서 심한 외부출혈이 관찰되고 심한 갈증과 저체액성 쇼크의 징후를 나타낼 때 응급처치방법으로 옳지 않은 것은?

① 기도 및 호흡의 유지
② 단계적 지혈
③ 입을 통한 음식물 공급
④ 주기적으로 생체징후 측정

> **해설** 쇼크환자에게는 음식이나 마실 것을 주어서는 안 된다.

13 피부를 구성하는 각층을 바깥에서 심부쪽으로 순서를 맞게 나열한 것은?

① 진피 – 표피 – 피하조직
② 진피 – 피하조직 – 표피
③ 표피 – 진피 – 피하조직
④ 피하조직 – 표피 – 진피

> **해설** 피부는 표피, 진피, 피하조직 순으로 구성되어 있다.

14 다음 중 폐쇄성 연부조직 손상의 유형에 해당하지 않는 것은?

① 찰과상
② 타박상
③ 혈 종
④ 압좌상

해설 **폐쇄성 연부조직 손상**
피부표면 아래 조직은 손상 받아도 피부표면은 찢기지 않은 경우를 폐쇄성 손상이라고 하며, 형태로는 타박상, 혈종, 폐쇄성 압좌상이 있다.

15 폐쇄성 연부조직 손상의 응급처치로 옳지 않은 것은?

① 따뜻한 습포를 대준다.
② 통증과 부종이 있는 변형된 사지를 부목으로 고정한다.
③ 내부출혈이 있는 것처럼 다루고 필요시 쇼크처치를 한다.
④ 필요시 비재호흡마스크로 고농도의 산소를 투여한다.

해설 폐쇄성 연부조직 손상 시에는 국소압박 후 얼음찜질을 해준다.

16 개방성 연부조직 손상 중 피부나 조직이 찢겨져 너덜거리는 상태로 많은 혈관 손상으로 보통 산업현장에서 많이 발생하는 것은?

① 찰과상
② 열 상
③ 결출상
④ 절 단

해설 결출상에 대한 설명이다.

17 흉부 손상의 증상으로 옳지 않은 것은?

① 맥박수의 감소 및 혈압의 증가
② 입술과 손톱에 청색증
③ 각 혈
④ 호흡으로 인한 손상부위의 통증 악화

해설 맥박수의 증가와 혈압의 증가로 나타난다.

18 흉부 손상 시 응급처치로 맞지 않는 것은?

① 호흡기능을 정상적으로 유지한다.
② 개방성 흉부 창상 – 폐쇄 드레싱으로 밀봉한다.
③ 외부출혈을 지혈시킨다.
④ 삽입된 이물질을 제거한다.

해설　삽입된 이물질을 고정시킨다(제거하지 말 것).

19 해부학 용어 중에서 몸통에서 가까이 있는지 멀리 있는지를 나타내는 용어는?

① 전방/후방　　　　　　　　② 내측/외측
③ 근위부/원위부　　　　　　④ 양 측

해설　③ 근위부/원위부 : 몸통에 가까이 있는지 멀리 있는지를 나타낸다.
　　　① 전방/후방 : 중앙 액와선을 기준으로 인체를 나누어 앞과 뒤를 구분한 것이다.
　　　② 내측/외측 : 중앙선에 가까이 있는지 멀리 있는지를 나타낸다.
　　　④ 양측 : 중앙선의 좌·우 모두에 위치해 있을 때를 말한다(귀, 눈, 팔 등).

20 경골과 외측에 비골로 이루어져 있는 것은?

① 무릎관절　　　　　　　　② 다 리
③ 팔꿈치 관절　　　　　　　④ 손 목

21 다음 중 근골격계의 기능으로 보기 어려운 것은?

① 외형 유지
② 세포에 필요한 산소를 공급
③ 내부 장기 보호
④ 신체의 움직임을 가능하게 함

해설　• 근골격계 : 외형 유지, 내부 장기 보호, 신체의 움직임을 가능하게 함
　　　• 호흡기계 : 세포에 꼭 필요한 산소를 공급
　　　• 순환계 : 인체의 모든 부분에 혈액을 공급
　　　• 신경계 : 모든 행동 조절 및 환경이나 감각에 반응
　　　• 내분비계 : 호르몬 생산
　　　• 위장계 : 음식물 소화
　　　• 비뇨생식기계 : 생식기관과 소변을 생산·배출
　　　• 피부 : 외부로부터 신체를 보호

22 근골격계에 대한 다음 설명 중 옳지 않은 것은?

① 골격계는 많은 관절로 인해 움직일 수 있다.

② 관절의 2가지 유형으로는 엉덩이와 같은 구상관절과 손가락 관절과 같은 경첩관절이 있다.

③ 골격근은 뇌의 통제를 받지 않는다.

④ 평활근은 동맥과 장벽과 같은 관모양의 구조물을 이루고 열, 냉 그리고 긴장과 같은 자극에 반응한다.

> **해설** 인체를 움직이는 근육은 뇌의 통제에 따라 자의적으로 움직일 수 있는 골격근 또는 수의근이 있고 그렇지 않은 불수의근 또는 평활근이 있다.

23 우리 몸을 이루는 뼈의 수는 모두 몇 개인가?

① 188개

② 206개

③ 242개

④ 312개

> **해설** 우리 몸은 모두 206개의 뼈로 이루어져 있다.

24 단순 골절에서 나타나는 증상이 아닌 것은?

① 운동 이상

② 외출혈

③ 동 통

④ 부 종

> **해설** 단순 골절은 뼈만 골절되고 골절된 부분의 피부 표면에 파열이 동반되지 않으므로 외출혈이 없다.

25 고관절 탈구 시에 취하는 응급처치법은?

① 탈구된 자세 그대로 고정한 후 병원으로 이송한다.
② 발견 즉시 손으로 원래 위치로 맞춘다.
③ 견인을 시행하여 통증을 경감시킨다.
④ 다리를 외회전시켜 순환을 유지한다.

해설 고관절 탈구 시에는 신경계 손상이 동반되는 경우가 많다. 따라서 탈구된 자세 그대로 고정한 후 병원으로 이송한다.

26 교통사고로 대퇴부의 개방성 골절상을 입은 환자의 상처에서 출혈이 심하다. 응급조치로 옳은 것은?

① 지혈을 위한 조작은 골절을 악화시키므로 부목만 대고 후송한다.
② 출혈이 더 위험하므로 손으로 출혈부위를 압박하면서 후송한다.
③ 출혈부위에 소독거즈를 대고 압박붕대로 감아 지혈시킨 후 부목을 한다.
④ 함부로 다루면 위험하므로 의사가 도착할 때까지 기다린다.

해설 모든 상처는 부목을 대기 전에 소독된 거즈로 덮어 주어야 하며 모든 개방성 골절은 병원 측에 통보하여야 한다. 공기부목은 골절을 고정하는 데도 효과적이므로 개방성 골절이나 출혈이 동반된 골절에서 상당히 유용하다.

27 늑골골절 시 응급처치로 틀린 것은?

① 단순골절인 경우에는 병원으로 이송한다.
② 호흡장애가 되는 통증을 감소시키고 기도유지 및 필요시에는 산소공급을 해준다.
③ 환자가 편안한 자세를 취하도록 한다.
④ 다발성 골절의 경우에는 부목으로 고정시킨다.

해설 **늑골골절 시 응급처치**
주로 호흡장애가 되는 통증을 감소시키고 기도유지 및 필요시에는 산소공급을 해준다. 환자가 편안한 자세를 취하도록 하고 단순골절인 경우에는 병원으로 이송하고 다발성 골절의 경우에는 삼각건으로 고정시킨다.

28 증상이나 질병의 처치법이 옳게 짝지어진 것은?

① 염좌 - 부은 것이 가라앉을 때까지 냉습포
② 타박 - 처음에는 온습포, 다음에는 냉습포
③ 골절 - 온습포
④ 류머티즈 관절염 - 냉습포

> **해설** ② 타박 - 냉습포
> ③ 골절 - 냉습포
> ④ 류머티스 관절염 - 온습포

29 아래팔과 종아리와 같은 긴뼈를 고정하는 데 좋은 부목은?

① 경성부목
② 견인부목
③ 공기를 이용한 부목
④ 항쇼크바지

> **해설** 경성부목은 아래팔과 종아리와 같은 긴뼈를 고정하는 데 좋다.

30 MAST의 사용이 바람직하지 않은 경우는?

① 골반골절
② 저혈량 쇼크
③ 복부 손상에 의한 쇼크
④ 심장성 쇼크

> **해설** MAST는 공기부목의 일종으로, 외상으로 인한 과다출혈 시, 특히 대퇴골이나 골반골의 골절 시 저혈압성 쇼크 방지, 추가 출혈방지 및 고정을 할 수 있다.

31 MAST의 최대 압력은?

① 30mmHg
② 40mmHg
③ 50mmHg
④ 60mmHg

> **해설** MAST의 압력은 최대 60mmHg를 넘지 않도록 해야 하며, 그 이상의 압력은 의료진의 지시를 받도록 한다.

32 손상 부위의 고정과 통증 감소를 위하여 견인부목 적용을 고려해야 하는 경우는?

① 넙다리뼈 몸통 골절
② 골반뼈 골절
③ 정강뼈의 1/4 아래 골절
④ 무릎뼈 골절

> **해설** 견인부목은 하지골절상에서 많이 사용되고 있으며 사지의 축 방향으로 계속적인 견인을 하여 골절 부위가 직선이 되도록 만드는 장비이다.
> **견인부목을 사용해서는 안 되는 경우**
> • 엉덩이나 골반 손상
> • 무릎이나 무릎 인접 부분 손상
> • 발목 손상
> • 종아리 손상
> • 부분 절상이나 견인기구 적용 부위의 결출상

33 안면부 손상 시 유의하여야 할 사항 중 잘못된 것은?

① 두부에 상처가 있는 경우는 경부손상의 가능성도 고려해야 한다.
② 구강 내 이물질에 의한 기도폐쇄를 검사하여야 한다.
③ 열상으로 인하여 외부로 노출된 상처는 생리식염수에 적신 거즈로 덮어 준다.
④ 귀로 뇌척수액이 유출 시 소독된 거즈를 덮은 후 탄력붕대로 압박하여 지혈한다.

> **해설** 관통한 물체는 고정시키고 많은 액체가 환자의 귀와 코에서 나오면 멈추게 해서는 안 되며 흡수하기 위해 거즈로 느슨하게 드레싱을 해 준다.

34 척추에 관한 설명 중 틀린 것은?

① 위로부터 경추, 흉추, 요추, 천골 및 미골로 구성되어 있다.
② 척추 내에는 척수가 지나가므로 척추골절 시에는 전신 또는 하반신 마비가 올 수 있다.
③ 척추 손상이 의심되면 척추고정판을 이용하여 이송하는 것이 안전하다.
④ 경추 손상이 의심되면 혀에 의해 기도폐쇄가 일어날 수 있으므로 목을 뒤로 젖혀서 기도를 유지해야 한다.

> **해설** 의식을 잃은 환자는 혀가 뒤로 말려서 기도가 막힐 수도 있으므로 환자의 머리를 뒤로 제치고 턱을 들어주어 기도를 유지한다. 경추손상이 의심되면 턱만 살며시 들어준다.

35 척추 손상의 우려가 있는 환자를 구조하는 과정에 대한 설명 중 틀린 것은?

① 척추고정판과 함께 환자를 이동시킨다.
② 환자이동 시는 최소의 인원으로 이동한다.
③ 주의의 예리한 물체로부터 환자를 보호한다.
④ 모든 손상부위에 대한 응급처치 후 구조를 시행한다.

해설 척추 손상의 우려가 있는 환자이동 시는 가장 안전하게 이동해야 하므로 충분한 인원으로 해야 한다.

36 손상기전 중 척추의 앞쪽으로 굽은 것으로 정면충돌과 다이빙에서 보통 일어나는 것은?

① 굴 곡   ② 신 전
③ 측면굽힘   ④ 회 전

해설 **손상기전**

굴 곡	척추의 앞쪽으로 굽은 것 예 정면충돌/다이빙
신 전	척추의 뒤쪽으로 굽은 것 예 후방충돌
측면 굽힘	척추의 측면으로 굽은 것 예 측면충돌
회 전	척추가 꼬인 것 예 차량 충돌/낙상
압 박	척추의 아래나 위로부터 직접 힘이 가해진 것 예 차량충돌/낙상/다이빙
분 리	척수와 척추뼈가 따로 분리되어지는 힘에 의한 손상 예 목매달기/차량충돌
관 통	어떤 물체가 척수나 척주에 들어오는 경우 예 총이나 칼에 의한 손상

37 전신척추고정기구에 대한 설명으로 옳지 못한 것은?

① 서 있는 환자에게는 사용할 수 없다.
② 의식이 있다면 배 위로 손을 교차해서 있도록 유도한다.
③ 환자와 판 사이 공간은 패드를 이용한다.
④ 머리맡에 있는 대원의 구령에 맞게 척추가 뒤틀리지 않게 동시에 환자를 구급대원 쪽으로 잡아 당겨야 한다.

해설 전신척추고정기구는 누워있거나 앉아 있거나 또는 서 있는 환자 모두에게 사용할 수 있으며, 짧은 척추 고정대와 종종 같이 사용된다.

38 다음 중 헬멧을 제거해야 하는 경우는?

① 헬멧이 환자를 평가하고 기도나 호흡을 관찰하는 데 방해가 되지 않을 때
② 현재 기도나 호흡에 문제가 없을 때
③ 헬멧을 착용한 상태가 오히려 환부를 고정하고 있을 때
④ 환자가 호흡정지나 심장마비가 있을 때

해설 환자가 호흡정지나 심장마비가 있을 때는 헬멧을 제거해야 한다.

39 다음과 같은 특징이 있는 두통은?

- 후두부에 강한 둔통이 생긴다.
- 아침잠에서 깨어날 때 심하다.
- 낮에는 점점 사라지는 경향이 있다.

① 고혈압성 두통
② 긴장성 두통
③ 열성 두통
④ 편두통

해설 고혈압성 두통은 둔하고 강타하는 듯한 후두부위의 통증으로 아침에 자고 일어날 때 나타났다가 낮에는 없어지는 경향이 있다.

40 운동이나 스트레스 후 가슴을 쥐어짜는 듯한 통증이 유발된 환자에게 투여해야 할 약은?

① 나이트로글리세린
② 에피네프린
③ 아트로핀
④ 5% 포도당

해설 협심증 환자에서는 나이트로글리세린(Nitroglycerin)이라는 약물을 투여해야 한다. 나이트로글리세린은 하얀색의 작은 알약으로 아스피린 정제의 1/2 크기이며, 환자의 혀 밑에 넣으면 수초 내에 작용이 시작된다. 나이트로글리세린은 혈관의 평활근을 이완시켜 심근의 산소요구량을 감소시키며, 관상동맥을 확장시켜 심근으로의 산소공급을 증가시킨다.

41 심인성 심정지를 유발하는 원인에 해당하지 않는 것은?

① 뇌졸중
② 심근염
③ 대동맥판 협착증
④ 관상동맥 죽상경화증

해설 뇌졸중은 심근경색과 같이 작은 혈전이나 방해물이 뇌의 일부분으로 가는 뇌동맥을 차단하여 뇌에 영향을 미치고 담당하는 기능이 상실된다. 심인성은 관상동맥 경화증 등을 포함하는 기존의 심장질환이 있거나 명백한 원인 없이 갑작스러운 심정지가 발생한 경우(Sudden Cardiac Death)를 말한다.
비심장성 심정지의 원인질환
• 대사질환(약물중독, 당뇨케톤산증)
• 체온이상(저체온증 : 32℃ 이하, 고체온증 : 41℃ 이상)
• 호흡부전을 초래하는 질환(패혈증, 기도폐쇄)
• 중추신경계 질환(뇌졸중, 외상)
• 순환혈액량 감소를 초래하는 질환(탈수, 위장관 출혈)

42 심정지 환자에서 관찰되는 심전도에 관한 설명으로 옳은 것은?

① 심실세동, 무맥성 전기활동은 전기충격이 필요한 리듬이다.
② 빈맥성 부정맥은 심근의 허혈이 주요 원인으로 알려져 있다.
③ 무수축에 의한 심정지는 빈맥성 부정맥에 의해서만 발생한다.
④ 무맥성 전기활동은 심박출은 있지만 심전도상에서 전기적 활동이 관찰되지 않는 것이다.

해설 ① 심실세동은 제세동이 필요한 리듬이다.
③ 무수축은 심장의 자율신경 작용의 장애나 전도장애에 의해 발생하거나 호흡부전 등에 의한 저산소증으로도 발생된다.
④ 무맥성 전기활동은 심전도상에서는 심장의 전기활동이 관찰되지만 심박출량이 없거나 너무 적어서 맥박이 촉지되지 않는 상태이다.

43 성인 심정지 환자에서 심정지 초기에 가장 흔히 관찰되는 부정맥은?

① 무수축
② 서 맥
③ 심실세동
④ 완전 방실차단

해설 심정지 환자의 60~80%에서 심정지 발생 초기에 심실세동 또는 무맥성 심실빈맥이 나타난다.

44 심정지 리듬 중 맥박 촉지를 한 후 즉시 제세동을 해야 하는 경우로 옳은 것을 모두 고르시오.

① 무수축

② 심실세동

③ 무맥성 전기활동

④ 무맥성 심실빈맥

해설 심실세동과 무맥성 심실빈맥만 제세동이 필요하다.

45 맥박이 촉지되지 않는 환자의 심장리듬이다. 제세동이 필요한 리듬은?

①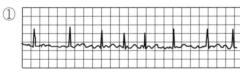

②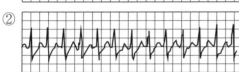

③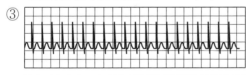

④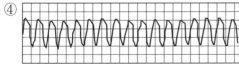

해설 심실세동과 무맥성 심실빈맥만 제세동이 필요하다.

정상파형	심실세동 파형	심실빈맥 파형

• 심실세동 : 심장의 박동에서 심실의 각 부분이 무질서하게 불규칙적으로 수축하는 상태
• 심실빈맥 : 심전도 전기신호가 심실에서 불규칙하게 발생하여 맥박의 횟수가 과다하게 많은 상태

46 제세동기의 적응증 중 심실빈맥에 대한 설명으로 옳지 않은 것은?

① 리듬은 규칙적이나 매우 빠른 경우를 말한다.

② 너무 빨리 수축해서 피가 충분히 심장에 고이지 않아 심장과 뇌로 충분한 혈액을 공급할 수 없다.

③ 심장마비환자의 10%에서 나타난다.

④ 의식 있는 환자에게만 실시해야 한다.

> **해설** **심실빈맥**
> 리듬은 규칙적이나 매우 빠른 경우를 말한다. 너무 빨리 수축해서 피가 충분히 심장에 고이지 않아 심장과 뇌로 충분한 혈액을 공급할 수 없다. 심실빈맥은 심장마비환자의 10%에서 나타나며 반드시 무맥 또는 무호흡 그리고 무의식환자에게만 실시해야 한다.

47 붕괴된 건물 잔해에 4시간 이상 두 다리가 깔린 상태로 있었던 환자가 구조되었다. 고칼륨혈증에서 초래되는 상태를 평가하기 위한 것으로 옳은 것은?

① 기이성 운동

② 심전도(ECG)

③ 이산화탄소분압

④ 원위부 맥박, 움직임, 감각(PMS)

> **해설** 혈중 칼륨 수치를 측정하기 위해서는 주로 일반 혈액검사를 시행하거나 의사가 심전도(ECG)상 특정 변화를 확인한 경우 고칼륨혈증이 처음 확인된다.

48 무호흡을 보이는 환자에서 맥박이 분명하게 만져지지 않았다. 먼저 시행할 응급처치는?

① 회복자세를 취한다.

② 기도개방을 시행한다.

③ 인공호흡을 시행한다.

④ 가슴압박을 시행한다.

> **해설** 무호흡환자에게 먼저 시행할 응급처치는 가슴압박 30회를 시행한다.

46 ④ 47 ② 48 ④ **정답**

49 기관지 천식(Bronchial Asthma)에 대한 설명으로 옳지 않은 것은?

① 알레르기성 물질이 기관지에 수축, 경련, 염증을 일으키는 현상이다.

② 먼지, 꽃가루, 동물의 비듬, 깃털 등이 원인이다.

③ 특징적인 증상은 발작으로, 밤에 잘 일어난다.

④ 발작이 오는 동안 환자를 편안히 눕혀둔다.

> **해설** 평소 생활에서도 갑작스런 운동은 삼가고 운동 후 천식발작이 생기면 앉아서 휴식을 취하며 따뜻한 물을 자주 마시는 것이 좋다.

50 긴장성 공기가슴증(긴장성 기흉)의 증상과 징후로 옳지 않은 것은?

① 심박출량이 감소하고, 정맥압이 증가된다.

② 갈비(늑골) 사이 공간의 압력이 증가하면서 호흡장애, 저산소증이 진행된다.

③ 정맥환류가 감소되어 맥압 증가가 유발된다.

④ 흉강내압 증가로 기관(Trachea)이 밀려날 수 있다.

> **해설** **긴장성 기흉(Tension Pneumothorax)**
> 외상이나 폐조직의 자연적인 파열로 인하여 흉강 내에서 공기가 계속적으로 증가하면서 주위의 장기를 압박하는 것으로 호흡할수록 폐가 찌그러든다. 흉강 내 압력이 일정 이상이면 정맥환류가 감소되어 심박출량이 줄어들어 심한 호흡곤란, 청색증 쇼크 등이 올 수 있다.

51 과다호흡증후군을 보이는 수험생에게 필요한 응급처치로 옳지 않은 것은?(단, 다른 질환은 없다)

① 천천히 숨을 쉬도록 해 호흡을 고르게 해준다.

② 고농도의 산소를 투여한다.

③ 스트레스 요인과 격리시킨다.

④ 조이는 옷을 편안하게 해준다.

> **해설** **과호흡증후군**
> 숨을 너무 빨리 내뱉어 이산화탄소의 부족으로 정상적인 호흡을 하지 못하는 상황을 말한다. 응급처치는 비강 캐뉼러로 2L/분 정도의 산소를 공급한다. 지속적으로 산소포화도가 90% 이하인 경우 안면 마스크를 이용하여 10~15L/분의 산소를 공급한다. 봉투에 의한 재호흡법을 실시해야 한다. 봉투 안의 공기를 다시 마심으로써 체내 이산화탄소 배출을 줄이고 재흡수하여 혈중 이산화탄소 농도를 정상화시키는 것이다.

52 복통환자의 처치에 대하여 틀린 것은?

① 생체징후의 관찰이 중요하다.
② 처음부터 진통제를 투여하는 것이 원칙이다.
③ 쇼크에 들어가 있거나 생명지표가 흔들리면 수액, 수혈 처치한다.
④ 경우에 따라서는 진통제로 먼저 통증을 조절할 경우도 있다.

> **해설** 진통제 투여는 병력을 확인한 후 의사의 지시에 따라서 해야 한다.

53 상부와 위장관 출혈에 관하여 틀린 것은?

① 토혈, 흑색변, 혈변 양상을 보인다.
② 식도, 위, 상부 십이지장에서 발생하는 출혈이다.
③ 초기 출혈량은 혈액검사로 확진할 수 있다.
④ 응급 내시경이 진단과 치료에 도움이 된다.

> **해설** **상부 위장관 출혈**
> 식도, 위, 상부 십이지장에서 발생하는 출혈을 말한다. 식도 정맥류, 식도 정맥의 열상, 악성종양, 식도염 등, 식도 출혈이 있는 환자는 선명한 적색 토혈이 나타난다. 정맥류 출혈은 보통 대량 출혈이고 일반적으로 조절이 어렵다. 초기 출혈량은 내시경 검사로 확진할 수 있다.

54 요로결석으로 심한 통증을 호소하는 환자의 교감신경 반응으로 옳은 것은?

① 느리고 단조로운 말
② 맥박 감소
③ 땀흘림(발한)
④ 침분비 증가

> **해설** 요로결석의 특징적인 증상은 예리하고 심한 통증이 갑자기 발병하는 것인데, 특히 신장에 결석이 생겨 발생하는 예리한 통증을 신산통(Renal Colic)이라고 한다. 통증이 심해지면 오심, 구토, 창백, 발한과 함께 아주 불안한 모습을 보이면서 고통스러워하며, 빈뇨(잦은 소변)를 호소하기도 한다.
> **자율신경**
> 서로 반대작용을 하는 교감신경과 부교감신경으로 구분된다. 교감신경은 신체가 위급한 상황에 대처할 수 있도록 조절한다. 이에 비해 부교감신경은 신체가 안정된 상황에서 에너지를 절약하고 저장할 수 있도록 조절한다.

교감신경계	부교감신경계
• 땀이 늘어남	• 땀이 줄어듦
• 장운동의 감소	• 장운동이 늘어남
• 심박수의 증가	• 심박수의 저하
• 동공의 확장	• 동공의 수축
• 혈압의 상승(수축성의 상승, 심장의 이완 및 충전 기능의 향상)	• 혈압의 저하(수축성의 저하, 심장의 이완 및 충전 기능의 저하)

55 급성 통증이 있을 때 나타날 수 있는 부교감신경 반응으로 옳은 것은?

① 발 한   ② 구 토
③ 혈압 상승   ④ 동공 확대

해설 부교감신경이 갑자기 반응하여 구토를 유발하기도 한다.

56 다음 중 인슐린을 생산하는 신체기관은?

① 담 낭   ② 간
③ 췌 장   ④ 신 장

해설 인슐린은 췌장에 있는 랑게르한스섬의 베타세포에서 생산되는 호르몬이다.

57 인슐린 저하로 나타날 수 있는 임상증상과 징후를 모두 고른 것은?

> ㄱ. 혈중 포도당 증가
> ㄴ. 케톤성 산증
> ㄷ. 안구돌출증

① ㄱ   ② ㄱ, ㄴ
③ ㄱ, ㄷ   ④ ㄴ, ㄷ

해설 인슐린 부족 시 → 글루카곤 증가로 혈중 포도당 증가 → 케톤 생성(케톤성 산증 유발)
췌장(이자)의 랑게르한스섬
• 췌장 α세포 : 저혈당 시 글루카곤 분비, 혈당 증가(글리코겐→ 포도당으로)
• 췌장 β세포 : 고혈당 시 인슐린 분비, 혈당 감소(포도당 산화, 포도당 → 글리코겐으로)
• 인슐린 부족 시(+) : 당뇨 걸림(혈액 속 혈당 증가)

58 당뇨의 합병증 중 급성 혼수를 일으키는 것이 아닌 것은?

① 당뇨성 신경장애
② 당뇨성 케톤산증
③ 저혈당증
④ 고삼투압성 혼수

해설
② 당뇨성 케톤산증 : 전반적인 복통, 식욕부진, 오심, 구토, 호흡성 알칼리혈증, 의식수준의 저하, 혼수 등이 나타난다.
③ 저혈당증 : 저혈당증의 증상과 징후는 보통 신속히 발생한다. 초기에 환자는 극심한 배고픔을 호소하며 뇌에서 사용할 수 있는 포도당이 저하되어 신경과민, 불안정, 이상행동, 허약, 혼미, 중독된 모습, 약하고 빠른 맥박, 차갑고 축축한 피부, 기면상태, 경련, 혼수 등을 나타낸다.
④ 고삼투압성 혼수 증상과 징후 : 허약, 갈증, 빈뇨, 체중감소, 중증 탈수, 붉게 달아오른 건조한 피부, 건조한 점막, 체위성 저혈압, 피부 탄력도 저하, 의식수준 저하, 빈맥, 저혈압, 빈호흡, 혼수 등이 나타난다.

59 당뇨환자에게서 저혈당증(Hypoglycemia)이 발생하는 원인으로 옳지 않은 것은?

① 심하게 구토를 한 경우
② 체내 탄수화물이 고갈된 경우
③ 운동을 많이 한 경우
④ 체내 인슐린이 부족한 경우

해설 혈당 변동은 인슐린의 양, 운동량 및 식사량의 세 가지 요인에 의해서 가장 많이 좌우된다. 당뇨환자의 경우 췌장에서 자동으로 혈당을 조절해주지 못하기 때문에 사람의 손으로 적합하다고 생각되는 인슐린 양을 주사해주게 되는데 이 양이 너무 적게 되면 혈당이 올라가게 되고 너무 인슐린 양이 많으면 혈당이 떨어지게 된다.
저혈당의 원인
• 인슐린 복용 후 식사를 하지 않은 경우
• 인슐린 복용 후 음식물을 토한 경우
• 평소보다 힘든 운동이나 작업을 했을 경우

60 저혈당과 고혈당을 비교했을 때에 차이점을 잘못 설명한 것은?

① 저혈당은 고혈당에 비하여 서서히 진행된다.
② 고혈당환자는 따뜻하고 붉으며 건조한 피부를 갖는다.
③ 고혈당환자의 호흡에서는 아세톤 냄새가 나기도 한다.
④ 고혈당환자는 종종 빠르고 깊은 호흡을 나타내고 구갈증, 복통, 구토증상도 나타난다.

해설 저혈당은 갑자기 나타나는 반면 고혈당은 보통 서서히 진행된다.

61 다음 중 저혈당으로 인해 유발되는 가장 큰 위험요소는?

① 저혈당 상태의 지속으로 인한 뇌의 영구적 손상
② 급격한 혈압상승으로 인한 뇌출혈
③ 수분의 과다손실로 인한 탈수성 혼수
④ 경련으로 인한 호흡장애

해설 저혈당증은 혈액 내 유용한 당을 모두 써버린 경우에 발생하며, 뇌가 이용할 수 있는 에너지원의 고갈은 뇌의 활동을 중지시켜 의식을 잃고 영구적 손상을 입게 된다.

62 인슐린을 과량 투여 시 의식장애가 있을 경우 응급처치방법으로 옳은 것은?

ㄱ. 글루카곤 정맥주사	ㄴ. 생리식염수 정맥주사
ㄷ. 50% 포도당 정맥주사	ㄹ. 아드레날린 정맥주사

① ㄱ, ㄴ, ㄷ
② ㄱ, ㄷ
③ ㄴ, ㄹ
④ ㄹ

해설 **인슐린 과량 투여 시 처치법**
• 과량 투여 시 감정둔화, 정신착란, 심계항진, 발한, 구토, 두통과 같은 증상을 동반한 저혈당이 유발될 수 있다.
• 의식이 있을 때 : 가벼운 저혈당 증상은 보통 경구용 포도당으로 치료할 수 있으며 치료약의 용량, 식사형태, 운동 등의 조절도 필요하다.
• 혼수, 발작, 신경손상과 같은 중증의 증상이 나타날 경우 : 글루카곤의 근육 내 피하주사 또는 정맥 내 포도당 주사로 치료할 수 있다.

63 환자에게 눈을 감도록 한 다음 코를 한쪽씩 막고 물체의 냄새를 구별할 수 있는지 알아보고 있다. 어느 뇌신경의 이상을 검사하는 것인가?

① 제1뇌신경   ② 제3뇌신경

③ 제5뇌신경   ④ 제7뇌신경

해설 **뇌신경 검사**

제1뇌신경	후각신경	눈을 감고 커피, 담배, 비누 같이 익숙한 냄새 감지
제2뇌신경	시신경	시력 검사, 시야 검사
제3뇌신경	동안(눈돌림)신경	안구운동, 눈꺼풀 올림, 동공축소, 대광반사(동공수축반사), 동공 조절 능력 사정
제4뇌신경	활차(도르래)신경	안구 하방, 외측 회전
제5뇌신경	삼차신경	• 안신경(감각) : 각막반사 • 상악신경(감각) : 얼굴 감각 평가 • 하악신경(운동) : 측두근, 저작근 운동
제6뇌신경	외전(갓돌림)신경	안구 측면운동
제7뇌신경	안면(얼굴)신경	얼굴운동신경 : 이마 찡그리기, 웃기, 주름 짓기 사정 • 감각신경 : 혀 전방 2/3 부분 미각 • 부교감신경 : 타액분비, 누선에 작용
제8뇌신경	청(속귀)신경	• 전정신경 : 평형 • 와우신경 : 청력 감각
제9뇌신경	설인(혀인두)신경	• 미각 : 혀의 후방 1/3 부분, 인후 감각 • 인두운동신경 : 연하작용, 구토반사 • 부교감신경 : 침 분비
제10뇌신경	미주신경	인두, 후두의 수의적 운동 • 불수의적 움직임 : 식도, 기관지, 심장(서맥), 위, 소장, 간, 췌장, 신장 • 감각신경섬유 : 후두, 기도, 폐, 대동맥, 식도, 위, 소장, 담낭
제11뇌신경	더부신경	흉쇄 유돌근, 승모근 움직임, 머리 돌리기, 어깨 올리기
제12뇌신경	설하(혀밑)신경	혀의 운동

64 뇌졸중 중에서 뇌동맥 내에 혈액이 응고되는 것을 무엇이라고 하는가?

① 뇌혈전증
② 뇌출혈
③ 뇌경색
④ 뇌색전증

> **해설** **뇌혈전증**
> 뇌혈전증은 고혈압, 당뇨병, 고지혈증 등에 의하여 뇌동맥이나 경동맥에 동맥경화증이 초래되어 동맥의 벽이 두꺼워지거나 딱딱해지게 된다. 그 결과로 혈관은 좁아지며 혈관의 내벽이 상처받기 쉬워지고 매끄럽지 못해 피가 엉겨 붙으면서 결국 막히게 되어 혈액의 공급이 현저히 줄거나 혹은 중단되고, 결국은 뇌세포로 가는 산소 및 영양공급이 부족해져 뇌기능장애가 초래되는 것이다.
> ② 뇌출혈 : 뇌혈관이 터져 뇌 안에 피가 고여 그 부분이 손상되는 질환
> ③ 뇌경색 : 뇌혈관이 막혀 영양분과 산소를 공급하는 피가 뇌에 통하지 않아 뇌의 일부가 손상이 되는 질환
> ④ 뇌색전증 : 뇌 이외의 부위에서 생긴 혈전, 세균, 종양, 지방 따위의 덩어리가 혈액 속에 흘러들어서 뇌의 동맥을 막아 버리는 증상

65 소아의 호흡기계에 대하여 잘못 설명한 것은?

① 상대적으로 혀가 차지하는 공간이 적은 편이다.
② 나이가 어린 소아일수록 비강호흡을 한다.
③ 기관과 윤상연골이 연하고 신축성이 있다.
④ 기관이 좁아 부종으로 쉽게 폐쇄된다.

> **해설** **소아의 호흡기계 특징**
> • 입과 코가 작아 쉽게 폐쇄될 수 있다. – 상대적으로 혀가 차지하는 공간이 크다.
> • 나이가 어린 소아일수록 비강호흡을 한다. – 코가 막혔을 때 입으로 숨을 쉬는 것을 모른다.
> • 기관과 윤상연골이 연하고 신축성이 있다. 따라서 부드럽게 기도를 개방해야 하며 머리를 중립으로 또는 약간 신전해야 한다.
> • 기관이 좁아 부종으로 쉽게 폐쇄된다.

66 입안에 있는 이물질을 흡인하는 방법으로 옳지 않은 것은?

① 흡인은 15초 이내로 한다.
② 흡인 후 카테터에 생리식염수를 통과시킨다.
③ 성인의 흡인 시 압력은 300mmHg 이상이 적당하다.
④ 구토반사와 의식이 있는 환자는 머리를 옆으로 돌린 반앉은자세를 취한다.

> **해설** **이물질을 흡인 시 적정 압력**
> • 성인 : 110~150mmHg
> • 아동 : 95~110mmHg
> • 영아 : 50~95mmHg

67 의식이 없는 환자에게 기도폐쇄가 발생하는 가장 흔한 원인은?

① 이물질에 의한 폐쇄

② 혀의 이완에 의한 폐쇄

③ 출혈에 의한 폐쇄

④ 구토물의 역류에 의한 폐쇄

해설 의식이 없는 환자에게 발생하는 기도폐쇄의 가장 흔한 원인은 근육의 이완으로 혀가 후방으로 밀리게
되는 것이다.

68 아동학대의 유형 중 '유기와 방임'에 해당하는 것은?

① 성기노출을 강요한다.

② 장난감 선택을 혼자서 못하게 한다.

③ 신체 특정부위를 뜨거운 물에 넣는다.

④ 상한 음식을 먹어도 관여하지 않는다.

해설 유기란 보호자가 아동을 보호하지 않고 버리는 행위를 말하며, 방임이란 보호자가 아동에게 위험한 환경에
처하게 하거나 아동에게 필요한 의식주, 의무교육, 의료적 조치 등을 제공하지 않는 행위를 말한다.

69 노인환자의 특성이 아닌 것은?

① 전형적인 병적 증상이 나타난다.

② 신체기능의 저하가 나타난다.

③ 가벼운 외상으로도 골절이 흔하다.

④ 여러 약물을 동시에 복용하는 경우가 많다.

해설 **노인성 질환**
- 노화와 밀접한 관련을 갖고 발생하는 신체적, 정신적 질병을 말한다.
- 노인은 노화에 따라 다양한 질병을 경험하며, 노화 정도에 따라 신체기능의 저하, 장애, 상실 등이 나타나게
  된다.
- 신체적 변화는 외관의 변화와 더불어 만성 질환의 증상을 초래한다.
- 노화과정은 뇌를 중심으로 신경계 변화를 야기하는데, 초기 변화는 기능의 쇠퇴이다.
- 노인성 질환은 만성 퇴행성 질환으로 완치를 목적으로 하기보다는 지속적인 관리를 통하여 건강상태의
  악화와 합병증을 예방하고, 남아 있는 기능을 최대한 활용함으로써 최적의 안녕상태를 유지하는 것을
  목적으로 해야 한다.

70 임신기간 중 생리적 변화에 대한 설명으로 옳지 못한 것은?

① 혈류량이 증가한다.
② 혈관분포정도는 감소한다.
③ 자궁이 커지면서 소화기계를 압박한다.
④ 앙와위의 임부는 저혈압을 유발시킨다.

해설 **임신기간 중 생리적 변화**

변 화	의 미
혈류량과 혈관분포정도가 증가한다.	맥박은 증가하고 혈압은 감소한다.
자궁이 커지면서 소화기계를 압박한다.	구토 가능성이 높다.
자궁이 하대정맥을 눌러 심장으로 가는 혈류량을 감소시킨다.	앙와위는 저혈압과 태아절박가사를 초래할 수 있다.

71 아프가 점수에 해당되지 않는 사항은?

① 심장박동수
② 호흡수
③ 피부색깔
④ 혈 압

해설 **아프가 점수(Apgar Score)**
건강상태를 판정하는 점수로서 심장박동수, 호흡, 근긴장력(근육긴장도), 자극에 대한 반응(반사흥분도), 피부색 등을 검사한다.

72 신생아가 1분이 경과한 경우 아프가 점수가 얼마 이상이면 정상으로 보는가?

① 4점
② 6점
③ 8점
④ 10점

해설 **아프가 점수**
신생아의 건강상태를 알아보기 위해서 태어나자마자 시행하는 검사이다. 신생아의 피부색깔, 심박수, 호흡, 근긴장력, 자극에 대한 반응 등의 5가지 항목을 검사하며 각 항목당 2점씩 채점하여 10점 만점으로 한다. 10점 만점인 경우가 가장 좋으며, 6점 이하인 경우엔 태아의 가사상태를 의미하여 즉시 응급처치가 필요하다. 아프가 점수의 채점은 생후 1분과 5분에 각각 2번 판정하여 점수를 낸다.

73 신생아의 평가에 대한 설명으로 옳지 못한 것은?

① 몸통이 청색이면 정상이다.

② 맥박은 분당 100회 이상이어야 한다.

③ 활기있게 울어야 한다.

④ 울면서 자발적으로 호흡하여야 한다.

> **해설** 몸통(얼굴, 가슴, 배)의 피부색은 분홍색이고 사지는 약간의 청색을 띠는 것이 정상이다. 그러나 몸통이 청색을 띠고 있으면 비정상이다.

74 성폭행 피해자에 대한 응급처치자의 역할로 옳지 않은 것은?

① 객관적인 태도를 유지한다.

② 가능한 빨리 몸을 씻도록 도와준다.

③ 적절한 심리적 안정을 취하도록 돕는다.

④ 피해현장에서 벗어난 안전한 환경을 제공한다.

> **해설** 현장도착 전 환자로 하여금 증거확보(정액)를 위해 누워 있게 하며, 주변을 청소하거나 샤워하기 그리고 옷을 갈아입는 행동을 하지 않도록 미리 알려준다.

CHAPTER

03 인공호흡 및 심폐소생술

01 인공호흡

1 기도유지

(1) 기도유지의 중요성

① 현장응급처치에서 기도유지는 환자의 1차 평가 시 우선적으로 실시되는 기술이다.

② 인체의 세포는 적절한 기능과 생명보존을 위해서 산소가 필요하다. 기도가 개방되어 있지 않거나, 열려 있어도 호흡을 하지 못하면 산소는 인체에 들어오지 못한다.

③ 심장이 움직이지 않으면 산소를 운반하는 혈액을 전신에 보내지 못한다.

④ ABC의 문제가 발생되었을 때 즉각적인 응급처치는 생명유지를 위해 가장 기본적이면서 매우 중요하다.

(2) 호 흡

① 정상호흡과 비정상호흡

　㉠ 호흡계의 기능은 들숨으로 신체기관과 모든 세포에 사용되는 산소를 얻고 날숨으로 이산화 탄소를 내보내는 것이다.

　㉡ 호흡기능의 이상 작용이 발생되면 호흡은 짧아지고 호흡부전을 초래하게 된다.

　　• 호흡부전 : 생명을 유지하기에 충분하지 않은 산소 공급으로 호흡감소를 의미한다.

　　• 호흡정지 : 호흡이 완전히 멈춘 경우를 의미하는데, 이는 심장마비, 뇌졸중, 기도폐쇄, 익사, 감전사, 약물남용, 중독, 머리손상, 심한 가슴통증, 질식 등이 발생한 경우 하나의 증상으로 나타날 수 있다.

② 평가방법

　㉠ 시진 : 호흡 시 환자의 가슴이 대칭적으로 충분히 팽창하고 하강하는지 확인하고, 호흡의 횟수, 규칙성, 호흡의 깊이에 대해 기록해야 한다.

　㉡ 청진 : 호흡음은 양쪽 가슴에서 똑같이 들려야 하며 입과 코에서의 호흡이 정상이어야 한다 (비정상-헐떡거림, 그렁거림, 쌔근거림, 코고는 소리 등).

　㉢ 촉진 : 입이나 코를 통한 공기의 흐름으로 양손을 이용한 가슴 팽창으로 확인한다.

부적절한 호흡의 징후

- 가슴의 움직임이 없거나 미미할 때
- 복식호흡 여부(배만 움직일 때)
- 입과 코에서의 공기흐름이나 가슴에서의 호흡음이 정상 이하로 떨어질 때
- 호흡 중 비정상적인 호흡음
- 호흡이 너무 빠르거나 느릴 때
- 호흡의 깊이가 너무 낮거나 깊을 때, 호흡을 힘들어 할 때
- 피부, 입술, 혀, 귓불, 손톱 색이 파랗거나 회색일 때(청색증)
- 들숨과 날숨 시 기도폐쇄 여부
- 가쁜 호흡으로 말을 못하거나 말을 끊어서 할 때
- 비익(콧구멍)이 확장될 때(특히 소아의 경우)
- 환자의 자세가 무릎과 가슴이 가깝게 앞으로 숙이고 있는 경우(기좌호흡)

③ 응급처치-호흡곤란 및 호흡부전

 ㉠ 기도를 개방하고 유지한다.

 ㉡ 호흡을 돕기 위해 산소를 공급한다.

 ㉢ 호흡이 없는 환자에게는 인공호흡을 실시하고 부적절한 호흡을 하는 환자에게는 양압환기를 제공한다.

 ㉣ 필요시 흡인한다.

(3) 기도확보

① 머리기울임/턱 들어올리기법(두부후굴-하악거상법)

기도를 최대한 개방하는 방법으로 기도를 유지하고 호흡을 원활하게 하기 위해 사용된다. 혀로 인한 기도폐쇄에 가장 좋은 방법으로 다음과 같이 실시해야 한다.

 ㉠ 환자를 누운 자세로 취해준 다음 한손은 이마에, 다른 손의 손가락은 아래턱의 가운데 뼈에 둔다.

 ㉡ 이마에 있는 손에 힘을 주어 부드럽게 뒤로 젖힌다.

 ㉢ 손가락으로 턱을 올려주고 아래턱을 지지해 준다. 단, 기도를 폐쇄시킬 수 있는 아래턱 아래의 연부조직을 눌러서는 안 된다.

 ㉣ 환자의 입이 닫히지 않도록 한다. 이를 위해서는 엄지손가락으로 턱을 아래쪽으로 밀어 주는데, 이때 손가락을 입안으로 넣으면 안 된다.

 ※ 주의사항 : 의식이 없거나 외상환자의 경우 대부분 척추손상을 의심할 수 있으므로 위의 방법을 사용해서는 안 된다.

② 턱 들어올리기법(하악견인법)

의식이 없는 환자이거나 척추손상이 의심될 경우 사용하는 방법으로 아래와 같이 실시해야 한다.

㉠ 환자의 머리, 목, 척추가 일직선이 되도록 조심스럽게 환자의 자세를 앙와위로 취해준다.

㉡ 환자의 머리 정수리부분에 무릎을 꿇고 앉은 다음 팔꿈치를 땅바닥에 댄다.

㉢ 조심스럽게 환자의 귀 아래 아래턱각 양측에 손을 댄다.

㉣ 환자의 머리를 고정시킨다.

㉤ 검지를 이용해서 아래턱각을 환자 얼굴 전면을 향해 당긴다. 이때 환자의 머리를 흔들거나 회전시켜서는 안 된다.

위의 두 가지 방법으로 기도를 개방한 후 입안에 이물질이 있다면 제거한다.

(4) 기도유지 보조기구

기도유지 보조기구로 가장 보편적으로 이용되는 기구는 입인두 기도기와 코인두 기도기가 있다.

① 보조기구 사용 규칙

㉠ 구토반사가 없는 무의식환자인 경우에만 입인두 기도기를 사용할 수 있다. 구토반사는 인두를 자극하면 구토가 일어나는 반사로 무의식환자에게는 보통 일어나지 않는다.

㉡ 기도기를 사용하기 전에 손으로 환자의 기도를 개방시켜야 한다.

㉢ 삽입할 때 환자의 혀를 안으로 밀어 넣지 않도록 주의한다.

㉣ 만약 환자에게 구토반사가 나타나면 기도기의 삽입을 즉시 중단하고, 손으로 계속 기도를 유지하며 기도기를 삽입하여서는 안 된다.

㉤ 기도기를 삽입한 환자인 경우 계속 손으로 기도를 유지하고 관찰해야 하며 필요하다면 흡인할 준비를 해야 한다.

㉥ 구토반사가 나타나면 즉시 기도기를 제거하고 흡인할 준비를 해야 한다.

② 입인두 기도기-무의식환자

㉠ 기도가 개방되면 기도를 유지하기 위해 입인두 기도기를 삽관할 수 있다.

㉡ 곡선형 모양이고, 대개는 플라스틱으로 만들어져 있다.

㉢ 플랜지는 환자의 입에 위치하고 나머지 부분은 혀가 인후로 넘어가지 않게 유지하는 역할을 한다.

㉣ 입인두 기도기는 크기별로 있으며 환자에 따라 적절한 크기를 사용해야 한다.

㉤ 크기를 선택하기 위해서는 환자의 입 가장자리에서 귓불까지 또는 입 가운데에서(누워 있는 상태에서 입의 가장 튀어나온 윗부분) 아래턱각까지의 길이를 재어야 한다.

㉥ 입인두 기도기의 적당한 크기를 사용하는 것은 매우 중요하다. 너무 길거나 짧은 기도기의 삽관은 오히려 기도를 폐쇄할 수 있으므로 적절한 방법으로 삽관하여야 한다.

입인두 기도기의 삽입방법

- 처치자는 환자의 머리 위 또는 측면에 위치한다.
- 비외상환자 : 머리기울임/턱 들어올리기법으로 기도를 개방 후 삽관한다.
- 척추손상이 의심되는 환자 : 턱 들어올리기법으로 기도를 조작하여 삽관한다.
- 한 손으로 엄지와 검지를 교차(손가락교차법)하고 환자의 위아래 치아를 벌려 입을 개방한다.
- 기도기의 끝이 입천장으로 향하게 하여 물렁입천장에서 저항이 느껴질 때까지 넣는다. 혀가 인두로 넘어가지 않도록 주의해야 하며 설압자를 사용해서 쉽게 넣을 수도 있다.
- 기도기의 끝이 입천장에 닿으면 기도기를 부드럽게 180° 회전시켜 끝이 인두로 향하게 한다(혀가 뒤로 밀려들어 가는 것을 방지하기 위해).
- 비외상환자라면 머리기울임/턱 들어올리기법을 실시한다.
- 플랜지가 환자 입에 잘 위치해 있는지 확인한다.
- 인공호흡이 필요하다면 마스크로 기도기를 덮어서 실시한다.
- 주의 깊게 환자를 관찰해야 한다. 만약 구토반사가 나타나면 즉시 제거하고, 제거할 때에는 돌리지 말고 곡선에 따라 제거하면 된다.
- ※ 기도기를 유지하고 있는 환자는 계속적인 흡인이 필요하다.

③ 코인두 기도기-의식 있는 환자

　㉠ 코인두 기도기는 구토반사를 자극하지 않아 사용빈도가 높다.

　㉡ 구강에 상처가 있거나 입을 벌릴 수 없는 경우, 구토반사가 있는 환자에게 사용될 수 있다.

　㉢ 대부분 부드럽고 유연성 있는 라텍스 재질로 연부조직의 손상이나 출혈 가능성이 적다.

삽관하는 방법

- 콧구멍보다 약간 작은 코인두 기도기를 선택한다.
- 삽관 전에 수용성 윤활제를 기도기에 발라주며, 비수용성 윤활제는 감염과 조직손상 위험이 있으므로 사용해서는 안 된다.
- 환자의 머리는 중립자세로 위치시키고 곡선을 따라 삽관한다.
  - 대부분의 코인두 기도기는 오른쪽 콧구멍에 맞게 제작되어 있다.
  - 끝의 사면이 코 중간뼈를 향하도록 해야 한다.
- 끝부분에 가깝게 잡고 플랜지가 콧구멍에 닿을 때까지 부드럽게 넣는다. 만약 저항이 느껴진다면 다른 비공으로 시도해 본다.
- ※ 주의 : 만약 코와 귀에서 뇌척수액이 나왔다면 환자의 머리뼈 골절을 의미하므로, 뇌손상을 초래할 수 있기 때문에 코인두 기도기를 삽관해서는 안 된다.
- ※ 입·코인두 기도기는 혀의 근육이완으로 인한 상기도폐쇄를 예방하고 기도를 유지하는 데 목적이 있으며 완전한 기도유지를 위해서는 기도삽관을 해야 한다.

2 인공호흡방법

(1) 개 요

① 인공호흡은 수동 또는 자동식의 양압으로 허파에 공기나 산소를 공급하는 것이다.

② 인공호흡방법

ㄱ 구강 대 마스크법

ㄴ 2인 BVM

ㄷ 1인 BVM

ㄹ 자동식 인공호흡기

③ 인공호흡 시에 구강 대 구강법은 추천되지 않으며 환자의 침, 혈액, 토물로부터 처치자의 격리가 필요하므로 휴대용 기구 등을 사용하는 것이 바람직하다.

> **더 알아두기** 인공호흡 시 환자에게 적절한 환기를 위한 평가
>
> - 매 환기 시 환자의 가슴이 자연스럽게 상승, 하강하는가?
> - 환기의 비율은 적절한가?
>   - 성인 : 10~12회/분
>   - 소아, 영아 : 12~20회 이상/분
>   - 신생아 : 40~60회/분
> - 환자의 심박동수가 정상으로 돌아 왔는가?
> - 환자의 피부색이 호전되었는가?(혈색의 회복 등)

> **더 알아두기** 인공호흡 시 적절한 환기를 위한 준수사항
>
> - 항시 기도의 개방상태를 유지한다.
> - 환자의 안면과 마스크가 완전히 밀착되어야 한다.
> - 고농도의 산소를 공급한다.
> - 공기가 위로 유입되지 않도록 한다(위팽창 예방).
> - 환자에게 적당한 환기량과 비율로 환기를 제공한다.
> - 날숨을 완전히 허용한다.

(2) 구강 대 마스크법

① 개 념

ㄱ 포켓마스크는 무호흡환자에게 사용되는 구강 대 마스크법에 사용되는 마스크의 일종으로 휴대 및 사용하기에 용이하며, 대부분 산소연결구가 부착되어 산소를 연결하여 사용할 때 50%의 산소 공급률을 보인다.

ㄴ 포켓마스크는 대부분 일방향 밸브가 부착되어 환자의 날숨, 구토물 등으로부터의 감염방지의 역할을 하며, 마스크부분이 투명하여 환자의 입과 코에서 나오는 분비물을 볼 수 있다.

ⓒ 마스크 측면에 달린 끈은 1인 응급처치 시 환자의 머리에 고정시키고 가슴압박을 할 때 유용하다. 하지만 인공호흡 시에는 손으로 포켓마스크를 얼굴에 밀착하여 고정시켜야 한다.

② 방 법

㉠ 환자 머리 위에 무릎을 꿇고 기도를 개방시킨다. 그 다음 입안의 이물질을 제거하고 필요하다면 입인두 기도기로 기도를 유지시킨다.

㉡ 산소를 연결시켜 분당 12~15L로 공급한다.

㉢ 삼각형 부분이 코로 오도록 환자의 입에 포켓마스크를 씌운다.

㉣ 적절한 하악견인을 유지하면서 마스크를 환자의 얼굴에 완전히 밀착시킨다. 양 엄지와 검지로 마스크 옆을 잡고 남은 세 손가락으로 귓불 아래 아래턱각을 잡고 앞으로 살짝 들어 올린다.

㉤ 숨을 불어 넣는다(성인과 소아 1초간). 이때 가슴이 올라오는지 살핀다.

㉥ 포켓마스크에서 입을 떼어 호흡이 나올 수 있도록 한다.

(3) 백-밸브마스크(BVM)

① 개 념

㉠ 손으로 인공호흡을 시키는 기구로 호흡곤란, 호흡부전, 약물남용 환자에 사용되고, 감염방지에 유용하며 유아용, 아동용, 성인용 크기가 있다.

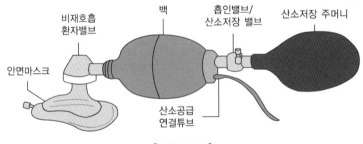

[BVM 구조]

㉡ 백은 짜고 나면 다시 부풀어 올라야 하며 세척이 용이하고 멸균상태여야 한다.

㉢ 산소연결구를 통해 15L/분의 산소를 연결시키고 밸브는 비재호흡 기능을 갖고 있다.

㉣ BVM의 원리는 산소연결로 저장낭에 산소가 공급되고 백을 짜면 백의 공기주입구가 닫히고 산소가 환자에게 공급된다.

㉤ 산소저장낭은 거의 100%의 산소를 공급하며 저장낭이 없는 BVM이라면 약 40~60%의 산소를 공급한다.

㉥ 만약 백을 짜는 것이 지연된다면 환자의 수동적인 날숨이 나타날 수 있다.

㉦ 환자가 숨을 내쉬는 동안 산소는 다음 공급을 위해 저장낭으로 들어간다.

㉧ 백은 크기에 따라 다르지만 1~1.6L를 보유할 수 있다.

ⓩ 한 번에 공급하는 양은 적어도 0.5L가 되어야 한다.

ⓩ BVM을 통한 인공호흡 시 가장 어려운 점은 마스크가 잘 밀착되어 새지 않도록 하는 것이다.

㉠ 한 손으로 백을 짜고 다른 손으로 마스크를 밀착·유지시키는 것은 어려운 일이다. 따라서 두 명의 구급대원이 필요하며 척추 또는 머리손상 환자에게는 마스크를 유지하는 대원이 동시에 아래턱견인을 실시해야 한다.

② 2인 BVM 사용방법

㉠ 머리기울임/턱 들어올리기법으로 기도를 개방한다(필요하다면 흡인과 기도기 삽관).

㉡ 적당한 크기의 BVM마스크를 선택한다.

㉢ 환자 머리맡에 무릎을 꿇고 마스크의 윗부분에 엄지와 검지를 놓고('C' 모양) 잡고 남은 세 손가락으로 귓불 아래 아래턱각을 잡고('E' 모양) 환자 얼굴 전면을 향해 당긴다.

㉣ 삼각형 모양의 마스크 윗부분을 환자의 콧등에 위치시키고 아랫부분은 턱 윗부분에 위치시켜 입과 코를 덮어야 한다.

㉤ 중지, 약지, 새끼손가락을 이용해 턱을 들어 올려 유지시킨다.

㉥ 다른 대원은 마스크에 백을 연결시키고 환자의 가슴이 올라올 때까지 백을 눌러야 한다.
  • 성인 환자의 경우 5~6초마다 1회, 소아의 경우 3~5초마다 1회 백을 눌러야 한다.
  • 만약 CPR을 하는 과정이라면 가슴압박을 한 후에 인공호흡을 해야 한다.

㉦ 백을 누르는 힘을 풀어 환자가 수동적으로 날숨을 하도록 해야 한다.

더 알아두기

외상환자에게 BVM을 사용할 때는 턱 들어올리기법을 실시하고 다른 대원은 한 손으로 마스크를 밀착시키고 다른 손으로 인공호흡을 제공해야 한다.

③ 1인 BVM 사용방법

㉠ 환자 머리 위에 위치해 기도가 개방 상태인지 확인한다. 필요하다면 흡인하고 입인두 기도기를 삽입한다.

㉡ 적당한 크기의 마스크를 선택하고 환자의 코와 입을 충분히 덮을 수 있게 마스크를 위치시킨다.

㉢ 엄지와 검지가 'C' 모양이 되게 마스크를 밀착시키고 나머지 손가락으로 'E' 모양을 만들어 턱을 들어 올린다.

㉣ 다른 손은 환자 가슴이 충분히 올라오도록 백을 눌러야 한다.
  • 1회의 호흡량은 500~600mL을 유지하고 1초에 걸쳐 실시하여야 한다.
  • 성인환자의 경우 1회/5~6초 백을 누르고 소아의 경우 1회/3~5초 백을 눌러야 한다.
  • 만약 1L의 백을 사용할 경우에는 백의 1/2~2/3 정도, 2L의 백을 사용할 경우에는 백의 1/3 정도를 압박하여 인공호흡을 실시한다.

ⓜ 백을 누르는 힘을 풀어 환자가 수동적으로 날숨을 하도록 해야 한다. 그동안 백에 산소가 충전된다.
ⓗ 만약, 환자의 가슴이 올라오지 않는다면 다음과 같은 처치를 실시해야 한다.
- 머리 위치를 재조정한다.
- 마스크가 새지 않는지 확인하고 손가락으로 다시 밀착시킨다.
- 기도 또는 기구의 막힌 부분이 없는지 확인하고 필요하다면 흡인한다.
- 마지막으로 기도유지기 삽관을 고려한다.
- 위의 방법에도 가슴이 올라오지 않는다면 다른 인공호흡법을 사용해야 한다(포켓마스크, 산소소생기 등).

> **더 알아두기**
>
> 1인 BVM 사용은 마스크를 충분히 밀착하고 백을 짜는 것이 효과적이지 못하기 때문에 모든 인공호흡방법이 안 되는 경우에만 사용해야 한다.

④ BVM을 통한 호흡보조
ⓖ 부적절한 호흡을 하는 환자에게 단순히 많은 양의 산소를 공급하는 것만으로 생명을 유지하기에는 충분하지 않을 수 있다.
ⓛ 환자의 호흡이 너무 느릴 때 추가 호흡을 제공하거나 부적절한 호흡을 하는 환자의 호흡 깊이를 증가시키기 위해 BVM을 통해 호흡을 보조해야 한다.
ⓒ 보조하는 동안 환자의 가슴이 충분히 올라오는지 주의 깊게 관찰해야 하며 호흡이 얕은 경우에는 가슴이 올라갈 때 충분히 백을 눌러주고 호흡이 너무 느린 경우에는 가슴이 내려가자마자 바로 BVM 호흡을 제공해야 한다.
ⓔ BVM은 CPR을 하는 동안에도 사용할 수 있다. 만약 1명의 구급대원만 있다면 CPR 시 BVM보다 포켓마스크를 이용하는 것이 좋다. 이는 시간적으로나 효과면에서나 효율적이기 때문이다.
⑤ 구강호흡을 위한 BVM
ⓖ BVM은 기도절개관을 삽입한 환자에게도 인공호흡을 위해 사용할 수 있다.
ⓛ 관은 호흡을 위해 목에 외과적으로 구멍을 낸 것으로 고무, 플라스틱 등의 재질로 약간 굽은 형태로 되어 있다. 대부분 분비물이 관을 막아 호흡곤란이나 호흡정지가 나타나므로 흡인과 동시에 BVM 사용이 권장된다.

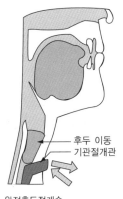
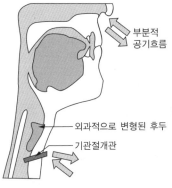

완전후두절개술　　　　　　　부분 완전후두절개술

[후두절개술 후 호흡통로의 변화]

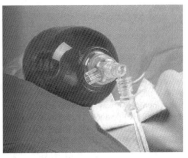

[BVM을 이용하여 기관절개관으로
호흡시키는 모습]

> **더 알아두기** **주 의**
>
> • 관을 막고 있는 분비물을 제거한다.
> • 중립자세로 환자의 머리와 목이 위치하도록 한다.
> • 소아용 마스크로 관 주위를 덮는다.
> • 환자 나이에 따른 적절한 비율로 인공호흡을 실시한다.
> • 만약 관을 통해 인공호흡을 할 수 없다면 관을 막고 입과 코를 통해 인공호흡을 시도해 본다.
> ※ 기관이 입, 코, 인두와 통해 있을 때만 가능하며 그렇지 않은 경우에는 불가능하다.

(4) 자동식 인공호흡기

순간적으로 호흡이 정지된 환자나 호흡부전 및 호흡곤란 환자에게 자동 및 수동으로 적정량의
산소를 안전하고 효과적으로 공급하는 장비로 사용된다.

> **더 알아두기** **자동식 인공호흡기**
>
> • 압축 산소를 동력원으로 작동하는 부피/시간 방식
> • 공기가 허파에 차는 것을 최소화하기 위하여 들숨 대 배기 시간은 1 : 2 비율
> • 복부 팽만을 방지하기 위하여 체중이나 상태에 따라 6단계로 산소공급량 조절 가능
> • 분당 호흡횟수와 공급 산소량을 조절할 수 있는 1회 환기량 조절버튼
> • 최대 기도압력이 $60cmH_2O$ 이상일 때 경보음과 함께 압력이 외부로 자동배출
> • 인공호흡 시 99.9% 이상의 산소 공급
> • 구토물에 의한 자동전환기의 오염 방지를 위해 다이아프램이 설치되어 있고 세척 및 교체 가능
> • 산소 공급을 일시적으로 중단시킬 수 있는 차단버튼 설치
> • CPR이 끝난 후 수동으로 산소를 공급할 수 있는 수동버튼 장착
> • 수동버튼 사용 중 일정 시간(4~10초) 동안 작동시키지 않을 경우 자동전환

3 흡인과 흡인기구

흡인은 상기도에서 그렁거리는 소리가 들릴 때마다 즉시 실시해야 한다.

(1) 장착용 흡인기구

① 대부분의 구급차량 내부에 장착되어 있으며 쉽게 사용할 수 있도록 환자측 벽면에 위치해 있다.
② 엔진이나 전기를 이용하여 흡인을 위한 진공을 형성한다.
③ 효과적으로 사용하기 위해 흡인기는 흡인관 끝부분에서 30~40L/분의 유량으로 공기를 흡인해야 한다.
④ 흡인관을 막았을 때 300mmHg 이상의 압력이 나와야 효과적인 흡인이 될 수 있다.

(2) 휴대용 흡인기구

① 휴대용은 전기형, 산소 또는 공기형, 수동형 등 다양한 형태가 있다.
② 휴대용 역시 효과적으로 사용하기 위해서는 40L/분의 유량으로 공기를 흡인해야 한다.

(3) 연결관, 팁, 카테터

① 연결관
  ㉠ 흡인기에 부착되어 있는 연결관은 두껍고 변형이 없으며 직경이 커야만 한다.
  ㉡ 흡인으로 변형되지 않아야 하고 큰 분비물도 통과할 수 있어야 한다.
  ㉢ 사용하기 편리하도록 충분히 길어야 한다.
② 흡인 팁
  ㉠ 경성 인두 흡인 팁을 주로 사용하며 입과 인후에 있는 분비물을 효과적으로 흡인할 수 있으며, 연성보다 직경이 넓어 큰 이물질을 흡인할 수도 있다.
  ㉡ 경성은 무의식환자에게 좋으나 의식이 약간 있거나 회복된 환자에게 사용할 때는 주의해야 한다. 인두를 자극하면 구토반사를 일으켜 미주신경을 자극해 느린맥이 나타나기 때문이다.
  ※ 구토물이나 많은 분비물을 흡인할 때는 직경이 넓은 경성 흡인관을 사용하고 흡인 후에는 보통 흡인관으로 바꾸어 사용하도록 한다.
③ 흡인 카테터
  ㉠ 연성 플라스틱으로 다양한 크기가 있다.
  ㉡ 보통은 구토물이나 두꺼운 분비물 등을 흡인하기에 충분히 크지 않으며, 경성 팁을 사용할 수 없는 경우를 대비해 만들어졌다.
  ㉢ 코인두 기도기나 기관내관과 같은 튜브를 갖고 있는 환자를 흡인할 때 주로 사용한다.

④ 수집통

  ㉠ 단단하고 분리가 쉬우며 오염되지 않도록 제작되어야 한다.

  ㉡ 장갑, 보안경, 마스크는 흡인할 때나 기구를 세척할 때도 착용해야 한다.

⑤ 물 통

  ㉠ 흡인기 근처에 위치해 있어야 하며 깨끗한 물을 사용해야 한다.

  ㉡ 연결관의 부분 폐쇄를 예방하기 위해 흡인관 또는 카테터를 물통에 담가 흡인해야 한다. 만약 그래도 막혀 있다면 다른 흡인관이나 카테터로 교체해야 한다.

(4) 흡인하는 방법

① 흡인하는 동안 감염예방에 주의해야 하며, 보안경, 마스크, 장갑, 가운을 착용한다.

② 성인의 경우 한 번에 15초 이상 흡인해서는 안 된다.

  ㉠ 기도 유지와 흡인이 필요한 환자는 무의식이거나 호흡 또는 심정지 환자로 호흡공급이 매우 중요한데 흡인하는 동안은 산소를 공급할 수 없기 때문이다.

  ㉡ 흡인 후 인공호흡 또는 산소공급이 제대로 이루어지는지 확인하고 15초 흡인하면 양압환기를 2분간 실시해야 한다.

  ㉢ 흡인 전후 환자를 과환기시킬 수 있다. 이는 흡인으로 인한 산소 미공급을 보충하기 위해 흡인 전후에 빠르게 양압환기를 제공할 때 생긴다.

③ 경성 흡인관을 사용할 때 크기를 잴 필요는 없으나, 연성 카테터를 사용할 때는 입인두 기도기 크기를 잴 때와 같은 방법으로 실시해야 한다.

④ 흡인기는 조심스럽게 넣어 흡인해야 하며 대개 환자를 측위로 눕혀 분비물이 입으로 잘 나오도록 해주어야 한다.

⑤ 목 또는 척추손상환자는 긴 척추 고정판에 고정시킨 후 흡인해 주어야 한다.

⑥ 경성·연성 카테터는 강압적으로 넣어서는 안 되며 경성은 특히 조직손상과 출혈을 일으킬 수 있다.

4 산소치료

(1) 산소 공급이 필요한 환자

① 호흡 또는 심정지 : 고농도의 산소 공급은 생존 가능성을 높여 준다.

② 심장 발작 또는 뇌졸중 : 뇌 또는 심장에 충분한 혈액이 공급되지 않아 발생하는 응급상황으로 산소 공급이 중요하다.

③ 가슴통증 : 심장의 응급상황으로 산소가 필요하다.

④ 가쁜 호흡 : 산소 공급이 필요하다.

⑤ 쇼크(저관류성) : 심혈관계가 각 조직에 충분한 혈액을 공급하지 못해 발생하며 산소 공급시 혈액 중 산소포화도를 높이는 효과가 있다.

⑥ 과다출혈 : 내부 또는 외부출혈로 혈액, 적혈구가 감소하여 산소 공급이 어렵다.

⑦ 허파질환 : 허파는 가스교환을 하는 곳으로 기능상실 시 산소 공급을 통해 조직 내 산소 공급을 도울 수 있다.

(2) 저산소증

① 화재로 인해 갇혀 있는 경우 : 연기, 일산화탄소를 함유한 공기를 호흡할 경우 산소량이 줄어들어 저산소증이 발생한다.

② 허파공기증 환자 : 가스교환을 제대로 하지 못해 저산소증이 발생한다.

③ 호흡기계를 통제하는 뇌 기능을 저하시키는 약물남용 : 분당 5회 이하로 호흡하는 경우 저산소증이 발생한다.

④ 기타 원인 : 뇌졸중, 쇼크 등이 있다.

⑤ 저산소증의 징후 : 청색증, 의식장애, 혼돈, 불안감

⑥ 저산소증에 대한 처치 : 산소 공급

(3) 맥박-산소포화도 측정기구

외부에서 측정할 수 있는 기구로 맥박과 혈액 내 산소포화도를 측정할 수 있다.

① 95~100% : 정상 산소포화도

② 95% 이하 : 저산소증이 나타나는데, 이때 고농도 산소를 공급해 주어야 한다.

③ 이 기구로 저산소증을 즉시 알 수 있고 기도유지 및 산소 공급을 할 수 있다. 그래도 산소포화도가 떨어지면 BVM을 이용하여 양압환기를 실시해야 한다.

> **더 알아두기** 측정기구를 사용할 때 알아야 할 사항
>
> • 맥 박
>   - 산소포화도 측정기구에 전적으로 의존해서는 안 된다.
>   - 측정치가 정상이라고 해서 산소 공급이 필요하지 않은 것은 아니며, 가슴통증, 빠른호흡, 쇼크 징후 등을 보이는 모든 환자에게는 수치에 상관없이 고농도 산소를 공급해 주어야 한다.
> • 측정기구가 정상으로 작동하는지 확인한다.
>   - 대부분의 기구는 산소포화도를 나타낸 후에 맥박을 표시한다. 이때 구급대원이 측정한 맥박횟수와 다르다면 산소포화도 수치도 정확하지 않다는 것을 의미한다.
>   - 쇼크 또는 측정부위가 차가운 경우에는 정확한 수치가 나오기 어렵다.

- 매니큐어를 칠한 손톱을 측정하는 경우는 더더욱 부정확하므로 아세톤을 이용해 제거한 후에 측정해야 한다.
- 일산화탄소 중독인 경우 심각한 저산소증임에도 불구하고 산소포화도가 높게 나와 정확성이 떨어진다.

(4) 산소치료의 위험성

① 관리적인 측면

ㄱ 응급처치용으로 사용되는 산소는 약 13,800~15,180kPa(138~151.9kg/cm²)의 높은 압력으로 저장되므로, 만약 통이나 밸브가 파손되면 터질 수 있다. 이는 콘크리트벽도 뚫을 수 있으므로 주의해야 한다.

ㄴ 55℃ 이상의 온도에서 산소통을 저장해서는 안 된다.

ㄷ 산소는 연소를 더욱 촉진시키는 역할을 하므로 화재에 주의해야 한다.

ㄹ 압력이 있는 상태에서 산소와 기름은 섞이지 않고 폭발과 같은 반응을 나타내므로 산소 공급기구에 기름을 치거나, 석유성분이 있는 접착테이프와 접촉하지 않도록 한다.

② 내과적인 측면

ㄱ 신생아 안구 손상 : 신생아에게 하루 이상 산소를 공급하면 눈의 망막이 흉터조직으로 변하게 되므로 주의해서 산소를 공급해 주어야 한다.

ㄴ 호흡곤란 또는 호흡정지
- COPD(만성 폐쇄성 폐질환)환자의 경우 호흡을 조절하는 혈중 이산화탄소 수치가 항상 높기 때문에 호흡조절기능을 상실할 수 있다.
- 이 경우 혈중 이산화탄소 농도가 낮아질 경우에만 호흡하는 Hypoxic Drive 현상이 나타날 수 있지만 고농도 산소를 공급하지 않는 것이 공급하는 것보다 더 해롭기 때문에 공급해 주어야 한다.

(5) 산소처치기구

① 대부분 산소통, 압력조절기, 공급기구(마스크 또는 케뉼라)로 구성되어 있다.

② 산소통

ㄱ 통의 크기에 따라 내용적이 2~20L까지 다양하며 약 1,500~2,200psi(105.6~154.9kg/cm²) 압력의 산소로 채워져 공급할 때는 약 50psi(3.52kg/cm²)로 감압하여 제공된다.

ㄴ 구급대원은 산소통의 압력을 항상 점검하고 충압하여 적절한 처치가 이루어질 수 있도록 해야 한다.

ㄷ 사용할 수 있는 시간은 산소통과 제공하는 산소의 양(L/min)에 따라 달라지며 압력게이지가 200psi(14kg/cm²) 이상으로 유지되어야 한다.

- 떨어뜨리거나 다른 물체와 충돌하지 않도록(특히 환자이동 시) 주의한다.
- 사용 중에는 담배 등 화재 위험이 있는 물체는 피해야 한다.
- 그리스, 기름, 지방성분 비누 등이 산소통에 닿지 않도록 주의하며, 연결할 때 이러한 성분이 없는 도구를 사용해야 한다.
- 산소통 보호 또는 표시를 위해 접착테이프를 사용해서는 안 된다. 산소는 테이프와 반응해서 화재를 유발할 수 있기 때문이다.
- 산소통을 옮길 때 끌거나 돌리는 등의 행동은 피해야 한다.
- 비철금속 산소용 렌치를 사용해 조절기와 계량기를 교환해야 하며, 다른 기구를 사용하게 되면 불꽃이 일어날 수 있다.
- 개스킷(실린더 결합부를 메우는 고무)과 밸브 상태를 항상 확인한다.
- 산소통을 열 때는 항상 끝까지 열고 다시 반 정도 잠가 사용한다. 왜냐하면 다른 대원이 산소가 잠겼다고 생각하고 열려고 하기 때문이다.
- 저장소는 서늘하고 환기가 잘되며 안전한 장소에 보관해야 한다.
- 5년에 한 번 점검하고 마지막 점검 날짜는 통에 표시해야 한다.

③ 압력조절기

　㉠ 산소는 고압으로 저장되어 있다가 압력조절기를 통해 약 $30{\sim}70psi(2.1{\sim}4.9kg/cm^2)$압력으로 공급된다.

　㉡ 압력조절기 주입 필터는 손상과 오염을 예방해 주기 때문에 항상 깨끗하게 관리되어야 한다.

④ 유량계

　㉠ 분당 산소량을 조절할 수 있으며 압력조절기와 연결되어 있다.

　㉡ 원하는 산소량이 제대로 들어가는지 확인할 수 있다.

⑤ 가습기

　㉠ 가습된 산소를 제공하기 위해 유량계와 연결되어 있다.

　㉡ 건조한 산소는 환자의 기도와 허파의 점막을 건조시킬 수 있다.

　㉢ 짧은 시간 사용할 경우에는 문제가 되지 않으나 이송시간이 길어지는 경우에는 가습이 필요하며, 특히 소아나 COPD(만성 폐쇄성 폐질환)환자의 경우에는 가습을 해주어야 한다.

　㉣ 가습기 통은 조류, 유해한 박테리아 그리고 위험한 균성 유기체가 자라기 쉬우므로 소독 및 주기적인 관리가 필요하며, 감염위험이 있으므로 짧은 이송거리에서는 사용하지 않는다.

(6) 호흡이 있는 환자에게 산소 공급

저산소증의 가능성이 있는 환자에게 공급하는 것으로 일반적으로 비재호흡마스크와 코삽입관을 많이 사용한다.

기 구	유 량	산소(%)	적응증
비재호흡마스크	10~15L/분	85~100%	호흡곤란, 청색증, 차고 축축한 피부, 가쁜 호흡, 가슴통증, 의식 장애, 심각한 손상
코삽입관	1~6L/분	24~44%	마스크 거부 환자, 약간의 호흡곤란을 호소하는 COPD 환자

[비재호흡마스크와 코삽입관의 비교]

① 비재호흡마스크

　㉠ BVM과 자동식 인공호흡기처럼 고농도의 산소를 제공할 수 있다.

　㉡ 마스크를 잘 밀착시켜야 하며 크기는 연령별로 성인용, 아동용, 소아용이 있다.

　㉢ 저장낭은 마스크를 착용하기 전에 부풀려야 하며 저장낭을 부풀리기 위해서는 마스크와 저장낭을 손으로 연결하고 백을 부풀려야 한다.

　㉣ 저장낭은 항상 충분한 산소를 갖고 있다가 환자가 깊게 들여 마실 때 1/3 이상 줄어들지 않게 해야 한다.

　㉤ 적절한 산소량은 보통 10~15L/분으로 환자의 날숨은 저장낭으로 다시 들어오지 않는다.

　㉥ 비재호흡마스크는 85~100%의 산소를 제공할 수 있다(85% 이상 : 고농도 산소).

　㉦ 압력조절기로 보낼 수 있는 산소량은 최소 8L/분, 최고 10~15L/분이다.

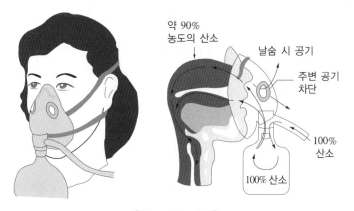

약 90% 농도의 산소
날숨 시 공기
주변 공기 차단
100% 산소
100% 산소

[비재호흡마스크]

② 코삽입관

　㉠ 약 24~44%의 산소를 환자의 비공을 통해 제공한다.

　㉡ 흘러내리지 않게 귀에 걸어 고정시키며 마스크에 거부감을 느끼는 환자나 약간의 호흡곤란을 호소하는 COPD(만성 폐쇄성 폐질환)환자에게 주로 사용된다.

　㉢ 산소량은 1~6L/분 이하로 공급하는데, 그 이상은 비점막이 건조되어 불편감을 느낄 수 있다.

(7) 환자의 호흡상태에 따른 적절한 처치방법

환자상태	징 후	처 치
• 정상호흡 • 호흡은 정상이나 내외과적 상태로 인해 추가 산소가 필요한 경우	• 호흡수와 깊이 : 정상 • 비정상적인 호흡음 : 없음 • 자연스러운 가슴의 움직임 • 정상 피부색	• 코삽입관 : 환자 의식이 명료하고 정서적으로 안정되었을 때 사용한다. • 비재호흡마스크 : 환자가 흥분되었거나 말을 끊어서 할 때 사용한다.
• 비정상호흡 • 호흡은 있으나 너무 느리거나 얕은 경우 • 짧게 끊어 말하거나 매우 흥분한 상태이며, 땀을 흘릴 때 • 마치 잠을 자는 듯한 상태	• 호흡은 있으나 충분하지 않음 • 호흡수 또는 깊이가 비정상 수치 • 호흡음 감소 또는 결여 • 이상한 호흡음 • 창백하거나 청색증	• 포켓마스크, BVM, 자동식 인공호흡기를 통한 양압환기, 환자의 자발적인 호흡을 도와주는 처치로 빠르거나 느린 호흡에 대해 적정 호흡수로 교정하는 역할을 해 준다. • 주의 : 비재호흡마스크는 호흡이 부적절하거나 없는 환자에게 사용하게 되면 충분한 산소를 공급할 수 없다.
무호흡	• 가슴 상승이 없음 • 입이나 코에서의 공기흐름이 없음 • 호흡음이 없음	• 포켓마스크, BVM, 산소소생기를 이용해 양압환기를 한다. • 성인 : 10~12회/분, 소아 : 12~20회/분 • 주의 : 소아의 경우 산소소생기를 사용해서는 안된다.

(8) 기도유지 시 특수한 상황

① 얼굴부위 손상이나 화상

　㉠ 둔기로 인한 상처는 심각한 부종이나 출혈로 인한 기도폐쇄를 의심할 수 있다.

　㉡ 얼굴 화상은 기도를 쉽게 붓게 하거나 폐쇄시키므로 흡인을 자주 하며 적절한 보조기도유지기 삽입이나 기관 내 삽관이 필요하다.

② 폐 쇄

　㉠ 치아와 음식물과 같은 이물질은 기도폐쇄를 초래하므로 등 두드리기, 배 밀어올리기, 가슴압박 또는 손가락으로 이물질을 제거해야 한다.

　㉡ 벌에 쏘이거나 약물로 인한 알레르기 반응으로 혀와 입술의 부종이 발생해 기도가 폐쇄되었을 때는 환자를 편안한 자세로 신속하게 병원으로 이송시켜야 한다.

③ 치과용 기구 : 의치가 빠져 기도를 폐쇄시킬 수 있으므로 의치를 빼고 자는 것이 좋다.

④ 소아의 경우(해부학적 측면)

　㉠ 입과 코가 작아 성인에 비해 쉽게 폐쇄될 수 있다.

　㉡ 영유아의 혀는 성인에 비해 구강 내 많은 공간을 차지한다.

　㉢ 기도가 연약하고 유연하다.

　㉣ 기도가 좁고 쉽게 부종으로 폐쇄된다.

　㉤ 가슴벽이 약하고 호흡할 때 가로막에 더욱 의존한다.

⑤ 기도유지를 위해서는 영아를 눕혀 중립상태를 유지하고 소아는 목을 약간만 신전시킨다.
　㉠ BVM 이용 시 많은 양과 압력은 피하고 가슴을 약간 들어 올리는 정도로만 한다.
　㉡ 얼굴에 맞는 크기의 마스크를 사용해야 한다.
　㉢ 산소를 강제적으로 환기하는 기구는 영아와 아동에게 사용해서는 안 된다.
　㉣ 산소 공급을 위한 비재호흡마스크와 코삽입관은 소아크기에 맞게 사용해야 한다.
　㉤ 영아와 아동은 환기하는 동안에 위가 팽배되는 경향이 있다.
　㉥ 구강이나 비강 유지기는 다른 방법이 실패했을 때 사용한다.
　㉦ 정확한 위치를 흡인하기 위해서 경성 팁을 사용해야 하며 물렁입천장에 닿지 않도록 주의해야 한다. 의식이 없거나 비협조적인 환자에게는 경성 팁을 사용하는 것이 효과적이다.
　㉧ 한 번에 15초 이상 흡인해서는 안 된다.

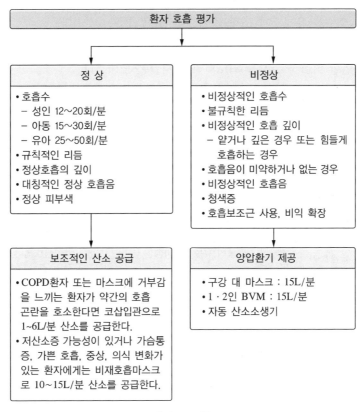

[산소요법]

1 심폐소생술의 개념

(1) 심폐소생술의 목적

① 심폐소생술의 목적은 심폐의 정지 또는 부전에 따른 비가역적 뇌의 무산소증을 방지함에 있다.

② 뇌의 무산소증은 심폐정지 후 4분 내지 6분 이상을 방치하면 발생하므로 이 시간 이내에 소생술이 시작되어야 한다는 것을 의미한다.

(2) 심폐소생술의 역할

① 심정지가 발생하였을 때 환자의 소생에 가장 중요한 것은 빠른 시간 내에 심폐소생술로서 순환 및 호흡을 유지시켜 조직 내에 산소를 공급하는 것이다.

② 전문소생술이 가능할 때까지 신체 조직으로 혈류를 유지함으로써 중요 장기(뇌, 심장)의 무산소화로 인한 허혈성 손상을 최소화하여 시간을 벌어준다.

③ 기본소생술만으로 심폐정지 환자를 소생시킬 수 있는 경우는 아주 드물며, 자발순환과 자발호흡을 되살리기 위해서는 심실제세동을 포함한 전문소생술을 신속하게 뒤따라서 시행하여야 한다.

[소생술에 대한 CAB(Circulation, Airway, Breathing)'s 단계별 내용]

구 분	평 가	내 용	주의 사항
반응확인	의식확인	어깨를 두드리면서 "괜찮으세요?"라고 소리쳐서 반응을 확인	응급의료체계 신고(119) : 반응이 없으면 즉시 119 신고 및 제세동기 요청
호흡, 맥박	호흡확인 (맥박확인)	• 일반인 : 호흡의 유무 및 비정상 여부 판별 • 의료제공자 : 호흡과 맥박 동시 확인	• 무호흡, 비정상호흡(심정지) 판단 • 의료제공자의 경우 호흡확인과 동시에 목동맥에서 맥박 확인(5~10초 이내)
C (순환)	가슴압박 (맥박확인)	• 일반인 : 인공호흡 없이 가슴압박만 하는 가슴압박소생술을 하고 인공호흡을 할 수 있는 사람은 가슴압박과 인공호흡을 같이 시행 • 의료제공자 : 심폐소생술 실시 가슴압박(인공호흡 비율 30 : 2)	• 압박위치 : 가슴뼈의 아래쪽 1/2 • 압박깊이 : 성인(약 5cm), 소아(4~5cm), 영아(4cm) • 압박속도 : 분당 100~120회
A (기도)	기도개방	인공호흡하기 전 기도개방 실시	• 비외상 : 머리기울임/턱 들어올리기법 • 외상 : 턱 들어올리기법
B (호흡)	인공호흡	기도개방 후 인공호흡 실시 : 1회에 1초간 총 2회	• 가슴 상승이 눈으로 확인될 정도로 2번 인공호흡 실시 • 인공호흡을 과도하게 하여 과환기를 유발하지 말 것

(3) 심폐소생술의 종류

기본인명소생술	• 응급으로 산소를 공급하면서 기도를 확보하고, 인공호흡을 실시하면서 허파에 산소를 공급하는 것이다. • 심정지는 일차적으로 의식반응, 호흡, 맥박의 유무로 확인하고 소생을 위해 가슴압박과 인공호흡을 실시하는 것이다. • 기본인명소생술의 목적은 전문인명소생술에 의하여 혈액순환이 회복될 때까지 뇌와 심장에 산소를 공급하는 것이다. 따라서 기본인명소생술의 성공 여부는 얼마나 빠른 시간 안에 기본인명소생술이 시행되느냐에 달려 있다.
전문인명구조술	기본인명구조술만으로는 환자의 심박동을 회복시킬 수 없을 때 환자의 심박동을 회복시키기 위하여 약물을 투여하고 심전도 감시 및 전기적 제세동 등을 시행하는 단계이다.

(4) 심폐소생술의 적용 및 대상

① 심폐소생술의 적용시기 : 심정지 후 심폐소생술을 빨리 실시할수록 그 효과가 크며, 심정지 후 적어도 10분 이내에는 심폐소생술을 시작하는 것이 현명하다.

[심정지 후 뇌손상시간]

구 분		시간(분)	내 용
임상적 사망	• 심정지가 발생한 직후부터 호흡, 순환, 뇌기능이 정지된 상태	0~4분	두뇌손상의 가능성이 없음
	• 혈액순환이 회복되면 심정지 이전의 중추신경기능을 회복할 수 있는 상태	4~6분	두뇌손상의 가능성이 높음
생물학적 사망	심정지가 발생한 후부터 4~6분이 경과하여 비가역적인 손상을 받아 영구적으로 소생될 수 없는 상태	6~10분	두뇌손상의 가능성 확실
		10분 이상	심한 뇌손상, 뇌사

② 적용 대상 : 모든 무의식 환자, 익사, 뇌졸중, 심장마비, 기도폐쇄, 약물과용, 두부외상, 감전 등으로 인한 호흡정지·심정지

※ 현장 심폐소생술 시간 : 현장 응급의료팀이 기본소생술만 가능한 경우에는 6분, 전문소생술이 가능한 경우에는 10분(지도 의사의 직접 지도를 받은 경우에는 연장 가능)의 심폐소생술을 현장에서 시행한 후 병원 이송

(5) 심폐소생술 시행을 위해 확인해야 할 사항

① 경동맥, 대퇴동맥, 요골동맥의 맥박을 촉지할 수 없다.

② 심음·호흡음을 들을 수 없고 호흡운동이 없거나 발작성으로 나타난다.

③ 갑자기 창백하거나 청색증이 나타난다.

④ 동공이 산대되어 있으며 의식이 없고 통증 자극에 반응이 없다.

⑤ 경련증과 간질증세가 나타난다.

2 환자 평가

(1) 반응의 확인

① 심정지환자의 치료에서 중요한 첫 단계는 즉시 환자의 반응을 확인하는 것이다.

② 환자의 어깨를 두드리면서 "괜찮으세요?"라고 소리쳐서 반응을 확인한다.

③ 쓰러져 있는 환자의 머리나 목의 외상이 의심되면 불필요한 움직임을 최소화하여 손상이 악화되지 않도록 한다.

④ 반응을 확인하여 무반응 시에는 119 신고와 함께 자동제세동기를 요청한다.

⑤ 만약 환자가 반응이 없고, 호흡이 없거나 심정지호흡처럼 비정상적인 호흡을 보인다면 심정지 상태로 판단한다.

⑥ 심정지호흡은 심정지환자에게서 첫 수 분간 흔하게 나타나며, 이러한 징후를 놓치면, 심정지 환자의 생존 가능성은 낮아진다.

(2) 호흡과 맥박확인

① 호흡확인

   ㉠ 의식반응을 확인한 후 반응이 없으면 119 신고와 제세동기 요청을 한 후 맥박과 호흡의 유무 및 비정상 여부를 5~10초 이내에 판별해야 한다. 특히 심정지호흡이 있는 경우에 살아 있는 것으로 착각하여 심정지상황에 대한 인지가 늦어지고 가슴압박의 시작이 지연되기 때문이다.

   ㉡ 만약 반응이 없고 정상호흡이 아니라고 판단되면 심정지상황으로 인식해야 한다.

   ㉢ 비정상호흡 중 판단이 필요한 중요한 호흡은 심정지호흡(Agonal Gasps)이다.

   ㉣ 심정지호흡은 심정지환자에서 발생 후 초기 1분간 40% 정도에서 나타날 수 있다.

   ㉤ 심정지호흡을 심정지의 징후라고 인식하는 것이 신속한 심폐소생술을 진행하고 소생 성공률을 높이는 데 매우 중요하다.

② 맥박확인

   ㉠ 의료제공자의 경우 호흡확인과 동시에 목동맥에서 5~10초 이내에 맥박을 확인한다.

     ※ 심정지의심환자의 맥박확인 과정은 일반인뿐 아니라 의료인에게도 어렵고 부정확한 것으로 알려져 있다. 의료제공자도 심정지를 확인하는 과정에서 맥박을 확인하는 데 너무 많은 시간을 소모하는 것으로 나타났다.

   ㉡ 맥박은 성인 심정지환자에서 목동맥의 촉지로 확인하는데 응급의료종사자도 10초를 넘지 않아야 하며, 맥박확인을 위해 가슴압박을 지연해서는 안 된다.

(3) 가슴압박

① 효과적인 가슴압박은 심폐소생술 동안 심장과 뇌로 충분한 혈류를 전달하기 위한 필수적 요소이다.

② 가슴압박으로 혈행을 효과적으로 유지하려면, 가슴뼈의 아래쪽 절반 부위를 강하게 규칙적으로 빠르게 압박해야 한다.

③ 성인의 심정지 경우

  ㉠ 가슴압박의 속도 : 100회/분 이상을 유지하면서 120회/분을 넘지 않아야 한다.

  ㉡ 압박 깊이 : 약 5cm를 유지

  ㉢ 가슴압박 시 손의 위치 : 가슴의 중앙

④ 가슴압박 이후 가슴의 이완이 충분히 이루어지도록 한다.

⑤ 가슴압박이 최대한으로 이루어지기 위해 가슴압박이 중단되는 시간과 빈도를 최소한으로 줄여야 한다.

⑥ 가슴압박과 인공호흡의 비율은 30 : 2를 권장한다.

⑦ 가슴압박을 시작하고 1분 정도가 지나면 압박깊이가 줄어들기 때문에 매 2분마다 또는 5주기(1주기는 30회의 가슴압박과 2회의 인공호흡)의 심폐소생술 후에 가슴압박 시행자를 교대해 주는 것이 양질의 심폐소생술을 제공할 수 있다.

⑧ 1인 또는 2인 이상의 구조자가 심폐소생술을 하는 경우 성인의 가슴압박 대 인공호흡의 비율은 30 : 2를 유지한다.

⑨ 기관 내 삽관 등 전문기도가 유지되고 있는 경우에는 더 이상 30 : 2의 비율을 지키지 않고 한 명의 구조자는 분당 100회 이상 120회 미만의 속도로 가슴압박을 계속하고 다른 구조자는 백-밸브마스크로 6~8초에 한 번씩(분당 10회) 호흡을 보조한다.

(4) 인공호흡

① 인공호흡의 1회 호흡량 및 인공호흡 방법의 권장사항은 다음과 같다.

  ㉠ 1회에 걸쳐 인공호흡을 한다.

  ㉡ 가슴상승이 눈으로 확인될 정도의 1회 호흡량으로 호흡한다.

  ㉢ 2인 구조자 상황에서 인공기도(기관 튜브, 후두마스크 기도기 등)가 삽관된 경우에는 1회 호흡을 6~8초(8~10회/분)마다 시행한다.

  ㉣ 가슴압박 동안에 인공호흡이 동시에 이루어지지 않도록 주의한다.

  ㉤ 인공호흡을 과도하게 하여 과환기를 유발하지 않는다.

② 정상인에서는 산소화와 이산화탄소 배출을 유지하기 위해 1kg당 8~10mL의 1회 호흡량이 필요하다. 심폐소생술에 의한 심박출량은 정상의 약 25~33% 정도이므로, 폐에서의 산소/이산화탄소 교환량이 감소한다. 심폐소생술 중에는 정상적인 1회 호흡량이나 호흡수보다 더 적은 환기를 하여도 효과적인 산소화와 이산화탄소의 교환을 유지할 수 있다.

③ 따라서 성인 심폐소생술 중에는 500~600mL(6~7mL/kg)의 1회 호흡량을 유지한다. 이 1회 호흡량은 가슴 팽창이 눈으로 관찰될 때 생성되는 1회 호흡량과 일치한다.

④ 과도한 환기는 불필요하며 위 팽창의 결과로 역류, 흡인 같은 합병증을 유발하고 흉곽내압을 증가시키며 심장으로 정맥혈 귀환을 저하시켜 심박출량과 생존율을 감소시키므로 주의해야 된다.

⑤ 심폐소생술 동안 심정지환자에게 과도한 인공호흡을 시행해서는 안 된다.

⑥ 심폐소생술시 인공호흡의 1차 목적은 적절한 산소화를 유지하는 것이며, 2차적 목적은 이산화 탄소를 제거하는 것이다.

⑦ 심정지가 갑자기 발생한 경우에는 심폐소생술이 시작되기 전까지 동맥혈 내의 산소 함량이 유지되며 심폐소생술 첫 몇 분 동안은 혈액 내 산소함량이 적절하게 유지된다.

⑧ 심정지가 발생한 후 시간이 지남에 따라 혈액과 폐 속의 산소가 대폭 감소되기 때문에 심정지가 지속된 환자에게는 인공호흡과 가슴압박 모두가 중요하다.

⑨ 또한 익수환자와 같이 저산소증에 의한 질식성 심정지환자에게도 인공호흡은 반드시 시행되 어야 한다.

더 알아두기 미국심장협회(AHA) 가이드라인이 권고하는 일반인 구조자에 의한 심폐소생술 단계

- 심폐소생술 실시를 위한 안전한 공간을 확보한다.
- 환자의 어깨를 흔들거나 소리를 질러 의식 여부를 확인한다.
- 환자의 반응이 없고, 무호흡, 비정상 호흡의 경우 주변에 응급구조센터 호출을 요청하고 자동제 세동기가 없을 경우 즉시 가슴압박을 시작하는 심폐소생술에 돌입한다.
- 가슴압박 : 환자의 가슴 가운데를 분당 100회의 비율로 30회 정도 강하고 빠르게 누른다. 매 압박 시마다 최소 5cm(2inch) 정도의 깊이로 누른다. 심폐소생술 교육을 받지 않은 구조자의 경우에는 자동제세동기가 도착하거나 전문요원이 대신할 때까지 가슴압박을 계속한다.
- 기도확보 : 심폐소생술 교육을 받은 구조자라면, 환자의 머리를 뒤로 제치고 턱을 들어 기도를 확보해 심폐소생술을 계속한다.
- 인공호흡 : 환자의 코를 잡아 막는다. 숨을 들이쉰 뒤 구조자의 입으로 환자의 입을 막고 숨을 불어 넣는다. 2회 반복하며, 숨을 불어 넣을 때마다 환자의 가슴이 부풀어 오르는지 확인한다.
- 자동제세동기와 전문요원이 도착할 때까지 30 : 2의 비율로 가슴압박과 인공호흡을 반복한다.

3 **1인 심폐소생술**

(1) CPR은 2분 내에 5주기(30회 가슴압박과 2회 인공호흡)를 실시하고 목동맥을 이용해 맥박을 확인한다.

① 맥박이 없는 경우 : 가슴압박 실시

② 맥박은 있으나 호흡이 없는 경우 : 인공호흡만 실시

(2) 호흡과 맥박 모두 있다면 회복자세를 취해주고 계속 관찰해야 한다.

(3) **성인 1인 심폐소생술 순서**

① 현장안전 및 감염방지

② 반응검사 : 환자의 어깨를 두드리며 "괜찮습니까?" 등으로 소리쳐 반응 유무를 확인하는 표현을 한다.

③ 응급의료체계에 신고하고 AED를 요청한다.

④ 호흡·맥박확인 : 5~10초 동안 무호흡 또는 비정상호흡(심정지호흡) 여부와 함께 목동맥에서 맥박을 확인한다.

⑤ 가슴압박 실시

㉠ 분당 100회에서 120회의 속도(15~18초 이내)로 30회의 압박을 실시한다.

㉡ 가슴의 중앙, 가슴뼈의 아래쪽 절반(1/2)에 해당되는 지점에 손꿈치를 위치시키고 팔꿈치를 곧게 편 상태에서 수직으로 압박한다.

㉢ 압박위치를 유지하면서 약 5cm 깊이로 압박을 실시한다.

⑥ 기도개방(머리기울임/턱 들어올리기법)

⑦ 인공호흡 실시

㉠ 포켓마스크를 사용하여 인공호흡을 2회 실시한다.

㉡ 마스크를 얼굴에 바르게 위치하여 밀착시키고 기도를 유지하면서 인공호흡을 1초씩 2회 실시한다.

⑧ 가슴압박과 인공호흡은 30 : 2의 비율로 5주기 실시한다.

㉠ 매주기마다 30 : 2의 비율로 가슴압박과 인공호흡을 정확히 시행한다.

㉡ 가슴압박 중단시간은 10초 이내로 한다(Hands-off Time).

⑨ 맥박확인 : 5주기 시행 후 목동맥에서 맥박을 확인한다.

4 2인 심폐소생술

(1) 보통 가슴압박을 2분 이상하면 자신도 모르는 사이에 가슴압박의 효율이 감소하는 것으로 알려져 있어 처치자가 2인 이상일 때에는 5주기의 가슴압박(약 2분)마다 교대하여 가슴압박의 효율이 감소하지 않도록 해야 한다.

(2) 위치를 바꾸고자 할 때는 인공호흡을 담당하고 있던 처치자가 인공호흡을 한 후 가슴압박을 시작할 수 있는 자세로 옮기고, 가슴압박을 하고 있던 처치자는 30회의 압박을 한 후 환자의 머리 쪽으로 자신의 위치를 옮겨서 맥박확인을 한다. 맥박이 없다면 인공호흡을 하고 있던 처치자가 가슴압박을 할 수 있도록 한다.

(3) 처치자가 2인일 때 아래와 같은 방법으로 머리 위에서 인공호흡을 실시한다.

[2인 CPR 시 인공호흡]

[의료제공자에 의한 심폐소생술 흐름도 참고표]

치 료	내 용
호흡과 맥박확인	10초 이내에 맥박과 무호흡(또는 비정상 호흡)을 동시에 확인
가슴압박	• 압박위치 : 가슴뼈의 아래쪽 1/2 • 압박깊이 : 성인(약 5cm), 소아(4~5cm), 영아(4cm) • 압박속도 : 분당 100~120회
가슴압박 대 인공호흡 비율	30 : 2
(자동)제세동기 사용	(자동)제세동기가 도착하는 즉시 전원을 켜고 사용
심장리듬 분석	가슴압박을 중단한 상태에서 시행
제세동 후 심폐소생술	제세동 쇼크를 시행한 후에는 즉시 가슴압박을 다시 시작

> **더 알아두기**
>
> 1인 구조자는 30 : 2의 비율로 가슴압박과 인공호흡을 실시한다. 2인 구조자가 영아나 소아 심폐소생술을 시행할 때는 한 명은 가슴압박을, 다른 한 명은 기도를 열고 인공호흡을 시행하며 15 : 2의 비율로 한다.

5 심폐소생술 시 고려사항

(1) 심폐소생술 효과 확인

CPR이 효과적으로 실시되는지 확인하기 위해서는 가슴압박은 목동맥 촉진, 인공호흡은 가슴이 충분히 올라오는지로 알 수 있다. 또한 아래의 징후들을 통해 알 수 있다.

① 동공 수축
② 피부색 회복
③ 자발적인 심박동과 호흡
④ 팔다리의 움직임
⑤ 삼키는 행위
⑥ 의식 회복

(2) CPR 시작 및 중단

① 심정지가 발생한 환자를 목격하거나 발견하였을 경우에는 특별한 이유가 없는 한 CPR이 시행되어야 한다.

② 환자가 무의식이며 호흡이 없다고 하더라도 맥박이 있다면 CPR을 실시해서는 안 된다.

③ CPR을 시작하지 않을 수 있는 경우
  ㉠ 환자 발생장소에 구조자의 신변에 위험요소가 있는 경우
  ㉡ 환자의 사망이 명백한 경우 : 시반의 발생, 외상에 의한 뇌 또는 체간의 분쇄손상, 신체일부의 부패, 허파 또는 심장의 노출, 몸이 분리된 경우
    ※ 시반현상 : 중력에 의해 혈액이 낮은 곳으로 몰려들어 피부색이 빨간색 또는 자주색을 띠는 것으로 이는 추운 환경에 노출된 경우를 제외하고 사망한 지 15분 이상 경과되었음을 나타낸다.
  ㉢ 사후강직 상태 : 사망 후 4~10시간 이후에 나타난다.

④ CPR을 중단할 수 있는 경우
  ㉠ 환자의 맥박과 호흡이 회복된 경우
  ㉡ 의사 또는 다른 처치자와 교대할 경우
  ㉢ 심폐소생술을 장시간 계속하여 처치자가 지쳐서 더 이상 심폐소생술을 계속할 수 없는 경우
  ㉣ 사망으로 판단할 수 있는 명백한 증거가 있는 경우
  ㉤ 의사가 사망을 선고한 경우
  이러한 경우를 제외하고 CPR을 중단해서는 안 된다.

(3) 심폐소생술의 합병증

① 심폐소생술이 시행된 환자의 약 25%에서는 심각한 합병증이 발생하며, 약 3%에서는 치명적인 손상이 발생한다.

② 심폐소생술 중 발생하는 합병증은 주로 가슴압박에 의하여 유발되며, 가장 흔히 발생하는 합병증은 갈비뼈 골절로서 약 40%에서 발생된다.

[심폐소생술의 합병증]

가슴압박이 적절하여도 발생하는 합병증	• 갈비뼈 골절 • 복장뼈 골절 • 심장좌상 • 허파좌상
부적절한 가슴압박으로 발생하는 합병증	• 상부 갈비뼈 또는 하부 갈비뼈의 골절 • 기 흉 • 간 또는 지라의 손상 • 심장파열 • 심장눌림증 • 대동맥 손상 • 식도 또는 위점막의 파열
인공호흡에 의하여 발생하는 합병증	• 위 내용물의 역류 • 구 토 • 허파흡인

---

6 기도 내 이물질 제거

(1) 기도폐쇄

① 개 념

  ㉠ 기도폐쇄는 혀로 인한 것 외에 이물질(음식, 얼음, 장난감, 토물 등)에 의해서도 일어날 수 있다.

  ㉡ 주로 소아와 알코올·약물 중독환자에게서 볼 수 있으며 손상환자의 경우 혈액, 부러진 치아나 의치에 의해 폐쇄된다.

  ㉢ 급성 호흡곤란을 유발하는 원인으로는 실신, 뇌졸중, 심정지, 간질, 약물과다복용 등이 있으며 이러한 급성 호흡곤란은 처치 및 치료방법이 각각 다르다. 따라서 초기에 기도폐쇄로 인한 호흡곤란인지를 파악하는 것이 매우 중요하다.

② 경미한 기도폐쇄

  ㉠ 경미한 기도폐쇄의 증상으로는 양호한 환기, 자발적이며 힘 있는 기침, 그리고 기침 사이 천명(Stridor)이 들릴 수 있다.

  ㉡ 환자는 의식이 있는 경우 목을 'V'자로 잡거나 입을 가리킨다.

ⓒ 환자에게 "목에 뭐가 걸렸나요?"라고 질문하고 이에 긍정하면 스스로 기침할 것을 유도하며 옆에서 환자를 관찰한다. 만약 심각한 기도폐쇄 징후가 나타나면 아래와 같은 처치법을 시행한다.

③ 심각한 기도폐쇄
　　⑦ 심각한 기도폐쇄의 징후로는 공기교환 불량, 호흡곤란 증가, 소리가 나지 않는 약한 기침, 청색증, 말하기나 호흡능력 상실 등이 있다.
　　ⓛ 처치자가 "목에 뭐가 걸렸나요?"라는 질문을 하고 환자가 고개를 끄덕인다면 도움이 필요한 상황이다.
　　ⓒ 비록 질문에 반응하더라도 저산소증으로 인한 의식저하가 나타날 수 있다.
　　ⓡ 무반응상태라면 CPR을 실시하는데 이때 맥박확인 없이 바로 흉부압박을 실시하고 인공호흡을 하기 위해 머리기울임/턱 들어올리기법으로 기도를 열 때마다 입 안을 조사하여 이물질을 확인하고 보이면 제거해야 한다.

[심각한 기도폐쇄 처치]

성 인	아 동	영 아
• 기도폐쇄 유무 질문 • 복부 밀어내기 또는 가슴 밀어내기(이물질이 나오거나 의식을 잃을 때까지)		• 증상확인(갑자기 심한 호흡곤란, 약하거나 소리없는 기침 또는 울음) • 등 두드리기 5회, 가슴 밀쳐올리기 5회 반복
환자가 의식이 없어지면 • 바닥에 환자를 눕힌다. • 응급의료체계에 신고한다. • 가슴압박 30회 실시 : 환자의 입안확인(제거가 가능한 이물질인 경우 제거) • 인공호흡 1회 실시하고 재기도 유지한 후 다시 1회 호흡 실시 : 가슴압박과 인공호흡(이물질 확인) 반복		

(2) 기도폐쇄에 대한 처치법

① 이물질 제거 과정
　　⑦ 기도개방 : 머리기울임/턱 들어올리기법
　　ⓛ 무의식, 무맥상태라면 인공호흡을 시작하고 호흡이 제대로 들어가지 않는다면 환자의 기도를 재개방하고 재실시한다. 만약 재실시에도 호흡이 불어 넣어지지 않는다면 기도 폐쇄를 의심할 수 있다.
　　ⓒ 이물질 제거 : 이물에 의한 기도폐쇄가 발생한 환자가 기침을 효과적으로 하지 못하면 등 두드리기를 우선 시행하고 등 두드리기가 효과적이지 않으면 복부 밀어내기를 한다.

② 배 밀어내기(하임리히법)
  ㉠ 의식이 있고 서있거나 앉아 있는 환자
    • 환자 뒤에 서거나 환자가 아동인 경우 무릎을 꿇은 자세로 환자 허리를 양팔로 감싼다.
    • 주먹을 쥐고 칼돌기와 배꼽 사이 가운데에 놓는다. 이때 복장뼈 바로 아래에 위치하지
      않도록 주의해야 한다.
    • 다른 손으로 주먹을 감싸 쥐고 강하고 빠른 동작으로 후상방향으로 배 밀어내기를 실시한
      다. 단, 만 1세 이하 영아에서는 배 밀어내기를 실시하지 않는다.
    • 이러한 배 밀어내기는 이물질이 나올 때까지 계속 실시한다.
  ㉡ 의식이 있으나 환자의 키가 너무 커서 처치자의 처치가 효과적이지 않거나 노약자인 환자가
    서있기 힘들어 할 경우에는 환자를 앉힌 상태에서 배 밀어내기를 실시한다.
③ 가슴 밀어내기
  ㉠ 배 밀어내기가 효과적이지 않거나 임신, 비만 등으로 인해 배를 감싸 안을 수 없는 경우
    • 환자가 서 있는 경우 등 뒤로 가서 겨드랑이 밑으로 손을 넣어 환자 가슴 앞에서 양 손을
      잡는다.
    • 오른손을 주먹 쥐고 칼돌기 위 2~3손가락 넓이의 복장뼈 중앙에 엄지손가락 측이 위로
      가도록 놓는다.
    • 다른 손으로는 주먹 쥔 손을 감싸고 등 쪽을 향해 5회 가슴 밀어내기를 실시한다.
  ㉡ 무의식환자
    • 환자를 앙와위로 취해준다.
    • 기도를 개방한다(머리기울임/턱 들어올리기법).
    • 입안을 확인한다(이물질이 눈에 보이는 경우만 제거).
    • 호흡을 확인하고 무호흡인 경우 2회의 인공호흡을 실시한다.
    • 인공호흡이 잘 안된다면 기도를 재개방하고 인공호흡을 실시한다.
    • 기도의 재개방 및 두 번의 인공호흡 시도 후 가슴압박을 바로 실시한다.
④ 기도 내 이물질 제거
  ㉠ 환자가 무의식상태라면 처치 전에 119에 신고한 후에 실시해야 한다.
  ㉡ 기도 내 이물질 제거과정이 효과적인 경우
    • 자발적인 호흡이 돌아왔을 때
    • 이물질이 입 밖으로 나왔을 때
    • 무의식환자가 의식이 돌아왔을 때
    • 환자 피부색이 정상으로 회복될 때
  ㉢ 경미한 기도폐쇄로 말이나 기침을 할 수 있는 경우는 이물질을 제거하기 위한 환자의 기침동
    작을 방해해서는 안 된다. 단, 심각한 기도폐쇄로 바뀔 경우 즉각적으로 처치할 준비를
    해야 한다.

⑤ 영아인 경우

  ㉠ 소아의 경우는 성인과 이물질 제거과정이 비슷하나 영아(만 1세 이하)인 경우 5회 등 두드리기와 5회 가슴 밀어내기를 이물질이 나올 때까지 반복적으로 실시해야 한다.

  ㉡ 의식이 사라지면 바로 가슴압박부터 시작하여 CPR을 실시한다.

  • 처치자의 무릎 위에 영아를 놓고 의자에 앉거나 무릎을 꿇고 앉는다.
  • 가능하다면 영아의 상의를 벗긴다.
  • 처치자의 아래팔에 영아 몸통을 놓고 머리가 가슴보다 약간 낮게 위치시킨다. 이때, 손으로 영아의 턱과 머리를 지지하고 기도를 누르지 않게 유의하며 아래팔은 다시 허벅지에 위에 놓는다.
  • 손 뒤꿈치로 영아의 양 어깨뼈 사이를 이물질이 나오게 강하게 5번 두드린다.
  • 두드린 손을 영아 등에 놓고 손바닥은 머리를 지지(뒤통수)하고 다른 손은 얼굴과 턱을 지지하며 영아를 뒤집어 머리가 몸통보다 낮게 위치시킨다.
  • CPR 압박부위를 초당 1회의 속도로 5회 압박한다.

  ㉢ 성인과 다른 점은 다음과 같다.

  • 영아는 간이 상대적으로 크기 때문에 배 밀어내기를 실시하지 않는다.
  • 이물질이 눈으로 보이는 경우에만 손가락으로 제거한다.

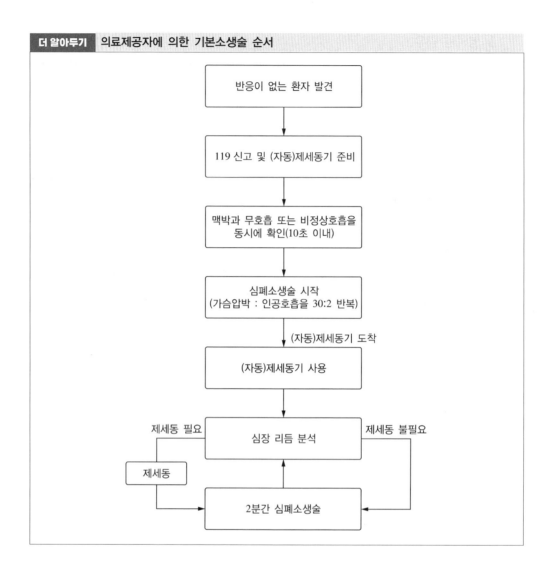

[신구 비교표]

구 분	2015년	2020년
총 론	–	심장정지 생존 환경에 대한 개념 제안(심장정지의 예방, 심폐소생술 교육, 심장정지 치료 체계 유지, 질 관리 및 평가)
	생존사슬 : 심장정지의 예방과 조기 발견-신속한 신고-신속한 심폐소생술-신속한 제세동-효과적 전문소생술과 심장정지 후 치료	• 병원 밖 심장정지 생존사슬 : 심장정지 인지/구조요청-심폐소생술-제세동-전문소생술-소생 후 치료 • 병원 내 심장정지 생존사슬 : 조기 인지/소생팀 호출-고품질 심폐소생술-제세동-전문소생술-소생 후 치료
	–	현장 치료는 기본소생술팀은 6분, 전문소생술팀은 10분까지 시행한 후 환자를 병원으로 이송하도록 권고
기본 소생술	가슴압박을 위해 환자를 바닥으로 옮기도록 권고	환자를 침대에서 바닥으로 옮기지 않도록 권고
	이물에 의한 기도 폐쇄의 첫 치료조작으로서 복부 밀어내기를 권고	이물에 의한 기도폐쇄의 첫 치료조작으로서 등 두드리기를 한 후 기도폐쇄가 계속되면 복부 밀어내기를 권고
	–	코로나19 감염 또는 감염 의심환자에 대한 기본소생술 가이드라인 제시
전문 소생술	–	의료종사자는 심폐소생술 중 백마스크 또는 전문기도기 삽관 중 하나를 선택하도록 권고
		의료종사자의 경험에 따라 전문기도기를 선택(성문상 기도기 또는 기관 내 삽관)하도록 권고
	불응성 심실세동 치료를 위한 항부정맥제로서 아미오다론을 우선 권고	불응성 심실세동 치료를 위한 항부정맥제로서 아미오다론과 리도카인을 동등하게 권고
	–	심폐소생술이 성공적이지 못한 환자에게 선택적으로 체외순환심폐소생술을 권고
		코로나19 감염 또는 감염 의심환자에 대한 전문소생술 가이드라인 제시

구 분	2015년	2020년
소생 후 치료	심인성 심장정지가 의심되는 경우 응급관상동맥조영술을 시행하도록 권고	심전도상 ST 분절 상승이 관찰되는 경우 응급관상동맥조영술을 시행하도록 권고
	충격필요리듬에 의한 심장정지로부터 회복된 환자에게 목표체온유지치료를 권고	심전도 리듬과 관계없이 심장정지로부터 회복된 모든 환자에게 목표체온유지치료를 권고
	–	심장정지 후 예방적 항생제를 사용하지 않도록 권고
	자발순환회복 후 72시간 후 신경학적 예후를 예측하도록 권고	자발순환회복 후 5일 이후에 신경학적 예후를 예측하도록 권고
	심장정지 후 혼수 환자의 예후 예측에 대한 일반적 사항을 권고	심장정지 후 혼수 환자의 예후 예측에 대한 검사항목, 예후 판단에 대한 사항을 상세히 권고하고 다각적 접근 방법을 제시
	–	심장정지로부터 회복 후 신체적, 심리적 장애에 대한 평가와 체계적인 재활 계획을 수립하도록 권고
		심장정지 치료센터의 조건(24시간 관상동맥조영술, 목표체온유지치료가 가능하며 신경학적 예후 예측을 위한 검사가 가능한 의료기관)을 제시
소아/ 영아 소생술	심실세동에 대한 첫 제세동 에너지로서 2~4J/kg 권고	심실세동에 대한 첫 제세동 에너지로서 2J/kg 권고
	–	신생아에서 제대정맥주사가 불가능한 경우, 골 내 주사를 대체방법으로 권고
교육/ 실행	–	응급의료종사자의 심폐소생술 경험을 관리하고 소생팀 구성 때 소생술 경험자를 포함하도록 권고
		병원에서 신속대응팀을 운영하도록 권고
		의료기관과 지역사회는 심장정지 치료수행도를 관리하도록 권고
		감염병 유행 상황을 고려하여 비대면 심폐소생술 교육프로그램을 개발할 것을 권고
		소생술을 종료할 수 있는 임상 상황에 대한 권고안 제시

1 총 론

(1) 새로운 심장정지 생존사슬 개념

병원 밖 심장정지와 병원 내 심장정지 생존사슬로 구분했다.

① 병원 밖 심장정지 생존사슬

심장정지의 인지 및 구조 요청(응급의료체계 활성화)-목격자 심폐소생술-제세동-전문소생술-소생 후 치료(재활 치료 포함)로 구성된다.

② 병원 내 심장정지 생존사슬

심장정지의 조기 인지 및 소생술 팀 호출-고품질 심폐소생술-제세동-전문소생술-소생 후 치료(재활 치료 포함)로 구성된다.

(2) 현장 심폐소생술 시간

- 2015년 가이드라인에는 현장에서 심폐소생술을 하는 기간에 대한 권고가 없었다.
- 2020년 가이드라인에서는 현장 심폐소생술에도 불구하고 순환이 회복되지 않으면 응급의료지도 의사의 직접 지도를 받아 환자의 병원 이송을 결정하고, 현장 응급의료팀이 기본소생술만 가능한 경우에는 6분, 전문소생술이 가능한 경우에는 10분(지도 의사의 직접 지도를 받은 경우에는 연장 가능)의 심폐소생술을 현장에서 시행한 후 병원 이송을 고려하도록 권고했다.
- 예를 들어, 다중 출동 구급대의 경우, 선착 구급대원들이 전문소생술을 할 수 있다면 10분간 전문소생술을 한 후 병원 이송을 고려하고, 그렇지 않은 경우라면 6분간 심폐소생술 후 병원으로 이송하도록 한다.

2 기본소생술 중 주요변경

(1) 구급상황(상담)요원의 강화된 역할

- 심장정지 환자의 치료 과정에서 구급상황(상담)요원의 역할은 단순히 신고를 받고 구급대원을 현장으로 출동시키는 데에 국한되지 않는다.
- 구급상황(상담)요원은 목격자가 심장정지를 인지하고 구급대원이 현장에 도착할 때까지 목격자가 심폐소생술을 하도록 지도해야 한다.
- 2020년 가이드라인은 구급상황(상담)요원이 응급호출전화 통화로 심장정지 여부를 판단할 수 있는 표준 알고리듬을 사용하도록 권고했다.
- 목격자가 전화 도움 심폐소생술을 할 수 있도록 응급의료체계는 목격자 심폐소생술 지원체계를 갖추어야 하며, 구급상황(상담)요원은 목격자가 가슴압박소생술을 포함한 활동을 하도록 지도할 수 있는 능력을 갖춰야 한다.

(2) 기본소생술 중 일부 변경

① 구조자가 혼자이면서 휴대전화를 가지고 있는 경우

구조자는 휴대전화의 스피커를 켜거나 핸즈프리(Handsfree) 기능을 활성화한 후 즉시 심폐소생술을 시작하고 필요하면 구급상황(상담)요원의 도움을 받도록 권고했다.

② 가슴압박
- 병원 밖 심장정지 상황(심장정지 환자가 침대에 누워있지 않은 경우)
  - 가능하면 딱딱한 바닥에 환자를 바로 눕히고 가슴압박을 시행할 것을 권고한다.
- 병원 내 심장정지 상황(심장정지 환자가 침대에 누워있는 경우)
  - 가능하면 매트리스와 환자의 등 사이에 백보드(Backboard)를 끼워 넣고 가슴압박을 시행할 것을 권고한다.

‒ 가슴압박 깊이를 향상하기 위해 환자를 침대에서 바닥으로 옮기지 않을 것을 권고한다.
※ 2015년 가이드라인은 가능하면 딱딱한 바닥에 환자를 바로 눕히고 가슴압박을 시행할 것을 권고했다.
- 성인 심장정지 시 제세동 이후에 곧바로 가슴압박을 다시 시작하도록 제안한다.

③ 이물에 의한 기도폐쇄
- 2015년 가이드라인은 이물에 의한 기도폐쇄가 발생한 환자에게 복부 밀어내기를 하도록 권고했다. 그러나 복부 밀어내기가 등 두드리기보다 이물 제거에 효과적이라는 증거가 부족하며, 반복적인 복부 밀어내기는 내장 손상을 일으킬 위험이 있다.
- 2020년 가이드라인에서는 이물에 의한 기도폐쇄가 발생한 환자가 기침을 효과적으로 하지 못하면 등 두드리기를 우선 시행하고 등 두드리기가 효과적이지 않으면 복부 밀어내기를 하도록 권고했다.

④ 코로나19 감염 혹은 감염 의심환자의 전문소생술
- 코로나19 유행 상황에서 의료종사자는 소생술 중 에어로졸이 생성되는 시술을 하는 동안 개인 보호 장비를 사용하기를 제안한다.
- 가슴압박과 심폐소생술이 에어로졸의 생성을 유발하여 감염전파의 위험을 증가시킬 수 있으므로 의료인 구조자는 마스크, 장갑, 긴팔 가운, 고글을 포함한 적절한 개인 보호구를 착용하기를 제안한다.
- 제세동이 필요한 경우에는 감염전파에 유의하면서 적극적으로 시행할 것을 제안한다.
- 가슴압박소생술은 감염전파의 위험성이 낮지만, 잠재적으로 에어로졸 생성의 가능성이 있으므로 될 수 있으면 환자의 입과 코를 가리고 시행할 것을 제안한다.

(3) 기본소생술 순서

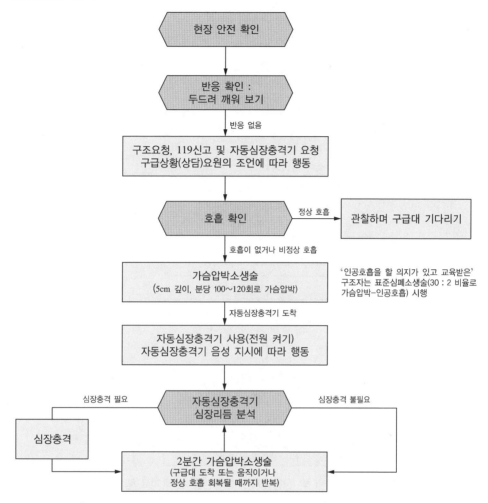

[2020년 성인 병원 밖 심장정지 기본소생술 순서(일반인 구조자용)]

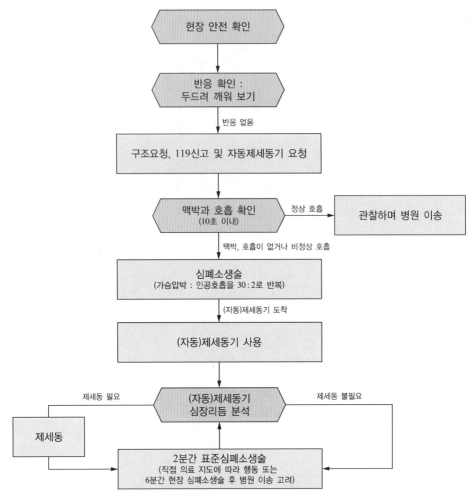

[2020년 성인 병원 밖 심장정지 기본소생술 순서(의료 종사자용)]

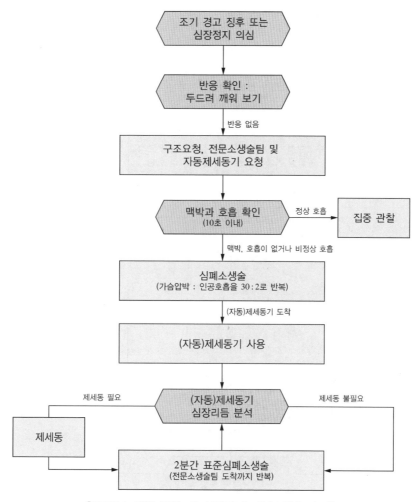

[2020년 성인 병원 내 심장정지 기본소생술 순서]

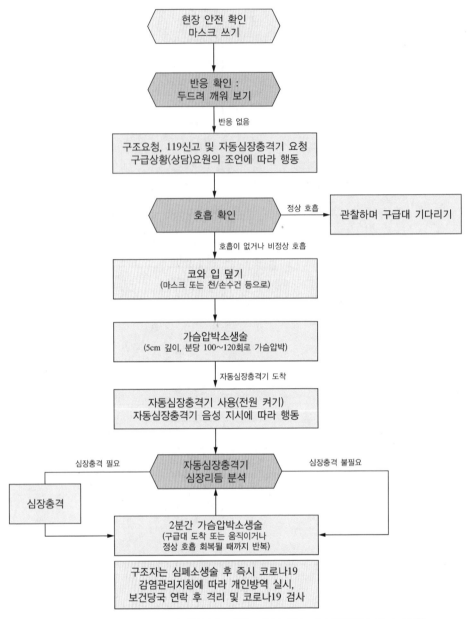

현장 안전 확인
마스크 쓰기

반응 확인 :
두드려 깨워 보기

반응 없음

구조요청, 119신고 및 자동심장충격기 요청
구급상황(상담)요원의 조언에 따라 행동

호흡 확인 ──정상 호흡──→ 관찰하며 구급대 기다리기

호흡이 없거나 비정상 호흡

코와 입 덮기
(마스크 또는 천/손수건 등으로)

가슴압박소생술
(5cm 깊이, 분당 100~120회로 가슴압박)

자동심장충격기 도착

자동심장충격기 사용(전원 켜기)
자동심장충격기 음성 지시에 따라 행동

심장충격 필요 ── 자동심장충격기
심장리듬 분석 ── 심장충격 불필요

심장충격

2분간 가슴압박소생술
(구급대 도착 또는 움직이거나
정상 호흡 회복될 때까지 반복)

구조자는 심폐소생술 후 즉시 코로나19
감염관리지침에 따라 개인방역 실시,
보건당국 연락 후 격리 및 코로나19 검사

[코로나 감염 또는 감염 의심환자에 대한 기본소생술 순서(일반인 구조자용)]

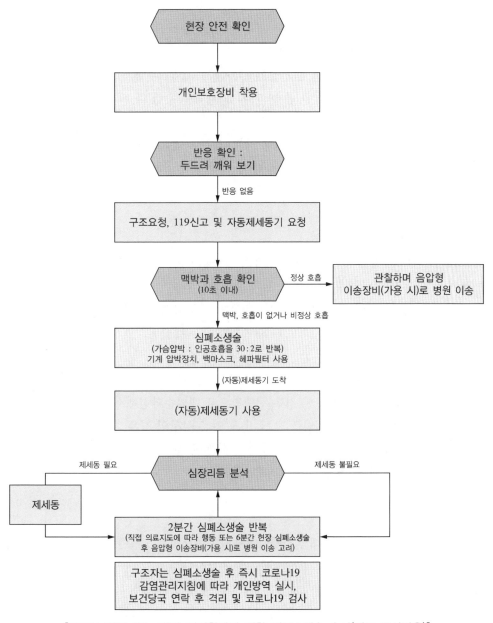

현장 안전 확인

↓

개인보호장비 착용

↓

반응 확인 :
두드려 깨워 보기

반응 없음

↓

구조요청, 119신고 및 자동제세동기 요청

↓

맥박과 호흡 확인
(10초 이내) — 정상 호흡 → 관찰하며 음압형
이송장비(가용 시)로 병원 이송

맥박, 호흡이 없거나 비정상 호흡

↓

심폐소생술
(가슴압박 : 인공호흡을 30 : 2로 반복)
기계 압박장치, 백마스크, 헤파필터 사용

(자동)제세동기 도착

↓

(자동)제세동기 사용

↓

제세동 필요 ← 심장리듬 분석 → 제세동 불필요

제세동

2분간 심폐소생술 반복
(직접 의료지도에 따라 행동 또는 6분간 현장 심폐소생술
후 음압형 이송장비(가용 시)로 병원 이송 고려)

구조자는 심폐소생술 후 즉시 코로나19
감염관리지침에 따라 개인방역 실시,
보건당국 연락 후 격리 및 코로나19 검사

[코로나 감염 또는 감염 의심환자에 대한 기본소생술 순서(의료 종사자용)]

3 전문소생술 중 주요변경

(1) 전문소생술 중 전문기도유지술

① 응급의료종사자가 심폐소생술 중 전문기도유지술을 할 때는 백마스크 또는 전문기도기(기관 튜브 또는 성문상 기도기) 삽관 중 한 가지를 선택할 수 있다.

② 전문기도기 삽관을 결정한 경우

　㉠ 기관 내 삽관에 대한 충분한 훈련과 경험이 없는 응급의료종사자는 성문상 기도기를 사용

　㉡ 기관 내 삽관에 대한 충분한 훈련과 경험을 갖춘 응급의료종사자만이 기관 내 삽관을 하도록 권고했다.

(2) 심장정지 중 항부정맥제의 사용

① 2015년 가이드라인은 충격필요리듬에 의한 심장정지를 치료할 때, 3회의 전기충격에도 제세동되지 않는 경우(불응성 심실세동)에 항부정맥제로서 아미오다론을 우선 권고했다.

② 2020년 가이드라인은 불응성 심실세동에 대한 항부정맥제로서 아미오다론과 리도카인을 동등하게 권고했다.

(3) 성인 심장정지에서 체외순환심폐소생술

① 심폐소생술이 성공적이지 못한 경우 선택적으로 체외순환심폐소생술 권고한다.

② 체외순환을 할 수 있는 환경(인력 및 장비)을 갖춘 상황인 경우, 통상적인 심폐소생술에도 불구하고 순환회복이 되지 않은 환자 중에서 체외순환심폐소생술에 적합하다고 선택된 환자에게 체외순환심폐소생술을 할 것을 제안한다.

(4) 제세동

① 병원 밖 심장정지 또는 병원 내 심장정지에서 충격필요리듬인 성인 환자에게 다중-누적 충격 수동제세동보다는 단일 충격 수동제세동을 권고한다.

② 충격필요리듬(심실세동/무맥성 심실빈맥)인 병원 내 또는 병원 밖 심장정지 환자에게 표준 방법의 제세동 대신 이중 연속 제세동을 일상적으로 하지 않도록 권고한다.

(5) 약물 투여 경로

① 성인 심장정지 환자에게 약물 투여를 위한 경로로 골 내 주사보다는 정맥주사를 먼저 시도하도록 한다.

② 정맥주사에 실패했거나 정맥주사가 가능하지 않으면 골 내 주사를 하도록 권고한다.

(6) 기타 주요사항

① 흡기 산소농도 : 심폐소생술 중에는 고농도(100%)의 산소를 투여한다.

② 폐동맥 색전증에 의한 심장정지 : 폐동맥 색전증이 심장정지의 원인으로 의심되는 경우 혈전용
해제를 투여할 것을 제안한다.

③ 2020년 가이드라인에서는 심폐소생술 중 혈역학적 감시, 심폐소생술 중 환자의 자발순환회복
가능성의 예측, 기관 내 삽관 위치의 확인 과정에서 호기말 이산화탄소분압을 활용하도록
권고한다.

(7) 코로나19 감염 혹은 감염 의심환자의 전문소생술

① 코로나 감염 또는 감염이 의심되는 성인과 소아 심장정지 환자에게 가슴압박과 심폐소생술을
하는 과정에서 에어로졸이 발생할 가능성이 있으므로

⊙ 전문기도기를 삽관하지 않은 상태(기본소생술)에서는 환자에게 마스크를 씌운 후 가슴압박
을 한다.

⊙ 전문기도기를 삽관한 상태에서 가슴압박을 할 때는 가능한 기도 필터(Airway Filter)를
연결한 후 인공호흡을 한다.

4 소생 후 치료 중 주요변경

(1) 기도 확보 및 호흡 유지

① 심장정지 후 자발순환을 회복한 성인의 저산소혈증을 피하는 것을 권고한다.

② 심장정지 후 자발순환을 회복한 성인의 동맥혈 산소포화도 혹은 동맥혈 산소분압을 정확하게
측정할 수 있을 때까지 100% 산소를 투여한다.

(2) 급성 관상동맥증후군의 중재

① 이전 가이드라인에서는 소생 직후 심전도에서 ST 분절 상승이 관찰되거나 심장성 심장정지가
의심되는 경우에는 응급관상동맥촬영을 하도록 권고했다.

② 2020년 가이드라인에서는 심장정지로부터 회복된 후 기록된 심전도에서 ST 분절 상승이
관찰되는 경우, 심인성 쇼크가 지속되는 경우, 심실빈맥 또는 심실세동이 반복적으로 재발하
는 경우에 응급관상동맥촬영을 하도록 권고했다.

(3) 체온 조절

① 이전 가이드라인에서는 충격필요리듬에 의한 심장정지로부터 순환회복된 후 반응이 없는 환자에게 목표체온유지치료를 하도록 권고했으며, 충격불필요리듬에 의한 심장정지 환자에게는 목표체온유지치료가 낮은 수준으로 권고되었다.

② 2020년 가이드라인에서는 심장정지 시 관찰된 심전도 리듬과 관계없이 심장정지로부터 순환회복된 후 반응이 없는 모든 환자에게 목표체온유지치료를 하도록 권고했다.

③ 자발순환회복 후 반응이 없는 성인 환자에게 중심체온 32~36℃ 사이의 목표 온도를 권고하고, 최소 24시간 일정하게 유지할 것을 권고한다.

(4) 발작 조절

① 심장정지 후 혼수상태인 성인에게 발작을 치료하는 것을 권고한다.

② 뇌전증 환자에게 일반적으로 사용하는 항경련제를 심장정지 후 발작 환자에게도 사용할 수 있다.

③ 심장정지 후 혼수상태인 성인에게 발작 예방을 목적으로 한 치료를 하지 않을 것을 제안한다.

(5) 예방적 항생제 사용

자발순환회복 환자에게 예방적 항생제 사용을 권장하지 않는다.

(6) 신경학적 예후 예측

① 2015년 가이드라인에서는 심장정지 후 혼수인 환자에 대한 예후 예측 시점은 자발순환회복 후 72시간으로 권고했다.

② 2020년 가이드라인에서는 환자의 체온이 정상으로 회복되고 난 72시간 이후(자발순환회복 후 5일)에 약물 효과를 배제한 상태에서 시행된 신경학적 검사(근간대경련 지속여부 포함), 생체표지자 검사, 몸감각유발전위검사, 뇌파검사, 영상검사(뇌전산화단층촬영, 뇌자기공명영상)의 결과에 근거하여 다각적으로 접근할 것을 권고했다.

ㄱ 심장정지 후 혼수 환자의 예후 예측은 약물 효과나 심장정지 회복기의 오류를 최소화하기 위해 적절한 시간이 지난 후에 시행해야 한다.

ㄴ 심장정지 후 혼수 환자의 자발순환회복 72시간 이후에 나쁜 신경학적 예후를 예측하기 위해 양측 동공반사 소실과 각막반사 소실을 종합하여 사용할 것을 제안한다.

ㄷ 심장정지 후 혼수 환자의 자발순환회복 후 72시간 이후에 나쁜 신경학적 예후를 예측하기 위해 정량적 동공측정법의 두 가지 변수인 정량적 동공반사 측정과 신경학적 동공반사 지수를 모두 사용할 수 있다.

ㄹ 심장정지 후 72시간에 진정제 투여가 중단된 상태에서 혼수상태인 환자에게 나타나는 돌발 억제(Burst Suppression)를 나쁜 예후를 예측하는 근거로 사용할 것을 제안한다.

ㅁ 심장정지 후 혼수상태인 환자에게 나타나는 뇌전증양 활동, 무반응성 뇌파를 나쁜 예후를 예측하는 근거로 사용하는 것을 권장하지 않는다.

ㅂ 진폭통합 뇌파 감시에서 36시간 이내에 정상 파형이 발견되지 않음을 나쁜 예후를 예측하는 근거로 사용할 것을 제안한다.

(7) 소생 후 연명 치료 중단 및 장기 기증

① 심장정지로부터 소생된 후 목표체온유지치료를 받는 성인에게 신경학적 예후가 나쁠 것으로 예측된다는 이유로 생명유지치료를 72시간 이내에 중단하지 않도록 제안한다.

② 심폐소생술 후 자발순환이 회복된 뇌사 환자나 자발순환회복에 실패한 심장정지 환자로부터의 장기 기증을 적극적으로 고려할 것을 제안한다.

(8) 심장정지 회복 후 재활 및 돌봄

① 심장정지 생존자에게 장기적 예후의 개선을 기대하기 위해 심장정지 후 불안, 우울, 외상 후 스트레스, 피로감에 대한 구조화된 선별 평가를 시행할 것을 권고한다.

② 심장정지에 따른 다양한 장애를 조기에 평가하고 적절한 재활 중재를 통해 기능 회복 및 사회 복귀를 증진하기 위해 심장정지 후 생존자에 대해 퇴원 전 신체, 신경학적, 심폐, 인지 장애에 관한 다양한 재활의학적 평가를 시행하고 이에 따른 치료 계획을 수립할 것을 권고한다.

(9) 응급의료종사자의 심폐소생술 경험 및 치료 수행도 관리

① 병원 밖 심장정지 상황에 노출 경험이 적거나 심폐소생술 경험이 적은 응급의료종사자의 심폐소생술 생존율향상을 위해 2020년 가이드라인에서는 응급의료종사자의 소생술 경력과 소생술 상황에의 노출 경험을 관리하도록 권고했다.

② 가능하면 응급의료종사자의 소생술 노출 경험의 부족 문제를 해결하기 위해 전략을 수립하거나 소생술 팀을 구성할 때 최근 소생술 경험이 있는 경력자를 포함하여 운영하도록 권고했다.

(10) 심장정지 치료센터

① 비외상성 병원 밖 심장정지 성인 환자를 심장정지 치료센터 수준의 병원으로 이송하도록 권고했다.

② 비외상성 병원 밖 심장정지 성인 환자는 24시간 관상동맥조영술과 목표체온유지치료가 가능한 병원에서 치료받을 것을 제안한다.

※ 심장정지 치료센터는 24시간 관상동맥조영술과 목표체온유지치료를 포함한 포괄적 소생 후 집중 치료가 가능하고 예후 예측을 위한 신경학적 평가를 위한 검사가 가능한 의료기관으로 정의하였다.

5 소아 기본소생술 중 주요변경 사항

(1) 소아 심장정지 환자의 전문소생술

① 병원 밖 소아 심장정지에서 기관 내 삽관 또는 성문상 기도기 삽입보다는 백마스크 환기법의 사용을 권한다.

② 병원 밖 소아 심장정지에서 목격자 심폐소생술을 하고 있지 않으면 구급상황상담요원의 도움을 받아 전화 도움 심폐소생술을 제공하는 것을 권고한다.

③ 병원 밖 영아와 소아 심장정지에서 구조자가 인공호흡을 할 수 없는 경우나 인공호흡 교육을 받지 않았으면 가슴압박소생술이라도 반드시 시행해야 한다.

④ 소아의 심장정지에서 반드시 호기말 이산화탄소 분압을 측정하여 가슴압박의 방법을 조정할 필요는 없다. 다만 호기말 이산화탄소 분압을 측정할 수 있는 상황에서는 사용하는 것이 도움이 될 수 있다.

(2) 소아 병원 밖 심장정지 생존사슬

심장정지 인지와 구조요청–목격자 심폐소생술–제세동–소아 전문소생술–소생 후 치료

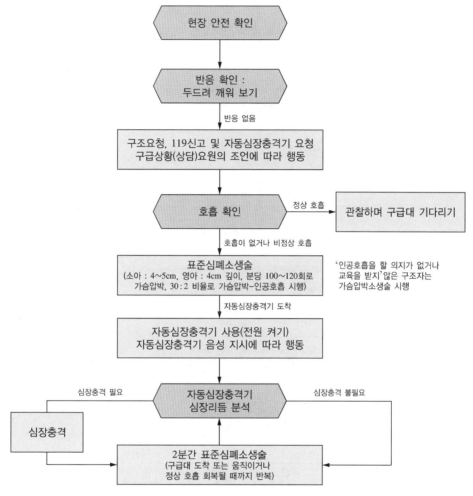

[일반인 구조자에 의한 소아 기본소생술 순서]

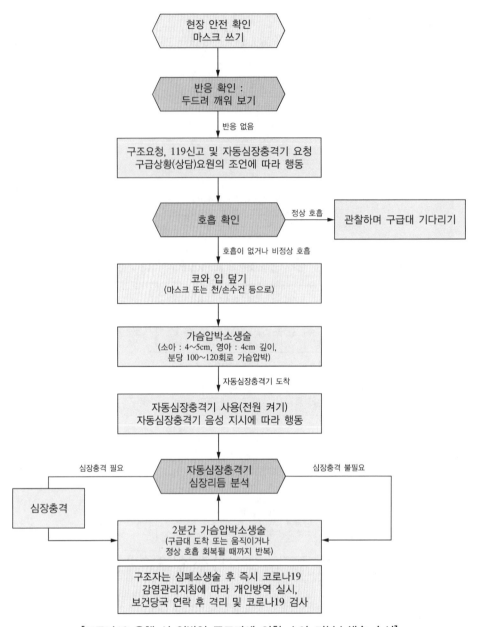

현장 안전 확인
마스크 쓰기

↓

반응 확인 :
두드려 깨워 보기

↓ 반응 없음

구조요청, 119신고 및 자동심장충격기 요청
구급상황(상담)요원의 조언에 따라 행동

↓

호흡 확인 → 정상 호흡 → 관찰하며 구급대 기다리기

↓ 호흡이 없거나 비정상 호흡

코와 입 덮기
(마스크 또는 천/손수건 등으로)

↓

가슴압박소생술
(소아 : 4~5cm, 영아 : 4cm 깊이,
분당 100~120회로 가슴압박)

↓ 자동심장충격기 도착

자동심장충격기 사용(전원 켜기)
자동심장충격기 음성 지시에 따라 행동

↓

심장충격 필요 ← 자동심장충격기
심장리듬 분석 → 심장충격 불필요

심장충격

2분간 가슴압박소생술
(구급대 도착 또는 움직이거나
정상 호흡 회복될 때까지 반복)

구조자는 심폐소생술 후 즉시 코로나19
감염관리지침에 따라 개인방역 실시,
보건당국 연락 후 격리 및 코로나19 검사

[코로나19 유행 시 일반인 구조자에 의한 소아 기본소생술 순서]

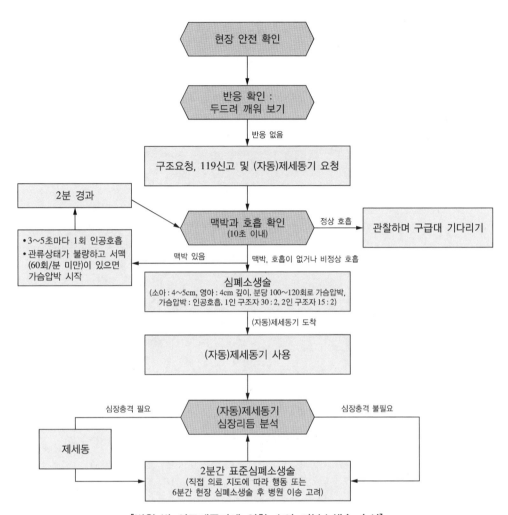

현장 안전 확인

↓

반응 확인 :
두드려 깨워 보기

↓ 반응 없음

구조요청, 119신고 및 (자동)제세동기 요청

↓

2분 경과

• 3~5초마다 1회 인공호흡
• 관류상태가 불량하고 서맥
  (60회/분 미만)이 있으면
  가슴압박 시작

맥박과 호흡 확인
(10초 이내)   정상 호흡 → 관찰하며 구급대 기다리기

맥박 있음   맥박, 호흡이 없거나 비정상 호흡

↓

심폐소생술
(소아 : 4~5cm, 영아 : 4cm 깊이, 분당 100~120회로 가슴압박,
가슴압박 : 인공호흡, 1인 구조자 30 : 2, 2인 구조자 15 : 2)

↓ (자동)제세동기 도착

(자동)제세동기 사용

↓

심장충격 필요   (자동)제세동기
심장리듬 분석   심장충격 불필요

제세동

2분간 표준심폐소생술
(직접 의료 지도에 따라 행동 또는
6분간 현장 심폐소생술 후 병원 이송 고려)

[병원 밖 의료제공자에 의한 소아 기본소생술 순서]

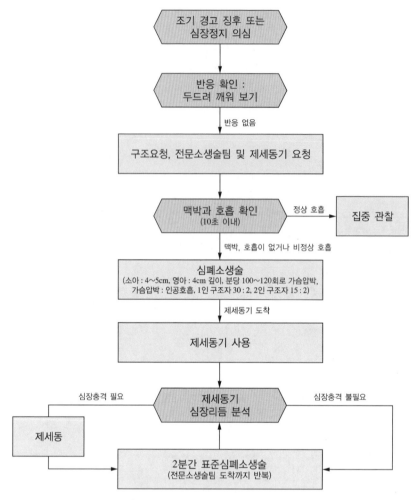

조기 경고 징후 또는
심장정지 의심

↓

반응 확인 :
두드려 깨워 보기

↓ 반응 없음

구조요청, 전문소생술팀 및 제세동기 요청

↓

맥박과 호흡 확인
(10초 이내) → 정상 호흡 → 집중 관찰

↓ 맥박, 호흡이 없거나 비정상 호흡

심폐소생술
(소아 : 4~5cm, 영아 : 4cm 깊이, 분당 100~120회로 가슴압박,
가슴압박 : 인공호흡, 1인 구조자 30 : 2, 2인 구조자 15 : 2)

↓ 제세동기 도착

제세동기 사용

↓

심장충격 필요 ← 제세동기
심장리듬 분석 → 심장충격 불필요

제세동

2분간 표준심폐소생술
(전문소생술팀 도착까지 반복)

[병원 내 소아 기본소생술 순서]

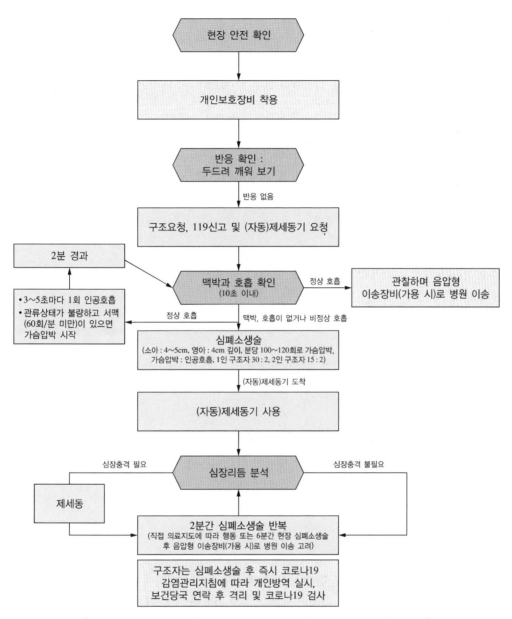

현장 안전 확인

↓

개인보호장비 착용

↓

반응 확인 :
두드려 깨워 보기

↓ 반응 없음

구조요청, 119신고 및 (자동)제세동기 요청

↓

2분 경과

• 3~5초마다 1회 인공호흡
• 관류상태가 불량하고 서맥
(60회/분 미만)이 있으면
가슴압박 시작

맥박과 호흡 확인
(10초 이내) ──정상 호흡→ 관찰하며 음압형
이송장비(가용 시)로 병원 이송

정상 호흡 ← / ↓ 맥박, 호흡이 없거나 비정상 호흡

심폐소생술
(소아 : 4~5cm, 영아 : 4cm 깊이, 분당 100~120회로 가슴압박,
가슴압박 : 인공호흡, 1인 구조자 30 : 2, 2인 구조자 15 : 2)

↓ (자동)제세동기 도착

(자동)제세동기 사용

↓

심장충격 필요 ← 심장리듬 분석 → 심장충격 불필요

제세동

2분간 심폐소생술 반복
(직접 의료지도에 따라 행동 또는 6분간 현장 심폐소생술
후 음압형 이송장비(가용 시)로 병원 이송 고려)

구조자는 심폐소생술 후 즉시 코로나19
감염관리지침에 따라 개인방역 실시,
보건당국 연락 후 격리 및 코로나19 검사

[코로나19 유행 시 병원 밖 의료제공자에 의한 소아 기본소생술 순서]

6 소아 전문소생술 중 주요변경 사항

(1) 조기 경고 체계

영아와 소아를 진료하는 병원에서는 조기 경고 체계(PEWS ; Pediatric Early Warning System)를 사용하는 것을 제안한다.

(2) 신속대응팀

환자 안전과 관련하여 병원의 상황에 따라 소아 환자를 대상으로 한 신속대응팀을 구성하여 운영하는 것을 고려할 수 있다.

(3) 제세동 용량

심장정지가 발생한 소아와 영아에게 충격필요리듬 치료를 위한 첫 제세동 에너지로서 2J/kg를 권고했다.

(4) 심장정지 중 예후 예측 인자

병원 내 심장정지 환자의 경우 충격불필요리듬이면 가슴압박 시작 후 에피네프린을 5분 이내 투여해야 한다.

(5) 소생 후 치료 과정에서 혈중 산소 및 이산화탄소 분압의 목표지향적 처치

심폐소생술에서 회복된 영아와 소아에 대하여 의료진은 동맥혈 산소분압과 이산화탄소 분압을 측정하고 환자 상태에 따라 적절한 목표를 설정하여 관리하며 특별한 이유가 없으면 정상 동맥혈 산소분압과 이산화탄소 분압을 유지할 것을 권고한다.

(6) 목표체온유지요법

심장정지 후 자발순환이 회복된 혼수상태의 영아와 소아에 대하여 목표체온유지요법을 시행할 경우 32~34℃ 또는 36~37.5℃ 사이의 목표 온도를 설정할 것을 권고하며, 발열이 생기지 않도록 적극적으로 체온을 감시해야 한다.

7 신생아 소생술 중 주요변경 사항

(1) 신생아 소생술 적용 대상

① 신생아 소생술은 '갓 태어난' 신생아(Newly Born Infants)를 대상으로 한다.

② 이행기 이후 출생 수주 내 가스교환 장애로 인해 발생하는 심혈관계 부전의 경우 신생아 소생술을 적용할 수 있다.

(2) 제대 관리

임신 나이 28주 미만의 초미숙아에서는 제대 용출을 시행하지 않도록 권고한다.

(3) 태변이 착색된 양수에서 분만한 '활발하지 않은' 신생아

즉각적인 후두경 삽입 및 기도 내 태변 흡입을 시행하지 않고 바로 양압환기를 적용해 호흡이 빨리 회복되도록 돕는 것이 더욱 강조된다.

(4) 지속적 팽창압(Sustained Inflation)

출생 당시 서맥이나 부적절한 호흡으로 양압환기를 받는 미숙아에게 초기 호흡의 지속적 팽창압을 사용하지 않아야 한다.

(5) 초기 호흡 보조 시 산소 투여

만삭아와 임신 나이 35주 이상의 후기 미숙아에게는 초기 호흡 보조 시 21%의 산소로 소생술을 시작할 것을 제안하며, 100% 산소로 시작하지 않도록 한다.

8 심폐소생술 교육 및 실행 중 주요변경 사항

(1) 응급의료종사자의 심폐소생술 경험을 관리하고 소생팀 구성 때 소생술 경험자를 포함하도록 권고

(2) 병원에서 신속대응팀을 운영하도록 권고

(3) 의료기관과 지역사회는 심장정지 치료 수행도를 관리하도록 권고

(4) 감염병 유행 상황을 고려하여 비대면 심폐소생술 교육프로그램을 개발할 것을 권고

(5) 소생술을 종료할 수 있는 임상 상황에 대한 권고안 제시

CHAPTER

03 적중예상문제

01 정상인의 호흡기능은 다음 중 어떤 것에 의하여 주로 조절되는가?

① 혈액 내의 이산화탄소분압
② 혈액 내의 산소분압
③ 혈액 내의 적혈구수
④ 혈액 내의 질소분압

해설 정상인 호흡의 주요 자극은 동맥혈 이산화탄소의 농도이다. 동맥혈의 이산화탄소 농도에 의한 호흡 조절은 아주 예민하기 때문에 정상적인 기본 호흡을 조절하게 된다.

02 호흡이 없는 환자에게 구조자가 1회당 600mL 정도의 호흡량으로 인공호흡을 실시할 경우 나타나는 효과로 옳은 것은?

① 동맥혈 산소포화도를 45~65%로 유지할 수 있다.
② 21% 정도의 산소를 지속적으로 공급할 수 있다.
③ 동맥혈 산소분압을 75mmHg 이상 유지할 수 있다.
④ 동맥혈 이산화탄소분압을 45mmHg 이상 높일 수 있다.

해설 환자의 폐가 정상적이고 구조자가 일호흡량(一呼吸量)의 2배 정도 호기한다면 동맥혈의 산소분압과 이산화탄소분압을 각각 75mmHg(정상치 : 90~95mmHg)와 30~40mmHg(정상치 : 35~45mmHg) 정도로 유지시킬 수가 있다.

03 다음 중 흡기 시의 상황이 아닌 것은?

① 횡경막은 아래로 수축한다.
② 폐 내부의 압력은 대기압보다 낮다.
③ 늑골은 위로 상승한다.
④ 횡경막은 위로 이완한다.

해설 흡기 시 횡경막은 내려가고 늑골은 위와 밖으로 올라간다. 흉강의 크기가 확대되면 공기가 폐 속으로 들어오게 된다.

1 ① 2 ③ 3 ④ 정답

04 청색증의 유무를 진단하기 위하여 관찰해야 할 신체 부위가 아닌 것은?

① 손바닥

② 눈의 결막이나 공막

③ 입 술

④ 손 톱

> **해설** 청색증의 유무를 진단하기 위하여 관찰해야 할 신체 부위는 눈의 결막이나 공막, 입술, 손톱, 발톱 등이 있다.

05 경추 손상이 의심되는 심정지 환자에서 턱 들어올리기법(하악견인법)로 기도 유지와 환기보조가 어려운 경우에 사용하는 방법은?

① 인공호흡

② 삼중기도유지법

③ 경추고정 장비 적용

④ 머리기울임/턱 들어올리기법

> **해설** **머리기울임/턱 들어올리기법(두부후굴–하악거상법)**
> • 환자의 머리 쪽에 있는 처치자는 환자의 이마에 손바닥을 얹고 머리를 뒤로 젖혀 준다.
> • 다른 손의 손가락을 환자의 아래턱뼈 밑에 대고 끌어올린다.
> • 턱선과 바닥 면이 수직이 되도록 한다. 턱을 받쳐 주는 손가락이 연부조직을 압박하면 기도가 막힐 수 있으므로 주의한다.
> ※ 머리기울임/턱 들어올리기법(두부후굴–하악거상법)은 경추 손상 환자에게는 사용하면 안 되지만, 문제의 경우 경추 손상이 의심되는 심정지 환자에게는 기도 확보가 가장 우선순위로 시행되어야 하는 처치이기 때문에 답안 중 머리기울임/턱 들어올리기법을 사용해야 한다.

06 인공호흡을 할 경우 경추손상이 의심되는 환자에게 적합한 기도 유지방법은?

① 두부후굴–하악거상법

② 하임리히법

③ 하악견인법

④ 두부후굴법

> **해설** 인공호흡은 우선 환자의 이마에 한 손을 대고 나머지 한 손은 아래턱에 대서 환자의 턱을 들어 기도를 유지한다(두부후굴–하악거상법). 단, 환자가 경추 손상이 의심되면 경추의 손상이 더 해져서 심각한 후유증이 발생할 수 있으므로 하악견인법이라는 기도 유지방법을 사용한다.

07 인공호흡에 관한 다음 설명 중 옳지 못한 것은?

① 공기를 서서히(성인 : 1.5~2초, 소아 : 1~1.5초) 불어 넣는다.
② 1분에 20~30회 정도 실시한다.
③ 구강 내 손상이 있는 경우 구강 대 비강법을 사용한다.
④ 환자의 코를 잡은 손과 입을 떼고, 5초 후 반복한다.

> 해설 1분에 12~20회 정도 실시한다.

08 호흡곤란을 호소하는 환자에게 맥박산소측정기(Pulse Oximeter)를 사용하여 산소포화도를 측정하였더니 80%였다. 환자 상태에 관한 올바른 해석은?

① 정상이다.
② 경증의 저산소혈증 상태이다.
③ 중등도의 저산소혈증 상태이다.
④ 중증의 저산소혈증 상태이다.

> 해설 산소포화도의 정상수치는 95% 이상이며, 95% 이하는 저산소증 주의 상태, 90% 이하는 저산소증으로 호흡이 곤란해지는 위급한 상태가 된다. 이 경우 인공호흡기 등으로 산소를 인위적으로 투여해 산소포화도를 끌어올려야 한다. 산소포화도 80% 이하는 매우 심한 저산소증 상태를 의미한다.

09 호흡곤란을 호소하는 환자에게 분당 10L의 유량으로 산소를 투여하려고 한다. 휴대형 산소통 (D형)의 유량계가 1,800psi를 나타내고 있다면 산소를 안전하게 투여할 수 있는 최대 시간은?(단, D형 산소통상수 0.16, 안전잔류량 200psi로 한다)

① 15분   ② 25분
③ 35분   ④ 45분

> 해설 **산소탱크 잔류량 사용시간 계산법**
>
> $$사용시간(분) = \frac{(산소통압력 - 안전잔류량) \times 산소통상수}{분당유량(L/min)}$$
> $$= \frac{(1,800 - 200) \times 0.16}{10}$$
> $$= 25$$

10 다음은 심폐소생술에 대한 설명이다. 틀린 것은?

① 심폐소생술의 목적은 적절한 뇌혈류 및 관상동맥 혈류를 유지하는 것이다.
② 기본 인명구조 시 심정지 환자에게 사용하는 방법은 흉부압박법이다.
③ 뇌 혈류량을 증가시키기 위해 환자의 머리를 흉부보다 낮게 유지시킨다.
④ 흉부압박은 딱딱한 바닥에 환자를 눕힌 채 실시하는 것이 효과적이다.

해설 **환자의 자세**
환자를 똑바로 눕혀 신체의 뒤틀림이나 부상의 악화를 방지해야 한다.
※ 2015년 가이드라인은 가능하면 딱딱한 바닥에 환자를 바로 눕히고 가슴압박을 시행할 것을 권고했으나 2020년 가이드라인에서는 가슴압박 깊이를 향상하기 위해 환자를 침대에서 바닥으로 옮기지 않을 것을 권고했다.

11 심정지 후 몇 분이 지나면 두뇌 손상의 가능성이 확실한가?

① 3분 경과 후부터
② 4분 경과 후부터
③ 6분 경과 후부터
④ 10분 경과 후부터

해설 **심정지 후 뇌 손상시간**

구 분	시간(분)	내 용
임상적 사망	0~4분	두뇌 손상의 가능성이 없음
	4~6분	두뇌 손상의 가능성이 높음
생물학적 사망	6~10분	두뇌 손상의 가능성 확실
	10분 이상	심한 뇌손상, 뇌사

12 인공호흡이나 심폐소생술을 실시할 때 원칙적으로 얼마 이상 멈춰서는 안 되는가?

① 3초

② 5초

③ 7초

④ 10초

> **해설** 인공호흡이나 심폐소생술을 실시할 때 중요한 것은 도중에 절대 포기해서는 안 되며 5초 이상 멈춰서는 안 된다.

13 심폐소생술 중 관상동맥(심장동맥) 관류압을 적절하게 유지하려면 대동맥 이완기압은 최소 얼마 이상으로 유지하여야 하는가?(단, 우심방의 이완기압은 10mmHg이다)

① 0mmHg

② 10mmHg

③ 20mmHg

④ 30mmHg

> **해설** 심폐소생술 중 관상동맥 관류압이 15mmHg 이상 유지되지 않으면 자발순환회복의 가능성이 낮다.
> ※ 관상동맥관류압 = 이완기 동맥압 – 이완기 우심방압

14 병원 밖 심장정지 생존사슬의 순서로 옳은 것은?

① 심정지 인지·소생술 팀 호출-고품질 심폐소생술-제세동-전문소생술-소생 후 치료

② 심정지 인지·목격자 심폐소생술-구조 요청-제세동-전문소생술-소생 후 치료

③ 심정지 인지·소생술 팀 호출-제세동-고품질 심폐소생술-전문소생술-소생 후 치료

④ 심정지 인지·구조 요청-목격자 심폐소생술-제세동-전문소생술-소생 후 치료

> **해설** ①은 병원 내 심장정지 생존사슬이고, ④는 병원 밖 심장정지 생존사슬이다.

15 병원 밖 심장정지 생존사슬에서 첫 번째 단계는?(단, 2020년 한국심폐소생술 가이드라인을 따른다)

① 목격자 심폐소생술
② 전문소생술
③ 심장정지 인지·구조 요청
④ 치 료

> 해설 **병원 밖 심장정지 생존사슬**
> 심장정지 인지/구조 요청 – 심폐소생술 – 제세동 – 전문소생술 – 소생 후 치료

16 소아 심장정지 환자의 전문소생술에 관한 설명으로 틀린 것은?(단, 2020년 한국심폐소생술 가이드라인을 따른다)

① 병원 밖 소아 심장정지에서 기관 내 삽관 또는 성문상 기도기 삽입보다는 백마스크 환기법의 사용을 권한다.
② 병원 밖 소아 심장정지에서 목격자 심폐소생술을 하고 있지 않으면 구급상황상담요원의 도움을 받아 전화 도움 심폐소생술을 제공하는 것을 권고한다.
③ 병원 밖 영아와 소아 심장정지에서 구조자가 인공호흡을 할 수 없는 경우나 인공호흡 교육을 받지 않았으면 어떤 소생술이라도 시행해서는 안 된다.
④ 소아의 심장정지에서 반드시 호기말 이산화탄소 분압을 측정하여 가슴압박의 방법을 조정할 필요는 없다.

> 해설 ③ 병원 밖 영아와 소아 심장정지에서 구조자가 인공호흡을 할 수 없는 경우나 인공호흡 교육을 받지 않았으면 가슴압박소생술이라도 반드시 시행해야 한다.

17 보도에서 의식 및 반응이 없는 환자를 발견한 경우 일반인 구조자가 즉시 취해야 할 행동으로 옳은 것은?(단, 2020년 한국심폐소생술 가이드라인을 따른다)

① 119에 신고한다.
② 호흡을 확인한다.
③ 기도를 개방한다.
④ 가슴압박을 실시한다.

> **해설** 심장정지가 의심되는 환자를 발견한 일반인 구조자는 현장이 안전한지 확인한 다음 환자에게 다가가 반응을 확인한다. 반응이 없으면 119 신고 및 자동심장충격기를 요청하고 구급상황(상담)요원의 조언에 따른다.

18 일반인이 실시하는 성인 심폐소생술로 옳은 것은?(단, 2020년 한국심폐소생술 가이드라인을 따른다)

① 반응 확인 → 119 신고 → 호흡 확인 → 기도 유지 → 인공호흡 → 가슴압박
② 반응 확인 → 기도 유지 → 호흡 확인 → 가슴압박 → 인공호흡 → 119 신고
③ 반응 확인 → 119 신고 → 호흡 확인 → 가슴압박 → 기도 유지 → 인공호흡
④ 반응 확인 → 가슴압박 → 119 신고 → 호흡 확인 → 기도 유지 → 인공호흡

> **해설** **일반인 구조자에 의한 기본소생술 순서**
> 쓰러진 사람을 발견한 경우, 반응이 없다고 판단되면 심정지 상황이라고 생각하고 즉시 119에 도움을 요청하고, 주변사람에게 자동제세동기를 가져오도록 해서 빠른 제세동이 가능하도록 하고 목격자는 즉시 심폐소생술(순서는 가슴압박(Compression) - 기도 유지(Airway) - 인공호흡(Breathing)의 순서(C - A - B)를 유지한다)을 시행해야 한다.

19 성인에 대한 심폐소생술 시 방법이 잘못된 것은?

① 맥박 확인 – 경동맥

② 압박깊이 – 5cm

③ 압박속도 – 80회/분

④ 압박호흡 비율 – 30 : 2

해설 압박속도는 분당 100~120회이다.

20 의료종사자가 5세 남아에게 실시하는 심폐소생술 방법으로 옳지 않은 것은?

① 압박 위치는 복장뼈의 중간 부위이다.

② 맥박은 목동맥 또는 넙다리동맥에서 확인한다.

③ 가슴압박의 깊이는 가슴 두께의 1/3 정도이다.

④ 압박속도는 분당 100~120회로 한다.

해설 압박 위치는 소아는 가슴뼈의 아래쪽 1/2, 영아는 젖꼭지 연결선 바로 아래의 가슴뼈 부위이다.

21 3세 여아에게 2인의 응급의료종사자가 심폐소생술을 실시할 때 가슴압박과 인공호흡의 비율, 압박속도, 압박깊이로 옳은 것은?

① 15 : 2, 분당 100회 이하, 4cm

② 15 : 2, 분당 100회 이상, 5cm

③ 30 : 2, 분당 100회 이하, 4cm

④ 30 : 2, 분당 100회 이상, 5cm

해설 2인의 응급의료종사자가 소아 심폐소생술을 실시할 경우, 가슴압박과 인공호흡의 비율, 압박속도, 압박깊이는 15 : 2, 분당 100회 이상, 4~5cm이다.

22 심폐소생술 단계에서 인공호흡 중 공기저항이 느껴졌을 때 먼저 시행해야 할 조치는?

① 즉시 하임리히법을 시행한다.
② 환자의 체위를 옆으로 돌려서 재차 인공호흡을 실시한다.
③ 머리기울임/턱 들어올리기법을 다시 시도하여 본다.
④ 상복부를 손으로 눌러서 위에 있는 공기를 제거한다.

> **해설** 인공호흡 실시 중에 공기저항을 느낄 때는 기도 유지를 다시 한 후에 인공호흡을 실시한다. 그래도 공기가 들어가지 않으면 이물질에 의한 기도폐쇄처치를 실시한다.

23 다음 중 심폐소생술을 하지 않아도 되는 경우를 잘못 설명한 것은?

① 환자가 사망할 우려가 있는 경우
② 구조자가 위험한 경우
③ 만성 또는 말기질환에 의한 심정지
④ 전시 또는 대량재해 시의 심정지

> **해설** **심폐소생술을 하지 않아도 되는 경우**
> • 환자의 사망이 명백한 경우
> • 구조자가 위험한 경우
> • 만성 또는 말기질환에 의한 심정지
> • 전시 또는 대량재해 시의 심정지

24 심폐소생술을 중단할 수 없는 경우는?

① 보호자가 중단을 요구한 경우
② 의사가 사망을 선고한 경우
③ 의료인과 교대하였을 경우
④ 구조자가 지친 경우

> **해설** **CPR을 중단할 수 있는 경우**
> • 환자의 맥박과 호흡이 회복된 경우
> • 의사 또는 다른 처치자와 교대할 경우
> • 심폐소생술을 장시간 계속하여 처치자가 지쳐서 더 이상 심폐소생술을 계속할 수 없는 경우
> • 사망으로 판단할 수 있는 명백한 증거가 있는 경우
> • 의사가 사망을 선고한 경우
> 위의 경우를 제외하고는 CPR을 중단해서는 안 된다.

22 ③ 23 ① 24 ① **정답**

25 심폐소생술의 비정상적인 합병증은?

① 늑골 골절   ② 흉골 골절
③ 심근좌상   ④ 간 파열

해설 심폐소생술을 제대로 시행한 경우에도 늑골이나 흉골 골절, 심근좌상 등의 합병증을 초래할 수 있다. 그러나 간 파열은 처치자의 부적절한 흉부압박으로 발생하는 합병증이다.

심폐소생술의 합병증

가슴압박이 적절하여도 발생하는 합병증	• 갈비뼈 골절 • 복장뼈 골절	• 심장좌상 • 허파좌상
부적절한 가슴압박으로 발생하는 합병증	• 상부 갈비뼈 또는 하부 갈비뼈의 골절 • 기 흉 • 간 또는 지라의 손상	• 심장 파열 • 심장눌림증 • 대동맥 손상 • 식도 또는 위점막 파열
인공호흡에 의하여 발생하는 합병증	• 위 내용물의 역류 • 허파흡인	• 구 토

26 이물질에 의해 기도가 막힌 환자가 의식이 없는 상태로 발견되었다. 우선적으로 취해야 할 조치는?

① 100% 산소를 투여한다.
② 기관 내 삽관을 실시한다.
③ 하임리히(Heimlich)법을 실시한다.
④ 가슴압박을 실시한다.

해설 **심각한 기도폐쇄 처치**

성 인	아 동	영 아
• 기도폐쇄 유무 질문 • 복부 밀어내기 또는 가슴 밀어내기(이물질이 나오거나 의식을 잃을 때까지)		• 증상 확인(갑자기 심한 호흡곤란, 약하거나 소리없는 기침 또는 울음) • 등 두드리기 5회 • 가슴 밀쳐올리기 5회 반복
환자의 의식이 없어지면		

• 바닥에 환자를 눕힌다.
• 응급의료체계에 신고한다.
• 가슴압박을 30회 실시한다.
   – 환자의 입안을 확인(제거가 가능한 이물질인 경우 제거)한다.
• 인공호흡 1회 실시하고 다시 기도를 유지한 후 인공호흡을 1회 실시한다.
   – 가슴압박과 인공호흡(이물질 확인)을 반복한다.

27 의식이 없는 환자의 경우에, 기도 유지 후에도 호흡이 없는 경우 이물에 의한 기도폐쇄 여부를 확인하기 위하여 실시해야 하는 조치는?

① 머리기울임/턱 들어올리기법을 한다.
② 2회 인공호흡을 실시한다.
③ 하임리히법을 실시한다.
④ 흉부압박을 한다.

> **해설** 의식이 없는 환자는 근육이 이완되어 혀가 후방으로 내려와 기도가 폐쇄된다. 따라서 의식이 없는 환자에게서 기도를 확보하는 것은 매우 중요하다. 이러한 기도폐쇄는 머리기울임/턱 들어올리기법 등의 방법으로 기도를 유지해 줄 수 있다. 그러나 기도 유지 후에도 호흡이 없으면 이물에 의한 기도폐쇄를 의심해 보아야 하며 2회의 인공호흡을 시행해 봄으로써 확인할 수 있다.

28 의식이 없는 영아가 기도가 폐쇄된 경우 올바른 응급처치순서는?

① 반응 확인 - 천천히 2회의 숨 불어 넣기 - 5회 등 두드리기 - 5회 가슴밀기
② 반응 확인 - 5회 등 두드리기 - 5회 가슴밀기 - 천천히 2회의 숨불어넣기
③ 반응 확인 - 5회 등 두드리기 - 천천히 2회의 숨 불어 넣기 - 5회 가슴밀기
④ 반응 확인 - 5회 가슴밀기 - 천천히 2회의 숨 불어 넣기 - 5회 등 두드리기

> **해설** 의식이 없는 영아가 기도가 폐쇄된 경우 반응 확인 - 천천히 2회의 숨 불어 넣기 - 5회 등 두드리기 - 5회 가슴밀기를 반복한다.

29 이물에 의한 기도의 부분 폐쇄로 인해 호흡곤란이 있으나 말은 할 수 있는 상태이다. 어떤 조치를 해야 하는가?

① 구강 대 구강법
② 흉부압박법
③ 기침을 유도한다.
④ 복부압박법

> **해설** 환기 상태가 비교적 양호하고 의식이 있는 환자에서는 환자 상태를 관찰하면서 계속 기침을 하도록 유도한다. 지속적인 기침 후에도 이물질이 배출되지 않거나 발성이 불가능해지는 경우, 청색증이 발생하는 경우, 의식이 혼미해지는 경우에는 기도가 완전히 폐쇄된 것으로 판단해야 한다.

30 다음의 경우에 취해야 할 즉각적인 응급처치로 옳은 것은?

> • 생후 7개월 남자 아이에서 안면 청색증 관찰
> • 의식은 있으나 발성이 불가능한 심각한 기도폐쇄 의심

① 하임리히법
② 심폐소생술
③ 등을 두드리는 방법
④ 입속 이물질 제거

해설 영아가 의식이 있는 상태에서 기침을 못하거나, 울지 못하거나, 숨을 쉬지 못할 때 엎어 등 두드리기를 실시한다.

31 다음 중 성인에게 해당되는 이물에 의한 기도폐쇄의 처치 중 가장 먼저 해야 할 것은?

① 등 두드리기
② 흉부압박법
③ 손가락으로 이물 제거
④ 하임리히법

해설 **이물에 의한 기도폐쇄가 의심되는 환자의 처치**
- 이물에 의한 기도폐쇄 환자와 기침을 효과적으로 하지 못하는 환자에게 우선적인 처치로 등 두드리기를 한다.
- 등 두드리기를 5회 연속 시행한 후에도 효과가 없다면 5회의 복부 밀어내기(Abdominal Thrust, 하임리히법)를 시행한다.
- 1세 미만의 영아는 복강 내 장기손상이 우려되기 때문에 복부 압박이 권고되지 않는다.
- 임산부나 고도 비만 환자의 경우에는 등 두드리기를 시행한 후 이물이 제거되지 않으면, 복부 밀어내기 대신 가슴 밀어내기(Chest Thrust)를 시행한다.
- 심장정지가 의심되는 의식이 없는 환자의 입안에 이물질이 보일 때는 구조자가 손가락으로 이물을 제거한다.
- 환자가 호흡을 하면 산소를 공급해 주고, 이물이 제거되었더라도 환자를 병원으로 이송한다.

32 의식이 있는 성인의 하임리히법에서 압박을 가하는 부위는?

① 검상돌기에서 두 손가락 넓이만큼 위쪽 흉골
② 흉골의 아래쪽 1/2 지점
③ 검상돌기와 제부(배꼽)의 중간 지점
④ 양쪽 어깨의 중간 지점

해설 하임리히법은 환자의 상복부(검상돌기 직하부)에 주먹을 쥔 손을 대고 다른 손으로 주먹을 감싼 후에 복부를 후상방으로 강하게 압박하는 방법이다.

33 기도 폐쇄가 의심되어 하임리히법(Heimlich Maneuver)을 시행하던 중 환자가 의식을 잃었다. 먼저 시행할 응급처치는?

① 등 두드리기   ② 자동제세동

③ 하임리히법   ④ 심폐소생술

> **해설** **하임리히법 순서**
> • 환자의 뒤로 다가선다.
> • 환자의 양발 가운데 처치자의 발을 집어넣어 환자가 처치자의 허벅지에 기댈 수 있도록 한다.
> • 환자의 명치와 배꼽 사이(상복부)에 주먹을 쥔 두 손을 댄다.
> • 순간적으로 복부를 위쪽으로 밀쳐 올린다.
> • 이물질이 나올 때까지 수회 반복한다.
> • 하임리히법 도중 환자가 의식을 잃는다면 심폐소생술을 시행한다.

34 소아에 대한 흉부압박방법으로 옳지 않은 것은?

① 30 : 2의 흉부압박 : 인공호흡의 비율을 유지한다.

② 흉부압박의 위치는 유두선과 흉골의 교차지점 바로 아래(흉골 중앙의 아래)이다.

③ 한 손 또는 두 손을 사용하여 흉곽의 1/3 또는 1/2 정도가 눌리도록 압박한다.

④ 2인의 의료인 또는 응급구조사가 심폐소생술을 할 경우에는 흉부압박 : 인공호흡의 비율을 15 : 2로 유지한다.

> **해설** 유두선과 흉골이 만나는 지점을 압박한다.

35 신생아에 대한 흉부압박의 방법으로 옳지 않은 것은?

① 호흡을 보조할 때에는 분당 40~60회의 인공호흡을 한다.

② 흉부압박은 흉곽의 1/3이 눌리도록 압박한다.

③ 전문 기도 유지술의 시행 여부에 관계없이 분당 90회의 흉부압박수와 30회의 인공호흡수를 유지한다.

④ 흉부압박과 인공호흡이 동시에 이루어지도록 한다.

> **해설** 흉부압박과 인공호흡이 동시에 이루어지지 않도록 주의한다.

36 인간의 기본 욕구에 관한 특성으로 옳은 것은?

① 일부 기본 욕구들은 상호 연관되어 있다.

② 모든 기본 욕구는 연기될 수 없다.

③ 개인이 어떤 욕구를 지각했을 때 욕구 충족을 위해 취할 수 있는 반응은 일정하다.

④ 개인이 속한 문화의 우선순위에 따라서만 자신의 욕구를 충족시킬 수 있다.

해설 ② 생존을 위해 덜 필요한 상위 기본 욕구는 연기될 수 있다.
③ 개인의 행동경향과 삶의 경험이 다르기 때문에 욕구 충족을 위해 취하는 반응 역시 개인마다 다르다.
④ 개인마다 욕구의 우선순위가 다를 수 있다. 즉, 개인의 욕구발로 우선순위에 따라 자기의 욕구를 충족시켜 나간다.

37 감염 방지를 위해 손 씻기와 마스크를 착용하였다면 매슬로(Maslow) 기본 욕구의 어느 단계에 해당하는가?

① 생리적 욕구

② 안정과 안전의 욕구

③ 사랑과 소속의 욕구

④ 자아존중의 욕구

해설 **매슬로의 욕구단계 이론**
• 1단계 : 생리적 욕구
• 2단계 : 안정과 안전의 욕구
  – 신체적으로 안정을 유지하려는 욕구
  – 외부의 위험으로부터 안전을 보호받으려는 욕구
• 3단계 : 사랑과 소속의 욕구
• 4단계 : 자아존중의 욕구
• 5단계 : 자아실현의 욕구

CHAPTER 04 화상 및 특수환자 응급처치

01 화상환자 응급처치

1 화상의 개념 및 처치

(1) 화상의 의의

화상으로 인한 사망에는 현장사망과 지연사망이 있다. 현장사망은 대부분 기도 손상과 호흡장애로 일어나며 현장에서의 응급처치가 중요하다. 지연사망은 체액 손실로 인한 쇼크와 감염으로 인해 일어난다. 따라서 구급대원의 신속한 평가와 응급처치, 이송이 필요하다.

(2) 화상의 분류

화상환자를 설명하는 데는 메커니즘, 화상깊이, 화상범위가 필요하다.

① 원인별 메커니즘

메커니즘	원인 인자
열	불, 뜨거운 액체, 뜨거운 물체, 증기, 열기, 방사선
화 학	산, 염기, 부식제 등
전 기	교류, 직류, 낙뢰
방 사	핵물질, 자외선

② 화상깊이 : 피부 화상은 조직의 손상깊이에 따라서도 분류되는데 1도, 2도, 3도로 나뉜다.

구 분	내 용
제1도(표피) 화상	• 경증으로 표피만 손상된 경우이다. • 햇빛(자외선)으로 인한 경우와 뜨거운 액체나 화학손상이 많다. • 화상부위에 발적, 동통, 압통이 나타나며, 화상범위가 넓은 경우 심한 통증을 호소한다. 예 해수욕장에서 피부가 햇빛에 타서 화끈거리고 껍질이 벗겨지는 정도
2도(부분층) 화상	• 표피와 진피가 손상된 경우로 열에 의한 손상이 많다. • 붉은 표피는 만지면 하얗다가 다시 붉어진다. • 진피층에는 모낭, 한선, 피지선 손상이 있다. • 표피와 진피가 손상되어 혈장과 조직액이 유리된다. • 혈장(Plasma)과 비슷한 내용물로 크고 작은 수포가 형성된다. • 내부 조직으로 체액손실과 2차 감염과 같은 심각한 합병증을 유발할 수 있다. • 화상부위는 발적, 창백하거나 얼룩진 피부, 수포가 나타난다. 손상부위는 체액이 나와 축축한 형태를 띠며 진피에 많은 신경섬유가 지나가 심한 통증을 호소한다. 예 뜨거운 물 등에 의한 열탕 화상
3도(전층) 화상	• 대부분의 피부조직이 손상된 경우로 심한 경우 근육, 뼈, 내부 장기도 포함되는 경우가 있다. • 화상부위는 특징적으로 건조하거나 가죽과 같은 형태를 보이며 창백, 갈색 또는 까맣게 탄 피부색이 나타난다. • 신경섬유가 파괴되어 통증이 없거나 미약할 수 있으나 보통 3도 화상 주변 부위가 부분화상이므로 심한 통증을 호소한다. • 1도와 2도 화상을 동반하면 화상 부위에서 심한 통증을 느낄 수 있다. • 시간이 경과됨에 따라 체액손실이 발생한다. 예 화염에 의한 화상

③ 화상범위

㉠ 처치와 이송 전에 화상범위를 파악해야 하며 '9법칙'이라 불리는 기준을 이용한다.

• 성인 : 머리와 목(두부)이 9%, 앞가슴과 배(몸통 전면)가 18%, 등과 허리부분(몸통 후면)이 18%, 한쪽 다리(하지)가 18%씩, 한쪽 팔(상지)이 9%씩, 그리고 회음부(생식기)가 1%로 총 100%가 된다.

• 1세 된 소아에서는 머리와 목부분을 18%, 한쪽 다리를 13.5%로 계산하며 나이가 증가할수록 다리의 비율을 높이는데, 이 방법은 정확하지는 않으나 임상에서 널리 이용되고 있다.

구 분	성인(%)	영아(%)
두 부	9	18
상지(양쪽)	9(총 18)	9(총 18)
몸통 전면	18	18
몸통 후면	18	18
하지(양쪽)	18(총 36)	13.5(총 27)
회음부	1	1
총 계	100	100

㉡ 9의 법칙은 화상범위가 큰 경우 사용하며 범위가 작은 경우에는 환자의 손바닥크기를 1%라 가정하고 평가하면 된다.

(3) 중증도

① 중증도의 분류요소 : 중증도 분류는 3단계로 이송 여부를 결정할 때 유용하다. 화상의 깊이와 범위는 중증도를 분류하는 요소로 작용한다.

> **더 알아두기** 중증도 분류에 영향을 미치는 요소
>
> - 나이 : 6세 미만 56세 이상 환자는 화상으로 인한 합병증이 심하며 다른 연령대의 중증도보다 한 단계 높은 중증도로 보면 된다.
> - 기도 화상 : 입 주변·코털이 탄 경우와 **빠른호흡** 등은 호흡기계 화상을 의심할 수 있다. 밀폐된 공간에서의 화상환자에게 많으며 급성 기도폐쇄나 호흡부전을 나타낼 수 있으므로 즉각적인 응급처치가 필요하다.
> - 질병 : 당뇨, 허파질환, 심장질환 등을 갖고 있는 환자는 더욱 심각한 손상을 받는다.
> - 기타 손상 : 내부 출혈, 골절이나 탈구 등
> - 화상부위 : 얼굴, 손, 발, 생식기관 등은 오랫동안 합병증에 시달리거나 특별한 치료가 요구된다.
> - 원통형 화상(신체나 신체 일부분을 둘러싼 화상) : 피부를 수축시키고 팔다리에 손상을 입은 경우 몸의 중심에서 먼 조직으로의 순환을 차단할 수 있기 때문에 심각해질 수 있다. 관절이나 가슴, 배에 화상을 입어 둘레를 감싸는 화상흉터로 인해 정상기능의 제한을 주는 경향이 있다.

② 성인의 중증도 분류

ㄱ 중 증

- 흡입 화상이나 골절을 동반한 화상
- 손, 발, 회음부, 얼굴 화상
- 영아, 노인, 기왕력이 있는 화상환자
- 원통형 화상, 전기 화상

체표면적	화상깊이	환자 연령
10% 이상	3도 화상	모든 환자
20% 이상	2도 화상	10세 미만, 50세 이후
25% 이상	2도 화상	10세 이상~50세 이하

ㄴ 중등도

체표면적	화상깊이	환자 연령
2% 이상~10% 미만	3도 화상	모든 환자
10% 이상~20% 미만	2도 화상	10세 미만, 50세 이후
15% 이상~25% 미만	2도 화상	10세 이상~50세 이하

ⓒ 경 증

체표면적	화상깊이	환자 연령
2% 미만	3도 화상	모든 환자
10% 미만	2도 화상	10세 미만, 50세 이후
15% 미만	2도 화상	10세 이상~50세 이하

③ 소아인 경우

 ㉠ 화상처치에 대한 일반적인 원리는 성인과 같다.

 ㉡ 성인보다 신체 크기에 비해 체표면적이 넓어 체액손실이 많고 그로 인해 저체온이 될 가능성이 높다.

 ㉢ 소아는 해부적·생리적으로 성인과 다르기 때문에 성인의 기준과 다르게 중증도를 분류한다.

[소아의 중증도 분류]

중증도 분류	화상깊이 및 화상범위
중 증	3도(전층) 화상과 체표면의 20% 이상의 2도(부분층) 화상
중등도	체표면의 10~20%의 2도(부분층) 화상
경 증	체표면의 10% 미만의 2도(부분층) 화상

 ㉣ 6세 미만의 유아 화상은 성인 분류상 중등도 화상이라면 유아는 한 단계 위인 중증 화상으로 분류해야 한다.

> **더 알아두기**   **아동학대로 인한 화상 시 관찰사항**
>
> • 담배, 다리미 등과 같은 자국
> • 양쪽에 같은 형태의 화상
> • 과거 유사한 병력
> • 뜨거운 물에 신체 일부를 넣은 경우 원통형의 손상

(4) 화상의 일반적 응급처치

① 손상이 진행되는 것을 차단한다. 옷에서 불이나 연기가 난다면 물로 끄고 기름, 왁스, 타르와 같은 반고체 물질은 물로 식혀 줘야 하며 제거하려고 시도해서는 안 된다.

② 기도가 개방된 상태인지 계속 주의를 기울여야 한다. 흡입화상, 호흡곤란, 밀폐공간에서의 화상환자는 고농도산소를 주어야 한다.

③ 화상 입은 부위를 완전히 노출하기 위해 감싸고 있는 옷을 제거한다. 화상 입은 부위의 반지, 목걸이, 귀걸이와 같은 장신구는 제거하고 피부에 직접 녹아 부착된 합성물질 등이 있다면 떼어 내려고 시도하지 말아야 한다.

④ 화상 중증도를 분류한다.

    ㉠ 중증이라면 즉각적으로 이송해야 하며 그렇지 않다면 다음 단계의 처치를 실시하도록 한다.

    ㉡ 경증 화상(체표면적 15% 미만의 2도 화상)이라면 국소적인 냉각법을 실시한다.

⑤ 손상부위 오염을 방지하기 위해서 건조하고 멸균된 거즈로 드레싱 한다. 손과 발의 화상은 거즈로 분리시켜 드레싱 해야 하며 수포를 터트리거나 연고, 로션 등을 바르면 안 된다.

⑥ 보온을 유지한다. 중증 화상은 체온유지기능을 저하시키기 때문이다.

⑦ 화상환자에게 발생된 다른 외상을 처치하고 즉시 화상치료가 가능한 병원으로 이송한다.

2 전기 화상

(1) 원인과 증상

① 전선이나 낙뢰에 의해 일어나며 일반적으로 전압과 전류량이 높을수록 더욱 심한 화상을 입는다.

② 교류(AC)는 직류(DC)보다 심한 화상을 입히며 전기가 들어온 곳과 나온 곳이 몸에 표시되어 남는다.

③ 낙뢰에 의한 화상환자는 특징적으로 양치류 잎과 같은 모양의 화상이 나타난다.

④ 전기 화상은 몸 안에서는 심각하더라도 밖으로는 작은 흔적만 남을 수 있기 때문에 주의해야 한다.

⑤ 갑작스러운 근육수축으로 탈골되거나 골절될 수도 있다.

⑥ 가장 위험한 경우에는 심전도계 장애로 심장마비나 부정맥이 나타나기도 한다.

※ 현장에서의 행동은 우선 현장이 안전한지를 확인하고 천천히 접근해야 한다. 이때, 다리가 저린 증상이 나타나면 전류가 흐른다는 뜻이므로 즉시 되돌아와야 한다. 훈련을 받지 않았다면 무모하게 환자를 옮기거나 전원을 차단하는 행동을 해서는 안 되며 전기전문기사나 구조대원이 올 때까지 기다려야 한다.

(2) 응급처치

① **기도 확보** : 전기 충격으로 심각한 기도 부종을 야기할 수 있기 때문

② **맥박 확인** : 심장 리듬 변화가 보통 나타날 수 있으므로 제세동기를 이용한 분석·처치를 제공

③ 쇼크에 대한 처치 및 고농도 산소 공급

④ **척추·머리 손상 및 심각한 골절에 대한 처치 제공** : 전기 충격으로 심각한 근골격 수축이 나타나므로 골절 및 손상에 따른 척추 고정 및 부목 고정이 필요

⑤ 환자 몸에 전기가 들어오고 나간 곳을 찾아 평가

⑥ 화상부위를 차갑게 하고 멸균 거즈로 드레싱
⑦ 전력, 전류량 등에 대한 내용을 구급일지에 기록
⑧ 신속하게 병원으로 이송

3 화학 화상

(1) 개 념

① 화학 화상의 원인으로는 강산, 피부의 층을 직접 부식시키는 염기, 화학작용과 더불어 인체 내부에서 열을 생산하는 화학물질 등 다양한 물질이 있다.
② 아주 작은 양이 피부에 닿았다 하더라도 위험할 수 있으므로 주의해야 한다.

(2) 응급처치

현장에서는 최소한 글러브와 보안경을 착용해야 한다. 화학 화상의 처치는 일반 화상처치와 같으며 추가적인 처치사항은 다음과 같다.

① 손상부위를 많은 양의 물로 세척해야 하는 것이 가장 중요하다. 이는 화학물질을 씻어내어 작용을 완화시키거나 정지시키는 역할을 한다. 단, 금수성 물질의 경우에는 폭발위험이 있으므로 주의해야 한다.
② 씻어 낸 물이 다른 부위로 흘러내리지 않도록 해야 하며 특히, 눈이나 얼굴을 씻어 낼 때 화상을 입지 않은 눈에 들어가지 않도록 주의해야 한다.
③ 이송 중에도 가능하다면 세척을 계속 실시한다.
④ 건조 석회와 같은 화학물질은 세척 전에 브러시로 털어내야 하는데 털어내는 과정에서 가루가 날려 호흡기계로 들어가거나 정상 부위에 닿지 않도록 주의해야 한다.

※ 페놀은 불수용성으로 물로 세척되지 않으므로 소독용 알코올을 사용하여 환부를 닦아낸 다음 물로 세척한다.

1 중 독

(1) 노출 경로

구강복용	일반적인 노출 경로. 아이들의 경우 호기심으로 흔히 일어나고, 성인의 경우 자살을 시도하기 위해 과다 복용하는 경우가 많다.
흡 입	일산화탄소 중독이 가장 흔하다.
주 입	주사기를 이용해 혈관에 약물을 주입하거나, 곤충이나 뱀에 물렸을 때
흡 수	유기인산화합물이나 용매와 같은 화학물질의 단순 피부접촉

(2) 구강복용환자 처치

① 증상 및 징후

㉠ 독성 물질 복용에 대한 병력

㉡ 오심/구토, 복통, 의식장애

㉢ 입 주변과 입안의 화학 화상, 호흡에서 이상한 냄새

② 응급처치

㉠ 기도가 개방되었는지 확인한다.

㉡ 의식장애나 호흡곤란 징후가 보이면 산소를 공급한다.

단, 파라콰트 성분의 농약제를 마신 환자의 경우 산소를 공급해서는 안 된다. 왜냐하면 파라콰트 성분이 산소와 결합해서 유해산소를 발생시키고, 다른 조직에 비해 허파조직에 10배 이상의 고농도로 축적되어 허파섬유화를 불러온다.

㉢ 호흡을 평가해 부적절하면 BVM을 이용해 호흡을 돕는다.

㉣ 장갑을 낀 손으로 환자 입에 남아 있는 약물을 제거한다.

㉤ 복용한 약물과 같이 환자를 병원으로 이송한다.

㉥ 재평가 및 처치를 실시한다. 기도와 호흡을 평가하고 흡인 및 산소 공급을 한다.

(3) 흡입에 의한 중독환자 처치

① 일반적인 증상 및 징후

㉠ 독성 물질을 흡입한 병력

㉡ 호흡곤란, 기침, 쉰 목소리, 가슴통증

㉢ 어지러움, 두통, 의식장애, 발작

② 응급처치

    ㉠ 독성 물질을 흡입할 수 있는 현장이라면 현장에서 환자를 이동시킨다.

    ㉡ BVM을 이용한 양압환기로 고농도산소를 제공한다.

    ㉢ 병원 이송 시 독성 물질을 확인할 수 있는 병이나 라벨을 같이 갖고 간다.

    ㉣ 재평가 및 처치를 실시한다. 기도와 호흡을 평가하고 흡인 및 산소 공급을 한다.

(4) 주입에 의한 중독환자 처치

① 주입에 의한 중독은 중독물질을 혈관 내 주입하거나 동물이나 곤충에 물렸을 때 발생한다.

② 주로 코카인, 헤로인과 같은 마약을 혈관 내로 투여하는데 마약의 일반적인 증상인 반응저하, 호흡곤란, 축동 현상이 일어난다.

③ 일반적인 증상 및 징후

    ㉠ 약물을 주입했다는 병력

    ㉡ 허약감, 어지러움, 오한, 열, 오심/구토, 축동, 의식장애, 호흡곤란

④ 현장처치

    ㉠ 현장안전을 확인하고 개인 안전 장비를 착용한다.

    ㉡ 기도를 개방·유지한다.

    ㉢ 산소를 공급한다.

    ㉣ 중독된 약물과 같이 환자를 병원으로 이송한다.

    ㉤ 재평가를 실시한다. 특히 기도유지, 호흡 평가, 흡인을 실시한다.

(5) 흡수로 인한 중독환자 처치

① 흡수로 인한 중독물질은 독성이 강하고 치명적이기 때문에 환자와 대원 모두에게 위험할 수 있다.

② 일반적인 증상 및 징후

    ㉠ 독성 물질을 흡수한 병력

    ㉡ 환자 피부에 남아 있는 액체나 가루

    ㉢ 과도한 침분비, 과도한 눈물

    ㉣ 설사, 화상, 가려움증, 피부자극, 발적

③ 응급처치

    ㉠ 기도 개방 유지

    ㉡ 산소 공급

    ㉢ 독성 물질 제거

      • 오염된 의복을 제거한다.

      • 가루인 경우 솔을 이용해 제거한다. 이때 주위에 퍼지거나 날리지 않도록 주의한다. 현장을 20분 이상 물로 씻어 낸다.

- 액체인 경우 현장에서 20분 이상 깨끗한 물로 씻어 낸다.
- 눈은 20분 이상 흐르는 물에 씻어 내고 씻어 낸 물이 다시 들어가거나 반대편 눈에 들어가지 않도록 주의한다.
- ㉣ 이송 중 위험이 없다면 독성 물질과 같이 병원으로 이송한다.
- ㉤ 재평가 및 처치를 실시한다. 기도와 호흡을 평가하고 흡인 및 산소 공급을 한다.

2 알레르기 반응

(1) 종류 및 원인

① 과민성 쇼크 : 기도폐쇄로 충분한 산소 공급이 되지 않을 때 발생
② 쇼크는 혈관의 이완에 의해 더욱 악화된다.
③ 알레르기 반응 : 눈물, 콧물, 쇼크, 호흡부전 등 다양하다.
④ 일반적인 원인
 ㉠ 독을 갖고 있는 곤충(벌, 말벌 등)에게 물리거나 쏘일 때
 ㉡ 견과류, 갑각류(게, 새우, 조개), 우유, 달걀, 초콜릿 등 음식 섭취
 ㉢ 독성이 있는 담쟁이덩굴, 오크, 두드러기 쑥(일명 돼지풀) 꽃가루 등 식물 접촉
 ㉣ 페니실린, 항생제, 아스피린, 경련약, 근이완제 등의 약품
 ㉤ 기타 먼지, 고무, 접착제, 비누, 화장품 등
 환자들은 과거의 경험에 의해 알레르기 물질을 알고 있는 경우가 많다.

(2) 환자 처치

알레르기 반응으로 호흡곤란과 쇼크 증상을 보이는 환자에게
① 호흡곤란을 해소하기 위해서 양압환기를 제공한다.
② 병원에서 알레르기 반응 시 투여할 수 있는 에피네프린 약품이 있는지 확인한다.
③ 지정 병원 의사와 통신한 후 투여를 결정하며 환자를 이송한다.
④ 매 5분마다 생체징후 평가를 실시한다.
⑤ 인체를 조이는 반지, 팔찌, 넥타이 등은 제거한다.
⑥ 환자의 상태가 악화되면 아래와 같은 처치를 실시한다.
 ㉠ 쇼크 증상에 대한 처치를 실시한다.
 ㉡ 100% 산소를 공급한다.
 ㉢ 심정지 상태가 되면 CPR을 실시하고 AED를 사용한다.
⑦ 환자에게 일어난 모든 일들을 기록한다.

③ 한랭손상

(1) 일반적인 저체온증

① 체온이 35℃ 이하인 경우를 말하며 단계별로 경증에서 중증으로 나뉜다. 증상 및 징후는 중심체온의 변화에 따라 달라진다.

중심 체온	증상 및 징후
35.0~37.0℃	오 한
32.0~35.0℃	오한, 의식은 있으나 언어 장애가 나타남
30.0~32.0℃	오한, 강한 근육 경직, 협력장애로 기계적인 움직임, 생각이 명료하지 못하고 이해력도 늦으며 기억력 장애 증상
27.0~30.0℃	이성을 잃고 환경에 대한 반응 상실(바보같은 모습), 근육 경직, 맥박과 호흡이 느려짐, 심부정맥
26.0~27.0℃	의식 손실, 언어지시에 무반응, 모든 반사반응 상실, 심장기능 장애

② 저체온증은 다양한 환경, 다양한 환자에게서 일어나며 단순히 추운 겨울에만 일어나지는 않는다.

③ 저체온증 유발 인자

　㉠ 추위 또는 추운 환경 : 반드시 극심한 추위로 저체온증이 유발되는 것이 아니며 일반적인 추위에도 장시간 노출되면 일어날 수 있다.

　㉡ 나 이

　　• 아동 : 몸의 크기에 비교해서 넓은 체표면적(특히 머리)을 갖고 있어 성인에 비해 열 손실이 빠르고 지방과 근육량이 적어 보온 및 몸 떨림을 통해 열을 생산하는 능력이 떨어진다.

　　• 노인 : 복용하는 약의 작용으로 체온조절능력이 떨어지거나 경제력 상실로 영양부족(열 생산 저하) 및 난방 유지가 안 되는 경우가 많다.

　　• 아동과 노인 모두 주변 온도에 따른 적절한 의복을 입지 못하는 경우가 많다. 소아는 스스로 옷을 입거나 벗는 것이 어려우며, 노인은 치매나 온도 감각 장애로 옷을 적절하게 입지 못하기 때문이다.

　㉢ 질병 : 당뇨환자가 저혈당인 경우에 저체온증 위험이 높으며 패혈증인 경우 초기에 열이 오르다가 심한 열 손실이 나타날 수 있다.

　㉣ 약물과 중독 : 고혈압약, 정신과약과 같은 몇몇 약물은 체온조절기전을 방해한다. 알코올 함유 음료는 추위에 수축되는 혈관을 오히려 이완시켜 열 손실을 촉진시킨다.

　㉤ 손 상

　　• 몇몇 손상은 저체온증 위험을 증가시킨다.

　　• 화상 : 피부 소실은 체액손실을 유발하고 손실된 체액의 기화로 인해 열 손실을 촉진한다. 또한 단열작용을 하지 못하고 추위에 반응하여 피부에 위치한 혈관을 수축시키는 작용도 하지 못한다.

- 머리 손상 : 체온조절을 담당하는 뇌 손상은 저체온증을 악화시킬 수 있다.
- 척추 손상 : 혈관 수축과 오한과 같은 활동을 관장하는 신경이 손상된다.
- 쇼크 : 저혈류량으로 인한 쇼크는 정상체온의 환자보다 저체온증 위험이 크다.
  - ㅂ 익수 : 물에서의 열전도는 공기보다 약 25배 이상 빠르므로 저체온증이 빠르게 진행된다.

(2) 저체온증 증상 및 징후 평가

① 첫인상 : 주변 환경, 외상과 손상

② 의식 수준 : 저체온증이 진행되면서 의식은 떨어진다. 초기에는 약간의 감정변화, 조작능력 저하, 기억상실, 언어장애, 어지러움, 감각 장애 등이 나타난다. 판단력 장애로 환자는 옷을 벗는 행동을 하고 심한 경우 반응이 없거나 무의식상태를 보인다.

③ 호흡 : 초기에는 비정상적으로 빠르다가 후기에는 느려진다.

④ 순환 : 초기에는 빠르다가 후기에는 느려진다. 중증 저체온증에서는 맥박이 30 이하로 떨어지고 팔다리의 순환이 감소되어 촉지하기 힘들다. 피부는 창백하거나 청회색을 종종 나타낸다.

⑤ 우선순위 결정 : 이송과 CPR 등을 결정해야 한다. 의식장애, 호흡이나 순환 장애 등은 즉각적인 이송이 필요하다. 생체징후와 주요 신체검진을 실시할 때 다음과 같은 사항에 유의해야 한다.
  - ㉠ 혈압이 낮거나 측정되지 않을 때
  - ㉡ 동공 빛 반사가 늦을 때
  - ㉢ 오한이 있을 때
  - ㉣ 근육 경직이나 굳은 자세일 때

⑥ 현장에서 정확하게 체온을 측정하기는 어려우며 만약 체온측정이 여의치 않은 경우에는 환자 배 위에 손등을 대어 평가하는 것도 좋은 방법이다.

(3) 응급처치

① 병원 전 처치의 목적
  - ㉠ 추운 환경에서부터 환자를 이동하기 위해
  - ㉡ 더 이상의 열손실을 막기 위해
  - ㉢ 기도 개방을 유지하기 위해
  - ㉣ 환자의 호흡과 순환을 지지하기 위해
  - ※ 만약 심장마비를 보이는 저체온증환자인 경우에는 현장 도착 즉시 CPR을 실시해야 한다. 또한 환자가 경직된 상태로 맥박이 촉지 되지 않는다면 CPR을 실시하고 신속하게 병원으로 이송해야 한다. 일반적으로 저체온상태에서는 뇌를 보호하기 위한 인체반응이 나타나므로 심정지 상태의 환자라도 순환과 호흡이 돌아와 회복될 수 있다.

② 저체온증환자의 일반적 응급처치

    ㉠ 현장 확인 : 위험물질 확인, 추가 지원 요청

    ㉡ 개인 보호 장비 착용

    ㉢ 추운 곳에서 더운 곳으로 환자 이동

    ㉣ 가능한 환자를 조심스럽게 이동

    ㉤ 추가 열손실 방지

    ㉥ 보온 및 열 공급

- 무반응이거나 반응이 적절하지 않을 시 다음과 같은 소극적인 처치법을 실시한다.
  - 차갑거나 젖거나 조이는 옷은 제거한다.
  - 이불을 덮어준다.
  - 구급차 내 온도를 올린다.
- 의식이 명료한 상태 : 적극적인 처치법을 실시

    인체 외부, 주요 동맥이 흐르는 표면(가슴, 목, 겨드랑이, 서혜부)에 따뜻한 것을 대준다.

    ㉦ 기도 개방 유지 : 필요 시 흡인

    ㉧ 호흡과 순환 지지 : 호흡과 맥박이 느려지기 때문에 CPR을 실시하기 전에 적어도 30~45초간 평가해야 한다.

    ㉨ 많은 양의 산소 공급(가능하다면 가온 가습한 산소)

    ㉩ 환자가 힘을 쓰거나 걷지 않게 한다.

    ㉪ 자극제(카페인, 알코올 음료 등)를 먹거나 마시지 않게 한다.

    ㉫ 팔·다리 마사지 금지

    ㉬ 신속한 병원 이송

    ㉭ 재평가 실시

(4) 국소 한랭손상

① 개 념

    ㉠ 일반적인 저체온증으로 발전하지 않고도 추위 노출로 인해 고통 받을 수 있다. 추위에 부적절하게 보온하는 것은 종종 국소 한랭손상을 유발시킨다.

    ㉡ 몸의 중심에서 먼 부위는 이러한 손상에 노출될 위험이 더욱 크며 귀, 코, 얼굴 일부분, 발가락에서 많이 나타난다.

    ㉢ 저체온증환자는 국소 한랭손상 위험이 크며 당뇨 또는 알코올중독환자 역시 추위에 대한 감각이 떨어지기 때문에 국소 한랭손상 위험이 증가한다.

    ㉣ 소아와 노인의 경우는 적절한 자기 보온을 하지 못하기 때문에 위험에 노출되어 있다.

    ㉤ 국소 한랭손상은 특징적인 연부조직손상이 나타나며 조직 손상깊이는 화상과 같이 얼마나 노출되었는가에 달려 있다.

ⓗ 동창(Chilblain)과 동상(Frostbite)

동 창	• 초기 또는 표면 국소 한랭손상으로 피부가 하얗게 되거나 창백하게 변색 • 손상부위를 촉진하면 피부는 계속 창백하게 남아 있고 대부분 모세혈관 재충혈이 되지 않는다. • 변색되었음에도 불구하고 만졌을 때 피부가 부드러운 경우에는 감각 이상이나 손실을 호소하는 경우가 많다. • 초기에 적절한 처치를 받는다면 조직의 영구적인 손상 없이 완전히 회복할 수 있다. • 정상체온으로 회복하는 동안 환자는 종종 저린 증상을 호소하는데 이는 손상 부위에 정상 혈액 순환이 되어 회복을 나타내는 것이라는 설명을 해주어야 한다.
동 상	• 후기 또는 깊은 국소 한랭손상으로 하얀 피부색을 띤다. • 촉지하면 피부는 나무와 같이 딱딱하고 물집이나 부분부종이 나타나기도 한다. • 대부분 산악인에게 많이 발생하며 근육과 뼈까지 손상되는 경우도 있다. • 손상부위가 녹으면서 자줏빛, 파란색 그리고 얼룩덜룩한 피부색을 보인다.

② 일반적 처치

　ⓐ 현장 확인 : 위험물질이 있는지, 추가 지원이 필요한지 확인한다.

　ⓑ 개인 보호 장비를 착용한다.

　ⓒ 가능하다면 따뜻한 곳으로 환자를 이동한다.

　ⓓ 보온하고, 축축하고 차갑거나 조이는 옷은 제거한다.

　ⓔ 많은 양의 산소 공급(가능하다면 가온가습한 산소)

　ⓕ 손상부위의 추가 손상을 방지한다.

　ⓖ 재평가를 실시한다.

③ 초기 또는 표면 손상인 경우 처치

　ⓐ 손상 부위를 부목으로 고정한다.

　ⓑ 소독 거즈로 드레싱 한다.

　ⓒ 손상부위의 반지나 장신구를 제거한다.

　ⓓ 손상부위를 문지르거나 마사지하지 않는다.

　ⓔ 다시 추위에 노출되지 않도록 주의한다.

④ 후기 또는 깊은 손상인 경우 처치

　ⓐ 손상부위를 부목으로 고정한다. 다리부분 손상인 경우에는 걷지 않도록 한다.

　ⓑ 마른 옷이나 드레싱으로 손상부위를 덮는다.

　ⓒ 손상부위의 반지나 액세서리를 제거한다.

　ⓓ 손상부위를 문지르거나 마사지하지 않는다.

　ⓔ 물집을 터트리지 않는다.

　ⓕ 손상부위에 직접적인 열을 가하거나, 따뜻하게 회복시키는 처치법을 실시하지 않는다.

　ⓖ 다시 추위에 노출되지 않도록 주의한다.

⑤ 이송이 지연되는 경우

㉠ 손상부위를 정상체온으로 회복시키기 위한 처치법 실시
- 약 42℃의 따뜻한 물에 손상부위 전체가 잠기도록 한다.
- 물 온도가 떨어지지 않도록 추가로 더운 물을 넣어 주어야 한다.
- 처치는 손상부위가 부드러워지고 색과 감각이 돌아올 때까지 실시한다(약 20~30분).
- 소독거즈로 드레싱 한다. 손가락과 발가락은 사이사이에 거즈를 넣고 드레싱 한다.
- 손상부위에 정상 순환이 회복되면서 환자가 심한 통증을 호소하므로 환자를 안정시키고 이유를 설명해 주어야 한다.
- 주의해야 할 점 : 다시 추위로 인한 재손상을 받지 않는다는 가정하에 실시
㉡ 야외에서 손상부위를 녹이기 위해 불을 피우는 것은 금지해야 한다. 손상부위의 감각 손실로 화상을 입게 되면 더 많은 부분이 손상되기 때문이다.

4 열 손상

(1) 열경련(Heat Cramp)
① 더운 곳에서 격렬한 활동으로 땀을 많이 흘려 전해질(특히 나트륨) 부족으로 나타난다.
② 근육경련이 나타나지만 심각하지는 않으며, 대부분은 시원한 곳에서 휴식하고 수분을 보충하면 정상으로 회복된다.
③ 회복 후에 환자가 다시 활동을 재기할 수 있어 환자를 적절한 처치 없이 방치하면 소모성 열사병으로 진행된다.

(2) 일사병(Heat Exhaustion)
① 체액소실로 나타나며 보통 땀을 많이 흘리고 충분한 수분을 섭취하지 않아 발생한다.
② 응급처치를 하지 않으면 쇼크를 초래하고 증상 및 징후는 체액을 얼마나 소실했는지에 따라 달라진다.
③ 초기에는 피로, 가벼운 두통, 오심/구토, 두통을 호소하며 피부는 정상이거나 차갑고 창백하며 축축하다.
④ 처치가 이루어지지 않으면 빠른맥, 빠른호흡, 저혈압을 포함한 쇼크 징후가 나타난다.
⑤ 적절한 휴식 없이 진화하는 소방대원 및 통풍이 안 되는 작업복을 입고 일하는 작업자들에게서 많이 발생한다.

(3) 열사병(Heat Stroke)

① 열 손상에서 가장 위험한 단계로, 체온조절기능 부전이 나타난다.

② 여름철에 어린아이나 노약자에게 많이 일어나며 보통 며칠에 걸쳐 진행된다.

③ 소모성 열사병환자와 같이 체온이 정상이거나 약간 오르지 않고, 41~42℃ 이상 오른다.

④ 피부는 뜨겁고 건조하거나 축축하다.

⑤ 의식은 약간의 혼돈상태에서 무의식상태까지 다양한 의식변화가 있다. 만약 의식은 명료하나 피부가 뜨겁고 건조하거나 축축한 환자가 있다면 적극적인 체온저하 처치를 실시해야 한다.

(4) 응급처치

① 일반적인 열 손상환자의 증상 및 징후

㉠ 근육경련, 두통, 경련, 의식장애

㉡ 허약감이나 탈진, 어지러움이나 실신

㉢ 빠른맥, 빠르고 얕은 호흡

㉣ 피부 : 정상이거나 차갑고 창백하며 축축한 피부 또는 뜨겁고 건조하며 축축한 피부(위급한 상태)

② 열 손상환자의 응급처치

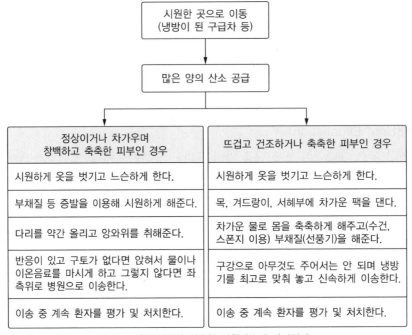

※ 환자의 회복도와 생존율은 응급처치와 신속한 병원이송에 달려있다.

5 익사(익수) 사고

(1) 개념

① 익사(Drowning) : 물에 잠긴 후에 질식에 의하여 사망하는 경우. 바다보다 민물에서 자주 발생한다.

② 익수(Near Drowning) : 물에 잠긴 후에 최종결과에 관계없이 일시적이더라도 환자가 생존한 경우이다.

③ 더운 물보다 차가운 물에서의 생존율이 높은데 이는 '물속에서 포유류의 반사작용' 때문이다. 차가운 물에서 구조된 환자가 호흡, 맥박이 없어도 CPR을 포함한 적극적인 처치를 실시해야 한다.

(2) 응급처치

① 현장안전을 확인한다.

② 사고경황을 모르거나 다이빙 중 사고환자라면 척추손상을 의심해야 한다.

③ 호흡이 없는 경우 가능하다면 환자에게 다가가 바로 인공호흡을 실시해야 한다.

④ 척추손상 가능성이 없다면 환자를 측위로 눕혀 물, 토물, 이물질 등이 나오게 한다.

⑤ 필요하다면 흡인한다.

⑥ 비재호흡마스크로 많은 양의 산소를 공급한다.

⑦ 환자의 배가 팽창되어 있다면 적절한 양압 인공호흡을 위해서 위에 있는 압력을 다음과 같이 감소시켜야 한다.

　㉠ 큰 구멍이 있는 팁과 튜브를 갖춘 흡인세트를 준비한다.

　㉡ 흡인을 예방하기 위해 환자를 좌측위로 취해준다.

　㉢ 팽창상태를 완화하기 위해서 윗배 위를 손으로 꾹꾹 눌러준다.

　㉣ 인공호흡을 다시 시작하기 전에 흡인으로 상기도를 깨끗이 유지한다.

(3) 특수한 상황

① 얼음에서의 구조 : 차가운 물에 빠진 환자는 더운 물에 빠진 환자보다 상대적으로 생존율이 높다.

　㉠ 현 상황에 맞게 훈련 받은 대원으로 구성되어 있어야 한다.

　㉡ 건식 잠수복을 착용해야 한다.

　㉢ 잠수복 위에 개인수상안전조끼를 착용한다.

　㉣ 로프로 육상의 단단한 물체에 지지점을 확보하고 활동대원 모두를 연결시킨다.

　㉤ 얼음 위의 대원은 그들의 몸무게로 얼음이 깨질 수 있으므로 상황에 맞게 다음과 같은 방법을 이용한다.

- 얇은 얼음에서는 걷지 않고 기어간다.
- 얼음 위에 사다리를 놓고 그 위로 지나간다.
- 바닥이 평평한 배를 이용해 접근한다.

② 스쿠버 다이빙과 관련된 응급상황
  ㉠ 하강과 관련된 압력손상
  - 내려가는 동안 물의 무게와 중력으로 잠수부 신체에 가해지는 압력이 강해질 것이다.
  - 내이와 부비동과 같이 공기로 채워진 신체 공간은 압착되고 귀와 얼굴의 통증을 유발한다.
  - 심한 경우 고막이 파열되어 출혈이 생길 수도 있다.
  ㉡ 상승과 관련된 압력손상
  - 잠수부에게 대부분 치명적인 손상을 주는 경우는 수면으로의 급격한 상승에서 기인한다.
  - 인체에 있는 가스는 수면으로 올라오면서 팽창하는데 심한 경우 팽창된 가스는 조직을 파열시키기도 한다.
    - 치아 : 구강 내 공기 주머니 팽창은 심한 통증을 유발시킨다.
    - 위장 : 복통을 유발하고 트림이나 방귀가 자주 나온다.
    - 허파 : 허파의 일부분을 파열시키며 피하조직으로 공기가 들어가 피하기종을 유발할 수 있다.
  - 혈류에 들어간 공기는 기포나 기포덩어리가 되어 일반 순환과 관류를 방해하는 공기색전증을 유발하기도 한다. 공기색전증으로 심장마비, 경련, 마비 증상이 나타날 수 있다.
  ㉢ 감압병(DCS ; Decompression Sickness)
  - 공기 중에 약 70%를 차지하는 질소가스가 조직과 혈류 내 축적되면서 발생한다.
  - 보통 빠르게 상승할 때 발생한다.
  - 증상은 30분 이내에 50%, 1시간 이내에 85%, 3시간 이내에 95%가 나타난다.
  - 증상은 두통, 현기증, 피로감, 팔다리의 저린 감각, 반신마비 등, 드물게는 호흡곤란, 쇼크, 무의식, 사망도 나타난다.
  - 예방법 : 수심 30m 이상 잠수하지 않으며, 상승 시 1분당 9m의 상승속도를 준수한다.
  - 감압병의 증상 및 징후
    - 의식 변화, 피로감, 근육과 관절의 심부통증
    - 피부 가려움증과 얼룩 또는 반점, 저린 감각 또는 마비
    - 질식감, 기침, 호흡곤란, 중독된 듯한 모습, 가슴통증

③ 응급처치
  ㉠ 환자를 안전하게 구조한다.
  ㉡ 앙와위 또는 측와위로 눕히며 기도를 확보한다.
  ㉢ 비재호흡마스크로 100% 산소를 10~15L/분로 공급한다(즉각적인 산소 공급은 종종 증상을 감소시키지만 나중에 다시 나타날 수 있다).

② 호흡음 청진 : 기흉의 경우는 호흡음이 감소하게 되며, 항공후송은 금기가 된다.

⑩ 보온유지 및 걷거나 힘쓰는 일은 하지 않는다.

⑪ 신속하게 이송한다.

⑫ 가압실이 설치되어 있는 병원과 연락한다. 다이빙과 관련된 심각한 상태는 특수한 고압산소 치료가 필요하기 때문에 미리 연락을 해야 한다.

6 물림과 쏘임

(1) 곤충에 쏘임

① 일반적인 반응 : 국소 통증, 발적, 국소 부종, 전신 통증, Anaphylaxis와 같은 전신 반응 등

② 응급처치

㉠ 현장안전을 확인한다.

㉡ 침이 있다면 제거해야 한다.

• 신용카드 등의 끝부분으로 문질러 제거한다.

• 족집게나 집게로 제거해서는 안 된다. 상처부위로 독물을 더욱 짜 넣는 결과가 된다.

㉢ 부드럽게 손상부위를 세척한다.

㉣ 부종이 시작되기 전에 장신구 등을 제거한다.

㉤ 손상부위를 심장보다 낮게 유지한다.

㉥ 전신 알레르기 반응이나 Anaphylaxis 징후가 나타나는지 관찰한다.

㉦ 재평가를 실시한다.

> **더 알아두기** **아나필락시스(Anaphylaxis)**
>
> 특정물질에 대해 몸에서 과민반응을 일으키는 것으로 극소량만 접촉해도 전신에 걸쳐 증상이 발생하는 심각한 알레르기 반응을 말한다.

(2) 뱀에 물림

① 국내 독사는 4과 8속 14종으로 살모사, 불독사, 까치살모사 등이 있다. 국내 독사의 활동 시기는 4월 하순부터 11월 중순으로 독액은 약 $0.1\sim0.2cc$ 나온다.

② 일반적인 증상 및 징후

㉠ 물린 부위 및 주변이 부어오른다.

㉡ 오심/구토, 호흡과 맥박 증가, 쇼크, 저혈압, 두통, 비정상적인 출혈이 나타난다.

㉢ 입안이 저리면서 무감각해진다.

㉣ 허약감과 어지러움이 나타나고 졸린다(눈꺼풀이 늘어진다).

③ 응급처치

  ㉠ 현장안전을 확인하고 환자를 눕히거나 편한 자세로 안정을 취해준다.

  ㉡ 부드럽게 물린 부위를 세척한다.

  ㉢ 붓기 전에 물린 부위를 조일 수 있는 장신구 등은 제거한다.

  ㉣ 물린 부위를 심장보다 낮게 유지한다.

  ㉤ 움직이지 않게 해야 하므로 물린 팔다리를 부목으로 고정한다.

  ㉥ 물린 부위에서 몸 쪽으로 묶어준다(단, 지혈대가 아닌 탄력붕대 이용).

  ㉦ 전신 증상이 보이면 비재호흡마스크로 많은 양의 산소를 공급한다.

  ㉧ 신속하게 이송한다(구토 증상을 보일 경우 회복자세를 취해준다).

  ㉨ 계속적으로 평가한다.

> **더 알아두기 금기사항**
>
> • 물린 부위를 절개하거나 입으로 독을 **빼내는** 행위
> • 전기 충격, 민간요법으로 얼음이나 허브를 물린 부위에 대는 행위
> • 40분 이상 묶으면 조직 내 허혈증 유발
> ※ 현장처치로 이송을 지연시키면 안 되므로 항뱀독소가 있는 병원에 연락하고 신속하게 이송해
>   야 한다. 항뱀독소는 사망률을 20%에서 1% 이하로 낮추는 역할을 한다.

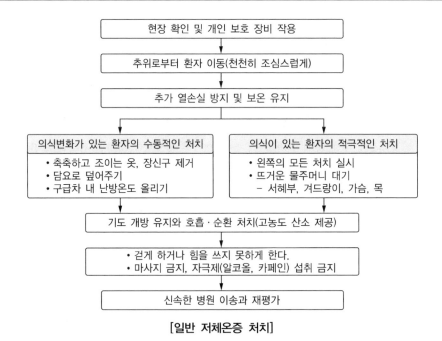

[일반 저체온증 처치]

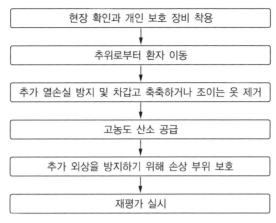

```
현장 확인과 개인 보호 장비 착용
        ↓
추위로부터 환자 이동
        ↓
추가 열손실 방지 및 차갑고 축축하거나 조이는 옷 제거
        ↓
고농도 산소 공급
        ↓
추가 외상을 방지하기 위해 손상 부위 보호
        ↓
재평가 실시
```

[부분 한랭손상 처치]

7 행동응급(정신질환 등)

행동응급은 주어진 상황에서의 비정상적인 행동을 말한다. 예를 들면 아무 이유 없이 길거리에서 괴성을 지르거나 폭력적인 행동을 보이는 것을 말한다.

(1) 행동변화

① 행동변화 요인

저혈당	엉뚱하거나 적개적인 행동(마치 술을 마신 듯한 행동), 어지러움, 두통, 실신, 경련, 혼수, 빠른호흡, 허기, 침이나 코를 흘리고 빠른맥 증상이 빠르게 나타남
산소결핍	안절부절, 혼돈, 청색증, 의식장애
뇌졸중	혼돈, 어지러움, 언어장애, 두통, 기능상실이나 반신마비, 오심/구토, 동공 확대
머리외상	흥분에서부터 폭력까지 다양한 의식변화, 분별없는 행동, 의식장애, 기억상실, 혼돈, 불규칙한 호흡, 혈압상승, 빠른맥
약물중독	약물에 따른 다양한 증상 및 징후
저체온증	몸의 떨림, 무감각, 의식장애, 기면, 비틀걸음, 느린호흡, 느린맥
고체온증	의식장애

② 생리적인 원인에 의한 응급행동 징후

ㄱ 환자의 호흡에서 이상한 냄새가 난다.

ㄴ 산동, 축동, 비대칭 크기 등의 동공 변화가 나타난다.

ㄷ 일반적으로 증상의 시작이 빠르게 나타난다.

ㄹ 과도하게 침이 분비된다.

ㅁ 대소변 조절능력을 상실한다.

ㅂ 환청보다 환시를 호소한다.

(2) 상황별 스트레스 반응

스트레스 반응을 보이는 환자를 처치하기 위한 행동요령

① 차분하게 행동한다.

② 환자에게 감정을 조절할 시간을 준다.

③ 침착하고 주의 깊게 상황을 평가한다.

④ 대원 자신의 감정을 조절한다.

⑤ 환자에게 솔직하게 설명한다.

⑥ 환자의 말에 경청한다.

⑦ 갑작스런 행동변화에 유의한다.

(3) 정신적인 응급상황

흥분, 공포, 우울증, 양극성 장애, 편집증, 정신분열증 등 이상한 행동에 따른 처치

① 환자에게 대원의 신분 및 역할을 설명한다.

② 천천히 분명하게 말한다.

③ 환자의 말에 경청하고 필요하다면 환자의 말을 반복한다.

④ 판단적인 말을 해서는 안 되며 동정이 아닌 공감을 표현한다.

⑤ 긍정적인 몸짓을 사용해야 하며 팔짱을 끼는 등의 행동은 안 된다.

⑥ 환자로부터 적어도 1m 이상 떨어져 있어야 하며 환자에게 무리하게 다가가 환자의 감정을 폭발시키지 않도록 한다.

⑦ 환자의 감정변화에 주의하며 본인의 안전을 우선적으로 생각해야 한다.

(4) 환자 평가

① 환자 평가에 앞서 현장을 우선 평가해야 하며 현장이 안전하지 않다면 들어가서는 안 된다.

② 현장이 안전하다면 들어가서 신분 및 역할을 설명하고 의식수준 및 1차 평가를 실시한다.

③ 병력, 특히 정신병력이 있는지, 지속적으로 먹는 약이 있는지 알아본다.

④ 환자들은 비협조적이거나 부적절한 반응을 보이기 때문에 환자의 반응을 있는 그대로 기록지에 적어야 한다.

⑤ 일반적인 증상 및 징후

　　㉠ 두려움 및 흥분, 공포

　　㉡ 우울, 위축, 혼돈

　　㉢ 비정상적인 행동 : 반복적인 행동이나 위협적인 행동

　　㉣ 비위생적이며 의복 및 외모가 헝클어져 있다.

　　㉤ 비정상적인 언어형태 : 너무 빠르거나 반복하는 등의 대화 장애

ⓑ 이상한 행동이나 생각, 현실감 상실, 환각

ⓢ 자살이나 자해행위

ⓞ 적개적인 행동

ⓩ 분노 : 부적절하며 종종 짧게 표현하지만 격렬하게 표현하기도 한다.

(5) 응급처치

① 현장 안전을 확인하고 필요하다면 경찰에 도움을 요청한다.

② 1차 평가를 통해 위급한 상태를 응급처치 한다.

③ 행동응급을 초래할 수 있는 내과적·외과적 원인이 있는지 알아본다.

④ 환자의 말에 경청하고 대화를 통해 정보를 수집한다.

　　㉠ 불필요한 신체접촉이나 갑작스런 움직임은 피하고 등을 보여서는 안 된다.

　　㉡ 환자의 말에 동의를 표한다.

⑤ 환자가 표현하는 환각에 협조해서는 안 되며 거짓말을 해서는 안 된다.

⑥ 필요하다면 대화에 가족이나 친구를 포함시키며 환자를 선동시킨다면 다른 곳으로 갈 것을 요구한다.

⑦ 가능하다면 병력 및 신체검진을 실시하고 응급처치를 제공한다.

⑧ 현장이 안전하고 환자가 손상을 갖고 있다고 판단되면 세부신체검진을 실시한다.

⑨ 필요하다면 경찰의 도움으로 환자를 억제시킨다.

⑩ 적절한 치료기관으로 이송한다.

(6) 특수한 상황

① 자 살

　　㉠ 현장 도착 후 가장 먼저 해야 할 사항은 현장안전을 확인하는 것이다.

　　㉡ 환자의 자살위험 정도를 평가하는 데 고려해야 할 사항은 다음과 같다.

　　　• 우울증 : 절망이나 자살에 대한 환자의 느낌이나 표현을 심각하게 받아들인다.

　　　• 최근의 스트레스 정도 : 현재에도 있는지 알아본다.

　　　• 최근 마음의 상처 : 해고, 인간관계 상실, 질병, 구속, 투옥 등

　　　• 나이 : 15~25세, 40세 이상에서 높은 자살비율이 나타난다.

　　　• 술 및 약물남용

　　　• 자살 징후 : 주변 사람에게 자살을 미리 말한다.

　　　• 자살 계획 : 자살에 대한 기록 및 자살방법을 계획한다.

　　　• 자살 시도 과거력 : 자살을 시도한 과거력이 있는 환자는 그렇지 않은 환자보다 자살을 더 많이 시도한다.

- 우울증에서 갑작스러운 기분 호전 : 자살을 결정한 환자의 경우 우울하다가 갑자기 쾌활한 성격이 나타날 수 있다.

② 적대적이고 공격적인 환자

　㉠ 주로 머리나 신경계 손상, 대사 장애, 스트레스, 술·약물 남용, 정신장애 등이 원인으로 현장에서 고함, 부서진 기구, 약병 등을 확인할 수 있다.

　㉡ 환자의 자세로 폭력 가능성을 미리 예측할 수 있다.

　㉢ 환자 평가를 위한 추가적인 징후
- 부적절한 반응
- 파괴적이며 폭력적인 시도
- 빠른맥과 빠른호흡
- 보통 말과 행동이 빨라짐
- 신경질적이고 흥분한 상태

　㉣ 주의 사항
- 혼자서 환자와 같이 있으면 안 된다. 탈출로를 확보해야 하며 문 가까이 위치해 있어야 한다. 환자가 문과 대원 사이에 위치해 있지 않도록 해야 한다. 환자가 폭력적이면 바깥으로 나가서 경찰이 올 때까지 기다려야 한다.
- 환자에게 위협을 줄 만한 행동을 해서는 안 된다.
- 무기가 있을 만한 장소(부엌 등)는 피한다.
- 환자의 갑작스런 행동 변화에 유의해야 한다.
- 다른 대원이나 기관과의 연락을 위해 항상 휴대용 무전기를 갖고 있어야 한다.

③ 제지 및 구속

　㉠ 환자를 제지하는 것은 환자 자신과 다른 사람의 안전을 위해 필요하다. 소방대원은 법적으로 환자를 구속시킬 수 없기 때문에 경찰의 도움을 받아야 한다. 구속이 필요하다면 경찰에 협조할 수 있다.

　㉡ 구속할 때 알아두어야 할 사항
- 협력자를 다시 한 번 확인한다.
- 행동을 미리 계획한다.
- 환자의 팔·다리 행동반경을 미리 예측하고 그 밖에 위치한다.
- 구속과정을 협력자들과 상의한다.
- 적어도 4명의 대원이 동시에 빠르게 팔다리에 접근해 행동한다.
- 팔·다리를 억제한다.
- 환자가 고개를 들거나 내리게 한다. 이 자세는 환자가 순순히 구속을 받는다는 것을 의미하고, 호흡장애를 미리 예방할 수 있다.
- 환자에 맞게 적절한 구속도구를 사용한다.

- 환자가 대원에게 침을 뱉는 경우 오심/구토, 호흡장애가 없는 환자에게는 마스크를 씌운다.
- 억제시킨 부분의 순환상태를 계속 평가하고 억제한 이유와 방법 등을 기록한다.

(7) 기 록

① 환자의 행동 및 관찰한 사항을 적는 것은 중요하다.
② 기록은 전문적이고 분명하게 적어야 하며 현장 상황도 적어야 한다.
③ 만약 환자가 약물이나 알코올과 관련이 있다면 이에 대해서도 적어야 한다.
④ 경찰관계자 및 목격자, 협력자 등의 이름도 기록해 두어야 한다.

8 감염방지

(1) 감염예방의 정의

① 감염은 혈액의 포함 여부와 관련 없이 혈액, 체액, 분비물(혈액이 포함되지 않은 땀은 제외)에 의해 전파될 수 있다.
② 감염예방은 감염되었거나 감염되었을지도 모르는 환자로부터 감염원이 전파될 가능성을 줄이기 위함으로, 모든 환자 처치 시 적용되며 환자의 진단명이나 감염상태 등에 상관없이 적용한다.
③ 감염예방을 위해서는 항상 개인 보호 장비인 장갑, 마스크, 보호안경, 가운 등을 착용하고 일방향 휴대용마스크를 소지해야 한다.

(2) 현장 도착 전 예방법

모든 환자는 잠재적인 감염질환이 있다고 가정해야 한다.

[감염질환의 특징]

질 병	전염 경로	잠복기
후천성면역결핍증(AIDS)	HIV에 감염된 혈액, 성교, 수혈, 주사바늘, 모태감염	몇 개월 또는 몇 년
수 두	공기, 감염부위의 직접 접촉	11~21일
풍 진	공기, 모태감염	10~12일
간 염	혈액, 대변, 체액, 오염된 물질	유형별로 몇 주~몇 개월
뇌수막염(세균성)	입과 코의 분비물	2~10일
이하선염	침 또는 침에 오염된 물질	14~24일
폐렴(세균성, 바이러스성)	입과 코의 분비물	며칠
포도상구균 피부질환	감염부위와의 직접 접촉 또는 오염된 물질과의 접촉	며칠
결 핵	호흡기계 분비물(비말 등), 공기	2~6주
백일해	호흡기계 분비물, 공기	6~20일

이 중 가장 대중적인 감염질환은 다음과 같다.

① B형 간염(Hepatitis B)

　㉠ B형 간염(HBV)은 간에 직접적인 영향을 미치는 바이러스이다.

　㉡ 혈액 또는 체액에 의해 전파되고 몇 년간 몸에 잠복해 있다가 발병, 전파되기도 한다.

　㉢ 주요 증상 및 징후 : 피로감, 오심, 식욕부진, 복통, 두통, 열, 황달

　㉣ 최선의 예방책은 개인 보호 장비 착용이고, 다음은 B형 간염 예방접종을 받는 것이다.

② 결핵(Tuberculosis)

　㉠ 약에 대한 내성이 쉽게 생기며 몸이 약해지면 다시 재발하는 질병으로 가래나 기침에 의한 호흡기계 분비물(비말 등)로 전파된다.

　㉡ 주요 증상 및 징후 : 열, 기침, 도한(Night Sweats), 체중 감소

　㉢ 예방책은 특수마스크 착용이며, 기침환자 처치 전에는 결핵 여부에 상관없이 착용해야 한다.

③ AIDS(Acquired Immune Deficiency Syndrome)

　㉠ 감염자의 혈액 또는 체액에 접촉 시 감염될 수 있다.

　　• 정액을 포함한 성관계, 침, 혈액, 소변 또는 배설물

　　• 감염된 주사바늘

　　• 감염된 혈액이나 혈액제제, 특히 눈·점막·개방성 상처 등을 통해 감염

　　• 수직감염, 출산, 모유수유

　　※ 피부접촉, 기침, 재채기, 식기 도구의 공동사용으로는 감염되지 않는다.

> **더 알아두기　인체면역결핍바이러스(HIV)**
>
> • 인체의 면역기능을 파괴하며 후천성면역결핍증(AIDS)을 일으키는 바이러스이다.
> • 일단 사람의 몸속에 침입하면 면역을 담당하는 T세포를 찾아내어 그 세포 안에서 증식하면서 면역세포를 파괴하여 인간의 면역능력을 떨어트림으로써 결국에는 사망에 이르게 한다.
> • AIDS감염자는 건강한 사람에게는 해롭지 않은 바이러스, 박테리아, 기생충 그리고 균류에 의해서도 질병이 유발되기도 한다.
> • HIV 보균자 모두 AIDS로 발전되는 것은 아니나 다른 사람에게 전파시킬 수 있다는 점이 문제가 된다.

　㉡ 증상 및 징후

　　• 감염 초기인 급성 감염기에는 특별한 증상이 별로 없다. 개인에 따라서 감기나 독감·메스꺼움·설사·복통 같은 증상이 나타날 수 있으나 특별한 치료 없이도 대부분 호전되므로 감기에 걸렸다가 나은 것으로 생각할 수 있다.

　　• 급성 감염기 이후 8~10년 동안은 일반적으로 아무 증상이 없으며 외관상으로도 정상인과 같다. 이때를 무증상 잠복기라고 하는데, 증상은 없어도 바이러스는 활동하고 있으므로 체내 면역체계가 서서히 파괴되면서 남에게 바이러스를 옮길 수 있다.

- 오랜 잠복기 이후 AIDS로 이행하는 단계가 되면 발열·피로·두통·체중감소·식욕부진·불면증·오한·설사 등의 증상이 지속적으로 나타나고, 이 단계에서 면역력이 더욱 떨어지면 아구창·구강백반·칸디다질염·골반감염·부스럼 등의 다양한 피부질환이 나타난다.
- AIDS단계인 감염 말기가 되면 정상인에게 잘 나타나지 않는 각종 바이러스나 진균, 기생충 및 원충 등에 의한 기회감염이 나타나며 카포시육종(Kaposi's Sarcoma, 피부에 생기는 악성 종양) 및 악성 임파종과 같은 악성 종양이나 치매 등에 걸려 결국 사망하게 된다.

> **더 알아두기** | **현장 도착 전 개인 보호 장비 착용**
>
> - 보호 장비는 환자의 혈액, 체액, 분비물, 오염된 물건, 손상된 피부, 점막 접촉 등으로 인한 감염으로부터 예방해 준다.
> - 장갑, 마스크, 가운 등의 보호 장비는 언제든지 사용할 수 있도록 비치되어 있어야 한다.
> - 보호 장비는 처치자 뿐만 아니라 옆의 보조역할 수행자도 모두 착용해야 한다.

(3) 현장 도착 후 예방법

① 기본 예방법
  ㉠ 날카로운 기구를 사용할 경우에는 손상을 당하지 않도록 주의한다.
  ㉡ 바늘 끝이 사용자의 몸 쪽으로 향하지 않도록 한다.
  ㉢ 사용한 바늘은 다시 뚜껑을 씌우거나, 구부리거나, 자르지 말고 그대로 주사바늘통에 즉시 버린다.
  ㉣ 부득이 바늘 뚜껑을 씌워야 할 경우는 한 손으로 조작하여 바늘 뚜껑을 주사바늘에 씌운 후 닫도록 한다.
  ㉤ 주사바늘, 칼날 등 날카로운 기구는 구멍이 뚫리지 않는 통에 모은다.
  ㉥ 심폐소생술 시행 시 반드시 일방향 휴대용마스크를 이용하며 직접 접촉을 피한다.
  ㉦ 피부염이나 피부에 상처가 있는 처치자는 환자를 직접 만지거나 환자의 검체를 맨손으로 접촉하지 않도록 한다.
  ㉧ 장갑은 동일한 환자에게 사용한 경우에도 오염된 신체부위에서 깨끗한 부위로 이동할 경우 교환해야 한다.

② 전파경로에 따른 예방법
  ㉠ 질병은 병원체, 박테리아, 바이러스와 같은 미생물에 의해 야기되며 크게 직접전파와 간접전파로 나눌 수 있다.
  ㉡ 직접전파 : 수혈, 개방성 상처와의 접촉, 눈과 입의 점막을 통한 접촉으로 전파
  ㉢ 간접전파 : 주사바늘 등 오염물질 또는 호흡기를 통한 비말흡입에 의해 전파

전파 경로	원 인	관련 질환(병명)	예방법
공 기	작은 입자(5μm 이하)가 공기 중의 먼지와 함께 떠다니다가 흡입에 의해 감염	홍역, 수두, 결핵	• 환자 이동을 최소화 • 이동이 불가피할 경우에는 환자에게 수술용 마스크를 착용
비 말	큰 입자(5μm 이상)가 기침이나 재채기, 흡입(Suction) 시 다른 사람의 코나 점막 또는 결막에 튀어서 단거리(약 1m 이내)에 있는 사람에게 감염	뇌수막염, 폐렴, 패혈증, 부비동염, 중이염, 백일해, 이하선염, 인플루엔자, 인두염, 풍진, 결핵	환자와 1m 이내에서 접촉할 경우는 마스크를 착용
접 촉	직접 혹은 간접 접촉에 의해 감염	• 소화기계, 호흡기계, 피부 또는 창상의 감염이나 다제내성균이 집락된 경우 • 오랫동안 환경에서 생존하는 장 감염 • 장출혈성 대장균(O157 : H7), 이질, A형 간염, 로타 바이러스 • 피부감염 : 단순포진 바이러스, 농가진, 농양, 봉소염, 욕창, 이 기생충, 옴, 대상포진 • 바이러스성 출혈성 결막염	• 장갑 착용 및 손 위생. 처치 후 소독비누로 손을 씻거나 물 없이 사용하는 손소독제를 사용 • 가운은 멸균될 필요는 없으며 깨끗하게 세탁된 가운이면 됨 • 환자 이동 시 주위 환경을 오염시키지 않도록 주의 • 환자가 사용했던 물건이나 만졌던 것 그리고 재사용 물품은 소독

(4) 환자처치 후 예방법

① 손 위생

㉠ 감염예방 및 전파차단에 가장 간단하면서도 중요한 일이 손 씻기로 대부분의 오염물질은 비누로 손을 씻을 경우 10~15초 사이에 피부로부터 떨어져 나간다.

㉡ 손 위생을 위해 알아 두어야 할 점과 손 씻는 방법

• 장갑 착용 여부와 상관없이 환자처치 후에는 꼭 손을 씻어야 한다.

• 장갑을 벗는 즉시 손을 씻는다. 이때, 손에 장신구(반지, 시계, 팔찌 등)가 있다면 빼낸 후 씻어야 한다.

• 거품을 충분히 낸 후 손가락 사이와 접히는 부위를 포함해 세심하게 문지른다.

• 손톱 아래는 솔을 이용해 이물질을 제거한다.

• 반드시 흐르는 물을 이용해서 손목과 팔꿈치 아래까지 씻는다.

• 가능한 1회용 수건을 이용해 물기를 완전히 제거한다.

• 물과 비누가 없는 경우에는 손 소독제를 이용해 임시 세척을 하고 나중에 꼭 물과 비누를 이용해 손을 씻는다.

• 평상시에는 일반 비누를 이용하여 손 씻기를 해도 무관하나 전염병 발생 등 감염관리상의 문제가 발생한 때에는 손 소독제를 사용하도록 한다.

② 처치 기구 및 환경관리

　ㄱ 혈액이나 분비물, 체액, 배설물로 오염된 것은 피부나 점막이 오염되지 않도록 적당한 방법
　　으로 씻는다.

　ㄴ 재사용 물품은 장갑 착용 후 피, 점액, 조직물 등 오염물질을 세척하고 소독 및 멸균처리를
　　해야 한다.

　ㄷ 1회용 물품은 감염물 폐기물통에 버려야 한다.

　ㄹ B형 간염(HBV)이나 HIV(인체면역결핍바이러스)환자에게 사용한 1회용 기구는 이중 백을
　　이용해 밀봉 후 폐기해야 한다.

　ㅁ 시트 : 혈액, 배설물, 분비물, 체액 등으로 오염된 것은 따로 분리하여 피부나 점막이 오염되
　　지 않도록 운반 및 처리한다.

　ㅂ 가운, 옷 : 체액에 오염되면 비닐 백에 담아 오염되었음을 표시한 후 뜨거운 물에 25분 이상
　　단독 세탁을 해야 한다.

　ㅅ 구급차 내 바닥, 침상, 침상 난간 등 주위 환경을 깨끗이 청소하고 주 1회 이상 정기적으로
　　소독한다.

　ㅇ 마지막으로 처치자는 위의 모든 행동을 마친 후 뜨거운 물로 샤워를 해야 한다.

(5) 소독과 멸균

① 용어 정의

세척 (Cleaning)	대상물로부터 모든 이물질(토양, 유기물 등)을 제거하는 과정으로 소독과 멸균의 가장 기초단계이다. 일반적으로 물과 기계적인 마찰, 세제를 사용한다.
소독 (Disinfection)	생물체가 아닌 환경으로부터 세균의 아포를 제외한 미생물을 제거하는 과정이다. 일반적으로 액체 화학제, 습식 저온 살균제의 의해 이루어진다.
멸균 (Sterilization)	물리적, 화학적 과정을 통하여 모든 미생물을 완전하게 제거하고 파괴시키는 것을 말하며 고압증기멸균법, 가스멸균법, 건열멸균법, H_2O_2 Plasma 멸균법과 액체 화학제 등을 이용한다.
살균제 (Germicide)	미생물 중 병원성 미생물을 사멸시키기 위한 물질을 말한다. 이 중 피부나 조직에 사용하는 살균제를 피부소독제(Antiseptics)라 한다.
화학제 (Chemicals)	진균과 박테리아의 아포를 포함한 모든 형태의 미생물을 파괴하는 것으로 화학멸균제(Chemical Sterilant)라고도 하며, 단기간 접촉되는 경우 높은 수준의 소독제로 작용할 수 있다.

② 소 독

　ⓐ 소독 수준

높은 수준의 소독 (High Level Disinfection)	노출시간이 충분하면 세균 아포까지 죽일 수 있고 모든 미생물을 파괴할 수 있는 소독수준이다.
중간 수준의 소독 (Intermediate Level Disinfection)	결핵균, 진균을 불활성화시키지만, 세균 아포를 죽일 수 있는 능력은 없다.
낮은 수준의 소독 (Low Level Disinfection)	세균, 바이러스, 일부 진균을 죽이지만, 결핵균이나 세균 아포 등과 같이 내성이 있는 미생물은 죽이지 못한다.

　ⓑ 소독효과의 영향인자들

　　• 미생물 오염의 종류와 농도, 유기물의 존재 여부, 생막(Biofilm)의 존재 여부

　　• 접촉 시간, 소독제의 농도, 물리적·화학적 요인

(6) 감염 관리

① 감염노출을 의심할 수 있는 경우

　ⓐ 주사바늘에 찔린 경우

　ⓑ 잠재적인 전염성 물체에 의해 베인 경우

　ⓒ 혈액 또는 기타 잠재적인 감염성 물체가 눈, 점막 또는 상처에 튄 경우

　ⓓ 포켓마스크나 One-way Valve 없이 구강 대 구강 인공호흡을 실시한 경우

　ⓔ 처치자가 느끼기에 심각하다고 판단되는 기타 노출 등

② 감염노출 후 처치사항

　ⓐ 피부에 상처가 난 경우는 즉시 찔리거나 베인 부위에서 피를 짜내고 소독제를 바른다.

　ⓑ 점막이나 눈에 환자의 혈액이나 체액이 노출된 경우는 노출부위를 흐르는 물이나 식염수로 세척하도록 한다.

　ⓒ 기관의 감염노출 관리 과정에 따라 보고하고 적절한 조치를 받도록 한다.

　ⓓ 필요한 처치 및 검사를 48시간 이내에 받을 수 있도록 한다.

9 스트레스 관리

(1) 죽음과 임종에 대한 정신적인 스트레스

① 죽음에 대한 정서반응

부 정	죽어가고 있는 환자의 첫 번째 정서 반응

⇩

분 노	초기의 부정반응에 이어지는 것이 분노이다. 이 반응은 말이나 행동을 통해 격렬하게 표출될 수 있다. 소방대원은 이런 감정을 이해해 줄 필요는 있으나 신체적인 폭력에 대해서는 단호하게 대처해야 한다. 또한 경청과 대화를 통해 공감대를 형성하는 것도 좋은 방법이다.

⇩

협 상	'그래요. 내가, 하지만...' 같은 태도를 나타낸다. 매우 고통스럽고 죽을 수도 있다는 현실은 인정하지만 삶의 연장을 위해 다양한 방법으로 협상하고자 한다.

⇩

절 망	현실에 대한 가장 명백하고 일반적인 반응이다. 환자는 절망감을 느끼고 우울증에 빠지게 된다.

⇩

수 용	환자가 나타내는 가장 마지막 반응이다. 환자는 상황을 현실로 받아들이고 그들이 할 수 있는 최선을 다하려고 노력한다. 이 기간 동안 가족이나 친구의 적극적이고 많은 도움이 필요하다.

② 일반적인 응급처치

㉠ 죽음에 대한 환자와 가족의 다양한 반응(분노, 절망 등)을 미리 예상해야 한다.

㉡ 경청과 대화를 통해 공감대를 형성한다.

㉢ 거짓으로 환자를 안심시키면 안 되고, 무뚝뚝하거나 냉철함 없이 솔직하게 환자를 대해야 한다.

㉣ 처치자의 전문적인 지식이나 기술 이상의 의학적인 견해를 말해서는 안 된다.

㉤ 부드럽고 조용한 목소리로 눈을 맞춘 상태에서 말해야 한다.

㉥ 적절한 신체적인 접촉은 환자를 안심시킬 수 있다.

(2) 기타 스트레스를 유발하는 상황

① 대형사고, 유아와 아동이 겪는 경우, 중상, 학대와 방임, 동료의 죽음과 사고

> **더 알아두기** 오랫동안 스트레스에 노출된 사람들의 일반적인 증상
>
> • 식욕저하, 성욕 저하, 집중력 저하, 판단력 저하
> • 설명할 수 없는 분노, 주위 사람들에 대한 과민반응, 늘어난 혼자만의 시간
> • 의욕상실, 불면증/악몽, 죄책감 등이 있다.

② 스트레스 관리

  ㉠ 산보, 달리기, 헬스클럽 이용 등 신체활동을 늘린다.

  ㉡ 식생활을 조절하여 5대 영양소가 들어있는 음식을 섭취한다. 설탕, 카페인, 알코올 함유
    음식은 줄이고 지방질 음식섭취는 피하며 탄수화물 섭취를 늘린다.

  ㉢ 요가, 명상 등 정서적 안정을 돕는 활동을 한다.

  ㉣ 스트레스를 증가시킨다면 근무시간표를 가능하면 바꾸도록 한다.

(3) 개인 안전

① 위험물질에 대한 처치

  소방대원이라면 위험물질에 대해 다음과 같은 단계로 처치를 실시해야 한다.

[위험물질에 대한 처치 단계]

단 계	처 치
최초 반응자	위험물질의 위험성을 인지하고 알리며 필요하다면 지원을 요청한다.
최초 대응자	• 위험물로부터 사람과 재산을 보호한다. • 위험물로부터 안전한 거리에 위치한다. • 확대를 저지한다.
전문 처치자	• 위험물 유출을 막거나 봉합, 정지시킨다. • 처치자에 대한 활동을 명령하거나 협조해 준다.

  ㉠ 위험물질은 유독 가스, 부식성 액체, 독성 가루 등 여러 형태가 있으므로 개인 안전을 위한
    보호 장비를 착용해야 한다.

  ㉡ 개인 건강에 미치는 영향은 현장에서 또는 후에 나타날 수 있다.

  ㉢ 현장 출동 중 탱크로리 사고라면 유출에 대한 결과를 예상하고 그에 따른 지원을 요청해야
    하며 가스 누출사고라면 같은 증상과 징후로 다수의 환자가 발생될 수 있음을 알아야 한다.

  ㉣ 현장 위험물질이 있다고 판단된다면 우선 안전거리를 유지하고 바람을 등지거나 높은 지대
    에 위치해 있어야 한다. 그 다음 위험물질이 어떤 것인지 관계자나 표시된 글을 통해 알아보아
    야 한다.

  ㉤ 위험물임을 확인하면 출입을 통제하고 위험물 제거반의 지원을 요청한다.

  ㉥ 개인 안전 장비를 착용하지 않았다면 현장에 들어가거나 위험물에 노출된 환자를 처치해서
    는 안 된다.

② 폭력현장에 대한 처치

  ㉠ 폭력으로 인해 환자가 발생된 현장이라면 주의해야 하며, 필요하다면 경찰에 협조를 요청해
    야 하고 경찰이 도착하지 않은 상태라면 안전한 거리를 유지하고 기다려야 한다.

  ㉡ 현장안전이 확인되면 구급처치를 실시하고, 누가 피해자고 가해자인지 판단하는 일에 참견
    하거나 판단해서는 안 된다.

ⓒ 고함, 깨지거나 부서지는 소리 등 폭력이 다시 발생할 수 있으므로 주의를 기울여야 하며 현장을 떠날 때까지 경찰이 있어줄 것을 요청해야 한다.

ⓓ 폭력 위험은 구급차 내에서 발생할 수도 있으므로 필요하다면 경찰과 동승한 상태로 병원으로 이송해야 한다.

04 적중예상문제

01 다음과 같은 피부손상을 보이는 경우 화상 정도는?

> • 붉은 표피는 만지면 하얗다가 다시 붉어진다.
> • 진피층에는 모낭, 한선, 피지선 손상이 있다.
> • 표피와 진피가 손상되어 혈장과 조직액이 유리된다.

① 1도   ② 2도

③ 3도   ④ 4도

해설 **깊이에 따른 화상 분류**

구 분	1도 화상	2도 화상	3도 화상
손상정도	표 피	표피 전층+진피 일부	진피 전층+피하조직 대부분
피부색	붉은색	붉은색	갈색 또는 흰색(마른가죽 느낌)
증 상	통증O/수포×	통증O/수포O	통증×/수포×
치유기간	1주 내 회복	2주 내 회복	피부이식 필요

02 3도 화상에 대한 설명으로 틀린 것은?

① 진피와 피하지방까지 손상을 받은 경우이다.
② 신경섬유가 파괴되어 통증이 없거나 미약하다.
③ 손상부위는 체액이 나와 축축한 형태를 띠며 수포 및 부종이 뚜렷하다.
④ 화상부위는 특징적으로 건조하거나 가죽과 같은 형태를 보이며 창백, 갈색 또는 까맣게
  탄 피부색이 나타난다.

해설 ③은 2도 화상을 말한다.

     1 ②   2 ③   정답

03 소아가 뜨거운 물에 흉복부 앞면, 생식기, 양쪽 다리 전체에 2도 화상을 입었다. '9의 법칙'에 의한 화상의 범위는?

① 28%

② 37%

③ 46%

④ 55%

> **해설** 화상 범위(소아) = 흉복부 앞면(18) + 생식기(1) + 양쪽 다리(27) = 46%
>
> **'9의 법칙'에 의한 화상 범위**
>
> | 구 분 | 성인(%) | 영아(%) |
> |---|---|---|
> | 두 부 | 9 | 18 |
> | 상지(양쪽) | 9(총 18) | 9(총 18) |
> | 몸통 전면 | 18 | 18 |
> | 몸통 후면 | 18 | 18 |
> | 하지(양쪽) | 18(총 36) | 13.5(총 27) |
> | 회음부 | 1 | 1 |
> | 총 계 | 100 | 100 |

04 성인이 화재로 두부와 몸통 후면 및 상지 한쪽에 화상을 입은 경우 화상 범위는?(단, '9의 법칙'을 적용한다)

① 9%

② 18%

③ 27%

④ 36%

> **해설** 화상 범위(성인) = 두부(9) + 몸통 후면(18) + 상지 한쪽(9) = 36%

05 성인의 중증도 분류에서 중증에 대한 설명으로 옳지 못한 것은?

① 흡입 화상이나 골절을 동반한 화상

② 5%의 3도 화상

③ 30%의 2도 화상

④ 전기 화상

해설 **성인의 중증도 분류**

중 증	• 흡입 화상이나 골절을 동반한 화상 • 손, 발, 회음부, 얼굴 화상 • 영아, 노인, 기왕력이 있는 화상환자 • 원통형 화상, 전기 화상		
	체표면적	**화상깊이**	**환자 연령**
	10% 이상	3도 화상	모든 환자
	20% 이상	2도 화상	10세 미만, 50세 이후
	25% 이상	2도 화상	10세 이상~50세 이하
중증도	**체표면적**	**화상깊이**	**환자 연령**
	2% 이상~10% 미만	3도 화상	모든 환자
	10% 이상~20% 미만	2도 화상	10세 미만, 50세 이후
	15% 이상~25% 미만	2도 화상	10세 이상~50세 이하
경 증	**체표면적**	**화상깊이**	**환자 연령**
	2% 미만	3도 화상	모든 환자
	10% 미만	2도 화상	10세 미만, 50세 이후
	15% 미만	2도 화상	10세 이상~50세 이하

06 소아 화상의 중증도 분류에서 중등도에 해당하는 것은?

① 3도(전층) 화상

② 체표면의 20% 이상의 2도(부분층) 화상

③ 체표면의 10~20%의 2도(부분층) 화상

④ 체표면의 10% 미만의 2도(부분층) 화상

해설 **소아의 중증도 분류**

중증도 분류	화상깊이 및 화상범위
중 증	3도(전층) 화상과 체표면의 20% 이상의 2도(부분층) 화상
중등도	체표면의 10~20%의 2도(부분층) 화상
경 증	체표면의 10% 미만의 2도(부분층) 화상

07 화상의 원인 및 합병증에 대한 설명 중 틀린 사항은?

① 불꽃에 의한 화염 화상은 주로 유·소아에서 흔하다.
② 열탕 화상은 흔하며 뜨거운 물 등에 의한 화상을 말한다.
③ 전기 화상에서는 피부 화상 및 부정맥 등이 발생할 수 있다.
④ 흡입 화상에서는 호흡기도 손상 및 호흡부전증의 발생 위험이 없다.

> **해설** ④ 흡입 화상 : 열화상과 동반되기도 하고 단독으로 발생하기도 하는데, 연기나 열기의 흡입으로 인하여 호흡기도 손상 및 호흡부전증의 발생위험이 있다.

08 화상 시 응급처치법으로 옳지 않은 것은?

① 통증 감소, 감염 및 쇼크에 대한 예방을 한다.
② 손상부위 오염을 방지하기 위해서 건조하고 멸균된 거즈로 드레싱한다.
③ 물집이 형성된 것은 터뜨려서 소독을 한다.
④ 연고, 로션 등을 바르면 안 된다.

> **해설** ③ 물집을 터뜨리지 않는다.

09 다음 중 화상에 대한 설명으로 잘못된 것은?

① 화상으로 인한 지연사망은 대부분 기도 손상과 호흡장애로 일어나며 현장에서의 응급처치가 중요하다.
② 일반적으로 20% 이상 중증도 이상의 화상과 손상범위에 손, 얼굴, 기도, 생식기가 포함된 경우는 중증 화상으로 분류되어 화상전문병원의 치료가 필요하다.
③ 모든 화상은 비접착성 멸균 거즈로 드레싱 해야 하며 기도 손상 유무를 확인하고 호흡곤란 징후가 나타나지 않는지 관찰해야 한다.
④ 얼굴부위에 화상을 입은 환자의 기도는 쉽게 붓고 기도가 폐쇄된다. 따라서 흡인을 자주 해주어야 하며 적절한 보조기도유지기 삽입이나 기관 내 삽관이 필요하다.

> **해설** 화상으로 인한 사망에는 현장사망과 지연사망이 있다. 현장사망은 대부분 기도 손상과 호흡장애로 일어나며 현장에서의 응급처치가 중요하다. 지연사망은 체액손실로 인한 쇼크와 감염으로 인해 일어난다.

10 다음 중 3도 화상의 특징으로 옳지 않은 것은?

① 대부분의 피부조직이 손상된 경우로 심한 경우 근육, 뼈, 내부 장기도 포함되는 경우가 있다.

② 표피와 진피가 손상된 경우로 열에 의한 손상이 많다.

③ 화상부위는 특징적으로 건조하거나 가죽과 같은 형태를 보이며 창백, 갈색 또는 까맣게 탄 피부색이 나타난다.

④ 신경섬유가 파괴되어 통증이 없거나 미약할 수 있으나, 보통 3도 화상 주변 부위가 부분화상이므로 심한 통증을 호소한다.

해설 ②는 2도 화상의 특징이다.

11 전기 화상 환자의 응급처치방법으로 옳지 않은 것은?

① 화상부위를 온수로 씻어내고 저농도 산소를 공급한다.

② 전기 충격으로 심각한 기도 부종을 야기할 수 있기 때문에 기도를 확보해야 한다.

③ 심장리듬 변화가 보통 나타날 수 있으므로 제세동기를 이용해 분석·처치를 제공해 주어야 한다.

④ 전기 충격으로 심각한 근골격 수축이 나타나므로 골절 및 손상에 따른 척추 고정 및 부목 고정이 필요하다.

해설 쇼크에 대한 처치 및 고농도 산소를 공급하고, 화상 부위를 차갑게 하며 멸균 거즈로 드레싱 한다.

12 화상환자의 응급처치로 옳지 않은 것은?

① 옷에서 불이나 연기가 난다면 물로 끄고 기름, 왁스, 타르와 같은 반고체 물질은 물로 식혀 줘야 하며 제거하려고 시도해서는 안 된다.

② 기도 화상, 호흡곤란, 밀폐공간에서의 화상환자는 고농도산소를 주어야 한다.

③ 화상 입은 부위의 반지, 목걸이, 귀걸이와 같은 장신구 및 피부에 직접 녹아 부착된 합성물질 등이 있다면 떼어 내려고 시도하지 말아야 한다.

④ 중증이라면 즉각적으로 이송해야 하며 그렇지 않다면 다음 단계의 처치를 실시하도록 한다.

해설 ③ 화상 입은 부위의 반지, 목걸이, 귀걸이와 같은 장신구는 제거하고 피부에 직접 녹아 부착된 합성물질 등이 있다면 떼어 내려고 시도하지 말아야 한다.

10 ② 11 ① 12 ③ 정답

13 다음 중 고전압에 의한 전기 화상 시 가장 위험한 요소는?

① 부정맥 또는 호흡마비

② 사지의 손상

③ 뇌출혈

④ 저혈량성 쇼크

해설 감전에 의한 급작스런 사망은 전류의 직접적인 영향에 의한 심장의 수축강직이나 심장세포손상에 의한 부정맥(심실세동, 무수축)에 의해 발생할 수 있고 호흡마비 후에 이차적으로 올 수도 있다.

14 여러 형태의 화학손상에 대한 설명 중 맞지 않는 내용은?

① 백린은 인화성 및 폭발성으로 인해 피부 화상을 초래한다.

② 타르는 용제를 이용해 서서히 제거하는 것이 좋다.

③ 가솔린은 화상 및 호흡기 감염을 초래할 수 있다.

④ 시멘트 및 마그네슘 등은 피부 화상을 초래하지 않는다.

해설 일반적으로 가정에서 흔한 화학 화상의 원인은 드라이클리닝이나 페인트 제거제로 쓰이는 알칼리성 물질(양잿물)이나 소독·탈취제로 쓰이는 페놀, 과염소산나트륨, 변기청소에 사용하는 황산, 시멘트 및 마그네슘 등으로 인한 피부 화상이다.

15 공업용 페놀에 접촉되어 발생한 피부손상부위의 응급처치로 옳은 것은?

① 마른 석회를 뿌려준다.

② 알코올로 제거한 후 물로 씻어낸다.

③ 중화제를 뿌려준다.

④ 마른 거즈로 덮는다.

해설 **페놀인 경우 응급처치**
- 페놀은 불수용성이므로 물로 세척되지 않는다.
- 소독용 알코올을 사용하여 환부를 닦아 낸 다음 물로 세척한다.

16 공장에서 일하던 체중 80kg인 근로자가 20%의 3도 화상을 입었다면 첫 1시간 동안 투여해야 할 수액량은?(단, 파크랜드 공식을 적용한다)

① 200mL ② 400mL

③ 600mL ④ 800mL

해설 **파크랜드(Parkland)법**
"첫 24시간에 주입해야 할 용적(mL) = 4 × 체중(kg) × 화상면적(2, 3도 %)"으로 계산하여 첫 8시간에 그 용적의 50%를 주입하고, 이은 8시간에 25%를, 그리고 나머지 8시간에 나머지 25%를 주입하는 것이 기본 원칙이다.
첫 24시간에 주입해야 할 용적(mL) = 4 × 80 × 20 = 6,400mL에서, 첫 8시간의 용량은 50%인 3,200mL이다. 따라서 1시간 동안 투여량은 3,200mL의 1/8인 400mL이다.

17 다음 환자에게 파크랜드(Parkland)법을 적용할 경우 첫 2시간 동안 투여해야 할 수액량(mL)은?(단, 첫 8시간 동안 시간당 투여량은 동일하다)

• 체중 70kg	• 나이 45세
• 1도 화상 10%	• 2도 화상 30%

① 525 ② 700

③ 1,050 ④ 1,400

해설 첫 24시간에 주입해야 할 용적(mL) = 4 × 70 × 30 = 8,400mL에서, 첫 8시간의 용량은 50%인 4,200mL이다. 따라서 2시간 동안 투여량은 4,200mL의 2/8인 1,050mL이다.

18 다음 화상환자에게 파크랜드(Parkland)법에 의해 첫 8시간 동안 투여해야 할 수액량으로 옳은 것은?

• 체중 60kg	• 1도 화상 10%
• 2도 화상 20%	• 3도 화상 10%

① 3,600mL ② 4,800mL

③ 7,200mL ④ 9,600mL

해설 첫 24시간에 주입해야 할 용적(mL) = 4 × 60 × (20 + 10) = 7,200mL에서, 첫 8시간의 용량은 50%인 3,600mL이다.

19 액화괴사(Liquefaction Necrosis)를 일으켜 심부손상을 유발하는 화상은?

① 전기 화상   ② 염기 화상

③ 감마선 화상   ④ 시안화물 화상

> **해설** **염기 화상의 기전**
> • 지방이 비누화되어 조직 내의 화학 반응으로 형성되는 열전도를 막지 못한다.
> • 알칼리의 흡습성 때문에 세포로부터 대량의 수분이 빠져나와 손상을 야기한다.
> • 알칼리는 조직의 단백질을 용해하고 결합하여 알칼리성 단백질을 형성하는데 이는 잘 녹으며 수산화이온을 함유한다. 이 수산화이온이 추가적인 화학 반응을 유도하여 더 깊은 조직으로 손상을 파급시킨다.

20 중독물질에 의한 흡입성 중독 시의 응급처치이다. 옳지 않은 것은?

① BVM을 이용한 양압환기로 고농도산소를 제공한다.

② 장갑을 낀 손으로 환자 입에 남아 있는 약물을 제거한다.

③ 독성 물질을 흡입할 수 있는 현장이라면 현장에서 환자를 이동시킨다.

④ 병원 이송 시 독성 물질을 확인할 수 있는 병이나 라벨을 같이 갖고 간다.

> **해설** ②는 구강복용환자의 응급처치이다.

21 복어 식중독을 일으키는 유독성분은?

① 아플라톡신(Aflatoxin)   ② 아미그달린(Amygdalin)

③ 시구아톡신(Ciguatoxin)   ④ 테트로도톡신(Tetrodotoxin)

> **해설** ④ 테트로도톡신(Tetrodotoxin) : 내인성의 동물성 독성 물질로 복어의 알, 난소, 간에 있다.
> ① 아플라톡신(Aflatoxin) : 외인성의 곰팡이성 독성 물질로 땅콩이나 곡류에 있다.
> ② 아미그달린(Amygdalin) : 내인성의 식물성 독성 물질로 청매에 있다.
> ③ 시구아톡신(Ciguatoxin) : 산호초와 해조류 표면에 부착해 서식하는 플랑크톤이 생성하는 독소이다.

22 심부체온이 32℃ 이상인 경미한 저체온증의 증상 및 징후로 옳지 않은 것은?

① 빈맥(빠른맥)   ② 몸을 떠는 증상

③ 저혈압   ④ 창백하고 축축한 피부

> **해설** **경도 저체온증(32~35℃)** : 혈압이 증가하고 신체기능이 떨어져 오한, 빈맥, 과호흡, 창백하고 축축한 피부 등으로 판단력 저하와 건망증이 나타난다.

23 추위에 노출된 인체가 체온을 유지하기 위한 보상기전은?

① 털세움근이 수축된다.
② 말초혈관이 확장된다.
③ 심박출량이 감소된다.
④ 근긴장도가 감소된다.

> **해설** 체온을 유지하기 위해서 오한 발생, 차갑고 창백한 피부, 소름이 돋는다.

24 체온과 관련된 설명 중 옳지 못한 것은?

① 정상체온은 36.5~37℃이다.
② 출혈성 쇼크 시 피부가 차고 창백하며 습하게 된다.
③ 직장체온은 구강체온보다 1~1.5℃ 낮고 부정확하다.
④ 액와에서 체온을 측정하는 경우에는 정확성이 떨어진다.

> **해설** ③ 항문을 이용한 직장체온은 매우 정확하며, 구강체온보다 1~1.5℃ 높다.
> ④ 액와에서 체온을 측정하는 경우에는 정확성이 떨어지고, 10분 이상 기다려야 하므로 응급상황에는 적절하지 않다.

25 한 겨울 야외작업으로 양손에 동창(Chilblain)이 걸린 환자의 응급처치로 옳지 않은 것은?

① 양손이 추운 환경에 다시 노출될 가능성이 있다면 따뜻한 물에 담그지 않는다.
② 손상된 조직을 문질러 온도를 높여준다.
③ 젖었거나 신체를 조이는 의복을 제거한다.
④ 환자를 추운 환경으로부터 따뜻한 장소로 옮긴다.

> **해설** 손상된 조직을 손으로 문지르면 동상 부위의 얼음 결정이 세포를 파괴할 수 있기 때문에 절대 피해야 할 행동 중 하나다. 또 언 부위를 빨리 녹이겠다는 생각으로 히터 등 난방기구에 손상부위를 가까이 대면 오히려 화상을 입을 수 있다.

26 열손상에 대한 설명 중 옳지 않은 것은?

① 열경련은 더운 곳에서 격렬한 활동으로 땀을 많이 흘려 전해질 부족으로 나타난다.

② 소모성 열사병은 체액소실로 나타나며 보통 땀을 많이 흘리고 충분한 수분을 섭취하지 않아 발생한다.

③ 소모성 열사병은 적절한 휴식 없이 진화하는 소방대원 및 통풍이 안 되는 작업복을 입고 일하는 작업자들에게서 많이 발생한다.

④ 열사병은 체온이 정상보다 1~2℃ 높게 나타난다.

해설 열사병은 체온이 41~42℃ 이상 오른다.

27 여름철 공사장에서 작업자가 건조한 피부, 고체온 상태로 쓰러졌다. 빠른호흡과 경련을 보이는 이 환자에 대한 응급처치로 옳지 않은 것은?

① 많은 물을 빨리 먹인다.

② 기도, 호흡, 순환을 유지한다.

③ 그늘이나 냉방 장소로 옮긴다.

④ 신속하게 병원으로 이송한다.

해설 **열사병**
체온조절중추가 정상 작동되지 않아 고열(40℃ 이상)과 의식변화가 동반되며 덥고 건조한 피부를 보이며 혼수상태에 빠지기 쉽다. 증세가 심각한 경우 사망에 이를 수 있는 위험한 질병으로 즉각적인 응급조치가 필요하다. 최대한으로 빨리 환자의 체온을 낮춰야 하는데 옷을 벗기고 찬물로 온몸을 적시거나 얼음이나 알코올 마사지와 함께 에어컨이나 선풍기 바람을 쏘이면서 신속히 병원으로 후송하는 것이 중요하다.

28 여름에 훈련 중이던 군인이 의식소실과 41℃의 고열이 있었다. 이에 가장 적절한 응급처치법은?

① 해열제를 투여한다.

② 시원한 곳으로 옮겨 시원한 바람을 계속 쐬어 준다.

③ 소금물을 섭취시킨다.

④ 휴식을 취하게 한다.

해설 가장 빨리 쓸 수 있는 방법을 사용하는데 환자의 옷을 모두 벗기고 몸에 물을 적시면서 시원한 바람을 계속 쐬어 주는 방법을 쓴다. 이 방법이 가장 간단하고 얼음을 대어 주는 방법보다 좋은 효과를 볼 수 있다.

29 고열이 있는 소아환자의 처치 중 잘못된 것은?

① 시원한 곳으로 옮긴다.

② 의복을 벗긴다.

③ 미지근한 물수건으로 닦아 준다.

④ 땀을 빼기 위하여 이불을 덮어 준다.

해설 열사병이 의심되는 아이는 체온을 떨어뜨리는 것이 가장 중요하므로, 옷을 벗기고 시원하게 해주면서 신속히 응급실로 옮긴다. 차갑게 젖은 시트로 아이를 감싸주면 체온을 빨리 떨어뜨리는 데 도움을 준다.

30 열이 있는 환자의 일반적인 관리방법으로 옳지 않은 것은?

① 활동량을 증가시킨다.

② 수분과 전해질의 균형을 유지한다.

③ 옷이나 침구가 젖어 있다면 갈아준다.

④ 오한기에는 가벼운 이불이나 담요를 덮어준다.

해설 발열 자체만으로도 칼로리 소모, 수분 소모가 있으므로 쉬게 한다.

31 익사 사고 시 응급처치에 관한 설명 중 옳지 않은 것은?

① 수중에서부터 인공호흡을 실시한다.

② 심장압박은 수중에서 구출된 후 상체를 낮게 하여 실시한다.

③ 맥박이 감지되지 않거나 호흡이 없는 환자는 즉시 심폐소생술을 실시하고 병원 운반 중에도 지속 시행한다.

④ 산소를 투여하면서 병원으로 이송한다.

해설 ② 심장압박은 수중에서 구출된 후 바른 자세로 평평한 곳에서 시행한다.

29 ④ 30 ① 31 ② 정답

32 수중인명구조에 투입된 잠수사가 과중한 작업량으로 잠수손상에 의한 감압증을 보였다. 환자에게 제공할 응급처치로 옳은 것은?

① 알코올이 들어 있는 음료를 마시게 한다.
② 고농도의 질소를 공급한다.
③ 항공 이송 시 높은 고도를 유지한다.
④ 신속한 고압산소 처치를 실시한다.

> **해설** 감압증 환자의 응급처치는 고압산소 처치이다.

33 진드기에 물려 붓고 가려울 때의 처치방법으로 옳지 않은 것은?

① 비눗물로 씻는다.　　② 얼음찜질을 해준다.
③ 칼라민 로션을 바른다.　　④ 식초나 레몬주스를 바른다.

> **해설** **벼룩, 이, 진드기에 물렸을 때**
> 이와 진드기는 기름, 테레핀유, 매니큐어 등을 발라 살갗에서부터 떼 놓은 후 핀셋으로 집어낸다(진드기의 경우, 몸체뿐만 아니라 머리도 같이 떼어 내야 한다). 짓이겨 죽이거나 씻어 내거나 태운다. 벼룩, 이, 진드기 상처를 비누와 물, 혹은 연한 살균약으로 씻고 칼라민 로션이나 항히스타민 연고를 바른다.

34 곤충에 쏘인 경우의 응급처치방법으로 옳지 못한 것은?

① 족집게나 집게로 침을 제거한다.
② 부드럽게 손상부위를 세척한다.
③ 부종이 시작되기 전에 장신구 등을 제거한다.
④ 손상부위를 심장보다 낮게 유지한다.

> **해설** 침이 있다면 신용카드의 끝부분으로 문질러 제거하며 족집게나 집게로 제거하게 되면 상처부위로 독물을 더욱 짜 넣는 결과를 나타낸다.

35 뱀에 의한 교상 시 응급처치의 내용으로 옳지 않은 것은?

① 환자를 뱀으로부터 피신시키고 안전하다면 뱀의 종류를 확인한다.
② 환자를 누이고 안정시키며 상지를 물린 경우 반지 등을 제거한다.
③ 가능하면 물린 부위를 부목 고정하고 상처를 심장보다 높게 위치시킨다.
④ 비누와 물로 부드럽게 물린 부위를 닦아낸다.

> **해설** ③ 상처를 심장보다 낮게 위치시킨다.

36

한 등산객이 폐쇄된 탐방로로 들어가던 중 살모사에 오른쪽 다리를 물렸다. 응급처치방법으로 옳은 것은?

① 부목으로 다리를 고정시킨다.

② 지혈대로 동맥을 차단시킨다.

③ 얼음을 대서 독소의 확산을 막는다.

④ 전기 자극을 가해 독소의 확산을 막는다.

해설 독사에 물렸을 경우 물린 부분은 움직이지 말고 고정해야 한다. 할 수 있다면, 부목을 사용해 물린 상처 주위를 움직이지 못하게 막아 둔다. 막대 또는 널판지를 물린 곳 한쪽에 대고 천조각 같은 것을 아래, 중간, 위에 묶어 고정한다.

37

감염병과 1차적 전파경로 간 연결로 옳지 않은 것은?

① 결핵 – 공기매개 비말

② 쯔쯔가무시병 – 혈액

③ 세균성 뇌막염 – 비강 분비물

④ AIDS – 혈액

해설 쯔쯔가무시병은 감염된 진드기 유충이 사람을 물어 전파된다.

38

활동성 폐결핵 환자의 격리 유형으로 옳은 것은?

① 장 격리

② 보호 격리

③ 피부 격리

④ 호흡 격리

해설 결핵은 일반적으로 감염성 결핵환자의 기침, 재채기, 대화 등을 통해 공기 중으로 결핵균이 전파되어 접촉한 사람에게 감염되는 호흡기 감염병이므로 호흡 격리가 필요하다.

36 ① 37 ② 38 ④ **정답**

39 외과적 무균술의 기본 원리에 관한 설명으로 옳은 것을 모두 고른 것은?

> ㄱ. 멸균통의 뚜껑은 안쪽이 아래를 향하도록 든다.
> ㄴ. 젖은 전달집게의 끝을 위로 향하도록 든다.
> ㄷ. 멸균물품을 열 때 포장의 첫 맨 끝을 사용자의 반대쪽(먼쪽)으로 펼친다.
> ㄹ. 손을 팔꿈치보다 낮게 하고 물이 아래쪽으로 흐르도록 손을 씻는다.

① ㄱ, ㄴ   ② ㄱ, ㄷ
③ ㄴ, ㄹ   ④ ㄷ, ㄹ

해설 **무균술**
- 내과적 무균술 : 병원체의 수와 이동을 줄이는 모든 절차에 사용된다.
- 외과적 무균술 : 기구, 물체 및 특정한 부위에서 병원성 미생물뿐만 아니라 모든 미생물을 사멸시키는 방법을 말한다.
- ※ 외과적 무균법의 기본 원리
  - 멸균된 물품이 멸균되지 않은 물품에 닿으면 그 물품은 오염된 것
  - 멸균포장을 열 때, 포장의 맨 끝을 간호사로부터 먼 곳부터 펴서 멸균된 표면이 멸균되지 않은 천에 닿는 것을 피하도록 함
  - 멸균포장의 바깥쪽은 오염된 것으로 간주(용액이 멸균영역에 있는 천, 종이에 흘려지면 오염된 것으로 간주)
  - 젖은 부위는 오염된 것으로 간주
  - 멸균물품들은 허리 수준 위로 둠(물품을 시야 안에 있게 하여 오염 방지)
  - 말, 기침, 재채기 시 코와 입에서 나오는 비말입자, 멸균장소나 물품 너머로 손을 뻗치는 경우 사용자의 팔에서 떨어지는 미립자들에 의해 멸균장소나 물품이 오염된 것으로 간주
  - 사용자의 시야가 그 장소를 벗어났을 때 멸균장소에서 멀리 가거나 등을 돌리면 오염으로 간주
  - 드레싱 세트, 주사바늘, 도뇨관, 손상된 피부와 접촉된 물품, 약물 주입 시 사용되는 기구와 모든 물품은 멸균
  - 멸균된 겸자는 건조한 것으로 사용
  - 액체는 중력의 방향으로 흐르므로 젖은 겸자 끝은 항상 아래로 향하게 들어 겸자의 끝이 오염되지 않도록 함
  - 외과적 손씻기를 할 때는 손을 팔꿈치보다 높게 들어 손과 손가락이 오염되지 않게 함(손을 말릴 때는 손가락에서 팔꿈치로 닦아 내려가야 함)
  - 손 씻는 시간은 대개 5분 정도
  - 멸균영역의 각 가장자리 2.5cm는 오염된 것으로 간주
  - 물품의 멸균이 의심되면 그 물품은 오염되었다고 간주

40 내과적 무균술에 근거한 손씻기에 관한 설명으로 옳지 않은 것은?

① 세면대와 닿지 않도록 떨어져 일정거리를 유지하고 선다.
② 흐르는 물에서 비누를 묻혀 1분 정도 거품을 충분히 낸다.
③ 씻을 때 손끝이 위로 향하게 하여 물기가 팔꿈치 쪽으로 흐르도록 한다.
④ 씻은 후 손가락에서 손목 쪽으로 타월을 이용하여 가볍게 물을 닦는다.

해설 팔꿈치를 높게 하고 손끝이 아래로 가게 하여 물이 아래쪽으로 흐르도록 한다.

41 눈의 이물질에 대한 처치방법 중 틀린 것은?

① 이물질이 안구전면에 위치한 경우 생리식염수를 사용하여 지속적으로 세척한다.

② 날카로운 물질에 의한 안구관통상은 즉시 이물질을 제거한 후 병원으로 이송한다.

③ 양쪽 눈을 가려서 안구운동을 최소화해야 한다.

④ 안검 내측의 이물질은 소독된 면봉을 생리식염수로 적셔서 이물질을 제거할 수 있다.

> 해설   ② 날카로운 물질에 의한 안구관통상은 이물질을 제거하지 않고 즉시 병원으로 이송한다.

42 과학 실험 중 황산이 눈에 들어갔을 때, 제일 먼저 해야 할 일은?

① 식염수나 물로 씻는다.

② 알칼리로 중화시킨다.

③ 병원으로 후송시킨다.

④ 눈을 비벼서 눈물이 나게 한다.

> 해설   ① 눈을 뜨게 하고 벌려서(알칼리성 물질에 의한 경우 눈꺼풀을 뒤집어서) 식염수나 흐르는 물로(센 압력은 금물) 세척하도록 한다. → 내안각에서 외안각 방향으로 세척한다.

PART 03

재난관리론

재난이론

01 재난의 개념

1 재난의 정의 및 특징

(1) 재난의 정의

① 재난이라 함은 국민의 생명·신체 및 재산과 국가에 피해를 주거나 줄 수 있는 것으로 자연 재난, 사회 재난을 말하며 법에서는 재난 이외에 해외재난을 따로 규정하고 있다(재난 및 안전관리 기본법 제3조).

② Fritz(1961)는 "재난은 사회 일반 또는 사회 내 일부 조직에 심대한 피해를 끼쳐 그 사회구성원 이나 물리적 시설의 손실로 인하여 사회구조가 교란되고 그 사회의 본질적인 기능수행이 장애 를 받게 되는 사건으로서, 우연적이거나 통제 불가능하며 시·공간상에 집중적으로 나타나는 실제적, 위협적 사건"이라고 정의하고 있다.

③ Kreps(1984)는 "재난이란 사회나 그 구성조직이 물리적 피해나 손실 또는 일상적 기능의 장애 를 받게 되는 시·공간상에서 관측 가능한 사건으로서, 이러한 사건의 원인과 영향은 사회구조 와 사회의 작동과정에 관련된다"고 하였다.

④ 유엔재해구호기구(UNDP)와 유엔발전계획(UNCRD)도 재난을 "사회의 기본조직 및 정상기 능을 와해시키는 갑작스런 사건이나 큰 재해로서 재해의 영향을 받는 사회가 외부의 도움 없이 극복할 수 없고, 정상적인 능력으로 처리할 수 있는 범위를 벗어나는 재산, 사회간접시설, 생활수단의 피해를 일으키는 단일 또는 일련의 사건"이라고 규정하였다.

> **더 알아두기**
>
> 재난(Disaster)이라는 용어는 라틴어에서 유래하였는데, '행성의 나쁜 면(The Unfavorable Aspect of A Star)'이라는 뜻으로 '하늘에서 비롯되어 인간의 통제가 불가능한 해로운 영향'을 의미함(Drabek, 1991)

(2) 재난의 일반적 특징

① 재난의 개념은 시대와 사회에 따라 변화할 수 있다.

② 재난발생 가능성과 상황변화를 예측하기 어렵다.

③ 자연재난과 사회재난의 상호복합적인 작용에 의한 재난이 증가하고 있다.

④ 재난관리에서 인적·물적 피해 등 인간 활동에 미치는 영향이 전혀 없다면 재난으로 보지 않는다.

⑤ 재난은 발생원인과 사회에 미치는 충격속도, 규모, 발생장소 등을 기준으로 하여 그 유형을 구분할 수 있다.

⑥ 실질적인 위험이 크더라도 그것을 체감하지 못하거나 방심한다.

⑦ 본인과 가족과의 직접적인 재난피해 외에는 무관심하다.

⑧ 시간과 기술·산업발전에 따라 발생빈도나 피해규모가 다르다.

⑨ 인간의 면밀한 노력이나 철저한 관리에 의해 상당부분 근절시킬 수 있다.

⑩ 발생과정은 보통 돌발적·충격적이지만 같은 유형의 재난피해라도 형태나 규모, 영향범위가 다르다.

⑪ 고의든 과실이든 타인에게 끼친 손해는 배상의 책임을 진다.

더 알아두기 **현대 재난의 특성**

- 발생빈도 증가 : 20C 중반 이후 태풍, 폭설, 지진 등의 발생빈도가 급격히 증가
- 재난의 대형화 : 규모의 대형화 + 피해의 대형화
- 복합재난 증가 : 자연재난인지 인적재난인지 구별이 어려운 재난발생 증가

---

2 재난의 분류

재난은 발생원인과 사회에 미치는 충격속도, 규모, 발생장소 등을 기준으로 그 유형을 구분할 수 있다. 재난의 유형은 재난발생원인, 발생장소, 재난의 대상, 재난의 직·간접적 영향, 재난발생 과정의 진행속도 등을 기준으로 분류할 수 있다.

[재난의 구분에 따른 분류]

구 분	분 류
원인에 의한 분류	자연재난/사회재난
발생장소에 의한 분류	육상재해/해상재해, 광역재해/국가재해
피해속도에 의한 분류	만성재해/급성재해
재난의 규모에 의한 분류	개인적인 재난/사회적인 재난

(1) 실정법상의 재난 분류

① **자연재난** : 태풍, 홍수, 호우(豪雨), 강풍, 풍랑, 해일(海溢), 대설, 한파, 낙뢰, 가뭄, 폭염, 지진, 황사(黃砂), 조류(藻類) 대발생, 조수(潮水), 화산활동, 우주개발 진흥법에 따른 자연우주물체의 추락·충돌, 그 밖에 이에 준하는 자연현상으로 인하여 발생하는 재해(재난 및 안전관리 기본법 제3조제1호)

② **사회재난** : 화재·붕괴·폭발·교통사고(항공사고 및 해상사고를 포함한다)·화생방사고·환경오염사고·다중운집인파사고 등으로 인하여 발생하는 대통령령으로 정하는 규모 이상의 피해와 국가핵심기반의 마비, 감염병의 예방 및 관리에 관한 법률에 따른 감염병 또는 가축전염병예방법에 따른 가축전염병의 확산, 미세먼지 저감 및 관리에 관한 특별법에 따른 미세먼지, 우주개발 진흥법에 따른 인공우주물체의 추락·충돌 등으로 인한 피해(재난 및 안전관리 기본법 제3조제1호)

③ **해외재난** : 대한민국의 영역 밖에서 대한민국 국민의 생명·신체 및 재산에 피해를 주거나 줄 수 있는 재난으로서 정부차원에서 대처할 필요가 있는 재난을 말한다(재난 및 안전관리 기본법 제3조제2호).

(2) 학자들에 의한 재난 분류

① 존스(David K. C. Jones)의 재난 분류

자연재난				준자연재난	인적재난
지구물리학적 재난			생물학적 재난		
지질학적 재난	지형학적 재난	기상학적 재난			
지진, 화산, 쓰나미 등	산사태, 염수토양 등	안개, 눈, 해일, 번개, 토네이도, 폭풍, 태풍, 이상기온, 가뭄 등	세균질병, 유독식물, 유독동물 등	스모그 현상, 온난화 현상, 사막화 현상, 염수화 현상, 눈사태, 산성화, 홍수, 토양침식 등	공해, 광화학 연무, 폭동, 교통사고, 폭발사고, 태업, 전쟁 등

㉠ 재난은 자연재난, 준자연재난, 인적재난으로 구분한다.

㉡ 자연재난은 다시 지구물리학적 재난과 생물학적 재난으로 나누며 지구물리학적 재난은 다시 지질학적, 지형학적, 기상학적 재난으로 구분한다.

㉢ 장기간에 걸친 완만한 환경변화현상(공해, 온난화, 염수화, 토양침식, 파업 등)까지 재해에 포함한다.

㉣ 위기적 특징이 없는 일반 행정관리의 대상까지도 재난으로 분류한다(재난관리에 적용하기에 너무 광범위하다).

② 아네스(Br. J. Anesth)의 재난 분류

대분류	세분류	재난의 종류
자연재난	기후성 재난	태풍, 수해, 설해
	지진성 재난	지진, 화산폭발, 해일
인적재난	사고성 재난	• 교통사고(자동차, 철도, 항공, 선박사고) • 산업사고(건축물 붕괴), 기계시설물 사고 • 폭발사고(갱도 · 가스 · 화학 · 폭발물) • 화재사고 • 생물학적 사고(박테리아, 바이러스, 독혈증) • 화학적 사고(부식성 물질, 유독물질) • 방사능사고
	계획적 재난	테러, 폭동, 전쟁

㉠ 자연재난과 인적재난으로 분류한다.

㉡ 자연재난을 기후성 재난과 지진성 재난으로 분류한다.

㉢ 인적재난을 고의성 유무에 따라 사고성 재난과 계획적 재난으로 구분한다.

㉣ 대기오염, 수질오염과 같이 장기간에 걸쳐 완만하게 전개되고, 인명피해를 발생시키지 않는 일반행정관리 분야의 재난은 제외한다.

㉤ 각 국의 지역재난계획에서 주로 적용한다.

(3) 재난과 사고의 구분

① 재난은 돌발적인 대규모 사태라는 측면에서 일상적인 소규모 사고와 구별된다.

② 재난은 예측 불가능하다는 면에서 사람들이 의외의 사건으로 받아들이지 않는 일반적인 사고와 구분된다.

③ 일상적인 사고가 그 지역의 대응능력만으로 충분히 수습할 수 있다는 점에서 해당지역의 대응자원만으로 통제 불가능한 재난과 구별된다.

④ **사고와 재난 개념 구분의 실익** : 일상적 사고에 비해 재난은 정밀하고 특별한 대응복구체계를 필요로 하며, 별도의 대응계획을 수립해야 한다.

[일상적 사고와 재난]

일상적 사고(Routine Emergencies)	재난(Disaster)
일상적 측면에 작용	비일상적 측면에 작용
익숙한 일과 절차	익숙하지 않은 일과 절차
도로, 전화, 시설의 손상이 없음	도로차단, 혼잡, 전화불통, 시설파괴
수용 가능한 통신빈도	무선주파수에 과부하 경향
주로 조직 내의 통신	조직간 정보 분배 필요
평범한 통신용어 사용	다른 용어를 사용하는 사람과의 통신
주로 지역 언론과 관련	국가 및 국제 언론과 관련
요구되는 자원이 관리 능력 내	요구되는 자원이 종종 관리능력 초과

재난관리 행정체제를 둘러싸고 있는 환경은 일반적 행정의 환경과 달리 불확실성(Uncertainty), 상호작용성(Interaction), 복잡성(Complexity), 누적성, 인지성이라는 특징이 있다.

(1) 불확실성

① 재난은 언제 어디서 발생할지 정확하게 예측할 수 없다.

② 재난발생 후 위험 자체가 기존의 기술적·사회적 장치와 맞물려 어떻게 전개될지 알 수 없으며 재난의 대응·복구 단계의 진행방향을 정확하게 예측할 수 없다.

③ 재난관리행정체제는 재난 대처에 필요한 대응 규모·범위 및 시기 등 사전에 알 수 없는 불확실한 재난발생의 환경을 관리하여야 할 필요가 있다.

④ 기존에 존재하던 재난 자체의 특성이 변할 수 있으므로, 그에 따라 재난관리조직도 기존의 대응차원이 아닌 새로운 조치를 취해야 할 수도 있고 재난 상황에 따라 선형적·기계적인 과정만을 따르는 것이 아니라 비선형적·유기적 혹은 진화적인 과정을 따를 수도 있다.

(2) 상호작용성

① 실제로 재난이 발생한 경우 재해 자체와 피해주민 및 피해지역의 기반시설이 서로 영향을 미치면서 여러 가지 사건이 전개될 수 있다는 것을 의미한다.

② 예를 들어 태풍이나 지진이 발생한 경우 이에 대하여 피해주민이 어떻게 반응하는가, 피해지역의 가스, 전기, 상하수도, 도로, 교량 등 도시기반시설이 어느 정도 파괴되었는가에 따라 총체적인 피해의 강도와 범위가 크게 달라질 수 있다는 것이다.

(3) 복잡성

① 재난 자체의 구조가 복잡하고 재난 발생 후 관련된 기관들 간의 관계에서 야기되는 복잡성이다.

② 불확실성과 상호작용의 산물로서 이들 두 요인이 복합적으로 작용하여 행정체제가 처리하여야 할 업무를 사전에 전부 파악하는 것이 거의 불가능하다는 것을 의미하는데, 이러한 상황에서도 재해관리행정체제는 불확실성 및 상호작용의 정도를 추정하는 기능을 담당하여야 한다.

(4) 누적성

① 일반적으로 재난은 발생하기 전부터 위험 요인들이 오랫동안 누적되어 오다가 특정한 시점에서 표출된 결과이다.

② 자연재해들조차도 발생자체는 불가항력적이라 하더라도 재난의 규모와 강도, 빈도 등은 사회적인 요인들의 직접적인 영향을 받기 때문이다.

③ 재난의 누적성을 억제하려면 먼저 체계의 구조적인 결함을 극복하기 위하여 통합된 조직체계를 도입할 필요가 있다.

④ 통합된 조직체계는 위험발생 요인을 체계적으로 관리할 수 있으므로 상대적으로 위험 요인의 누적을 막을 수 있다.

(5) 인지성

① 재난을 인지함에 있어 위험의 객관적인 사실과 주관적 인지의 불일치를 말한다.

② 재난의 위험성에 대해 실제적 위험의 존재와 그 위험을 위험으로 인지하는 주관적 인지 차원 간의 불일치가 있다.

4 우리나라의 재난여건

(1) 지형과 기후

① 우리나라는 지리적으로 온대성 기후대에 위치하여 봄, 여름, 가을, 겨울의 사계절이 뚜렷하고, 겨울에는 한랭 건조한 대륙성고기압의 영향을 받아 춥고 건조하며, 여름에는 고온다습한 북태평양 가장자리에 들어 무더운 날씨를 보이고, 봄과 가을에는 이동성 고기압 영향으로 맑고 건조한 날이 많다.

② 지형적으로는 태백산맥과 함경산맥을 중심으로 서해사면은 경사가 완만하게 낮아지면서 서해에 이르고 동해사면은 급경사를 이루는 지형적인 특색으로 산지 및 평야의 발달과 분포, 하천흐름의 양상이 뚜렷하여 하천은 대부분 유로연장이 짧고 하상경사가 급하여 재해에 대한 잠재적인 위험을 가지는 불안정한 지역이 많다.

③ 산지 및 산림지대의 지질이 대부분 화강암과 편마암으로 구성되어 피복토가 얇고 수분의 함유능력이 작아서 수목의 생장에 부적당하므로 풍화, 침식 등으로 산사태를 유발하거나, 하천 유사량을 증가시켜 지표면의 상승원인이 되어 하천의 통수능력을 저하시키고 급격한 유출을 초래하여 집중호우로 인한 대형 피해가 자주 발생한다.

(2) 재난발생 요인 및 특성

① 우리나라의 강수량 분포는 대체적으로 남쪽에서 북쪽으로 올라가면서 점차 감소되며, 남부지방이 1,000~1,500mm 정도이고 백두산 남동부가 500~600mm로 가장 적고, 제주도가 1,800mm 내외로 전국적으로 가장 많은 강수 분포를 나타낸다.

② 최근 강우의 큰 특징 중 하나는 열대지방의 스콜(Squall)과 흡사한 집중호우로 1시간에 100mm가 넘는 비가 내려 2001년 7월 수도권지역 및 2002년 8월 전국에 피해가 발생하였으며 2003년 3월에는 중부지역에 폭설피해가 발생하여 기상이변에 따른 가뭄, 폭염, 한파 등의 재난도

우려된다.

③ 자연재난은 전 국토의 70% 이상이 산지로 구성된 지형적인 요인으로 집중호우 시 유출량이 급속하게 하류로 유입되어 홍수피해를 입을 위험성이 크고, 연중 강수량이 여름 6, 7, 8월에 2/3가 집중되어 피해가 반복되고 있다.

④ 인적재난은 그간 삼풍백화점 붕괴, 경기화성 씨랜드화재, 대구지하철 참사 등 후진국형 재난으로 엄청난 사회적비용을 초래하였으며 각종 시설이 고층화, 대형화되고 복합상영관, 찜질방 등 신종 다중이용업소가 급증하여 화재 등의 재난발생 요인이 증가하고 있다.

⑤ 특히, 화물연대 파업, 미국산 쇠고기 광우병 파동, 통신망 마비, 전염병 등으로 인하여 국가기반체계가 마비되는 새로운 개념의 재난출현으로 사회안전망이 크게 위협받고 있다.

02 재난관리

1 재난관리의 개념

(1) 재난관리의 정의

① 재난관리란 국민의 생명, 신체 및 재산을 각종 재해로부터 예방하고 재난발생 시 그 피해를 최소화하기 위한 일련의 활동이다.

② 재난관리란 재난의 예방·대비·대응 및 복구를 위하여 하는 모든 활동을 말한다.

③ 사전에 재난을 예방하고 재난에 대비하며, 재난발생 후 그로 인한 물적·인적 피해를 최소화하고 본래의 상태로 시설을 복구하기 위한 모든 측면을 포함하는 총체적 용어로 재난의 잠재적 원인(위험)과 재난의 진행 그리고 재난으로 인한 결과(피해)를 관리하는 것을 말한다.

④ 재난관리의 목표는 여러 가지 위험요소를 사전에 관리하여 재난이 일어날 확률을 최소화하는 예방적인 정책과 행동을 평가, 선정 및 구현하는 일련의 과정이다.

⑤ 과거에는 재난의 방지에 초점을 두었다. 그러나 현대에 와서는 인위적인 재난의 발생빈도가 높아짐으로서 재난 발생 이후의 문제에 초점을 맞추는 경향이 있다.

> **더 알아두기** 재난관리체계
>
> 재난이 발생하지 않도록 사전에 예방하고, 재난이 발생한 경우 야기될 수 있는 제반 위험을 효율적으로 관리하는 행정을 의미한다.

(2) 재난관리의 중요성

① 재난의 예방, 대응, 복구의 과정이 보다 과학적이고 효과적으로 이루어질 때 인적, 물적 피해를 줄일 수 있다. 즉, 자연의 파괴가 발생하여도 이에 대한 방어수단만 취하고 있으면 재난을 어느 정도 방지, 경감할 수 있다는 점에서 재난관리는 필요하다.

② 정책적 측면에서 재난관리의 중요성이란 재난관리 중에서 특히 복구관리가 일종의 배분적 성격을 가진다는 점이다. 복구관리에 투자하는 막대한 재원이 어떤 기준에 의하여 어디에, 누구에게 그 혜택이 돌아가느냐 하는 측면은 재난관리가 단순한 기술적 측면이 아닌 가치의 권위적 배분이라는 점에서 정책적 중요성이 높다.

③ 재난관리가 소극적인 면에서의 대응이라는 차원을 넘어서 장기적인 국토개발과 치수사업과의 연계하에 이루어진다면 모든 국민에게 보다 안전하고 쾌락한 생활공간을 제공할 수 있다는 복지차원에서도 그 중요성을 찾을 수 있다.

(3) 재난관리 모형

① 페탁(W. J. Petak)의 재난관리 4단계 모형

　　㉠ 재난관리의 과정은 일반적으로 재난발생시점이나 관리시기를 기준으로 구분한다.

　　㉡ Petak은 재난관리 과정을 재난의 진행과정과 대응활동에 따라서 재해 이전(사전재난관리)과 이후(사후재난관리)로 나눈 후 시계열적으로 이루어지는 재난관리 과정을 재난의 완화와 예방, 재난의 대비와 계획, 재난의 대응, 재난 복구의 4단계로 나눈다.

　　㉢ 재난 4단계는 상호관련적이며 이들 과정이 하나의 기관에 의해 통합 관리될 것이 요구된다.

구 분	단 계	주요활동 내용
재난발생 이전단계	완화단계 (Mitigation)	위험성분석 및 위험지도 작성, 건축법 제정과 정비, 조세유도, 재해보험, 토지이용관리, 안전관련 법규 제정 및 정비 등
	준비단계 (Preparedness)	재난대응계획 수립, 비상경보체계 구축, 비상통신망 구축, 유관기관 협조체제 유지, 비상자원의 확보 등
재난발생 이후단계	대응단계 (Response)	재난대응계획의 시행, 재난의 긴급대응과 수습, 인명구조구난활동 전개, 응급의료체계 운영, 환자의 수용과 후송, 의약품 및 생필품 제공 등
	복구단계 (Recovery)	잔해물 제거, 전염병 예방 및 방역활동, 이재민 지원, 임시거주지 마련, 시설복구 및 피해보상 등

② 맥밀란(David McMillan)의 통합관리 모형

　　㉠ 맥밀란은 조직의 생존을 위협하는 사건이나 조건을 재난으로 정의하였다.

　　㉡ 재난관련 대응조직들이 수많은 공공 및 민간조직과 혼합되어 대응단계에서의 협조문제가 재난대응의 전통적인 문제로 반복되는 데 착안하였다.

ⓒ 밀란은 미국의 통합재난관리는 연방, 주, 지방의 협조하에 일련의 순환과정을 통해 인명과 재산을 보호하고 행정능력을 유지할 수 있다고 하면서 행정이 주가 된 재난관리 모형을 제시하였다.

ⓓ 통합관리 모형은 완화, 준비, 대응, 복구의 프로그램을 통해서 각 지방정부와 중앙정부가 인명과 재산 그리고 정부기능을 보호하기 위하여 협력해야 한다는 점을 중시한다.

> **더 알아두기** **통합적 재난관리 과정**
>
> 위험요인분석 ┌─ • 관리능력평가 → 준비계획수립 → 관리능력유지 → 재난대응활동 → 재난복구활동
>   └─ • 재해능력부족 → 장기발전계획 → 연도별발전계획 → 각 정부계획

2 재난관리의 접근방법

재난관리는 분산형 관리와 통합형 관리의 두 가지 방식으로 나눌 수 있다. 재난유형별관리 방식인 분산관리 방식과 재난관리의 종합성과 통합성의 관점에서 모든 재난을 통합 관리하는 통합재난관리 방식으로 구분할 수 있다.

(1) 분산관리방식

① 전통적 재난관리 제도는 유형별 재난의 특징을 강조하는 것에서부터 시작된다.

② 다양한 기준에 의하여 재난을 유형화하고 재난유형별로 개별적으로 재난을 관리하는 방식을 말한다.

③ 지진, 수해, 유독물, 풍수해, 설해, 화재 등 재난의 종류에 상응하여 대응방식에 차이가 있다는 것을 강조한다.

④ 재난 유형별 계획이 마련되며 대응책임 기관도 각각 다르게 배정된다.

⑤ 재난 시 유사기관 간의 중복대응과 과잉대응의 문제를 야기하고 난해한 계획서의 비현실성과 다수 기관간의 조정·통제에 반복되는 문제가 있다.

⑥ 일본, 중국 등은 재난을 발생유형별로 관리하는 체제를 유지하고 있다.

(2) 통합관리방식(Integrated Emergency Management System)

① 분산관리방식의 문제를 극복하기 위해 대두된 것이 미국 연방재난관리청(FEMA) 설립의 이론적 근거가 된 통합적 관리방식이다.

② 재난관리의 전체 과정(예방–준비–대응–복구)을 "종합적으로" 관리한다는 의미이다.

③ 모든 재난은 피해범위, 대응자원, 대응방식이 유사하다는 데 그 이론적 근거가 있다.

④ 모든 자원을 통합-관리한다는 의미가 아니라, 기능별 책임기관을 지정하고 그들을 조정, 통제한다는 의미이다.

⑤ 통합적 재난관리조직의 특성으로, 통제보다는 혁신, 현존 질서의 재강화보다는 학습, 권력에 대한 탐색보다는 정보에 대한 지속적인 탐색을 들고 있다.

⑥ 통합된 재난관리체계의 구축에는 조직구조의 개편이나 막대한 자원의 배분·할당이 필요하지 않다. 단지 조직우선권의 재개념화, 조직기능의 재설계, 시간의 재할당(정보검색·분석·의사소통), 그리고 개인 및 조직학습과정의 인식과 그런 과정의 결과에 근거한 행동에 대한 지지가 요구된다.

더 알아두기 재난관리방식별 장단점 비교

유 형	재난유형별관리	통합 재난관리
성 격	분산적 관리 방식	통합적 관리 방식
관련부처 및 기관	다수부처 및 기관이 관련	단일부처 조정하에 소수의 부처 및 기관만 관련
책임범위와 부담	재난사고에 대한 관리책임, 부담이 분산	모든 재난에 대한 관리책임, 과도한 부담 가능성이 높음
관련부처의 활동범위	특정재난에 한정되고 기관별로 다름	모든 재난에 대한 종합적 관리활동과 독립적 활동의 병행
정보전달 체계	혼란스러운 다원화	다원적 정보접근과 단일화된 전달시스템의 병행
재원마련과 배분	복잡(과잉, 누락)	보다 간소
재난대응	대응조직 없음(사실상 소방)	통합 대응/지휘통제 용이(소방)
시스템의 재난에 대한 인지능력	미약, 단편적	강력, 종합적
장 점	• 재난의 유형별 특징을 강조 • 한 재해 유형을 한 부처가 지속적으로 담당하므로 경험축적 및 전문성 제고가 용이 • 한 사안에 대한 업무의 과다 방지	• 비상대응기관 및 단체가 통합적으로 대응 • 재난발생 시 총괄적 자원동원과 신속한 대응성 확보 • 자원봉사자 등 가용자원을 효과적으로 활용 • 재원확보와 배분이 보다 간소
단 점	• 복잡한 재난에 대한 대처능력에 한계 • 각 부처 간 업무의 중복 및 연계 미흡 • 재원마련과 배분의 복잡성	• 종합관리체제를 구축하는 데 많은 어려움이 따름 • 부처이기주의 및 기존조직들의 반대 가능성이 높고 업무와 책임이 과도하게 한 조직에 집중됨

(3) 재난관리체계의 바람직한 구조

재난의 일반적인 속성과 그 발발의 원인 및 배경에 관한 세 가지 대표적인 이론적 접근을 종합하여 재난관리체계를 설계함에 있어 그 구조적 당위성을 추출해 보면 조직구조의 통합성(통합적 구조), 학습성(학습적 구조), 협력성(협력적 구조), 유기성(유기적 구조)을 들 수 있다.

① 재난에 관여하는 조직구조의 "통합성"
② 재난이 자주 일어나는 것이 아니므로 적은 경험으로부터 교훈을 얻어 조직구성원의 행동과 행태를 수정해야 한다는 "학습성"
③ 재난에 관여하는 부처의 이기주의를 막고 현장지휘자를 중심으로 원활한 협조체계를 구축하여 현장 중심의 총체적 활동을 하여야 한다는 "협력성"
④ 재해현장에 파견된 인력의 전문성과 조직성을 갖추고 신속하게 대응할 수 있도록 하여야 한다는 "유기성"

[재난관리체계의 구조적 속성 및 전략적 효과]

구조적 속성	전략적 효과
통합성(통합적 구조)	통합화, 효율화, 체계화, 통합된 중재기능
학습성(학습적 구조)	지역축적 기반확충, 상황중심적 대응력 향상
협력성(협력적 구조)	수평협력체제, 외적협력네트워크 구축, 복합협력적 관리 지향
유기성(유기적 구조)	중첩화, 분권화, 몰입감 및 책임감강화, 내부요소 간의 소통활성화

(4) 콰란텔리(Quarantelli, 1991)는 유형별 분산관리 방식이 통합관리 방식으로 전환되어야 하는 근거로 재난개념의 변화, 재난대응의 유사성, 계획내용의 유사성, 대응자원의 공통성을 제시하고 있다.

① 재난개념의 변화
  ㉠ 재난개념에 대한 관점은 재난의 유형별 특징을 강조하게 되나 재난은 오로지 사회적으로 충격적인 사건이라는 점에서 식별될 수 있다.
  ㉡ 재난에 대한 사회 지향적 개념은 자연적 요인 및 기술적 요인의 물리적 특징과 영향에서 사회적 사건의 공통성 또는 유사성으로 초점이 이동되었다는 것이다.

② 재난대응의 유사성
  ㉠ 연구자들은 재난의 사회·행태적 특징들이 대부분 재난유형별로 나타나는 것이 아니라 상이한 유형의 자연적·기술적 재해에서 일반적으로 유사하다는 것을 밝히고 있다.
  ㉡ 이들은 어떠한 재해이든 간에, 요구되는 작업(경고, 퇴거, 보호, 급식, 탐색, 구조, 사망자 처리, 자원의 동원, 통신교류 등)이 조직간 조정이건, 공공정보이건, 개인에 관련되건 또는 집단에 관련되건 간에 동일한 일반적인 활동이 취해져야 한다고 보는 것이다.

③ 계획내용의 유사성
    ㉠ 재난계획에 있어 종합적 접근법을 주장하는 학자들은 재난유형의 차이에도 불구하고, 심각한 화학적 사고에 수행되어야 할 많은 일들은 주요한 자연재해에 취해져야 할 일과 유사하다고 생각한다.
    ㉡ 재난지역의 안전성 확립, 부상자 간호, 공공에 정보제공, 대처의 전반적인 조정 그리고 많은 유사한 일 등 모든 업무가 지역사회의 위험상황에서 수행되며, 이 조직은 대부분 소방서와 경찰서에서 재해의 유형에 관계없이 모든 재해의 대처에 관계된다.
④ 대응자원의 공통성
    ㉠ Tierney(1981)는 화학사고에 대한 지역단위의 준비를 그 지역이 갖는 위험의 전 범위를 다루는 종합적인 준비조치로 실현하는 것이 효율적일 뿐 아니라 비용 면에서 효과적으로 보인다고 주장한다.
    ㉡ 종합적 접근의 원칙은 재해유형과 이에 대처하기 위해 필요한 인적 · 물적 자원이 다르다고 하더라도 구체적인 위협에 관계없이 동일한 일반적 활동들이 재난 전, 대응, 복구시기에 진행된다는 것이다.

③ 재난관리체계

(1) 재난관리체계(Disaster Management System)의 개념

① 재난관리체계는 재난을 예방하고 그 위험으로부터 국민의 생명과 재산을 보호하고 재난위험시설의 안전관리와 재난의 조기수습 대응 체계를 구축해 재난 시 신속한 초동 대처로 각종 피해의 최소화를 목표로 하는 행정 체계이다.
② 재난관리는 재난이 발생하지 않도록 사전에 예방하고, 재난이 발생한 경우 발생할 수 있는 위험으로부터 안전하고 보다 효율적으로 관리하는 행정이며, 재난안전관리를 담당하는 조직으로 구성된 체계가 재난관리체계이다.
③ 재난발생에 대비하여 인간의 생명과 재산을 보호할 목적으로 관련 기관들과의 협조와 조정을 통해 문제 해결을 하려는 체계이다.
④ 재난관리체계는 자연재난, 인적재난, 사회재난에 대응하기 위해 존재하는 하나의 네트워크 체계로 구성 요소들 간의 연계 관계를 통해 재난관리 기능을 수행한다.
⑤ 네트워크 체계는 정부 간 관계를 포함할 뿐만 아니라 일반 주민들, 기업, 자원 봉사단체 등의 민간부문과의 연계를 포함한다.
⑥ 재난발생 이전과 비교할 때, 발생 이후 단계에서는 이러한 네트워크 체계가 대폭 확장한다. 그리하여 재난관리체계의 구성원들은 단일의 상관이 아니라 다수의 상관 또는 기관을 갖는 조직구조를 가지게 된다.

⑦ 재난 시 만들어진 네트워크 조직은 재난 복구완료 후 해체되거나 구성원들이 본래 조직이나 집단으로 돌아가므로 존속기간이 잠정적인 프로젝트 조직의 성격도 있다.

(2) 재난관리체계의 특성

재난관리체계는 재난관리를 담당하는 인력, 예산, 장비, 시설, 조직, 개인 등으로 구성된 체계를 의미하고, 각종 재난으로부터 국민의 신체 및 생명, 재산을 보호하는 데 주된 목적이 있어서 가장 기본적인 정부의 기능 중 하나로서 다음과 같은 특성이 있다.

① 열세성
　㉠ 재난의 특성인 불확실성, 복잡성, 상호작용성으로 인해서 모든 재난에 대해서 그 피해 규모를 사전에 예측한다는 것은 어려운 일이다. 따라서 재난관리체계의 예산책정 과정에서 우선순위를 차지하지 못하므로, 재난관리를 담당하는 인력, 예산, 장비, 시설 등이 다른 조직에 비해 열세하다.
　㉡ 재난관리는 최고의 인력과 장비를 항상 갖추고 있으면서도 재난이 발생하지 않는 것이 가장 성공적인 재난관리이다(경계성 및 가외성 원리). 그러나 아직까지도 우리나라는 그 논리가 현실적으로 맞지 않는 실정이다.

② 연계성
　㉠ 재난의 특성인 복잡성, 상호작용성에 대한 구체적인 관리를 하기 위해서 재난관리체계는 하나의 네트워크체계로서 구성요소(정부, 지방자치단체, 응급의료서비스, 국제기구와 적십자사 등)들 간의 연계관계를 통하여 재난관리기능을 수행하여야 한다.
　㉡ 특히 현대사회의 재난관리는 재난을 조기에 막는, 즉 예방활동이 많은 비중을 차지하고 있어서 상설 재난관리체계 중심으로 재난관리의 연계성이 이루어져야 한다.

③ 협조성
　㉠ 재난이 발생하면 정책결정과 집행에 있어서 다수의 기관이 참여하고, 협조가 이루어지게 된다.
　㉡ 재난의 복구활동단계에서 기업, 각종 자원봉사단체 등이 참여하므로 그 활동영역이 더욱 확장된다.
　㉢ 경계가 크게 확장된 재난관리체계는 목적이 완료됨과 동시에 경계가 축소되어 팀(Team)이 해체되거나 구성원들이 본래 조직이나 집단으로 돌아간다.

④ 보충성
　㉠ 재난이 발생하면 안전관리위원회, 재난안전대책본부, 긴급구조통제단 등 비상설 재난관리체계가 임시적으로 통합 운영되어 재난에 대응하는 보충적인 성격을 가진다.
　㉡ 보충성은 재난의 특성인 불확실성으로 인하여 언제 발생할지 모르는 재난에 완벽하게 대응할 수 있도록 상설 재난관리 조직을 항상 유지한다는 것이 현실적으로 힘들기 때문에 필요하다.

ⓒ 재난 시 대응을 위한 비상설 재난관리체계는 기동력 있고, 정확하고, 신속한 조직으로 운영되어야 하는데, 이를 위해서 보다 구체적인 훈련과 교육이 요구된다.

4 우리나라 재난관리체계 형성 과정

(1) 자연재난 관련 법령의 변천 과정

① 1961년 전북 남원과 경북 영주지방의 수해로 인한 피해를 복구하기 위해 당시 국토건설청 소속의 '수해복구사무소' 설치와 '수난구호법'을 제정하였다.

② 1963년 건설부 수자원국에 '방재과'를 설치하였다.

③ 1967년 '풍수해 대책법'을 제정하였다.

④ 1975년 내무부에 민방위본부가 창설되었다.

⑤ 1991년 재해대책업무를 당시 내무부(행정자치부)로 이관하여 지방행정조직과 민방위조직을 연계하여 중앙재해대책본부를 개편하였다. 풍수해대책의 종합적 관리를 당시 건설부와의 유기적 협조뿐만 아니라 17개 관련부처로부터의 지원체제를 갖추고, 실질적인 재해대책업무의 관장을 위해 다시 내무부 민방위본부 산하의 '방재국'을 설치함으로써 자연재해에 대한 관리체계를 갖추게 되었다.

⑥ 1995년 12월 '풍수해 대책법'을 '자연재해대책법'으로 개정하면서 자연재해 관리대상으로 가뭄과 지진재해가 포함되었다.

(2) 인적재난 관련 법령의 변천 과정

① 우리나라의 재난관리체계는 1960년대 초부터 1990년대 초까지 주로 자연재해관리를 기반으로 형성되었다.

② 1993년 7월 23일 재해의 예방 및 수습에 관한 훈령을 기점으로 인적재난에 관한 법령이 형성되었다. 당시 연초부터 청주 우암상가 붕괴사고 발생, 3월에는 구포역 열차 전복 사고가 발생하여 많은 인명피해가 있던 시기였다.

③ 1995년 6월 삼풍백화점 붕괴사고를 겪으면서 재난현장의 지휘체계와 참여기관 간 공조·협조 체계 등 재난대응에 대한 수많은 문제점을 경험하게 되었고 같은 해 7월에 '재난관리법'을 제정하였다.

④ 재난관리법에서는 인적재난의 총괄·조정기구로 '안전대책위원회'를 설치토록 하였고, 인적 재난 수습을 위한 '사고대책본부'의 설치와 '긴급구조본부(통제관)'에 대한 설치근거를 법제화시킴으로써 우리나라의 인적재난 관리체제가 구축되었다.

⑤ 재난관리법 제정은 자연재해 중심의 사후복구 관리체계에서 인적재난을 포괄하는 재난관리 대응체계로의 전환점이 되었고, 특히 대응단계에서의 인명구조 및 응급의료 서비스의 제공은

우리나라의 재난관리방식이 점차 선진국의 재난관리체계로 전환하는 중요한 계기가 되었다.

⑥ 재난관리법 제정 이후에도 민방위기본법, 자연재해대책법, 재난관리법으로 3분화된 재난관련법과 정부의 재난관리기구의 구조적인 문제로 인하여 효율적 재난관리체제는 구축되지 못하였다.

(3) 재난 및 안전관리 기본법의 제정 과정

① 재난 및 안전관리 기본법의 제정과 긴급구조대응활동 및 현장지휘에 관한 규칙의 제정으로 인적재난의 지휘·관리체계의 확립은 구축되었다고 볼 수 있겠지만 재난유형별로 다원화되어 있는 주요기능을 통합한 재난관리체계를 구축하는 데는 한계가 있었다.

② 2003년 2월 대구지하철 대참사로 다분화된 재난관리체계의 시행착오를 겪었고 이를 계기로 정부는 국가통합관리체제의 구축을 위한 '신설청' 설치를 선언하였으나 결론은 내지 못하였다.

③ 2003년 9월 태풍 매미의 급습으로 소방방재청 신설을 주요골자로 하는 정부조직법 개정안과 재난 및 안전관리법 제정안을 입법예고하였다.

④ 2004년 6월 1일 소방방재청이 개청되었다.

⑤ 2007년 1월 26일 일부 개정 : 국가기반시설의 지정, 보호

⑥ 2008년 2월 29일 일부 개정 : 정부조직법의 개정으로 정부의 안전관리정책 및 비상대비·민방위·재난관리 제도에 관한 사무를 행정안전부장관이 관장

⑦ 2008년 12월 26일 일부 개정 : 영업주가 종업원 등에 대한 관리·감독상 주의의무를 다한 경우에는 처벌을 면하게 함으로써 양벌규정에도 책임주의 원칙이 관철되도록 함

⑧ 2008년 12월 31일 일부 개정 : 낙뢰를 자연재해의 범위에 포함

⑨ 2010년 6월 8일 일부 개정 : 국가재난관리기준의 제정, 체계적인 홍보계획의 수립, 상황보고체계 개선 등을 통하여 재난대비활동의 안전성과 책임성을 제고하려 함

⑩ 2011년 3월 29일 일부 개정 : 가축전염병을 재난의 범위에 명시적으로 규정하고, 감염병 및 가축전염병의 확산 방지

⑪ 2012년 2월 22일 일부 개정 : 재난관리정보통신체계를 체계적으로 구축·운영(재난정보가 휴대전화 등 수신기 사용자에게 전달될 수 있도록 화면 표시 의무 규정을 둠)

⑫ 2013년 8월 6일 일부 개정 : 각종 재난 및 사고로부터 국민의 안전이 확보될 수 있도록 국가와 지방자치단체의 재난 및 안전관리체계를 정비

⑬ 2014년 12월 30일 일부 개정 : 재난안전 컨트롤타워의 구축을 위하여 국민안전처, 소방방재청 및 해양경찰청 등에 분산되어 있는 재난안전 기능이 국민안전처로 통합·개편

⑭ 2016년 1월 7일 일부 개정 : 국민의 안전과 재산을 지키는 재난 및 안전대응 시스템을 강화

⑮ 2017년 1월 17일 일부 개정 : 시설물에 대한 안전관리를 강화하기 위하여 시설물의 안전관리 소관 부처를 국토교통부로 일원화

⑯ 2017년 7월 26일 타법(정부조직법) 개정 : 국민안전처가 폐지되고 소방청과 양 경찰청이 독립되어 '긴급구조기관'에서 소방청·소방본부 및 소방서 그리고 해양경찰청·지방해양경찰청 및 해양경찰서가 되고, '국민안전처장관'을 '행정안전부장관'으로, '국민안전처차관'을 '행정안전부의 재난안전관리사무를 담당하는 본부장' 등으로 개정되었다.

⑰ 2018년 9월 18일 일부 개정 : 폭염과 한파를 자연재난에 명시

⑱ 2019년 3월 26일 일부 개정 : 사회재난에 "미세먼지로 인한 피해"를 명시적으로 규정

⑲ 2020년 6월 9일 일부 개정 : "재난안전의무보험" 도입, "중앙재난안전대책본부" 구성과 운영에 대한 범위 확장

⑳ 2020년 12월 22일 일부 개정 : "안전취약계층"의 범위를 어린이, 노인, 장애인, 저소득층 등 신체적·사회적·경제적 요인으로 인하여 재난에 취약한 사람으로 확대

㉑ 2022년 1월 4일 일부 개정 : 재난관리책임기관의 장의 범위를 재난관리책임기관의 장 및 국회·법원·헌법재판소·중앙선거관리위원회의 행정사무를 처리하는 기관의 장으로 확대

더 알아두기 주요 개정내용

구 분	배 경	근거법령	재난관리조직
자연재난	전통적 개념	• 하천법(1961) • 풍수해대책법(1967) • 자연재해대책법(1995)	과 단위(내무부, 건설부) → 행정자치부 방재국 신설(1998)
인적 재난	성수대교 붕괴(1994) 삼풍백화점 붕괴(1995)	재난관리법(1995)	내무부 재난관리국 신설(1995) → 재난관리과(1998)
	대구지하철 화재(2003)	재난 및 안전관리 기본법 제정(2004)	소방방재청 개청(2004)
사회적 재난	물류대란(2004)	2004년 기본법 제정 시 사회적 재난 근거 마련	행안부 국가기반보호과(2004)

2013년 8월 재난 및 안전관리 기본법 전면 개정 시 인적 재난과 사회적 재난을 사회재난으로 통합 자연재난과 사회재난으로 단순화함

㉒ 2023년 8월 17일 일부 개정 : 재난 피해 시 국가와 지방자치단체가 피해의 최소화를 넘어 일상 회복을 지원하도록 기본이념 및 책무 규정에 명시하고, 재난지역에 대한 국고보조 등의 지원 대상에 소상공인을 포함하도록 하며, 다중운집으로 재난 등이 발생하거나 발생할 우려가 있는 경우 행정안전부장관 또는 지방자치단체의 장이 전기통신사업자 등에게 특정 지역 기지국 접속 정보의 제공을 요청

㉓ 2024년 1월 16일 일부 개정 : 다중운집인파사고 및 인공우주물체의 추락·충돌을 사회재난의 원인 유형으로 명시

㉔ 2024년 1월 18일 일부 개정 : 개별법에 따라 각각 운영되어온 재난관리자원의 관리에 관한 사항들을 통일적이고 종합적으로 운영

5 우리나라 재난관리체계

(1) 중앙정부 재난관리체계

① 재난 및 안전관리 기본법 제9조를 근거로 한다.

② 국무총리를 위원장으로 하고 행정안전부장관을 간사로 하는 중앙안전관리위원회를 중심으로 중앙재난안전대책본부(행정안전부), 중앙긴급구조통제단(소방청), 중앙사고수습본부(해당 재난관리주관기관) 등의 산하기관이 있다.

③ 관련 기관으로 시·도 안전관리위원회, 지역재난안전대책본부, 지역긴급구조통제단 등이 있다.

(2) 지자체 재난관리체계

① 지방정부의 재난관리를 위한 권한과 책임은 자치단체장에게 있다.

② 재난 및 안전관리 기본법 제4조제1항은 "국가와 지방자치단체는 재난이나 그 밖의 각종 사고로부터 국민의 생명·신체 및 재산을 보호할 책무를 지고, 재난이나 그 밖의 각종 사고를 예방하고 피해를 줄이기 위하여 노력하여야 하며, 발생한 피해를 신속히 대응·복구하기 위한 계획을 수립·시행하여야 한다"라고 책임을 명확히 규정하고 있다.

③ 지방정부는 재난활동의 전 과정에서 주체적이고 주도적인 역할과 조정의 역할을 담당한다.

---

03 재난 유형

1 자연재난

(1) 태 풍

① 정의 : 태풍은 적도 부근 해상에서 발생한 열대 저기압 중에서 중심 최대 풍속이 초속 17m/s 이상의 강한 폭풍우를 동반하고 있는 것을 말한다.

② 태풍의 강도 구분 : 태풍의 강도는 중심 최대 풍속을 기준으로 분류한다.

단 계	최대 풍속
약	17m/s(13knots) 이상 ~ 25m/s(48knots) 미만
중	25m/s(48knots) 이상 ~ 33m/s(64knots) 미만
강	33m/s(64knots) 이상 ~ 44m/s(85knots) 미만
매우 강	44m/s(85knots) 이상

③ 태풍의 크기

태풍의 크기는 초속 15m/s 이상의 풍속이 미치는 영역에 따라 분류한다.

단 계	풍속 15m/s 이상의 반경
소 형	300km 미만
중 형	300km 이상 ~ 500km 미만
대 형	500km 이상 ~ 800km 미만
초대형	800km 이상

④ 태풍의 이름

태풍 위원회에서 아시아 각 나라 국민들의 태풍에 관한 인식을 높이고 경계를 강화하기 위해서
그동안 사용하던 서양식 이름에서 아시아 14개국의 고유 이름으로 변경, 2000년부터 사용하기
로 결정하였으며, 태풍의 이름은 국가별로 10개씩 제출한 총 140개의 이름을 각 조 28개씩
5개조로 편성 1조부터 5조까지 순환하며 사용하고 있다.

> **더 알아두기**
>
> 우리나라에 영향을 미쳤던 태풍 가운데 사라(1959년), 루사(2002년), 매미(2003년) 3개가 각각
> 최고 기록을 갖고 있다. 2003년 9월 12~13일 발생한 태풍 "매미"는 한반도 기상관측(1904년)
> 이래 가장 낮은 중심기압(사천 부근 950hPa), 가장 큰 순간 최대 풍속(제주도 고산, 60m/s)을
> 기록했다.

(2) 폭 풍

몹시 세게 부는 바람으로 부풍・퇴풍・왕바람이라고도 한다. 보퍼트 풍력계급 11(28.5~32.6
m/s)의 상태로 흔히 비가 섞여 세차게 쏟아진다.

[보퍼트 풍력 계급표]

계급	용어	풍속(m/s)	내 용
0	고 요	0.0~0.2	연기가 똑바로 올라가고 바다에서는 수면이 잔잔하다.
1	실바람	0.3~1.5	풍향은 연기가 날리는 모양으로 알 수 있으나 바람개비가 돌지 않는다.
2	남실바람	1.6~3.3	바람이 얼굴에 느껴지고 나뭇잎이 흔들리며 바람개비가 약하게 돈다.
3	산들바람	3.4~5.4	나뭇잎과 가는 가지가 쉴새없이 흔들리고 깃발이 가볍게 날린다.
4	건들바람	5.5~7.9	먼지가 일고 종잇조각이 날리며 작은 나뭇가지가 흔들린다.
5	흔들바람	8.0~10.7	잎이 무성한 작은 나무 전체가 흔들리고 바다에서는 잔물결이 일어난다.
6	된바람	10.8~13.8	큰 나뭇가지와 전선이 흔들리며 우산을 들고 있기가 힘들다.
7	센바람	13.9~17.1	큰 나무 전체가 흔들리고 바람을 거슬러 걷기가 힘들다.
8	큰바람	17.2~20.7	잔가지가 꺾이고 걸어갈 수가 없다.
9	큰센바람	20.8~24.4	굴뚝이 넘어지고 기와가 벗겨진다.
10	노대바람	24.5~28.4	건물이 무너지고 나무가 쓰러진다.
11	왕바람	28.5~32.6	건물이 크게 부서지고 차가 넘어지며 나무가 뿌리째 뽑힌다.
12	싹쓸바람	32.7 이상	육지에서는 보기 드문 엄청난 피해를 일으키고 바다에서는 산더미 같은 파도를 일으킨다.

(3) 그 외 자연재난

① **호우** : 일반적으로 많은 비가 내리는 것을 호우라 하며, 단시간에 많은 비가 내리는 것을 집중호우라 한다. 우리나라는 여름철 집중호우로 하천의 범람이 발생한다.

② **해일** : 폭풍이나 지진, 화산폭발 등에 의하여 바닷물이 비정상적으로 높아져 육지로 넘쳐들어오는 현상을 말한다. 2004년 12월 동남아 쓰나미가 대표적인 사례이다.

③ **대 설**

ㄱ 정의 : 짧은 시간에 많은 양의 눈이 내리는 현상으로서, 시간당 1~3cm 이상 또는 24시간 이내 5~20cm 이상(대설주의보 발표)의 눈이 내리는 현상을 말한다.

ㄴ 발생원인 : 겨울철에 발생한 저기압의 영향을 받거나 찬 대륙고기압의 공기가 서해나 동해로 이동하면서 해수온도의 차로 눈구름대가 만들어지며 발생하고, 그 밖의 고기압 가장자리에서 한기를 동반한 상층기압골이 우리나라 상공을 통과하며 발생하기도 한다.

④ **황사** : 중국 황하유역 및 몽고 고비사막 내 작은 모래나 황토 또는 먼지가 하늘에 부유하거나 상층 바람을 타고 날아 낙하하는 현상을 말하며, 우리나라에서는 3월~5월에 주로 발생한다.

⑤ **가뭄** : 장기간에 걸친 물 부족으로 나타나는 기상재해로 증발산에 의하여 대기 중으로 손실된 물의 양이 강수량보다 부족할 때 나타난다.

⑥ **지 진**

ㄱ 의의 : 지구 내부의 변화로 일어나는 판 운동이나 화산 활동으로 일어나는 돌발적인 지각의 요동현상, 지각의 일부에 변형력이 지속적으로 작용하여 암석들이 쪼개질 때, 이 지점에 국지적으로 모인 탄성·화학·중력에너지가 갑자기 방출되어 생긴 지진파가 지면에 도달하며 발생한다.

ㄴ 지진의 구분

진 도	내 용
I	특별히 좋은 상태에서 극소수의 사람을 제외하고는 전혀 느낄 수 없다.
II	소수의 사람들, 특히 건물 위층에 있는 소수의 사람들만 느낀다. 섬세하게 매달린 물체가 흔들린다.
III	실내에서 현저하게 느끼게 되는데 특히 건물 위층에 있는 사람에게 더욱 그렇다. 그러나 많은 사람들은 그것이 지진이라고 인식하지 못한다. 정지하고 있는 차는 약간 흔들린다. 트럭이 지나가는 것과 같은 진동, 지속시간이 산출된다.
IV	지진 동안 실내에 서있는 많은 사람들이 느낄 수 있으나 옥외에서는 거의 느낄 수 없다. 밤에는 잠을 깨운다. 그릇, 창문, 문 등이 소란하며 벽이 갈라지는 소리를 낸다. 대형트럭이 벽을 받는 느낌을 준다. 정지하고 있는 자동차가 뚜렷하게 움직인다.
V	거의 모든 사람들이 느낀다. 많은 사람들이 잠을 깬다. 약간의 그릇과 창문 등이 깨지고 어떤 곳에서는 플라스터에 금이 간다. 불안정한 물체는 뒤집어진다. 나무, 전신주, 다른 높은 물체의 교란이 심하다. 추시계가 멈춘다.
VI	모든 사람들이 느낀다. 많은 사람들이 놀라서 밖으로 뛰어 나간다. 어떤 무거운 기구가 움직인다. 떨어진 플라스터와 피해를 입은 굴뚝이 약간 있다.

진 도	내 용
Ⅶ	모든 사람들이 밖으로 뛰어 나온다. 아주 잘 설계되었거나 건축된 건물에서는 피해가 무시될 수 있고, 보통 건축물에서는 약간의 피해가 있으며, 열등한 건축물에서는 아주 큰 피해를 입는다. 굴뚝이 무너지고 운전하고 있는 사람들이 느낄 수 있다.
Ⅷ	특별히 설계된 구조물에서는 약간 피해가 있고, 보통 건축물에서는 부분적인 붕괴(崩壞)와 더불어 상당한 피해를 일으키며, 열등한 건축물에서는 아주 심한 피해를 준다. 창틀로부터 무너진 창벽, 굴뚝, 공장 재고품, 기둥, 기념비, 벽들이 무너진다. 무거운 가구가 뒤집어진다. 모래와 진흙이 나온다. 우물수면의 변화가 있고 운전자가 방해를 받는다.
Ⅸ	특별히 설계된 구조물에 상당한 피해를 준다. 잘 설계된 구조물은 기울어지고 실제 구조물에는 큰 피해를 주며 부분적으로 붕괴한다. 건물은 기초에서 벗어난다. 땅에는 금이 명백하게 간다. 지하 파이프도 부러진다.
Ⅹ	잘 지어진 목조구조물이 파괴된다. 대개의 석조건물과 그 구조물이 기초와 함께 무너진다. 땅에 심한 금이 간다. 철도가 휘어진다. 산사태가 강둑이나 경사면에서 생기며 모래와 진흙이 이동된다. 물이 튀어 나오며 둑을 넘어 쏟아진다.
Ⅺ	남아있는 석조구조물은 거의 없다. 다리가 부서지고 땅에 넓은 균열이 간다. 지하 파이프가 완전히 파괴된다. 연약한 땅이 푹 꺼지고 지층이 어긋난다. 기차선로가 심하게 휘어진다.
Ⅻ	전면적인 피해. 지표면에 파동이 보인다. 시야와 수평면이 뒤틀린다. 물체가 하늘로 던져진다.

⑦ 홍수 : 우리나라는 주로 여름철 집중호우로 인하여 하천이 범람해 발생한다.

⑧ 폭염 : 기상청에서 발표하는 최고기온인 열파지수가 100 이상인 날이 3일 이상 지속되는 경우를 폭염이라고 정의할 수 있다.

(4) 기상특보 발령 기준

① 기상특보 : 각종 기상 현상으로 인해 재해 발생의 우려가 있을 때 이를 경고하기 위해 발표하는 기상정보를 말한다. 기상특보의 발표 기준에 도달할 것이 예상될 때 해당 현상에 대한 주의보 및 경보를 발표한다. 특보를 발표하게 되는 기상현상의 종류는 강풍·풍랑·호우·대설·건조·폭풍해일·지진해일·한파·태풍·황사이다.

② 기상특보 발표기준

종 류	주의보	경 보
강 풍	육상에서 풍속 14m/s 이상 또는 순간풍속 20m/s 이상이 예상될 때 다만, 산지는 풍속 17m/s 이상 또는 순간풍속 25m/s 이상이 예상될 때	육상에서 풍속 21m/s 이상 또는 순간풍속 26m/s 이상이 예상될 때 다만, 산지는 풍속 24m/s 이상 또는 순간풍속 30m/s 이상이 예상될 때
풍 랑	해상에서 풍속 14m/s 이상이 3시간 이상 지속되거나 유의파고가 3m 이상이 예상될 때	해상에서 풍속 21m/s 이상이 3시간 이상 지속되거나 유의파고가 5m 이상이 예상될 때
호 우	3시간 강우량이 60mm 이상 예상되거나 12시간 강우량이 110mm 이상 예상될 때	3시간 강우량이 90mm 이상 예상되거나 12시간 강우량이 180mm 이상 예상될 때
대 설	24시간 신적설이 5cm 이상 예상될 때	24시간 신적설이 20cm 이상 예상될 때 다만, 산지는 24시간 신적설이 30cm 이상 예상될 때

종 류	주의보	경보
건 조	실효습도 35% 이하가 2일 이상 계속될 것이 예상될 때	실효습도 25% 이하가 2일 이상 계속될 것이 예상될 때
폭풍해일	천문조, 폭풍, 저기압 등의 복합적인 영향으로 해수면이 상승하여 발효기준값 이상이 예상될 때. 다만, 발효기준값은 지역별로 별도지정	천문조, 폭풍, 저기압 등의 복합적인 영향으로 해수면이 상승하여 발효기준값 이상이 예상될 때. 다만, 발효기준값은 지역별로 별도지정
한 파	10월~4월에 다음 중 하나에 해당하는 경우 • 아침 최저기온이 전날보다 10℃ 이상 하강하여 3℃ 이하이고 평년값보다 3℃가 낮을 것으로 예상될 때 • 아침 최저기온이 –12℃ 이하가 2일 이상 지속될 것이 예상될 때 • 급격한 저온현상으로 중대한 피해가 예상될 때	10월~4월에 다음 중 하나에 해당하는 경우 • 아침 최저기온이 전날보다 15℃ 이상 하강하여 3℃ 이하이고 평년값보다 3℃가 낮을 것으로 예상될 때 • 아침 최저기온이 –15℃ 이하가 2일 이상 지속될 것이 예상될 때 • 급격한 저온현상으로 광범위한 지역에서 중대한 피해가 예상될 때
태 풍	태풍으로 인하여 강풍, 풍랑, 호우, 폭풍해일 현상 등이 주의보 기준에 도달할 것으로 예상될 때	태풍으로 인하여 다음 중 어느 하나에 해당하는 경우 • 강풍(또는 풍랑) 경보 기준에 도달할 것으로 예상될 때 • 총 강우량이 200mm 이상 예상될 때 • 폭풍해일 경보 기준에 도달할 것으로 예상될 때
황 사	'황사주의보'는 '미세먼지경보'로 대체(17.1.13 시행)	황사로 인해 1시간 평균 미세먼지(PM10) 농도 800μg/m^3 이상이 2시간 이상 지속될 것으로 예상될 때
폭 염	일 최고기온이 33℃ 이상인 상태가 2일 이상 지속될 것으로 예상될 때	일 최고기온이 35℃ 이상인 상태가 2일 이상 지속될 것으로 예상될 때

※ 체감온도 기반 폭염특보 시범운영(20.5.15.)

주의보	경보
폭염으로 인하여 다음 중 어느 하나에 해당하는 경우 ① 일최고체감온도 33℃ 이상인 상태가 2일 이상 지속될 것으로 예상될 때 ② 급격한 체감온도 상승 또는 폭염 장기화 등으로 중대한 피해발생이 예상될 때	폭염으로 인하여 다음 중 어느 하나에 해당하는 경우 ① 일최고체감온도 35℃ 이상인 상태가 2일 이상 지속될 것으로 예상될 때 ② 급격한 체감온도 상승 또는 폭염 장기화 등으로 광범위한 지역에서 중대한 피해발생이 예상될 때

– 체감온도 : 기온에 습도, 바람 등의 영향이 더해져 사람이 느끼는 더위나 추위를 정량적으로 나타낸 온도
– 습도 10% 증가 시마다 체감온도 1℃가량 증가하는 특징

종 류	주의보	경보
지진해일	규모 6.0 이상의 해저지진이 발생하여 우리나라 해안가에 지진해일 높이 0.5m 이상 1.0m 미만의 지진해일 내습이 예상되는 경우	규모 6.0 이상의 해저지진이 발생하여 우리나라 해안가에 지진해일 높이 1.0m 이상의 지진해일 내습이 예상되는 경우
화산재	우리나라에 화산재로 인한 피해가 예상되는 경우	우리나라에 화산재로 인한 심각한 피해가 예상되는 경우

예보구간		등급			
		좋음	보통	나쁨	매우나쁨
예측농도 ($\mu g/m^3$, 1일)	PM_{10}	0~30	31~80	81~150	151 이상
	$PM_{2.5}$	0~15	16~35	36~75	76 이상
예측농도 (ppm, 1시간)	O_2	0~0.030	0.031~0.090	0.091~0.150	0.151 이상
행동요령 (미세먼지)	민감군	–	실외활동 시 특별히 행동에 제약은 없으나 몸 상태에 따라 유의하여 활동	장시간 또는 무리한 실외활동 제한, 특히 천식환자는 실외활동 시 흡입기를 더 자주 사용할 필요가 있음	가급적 실내활동만 하고 실외활동 시 의사와 상의
	일반인	–	–	장시간 또는 무리한 실외활동 제한, 특히 눈이 아프거나, 기침이나 목의 통증으로 불편한 사람은 실외활동을 피해야 함	장시간 또는 무리한 실외활동 제한, 기침이나 목의 통증 등이 있는 사람은 실외활동을 피해야 함
행동요령 (오존)	민감군	–	실외활동 시 특별히 행동에 제약을 받을 필요는 없지만 몸 상태에 따라 유의하여 활동	장시간 또는 무리한 실외활동 제한	가급적 실내활동
	일반인	–	–	장시간 또는 무리한 실외활동 제한, 특히 눈이 아픈 사람은 실외활동을 피해야 함	실외활동을 제한하고 실내생활 권고

* 민감군 : 어린이, 노인, 천식 같은 폐질환 또는 심장질환자

③ **기상예비특보** : 지금 확실한 것은 아니지만 가까운 장래에 기상 현상으로 인해 재해 발생의 우려가 있으리라고 예측될 때 이를 예고하기 위해 발표하는 정보, 즉 기상특보가 발표될 가능성이 있음을 예고하는 정보를 말한다.

2 사회재난

(1) 의 의

① 우리나라에서 법적으로 '재난'의 의미가 정해진 것은 2004년 재난 및 안전관리 기본법이 제정되면서부터다. 당시에는 재난을 자연재해, 인적재난, 사회재난의 세 가지로 구분했다.

② 2013년 정부조직법이 개정되면서 재난 및 안전관리 기본법상 재난 분류가 자연재난과 사회재난의 두 가지로 변경되었다.

③ 인간의 부주의나 고의로 인한 재난과 환경오염 등으로 인한 재난을 모두 포함한다.

④ 2019년 3월 26일부터 시행된 재난 및 안전관리 기본법(재난안전법)에서는 '화재·붕괴·폭발·교통사고(항공사고 및 해상사고를 포함)·화생방사고·환경오염사고 등으로 인하여 발생하는 대통령령으로 정하는 규모 이상의 피해와 국가핵심기반의 마비, 감염병의 예방 및 관리에 관한 법률에 따른 감염병 또는 가축전염병예방법에 따른 가축전염병의 확산, 미세먼지 저감 및 관리에 관한 특별법에 따른 미세먼지 등으로 인한 피해'를 사회재난으로 명시하고 있다.

(2) 특 징

산업혁명 이후 경제 성장과 사회구조의 다양화 등 제반 여건이 과거에 비해 현저히 달라진 현대 사회는 인간의 부주의, 무관심, 실수, 그리고 각종 시설물의 사후관리 부재 등으로 화재, 산불, 폭발, 유해 화학물의 유출, 방사능 오염, 교량·건축물 붕괴 등의 사회재난이 빈번히 발생하고 있으며, 이들 재난은 다음과 같은 특징이 있다.

① 실질적인 위험이 크더라도 그것을 체감하지 못하거나 방심한다.

② 본인과 가족과의 직접적인 재난 피해 외에는 무관심하다.

③ 시간과 기술·산업 발전에 따라 발생 빈도나 피해규모가 다르다.

④ 인간의 면밀한 노력이나 철저한 관리에 의해 상당 부분 근절시킬 수 있다.

⑤ 발생 과정은 보통 돌발적·충격적이지만, 같은 유형의 재난 피해라도 형태나 규모, 영향 범위가 다르다.

⑥ 재난발생 가능성과 상황 변화를 예측하기 어렵다.

⑦ 고의든 과실이든 타인에게 끼친 피해에 배상의 책임을 진다.

(3) 사회 재난의 발생원인

사회재난을 발생시키는 요인에는 여러 요소가 있으나, 주로 부주의·실수·무관심과 정해진 규정과 기준을 지키지 않거나 관리를 제대로 하지 않음으로써 발생하게 되는데, 이를 세분화하여 살펴보면 다음과 같다.

① 화재사고

전기·담뱃불·불장난·불티·가스·유류·난로·아궁이·성냥·양초·방화 등에 의한 것으로, 대체로 화기 사용 중 부주의·실수 또는 고의로 발생한다.

② 산불사고

산불사고는 입산자 실화(失火), 논·밭두렁소각, 담뱃불 실화, 성묘객 실화, 쓰레기 소각, 어린이 불장난 등에 의해 발생한다.

③ 붕괴사고

붕괴사고는 설계 부실·시공 부실·기술 결함·시설관리 부실·초과증축 등에 의해 발생한다.

④ 폭발사고

폭발사고는 사용자 · 공급자의 취급 부주의, 용기나 기관의 관리 부주의 등에 의해 발생한다.

⑤ 도로교통사고

도로교통사고는 과속 · 중앙선 침범 · 안전거리 미확보 · 악천후 · 신호위반 · 음주운전 등에 의해 발생한다.

⑥ 유 · 도선사고

유 · 도선사고는 안전수칙 위반, 선박 운항 과실, 정비 조작 불량, 작업 부주의, 이용객 실수에 의한 추락 등으로 인해 발생한다.

⑦ 해난(해양)사고

해난(해양)사고는 선박 운항 과실, 정비 조작 불량, 작업 부주의, 시설 이용 부적절, 선박 운항관리 부적절, 천재지변에 의한 불가항력 등에 의해 발생한다.

⑧ 철도 · 지하철 사고

철도 · 지하철 사고는 취급 부주의 · 차량 결함 · 시설 결함 · 외부적 요인 등에 의해 발생한다.

⑨ 항공기 사고

항공기 사고는 항공기 충돌 · 조종사 과실 · 정비 불량 등으로 기계를 적절하게 다루지 못하거나 부주의, 조작 미숙 등으로 야기되는 복합적인 요소에 의해 발생한다.

⑩ 화생방 사고

㉠ 화학작용에 의한 재난사고 : 산업 활동 및 다른 재난에 의해 위험물 및 원소가 화학반응에 의해 연소 · 인화 · 발화 · 폭발 · 유독 · 유해 · 방사성 등으로 사람과 재산 또는 환경에 해를 입히거나 기기 조작 미숙 및 부주의로 발생한다.

㉡ 생물학적 요인에 의한 재난사고 : 미생물 · 독소 등과 직 · 간접적인 접촉 등에 의해 발생한다.

㉢ 방사능에 의한 재난사고 : 원자력시설에서 방사능 물질이 이탈되어 방사선 작업 종사자나 일반 주민 또는 환경에 중대한 영향을 미치는 경우와 이상 상태에서 장비 및 시설의 불량 · 고장 · 조작 실수 등에 따른 방사선량의 증가, 오염에서부터 폭발 · 화재 · 방사능 물질의 누출로 기계를 적절하게 다루지 못하거나 사용자의 부주의, 기술 발달 등으로 야기되는 복합적인 요소로 재난사고가 발생한다.

⑪ 환경오염사고

환경오염사고는 인간의 생활과 산업생산 활동의 결과로 초래되며 인간이나 다른 생명체의 건강 · 활동 · 생존에 영향을 미치는 공기 · 물 · 토양 등을 오염시키는 것으로, 기계의 조작 미숙 · 실수 · 고의 또는 사용자의 부주의 등에 의해 발생한다.

⑫ 가축전염병의 확산

⑬ 미세먼지 등으로 인한 피해

(4) 사회적 재난 사례

① 2001년 9 · 11 테러

2001.9.11. 뉴욕에서 비행기로 세계무역센터(WTC)를 테러하는 한편, 동시다발적 테러가 발생했다. 이슬람교도와 알카에다 조직인 테러리스트들이 보스턴에서 2대의 비행기를 납치하여 뉴욕의 세계무역센터 건물에 자폭, 추가로 납치된 1대의 비행기는 워싱턴의 국방부 건물에 자폭했다. 9 · 11 테러로 인한 피해는 약 330억~360억 달러에 달한 것으로 추정된다. 또한 이러한 손실액에 더해 테러 당시 사망한 2,795명의 인명피해와 무역센터 빌딩을 재건하는 비용이 추가 피해이다. 그리고 항공 산업, 금융서비스 산업 등 여러 산업 분야에서 큰 피해를 입었다.

② 2003년 중국 베이징, 광둥성과 홍콩 쪽에서 발생한 전염병인 사스(SARS)를 들 수 있다. 사스(SARS)가 공식적으로 알려진 것은 2003.2.11. 중국 보건부에서 2002.11.16.~2003.2.9. 사이에 중국 광동성에서 클라미디아 감염증으로 추정되는 급성호흡기증후군 환자가 305명 발생하여 5명이 사망했다고 보고하면서부터였다. 중국의 경우 위험지역이 광둥성에서 베이징 지역까지 광범위하게 분포되었으며, 사스로 인해 아시아 지역 전반의 경제 위축과 중국을 비롯한 동남아시아 관광 및 무역 감소, 국가경제성장률 및 GDP 감소 등의 파급효과를 보였다.

③ 2008년 화물노조 파업에 의한 물류대란

2008년 고유가와 맞물려 화물노조가 파업을 일으키며 발생한 물류대란을 들 수 있다. 화물 수송량에 비해 과다한 화물차량의 증가와 전근대적인 다단계 운송 체계에 의한 알선비용의 증가, 경유가 상승으로 인한 화물 자동차의 원가 상승으로 인해 화물노조가 파업을 결정했던 것이다. 이에 대한 즉각적인 대응이 늦어 협상의 시기를 놓쳤고, 이에 따라 사회적 재난 상황으로 발전하여 국가 전반에 경제적 악영향을 끼쳤다.

3 해외재난

(1) 개 요

최근 해외여행객 등이 늘어나면서 해외에서 재난사고 등이 급증하고 있으며, 각국의 치안상황 등에 따라 여행지역에 대한 제한조치 등을 취하고 있다.

① 재외공관의 장은 관할 구역에서 해외재난이 발생하거나 발생할 우려가 있으면 즉시 그 상황을 외교부장관에게 보고하여야 한다.

② 보고를 받은 외교부장관은 지체 없이 해외재난발생 또는 발생 우려 지역에 거주하거나 체류하는 대한민국 국민("해외재난국민")의 생사확인 등 안전 여부를 확인하고, 행정안전부장관 및 관계 중앙행정기관의 장과 협의하여 해외재난국민의 보호를 위한 방안을 마련하여 시행하여야 한다.

(2) 우리나라 외교부 여행경보제도 단계별 행동요령

① 1단계 남색경보 : 여행유의(신변안전 유의)

② 2단계 황색경보 : 여행자제(여행필요성 신중 검토/신변안전 특별 유의)

③ 3단계 적색경보 : 여행취소 또는 연기/철수권고

④ 4단계 흑색경보 : 여행금지/즉시 대피 및 철수

04 재난관리의 단계

재난관리의 과정은 재난의 생애주기(Life-Cycle)에 따라 예방 및 완화, 준비, 대응, 그리고 복구의 4단계 과정으로 분류된다. 이러한 단계는 자연재해의 관리를 염두에 두고 분류한 것이지만 특성이 다른 인위적 재난의 관리, 폭동과 테러리즘 등 위기의 관리에도 적용될 수 있다. 재난관리 과정의 예방(Mitigation), 대비(Preparedness), 대응(Response), 복구(Recovery) 단계는 각 단계마다의 활동이 요구된다.

[재난관리 단계별 활동내용]

활동단계	주요 활동 내용
예 방	재난의 위험성 평가 및 분석, 위험요인 제거, 관련법 정비 · 제정, 예방 관련 정책수립 · 시행 등 재난발생의 위험성을 사전에 제거하기 위한 모든 행위를 말한다.
대 비	재난대응계획 수립, 비상경보체계 구축, 대응자원 준비, 교육훈련 · 연습, 비상통신망 구축, 통합대응체계 구축 등
대 응	재난대응계획 적용, 재난 · 재해 진압, 구조구난, 응급의료체계운영, 사고대책본부 가동, 현장수습, 환자수용, 간호, 보호 및 후송
복 구	현장 잔해물 제거, 이재민 지원, 전염병 예방, 임시주거지 마련, 시설복구, 재난심리회복 지원, 재난구호지원 등

1 예방 단계

(1) 개 념

① 예방 단계의 활동은 미래에 발생할 가능성이 있는 재난을 사전에 예방하고, 재난발생가능성을 감소시키며, 발생 가능한 재난 피해를 최소화하기 위한 활동을 말한다.

② 재난발생의 원인을 원천적으로 제거하거나, 재난발생 시 위험도를 줄이기 위한 일련의 활동이다.

③ 사회와 그 구성원의 건강, 안전, 복지에 대한 위험이 있는지 미리 알아보고 위험요인을 줄여서 재해발생의 가능성을 낮추는 활동을 수행하는 단계이다.

④ 장기적 관심에서 장래의 모든 재해에 대비하고자 하는 것으로 정치적, 정책지향적 기술이 필요하다는 점에서 다른 단계의 활동들과 구분될 수 있다.

⑤ 예방 단계는 다시 위험성분석과 재난관리능력평가단계로 구분해 볼 수 있다.

   ㉠ 위험성분석이란 그 지역사회에서 발생가능성 있는 재난의 종류를 규명하고, 역사적 사실자료, 피해가능범위, 그리고 지리적 특징 등을 분석하는 작업으로 유형별 대비책을 강구하기 위한 기초자료로 활용되는 것이다.

   ㉡ 재난관리능력평가는 이러한 지역적 위험요소에 대한 대응자원과 일반적 재난에 대한 대응자원능력을 평가하여 부족한 자원에 대한 보강계획을 수립하기 위한 사전 작업으로 볼 수 있다.

(2) 예방 단계의 행정활동

① 재난관리를 위한 장기계획의 마련, 화재방지 및 기타 재해피해축소를 위한 건축기준법규의 마련, 위험요인과 지역을 조사하여 위험지도 작성, 수해상습지구 설정과 수해방지시설의 공사, 안전기준의 설정 등이 있다.

② 토지이용을 규제 관리하여 재해위약지구의 개발을 제한하고 효과적인 투자가 이루어지도록 조정하는 것도 중요한 완화활동이다.

③ 재해피해를 구호할 재해보험제도나 재해피해보상제도를 마련하여 주민들의 재해관리의무를 정함으로써 본질적인 예방을 가능하게 할 수 있다고 할 수 있다.

2 대비 단계

(1) 개 념

① 재난발생확률이 높아진 경우, 재해발생 후에 효과적으로 대응할 수 있도록 사전에 대응활동을 위한 메커니즘을 구성하는 등 운영적인 준비장치들을 갖추는 단계이다.

② 재난이 발생한 위기상황에서 실제 수행해야 할 제반사항을 사전에 준비하는 활동이다(실제 재난발생 시 적절한 대응을 위한 준비활동).

③ 현재의 재난관리 능력을 측정하여 대응능력을 강화하거나, 적정한 능력을 유지하고, 관리하는 과정이다.

④ 발생 가능성이 높은 재난에 대비하여, 대응계획 수립과 조직의 훈련 등이 이루어지는 단계이다.

(2) 대비 단계의 행정활동

① 각 재난상황에 맞는 적절한 재난계획을 수립하고, 부족한 대응자원에 대한 보강작업, 비상연 락망과 통신망을 정비하여 유사시 활용할 수 있는 경보시스템 구축, 일반국민에 대한 홍보 및 대응요원에 대한 훈련과 재난발생 시 실제적인 대응활동을 통한 현장대응상의 체제보완 등이 준비 단계의 활동에 속한다고 볼 수 있다.

② 재난대응계획 수립, 비상경보체계 구축, 대응자원 준비, 교육훈련·연습, 비상통신망 구축, 통합대응체계 구축 등이 이에 속한다.

③ 대비(Preparedness)는 위기발생과 가장 근접한 준비활동이라고 할 수 있다.

④ 재난발생 시 재난의 특성을 변화시키는 활동이 주 내용이고, 다음 단계인 대응단계의 계획을 수립, 훈련활동 등이 여기에 속하게 된다.

⑤ 대비를 위한 필요자원 확인, 관련기관 간 협력관계 구축을 통해 인명피해를 물적피해로 전환, 피해의 지리적 범위 축소, 그리고 의약품과 식량 비축 등이 속한다.

⑥ 위기지원센터설립, 위기관리계획수립, 위기관리요원 교육 및 훈련, 예산확보, 예측활동과 예방조치도 포함된다. 교육훈련은 위기계획이 작성된 뒤에 서류함에 사장되는 실태에서 더욱 필요하다고 할 수 있다.

3 대응 단계

(1) 개 념

① 일단 재해가 발생한 경우 신속한 대응활동을 통하여 재해로 인한 인명 및 재산피해를 최소화하 고, 재해의 확산을 방지하며, 순조롭게 복구가 이루어질 수 있도록 활동하는 단계가 대응 단계이다.

② 재난발생 또는 재난발생이 임박한 상황에서 국민의 생명과 신체, 재산을 보호하기 위한 일련의 활동이다.

③ 재난이 현실화되어 체제에 위기로 인식된 경우의 활동 즉, 재난의 영향과 가장 밀접한 단계라고 할 수 있다.

④ 최근 재난의 대형화·복잡화로 재난대응 활동에 있어 중앙·광역·기초 간 수직적 협업은 물론 각 정부 수준의 수평적 협업의 중요성이 강조된다.

(2) 대응 단계의 행정활동

① 준비단계에서 수립된 각종 재난관리계획의 실행

② 재난 예·경보 발령, 공중에 정보전달, 재난선포, 재난상황 관리 및 전파

③ 재해대책본부의 활동 개시, 지역재난안전대책본부 가동 및 현장지휘활동 개시

④ 방재자원 동원, 피해자 탐색 및 구조·구급 실시, 환자의 수용 및 후송

⑤ 손실평가, 긴급대피계획의 실천, 긴급 의약품 조달, 생필품 공급

⑥ 피난처 제공, 이재민 수용 및 보호, 주민 및 매스컴에 대한 PR, 희생자 가족에 대한 지원이 뒤따르게 된다.

⑦ 제2의 손실 발생 가능성을 감소시킴으로써 복구단계에서 발생 가능한 문제들을 최소화시키는 재난관리의 실제 활동국면이다.

⑧ 재난대응을 위해 중앙긴급구조통제단을 두고, 단장은 소방청장이 된다.

    ㉠ 재난상황을 신속히 전파하고 구조 요원을 긴급히 현장에 출동시킨다.

    ㉡ 긴급구조기관 및 자원봉사자에게 임무를 부여하고, 현장통제 및 질서유지를 담당한다.

> **더 알아두기**
>
> 대응단계에서는 재해관리행정체제의 영역이 크게 확장되며 다수의 이질적인 기관이 참여하므로 지휘체계와 참여기관들 간의 협력이 매우 중요하다고 할 수 있다.

4 복구 단계

(1) 개 념

① 복구단계는 재해상황이 어느 정도 안정된 후 취하는 활동단계이다.

② 재해로 인한 피해 지역을 재해 이전 상태로 회복시키는 활동을 포함한다.

③ 중앙합동조사단을 편성하고 운영하여 피해를 조사하고 복구한다.

④ 복구활동은 단기 복구와 중장기 복구활동으로 구분할 수 있다.

⑤ 단기적으로는 피해주민들이 최소한의 생활을 영위할 수 있도록 지원하고 장기적으로는 피해 지역의 원상복구 또는 개량복구를 추구하게 된다.

⑥ 피해지역이 재난발생 직후부터 재난발생 이전 상태로 회복될 때까지의 장기적인 활동 과정이다.

(2) 복구 단계의 행정활동

① 피해평가, 잔해물 제거 및 방역 활동, 이재민 지원, 임시거주지 마련, 보험금 지급 등의 활동이 이루어진다.

② 장기복구계획의 수립, 손실에 대한 정확한 평가, 재난구호 및 원조센터의 설립, 복구능력의 평가, 복구를 위한 기술적 정보제공, 구호사업, 재건축, 대주민 홍보활동이 속한다.

③ 손상된 전선 이복, 전화의 복구 또는 온갖 잡동사니와 쓰레기로 뒤덮인 거리나 도시를 청소하는 단계적인 복구작업일 수도 있고, 무너지거나 파괴된 도로나 건물 또는 도시전체를 재건립하는 장기적인 복구작업일 수도 있다.

05 | 기타 응급의료, 언론

1 대량환자 발생 시 응급의료

(1) 응급의료체계 운영원리

① 대량환자 발생 시 의료체계 운영상의 문제
  ㉠ 중증도 분류에 대한 인식 부족
  ㉡ 병원의 수용능력 미고려
  ㉢ 광역재난현장에서 중증도 분류체계 적용의 어려움
  ㉣ 구급차 외의 수송수단 이용
  ㉤ 부상자의 감정과 개별적 판단
  ㉥ 위치홍보의 부적절
  ㉦ 외부참가자 문제
  ㉧ 수색 및 구조활동과 관련된 문제
  ㉨ 기타 : 조직 간 대응계획의 미비, 재난상황의 평가부족 그리고 현장과 병원 간 통신부족 및 현장감독의 부족

② 중증도 분류체계
  ㉠ 중증도 분류체계의 개념 : 대량환자 발생사고 시 긴급을 요하며, 생존율이 높은 환자를 등급별로 분류해 냄으로써 환자치료의 효율성을 극대화시키기 위한 체계
  ㉡ 중증도 분류체계의 장점
    • 분류기능 : 중증도 분류(Triage)는 신속히 치료받지 않으면 사망할 가능성이 있거나 불구가 될 가능성이 농후한 부상자를 선별해 낼 수 있다.
    • 치료의 우선권 : 중증도 분류는 경상환자를 분류해 냄으로써 응급의료시설이나 응급의료체계에 동원된 조직들의 긴급부담을 경감시킨다.
    • 분산 배치 : 환자들을 이용 가능한 병원의 수용능력을 고려하여 거기에 맞게 분산 배치함으로써 각 병원이 관리 가능한 범위 내에서 환자들을 치료할 수 있도록 병원의 부담을 최대한 줄여준다.

③ 우리나라의 중증도 분류체계

치료순서	색 깔	부상정도	특 성
1	적 색	긴 급	기도·호흡·심장 이상, 조절 안 되는 출혈, 개방성 흉부, 복부손상, 심각한 두부손상, 쇼크, 기도화상, 내과적 이상
2	황 색	응 급	척추손상, 다발성 주요골절, 중증의 화상, 단순 두부손상
3	녹 색	비응급	경상의 합병증 없는 골절, 외상, 손상, 화상, 정신과적 문제
4	흑 색	사 망	사망, 생존불능

(2) 응급의료소 운영

① 환자분류(Triage)

  ㉠ 즉각 치료가 필요한 환자(생명이 위독하지만 의료적 도움에 의해 생존가능성이 있는 환자)

  ㉡ 즉각적인 생명의 위협은 없고, 의료적 도움을 받는 환경 하에서 약간의 응급치료의 지연에 견딜 수 있는 심각한 부상을 입은 환자

  ㉢ 걸을 수 있을 정도의 부상환자

  ㉣ 사망한 자 또는 심각한 부상으로 의료적 환경 하에 놓이더라도 사망할 가능성이 많은 환자

② 응급처치(Treatment)

  ㉠ 분류팀이 환자를 중증에 따라 분류해 내면 그 다음에는 처치팀이 치료우선순위(긴급환자 – 중상환자 – 지연환자 및 경상환자)에 따라 응급처치 시행

  ㉡ 의료팀의 배치는 가장 전문성이 있는 의료팀을 중증도 분류팀으로 하고, 그 다음 수준의 의료팀이 긴급환자 치료팀 그리고 다음 수준의 의료팀이 중상환자 등의 순으로 배치

  ㉢ 도착순서에 따라 배치. 비록 보다 높은 수준의 의료팀이 제일 늦게 도착할지라도 지연환자의 치료팀에 배치하도록 함

③ 이송(Transportation)

  ㉠ 지연환자는 여러 환자를 동일한 차량으로 이송할 경우가 있으며, 긴급환자는 이송 중에 보다 향상된 생명연장을 위한 지속적인 응급처치를 시행해야 할 경우도 있으므로 원칙적으로 구급차 한 대당 한 사람을 이송한다.

  ㉡ 환자의 이송순위는 긴급환자 – 중상환자 – 지연환자 및 경상환자의 순으로 하고, 경상(비응급)환자의 경우 가까운 장소에서 간단한 치료를 위해 대기시킨다.

  ㉢ 병원과의 통신을 통하여 환자 중증별 수용인원을 파악하여 한 병원으로 환자가 집중되는 것을 방지한다.

2 재난과 언론

(1) 언론의 역할

① 언론의 순기능

  ㉠ 대중에게 어떻게 재난의 영향을 줄이고 다룰 수 있는지에 대한 방법 전달

  ㉡ 신속한 복구를 지원할 수 있는 다른 지역으로부터의 지원(과잉 동원되지 않도록 적절히 통제된다면) 유발

  ㉢ 자연적이고 인위적인 위험(Technological Hazard)에 대해 사회적 관심 유발 및 재난을 방지하거나 완화시키는 작용에의 공공지원 자극

ㄹ 재난의 규모와 심각성에 대한 정확한 정보제공과 생존자 명단을 발표함으로써 문의를 최
소화

ㅁ 다른 통신수단이 무용지물이 되었을 때 대안적 통신에 사용될 수 있음

② 언론의 역기능

ㄱ 자원·시설제공 등 요구

ㄴ 드라마틱한 것에 몰두한 나머지 사실 왜곡

ㄷ 재난대응작전에 방해와 간섭

ㄹ 정보 확인절차의 생략

(2) 재난 시 언론의 활용

① 능숙한 현장대변인을 지정한다.

② 보도지원창구를 일원화한다.

③ 그래프 또는 차트를 사용하여 답변한다.

④ 사실에 근거하여 정직한 인터뷰를 한다.

⑤ 잘못된 정보에 대하여 정중하게 반박한다.

⑥ 시청자를 고려하여 가급적 기술적인 전문용어 사용을 금한다.

적중예상문제

01 현대사회의 재난에 관한 설명으로 옳지 않은 것은?

① 재난의 개념은 시대와 사회에 따라 변화할 수 있다.

② 재난을 분류할 때 가장 많이 채택하는 재난분류기준은 발생장소이다.

③ 자연재난과 사회재난의 상호복합적인 작용에 의한 재난이 증가하고 있다.

④ 재난관리에서 인적·물적 피해 등 인간 활동에 미치는 영향이 전혀 없다면 재난으로 보지 않는다.

> **해설** 재난의 유형은 재난 발생의 원인, 발생 장소, 재난의 대상, 재난의 직·간접적 영향, 재난 발생과정의 진행속도 등의 기준에 의해 분류하고 있다.

02 존스(David K. C. Jones)의 재난 분류에 관한 설명으로 옳은 것은?

① 자연재난은 기후성 재난과 지진성 재난으로 구분한다.

② 인위재난은 사고성 재난과 계획적 재난으로 구분한다.

③ 재난은 자연재난, 준자연재난, 인위재난으로 구분한다.

④ 지진성 재난에 지진·화산 폭발·해일이 포함된다.

> **해설** **존스(David K. C. Jones)의 재난 분류**
>
> | 자연재난 | | | | 준자연재난 | 인적재난 |
> |---|---|---|---|---|---|
> | 지구물리학적 재난 | | | 생물학적 재난 | | |
> | 지질학적 재난 | 지형학적 재난 | 기상학적 재난 | | | |
> | 지진, 화산, 쓰나미 등 | 산사태, 염수토양 등 | 안개, 눈, 해일, 번개, 토네이도, 폭풍, 태풍, 이상기온, 가뭄 등 | 세균질병, 유독식물, 유독동물 | 스모그 현상, 온난화 현상, 사막화 현상, 염수화 현상, 눈사태, 산성화, 홍수, 토양침식 등 | 공해, 광화학 연무, 폭동, 교통사고, 폭발사고, 태업, 전쟁 등 |

03 존스(Jones)에 의한 재난 분류에서 산사태가 속한 재난 유형은?

① 준자연 재난   ② 지질학적 재난

③ 지형학적 재난   ④ 기상학적 재난

> **해설** 존스(Jones)에 의한 재난 분류 중 지형학적 재난에는 산사태, 염수토양 등이 있다.

04 재난의 분류에서 자연 재난은 기후성 재난, 지진성 재난으로 분류하고 인위 재난은 사고성 재난과 계획성 재난으로 분류하는 것으로서 현재 세계 각국에서 이와 같이 사용하는 재난 분류는 무엇을 근거로 하는가?

① 존스의 분류   ② 아네스의 분류

③ 소방법   ④ 재난 및 안전관리 기본법

> **해설** **아네스(Br. J. Anesth)의 재난 분류**
>
> | 대분류 | 세분류 | 재난의 종류 |
> | --- | --- | --- |
> | 자연재난 | 기후성 재난 | 태풍, 수해, 설해 |
> | | 지진성 재난 | 지진, 화산폭발, 해일 |
> | 인적재난 | 사고성 재난 | • 교통사고(자동차, 철도, 항공, 선박사고)
• 산업사고(건축물 붕괴), 기계시설물 사고
• 폭발사고(갱도·가스·화학·폭발물)
• 화재사고
• 생물학적 사고(박테리아, 바이러스, 독혈증)
• 화학적 사고(부식성 물질, 유독물질)
• 방사능사고 |
> | | 계획적 재난 | 테러, 폭동, 전쟁 |

05 재난을 유사전쟁모형, 사회적 모형, 불확실성 모형으로 분류한 자는?

① 길버트(Gilbert)   ② 존스(Jones)

③ 아네스(Anesth)   ④ 콤포트(Comport)

> **해설** 길버트(Gilbert)는 재난에 대한 접근을 시대적으로 구분하여 유사전쟁모형, 사회적 취약성 모형, 불확실성 모형 등으로 구분한다.

3 ③   4 ②   5 ①   **정답**

06 안전한 미래를 위한 우리나라 재난관리의 추진방향으로 적절하지 않은 것은?

① 예방과 대비 중심에서 대응과 복구 중심으로 변화한다.
② 도시계획 수립단계부터 재난관리대책을 적극 반영한다.
③ 재난관리활동에 일반시민의 적극적인 참여 및 실천을 유도한다.
④ 명령, 지시, 통제, 감독의 방식에서 협력, 지원, 조정, 연계의 방식으로 변화한다.

> **해설** 재난 시 대응과 복구에만 급급하기보다는 예방·대비 중심의 재난관리로 그 패러다임이 전환되어야 한다.

07 우리나라 국가안전관리 기본계획의 기조 변화로 옳지 않은 것은?

① 자연재해 및 인적재난 대상 → 전 재해 대상
② 지방자치단체 중심의 자율적 안전관리 체계 → 중앙 통제 및 제어 비중 확대
③ 대응 중심 재난안전 관리 정책 → 예방 중심 재난안전 관리 정책
④ 하향식 명령 통제시스템 중심 → 다양한 부문의 참여 강조

> **해설** 우리나라 국가안전관리 기본계획의 기조는 중앙 통제 및 제어 비중 확대에서 지방자치단체 중심의 자율적 안전관리 체계로 변화하고 있다.

08 재난관리 관계기관 간 유사성과 대응자원 공통성 문제를 보완하여 의사결정의 신속성을 확보하기 위한 재난관리 방식은?

① 아네스(Anesth)방식
② 존스(Jones)방식
③ 통합관리방식
④ 분산관리방식

> **해설** 통합관리방식에서 강조되고 있는 점은 재난정보의 통합관리이며 이것은 전체적인 대응활동을 조정·통제하는 데 있어 의사결정이 근원이 된다는 점이 강조된다.

09 재난관리방식에 관한 설명으로 옳은 것은?

① 통합관리방식은 유형별 재난의 특징을 강조한 방식이다.

② 통합관리방식은 정보의 전달체계가 다원화인 반면, 유형별 분산관리방식은 일원화이다.

③ 통합관리방식은 관련 부처 및 기관측면에서 다수 부처 및 기관이 단순병렬인 반면, 유형별 분산관리방식은 단일 부처 조정하의 병렬적 다수 부처 및 기관이 관련된다.

④ 콰란텔리(Quarantelli)는 유형별 분산관리방식이 통합관리방식으로 전환되어야 하는 근거로 재난개념의 변화, 재난대응의 유사성, 계획내용의 유사성, 대응자원의 공통성을 제시하고 있다.

> **해설** ① 통합관리방식은 각 재난마다 마련된 개별긴급대응책과 개별공적활동의 통합으로 이루어진 것이다. 유형별 재난의 특징을 강조한 방식은 분산관리방식이다.
> ② 통합관리방식은 정보전달이 단일화인 반면, 분산관리방식은 다원화이다.
> ③ 통합관리방식은 소수부처 및 기관관련인 반면, 유형별 분산관리방식은 다수부처 기관관련이다.

10 재난관리방식 중 통합관리방식의 특징을 모두 고른 것은?

ㄱ. 재난 유형별 관리	ㄴ. 지휘체계의 단일화
ㄷ. 과도한 책임 부담	ㄹ. 다수 부처 참여

① ㄱ, ㄷ   ② ㄱ, ㄹ

③ ㄴ, ㄷ   ④ ㄴ, ㄹ

> **해설** 통합재난관리 방식은 각 재난마다 마련된 개별긴급대응책과 개별공적활동의 통합으로 이루어진 것으로 지휘체계의 단일화, 소수부처 및 기관관련, 모든 재난에 대한 관리책임, 과도한 책임 부담, 정보전달의 단일화(효율적) 등이 특징이다.

11 우리나라에서 발생한 재난들을 발생순으로 바르게 나열한 것은?

① 성수대교 붕괴 → 삼풍백화점 붕괴 → 태풍 루사(RUSA) → 태풍 매미(MAEMI) → 대구지하철 화재

② 삼풍백화점 붕괴 → 성수대교 붕괴 → 태풍 매미(MAEMI) → 태풍 루사(RUSA) → 대구지하철 화재

③ 성수대교 붕괴 → 삼풍백화점 붕괴 → 태풍 루사(RUSA) → 대구지하철 화재 → 태풍 매미(MAEMI)

④ 삼풍백화점 붕괴 → 성수대교 붕괴 → 태풍 루사(RUSA) → 대구지하철 화재 → 태풍 매미(MAEMI)

> **해설** ③ 성수대교 붕괴(1994년 10월 21일) → 삼풍백화점 붕괴(1995년 6월 29일) → 태풍 루사(RUSA)(2002년 8월 31일) → 대구지하철 화재(2003년 2월 18일) → 태풍 매미(MAEMI)(2003년 9월 12일)

12 1990년대 성수대교 붕괴, 대구지하철 공사장 도시가스 폭발사고 등을 계기로 제정된 법률은?

① 재난관리법 ② 지진재해대책법
③ 자연재해대책법 ④ 재난 및 안전관리 기본법

> **해설** 1990년대 중반 성수대교 붕괴, 대구 지하철공사장 도시가스 폭발사고, 삼풍백화점 붕괴를 계기로 1995년 '재난관리법'이 제정되었다.

13 우리나라 재난관리체계의 변천 과정을 순서대로 바르게 나열한 것은?

ㄱ. 건설부 내 방재시설과 신설	ㄴ. 내무부 내 소방국 설치
ㄷ. 내무부 내 재난관리국 신설	ㄹ. 건설부 내 방재계획관직 신설

① ㄱ→ㄴ→ㄷ→ㄹ ② ㄱ→ㄷ→ㄴ→ㄹ
③ ㄴ→ㄱ→ㄹ→ㄷ ④ ㄴ→ㄹ→ㄱ→ㄷ

> **해설** **우리나라 재난관리체계의 변천 과정**
> 내무부 민방위본부에 소방국 설치(1975년) → 건설부 내 방재계획관직 신설(1977년) → 건설부 내 방재시설과 신설(1987년) → 내무부 내 재난관리국 신설(1995년)

14 우리나라 재난관리체계 변천 과정에 관한 설명으로 옳지 않은 것은?

① 1975년 내무부에 민방위본부가 창설되었다.

② 1995년 삼풍백화점 붕괴사고 이후 그 해 재난관리법이 제정되었다.

③ 2003년 대구지하철 방화사고 이후 2004년 재난 및 안전관리 기본법이 제정되었다.

④ 2014년 세월호 침몰사고 이후 국토안보부(DHS)가 출범하였다.

> **해설** 미국 국토안보부(DHS)는 2001년 9·11 테러 이후 조지 W. 부시(George Walker Bush) 대통령의 결정에 따라 기존의 22개 국내 안보 관련 조직을 통합하여 2002년 11월에 창설된 조직이다.

15 북대서양, 카리브해, 멕시코만, 북태평양 동부에서 발생하는 최대 풍속 33m/s 이상(세계기상기구 기준)의 열대성 저기압의 명칭은?

① 태 풍

② 사이클론

③ 허리케인

④ 토네이도

> **해설** 열대저기압인 태풍은 강한 비바람을 동반하고 움직이는 것을 말한다. 지역에 따라 다른 이름으로 불리는데 북서태평양에서는 태풍(Typhoon), 북태평양 동부와 북대서양 서부에서 발생하면 허리케인(Hurricane), 인도양에서는 사이클론(Cyclone)이라고 한다.

> **더 알아두기**
>
> 대한민국과 일본에서는 중심 부근의 최대풍속이 17.2m/s 이상인 열대 저기압을 태풍으로 분류하며, 세계기상기구(WMO)에서는 33m/s 이상을 태풍으로 분류한다.

16 2003년 제주도에서 관측된 최대순간풍속이 60m/s로 기록된 태풍은?

① 사 라

② 셀 마

③ 루 사

④ 매 미

> **해설** 우리나라에 영향을 미쳤던 태풍 가운데 사라(1959년), 루사(2002년), 매미(2003년) 3개가 각각 최고 기록을 갖고 있다. 2003년 9월 12~13일 발생한 태풍 "매미"는 한반도 기상관측(1904년) 이래 가장 낮은 중심기압(사천 부근 950hPa), 가장 큰 순간 최대풍속(제주도 고산, 60m/s)을 기록했다.

17 자연재난과 관련한 설명으로 옳지 않은 것은?

① 조류경보는 클로로필−a의 농도와 남조류의 세포 수를 기준으로 발령된다.
② 풍랑은 바람의 작용으로 해면에 생기는 파로서, 풍랑의 발달은 풍속, 취송거리 및 취송시간에 영향을 받는다.
③ 황사는 보통 입자의 크기가 200μm 이하인 모래먼지를 말한다.
④ 대설주의보 발표기준은 24시간 신적설이 5cm 이상 예상될 때이다.

해설 황사는 보통 입자의 크기가 20μm(1μm는 100만분의 1m) 이하인 작은 모래먼지를 말한다.

18 기간의 지속에 따라 나타나는 가뭄의 전이과정을 순서대로 바르게 나열한 것은?

① 수문학적 가뭄 → 기상학적 가뭄 → 농업적 가뭄 → 사회경제적 가뭄
② 기상학적 가뭄 → 농업적 가뭄 → 수문학적 가뭄 → 사회경제적 가뭄
③ 농업적 가뭄 → 사회경제적 가뭄 → 기상학적 가뭄 → 수문학적 가뭄
④ 사회경제적 가뭄 → 수문학적 가뭄 → 농업적 가뭄 → 기상학적 가뭄

해설 **가뭄의 정의**
• 기상학적 가뭄 : 주어진 기간의 강수량이나 무강수 계속일수 등으로 정의하는 가뭄
• 농업적 가뭄 : 농업에 영향을 주는 가뭄을 언급한 것으로 농작물 생육에 직접 관계되는 토양수분으로 표시하는 가뭄
• 수문학적 가뭄 : 물 공급에 초점을 맞추고 하천유량, 저수지, 지하수 등 가용수자원의 양으로 정의한 가뭄
• 사회경제적 가뭄 : 다른 측면의 가뭄을 모두 고려한 넓은 범위의 가뭄의 정의로 경제재(물)의 수요와 공급을 기상학적, 수문학적 그리고 농업적 가뭄의 요소와 관련시켜 정의

19 재난의 특성에 대한 설명으로 옳지 않은 것은?

① 엘니뇨는 태평양상의 무역풍이 약화되면서 동태평양 페루 연안의 해수면 온도가 상승하는 현상을 말한다.

② 지구온난화를 초래하는 온실가스로서는 이산화탄소, 메탄, 아산화질소 등이 있다.

③ 홍수와 연관된 강우유출모델인 합리식으로 첨두유출량을 구할 수 있으며 주로 소하천 유역에 적용된다.

④ 황사는 아시아 대륙 중심부의 모래폭풍에서 유래하여 이동과정에서 오염물질이 추가되기도 하며, PM_{25}를 이용하여 계측한다.

해설 황사와 미세먼지 비교(기상청 출처)

구 분	황 사	미세먼지
정 의	중국, 몽골의 사막지대 등에서 불어오는 흙먼지 입자크기에 대한 기준은 없으나 우리나라에 영향을 미치는 황사의 경우 통상 1~10μm	직경이 10μm 이하인 먼지로서 10μm 이하인 PM_{10}과 2.5μm 이하인 $PM_{2.5}$로 구분
성 분	주로 토양성분	일부 광물성분도 있으나 주로 탄소 또는 이온성분
영 향	농작물 등 생육방해, 반도체 공장 등 조업방해 등의 부정적 영향과 토양의 산성화 예방이라는 긍정적 영향 병존	코 점막을 통해 걸러지지 않고 흡입 시 폐포까지 직접 침투하여 천식이나 폐질환 유병률, 조기사망률 등 증가 ※ 긍정적 영향은 거의 언급되지 않음
예보제	황사경보 실시 ※ 옅은, 짙은, 매우 짙은 황사 등 3가지 황사강도 적용	PM_{10}에 대한 좋음, 보통 등 5가지 예보 단계 적용 중($PM_{2.5}$, 오존 등에 대해서는 준비 중), 미세먼지특보(주의보, 경보) 등 실시
소관부처	기상청	환경부

20 우리나라의 기상특보 발표기준으로 옳지 않은 것은?

① 호우주의보 : 3시간 강우량이 60mm 이상 예상되거나 12시간 강우량이 110mm 이상 예상될 때

② 건조경보 : 실효습도 35% 이하가 2일 이상 계속될 것이 예상될 때

③ 강풍경보 : 육상에서 풍속 21m/s 이상 또는 순간풍속 26m/s 이상이 예상될 때

④ 풍랑주의보 : 해상에서 풍속 14m/s 이상이 3시간 지속되거나 유의파고가 3m 이상이 예상될 때

해설 • 건조주의보 : 실효습도 35% 이하가 2일 이상 계속될 것이 예상될 때
　　　• 건조경보 : 실효습도 25% 이하가 2일 이상 계속될 것이 예상될 때

21 강풍주의보 발표기준으로 옳지 않은 것은?

① 육상에서 풍속 14m/s 이상
② 산지에서 풍속 17m/s 이상
③ 육상에서 순간풍속 17m/s 이상
④ 산지에서 순간풍속 25m/s 이상

해설 **강 풍**

주의보	경 보
육상에서 풍속 14m/s 이상 또는 순간풍속 20m/s 이상이 예상될 때 다만, 산지는 풍속 17m/s 이상 또는 순간풍속 25m/s 이상이 예상될 때	육상에서 풍속 21m/s 이상 또는 순간풍속 26m/s 이상이 예상될 때 다만, 산지는 풍속 24m/s 이상 또는 순간풍속 30m/s 이상이 예상될 때

22 국외 재난을 발생한 순서대로 바르게 나열한 것은?

① 체르노빌 원전 사고 → 허리케인 카트리나 → 911테러 → 후쿠시마 원전 사고
② 체르노빌 원전 사고 → 911테러 → 후쿠시마 원전 사고 → 허리케인 카트리나
③ 체르노빌 원전 사고 → 911테러 → 허리케인 카트리나 → 후쿠시마 원전 사고
④ 체르노빌 원전 사고 → 허리케인 카트리나 → 후쿠시마 원전 사고 → 911테러

해설 체르노빌 원전 사고(1986년 4월 26일) → 911테러(2001년 9월 11일) → 허리케인 카트리나(2005년 8월 28일) → 후쿠시마 원전 사고(2011년 3월 11일)

23 재난예방단계의 활동에 해당되지 않는 것은?

① 위험지도 작성　　　　　　② 재난예방홍보
③ 재해보험 가입　　　　　　④ 재난피해자 심리지원

해설 **재난관리 단계별 주요 활동**

활동단계	주요 활동 내용
예 방	위험성 분석 및 위험지도 작성, 건축법 제정과 정비, 재난·재해보험 가입, 토지이용관리, 안전 관련법 제정, 재난예방홍보, 조세 유도 등
대 비	재난대응계획 수립, 비상경보체계 구축, 대응자원 준비, 교육훈련·연습, 비상통신망 구축, 통합대응체계 구축 등
대 응	재난대응계획 적용, 재난·재해 진압, 구조구난, 응급의료체계운영, 사고대책본부 가동, 현장수습, 환자수용, 간호, 보호 및 후송
복 구	현장 잔해물 제거, 이재민 지원, 전염병 예방, 임시주거지 마련, 시설복구, 재난심리회복 지원, 재난구호지원 등

24 재난관리 단계 중 대비 단계에 해당하는 내용으로 옳은 것을 모두 고른 것은?

> ㄱ. 위험지도 제작
> ㄴ. 토지사용규제 및 관리
> ㄷ. 대응요원의 교육훈련
> ㄹ. 대응조직(기구) 구성 및 관리
> ㅁ. 경보시스템 구축

① ㄱ, ㄷ, ㄹ
② ㄴ, ㄷ, ㅁ
③ ㄴ, ㄹ, ㅁ
④ ㄷ, ㄹ, ㅁ

> **해설** ㄱ, ㄴ은 예방 단계이다.
> ※ 재난관리 : 재난의 예방, 대비, 대응 및 복구를 위하여 하는 모든 활동
>   • 예방 단계 : 평상시 재난발생 위험감소 및 예방을 위해 수행하는 일련의 활동
>   • 대비 단계 : 재난발생 시를 가정, 재난상황에서 수행하여야 할 제반사항을 미리 준비하기 위한 활동
>   • 대응 단계 : 재난이 발생했을 때 대처하는 일련의 활동, 응급대책 및 구조, 구급활동을 포괄하는 활동
>   • 복구 단계 : 재난이 발생하기 이전 상태로 되돌리기 위한 일련의 활동

25 재난발생 이후 대응단계에서의 행정활동 내용이 아닌 것은?

① 비상 의료 지원
② 현장지휘활동 개시
③ 탐색 및 구조·구급 실시
④ 이재민 지원 및 임시주거지 마련

> **해설** 이재민 지원 및 임시주거지 마련은 복구단계에 해당한다.

26 재난관리 단계 중 대응단계의 행정활동으로 가장 적절한 것은?

① 재난예방에 관한 홍보

② 구호물자 확보·비축

③ 긴급의약품 조달과 생필품 공급

④ 각 재난 상황에 적절한 사고 대응계획 수립

> **해설** 대응단계에서는 준비단계에서 수립된 각종 재난관리론의 계획 실행, 대책본부의 활동 개시, 긴급 대피계획의 실천, 긴급의약품 조달, 생필품 공급, 피난처 제공, 이재민 수용 및 보호, 후송, 탐색 및 구조 등의 조치가 필요하다.

27 태풍 내습 시 재난관리 단계 중 대응단계에서 하여야 할 업무가 아닌 것은?

① 태풍 진로에 따라 재난 대응계획을 시행한다.

② 재난상황을 신속히 전파하고 구조 요원을 긴급히 현장에 출동시킨다.

③ 중앙합동조사단을 편성하고 운영하여 피해를 조사하고 복구한다.

④ 긴급구조기관 및 자원봉사자에게 임무를 부여하고, 현장통제 및 질서유지를 담당한다.

> **해설** ③은 복구단계에서 하여야 할 업무이다.

28 재난대응단계에 관한 설명으로 옳지 않은 것은?

① 인명 탐색 및 구조, 환자의 수용 및 후송 등의 활동이 이루어진다.

② 재난대응을 위해 중앙긴급구조통제단을 두고, 단장은 행정안전부장관이 된다.

③ 경보, 소개, 대피, 응급의료, 희생자 탐색·구조, 재산 보호가 재난대응 국면의 일반적 기능이다.

④ 제2의 손실 발생 가능성을 감소시킴으로써 복구단계에서 발생 가능한 문제들을 최소화시키는 재난관리의 실제 활동국면이다.

> **해설** **중앙긴급구조통제단(재난 및 안전관리 기본법 제49조)**
> • 긴급구조에 관한 사항의 총괄·조정, 긴급구조기관 및 긴급구조지원기관이 하는 긴급구조활동의 역할 분담과 지휘·통제를 위하여 소방청에 중앙긴급구조통제단("중앙통제단")을 둔다.
> • 중앙통제단의 단장은 소방청장이 된다.

29 재난복구 단계에 관한 설명으로 옳지 않은 것은?

① 재난 및 안전관리 기본법상 재난사태를 선포하는 단계이다.

② 피해평가, 잔해물 제거, 보험금 지급 등의 활동이 이루어진다.

③ 복구활동은 단기 복구와 중장기 복구활동으로 구분할 수 있다.

④ 피해지역이 재난 발생 직후부터 재난 발생 이전의 상태로 회복될 때까지의 장기적인 활동 과정이다.

해설 ①의 경우는 재난의 대응 단계이다.

30 재난관리의 예방, 대비, 대응 및 복구 단계에 대한 설명으로 옳은 것은?

① 재난관리의 각 단계들은 상호 연계되어 있지 않으므로 엄격하게 분리해서 관리하여야 한다.

② 재난예방단계는 재난이 실제로 발생하기 이전에 이루어지는 활동으로 장기적 관점보다는 단기적 처방에 입각하여 취해지는 활동이다.

③ 재난대비 단계란 비상 시 효과적인 대응을 용이하게 하고 작전능력을 향상시키기 위해 취하는 사전준비 활동을 말한다.

④ 재난복구단계는 장기적인 복구만을 의미하며, 장기복구는 정상적인 생활 상태로의 복구로 충분하다.

해설 ① 재난관리의 각 단계는 상호 독립적이라기보다는 각 단계들이 상호 의존적이다.
② 재난예방단계는 재난 발생 이전에 재난의 발생가능성이나 피해의 규모를 줄이려는 모든 활동으로 장기적 관점에서 장래의 모든 재난에 대비하려는 활동이다.
④ 재난복구단계는 단기적 응급복구와 장기적 원상복구로 나눌 수 있다. 임시통신망 구축, 임시 주택 건설, 쓰레기 처리, 전염병 통제를 위한 방제활동 등은 단기적 응급복구에 해당하고, 도로와 건물의 재건축 등 도시 전체를 재건립하는 활동 등은 장기적인 원상복구에 해당한다.

31 재난관리 복구단계에서의 활동 내용으로 옳은 것은?

① 비상경보 체제 구축
② 안전문화활동 및 홍보
③ 잔해물 제거 및 방역 활동
④ 사전재해영향성검토협의제도 운영

해설 **재난복구(Recovery) 단계의 활동**
현장 잔해물 제거, 이재민 지원, 전염병 예방, 임시주거지 마련, 시설복구, 재난심리회복 지원, 재난구호지원 등

32 다음은 페탁(W. J. Petak)의 재난관리 4단계 모형을 나타낸 것이다. 단계별로 바르게 나열한 것은?

ㄱ. 재난의 복구	ㄴ. 재난의 대응
ㄷ. 재난의 대비와 계획	ㄹ. 재난의 완화와 예방

① ㄱ - ㄴ - ㄷ - ㄹ
② ㄱ - ㄷ - ㄴ - ㄹ
③ ㄴ - ㄷ - ㄱ - ㄹ
④ ㄹ - ㄷ - ㄴ - ㄱ

해설 **페탁(W. J. Petak)의 재난관리 4단계 모형**
페탁은 재난관리과정을 재난발생 시점이나 관리시기를 기준으로 재난관리과정을 완화와 예방, 재난의 대비와 계획, 재난의 대응, 재난의 복구의 4단계로 분류한다.

33 재난 시 기자회견 방법으로 옳지 않은 것은?

① 그래프 또는 차트를 사용하여 답변한다.
② 사실에 근거하여 정직한 인터뷰를 한다.
③ 잘못된 정보에 대하여 정중하게 반박한다.
④ 시청자를 고려하여 기술적인 전문용어를 사용한다.

해설 기술적인 전문용어는 시청자에게 불필요한 불안감이나 혼란을 조성할 수 있다.

CHAPTER

02 재난 및 안전관리 기본법

01 총칙

1 목적 및 정의

(1) 목적(법 제1조)

이 법은 각종 재난으로부터 국토를 보존하고 국민의 생명·신체 및 재산을 보호하기 위하여 국가와 지방자치단체의 재난 및 안전관리체제를 확립하고, 재난의 예방·대비·대응·복구와 안전문화활동, 그 밖에 재난 및 안전관리에 필요한 사항을 규정함을 목적으로 한다.

(2) 기본이념(법 제2조)

이 법은 재난을 예방하고 재난이 발생한 경우 그 피해를 최소화하여 일상으로 회복할 수 있도록 지원하는 것이 국가와 지방자치단체의 기본적 의무임을 확인하고, 모든 국민과 국가·지방자치단체가 국민의 생명 및 신체의 안전과 재산보호에 관련된 행위를 할 때에는 안전을 우선적으로 고려함으로써 국민이 재난으로부터 안전한 사회에서 생활할 수 있도록 함을 기본이념으로 한다.

(3) 정의(법 제3조)

이 법에서 사용하는 용어의 뜻은 다음과 같다.
① "재난"이란 국민의 생명·신체·재산과 국가에 피해를 주거나 줄 수 있는 것으로서 다음의 것을 말한다.
  ㉠ 자연재난 : 태풍, 홍수, 호우(豪雨), 강풍, 풍랑, 해일(海溢), 대설, 한파, 낙뢰, 가뭄, 폭염, 지진, 황사(黃砂), 조류(藻類) 대발생, 조수(潮水), 화산활동, 우주개발 진흥법에 따른 자연우주물체의 추락·충돌, 그 밖에 이에 준하는 자연현상으로 인하여 발생하는 재해
  ㉡ 사회재난 : 화재·붕괴·폭발·교통사고(항공사고 및 해상사고를 포함)·화생방사고·환경오염사고·다중운집인파사고 등으로 인하여 발생하는 대통령령으로 정하는 규모 이상의 피해와 국가핵심기반의 마비, 감염병의 예방 및 관리에 관한 법률에 따른 감염병 또는 가축전염병예방법에 따른 가축전염병의 확산, 미세먼지 저감 및 관리에 관한 특별법에 따른 미세먼지, 우주개발 진흥법에 따른 인공우주물체의 추락·충돌 등으로 인한 피해

더 알아두기 재난의 범위(시행령 제2조)

1. 국가 또는 지방자치단체 차원의 대처가 필요한 인명 또는 재산의 피해
2. 그 밖에 1.의 피해에 준하는 것으로서 행정안전부장관이 재난관리를 위하여 필요하다고 인정하는 피해

② "해외재난"이란 대한민국의 영역 밖에서 대한민국 국민의 생명·신체 및 재산에 피해를 주거나 줄 수 있는 재난으로서 정부차원에서 대처할 필요가 있는 재난을 말한다.

③ "재난관리"란 재난의 예방·대비·대응 및 복구를 위하여 하는 모든 활동을 말한다.

④ "안전관리"란 재난이나 그 밖의 각종 사고로부터 사람의 생명·신체 및 재산의 안전을 확보하기 위하여 하는 모든 활동을 말한다.

⑤ "안전기준"이란 각종 시설 및 물질 등의 제작, 유지관리 과정에서 안전을 확보할 수 있도록 적용하여야 할 기술적 기준을 체계화한 것을 말하며, 안전기준의 분야, 범위 등에 관하여는 대통령령으로 정한다.

더 알아두기 대통령령으로 정하는 안전기준의 분야 및 범위(시행령 제2조의2 관련 별표 1)

안전기준의 분야	안전기준의 범위
건축 시설 분야	다중이용업소, 문화재 시설, 유해물질 제작·공급시설 등 관련 구조나 설비의 유지·관리 및 소방 관련 안전기준
생활 및 여가 분야	생활이나 여가활동에서 사용하는 기구, 놀이시설 및 각종 외부활동과 관련된 안전기준
환경 및 에너지 분야	대기환경·토양환경·수질환경·인체에 위험을 유발하는 유해성 물질과 시설, 발전시설 운영과 관련된 안전기준
교통 및 교통시설 분야	육상교통·해상교통·항공교통 등과 관련된 시설 및 안전 부대시설, 시설의 이용자 및 운영자 등과 관련된 안전기준
산업 및 공사장 분야	각종 공사장 및 산업현장에서의 주변 시설물과 그 시설의 사용자 또는 관리자 등의 안전부주의 등과 관련된 안전기준(공장시설을 포함)
정보통신 분야(사이버 안전 분야는 제외한다)	정보통신매체 및 관련 시설과 정보보호에 관련된 안전기준
보건·식품 분야	의료·감염, 보건복지, 축산·수산·식품 위생 관련 시설 및 물질 관련 안전기준
그 밖의 분야	위에서 정한 사항 외에 제43조의9에 따른 안전기준심의회에서 안전관리를 위하여 필요하다고 정한 사항과 관련된 안전기준

[비 고]
위 표에서 규정한 안전기준의 분야, 범위 등에 관한 세부적인 사항은 행정안전부장관이 정한다.

⑥ "재난관리책임기관"이란 재난관리업무를 하는 다음의 기관을 말한다.

ⓐ 중앙행정기관 및 지방자치단체(제주특별자치도 설치 및 국제자유도시 조성을 위한 특별법 제10조제2항에 따른 행정시를 포함한다)

ⓑ 지방행정기관・공공기관・공공단체(공공기관 및 공공단체의 지부 등 지방조직을 포함한다) 및 재난관리의 대상이 되는 중요시설의 관리기관 등으로서 대통령령으로 정하는 기관

더 알아두기	재난관리책임기관(재난 및 안전관리 기본법 시행령 제3조 관련 별표 1의2)	
• 재외공관	• 농림축산검역본부	• 지방우정청
• 국립검역소	• 유역환경청, 지방환경청 및 수도권대기환경청	
• 지방고용노동청	• 지방항공청	• 지방국토관리청
• 홍수통제소	• 지방해양수산청	• 지방산림청
• 시・도의 교육청 및 시・군・구의 교육지원청		• 한국철도공사
• 서울교통공사	• 대한석탄공사	• 한국농어촌공사
• 한국농수산식품유통공사	• 한국가스공사	• 한국가스안전공사
• 한국전기안전공사	• 한국전력공사	• 한국환경공단
• 수도권매립지관리공사	• 한국토지주택공사	• 한국수자원공사
• 한국도로공사	• 인천교통공사	• 인천국제공항공사
• 한국공항공사	• 국립공원공단	• 한국산업안전보건공단
• 한국산업단지공단	• 부산교통공사	• 국가철도공단
• 국토안전관리원	• 한국원자력연구원	• 한국원자력안전기술원
• 농업협동조합중앙회	• 수산업협동조합중앙회	• 산림조합중앙회
• 대한적십자사	• 하천법 제39조에 따른 댐 등의 설치자(관리자를 포함)	
• 원자력안전법 제20조에 따른 발전용 원자로 운영자		
• 방송통신발전 기본법 제40조에 따른 재난방송 사업자		
• 국립수산과학원	• 국립해양조사원	• 한국석유공사
• 대한송유관공사	• 한국전력거래소	
• 서울올림픽기념국민체육진흥공단		• 한국지역난방공사
• 한국관광공사	• 국립자연휴양림관리소	• 한국마사회
• 지방자치단체 소속 시설관리공단	• 지방자치단체 소속 도시개발공사	
• 한국남동발전주식회사	• 한국중부발전주식회사	• 한국서부발전주식회사
• 한국남부발전주식회사	• 한국동서발전주식회사	• 한국수력원자력주식회사
• 유료도로법 제10조에 따라 유료도로관리청으로부터 유료도로관리권을 설정받은 자		
• 공항철도주식회사	• 서울시메트로9호선주식회사	
• 여수광양항만공사	• 한국해양교통안전공단	• 사단법인 한국선급
• 한국원자력환경공단	• 독립기념관	• 예술의전당
• 대구도시철도공사	• 광주광역시도시철도공사	• 대전광역시도시철도공사
• 부산항만공사	• 인천항만공사	• 울산항만공사
• 경기평택항만공사	• 의정부경량전철주식회사	• 용인경량전철주식회사
• 신분당선주식회사	• 부산김해경전철주식회사	• 해양환경공단

- 가축위생방역지원본부　　• 국토지리정보원　　　　• 항공교통본부
- 김포골드라인운영주식회사　• 경기철도주식회사　　• 주식회사에스알
- 남서울경전철주식회사　　• 서해철도주식회사
- 위에서 규정한 사항 외에 행정안전부장관이 재난의 예방·대비·대응·복구를 위하여 특별히 필요하다고 인정하여 고시하는 기관·단체(민간단체를 포함) 및 민간업체. 이 경우 민간단체 및 민간업체에 대해서는 해당 단체·업체와 협의를 거쳐야 한다.

⑦ "재난관리주관기관"이란 재난이나 그 밖의 각종 사고에 대하여 그 유형별로 예방·대비·대응 및 복구 등의 업무를 주관하여 수행하도록 대통령령으로 정하는 관계 중앙행정기관을 말한다.

더 알아두기 재난 및 사고유형별 재난관리주관기관(시행령 제3조의2 관련 별표 1의3)

재난관리주관기관	재난 및 사고의 유형
교육부	학교 및 학교시설에서 발생한 사고
과학기술정보통신부	• 우주전파 재난 • 정보통신 사고 • 위성항법장치(GPS) 전파혼신 • 자연우주물체의 추락·충돌
외교부	해외에서 발생한 재난
법무부	법무시설에서 발생한 사고
국방부	국방시설에서 발생한 사고
행정안전부	• 정부중요시설 사고 • 공동구 재난(국토교통부가 관장하는 공동구는 제외) • 내륙에서 발생한 유도선 등의 수난 사고 • 풍수해(조수는 제외)·지진·화산·낙뢰·가뭄·한파·폭염으로 인한 재난 및 사고로서 다른 재난관리주관기관에 속하지 아니하는 재난 및 사고
문화체육관광부	경기장 및 공연장에서 발생한 사고
농림축산식품부	• 가축 질병 • 저수지 사고
산업통상자원부	• 가스 수급 및 누출 사고 • 원유수급 사고 • 원자력안전 사고(파업에 따른 가동중단으로 한정한다) • 전력 사고 • 전력생산용 댐의 사고
보건복지부	보건의료 사고
보건복지부 질병관리청	감염병 재난

재난관리주관기관	재난 및 사고의 유형
환경부	• 수질분야 대규모 환경오염 사고 • 식용수 사고 • 유해화학물질 유출 사고 • 조류(藻類) 대발생(녹조에 한정한다) • 황 사 • 환경부가 관장하는 댐의 사고 • 미세먼지
고용노동부	사업장에서 발생한 대규모 인적 사고
국토교통부	• 국토교통부가 관장하는 공동구 재난 • 고속철도 사고 • 도로터널 사고 • 육상화물운송 사고 • 도시철도 사고 • 항공기 사고 • 항공운송 마비 및 항행안전시설 장애 • 다중밀집건축물 붕괴 대형사고로서 다른 재난관리주관기관에 속하지 아니하는 재난 및 사고
해양수산부	• 조류 대발생(적조에 한정한다) • 조수(潮水) • 해양 분야 환경오염 사고 • 해양 선박 사고
금융위원회	금융 전산 및 시설 사고
원자력안전위원회	• 원자력안전 사고(파업에 따른 가동중단은 제외) • 인접국가 방사능 누출 사고
소방청	• 화재·위험물 사고 • 다중 밀집시설 대형화재
문화재청	문화재 시설 사고
산림청	• 산 불 • 산사태
해양경찰청	해양에서 발생한 유도선 등의 수난 사고

[비 고]
1. 재난관리주관기관이 지정되지 않았거나 분명하지 않은 경우에는 행정안전부장관이 정부조직법에 따른 관장 사무와 피해 시설의 기능 또는 재난 및 사고 유형 등을 고려하여 재난관리주관기관을 정한다.
2. 감염병 재난 발생 시 중앙사고수습본부는 법 제34조의5제1항제1호에 따른 위기관리 표준매뉴얼에 따라 설치·운영한다.

⑧ "긴급구조"란 재난이 발생할 우려가 현저하거나 재난이 발생하였을 때에 국민의 생명·신체 및 재산을 보호하기 위하여 긴급구조기관과 긴급구조지원기관이 하는 인명구조, 응급처치, 그 밖에 필요한 모든 긴급한 조치를 말한다.

⑨ "긴급구조기관"이란 소방청·소방본부 및 소방서를 말한다. 다만, 해양에서 발생한 재난의 경우에는 해양경찰청·지방해양경찰청 및 해양경찰서를 말한다.

⑩ "긴급구조지원기관"이란 긴급구조에 필요한 인력・시설 및 장비, 운영체계 등 긴급구조능력을 보유한 기관이나 단체로서 대통령령으로 정하는 기관과 단체를 말한다.

더 알아두기 긴급구조지원기관(시행령 제4조)

1. 교육부, 과학기술정보통신부, 국방부, 산업통상자원부, 보건복지부, 환경부, 국토교통부, 해양수산부, 방송통신위원회, 경찰청, 산림청, 질병관리청 및 기상청
2. 국방부장관이 탐색구조부대로 지정하는 군부대와 그 밖에 긴급구조지원을 위하여 국방부장관이 지정하는 군부대
3. 대한적십자사 조직법에 따른 대한적십자사
4. 의료법에 따른 종합병원
5. 응급의료에 관한 법률에 따른 응급의료기관, 응급의료정보센터 및 구급차 등의 운용자
6. 재해구호법에 따른 전국재해구호협회
7. 긴급구조기관과 긴급구조활동에 관한 응원협정을 체결한 기관 및 단체
8. 그 밖에 긴급구조에 필요한 인력과 장비를 갖춘 기관 및 단체로서 행정안전부령으로 정하는 기관 및 단체

더 알아두기 행정안전부령으로 정하는 긴급구조지원기관(시행규칙 제2조 관련 별표 1)

1. 유역환경청 또는 지방환경청
2. 지방국토관리청
3. 지방항공청
4. 지역보건법에 따른 보건서
5. 지방공기업법에 따른 지하철공사 및 도시철도공사
6. 한국가스공사법에 따른 한국가스공사
7. 고압가스 안전관리법에 따른 한국가스안전공사
8. 한국농어촌공사 및 농지관리기금법에 따른 한국농어촌공사
9. 전기사업법에 따른 한국전기안전공사
10. 한국전력공사법에 따른 한국전력공사
11. 대한석탄공사법에 따른 대한석탄공사
12. 한국광물자원공사법에 따른 한국광물자원공사
13. 한국수자원공사법에 따른 한국수자원공사
14. 한국도로공사법에 따른 한국도로공사
15. 한국공항공사법에 따른 한국공항공사
16. 항만공사법에 따른 항만공사
17. 한국원자력안전기술원법에 따른 한국원자력안전기술원 및 방사선 및 방사성동위원소 이용 진흥법에 따른 한국원자력의학원
18. 자연공원법에 따른 국립공원관리공단
19. 전기통신사업법 제5조에 따른 기간통신사업자로서 소방청장이 정하여 고시하는 기간통신사업자

⑪ "국가재난관리기준"이란 모든 유형의 재난에 공통적으로 활용할 수 있도록 재난관리의 전 과정을 통일적으로 단순화·체계화한 것으로서 행정안전부장관이 고시한 것을 말한다.

⑫ "안전문화활동"이란 안전교육, 안전훈련, 홍보 등을 통하여 안전에 관한 가치와 인식을 높이고 안전을 생활화하도록 하는 등 재난이나 그 밖의 각종 사고로부터 안전한 사회를 만들어가기 위한 활동을 말한다.

⑬ "안전취약계층"이란 어린이, 노인, 장애인, 저소득층 등 신체적·사회적·경제적 요인으로 인하여 재난에 취약한 사람을 말한다.

⑭ "재난관리정보"란 재난관리를 위하여 필요한 재난상황정보, 동원가능 자원정보, 시설물정보, 지리정보를 말한다.

⑮ "재난안전의무보험"이란 재난이나 그 밖의 각종 사고로 사람의 생명·신체 또는 재산에 피해가 발생한 경우 그 피해를 보상하기 위한 보험 또는 공제(共濟)로서 이 법 또는 다른 법률에 따라 일정한 자에 대하여 가입을 강제하는 보험 또는 공제를 말한다.

⑯ "재난안전통신망"이란 재난관리책임기관·긴급구조기관 및 긴급구조지원기관이 재난 및 안전관리업무에 이용하거나 재난현장에서의 통합지휘에 활용하기 위하여 구축·운영하는 통신망을 말한다.

⑰ "국가핵심기반"이란 에너지, 정보통신, 교통수송, 보건의료 등 국가경제, 국민의 안전·건강 및 정부의 핵심기능에 중대한 영향을 미칠 수 있는 시설, 정보기술시스템 및 자산 등을 말한다.

⑱ "재난안전데이터"란 정보처리능력을 갖춘 장치를 통하여 생성 또는 처리가 가능한 형태로 존재하는 재난 및 안전관리에 관한 정형 또는 비정형의 모든 자료를 말한다.

2 국가·국민 등의 책무

(1) 국가 등의 책무(법 제4조)

① 국가와 지방자치단체는 재난이나 그 밖의 각종 사고로부터 국민의 생명·신체 및 재산을 보호할 책무를 지고, 재난이나 그 밖의 각종 사고를 예방하고 피해를 줄이기 위하여 노력하여야 하며, 발생한 피해를 신속히 대응·복구하여 일상으로 회복할 수 있도록 지원하기 위한 계획을 수립·시행하여야 한다.

② 국가와 지방자치단체는 안전에 관한 정보를 적극적으로 공개하여야 하며, 누구든지 이를 편리하게 이용할 수 있도록 하여야 한다.

③ 국가와 지방자치단체는 재난이나 그 밖의 각종 사고를 수습하는 과정에서 피해자의 인권이 침해받지 아니하도록 노력하여야 한다.

④ 재난관리책임기관의 장은 소관 업무와 관련된 안전관리에 관한 계획을 수립하고 시행하여야 하며, 그 소재지를 관할하는 특별시·광역시·특별자치시·도·특별자치도(이하 "시·도" 라 한다)와 시(제주특별자치도 설치 및 국제자유도시 조성을 위한 특별법에 따른 행정시를

포함한다. 이하 같다) · 군 · 구(자치구를 말한다)의 재난 및 안전관리업무에 협조하여야 한다.

(2) 국민의 책무(법 제5조)

국민은 국가와 지방자치단체가 재난 및 안전관리업무를 수행할 때 최대한 협조하여야 하고, 자기가 소유하거나 사용하는 건물 · 시설 등으로부터 재난이나 그 밖의 각종 사고가 발생하지 아니하도록 노력하여야 한다.

(3) 재난 및 안전관리 업무의 총괄 · 조정(법 제6조)

행정안전부장관은 국가 및 지방자치단체가 행하는 재난 및 안전관리 업무를 총괄 · 조정한다.

---

02   안전관리기구 및 기능

1 중앙안전관리위원회 등

(1) 중앙안전관리위원회(법 제9조)

① 재난 및 안전관리에 관한 다음의 사항을 심의하기 위하여 국무총리 소속으로 중앙안전관리위원회(이하 "중앙위원회"라 한다)를 둔다.

㉠ 재난 및 안전관리에 관한 중요 정책에 관한 사항

㉡ 국가안전관리기본계획에 관한 사항

㉢ 재난 및 안전관리 사업 관련 중기사업계획서, 투자우선순위 의견 및 예산요구서에 관한 사항

㉣ 중앙행정기관의 장이 수립 · 시행하는 계획, 점검 · 검사, 교육 · 훈련, 평가 등 재난 및 안전관리업무의 조정에 관한 사항

㉤ 안전기준관리에 관한 사항

㉥ 재난사태의 선포에 관한 사항

㉦ 특별재난지역의 선포에 관한 사항

㉧ 재난이나 그 밖의 각종 사고가 발생하거나 발생할 우려가 있는 경우 이를 수습하기 위한 관계 기관 간 협력에 관한 중요 사항

㉨ 재난안전의무보험의 관리 · 운용 등에 관한 사항

㉩ 중앙행정기관의 장이 시행하는 대통령령으로 정하는 재난 및 사고의 예방사업 추진에 관한 사항

㉪ 재난안전산업 진흥법에 따른 기본계획에 관한 사항

ⓔ 그 밖에 위원장이 회의에 부치는 사항

더 알아두기 재난 및 사고 예방사업의 범위(시행령 제7조)

1. 기상관측표준화법에 따른 기상관측의 표준화를 위하여 시행하는 사업
2. 농어촌정비법에 따른 농업생산기반 정비사업 중 수리시설(水利施設) 개수·보수 사업, 농경지 배수(排水) 개선사업, 저수지 정비사업, 방조제 정비사업
3. 댐건설·관리 및 주변지역지원 등에 관한 법률에 따른 댐의 관리를 위한 사업
4. 도로법에 따른 도로공사 중 재난 및 안전관리를 위하여 시행하는 사업
5. 산림기본법에 따른 산림재해 예방사업
6. 사방사업법에 따른 사방사업(砂防事業)
7. 어촌·어항법에 따른 어항정비사업
8. 연안관리법에 따른 연안정비사업
9. 지진·화산재해대책법에 따른 기존 공공시설물의 내진보강사업
10. 하천법에 따른 하천공사사업
11. 항만법에 따른 항만개발사업 중 재난 예방을 위한 사업
12. 그 밖에 중앙위원회의 위원장이 정하는 사업

---

② 중앙위원회의 위원장은 국무총리가 되고, 위원은 대통령령으로 정하는 중앙행정기관 또는 관계 기관·단체의 장이 된다.

더 알아두기 중앙안전관리위원회의 위원(시행령 제6조)

1. (중앙행정기관의 장 순)기획재정부장관, 교육부장관, 과학기술정보통신부장관, 외교부장관, 통일부장관, 법무부장관, 국방부장관, 행정안전부장관, 문화체육관광부장관, 농림축산식품부장관, 산업통상자원부장관, 보건복지부장관, 환경부장관, 고용노동부장관, 여성가족부장관, 국토교통부장관, 해양수산부장관 및 중소벤처기업부장관
2. 국가정보원장, 방송통신위원회위원장, 국무조정실장, 식품의약품안전처장, 금융위원회위원장 및 원자력안전위원회위원장
3. 경찰청장, 소방청장, 문화재청장, 산림청장, 질병관리청장, 기상청장 및 해양경찰청장
4. 그 밖에 법 제9조제1항에 따른 중앙안전관리위원회(이하 "중앙위원회"라 한다)의 위원장이 지정하는 기관 및 단체의 장

---

③ 중앙위원회의 위원장은 중앙위원회를 대표하며, 중앙위원회의 업무를 총괄한다.
④ 중앙위원회에 간사 1명을 두며, 간사는 행정안전부장관이 된다.
⑤ 중앙위원회의 위원장이 사고 또는 부득이한 사유로 직무를 수행할 수 없을 때에는 행정안전부장관, 대통령령으로 정하는 중앙행정기관의 장 순으로 위원장의 직무를 대행한다.
⑥ ⑤에 따라 행정안전부장관 등이 중앙위원회 위원장의 직무를 대행할 때에는 행정안전부의 재난안전관리사무를 담당하는 본부장이 중앙위원회 간사의 직무를 대행한다.
⑦ 중앙위원회는 ①의 ⓐ~ⓔ의 사무가 국가안전보장과 관련된 경우에는 국가안전보장회의와 협의하여야 한다.

⑧ 중앙위원회의 위원장은 그 소관 사무에 관하여 재난관리책임기관의 장이나 관계인에게 자료의 제출, 의견 진술, 그 밖에 필요한 사항에 대하여 협조를 요청할 수 있다. 이 경우 요청을 받은 사람은 특별한 사유가 없으면 요청에 따라야 한다.

⑨ 중앙위원회의 구성과 운영 등에 필요한 사항은 대통령령으로 정한다.

> **더 알아두기** 중앙위원회의 운영(시행령 제8조)
>
> 1. 중앙위원회의 회의는 위원의 요청이 있거나 위원장이 필요하다고 인정하는 경우에 위원장이 소집한다.
> 2. 중앙위원회의 회의는 재적위원 과반수의 출석으로 개의(開議)하고, 출석위원 과반수의 찬성으로 의결한다.
> 3. 위원장은 회의 안건과 관련하여 필요하다고 인정하는 경우에는 관계 공무원과 민간전문가 등을 회의에 참석하게 하거나 관계 기관의 장에게 자료 제출을 요청할 수 있다. 이 경우 요청을 받은 관계 공무원과 관계 기관의 장은 특별한 사유가 없으면 요청에 따라야 한다.
> 4. 1.~3.까지에서 규정한 사항 외에 중앙위원회의 운영에 필요한 사항은 중앙위원회 의결을 거쳐 위원장이 정한다.

(2) 안전정책조정위원회(법 제10조)

① 중앙위원회에 상정될 안건을 사전에 검토하고 다음의 사무를 수행하기 위하여 중앙위원회에 안전정책조정위원회(이하 "조정위원회"라 한다)를 둔다.
   ㉠ 제9조제1항제3호(중앙행정기관의 장이 수립·시행하는 계획, 점검·검사, 교육·훈련, 평가 등 재난 및 안전관리업무의 조정에 관한 사항), 제3호의2(안전기준관리에 관한 사항), 제6호(재난이나 그 밖의 각종 사고가 발생하거나 발생할 우려가 있는 경우 이를 수습하기 위한 관계 기관 간 협력에 관한 중요 사항), 제6호의2(재난안전의무보험의 관리·운용 등에 관한 사항) 및 제7호(중앙행정기관의 장이 시행하는 대통령령으로 정하는 재난 및 사고의 예방사업 추진에 관한 사항)의 사항에 대한 사전 조정
   ㉡ 집행계획의 심의
   ㉢ 국가핵심기반의 지정에 관한 사항의 심의
   ㉣ 재난 및 안전관리기술 종합계획의 심의
   ㉤ 그 밖에 중앙위원회가 위임한 사항

② 조정위원회(안전정책조정위원회)의 위원장은 행정안전부장관이 되고, 위원은 대통령령으로 정하는 중앙행정기관의 차관 또는 차관급 공무원과 재난 및 안전관리에 관한 지식과 경험이 풍부한 사람 중에서 위원장이 임명하거나 위촉하는 사람이 된다.

③ 조정위원회에 간사위원 1명을 두며, 간사위원은 행정안전부의 재난안전관리사무를 담당하는 본부장이 된다.

④ 조정위원회의 업무를 효율적으로 처리하기 위하여 조정위원회에 실무위원회를 둘 수 있다.

실무위원회의 구성·운영 등(시행령 제10조)

1. 실무위원회는 위원장 1명을 포함하여 50명 내외의 위원으로 구성한다.
2. 실무위원회는 다음의 사항을 심의한다.
   ① 재난 및 안전관리를 위하여 관계 중앙행정기관의 장이 수립하는 대책에 관하여 협의·조정이 필요한 사항
   ② 재난 발생 시 관계 중앙행정기관의 장이 수행하는 재난의 수습에 관하여 협의·조정이 필요한 사항
   ③ 그 밖에 실무위원회의 위원장(이하 "실무위원장"이라 한다)이 회의에 부치는 사항
3. 실무위원장은 행정안전부의 재난안전관리사무를 담당하는 본부장이 된다.
4. 실무위원회의 위원은 다음의 어느 하나에 해당하는 사람 중에서 성별을 고려하여 행정안전부장관이 임명하거나 위촉하는 사람으로 한다.
   ① 관계 중앙행정기관의 고위공무원단에 속하는 공무원 또는 3급 상당 이상에 해당하는 공무원 중에서 해당 중앙행정기관의 장이 추천하는 공무원
   ② 재난 및 안전관리에 관한 지식과 경험이 풍부한 사람
   ③ 그 밖에 실무위원장이 필요하다고 인정하는 분야의 전문지식과 경력이 충분한 사람
5. 실무위원회의 회의(이하 "실무회의"라 한다)는 위원 5명 이상의 요청이 있거나 실무위원장이 필요하다고 인정하는 경우에 실무위원장이 소집한다.
6. 실무회의는 실무위원장과 실무위원장이 회의마다 지정하는 25명 내외의 위원으로 구성한다.
7. 실무회의는 6.에 따른 구성원 과반수의 출석으로 개의(開議)하고, 출석위원 과반수의 찬성으로 의결한다.
8. 1.~7.까지에서 규정한 사항 외에 실무위원회의 구성 및 운영에 필요한 사항은 행정안전부장관이 정한다.

⑤ 조정위원회의 위원장은 ①에 따라 조정위원회에서 심의·조정된 사항 중 대통령령으로 정하는 중요 사항에 대해서는 조정위원회의 심의·조정 결과를 중앙위원회의 위원장에게 보고하여야 한다.

조정위원회 심의 결과의 중앙위원회 보고(시행령 제9조의2)

1. 법 제10조제1항제2호에 따른 집행계획의 심의
2. 법 제10조제1항제3호에 따른 국가핵심기반의 지정에 관한 사항의 심의
3. 그 밖에 중앙위원회로부터 위임받아 심의한 사항 중 조정위원회 위원장이 필요하다고 인정하는 사항

⑥ 조정위원회의 위원장은 중앙위원회 또는 조정위원회에서 심의·조정된 사항에 대한 이행상황을 점검하고, 그 결과를 중앙위원회에 보고할 수 있다.
⑦ 조정위원회 및 ④에 따른 실무위원회의 구성 및 운영 등에 필요한 사항은 대통령령으로 정한다.

(3) 재난 및 안전관리 사업예산의 사전협의 등(법 제10조의2)

① 관계 중앙행정기관의 장은 기획재정부장관에게 제출하는 중기사업계획서 중 재난 및 안전관리 사업(행정안전부장관이 기획재정부장관과 협의하여 정하는 사업을 말한다)과 관련된 중기사업계획서와 해당 기관의 재난 및 안전관리 사업에 관한 투자우선순위 의견을 매년 1월 31일까지 행정안전부장관에게 제출하여야 한다.

② 관계 중앙행정기관의 장은 기획재정부장관에게 제출하는 재난 및 안전관리 사업 관련 예산요구서를 매년 5월 31일까지 행정안전부장관에게 제출하여야 한다.

③ 행정안전부장관은 중기사업계획서, 투자우선순위 의견 및 예산요구서를 검토하고, 중앙위원회의 심의를 거쳐 다음의 사항을 매년 6월 30일까지 기획재정부장관에게 통보하여야 한다.

　㉠ 재난 및 안전관리 사업의 투자 방향

　㉡ 관계 중앙행정기관별 재난 및 안전관리 사업의 투자우선순위, 투자적정성, 중점 추진방향 등에 관한 사항

　㉢ 재난 및 안전관리 사업의 유사성・중복성 검토결과

　㉣ 그 밖에 재난 및 안전관리 사업의 투자효율성을 높이기 위하여 필요한 사항

(4) 재난 및 안전관리 사업에 대한 평가(법 제10조의3)

① 행정안전부장관은 매년 재난 및 안전관리 사업의 효과성 및 효율성을 평가하고, 그 결과를 관계 중앙행정기관의 장에게 통보하여야 한다.

② 행정안전부장관은 ①에 따른 평가를 위하여 중앙행정기관의 장 또는 지방자치단체의 장 등에게 해당 기관에서 추진한 재난 및 안전관리 사업의 집행실적 등에 관한 자료 제출을 요청할 수 있다. 이 경우 자료 제출을 요청받은 중앙행정기관의 장 또는 지방자치단체의 장 등은 특별한 사유가 없으면 이에 따라야 한다.

(5) 지방자치단체의 재난 및 안전관리 사업예산의 사전검토 등(법 제10조의4)

① 지방자치단체의 장은 지방재정법 제36조에 따라 예산을 편성하기 전에 다음에 해당하는 재난 및 안전관리 사업에 대하여 사업의 집행 실적 및 성과, 향후 사업 추진 필요성 등 행정안전부령으로 정하는 사항을 고려하여 투자우선순위를 검토하고, 제11조에 따른 시・도 안전관리위원회 또는 시・군・구 안전관리위원회의 심의를 거쳐야 한다.

　㉠ 재난 및 안전관리 체계의 구축 및 운영

　㉡ 재난 및 안전관리를 목적으로 하는 시설의 구축 및 기능 강화

　㉢ 재난취약 지역・시설 등의 위험요소 제거 및 기능 회복

　㉣ 재난안전 관련 교육・훈련 및 홍보

　㉤ 그 밖에 재난 및 안전관리와 관련된 사업 중 행정안전부령으로 정하는 사업

② 행정안전부장관은 지방자치단체의 장에게 ①에 따른 심의 결과의 제출을 요청할 수 있다. 이 경우 요청을 받은 지방자치단체의 장은 특별한 사유가 없으면 이에 따라야 한다.

③ 지방자치단체의 장은 해당 지방자치단체의 예산이 확정된 날부터 2개월 이내에 ①에 따른 재난 및 안전관리 사업에 대한 예산 현황을 행정안전부장관에게 제출하여야 한다. 이 경우 시장(제주특별자치도 설치 및 국제자유도시 조성을 위한 특별법 제11조제1항에 따른 행정시장은 제외한다. 이하 이 조에서 같다)·군수·구청장(자치구의 구청장을 말한다. 이하 같다)은 특별시장·광역시장·도지사를 거쳐 제출하여야 한다.

④ 지방자치단체의 장은 해당 지방자치단체의 결산이 승인된 날부터 2개월 이내에 ①에 따른 재난 및 안전관리 사업에 대한 결산 현황을 행정안전부장관에게 제출하여야 한다. 이 경우 시장·군수·구청장은 특별시장·광역시장·도지사를 거쳐 제출하여야 한다.

(6) 지역위원회(법 제11조)

① 지역별 재난 및 안전관리에 관한 다음의 사항을 심의·조정하기 위하여 특별시장·광역시장·특별자치시장·도지사·특별자치도지사(이하 "시·도지사"라 한다) 소속으로 시·도 안전관리위원회(이하 "시·도위원회"라 한다)를 두고, 시장(제주특별자치도 설치 및 국제자유도시 조성을 위한 특별법 제11조제1항에 따른 행정시장을 포함한다)·군수·구청장 소속으로 시·군·구 안전관리위원회(이하 "시·군·구위원회"라 한다)를 둔다.
  ㉠ 해당 지역에 대한 재난 및 안전관리정책에 관한 사항
  ㉡ 안전관리계획에 관한 사항
  ㉢ 재난사태의 선포에 관한 사항(시·군·구위원회는 제외한다)
  ㉣ 해당 지역을 관할하는 재난관리책임기관(중앙행정기관과 상급 지방자치단체는 제외한다)이 수행하는 재난 및 안전관리업무의 추진에 관한 사항
  ㉤ 재난이나 그 밖의 각종 사고가 발생하거나 발생할 우려가 있는 경우 이를 수습하기 위한 관계 기관 간 협력에 관한 사항
  ㉥ 다른 법령이나 조례에 따라 해당 위원회의 권한에 속하는 사항
  ㉦ 그 밖에 해당 위원회의 위원장이 회의에 부치는 사항

② 시·도위원회의 위원장은 시·도지사가 되고, 시·군·구위원회의 위원장은 시장·군수·구청장이 된다.

③ 시·도위원회와 시·군·구위원회(이하 "지역위원회"라 한다)의 회의에 부칠 의안을 검토하고, 재난 및 안전관리에 관한 관계 기관 간의 협의·조정 등을 위하여 지역위원회에 안전정책실무조정위원회를 둘 수 있다.

④ 지역위원회 및 안전정책실무조정위원회의 구성과 운영에 필요한 사항은 해당 지방자치단체의 조례로 정한다.

(7) 재난방송협의회(법 제12조)

① 재난에 관한 예보·경보·통지나 응급조치 및 재난관리를 위한 재난방송이 원활히 수행될
수 있도록 중앙위원회에 중앙재난방송협의회를 두어야 한다.

② 지역 차원에서 재난에 대한 예보·경보·통지나 응급조치 및 재난방송이 원활히 수행될 수
있도록 시·도위원회에 시·도 재난방송협의회를 두어야 하고, 필요한 경우 시·군·구위원
회에 시·군·구 재난방송협의회를 둘 수 있다.

③ 중앙재난방송협의회의 구성 및 운영에 필요한 사항은 대통령령으로 정하고, 시·도 재난방송
협의회와 시·군·구 재난방송협의회의 구성 및 운영에 필요한 사항은 해당 지방자치단체의
조례로 정한다.

> **더 알아두기** 중앙재난방송협의회의 구성과 운영(시행령 제10조의3)
>
> 1. 중앙위원회에 두는 중앙재난방송협의회는 위원장 1명과 부위원장 1명을 포함한 25명 이내의
>   위원으로 구성한다.
> 2. 중앙재난방송협의회 심의사항
>   ① 재난에 관한 예보·경보·통지나 응급조치 및 재난관리를 위한 재난방송 내용의 효율적
>   전파 방안
>   ② 재난방송과 관련하여 중앙행정기관, 특별시·광역시·특별자치시·도·특별자치도(이
>   하 "시·도"라 한다) 및 방송법에 따른 방송사업자 간의 역할분담 및 협력체제 구축에
>   관한 사항
>   ③ 언론중재 및 피해구제 등에 관한 법률에 따른 언론에 공개할 재난 관련 정보의 결정에
>   관한 사항
>   ④ 재난방송 관련 법령과 제도의 개선 사항
>   ⑤ 그 밖에 재난방송이 원활히 수행되도록 하기 위하여 필요한 사항으로서 방송통신위원회위
>   원장과 과학기술정보통신부장관이 요청하거나 중앙재난방송협의회 위원장이 필요하다
>   고 인정하는 사항
> 3. 중앙재난방송협의회의 위원장은 위원 중에서 과학기술정보통신부장관이 지명하는 사람이
>   되고, 부위원장은 중앙재난방송협의회의 위원 중에서 호선한다.
> 4. 중앙재난방송협의회의 위원은 다음의 사람이 된다.
>   ① 과학기술정보통신부, 행정안전부, 국무조정실, 방송통신위원회 및 기상청의 고위공무원
>   단에 속하는 일반직 공무원 또는 이에 상당하는 공무원 중에서 해당 기관의 장이 지명하는
>   사람 각 1명
>   ② 관계 중앙행정기관(①의 위원이 소속된 기관은 제외한다)의 고위공무원단에 속하는 일반
>   직 공무원 또는 이에 상당하는 공무원 중에서 재난의 유형에 따라 해당 중앙행정기관의
>   장의 추천을 받아 과학기술정보통신부장관이 임명하는 사람. 이 경우 과학기술정보통신
>   부장관은 임명 대상에 대하여 방송통신위원회위원장과 미리 협의하여야 한다.

③ 다음의 어느 하나에 해당하는 사람 중에서 방송통신위원회위원장과 협의하여 과학기술정보통신부장관이 위촉하는 사람
  ㉠ 방송법 시행령에 따른 지상파텔레비전방송사업자(방송법 시행령에 따른 지역방송을 하는 방송사업자는 제외한다)에 소속된 사람으로서 재난방송을 총괄하는 직위에 있는 사람
  ㉡ 방송법 시행령에 따른 텔레비전방송채널사용사업자 중 종합편성 또는 보도전문편성을 행하는 방송채널사용사업자에 소속된 사람으로서 재난방송을 총괄하는 직위에 있는 사람
  ㉢ 고등교육법에 따른 대학·산업대학·전문대학 및 기술대학에서 재난 또는 방송과 관련된 학문을 교수하는 사람으로서 조교수 이상의 직위에 있는 사람
  ㉣ 재난 또는 방송 관련 연구기관이나 단체 또는 산업 분야에 종사하는 사람으로서 해당 분야의 경력이 5년 이상인 사람
5. 위원장은 중앙재난방송협의회를 대표하며, 중앙재난방송협의회의 사무를 총괄한다.
6. 중앙재난방송협의회의 위원장이 부득이한 사유로 직무를 수행할 수 없을 때에는 부위원장이 그 직무를 대행한다.
7. 중앙재난방송협의회의 회의는 위원장이 필요하다고 인정하거나 위원의 소집요구가 있는 경우에 위원장이 소집하고, 위원장은 그 의장이 된다.
8. 중앙재난방송협의회는 구성원 과반수의 출석과 출석위원 과반수의 찬성으로 의결한다.
9. 위원장은 회의 안건과 관련하여 필요하다고 인정하는 경우에는 관계 공무원과 민간전문가 등을 회의에 참석하게 하거나 관계 기관의 장에게 자료 제출을 요청할 수 있다. 이 경우 요청을 받은 관계 공무원과 관계 기관의 장은 특별한 사유가 없으면 요청에 따라야 한다.
10. 중앙재난방송협의회의 효율적 운영을 위하여 중앙재난방송협의회에 간사 1명을 두되, 간사는 과학기술정보통신부의 재난방송 업무를 담당하는 공무원 중에서 과학기술정보통신부장관이 지명하는 사람이 된다.
11. 과학기술정보통신부장관은 중앙재난방송협의회의 운영에 필요한 행정적·재정적 지원을 할 수 있다.
12. 1.부터 11.까지에서 규정한 사항 외에 중앙재난방송협의회의 운영에 필요한 사항은 중앙재난방송협의회의 의결을 거쳐 위원장이 정한다.

(8) 안전관리민관협력위원회(법 제12조의2)

① 조정위원회의 위원장은 재난 및 안전관리에 관한 민관 협력관계를 원활히 하기 위하여 중앙안전관리민관협력위원회(이하 "중앙민관협력위원회"라 한다)를 구성·운영할 수 있다.
② 지역위원회의 위원장은 재난 및 안전관리에 관한 지역 차원의 민관 협력관계를 원활히 하기 위하여 시·도 또는 시·군·구 안전관리민관협력위원회(지역민관협력위원회)를 구성·운영할 수 있다.
③ 중앙민관협력위원회의 구성 및 운영에 필요한 사항은 대통령령으로 정하고, 지역민관협력위원회의 구성 및 운영에 필요한 사항은 해당 지방자치단체의 조례로 정한다.

1. 중앙안전관리민관협력위원회(중앙민관협력위원회)는 공동위원장 2명을 포함하여 35명 이내의 위원으로 구성한다.
2. 중앙민관협력위원회의 공동위원장은 행정안전부의 재난안전관리사무를 담당하는 본부장과 위촉된 민간위원 중에서 중앙민관협력위원회의 의결을 거쳐 행정안전부장관이 지명하는 사람이 된다.
3. 중앙민관협력위원회의 공동위원장은 중앙민관협력위원회를 대표하고, 중앙민관협력위원회의 운영 및 사무에 관한 사항을 총괄한다.
4. 중앙민관협력위원회의 위원은 다음의 사람이 된다.
    ① 당연직 위원
        ㉠ 행정안전부 안전예방정책실장
        ㉡ 행정안전부 자연재난실장
        ㉢ 행정안전부 사회재난실장
        ㉣ 행정안전부 재난복구지원국장
    ② 민간위원 : 다음의 사람 중에서 성별을 고려하여 행정안전부장관이 위촉하는 사람
        ㉠ 재난 및 안전관리 활동에 적극적으로 참여하고 전국 규모의 회원을 보유하고 있는 협회 등의 민간단체 대표
        ㉡ 재난 및 안전관리 분야 유관기관, 단체·협회 또는 기업 등에 소속된 재난 및 안전관리 전문가
        ㉢ 재난 및 안전관리 분야에 학식과 경험이 풍부한 사람
5. 민간위원의 임기는 2년으로 하며, 위원의 사임 등으로 새로 위촉된 위원의 임기는 전임위원 임기의 남은 기간으로 한다.
6. 중앙민관협력위원회의 회의는 재적위원 과반수의 출석으로 개의하고, 출석위원 과반수의 찬성으로 의결한다(시행령 제12조의4제1항).
7. 중앙민관협력위원회의 회의 등에 참석하는 위원 등에게는 예산의 범위에서 수당 등을 지급할 수 있다. 다만, 공무원이 그 소관 업무와 관련하여 참석하는 경우에는 그러하지 아니하다(시행령 제12조의4제2항).

(9) 중앙민관협력위원회의 기능 등(법 제12조의3)

① 중앙민관협력위원회의 기능
  ㉠ 재난 및 안전관리 민관협력활동에 관한 협의
  ㉡ 재난 및 안전관리 민관협력활동사업의 효율적 운영방안의 협의
  ㉢ 평상시 재난 및 안전관리 위험요소 및 취약시설의 모니터링·제보
  ㉣ 재난 발생 시 재난관리자원의 동원, 인명구조·피해복구 활동 참여, 피해주민 지원서비스 제공 등에 관한 협의
② 중앙민관협력위원회의 회의는 다음의 경우에 공동위원장이 소집할 수 있다.
  ㉠ 대규모 재난의 발생으로 민관협력 대응이 필요한 경우

ⓛ 재적위원 4분의 1 이상이 회의 소집을 요청하는 경우

ⓒ 그 밖에 공동위원장이 회의 소집이 필요하다고 인정하는 경우

③ 재난 발생 시 신속한 재난대응 활동 참여 등 중앙민관협력위원회의 기능을 지원하기 위하여 중앙민관협력위원회에 대통령령으로 정하는 바에 따라 재난긴급대응단을 둘 수 있다.

더 알아두기 재난긴급대응단의 구성 및 임무 등(시행령 제12조의5)

1. 재난긴급대응단은 중앙민관협력위원회에 참여하는 유관기관, 단체·협회 또는 기업에서 파견된 인력으로 구성한다.
2. 재난긴급대응단의 임무
   ① 재난 발생 시 인명구조 및 피해복구 활동 참여
   ② 평상시 재난예방을 위한 활동 참여
   ③ 그 밖에 신속한 재난대응을 위하여 필요한 활동
3. 재난긴급대응단은 재난현장에서 임무의 수행에 관하여 통합지원본부의 장 또는 현장지휘를 하는 긴급구조통제단장(각급통제단장)의 지휘·통제를 따른다.

---

(10) 지역위원회 등에 대한 지원 및 지도(법 제13조)

행정안전부장관은 시·도위원회의 운영과 지방자치단체의 재난 및 안전관리업무에 대하여 필요한 지원과 지도를 할 수 있으며, 시·도지사는 관할 구역의 시·군·구위원회의 운영과 시·군·구의 재난 및 안전관리업무에 대하여 필요한 지원과 지도를 할 수 있다.

---

2 중앙재난안전대책본부 등

(1) 중앙재난안전대책본부 등(법 제14조)

① 대통령령으로 정하는 대규모 재난(이하 "대규모재난"이라 한다)의 대응·복구(이하 "수습"이라 한다) 등에 관한 사항을 총괄·조정하고 필요한 조치를 하기 위하여 행정안전부에 중앙재난안전대책본부(이하 "중앙대책본부"라 한다)를 둔다.

더 알아두기 대규모 재난의 범위(시행령 제13조)

1. 재난 중 인명 또는 재산의 피해 정도가 매우 크거나 재난의 영향이 사회적·경제적으로 광범위하여 주무부처의 장 또는 지역재난안전대책본부(이하 "지역대책본부"라 한다)의 본부장(이하 "지역대책본부장"이라 한다)의 건의를 받아 중앙재난안전대책본부의 본부장(이하 "중앙대책본부장"이라 한다)이 인정하는 재난
2. 1.에 따른 재난에 준하는 것으로서 중앙대책본부장이 재난관리를 위하여 중앙재난안전대책본부(이하 "중앙대책본부"라 한다)의 설치가 필요하다고 판단하는 재난

---

② 중앙대책본부에 본부장과 차장을 둔다.

③ 중앙대책본부의 본부장(이하 "중앙대책본부장"이라 한다)은 행정안전부장관이 되며, 중앙대책본부장은 중앙대책본부의 업무를 총괄하고 필요하다고 인정하면 중앙재난안전대책본부회의를 소집할 수 있다. 다만, 해외재난의 경우에는 외교부장관이, 원자력시설 등의 방호 및 방사능 방재 대책법에 따른 방사능재난의 경우에는 중앙방사능방재대책본부의 장이 각각 중앙대책본부장의 권한을 행사한다.

④ 재난의 효과적인 수습을 위하여 다음의 경우에는 국무총리가 중앙대책본부장의 권한을 행사할 수 있다. 이 경우 행정안전부장관, 외교부장관(해외재난의 경우에 한정한다) 또는 원자력안전위원회 위원장(방사능 재난의 경우에 한정한다)이 차장이 된다.

   ㉠ 국무총리가 범정부적 차원의 통합 대응이 필요하다고 인정하는 경우

   ㉡ 행정안전부장관이 국무총리에게 건의하거나 수습본부장의 요청을 받아 행정안전부장관이 국무총리에게 건의하는 경우

⑤ ④에도 불구하고 국무총리가 필요하다고 인정하여 지명하는 중앙행정기관의 장은 행정안전부장관, 외교부장관(해외재난의 경우에 한정한다) 또는 원자력안전위원회 위원장(방사능 재난의 경우에 한정한다)과 공동으로 차장이 된다.

⑥ 중앙대책본부장은 대규모재난이 발생하거나 발생할 우려가 있는 경우에는 대통령령으로 정하는 바에 따라 실무반을 편성하고, 중앙재난안전대책본부상황실을 설치하는 등 해당 대규모재난에 대하여 효율적으로 대응하기 위한 체계를 갖추어야 한다. 이 경우 중앙재난안전상황실과 인력, 장비, 시설 등을 통합·운영할 수 있다.

⑦ ①에 따른 중앙대책본부, ③에 따른 중앙재난안전대책본부회의의 구성과 운영에 필요한 사항은 대통령령으로 정한다.

(2) 중앙대책본부의 구성 등(시행령 제15조)

① 중앙대책본부(법 제14조제3항 단서에 따라 방사능재난의 경우 중앙대책본부가 되는 원자력시설 등의 방호 및 방사능 방재 대책법 제25조에 따른 중앙방사능방재대책본부는 제외한다)에는 차장·총괄조정관·대변인·통제관·부대변인 및 담당관을 두며, 연구개발·조사 및 홍보 등 전문적 지식의 활용이 필요한 경우에는 중앙대책본부장(국무총리가 중앙대책본부장인 경우에는 차장을 말한다)을 보좌하기 위하여 특별대응단장 또는 특별보좌관(이하 "특별대응단장등"이라 한다)을 둘 수 있다.

② ①에 따른 특별대응단장 등에는 업무수행에 필요한 최소한의 하부조직을 둘 수 있다.

③ 법 제14조제3항 본문에 따라 행정안전부장관이 중앙대책본부장이 되는 경우에는 다음의 사람이 차장·특별대응단장등·총괄조정관·대변인·통제관·부대변인 및 담당관이 된다.

   ㉠ 차장·총괄조정관·대변인·통제관 및 담당관 : 행정안전부 소속 공무원 중에서 행정안전부장관이 지명하는 사람

ⓒ 특별대응단장등 : 해당 재난과 관련한 민간전문가 중에서 행정안전부장관이 위촉하는 사람

ⓒ 부대변인 : 재난관리주관기관 소속 공무원 중에서 소속 기관의 장이 추천하여 행정안전부장관이 지명하는 사람

④ ③에도 불구하고 해외재난의 경우에는 외교부장관이 소속 공무원 중에서 지명하는 사람이 차장·총괄조정관·대변인·통제관·부대변인 및 담당관이 되고, 외교부장관이 해당 재난과 관련한 민간전문가 중에서 위촉하는 사람이 특별대응단장 등이 된다.

⑤ 법 제14조제4항에 따라 국무총리가 중앙대책본부장의 권한을 행사하는 경우에는 다음의 사람이 특별대응단장등·총괄조정관·대변인·통제관·부대변인 및 담당관이 된다.

ⓐ 특별대응단장등 : 차장이 해당 재난과 관련한 민간전문가 중에서 추천하여 국무총리가 위촉하는 사람

ⓑ 총괄조정관·통제관 및 담당관 : 차장이 소속 중앙행정기관 공무원 중에서 지명하는 사람

ⓒ 대변인 : 차장이 소속 중앙행정기관 공무원 중에서 추천하여 국무총리가 지명하는 사람

ⓓ 부대변인 : 재난관리주관기관 소속 공무원 중에서 소속 기관의 장이 추천하여 국무총리가 지명하는 사람

⑥ ⑤에도 불구하고 법 제14조제5항에 따라 국무총리가 필요하다고 인정하여 지명하는 중앙행정기관의 장이 공동으로 차장이 되는 경우에는 다음의 사람이 특별대응단장등·총괄조정관·대변인·통제관·부대변인 및 담당관이 된다.

ⓐ 특별대응단장등 : 공동 차장이 각각 해당 재난과 관련한 민간전문가 중에서 추천하여 국무총리가 위촉하는 사람

ⓑ 총괄조정관·통제관 및 담당관 : 공동 차장이 각각 소속 중앙행정기관 공무원 중에서 지명하는 사람

ⓒ 대변인 및 부대변인 : 공동 차장이 각각 소속 중앙행정기관 공무원 중에서 추천하여 국무총리가 지명하는 사람

⑦ 법 제14조제6항 전단에 따른 실무반은 다음의 사람으로 편성한다.

ⓐ 행정안전부, 외교부(해외재난의 경우에 한정한다) 또는 원자력안전위원회(원자력시설 등의 방호 및 방사능 방재 대책법 제2조제1항제8호에 따른 방사능재난의 경우에 한정한다) 소속 공무원

ⓑ 법 제14조제5항에 따라 국무총리가 중앙행정기관의 장을 공동 차장으로 지명한 경우 해당 중앙행정기관 소속 공무원

ⓒ 법 제15조제1항에 따라 관계 재난관리책임기관에서 파견된 사람

⑧ ①부터 ⑦까지에서 규정한 사항 외에 중앙대책본부의 구성 및 운영 등에 필요한 사항은 행정안전부령으로 정한다.

(3) 중앙재난안전대책본부회의의 구성(시행령 제16조)

① 법 제14조제3항 본문에 따른 중앙재난안전대책본부회의(이하 "중앙대책본부회의"라 한다)는 다음의 사람 중에서 중앙대책본부장이 임명 또는 위촉하는 사람으로 구성한다.

㉠ 다음의 기관의 고위공무원단에 속하는 일반직공무원(국방부의 경우에는 이에 상당하는 장성급(將星級) 장교를, 경찰청 및 해양경찰청의 경우에는 치안감 이상의 경찰공무원을, 소방청의 경우에는 소방감 이상의 소방공무원을 말한다) 중에서 소속 기관의 장의 추천을 받은 사람

- 기획재정부, 교육부, 과학기술정보통신부, 외교부, 통일부, 법무부, 국방부, 행정안전부, 문화체육관광부, 농림축산식품부, 산업통상자원부, 보건복지부, 환경부, 고용노동부, 여성가족부, 국토교통부, 해양수산부 및 중소벤처기업부
- 조달청, 경찰청, 소방청, 문화재청, 산림청, 질병관리청, 기상청 및 해양경찰청
- 그 밖에 중앙대책본부장이 필요하다고 인정하는 행정기관

㉡ 재난의 대응 및 복구 등에 관한 민간전문가

② 법 제14조제4항에 따라 국무총리가 중앙대책본부장의 권한을 행사하는 경우의 중앙대책본부회의는 다음의 사람 중에서 국무총리가 임명 또는 위촉하는 사람으로 구성한다.

㉠ ①의 ㉠의 기관의 장

㉡ 재난의 대응 및 복구 등에 관한 민간전문가

(4) 중앙대책본부회의의 심의·협의 사항(시행령 제17조)

중앙대책본부회의는 재난복구계획에 관한 사항을 심의·확정하는 외에 다음 사항을 협의한다.

① 재난예방대책에 관한 사항
② 재난응급대책에 관한 사항
③ 국고지원 및 예비비 사용에 관한 사항
④ 그 밖에 중앙대책본부장이 회의에 부치는 사항

(5) 수습지원단 파견 등(법 제14조의2)

① 중앙대책본부장은 국내 또는 해외에서 발생하였거나 발생할 우려가 있는 대규모재난의 수습을 지원하기 위하여 관계 중앙행정기관 및 관계 기관·단체의 재난관리에 관한 전문가 등으로 수습지원단을 구성하여 현지에 파견할 수 있다.

② 중앙대책본부장은 구조·구급·수색 등의 활동을 신속하게 지원하기 위하여 행정안전부·소방청 또는 해양경찰청 소속의 전문 인력으로 구성된 특수기동구조대를 편성하여 재난현장에 파견할 수 있다.

③ 수습지원단의 구성과 운영 및 특수기동구조대의 편성과 파견 등에 필요한 사항은 대통령령으로 정한다.

> **더 알아두기** 수습지원단의 구성 및 임무 등(시행령 제18조)
>
> 1. 수습지원단은 재난 유형별로 관계 재난관리책임기관의 전문가 및 민간 전문가로 구성한다. 다만, 해외재난의 경우에는 따로 수습지원단을 구성하지 아니하고 119구조·구급에 관한 법률에 따른 국제구조대로 갈음할 수 있다.
> 2. 수습지원단의 단장은 수습지원단원 중에서 중앙대책본부장이 지명하는 사람이 되고, 단장은 수습지원단원을 지휘·통솔하며 운영을 총괄한다.
> 3. 수습지원단의 업무
>   ① 지역대책본부장 등 재난 발생지역의 책임자에 대하여 사태수습에 필요한 기술자문·권고 또는 조언
>   ② 중앙대책본부장에 대하여 재난수습을 위한 재난현장 상황, 재난발생의 원인, 행정적·재정적으로 조치할 사항 및 진행 상황 등에 관한 보고
> 4. 중앙대책본부장은 신속한 재난상황의 파악, 현장 지도·관리 등을 위하여 수습지원단을 현지에 파견하기 전에 중앙대책본부 소속 직원을 재난현장에 파견할 수 있다.
> 5. 1.부터 4.까지에서 규정한 사항 외에 수습지원단의 구성 및 운영에 필요한 사항은 중앙대책본부장이 정한다.

(6) 중앙대책본부장의 권한 등(법 제15조)

① 중앙대책본부장은 대규모재난을 효율적으로 수습하기 위하여 관계 재난관리책임기관의 장에게 행정 및 재정상의 조치, 소속 직원의 파견, 그 밖에 필요한 지원을 요청할 수 있다. 이 경우 요청을 받은 관계 재난관리책임기관의 장은 특별한 사유가 없으면 요청에 따라야 한다.

② ①에 따라 파견된 직원은 대규모재난의 수습에 필요한 소속 기관의 업무를 성실히 수행하여야 하며, 대규모재난의 수습이 끝날 때까지 중앙대책본부에서 상근하여야 한다.

③ 중앙대책본부장은 해당 대규모재난의 수습에 필요한 범위에서 수습본부장 및 지역대책본부장을 지휘할 수 있다.

(7) 중앙 및 지역사고수습본부(법 제15조의2)

① 재난관리주관기관의 장은 재난이 발생하거나 발생할 우려가 있는 경우에는 대통령령으로 정하는 바에 따라 재난상황을 효율적으로 관리하고 재난을 수습하기 위한 중앙사고수습본부(이하 "수습본부"라 한다)를 신속하게 설치·운영하여야 한다.

중앙사고수습본부의 구성·운영(시행령 제21조)

> 1. 재난관리주관기관의 장은 법 제15조의2제1항에 따른 중앙사고수습본부를 효율적으로 운영하기 위하여 중앙사고수습본부의 구성과 운영 등에 필요한 사항(이하 "수습본부운영규정"이라한다)을 미리 정하여야 한다. 이 경우 중앙대책본부장과 협의를 거쳐야 한다.
> 2. 중앙대책본부장은 수습본부운영규정에 관한 표준안을 작성하여 재난관리주관기관의 장에게수습본부운영규정에 반영할 것을 권고할 수 있다.

② 행정안전부장관은 재난이나 그 밖의 각종 사고로 인한 피해의 심각성, 사회적 파급효과 등을고려하여 필요하다고 인정하는 경우에는 재난관리주관기관의 장에게 수습본부의 설치·운영을 요청할 수 있다. 이 경우 요청을 받은 재난관리주관기관의 장은 특별한 사유가 없으면요청에 따라야 한다.

③ 수습본부의 장(이하 "수습본부장"이라 한다)은 해당 재난관리주관기관의 장이 된다.

④ 수습본부장은 재난정보의 수집·전파, 상황관리, 재난발생 시 초동조치 및 지휘 등을 위한수습본부상황실을 설치·운영하여야 한다. 이 경우 재난안전상황실과 인력, 장비, 시설 등을통합·운영할 수 있다.

⑤ 수습본부장은 재난을 수습하기 위하여 필요하면 관계 재난관리책임기관의 장에게 행정상및 재정상의 조치, 소속 직원의 파견, 그 밖에 필요한 지원을 요청할 수 있다. 이 경우 요청을받은 관계 재난관리책임기관의 장은 특별한 사유가 없으면 요청에 따라야 한다.

⑥ 수습본부장은 지역사고수습본부를 운영할 수 있으며, 지역사고수습본부의 장(이하 "지역사고수습본부장"이라 한다)은 수습본부장이 지명한다.

⑦ 수습본부장은 해당 재난의 수습에 필요한 범위에서 시·도지사 및 시장·군수·구청장(시·도대책본부 및 시·군·구대책본부가 운영되는 경우에는 해당 본부장을 말한다)을 지휘할수 있다.

⑧ 수습본부장은 재난을 수습하기 위하여 필요하면 대통령령으로 정하는 바에 따라 수습지원단을 구성·운영할 것을 중앙대책본부장에게 요청할 수 있다.

⑨ 수습본부의 구성·운영 등에 필요한 사항은 대통령령으로 정한다.

(8) 지역재난안전대책본부(법 제16조)

① 해당 관할 구역에서 재난의 수습 등에 관한 사항을 총괄·조정하고 필요한 조치를 하기 위하여시·도지사는 시·도재난안전대책본부(이하 "시·도대책본부"라 한다)를 두고, 시장·군수·구청장은 시·군·구재난안전대책본부(이하 "시·군·구대책본부"라 한다)를 둔다.

② 시·도대책본부 또는 시·군·구대책본부(이하 "지역대책본부"라 한다)의 본부장(이하 "지역대책본부장"이라 한다)은 시·도지사 또는 시장·군수·구청장이 되며, 지역대책본부장은지역대책본부의 업무를 총괄하고 필요하다고 인정하면 대통령령으로 정하는 바에 따라 지역

재난안전대책본부회의를 소집할 수 있다.

③ 시·군·구대책본부의 장은 재난현장의 총괄·조정 및 지원을 위하여 재난현장 통합지원본부(이하 "통합지원본부"라 한다)를 설치·운영할 수 있다. 이 경우 통합지원본부의 장은 긴급구조에 대해서는 시·군·구긴급구조통제단장의 현장지휘에 협력하여야 한다.

④ 통합지원본부의 장은 관할 시·군·구의 부단체장이 되며, 실무반을 편성하여 운영할 수 있다.

⑤ 지역대책본부 및 통합지원본부의 구성과 운영에 필요한 사항은 해당 지방자치단체의 조례로 정한다.

더 알아두기 지역대책본부회의(시행령 제21조의2)

1. 지역대책본부장은 다음의 사항을 심의·확정하기 위하여 지역대책본부회의를 구성·운영할 수 있다.
   ① 자체 재난복구계획에 관한 사항
   ② 재난예방대책에 관한 사항
   ③ 재난응급대책에 관한 사항
   ④ 재난에 따른 피해지원에 관한 사항
   ⑤ 그 밖에 지역대책본부장이 필요하다고 인정하는 사항
2. 지역대책본부회의의 구성 및 운영에 관한 사항은 해당 지방자치단체의 조례로 정한다.

---

(9) 지방자치단체의 장의 재난안전관리교육(법 제16조의2)

① 지방자치단체의 장은 대통령령으로 정하는 바에 따라 행정안전부장관이 실시하는 재난 및 안전관리에 관한 교육을 받아야 한다.

② 행정안전부장관은 필요하다고 인정하면 대통령령으로 정하는 전문인력 및 시설기준을 갖춘 교육기관으로 하여금 ①에 따른 교육을 대행하게 할 수 있다.

(10) 지역대책본부장의 권한 등(법 제17조)

① 지역대책본부장은 재난의 수습을 효율적으로 하기 위하여 해당 시·도 또는 시·군·구를 관할 구역으로 하는 재난관리책임기관의 장에게 행정 및 재정상의 조치나 그 밖에 필요한 업무협조를 요청할 수 있다. 이 경우 요청을 받은 재난관리책임기관의 장은 특별한 사유가 없으면 요청에 따라야 한다.

1. 지역대책본부장은 재난의 효율적인 수습을 위한 행정상의 조치를 위하여 시·도 또는 시·군·구(자치구)를 관할 구역으로 하는 재난관리책임기관의 장에게 다음의 내용이 포함된 재난상황대응계획서의 작성 및 제출을 요청할 수 있다.
   ① 재난 발생의 장소·일시·규모 및 원인
   ② 재난대응조치에 관한 사항
   ③ 재난의 예상 진행 상황
   ④ 재난의 진행 단계별 조치계획
   ⑤ 그 밖에 지역대책본부장이 정하는 사항
2. 지역대책본부장은 1.에 따른 재난상황대응계획서를 받은 경우에는 그 계획서를 검토한 후 해당 시·도 또는 시·군·구를 관할 구역으로 하는 관계 재난관리책임기관의 장에게 필요한 조치나 의견을 제시할 수 있다.

② 지역대책본부장은 재난의 수습을 위하여 필요하다고 인정하면 해당 시·도 또는 시·군·구의 전부 또는 일부를 관할 구역으로 하는 재난관리책임기관의 장에게 소속 직원의 파견을 요청할 수 있다. 이 경우 요청을 받은 재난관리책임기관의 장은 특별한 사유가 없으면 즉시 요청에 따라야 한다.

③ ②에 따라 파견된 직원은 지역대책본부장의 지휘에 따라 재난의 수습에 필요한 소속 기관의 업무를 성실히 수행하여야 하며, 재난의 수습이 끝날 때까지 지역대책본부에서 상근하여야 한다.

(11) 재난현장 통합자원봉사지원단의 설치 등(제17조의2)

① 지역대책본부장은 재난의 효율적 수습을 위하여 지역대책본부에 통합자원봉사지원단을 설치·운영할 수 있다.

② 통합자원봉사지원단은 다음의 업무를 수행한다.
   ㉠ 자원봉사자의 모집·등록
   ㉡ 자원봉사자의 배치 및 운영
   ㉢ 자원봉사자에 대한 교육훈련
   ㉣ 자원봉사자에 대한 안전조치
   ㉤ 자원봉사 관련 정보의 수집 및 제공
   ㉥ 그 밖에 자원봉사 활동의 지원에 관한 사항

③ 행정안전부장관은 통합자원봉사지원단의 원활한 운영을 위하여 필요한 경우 지방자치단체에 대하여 행정 및 재정적 지원을 할 수 있다.

④ 행정안전부장관, 시·도지사 및 시장·군수·구청장은 통합자원봉사지원단의 원활한 운영을 위하여 필요한 경우 자원봉사 관련 업무 종사자에 대한 교육훈련을 실시할 수 있다.

⑤ ①부터 ④까지에서 규정한 사항 외에 통합자원봉사지원단의 구성·운영에 관하여 필요한 사항은 해당 지방자치단체의 조례로 정한다.

(12) 대책지원본부(제17조의3)

① 행정안전부장관은 수습본부 또는 지역대책본부의 재난상황의 관리와 재난 수습 등을 효율적으로 지원하기 위하여 필요한 경우에는 대책지원본부를 둘 수 있다.

② 대책지원본부의 장(이하 "대책지원본부장"이라 한다)은 행정안전부 소속 공무원 중에서 행정안전부장관이 지명하는 사람이 된다.

③ 대책지원본부장은 재난 수습 등을 효율적으로 지원하기 위하여 필요하면 관계 재난관리책임기관의 장에게 행정상 및 재정상의 조치, 소속 직원의 파견, 그 밖에 필요한 지원을 요청할 수 있다.

④ 대책지원본부의 구성과 운영 등에 필요한 사항은 대통령령으로 정한다.

③ 재난안전상황실 등

(1) 재난안전상황실(법 제18조)

① 행정안전부장관, 시·도지사 및 시장·군수·구청장은 재난정보의 수집·전파, 상황관리, 재난발생 시 초동조치 및 지휘 등의 업무를 수행하기 위하여 다음의 구분에 따른 상시 재난안전상황실을 설치·운영하여야 한다.

㉠ 행정안전부장관 : 중앙재난안전상황실

㉡ 시·도지사 및 시장·군수·구청장 : 시·도별 및 시·군·구별 재난안전상황실

> **더 알아두기** 재난안전상황실의 설치·운영(시행령 제23조)
>
> 1. 재난안전상황실의 요건
>   ① 신속한 재난정보의 수집·전파와 재난대비 자원의 관리·지원을 위한 재난방송 및 정보통신체계
>   ② 재난상황의 효율적 관리를 위한 각종 장비의 운영·관리체계
>   ③ 재난안전상황실 운영을 위한 전담인력과 운영규정
>   ④ 그 밖에 행정안전부장관이 정하여 고시하는 사항
> 2. 행정안전부장관, 특별시장·광역시장·특별자치시장·도지사·특별자치도지사(이하 "시·도지사"라 한다), 시장·군수·구청장(자치구의 구청장) 및 소방서장은 재난으로 인하여 재난안전상황실이 그 기능의 전부 또는 일부를 수행할 수 없는 경우를 대비하여 대체상황실을 운영할 수 있다.

② 중앙행정기관의 장은 소관 업무분야의 재난상황을 관리하기 위하여 재난안전상황실을 설치·운영하거나 재난상황을 관리할 수 있는 체계를 갖추어야 한다.

③ 재난관리책임기관의 장은 재난에 관한 상황관리를 위하여 재난안전상황실을 설치·운영할 수 있다.

④ 재난안전상황실은 중앙재난안전상황실 및 다른 기관의 재난안전상황실과 유기적인 협조체제를 유지하고, 재난관리정보를 공유하여야 한다.

(2) 재난 신고 등(법 제19조)

① 누구든지 재난의 발생이나 재난이 발생할 징후를 발견하였을 때에는 즉시 그 사실을 시장·군수·구청장·긴급구조기관, 그 밖의 관계 행정기관에 신고하여야 한다.

② 경찰관서의 장은 업무수행 중 재난의 발생이나 재난이 발생할 징후를 발견하였을 때에는 즉시 그 사실을 그 소재지 관할 시장·군수·구청장과 관할 긴급구조기관의 장에게 알려야 한다.

③ ① 또는 ②에 따른 신고를 받은 시장·군수·구청장과 그 밖의 관계 행정기관의 장은 관할 긴급구조기관의 장에게, 긴급구조기관의 장은 그 소재지 관할 시장·군수·구청장 및 재난관리주관기관의 장에게 통보하여 응급대처방안을 마련할 수 있도록 조치하여야 한다.

(3) 재난상황의 보고(법 제20조)

① 시장·군수·구청장, 소방서장, 해양경찰서장, 재난관리책임기관의 장 또는 국가핵심기반을 관리하는 기관·단체의 장(이하 "관리기관의 장"이라 한다)은 그 관할구역, 소관 업무 또는 시설에서 재난이 발생하거나 발생할 우려가 있으면 대통령령으로 정하는 바에 따라 재난상황에 대해서는 즉시, 응급조치 및 수습현황에 대해서는 지체 없이 각각 행정안전부장관, 관계 재난관리주관기관의 장 및 시·도지사에게 보고하거나 통보하여야 한다. 이 경우 관계 재난관리주관기관의 장 및 시·도지사는 보고받은 사항을 확인·종합하여 행정안전부장관에게 통보하여야 한다.

> **더 알아두기** **재난상황의 보고 및 통보 사항(시행령 제24조제1항)**
>
> 1. 재난 발생의 일시·장소와 재난의 원인
> 2. 재난으로 인한 피해내용
> 3. 응급조치 사항
> 4. 대응 및 복구활동 사항
> 5. 향후 조치계획
> 6. 그 밖에 해당 재난을 수습할 책임이 있는 중앙행정기관의 장이 정하는 사항

② 시장·군수·구청장, 소방서장, 해양경찰서장, 재난관리책임기관의 장 또는 관리기관의 장은 재난이 발생한 경우 또는 재난 발생을 신고받거나 통보받은 경우에는 즉시 관계 재난관리책임기관의 장에게 통보하여야 한다.

(4) 재난상황의 보고 등(시행규칙 제5조)

① 시장(제주특별자치도 설치 및 국제자유도시 조성을 위한 특별법 제11조제1항에 따른 행정시장을 포함한다)·군수·구청장(자치구의 구청장을 말한다), 소방서장, 해양경찰서장, 재난관리책임기관의 장 또는 국가핵심기반의 장(이하 "재난상황의 보고자"라 한다)은 다음의 구분에 따라 재난상황을 보고해야 한다.
   ㉠ 최초 보고 : 인명피해 등 주요 재난 발생 시 지체 없이 서면(전자문서를 포함한다), 팩스, 전화, 법 제34조의8제1항에 따른 재난안전통신망 중 가장 빠른 방법으로 하는 보고
   ㉡ 중간 보고 : 별지 제1호서식(법 제3조제1호가목에 따른 재난의 경우에는 별지 제2호서식)에 따라 전산시스템 등을 활용하여 재난 수습기간 중에 수시로 하는 보고
   ㉢ 최종 보고 : 재난 수습이 끝나거나 재난이 소멸된 후 영 제24조제1항에 따른 사항을 종합하여 하는 보고
② 재난상황의 보고자는 응급조치 내용을 응급복구조치 상황 및 응급구호조치 상황으로 구분하여 재난기간 중 1일 2회 이상 보고하여야 한다.

(5) 재난상황의 보고 대상(시행규칙 제5조의2)

① 산림보호법에 따라 신고 및 보고된 산불
② 국가핵심기반에서 발생한 화재·붕괴·폭발
③ 국가기관, 지방자치단체, 공공기관, 지방공사 및 지방공단, 유치원, 학교에서 발생한 화재, 붕괴, 폭발
④ 접경지역 지원 특별법에 따른 접경지역에 있는 하천의 급격한 수량 증가나 제방의 붕괴 등을 일으켜 인명 또는 재산에 피해를 줄 수 있는 댐의 방류
⑤ 감염병의 예방 및 관리에 관한 법률에 따른 감염병의 확산 또는 해외 신종감염병의 국내 유입으로 인한 재난
⑥ 단일 사고로서 사망 3명 이상(화재 또는 교통사고의 경우에는 5명 이상을 말한다) 또는 부상 20명 이상의 재난
⑦ 가축전염병 예방법에 해당하는 가축의 발견
⑧ 문화재보호법에 따른 지정문화재의 화재 등 관련 사고
⑨ 수도법에 따른 상수원보호구역의 수질오염 사고
⑩ 물환경보전법에 따른 수질오염 사고

⑪ 유선 및 도선 사업법에 따른 유선·도선의 충돌, 좌초, 그 밖의 사고

⑫ 화학물질관리법에 따른 화학사고

⑬ 지진·화산재해대책법에 따른 지진재해의 발생

⑭ 그 밖에 행정안전부장관이 정하여 고시하는 재난

(6) 해외재난상황의 보고 및 관리(법 제21조)

① 재외공관의 장은 관할 구역에서 해외재난이 발생하거나 발생할 우려가 있으면 즉시 그 상황을 외교부장관에게 보고하여야 한다.

② 보고를 받은 외교부장관은 지체 없이 해외재난 발생 또는 발생 우려 지역에 거주하거나 체류하는 대한민국 국민(이하 이 조에서 "해외재난국민"이라 한다)의 생사확인 등 안전 여부를 확인하고, 행정안전부장관 및 관계 중앙행정기관의 장과 협의하여 해외재난국민의 보호를 위한 방안을 마련하여 시행하여야 한다.

③ 해외재난국민의 가족 등은 외교부장관에게 해외재난국민의 생사확인 등 안전 여부 확인을 요청할 수 있다. 이 경우 외교부장관은 특별한 사유가 없으면 그 요청에 따라야 한다.

④ ② 및 ③에 따른 안전 여부 확인과 가족 등의 범위는 대통령령으로 정한다.

---

03 안전관리계획

1 국가안전관리기본계획

(1) 국가안전관리기본계획의 수립 등(법 제22조)

① 국무총리는 대통령령으로 정하는 바에 따라 5년마다 국가의 재난 및 안전관리업무에 관한 기본계획(이하 "국가안전관리기본계획"이라 한다)의 수립지침을 작성하여 관계 중앙행정기관의 장에게 통보하여야 한다.

② 수립지침에는 부처별로 중점적으로 추진할 안전관리기본계획의 수립에 관한 사항과 국가재난관리체계의 기본방향이 포함되어야 한다.

③ 관계 중앙행정기관의 장은 수립지침에 따라 5년마다 그 소관에 속하는 재난 및 안전관리업무에 관한 기본계획을 작성한 후 국무총리에게 제출하여야 한다.

④ 국무총리는 관계 중앙행정기관의 장이 제출한 기본계획을 종합하여 국가안전관리기본계획을 작성하여 중앙위원회의 심의를 거쳐 확정한 후 이를 관계 중앙행정기관의 장에게 통보하여야 한다.

국가안전관리기본계획 수립(시행령 제26조)

1. 국무총리는 법 제22조제1항에 따른 국가의 재난 및 안전관리업무에 관한 기본계획(이하 "국가안전관리기본계획"이라 한다)의 수립지침을 5년마다 작성해야 한다.
2. 국무총리는 법 제22조제4항에 따라 국가안전관리기본계획을 5년마다 수립해야 한다. 이 경우 관계 기관 및 전문가 등의 의견을 들을 수 있다.
3. 관계 중앙행정기관의 장은 국가안전관리기본계획을 이행하기 위하여 필요한 예산을 반영하는 등의 조치를 하여야 한다.
4. 행정안전부장관은 법 제22조제4항에 따라 통보받은 국가안전관리기본계획을 행정안전부의 인터넷 홈페이지에 공개해야 한다.

⑤ 중앙행정기관의 장은 확정된 국가안전관리기본계획 중 그 소관 사항을 관계 재난관리책임기관(중앙행정기관과 지방자치단체는 제외한다)의 장에게 통보하여야 한다.

⑥ 국가안전관리기본계획을 변경하는 경우에는 ①부터 ⑤항까지를 준용한다.

⑦ 국가안전관리기본계획과 집행계획, 시·도안전관리계획 및 시·군·구안전관리계획은 민방위기본법에 따른 민방위계획 중 재난관리분야의 계획으로 본다.

⑧ 국가안전관리기본계획에 포함되어야 할 사항

  ㉠ 재난에 관한 대책

  ㉡ 생활안전, 교통안전, 산업안전, 시설안전, 범죄안전, 식품안전, 안전취약계층 안전 및 그 밖에 이에 준하는 안전관리에 관한 대책

(2) 집행계획(법 제23조)

① 관계 중앙행정기관의 장은 통보받은 국가안전관리기본계획에 따라 매년 그 소관 업무에 관한 집행계획을 작성하여 조정위원회의 심의를 거쳐 국무총리의 승인을 받아 확정한다.

집행계획의 작성 및 제출 등(시행령 제27조)

1. 관계 중앙행정기관의 장은 매년 10월 31일까지 다음 연도의 집행계획을 작성하여 행정안전부장관에게 통보하여야 한다.
2. 행정안전부장관은 집행계획을 효율적으로 수립하기 위하여 필요한 경우에는 집행계획의 작성지침을 마련하여 관계 중앙행정기관의 장에게 통보할 수 있다.
3. 관계 중앙행정기관의 장은 집행계획을 작성하는 경우에 필요하면 세부집행계획을 작성하여야 하는 재난관리책임기관의 장에게 집행계획의 작성에 필요한 자료의 제출을 요청할 수 있다.
4. 중앙행정기관의 장은 확정된 집행계획에 변경 사항이 있을 때에는 그 변경 사항을 행정안전부장관과 협의한 후 국무총리에게 보고하여야 한다. 다만, 다음의 어느 하나에 해당하는 경미한 사항은 보고를 생략할 수 있다.
   ① 집행계획 중 재난 및 안전관리에 소요되는 비용 등의 단순 증감에 관한 사항

     ② 다른 관계 중앙행정기관의 재난 및 안전관리에 영향을 미치지 않는 사항

     ③ 그 밖에 행정안전부장관이 집행계획의 기본방향에 영향을 미치지 않는 것으로 인정하는 사항

② 관계 중앙행정기관의 장은 확정된 집행계획을 행정안전부장관, 시·도지사 및 재난관리책임기관의 장에게 각각 통보하여야 한다.

③ 재난관리책임기관의 장은 ②에 따라 통보받은 집행계획에 따라 매년 세부집행계획을 작성하여 관할 시·도지사와 협의한 후 소속 중앙행정기관의 장의 승인을 받아 이를 확정하여야 한다. 이 경우 그 재난관리책임기관의 장이 공공기관이나 공공단체의 장인 경우에는 그 내용을 지부 등 지방조직에 통보하여야 한다.

> **더 알아두기** 세부집행계획의 작성대상자 등(시행령 제28조)
>
> 1. 재난관리책임기관의 장은 재난관리책임기관의 본사에 해당하는 기관의 장으로 한다.
> 2. 관계 중앙행정기관의 장은 세부집행계획을 효율적으로 수립하기 위하여 필요한 경우에는 세부집행계획의 작성지침을 마련하여 관계 재난관리책임기관의 장에게 통보할 수 있다.

2 시·도 및 시·군·구 안전관리계획

(1) 시·도안전관리계획의 수립(법 제24조)

① 행정안전부장관은 국가안전관리기본계획과 집행계획에 따라 매년 시·도의 재난 및 안전관리업무에 관한 계획(이하 "시·도안전관리계획"이라 한다)의 수립지침을 작성하여 이를 시·도지사에게 통보하여야 한다.

> **더 알아두기** 해외재난상황의 보고 등(시행령 제25조)
>
> 1. 재외공관의 장은 관할 구역에서 해외재난이 발생하거나 발생할 우려가 있으면 제24조제1항 각 호의 사항을 외교부장관에게 보고하여야 한다.
> 2. 안전 여부 확인을 요청할 수 있는 가족의 범위는 민법 제779조에 따른다.

② 시·도의 전부 또는 일부를 관할 구역으로 하는 재난관리책임기관의 장은 매년 그 소관 재난 및 안전관리업무에 관한 계획을 작성하여 관할 시·도지사에게 제출하여야 한다.

③ 시·도지사는 통보받은 수립지침과 제출받은 재난 및 안전관리업무에 관한 계획을 종합하여 시·도안전관리계획을 작성하고 시·도위원회의 심의를 거쳐 확정한다.

④ 시·도지사는 확정된 시·도안전관리계획을 행정안전부장관에게 보고하고, ②에 따른 재난관리책임기관의 장에게 통보하여야 한다.

시·도안전관리계획 및 시·군·구안전관리계획의 작성(시행령 제29조)

1. 시·도안전관리계획과 시·군·구안전관리계획은 재난에 관한 대책과 생활안전, 교통안전, 산업안전, 시설안전, 범죄안전, 식품안전, 안전취약계층 안전 및 그 밖에 이에 준하는 안전관리에 관한 대책을 포함하여 작성하여야 한다.
2. 시·도지사 및 시장·군수·구청장은 소관 안전관리계획에 대하여 실무위원회의 사전검토 및 심의를 거칠 수 있다.
3. 시·도지사는 전년도 12월 31일까지, 시장·군수·구청장은 해당 연도 2월 말일까지 소관 안전관리계획을 확정하여야 한다.
4. 법 제24조제2항 및 제25조제2항에 따라 재난관리책임기관의 장이 작성하는 그 소관 안전관리 업무에 관한 계획에는 다음의 사항이 포함되어야 한다.
   ① 소관 재난 및 안전관리에 관한 기본방향
   ② 재난별 대응 시 관계 기관 간의 상호 협력 및 조치에 관한 사항
   ③ 소관 재난 및 안전관리를 위한 사업계획에 관한 사항
   ④ 그 밖에 재난 및 안전관리에 필요한 사항

(2) 시·군·구안전관리계획의 수립(법 제25조)

① 시·도지사는 확정된 시·도안전관리계획에 따라 매년 시·군·구의 재난 및 안전관리업무에 관한 계획(이하 "시·군·구안전관리계획"이라 한다)의 수립지침을 작성하여 시장·군수·구청장에게 통보하여야 한다.

재난 사전 방지조치(시행령 제29조의2)

1. 행정안전부장관은 법 제25조의2제1항에 따라 재난 발생을 사전에 방지하기 위하여 다음의 사항이 포함된 재난발생 징후 정보(이하 "재난징후정보"라 한다)를 수집·분석하여 관계 재난관리책임기관의 장에게 미리 필요한 조치를 하도록 요청할 수 있다.
   ① 재난 발생 징후가 포착된 위치
   ② 위험요인 발생 원인 및 상황
   ③ 위험요인 제거 및 조치 사항
   ④ 그 밖에 재난 발생의 사전 방지를 위하여 필요한 사항
2. 행정안전부장관은 재난징후정보의 수집·분석을 위하여 필요한 경우 국가정보원 등 국가안전보장과 관련된 기관의 장(이하 "국가안전보장 관련기관의 장"이라 한다)에게 국가안전보장과 관련된 정보의 제공을 요청할 수 있다. 다만, 국가안전보장 관련기관의 장은 행정안전부장관의 요청이 없어도 국가안전보장과 관련된 정보를 행정안전부장관에게 수시로 제공할 수 있다.
3. 행정안전부장관은 재난징후정보의 수집·분석을 위하여 필요한 경우 재난관리주관기관의 장에게 재난 및 안전관리와 관련된 정보의 제공을 요청할 수 있다.
4. 행정안전부장관은 재난징후정보의 효율적 조사·분석 및 관리를 위하여 재난징후정보 관리 시스템을 운영할 수 있다.

② 시·군·구의 전부 또는 일부를 관할 구역으로 하는 재난관리책임기관의 장은 매년 그 소관 재난 및 안전관리업무에 관한 계획을 작성하여 시장·군수·구청장에게 제출하여야 한다.

③ 시장·군수·구청장은 통보받은 수립지침과 제출받은 재난 및 안전관리업무에 관한 계획을 종합하여 시·군·구안전관리계획을 작성하고 시·군·구위원회의 심의를 거쳐 확정한다.

④ 시장·군수·구청장은 확정된 시·군·구안전관리계획을 시·도지사에게 보고하고, 재난 관리책임기관의 장에게 통보하여야 한다.

04 | 재난의 예방

1 재난예방조치 등

(1) 집행계획 등 추진실적의 제출 및 보고(법 제25조의2)

① 관계 중앙행정기관의 장은 규정에 따라 확정된 전년도 집행계획의 추진실적을 매년 행정안전부장관에게 제출하여야 한다.

② 재난관리책임기관의 장(시·도 또는 시·군·구의 전부 또는 일부를 관할 구역으로 하는 제3조제5호나목에 따른 재난관리책임기관은 제외한다)은 규정에 따라 확정된 전년도 세부집행계획의 추진실적을 매년 소속 중앙행정기관의 장에게 제출하여야 하고, 이를 제출받은 소속 중앙행정기관의 장은 해당 추진실적을 행정안전부장관에게 제출하여야 한다.

③ 시·군·구의 전부 또는 일부를 관할 구역으로 하는 재난관리책임기관은 규정에 따라 확정된 전년도 시·군·구안전관리계획에 따른 그 소관 재난 및 안전관리업무에 관한 계획의 추진실적을 매년 시장·군수·구청장에게 제출하여야 한다.

④ 시장·군수·구청장은 규정에 따라 확정된 전년도 시·군·구안전관리계획의 추진실적 및 제3항에 따라 제출받은 추진실적을 매년 시·도지사에게 제출하여야 한다.

⑤ 시·도의 전부 또는 일부를 관할 구역으로 하는 재난관리책임기관은 규정에 따라 확정된 전년도 시·도안전관리계획에 따른 그 소관 재난 및 안전관리업무에 관한 계획의 추진실적을 매년 시·도지사에게 제출하여야 한다.

⑥ 시·도지사는 규정에 따라 확정된 전년도 시·도안전관리계획의 추진실적 및 제4항과 제5항에 따라 제출받은 추진실적을 매년 행정안전부장관에게 제출하여야 한다.

⑦ 행정안전부장관은 ①·②·⑥에 따라 제출받은 추진실적을 점검하고 종합 분석·평가한 보고서를 작성하여 매년 국무총리에게 제출하여야 한다.

⑧ 그 밖에 ①부터 ⑦까지에 따른 추진실적 및 보고서 등의 작성·제출 시기와 절차 등에 필요한 사항은 대통령령으로 정한다.

(2) 재난관리책임기관의 장의 재난예방조치 등(법 제25조의4)

① 재난관리책임기관의 장은 소관 관리대상 업무의 분야에서 재난 발생을 사전에 방지하기 위하여 다음의 조치를 하여야 한다.
  ㉠ 재난에 대응할 조직의 구성 및 정비
  ㉡ 재난의 예측 및 예측정보 등의 제공·이용에 관한 체계의 구축
  ㉢ 재난 발생에 대비한 교육·훈련과 재난관리예방에 관한 홍보
  ㉣ 재난이 발생할 위험이 높은 분야에 대한 안전관리체계의 구축 및 안전관리규정의 제정
  ㉤ 지정된 국가핵심기반의 관리
  ㉥ 특정관리대상지역에 관한 조치
  ㉦ 재난방지시설의 점검·관리
  ㉧ 재난관리자원의 관리
  ㉨ 그 밖에 재난을 예방하기 위하여 필요하다고 인정되는 사항
② 재난관리책임기관의 장은 제1항에 따른 재난예방조치를 효율적으로 시행하기 위하여 필요한 사업비를 확보하여야 한다.
③ 재난관리책임기관의 장은 다른 재난관리책임기관의 장에게 재난을 예방하기 위하여 필요한 협조를 요청할 수 있다. 이 경우 요청을 받은 다른 재난관리책임기관의 장은 특별한 사유가 없으면 요청에 따라야 한다.
④ 재난관리책임기관의 장은 재난관리의 실효성을 확보할 수 있도록 제1항제㉣호에 따른 안전관리체계 및 안전관리규정을 정비·보완하여야 한다.
⑤ 재난관리책임기관의 장 및 국회·법원·헌법재판소·중앙선거관리위원회의 행정사무를 처리하는 기관의 장은 재난상황에서 해당 기관의 핵심기능을 유지하는 데 필요한 계획(이하 "기능연속성계획"이라 한다)을 수립·시행하여야 한다.
⑥ 행정안전부장관이 재난상황에서 해당 기관·단체의 핵심 기능을 유지하는 것이 특별히 필요하다고 인정하여 고시하는 기관·단체(민간단체를 포함한다) 및 민간업체는 기능연속성계획을 수립·시행하여야 한다. 이 경우 민간단체 및 민간업체에 대해서는 해당 단체 및 업체와 협의를 거쳐야 한다.
⑦ 행정안전부장관은 재난관리책임기관과 제6항에 따른 기관·단체 및 민간업체의 기능연속성계획 이행실태를 정기적으로 점검하고, 재난관리책임기관에 대해서는 그 결과를 제33조의2에 따른 재난관리체계 등에 대한 평가에 반영할 수 있다.
⑧ 기능연속성계획에 포함되어야 할 사항 및 계획수립의 절차 등은 국회규칙, 대법원규칙, 헌법재판소규칙, 중앙선거관리위원회규칙 및 대통령령으로 정한다.

(3) 기능연속성계획의 수립 등(시행령 제29조의3)

① 행정안전부장관은 계획(이하 "기능연속성계획"이라 한다)의 수립에 관한 지침을 작성하여 다음의 기관·단체 등(이하 "기능연속성계획수립기관"이라 한다)의 장에게 통보해야 한다.
  ㉠ 재난관리책임기관
  ㉡ 행정안전부장관이 고시하는 기관·단체(민간단체를 포함한다) 및 민간업체

② ①에 따른 지침을 통보받은 관계 중앙행정기관의 장 및 시·도지사는 소관 업무 또는 관할 지역의 특수성을 반영한 지침을 작성하여 관계 재난관리책임기관의 장 및 관할 지역의 재난관리책임기관의 장에게 각각 통보할 수 있다.

③ 기능연속성계획에 포함되어야 할 사항
  ㉠ 기능연속성계획수립기관의 핵심기능의 선정과 우선순위에 관한 사항
  ㉡ 재난상황에서 핵심기능을 유지하기 위한 의사결정권자 지정 및 그 권한의 대행에 관한 사항
  ㉢ 핵심기능의 유지를 위한 대체시설, 장비 등의 확보에 관한 사항
  ㉣ 재난상황에서의 소속 직원의 활동계획 등 기능연속성계획의 구체적인 시행절차에 관한 사항
  ㉤ 소속 직원 등에 대한 기능연속성계획의 교육·훈련에 관한 사항
  ㉥ 그 밖에 기능연속성계획수립기관의 장이 재난상황에서 해당 기관의 핵심기능을 유지하는 데 필요하다고 인정하는 사항

④ 기능연속성계획수립기관의 장은 기능연속성계획을 수립하거나 변경한 경우에는 수립 또는 변경 후 1개월 이내에 행정안전부장관에게 통보하여야 한다. 이 경우 시장·군수·구청장은 시·도지사를 거쳐 통보하고, 재난관리책임기관의 장은 관계 중앙행정기관의 장이나 시·도지사를 거쳐 통보한다.

⑤ 행정안전부장관은 기능연속성계획의 이행실태를 점검(이행실태점검)하는 경우에는 기능연속성계획수립기관의 장에게 미리 이행실태점검 계획을 통보하여야 한다.

⑥ 행정안전부장관은 이행실태점검을 하는 경우에는 다음의 구분에 따라 행정기관과 합동으로 점검을 할 수 있다.
  ㉠ 재난관리책임기관과 행정안전부장관이 고시하는 기관·단체 및 민간업체 : 관계 중앙행정기관의 장 또는 소관 지방자치단체의 장
  ㉡ 시·군·구 : 시·도지사

⑦ 행정안전부장관은 이행실태점검 결과에 따라 기능연속성계획수립기관의 장에게 시정이나 보완 등을 요청할 수 있으며, 재난관리책임기관에 대해서는 시정이나 보완 등을 요청한 사항이 적정하게 반영되었는지를 재난관리체계 등에 대한 평가에 반영할 수 있다.

⑧ ①부터 ⑦까지에서 규정한 사항 외에 기능연속성계획의 수립 및 이행실태점검에 필요한 사항은 행정안전부장관이 정한다.

(4) 국가핵심기반의 지정 등(법 제26조)

① 관계 중앙행정기관의 장은 소관 분야의 국가핵심기반을 다음의 기준에 따라 조정위원회의 심의를 거쳐 지정할 수 있다.

    ㉠ 다른 국가핵심기반 등에 미치는 연쇄효과

    ㉡ 둘 이상의 중앙행정기관의 공동대응 필요성

    ㉢ 재난이 발생하는 경우 국가안전보장과 경제·사회에 미치는 피해 규모 및 범위

    ㉣ 재난의 발생 가능성 또는 그 복구의 용이성

② 관계 중앙행정기관의 장은 ①에 따른 지정 여부를 결정하기 위하여 필요한 자료의 제출을 소관 재난관리책임기관의 장에게 요청할 수 있다.

③ 관계 중앙행정기관의 장은 소관 재난관리책임기관이 해당 업무를 폐지·정지 또는 변경하는 경우에는 조정위원회의 심의를 거쳐 국가핵심기반의 지정을 취소할 수 있다.

④ 국가핵심기반의 지정 및 지정취소 등에 필요한 사항은 대통령령으로 정한다.

더 알아두기 국가핵심기반의 지정 등(시행령 제30조)

1. 관계 중앙행정기관의 장은 소관 재난관리책임기관의 장이나 해당 시설 관리자의 의견을 들어 법 제26조제1항 각 호와 별표 2의 기준에 적합하게 국가핵심기반을 지정하여야 한다.
2. 관계 중앙행정기관의 장은 1.에 따라 국가핵심기반을 지정하려는 경우에는 미리 행정안전부장관과 협의를 거쳐 조정위원회에 심의를 요청하여야 한다.
3. 관계 중앙행정기관의 장이 법 제26조제3항에 따라 국가핵심기반의 지정을 취소하는 경우에 2.를 준용한다.
4. 관계 중앙행정기관의 장은 법 제26조제1항 및 제3항에 따라 국가핵심기반을 지정하거나 취소하는 경우에는 다음의 사항을 관보에 공고하여야 한다. 다만, 관계 중앙행정기관의 장이 국가의 안전보장을 위하여 필요하다고 인정하는 경우에는 공고를 생략할 수 있다.
   ① 국가핵심기반의 명칭
   ② 국가핵심기반의 관리 기관 또는 업체 및 그 장의 명칭
   ③ 국가핵심기반의 지정 또는 취소 사유
5. 행정안전부장관은 국가핵심기반으로 지정하여 관리할 필요가 있다고 인정되는 시설, 정보기술시스템 및 자산 등을 관계 중앙행정기관의 장에게 국가핵심기반으로 지정하도록 권고할 수 있다.

---

(5) 국가핵심기반의 관리 등(법 제26조의2)

① 관계 중앙행정기관의 장은 제26조제1항에 따라 국가핵심기반을 지정한 경우에는 대통령령으로 정하는 바에 따라 소관 분야 국가핵심기반 보호계획을 수립하여 해당 관리기관의 장에게 통보하여야 한다.

② 관리기관의 장은 ①에 따라 통보받은 국가핵심기반 보호계획에 따라 소관 국가핵심기반에 대한 보호계획을 수립·시행하여야 한다.

③ 행정안전부장관 또는 관계 중앙행정기관의 장은 대통령령으로 정하는 바에 따라 국가핵심기반의 보호 및 관리 실태를 확인·점검할 수 있다.

④ 행정안전부장관은 국가핵심기반에 대한 데이터베이스를 구축·운영하고, 관계 중앙행정기관의 장이 재난관리정책의 수립 등에 이용할 수 있도록 통합지원할 수 있다.

(6) 특정관리대상지역의 지정 및 관리 등(법 제27조)

① 중앙행정기관의 장 또는 지방자치단체의 장은 재난이 발생할 위험이 높거나 재난예방을 위하여 계속적으로 관리할 필요가 있다고 인정되는 지역을 대통령령으로 정하는 바에 따라 특정관리대상지역으로 지정할 수 있다.

더 알아두기 특정관리대상지역의 지정 등(시행령 제31조)

1. 중앙행정기관의 장 또는 지방자치단체의 장은 특정관리대상지역을 지정하기 위하여 소관 지역의 현황을 매년 정기적으로 또는 수시로 조사하여야 한다.
2. 중앙행정기관의 장 또는 지방자치단체의 장은 다음의 어느 하나에 해당하는 지역을 특정관리대상지역의 지정·관리 등에 관한 지침에서 정하는 세부지정기준 등에 따라 특정관리대상지역으로 지정하거나 그 지정을 해제하여야 한다.
   ① 자연재난으로 인한 피해의 위험이 높거나 피해가 우려되는 지역
   ② 재난예방을 위하여 관리할 필요가 있다고 인정되는 지역으로서 별표 2의2에 해당하는 지역
   ③ 그 밖에 재난관리책임기관의 장이 재난의 예방을 위하여 특별히 관리할 필요가 있다고 인정하는 지역
3. 중앙행정기관의 장 또는 지방자치단체의 장은 특정관리대상지역을 지정하거나 해제할 때에는 행정안전부령으로 정하는 바에 따라 그 사실을 특정관리대상지역의 소유자·관리자 또는 점유자(이하 "관계인"이라 한다)에게 알려주어야 한다.

---

② 재난관리책임기관의 장은 ①에 따라 지정된 특정관리대상지역에 대하여 대통령령으로 정하는 바에 따라 재난 발생의 위험성을 제거하기 위한 조치 등 특정관리대상지역의 관리·정비에 필요한 조치를 하여야 한다.

③ 중앙행정기관의 장, 지방자치단체의 장 및 재난관리책임기관의 장은 지정 및 조치 결과를 대통령령으로 정하는 바에 따라 행정안전부장관에게 보고하거나 통보하여야 한다.

④ 행정안전부장관은 ③에 따라 보고받거나 통보받은 사항을 대통령령으로 정하는 바에 따라 정기적으로 또는 수시로 국무총리에게 보고하여야 한다.

⑤ 국무총리는 보고받은 사항 중 재난을 예방하기 위하여 필요하다고 인정하는 사항에 대해서는 중앙행정기관의 장, 지방자치단체의 장 또는 재난관리책임기관의 장에게 시정조치나 보완을 요구할 수 있다.

(7) 특정관리대상지역의 안전등급 및 안전점검 등(시행령 제34조의2)

① 재난관리책임기관의 장은 지정된 특정관리대상지역을 특정관리대상지역의 지정·관리 등에 관한 지침에서 정하는 안전등급의 평가기준에 따라 다음의 어느 하나에 해당하는 등급으로 구분하여 관리하여야 한다.
  ㉠ A등급 : 안전도가 우수한 경우
  ㉡ B등급 : 안전도가 양호한 경우
  ㉢ C등급 : 안전도가 보통인 경우
  ㉣ D등급 : 안전도가 미흡한 경우
  ㉤ E등급 : 안전도가 불량한 경우

② 재난관리책임기관의 장은 D등급 또는 E등급에 해당하거나 D등급 또는 E등급에서 상위 등급으로 조정되는 특정관리대상지역에 관한 다음의 사항을 해당 기관에서 발행하거나 관리하는 공보 또는 홈페이지 등에 공고하고, 이를 행정안전부장관에게 통보하여야 한다. D등급 또는 E등급에 해당하는 특정관리대상지역의 지정이 해제되는 경우에도 또한 같다.
  ㉠ 특정관리대상지역의 명칭 및 위치
  ㉡ 특정관리대상지역의 관계인의 인적사항
  ㉢ 해당 등급의 평가 사유(D등급 또는 E등급에 해당하는 특정관리대상지역의 지정이 해제되는 경우에는 그 사유를 말한다)

③ 재난관리책임기관의 장은 다음의 구분에 따라 특정관리대상지역에 대한 안전점검을 실시하여야 한다.
  ㉠ 정기안전점검
    • A등급, B등급 또는 C등급에 해당하는 특정관리대상지역 : 반기별 1회 이상
    • D등급에 해당하는 특정관리대상지역 : 월 1회 이상
    • E등급에 해당하는 특정관리대상지역 : 월 2회 이상
  ㉡ 수시안전점검 : 재난관리책임기관의 장이 필요하다고 인정하는 경우

④ 행정안전부장관은 특정관리대상지역을 체계적으로 관리하기 위하여 정보화시스템을 구축·운영할 수 있다.

⑤ 재난관리책임기관의 장은 ④에 따라 운영되는 정보화시스템을 이용하여 특정관리대상지역을 관리하여야 한다.

특정관리대상지역에 대한 지정 및 조치 결과 보고(시행령 제35조)

1. 중앙행정기관의 장, 지방자치단체의 장 및 재난관리책임기관의 장은 특정관리대상지역을 지정하거나 특정관리대상지역의 관리·정비에 필요한 조치를 한 경우에는 지정 또는 조치한 날이 속하는 달의 말일까지 다음의 사항을 행정안전부장관에게 보고하거나 통보하여야 한다.
    ① 특정관리대상지역의 지정 현황
    ② 특정관리대상지역에 대한 정기·수시 점검 및 정비·보수 등 관리·정비에 필요한 조치 현황
2. 행정안전부장관은 매년 1회 이상 특정관리대상지역에 대한 지정 및 조치 현황을 국무총리에게 보고하여야 하며, 필요한 경우에는 수시로 보고할 수 있다.

(8) 재난방지시설의 관리(법 제29조)

① 재난관리책임기관의 장은 관계 법령 또는 제3장의 안전관리계획에서 정하는 바에 따라 대통령령으로 정하는 재난방지시설을 점검·관리하여야 한다.

재난방지시설의 범위(시행령 제37조)

"대통령령으로 정하는 재난방지시설"이란
1. 소하천정비법에 따른 소하천부속물 중 제방·호안(기슭·둑 침식 방지시설)·보 및 수문
2. 하천법에 따른 하천시설 중 댐·하구둑·제방·호안·수제·보·갑문·수문·수로터널·운하 및 수자원의 조사·계획 및 관리에 관한 법률 시행령에 따른 수문조사시설 중 홍수발생의 예보를 위한 시설
3. 국토의 계획 및 이용에 관한 법률에 따른 방재시설
4. 하수도법에 따른 하수도 중 하수관로 및 공공하수처리시설
5. 농어촌정비법에 따른 농업생산기반시설 중 저수지, 양수장, 우물 등 지하수이용시설, 배수장, 취입보(取入洑), 용수로, 배수로, 웅덩이, 방조제, 제방
6. 사방사업법에 따른 사방시설
7. 댐건설·관리 및 주변지역지원 등에 관한 법률에 따른 댐
8. 어촌·어항법에 따른 유람선·낚시어선·모터보트·요트 또는 윈드서핑 등의 수용을 위한 레저용 기반시설
9. 도로법에 따른 도로의 부속물 중 방설·제설시설, 토사유출·낙석 방지 시설, 공동구(共同溝), 같은 법 시행령에 따른 터널·교량·지하도 및 육교
10. 법 제38조에 따른 재난 예보·경보시설
11. 항만법에 따른 항만시설
12. 그 밖에 행정안전부장관이 정하여 고시하는 재난을 예방하기 위하여 설치한 시설

② 행정안전부장관은 재난방지시설의 관리 실태를 점검하고 필요한 경우 보수·보강 등의 조치를 재난관리책임기관의 장에게 요청할 수 있다. 이 경우 요청을 받은 재난관리책임기관의 장은 신속하게 조치를 이행하여야 한다.

(9) 재난안전분야 종사자 교육(법 제29조의2)

① 재난관리책임기관에서 재난 및 안전관리업무를 담당하는 공무원이나 직원은 행정안전부장관이 실시하는 전문교육을 행정안전부령으로 정하는 바에 따라 정기적으로 또는 수시로 받아야 한다.

② 행정안전부장관은 필요하다고 인정하면 대통령령으로 정하는 전문인력 및 시설기준을 갖춘 교육기관으로 하여금 전문교육을 대행하게 할 수 있다.

> **더 알아두기** 재난안전분야 종사자 교육을 위한 전문교육기관(시행령 제37조의2)
>
> 1. 행정안전부, 관계 중앙행정기관 또는 시·도 소속의 공무원 교육기관
> 2. 재난관리책임기관(행정기관 외의 기관만 해당한다) 소속의 교육기관
> 3. 재난 및 안전관리 분야 교육 운영 실적이 있는 민간교육기관으로서 행정안전부장관이 지정하는 교육기관

③ 행정안전부장관은 정당한 사유 없이 전문교육을 받지 아니한 자에 대하여 소속 재난관리책임기관의 장에게 징계할 것을 요구할 수 있다.

④ 전문교육의 종류 및 대상, 그 밖에 전문교육의 실시에 필요한 사항은 행정안전부령으로 정한다.

> **더 알아두기** 재난안전분야 종사자 교육 종류 등(시행규칙 제6조의2)
>
> 1. 재난안전분야 종사자 전문교육(이하 이 조에서 "전문교육"이라 한다)은 관리자 전문교육과 실무자 전문교육으로 구분하며, 그 교육 대상자는 다음과 같다.
>   ① 관리자 전문교육 : 다음에 해당하는 사람
>   ㉠ 재난관리책임기관에서 재난 및 안전관리 업무를 담당하는 부서의 장
>   ㉡ 시·군·구(자치구)의 부단체장
>   ㉢ 안전책임관
>   ② 실무자 전문교육 : 재난관리책임기관에서 재난 및 안전관리 업무를 담당하는 부서의 공무원 또는 직원으로서 전문교육에 해당하지 아니하는 사람
> 2. 전문교육의 대상자는 해당 업무를 맡은 후 6개월 이내에 신규교육을 받아야 하며, 신규교육을 받은 후 매 2년마다 정기교육을 받아야 한다.
> 3. 전문교육의 이수시간
>   ① 관리자 전문교육 : 7시간 이상
>   ② 실무자 전문교육 : 14시간 이상
> 4. 1.부터 3.까지에서 규정한 사항 외에 전문교육의 교육과정 운영 등에 관하여 필요한 사항은 행정안전부장관이 정한다.

2 재난예방을 위한 안전조치

(1) 재난예방을 위한 긴급안전점검 등(법 제30조)

① 행정안전부장관 또는 재난관리책임기관(행정기관만을 말한다)의 장은 대통령령으로 정하는 시설 및 지역에 재난이 발생할 우려가 있는 등 대통령령으로 정하는 긴급한 사유가 있으면 소속 공무원으로 하여금 긴급안전점검을 하게하고, 행정안전부장관은 다른 재난관리책임기관의 장에게 긴급안전점검을 하도록 요구할 수 있다. 이 경우 요구를 받은 재난관리책임기관의 장은 특별한 사유가 없으면 요구에 따라야 한다.

> **더 알아두기** 긴급안전점검 대상 시설 등(시행령 제38조)
>
> 1. 긴급안전점검의 대상이 되는 시설 및 지역은 특정관리대상지역과 그 밖에 행정안전부장관, 시·도지사 또는 시장·군수·구청장이 긴급안전점검이 필요하다고 인정하는 시설 및 지역으로 한다.
> 2. 긴급안전점검이 필요한 긴급한 사유
>   ① 사회적으로 피해가 큰 재난이 발생하여 피해시설의 긴급한 안전점검이 필요하거나 이와 유사한 시설의 재난예방을 위하여 점검이 필요한 경우
>   ② 계절적으로 재난 발생이 우려되는 취약시설에 대한 안전대책이 필요한 경우
> 3. 행정안전부장관 또는 재난관리책임기관(행정기관만을 말한다)의 장은 긴급안전점검을 실시할 때에는 미리 긴급안전점검 대상 시설 및 지역의 관계인에게 긴급안전점검의 목적·날짜 등을 서면으로 통지하여야 한다. 다만, 서면 통지로는 긴급안전점검의 목적을 달성할 수 없는 경우에는 말로 통지할 수 있다.
> 4. 행정안전부장관 또는 재난관리책임기관의 장은 긴급안전점검 대상 시설 및 지역이 국가안전보장과 관련된 경우 국가정보원장에게 긴급안전점검의 실시와 관련하여 협조를 요청할 수 있다.
> 5. 행정안전부장관 또는 재난관리책임기관의 장은 긴급안전점검을 실시하였을 때에는 행정안전부령으로 정하는 긴급안전점검 대상 시설 및 지역의 관리에 관한 카드에 긴급안전점검 결과 및 안전조치 사항 등을 기록·유지하여야 한다.

② ①에 따라 긴급안전점검을 하는 공무원은 관계인에게 필요한 질문을 하거나 관계 서류 등을 열람할 수 있다.

③ ①에 따른 긴급안전점검의 절차 및 방법, 긴급안전점검결과의 기록·유지 등에 필요한 사항은 대통령령으로 정한다.

④ ①에 따라 긴급안전점검을 하는 공무원은 그 권한을 표시하는 증표를 지니고 이를 관계인에게 보여주어야 한다.

⑤ 행정안전부장관은 ①에 따라 긴급안전점검을 하면 그 결과를 해당 재난관리책임기관의 장에게 통보하여야 한다.

(2) 재난예방을 위한 안전조치(법 제31조)

① 행정안전부장관 또는 재난관리책임기관(행정기관만을 말한다)의 장은 긴급안전점검 결과 재난 발생의 위험이 높다고 인정되는 시설 또는 지역에 대하여는 대통령령으로 정하는 바에 따라 그 소유자·관리자 또는 점유자에게 다음의 안전조치를 할 것을 명할 수 있다.

㉠ 정밀안전진단(시설만 해당한다). 이 경우 다른 법령에 시설의 정밀안전진단에 관한 기준이 있는 경우에는 그 기준에 따르고, 다른 법령의 적용을 받지 아니하는 시설에 대하여는 행정안전부령으로 정하는 기준에 따른다.

㉡ 보수(補修) 또는 보강 등 정비

㉢ 재난을 발생시킬 위험요인의 제거

② ①에 따른 안전조치명령을 받은 소유자·관리자 또는 점유자는 이행계획서를 작성하여 행정안전부장관 또는 재난관리책임기관의 장에게 제출한 후 안전조치를 하고, 행정안전부령으로 정하는 바에 따라 그 결과를 행정안전부장관 또는 재난관리책임기관의 장에게 통보하여야 한다.

> **더 알아두기** 안전조치명령(시행령 제39조)
>
> 1. 행정안전부장관 또는 재난관리책임기관의 장은 안전조치에 필요한 사항을 명하려는 경우에는 다음의 사항이 적힌 행정안전부령으로 정하는 안전조치명령서를 긴급안전점검 대상 시설 및 지역의 관계인에게 통지하여야 한다.
>   ① 안전점검의 결과
>   ② 안전조치를 명하는 이유
>   ③ 안전조치의 이행기한
>   ④ 안전조치를 하여야 하는 사항
>   ⑤ 안전조치 방법
>   ⑥ 안전조치를 한 후 관계 재난관리책임기관의 장에게 통보하여야 하는 사항
> 2. 이행계획서에 포함되어야 할 사항
>   ① 안전조치를 이행하는 관계인의 인적사항
>   ② 이행할 안전조치의 내용 및 방법
>   ③ 안전조치의 이행기한
> 3. 행정안전부장관 또는 재난관리책임기관의 장은 안전조치 결과를 통보받은 경우에는 안전조치 이행 여부를 확인하여야 한다.

> **더 알아두기** 안전조치 결과의 통보(시행규칙 제10조)
>
> 안전조치명령을 받은 소유자·관리자 또는 점유자는 규정에 따라 안전조치를 하였을 때에는 안전조치 결과 통보서에 안전조치 결과를 증명할 수 있는 서류·사진 등을 첨부하여 행정안전부장관 또는 해당 재난관리책임기관의 장에게 통보하여야 한다.

③ 행정안전부장관 또는 재난관리책임기관의 장은 ①에 따른 안전조치명령을 받은 자가 그 명령을 이행하지 아니하거나 이행할 수 없는 상태에 있고, 안전조치를 이행하지 아니할 경우 공중의 안전에 위해를 끼칠 수 있어 재난의 예방을 위하여 긴급하다고 판단하면 그 시설 또는 지역에 대하여 사용을 제한하거나 금지시킬 수 있다. 이 경우 그 제한하거나 금지하는 내용을 보기 쉬운 곳에 게시하여야 한다.

④ 행정안전부장관 또는 재난관리책임기관의 장은 ①의 ㉡ 또는 ㉢에 따른 안전조치명령을 받아 이를 이행하여야 하는 자가 그 명령을 이행하지 아니하거나 이행할 수 없는 상태에 있고, 재난예방을 위하여 긴급하다고 판단하면 그 명령을 받아 이를 이행하여야 할 자를 갈음하여 필요한 안전조치를 할 수 있다. 이 경우 행정대집행법을 준용한다.

⑤ 행정안전부장관 또는 재난관리책임기관의 장은 ③에 따른 안전조치를 할 때에는 미리 해당 소유자·관리자 또는 점유자에게 서면으로 이를 알려 주어야 한다. 다만, 긴급한 경우에는 구두로 알리되, 미리 구두로 알리는 것이 불가능하거나 상당한 시간이 걸려 공중의 안전에 위해를 끼칠 수 있는 경우에는 안전조치를 한 후 그 결과를 통보할 수 있다.

(3) 안전취약계층에 대한 안전 환경 지원(법 제31조의2)

① 재난관리책임기관의 장은 안전취약계층이 재난이나 그 밖의 각종 사고로부터 안전을 확보할 수 있는 생활환경을 조성하기 위하여 안전용품의 제공 및 시설 개선 등 필요한 사항을 지원하기 위하여 노력하여야 한다.

② ①에 따른 지원의 대상, 범위, 방법 및 절차 등에 필요한 사항은 대통령령 또는 해당 지방자치단체의 조례로 정한다.

③ 행정안전부장관은 재난관리책임기관의 장에게 ①에 따른 지원이 원활히 수행되는 데 필요한 사항을 요청할 수 있다. 이 경우 요청을 받은 재난관리책임기관의 장은 특별한 사유가 없으면 요청에 따라야 한다.

④ 행정안전부장관은 ①에 따른 지원과 관련하여 지방자치단체에 필요한 지원 및 지도를 할 수 있다.

(4) 재난안전분야 제도개선(법 제31조의3)

① 행정안전부장관은 재난 예방 및 국민 안전 확보를 위하여 재난안전분야 제도개선 과제(이하 "개선과제"라 한다)를 선정하여 재난관리주관기관의 장에게 개선과제의 이행을 요청할 수 있다.

② 행정안전부장관은 개선과제의 선정을 위하여 일반 국민, 지방자치단체 또는 민간단체 등으로부터 의견을 수렴할 수 있으며, 관련 분야 전문가에게 자문할 수 있다.

③ ①에 따른 요청을 받은 재난관리주관기관의 장은 행정안전부령으로 정하는 바에 따라 개선과제의 이행 요청에 대한 수용 여부를 행정안전부장관에게 통보하여야 한다.

④ 재난관리주관기관의 장은 ③에 따라 개선과제의 이행 요청을 수용하기로 한 경우 해당 개선과제의 이행상황을 분기별로 점검하고 그 결과를 행정안전부장관에게 통보하여야 한다.

(5) 정부합동 안전 점검(법 제32조)

① 행정안전부장관은 재난관리책임기관의 재난 및 안전관리 실태를 점검하기 위하여 대통령령으로 정하는 바에 따라 정부합동안전점검단(이하 "정부합동점검단"이라 한다)을 편성하여 안전 점검을 실시할 수 있다.

> **더 알아두기** 정부합동안전점검단의 구성 및 점검 방법 등(시행령 제39조의3)
>
> 1. 정부합동안전점검단은 행정안전부장관이 소속 공무원과 관계 재난관리책임기관에서 파견된 공무원 또는 직원으로 구성한다.
> 2. 정부합동점검단의 단장은 행정안전부장관이 지명한다.
> 3. 정부합동 안전 점검은 다음의 구분에 따라 실시할 수 있다.
>   ① 정기점검 : 계절적 요인 등을 고려하여 정기적으로 실시하는 점검
>   ② 수시점검 : 사회적 쟁점, 유사한 사고의 방지 등을 위하여 수시로 실시하는 점검
> 4. 행정안전부장관은 3.에 따른 정부합동 안전 점검의 대상이 국가안전보장과 관련된 시설 등인 경우 국가정보원장에게 국가정보원 직원의 정부합동 안전 점검 참여를 요청할 수 있다.
> 5. 정부합동 안전 점검을 실시할 때에는 점검을 받는 재난관리책임기관의 장에게 미리 점검계획을 통보하여야 한다. 다만, 긴급한 수시점검의 경우에는 점검계획의 통보를 생략할 수 있다.
> 6. 정부합동 안전 점검을 효율적으로 실시하기 위하여 필요한 경우에는 재난관리책임기관의 장에게 미리 점검에 필요한 자료를 제출하도록 요청하거나 점검 대상 시설 등의 관계인 또는 전문가의 의견을 들을 수 있다.
> 7. 전문가의 의견을 들은 경우에는 예산의 범위에서 그 전문가에게 수당 등을 지급할 수 있다.
> 8. 행정안전부장관은 정부합동 안전 점검의 효율성 제고와 업무의 중복 등을 방지하기 위하여 필요한 경우에는 관계 중앙행정기관으로부터 재난 및 안전관리 분야 점검계획을 제출받아 점검시기, 대상 및 분야 등을 조정할 수 있다.

② 행정안전부장관은 정부합동점검단을 편성하기 위하여 필요하면 관계 재난관리책임기관의 장에게 관련 공무원 또는 직원의 파견을 요청할 수 있다. 이 경우 요청을 받은 관계 재난관리책임기관의 장은 특별한 사유가 없으면 요청에 따라야 한다.

③ 행정안전부장관은 ①에 따른 점검을 실시하면 점검결과를 관계 재난관리책임기관의 장에게 통보하고, 보완이나 개선이 필요한 사항에 대한 조치를 관계 재난관리책임기관의 장에게 요구할 수 있다.

④ 점검결과 및 조치 요구사항을 통보받은 관계 재난관리책임기관의 장은 보안이나 개선이 필요한 사항에 대한 조치계획을 수립하여 필요한 조치를 한 후 그 결과를 행정안전부장관에게 통보하여야 한다.

⑤ 행정안전부장관은 조치 결과를 점검할 수 있다.

⑥ 행정안전부장관은 안전 점검 결과와 조치 결과를 안전정보통합관리시스템을 통하여 공개할 수 있다. 다만, 공공기관의 정보공개에 관한 법률 제9조제1항의 어느 하나에 해당하는 정보에 대해서는 공개하지 아니할 수 있다.

(6) 사법경찰권(법 제32조의2)

제30조에 따라 긴급안전점검을 하는 공무원은 이 법에 규정된 범죄에 관하여는 사법경찰관리의 직무를 수행할 자와 그 직무범위에 관한 법률에서 정하는 바에 따라 사법경찰관리의 직무를 수행한다.

(7) 집중 안전점검 기간 운영 등(법 제32조의3)

① 행정안전부장관은 재난을 예방하고 국민의 안전의식을 높이기 위하여 재난관리책임기관의 장의 의견을 들어 매년 집중 안전점검 기간을 설정하고 그 운영에 필요한 계획을 수립하여야 한다.

② 행정안전부장관 및 재난관리책임기관의 장은 ①에 따른 집중 안전점검 기간 동안에 재난이나 그 밖의 각종 사고의 발생이 우려되는 시설 등에 대하여 집중적으로 안전점검을 실시할 수 있다.

③ 행정안전부장관은 ②에 따른 집중 안전점검 기간에 실시한 안전점검 결과로서 재난관리책임기관의 장이 관계 법령에 따라 공개하는 정보를 안전정보통합관리시스템을 통하여 공개할 수 있다.

④ ①부터 ③까지에서 규정한 사항 외에 집중 안전점검 기간의 설정 및 운영 등에 필요한 사항은 대통령령으로 정한다.

(8) 안전관리전문기관에 대한 자료요구 등(법 제33조)

① 행정안전부장관은 재난 예방을 효율적으로 추진하기 위하여 대통령령으로 정하는 안전관리 전문기관에 안전점검결과, 주요시설물의 설계도서 등 대통령령으로 정하는 안전관리에 필요한 자료를 요구할 수 있다.

② 자료를 요구받은 안전관리전문기관의 장은 특별한 사유가 없으면 요구에 따라야 한다.

> **더 알아두기** 안전관리전문기관(시행령 제40조)
>
> | | |
> |---|---|
> | 1. 한국소방산업기술원 | 2. 한국농어촌공사 |
> | 3. 한국가스안전공사 | 4. 한국전기안전공사 |
> | 5. 한국에너지공단 | 6. 한국산업안전보건공단 |
> | 7. 국토안전관리원 | 8. 한국교통안전공단 |
> | 9. 도로교통공단 | 10. 한국방재협회 |
> | 11. 한국소방안전원 | 12. 한국승강기안전공단 |
>
> 13. 그 밖에 행정안전부장관이 안전관리에 관한 자료를 요구할 필요가 있다고 인정하여 고시하는 기관

(9) 재난관리체계 등에 대한 평가 등(법 제33조의2)

① 행정안전부장관은 재난관리책임기관에 대하여 대통령령으로 정하는 바에 따라 다음의 사항을 정기적으로 평가할 수 있다.

㉠ 대규모재난의 발생에 대비한 단계별 예방·대응 및 복구과정

㉡ 제25조의4제1항제1호에 따른 재난에 대응할 조직의 구성 및 정비 실태

㉢ 제25조의4제4항에 따른 안전관리체계 및 안전관리규정

㉣ 재난관리기금의 운용 현황

> **더 알아두기** 재난관리체계 등의 평가(시행령 제42조)
>
> 1. 행정안전부장관은 대규모의 재난 발생에 대비한 단계별 예방·대응 및 복구과정을 평가하는 경우에는 다음의 사항을 평가할 수 있다.
>   ① 집행계획, 세부집행계획, 시·도안전관리계획 및 시·군·구안전관리계획의 평가
>   ② 재난예방을 위한 교육·홍보 실태
>   ③ 재난 및 안전관리 분야 종사자의 전문교육 이수 실태
>   ④ 특정관리대상지역과 국가핵심기반의 관리 실태
>   ⑤ 재난유형별 위기관리 매뉴얼의 작성·운용 및 관리 실태
>   ⑥ 응급대책을 위한 자재·물자·장비·이재민수용시설 등의 지정 및 관리 실태
>   ⑦ 재난상황 관리의 운용 실태
>   ⑧ 자체복구계획 또는 재난복구계획에 따라 시행하는 사업의 추진 사항 등
> 2. 행정안전부장관은 재난관리체계 등의 평가를 위하여 재난관리체계 등의 평가에 관한 지침을 마련하여 재난관리책임기관의 장에게 알려야 한다.
> 3. 재난관리체계 등의 평가는 서면조사 또는 현지조사의 방법으로 한다.
> 4. 행정안전부장관은 재난관리체계 등의 평가를 위하여 필요하다고 인정하는 경우에는 관계 중앙행정기관의 장과 소관 재난관리책임기관의 장에게 각각 재난 및 안전관리체계의 구축, 안전관리규정의 제정 및 그 정비·보완에 관한 자료 제출을 요청할 수 있다.

② ①에도 불구하고 공공기관에 대하여는 관할 중앙행정기관의 장이 평가를 하고, 시·군·구에 대하여는 시·도지사가 평가를 한다.

③ 행정안전부장관은 다음의 어느 하나에 해당하는 경우에는 ②에 따른 평가에 대한 확인평가를 할 수 있다.

　㉠ ⑤에 따른 우수한 기관을 선정하기 위하여 필요한 경우

　㉡ 그 밖에 행정안전부장관이 재난 및 안전관리를 위하여 필요하다고 인정하는 경우

④ 행정안전부장관은 ①과 ③에 따른 평가 결과를 중앙위원회에 종합 보고한다.

⑤ 행정안전부장관은 필요하다고 인정하면 해당 재난관리책임기관의 장에게 시정조치나 보완을 요구할 수 있으며, 우수한 기관에 대하여는 예산지원 및 포상 등 필요한 조치를 할 수 있다. 다만, 공공기관의 장 및 시장·군수·구청장에게 시정조치나 보완 요구를 하려는 경우에는 관할 중앙행정기관의 장 및 시·도지사에게 한다.

⑥ 행정안전부장관은 ②에 따른 공공기관에 대한 평가 결과를 공공기관의 운영에 관한 법률 제48 조에 따른 공공기관 경영실적 평가에 반영하도록 기획재정부장관에게 요구할 수 있다.

(10) 재난관리 실태 공시 등(법 제33조의3)

① 시장·군수·구청장(㉡의 경우에는 시·도지사를 포함한다)은 다음의 사항이 포함된 재난관리 실태를 매년 1회 이상 관할 지역 주민에게 공시하여야 한다.

　㉠ 전년도 재난의 발생 및 수습 현황

　㉡ 재난예방조치 실적

　㉢ 재난관리기금의 적립 및 집행 현황

　㉣ 현장조치 행동매뉴얼의 작성·운용 현황

　㉤ 그 밖에 대통령령으로 정하는 재난관리에 관한 중요 사항

> **더 알아두기** 　재난관리실태 공시방법 및 시기 등(시행령 제42조의2)
>
> 1. "대통령령으로 정하는 재난관리에 관한 중요 사항"이란
>   ① 자연재해대책법에 따른 지역안전도 진단 결과
>   ② 그 밖에 재난관리를 위하여 시장·군수·구청장이 지역주민에게 알릴 필요가 있다고 인정하는 사항
> 2. 시장·군수·구청장은 매년 3월 31일까지 재난관리 실태를 해당 지방자치단체의 인터넷 홈페이지 또는 공보에 공고해야 한다.
> 3. 공개하는 평가 결과에 포함되어야 할 사항
>   ① 평가시기 및 대상기관
>   ② 평가 결과 우수기관으로 선정된 기관

② 행정안전부장관 또는 시·도지사는 제33조의2에 따른 평가 결과를 공개할 수 있다.

1 재난관리자원 관리 등

(1) 재난관리자원의 관리(법 제34조)

① 재난관리책임기관의 장은 재난관리를 위하여 필요한 물품, 재산 및 인력 등의 물적 · 인적자원 (이하 "재난관리자원"이라 한다)을 비축하거나 지정하는 등 체계적이고 효율적으로 관리하여 야 한다.

② 재난관리자원의 관리에 관하여는 따로 법률(재난관리자원의 관리 등에 관한 법률)로 정한다.

(2) 재난현장 긴급통신수단의 마련(법 제34조의2)

① 재난관리책임기관의 장은 재난의 발생으로 인하여 통신이 끊기는 상황에 대비하여 미리 유선 이나 무선 또는 위성통신망을 활용할 수 있도록 긴급통신수단을 마련하여야 한다.

> **더 알아두기** 재난현장 긴급통신 수단의 마련(시행령 제43조의3)
>
> 1. 행정안전부장관은 긴급통신수단이 효율적으로 활용될 수 있도록 긴급통신수단 관리지침을 마련 하여 재난관리책임기관, 긴급구조기관 및 긴급구조지원기관의 장에게 통보하여야 한다.
> 2. 재난관리책임기관의 장은 긴급통신수단 관리지침에 따라 보유 중인 긴급통신수단이 효과적으 로 연계되도록 수시로 점검하여야 한다.

② 행정안전부장관은 재난현장에서 긴급통신수단이 공동 활용될 수 있도록 하기 위하여 재난관 리책임기관, 긴급구조기관 및 긴급구조지원기관에서 보유하고 있는 긴급통신수단의 보유 현황 등을 조사하고, 긴급통신수단을 관리하기 위한 체계를 구축 · 운영할 수 있다.

③ 행정안전부장관은 ②에 따른 조사를 위하여 필요한 자료의 제출을 재난관리책임기관, 긴급구 조기관 및 긴급구조지원기관의 장에게 요청할 수 있다. 이 경우 요청을 받은 관계 기관의 장은 특별한 사유가 없으면 요청에 따라야 한다.

(3) 국가재난관리기준의 제정 · 운용 등(법 제34조의3)

① 행정안전부장관은 재난관리를 효율적으로 수행하기 위하여 다음의 사항이 포함된 국가재난 관리기준을 제정하여 운용하여야 한다. 다만, 산업표준화법에 따른 한국산업표준을 적용할 수 있는 사항에 대하여는 한국산업표준을 반영할 수 있다.

ㄱ 재난분야 용어정의 및 표준체계 정립

ㄴ 국가재난 대응체계에 대한 원칙

ㄷ 재난경감 · 상황관리 · 유지관리 등에 관한 일반적 기준

ㄹ 그 밖의 대통령령으로 정하는 사항

국가재난관리기준에 포함될 사항(시행령 제43조의4)

1. 재난에 관한 예보·경보의 발령 기준
2. 재난상황의 전파
3. 재난 발생 시 효과적인 지휘·통제 체제 마련
4. 재난관리를 효과적으로 수행하기 위한 관계기관 간 상호협력 방안
5. 재난관리체계에 대한 평가 기준이나 방법
6. 그 밖에 재난관리를 효율적으로 수행하기 위하여 행정안전부장관이 필요하다고 인정하는 사항

② 국가재난관리기준을 제정 또는 개정할 때에는 미리 관계 중앙행정기관의 장의 의견을 들어야 한다.

③ 행정안전부장관은 재난관리책임기관의 장이 재난관리업무를 수행함에 있어 국가재난관리기준을 적용하도록 권고할 수 있다.

(4) 기능별 재난대응 활동계획의 작성·활용(법 제34조의4)

① 재난관리책임기관의 장은 재난관리가 효율적으로 이루어질 수 있도록 대통령령으로 정하는 바에 따라 기능별 재난대응 활동계획(이하 "재난대응활동계획"이라 한다)을 작성하여 활용하여야 한다.

재난대응 활동계획에 포함되어야 할 기능(시행령 제43조의5)

1. 재난상황관리 기능
2. 긴급 생활안정 지원 기능
3. 긴급 통신 지원 기능
4. 시설피해의 응급복구 기능
5. 에너지 공급 피해시설 복구 기능
6. 재난관리자원 지원 기능
7. 교통대책 기능
8. 의료 및 방역서비스 지원 기능
9. 재난현장 환경 정비 기능
10. 자원봉사 지원 및 관리 기능
11. 사회질서 유지 기능
12. 재난지역 수색, 구조·구급지원 기능
13. 재난 수습 홍보 기능

② 행정안전부장관은 재난대응활동계획의 작성에 필요한 작성지침을 재난관리책임기관의 장에게 통보할 수 있다.

③ 행정안전부장관은 재난관리책임기관의 장이 작성한 재난대응활동계획을 확인·점검하고, 필요하면 관계 재난관리책임기관의 장에게 시정을 요청할 수 있다. 이 경우 시정 요청을 받은

재난관리책임기관의 장은 특별한 사유가 없으면 요청에 따라야 한다.

④ ①부터 ③까지에서 규정한 사항 외에 재난대응활동계획의 작성·운용·관리 등에 필요한 사항은 대통령령으로 정한다.

2 재난분야 위기관리 매뉴얼 작성·운용 및 훈련 등

(1) 재난분야 위기관리 매뉴얼 작성·운용(법 제34조의5)

① 재난관리책임기관의 장은 재난을 효율적으로 관리하기 위하여 재난유형에 따라 다음의 위기관리 매뉴얼을 작성·운용하고, 이를 준수하도록 노력해야 한다. 이 경우 재난대응활동계획과 위기관리 매뉴얼이 서로 연계되도록 하여야 한다.

㉠ 위기관리 표준매뉴얼 : 국가적 차원에서 관리가 필요한 재난에 대하여 재난관리 체계와 관계 기관의 임무와 역할을 규정한 문서로 위기대응 실무매뉴얼의 작성 기준이 되며, 재난관리주관기관의 장이 작성한다. 다만, 다수의 재난관리주관기관이 관련되는 재난에 대해서는 관계 재난관리주관기관의 장과 협의하여 행정안전부장관이 위기관리 표준매뉴얼을 작성할 수 있다.

㉡ 위기대응 실무매뉴얼 : 위기관리 표준매뉴얼에서 규정하는 기능과 역할에 따라 실제 재난대응에 필요한 조치사항 및 절차를 규정한 문서로 재난관리주관기관의 장과 관계 기관의 장이 작성한다. 이 경우 재난관리주관기관의 장은 위기대응 실무매뉴얼과 ㉠에 따른 위기관리 표준매뉴얼을 통합하여 작성할 수 있다.

㉢ 현장조치 행동매뉴얼 : 재난현장에서 임무를 직접 수행하는 기관의 행동조치 절차를 구체적으로 수록한 문서로 위기대응 실무매뉴얼을 작성한 기관의 장이 지정한 기관의 장이 작성하되, 시장·군수·구청장은 재난유형별 현장조치 행동매뉴얼을 통합하여 작성할 수 있다. 다만, 현장조치 행동매뉴얼 작성 기관의 장이 다른 법령에 따라 작성한 계획·매뉴얼 등에 재난유형별 현장조치 행동매뉴얼에 포함될 사항이 모두 포함되어 있는 경우 해당 재난유형에 대해서는 현장조치 행동매뉴얼이 작성된 것으로 본다.

② 행정안전부장관은 재난유형별 위기관리 매뉴얼의 작성 및 운용기준을 정하여 재난관리책임기관의 장에게 통보할 수 있다.

③ 재난관리주관기관의 장이 작성한 위기관리 표준매뉴얼은 행정안전부장관의 승인을 받아 이를 확정하고, 위기대응 실무매뉴얼과 연계하여 운용하여야 한다.

④ 재난관리주관기관의 장은 위기관리 표준매뉴얼 및 위기대응 실무매뉴얼을 정기적으로 점검하고 그 결과를 행정안전부장관에게 통보하여야 한다. 이 경우 매뉴얼의 점검을 위하여 필요한 때에는 관계 전문가의 의견을 들을 수 있다.

⑤ 행정안전부장관은 재난유형별 위기관리 매뉴얼의 표준화 및 실효성 제고를 위하여 대통령령으로 정하는 위기관리 매뉴얼협의회를 구성·운영할 수 있다.

더 알아두기   **위기관리 매뉴얼협의회의 구성·운영(시행령 제43조의6)**

1. 위기관리 매뉴얼협의회(이하 이 조에서 "협의회"라 한다)는 위원장 1명을 포함하여 200명 이내의 위원으로 구성한다.
2. 협의회의 심의사항
   ① 위기관리 표준매뉴얼 및 위기대응 실무매뉴얼의 검토에 관한 사항
   ② 위기관리 매뉴얼의 작성방법 및 운용기준 등에 관한 사항
   ③ 위기관리 매뉴얼의 개선에 관한 사항
   ④ 그 밖에 행정안전부장관이 위기관리 매뉴얼의 표준화 및 실효성 제고를 위하여 필요하다고 인정하는 사항
3. 협의회의 위원은 다음의 사람 중에서 행정안전부장관이 임명하거나 위촉한다.
   ① 재난관리주관기관에서 재난 및 안전관리 업무를 담당하는 부서의 과장급 이상 공무원
   ② 재난관리책임기관에서 위기관리 매뉴얼에 관한 업무를 담당하는 공무원 또는 직원
   ③ 재난 및 안전관리 또는 위기관리 매뉴얼에 관한 학식과 경험이 풍부한 사람
4. 협의회의 위원장은 위원 중에서 행정안전부장관이 지명한다.
5. 위촉위원의 임기는 2년으로 하며, 위원의 사임 등으로 새로 위촉된 위원의 임기는 전임위원 임기의 남은 기간으로 한다.

⑥ 재난관리주관기관의 장은 소관 분야 재난유형의 위기대응 실무매뉴얼 및 현장조치 행동매뉴얼을 조정·승인하고 지도·관리를 하여야 하며, 소관분야 위기관리 매뉴얼을 새로이 작성하거나 변경한 때에는 이를 행정안전부장관에게 통보하여야 한다.

⑦ 시장·군수·구청장이 작성한 현장조치 행동매뉴얼에 대하여는 시·도지사의 승인을 받아야 한다. 시·도지사는 현장조치 행동매뉴얼을 승인하는 때에는 재난관리주관기관의 장이 작성한 위기대응 실무매뉴얼과 연계되도록 하여야 하며, 승인 결과를 재난관리주관기관의 장 및 행정안전부장관에게 보고하여야 한다.

⑧ 행정안전부장관은 위기관리 매뉴얼의 체계적인 운용을 위하여 관리시스템을 구축·운영할 수 있으며, 재난관리책임기관의 장에게 관련 자료의 제출을 요청하거나 관리시스템을 통하여 위기관리 매뉴얼을 관리하도록 요청할 수 있다(시행령 제43조의7제1항).

⑨ 행정안전부장관은 재난관리업무를 효율적으로 하기 위하여 대통령령으로 정하는 바에 따라 위기관리에 필요한 매뉴얼 표준안을 연구·개발하여 보급할 때에는 다음 사항을 고려하여야 한다.

    ㉠ 재난유형에 따른 국민행동요령의 표준화
    ㉡ 재난유형에 따른 예방·대비·대응·복구 단계별 조치사항에 관한 연구 및 표준화
    ㉢ 재난현장에서의 대응과 상호협력 절차에 관한 연구 및 표준화
    ㉣ 안전취약계층의 특성을 반영한 연구·개발

ⓤ 그 밖에 위기관리에 관한 매뉴얼의 개선·보완에 필요한 사항

⑩ 행정안전부장관은 위기관리 매뉴얼의 작성·운용 실태를 반기별로 점검하여야 하며, 필요한 경우 수시로 점검할 수 있고, 그 결과에 따라 이를 시정 또는 보완하기 위하여 위기관리 매뉴얼을 작성·운용하는 기관의 장에게 필요한 조치를 하도록 권고할 수 있다. 이 경우 권고를 받은 기관의 장은 특별한 사유가 없으면 이에 따라야 한다.

(2) 다중이용시설 등의 위기상황 매뉴얼 작성·관리 및 훈련(법 제34조의6)

① 대통령령으로 정하는 다중이용시설 등의 소유자·관리자 또는 점유자는 대통령령으로 정하는 바에 따라 위기상황에 대비한 매뉴얼(이하 "위기상황 매뉴얼"이라 한다)을 작성·관리하여야 한다. 다만, 다른 법령에서 위기상황에 대비한 대응계획 등의 작성·관리에 관하여 규정하고 있는 경우에는 그 법령에서 정하는 바에 따른다.

> **더 알아두기** 위기상황 매뉴얼 작성·관리 대상(시행령 제43조의8)
>
> 법 제34조의6제1항 본문에서 "대통령령으로 정하는 다중이용시설 등의 소유자·관리자 또는 점유자"란 다음의 어느 하나에 해당하는 건축물 또는 시설(이하 "다중이용시설 등"이라 한다)의 관계인을 말한다.
> 1. 건축법 시행령 제2조제17호가목에 따른 다중이용 건축물
> 2. 그 밖에 1.에 따른 건축물에 준하는 건축물 또는 시설로서 행정안전부장관이 법 제34조의6제1항 본문에 따른 위기상황에 대비한 매뉴얼(이하 "위기상황 매뉴얼"이라 한다)의 작성·관리가 필요하다고 인정하여 고시하는 건축물 또는 시설

② ①에 따른 소유자·관리자 또는 점유자는 대통령령으로 정하는 바에 따라 위기상황 매뉴얼에 따른 훈련을 주기적으로 실시하여야 한다. 다만, 다른 법령에서 위기상황에 대비한 대응계획 등의 훈련에 관하여 규정하고 있는 경우에는 그 법령에서 정하는 바에 따른다.

> **더 알아두기** 위기상황 매뉴얼의 작성·관리 방법 등(시행령 제43조의9)
>
> 1. 법 제34조의6제1항에 따라 다중이용시설 등의 관계인이 작성·관리하여야 하는 위기상황 매뉴얼에는 다음의 사항이 포함되어야 한다.
>   ① 위기상황 대응조직의 체계
>   ② 위기상황 발생 시 구성원의 역할에 관한 사항
>   ③ 위기상황별·단계별 대처방법에 관한 사항
>   ④ 응급조치 및 피해복구에 관한 사항
>   ⑤ 그 밖에 행정안전부장관이 위기상황의 효율적인 극복을 위하여 필요하다고 인정하여 고시하는 사항
> 2. 위기상황 매뉴얼을 작성·관리하는 관계인은 법 제34조의6제2항에 따라 매년 1회 이상 위기상황 매뉴얼에 따른 훈련을 실시하여야 한다.

3. 위기상황 매뉴얼을 작성·관리하는 관계인은 2.에 따른 훈련 결과를 반영하여 위기상황 매뉴얼이 실제 위기상황에서 무리 없이 작동하도록 지속적으로 보완·발전시켜야 한다.
4. 행정안전부장관은 관계 중앙행정기관의 장 또는 지방자치단체의 장에게 소관 분야의 위기상황에 대비한 위기상황 매뉴얼의 표준안을 작성·보급할 것을 요청할 수 있다.
5. 1.부터 4.까지에서 규정한 사항 외에 위기상황 매뉴얼의 작성 방법 및 기준 등에 관하여 필요한 사항은 행정안전부장관이 정하여 고시한다.

③ 행정안전부장관, 관계 중앙행정기관의 장 또는 지방자치단체의 장은 위기상황 매뉴얼(① 단서 및 ② 단서에 따른 위기상황에 대비한 대응계획 등을 포함한다)의 작성·관리 및 훈련실태를 점검하고 필요한 경우에는 개선명령을 할 수 있다.

(3) 안전기준의 등록 및 심의 등(법 제34조의7)

① 행정안전부장관은 안전기준을 체계적으로 관리·운용하기 위하여 안전기준을 통합적으로 관리할 수 있는 체계를 갖추어야 한다.
② 중앙행정기관의 장은 관계 법률에서 정하는 바에 따라 안전기준을 신설 또는 변경하는 때에는 행정안전부장관에게 안전기준의 등록을 요청하여야 한다.
③ 행정안전부장관은 ②에 따라 안전기준의 등록을 요청받은 때에는 안전기준심의회의 심의를 거쳐 이를 확정한 후 관계 중앙행정기관의 장에게 통보하여야 한다.
④ 중앙행정기관의 장이 신설 또는 변경하는 안전기준은 제34조의3에 따른 국가재난관리기준에 어긋나지 아니하여야 한다.
⑤ 안전기준의 등록 방법 및 절차와 안전기준심의회 구성 및 운영에 관하여는 대통령령으로 정한다.

> **더 알아두기** **안전기준의 등록 방법 등(시행령 제43조의10)**
>
> 1. 행정안전부장관은 법 제34조의7제1항에 따른 통합적 관리체계를 갖추기 위하여 법 제34조의7 제2항에 따라 등록대상이 되는 안전기준을 조사하여 관계 중앙행정기관의 장에게 통보할 수 있으며, 관계 중앙행정기관의 장은 안전기준을 등록하는 등 필요한 조치를 하여야 한다.
> 2. 행정안전부장관은 안전기준이 법 제34조의7제3항에 따라 안전기준심의회를 거쳐 확정되었을 때에는 관보에 고시하여야 한다.
> 3. 1.과 2.에서 규정한 사항 외에 안전기준의 등록 및 고시 등에 필요한 사항은 행정안전부장관이 정한다.

(4) 재난안전통신망의 구축·운영(법 제34조의8)

① 행정안전부장관은 체계적인 재난관리를 위하여 재난안전통신망을 구축·운영하여야 하며, 재난관리책임기관·긴급구조기관 및 긴급구조지원기관(이하 이 조에서 "재난관련기관"이라 한다)은 재난관리에 재난안전통신망을 사용하여야 한다.

② 재난안전통신망의 운영, 사용 등에 필요한 사항은 다른 법률(재난안전통신망법)로 정한다.

(5) 재난대비훈련 기본계획 수립(법 제34조의9)

① 행정안전부장관은 매년 수집한 재난대비훈련 기본계획을 수립하고 재난관리책임기관의 장에게 통보하여야 한다.

> **더 알아두기** 재난대비훈련 기본계획을 수립에 포함하여야 할 사항(시행령 제43조의13)
>
> 1. 재난대비훈련 목표
> 2. 재난대비훈련 유형 선정기준 및 훈련프로그램
> 3. 재난대비훈련 기획, 설계 및 실시에 관한 사항
> 4. 재난대비훈련 평가 및 평가결과에 따른 교육·재훈련의 실시 등에 관한 사항
> 5. 그 밖에 재난대비훈련의 실시를 위하여 행정안전부장관이 필요하다고 인정하여 정하는 사항

② 재난관리책임기관의 장은 재난대비훈련 기본계획에 따라 소관분야별로 자체계획을 수립하여야 한다.
③ 행정안전부장관은 수립한 재난대비훈련 기본계획을 국회 소관상임위원회에 보고하여야 한다.

(6) 재난대비훈련 실시(법 제35조)

① 행정안전부장관, 중앙행정기관의 장, 시·도지사, 시장·군수·구청장 및 긴급구조기관(이하 이 조에서 "훈련주관기관"이라 한다)의 장은 대통령령으로 정하는 바에 따라 매년 정기적으로 또는 수시로 재난관리책임기관, 긴급구조지원기관 및 군부대 등 관계 기관(이하 이 조에서 "훈련참여기관"이라 한다)과 합동으로 재난대비훈련(위기관리 매뉴얼의 숙달훈련을 포함한다)을 실시하여야 한다.
② 훈련주관기관의 장은 재난대비훈련을 실시하려면 자체계획을 토대로 재난대비훈련 실시계획을 수립하여 훈련참여기관의 장에게 통보하여야 한다.
③ 훈련참여기관의 장은 재난대비훈련을 실시하면 훈련상황을 점검하고, 그 결과를 대통령령으로 정하는 바에 따라 훈련주관기관의 장에게 제출하여야 한다.
④ 훈련주관기관의 장은 대통령령으로 정하는 바에 따라 다음의 조치를 하여야 한다.
　㉠ 훈련참여기관의 훈련과정 및 훈련결과에 대한 점검·평가
　㉡ 훈련참여기관의 장에게 훈련과정에서 나타난 미비사항이나 개선·보완이 필요한 사항에 대한 보완조치 요구
　㉢ 훈련과정에서 나타난 제34조의5제1항 각 호의 위기관리 매뉴얼의 미비점에 대한 개선·보완 및 개선·보완조치 요구

1. 행정안전부장관, 중앙행정기관의 장, 시·도지사, 시장·군수·구청장 및 긴급구조기관의 장(이하 "훈련주관기관의 장"이라 한다)은 관계 기관과 합동으로 참여하는 재난대비훈련을 각각 소관 분야별로 주관하여 연 1회 이상 실시하여야 한다.
2. 재난대비훈련에 참여하는 기관은 자체 훈련을 수시로 실시할 수 있다.
3. 훈련주관기관의 장은 재난대비훈련을 실시하는 경우에는 훈련일 15일 전까지 훈련일시, 훈련장소, 훈련내용, 훈련방법, 훈련참여 인력 및 장비, 그 밖에 훈련에 필요한 사항을 재난관리책임기관, 긴급구조지원기관 및 군부대 등 관계 기관(이하 "훈련참여기관"이라 한다)의 장에게 통보하여야 한다.
4. 훈련주관기관의 장은 재난대비훈련 수행에 필요한 능력을 기르기 위하여 재난대비훈련 참석자에게 재난대비훈련을 실시하기 전에 사전교육을 하여야 한다. 다만, 다른 법령에 따라 해당 분야의 재난대비훈련 교육을 받은 경우에는 이 영에 따른 교육을 받은 것으로 본다.
5. 훈련참여기관의 장은 재난대비훈련 실시 후 10일 이내에 그 결과를 훈련주관기관의 장에게 제출하여야 한다.
6. 재난대비훈련에 참여하는 데에 필요한 비용은 참여 기관이 부담한다. 다만, 민간 긴급구조지원기관에 대해서는 훈련주관기관의 장이 부담할 수 있다.
7. 1.부터 6.까지에서 규정한 사항 외에 재난대비훈련 및 지원에 필요한 사항은 행정안전부장관이 정한다.

1. 훈련주관기관의 장은 다음의 평가항목 중 훈련 특성에 맞는 평가항목을 선정하여 재난대비훈련평가(훈련평가)를 실시하여야 한다.
   ① 분야별 전문인력 참여도 및 훈련목표 달성 정도
   ② 장비의 종류·기능 및 수량 등 동원 실태
   ③ 유관기관과의 협력체제 구축 실태
   ④ 긴급구조대응계획 및 세부대응계획에 의한 임무의 수행 능력
   ⑤ 긴급구조기관 및 긴급구조지원기관 간의 지휘통신체계
   ⑥ 긴급구조요원의 임무 수행의 전문성 수준
   ⑦ 그 밖에 행정안전부장관이 정하는 평가에 필요한 사항
2. 훈련주관기관의 장은 훈련평가의 결과를 훈련 종료일부터 30일 이내에 재난관리책임기관의 장 및 관계 긴급구조지원기관의 장에게 통보하고, 통보를 받은 재난관리책임기관의 장 및 긴급구조지원기관의 장은 평가 결과가 다음 훈련계획 수립 및 훈련을 실시하는 데 반영되도록 하는 등의 재난관리에 필요한 조치를 하여야 한다.
3. 행정안전부장관은 1.에 따른 평가 결과 우수기관에 대해서는 포상 등 필요한 조치를 할 수 있다.
4. 행정안전부장관은 체계적이고 효율적인 훈련평가를 위하여 필요한 경우 민간전문가로 이루어진 평가단을 구성하여 운영할 수 있다.
5. 1.부터 4.까지에서 규정한 사항 외에 훈련평가에 필요한 사항은 행정안전부장관이 정하여 고시한다.

1 응급조치 등

(1) 재난사태 선포(법 제36조)

① 행정안전부장관은 대통령령으로 정하는 재난이 발생하거나 발생할 우려가 있는 경우 사람의 생명·신체 및 재산에 미치는 중대한 영향이나 피해를 줄이기 위하여 긴급한 조치가 필요하다고 인정하면 중앙위원회의 심의를 거쳐 재난사태를 선포할 수 있다. 다만, 행정안전부장관은 재난상황이 긴급하여 중앙위원회의 심의를 거칠 시간적 여유가 없다고 인정하는 경우에는 중앙위원회의 심의를 거치지 아니하고 재난사태를 선포할 수 있다.

> **더 알아두기** 대통령령으로 정하는 재난사태의 선포대상 재난(시행령 제44조)
>
> 1. 재난 중 극심한 인명 또는 재산의 피해가 발생하거나 발생할 것으로 예상되어 시·도지사가 중앙대책본부장에게 재난사태의 선포를 건의하는 경우
> 2. 중앙대책본부장이 재난사태의 선포가 필요하다고 인정하는 재난(노동쟁의행위로 인한 국가핵심기반의 일시 정지는 제외)

② 행정안전부장관은 ①의 단서에 따라 재난사태를 선포한 경우에는 지체 없이 중앙위원회의 승인을 받아야 하고, 승인을 받지 못하면 선포된 재난사태를 즉시 해제하여야 한다.

③ ①에도 불구하고 시·도지사는 관할 구역에서 재난이 발생하거나 발생할 우려가 있는 등 대통령령으로 정하는 경우 사람의 생명·신체 및 재산에 미치는 중대한 영향이나 피해를 줄이기 위하여 긴급한 조치가 필요하다고 인정하면 시·도위원회의 심의를 거쳐 재난사태를 선포할 수 있다. 이 경우 시·도지사는 지체 없이 그 사실을 행정안전부장관에게 통보하여야 한다.

④ ③에 따른 재난사태 선포에 대한 시·도위원회 심의의 생략 및 승인 등에 관하여는 ①의 단서 및 ②를 준용한다. 이 경우 "행정안전부장관"은 "시·도지사"로, "중앙위원회"는 "시·도위원회"로 본다.

⑤ 행정안전부장관 및 지방자치단체의 장은 ①에 따라 재난사태가 선포된 지역에 대하여 다음의 조치를 할 수 있다.

　㉠ 재난경보의 발령, 재난관리자원의 동원, 위험구역 설정, 대피명령, 응급지원 등 이 법에 따른 응급조치

　㉡ 해당 지역에 소재하는 행정기관 소속 공무원의 비상소집

　㉢ 해당 지역에 대한 여행 등 이동 자제 권고

　㉣ 유아교육법, 초·중등교육법 및 고등교육법에 따른 휴업명령 및 휴원·휴교 처분의 요청

　㉤ 그 밖에 재난예방에 필요한 조치

⑥ 행정안전부장관 또는 시·도지사는 재난으로 인한 위험이 해소되었다고 인정하는 경우 또는 재난이 추가적으로 발생할 우려가 없어진 경우에는 선포된 재난사태를 즉시 해제하여야 한다.

(2) 응급조치(법 제37조)

① 시·도긴급구조통제단 및 시·군·구긴급구조통제단의 단장(이하 "지역통제단장"이라 한다)과 시장·군수·구청장은 재난이 발생할 우려가 있거나 재난이 발생하였을 때에는 즉시 관계 법령이나 재난대응활동계획 및 위기관리 매뉴얼에서 정하는 바에 따라 수방(水防)·진화·구조 및 구난(救難), 그 밖에 재난 발생을 예방하거나 피해를 줄이기 위하여 필요한 다음의 응급조치를 하여야 한다. 다만, 지역통제단장의 경우에는 ⓒ 중 진화에 관한 응급조치와 ⓜ 및 ⓢ의 응급조치만 하여야 한다.

ⓐ 경보의 발령 또는 전달이나 피난의 권고 또는 지시

ⓑ 제31조에 따른 안전조치

> **더 알아두기** 재난예방을 위한 안전조치(법 제31조제1항)
>
> 1. 정밀안전진단(시설만 해당한다). 이 경우 다른 법령에 시설의 정밀안전진단에 관한 기준이 있는 경우에는 그 기준에 따르고, 다른 법령의 적용을 받지 아니하는 시설에 대하여는 행정안전부령으로 정하는 기준에 따른다.
> 2. 보수(補修) 또는 보강 등 정비
> 3. 재난을 발생시킬 위험요인의 제거

ⓒ 진화·수방·지진방재, 그 밖의 응급조치와 구호

ⓓ 피해시설의 응급복구 및 방역과 방범, 그 밖의 질서 유지

ⓔ 긴급수송 및 구조 수단의 확보

ⓕ 급수 수단의 확보, 긴급피난처 및 구호품 등 재난관리자원의 확보

ⓖ 현장지휘통신체계의 확보

ⓗ 그 밖에 재난 발생을 예방하거나 줄이기 위하여 필요한 사항으로서 대통령령으로 정하는 사항

② 시·군·구의 관할 구역에 소재하는 재난관리책임기관의 장은 시장·군수·구청장이나 지역통제단장이 요청하면 관계 법령이나 시·군·구안전관리계획에서 정하는 바에 따라 시장·군수·구청장이나 지역통제단장의 지휘 또는 조정하에 그 소관 업무에 관계되는 응급조치를 실시하거나 시장·군수·구청장이나 지역통제단장이 실시하는 응급조치에 협력하여야 한다.

(3) 위기경보의 발령 등(법 제38조)

① 재난관리주관기관의 장은 대통령령으로 정하는 재난에 대한 징후를 식별하거나 재난발생이 예상되는 경우에는 그 위험 수준, 발생 가능성 등을 판단하여 그에 부합되는 조치를 할 수 있도록 위기경보를 발령할 수 있다. 다만, 제34조의5제1항제1호 단서의 상황인 경우에는 행정안전부장관이 위기경보를 발령할 수 있다.

> **더 알아두기** 위기경보의 발령대상 재난(시행령 제46조)
>
> 1. 자연재난 및 사회재난
> 2. 그 밖에 인명 또는 재산의 피해 정도가 매우 크고 그 영향이 광범위할 것으로 예상되어 재난관리주관기관의 장이 위기경보의 발령이 필요하다고 인정하는 재난

② 위기경보는 재난 피해의 전개 속도, 확대 가능성 등 재난상황의 심각성을 종합적으로 고려하여 관심·주의·경계·심각으로 구분할 수 있다. 다만, 다른 법령에서 재난 위기경보의 발령 기준을 따로 정하고 있는 경우에는 그 기준을 따른다.

③ 재난관리주관기관의 장은 심각 경보를 발령 또는 해제할 경우에는 행정안전부장관과 사전에 협의하여야 한다. 다만, 긴급한 경우에 재난관리주관기관의 장은 우선 조치한 후 지체 없이 행정안전부장관과 협의하여야 한다.

④ 재난관리책임기관의 장은 위기경보가 신속하게 발령될 수 있도록 재난과 관련한 위험정보를 얻으면 즉시 행정안전부장관, 재난관리주관기관의 장, 시·도지사 및 시장·군수·구청장에게 통보하여야 한다.

(4) 재난 예보·경보체계 구축·운영 등(법 제38조의2)

① 재난관리책임기관의 장은 사람의 생명·신체 및 재산에 대한 피해가 예상되면 그 피해를 예방하거나 줄이기 위하여 재난에 관한 예보 또는 경보 체계를 구축·운영할 수 있다.

② 재난관리책임기관의 장은 재난에 관한 예보 또는 경보가 신속하게 실시될 수 있도록 재난과 관련한 위험정보를 얻으면 즉시 행정안전부장관, 재난관리주관기관의 장, 시·도지사 및 시장·군수·구청장에게 통보하여야 한다.

③ 행정안전부장관, 시·도지사 또는 시장·군수·구청장은 재난에 관한 예보·경보·통지나 응급조치를 실시하기 위하여 필요하면 다음의 조치를 요청할 수 있다. 다만, 다른 법령에 특별한 규정이 있을 때에는 그러하지 아니하다.

㉠ 전기통신시설의 소유자 또는 관리자에 대한 전기통신시설의 우선 사용

㉡ 전기통신사업자 중 주요 전기통신사업자에 대한 필요한 정보의 문자나 음성 송신 또는 인터넷 홈페이지 게시

㉢ 방송사업자에 대한 필요한 정보의 신속한 방송

ⓔ 신문사업자 및 인터넷신문사업자 중 대통령령으로 정하는 주요 신문사업자 및 인터넷신문사업자에 대한 필요한 정보의 게재

ⓜ 디지털광고물의 관리자에 대한 필요한 정보의 게재

④ ③에 따른 재난에 관한 예보·경보·통지 중 다음의 어느 하나에 해당하는 재난에 대해서는 기상청장이 예보·경보·통지를 실시한다. 이 경우 기상청장은 제3항 각 호의 조치를 요청할 수 있다.

ㄱ 지진·지진해일·화산의 관측 및 경보에 관한 법률에 따른 지진·지진해일·화산

ㄴ 대통령령으로 정하는 규모 이상의 호우 또는 태풍

ㄷ 그 밖에 대통령령으로 정하는 자연재난

⑤ 요청을 받은 전기통신시설의 소유자 또는 관리자, 전기통신사업자, 방송사업자, 신문사업자, 인터넷신문사업자 및 디지털광고물 관리자는 정당한 사유가 없으면 요청에 따라야 한다.

⑥ 전기통신사업자나 방송사업자, 휴대전화 또는 내비게이션 제조업자는 재난의 예보·경보 실시 사항이 사용자의 휴대전화 등의 수신기 화면에 반드시 표시될 수 있도록 소프트웨어나 기계적 장치를 갖추어야 한다.

⑦ 시장·군수·구청장은 위험구역 및 자연재해위험개선지구 등 재난으로 인하여 사람의 생명·신체 및 재산에 대한 피해가 예상되는 지역에 대하여 그 피해를 예방하기 위하여 시·군·구 재난 예보·경보체계 구축 종합계획(이하 이 조에서 "시·군·구종합계획"이라 한다)을 5년 단위로 수립하여 시·도지사에게 제출하여야 한다.

⑧ 시·도지사는 시·군·구종합계획을 기초로 시·도 재난 예보·경보체계 구축 종합계획(이하 이 조에서 "시·도종합계획"이라 한다)을 수립하여 행정안전부장관에게 제출하여야 하며, 행정안전부장관은 필요한 경우 시·도지사에게 시·도종합계획의 보완을 요청할 수 있다.

⑨ 시·도종합계획과 시·군·구종합계획에 포함되어야 할 사항

ㄱ 재난 예보·경보체계의 구축에 관한 기본방침

ㄴ 재난 예보·경보체계 구축 종합계획 수립 대상지역의 선정에 관한 사항

ㄷ 종합적인 재난 예보·경보체계의 구축과 운영에 관한 사항

ㄹ 그 밖에 재난으로부터 인명 피해와 재산 피해를 예방하기 위하여 필요한 사항

⑩ 시·도지사와 시장·군수·구청장은 각각 시·도종합계획과 시·군·구종합계획에 대한 사업시행계획을 매년 수립하여 행정안전부장관에게 제출하여야 한다.

⑪ 시·도지사와 시장·군수·구청장이 각각 시·도종합계획과 시·군·구종합계획을 변경하려는 경우에는 ⑦과 ⑧을 준용한다.

⑫ ③ 및 ④에 따른 요청의 절차, 시·도종합계획, 시·군·구종합계획 및 사업시행계획의 수립 등에 필요한 사항은 대통령령으로 정한다.

(5) 동원명령 등(법 제39조)

① 중앙대책본부장과 시장·군수·구청장(시·군·구대책본부가 운영되는 경우에는 해당 본부장을 말한다)은 재난이 발생하거나 발생할 우려가 있다고 인정하면 다음의 조치를 할 수 있다.

　㉠ 민방위기본법에 따른 민방위대의 동원

　㉡ 응급조치를 위하여 재난관리책임기관의 장에 대한 관계 직원의 출동 또는 재난관리자원의 동원 등 필요한 조치의 요청

　㉢ 동원 가능한 재난관리자원 등이 부족한 경우에는 국방부장관에 대한 군부대의 지원 요청

② 필요한 조치의 요청을 받은 기관의 장은 특별한 사유가 없으면 요청에 따라야 한다.

(6) 대피명령(법 제40조)

① 시장·군수·구청장과 지역통제단장(대통령령으로 정하는 권한을 행사하는 경우에만 해당한다)은 재난이 발생하거나 발생할 우려가 있는 경우에 사람의 생명 또는 신체나 재산에 대한 위해를 방지하기 위하여 필요하면 해당 지역 주민이나 그 지역 안에 있는 사람에게 대피하도록 명하거나 선박·자동차 등을 그 소유자·관리자 또는 점유자에게 대피시킬 것을 명할 수 있다. 이 경우 미리 대피장소를 지정할 수 있다.

② 대피명령을 받은 경우에는 즉시 명령에 따라야 한다.

(7) 위험구역의 설정(법 제41조)

① 시장·군수·구청장과 지역통제단장(대통령령으로 정하는 권한을 행사하는 경우에만 해당한다)은 재난이 발생하거나 발생할 우려가 있는 경우에 사람의 생명 또는 신체에 대한 위해 방지나 질서의 유지를 위하여 필요하면 위험구역을 설정하고, 응급조치에 종사하지 아니하는 사람에게 다음의 조치를 명할 수 있다.

　㉠ 위험구역에 출입하는 행위나 그 밖의 행위의 금지 또는 제한

　㉡ 위험구역에서의 퇴거 또는 대피

② 시장·군수·구청장과 지역통제단장은 위험구역을 설정할 때에는 그 구역의 범위와 금지되거나 제한되는 행위의 내용, 그 밖에 필요한 사항을 보기 쉬운 곳에 게시하여야 한다.

③ 관계 중앙행정기관의 장은 재난이 발생하거나 발생할 우려가 있는 경우로서 사람의 생명 또는 신체에 대한 위해 방지나 질서의 유지를 위하여 필요하다고 인정되는 경우에는 시장·군수·구청장과 지역통제단장에게 위험구역의 설정을 요청할 수 있다.

(8) 강제대피조치(법 제42조)

① 시장·군수·구청장과 지역통제단장(대통령령으로 정하는 권한을 행사하는 경우에만 해당한다)은 대피명령을 받은 사람 또는 위험구역에서의 퇴거나 대피명령을 받은 사람이 그 명령을 이행하지 아니하여 위급하다고 판단되면 그 지역 또는 위험구역 안의 주민이나 그 안에 있는 사람을 강제로 대피 또는 퇴거시키거나 선박·자동차 등을 견인시킬 수 있다.

② 시장·군수·구청장 및 지역통제단장은 주민 등을 강제로 대피 또는 퇴거시키기 위하여 필요하다고 인정하면 관할 경찰관서의 장에게 필요한 인력 및 장비의 지원을 요청할 수 있다.

③ 요청을 받은 경찰관서의 장은 특별한 사유가 없는 한 이에 응하여야 한다.

(9) 통행제한 등(법 제43조)

① 시장·군수·구청장과 지역통제단장(대통령령으로 정하는 권한을 행사하는 경우에만 해당한다)은 응급조치에 필요한 물자를 긴급히 수송하거나 진화·구조 등을 하기 위하여 필요하면 대통령령으로 정하는 바에 따라 경찰관서의 장에게 도로의 구간을 지정하여 해당 긴급수송 등을 하는 차량 외의 차량의 통행을 금지하거나 제한하도록 요청할 수 있다.

② 요청을 받은 경찰관서의 장은 특별한 사유가 없으면 요청에 따라야 한다.

(10) 응원(법 제44조)

① 시장·군수·구청장은 응급조치를 하기 위하여 필요하면 다른 시·군·구나 관할 구역에 있는 군부대 및 관계 행정기관의 장, 그 밖의 민간기관·단체의 장에게 재난관리자원의 지원 등 필요한 응원(應援)을 요청할 수 있다. 이 경우 응원을 요청받은 군부대의 장과 관계 행정기관의 장은 특별한 사유가 없으면 요청에 따라야 한다.

② 응원에 종사하는 사람은 그 응원을 요청한 시장·군수·구청장의 지휘에 따라 응급조치에 종사하여야 한다.

(11) 응급부담(법 제45조)

시장·군수·구청장과 지역통제단장(대통령령으로 정하는 권한을 행사하는 경우에만 해당한다)은 그 관할 구역에서 재난이 발생하거나 발생할 우려가 있어 응급조치를 하여야 할 급박한 사정이 있으면 해당 재난현장에 있는 사람이나 인근에 거주하는 사람에게 응급조치에 종사하게 하거나 대통령령으로 정하는 바에 따라 다른 사람의 토지·건축물·인공구조물, 그 밖의 소유물을 일시 사용할 수 있으며, 장애물을 변경하거나 제거할 수 있다.

응급부담의 절차(시행령 제52조)

1. 시장·군수·구청장 및 지역통제단장은 법 제45조에 따라 응급조치 종사명령을 할 때에는 그 대상자에게 행정안전부령으로 정하는 바에 따라 응급조치종사명령서를 발급하여야 한다. 다만, 긴급한 경우에는 구두로 응급조치 종사를 명한 후 행정안전부령으로 정하는 바에 따라 응급조치종사명령에 따른 사람에게 응급조치종사확인서를 발급하여야 한다.
2. 시장·군수·구청장 및 지역통제단장은 다른 사람의 토지·건축물·공작물, 그 밖의 소유물을 일시 사용하거나 장애물을 변경 또는 제거할 때에는 행정안전부령으로 정하는 바에 따라 그 관계인에게 응급부담의 목적·기간·대상 및 내용 등을 분명하게 적은 응급부담명령서를 발급하여야 한다. 다만, 긴급한 경우에는 구두로 응급부담을 명한 후 행정안전부령으로 정하는 바에 따라 관계인에게 응급부담확인서를 발급하여야 한다.
3. 응급부담명령서를 발급할 대상자를 알 수 없거나 그 소재지를 알 수 없을 때에는 이를 해당 시·군·구의 게시판에 15일 이상 게시하여야 한다.
4. 구두로 응급부담을 명할 대상자가 없거나 그 소재지를 알 수 없을 때에는 응급부담조치를 한 후 그 사실을 해당 시·군·구의 게시판에 15일 이상 게시하여야 한다.

(12) 시·도지사가 실시하는 응급조치 등(법 제46조)

① 시·도지사는 다음의 경우에는 제37조제1항 및 제39조부터 제45조까지의 규정에 따른 응급조치를 할 수 있다.

　㉠ 관할 구역에서 재난이 발생하거나 발생할 우려가 있는 경우로서 대통령령으로 정하는 경우
　㉡ 둘 이상의 시·군·구에 걸쳐 재난이 발생하거나 발생할 우려가 있는 경우

더 알아두기　시·도지사가 응급조치를 할 수 있는 경우(시행령 제53조)

"대통령령으로 정하는 경우"란 인명 또는 재산의 피해정도가 매우 크고 그 영향이 광범위하거나 광범위할 것으로 예상되어 시·도지사가 응급조치가 필요하다고 인정하는 경우를 말한다.

② 시·도지사는 응급조치를 하기 위하여 필요하면 이 절에 따라 응급조치를 하여야 할 시장·군수·구청장에게 필요한 지시를 하거나 다른 시·도지사 및 시장·군수·구청장에게 응원을 요청할 수 있다.

(13) 재난관리책임기관의 장의 응급조치(법 제47조)

재난관리책임기관의 장은 재난이 발생하거나 발생할 우려가 있으면 즉시 그 소관 업무에 관하여 필요한 응급조치를 하고, 이 절에 따라 시·도지사, 시장·군수·구청장 또는 지역통제단장이 실시하는 응급조치가 원활히 수행될 수 있도록 필요한 협조를 하여야 한다.

(14) 지역통제단장의 응급조치 등(법 제48조)

① 지역통제단장은 긴급구조를 위하여 필요하면 중앙대책본부장, 시·도지사(시·도대책본부가 운영되는 경우에는 해당 본부장을 말한다) 또는 시장·군수·구청장(시·군·구대책본부가 운영되는 경우에는 해당 본부장을 말한다)에게 응급대책을 요청할 수 있고, 중앙대책본부장, 시·도지사 또는 시장·군수·구청장은 특별한 사유가 없으면 요청에 따라야 한다.

② 지역통제단장은 응급조치 및 응급대책을 실시하였을 때에는 이를 즉시 해당 시장·군수·구청장에게 통보하여야 한다. 다만, 인명구조 및 응급조치 등 긴급한 대응이 필요한 경우에는 우선 조치한 후에 통보할 수 있다.

2 긴급구조

(1) 중앙긴급구조통제단(법 제49조)

① 긴급구조에 관한 사항의 총괄·조정, 긴급구조기관 및 긴급구조지원기관이 하는 긴급구조활동의 역할 분담과 지휘·통제를 위하여 소방청에 중앙긴급구조통제단(이하 "중앙통제단"이라 한다)을 둔다.

② 중앙통제단의 단장은 소방청장이 된다.

③ 중앙통제단장은 긴급구조를 위하여 필요하면 긴급구조지원기관 간의 공조체제를 유지하기 위하여 관계 기관·단체의 장에게 소속 직원의 파견을 요청할 수 있다. 이 경우 요청을 받은 기관·단체의 장은 특별한 사유가 없으면 요청에 따라야 한다.

④ 중앙통제단의 구성·기능 및 운영에 필요한 사항은 대통령령으로 정한다.

> **더 알아두기** 중앙통제단의 기능(시행령 제54조)
>
> 중앙통제단은 다음의 기능을 수행한다.
> 1. 국가 긴급구조대책의 총괄·조정
> 2. 긴급구조활동의 지휘·통제(긴급구조활동에 필요한 긴급구조기관의 인력과 장비 등의 동원을 포함한다)
> 3. 긴급구조지원기관간의 역할분담 등 긴급구조를 위한 현장활동계획의 수립
> 4. 긴급구조대응계획의 집행
> 5. 그 밖에 중앙통제단의 장(이하 "중앙통제단장"이라 한다)이 필요하다고 인정하는 사항

(2) 지역긴급구조통제단(법 제50조)

① 지역별 긴급구조에 관한 사항의 총괄·조정, 해당 지역에 소재하는 긴급구조기관 및 긴급구조지원기관 간의 역할분담과 재난현장에서의 지휘·통제를 위하여 시·도의 소방본부에 시·도긴급구조통제단을 두고, 시·군·구의 소방서에 시·군·구긴급구조통제단을 둔다.

② 시·도긴급구조통제단과 시·군·구긴급구조통제단(지역통제단)에는 각각 단장 1명을 두되, 시·도긴급구조통제단의 단장은 소방본부장이 되고 시·군·구긴급구조통제단의 단장은 소방서장이 된다.

③ 지역통제단장은 긴급구조를 위하여 필요하면 긴급구조지원기관 간의 공조체제를 유지하기 위하여 관계 기관·단체의 장에게 소속 직원의 파견을 요청할 수 있다. 이 경우 요청을 받은 기관·단체의 장은 특별한 사유가 없으면 요청에 따라야 한다.

④ 지역통제단의 기능과 운영에 관한 사항은 대통령령으로 정한다.

(3) 긴급구조(법 제51조)

① 지역통제단장은 재난이 발생하면 소속 긴급구조요원을 재난현장에 신속히 출동시켜 필요한 긴급구조활동을 하게 하여야 한다.

② 지역통제단장은 긴급구조를 위하여 필요하면 긴급구조지원기관의 장에게 소속 긴급구조지원요원을 현장에 출동시키거나 긴급구조에 필요한 재난관리자원을 지원하는 등 긴급구조활동을 지원할 것을 요청할 수 있다. 이 경우 요청을 받은 기관의 장은 특별한 사유가 없으면 즉시 요청에 따라야 한다.

③ 요청에 따라 긴급구조활동에 참여한 민간 긴급구조지원기관에 대하여는 대통령령으로 정하는 바에 따라 그 경비의 전부 또는 일부를 지원할 수 있다.

④ 긴급구조활동을 하기 위하여 회전익항공기(이하 이 항에서 "헬기"라 한다)를 운항할 필요가 있으면 긴급구조기관의 장이 헬기의 운항과 관련되는 사항을 헬기운항통제기관에 통보하고 헬기를 운항할 수 있다. 이 경우 관계 법령에 따라 해당 헬기의 운항이 승인된 것으로 본다.

(4) 긴급구조 현장지휘(법 제52조)

① 재난현장에서는 시·군·구긴급구조통제단장이 긴급구조활동을 지휘한다. 다만, 치안활동과 관련된 사항은 관할 경찰관서의 장과 협의하여야 한다.

② 긴급구조통제단장의 현장지휘 사항

    ㉠ 재난현장에서 인명의 탐색·구조

    ㉡ 긴급구조기관 및 긴급구조지원기관의 긴급구조요원·긴급구조지원요원 및 재난관리자원의 배치와 운용

    ㉢ 추가 재난의 방지를 위한 응급조치

    ㉣ 긴급구조지원기관 및 자원봉사자 등에 대한 임무의 부여

    ㉤ 사상자의 응급처치 및 의료기관으로의 이송

    ㉥ 긴급구조에 필요한 재난관리자원의 관리

    ㉦ 현장접근 통제, 현장 주변의 교통정리, 그 밖에 긴급구조활동을 효율적으로 하기 위하여 필요한 사항

③ 시·도긴급구조통제단장은 필요하다고 인정하면 직접 현장지휘를 할 수 있다.

④ 중앙통제단장은 다음과 같은 대규모 재난이 발생하거나 그 밖에 필요하다고 인정하면 직접 현장지휘를 할 수 있다(시행령 제13조).

    ㉠ 재난 중 인명 또는 재산의 피해 정도가 매우 크거나 재난의 영향이 사회적·경제적으로 광범위하여 주무부처의 장 또는 지역재난안전대책본부장의 건의를 받아 중앙재난안전대책본부장이 인정하는 재난

    ㉡ 위 ㉠에 따른 재난에 준하는 것으로서 중앙재난안전대책본부장이 재난관리를 위하여 중앙재난안전대책본부의 설치가 필요하다고 판단하는 재난

⑤ 재난현장에서 긴급구조활동을 하는 긴급구조요원과 긴급구조지원기관의 긴급구조지원요원 및 재난관리자원에 대한 운용은 현장지휘를 하는 긴급구조통제단장(이하 "각급통제단장"이라 한다)의 지휘·통제에 따라야 한다.

⑥ 지역대책본부장은 각급통제단장이 수행하는 긴급구조활동에 적극 협력하여야 한다.

⑦ 시·군·구긴급구조통제단장은 제16조제3항에 따라 설치·운영하는 통합지원본부의 장에게 긴급구조에 필요한 인력이나 물자 등의 지원을 요청할 수 있다. 이 경우 요청받은 기관의 장은 최대한 협조하여야 한다.

⑧ 재난현장의 구조활동 등 초동 조치상황에 대한 언론 발표 등은 각급통제단장이 지명하는 자가 한다.

⑨ 각급통제단장은 재난현장의 긴급구조 등 현장지휘를 효과적으로 하기 위하여 재난현장에 현장지휘소를 설치·운영할 수 있다. 이 경우 긴급구조활동에 참여하는 긴급구조지원기관의 현장지휘자는 현장지휘소에 대통령령으로 정하는 바에 따라 연락관을 파견하여야 한다.

⑩ 각급통제단장은 긴급구조 활동을 종료하려는 때에는 재난현장에 참여한 지역사고수습본부장, 통합지원본부의 장 등과 협의를 거쳐 결정하여야 한다. 이 경우 각급통제단장은 긴급구조 활동 종료 사실을 지역대책본부장 및 ⑤에 따른 긴급구조지원기관의 장에게 통보하여야 한다.

⑪ 해양에서 발생한 재난의 긴급구조활동에 관하여는 ①부터 ⑩까지의 규정을 준용한다. 이 경우 시·군·구긴급구조통제단장, 시·도긴급구조통제단장, 중앙긴급구조통제단장은 수상에서의 수색·구조 등에 관한 법률에 따른 지역구조본부의 장, 광역구조본부의 장, 중앙구조본부의 장으로 각각 본다.

> **더 알아두기** 긴급구조 현장지휘체계(시행령 제59조)
>
> 1. 법 제52조에 따른 현장지휘(연락관을 파견하는 긴급구조지원기관의 현장지휘를 포함한다)는 다음의 재난이 발생하였을 때에는 행정안전부령으로 정하는 표준현장지휘체계에 따라야 한다.
>   ① 둘 이상의 지방자치단체의 관할구역에 걸친 재난
>   ② 하나의 지방자치단체 관할구역에서 여러 긴급구조기관 및 긴급구조지원기관이 공동으로 대응하는 재난
>   ☞ 표준현장지휘체계 등(긴급구조대응활동 및 현장지휘에 관한 규칙 제9조제2항)
>   "행정안전부령으로 정하는 표준현장지휘체계"란 긴급구조기관 및 긴급구조지원기관이 체계적인 현장대응과 상호협조체제를 유지하기 위하여 공통으로 사용하는 표준지휘조직도, 표준용어 및 재난현장 표준작전절차를 말한다.
> 2. 법 제52조제1항 및 제3항에 따른 지역통제단장의 현장지휘에 관한 사항은 긴급구조활동이 끝나거나 지역대책본부장이 필요하다고 판단하는 경우에는 지역통제단장과 지역대책본부장이 협의하여 행정안전부령으로 정하는 바에 따라 지역대책본부장이 수행할 수 있다.

(5) 긴급대응협력관(법 제52조의2)

긴급구조기관의 장은 긴급구조지원기관의 장에게 다음의 업무를 수행하는 긴급대응협력관을 대통령령으로 정하는 바에 따라 지정·운영하게 할 수 있다.
① 평상시 해당 긴급구조지원기관의 긴급구조대응계획 수립 및 재난관리자원의 관리
② 재난대응업무의 상호 협조 및 재난현장 지원업무 총괄

> **더 알아두기** 긴급대응협력관의 지정·운영(시행령 제61조의2)
>
> 1. 긴급구조기관의 장은 긴급구조지원기관의 장으로 하여금 같은 조에 따른 긴급대응협력관을 지정·운영하게 하려는 경우에는 긴급구조지원기관의 장에게 사전에 문서로 요청하여야 한다.
> 2. 요청을 받은 긴급구조지원기관의 장은 법 제52조의2의 업무와 관련된 부서의 실무책임자를 긴급대응협력관으로 지정하여야 한다.
> 3. 긴급구조지원기관의 장은 긴급대응협력관을 지정하였거나 지정 변경 또는 해제하였을 때에는 그 사실이 있는 날부터 30일 이내에 해당 긴급구조기관의 장에게 통보하여야 한다.

(6) 긴급구조활동에 대한 평가(법 제53조)

① 중앙통제단장과 지역통제단장은 재난상황이 끝난 후 대통령령으로 정하는 바에 따라 긴급구조지원기관의 활동에 대하여 종합평가를 하여야 한다.

② 종합평가결과는 시·군·구긴급구조통제단장은 시·도긴급구조통제단장 및 시장·군수·구청장에게, 시·도긴급구조통제단장은 소방청장에게 보고하거나 통보하여야 한다.

> **더 알아두기** 긴급구조지원기관의 활동에 대한 종합평가에 포함되어야 할 사항(시행령 제62조)
>
> 1. 긴급구조 활동에 참여한 인력 및 장비
> 2. 긴급구조대응계획의 이행 실태
> 3. 긴급구조요원의 전문성
> 4. 통합 현장 대응을 위한 통신의 적절성
> 5. 긴급구조교육 수료자 현황
> 6. 긴급구조 대응상의 문제점 및 개선이 필요한 사항

(7) 긴급구조대응계획의 수립(법 제54조)

① 긴급구조기관의 장은 재난이 발생하는 경우 긴급구조기관과 긴급구조지원기관이 신속하고 효율적으로 긴급구조를 수행할 수 있도록 대통령령으로 정하는 바에 따라 재난의 규모와 유형에 따른 긴급구조대응계획을 수립·시행하여야 한다.

② 긴급구조대응계획의 수립(시행령 제63조제1항)

긴급구조기관의 장이 수립하는 긴급구조대응계획은 기본계획, 기능별 긴급구조대응계획, 재난유형별 긴급구조대응계획으로 구분하되, 구분된 계획에 포함되어야 하는 사항은 다음과 같다.

㉠ 기본계획
- 긴급구조대응계획의 목적 및 적용범위
- 긴급구조대응계획의 기본방침과 절차
- 긴급구조대응계획의 운영책임에 관한 사항

㉡ 기능별 긴급구조대응계획
- 지휘통제 : 긴급구조체제 및 중앙통제단과 지역통제단의 운영체계 등에 관한 사항
- 비상경고 : 긴급대피, 상황 전파, 비상연락 등에 관한 사항
- 대중정보 : 주민보호를 위한 비상방송시스템 가동 등 긴급 공공정보 제공에 관한 사항 및 재난상황 등에 관한 정보 통제에 관한 사항
- 피해상황분석 : 재난현장상황 및 피해정보의 수집·분석·보고에 관한 사항
- 구조·진압 : 인명 수색 및 구조, 화재진압 등에 관한 사항
- 응급의료 : 대량 사상자 발생 시 응급의료서비스 제공에 관한 사항

- 긴급오염통제 : 오염 노출 통제, 긴급 감염병 방제 등 재난현장 공중보건에 관한 사항
- 현장통제 : 재난현장 접근 통제 및 치안 유지 등에 관한 사항
- 긴급복구 : 긴급구조활동을 원활하게 하기 위한 긴급구조차량 접근 도로 복구 등에 관한 사항
- 긴급구호 : 긴급구조요원 및 긴급대피 수용주민에 대한 위기 상담, 임시 의식주 제공 등에 관한 사항
- 재난통신 : 긴급구조기관 및 긴급구조지원기관 간 정보통신체계 운영 등에 관한 사항
ⓒ 재난유형별 긴급구조대응계획
- 재난 발생 단계별 주요 긴급구조 대응활동 사항
- 주요 재난유형별 대응 매뉴얼에 관한 사항
- 비상경고 방송메시지 작성 등에 관한 사항

③ 긴급구조대응계획의 수립절차(시행령 제64조)
ㄱ 소방청장은 매년 시·도긴급구조대응계획의 수립에 관한 지침을 작성하여 시·도긴급구조기관의 장에게 전달하여야 한다.
ㄴ 시·도긴급구조기관의 장은 ㄱ의 지침에 따라 시·도긴급구조대응계획을 작성하여 소방청장에게 보고하고 시·군·구긴급구조대응계획의 수립에 관한 지침을 작성하여 시·군·구긴급구조기관에 통보하여야 한다.
ㄷ 시·군·구긴급구조기관의 장은 ㄴ의 시·군·구긴급구조대응계획의 수립에 관한 지침에 따라 시·군·구긴급구조대응계획을 작성하여 시·도긴급구조기관의 장에게 보고하여야 한다.
ㄹ 긴급구조대응계획을 변경하는 경우에는 ㄱ부터 ㄷ까지의 규정을 준용한다.

(8) 긴급구조 관련 특수번호 전화서비스의 통합·연계(법 제54조의2)
① 행정안전부장관은 긴급구조 요청에 대한 신속한 대응을 위하여 대통령령으로 정하는 긴급구조 관련 특수번호 전화서비스(이하 "특수번호 전화서비스"라 한다)의 통합·연계 체계를 구축·운영하여야 한다.
② 행정안전부장관은 통합·연계되는 특수번호 전화서비스의 운영실태를 조사·분석하여 그 결과를 특수번호 전화서비스의 통합·연계 체계의 운영 개선에 활용할 수 있다.
③ 행정안전부장관은 필요한 경우 관계 중앙행정기관의 장 또는 대통령령으로 정하는 공공기관의 장에게 특수번호 전화서비스의 통합·연계 및 조사·분석 결과의 활용 등에 관한 협조를 요청할 수 있다. 이 경우 요청을 받은 해당 기관의 장은 특별한 사유가 없으면 협조하여야 한다.

(9) 재난대비능력 보강(법 제55조제1항, 제2항)

① 국가와 지방자치단체는 재난관리에 필요한 재난관리자원의 확보·확충, 통신망의 설치·정비 등 긴급구조능력을 보강하기 위하여 노력하고, 필요한 재정상의 조치를 마련하여야 한다.
② 긴급구조기관의 장은 긴급구조활동을 신속하고 효과적으로 할 수 있도록 긴급구조지휘대 등 긴급구조체제를 구축하고, 상시 소속 긴급구조요원 및 장비의 출동태세를 유지하여야 한다.

2. 법 제55조제2항에 따른 긴급구조지휘대는 소방서현장지휘대, 방면현장지휘대, 소방본부현장지휘대 및 권역현장지휘대로 구분하되, 구분된 긴급구조지휘대의 설치기준은 다음과 같다.
    ① 소방서현장지휘대 : 소방서별로 설치·운영
    ② 방면현장지휘대 : 2개 이상 4개 이하의 소방서별로 소방본부장이 1개를 설치·운영
    ③ 소방본부현장지휘대 : 소방본부별로 현장지휘대 설치·운영
    ④ 권역현장지휘대 : 2개 이상 4개 이하의 소방본부별로 소방청장이 1개를 설치·운영

(10) 긴급구조에 관한 교육(법 제55조제3항, 제4항)

① 긴급구조업무와 재난관리책임기관(행정기관 외의 기관만 해당한다)의 재난관리업무에 종사하는 사람은 대통령령으로 정하는 바에 따라 긴급구조에 관한 교육을 받아야 한다. 다만, 다른 법령에 따라 긴급구조에 관한 교육을 받은 경우에는 이 법에 따른 교육을 받은 것으로 본다.

② 긴급구조에 관한 교육(시행령 제66조제1항)

긴급구조지원기관에서 긴급구조업무와 재난관리업무를 담당하는 부서의 담당자 및 관리자는 다음의 구분에 따른 긴급구조에 관한 교육(이하 "긴급구조교육"이라 한다)을 받아야 한다.

    ㉠ 신규교육 : 해당 업무를 맡은 후 1년 이내에 받는 긴급구조교육

    ㉡ 정기교육 : 신규교육을 받은 후 2년마다 받는 긴급구조교육

③ 긴급구조의 교육(시행규칙 제16조)

    ㉠ 재난관리업무에 종사하는 사람에 대한 긴급구조에 관한 교육 내용은 다음과 같다.
- 긴급구조대응계획 및 긴급구조세부대응계획의 수립·집행 및 운용방법
- 재난 대응 행정실무
- 긴급재난 대응 이론 및 기술
- 긴급구조활동에 필요한 인명구조, 응급처치, 건축물구조 안전조치, 특수재난 대응방법 및 중앙긴급구조통제단의 단장(이하 "중앙통제단장"이라 한다)이 필요하다고 인정하는 사항

    ㉡ 교육의 과정
- 긴급구조 대응활동 실무자과정
- 긴급구조 대응 행정실무자과정
- 긴급구조 대응 현장지휘자과정
- 중앙통제단장이 필요하다고 인정하는 교육과정
- 그 밖에 시·도재난안전대책본부의 본부장 및 시·군·구재난안전대책본부의 본부장과 시·도긴급구조통제단의 단장 및 시·군·구긴급구조통제단의 단장이 필요하다고 인정하는 교육과정

④ 소방청장과 시·도지사는 ①에 따른 교육을 담당할 교육기관을 지정할 수 있다.

(11) 긴급구조지원기관의 능력에 대한 평가(법 제55조의2)

① 긴급구조지원기관은 대통령령으로 정하는 바에 따라 긴급구조에 필요한 능력을 유지하여야 한다.

② 긴급구조기관의 장은 긴급구조지원기관의 능력을 평가할 수 있다. 다만, 상시 출동체계 및 자체 평가제도를 갖춘 기관과 민간 긴급구조지원기관에 대하여는 대통령령으로 정하는 바에 따라 평가를 하지 아니할 수 있다.

③ 긴급구조기관의 장은 ②에 따른 평가 결과를 해당 긴급구조지원기관의 장에게 통보하여야 한다.

④ ①부터 ③까지에서 규정한 사항 외에 긴급구조지원기관의 능력 평가에 필요한 사항은 대통령령으로 정한다.

더 알아두기 긴급구조지원기관이 긴급구조에 필요한 능력의 구성요소(시행령 제66조의3제1항)

1. 다음 어느 하나에 해당하는 전문인력
   ① 긴급구조에 관한 교육을 14시간 이상 이수한 사람
   ② 긴급구조 관련 업무에 3년 이상 종사한 경력이 있는 사람
   ③ 해당 기관의 긴급구조 분야와 관련되는 국가자격 또는 민간자격을 보유한 사람
2. 긴급구조활동에 필요한 다음의 시설이나 장비
   ① 긴급구조기관으로부터 재난발생 상황 및 긴급구조 지원 요청을 접수하고 처리할 수 있는 상시 운영 시설
   ② 재난이 발생할 우려가 현저하거나 재난이 발생하였을 때 긴급구조기관과 연락할 수 있는 정보통신 시설이나 장비
   ③ 긴급구조지원기관의 해당 분야별 긴급구조활동을 수행하는 데에 필요한 시설이나 장비
   ④ 1.에 따른 전문인력과 ② 및 ③의 시설·장비를 재난 현장으로 수송할 수 있는 장비
3. 재난 현장에서 긴급구조활동을 지속적으로 수행하는 데에 필요한 다음의 물자
   ① 전문인력의 안전 확보 및 휴식·대기 등을 위한 물자
   ② 시설 및 장비의 운영과 유지·보수 및 정비에 필요한 물자
4. 재난 현장에서 전문인력, 시설·장비 및 물자를 긴급구조기관과 연계하여 운영하기 위한 다음의 운영체계
   ① 재난 현장에서의 의사전달 및 조정 체계
   ② 재난 현장에 투입된 인력, 시설·장비, 물자 등의 상황을 신속하게 파악하고, 효율적으로 배치·관리할 수 있는 자원관리체계
   ③ 긴급구조기관과의 협조체제를 유지하기 위한 현장지휘체계

---

(12) 긴급구조지원기관 능력에 대한 평가 절차(시행령 제66조의4)

① 소방청장은 긴급구조기관이 긴급구조지원기관에 대한 능력을 평가하는 데에 필요한 평가지침을 매년 수립하여 다른 긴급구조기관의 장에게 통보하여야 한다.

② 평가지침에 포함되어야 할 사항

ㄱ 긴급구조기관별로 평가하여야 하는 긴급구조지원기관

ㄴ 긴급구조지원기관에 대한 평가방법 및 평가 기준

ㄷ 그 밖에 긴급구조지원기관에 대한 능력 평가와 관련하여 소방청장이 필요하다고 인정하는 사항

더 알아두기 **평가 대상에서 제외되는 긴급구조지원기관 및 평가 제외 기간(시행령 제66조의5)**

1. 다음의 긴급구조지원기관은 다음 연도에 한정하여 평가 대상에서 제외한다.
   ① 법 제35조에 따른 재난대비훈련의 결과가 소방청장이 정하는 기준 이상에 해당하는 긴급구조지원기관
   ② 긴급구조기관의 장이 긴급구조지원기관의 자체평가 제도와 그 결과를 확인하여 긴급구조에 필요한 능력을 갖춘 것으로 인정하는 긴급구조지원기관
2. 다음에 해당하는 긴급구조지원기관은 다음 연도와 그 다음 연도에 한하여 제66조의3제2항에 따른 평가 대상에서 제외한다.
   ① 법 제53조에 따른 긴급구조활동에 대한 종합평가 결과 소방청장이 정하는 기준 이상에 해당하는 긴급구조지원기관
   ② 제4조제6호에 따라 긴급구조기관과 긴급구조활동에 관한 응원협정을 체결하면서 긴급구조기관으로부터 긴급구조에 필요한 능력을 확인받은 긴급구조지원기관

---

(13) 항공기 등 조난사고 시의 긴급구조 등(법 제57조)

① 소방청장은 항공기 조난사고가 발생한 경우 항공기 수색과 인명구조를 위하여 항공기 수색·구조계획을 수립·시행하여야 한다. 다만, 다른 법령에 항공기의 수색·구조에 관한 특별한 규정이 있는 경우에는 그 법령에 따른다.

② 항공기의 수색·구조에 필요한 사항은 대통령령으로 정한다.

더 알아두기 **항공기 수색·구조계획에 포함되어야 할 사항(시행령 제66조의6)**

1. 항공기 수색·구조 체계의 구성 및 운영
2. 항공기 수색·구조와 관련하여 다른 기관과의 협조체제 구축
3. 항공기 수색·구조에 필요한 교육 및 훈련
4. 항공기 수색·구조에 필요한 장비 및 시설의 확보 및 유지·관리
5. 그 밖에 항공기 수색과 인명구조를 위하여 소방청장이 필요하다고 인정하는 사항

---

③ 국방부장관은 항공기나 선박의 조난사고가 발생하면 관계 법령에 따라 긴급구조업무에 책임이 있는 기관의 긴급구조활동에 대한 군의 지원을 신속하게 할 수 있도록 다음의 조치를 취하여야 한다.

ㄱ 탐색구조본부의 설치·운영

ⓛ 탐색구조부대의 지정 및 출동대기태세의 유지

ⓒ 조난 항공기에 관한 정보 제공

> **더 알아두기** 해상에서의 긴급구조(법 제56조)
>
> 해상에서 발생한 선박이나 항공기 등의 조난사고의 긴급구조활동에 관하여는 수상에서의 수색·구조 등에 관한 법률 등 관계 법령에 따른다.

07 재난의 복구

1 피해조사 및 복구계획

(1) 재난피해 신고 및 조사(법 제58조)

① 재난으로 피해를 입은 사람은 피해상황을 행정안전부령으로 정하는 바에 따라 시장·군수·구청장(시·군·구대책본부가 운영되는 경우에는 해당 본부장을 말한다)에게 신고할 수 있으며, 피해 신고를 받은 시장·군수·구청장은 피해상황을 조사한 후 중앙대책본부장에게 보고하여야 한다.

② 재난관리책임기관의 장은 재난으로 인하여 피해가 발생한 경우에는 피해상황을 신속하게 조사한 후 그 결과를 중앙대책본부장에게 통보하여야 한다.

③ 중앙대책본부장은 재난피해의 조사를 위하여 필요한 경우에는 대통령령으로 정하는 바에 따라 관계 중앙행정기관 및 관계 재난관리책임기관의 장과 합동으로 중앙재난피해합동조사단을 편성하여 재난피해 상황을 조사할 수 있다.

> **더 알아두기** 중앙재난피해합동조사단의 구성·운영(시행령 제67조)
>
> 1. 중앙재난피해합동조사단(이하 "재난피해조사단"이라 한다)의 단장은 행정안전부 소속 공무원으로 한다.
> 2. 재난피해조사단의 단장은 중앙대책본부장의 명을 받아 재난피해조사단에 관한 사무를 총괄하고 재난피해조사단에 소속된 직원을 지휘·감독한다.
> 3. 중앙대책본부장은 재난 피해의 유형·규모에 따라 전문조사가 필요한 경우 전문조사단을 구성·운영할 수 있다.

(2) 재난복구계획의 수립 · 시행(법 제59조)

① 재난관리책임기관의 장은 사회재난으로 인한 피해[사회재난 중 제60조제3항에 따라 특별재난지역으로 선포된 지역의 사회재난으로 인한 피해(이하 이 조에서 "특별재난지역 피해"라 한다)는 제외한다]에 대하여 피해조사를 마치면 지체 없이 자체복구계획을 수립 · 시행하여야 한다.

② 시 · 도지사 또는 시장 · 군수 · 구청장은 특별재난지역 피해에 대하여 관할구역의 피해상황을 종합하는 재난복구계획을 수립한 후 수습본부장 및 관계 중앙행정기관의 장과 협의를 거쳐 중앙대책본부장에게 제출하여야 한다.

③ 긴급하게 복구를 실시하여야 하는 등 대통령령으로 정하는 특별한 사유가 있는 경우에는 수습본부장이 특별재난지역 피해에 대한 재난복구계획을 직접 수립하여 중앙대책본부장에게 제출할 수 있다.

> **더 알아두기** 자체복구계획 및 재난복구계획(시행령 제68조)
>
> 1. 자체복구계획 및 재난복구계획에는 피해시설별 · 관리주체별 복구 내용, 일정 및 복구비용 등이 포함되어야 한다.
> 2. "대통령령으로 정하는 특별한 사유"란 다음의 경우로서 수습본부의 장이 직접 재난복구계획을 수립할 필요성이 있다고 판단하는 경우를 말한다.
>   ① 사회재난 중 특별재난지역으로 선포된 지역의 사회재난으로 인한 피해(이하 "특별재난지역 피해"라 한다)에 대하여 긴급하게 복구를 실시하여야 하는 경우
>   ② 2개 이상의 시 · 도에 걸쳐 특별재난지역 피해가 발생한 경우
>   ③ 항공사고, 해상사고, 철도사고, 화학사고, 원전사고 또는 이에 준하는 사고로 인하여 발생한 특별재난지역 피해로서 국가적 차원에서 복구할 필요성이 큰 경우

(3) 재난복구계획에 따라 시행하는 사업의 관리(법 제59조의2)

① 재난관리책임기관의 장은 자체복구계획 또는 재난복구계획에 따라 시행하는 사업이 체계적으로 관리되도록 하여야 한다.

② 중앙대책본부장은 재난복구계획에 따라 시행하는 사업이 효율적으로 추진될 수 있도록 대통령령으로 정하는 사업에 대하여 지도 · 점검하고, 필요하면 시정명령 또는 시정요청(현지 시정명령과 시정요청을 포함한다)을 할 수 있다. 이 경우 시정명령 또는 시정요청을 받은 관계기관의 장은 정당한 사유가 없으면 이에 따라야 한다.

③ ②에 따른 지도 · 점검 등에 필요한 사항은 대통령령으로 정한다.

1. "대통령령으로 정하는 사업"이란 재난복구계획에 따라 시행하는 사업(이하 "재난복구사업"이라 한다) 중 다음에 해당하는 재난관리책임기관이 관리하는 시설에 대한 재난복구사업을 말한다.
   ① 중앙행정기관 및 지방자치단체(제주특별자치도 설치 및 국제자유도시조성을 위한 특별법에 따른 행정시를 포함)
   ② 재난관리책임기관 중 지방행정기관
   ③ 재난관리책임기관(②에 따른 지방행정기관은 제외한다) 중 재난복구사업의 규모 및 파급효과 등을 고려하여 해당 재난복구사업에 대한 지도·점검이 필요하다고 행정안전부장관이 인정하는 재난관리책임기관
2. 중앙대책본부장은 재난복구사업의 지도·점검을 하려는 경우에는 다음의 사항이 포함된 지도·점검 계획을 수립하여 지도·점검 5일 전까지 대상 기관에 통지하여야 한다.
   ① 지도·점검의 목적
   ② 지도·점검의 일시 및 대상
   ③ 그 밖에 지도·점검을 위하여 중앙대책본부장이 필요하다고 인정하는 사항

2 특별재난지역 선포 및 지원

(1) 특별재난지역의 선포(법 제60조)

① 중앙대책본부장은 대통령령으로 정하는 규모의 재난이 발생하여 국가의 안녕 및 사회질서의 유지에 중대한 영향을 미치거나 피해를 효과적으로 수습하기 위하여 특별한 조치가 필요하다고 인정하거나 지역대책본부장의 요청이 타당하다고 인정하는 경우에는 중앙위원회의 심의를 거쳐 해당 지역을 특별재난지역으로 선포할 것을 대통령에게 건의할 수 있다.

② ①에 따라 대통령령으로 재난의 규모를 정할 때에는 다음의 사항을 고려하여야 한다.
   ㉠ 인명 또는 재산의 피해 정도
   ㉡ 재난지역 관할 지방자치단체의 재정 능력
   ㉢ 재난으로 피해를 입은 구역의 범위

1. "대통령령으로 정하는 규모의 재난"이란 다음에 해당하는 재난을 말한다.
   ① 자연재난으로서 자연재난 구호 및 복구 비용 부담기준 등에 관한 규정에 따른 국고 지원 대상 피해 기준금액의 2.5배를 초과하는 피해가 발생한 재난
   ② 자연재난으로서 자연재난 구호 및 복구 비용 부담기준 등에 관한 규정에 따른 국고 지원 대상에 해당하는 시·군·구의 관할 읍·면·동에 국고 지원 대상 피해 기준금액의 4분의 1을 초과하는 피해가 발생한 재난
   ③ 사회재난의 재난 중 재난이 발생한 해당 지방자치단체의 행정능력이나 재정능력으로는 재난의 수습이 곤란하여 국가적 차원의 지원이 필요하다고 인정되는 재난
   ④ 그 밖에 재난 발생으로 인한 생활기반 상실 등 극심한 피해의 효과적인 수습 및 복구를 위하여 국가적 차원의 특별한 조치가 필요하다고 인정되는 재난
2. 대통령이 특별재난지역을 선포하는 경우에 중앙대책본부장은 특별재난지역의 구체적인 범위를 정하여 공고하여야 한다.

③ 특별재난지역의 선포를 건의받은 대통령은 해당 지역을 특별재난지역으로 선포할 수 있다.
④ 지역대책본부장은 관할지역에서 발생한 재난으로 인하여 ①에 따른 사유가 발생한 경우에는 중앙대책본부장에게 특별재난지역의 선포 건의를 요청할 수 있다.

(2) 특별재난지역에 대한 지원(법 제61조)

국가나 지방자치단체는 특별재난지역으로 선포된 지역에 대하여는 제66조제3항에 따른 지원을 하는 외에 대통령령으로 정하는 바에 따라 응급대책 및 재난구호와 복구에 필요한 행정상·재정상·금융상·의료상의 특별지원을 할 수 있다.

(3) 특별재난지역에 대한 지원(시행령 제70조)

① 특별재난지역으로 선포한 지역에 대한 특별지원의 내용
   ㉠ 자연재난 구호 및 복구 비용 부담기준 등에 관한 규정에 따른 국고의 추가지원
   ㉡ 자연재난 구호 및 복구 비용 부담기준 등에 관한 규정에 따른 지원
   ㉢ 의료·방역·방제(防除) 및 쓰레기 수거 활동 등에 대한 지원
   ㉣ 재해구호법에 따른 의연금품의 지원
   ㉤ 농어업인의 영농·영어·시설·운전 자금 및 중소기업의 시설·운전 자금의 우선 융자, 상환 유예, 상환 기한 연기 및 그 이자 감면과 중소기업에 대한 특례보증 등의 지원
   ㉥ 그 밖에 재난응급대책의 실시와 재난의 구호 및 복구를 위한 지원
② 국가가 법 제61조에 따라 이 영 제69조제1항제2호에 해당하는 재난 및 그에 준하는 같은 항 제3호의 재난과 관련하여 특별재난지역으로 선포한 지역에 대하여 하는 특별지원의 내용은 다음과 같다.

㉠ 사회재난 구호 및 복구 비용 부담기준 등에 관한 규정에 따른 지원

　　　㉡ ①의 ㉢ 및 ㉤에 해당하는 지원

　　　㉢ 그 밖에 중앙대책본부장이 필요하다고 인정하는 지원

　③ 중앙대책본부장은 지원을 위한 피해금액과 복구비용의 산정, 국고지원 내용 등을 관계 중앙행정기관의 장과의 협의 및 중앙대책본부회의의 심의를 거쳐 확정한다.

　④ 중앙대책본부장 및 지역대책본부장은 특별재난지역이 선포되었을 때에는 재난응급대책의 실시와 재난의 구호 및 복구를 위하여 재난복구계획의 수립·시행 전에 재난대책을 위한 예비비, 재난관리기금·재해구호기금 및 의연금을 집행할 수 있다.

③ 재정 및 보상 등

(1) 비용 부담의 원칙(법 제62조)

　① 재난관리에 필요한 비용은 이 법 또는 다른 법령에 특별한 규정이 있는 경우 외에는 이 법 또는 안전관리계획에서 정하는 바에 따라 그 시행의 책임이 있는 자가 부담한다. 다만, 시·도지사나 시장·군수·구청장이 다른 재난관리책임기관이 시행할 재난의 응급조치를 시행한 경우 그 비용은 그 응급조치를 시행할 책임이 있는 재난관리책임기관이 부담한다.

　② ①의 단서에 따른 비용은 관계 기관이 협의하여 정산한다.

(2) 응급지원에 필요한 비용(법 제63조)

　① 응원을 받은 자는 그 응원에 드는 비용을 부담하여야 한다.

　② ①의 경우 그 응급조치로 인하여 다른 지방자치단체가 이익을 받은 경우에는 그 수익의 범위에서 이익을 받은 해당 지방자치단체가 그 비용의 일부를 분담하여야 한다.

　③ ①과 ②에 따른 비용은 관계 기관이 협의하여 정산한다.

(3) 손실보상(법 제64조)

　① 국가나 지방자치단체는 제39조(동원명령 등) 및 제45조(응급부담)에 따른 조치로 인하여 손실이 발생하면 보상하여야 한다.

　② 손실보상에 관하여는 손실을 입은 자와 그 조치를 한 중앙행정기관의 장, 시·도지사 또는 시장·군수·구청장이 협의하여야 한다.

　③ ②에 따른 협의가 성립되지 아니하면 대통령령으로 정하는 바에 따라 공익사업을 위한 토지 등의 취득 및 보상에 관한 법률에 따른 관할 토지수용위원회에 재결을 신청할 수 있다.

1. 손실보상에 관한 협의는 동원명령 및 응급부담에 따른 조치가 있는 날부터 60일 이내에 하여야 한다.
2. 재결의 신청은 동원명령 및 응급부담에 따른 조치가 있는 날부터 180일 이내에 하여야 한다.

(4) 치료 및 보상(법 제65조)

① 재난 발생 시 긴급구조활동과 응급대책·복구 등에 참여한 자원봉사자, 응급조치 종사명령을 받은 사람 및 긴급구조활동에 참여한 민간 긴급구조지원기관의 긴급구조지원요원이 응급조치나 긴급구조활동을 하다가 부상(신체적·정신적 손상을 말한다)을 입은 경우 및 부상으로 인하여 장애를 입은 경우에는 치료(심리적 안정과 사회적응을 위한 상담지원을 포함한다)를 실시하고 보상금을 지급하며, 사망(부상으로 인하여 사망한 경우를 포함한다)한 경우에는 그 유족에게 보상금을 지급한다. 다만, 다른 법령에 따라 국가나 지방자치단체의 부담으로 같은 종류의 보상금을 받은 사람에게는 그 보상금에 상당하는 금액을 지급하지 아니한다.
② 재난의 응급대책·복구 및 긴급구조 등에 참여한 자원봉사자의 장비 등이 응급대책·복구 또는 긴급구조와 관련하여 고장나거나 파손된 경우에는 그 자원봉사자에게 수리비용을 보상할 수 있다.
③ 치료 및 보상금은 국가나 지방자치단체가 부담하며, 그 기준과 절차 등에 관한 사항은 대통령령으로 정한다.

1. 치료 및 보상금은 해당 재난이 국가의 업무 또는 시설과 관계되는 경우에는 국가가 부담하고, 지방자치단체의 업무 또는 시설과 관계되는 경우에는 지방자치단체가 부담한다.
2. 부상을 입은 사람 및 부상으로 장애를 입은 사람에 대한 치료는 치료에 필요한 실비를 지급하는 방법으로 할 수 있다.
3. 부상을 입은 사람, 부상으로 장애를 입은 사람, 사망(부상으로 사망한 경우를 포함한다)한 사람의 유족에게 지급하는 보상금의 지급기준에 관하여는 의사상자 등 예우 및 지원에 관한 법률 제8조와 같은 법 시행령 제12조를 준용한다.
4. 장비 등의 고장이나 파손에 대한 보상은 다음의 기준에 따라 지급액을 결정한다.
   ① 고장나거나 파손된 장비 등의 수리가 불가능한 경우에는 참여 당시 장비 등의 교환가격
   ② 고장나거나 파손된 장비 등의 수리가 가능한 경우에는 수리에 필요한 실비
5. 1.에 따른 보상 중 유족에 대한 보상금은 그 배우자, 미성년자인 자녀, 부모, 조부모, 성년인 자녀, 형제자매 순으로 지급한다. 이 경우 같은 순위의 유족이 2명 이상일 경우에는 같은 금액으로 나누어 지급하되, 태아는 그 지급순위에 관하여는 이미 출생한 것으로 본다.

(5) 재난지역에 대한 국고보조 등의 지원(법 제66조)

① 국가는 다음의 어느 하나에 해당하는 재난의 원활한 복구를 위하여 필요하면 대통령령으로
정하는 바에 따라 그 비용의 전부 또는 일부를 국고에서 부담하거나 지방자치단체, 그 밖의
재난관리책임자에게 보조할 수 있다. 다만, 동원명령 및 대피명령을 방해하거나 위반하여
발생한 피해에 대하여는 그러하지 아니하다.

  ㉠ 자연재난

  ㉡ 사회재난 중 제60조제3항에 따라 특별재난지역으로 선포된 지역의 재난

② 재난복구사업의 재원은 대통령령으로 정하는 재난의 구호 및 재난의 복구비용 부담기준에 따라
국고의 부담금 또는 보조금과 지방자치단체의 부담금·의연금 등으로 충당하되, 지방자치단체
의 부담금 중 시·도 및 시·군·구가 부담하는 기준은 행정안전부령으로 정한다.

> **더 알아두기** 지방자치단체의 재난복구 비용 부담기준(시행규칙 제19조의2)
>
> 지방자치단체의 부담금 중 시·도 및 시·군·구가 부담하는 기준은 다음과 같다.
> 1. 자연재난 : 자연재난 구호 및 복구 비용 부담기준 등에 관한 규칙 제2조에 따른 비율에 따라
>   부담
> 2. 사회재난 : 시·군·구의 부담률이 50%를 넘지 아니하는 범위에서 시·도의 조례로 정하는
>   비율에 따라 부담

③ 국가와 지방자치단체는 재난으로 피해를 입은 시설의 복구와 피해주민의 생계 안정 및 피해기
업의 경영 안정을 위하여 다음의 지원을 할 수 있다. 다만, 다른 법령에 따라 국가 또는 지방자치
단체가 같은 종류의 보상금 또는 지원금을 지급하거나, 사회재난에 해당하는 재난으로 피해를
유발한 원인자가 보험금 등을 지급하는 경우에는 그 보상금, 지원금 또는 보험금 등에 상당하는
금액은 지급하지 아니한다.

  ㉠ 사망자·실종자·부상자 등 피해주민에 대한 구호

  ㉡ 주거용 건축물의 복구비 지원

  ㉢ 고등학생의 학자금 면제

  ㉣ 자금의 융자, 보증, 상환기한의 연기, 그 이자의 감면 등 관계 법령에서 정하는 금융지원

  ㉤ 세입자 보조 등 생계안정 지원

  ㉥ 소상공인기본법에 따른 소상공인에 대한 지원

  ㉦ 관계 법령에서 정하는 바에 따라 국세·지방세, 건강보험료·연금보험료, 통신요금, 전기
  요금 등의 경감 또는 납부유예 등의 간접지원

  ㉧ 주 생계수단인 농업·어업·임업·염생산업에 피해를 입은 경우에 해당 시설의 복구를
  위한 지원

  ㉨ 공공시설 피해에 대한 복구사업비 지원

ⓔ 그 밖에 중앙재난안전대책본부회의에서 결정한 지원 또는 지역재난안전대책본부회의에서 결정한 지원

④ ③에 따른 지원의 기준은 ①의 어느 하나에 해당하는 재난에 대해서는 대통령령으로 정하고, 사회재난으로서 제60조제3항에 따라 특별재난지역으로 선포되지 아니한 지역의 재난에 대해서는 해당 지방자치단체의 조례로 정한다.

⑤ 국가와 지방자치단체는 재난으로 피해를 입은 사람에 대하여 심리적 안정과 사회 적응을 위한 상담 활동을 지원할 수 있다. 이 경우 구체적인 지원절차와 그 밖에 필요한 사항은 대통령령으로 정한다.

더 알아두기 재난피해자에 대한 상담 활동 지원절차(시행령 제73조의2)

1. 행정안전부장관 또는 지방자치단체의 장은 재난으로 피해를 입은 사람에 대하여 심리적 안정과 사회 적응(이하 "심리회복"이라 한다)을 위한 상담 활동을 체계적으로 지원하기 위하여 다음의 사항을 포함하는 상담활동지원계획을 수립·시행하여야 한다.
   ① 재난 및 피해 유형별 상담 활동의 세부 지원방안
   ② 상담 활동 지원에 필요한 재원의 확보
   ③ 심리회복 전문가 인력 확보 및 유관기관과의 협업체계 구축
   ④ 정신건강증진시설과의 진료 연계
   ⑤ 상담 활동 지원을 위한 교육·연구 및 홍보
   ⑥ 그 밖에 재난으로 피해를 입은 사람에 대하여 심리회복을 위한 상담 활동 지원에 필요하다고 행정안전부장관 또는 지방자치단체의 장이 필요하다고 인정하는 사항
2. 행정안전부장관과 지방자치단체의 장은 다음에 해당하는 지역에 대하여는 상담 활동 지원을 우선적으로 실시할 수 있다.
   ① 특별재난지역으로 선포된 지역
   ② 제13조의 어느 하나에 해당하는 재난이 발생한 지역

---

⑥ 국가 또는 지방자치단체는 ③에 따른 지원의 원인이 되는 사회재난에 대하여 그 원인을 제공한 자가 따로 있는 경우에는 그 원인제공자에게 국가 또는 지방자치단체가 부담한 비용의 전부 또는 일부를 청구할 수 있다.

⑦ ③에 따라 지원되는 금품 또는 이를 지급받을 권리는 양도·압류하거나 담보로 제공할 수 없다.

(6) 복구비 등의 선지급(법 제66조의2)

① 지방자치단체의 장은 재난의 신속한 구호 및 복구를 위하여 필요하다고 판단되면 재난의 구호 및 복구를 위하여 지원하는 비용(이하 "복구비 등"이라 한다) 중 대통령령으로 정하는 항목에 대해서는 제59조 또는 자연재해대책법 제46조에 따른 복구계획 수립 전에 미리 지급할 수 있다.

② ①에 따라 복구비 등을 선지급 받으려는 자는 대통령령으로 정하는 바에 따라 재난으로 인한 피해 물량 등에 관하여 신고하여야 한다.

③ 지방자치단체의 장은 ①에 따라 미리 복구비 등을 지급하기 위하여 피해 주민의 주(主) 생계수단을 판단하기 위한 다음의 사항에 대한 확인을 해당 각 호의 자에게 요청할 수 있다. 이 경우 확인을 요청받은 자는 특별한 사유가 없으면 요청에 따라야 한다.

    ㉠ 근로소득 및 사업소득 수준에 관한 사항 : 국세청장 또는 관할 세무서장

    ㉡ 국민연금 가입ㆍ납입에 관한 사항 : 국민연금법 제24조에 따른 국민연금공단의 이사장

    ㉢ 국민건강보험 가입ㆍ납입에 관한 사항 : 국민건강보험법 제13조에 따른 국민건강보험공단의 이사장

④ ①에 따른 복구비 등 선지급을 위하여 필요한 선지급의 비율ㆍ절차 등에 관한 사항은 대통령령으로 정한다.

(7) 복구비 등의 반환(법 제66조의3)

① 국가와 지방자치단체는 복구비 등을 받은 자가 다음의 어느 하나에 해당하는 경우에는 행정안전부령으로 정하는 바에 따라 그 받은 복구비 등을 반환하도록 명하여야 한다.

    ㉠ 부정한 방법으로 복구비 등을 받은 경우

    ㉡ 복구비 등을 받은 후 그 지급 사유가 소급하여 소멸된 경우

    ㉢ 그 밖에 대통령령으로 정하는 사유가 발생한 경우

② ①에 따라 반환명령을 받은 자는 즉시 복구비 등을 반환하여야 한다.

③ ②에 따라 반환하여야 할 반환금을 지정된 기한까지 반환하지 아니하면 국세 체납처분 또는 지방세 체납처분의 예에 따라 징수한다.

④ ③에 따른 반환금의 징수는 국세와 지방세를 제외하고는 다른 공과금에 우선한다.

08   안전문화 진흥ㆍ보칙ㆍ벌칙

1 안전문화 진흥

(1) 안전문화 진흥을 위한 시책의 추진(법 제66조의4)

① 중앙행정기관의 장과 지방자치단체의 장은 소관 재난 및 안전관리업무와 관련하여 국민의 안전의식을 높이고 안전문화를 진흥시키기 위한 다음의 안전문화활동을 적극 추진하여야 한다.

    ㉠ 안전교육 및 안전훈련(응급상황시의 대처요령을 포함한다)

    ㉡ 안전의식을 높이기 위한 캠페인 및 홍보

ⓒ 각종 사고를 예방하기 위한 안전신고 활동 장려・지원

ⓔ 안전행동요령 및 기준・절차 등에 관한 지침의 개발・보급

ⓜ 안전문화 우수사례의 발굴 및 확산

ⓗ 안전 관련 통계 현황의 관리・활용 및 공개

ⓢ 안전에 관한 각종 조사 및 분석

ⓞ 안전취약계층의 안전관리 강화

ⓩ 그 밖에 안전문화를 진흥하기 위한 활동

② 행정안전부장관은 안전문화활동의 추진에 관한 총괄・조정 업무를 관장한다.

③ 지방자치단체의 장은 지역 내 안전문화활동에 주민과 관련 기관・단체가 참여할 수 있는 제도를 마련하여 시행할 수 있다.

④ 국가와 지방자치단체는 국민이 안전문화를 실천하고 체험할 수 있는 안전체험시설을 설치・운영할 수 있다.

⑤ 국가와 지방자치단체는 지방자치단체 또는 그 밖의 기관・단체에서 추진하는 안전문화활동을 위하여 필요한 예산을 지원할 수 있다.

> **더 알아두기** 안전문화활동에 대한 총괄・조정(시행령 제73조의5)
>
> 1. 행정안전부장관과 지방자치단체의 장은 안전문화활동과 그 밖에 안전문화의 진흥에 필요한 사업을 효율적으로 추진하기 위하여 안전문화 관련 기관 및 단체로 구성된 중앙협의체 또는 지역협의체를 각각 구성・운영할 수 있다.
> 2. 중앙협의체 또는 지역협의체의 구성・운영에 필요한 사항은 행정안전부장관 또는 해당 지방자치단체의 장이 각각 정한다.

(2) 국민안전의 날 등(법 제66조의7)

① 국가는 국민의 안전의식 수준을 높이기 위하여 매년 4월 16일을 국민안전의 날로 정하여 필요한 행사 등을 한다.

② 국가는 대통령령으로 정하는 바에 따라 국민의 안전의식 수준을 높이기 위하여 안전점검의 날과 방재의 날을 정하여 필요한 행사 등을 할 수 있다.

> **더 알아두기** 안전점검의 날 등(시행령 제73조의6)
>
> 1. 안전점검의 날은 매월 4일로 하고, 방재의 날은 매년 5월 25일로 한다.
> 2. 재난관리책임기관은 안전점검의 날에는 재난취약시설에 대한 일제점검, 안전의식 고취 등 안전 관련 행사를 실시하고, 방재의 날에는 자연재난에 대한 주민의 방재의식을 고취하기 위하여 재난에 대한 교육・홍보 등의 관련 행사를 실시한다.
> 3. ②에서 규정한 사항 외에 안전점검의 날 및 방재의 날 행사 등에 필요한 사항은 행정안전부장관이 각각 정한다.

(3) 안전관리헌장(법 제66조의8)

① 국무총리는 재난을 예방하고, 재난이 발생할 경우 그 피해를 최소화하기 위하여 재난 및 안전관리업무에 종사하는 자가 지켜야 할 사항 등을 정한 안전관리헌장을 제정·고시하여야 한다.

② 재난관리책임기관의 장은 안전관리헌장을 실천하는 데 노력하여야 하며, 안전관리헌장을 누구나 쉽게 볼 수 있는 곳에 항상 게시하여야 한다.

(4) 안전정보의 구축·활용(법 제66조의9)

① 행정안전부장관은 재난 및 각종 사고로부터 국민의 생명과 신체 및 재산을 보호하기 위하여 다음의 정보(이하 "안전정보"라 한다)를 수집하여 체계적으로 관리하여야 한다.
   ㉠ 재난이나 그 밖의 각종 사고에 관한 통계, 지리정보 및 안전정책에 관한 정보
   ㉡ 안전취약계층의 재난 및 각종 사고 피해에 관한 통계
   ㉢ 안전 점검 결과
   ㉣ 조치 결과
   ㉤ 재난관리체계 등에 대한 평가 결과
   ㉥ 긴급구조지원기관의 능력 평가 결과
   ㉦ 재난원인조사 결과
   ㉧ 개선권고 등의 조치결과에 관한 정보
   ㉨ 그 밖에 재난이나 각종 사고에 관한 정보로서 행정안전부장관이 수집·관리가 필요하다고 인정하는 정보

② 행정안전부장관은 안전정보를 체계적으로 관리하고 안전정보 및 다른 법령에 따라 재난관리책임기관의 장이 공개하는 시설 등에 대한 각종 안전점검·진단 등의 결과를 통합적으로 공개하기 위하여 안전정보통합관리시스템을 구축·운영하여야 한다.

③ 행정안전부장관은 안전정보통합관리시스템을 관계 행정기관 및 국민이 안전수준을 진단하고 개선하는 데 활용할 수 있도록 하여야 한다.

④ 행정안전부장관은 안전정보통합관리시스템을 구축·운영하기 위하여 관계 행정기관의 장에게 필요한 자료를 요청할 수 있다. 이 경우 요청을 받은 관계 행정기관의 장은 특별한 사유가 없으면 요청에 따라야 한다.

⑤ 안전정보 등의 수집·공개·관리, 안전정보통합관리시스템의 구축·활용 등에 필요한 사항은 대통령령으로 정한다.

(5) 안전지수의 공표 및 안전진단의 실시 등(법 제66조의10)

① 행정안전부장관은 지역별 안전수준과 안전의식을 객관적으로 나타내는 지수(이하 "안전지수"라 한다)를 개발·조사하여 그 결과를 공표할 수 있다.

② 행정안전부장관은 ①에 따라 공표된 안전지수를 고려하여 안전수준 및 안전의식의 개선이 필요하다고 인정되는 지방자치단체에 대해서는 안전환경 분석 및 개선방안 마련 등 안전진단 (이하 "안전진단"이라 한다)을 실시할 수 있다.

③ 행정안전부장관은 안전지수의 조사 및 안전진단의 실시를 위하여 관계 행정기관의 장에게 필요한 자료를 요청할 수 있다. 이 경우 요청을 받은 관계 행정기관의 장은 특별한 사유가 없으면 요청에 따라야 한다.

④ 행정안전부장관은 안전지수의 개발·조사 및 안전진단의 실시에 관한 업무를 효율적으로 수행하기 위하여 필요한 경우 대통령령으로 정하는 기관 또는 단체로 하여금 그 업무를 대행하게 할 수 있다.

⑤ 안전지수의 조사 항목, 방법, 공표절차 및 안전진단의 실시 방법, 절차, 기준 등 필요한 사항은 대통령령으로 정한다.

(6) 지역축제 개최 시 안전관리조치(법 제66조의11)

① 중앙행정기관의 장 또는 지방자치단체의 장은 대통령령으로 정하는 지역축제를 개최하려면 해당 지역축제가 안전하게 진행될 수 있도록 지역축제 안전관리계획을 수립하고, 그 밖에 안전관리에 필요한 조치를 하여야 한다. 다만, 다중의 참여가 예상되는 지역축제로서 개최자가 없거나 불분명한 경우에는 참여 예상 인원의 규모와 장소 등을 고려하여 대통령령으로 정하는 바에 따라 관할 지방자치단체의 장이 지역축제 안전관리계획을 수립하고 그 밖에 안전관리에 필요한 조치를 하여야 한다.

④ 안전관리인력의 확보 및 배치계획

⑤ 비상시 대응요령, 담당 기관과 담당자 연락처

3. 지역축제를 개최하려는 자가 지역축제 안전관리계획을 수립하려면 개최지를 관할하는 지방자치단체, 소방서 및 경찰서 등 안전관리 유관기관의 의견을 미리 들어야 한다.

4. 지역축제를 개최하려는 자는 지역축제 안전관리계획을 수립하여 축제 개최일 3주 전까지 관할 시장·군수·구청장에게 제출해야 한다. 이 경우 지역축제 안전관리계획을 변경하려는 경우에는 해당 축제 개최일 7일 전까지 변경된 내용을 제출해야 한다.

5. 행정안전부장관은 지역축제 안전관리계획이 효율적으로 수립·관리될 수 있도록 하기 위하여 지역축제 안전관리 매뉴얼을 작성하여 중앙행정기관의 장 또는 지방자치단체의 장에게 통보하고 행정안전부 인터넷 홈페이지 등을 통하여 공개할 수 있다.

6. 1.부터 5.까지에서 규정한 사항 외에 지역축제 안전관리계획의 세부적인 내용 및 수립절차 등에 관하여 필요한 사항은 행정안전부장관이 정한다.

② 행정안전부장관 또는 시·도지사는 지역축제 안전관리계획의 이행 실태를 지도·점검할 수 있으며, 점검결과 보완이 필요한 사항에 대해서는 관계 기관의 장에게 시정을 요청할 수 있다. 이 경우 시정 요청을 받은 관계 기관의 장은 특별한 사유가 없으면 요청에 따라야 한다.

③ 중앙행정기관의 장 또는 지방자치단체의 장 외의 자가 대통령령으로 정하는 지역축제를 개최하려는 경우에는 해당 지역축제가 안전하게 진행될 수 있도록 지역축제 안전관리계획을 수립하여 대통령령으로 정하는 바에 따라 관할 시장·군수·구청장에게 사전에 통보하고, 그 밖에 안전관리에 필요한 조치를 하여야 한다. 지역축제 안전관리계획을 변경하려는 때에도 또한 같다.

④ ③에 따른 통보를 받은 관할 시장·군수·구청장은 필요하다고 인정되는 때에는 지역축제 안전관리계획에 대하여 보완을 요구할 수 있다. 이 경우 보완을 요구받은 자는 정당한 사유가 없으면 이에 따라야 한다.

⑤ ① 또는 ③에 따른 지역축제의 안전관리를 위하여 필요한 경우 중앙행정기관의 장 또는 지방자치단체의 장(③에 따른 지역축제의 경우에는 관할 시장·군수·구청장을 말한다. 이하 이 항 및 제6항에서 같다)은 관할 경찰관서, 소방관서 및 그 밖에 관계 기관의 장에게 협조 또는 해당 기관의 소관 사항에 대한 역할 분담을 요청할 수 있다. 이 경우 요청을 받은 기관의 장은 특별한 사유가 없으면 이에 따라야 한다.

⑥ ① 또는 ③에 따른 지역축제의 안전관리를 위하여 필요한 경우 중앙행정기관의 장 또는 지방자치단체의 장은 대통령령으로 정하는 바에 따라 관할 경찰관서, 소방관서 및 그 밖에 관계 기관·단체 등이 참여하는 지역안전협의회를 구성·운영할 수 있다.

⑦ ①부터 ④까지의 규정에 따른 지역축제 안전관리계획의 내용, 수립절차 및 ⑤에 따른 협조 또는 역할 분담의 요청 등에 필요한 사항은 대통령령으로 정한다.

(7) 안전사업지구의 지정 및 지원(법 제66조의12)

① 행정안전부장관은 지역사회의 안전수준을 높이기 위하여 시·군·구를 대상으로 안전사업지구를 지정하여 필요한 지원을 할 수 있다.

② 안전사업지구의 지정기준, 지정절차 등 필요한 사항은 대통령령으로 정한다.

> **더 알아두기** 안전사업지구의 지정기준 및 절차 등(시행령 제73조의10)
>
> 1. 행정안전부장관은 안전사업지구의 원활한 지원을 위하여 필요한 경우에는 일정한 기간을 정하여 신청을 받아 안전사업지구를 지정할 수 있다.
> 2. 안전사업지구로 지정을 받으려는 시장·군수·구청장은 안전사업지구를 지정하는 목적 달성에 필요한 사업(안전사업)에 관한 다음의 사항이 포함된 추진계획서 및 관련 자료를 첨부하여 행정안전부장관에게 제출하여야 한다.
>   ① 안전사업 추진개요
>   ② 안전사업 추진기간
>   ③ 안전사업에 지원하는 예산·인력 등의 내용
>   ④ 지역주민의 안전사업 추진에 대한 참여 방안
>   ⑤ 안전사업의 추진에 따른 기대효과
> 3. 안전사업지구의 지정기준
>   ① 안전사업에 대한 해당 지역주민의 참여 가능성 및 정도
>   ② 안전사업에 관한 재원조달계획의 적정성 및 실현가능성
>   ③ 안전사업지구 지정으로 지역사회 안전수준의 향상에 기여할 것으로 예상되는 정도

2 보 칙

지방교부세법 제9조제1항제2호에 따른 특별교부세는 지방교부세법에 따라 행정안전부장관이 교부 등을 행한다. 이 경우 특별교부세의 교부는 지방자치단체의 재난 및 안전관리 수요에 한정한다.

(1) 재난관리기금의 적립(법 제67조)

① 지방자치단체는 재난관리에 드는 비용에 충당하기 위하여 매년 재난관리기금을 적립하여야 한다.

② ①에 따른 재난관리기금의 매년도 최저적립액은 최근 3년 동안의 지방세법에 의한 보통세의 수입결산액의 평균연액의 100분의 1에 해당하는 금액으로 한다.

재난관리기금의 운용·관리(시행령 제75조)

1. 시·도지사 및 시장·군수·구청장은 전용 계좌를 개설하여 매년 적립하는 재난관리기금을 관리하여야 한다.
2. 시·도지사 및 시장·군수·구청장은 매년도 최저적립액의 100분의 15 이상의 금액(이하 "의무예치금액"이라 한다)을 금융회사 등에 예치하여 관리하여야 한다. 다만, 의무예치금액의 누적 금액이 해당 연도를 기준으로 매년도 최저적립액의 10배를 초과한 경우에는 해당 연도의 의무예치금액을 매년도 최저적립액의 100분의 5로 낮추어 예치할 수 있다.

(2) 재난관리기금의 운용 등(법 제68조)

① 재난관리기금에서 생기는 수입은 그 전액을 재난관리기금에 편입하여야 한다.
② 매년도 최저적립액 중 대통령령으로 정하는 일정 비율 이상은 응급복구 또는 긴급한 조치에 우선적으로 사용하여야 한다.

재난관리기금의 운용·관리(시행령 제75조제3항)

"대통령령으로 정하는 일정 비율"이란 해당 연도의 최저적립액의 100분의 21을 말한다.

③ 재난관리기금의 용도·운용 및 관리에 필요한 사항은 대통령령으로 정한다.

재난관리기금의 용도(시행령 제74조)

법 제68조에 따른 재난관리기금의 용도는 다음과 같다.
1. 지방자치단체가 수행하는 공공분야 재난관리 활동의 범위에서 해당 지방자치단체의 조례로 정하는 것. 다만, 다음에 해당하는 것은 제외한다.
   ① 보조금 관리에 관한 법률 제4조에 따라 보조금의 예산 계상을 신청하여 보조금에 관한 예산이 확정된 보조사업에 대한 지방비 부담분
   ② 자연재해대책법 등 재난관련 법령에 따른 재난 및 안전관리 사업 계획에 반영되지 않은 사항에 드는 비용. 다만, 응급 복구 및 긴급한 조치에 소요되는 비용은 제외한다.
2. 지방자치단체 외의 자가 소유하거나 점유하는 시설에 대한 다음에 해당하는 안전조치 비용으로서 해당 지방자치단체의 조례로 정하는 것
   ① 공중의 안전에 위해를 끼칠 수 있는 경우로서 다음의 요건을 모두 충족하는 시설에 대한 안전조치
      ㉠ 자연재해대책법 등 재난관련 법령에 따라 지정된 지역 또는 지구에 위치한 시설일 것
      ㉡ 소유자 또는 점유자의 부재나 주소·거소가 불분명한 경우 등 소유자 또는 점유자를 특정하기 어렵거나 경제적 사정 등으로 인해 소유자 또는 점유자에게 안전조치를 기대하기 어려운 경우일 것
   ② 법 제31조제4항에 따라 지방자치단체의 장이 재난예방을 위해 실시하는 안전조치

(3) 재난원인조사(법 제69조)

① 행정안전부장관은 재난이나 그 밖의 각종 사고의 발생 원인과 재난 발생 시 대응과정에 관한 조사·분석·평가(이하 "재난원인조사"라 한다)가 필요하다고 인정하는 경우 직접 재난원인조사를 실시하거나, 재난관리책임기관의 장으로 하여금 재난원인조사를 실시하고 그 결과를 제출하게 할 수 있다.

② 행정안전부장관은 다음에 해당하는 재난의 경우에는 재난안전 분야 전문가 및 전문기관 등이 공동으로 참여하는 정부합동 재난원인조사단을 편성하고, 이를 현지에 파견하여 재난원인조사를 실시할 수 있다.

㉠ 인명 또는 재산의 피해 정도가 매우 크거나 재난의 영향이 사회적·경제적으로 광범위한 재난으로서 대통령령으로 정하는 다음의 재난(시행령 제75조의3제2항)
- 특별재난지역을 선포하게 한 재난
- 중앙재난안전대책본부, 지역재난안전대책본부 또는 중앙사고수습본부를 구성·운영하게 한 재난
- 반복적으로 발생하는 재난으로서 행정안전부장관이 재발 방지를 위하여 재난원인조사가 필요하다고 판단하는 재난

㉡ ㉠에 따른 재난에 준하는 재난으로서 행정안전부장관이 체계적인 재난원인조사가 필요하다고 인정하는 재난

③ 재난원인조사단은 대통령령으로 정하는 바에 따라 재난원인조사 결과를 조정위원회에 보고하여야 한다.

④ 행정안전부장관은 재난원인조사를 위하여 필요하면 관계 기관의 장 또는 관계인에게 소속직원의 파견(관계 기관의 장에 대한 요청의 경우로 한정한다), 관계 서류의 열람 및 자료제출 등의 요청을 할 수 있다. 이 경우 요청을 받은 관계 기관의 장 또는 관계인은 특별한 사유가 없으면 요청에 따라야 한다.

⑤ 행정안전부장관은 재난원인조사 결과 개선 등이 필요한 사항에 대해서는 관계 기관의 장에게 그 결과를 통보하거나 개선권고 등의 필요한 조치를 요청할 수 있다. 이 경우 요청을 받은 관계 기관의 장은 대통령령으로 정하는 바에 따라 개선권고 등에 따른 조치계획과 조치결과를 행정안전부장관에게 통보하여야 한다.

⑥ 행정안전부장관은 재난원인조사단의 재난원인조사 결과를 신속히 국회 소관 상임위원회에 제출·보고하여야 한다.

⑦ 재난원인조사단의 권한, 편성 및 운영 등에 필요한 사항은 대통령령으로 정한다.

1. 행정안전부장관은 법 제69조제1항 또는 제2항에 따라 재난원인조사를 실시하거나 재난관리 책임기관의 장으로 하여금 재난원인조사를 실시하게 하려는 경우에는 제75조의4제1항에 따른 국가재난원인조사협의회의 심의를 거쳐 조사 실시 여부 및 방법을 결정해야 한다. 다만, 긴급한 조사가 요구되는 경우에는 제75조의4제1항에 따른 국가재난원인조사협의회의 심의를 생략할 수 있다.

2. 법 제69조제2항제1호에서 "대통령령으로 정하는 재난"이란 다음의 재난을 말한다.
   ① 특별재난지역을 선포하게 한 재난
   ② 중앙재난안전대책본부, 지역재난안전대책본부 또는 중앙사고수습본부를 구성·운영하게 한 재난
   ③ 반복적으로 발생하는 재난으로서 행정안전부장관이 재발 방지를 위하여 재난원인조사가 필요하다고 판단하는 재난

3. 법 제69조제2항에 따른 정부합동 재난원인조사단(이하 "재난원인조사단"이라 한다)은 재난원인조사단의 단장(이하 "조사단장"이라 한다)을 포함한 50명 이내의 조사단원으로 편성한다.

4. 조사단장은 5.의 ④ 및 ⑤에 해당하는 조사단원 중에서 행정안전부장관이 지명한다.

5. 행정안전부장관은 다음의 사람 중에서 조사단원을 선발한다. 이 경우 ④ 및 ⑤에 해당하는 조사단원이 과반수가 되도록 해야 한다.
   ① 행정안전부 소속 재난 및 안전관리 업무 담당 공무원
   ② 관계 중앙행정기관 소속 재난 및 안전관리 업무 담당 공무원 중에서 해당 중앙행정기관의 장이 추천하는 공무원
   ③ 국립재난안전연구원 또는 국립과학수사연구원에서 해당 재난 및 사고 분야의 업무를 담당하는 연구원
   ④ 발생한 재난 및 사고 분야에 대하여 학식과 경험이 풍부한 사람
   ⑤ 그 밖에 재난원인조사의 공정성 및 전문성을 확보하기 위하여 행정안전부장관이 필요하다고 인정하는 사람

6. 조사단장은 조사단원을 지휘하고, 재난원인조사단의 운영을 총괄한다.

7. 재난원인조사는 행정안전부령으로 정하는 바에 따라 예비조사와 본조사로 구분하여 실시할 수 있으며, 본조사의 경우 조사단장은 재난발생지역 지방자치단체 또는 관계 기관 등에 정밀분석을 하도록 하거나 관계 기관과 합동으로 조사 또는 연구를 실시할 수 있다.

8. 재난원인조사단은 최종적인 조사를 마쳤을 때에는 다음의 사항을 포함한 조사결과보고서를 작성하여야 하고, 조사결과의 공정성 및 신뢰성을 확보하기 위하여 지방자치단체, 관계 기관 및 관계 전문가 등을 참여시켜 그 조사결과보고서를 검토하게 할 수 있다.
   ① 조사목적, 피해상황 및 현장정보
   ② 현장조사 내용
   ③ 재난원인 분석 내용
   ④ 재난대응과정에 대한 조사·분석·평가(법 제34조의5제1항에 따른 위기관리 매뉴얼의 준수 여부에 대한 평가를 포함한다)에 대한 내용
   ⑤ 권고사항 및 개선대책 등 조치사항
   ⑥ 그 밖에 재난의 재발방지 등을 위하여 필요한 내용

9. 재난원인조사단은 법 제69조제3항에 따라 이 조 제6항에 따른 조사결과보고서 작성을 완료한 날부터 3개월 이내에 그 결과를 조정위원회에 보고하여야 한다.

10. 법 제69조제5항에 따라 개선권고를 받은 관계 기관의 장은 1개월 이내에 다음의 내용을 포함한 조치계획을 행정안전부장관에게 서면으로 통보하여야 한다.
    ① 개선권고 사항별 추진계획
    ② 개선권고 이행에 필요한 법령 등 제도개선 계획
    ③ 개선권고 이행에 필요한 업무처리 기준·방법·절차 등 업무 체계 개선 계획
    ④ 개선권고 이행에 필요한 교육·훈련·점검·홍보 등 안전문화 개선 계획
    ⑤ 개선권고 이행에 필요한 예산·시설·인력 등 인프라 확충 계획

11. 행정안전부장관은 법 제69조제5항에 따라 관계 기관의 장에게 개선권고한 사항에 관하여 매년 그 조치결과를 점검·확인하고, 점검·확인 결과 미흡한 사항에 대하여 시정 또는 보완 등을 요구할 수 있다.

12. 행정안전부장관은 유사한 재난 및 사고의 재발을 방지하기 위하여 국립재난안전연구원으로 하여금 과학적인 재난원인 조사·분석을 수행하고 이와 관련한 자료를 관리하도록 할 수 있다.

13. 행정안전부장관은 다음의 어느 하나에 해당하는 경우에는 재난원인조사를 실시하지 않을 수 있다.
    ① 재난이나 사고와 관련해 수사나 재판이 진행 중인 경우
    ② 다른 법령에서 재난관리책임기관의 장이 해당 재난이나 사고의 원인을 조사하도록 규정하고 있는 경우

14. 행정안전부장관은 13.의 ②에 해당하여 재난원인조사를 실시하지 않는 경우 해당 재난관리책임기관의 장에게 조사결과보고서의 제출을 요청할 수 있다. 이 경우 요청을 받은 재난관리책임기관의 장은 특별한 사유가 없으면 요청에 따라야 한다.

15. 행정안전부장관은 14.에 따라 제출받은 조사결과보고서를 검토하여 해당 재난관리책임기관의 장에게 조사기구의 편성 및 조사 방법에 대한 개선을 권고할 수 있다.

16. 행정안전부장관이 법 제69조제1항에 따라 직접 재난원인조사를 실시할 경우에는 행정안전부장관이 정하는 바에 따라 재난원인조사반을 편성하여 운영할 수 있다. 이 경우 재난원인조사반의 구성·운영·권한 등에 관하여는 3.부터 8.까지를 준용하며, "재난원인조사단"은 "재난원인조사반"으로, "조사단장"은 "조사반장"으로, "조사단원"은 "조사반원"으로 본다.

17. 재난원인조사와 관련한 조사·연구·자문 등에 참여한 관계 전문가에게는 예산의 범위에서 수당·여비·연구비 및 그 밖에 필요한 경비를 지급할 수 있다. 다만, 공무원이 소관 업무와 직접적으로 관련되어 참여하는 경우에는 그렇지 않다.

18. 1.부터 17.까지에서 규정한 사항 외에 재난원인조사의 실시 및 개선권고 등에 필요한 사항은 행정안전부령으로 정하고, 재난원인조사단의 운영에 필요한 사항은 행정안전부장관이 정한다.

(4) 재난상황의 기록 관리(법 제70조)

① 재난관리책임기관의 장은 다음의 사항을 기록하고, 이를 보관하여야 한다. 이 경우 시장·군수·구청장을 제외한 재난관리책임기관의 장은 그 기록사항을 시장·군수·구청장에게 통보하여야 한다.

ㄱ 소관 시설·재산 등에 관한 피해상황을 포함한 재난상황

ㄴ 재난 발생 시 대응과정 및 조치사항

ㄷ 재난원인조사(재난관리책임기관의 장이 실시한 재난원인조사에 한정한다) 결과

ㄹ 제69조제5항 후단에 따른 개선권고 등의 조치결과

ㅁ 그 밖에 재난관리책임기관의 장이 기록·보관이 필요하다고 인정하는 사항

② 행정안전부장관은 매년 재난상황 등을 기록한 재해연보 또는 재난연감을 작성하여야 한다.

③ 행정안전부장관은 재해연보 또는 재난연감을 작성하기 위하여 필요한 경우 재난관리책임기관의 장에게 관련 자료의 제출을 요청할 수 있다. 이 경우 요청을 받은 재난관리책임기관의 장은 요청에 적극 협조하여야 한다.

④ 재난관리주관기관의 장은 제14조에 따른 대규모 재난과 제60조에 따라 특별재난지역으로 선포된 사회재난 또는 재난상황 등을 기록하여 관리할 특별한 필요성이 인정되는 재난에 관하여 재난수습 완료 후 수습상황과 재난예방 및 피해를 줄이기 위한 제도 개선의견 등을 기록한 재난백서를 작성하여야 한다. 이 경우 관계 기관의 장이 재난대응에 참고할 수 있도록 재난백서를 통보하여야 한다.

⑤ 재난관리주관기관의 장은 재난백서를 신속히 국회 소관 상임위원회에 제출·보고하여야 한다.

⑥ 재난상황의 작성·보관 및 관리에 필요한 사항은 대통령령으로 정한다.

더 알아두기 **재난상황의 기록 관리(시행령 제76조)**

1. 재난관리책임기관의 장은 피해시설물별로 다음의 사항이 포함된 재난상황의 기록을 작성·보관 및 관리하여야 한다.

① 피해상황 및 대응 등

　　ㄱ 피해일시 및 피해지역

　　ㄴ 피해원인, 피해물량 및 피해금액

　　ㄷ 동원 인력·장비 등 응급조치 내용

　　ㄹ 피해지역 사진, 영상, 도면 및 위치 정보

　　ㅁ 인명피해 상황 및 피해주민 대처 상황

　　ㅂ 자원봉사자 등의 활동 사항

② 복구상황

　　ㄱ 자체복구계획 또는 재난복구계획에 따라 시행하는 사업의 종류별 복구물량 및 복구금액의 산출내용

　　ㄴ 복구공사의 명칭·위치, 공사발주 및 복구추진 현황

③ 그 밖에 미담·모범사례 등 기록으로 작성하여 보관·관리할 필요가 있는 사항

2. 시·도지사 및 시장·군수·구청장은 작성된 재난상황의 기록을 재난복구가 끝난 해의 다음 해부터 5년간 보관하여야 한다.

(5) 재난 및 안전관리에 필요한 과학기술의 진흥 등(법 제71조)

① 정부는 재난 및 안전관리에 필요한 연구·실험·조사·기술개발(이하 "연구개발사업"이라 한다) 및 전문인력 양성 등 재난 및 안전관리 분야의 과학기술 진흥시책을 마련하여 추진하여야 한다.

② 행정안전부장관은 연구개발사업을 하는 데에 드는 비용의 전부 또는 일부를 예산의 범위에서 출연금으로 지원할 수 있다.

③ 행정안전부장관은 연구개발사업을 효율적으로 추진하기 위하여 다음의 어느 하나에 해당하는 기관·단체 또는 사업자와 협약을 맺어 연구개발사업을 실시하게 할 수 있다.

  ㉠ 국공립 연구기관

  ㉡ 특정연구기관 육성법에 따른 특정연구기관

  ㉢ 과학기술분야 정부출연연구기관 등의 설립·운영 및 육성에 관한 법률에 따라 설립된 과학기술분야 정부출연연구기관

  ㉣ 고등교육법에 따른 대학·산업대학·전문대학 및 기술대학

  ㉤ 민법 또는 다른 법률에 따라 설립된 법인으로서 재난 또는 안전 분야의 연구기관

  ㉥ 기초연구진흥 및 기술개발지원에 관한 법률에 따라 인정받은 기업부설연구소 또는 기업의 연구개발전담부서

> **더 알아두기** 출연금의 사용 용도(시행령 제79조의3)
>
> 1. 연구원의 인건비
> 2. 연구장비 및 재료비, 연구 활동비, 연구 수당 등 직접비
> 3. 인력지원비, 연구지원비, 성과활용지원비 등 간접비
> 4. 위탁연구개발비

④ 행정안전부장관은 연구개발사업을 효율적으로 추진하기 위하여 행정안전부 소속 연구기관이나 그 밖에 대통령령으로 정하는 기관·단체 또는 사업자 중에서 연구개발사업의 총괄기관을 지정하여 그 총괄기관에게 연구개발사업의 기획·관리·평가, 협약의 체결, 개발된 기술의 보급·진흥 등에 관한 업무를 하도록 할 수 있다.

> **더 알아두기** 연구개발사업의 총괄기관(시행령 제79조)
>
> "대통령령으로 정하는 기관·단체 또는 사업자"란 다음에 해당하는 기관·단체 또는 사업자를 말한다.
> 1. 국립재난안전연구원
> 2. 국공립 연구기관
> 3. 고등교육법에 따른 대학·산업대학·전문대학 및 기술대학
> 4. 민법 또는 다른 법률에 따라 설립된 법인으로서 재난 또는 안전 분야의 연구기관

(6) 재난 및 안전관리기술개발 종합계획의 수립 등(법 제71조의2)

① 행정안전부장관은 재난 및 안전관리에 관한 과학기술의 진흥을 위하여 5년마다 관계 중앙행정기관의 재난 및 안전관리기술개발에 관한 계획을 종합하여 조정위원회의 심의와 국가과학기술자문회의법에 따른 국가과학기술자문회의의 심의를 거쳐 재난 및 안전관리기술개발 종합계획(이하 "개발계획"이라 한다)을 수립하여야 한다.

> **더 알아두기** 재난 및 안전기술개발 종합계획에 포함되어야 할 사항(시행령 제79조의5)
>
> 1. 국가안전관리기본계획에 기초한 재난·안전기술 수준의 현황과 장기 전망
> 2. 재난·안전기술의 단계별 개발목표와 이를 달성하기 위한 대책
> 3. 재난·안전기술의 경쟁력 강화 등 재난·안전산업의 활성화 방안
> 4. 정부가 추진하는 재난·안전기술 개발에 관한 사업의 연도별 투자 및 추진 계획
> 5. 학교·학술단체·연구기관 등에 대한 재난·안전기술의 연구 지원
> 6. 재난·안전기술정보의 수집·분류·가공 및 보급
> 7. 산·학·연·정 협동연구 및 국제 재난·안전기술 협력을 촉진할 수 있는 방안
> 8. 그 밖에 재난·안전기술의 개발과 재난·안전산업의 육성

② 관계 중앙행정기관의 장은 개발계획에 따라 소관 업무에 관한 해당 연도 시행계획을 수립하고 추진하여야 한다.

(7) 재난관리정보통신체계의 구축·운영(법 제74조)

① 행정안전부장관과 재난관리책임기관·긴급구조기관 및 긴급구조지원기관의 장은 재난관리업무를 효율적으로 추진하기 위하여 대통령령으로 정하는 바에 따라 재난관리정보통신체계를 구축·운영할 수 있다.

> **더 알아두기** 재난관리정보통신체계가 갖추어야 할 사항(시행령 제82조)
>
> 1. 행정안전부장관과 재난관리책임기관·긴급구조기관 및 긴급구조지원기관의 장이 구축·운영하는 재난관리정보통신체계는 다음의 사항을 갖추어야 한다.
>   ① 재난 및 안전관리업무를 수행하기 위한 표준화된 정보시스템과 정보통신망 및 운영·관리체계
>   ② 재난안전상황실의 효율적인 운영을 위하여 필요한 정보시스템과 정보통신망
>   ③ 그 밖에 행정안전부장관이 재난관리정보통신체계 구축·운영을 위하여 필요하다고 인정하는 사항

② 재난관리책임기관·긴급구조기관 및 긴급구조지원기관의 장은 ①에 따른 재난관리정보통신체계의 구축에 필요한 자료를 관계 재난관리책임기관·긴급구조기관 및 긴급구조지원기관의 장에게 요청할 수 있다. 이 경우 요청을 받은 기관의 장은 특별한 사유가 없으면 요청에 따라야 한다.

(8) 재난관리정보의 공동이용(제74조의2)

① 재난관리책임기관·긴급구조기관 및 긴급구조지원기관은 재난관리업무를 효율적으로 처리하기 위하여 수집·보유하고 있는 재난관리정보를 다른 재난관리책임기관·긴급구조기관 및 긴급구조지원기관과 공동이용하여야 한다.

② ①에 따라 공동이용되는 재난관리정보를 제공하는 기관은 해당 정보의 정확성을 유지하도록 노력하여야 한다.

③ 재난관리정보의 처리를 하는 재난관리책임기관·긴급구조기관·긴급구조지원기관 또는 재난관리업무를 위탁받아 그 업무에 종사하거나 종사하였던 자는 직무상 알게 된 재난관리정보를 누설하거나 권한 없이 다른 사람이 이용하도록 제공하는 등 부당한 목적으로 사용하여서는 아니 된다.

④ ①에 따른 공유 대상 재난관리정보의 범위, 재난관리정보의 공동이용절차 등에 관하여 필요한 사항은 대통령령으로 정한다.

(9) 정보 제공 요청 등(제74조의3)

① 행정안전부장관(제14조제1항에 따른 중앙대책본부가 운영되는 경우에는 해당 본부장을 말한다), 시·도지사 또는 시장·군수·구청장(제16조제1항에 따른 시·도대책본부 또는 시·군·구대책본부가 운영되는 경우에는 해당 본부장을 말한다)은 재난의 예방·대비와 신속한 재난대응을 위하여 필요한 경우 재난으로 인하여 생명·신체에 대한 피해를 입은 사람과 생명·신체에 대한 피해 발생이 우려되는 사람(이하 "재난피해자등"이라 한다)에 대한 다음에 해당하는 정보의 제공을 관계 중앙행정기관(그 소속기관 및 책임운영기관을 포함한다)의 장, 지방자치단체의 장, 공공기관의 운영에 관한 법률 제4조에 따른 공공기관의 장, 전기통신사업법 제2조제8호에 따른 전기통신사업자, 그 밖의 법인·단체 또는 개인에게 요청할 수 있으며, 요청을 받은 자는 정당한 사유가 없으면 이에 따라야 한다.

㉠ 성명, 주민등록번호, 주소 및 전화번호(휴대전화번호를 포함한다)

㉡ 재난피해자 등의 이동경로 파악 및 수색·구조를 위한 다음의 정보
- 개인정보 보호법 제2조제7호에 따른 고정형 영상정보처리기기를 통하여 수집된 정보
- 대중교통의 육성 및 이용촉진에 관한 법률 제2조제6호에 따른 교통카드의 사용명세
- 여신전문금융업법 제2조제3호·제6호 및 제8호에 따른 신용카드·직불카드·선불카드의 사용일시, 사용장소(재난 발생 지역 및 그 주변 지역에서 사용한 내역으로 한정한다)
- 의료법 제17조에 따른 처방전의 의료기관 명칭, 전화번호 및 같은 법 제22조에 따른 진료기록부상의 진료일시

② 행정안전부장관, 시·도지사 또는 시장·군수·구청장은 재난피해자등의 위치정보의 보호 및 이용 등에 관한 법률 제2조제2호에 따른 개인위치정보의 제공을 전기통신사업법 제2조제8호에 따른 전기통신사업자와 위치정보의 보호 및 이용 등에 관한 법률 제2조제6호에 따른 위치정보사업을 하는 자에게 요청할 수 있고, 요청을 받은 자는 통신비밀보호법 제3조에도 불구하고 정당한 사유가 없으면 이에 따라야 한다.

③ 행정안전부장관, 시·도지사 또는 시장·군수·구청장은 ① 및 ②에 따라 수집된 정보를 관계 재난관리책임기관·긴급구조기관·긴급구조지원기관, 그 밖에 재난 대응 관련 업무를 수행하는 기관에 제공할 수 있다.

④ 행정안전부장관, 시·도지사 또는 시장·군수·구청장은 ① 및 ②에 따라 수집된 정보의 주체에게 다음의 사실을 통지하여야 한다.

　㉠ 재난 예방·대비·대응을 위하여 필요한 정보가 수집되었다는 사실

　㉡ ㉠의 정보가 다른 기관에 제공되었을 경우 그 사실

　㉢ 수집된 정보는 이 법에 따른 재난 예방·대비·대응 관련 업무 이외의 목적으로 사용할 수 없으며, 업무 종료 시 지체 없이 파기된다는 사실

⑤ 누구든지 ① 및 ②에 따라 수집된 정보를 이 법에 따른 재난 예방·대비·대응 이외의 목적으로 사용할 수 없으며, 업무 종료 시 지체 없이 해당 정보를 파기하여야 한다.

⑥ 제1항 및 제2항에 따라 수집된 정보의 보호 및 관리에 관한 사항은 이 법에서 정한 것을 제외하고는 개인정보 보호법에 따른다.

⑦ 행정안전부장관 또는 지방자치단체의 장은 특정 지역에서 다중운집으로 인하여 재난이나 각종 사고가 발생하거나 발생할 우려가 있는 경우 해당 지역에 있는 불특정 다수인의 기지국(전파법 제2조제1항제6호에 따른 무선국 중 기지국을 말한다) 접속 정보의 제공을 전기통신사업자 또는 위치정보사업을 하는 자에게 요청할 수 있고, 요청을 받은 자는 정당한 사유가 없으면 이에 따라야 한다.

⑧ 행정안전부장관 또는 지방자치단체의 장은 수집된 정보를 관계 재난관리책임기관·긴급구조기관·긴급구조지원기관, 그 밖에 재난 대응 관련 업무를 수행하는 기관에 제공할 수 있다. 다만, 재난 대응 관련 업무를 수행하는 데 필요하여 해당 기관의 장이 수집된 정보의 제공을 요청하는 경우 행정안전부장관 또는 지방자치단체의 장은 특별한 사유가 없으면 그 요청에 따라야 한다.

⑨ 개인위치정보 및 기지국 접속 정보의 제공을 요청하는 방법 및 절차, 정보 제공의 대상·범위 및 통지의 방법 등에 필요한 사항은 대통령령으로 정한다.

⑩ ① 및 ②의 경우 재난의 예방·대비를 위한 정보 등의 제공 요청은 재난이 발생할 우려가 현저하여 긴급하다고 판단되는 때로 한정하며, 시·도지사 또는 시장·군수·구청장은 행정안전부장관을 거쳐 해당 정보 등의 제공을 요청할 수 있다.

(10) 안전책임관(법 제75조의2)

① 국가기관과 지방자치단체의 장은 해당 기관의 재난 및 안전관리업무를 총괄하는 안전책임관
및 담당직원을 소속 공무원 중에서 임명할 수 있다.

② 안전책임관은 해당 기관의 재난 및 안전관리업무와 관련하여 다음의 사항을 담당한다.

    ㉠ 재난이나 그 밖의 각종 사고가 발생하거나 발생할 우려가 있는 경우 초기대응 및 보고에
관한 사항

    ㉡ 위기관리 매뉴얼의 작성·관리에 관한 사항

    ㉢ 재난 및 안전관리와 관련된 교육·훈련에 관한 사항

    ㉣ 그 밖에 해당 중앙행정기관의 장이 재난 및 안전관리업무를 위하여 필요하다고 인정하는
사항

(11) 재난안전 관련 보험·공제의 개발·보급 등(제76조)

① 국가는 국민과 지방자치단체가 자기의 책임과 노력으로 재난이나 그 밖의 각종 사고에 대비할
수 있도록 재난안전 관련 보험 또는 공제를 개발·보급하기 위하여 노력하여야 한다.

② 국가는 대통령령으로 정하는 바에 따라 예산의 범위에서 보험료·공제회비의 일부 및 보험·
공제의 운영과 관리 등에 필요한 비용의 일부를 지원할 수 있다.

(12) 재난안전의무보험에 관한 법령이 갖추어야 할 기준 등(제76조의2)

① 재난안전의무보험에 관한 법령을 주관하는 중앙행정기관의 장은 재난안전의무보험에 관한
법령을 제정·개정하는 경우에는 해당 법령에 다음의 기준이 적정하게 반영되도록 노력하여
야 한다.

    ㉠ 재난이나 그 밖의 각종 사고로 인한 사람의 생명·신체에 대한 손해를 적절히 보상하도록
대통령령으로 정하는 수준의 보상 한도를 정할 것

    ㉡ 법률에 따른 재난안전의무보험의 가입의무자를 신속히 확인하고 관리할 수 있는 체계를
갖출 것

    ㉢ 법률에 따른 재난안전의무보험의 가입의무자에 해당함에도 가입을 게을리한 자 또는 가입하
지 아니한 자 등에 대하여 가입을 독려하거나 제재할 수 있는 방안을 마련할 것

    ㉣ 보험회사, 공제회 등 재난안전의무보험에 관한 법령에 따라 재난안전의무보험 관련 사업을
하는 자(이하 "보험사업자"라 한다)가 대통령령으로 정하는 정당한 사유 없이 재난안전의무
보험에 대한 가입 요청 또는 계약 체결을 거부하거나 보험계약 등을 해제·해지하는 것을
제한하도록 할 것

    ㉤ 재난이나 그 밖의 각종 사고의 발생 위험이 높은 가입의무자에 대하여 다수의 보험사업자가
공동으로 재난안전의무보험 계약을 체결할 수 있는 방안을 마련할 것

ⓑ 재난이나 그 밖의 각종 사고로 피해를 입은 자가 최소한의 생활을 유지할 수 있도록 보험금 청구권에 대한 압류금지 등 피해자를 보호하는 조치를 마련할 것

ⓢ 그 밖에 재난안전의무보험의 적절한 운용을 위하여 대통령령으로 정하는 기준을 갖출 것

② 행정안전부장관은 재난안전의무보험의 관리·운용 등에 공통적으로 적용될 수 있는 업무기준을 마련할 수 있다.

(13) 재난관리 의무 위반에 대한 징계 요구 등(법 제77조)

① 국무총리 또는 행정안전부장관은 재난관리책임기관의 장이 이 법에 따른 조치를 하지 아니한 경우에는 대통령령으로 정하는 바에 따라 기관경고 등 필요한 조치를 할 수 있다.

② 행정안전부장관, 시·도지사 또는 시장·군수·구청장은 이 법에 따른 재난예방조치·재난 응급조치·안전점검·재난상황관리·재난복구 등의 업무를 수행할 때 지시를 위반하거나 부과된 임무를 게을리한 재난관리책임기관의 공무원 또는 직원의 명단을 해당 공무원 또는 직원의 소속 기관의 장 또는 단체의 장에게 통보하고, 그 소속 기관의 장 또는 단체의 장에게 해당 공무원 또는 직원에 대한 징계 등을 요구할 수 있다. 이 경우 그 사실을 입증할 수 있는 관계 자료를 그 소속 기관 또는 단체의 장에게 함께 통보하여야 한다.

③ 중앙통제단장 또는 지역통제단장은 제52조제5항에 따른 현장지휘에 따르지 아니하거나 부과된 임무를 게을리한 긴급구조요원의 명단을 해당 긴급구조요원의 소속 기관 또는 단체의 장에게 통보하고, 그 소속 기관의 장 또는 단체의 장에게 해당 긴급구조요원에 대한 징계를 요구할 수 있다. 이 경우 그 사실을 입증할 수 있는 관계 자료를 그 소속 기관 또는 단체의 장에게 함께 통보하여야 한다.

④ 통보를 받은 소속 기관의 장 또는 단체의 장은 해당 공무원 또는 직원에 대한 징계 등 적절한 조치를 하고, 그 결과를 해당 기관의 장에게 통보하여야 한다.

⑤ 행정안전부장관, 시·도지사, 시장·군수·구청장, 중앙통제단장 및 지역통제단장은 ② 및 ③에 따른 사실 입증을 위한 전담기구를 편성하는 등 소속 공무원으로 하여금 필요한 조사를 하게 할 수 있다. 이 경우 조사공무원은 그 권한을 표시하는 증표를 제시하여야 한다.

⑥ 행정안전부장관은 조사의 실효성 제고를 위하여 대통령령으로 정하는 전담기구 협의회를 구성·운영할 수 있다.

⑦ 통보 및 조사에 필요한 사항은 대통령령으로 정한다.

(14) 권한의 위임 및 위탁(법 제78조)

① 행정안전부장관의 권한은 그 일부를 대통령령으로 정하는 바에 따라 시·도지사에게 위임할 수 있다.

② 행정안전부장관은 제66조의10에 따른 안전지수의 개발·조사 및 안전진단의 실시에 관한 권한의 일부를 대통령령으로 정하는 바에 따라 그 소속 연구기관의 장에게 위임할 수 있다.

③ 행정안전부장관은 평가 등의 업무의 일부, 연구개발사업 성과의 사업화 지원, 기술료의 징수·사용에 관한 업무를 대통령령으로 정하는 바에 따라 전문기관 등에 위탁할 수 있다.

> **더 알아두기** 벌칙 적용 시의 공무원 의제(법 제78조의2)
>
> 1. 협약을 체결한 기관·단체 및 제78조제3항에 따라 행정안전부장관이 위탁한 업무를 수행하는 전문기관 등의 임직원은 형법 제127조 및 제129조부터 제132조까지의 벌칙 적용 시 공무원으로 본다.
> 2. 제78조제4항에 따라 행정안전부장관이 위탁한 업무를 수행하는 보험요율 산출기관의 임직원은 형법 제129조부터 제132조까지의 규정을 적용할 때에는 공무원으로 본다.

④ 행정안전부장관은 제76조의4제1항에 따른 재난안전의무보험 종합정보시스템의 구축·운영에 관한 업무를 대통령령으로 정하는 바에 따라 보험업법 제176조에 따른 보험요율 산출기관에 위탁할 수 있다.

③ 벌 칙

(1) 3년 이하의 징역 또는 3,000만원 이하의 벌금(법 제78조의3)
제31조제1항에 따른 안전조치명령을 이행하지 아니한 자

(2) 2년 이하의 징역 또는 2,000만원 이하의 벌금(법 제78조의4)
제74조의3제5항을 위반하여 재난 예방·대비·대응 이외의 목적으로 정보를 사용하거나 업무가 종료되었음에도 해당 정보를 파기하지 아니한 자

(3) 1년 이하의 징역 또는 1,000만원 이하의 벌금(법 제79조)
① 정당한 사유 없이 긴급안전점검을 거부 또는 기피하거나 방해한 자
② 정당한 사유 없이 위험구역에 출입하는 행위나 그 밖의 행위의 금지명령 또는 제한명령을 위반한 자
③ 정당한 사유 없이 제74조의3제1항에 따른 행정안전부장관, 시·도지사 또는 시장·군수·구청장의 요청에 따르지 아니한 자
④ 정당한 사유 없이 제74조의3제2항에 따른 행정안전부장관, 시·도지사 또는 시장·군수·구청장의 요청에 따르지 아니한 자
⑤ 제76조의4제4항을 위반하여 업무상 알게 된 재난안전의무보험 관련 자료 또는 정보를 누설하거나 권한 없이 다른 사람이 이용하도록 제공하는 등 부당한 목적으로 사용한 자

(4) 500만원 이하의 벌금(법 제80조)

① 정당한 사유 없이 토지·건축물·인공구조물, 그 밖의 소유물의 일시 사용 또는 장애물의 변경이나 제거를 거부 또는 방해한 자

② 제74조의2제3항을 위반하여 직무상 알게 된 재난관리정보를 누설하거나 권한 없이 다른 사람이 이용하도록 제공하는 등 부당한 목적으로 사용한 자

③ 정당한 사유 없이 제74조의3제7항에 따른 행정안전부장관 또는 지방자치단체의 장의 요청에 따르지 아니한 자

(5) 양벌규정(법 제81조)

법인의 대표자나 법인 또는 개인의 대리인, 사용인, 그 밖의 종업원이 그 법인 또는 개인의 업무에 관하여 제78조의3, 제79조 또는 제80조의 위반행위를 하면 그 행위자를 벌하는 외에 그 법인 또는 개인에게도 해당 조문의 벌금형을 과(科)한다. 다만, 법인 또는 개인이 그 위반행위를 방지하기 위하여 해당 업무에 관하여 상당한 주의와 감독을 게을리하지 아니한 경우에는 그러하지 아니하다.

(6) 과태료(법 제82조)

① 200만원 이하의 과태료

㉠ 제34조의6제1항 본문에 따른 위기상황 매뉴얼을 작성·관리하지 아니한 소유자·관리자 또는 점유자

㉡ 제34조의6제2항 본문에 따른 훈련을 실시하지 아니한 소유자·관리자 또는 점유자

㉢ 제34조의6제3항에 따른 개선명령을 이행하지 아니한 소유자·관리자 또는 점유자

㉣ 제40조제1항에 따른 대피명령을 위반한 사람

㉤ 제41조제1항제2호에 따른 위험구역에서의 퇴거명령 또는 대피명령을 위반한 사람

② 300만원 이하의 과태료

㉠ 제76조의5제2항을 위반하여 보험 또는 공제에 가입하지 않은 자

㉡ 제76조의5제5항을 위반하여 재난취약시설보험 등의 가입에 관한 계약의 체결을 거부한 보험사업자

③ ① 및 ②에 따른 과태료는 대통령령으로 정하는 바에 따라 다음의 자가 부과·징수한다.

㉠ 시·도지사 또는 시장·군수·구청장 : ①에 따른 과태료

㉡ 보험 또는 공제의 가입 대상 시설의 허가·인가·등록·신고 등의 업무를 처리한 관계 행정기관의 장 : ②에 따른 과태료

CHAPTER

02 적중예상문제

01 재난 및 안전관리 기본법에서 정의한 재난의 유형 중 성격이 나머지 셋과 다른 것은?

① 구제역의 확산으로 인한 피해
② 조류(藻類) 대발생으로 인한 피해
③ 저병원성 조류인플루엔자의 확산으로 인한 피해
④ 중동 호흡기 증후군의 확산으로 인한 피해

해설 ②는 자연재난이고, ①·③·④는 사회재난이다.
정의(법 제3조제1호)
"재난"이란 국민의 생명·신체·재산과 국가에 피해를 주거나 줄 수 있는 것으로서 다음의 것을 말한다.
• 자연재난 : 태풍, 홍수, 호우(豪雨), 강풍, 풍랑, 해일(海溢), 대설, 한파, 낙뢰, 가뭄, 폭염, 지진, 황사(黃砂), 조류(藻類) 대발생, 조수(潮水), 화산활동, 우주개발 진흥법에 따른 자연우주물체의 추락·충돌, 그 밖에 이에 준하는 자연현상으로 인하여 발생하는 재해
• 사회재난 : 화재·붕괴·폭발·교통사고(항공사고 및 해상사고를 포함한다)·화생방사고·환경오염사고·다중운집인파사고 등으로 인하여 발생하는 대통령령으로 정하는 규모 이상의 피해와 국가핵심기반의 마비, 감염병의 예방 및 관리에 관한 법률에 따른 감염병 또는 가축전염병예방법에 따른 가축전염병의 확산, 미세먼지 저감 및 관리에 관한 특별법에 따른 미세먼지, 우주개발 진흥법에 따른 인공우주물체의 추락·충돌 등으로 인한 피해

02 재난 및 안전관리 기본법에서 정의하는 자연재난에 해당하지 않는 것은?

① 낙뢰로 인한 피해
② 한파로 인한 피해
③ 자연우주물체의 추락으로 인한 피해
④ 가축전염병 확산으로 인한 피해

해설 ④는 사회재난에 속한다.

03 재난 및 안전관리 기본법상 자연재난에 해당하는 것은?

① 화산활동
② 화생방사고
③ 항공사고
④ 환경오염사고

해설 ②, ③, ④는 사회재난에 속한다.

04 재난 및 안전관리 기본법상 사회재난에 해당하지 않는 것은?

① 우주개발 진흥법에 따른 자연우주물체의 추락·충돌로 발생하는 재해
② 화재·붕괴·환경오염사고로 인하여 발생하는 대통령령으로 정하는 규모 이상의 피해
③ 감염병의 예방 및 관리에 관한 법률에 따른 감염병의 확산 등으로 인한 피해
④ 가축전염병예방법에 따른 가축전염병의 확산 등으로 인한 피해

해설 ①은 자연재난에 속한다.

05 재난 및 안전관리 기본법상 다음의 피해가 속하는 재난의 유형은?

- 가축전염병예방법에 따른 가축전염병 확산
- 미세먼지 저감 및 관리에 관한 특별법에 따른 미세먼지 등으로 인한 피해

① 인적재난
② 해외재난
③ 자연재난
④ 사회재난

06 재난 및 안전관리 기본법상 다음과 같이 정의된 용어는?

> 안전교육, 안전훈련, 홍보 등을 통하여 안전에 관한 가치와 인식을 높이고 안전을 생활화하도록 하는 등 재난이나 그 밖의 각종 사고로부터 안전한 사회를 만들어가기 위한 활동을 말한다.

① 안전관리   ② 안전문화활동
③ 안전기준   ④ 재난관리

해설 "안전문화활동"이란 안전교육, 안전훈련, 홍보 등을 통하여 안전에 관한 가치와 인식을 높이고 안전을 생활화하도록 하는 등 재난이나 그 밖의 각종 사고로부터 안전한 사회를 만들어가기 위한 활동을 말한다.

07 재난 및 안전관리 기본법상 용어의 정의로 옳지 않은 것은?

① "재난관리"란 재난의 예방·대비·대응 및 복구를 위하여 하는 모든 활동을 말한다.
② "재난관리정보"란 재난관리를 위하여 필요한 재난상황정보, 동원가능 자원정보, 시설물정보, 지리정보를 말한다.
③ "안전관리"란 재난이나 그 밖의 각종 사고로부터 사람의 생명·신체 및 재산의 안전을 확보하기 위하여 하는 모든 활동을 말한다.
④ "안전기준"이란 모든 유형의 재난에 공통적으로 활용할 수 있도록 재난관리의 전 과정을 통일적으로 단순화·체계화한 것으로서 행정안전부장관이 고시한 것을 말한다.

해설 **정의(법 제3조제4의2호)**
"안전기준"이란 각종 시설 및 물질 등의 제작, 유지관리 과정에서 안전을 확보할 수 있도록 적용하여야 할 기술적 기준을 체계화한 것을 말하며, 안전기준의 분야, 범위 등에 관하여는 대통령령으로 정한다.

08 재난 및 안전관리 기본법령상 재난 및 사고유형과 재난관리주관기관이 옳게 짝지어진 것은?

① 전력생산용 댐의 사고 - 국토교통부
② 정보통신 사고 - 산업통상자원부
③ 정부중요시설 사고 - 행정안전부
④ 공연장에서 발생한 사고 - 보건복지부

해설 **재난 및 사고유형별 재난관리주관기관(시행령 제3조의2 관련 별표 1의3)**

재난관리주관기관	재난 및 사고의 유형
교육부	학교 및 학교시설에서 발생한 사고
과학기술정보통신부	• 우주전파 재난 • 정보통신 사고 • 위성항법장치(GPS) 전파혼신 • 자연우주물체의 추락·충돌
외교부	해외에서 발생한 재난
법무부	법무시설에서 발생한 사고
국방부	국방시설에서 발생한 사고
행정안전부	• 정부중요시설 사고 • 공동구 재난(국토교통부가 관장하는 공동구는 제외한다) • 내륙에서 발생한 유도선 등의 수난 사고 • 풍수해(조수는 제외한다)·지진·화산·낙뢰·가뭄·한파·폭염으로 인한 재난 및 사고로서 다른 재난관리주관기관에 속하지 아니하는 재난 및 사고
문화체육관광부	경기장 및 공연장에서 발생한 사고
농림축산식품부	• 가축 질병 • 저수지 사고
산업통상자원부	• 가스 수급 및 누출 사고 • 원유수급 사고 • 원자력안전 사고(파업에 따른 가동중단으로 한정한다) • 전력 사고 • 전력생산용 댐의 사고
보건복지부	보건의료 사고
보건복지부 질병관리청	감염병 재난
환경부	• 수질분야 대규모 환경오염 사고 • 식용수 사고 • 유해화학물질 유출 사고 • 조류(藻類) 대발생(녹조에 한정한다) • 황사 • 환경부가 관장하는 댐의 사고 • 미세먼지
고용노동부	사업장에서 발생한 대규모 인적 사고

재난관리주관기관	재난 및 사고의 유형
국토교통부	• 국토교통부가 관장하는 공동구 재난 • 고속철도 사고 • 도로터널 사고 • 육상화물운송 사고 • 도시철도 사고 • 항공기 사고 • 항공운송 마비 및 항행안전시설 장애 • 다중밀집건축물 붕괴 대형사고로서 다른 재난관리주관기관에 속하지 아니하는 재난 및 사고
해양수산부	• 조류 대발생(적조에 한정한다) • 조수(潮水) • 해양 분야 환경오염 사고 • 해양 선박 사고
금융위원회	금융 전산 및 시설 사고
원자력안전위원회	• 원자력안전 사고(파업에 따른 가동중단은 제외한다) • 인접국가 방사능 누출 사고
소방청	• 화재·위험물 사고 • 다중 밀집시설 대형화재
문화재청	문화재 시설 사고
산림청	• 산 불 • 산사태
해양경찰청	해양에서 발생한 유도선 등의 수난 사고

[비 고]
1. 재난관리주관기관이 지정되지 않았거나 분명하지 않은 경우에는 행정안전부장관이 정부조직법에 따른 관장 사무와 피해 시설의 기능 또는 재난 및 사고 유형 등을 고려하여 재난관리주관기관을 정한다.
2. 감염병 재난 발생 시 중앙사고수습본부는 법 제34조의5제1항제1호에 따른 위기관리 표준매뉴얼에 따라 설치·운영한다.

09 재난 및 안전관리 기본법상 긴급구조기관에 해당하지 않는 것은?

① 보건소
② 소방서
③ 소방본부
④ 지방해양경찰청

해설 **정의(법 제3조제7호)**
"긴급구조기관"이란 소방청·소방본부 및 소방서를 말한다. 다만, 해양에서 발생한 재난의 경우에는 해양경찰청·지방해양경찰청 및 해양경찰서를 말한다.

9 ① **정답**

10 재난 및 안전관리 기본법상 용어의 정의로 옳지 않은 것은?

① 긴급구조기관이란 긴급구조에 필요한 인력·시설 및 장비, 운영체계 등 긴급구조능력을 보유한 기관이나 단체로서 대통령령으로 정하는 기관과 단체를 말한다.

② 안전기준이란 각종 시설 및 물질 등의 제작, 유지관리 과정에서 안전을 확보할 수 있도록 적용하여야 할 기술적 기준을 체계화한 것을 말하며, 안전기준의 분야, 범위 등에 관하여는 대통령령으로 정한다.

③ 재난관리주관기관이란 재난이나 그 밖의 각종 사고에 대하여 그 유형별로 예방·대비·대응 및 복구 등의 업무를 주관하여 수행하도록 대통령령으로 정하는 관계 중앙행정기관을 말한다.

④ 국가재난관리기준이란 모든 유형의 재난에 공통적으로 활용할 수 있도록 재난관리의 전 과정을 통일적으로 단순화·체계화한 것으로서 행정안전부장관이 고시한 것을 말한다.

해설 ①은 긴급구조지원기관을 말한다.

11 재난 및 안전관리 기본법상 재난관리정보에 해당하지 않는 것은?

① 지리정보
② 시설물정보
③ 방재관리정보
④ 동원가능 자원정보

해설 **정의(법 제3조제10호)**
"재난관리정보"란 재난관리를 위하여 필요한 재난상황정보, 동원가능 자원정보, 시설물정보, 지리정보를 말한다.

12 재난 및 안전관리 기본법상 국가 및 지방자치단체가 행하는 재난 및 안전관리 업무를 총괄·조정하는 자로 옳은 것은?

① 시·도지사
② 국무총리
③ 행정안전부장관
④ 중앙소방본부장

해설 ③ 행정안전부장관은 국가 및 지방자치단체가 행하는 재난 및 안전관리 업무를 총괄·조정한다(법 제6조).

13 재난 및 안전관리 기본법상 중앙안전관리위원회의 재난 및 안전관리에 관한 심의사항으로 옳지 않은 것은?

① 재난관리기금의 적립 현황에 관한 사항
② 국가안전관리기본계획에 관한 사항
③ 재난안전의무보험의 관리ㆍ운용 등에 관한 사항
④ 재난 및 안전관리업무의 조정에 관한 사항

> **해설** ① 시장ㆍ군수ㆍ구청장은 재난관리기금의 적립 현황 등이 포함된 재난관리 실태를 매년 1회 이상 관할 지역 주민에게 공시하여야 한다(법 제33조의3).
> ※ **중앙안전관리위원회의 재난 및 안전관리에 관한 심의사항(법 제9조제1항)**
> • 재난 및 안전관리에 관한 중요 정책에 관한 사항
> • 국가안전관리기본계획에 관한 사항
> • 재난 및 안전관리 사업 관련 중기사업계획서, 투자우선순위 의견 및 예산요구서에 관한 사항
> • 중앙행정기관의 장이 수립ㆍ시행하는 계획, 점검ㆍ검사, 교육ㆍ훈련, 평가 등 재난 및 안전관리업무의 조정에 관한 사항
> • 안전기준관리에 관한 사항
> • 재난사태의 선포에 관한 사항
> • 특별재난지역의 선포에 관한 사항
> • 재난이나 그 밖의 각종 사고가 발생하거나 발생할 우려가 있는 경우 이를 수습하기 위한 관계 기관 간 협력에 관한 중요 사항
> • 재난안전의무보험의 관리ㆍ운용 등에 관한 사항
> • 중앙행정기관의 장이 시행하는 대통령령으로 정하는 재난 및 사고의 예방사업 추진에 관한 사항
> • 재난안전산업 진흥법에 따른 기본계획에 관한 사항
> • 그 밖에 위원장이 회의에 부치는 사항

14 중앙안전관리위원회에 관한 설명으로 옳지 않은 것은?

① 중앙안전관리위원회는 국무총리소속이다.
② 중앙위원회의 위원장은 국무총리가 되고, 위원은 대통령령이 정하는 중앙행정기관 또는 관계 기관ㆍ단체의 장이 된다.
③ 중앙위원회의 위원장은 중앙위원회를 대표하며, 중앙위원회의 업무를 총괄한다.
④ 중앙위원회에 간사 1명과 부간사를 두며, 간사는 국무총리가 된다.

> **해설** **중앙안전관리위원회(법 제9조제4항)**
> 중앙위원회에 간사 1명을 두며, 간사는 행정안전부장관이 된다.

15 재난 및 안전관리 기본법의 중앙안전관리위원회에 대한 설명으로 틀린 것은?

① 중앙위원회의 위원장은 행정안전부장관이 된다.

② 위원은 대통령이 정하는 중앙행정기관 또는 관계 기관·단체의 장이 된다.

③ 중앙위원회의 회의는 재적위원 과반수의 출석으로 개의하고, 출석위원 과반수의 찬성으로 의결한다.

④ 중앙위원회의 회의는 위원의 요청이 있거나 위원장이 필요하다고 인정하는 경우에 위원장이 소집한다.

> **해설** **중앙안전관리위원회(법 제9조제2항)**
> 중앙위원회의 위원장은 국무총리가 되고, 위원은 대통령령이 정하는 중앙행정기관 또는 관계 기관·단체의 장이 된다.
> **안전정책조정위원회(법 제10조제2항)**
> 안전정책조정위원회의 위원장이 행정안전부장관이 된다.

16 재난 및 안전관리 기본법령상 '행정안전부의 재난안전관리사무를 담당하는 본부장'의 직위가 아닌 것은?

① 안전정책조정위원회의 간사위원

② 안전정책조정위원회에 두는 실무위원회의 위원장

③ 중앙안전관리민관협력위원회의 공동위원장

④ 중앙재난방송협의회의 위원장

> **해설** **중앙재난방송협의회의 구성과 운영(시행령 제10조의3제3항)**
> 중앙재난방송협의회의 위원장은 위원 중에서 과학기술정보통신부장관이 지명하는 사람이 되고, 부위원장은 중앙재난방송협의회의 위원 중에서 호선한다.

17 재난 및 안전관리 기본법상 안전관리민관협력위원회 등에 대한 설명으로 옳지 않은 것은?

① 중앙안전관리위원회의 위원장은 재난 및 안전관리에 관한 민관협력관계를 원활히 하기 위하여 중앙안전관리민관협력위원회를 구성·운영할 수 있다.

② 지역위원회의 위원장은 재난 및 안전관리에 관한 지역 차원의 민관 협력관계를 원활히 하기 위하여 시·도 안전관리민관협력위원회를 구성·운영할 수 있다.

③ 중앙민관협력위원회의 구성 및 운영에 필요한 사항은 대통령령으로 정하고, 지역민관협력위원회의 구성 및 운영에 필요한 사항은 해당 지방자치단체의 조례로 정한다.

④ 중앙민관협력위원회의 재적위원 4분의 1 이상이 회의소집을 요청하는 경우 공동위원장은 중앙민관협력위원회의 회의를 소집할 수 있다.

> **해설** **안전관리민관협력위원회(법 제12조의2제1항)**
> 조정위원회의 위원장은 재난 및 안전관리에 관한 민관 협력관계를 원활히 하기 위하여 중앙안전관리민관협력위원회(중앙민관협력위원회)를 구성·운영할 수 있다.

18 재난 및 안전관리 기본법상 행정안전부장관의 직무에 해당하지 않는 것은?

① 중앙안전관리위원회의 위원장이 사고로 직무를 수행할 수 없을 때 위원장의 직무대행

② 방사능재난 발생 시 중앙재난안전대책본부의 업무 총괄

③ 재난 및 안전관리 사업의 효과성 및 효율성 평가

④ 시·도의 재난 및 안전관리업무에 관한 계획의 수립지침 작성

> **해설** **중앙재난안전대책본부 등(법 제14조제3항)**
> 중앙대책본부의 본부장(이하 "중앙대책본부장"이라 한다)은 행정안전부장관이 되며, 중앙대책본부장은 중앙대책본부의 업무를 총괄하고 필요하다고 인정하면 중앙재난안전대책본부회의를 소집할 수 있다. 다만, 해외재난의 경우에는 외교부장관이, 원자력시설 등의 방호 및 방사능 방재 대책법에 따른 방사능재난의 경우에는 중앙방사능방재대책본부의 장이 각각 중앙대책본부장의 권한을 행사한다.

19 재난 및 안전관리 기본법상 행정안전부장관의 업무에 대한 설명으로 옳지 않은 것은?

① 안전문화활동의 추진에 관한 총괄·조정 업무를 관장한다.

② 특별재난지역의 선포를 건의 받은 해당 지역을 특별재난지역으로 선포할 수 있다.

③ 안전정보의 체계적인 관리를 위하여 안전정보통합관리시스템을 구축·운영하여야 한다.

④ 재난대응활동계획의 작성에 필요한 작성지침을 재난관리책임기관의 장에게 통보할 수 있다.

> **해설** ②는 대통령의 권한이다. 특별재난지역의 선포를 건의 받은 대통령은 해당 지역을 특별재난지역으로 선포할 수 있다(법 제60조제3항).

17 ① 18 ② 19 ② **정답**

20 중앙재난안전대책본부에 관한 설명으로 옳지 않은 것은?

① 중앙재난안전대책본부에 본부장과 차장을 둔다.

② 중앙재난안전대책본부장은 중앙대책본부의 업무를 총괄하고 필요하다고 인정하면 중앙 재난안전대책본부회의를 소집할 수 있다.

③ 대통령령으로 정하는 대규모 재난의 대응·복구 등에 관한 사항을 총괄·조정하고 필요한 조치를 하기 위하여 국무총리 소속하에 중앙재난안전대책본부를 둔다.

④ 중앙재난안전대책본부장은 국내 또는 해외에서 발생한 대규모재난의 수습을 지원하기 위하여 관계 중앙행정기관 및 관계 기관·단체의 재난관리에 관한 전문가 등으로 수습지원 단을 구성하여 현지에 파견할 수 있다.

> **해설** **중앙재난안전대책본부 등(법 제14조제1항)**
> 대통령령으로 정하는 대규모 재난의 대응·복구 등에 관한 사항을 총괄·조정하고 필요한 조치를 하기 위하여 행정안전부에 중앙재난안전대책본부를 둔다.

21 재난 및 안전관리 기본법상 다음 (   ) 안에 들어갈 내용으로 옳은 것은?

> 행정안전부장관, 시·도지사 및 시장·군수·구청장은 재난정보의 수집·전파, 상황관리, 재 난발생 시 초동조치 및 지휘 등의 업무를 수행하기 위하여 상시 (   )을/를 설치·운영하 여야 한다.

① 재난안전대책본부

② 재난안전상황실

③ 사고대책수습본부

④ 긴급구조통제단

> **해설** **재난안전상황실(법 제18조제1항)**
> 행정안전부장관, 시·도지사 및 시장·군수·구청장은 재난정보의 수집·전파, 상황관리, 재난발생 시 초동조치 및 지휘 등의 업무를 수행하기 위하여 다음의 구분에 따른 상시 재난안전상황실을 설치·운영하여야 한다.
> • 행정안전부장관 : 중앙재난안전상황실
> • 시·도지사 및 시장·군수·구청장 : 시·도별 및 시·군·구별 재난안전상황실

22 재난 및 안전관리 기본법상 재난정보의 수집·전파, 상황관리, 재난발생 시 초동조치 및 지휘 등의 업무를 수행하기 위하여 상시 재난안전상황실을 설치·운영하여야 하는 기관에 해당하지 않는 것은?

① 행정안전부장관
② 시·도지사
③ 시장·군수·구청장
④ 국무조정실장

> **해설** 행정안전부장관, 시·도지사 및 시장·군수·구청장은 재난정보의 수집·전파, 상황관리, 재난발생 시 초동조치 및 지휘 등의 업무를 수행하기 위하여 다음의 구분에 따른 상시 재난안전상황실을 설치·운영하여야 한다(재난 및 안전관리 기본법 제18조제1항).
> • 행정안전부장관 : 중앙재난안전상황실
> • 시·도지사 및 시장·군수·구청장 : 시·도별 및 시·군·구별 재난안전상황실

23 재난 및 안전관리 기본법상 국가안전관리기본계획의 재난 및 안전관리대책으로 옳지 않은 것은?

① 긴급구호대책
② 시설안전대책
③ 산업안전대책
④ 식품안전대책

> **해설** **국가안전관리기본계획의 수립 등(법 제22조제8항)**
> 국가안전관리기본계획에는 다음의 사항이 포함되어야 한다.
> • 재난에 관한 대책
> • 생활안전, 교통안전, 산업안전, 시설안전, 범죄안전, 식품안전, 안전취약계층 안전 및 그 밖에 이에 준하는 안전관리에 관한 대책

24 재난 및 안전관리 기본법령상 국가안전관리기본계획 및 집행계획에 관한 설명으로 옳지 않은 것은?

① 국무총리는 5년마다 국가안전관리기본계획의 수립지침을 작성하여 관계 중앙행정기관의 장에게 통보하여야 한다.
② 국무총리는 국가안전관리기본계획을 작성하여 중앙위원회의 심의를 거쳐 확정한 후 이를 관계 중앙행정기관의 장에게 통보하여야 한다.
③ 국무총리는 집행계획을 효율적으로 수립하기 위하여 필요한 경우에는 집행계획의 작성지침을 마련하여 관계 중앙행정기관의 장에게 통보할 수 있다.
④ 국가안전관리기본계획은 재난에 관한 대책 그리고 생활안전, 교통안전, 산업안전, 시설안전, 범죄안전, 식품안전, 안전취약계층 안전 및 그 밖에 이에 준하는 안전관리에 관한 대책으로 구성한다.

> **해설** ③ 행정안전부장관은 집행계획을 효율적으로 수립하기 위하여 필요한 경우에는 집행계획의 작성지침을 마련하여 관계 중앙행정기관의 장에게 통보할 수 있다(시행령 제27조제2항).

22 ④ 23 ① 24 ③ **정답**

25 재난 및 안전관리 기본법령상 안전관리계획의 작성에 대한 설명이다. (   )에 들어갈 내용으로 옳은 것은?

> 시·도지사는 전년도 (ㄱ)까지, 시장·군수·구청장은 해당 연도 (ㄴ)까지 소관 안전관리계획을 확정하여야 한다.

① ㄱ : 9월 30일, ㄴ : 12월 말일
② ㄱ : 12월 31일, ㄴ : 1월 말일
③ ㄱ : 10월 31일, ㄴ : 2월 말일
④ ㄱ : 12월 31일, ㄴ : 2월 말일

해설 **시·도안전관리계획 및 시·군·구안전관리계획의 작성(시행령 제29조제3항)**
시·도지사는 전년도 12월 31일까지, 시장·군수·구청장은 해당 연도 2월 말일까지 소관 안전관리계획을 확정하여야 한다.

26 재난 및 안전관리 기본법상 재난관리책임기관의 장이 소관관리대상 업무의 분야에서 재난 발생을 사전에 방지하기 위하여 해야 하는 조치에 해당하지 않는 것은?

① 재난에 대응할 조직의 구성 및 정비
② 재난의 예측 및 예측정보 등의 제공·이용에 관한 체계의 구축
③ 재난이 발생할 위험이 높은 분야에 대한 안전관리체계의 구축
④ 재난관리기금 적립을 위해 기업이나 개인으로부터 자금 충당

해설 **재난관리책임기관의 장의 재난예방조치 등(법 제25조의4제1항)**
재난관리책임기관의 장은 소관 관리대상 업무의 분야에서 재난 발생을 사전에 방지하기 위하여 다음의 조치를 하여야 한다.
- 재난에 대응할 조직의 구성 및 정비
- 재난의 예측 및 예측정보 등의 제공·이용에 관한 체계의 구축
- 재난 발생에 대비한 교육·훈련과 재난관리예방에 관한 홍보
- 재난이 발생할 위험이 높은 분야에 대한 안전관리체계의 구축 및 안전관리규정의 제정
- 지정된 국가핵심기반의 관리
- 특정관리대상지역에 관한 조치
- 재난방지시설의 점검·관리
- 재난관리자원의 관리
- 그 밖에 재난을 예방하기 위하여 필요하다고 인정되는 사항

27 재난 및 안전관리 기본법령상 재난관리책임기관의 장이 취해야 할 재난예방조치에 해당되지 않는 것은?

① 특별재난지역 선포
② 지정된 국가핵심기반의 관리
③ 재난방지시설의 점검·관리
④ 재난 발생에 대비한 교육·훈련과 재난관리예방에 관한 홍보

28 재난 및 안전관리 기본법령상 특정관리대상지역에 대한 설명으로 옳지 않은 것은?

① 과학기술정보통신부장관은 특정관리대상지역을 체계적으로 관리하기 위하여 정보화시스템을 구축·운영할 수 있다.
② 중앙행정기관의 장 또는 지방자치단체의 장은 특정관리대상지역을 지정하기 위하여 소관 지역의 현황을 매년 정기적으로 또는 수시로 조사하여야 한다.
③ 특정관리대상지역의 안전등급은 A, B, C, D, E로 구분된다.
④ 재난관리책임기관의 장은 특정관리대상지역에 대하여 대통령령으로 정하는 바에 따라 재난 발생의 위험성을 제거하기 위한 조치 등 특정관리대상지역의 관리·정비에 필요한 조치를 하여야 한다.

> 해설 **특정관리대상지역의 안전등급 및 안전점검 등(시행령 제34조의2제4항)**
> 행정안전부장관은 특정관리대상지역을 체계적으로 관리하기 위하여 정보화시스템을 구축·운영할 수 있다.

29 재난 및 안전관리 기본법령상 특정관리대상시설 등의 안전등급 및 안전점검 등에 대한 설명으로 옳지 않은 것은?

① 재난관리책임기관의 장은 지정된 특정관리대상지역을 특정관리대상지역의 지정·관리 등에 관한 지침에서 정하는 안전등급의 평가기준에 따라 다섯 등급으로 구분하여 관리하여야 한다.

② 재난관리책임기관의 장은 C등급에 해당하는 특정관리대상시설 등에 대하여 월 1회 이상 정기안전점검을 실시하여야 한다.

③ 행정안전부장관은 특정관리대상지역을 체계적으로 관리하기 위하여 정보화시스템을 구축·운영할 수 있다.

④ 재난관리책임기관의 장은 운영되는 정보화시스템을 이용하여 특정관리대상지역을 관리하여야 한다.

> **해설** **특정관리대상지역의 안전등급 및 안전점검 등(시행령 제34조의2제3항)**
> 재난관리책임기관의 장은 다음의 구분에 따라 특정관리대상지역에 대한 안전점검을 실시하여야 한다.
> • 정기안전점검
> – A등급, B등급 또는 C등급에 해당하는 특정관리대상지역 : 반기별 1회 이상
> – D등급에 해당하는 특정관리대상지역 : 월 1회 이상
> – E등급에 해당하는 특정관리대상지역 : 월 2회 이상
> • 수시안전점검 : 재난관리책임기관의 장이 필요하다고 인정하는 경우

30 재난 및 안전관리 기본법령상 특정관리 대상 지역에 대한 등급별 정기안전점검 실시기준으로 옳은 것은?

① A등급 : 연 1회 이상

② B등급 : 월 1회 이상

③ C등급 : 반기별 1회 이상

④ D등급 : 월 2회 이상

> **해설** **정기안전점검 실시 기준(시행령 제34조의2제3항)**
> • A등급, B등급 또는 C등급에 해당하는 특정관리대상지역 : 반기별 1회 이상
> • D등급에 해당하는 특정관리대상지역 : 월 1회 이상
> • E등급에 해당하는 특정관리대상지역 : 월 2회 이상

31 재난 및 안전관리 기본법에 규정된 재난 및 안전관리를 위한 교육 및 훈련에 해당하지 않는 것은?

① 재난안전분야 종사자 전문교육　　② 긴급구조교육

③ 재난대비훈련　　　　　　　　　　④ 비상대비교육

> **해설** 재난 및 안전관리 기본법에 의거 재난안전분야 종사자 교육은 법 제29조의2에 규정되어 있고, 긴급구조교육은 법 제55조제3항에, 재난대비훈련은 법 제34조의9에 규정되어 있다.

32 재난 및 안전관리 기본법상 시장·군수·구청장이 매년 1회 이상 관할 주민에게 공시하여야 하는 재난관리실태에 포함되지 않는 것은?

① 재난예방조치 실적

② 전년도 재난의 발생 및 수습 현황

③ 재난관리기금의 작성·운용 현황

④ 현장조치 행동매뉴얼의 작성·운용 현황

> **해설** **재난관리 실태 공시 등(법 제33조의3제1항)**
> 시장·군수·구청장(ⓒ의 경우에는 시·도지사를 포함한다)은 다음의 사항이 포함된 재난관리 실태를 매년 1회 이상 관할 지역 주민에게 공시하여야 한다.
> ㉠ 전년도 재난의 발생 및 수습 현황
> ㉡ 재난예방조치 실적
> ㉢ 재난관리기금의 적립 및 집행 현황
> ㉣ 현장조치 행동매뉴얼의 작성·운용 현황
> ㉤ 그 밖에 대통령령으로 정하는 재난관리에 관한 중요 사항

33 재난 및 안전관리 기본법상 재난의 대비에 관한 업무 중 재난관리책임기관의 장의 직무가 아닌 것은?

① 체계적인 재난관리를 위한 재난안전통신망의 구축·운영
② 재난관리자원을 비축하거나 지정하는 등 체계적·효율적 관리
③ 재난의 발생으로 통신이 끊기는 상황에 대비한 긴급통신수단의 마련
④ 효율적인 재난관리를 위한 기능별 재난대응 활동계획의 작성·활용

> **해설** **재난안전통신망의 구축·운영(법 제34조의8)**
> 행정안전부장관은 체계적인 재난관리를 위하여 재난안전통신망을 구축·운영하여야 하며, 재난관리책임기관·긴급구조기관 및 긴급구조지원기관("재난관련기관"이라 한다)은 재난관리에 재난안전통신망을 사용하여야 한다.

34 재난 및 안전관리 기본법령상 국가재난관리기준에 포함되는 사항만을 모두 고른 것은?

> ㄱ. 재난상황의 전파
> ㄴ. 재난에 관한 예보·경보의 발령 기준
> ㄷ. 재난 발생 시 효과적인 지휘·통제 체제 마련
> ㄹ. 재난관리를 효과적으로 수행하기 위한 관계기관 간 상호협력 방안

① ㄱ, ㄴ   ② ㄷ, ㄹ
③ ㄱ, ㄴ, ㄷ   ④ ㄱ, ㄴ, ㄷ, ㄹ

> **해설** **국가재난관리기준에 포함될 사항(시행령 제43조의4)**
> • 재난에 관한 예보·경보의 발령 기준
> • 재난상황의 전파
> • 재난 발생 시 효과적인 지휘·통제 체제 마련
> • 재난관리를 효과적으로 수행하기 위한 관계기관 간 상호협력 방안
> • 재난관리체계에 대한 평가 기준이나 방법
> • 그 밖에 재난관리를 효율적으로 수행하기 위하여 행정안전부장관이 필요하다고 인정하는 사항

35 재난 및 안전관리 기본법상 재난분야 위기관리 매뉴얼의 작성·운용에 관한 설명으로 옳은 것은?

① 위기관리 표준매뉴얼은 재난현장에서 임무를 직접 수행하는 기관의 행동조치 절차를 구체적으로 수록한 문서로 위기대응 실무매뉴얼을 작성한 기관의 장이 지정한 기관의 장이 작성한다.

② 현장조치 행동매뉴얼은 위기관리 표준매뉴얼에서 규정하는 기능과 역할에 따라 실제 재난대응에 필요한 조치사항 및 절차를 규정한 문서이다.

③ 위기대응 실무매뉴얼은 국가적 차원에서 관리가 필요한 재난에 대하여 재난관리체계와 관계 기관의 임무와 역할을 규정한 문서이다.

④ 재난관리책임기관의 장이 위기관리 매뉴얼을 작성·운용하는 경우 재난대응활동계획과 위기관리 매뉴얼은 서로 연계되도록 하여야 한다.

해설 **재난분야 위기관리 매뉴얼 작성·운용(법 제34의5제1항)**
재난관리책임기관의 장은 재난을 효율적으로 관리하기 위하여 재난유형에 따라 다음의 위기관리 매뉴얼을 작성·운용하고, 이를 준수하도록 노력하여야 한다. 이 경우 재난대응활동계획과 위기관리 매뉴얼이 서로 연계되도록 하여야 한다.
- 위기관리 표준매뉴얼 : 국가적 차원에서 관리가 필요한 재난에 대하여 재난관리 체계와 관계 기관의 임무와 역할을 규정한 문서로 위기대응 실무매뉴얼의 작성 기준이 되며, 재난관리주관기관의 장이 작성한다. 다만, 다수의 재난관리주관기관이 관련되는 재난에 대해서는 관계 재난관리주관기관의 장과 협의하여 행정안전부장관이 위기관리 표준매뉴얼을 작성할 수 있다.
- 위기대응 실무매뉴얼 : 위기관리 표준매뉴얼에서 규정하는 기능과 역할에 따라 실제 재난대응에 필요한 조치사항 및 절차를 규정한 문서로 재난관리주관기관의 장과 관계 기관의 장이 작성한다. 이 경우 재난관리 주관기관의 장은 위기대응 실무매뉴얼과 위기관리 표준매뉴얼을 통합하여 작성할 수 있다.
- 현장조치 행동매뉴얼 : 재난현장에서 임무를 직접 수행하는 기관의 행동조치 절차를 구체적으로 수록한 문서로 위기대응 실무매뉴얼을 작성한 기관의 장이 지정한 기관의 장이 작성하되, 시장·군수·구청장은 재난유형별 현장조치 행동매뉴얼을 통합하여 작성할 수 있다. 다만, 현장조치 행동매뉴얼 작성 기관의 장이 다른 법령에 따라 작성한 계획·매뉴얼 등에 재난유형별 현장조치 행동매뉴얼에 포함될 사항이 모두 포함되어 있는 경우 해당 재난유형에 대해서는 현장조치 행동매뉴얼이 작성된 것으로 본다.

36 재난 및 안전관리 기본법상 재난분야 위기관리 매뉴얼 작성·운용에 대한 설명으로 옳지 않은 것은?

① 재난관리책임기관의 장은 재난유형에 따라 위기관리 매뉴얼을 작성·운용하고 이를 준수하도록 노력하여야 한다.

② 위기관리 표준매뉴얼은 국가적 차원에서 관리가 필요한 재난에 대하여 재난관리 체계와 관계 기관의 임무와 역할을 규정한 문서로, 국무총리의 승인을 받아 이를 확정하고 현장조치 행동매뉴얼과 연계하여 운용하여야 한다.

③ 현장조치 행동매뉴얼은 재난현장에서 임무를 직접 수행하는 기관의 행동조치 절차를 구체적으로 수록한 문서로, 위기대응 실무매뉴얼을 작성한 기관의 장이 지정한 기관의 장이 작성하되, 시장·군수·구청장은 재난유형별 현장조치 행동매뉴얼을 통합하여 작성할 수 있다.

④ 위기대응 실무매뉴얼은 실제 재난대응에 필요한 조치사항 및 절차를 규정한 문서다.

해설 **재난분야 위기관리 매뉴얼 작성·운용(법 제34조의5제3항)**
재난관리주관기관의 장이 작성한 위기관리 표준매뉴얼은 행정안전부장관의 승인을 받아 이를 확정하고, 위기대응 실무매뉴얼과 연계하여 운용하여야 한다.

37 재난 및 안전관리 기본법상 재난의 대비에 대한 설명으로 옳지 않은 것은?

① 행정안전부장관은 위기관리 매뉴얼의 작성·운용 실태를 반기별로 점검하여야 하며, 필요한 경우 수시로 점검할 수 있다.

② 행정안전부장관은 매년 재난대비훈련 기본계획을 수립하고 재난관리책임기관의 장에게 통보하여야 한다.

③ 재난관리책임기관의 장은 소관분야별로 재난대비훈련 자체계획을 수립하여 이를 국회 소관상임위원회에 보고하여야 한다.

④ 위기상황 매뉴얼을 작성·관리하여야 하는 다중이용시설 등의 소유자·관리자 또는 점유자는 다른 법령에서 따로 정함이 없는 한 위기상황 매뉴얼에 따른 훈련을 주기적으로 실시하여야 한다.

해설 **재난대비훈련 기본계획 수립(법 제34조의9제2항, 제3항)**
• 재난관리책임기관의 장은 재난대비훈련 기본계획에 따라 소관분야별로 자체계획을 수립하여야 한다.
• 행정안전부장관은 재난대비훈련 기본계획을 국회 소관상임위원회에 보고하여야 한다.

38 재난 및 안전관리 기본법상 재난이 발생하였을 때 지역통제단장이 하여야 하는 응급조치에 해당하는 것은?

① 진 화

② 응급조치

③ 지진방재

④ 급수 수단의 확보

> **해설** **응급조치(법 제37조제1항)**
> 지역통제단장의 경우에는 제2호(진화·수방·지진방재, 그 밖의 응급조치와 구호) 중 진화에 관한 응급조치와 제4호(긴급수송 및 구조 수단의 확보) 및 제6호(현장지휘통신체계의 확보)의 응급조치만 하여야 한다.

39 다음은 재난 및 안전관리 기본법의 일부이다. ㉠~㉢에 들어갈 내용으로 옳은 것은?

> (㉠)는(은) 재난 및 안전관리 기본법 제41조에 따른 위험구역 및 자연재해대책법 제12조에 따른 자연재해위험개선지구 등 재난으로 인하여 사람의 생명·신체 및 재산에 대한 피해가 예상되는 지역에 대하여 그 피해를 예방하기 위하여 (㉡) 재난 예보·경보체계 구축 종합계획을 (㉢) 단위로 수립하여 (㉣)에게 제출하여야 한다.

	㉠	㉡	㉢	㉣
①	시장·군수·구청장	시·도	3년	시·도지사
②	시장·군수·구청장	시·군·구	5년	시·도지사
③	시·도지사	시·군·구	3년	행정안전부장관
④	시·도지사	시·도	5년	행정안전부장관

> **해설** **재난 예보·경보체계 구축·운영 등(법 제38조의2제7항)**
> 시장·군수·구청장은 제41조에 따른 위험구역 및 자연재해대책법 제12조에 따른 자연재해위험개선지구 등 재난으로 인하여 사람의 생명·신체 및 재산에 대한 피해가 예상되는 지역에 대하여 그 피해를 예방하기 위하여 시·군·구 재난 예보·경보체계 구축 종합계획("시·군·구종합계획"이라 한다)을 5년 단위로 수립하여 시·도지사에게 제출하여야 한다.

40 재난 및 안전관리 기본법상 재난 발생 시의 응급조치 등에 대한 설명으로 옳은 것은?

① 시·도긴급구조통제단의 단장은 재난이 발생한 경우, 응급조치로써 긴급피난처 및 구호품 등 재난관리자원의 확보를 하여야 한다.

② 재난관리주관기관의 장이 경계 단계의 위기경보를 발령하려는 경우에는 행정안전부장관과 사전에 협의하여야 한다.

③ 시장·군수·구청장이 재난의 발생으로 인해 해당 지역 주민에게 대피명령을 내리는 경우, 미리 대피장소를 지정하여 대피를 명할 수 있다.

④ 관계 중앙행정기관의 장은 재난의 발생으로 사람의 생명 또는 신체에 대한 위해 방지에 필요하다고 인정하는 경우에는 위험구역을 설정할 수 있다.

> **해설** ③ 시장·군수·구청장과 지역통제단장(대통령령으로 정하는 권한을 행사하는 경우에만 해당한다)은 재난이 발생하거나 발생할 우려가 있는 경우에 사람의 생명 또는 신체나 재산에 대한 위해를 방지하기 위하여 필요하면 해당 지역 주민이나 그 지역 안에 있는 사람에게 대피하도록 명하거나 선박·자동차 등을 그 소유자·관리자 또는 점유자에게 대피시킬 것을 명할 수 있다. 이 경우 미리 대피장소를 지정할 수 있다(법 제40조제1항).
> ① 지역통제단장(시·도긴급구조통제단 및 시·군·구긴급구조통제단의 단장)의 경우에는 제2호(진화·수방·지진방재, 그 밖의 응급조치와 구호) 중 진화에 관한 응급조치와 제4호(긴급수송 및 구조 수단의 확보) 및 제6호(현장지휘통신체계의 확보)의 응급조치만 하여야 한다(법 제37조제1항 단서).
> ② 재난관리주관기관의 장은 심각 경보를 발령 또는 해제할 경우에는 행정안전부장관과 사전에 협의하여야 한다(법 제38조제3항).
> ④ 시장·군수·구청장과 지역통제단장(대통령령으로 정하는 권한을 행사하는 경우에만 해당한다)은 재난이 발생하거나 발생할 우려가 있는 경우에 사람의 생명 또는 신체에 대한 위해 방지나 질서의 유지를 위하여 필요하면 위험구역을 설정할 수 있다(법 제41조제1항).

41 재난 및 안전관리 기본법상 긴급구조에 대한 설명으로 옳지 않은 것은?

① 재난현장에서는 시·군·구긴급구조통제단장이 긴급구조활동을 지휘하나, 치안활동과 관련된 사항은 관할 경찰관서의 장과 협의하여야 한다.

② 지역통제단장의 요청에 따라 긴급구조활동에 참여한 민간 긴급구조지원기관에 대하여는 그 경비의 전부 또는 일부를 지원할 수 있다.

③ 긴급구조활동을 하기 위하여 헬기를 운항할 필요가 있으면 긴급구조기관의 장이 헬기의 운항과 관련되는 사항을 헬기운항통제기관에 통보하고 헬기를 운항할 수 있다.

④ 중앙긴급구조통제단의 단장은 긴급구조에 관한 사항을 총괄·조정하는 행정안전부장관이 된다.

> **해설** **중앙긴급구조통제단(법 제49조제2항)**
> 중앙긴급구조통제단의 단장은 소방청장이 된다.

42 재난 및 안전관리 기본법상 재난관리 활동에 대한 설명으로 옳지 않은 것은?

① 재난현장의 구조활동 등 초동 조치상황에 대한 언론 발표 등은 각급통제단장이 지명하는 자가 한다.

② 재난현장에서의 긴급구조활동은 시·군·구재난안전대책본부장의 지휘를 따른다.

③ 국무총리가 범정부적 차원의 통합대응이 필요하다고 인정하는 경우, 국무총리가 중앙대책본부장의 권한을 행사할 수 있다.

④ 행정안전부장관은 매년 재난 및 안전관리사업의 효과성 및 효율성을 평가하고, 그 결과를 관계 중앙행정기관의 장에게 통보하여야 한다.

> **해설** **긴급구조 현장지휘(법 제52조제5항)**
> 재난현장에서 긴급구조활동을 하는 긴급구조요원과 긴급구조지원기관의 긴급구조지원요원 및 재난관리자원에 대한 운용은 현장지휘를 하는 긴급구조통제단장의 지휘·통제에 따라야 한다.

43 다음 중 긴급구조대응계획의 기능별 긴급구조대응계획에 해당하지 않는 것은?

① 응급의료계획　　　　　　　② 방재계획
③ 피해상황분석계획　　　　　④ 현장통제계획

> **해설** **긴급구조대응계획의 수립(시행령 제63조제1항제2호)**
> 기능별 긴급구조대응계획은 지휘통제, 비상경고, 대중정보, 피해상황분석, 구조·진압, 응급의료, 긴급오염통제, 현장통제, 긴급복구, 긴급구호, 재난통신으로 구성된다.

44 재난 및 안전관리 기본법령상 기능별 긴급구조대응계획에 포함되어야 할 사항으로 옳은 것은?

① 긴급구조대응계획의 운영책임에 관한 사항
② 비상경고 방송메시지 작성 등에 관한 사항
③ 재난현장 접근 통제 및 치안 유지 등에 관한 사항
④ 주요 재난유형별 대응 매뉴얼에 관한 사항

> **해설** ③ 기능별 긴급구조대응계획에 포함되어야 하는 사항 중 현장통제에 관한 사항이다(시행령 제63조제1항제2호).
> ① 기본계획에 포함되어야 할 사항이다(시행령 제63조제1항제1호).
> ②·④ 재난유형별 긴급구조대응계획에 포함되어야 할 사항이다(시행령 제63조제1항제3호).

45 긴급구조지휘대의 지휘통제순서를 하부에서 상부로 차례대로 나열한 것은?

① 방면현장지휘대 – 소방서현장지휘대 – 소방본부현장지휘대 – 권역현장지휘대
② 소방서현장지휘대 – 권역현장지휘대 – 소방본부현장지휘대 – 방면현장지휘대
③ 방면현장지휘대 – 소방서현장지휘대 – 권역현장지휘대 – 소방본부현장지휘대
④ 소방서현장지휘대 – 방면현장지휘대 – 소방본부현장지휘대 – 권역현장지휘대

> **해설** **긴급구조지휘대 구성 · 운영(시행령 제65조제2항)**
> 소방서현장지휘대 → 방면현장지휘대 → 소방본부현장지휘대 → 권역현장지휘대의 순서이다.

46 다음은 긴급구조지원기관이 유지하여야 하는 긴급구조에 필요한 능력의 구성요소 중 전문인력의 자격에 관한 기준이다. (   ) 안에 들어갈 내용으로 옳은 것은?

> • 긴급구조에 관한 교육을 (ㄱ)시간 이상 이수한 사람
> • 긴급구조 관련 업무에 (ㄴ)년 이상 종사한 경력이 있는 사람
> • 해당 기관의 긴급구조 분야와 관련되는 국가자격 또는 민간자격을 보유한 사람

① ㄱ : 14, ㄴ : 3
② ㄱ : 14, ㄴ : 5
③ ㄱ : 15, ㄴ : 3
④ ㄱ : 15, ㄴ : 5

> **해설** **긴급구조지원기관이 긴급구조에 필요한 능력의 구성요소(시행령 제66조의3제1항제1호)**
> 다음 어느 하나에 해당하는 전문인력
> • 긴급구조에 관한 교육을 14시간 이상 이수한 사람
> • 긴급구조 관련 업무에 3년 이상 종사한 경력이 있는 사람
> • 해당 기관의 긴급구조 분야와 관련되는 국가자격 또는 민간자격을 보유한 사람

47 재난 및 안전관리 기본법상 특별재난지역 선포 건의 시 대통령령으로 재난의 규모를 정할 때 고려해야 하는 사항이 아닌 것은?

① 재난 현장 주위에 있는 병원의 규모
② 재난으로 피해를 입은 구역의 범위
③ 재난지역 관할 지방자치단체의 재정 능력
④ 인명 또는 재산의 피해 정도

해설 중앙대책본부장은 대통령령으로 정하는 규모의 재난이 발생하여 국가의 안녕 및 사회질서의 유지에 중대한 영향을 미치거나 피해를 효과적으로 수습하기 위하여 특별한 조치가 필요하다고 인정하거나 제3항에 따른 지역대책본부장의 요청이 타당하다고 인정하는 경우에는 중앙위원회의 심의를 거쳐 해당 지역을 특별재난지역으로 선포할 것을 대통령에게 건의할 수 있다. 이에 따라 대통령령으로 재난의 규모를 정할 때에는 다음의 사항을 고려하여야 한다(법 제60조제1항제2항).
• 인명 또는 재산의 피해 정도
• 재난지역 관할 지방자치단체의 재정 능력
• 재난으로 피해를 입은 구역의 범위

48 재난 및 안전관리 기본법상 특별재난지역 선포권자는?

① 대통령
② 국무총리
③ 중앙재난안전대책본부장
④ 중앙긴급구조통제단장

49 재난 및 안전관리 기본법령상 특별재난지역의 선포 및 지원에 대한 설명으로 옳은 것은?

① 자연재난이 발생한 경우에는 특별재난지역으로 선포될 수 있으나, 사회재난이 발생한 경우에는 특별재난지역으로 선포될 수 없다.

② 중앙대책본부장으로부터 특별재난지역의 선포를 건의 받은 대통령은 중앙안전관리위원회의 심의를 거쳐 해당 지역을 특별재난지역으로 선포할 수 있다.

③ 지역대책본부장으로부터 특별재난지역의 선포 건의를 요청받은 중앙대책본부장은 그 요청이 타당하다고 인정하는 경우에는 특별재난지역을 선포할 수 있다.

④ 지역대책본부장은 특별재난지역이 선포되었을 때에는 재난 복구를 위하여 재난복구계획의 수립·시행 전에 재난대책을 위한 예비비를 집행할 수 있다.

> **해설** ④ 중앙대책본부장 및 지역대책본부장은 특별재난지역이 선포되었을 때에는 재난응급대책의 실시와 재난의 구호 및 복구를 위하여 재난복구계획의 수립·시행 전에 재난대책을 위한 예비비, 재난관리기금·재해구호기금 및 의연금을 집행할 수 있다(시행령 제70조).
> ① 특별재난지역의 선포는 자연재난이나 사회재난의 범위에 따라 선포된다(법 제60조, 시행령 제69조).
> ②·③ 중앙대책본부장은 대통령령으로 정하는 규모의 재난이 발생하여 국가의 안녕 및 사회질서의 유지에 중대한 영향을 미치거나 피해를 효과적으로 수습하기 위하여 특별한 조치가 필요하다고 인정하거나 제3항에 따른 지역대책본부장의 요청이 타당하다고 인정하는 경우에는 중앙위원회의 심의를 거쳐 해당 지역을 특별재난지역으로 선포할 것을 대통령에게 건의할 수 있다(법 제60조).

50 재난 및 안전관리 기본법령상 국가가 '사회재난의 재난 중 재난이 발생한 해당 지방자치단체의 행정능력이나 재정능력으로는 재난의 수습이 곤란하여 국가적 차원의 지원이 필요하다고 인정되는 재난'과 관련하여 특별재난지역으로 선포한 지역에 대하여 하는 특별지원의 내용이 아닌 것은?

① 사회재난 구호 및 복구 비용 부담기준 등에 관한 규정에 따른 지원

② 농어업인의 영농·영어·시설·운전 자금 및 이자 감면과 중소기업에 대한 특례보증 등의 지원

③ 의료·방역·방제 및 쓰레기 수거 활동 등에 대한 지원

④ 재해구호법에 따른 의연금품의 지원

> **해설** 국가가 법 제61조(특별재난지역에 대한 지원)에 따라 시행령 제69조제1항제2호(사회재난의 재난 중 재난이 발생한 해당 지방자치단체의 행정능력이나 재정능력으로는 재난의 수습이 곤란하여 국가적 차원의 지원이 필요하다고 인정되는 재난) 및 그에 준하는 같은 항 제3호(그 밖에 재난 발생으로 인한 생활기반 상실 등 극심한 피해의 효과적인 수습 및 복구를 위하여 국가적 차원의 특별한 조치가 필요하다고 인정되는 재난)의 재난과 관련하여 특별재난지역으로 선포한 지역에 대하여 하는 특별지원의 내용은 다음과 같다(시행령 제70조제3항).
> • 사회재난 구호 및 복구 비용 부담기준 등에 관한 규정에 따른 지원
> • 의료·방역·방제(防除) 및 쓰레기 수거 활동 등에 대한 지원
> • 농어업인의 영농·영어·시설·운전 자금 및 중소기업의 시설·운전 자금의 우선 융자, 상환 유예, 상환 기한 연기 및 그 이자 감면과 중소기업에 대한 특례보증 등의 지원
> • 그 밖에 중앙대책본부장이 필요하다고 인정하는 지원

51 재난 및 안전관리 기본법령상 재난피해자에 대한 상담활동지원계획을 수립·시행 시 포함해야 할 내용으로 옳지 않은 것은?

① 상담 활동 지원에 필요한 재원의 확보
② 재난 및 피해 유형별 상담 활동의 세부 지원방안
③ 정신건강증진시설의 설립
④ 심리회복 전문가 인력 확보 및 유관기관과의 협업체계 구축

해설 **재난피해자에 대한 상담 활동 지원절차(시행령 제73조의2)**

행정안전부장관 또는 지방자치단체의 장은 법 제66조제5항에 따라 재난으로 피해를 입은 사람에 대하여 심리적 안정과 사회 적응(이하 "심리회복"이라 한다)을 위한 상담 활동을 체계적으로 지원하기 위하여 다음의 사항을 포함하는 상담활동지원계획을 수립·시행하여야 한다.

- 재난 및 피해 유형별 상담 활동의 세부 지원방안
- 상담 활동 지원에 필요한 재원의 확보
- 심리회복 전문가 인력 확보 및 유관기관과의 협업체계 구축
- 정신건강증진 및 정신질환자 복지서비스 지원에 관한 법률 제3조제4호에 따른 정신건강증진시설과의 진료 연계
- 상담 활동 지원을 위한 교육·연구 및 홍보
- 그 밖에 재난으로 피해를 입은 사람에 대하여 심리회복을 위한 상담 활동 지원에 필요하다고 행정안전부장관 또는 지방자치단체의 장이 필요하다고 인정하는 사항

52 재난 및 안전관리 기본법상 안전문화 진흥에 대한 설명으로 옳지 않은 것은?

① 행정안전부장관은 안전관리헌장을 제정·고시하여야 한다.
② 국민안전의 날은 매년 4월 16일이며, 방재의 날은 매년 5월 25일이다.
③ 지방자치단체의 장은 축제기간 중 순간 최대 관람객이 1,000명 이상이 될 것으로 예상되는 지역축제를 개최하려면 지역축제 안전관리계획을 수립하여야 한다.
④ 행정안전부장관은 안전문화활동의 추진에 관한 총괄·조정 업무를 관장한다.

해설 **안전관리헌장(법 제66조의8)**

- 국무총리는 재난을 예방하고, 재난이 발생할 경우 그 피해를 최소화하기 위하여 재난 및 안전관리업무에 종사하는 자가 지켜야 할 사항 등을 정한 안전관리헌장을 제정·고시하여야 한다.
- 재난관리책임기관의 장은 안전관리헌장을 실천하는 데 노력하여야 하며, 안전관리헌장을 누구나 쉽게 볼 수 있는 곳에 항상 게시하여야 한다.

53 재난 및 안전관리 기본법령상 안전점검의 날과 방재의 날에 대한 설명이다. ( )에 들어갈 내용으로 옳은 것은?

> 안전점검의 날은 매월 (ㄱ)로 하고, 방재의 날은 매년 (ㄴ)로 한다.

① ㄱ : 4일, ㄴ : 4월 16일
② ㄱ : 4일, ㄴ : 5월 25일
③ ㄱ : 16일, ㄴ : 6월 25일
④ ㄱ : 16일, ㄴ : 7월 25일

해설 **안전점검의 날 등(시행령 제73조의6)**
• 안전점검의 날은 매월 4일로 하고, 방재의 날은 매년 5월 25일로 한다.
• 재난관리책임기관은 안전점검의 날에는 재난취약시설에 대한 일제점검, 안전의식 고취 등 안전 관련 행사를 실시하고, 방재의 날에는 자연재난에 대한 주민의 방재의식을 고취하기 위하여 재난에 대한 교육·홍보 등의 관련 행사를 실시한다.

54 재난 및 안전관리 기본법령상 지역축제 개최 시 중앙행정기관의 장 또는 지방자치단체의 장의 안전관리조치 등에 대한 설명으로 옳지 않은 것은?

① 가연성 가스 등의 폭발성 물질을 사용하여 사고 위험이 있는 지역축제를 개최하려면 지역축제 안전관리계획을 수립하여야 한다.
② 지역축제 안전관리계획에는 안전관리인력의 확보 및 배치계획, 비상시 대응요령, 담당 기관과 담당자 연락처 등이 포함되어야 한다.
③ 축제장소에 사고 위험이 있는 지역축제로서 산에서 지역축제를 개최하려면 지역축제 안전관리계획을 수립하여야 한다.
④ 축제기간 중 순간 최대 관람객이 5,000명으로 예상되는 축제가 그 장소나 사용하는 재료 등에 사고 위험이 없는 경우 지역축제 안전관리계획 수립 대상이 아니다.

해설 **지역축제 개최 시 안전관리조치(법 제66조의11, 시행령 제73조의9)**
축제기간 중 순간 최대 관람객이 1,000명 이상이 될 것으로 예상되는 지역축제는 해당 지역축제가 안전하게 진행될 수 있도록 지역축제 안전관리계획을 수립하고, 그 밖에 안전관리에 필요한 조치를 하여야 한다.

55 재난 및 안전관리 기본법령상 지역축제 안전관리계획 수립 및 안전관리 조치를 하여야 하는 지역축제에 해당하지 않는 것은?

① 축제장소에 사고 위험이 있는 지역축제로서 산에서 개최하는 지역축제

② 축제장소에 사고 위험이 있는 지역축제로서 축제의 예산 규모가 30억 이상 될 것으로 예상되는 지역축제

③ 축제장소에 사고 위험이 있는 지역축제로서 수면에서 개최하는 지역축제

④ 축제에 사용하는 재료에 사고 위험이 있는 지역축제로서 불, 폭죽, 석유류 또는 가연성 가스 등의 폭발성 물질을 사용하는 지역축제

> **해설** **지역축제 개최 시 안전관리조치(시행령 제73조의9제1항)**
> "대통령령으로 정하는 지역축제"란 다음의 어느 하나에 해당하는 지역축제를 말한다.
> • 축제기간 중 순간 최대 관람객이 1,000명 이상이 될 것으로 예상되는 지역축제
> • 축제장소나 축제에 사용하는 재료 등에 사고 위험이 있는 지역축제로서 산 또는 수면에서 개최하는 지역축제, 불, 폭죽, 석유류 또는 가연성 가스 등의 폭발성 물질을 사용하는 지역축제

56 재난 및 안전관리 기본법상 재난관리기금의 매년도 최저적립액은?

① 최근 3년 동안의 지방세법에 의한 보통세의 수입결산액의 평균연액의 0.5%에 해당하는 금액

② 최근 3년 동안의 지방세법에 의한 보통세의 수입결산액의 평균연액의 1.0%에 해당하는 금액

③ 최근 5년 동안의 지방세법에 의한 보통세의 수입결산액의 평균연액의 0.5%에 해당하는 금액

④ 최근 5년 동안의 지방세법에 의한 보통세의 수입결산액의 평균연액의 1.0%에 해당하는 금액

> **해설** **재난관리기금의 적립(법 제67조)**
> • 지방자치단체는 재난관리에 드는 비용에 충당하기 위하여 매년 재난관리기금을 적립하여야 한다.
> • 재난관리기금의 매년도 최저적립액은 최근 3년 동안의 지방세법에 의한 보통세의 수입결산액의 평균연액의 100분의 1(1.0%)에 해당하는 금액으로 한다.

57 재난 및 안전관리 기본법령상 재난관리기금에 관한 설명으로 옳은 것은?

① 국가는 매월 재난관리기금을 적립하여야 한다.

② 재난관리기금에서 생기는 수입은 그 일부를 재난관리기금에 편입하여야 한다.

③ 행정안전부장관은 매년도 최저적립액의 100분의 10 이하의 금액을 예치하여야 한다.

④ 시·도지사 및 시장·군수·구청장은 전용 계좌를 개설하여 매년 적립하는 재난관리 기금을 관리하여야 한다.

> **해설** ④ 시행령 제75조제1항
> ① 지방자치단체는 재난관리에 드는 비용에 충당하기 위하여 매년 재난관리기금을 적립하여야 한다(법 제67조제1항).
> ② 재난관리기금에서 생기는 수입은 그 전액을 재난관리기금에 편입하여야 한다(법 제68조제1항).
> ③ 시·도지사 및 시장·군수·구청장은 매년도 최저적립액의 100분의 15 이상의 금액(이하 "의무예치금액" 이라 한다)을 금융회사 등에 예치하여 관리하여야 한다. 다만, 의무예치금액의 누적 금액이 해당 연도를 기준으로 매년도 최저적립액의 10배를 초과한 경우에는 해당 연도의 의무예치금액을 매년도 최저적립액 의 100분의 5로 낮추어 예치할 수 있다(시행령 제75조제2항).

58 재난 및 안전관리 기본법령상 다중이용시설 등의 소유자·관리자 또는 점유자가 개선명령을 이행하지 않은 경우 위반행위의 횟수에 따른 과태료 부과기준으로 옳은 것은?

① 1회 위반 : 30만원

② 2회 위반 : 50만원

③ 3회 위반 : 100만원

④ 4회 위반 : 200만원

> **해설** **과태료의 부과기준(시행령 제89조 관련 별표 5)**
>
> | 위반행위 | 근거 법조문 | 과태료 금액(단위 : 만원) | | |
> |---|---|---|---|---|
> | | | 1회 위반 | 2회 위반 | 3회 이상 위반 |
> | 다중이용시설 등의 소유자·관리자 또는 점유자가 법 제34조의6제3항에 따른 개선명령을 이행하지 않은 경우 | 법 제82조 제1항제1호의3 | 50 | 100 | 200 |

59 재난 및 안전관리 기본법상 200만원 이하의 과태료가 부과되는 자는?

① 위험구역에서의 퇴거명령을 위반한 자
② 정당한 사유 없이 긴급안전점검을 방해한 자
③ 안전조치명령을 받고 이를 이행하지 아니한 자
④ 정당한 사유 없이 위험구역의 출입금지명령을 위반한 자

해설 **과태료(법 제82조제1항)**
다음의 어느 하나에 해당하는 사람에게는 200만원 이하의 과태료를 부과한다.
- 제34조의6제1항 본문에 따른 위기상황 매뉴얼을 작성·관리하지 아니한 소유자·관리자 또는 점유자
- 제34조의6제2항 본문에 따른 훈련을 실시하지 아니한 소유자·관리자 또는 점유자
- 제34조의6제3항에 따른 개선명령을 이행하지 아니한 소유자·관리자 또는 점유자
- 제40조제1항(제46조제1항에 따른 경우를 포함한다)에 따른 대피명령을 위반한 사람
- 제41조제1항제2호(제46조제1항에 따른 경우를 포함한다)에 따른 위험구역에서의 퇴거명령 또는 대피명령을 위반한 사람

CHAPTER

03 자연재해대책법

01 총 칙

1 목적 및 정의

(1) 목적(법 제1조)

이 법은 태풍, 홍수 등 자연현상으로 인한 재난으로부터 국토를 보존하고 국민의 생명·신체 및 재산과 주요 기간시설(基幹施設)을 보호하기 위하여 자연재해의 예방·복구 및 그 밖의 대책에 관하여 필요한 사항을 규정함을 목적으로 한다.

(2) 정의(법 제2조)

재 해	재난 및 안전관리 기본법(이하 "기본법"이라 한다) 제3조제1호에 따른 재난[자연재난, 사회재난]으로 인하여 발생하는 피해
자연재해	기본법 제3조제1호가목에 따른 자연재난[태풍, 홍수, 호우(豪雨), 강풍, 풍랑, 해일(海溢), 대설, 한파, 낙뢰, 가뭄, 폭염, 지진, 황사(黃砂), 조류(藻類) 대발생, 조수(潮水), 화산활동, 소행성·유성체 등 자연우주물체의 추락·충돌, 그 밖에 이에 준하는 자연현상으로 인하여 발생하는 재해]으로 인하여 발생하는 피해
풍수해(風水害)	태풍, 홍수, 호우, 강풍, 풍랑, 해일, 조수, 대설, 그 밖에 이에 준하는 자연현상으로 인하여 발생하는 재해
재해영향성 검토	자연재해에 영향을 미치는 행정계획으로 인한 재해 유발 요인을 예측·분석하고 이에 대한 대책을 마련하는 것
재해영향평가	자연재해에 영향을 미치는 개발사업으로 인한 재해 유발 요인을 조사·예측·평가하고 이에 대한 대책을 마련하는 것
자연재해저감 종합계획	지역별로 자연재해의 예방 및 저감(低減)을 위하여 특별시장·광역시장·특별자치시장·도지사·특별자치도지사(이하 "시·도지사"라 한다) 및 시장·군수가 자연재해 안전도에 대한 진단 등을 거쳐 수립한 종합계획
우수유출저감시설	우수(雨水)의 직접적인 유출을 억제하기 위하여 인위적으로 우수를 지하로 스며들게 하거나 지하에 가두어 두는 시설과 가두어 둔 우수를 원활하게 흐르도록 하는 시설
수방기준(水防基準)	풍수해로부터 시설물의 수해 내구성(耐久性)을 강화하고 지하 공간의 침수를 방지하기 위하여 관계 중앙행정기관의 장 또는 행정안전부장관이 정하는 기준
침수흔적도	풍수해로 인한 침수 기록을 표시한 도면
재해복구보조금	중앙행정기관이 재해복구사업을 위하여 특별시·광역시·특별자치시·도·특별자치도(이하 "시·도"라 한다) 및 시·군·구(자치구를 말한다)에 지원하는 보조금

지구단위 홍수방어기준	상습침수지역이나 재해위험도가 높은 지역에 대하여 침수 피해를 방지하기 위하여 행정안전부장관이 정한 기준
재해지도	풍수해로 인한 침수 흔적, 침수 예상 및 재해정보 등을 표시한 도면
방재관리대책대행자	재해영향성검토 등 방재관리대책에 관한 업무를 전문적으로 대행하기 위하여 제38조제2항(방재관리대책 업무의 대행)에 따라 행정안전부장관에게 등록한 자
자연재해 안전도 진단	자연재해 위험에 대하여 지역별로 안전도를 진단하는 것
방재기술	자연재해의 예방·대비·대응·복구 및 기후변화에 신속하고 효율적인 대처를 통하여 인명과 재산 피해를 최소화시킬 수 있는 자연재해에 대한 예측·규명·저감·정보화 및 방재 관련 제품생산·제도·정책 등에 관한 모든 기술
방재산업	방재시설의 설계·시공·제작·관리, 방재제품의 생산·유통, 이와 관련된 서비스의 제공, 그 밖에 자연재해의 예방·대비·대응·복구 및 기후변화 적응과 관련된 산업
지구단위종합복구	자연재해로 인한 피해가 발생한 지역을 하나의 지구로 묶어서 지역적·지형적 특성, 시설물 간 연계성, 자연재해에 대한 회복력 강화 등을 고려하여 종합적으로 복구하는 것을 말한다.

2 국가의 책무 및 재해예방 점검

(1) 책무(법 제3조)

① 국가는 기본법 및 이 법의 목적에 따라 자연재난으로부터 국민의 생명·신체 및 재산과 주요 기간시설을 보호하기 위하여 자연재해의 예방 및 대비에 관한 종합계획을 수립하여 시행할 책무를 지며, 그 시행을 위한 최대한의 재정적·기술적 지원을 하여야 한다.

② 기본법 제3조제5호에 따른 재난관리책임기관의 장은 자연재해 예방을 위하여 다음의 소관 업무에 해당하는 조치를 하여야 한다.

  ㉠ 자연재해 경감 협의 및 자연재해위험개선지구 정비 등
  • 자연재해 원인 조사 및 분석
  • 자연재해위험개선지구 지정·관리
  • 자연재해저감 종합계획 및 시행계획의 수립

  ㉡ 풍수해 예방 및 대비
  • 수방기준 제정·운영
  • 우수유출저감시설 설치 기준 제정·운영
  • 내풍(耐風)설계기준 제정·운영
  • 그 밖에 풍수해 예방에 필요한 사항

  ㉢ 설해(雪害)대책
  • 설해 예방대책
  • 각종 제설자재 및 물자 비축
  • 그 밖에 설해 예방에 필요한 사항

ⓔ 낙뢰대책

　　　• 낙뢰피해 예방대책

　　　• 각 유관기관 지원·협조 체제 구축

　　　• 그 밖에 낙뢰피해 예방에 필요한 사항

　　ⓜ 가뭄대책

　　　• 상습가뭄재해지역 해소를 위한 중·장기대책

　　　• 가뭄 극복을 위한 시설 관리·유지

　　　• 빗물모으기시설을 활용한 가뭄 극복대책

　　　• 그 밖에 가뭄대책에 필요한 사항

　　ⓗ 폭염대책

　　　• 폭염피해 예방대책

　　　• 폭염 대비를 위한 자재 및 물자 비축

　　　• 각 유관기관 지원·협조 체제 구축

　　　• 그 밖에 폭염피해 예방에 필요한 사항

　　ⓢ 한파대책

　　　• 한파피해 예방대책

　　　• 한파 대비를 위한 자재 및 물자 비축

　　　• 각 유관기관 지원·협조 체제 구축

　　　• 그 밖에 한파피해 예방에 필요한 사항

　　ⓞ 재해정보 및 긴급지원

　　　• 재해 예방 정보체계 구축

　　　• 재해정보 관리·전달 체계 구축

　　　• 재해 대비 긴급지원체계 구축

　　　• 비상대처계획 수립

　　ⓩ 그 밖에 자연재해 예방을 위하여 재난관리책임기관의 장이 필요하다고 인정하는 사항

③ 재난관리책임기관의 장은 자연재해 예방을 위하여 재해 발생이 우려되는 시설 또는 지역에 대하여 정기점검 및 수시점검을 하여야 한다.

④ ③에 따른 자연재해 예방을 위한 점검 대상 시설 및 지역, 점검 방법, 점검 결과의 기록·유지 등에 필요한 사항은 대통령령으로 정한다.

⑤ 시장[특별자치시장 및 제주특별자치도 설치 및 국제자유도시 조성을 위한 특별법 제11조제1항에 따른 행정시의 시장(이하 "행정시장"이라 한다)을 포함한다]·군수·구청장(자치구의 구청장을 말한다)은 자연재해의 유형별로 지역 특성을 고려한 구체적인 대처 요령을 정하여 관계 공무원의 업무지침, 주민 교육·홍보자료 등으로 적극 활용하여야 한다.

⑥ 국민은 국가, 지방자치단체 및 재난관리책임기관이 수행하는 자연재난의 예방·복구 및 대책에 관한 업무 수행에 최대한 협조하여야 하고, 자기가 소유하거나 사용하는 건물·시설 등에서 재난이 발생하지 아니하도록 노력하여야 한다.

(2) 재해예방 점검 대상 시설·지역 및 점검 방법 등(시행령 제2조)

① 자연재해대책법 제3조제4항에 따른 자연재해 예방을 위한 점검 대상 시설 및 지역

 ㉠ 법 제12조제1항에 따라 지정·고시된 자연재해위험개선지구

 ㉡ 법 제26조제2항제4호에 따라 지정·관리되는 고립·눈사태·교통두절 예상지구 등 취약지구

 ㉢ 법 제33조제1항에 따라 지정·고시된 상습가뭄재해지역

 ㉣ 제55조에 따른 방재시설

 ㉤ 그 밖에 지진·해일 위험지역 등 지역 여건으로 인한 재해 발생이 우려되어 행정안전부장관이 정하여 고시하는 시설 및 지역

② 재난 및 안전관리 기본법 제3조제5호에 따른 재난관리책임기관(이하 "재난관리책임기관"이라 한다)의 장은 ①에 따른 점검 대상 시설 및 지역에 대하여 연중 2회 이상의 수시점검과 다음의 방법에 따른 정기점검을 하여야 한다.

 ㉠ 풍수해에 의한 재해 발생 우려 시설 및 지역 : 매년 3월에서 5월 중 1회 이상 점검

 ㉡ 설해(雪害)에 의한 재해 발생 우려 시설 및 지역 : 매년 11월에서 다음 해 2월 중 1회 이상 점검

02   자연재해의 예방 및 대비

1   재해영향평가 등

(1) 재해영향평가 등의 협의(법 제4조)

① 관계 중앙행정기관의 장, 시·도지사, 시장·군수·구청장 및 특별지방행정기관의 장(이하 "관계행정기관의 장"이라 한다)은 자연재해에 영향을 미치는 행정계획을 수립·확정(지역·지구·단지 등의 지정을 포함한다. 이하 같다)하거나 개발사업의 허가·인가·승인·면허·결정·지정 등(이하 "허가 등"이라 한다)을 하려는 경우에는 그 행정계획 또는 개발사업(이하 "개발계획 등"이라 한다)의 확정·허가 등을 하기 전에 행정안전부장관과 재해영향성검토 및 재해영향평가(이하 "재해영향평가 등"이라 한다)에 관한 협의(이하 "재해영향평가 등의 협의"라 한다)를 하여야 한다.

② 관계행정기관의 장은 재해영향평가 등의 협의를 완료한 개발계획 등이 취소 또는 지연 등의 사유로 실효되어 해당 개발계획 등의 확정·허가 등을 다시 하여야 하는 경우로서 기존의 개발계획 등이 다음의 요건들을 모두 갖춘 경우에는 그 완료한 재해영향평가 등의 협의로 ①에 따른 재해영향평가 등의 협의를 갈음할 수 있다.

　　㉠ 해당 개발계획 등의 내용이 변경되지 아니하였을 것

　　㉡ 해당 개발계획 등에 ④에 따라 통보받은 재해영향평가 등의 협의 결과가 반영되었을 것

　　㉢ ④에 따라 재해영향평가 등의 협의 결과를 통보받은 날부터 대통령령으로 정하는 기간(5년) 이 지나지 아니하였을 것

③ 관계행정기관의 장이 재해영향평가 등의 협의를 하려는 경우에는 대통령령으로 정하는 바에 따라 해당 개발계획 등으로 인한 재해 영향을 검토 및 평가하는 데 필요한 서류를 갖추어 재해영향평가 등의 협의를 요청하여야 한다.

④ 관계행정기관의 장은 재해영향평가 등의 협의를 효율적으로 하기 위하여 대통령령으로 정하는 기관에 ③에 따른 서류에 대하여 사전검토를 요청할 수 있다.

⑤ ④에 따라 사전검토를 실시한 기관은 그에 대한 검토 의견을 관계행정기관의 장에게 통보하여야 한다.

⑥ 관계행정기관의 장은 사전검토를 거친 후 재해영향평가 등의 협의를 요청하는 경우에는 ⑤에 따라 통보받은 검토 의견과 그 의견의 반영 여부(반영하지 아니하는 경우에는 그 이유를 포함한다)를 첨부하여야 한다.

⑦ 행정안전부장관은 관계행정기관의 장으로부터 개발계획 등에 대하여 재해영향평가 등의 협의를 요청받았을 때에는 대통령령으로 정하는 바에 따라 관계행정기관의 장에게 재해영향평가 등의 협의 결과를 통보하여야 한다.

> **더 알아두기** **협의 결과의 통보(시행령 제4조)**
>
> 1. 행정안전부장관은 법 제4조제7항에 따라 재해영향평가 등의 협의를 요청받은 날부터 다음의 구분에 따른 기간 이내에 관계행정기관의 장에게 재해영향평가 등 협의 결과를 통보해야 한다. 다만, 산업집적활성화 및 공장설립에 관한 법률 제13조에 따른 공장설립 등의 승인의 경우에는 20일 이내에 협의 결과를 통보해야 한다.
>   ① 재해영향성검토 : 30일
>   ② 재해영향평가 : 다음의 구분에 따른 기간
>   ㉠ 개발사업의 부지면적이 50,000m² 이상이거나 개발사업의 길이가 10km 이상인 개발사 업 : 45일
>   ㉡ ㉠에 따른 개발사업 외의 개발사업 : 30일
> 2. 부득이한 사유가 있으면 협의 기간을 10일의 범위에서 연장할 수 있다.

⑧ 행정안전부장관은 다음의 사항을 전문적으로 심의하기 위하여 재해영향평가심의위원회(이하 "심의위원회"라 한다)를 구성·운영할 수 있다.

○ 재해영향평가 등의 협의 요청 사항

○ 제46조제1항에 따른 자체복구계획 또는 같은 조 제2항에 따른 재해복구계획에 따라 시행하는 사업(이하 "재해복구사업"이라 한다)에 관한 사항

⑨ 심의위원회를 효율적으로 운영하기 위하여 심의위원회에 분야별로 분과위원회를 구성·운영할 수 있다. 이 경우 분과위원회의 심의는 심의위원회의 심의로 본다.

⑩ 심의위원회 및 분과위원회의 구성·운영에 필요한 사항은 대통령령으로 정한다.

⑪ 행정안전부장관은 재해영향평가 등의 수행, 재해의 예방·복구 등 재해 경감업무의 전문성 확보와 효율적 추진을 위하여 필요하면 방재 안전관리에 관한 전문기관을 설립할 수 있다.

⑫ 재해영향평가 등의 협의를 하는 경우에 포함하여야 할 사항 및 협의 절차 등에 필요한 사항은 대통령령으로 정한다. 이 경우 재해영향평가 등의 협의 대상인 개발계획 등의 규모 등에 따라 재해의 예방, 재해 영향의 예측 및 저감대책에 관한 사항 등 협의 관련 사항 및 절차 등을 달리 정할 수 있다.

더 알아두기　재해영향평가심의위원회

1. 재해영향평가심의위원회의 구성 및 운영(시행령 제5조)

① 법 제4조제8항에 따라 행정안전부장관이 구성·운영하는 재해영향평가심의위원회(이하 "재해영향평가심의위원회"라 한다)는 위원장 및 부위원장을 포함하여 20명 이상 100명 이하의 위원으로 구성한다.

② 심의위원회의 위원장은 행정안전부에서 재해영향평가 등의 협의 업무를 담당하는 국장급 공무원으로 하고 부위원장은 위원 중에서 호선(互選)하며 위원은 다음의 사람으로 한다.

○ 행정안전부에서 자연재해 업무를 담당하는 부서의 장 중에서 행정안전부장관이 지명하는 사람

○ 수자원, 토질 및 기초, 토목시공, 산림, 도로 및 교통, 도시계획, 해안항만 등 분야(이하 이 조에서 "해당분야"라 한다)에서 방재에 관한 학식과 경험이 풍부한 사람으로서 다음의 어느 하나에 해당하는 사람 중에서 행정안전부장관이 위촉하는 사람

가. 고등교육법 제2조에 따른 학교에서 해당분야의 부교수 이상으로 재직 중인 사람

나. 해당분야의 박사학위를 취득한 후 2년 이상 해당분야의 연구 또는 실무 경험이 있는 사람

다. 해당분야의 석사학위를 취득한 후 5년 이상 해당분야의 연구 또는 실무 경험이 있는 사람

라. 국가기술자격법에 따른 해당분야의 기술사 자격을 취득한 후 2년 이상 해당분야의 실무 경험이 있는 사람

마. 방재 관련 업무를 총 3년 이상 담당하고 5급 이상의 직급으로 퇴직한 공무원

③ ②의 위원 중 위촉위원의 임기는 2년으로 한다. 다만, 위원의 사임 등으로 새로 위촉된 위원의 임기는 전임위원 임기의 남은 기간으로 한다.

④ 심의위원회의 위원장은 심의위원회를 대표하고 위원회의 사무를 총괄한다.

⑤ 심의위원회는 법 제5조에 따른 행정계획 및 개발사업(이하 "개발계획 등"이라 한다)에 대하여 다음의 사항을 검토한다.

    ㉠ 지형 여건 등 주변 환경에 따른 재해 위험 요인

    ㉡ 해당 사업으로 인하여 인근지역이나 시설에 미치는 재해 영향

    ㉢ 사업시행자가 제출한 재해저감계획

    ㉣ 제6조제2항에 따라 행정안전부장관이 고시하는 중점 검토항목

⑥ 심의위원회의 회의는 위원장과 위원장이 회의마다 사안별로 지정하는 5명 이상 10명 이하의 위원으로 구성한다.

⑦ 위원에게는 예산의 범위에서 수당과 여비를 지급할 수 있다. 다만, 공무원인 위원이 그 소관 업무와 직접적으로 관련되어 심의위원회에 출석하는 경우에는 그러하지 아니하다.

⑧ 이 영에서 규정한 사항 외에 심의위원회의 운영에 필요한 사항은 위원장이 정한다.

2. 위원의 제척 · 기피 · 회피(시행령 제5조의2)

① 위원이 다음의 어느 하나에 해당하는 경우에는 심의위원회 심의 · 의결에서 제척(除斥)된다.

    ㉠ 위원 또는 그 배우자나 배우자였던 사람이 해당 개발계획 등, 재해영향평가 등 또는 재해복구사업(법 제46조제2항에 따른 재해복구계획에 따라 시행하는 사업을 말한다. 이하 같다)의 당사자(당사자가 법인 · 단체 등인 경우에는 그 임원을 포함한다)가 되거나 해당 개발계획 등, 재해영향평가 등 또는 재해복구사업(이하 이 조에서 "해당 안건"이라 한다)의 당사자와 공동권리자 또는 공동의무자인 경우

    ㉡ 위원이 해당 안건의 당사자와 친족이거나 친족이었던 경우

    ㉢ 위원이 해당 안건에 관하여 용역, 자문, 감정 또는 조사를 한 경우

    ㉣ 위원이나 위원이 속한 법인이 해당 안건의 당사자의 대리인이거나 대리인이었던 경우

② 당사자는 위원에게 공정한 심의 · 의결을 기대하기 어려운 사정이 있는 경우에는 심의위원회에 기피 신청을 할 수 있고, 심의위원회는 의결로 이를 결정한다. 이 경우 기피 신청의 대상인 위원은 그 의결에 참여하지 못한다.

③ 위원이 제척 사유에 해당하는 경우에는 스스로 해당 안건의 심의 · 의결에서 회피(回避)하여야 한다.

3. 위원의 지명 철회 및 해촉(시행령 제5조의3)

행정안전부장관은 위원이 다음의 어느 하나에 해당하는 경우에는 해당 위원의 지명을 철회하거나 해촉(解囑)할 수 있다.

① 심신장애로 인하여 직무를 수행할 수 없게 된 경우

② 직무와 관련된 비위사실이 있는 경우

③ 직무 태만, 품위 손상, 그 밖의 사유로 인하여 위원으로 적합하지 아니하다고 인정되는 경우

④ 제5조의2제1항의 어느 하나에 해당하는 데에도 불구하고 회피하지 아니한 경우

⑤ 위원 스스로 직무를 수행하는 것이 곤란하다고 의사를 밝히는 경우

(2) 재해영향평가 등의 협의 대상(법 제5조)

① 재해영향평가 등의 협의를 하여야 하는 개발계획 등

ㄱ 국토·지역 계획 및 도시의 개발

ㄴ 산업 및 유통 단지 조성

ㄷ 에너지 개발

ㄹ 교통시설의 건설

ㅁ 하천의 이용 및 개발

ㅂ 수자원 및 해양 개발

ㅅ 산지 개발 및 골재 채취

ㅇ 관광단지 개발 및 체육시설 조성

ㅈ 그 밖에 자연재해에 영향을 미치는 계획 및 사업으로서 대통령령으로 정하는 계획 및 사업

② 재해영향평가 등의 협의를 하지 아니하는 경우

ㄱ 기본법 제37조에 따른 응급조치를 위한 사업

ㄴ 국방부장관이 군사상의 기밀 보호가 필요하거나 군사적으로 긴급히 수립할 필요가 있다고 인정하여 행정안전부장관과 협의한 사업

③ 재해영향평가 협의 대상 사업에서 제외하는 개발사업(시행령 제6조)

ㄱ 법 제55조제2항에 따른 재해복구사업

ㄴ 개별 법령에 따라 부지 조성이 끝났거나 시행 중인 지구에서 하는 개발사업[개발사업으로 인한 토지의 형질 변경이 발생하지 않고, 불투수층(不透水層 : 빗물 또는 눈 녹은 물 등이 지하로 스며들 수 없게 하는 아스팔트·콘크리트 등으로 만들어진 도로, 주차장, 보도, 건물 등을 말한다. 이하 같다)의 면적이 증가하지 않는 경우로 한정한다]

(3) 재해영향평가 등의 재협의(법 제5조의2)

① 관계행정기관의 장은 제4조에 따라 재해영향평가 등의 협의를 완료한 개발계획 등이 변경되는 경우에는 그 변경되는 개발계획 등의 확정·허가 등을 하기 전에 제4조에 따라 행정안전부장관과 재해영향평가 등의 협의를 다시 하여야 한다. 다만, 대통령령으로 정하는 경미한 변경의 경우에는 그러하지 아니하다.

② ①에 따라 재해영향평가 등의 협의를 다시 하여야 하는 개발계획 등의 범위 및 방법·절차 등에 필요한 사항은 대통령령으로 정한다.

재해영향평가 등의 재협의 대상 등(시행령 제6조의2)

1. 개발계획 등의 부지면적이 30%(개발계획 등이 2회 이상 변경되는 경우에는 누적된 증가 비율이 30%인 경우를 말한다) 이상 증가하는 경우
2. 개발사업의 부지면적이 50,000m^2(개발사업이 2회 이상 변경되는 경우에는 누적된 증가 규모가 50,000m^{2}인 경우를 말한다) 이상 증가하는 경우
3. 개발사업에 포함된 저류시설(영구적으로 설치하는 저류시설로 한정한다)의 위치가 변경되거나 저류용량이 10%(개발사업이 2회 이상 변경되는 경우에는 누적된 변경 비율이 10%인 경우를 말한다) 이상 변경되는 경우
4. 개발사업의 토지이용에 관한 계획에 따른 토지이용 면적이 30%(개발사업이 2회 이상 변경되는 경우에는 누적된 변경 비율이 30%인 경우를 말한다) 이상 변경되는 경우
5. 개발사업이 시행되는 토지의 불투수층의 면적이 10%(개발사업이 2회 이상 변경되는 경우에는 누적된 변경 비율이 10%인 경우를 말한다) 이상 증가하는 경우
6. 개발계획 등에 포함된 노선의 길이, 경로 등을 30%(개발계획등이 2회 이상 변경되는 경우에는 누적된 변경 비율이 30%인 경우를 말한다) 이상 변경하는 경우
7. 개발계획 등에 포함된 노선 중 지하를 통과하는 노선 구간의 10%(개발계획 등이 2회 이상 변경되는 경우에는 누적된 변경 비율이 10%인 경우를 말한다) 이상이 지상을 통과하는 것으로 변경되는 경우
8. 그 밖에 행정안전부장관이 재해영향평가 등의 협의를 다시 해야 할 필요가 있다고 인정하여 고시하는 경우

(4) 재해영향평가 등의 협의 내용의 이행(법 제6조)

① 제4조제7항에 따라 행정안전부장관으로부터 재해영향평가 등의 협의(제5조의2에 따른 재해영향평가 등의 재협의를 포함한다. 이하 같다) 결과를 통보받은 관계행정기관의 장은 특별한 사유가 없으면 이를 해당 개발계획 등에 반영하기 위하여 필요한 조치를 하여야 하며, 조치한 결과 또는 향후 조치계획을 행정안전부장관에게 통보하여야 한다.

재해영향평가 등의 협의 이행의 관리 · 감독 등(시행령 제7조)

1. 관계행정기관의 장은 재해영향평가 등의 협의 결과를 통보받은 날부터 30일 이내에 조치결과 또는 조치계획을 행정안전부장관에게 통보하여야 한다.
2. 관계행정기관의 장은 통보받은 협의 결과를 반영하기 곤란한 특별한 사유가 있을 때에는 지체 없이 그 내용과 사유를 행정안전부장관에게 통보하여야 한다.

② ①에 따라 재해영향평가 등의 협의 결과가 해당 개발계획 등에 반영된 경우 관계행정기관의 장과 개발사업의 허가 등을 받은 자(이하 "사업시행자"라 한다)는 이를 이행하여야 한다.
③ 사업시행자는 개발사업에 대한 재해영향평가 등의 협의 내용의 이행을 관리하기 위하여 재해영향평가 등의 협의 내용 관리책임자(이하 "관리책임자"라 한다)를 지정하여 행정안전부장관 및 관계행정기관의 장에게 통보하여야 한다. 이 경우 지정된 관리책임자는 행정안전부장관이

실시하는 재해영향평가등에 관한 교육을 받아야 한다(2024.7.31. 시행).

④ 사업시행자는 개발사업에 대한 재해영향평가 등의 협의 내용을 이행하기 위하여 관리대장에 재해영향평가 등의 협의 내용의 이행 상황 등을 기록하고, 관리대장을 공사 현장에 갖추어 두어야 한다.

⑤ ①에 따른 향후 조치계획의 통보, ③에 따른 관리책임자의 지정·통보, 같은 항 후단에 따른 교육의 실시 및 ④에 따른 이행 상황 등의 기록에 필요한 사항은 행정안전부령으로 정한다 (2024.7.31. 시행).

(5) 사업 착공 등의 통보(법 제6조의2)

사업시행자는 개발사업을 착공 또는 준공하거나 3개월 이상 공사를 중지하려는 경우에는 행정안 전부령으로 정하는 바(그 사유가 발생한 날부터 20일 이내)에 따라 행정안전부장관 및 관계행정기 관의 장에게 그 내용을 통보하여야 한다.

(6) 재해영향평가 등의 협의 이행의 관리·감독(법 제6조의4)

① 관계행정기관의 장은 사업시행자가 재해영향평가 등의 협의 내용을 이행하는지를 행정안전 부령으로 정하는 바에 따라 확인하여야 한다(2024.7.31. 시행).

② 행정안전부장관 또는 관계행정기관의 장은 사업시행자에게 재해영향평가 등의 협의 내용의 이행에 관련된 자료를 제출하게 하거나, 소속 공무원으로 하여금 사업장을 출입하여 조사하게 할 수 있다.

③ 관계행정기관의 장은 개발사업의 준공검사를 하는 경우에는 재해영향평가 등의 협의 내용의 이행 여부를 확인하고 그 결과를 행정안전부장관에게 통보하여야 한다.

(7) 재해영향평가 등의 협의 이행 조치 명령 등(법 제6조의5)

① 관계행정기관의 장은 사업시행자가 재해영향평가 등의 협의 내용을 이행하지 아니하였을 때에는 그 이행에 필요한 조치를 명하여야 한다.

② 관계행정기관의 장은 ①에 따른 조치 명령을 이행하지 아니하여 재해에 중대한 영향을 미치는 것으로 판단되는 경우에는 해당 개발사업의 전부 또는 일부에 대한 공사 중지를 명하여야 한다.

③ 행정안전부장관은 재해영향평가 등의 협의 내용의 이행 관리를 위하여 필요한 경우 관계행정 기관의 장에게 공사 중지나 그 밖에 필요한 조치를 명할 것을 요청할 수 있다. 이 경우 관계행정 기관의 장은 정당한 사유가 없으면 이에 따라야 한다.

④ 관계행정기관의 장은 ①부터 ③까지의 규정에 따라 조치 명령 또는 공사 중지 명령을 하였을 때에는 지체 없이 그 내용을 행정안전부장관에게 통보하여야 한다.

(8) 개발사업의 사전 허가 등의 금지(법 제7조)

① 관계행정기관의 장은 재해영향평가 등의 협의 절차가 끝나기 전에 개발사업에 대한 허가 등을 하여서는 아니 된다.

② 개발사업의 허가 등을 받으려는 자는 재해영향평가 등의 협의 절차가 끝나기 전에는 개발사업에 대한 공사를 하여서는 아니 된다(2024.7.31. 시행).

③ 착공을 준비하기 위한 현장사무소 설치 공사 또는 다른 법령에 따른 의무를 이행하기 위한 공사 등 행정안전부령으로 정하는 경미한 사항에 대한 공사의 경우에는 행정안전부령으로 정하는 바에 따라 재해영향평가 등의 협의 절차가 끝나기 전에 해당 공사를 할 수 있다(2024.7.31. 시행).

④ 관계행정기관의 장은 개발사업의 허가 등을 받으려는 자가 ②를 위반하여 공사를 시행하였을 때에는 해당 개발사업의 전부 또는 일부에 대한 공사중지를 명하여야 한다(2024.7.31. 시행).

⑤ 행정안전부장관은 개발사업의 허가 등을 받으려는 자가 ②를 위반하여 시행한 개발사업에 대하여는 관계행정기관의 장에게 공사중지 등 필요한 조치를 할 것을 요청할 수 있다. 이 경우 관계행정기관의 장은 특별한 사유가 없으면 요청에 따라야 한다.

(9) 방재 분야 전문가의 개발 관련 위원회 참여(법 제8조)

① 관계행정기관의 장은 자연재해에 영향을 미치는 개발계획 등을 자문·심의·의결하기 위하여 구성·운영하는 위원회에 자연재해 예방을 위한 재해영향성검토 의견이 반영될 수 있도록 방재 분야 전문가를 위원으로 참여시켜야 한다.

② 행정안전부장관은 ①에 따른 위원회에 방재 분야 전문가를 추천할 수 있고 필요하다고 판단되면 방재업무를 담당하는 공무원을 함께 추천할 수 있다.

(10) 재해 원인 조사·분석 등(법 제9조)

① 재난관리책임기관의 장은 소관 시설 등에서 자연재해가 발생한 경우 그 원인에 대한 조사 및 분석을 실시할 수 있다.

② 행정안전부장관 또는 지방자치단체의 장은 재해발생 원인을 규명하고 예방대책을 수립하기 위하여 직접 조사·분석·평가할 수 있다.

③ 재해의 발생원인 조사 등을 할 때에는 그 결과를 관계 재난관리책임기관의 장에게 통보하여야 한다.

④ 지방자치단체의 장이 재해 원인을 조사·분석·평가하기 위하여 필요한 사항은 해당 지방자치단체의 조례로 정한다.

(11) 토지 출입 등(법 제11조)

① 행정안전부장관, 지방자치단체의 장 또는 행정안전부장관이나 지방자치단체의 장으로부터 명령이나 위임·위탁을 받은 자는 시설물 등의 점검, 재해 원인 분석·조사, 재해 흔적 조사 및 피해 조사 등을 위하여 필요하면 타인의 토지에 출입하거나 타인의 토지를 일시 사용할 수 있으며, 특히 필요한 경우에는 나무, 흙, 돌, 그 밖의 장애물을 변경하거나 제거할 수 있다.

② 타인의 토지에의 출입, 토지의 일시 사용 또는 나무, 흙, 돌, 그 밖의 장애물을 변경하거나 제거하려는 자는 미리 그 토지 또는 장애물의 소유자·점유자 또는 관리인(이하 이 조에서 "관계인"이라 한다)의 동의를 받아야 한다. 다만, 해당 관계인이 현장에 없거나 주소 또는 거소(居所)가 분명하지 아니하여 동의를 받을 수 없을 때에는 관할 시장·군수·구청장의 허가를 받아야 한다.

③ ①에 따른 행위를 하려는 사람은 그 권한을 나타내는 증표를 지니고 이를 관계인에게 보여주어야 한다.

---

2 재해경감대책협의회

(1) 재해경감대책협의회의 구성 1(법 제10조)

① 행정안전부장관은 제9조에 따른 재해 원인의 조사·분석·평가 등에 필요한 업무 협조, 재해 경감을 위한 조사·연구, 그 밖의 재해경감대책 수립을 위하여 지방자치단체 및 관련 분야 전문단체들이 참여하는 재해경감대책협의회를 구성·운영할 수 있다.

② 재해경감대책협의회의 구성·기능 및 운영에 필요한 사항은 행정안전부령으로 정한다.

③ 행정안전부장관은 재해경감대책협의회를 원활하게 운영하기 위하여 필요하다고 판단되면 행정안전부령으로 정하는 바에 따라 행정적·재정적 지원을 할 수 있다.

(2) 재해경감대책협의회의 구성 2(시행규칙 제2조)

① 재해경감대책협의회(이하 "협의회"라 한다)는 다음의 어느 하나에 해당하는 단체 또는 기관으로 구성한다.

  ㉠ 지방자치단체

  ㉡ 행정안전부장관이 정하는 바에 따라 등록한 재해 관련 분야 전문단체 또는 기관

② 협의회의 회장은 행정안전부장관이 되며, 회장은 협의회의 업무를 총괄한다.

③ 협의회의 사무를 처리하기 위하여 협의회에 간사 몇 명을 두며, 간사는 행정안전부 소속 공무원 중에서 행정안전부장관이 임명한다.

(3) 협의회의 기능 등(시행규칙 제3조)

① 협의회는 다음의 기능을 수행한다.

　　㉠ 자연재해 사전 대비·대응 및 복구 활동 등에 관한 조사·분석 및 평가

　　㉡ 시설물별 피해 발생 원인의 조사·분석

　　㉢ 재해경감대책 수립을 위한 심층 조사·연구

　　㉣ 피해 발생 원인의 조사·분석 및 재해경감대책의 수립을 위한 의견 제시

　　㉤ 그 밖에 재해 경감을 위하여 필요한 사항

② 협의회의 회장은 재해가 발생한 경우에는 등록한 회원으로 하여금 해당 분야별로 재해 현장에서 ①에 따른 업무를 수행할 수 있도록 조치할 수 있다.

③ 협의회의 회장은 ②에 따라 업무를 수행한 회원이 재해 경감을 위한 후속조치 또는 정밀연구가 필요하다는 의견을 제시한 경우 필요한 내용을 방재정책에 반영하거나 추가적인 연구를 하도록 할 수 있다.

④ 협의회의 회장은 ②에 따른 업무 수행에 필요한 자료구입에 드는 비용을 부담할 수 있고, 업무를 수행한 회원에 대하여 예산의 범위에서 수당과 여비 및 기술 검토 비용 등을 지급할 수 있다.

③ 자연재해위험개선지구

(1) 자연재해위험개선지구의 지정 등(법 제12조)

① 시장·군수·구청장은 상습침수지역, 산사태위험지역 등 지형적인 여건 등으로 인하여 재해가 발생할 우려가 있는 지역을 자연재해위험개선지구로 지정·고시하고, 그 결과를 시·도지사를 거쳐(특별자치시장이 보고하는 경우는 제외한다) 행정안전부장관과 관계 중앙행정기관의 장에게 보고하여야 한다. 이 경우 토지이용규제 기본법 제8조제2항에 따라 지형도면을 함께 고시하여야 한다.

> **더 알아두기**　자연재해위험개선지구의 지정기준 등(시행령 제8조제1항)
>
> 1. 재해 위험 원인에 따라 침수위험지구, 유실위험지구, 고립위험지구, 취약방재시설지구, 붕괴위험지구, 해일위험지구, 상습가뭄재해지구로 구분하여 지정하되, 행정안전부장관이 관계 중앙행정기관의 장과 협의하여 정하는 지정 요건을 충족할 것. 다만, 해일위험지구의 지정기준은 법 제25조의3제1항에 따른다.
> 2. 지구 유형별 피해 발생 빈도, 피해 발생 가능성 등을 고려하여 행정안전부장관이 관계 중앙행정기관의 장과 협의하여 정하는 등급 분류방식에 따르되, 가·나·다 및 라등급으로 구분하여 지정할 것

② 시장·군수·구청장은 지정된 자연재해위험개선지구를 관할하는 관계 기관(군부대를 포함한다) 또는 그 지구에 속해 있는 시설물의 소유자·점유자 또는 관리인(이하 "관계인"이라 한다)에게 행정안전부령으로 정하는 바에 따라 재해 예방에 필요한 한도에서 점검·정비 등 필요한 조치를 할 것을 요청하거나 명할 수 있다.

③ 재해 예방에 필요한 조치를 하도록 요청받거나 명령받은 관계 기관 또는 관계인은 필요한 조치를 하고 그 결과를 시장·군수·구청장에게 통보하여야 한다.

④ 시장·군수·구청장은 대통령령으로 정하는 자연재해위험개선지구에 대하여 직권으로 ②에 따른 조치를 하거나 소유자에게 그 조치에 드는 비용의 일부를 보조할 수 있다.

> **더 알아두기** 자연재해위험개선지구(시행령 제9조)
>
> 1. 집단적인 인명과 재산 피해가 우려되는 지역 중에서 소유자나 점유자 등의 자력(自力)에 의한 정비가 불가능한 지구
> 2. 침수, 산사태, 급경사지 붕괴(낙석을 포함한다) 등의 우려가 있는 지역으로 시장·군수·구청장이 방재 목적상 특별히 정비가 필요하다고 인정하는 지구

⑤ 시장·군수·구청장은 자연재해위험개선지구 정비사업 시행 등으로 재해 위험이 없어진 경우에는 관계 전문가의 의견을 수렴하여 자연재해위험개선지구 지정을 해제하고 그 결과를 고시하여야 한다.

⑥ 행정안전부장관 및 시·도지사는 자연재해위험개선지구의 지정이 필요함에도 불구하고 시장·군수·구청장이 자연재해위험개선지구로 지정하지 아니하는 경우에는 해당 지역을 자연재해위험개선지구로 지정·고시하도록 권고할 수 있다. 이 경우 시장·군수·구청장은 특별한 사유가 없는 한 이에 따라야 한다.

(2) 자연재해위험개선지구 정비계획의 수립(법 제13조)

① 시장·군수·구청장은 제12조제1항에 따라 지정된 자연재해위험개선지구에 대하여 정비 방향의 지침이 될 자연재해위험개선지구 정비계획(이하 "정비계획"이라 한다)을 5년마다 수립하고 시·도지사(특별자치시장의 경우에는 행정안전부장관)에게 제출하여야 한다.

> **더 알아두기** 자연재해위험개선지구 정비계획을 수립할 때 검토하여야 할 사항(시행령 제10조)
>
> 1. 정비사업의 타당성 검토
> 2. 다른 사업과의 중복 및 연계성 여부
> 3. 정비사업의 수혜도 등 효과분석
> 4. 지역주민의 의견 수렴 결과

② 시·도지사는 정비계획을 받아 행정안전부장관에게 제출하여야 하며, 행정안전부장관은 필요하면 시·도지사에게 정비계획의 보완을 요청할 수 있다.

③ 정비계획에는 다음의 사항이 포함되어야 한다.

  ⊙ 자연재해위험개선지구의 정비에 관한 기본 방침

  ⊙ 자연재해위험개선지구 지정 현황 및 연도별 지구 정비에 관한 사항

  ⊙ 재해 예방 및 자연재해위험개선지구의 점검·관리에 관한 사항

  ⊙ 그 밖에 자연재해위험개선지구의 정비 등에 관하여 대통령령으로 정하는 사항

> **더 알아두기** 자연재해위험개선지구 정비계획에 포함되어야 할 사항(시행령 제11조)
>
> 1. 자연재해위험개선지구의 주변 여건
> 2. 자연재해위험개선지구의 재해 발생 빈도
> 3. 정비사업 완료 시의 재해 예방 효과
> 4. 자연재해위험개선지구 정비에 필요한 사업비 및 재원대책
> 5. 그 밖에 정비사업의 우선순위 등 행정안전부장관이 정하는 사항

④ 시장·군수·구청장은 정비계획을 수립할 때에는 그 지역에 관한 개발계획등과의 관련성 등을 검토·반영하여야 한다.

⑤ 정비계획을 변경하는 경우에는 ①과 ②를 준용한다.

⑥ ①부터 ⑤까지에서 규정한 사항 외에 정비계획의 수립 및 절차 등에 관하여 필요한 사항은 대통령령으로 정한다.

(3) 자연재해위험개선지구 정비사업계획의 수립(법 제14조)

① 시장·군수·구청장은 정비계획에 따라 매년 다음 해의 자연재해위험개선지구 정비사업계획 (이하 "사업계획"이라 한다)을 수립하여 시·도지사(특별자치시장의 경우에는 행정안전부장관)에게 제출하여야 한다.

② 시·도지사는 사업계획을 받으면 행정안전부장관에게 보고하여야 한다.

③ 사업계획을 변경하는 경우에는 ①과 ②를 준용한다.

④ ①부터 ③까지에서 규정한 사항 외에 사업계획의 수립 및 절차 등에 관하여 필요한 사항은 대통령령으로 정한다.

> **더 알아두기** 자연재해위험개선지구 정비사업계획을 수립할 때 검토하여야 할 사항(시행령 제12조)
>
> 1. 정비사업의 우선순위
> 2. 다른 사업과의 중복 또는 연계성 여부
> 3. 재원 확보 방안
> 4. 지역주민의 의견 수렴 결과
> 5. 그 밖에 투자우선순위 등 행정안전부장관이 정하는 사항

(4) 자연재해위험개선지구 정비사업 실시계획의 수립·공고 등(법 제14조의2)

① 시장·군수·구청장은 사업계획을 바탕으로 대통령령으로 정하는 바에 따라 자연재해위험개선지구 정비사업 실시계획을 수립하여 공고하고, 설계도서(設計圖書)를 일반인이 열람할 수 있도록 하여야 한다. 자연재해위험개선지구 정비사업 실시계획을 변경하려는 경우에도 또한 같다.

② 시장·군수·구청장이 자연재해위험개선지구 정비사업 실시계획을 수립하거나 변경하여 공고하면 다음의 허가·인가·승인·결정·지정·협의·신고수리 등(이하 이 조에서 "인·허가 등"이라 한다)에 관하여 ③에 따라 관계 행정기관의 장과 협의한 사항에 대하여는 해당 인·허가 등을 받아 고시 또는 공고를 한 것으로 본다.

- 골재채취법 제22조에 따른 골재채취의 허가
- 공유수면 관리 및 매립에 관한 법률 제8조에 따른 공유수면의 점용·사용허가, 같은 법 제10조에 따른 협의 또는 승인, 같은 법 제17조에 따른 점용·사용 실시계획의 승인 또는 신고, 같은 법 제28조에 따른 공유수면의 매립면허, 같은 법 제35조에 따른 국가 등이 시행하는 매립의 협의 또는 승인 및 같은 법 제38조에 따른 공유수면매립실시계획의 승인
- 국유재산법 제30조에 따른 행정재산의 사용허가
- 국토의 계획 및 이용에 관한 법률 제30조에 따른 도시·군관리계획(도시계획시설사업만 해당한다)의 결정, 같은 법 제56조제1항제2호에 따른 토지의 형질 변경허가, 같은 항 제3호에 따른 토석의 채취허가, 같은 법 제81조에 따른 시가화조정구역에서의 공공시설 설치 및 입목벌채·조림·육림·토석채취의 허가, 같은 법 제88조에 따른 실시계획의 작성·인가 및 같은 법 제130조제2항에 따른 타인의 토지에의 출입허가
- 군사기지 및 군사시설 보호법 제9조제1항제1호에 따른 통제보호구역 등의 출입허가 및 같은 법 제13조에 따른 행정기관의 허가 등에 관한 협의
- 관광진흥법 제52조에 따른 관광지의 지정, 같은 법 제54조에 따른 조성계획의 승인 및 같은 법 제55조에 따른 조성사업의 시행허가
- 농어촌도로 정비법 제9조에 따른 도로의 노선 지정
- 농어촌정비법 제23조에 따른 농업생산기반시설의 사용허가, 같은 법 제24조에 따른 농업생산기반시설의 폐지 승인 및 같은 법 제111조에 따른 토지의 형질변경 등의 허가
- 농지법 제34조에 따른 농지의 전용허가, 같은 법 제35조에 따른 농지의 전용신고 및 같은 법 제36조에 따른 농지의 타용도 일시사용 허가·협의
- 도로법 제19조에 따른 도로 노선의 지정·고시, 같은 법 제25조에 따른 도로구역의 결정, 같은 법 제36조에 따른 도로관리청이 아닌 자에 대한 도로공사의 시행 허가 및 같은 법 제61조에 따른 도로의 점용 허가
- 도시공원 및 녹지 등에 관한 법률 제24조에 따른 도시공원의 점용허가, 같은 법 제27조에 따른 도시자연공원구역에서의 행위허가 및 같은 법 제38조에 따른 녹지의 점용허가

- 대기환경보전법 제23조, 물환경보전법 제33조 및 소음·진동관리법 제8조에 따른 배출시설의 설치 허가·신고
- 문화유산의 보존 및 활용에 관한 법률 제35조제1항제1호에 따른 국가지정문화유산의 현상 변경 등 허가, 같은 법 제56조에 따른 국가등록문화유산의 현상 변경 신고 및 같은 법 제66조 단서(자연유산의 보존 및 활용에 관한 법률 제63조에 따라 준용하는 경우를 포함한다)에 따른 국유문화유산 및 국유자연유산 사용허가, 자연유산의 보존 및 활용에 관한 법률 제17조제1항 제1호·제2호에 따른 허가와 매장유산 보호 및 조사에 관한 법률 제8조에 따른 협의
- 사도법 제4조에 따른 사도 개설허가
- 사방사업법 제14조에 따른 사방지에서의 행위허가
- 산림보호법 제9조제2항제1호 및 제2호에 따른 산림보호구역(산림유전자원보호구역은 제외한다)에서의 행위의 허가·신고
- 산림자원의 조성 및 관리에 관한 법률 제36조제1항·제4항에 따른 입목벌채 등의 허가·신고
- 산업입지 및 개발에 관한 법률 제12조에 따른 산업단지에서의 토지 형질변경 등의 허가 및 같은 법 제17조, 제18조, 제18조의2 또는 제19조에 따른 실시계획 승인
- 산지관리법 제14조에 따른 산지전용허가, 같은 법 제15조에 따른 산지전용신고 및 같은 법 제25조에 따른 토석채취허가 등
- 소규모 공공시설 안전관리 등에 관한 법률 제10조에 따른 소규모 위험시설 정비사업 실시계획 수립
- 소하천정비법 제8조에 따른 소하천정비시행계획 수립, 같은 법 제10조에 따른 관리청이 아닌 자의 소하천공사 시행허가 및 같은 법 제14조에 따른 소하천의 점용허가
- 수도법 제17조에 따른 일반수도사업의 인가, 같은 법 제49조에 따른 공업용수도사업의 인가, 같은 법 제52조에 따른 전용상수도 설치인가 및 같은 법 제54조에 따른 전용공업용수도의 설치인가
- 어촌·어항법 제23조에 따른 어항개발사업의 시행허가
- 자연공원법 제23조에 따른 공원구역에서의 행위허가
- 장사 등에 관한 법률 제27조제1항에 따른 무연분묘(無緣墳墓)의 개장허가
- 주택법 제15조에 따른 사업계획의 승인
- 초지법 제21조의2에 따른 초지조성지역에서의 행위허가 및 같은 법 제23조에 따른 초지 전용 허가·협의
- 체육시설의 설치·이용에 관한 법률 제12조에 따른 사업계획의 승인
- 하수도법 제16조에 따른 공공하수도공사 시행의 허가, 같은 법 제24조에 따른 점용허가 및 같은 법 제27조에 따른 배수설비의 설치신고

- 하천법 제27조에 따른 하천공사시행계획의 수립, 같은 법 제30조에 따른 하천관리청이 아닌 자의 하천공사 시행의 허가, 같은 법 제33조에 따른 하천의 점용허가 및 같은 법 제38조에 따른 하천예정지 등에서의 행위허가
- 항만법 제9조제2항에 따른 항만개발사업 시행의 허가 및 같은 법 제10조제2항에 따른 항만개발사업실시계획의 승인
- 부동산 거래신고 등에 관한 법률 제11조에 따른 토지거래계약에 관한 허가

③ 시장·군수·구청장이 자연재해위험개선지구 정비사업 실시계획을 수립·변경하고 공고할 때에 그 내용에 ②의 어느 하나에 해당하는 사항이 포함되어 있는 경우에는 관계 행정기관의 장과 미리 협의하여야 한다. 이 경우 관계 행정기관의 장은 시장·군수·구청장으로부터 협의 요청을 받은 날부터 15일 이내에 협의내용을 회신하여야 한다.

(5) 토지 등의 수용 및 사용(법 제14조의3)

① 시장·군수·구청장은 자연재해위험개선지구 정비사업을 시행하기 위하여 필요하다고 인정하면 사업구역에 있는 토지·건축물 또는 그 토지에 정착된 물건의 소유권이나 그 토지·건축물 또는 물건에 관한 소유권 외의 권리를 수용하거나 사용할 수 있다.

② 제14조의2제1항에 따라 자연재해위험개선지구 정비사업 실시계획을 공고한 경우에는 공익사업을 위한 토지 등의 취득 및 보상에 관한 법률 제20조제1항 및 제22조에 따른 사업인정 및 사업인정의 고시를 한 것으로 보며, 재결의 신청은 같은 법 제23조제1항 및 제28조제1항에도 불구하고 자연재해위험개선지구 정비사업의 시행기간 내에 할 수 있다.

③ ①에 따른 수용 또는 사용에 관하여는 이 법에 특별한 규정이 있는 경우를 제외하고는 공익사업을 위한 토지 등의 취득 및 보상에 관한 법률을 적용한다.

(6) 자연재해위험개선지구 내 건축, 형질 변경 등의 행위 제한(법 제15조)

① 시장·군수·구청장은 자연재해위험개선지구로 지정·고시된 지역에서 재해 예방을 위하여 필요하면 건축, 형질 변경 등의 행위를 제한할 수 있다. 다만, 건축, 형질 변경 등의 행위와 병행하여 그 행위로 발생할 수 있는 자연재해에 관한 예방대책이 마련되어 추진되는 경우에는 그러하지 아니하다.

② 건축, 형질 변경 등의 행위를 제한하는 자연재해위험개선지구는 다른 자연재해위험개선지구보다 우선하여 정비하여야 한다.

③ 행위 제한에 관한 구체적인 사항은 해당 지방자치단체의 조례로 정한다.

(7) 자연재해위험개선지구 정비사업의 분석·평가(법 제15조의2)

① 시장·군수·구청장은 대통령령으로 정하는 규모 이상(총사업비가 100억원 이상인 사업)의 자연재해위험개선지구 정비사업을 완료하였을 경우에는 그 사업의 효과성 및 경제성을 분석·평가하고, 그 결과를 시·도지사를 거쳐 행정안전부장관에게 제출하여야 한다. 다만, 특별자치시장은 직접 행정안전부장관에게 제출하여야 한다.

② ①에서 규정한 사항 외에 분석·평가의 방법 및 절차 등에 필요한 사항은 행정안전부령으로 정한다.

(8) 풍수해 생활권 종합정비계획 수립 등(법 제15조의3)

① 시장·군수·구청장은 관할구역 내 풍수해로 인하여 위험하다고 판단되어 일괄 정비가 필요한 경우 다음을 종합적으로 검토하여 지역단위의 풍수해 생활권 종합정비계획(이하 "풍수해 종합정비계획"이라 한다)을 수립할 수 있다.

   ㉠ 제12조에 따라 지정·고시된 자연재해위험개선지구

   ㉡ 급경사지 재해예방에 관한 법률 제6조에 따라 지정·고시된 붕괴위험지역

   ㉢ 저수지·댐의 안전관리 및 재해예방에 관한 법률 제9조에 따라 지정·고시된 위험저수지

   ㉣ 소규모 공공시설 안전관리 등에 관한 법률 제7조에 따라 지정·고시된 소규모 위험시설

   ㉤ 그 밖에 지방자치단체장이 필요하다고 인정하는 지역이나 시설

② 풍수해 종합정비계획의 수립 및 시행에 관하여는 제13조, 제14조, 제14조의2, 제14조의3, 제15조 및 제15조의2를 준용한다.

③ ① 및 ②에서 규정한 사항 외에 풍수해 종합정비계획의 수립 및 시행의 절차·방법 등에 관하여 필요한 사항은 대통령령으로 정한다.

(9) 자연재해저감 종합계획의 수립(법 제16조)

① 시장(특별자치시장 및 행정시장은 제외한다. 이하 이 조, 제16조의2, 제19조 및 제19조의2에서 같다)·군수는 자연재해의 예방 및 저감을 위하여 10년마다 시·군 자연재해저감 종합계획(이하 "시·군 종합계획"이라 한다)을 수립하여 시·도지사를 거쳐 대통령령으로 정하는 바에 따라 행정안전부장관의 승인을 받아 확정하여야 한다.

② 시·도지사는 직접 또는 시·군 종합계획을 기초로 시·도 자연재해저감 종합계획(이하 "시·도 종합계획"이라 한다)을 수립하여 대통령령으로 정하는 바에 따라 행정안전부장관의 승인을 받아 확정하여야 한다.

③ 시장·군수 및 시·도지사는 각각 시·군 종합계획 및 시·도 종합계획을 수립한 날부터 5년이 지난 경우 그 타당성 여부를 검토하여 필요한 경우에는 그 계획을 변경할 수 있다.

④ 시장·군수 및 시·도지사가 각각 시·군 종합계획 및 시·도 종합계획을 변경하려는 경우에는 ①과 ②에 따른 절차를 준용한다. 다만, 긴급한 변경이 필요한 경우로서 대통령령으로 정하는 경우에는 그러하지 아니한다.

⑤ 국토의 계획 및 이용에 관한 법률 제11조, 제18조 및 제24조에 따른 광역도시계획, 도시·군기본계획 및 도시·군관리계획의 수립·변경권자가 광역도시계획, 도시·군기본계획 및 도시·군관리계획을 수립하거나 변경하는 경우에는 시·군 종합계획과 시·도 종합계획을 반영하여야 한다.

⑥ 시·군 종합계획과 시·도 종합계획에 포함되어야 할 자연재해의 범위 및 그 수립기준 등에 필요한 사항은 대통령령으로 정한다.

더 알아두기 자연재해저감 종합계획에 포함하여야 할 사항 등(시행령 제13조)

1. 법 제16조제1항 및 제2항에 따라 수립하는 자연재해저감 종합계획(이하 "자연재해저감 종합계획"이라 한다)에는 다음의 내용이 포함되어야 한다.
   ① 지역적 특성 및 계획의 방향·목표에 관한 사항
   ② 유역 현황, 하천 현황, 기상 현황, 방재시설 현황 등 재해 발생 현황 및 재해 위험 요인 실태에 관한 사항
   ③ 자연재해 복구사업의 평가·분석에 관한 사항
   ④ 지역별, 주요 시설별 자연재해 위험 분석에 관한 사항
   ⑤ 법 제18조의 지구단위 홍수방어기준을 적용한 저감대책에 관한 사항
   ⑥ 자연재해 저감을 위한 자연재해위험개선지구 지정 및 정비에 관한 사항
   ⑦ 자연재해 예방 및 저감을 위한 종합대책 등에 관한 사항
   ⑧ 제14조제7항에 따른 자연재해저감 종합계획 세부 수립기준에서 정하는 사항
2. 시·도지사 및 시장·군수는 자연재해저감 종합계획을 수립하거나 변경(법 제16조제4항 단서에 따른 긴급한 변경의 경우는 제외한다)할 때에는 미리 관계 기관과 협의하고, 지역주민 및 관계 전문가의 의견을 수렴하기 위한 공청회를 개최하며, 해당 지방의회의 의견을 들어야 한다.
3. 공청회 개최 등에 필요한 사항은 행정안전부령으로 정한다.
4. 법 제16조제6항에 따라 시·군 자연재해저감 종합계획과 시·도 자연재해저감 종합계획에 포함되어야 할 자연재해는 태풍, 홍수, 호우, 강풍, 풍랑, 해일, 조수, 대설, 가뭄, 그 밖에 이에 준하는 자연현상으로 인하여 발생하는 재해로 한다.

---

(10) 자연재해저감 시행계획의 수립 등(법 제16조의2)

① 시장·군수는 매년 시·군 종합계획에 대한 다음 해의 시·군 시행계획을 작성하여 시·도지사에게 제출하여야 한다. 이 경우 시장·군수는 미리 관계 행정기관의 장 및 제19조의5 제1항 각 호의 공공기관의 장(이하 "관계 행정기관 등의 장"이라 한다)과 협의하여야 한다.

② 시·도지사는 직접 또는 제1항에 따라 제출된 시·군 시행계획을 반영하여 매년 시·도 종합계획에 대한 다음 해의 시·도 시행계획을 작성하여 행정안전부장관에게 제출하여야 한다. 이경우 시·도지사는 미리 관계 행정기관 등의 장과 협의하여야 한다.

③ 행정안전부장관은 제출받은 시·도 시행계획에 보완이 필요한 경우 시·도지사에게 그 보완을 요청할 수 있다. 이 경우 시·도지사는 정당한 사유가 없으면 시·도 시행계획을 보완하여 제출하여야 한다.

④ 행정안전부장관은 제출받은 시·도 시행계획을 심사한 후 자연재해저감사업비의 일부를 국고로 지원할 수 있다.

⑤ 시·군 시행계획 및 시·도 시행계획을 변경하는 절차에 관하여는 ① 및 ②를 준용한다.

⑥ ① 및 ②에서 규정한 사항 외에 시·군 시행계획 및 시·도 시행계획의 수립 절차·방법 등에 필요한 사항은 대통령령으로 정한다.

(11) 자연재해저감 시행계획의 시행 등(법 제16조의3)

① 행정안전부장관은 제16조의2에 따라 시·도 시행계획이 제출된 경우 그 내용을 지체 없이 관계 행정기관 등의 장에게 통보하여야 한다.

② 통보를 받은 관계 행정기관 등의 장은 시행계획의 시행에 필요한 조치를 하여야 하며, 연도별 시행계획의 추진 실적을 매년 행정안전부장관에게 제출하여야 한다.

③ ① 및 ②에서 규정한 사항 외에 시행계획의 시행에 필요한 사항은 대통령령으로 정한다.

4 풍수해

(1) 지역별 방재성능목표 설정·운용(법 제16조의4)

① 행정안전부장관은 홍수, 호우 등으로부터 재해를 예방하기 위한 방재정책 등에 적용하기 위하여 처리 가능한 시간당 강우량 및 연속강우량의 목표(이하 "방재성능목표"라 한다)를 지역별로 설정·운용할 수 있도록 관계 중앙 행정기관의 장과 협의하여 방재성능목표 설정 기준을 마련하고, 이를 특별시장·광역시장·시장 및 군수(광역시에 속한 군의 군수를 포함한다. 이하 이 조 및 제16조의5에서 같다)에게 통보하여야 한다.

② 방재성능목표 설정 기준을 통보받은 특별시장·광역시장·시장 및 군수는 해당 특별시·광역시(광역시에 속하는 군은 제외한다. 이하 제16조의5에서 같다)·시 및 군에 대한 10년 단위의 지역별 방재성능목표를 설정·공표하고 운용하여야 한다.

③ 특별시장·광역시장·시장 및 군수는 지역별 방재성능목표를 공표한 날부터 5년마다 그 타당성 여부를 검토하여 필요한 경우에는 설정된 방재성능목표를 변경·공표하여야 한다.

④ 지역별 방재성능목표의 설정·변경 및 운용에 필요한 사항은 대통령령으로 정한다.

(2) 방재시설에 대한 방재성능 평가 등(법 제16조의5)

① 특별시장 · 광역시장 · 시장 및 군수는 해당 특별시 · 광역시 · 시 및 군에 있는 제64조에 따른 방재시설 중 대통령령으로 정하는 방재시설의 성능이 지역별 방재성능목표에 부합하는지를 평가하고, 방재성능목표에 부합하지 아니하는 경우에는 방재성능을 향상시킬 수 있는 통합 개선대책을 수립 · 시행하여야 한다.

② 방재시설에 대한 방재성능 평가 및 통합 개선대책의 수립 · 시행에 필요한 사항은 대통령령으로 정한다.

더 알아두기 방재시설에 대한 방재성능 평가 등(시행령 제14조의6)

1. 법 제16조의5제1항에서 "대통령령으로 정하는 방재시설"이란 국토의 계획 및 이용에 관한 법률 제36조제1항제1호에 따른 도시지역에 있는 다음의 시설을 말한다.
   ① 소하천정비법 제2조제3호에 따른 소하천부속물 중 제방
   ② 국토의 계획 및 이용에 관한 법률 제2조제6호마목에 따른 방재시설 중 유수지(遊水池)
   ③ 하수도법 제2조제3호에 따른 하수도 중 하수관로
   ④ 제55조제12호에 따라 행정안전부장관이 고시하는 시설 중 행정안전부장관이 정하는 시설
2. 법 제16조의5제1항에 따른 통합 개선대책에는 다음 각 호의 사항이 포함되어야 한다.
   ① 방재성능 평가 결과에 관한 사항
   ② 방재성능 향상을 위한 개선대책[유하(流下)시설, 저류(貯留)시설 및 침투(浸透)시설과 연계한 개선대책을 포함한다]에 관한 사항
   ③ 개선대책에 필요한 예산 및 재원대책
   ④ 방재시설의 경제성, 시공성(施工性) 등을 고려한 연차별 정비계획에 관한 사항
   ⑤ 그 밖에 행정안전부장관이 정하는 사항

---

(3) 방재기준 가이드라인의 설정 및 활용(법 제16조의6)

① 행정안전부장관은 기후변화에 따른 재해에 선제적이고 효과적으로 대응하기 위하여 미래 기간별 · 지역별로 예측되는 기온, 강우량, 풍속 등을 바탕으로 방재기준 가이드라인을 정하고, 재난관리책임기관의 장에게 이를 적용하도록 권고할 수 있다.

② 권고를 받은 재난관리책임기관의 장은 방재기준 가이드라인을 소관 업무에 관한 장기 개발계획 수립 · 시행 및 제64조에 따른 방재시설의 유지 · 관리 등에 적용할 수 있다.

(4) 수방기준의 제정 · 운영(법 제17조)

① 수방기준 중 시설물의 수해 내구성을 강화하기 위한 수방기준은 관계 중앙행정기관의 장이 정하고, 지하 공간의 침수를 방지하기 위한 수방기준은 행정안전부장관이 관계 중앙행정기관의 장과 협의하여 정한다.

② 수방기준을 정하여야 하는 시설물 및 지하 공간(이하 "수방기준제정대상"이라 한다)은 다음의 시설 중에서 대통령령으로 정한다.

ⓐ 시설물
- 소하천정비법 제2조제3호에 따른 소하천부속물
- 하천법 제2조제3호에 따른 하천시설
- 국토의 계획 및 이용에 관한 법률 제2조제6호에 따른 기반시설
- 하수도법 제2조제3호에 따른 하수도
- 농어촌정비법 제2조제6호에 따른 농업생산기반시설
- 사방사업법 제2조제3호에 따른 사방시설
- 댐건설·관리 및 주변지역지원 등에 관한 법률 제2조제1호에 따른 댐
- 도로법 제2조제1호에 따른 도로
- 항만법 제2조제5호에 따른 항만시설

ⓑ 지하 공간
- 국토의 계획 및 이용에 관한 법률 제2조제6호 및 제9호에 따른 기반시설 및 공동구(共同溝)
- 시설물의 안전 및 유지관리에 관한 특별법 제2조제1호에 따른 시설물
- 대도시권 광역교통관리에 관한 특별법 제2조제2호나목에 따른 광역철도
- 건축법 제2조제1항제2호에 따른 건축물

더 알아두기 수방기준의 제정 대상 시설물 등(시행령 제15조)

법 제17조제2항에 따라 수방기준(水防基準)을 제정하여야 하는 대상 시설물은 다음 각 호와 같다.
1. 수해내구성 강화를 위하여 수방기준을 제정하여야 하는 시설물은 다음 각 목과 같다.
   ① 소하천정비법 제2조제3호에 따른 소하천부속물 중 제방
   ② 하천법 제2조제3호에 따른 하천시설 중 제방
   ③ 국토의 계획 및 이용에 관한 법률 제2조제6호마목에 따른 방재시설 중 유수지
   ④ 하수도법 제2조제3호에 따른 하수도 중 하수관로 및 공공하수처리시설
   ⑤ 농어촌정비법 제2조제6호에 따른 농업생산기반시설 중 저수지
   ⑥ 사방사업법 제2조제3호에 따른 사방시설 중 사방사업에 따라 설치된 공작물
   ⑦ 댐건설·관리 및 주변지역지원 등에 관한 법률에 따른 댐 중 높이 15m 이상의 공작물 및 여수로(餘水路), 보조댐
   ⑧ 도로법 시행령 제2조제2호에 따른 교량
   ⑨ 항만법 제2조제5호에 따른 방파제(防波堤), 방사제(防砂堤), 파제제(波除堤) 및 호안(護岸)
2. 지하공간의 침수 방지를 위하여 수방기준을 제정하여야 하는 대상 시설물은 다음 각 목과 같다.
   ① 국토의 계획 및 이용에 관한 법률 시행령 제2조제2항제1호사목에 따른 지하도로, 같은 영 제2조제2항제3호라목에 따른 지하광장 및 국토의 계획 및 이용에 관한 법률 제2조제9호에 따른 공동구

② 시설물의 안전 및 유지관리에 관한 특별법 제7조 및 같은 법 시행령 제4조에 따른 1종시설물·2종시설물 중 지하도상가
③ 대도시권 광역교통관리에 관한 특별법 제2조제2호나목에 따른 도시철도 또는 철도
④ 건축법 시행령 별표 1 제3호아목에 따른 변전소 중 지하에 설치된 변전소(이 영의 시행일 전에 설치된 지하 변전소는 제외한다)
⑤ 건축법 제11조 또는 제29조에 따른 건축허가 또는 건축협의 대상 건축물 중 바닥이 지표면 아래에 있는 건축물로서 행정안전부장관이 침수 피해가 우려된다고 인정하여 고시하는 지역의 건축물

③ 수방기준제정대상을 설치하는 자는 그 시설물을 설계하거나 시공할 때에는 ①에 따른 수방기준을 적용하여야 한다.
④ 지방자치단체의 장은 수방기준제정대상의 준공검사 또는 사용승인을 할 때에는 행정안전부장관이 정하는 바에 따라 수방기준 적용 여부를 확인하고, 수방기준을 충족하였으면 준공검사 또는 사용승인을 하여야 한다.
⑤ ② ⓛ의 어느 하나에 해당하는 수방기준제정대상의 소유자·관리자 또는 점유자는 지하 공간의 침수를 방지하기 위하여 설치한 시설로서 행정안전부령으로 정하는 시설(이하 "침수방지시설"이라 한다)을 행정안전부령으로 정하는 바에 따라 유지·관리하여야 한다.

(5) 지구단위 홍수방어기준의 설정 및 활용(법 제18조)

① 행정안전부장관은 상습침수지역, 홍수피해예상지역, 그 밖의 수해지역의 재해 경감을 위하여 필요하면 지구단위 홍수방어기준을 정하여야 한다.
② 재난관리책임기관의 장은 개발사업, 자연재해위험개선지구 정비사업, 수해복구사업, 그 밖의 재해경감사업(이하 "개발사업 등"이라 한다) 중 대통령령으로 정하는 개발사업 등에 대한 계획을 수립할 때에는 ①에 따른 지구단위 홍수방어기준을 적용하여야 한다.

더 알아두기 지구단위 홍수방어기준의 적용 대상 사업(시행령 제15조의2)

법 제18조제2항에서 "대통령령으로 정하는 개발사업 등"이란 다음의 어느 하나에 해당하는 사업을 말한다.
1. 제6조제1항 및 별표 1에 따라 재해영향평가의 협의를 요청하여야 하는 개발사업 중 별표 1의2에 해당하는 개발사업
2. 제8조제1항제1호에 따른 자연재해위험개선지구 중 침수위험지구, 유실위험지구 및 취약방재시설지구에 대한 정비사업
3. 제40조제1항에 따라 사전심의를 받아야 하는 재해복구사업
4. 재해위험 개선사업 및 이주대책에 관한 특별법 제2조제1호에 따른 재해위험 개선사업
5. 그 밖에 행정안전부장관이 필요하다고 인정하여 고시하는 재해경감사업

---

③ 중앙행정기관의 장, 시·도지사 및 시장·군수·구청장은 개발사업 등의 허가 등을 할 때에는 재해 예방을 위하여 사업 대상지역 및 인근지역에 미치는 영향을 분석하여 사업시행자에게 지구단위 홍수방어기준을 적용하도록 요청할 수 있다. 이 경우 요청을 받은 사업시행자는 특별한 사유가 없으면 이에 따라야 한다.

5 우수유출저감시설

(1) 우수유출저감대책 수립(법 제19조)

① 특별시장·광역시장·특별자치시장·특별자치도지사 및 시장·군수는 관할구역의 지역특성 등을 고려하여 우수의 침투, 저류 또는 배수를 통한 재해의 예방을 위하여 우수유출저감대책을 5년마다 수립하여야 한다.

② 수립한 우수유출저감대책을 특별시장·광역시장·특별자치시장·특별자치도지사는 행정안전부장관에게 제출하여야 하며, 시장·군수는 시·도지사를 거쳐 행정안전부장관에게 제출하여야 한다.

③ 우수유출저감대책에는 다음의 사항이 포함되어야 한다.

    ㉠ 우수유출저감 목표와 전략

    ㉡ 우수유출저감대책의 기본 방침

    ㉢ 우수유출저감시설의 연도별 설치에 관한 사항

    ㉣ 우수유출저감시설 설치를 위한 재원대책

    ㉤ 재해의 예방을 위한 우수유출저감시설 관리방안

    ㉥ 유휴지, 불모지 등을 이용한 우수유출저감대책

    ㉦ 그 밖에 특별시장·광역시장·특별자치시장·특별자치도지사 및 시장·군수가 필요하다고 인정하는 사항

④ 시·도지사 또는 시장·군수는 ①에 따른 우수유출저감대책을 제16조에 따라 수립하는 자연재해저감 종합계획에 반영하여야 한다.

(2) 우수유출저감시설 사업계획의 수립(법 제19조의2)

① 특별시장·광역시장·특별자치시장·특별자치도지사 및 시장·군수는 제19조의 우수유출저감대책에 따라 매년 다음 연도의 우수유출저감시설 사업계획을 수립하여야 한다.

② 수립한 우수유출저감시설 사업계획을 특별시장·광역시장·특별자치시장·특별자치도지사는 행정안전부장관에게 제출하여야 하며, 시장·군수는 시·도지사를 거쳐 행정안전부장관에게 제출하여야 한다. 이미 수립한 우수유출저감시설 사업계획을 변경하려는 경우에도 또한 같다.

③ ①및②에서 규정한 사항 외에 우수유출저감시설 사업계획의 수립 및 절차 등 필요한 사항은 대통령령으로 정한다.

더 알아두기 **우수유출저감시설 사업계획의 수립(시행령 제16조)**

1. 법 제19조의2제1항에 따른 우수유출저감시설 사업계획(이하 이 조에서 "사업계획"이라 한다) 에는 다음의 사항이 포함되어야 한다.
   ① 우수유출저감시설 사업의 우선순위
   ② 다른 사업과의 중복 또는 연계성 여부
   ③ 재원 확보 방안
   ④ 지역주민의 의견 수렴 결과
   ⑤ 그 밖에 투자우선순위 등 행정안전부장관이 정하는 사항
2. 특별시장·광역시장·특별자치시장 및 시장·군수는 다음 연도의 사업계획을 매년 4월 30일 까지 행정안전부장관에게 제출하여야 한다.
3. 사업계획의 수립에 필요한 세부적인 사항은 행정안전부장관이 정한다.

---

(3) 우수유출저감시설 사업 실시계획의 수립·공고 등(법 제19조의3)

우수유출저감시설 사업의 실시계획의 수립·공고 등에 관하여는 제14조의2를 준용한다. 이 경우 "자연재해위험개선지구 정비사업"은 "우수유출저감시설 사업"으로 본다.

(4) 우수유출저감시설 사업 시행에 따른 토지 등의 수용 및 사용(법 제19조의4)

우수유출저감시설 사업의 시행에 필요한 토지 등의 수용 및 사용에 관하여는 제14조의3을 준용한 다. 이 경우 "자연재해위험개선지구 정비사업"은 "우수유출저감시설 사업"으로, "제14조의2제1 항에 따라"는 "제19조의3에 따라"로 본다.

(5) 우수유출저감시설 설치를 위한 토지의 사용 요청(법 제19조의5)

① 관계 중앙행정기관의 장 또는 지방자치단체의 장은 침수 피해가 발생하였거나 발생할 위험이 높은 도심 지역의 침수 피해를 방지하기 위하여 다음 각 호의 어느 하나에 해당하는 공공기관이 소유·관리하는 운동장·주차장·공원 등 공공시설물의 지하공간에 우수유출저감시설을 설 치할 필요가 있는 경우에는 해당 공공기관의 장에게 우수유출저감시설의 설치에 필요한 범위 에서 토지의 사용을 요청할 수 있다.
   ㉠ 국가 및 지방자치단체의 기관
   ㉡ 국립·공립 학교
   ㉢ 공공기관의 운영에 관한 법률 제4조에 따른 공공기관
   ㉣ 지방공기업법 제49조에 따라 설립된 지방공사 또는 같은 법 제76조에 따라 설립된 지방공단

② 관계 중앙행정기관의 장 또는 지방자치단체의 장이 제1항에 따라 토지의 사용을 요청할 때에는 시설계획, 안전관리계획 등 관련 계획을 제출하여야 하며, 요청을 받은 공공기관의 장은 공익성, 안전성 등을 검토하여 특별한 사유가 없으면 이에 협조하여야 한다.

(6) 개발사업 시행자 등의 우수유출저감시설 설치(법 제19조의6)

① 개발사업 등을 시행하거나 공공시설을 관리하는 자는 대통령령으로 정하는 바에 따라 우수유출저감대책을 수립하고 우수유출저감시설을 설치하여야 한다.

더 알아두기　우수유출저감대책의 수립 등(시행령 제16조의2)

1. 법 제19조의6제1항에 따라 개발사업 등을 시행하거나 공공시설을 관리하는 자는 다음의 어느 하나에 해당하는 사업(물환경보전법 제53조에 따라 비점오염저감시설을 설치하는 대상 사업은 제외한다)을 시행하는 경우 우수유출저감대책을 수립해야 한다. 다만, 법 제5조제1항에 따른 재해영향평가 등의 협의 대상 사업 내용에 우수유출저감시설의 설치에 관한 사항이 법 제19조의7제3항에서 정한 기준에 맞게 반영된 경우에는 우수유출저감대책을 수립하지 않을 수 있다.

　① 건축법 제29조에 따른 건축 협의 대상 중 대지면적이 $2,000m^2$ 이상이거나 건축연면적이 $3,000m^2$ 이상인 건축(신축 · 증축 · 개축 · 재축 또는 이전을 포함한다. 이 경우 하나의 사업부지에 대지가 둘 이상인 건축을 하는 경우에는 이들 대지면적의 합계를 대지면적으로 하고, 하나의 사업부지에 건축물이 둘 이상인 건축을 하는 경우에는 이들 건축연면적의 합계를 건축연면적으로 한다.

　② 고등교육법 제2조에 따른 학교를 설립하는 경우의 건축공사

　③ 공공주택 특별법 제2조제3호가목에 따른 공공주택지구조성사업

　④ 관광진흥법 제2조제6호 및 제7호에 따른 관광지 및 관광단지 개발사업

　⑤ 국토의 계획 및 이용에 관한 법률 제2조제6호에 따른 기반시설 중 유원지, 공원, 운동장, 유통업무설비, 유수지 또는 주차장의 도시 · 군계획시설사업

　⑥ 농어촌정비법 제2조제10호에 따른 생활환경정비사업

　⑦ 도시공원 및 녹지 등에 관한 법률 제2조제3호에 따른 도시공원의 조성사업

　⑧ 도시개발법 제2조제1항제2호에 따른 도시개발사업

　⑨ 도시 및 주거환경정비법 제2조제2호나목에 따른 재개발사업

　⑩ 도시철도법 제2조제4호에 따른 도시철도사업(부지조성이 수반되는 경우만 해당한다)

　⑪ 물류시설의 개발 및 운영에 관한 법률 제2조제3호에 따른 물류터미널사업 또는 같은 조 제9호에 따른 물류단지개발사업

　⑫ 산림자원의 조성 및 관리에 관한 법률 제28조에 따른 특수산림사업지구로 지정된 지역에서의 청소년수련사업 및 휴양시설 조성사업

　⑬ 산업입지 및 개발에 관한 법률 제2조제8호에 따른 산업단지 조성사업

　⑭ 산업집적활성화 및 공장설립에 관한 법률 제13조에 따른 공장의 설립(부지면적이 $2,000m^2$ 이상이고 공장건축면적이 $500m^2$ 이상인 경우에 한정한다)

　⑮ 산지관리법 제25조에 따른 토석채취허가를 받아 시행하는 사업

---

⑯ 온천법 제10조의 온천개발계획에 따른 개발사업
⑰ 유통산업발전법 제2조제16호에 따른 공동집배송센터의 조성사업
⑱ 임업 및 산촌 진흥촉진에 관한 법률 제25조의 산촌개발사업계획에 따른 개발사업
⑲ 장사 등에 관한 법률 제13조에 따른 공설묘지의 설치
⑳ 주택법 제2조제12호에 따른 주택단지 조성사업 또는 같은 법 제15조에 따른 주택건설사업
계획의 승인 대상 사업
㉑ 중소기업진흥에 관한 법률 제31조제1항에 따른 단지조성사업
㉒ 지방소도읍 육성 지원법 제4조의 지방소도읍 지역에 대한 종합적인 육성계획에 따른 개발
사업
㉓ 지역 개발 및 지원에 관한 법률 제7조제1항제1호 및 제11조에 따른 지역개발사업구역의
지역개발사업
㉔ 체육시설의 설치·이용에 관한 법률 제2조제1호에 따른 체육시설 중 골프장사업
㉕ 택지개발촉진법 제2조제3호에 따른 택지개발지구로 지정하여 추진하는 택지개발사업
㉖ 공항시설법 제2조제9호에 따른 공항개발사업(부지조성이 수반되는 경우만 해당한다)
㉗ 지방자치단체의 조례로 정하는 개발사업 또는 시설물
2. 우수유출저감대책에는 다음의 사항이 포함되어야 한다.
① 유역의 주변 여건
② 사업계획의 타당성 검토
③ 재해발생 빈도 및 규모
④ 재해 저감 방법
⑤ 우수유출저감시설의 종류, 규모 및 분담 계획
⑥ 우수유출저감시설의 설치위치·구조 및 유지관리 방안
⑦ 주변의 다른 사업과의 중복 또는 연계성 여부
⑧ 우수유출저감시설 사업의 수혜도 등 효과분석
⑨ 지역주민의 의견 수렴 결과
⑩ 그 밖에 우수유출저감대책수립에 필요한 사항
3. 우수유출저감대책을 수립한 자는 제16조의3제1항에 따른 우수유출저감시설 중 필요한 시설을
설치하여야 한다.
4. 우수유출저감대책의 수립에 필요한 세부적인 사항은 행정안전부장관이 정한다.

② 지방자치단체의 장은 우수유출저감시설을 설치·운영하는 민간사업자에게 조례로 정하는
바에 따라 수도요금 또는 하수도사용료를 일부 감면할 수 있다.
③ 우수유출저감시설 설치 대상 개발사업 등은 다음과 같다.
㉠ 국토·지역 계획 및 도시의 개발
㉡ 산업 및 유통 단지 조성
㉢ 관광지 및 관광단지 개발
㉣ 그 밖에 우수유출에 영향을 미치는 사업으로서 대통령령으로 정하는 사업

④ 지방자치단체의 장은 ①에 따른 개발사업 등 및 공공시설에 대하여 준공검사 또는 사용승인을 할 때에는 제19조의7에 따른 우수유출저감시설기준의 적합 여부를 확인하고, 그 기준에 맞으면 준공검사나 사용승인을 하여야 한다.

(7) 우수유출저감시설에 관한 기준(법 제19조의7)

① 우수유출저감시설은 풍수해 및 가뭄피해 경감을 위하여 우수의 순간유출량을 저감하는 기능을 갖추어야 한다.

② 우수유출저감시설은 설치 지역의 연간강수량 및 지형적·지리적 조건, 집수 및 배수계통, 안전성 등을 고려하여 설치하여야 한다.

③ 그 밖에 우수유출저감시설의 종류·설치·구조 및 유지관리 등에 필요한 기준은 대통령령으로 정한다.

④ 관계 중앙행정기관의 장은 ①부터 ③까지의 기준에 따라 사업별 특성에 적합한 우수유출저감 기법을 개발·보급하여야 한다.

더 알아두기 우수유출저감시설의 종류 등(시행령 제16조의3)

1. 법 제19조의7제3항에 따른 우수유출저감시설의 종류는 다음과 같다.
   ① 침투시설
      ㉠ 침투통
      ㉡ 침투측구
      ㉢ 침투트렌치
      ㉣ 투수성 포장
      ㉤ 투수성 보도블록 등
   ② 저류시설
      ㉠ 쇄석공극(碎石空隙)저류시설
      ㉡ 운동장저류
      ㉢ 공원저류
      ㉣ 주차장저류
      ㉤ 단지내저류
      ㉥ 건축물저류
      ㉦ 공사장 임시 저류지(배수로를 따라 모여드는 물을 관개에 다시 쓰기 위하여 모아두는 곳을 말한다)
      ㉧ 유지(溜池), 습지 등 자연형 저류시설
2. 1.의 ①에 따른 침투시설은 단위설계 침투량, 시설의 배치계획 등을 충분히 검토한 후 침투시설의 설치 수량을 설정하여야 하며, 1.의 ②에 따른 저류시설은 해당 지역 내에서 개발 등으로 인하여 증가되는 유출량을 저류할 수 있도록 계획되어야 한다.
3. 1. 및 2.에서 규정한 사항 외에 우수유출저감시설의 설치·구조 및 유지관리 등에 필요한 세부 사항은 행정안전부장관이 관계 중앙행정기관의 장과 협의하여 정한다.

---

6 내풍설계기준

(1) 내풍설계기준의 설정(법 제20조)

① 관계 중앙행정기관의 장은 태풍, 강풍 등으로 인하여 재해를 입을 우려가 있는 다음의 시설 중 대통령령으로 정하는 시설에 대하여 관계 법령 등에 내풍설계기준을 정하고 그 이행을 감독하여야 한다.

　　㉠ 건축법에 따른 건축물

　　㉡ 공항시설법에 따른 공항시설

　　㉢ 관광진흥법에 따른 테마파크시설

　　㉣ 도로법 및 국토의 계획 및 이용에 관한 법률에 따른 도로

　　㉤ 궤도운송법에 따른 삭도시설

　　㉥ 산업안전보건법에 따른 크레인 및 리프트

　　㉦ 옥외광고물 등의 관리와 옥외광고산업 진흥에 관한 법률에 따른 옥외광고물

　　㉧ 전기사업법 및 전원개발 촉진법에 따른 송전·배전 시설

　　㉨ 항만법에 따른 항만시설

　　㉩ 철도산업발전 기본법에 따른 철도시설

　　㉪ 그 밖에 대통령령으로 정하는 시설

② 관계 중앙행정기관의 장이 내풍설계기준을 정하였을 때에는 행정안전부장관에게 통보하여야 하며 행정안전부장관은 필요하면 보완을 요구할 수 있다.

③ 지방자치단체의 장은 내풍설계 대상 시설물에 대하여 허가 등을 할 때에는 내풍설계기준 적용에 관한 사항을 확인하고 그 기준을 충족하였으면 허가 등을 하여야 한다.

(2) 내풍설계기준의 설정 대상 시설(시행령 제17조)

법 제20조제1항에서 "대통령령으로 정하는 시설"이란 다음의 시설 중 관계 중앙행정기관의 장이 정하는 시설을 말한다.

① 건축법 제2조에 따른 건축물

② 공항시설법 제2조제7호 및 제8호에 따른 공항시설 및 비행장시설

③ 관광진흥법 제3조에 따른 유원시설업상의 안전성검사 대상 유기기구(遊技機具)

④ 도로법 제2조제2호에 따른 도로의 부속물

⑤ 궤도운송법 제2조제3호에 따른 궤도시설

⑥ 산업안전보건법 제80조 및 제81조에 따른 유해하거나 위험한 기계·기구 및 설비

⑦ 옥외광고물 등의 관리와 옥외광고산업 진흥에 관한 법률 제2조제1호에 따른 옥외광고물

⑧ 전기사업법 제2조제16호에 따른 전기설비

⑨ 항만법 제2조제5호에 따른 항만시설 중 고정식 또는 이동식 하역장비

⑩ 도시철도법 제2조제2호에 따른 도시철도

7 재해지도

(1) 각종 재해지도의 제작 · 활용(법 제21조)

① 관계 중앙행정기관의 장 및 지방자치단체의 장은 하천 범람 등 자연재해를 경감하고 신속한 주민 대피 등의 조치를 하기 위하여 대통령령으로 정하는 재해지도를 제작 · 활용하여야 한다. 다만, 다른 법령에 재해지도의 제작 · 활용에 관하여 특별한 규정이 있는 경우에는 그 법령에서 정하는 바에 따라 재해지도를 제작 · 활용할 수 있다.

② 지방자치단체의 장은 침수 피해가 발생하였을 때에는 침수, 범람, 그 밖의 피해 흔적(이하 "침수흔적"이라 한다)을 조사하여 침수흔적도를 작성 · 보존하고 현장에 침수흔적을 표시 · 관리하여야 한다.

③ 행정안전부장관은 관계 중앙행정기관의 장 및 지방자치단체의 장이 작성한 재해지도를 자연재해의 예방 · 대비 · 대응 · 복구 등 전 분야 대책에 기초로 활용하고 업무추진의 효율성을 증진하기 위한 재해지도통합관리연계시스템을 구축 · 운영하여야 한다.

④ 행정안전부장관은 재해지도통합관리연계시스템의 구축을 위하여 필요한 자료를 관계 중앙행정기관의 장 및 지방자치단체의 장에게 요청할 수 있다. 이 경우 요청을 받은 관계 중앙행정기관의 장 및 지방자치단체의 장은 특별한 사유가 없으면 이에 따라야 한다.

⑤ 재해지도 및 침수흔적도의 작성 · 보존 · 활용, 침수흔적의 설치 장소, 표시 방법 및 유지 · 관리 등에 관한 세부 사항과 재해지도통합관리연계시스템의 표준화, 각종 재해 관련 지도의 통합 · 관리, 재해지도의 유형별 분류 등에 관한 세부 사항은 대통령령으로 정한다.

법 제21조제1항 본문에서 "대통령령으로 정하는 재해지도"란 다음의 재해지도를 말한다.
1. 침수흔적도 : 태풍, 호우(豪雨), 해일 등으로 인한 침수흔적을 조사하여 표시한 지도
2. 침수예상도 : 현 지형을 기준으로 예상 강우 및 태풍, 호우, 해일 등에 의한 침수범위를 예측하여 표시한 지도로서 다음 각 목의 어느 하나에 해당하는 지도
   ① 홍수범람위험도 : 홍수에 의한 범람 및 내수배제(저류된 물을 배출하여 제거하는 것을 말한다) 불량 등에 의한 침수지역을 예측하여 표시한 지도와 수자원의 조사·계획 및 관리에 관한 법률 제7조제1항 및 제5항에 따른 홍수위험지도
   ② 해안침수예상도 : 태풍, 호우, 해일 등에 의한 해안침수지역을 예측하여 표시한 지도
3. 재해정보지도 : 침수흔적도와 침수예상도 등을 바탕으로 재해 발생 시 대피 요령, 대피소 및 대피 경로 등의 정보를 표시한 지도로서 다음의 어느 하나에 해당하는 지도
   ① 피난활용형 재해정보지도 : 재해 발생 시 대피 요령, 대피소 및 대피 경로 등 피난에 관한 정보를 지도에 표시한 도면
   ② 방재정보형 재해정보지도 : 침수예측정보, 침수사실정보 및 병원 위치 등 각종 방재정보가 수록된 생활지도
   ③ 방재교육형 재해정보지도 : 재해유형별 주민 행동 요령 등을 수록하여 교육용으로 제작한 지도

(2) 각종 재해지도의 작성·활용 및 유지·관리 등(시행령 제19조)

① 지방자치단체의 장은 침수 피해가 발생한 날부터 6개월 이내에 침수흔적도를 작성하여 행정안전부장관에게 제출하여야 한다.

② 지방자치단체의 장은 제18조에 따른 재해지도를 전산화하여 관리하여야 한다.

③ 지방자치단체의 장은 침수흔적도를 활용하려는 자가 특정 지역·시설 등에 대하여 침수흔적도에 따른 침수흔적의 확인을 요청하는 경우에는 행정안전부령으로 정하는 바에 따라 확인해 주어야 한다.

④ 이 영에서 규정한 사항 외에 침수흔적도의 작성, 설치 장소, 표시방법 및 유지·관리에 관한 사항과 재해지도의 작성에 관한 기준은 행정안전부장관이 정한다.

(3) 재해지도의 통합·관리 등(시행령 제19조의2)

① 행정안전부장관은 관계 중앙행정기관의 장이 법 제21조제1항에 따라 작성한 재해지도의 통합·관리를 위하여 관계 중앙행정기관의 장에게 해당 기관의 재해지도 관련 시스템(이하 "재해지도시스템"이라 한다)을 법 제21조제3항에 따른 재해지도통합관리연계시스템(이하 "통합시스템"이라 한다)에 연계하여 운영할 것을 요청할 수 있다.

② 행정안전부장관은 ①에 따라 연계·운영되는 재해지도시스템의 표준화를 위하여 다음에 관한 사항을 정하여 고시하여야 한다. 이 경우 관계 중앙행정기관의 장과 협의하여야 한다.
　㉠ 재해지도시스템의 표준사양에 관한 사항
　㉡ ㉠에 따른 표준사양의 구축방법에 관한 사항
　㉢ 그 밖에 행정안전부장관이 재해지도시스템의 표준화 등을 위하여 필요하다고 인정하는 사항
③ 지방자치단체의 장은 법 제21조제1항에 따라 재해지도를 작성한 경우에는 그 재해지도를 통합시스템에 등재하여야 한다.
④ 행정안전부장관은 통합시스템에 등재되는 재해지도의 통합·관리를 위하여 다음의 사항이 포함된 지침을 마련하여 지방자치단체의 장에게 통보할 수 있다.
　㉠ 재해지도의 작성 표준 및 관리에 관한 사항
　㉡ 재해지도의 통합시스템에의 등재 및 수정에 관한 사항
　㉢ 그 밖에 행정안전부장관이 통합시스템의 운영 및 유지·관리를 위하여 필요하다고 인정하는 사항

(4) 홍수위의 보고·통보 등(시행령 제20조)

① 한강·낙동강·금강 및 영산강 등 각 수계별 홍수통제소의 장은 수위가 홍수위(洪水位)에 도달하거나 도달할 우려가 있는 경우에는 즉시 행정안전부장관, 환경부장관 등 관계 중앙행정기관의 장, 유역환경청장 또는 지방환경청장, 관할 시·도지사 및 시장·군수·구청장에게 홍수위 및 수위 상황을 보고하거나 통보하여야 한다.
② 시·도지사는 보고 또는 통보를 받은 홍수위를 수계별로 집계하여 같은 수계의 하류를 관할하는 인접 시·도지사에게 지체 없이 통보하여야 한다.
③ 시장·군수·구청장은 통보를 받은 홍수위 및 수위 상황을 관계 주민 등에게 신속히 알리는 등 필요한 조치를 하여야 한다.
④ 이 영에서 규정한 사항 외에 홍수위 및 수위 상황의 보고·통보에 필요한 사항은 환경부령으로 정한다.

(5) 재해 상황의 기록 및 보존 등(법 제21조의2)

① 지방자치단체의 장은 행정안전부령으로 정하는 일정 규모 이상의 자연재해가 발생하였을 때에는 재해 발생 현황, 예방 및 대처 사항, 응급조치 등 재해 상황에 대한 상세한 기록을 작성하여 보존하여야 한다.
② 행정안전부장관이나 지방자치단체의 장은 피해지역의 피해 원인 분석·조사 및 복구사업 등에 활용하기 위하여 필요하다고 판단하면 피해 현장에 대한 공간영상정보 자료를 수집하거나 항공사진측량 등을 할 수 있다.

③ 행정안전부장관은 필요하다고 판단하면 ②에 따라 지방자치단체의 장이 실시하는 항공사진 측량 비용의 전부 또는 일부를 지원할 수 있다.

④ ①에 따른 재해 상황의 기록·보존 및 활용에 필요한 사항이나 ②에 따른 항공사진측량 대상 지역, 방법 및 시기 등에 관하여 필요한 사항은 행정안전부령으로 정한다.

⑤ 행정안전부장관은 매년도 말을 기준으로 ①에 따른 자연재해 관련 기록 등을 종합하여 재해연 보를 발행하여야 한다.

(6) 침수흔적도 등 재해정보의 활용(법 제21조의3)

행정안전부장관 또는 관계행정기관의 장은 다음의 행위 등을 할 때에는 제21조에 따른 침수흔적도 등 재해지도, 제21조의2에 따른 재해 상황 기록, 공간영상정보 또는 항공사진측량자료 등을 활용 하여야 한다.

① 제4조에 따른 재해영향평가 등의 협의

② 제12조에 따른 자연재해위험개선지구의 지정

③ 제13조에 따른 자연재해위험개선지구 정비계획의 수립

④ 제14조에 따른 자연재해위험개선지구 정비사업계획의 수립

⑤ 제16조에 따른 자연재해저감 종합계획의 수립

⑥ 제19조에 따른 우수유출저감대책의 수립

⑦ 제46조제1항에 따른 자체복구계획 또는 같은 조 제2항에 따른 재해복구계획의 수립

⑧ 제46조의3에 따른 지구단위종합복구계획의 수립

⑨ 재해위험 개선사업 및 이주대책에 관한 특별법 제6조에 따른 재해위험 개선사업지구의 지정

⑩ 재해위험 개선사업 및 이주대책에 관한 특별법 제10조에 따른 재해위험 개선사업 시행계획의 승인

⑪ 그 밖에 침수흔적도 등 재해정보의 활용이 필요하다고 대통령령으로 정하는 사항

(7) 홍수통제소의 협조(법 제22조)

① 홍수통제소의 장은 홍수의 예보·경보, 각종 수문 관측 및 수문정보 등에 관한 사항에 대하여 행정안전부장관 및 지방자치단체의 장과 협조하여야 한다.

② 홍수통제소의 장은 수위가 홍수위에 도달하거나 도달할 우려가 있는 경우에는 즉시 행정안전 부장관, 환경부장관 등 관계 중앙행정기관의 장, 관할 시·도지사 및 시장·군수·구청장 등에게 홍수위 및 수위 상황을 보고하거나 통보하여야 한다.

③ 홍수위 및 수위 상황의 보고 또는 통보 방법 등에 필요한 사항은 대통령령으로 정한다.

1 해일 피해

(1) 해일 피해 경감을 위한 조사 · 연구(법 제25조의2)

① 행정안전부장관, 지방자치단체의 장 및 관계 중앙행정기관의 장은 해일로 인한 피해를 줄이기 위하여 필요한 조사 및 연구를 하여야 한다.

② 행정안전부장관, 지방자치단체의 장 및 관계 중앙행정기관의 장은 해일 피해 경감을 위한 조사 · 연구를 위하여 해일 관련 자료를 소장하고 있는 관계 기관의 장이나 기상관측 연구기관의 장에게 협조를 요청할 수 있다. 이 경우 요청을 받은 관계 기관의 장 및 기상관측 연구기관의 장은 특별한 사유가 없으면 요청에 따라야 한다.

(2) 해일위험지구의 지정(법 제25조의3)

① 시장 · 군수 · 구청장은 해일로 인하여 침수 등 피해가 예상되는 다음의 지역을 해일위험지구로 지정 · 고시하고, 그 결과를 시 · 도지사를 거쳐 행정안전부장관과 관계 중앙행정기관의 장에게 보고하여야 한다. 다만, 특별자치시장은 직접 행정안전부장관과 관계 중앙행정기관의 장에게 보고하여야 한다.

ⓐ 폭풍해일로 인하여 피해를 입었던 지역

ⓑ 지진해일로 인하여 피해를 입었던 지역

ⓒ 해일 피해가 우려되어 대통령령으로 정하는 지역

> **더 알아두기** 해일위험지구의 지정 등(시행령 제22조의2)
>
> 1. 해수면 상승에 의한 하수도 역류현상 등으로 침수 피해가 발생하였거나 발생할 우려가 있는 지역
> 2. 태풍, 강풍 등으로 인한 풍랑으로 침수 또는 시설물 파손 피해가 발생하였거나 발생할 우려가 있는 지역
> 3. 그 밖에 자연환경 등의 변화로 해일 피해가 우려되는 지역으로서 시장 · 군수 · 구청장이 해일 피해 방지를 위하여 특별히 정비 · 관리가 필요하다고 인정하는 지역

② 지방자치단체의 장은 지정된 해일위험지구를 관할하는 관계 기관 또는 그 지구에 속해 있는 시설물의 소유자 · 점유자 또는 관리인(이하 이 조에서 "관계인"이라 한다)에게 행정안전부령으로 정하는 바에 따라 재해 예방에 필요한 한도에서 점검 · 정비 등 필요한 조치를 할 것을 요청하거나 명할 수 있다.

③ 재해 예방에 필요한 조치를 하도록 요청받거나 명령받은 관계 기관 또는 관계인은 필요한 조치를 하고 그 결과를 지방자치단체의 장에게 통보하여야 한다.

④ 지방자치단체의 장은 해일 피해를 입었던 지역 등 대통령령으로 정하는 해일위험지구에 대하여 직권으로 ②에 따른 조치를 하거나 소유자에게 그 조치에 드는 비용의 일부를 보조할 수 있다.

> **더 알아두기** 직권조치 등을 할 수 있는 해일위험지구(시행령 제22조의3)
>
> 1. 해일이 발생할 경우 인명 피해가 발생할 우려가 있는 해일위험지구
> 2. 해일이 발생할 경우 주요 공공시설이 파손될 우려가 있는 해일위험지구

⑤ 시장·군수·구청장은 정비사업 시행 등으로 해일 피해의 위험이 없어진 경우에는 관계 전문가의 의견을 수렴하여 해일위험지구 지정을 해제하고 그 결과를 고시하여야 한다.

(3) 해일피해경감계획의 수립·추진 등(법 제25조의4)

① 시장·군수·구청장은 제25조의3제1항에 따라 지정·고시된 해일위험지구에 대하여 해일피해경감계획을 수립하여 시·도지사(특별자치시장의 경우에는 행정안전부장관)에게 제출하여야 한다.

② 시·도지사는 해일피해경감계획을 받아 행정안전부장관에게 제출하여야 하며, 행정안전부장관은 필요하면 시·도지사에게 그 보완을 요청할 수 있다.

③ 해일피해경감계획에는 다음의 사항이 포함되어야 한다.

    ㉠ 해일 피해 경감에 관한 기본방침

    ㉡ 해일위험지구 지정 현황

    ㉢ 해일위험지구 정비를 위한 예방·투자 계획

    ㉣ 제37조제2항에 따른 해일 대비 비상대처계획

    ㉤ 그 밖에 해일 피해 경감에 관하여 대통령령으로 정하는 사항

④ 시장·군수·구청장은 해일피해경감계획을 수립할 때에는 그 지역의 자연재해저감 종합계획, 개발계획 등을 종합적으로 고려하여야 한다.

⑤ 시장·군수·구청장은 해일피해경감계획을 효율적으로 추진하기 위하여 필요하다고 판단하면 정비계획과 사업계획에 해일피해경감계획을 포함하여 추진할 수 있다.

⑥ 해일피해경감계획을 변경하는 경우에는 ①과 ②를 준용한다.

⑦ ①부터 ⑥까지에서 규정한 사항 외에 해일피해경감계획의 수립·추진 등에 필요한 사항은 대통령령으로 정한다.

해일피해경감계획의 수립·추진 등에 필요한 사항(시행령 제22조의4)

1. 지역주민의 의견 수렴
2. 재원 확보 방안
3. 다른 사업과의 중복 또는 연계성에 관한 사항 등

2 설 해

(1) 설해의 예방 및 경감 대책(법 제26조)

① 재난관리책임기관의 장은 설해 발생에 대비하여 설해 예방대책에 관한 조사 및 연구를 하여야 하며, 설해로 인한 재해를 줄이기 위한 대책을 마련하여야 한다.

② 재난관리책임기관의 장은 다음의 설해 예방 및 경감 조치를 하여야 한다.

  ㉠ 설해 예방조직의 정비

  ㉡ 도로별 제설 및 지역별 교통대책 마련

  ㉢ 설해 대비용 물자와 자재의 비축·관리 및 장비의 확보

  ㉣ 고립·눈사태·교통두절 예상지구 등 취약지구의 지정·관리

  ㉤ 산악지역 등산로의 통제구역 지정·관리

  ㉥ 설해대책 교육·훈련 및 대국민 홍보

  ㉦ 농수산시설의 설해 경감대책 마련

  ㉧ 친환경적 제설대책 마련

  ㉨ 그 밖에 설해 예방 및 경감을 위하여 필요한 조치

③ 재난관리책임기관의 장은 설해 예방 및 경감 조치를 위하여 필요하면 다른 재난관리책임기관의 장에게 협조를 요청할 수 있다. 이 경우 협조 요청을 받은 재난관리책임기관의 장은 특별한 사유가 없으면 요청에 따라야 한다.

④ 행정안전부장관은 환경피해를 최소화하기 위한 친환경적 제설방안의 시행을 재난관리책임기관의 장에게 권고할 수 있다.

(2) 상습설해지역의 지정 등(법 제26조의2)

① 시장·군수·구청장은 대설로 인하여 고립, 눈사태, 교통 두절 및 농수산시설물 피해 등의 설해가 상습적으로 발생하였거나 발생할 우려가 있는 지역을 상습설해지역으로 지정·고시하고, 그 결과를 시·도지사를 거쳐 행정안전부장관과 관계 중앙행정기관의 장에게 보고하여야 한다. 다만, 특별자치시장은 직접 행정안전부장관과 관계 중앙행정기관의 장에게 보고하여야 한다.

1. 시장·군수·구청장은 매년 관할 구역을 조사하여 법 제26조의2제1항에 따른 상습설해지역을 지정하고, 그 결과를 행정안전부령으로 정하는 바에 따라 시·도지사를 거쳐 행정안전부장관과 관계 중앙행정기관의 장에게 보고하여야 한다.
2. 상습설해지역의 지정 요건은 다음과 같다.
   ① 대설로 인하여 고립이 발생하였거나 발생할 우려가 있는 지역
   ② 대설로 인하여 교통 두절이 발생하였거나 발생할 우려가 있는 지역
   ③ 대설로 인하여 농업시설물에 피해가 발생하였거나 발생할 우려가 있는 지역
   ④ 그 밖에 행정안전부장관이 상습설해에 대한 대책이 필요하다고 정하는 지역
3. 시장·군수·구청장은 지정한 상습설해지역에 대해서는 행정안전부령으로 정하는 바에 따라 수시로 현황을 파악·관리하여야 하며, 설해 원인이 없어진 경우에는 지체 없이 지정을 해제하여야 한다.
4. 1.부터 3.까지에서 규정한 사항 외에 상습설해지역의 지정·해제 절차 및 세부적인 관리 요령에 관하여 필요한 사항은 행정안전부장관이 정한다.

② 시장·군수·구청장은 상습설해지역을 지정하려면 그 지역 공공시설물을 관할하는 관계 기관의 장과 협의하여야 한다. 이 경우 협의 요청을 받은 관계 기관의 장은 특별한 사유가 없으면 요청에 따라야 한다.

③ 행정안전부장관은 설해가 상습적으로 발생할 우려가 있는 지역을 상습설해지역으로 지정·고시하도록 해당 시장·군수·구청장에게 요청할 수 있다.

④ 시장·군수·구청장은 제26조의3제1항에 따른 중장기대책 시행 등으로 설해 위험이 없어졌으면 관계 전문가 등의 의견을 수렴하여 상습설해지역 지정을 해제하고, 그 결과를 고시하여야 한다.

⑤ ①과 ④에 따른 상습설해지역의 지정 및 해제의 요건, 절차, 관리 방법에 관한 세부 사항은 대통령령으로 정한다.

(3) 상습설해지역 해소를 위한 중장기대책(법 제26조의3)

① 제26조의2제1항에 따른 상습설해지역에 대하여 시장·군수·구청장 또는 그 지역 공공시설물을 관할하는 관계 기관의 장은 설해저감시설의 설치 등 설해의 예방 및 경감을 위한 중장기대책을 수립·시행하여야 한다.

상습설해지역 해소를 위한 중장기대책에 포함되어야 할 사항 등(시행령 제22조의6)

중장기대책은 5년마다 수립하여야 하며, 그 대책에는 다음의 사항이 포함되어야 한다.
1. 위험지역 현황
2. 피해 발생 빈도
3. 중장기대책 추진 시의 설해예방 효과
4. 중장기대책에 필요한 예산 및 재원대책
5. 그 밖에 정비사업의 우선순위 등 행정안전부장관이 정하는 사항

② 중장기대책의 수립 절차, 중장기대책에 포함되어야 할 사항 및 그 밖에 중장기대책 수립을 위하여 필요한 사항은 대통령령으로 정한다.
③ 상습설해지역 내 공공시설물의 관리주체가 중장기대책을 수립할 때에는 관할 시장·군수·구청장과 협의하여야 한다. 이 경우 해당 시장·군수·구청장은 그 보완을 요구할 수 있고, 요구를 받은 관리주체는 특별한 사유가 없으면 요구에 따라야 한다.
④ 시장·군수·구청장은 필요하면 제1항에 따른 중장기대책의 수립 및 시행 실태를 점검할 수 있다.

(4) 내설설계기준의 설정(법 제26조의4)

① 관계 중앙행정기관의 장은 대설로 인하여 재해를 입을 우려가 있는 다음의 시설 중 대통령령으로 정하는 시설에 대하여 관계 법령 등에 내설(耐雪)설계기준을 정하고 그 이행을 감독하여야 한다.
  ㉠ 건축법에 따른 건축물
  ㉡ 공항시설법에 따른 공항시설
  ㉢ 관광진흥법에 따른 테마파크시설
  ㉣ 도로법에 따른 도로
  ㉤ 국토의 계획 및 이용에 관한 법률에 따른 도시·군계획시설
  ㉥ 궤도운송법에 따른 삭도시설
  ㉦ 옥외광고물 등의 관리와 옥외광고산업 진흥에 관한 법률에 따른 옥외광고물
  ㉧ 전기사업법에 따른 전기설비
  ㉨ 항만법에 따른 항만시설
  ㉩ 철도산업발전 기본법에 따른 철도 및 철도시설
  ㉪ 도시철도법에 따른 도시철도 및 도시철도시설
  ㉫ 농어업재해대책법에 따른 농업용 시설, 임업용 시설 및 어업용 시설
  ㉬ 그 밖에 대통령령으로 정하는 시설

내설설계기준의 설정대상 시설(시행령 제22조의7)

법 제26조의4제1항 각 호 외의 부분에서 "대통령령으로 정하는 시설"이란 다음의 시설 중 관계 중앙행정기관의 장이 정하는 시설을 말한다.
1. 건축법 제2조에 따른 건축물
2. 공항시설법 제2조제7호에 따른 공항시설 중 항공기의 이륙·착륙 및 여객·화물의 운송을 위한 시설
3. 도로법 시행령 제2조제2호에 따른 교량
4. 전기사업법 제2조제16호에 따른 전기설비 중 송전·배전시설
5. 항만법 제2조제5호에 따른 항만시설
6. 농어업재해대책법 제2조제10호·제11호 및 제12호에 따른 농업용 시설, 임업용 시설 및 어업용 시설

② 관계 중앙행정기관의 장은 내설설계기준을 정하였으면 행정안전부장관에게 통보하여야 하며 행정안전부장관은 필요하면 보완을 요구할 수 있다.
③ 지방자치단체의 장은 내설설계 대상 시설물에 대하여 허가 등을 할 때에는 내설설계기준 적용에 관한 사항을 확인하고 그 기준을 충족하였으면 허가 등을 하여야 한다.

(5) 건축물관리자의 제설 책임(법 제27조)

① 건축물의 소유자·점유자 또는 관리자로서 그 건축물에 대한 관리 책임이 있는 자(이하 "건축물관리자"라 한다)는 관리하고 있는 건축물 주변의 보도(步道), 이면도로, 보행자 전용도로, 시설물의 지붕(대통령령으로 정하는 시설물의 지붕으로 한정한다)에 대한 제설·제빙 작업을 하여야 한다.

더 알아두기 지붕 제설·제빙 대상 시설물의 범위(시행령 제22조의8)

1. 건축법 시행령 제2조제18호에 따른 특수구조 건축물에 해당하는 시설물로서 행정안전부장관이 고시하는 구조로 된 시설물일 것
2. 다음의 어느 하나에 해당하는 시설물일 것
   ① 기본법 제27조제1항에 따라 특정 관리대상으로 지정된 시설
   ② 건축법 시행령 별표 1 제17호에 따른 공장으로서 연면적이 500m² 이상인 공장
   ③ 시설물의 안전 및 유지관리에 관한 특별법 시행령 별표 1 제5호가목 및 나목에 따른 1종시설물 및 2종시설물

② 건축물관리자의 구체적 제설·제빙 책임 범위 등에 관하여 필요한 사항은 해당 지방자치단체의 조례로 정한다.

(6) 설해 예방 및 경감 대책 예산의 확보(법 제28조)

재난관리책임기관의 장은 설해 예방 및 경감 대책의 원활한 시행을 위하여 필요한 예산을 확보하여야 한다.

3 가 뭄

(1) 가뭄 방재를 위한 조사 · 연구(법 제29조)

① 재난관리책임기관의 장은 가뭄 방재를 위하여 필요한 조사 및 연구를 하여야 한다.

② 재난관리책임기관의 장은 가뭄 방재를 위한 전문적인 조사 · 연구를 위하여 관계행정기관의 장이나 기상관측 연구기관의 장에게 가뭄의 현황, 가뭄의 피해상황, 가뭄의 극복 방안 등 필요한 자료를 요청할 수 있다. 이 경우 요청을 받은 관계행정기관의 장 및 기상관측 연구기관의 장은 특별한 사유가 없으면 요청에 따라야 한다.

(2) 가뭄 방재를 위한 예보 및 경보(제29조의2)

① 행정안전부장관은 가뭄 방재를 위하여 관계 중앙행정기관의 장과 합동으로 가뭄 예보 및 경보 체계를 운영하여야 한다.

② 행정안전부장관은 가뭄 예보 및 경보 체계의 운영에 필요한 자료를 관계행정기관의 장에게 요청할 수 있다. 이 경우 요청을 받은 관계행정기관의 장은 특별한 사유가 없으면 이에 따라야 한다.

(3) 가뭄 극복을 위한 제한 급수 · 발전 등(법 제30조)

① 관계 중앙행정기관의 장, 지방자치단체의 장 및 한국수자원공사법에 따른 한국수자원공사의 사장 등 수자원을 관리하는 자(이하 "수자원관리자"라 한다)는 가뭄으로 인한 재해를 극복하기 위하여 제한 급수 및 제한 발전(發電) 등의 조치를 할 수 있다.

② 수자원관리자는 ①에 따른 조치를 하려면 수혜자가 제한 급수 및 제한 발전 등에 관한 사실을 알 수 있도록 미리 공지하여야 한다.

(4) 수자원관리자의 의무(법 제31조)

수자원관리자는 지방자치단체의 장으로부터 가뭄 피해를 줄이기 위하여 수자원 관리와 관련한 협조 요청을 받았을 때에는 특별한 사유가 없으면 요청에 따라야 한다.

(5) 가뭄 극복을 위한 시설의 유지 · 관리 등(법 제32조)

재난관리책임기관의 장은 댐, 저수지, 지하수자원 등의 수원함양(水源涵養) 및 기능의 유지 · 향상을 위하여 소관 업무에 대하여 산림보호법에 따른 산림보호구역(산림유전자원보호구역은 제외한다)의 지정 · 관리, 조림(造林), 퇴적토 준설(浚渫), 지하수자원 인공함양 및 순환 등 필요한 조치를 하여야 한다.

(6) 상습가뭄재해지역 해소를 위한 중장기대책(법 제33조)

① 시장 · 군수 · 구청장은 가뭄 재해가 상습적으로 발생하였거나 발생할 우려가 있는 지구(地區)를 상습가뭄재해지역으로 지정 · 고시하고, 그 결과를 시 · 도지사를 거쳐 행정안전부장관과 관계 중앙행정기관의 장에게 보고하여야 한다. 다만, 특별자치시장은 직접 행정안전부장관과 관계 중앙행정기관의 장에게 보고하여야 한다.

② 시장 · 군수 · 구청장은 상습가뭄재해지역에 대하여 빗물모으기시설 설치 등 가뭄 피해를 줄이기 위한 중장기대책을 수립 · 시행하여야 한다.

③ 관계 중앙행정기관의 장은 시장 · 군수 · 구청장이 수립한 중장기대책에 필요한 사업비의 일부를 지원할 수 있다.

④ 상습가뭄재해지역의 지정 및 해제의 요건, 절차, 관리 요령과 중장기대책의 수립에 관한 세부 사항은 대통령령으로 정한다.

(7) 상습가뭄재해지역의 지정 · 보고 등(시행령 제23조의2)

① 시장 · 군수 · 구청장은 매년 관할 구역을 조사하여 법 제33조제1항에 따른 상습가뭄재해지역을 지정하고, 그 결과를 시 · 도지사를 거쳐 행정안전부장관과 관계 중앙행정기관의 장에게 행정안전부령으로 정하는 바에 따라 보고하여야 한다.

② 상습가뭄재해지역의 지정 요건은 다음과 같다.
  ㉠ 생활용수 부족으로 인하여 급수대책이 필요한 지역
  ㉡ 농업용수 부족으로 인하여 급수대책이 필요한 지역
  ㉢ 그 밖에 행정안전부장관이 공업용수 부족 등으로 급수대책이 필요하다고 인정하여 고시하는 지역

③ 시장 · 군수 · 구청장은 지정한 상습가뭄재해지역에 대하여 행정안전부령으로 정하는 바에 따라 관리카드를 작성하여 갖춰 두고 지역별 담당 공무원을 지정하여 수시로 가뭄 실태를 파악하여야 하며, 가뭄 원인이 없어진 경우에는 지체 없이 지정을 해제하여야 한다.

④ ①부터 ③까지에서 규정한 사항 외에 상습가뭄재해지역의 지정 · 해제 절차 및 세부적인 관리 요령 등에 관하여 필요한 사항은 행정안전부장관이 정하여 고시한다.

(8) 중장기대책의 수립에 관한 세부 사항(시행령 제24조)

① 시장·군수·구청장은 상습가뭄재해지역에 대한 중장기대책(이하 "가뭄해소 중장기대책"이라 한다)을 5년마다 수립해야 하며, 그 대책에는 다음의 사항이 포함되어야 한다.

ㄱ 생활수·먹는물 분야
- 섬 및 농어촌 가뭄지역에 대한 상수도 확충대책
- 지하수 개발, 해수민물화(섬·해안지역 등), 중수도 활용 등 수자원 확보대책
- 물 절약대책
- 가뭄단계별 제한급수대책
- 수질오염사고 예방대책 등

ㄴ 농업·공업 용수 분야
- 항구적인 용수공급원 확충을 위하여 관계 중앙행정기관, 특별시·광역시·특별자치시·도·특별자치도(이하 "시·도"라 한다), 특별지방행정기관이 추진하고 있는 댐·저수지 등의 설치대책
- 기존 수자원시설의 효율적 활용 방안
- 지하수·간이용수원 개발대책
- 인력·장비 지원대책

ㄷ 가뭄해소 중장기대책에 드는 재원 확보 방안 및 투자우선순위

ㄹ 그 밖에 빗물모으기를 활용한 가뭄피해 경감대책

② 시장·군수·구청장은 가뭄해소 중장기대책을 수립하였을 때에는 시·도지사 및 관계 중앙행정기관의 장에게 보고하고, 주민들이 그 내용을 알 수 있도록 해당 시·군·구에서 발행하는 공보나 인터넷 홈페이지 등에 공고하여야 한다.

4 폭 염

(1) 폭염피해 예방 및 경감 조치(법 제33조의2)

① 재난관리책임기관의 장은 다음의 폭염피해 예방 및 경감 조치를 하여야 한다.

ㄱ 폭염피해 예방조직의 정비

ㄴ 지역별 폭염대책 마련

ㄷ 폭염 대비용 자재와 물자의 비축·관리 및 장비의 확보

ㄹ 폭염대책 교육 및 대국민 홍보

ㅁ 그 밖에 폭염피해 예방 및 경감을 위하여 필요한 조치

② 재난관리책임기관의 장은 폭염피해 예방 및 경감 조치를 위하여 필요하면 다른 재난관리책임기관의 장에게 협조를 요청할 수 있다. 이 경우 협조 요청을 받은 재난관리책임기관의 장은 특별한 사유가 없으면 요청에 따라야 한다.

③ 지방자치단체의 장은 ①의 ㉡에 따라 지역별 폭염대책을 마련하는 경우 폭염피해 예방 및 대응체계 구축 등 대통령령으로 정하는 사항을 포함하여야 한다.

(2) 폭염피해 예방을 위한 조사·연구(법 제33조의3)

① 재난관리책임기관의 장은 폭염피해 예방을 위하여 필요한 조사와 연구를 하여야 한다.

② 재난관리책임기관의 장은 폭염피해 예방을 위한 전문적인 조사·연구를 위하여 관계행정기관의 장이나 기상관측 연구기관의 장에게 폭염 현황, 폭염피해 상황, 폭염피해 예방 방안 등 필요한 자료를 요청할 수 있다. 이 경우 요청을 받은 관계행정기관의 장 및 기상관측 연구기관의 장은 특별한 사유가 없으면 요청에 따라야 한다.

(3) 폭염피해 저감시설의 설치·운영 및 지역별 폭염대책의 수립 등(시행령 제24조의2)

① 재난관리책임기관의 장은 법 제33조의2제1항에 따라 폭염피해 예방 및 경감을 위하여 폭염피해 저감시설을 설치·운영할 수 있다.

② 행정안전부장관은 폭염피해 저감시설의 효율적인 관리를 위하여 필요한 경우 재난관리책임기관의 장과 협의하여 관련 지침을 작성·운용할 수 있다.

③ 법 제33조의2제3항에 따른 "폭염피해 예방 및 대응체계 구축 등 대통령령으로 정하는 사항"이란 다음의 사항을 말한다.

㉠ 폭염피해 예방 및 대응에 필요한 사항

㉡ 농어업인, 옥외 작업자 및 폭염 취약계층의 보호에 필요한 사항

㉢ 폭염으로 인한 농작물·가축·양식생물 등의 피해 및 도로 등 기반시설의 피해 저감에 필요한 사항

㉣ 폭염피해 저감시설의 설치 및 운영에 필요한 사항

㉤ 폭염피해 예방 수칙 등을 홍보하기 위하여 필요한 사항

㉥ 그 밖에 지방자치단체의 장이 폭염피해 예방을 위하여 필요하다고 인정하는 사항

5 한 파

(1) 한파피해 예방 및 경감 조치(법 제33조의4)

① 재난관리책임기관의 장은 다음의 한파피해 예방 및 경감 조치를 하여야 한다.

㉠ 한파피해 예방조직의 정비

ⓛ 지역별 한파대책 마련

ⓒ 한파 대비용 자재와 물자의 비축·관리 및 장비의 확보

ⓔ 한파대책 교육 및 대국민 홍보

ⓜ 그 밖에 한파피해 예방 및 경감을 위하여 필요한 조치

② 재난관리책임기관의 장은 한파피해 예방 및 경감 조치를 위하여 필요하면 다른 재난관리책임기관의 장에게 협조를 요청할 수 있다. 이 경우 협조 요청을 받은 재난관리책임기관의 장은 특별한 사유가 없으면 요청에 따라야 한다.

③ 지방자치단체의 장은 ①의 ⓛ에 따라 지역별 한파대책을 마련하는 경우 한파피해 예방 및 대응체계 구축 등 대통령령으로 정하는 사항을 포함하여야 한다.

(2) 한파피해 예방을 위한 조사·연구(법 제33조의5)

① 재난관리책임기관의 장은 한파피해 예방을 위하여 필요한 조사와 연구를 하여야 한다.

② 재난관리책임기관의 장은 한파피해 예방을 위한 전문적인 조사·연구를 위하여 관계행정기관의 장이나 기상관측 연구기관의 장에게 한파 현황, 한파피해 상황, 한파피해 예방 방안 등 필요한 자료를 요청할 수 있다. 이 경우 요청을 받은 관계행정기관의 장 및 기상관측 연구기관의 장은 특별한 사유가 없으면 요청에 따라야 한다.

(3) 한파피해 저감시설의 설치·운영 및 지역별 한파대책의 수립 등(시행령 제24조의3)

① 재난관리책임기관의 장은 법 제33조의4제1항에 따라 한파피해 예방 및 경감을 위하여 한파피해 저감시설을 설치·운영할 수 있다.

② 행정안전부장관은 한파피해 저감시설의 효율적인 관리를 위하여 필요한 경우 재난관리책임기관의 장과 협의하여 관련 지침을 작성·운용할 수 있다.

③ 법 제33조의4제3항에 따른 "한파피해 예방 및 대응체계 구축 등 대통령령으로 정하는 사항"이란 다음의 사항을 말한다.

ⓐ 한파피해 예방 및 대응에 필요한 사항

ⓛ 농어업인, 옥외 작업자 및 한파 취약계층의 보호에 필요한 사항

ⓒ 한파로 인한 농작물·가축·양식생물 등의 피해 및 도로 등 기반시설의 피해 저감에 필요한 사항

ⓔ 한파피해 저감시설의 설치 및 운영에 필요한 사항

ⓜ 한파피해 예방 수칙 등을 홍보하기 위하여 필요한 사항

ⓗ 그 밖에 지방자치단체의 장이 한파피해 예방을 위하여 필요하다고 인정하는 사항

1 재해정보체계의 구축 · 운영 등

(1) 재해정보체계의 구축(법 제34조)

① 재난관리책임기관의 장은 자연재해의 예방·대비·대응·복구 등에 필요한 재해정보의 관리 및 이용 체계(이하 "재해정보체계"라 한다)를 구축·운영하여야 한다.

② 재난관리책임기관의 장은 재해정보체계 구축에 필요한 자료를 관계 재난관리책임기관의 장에게 요청할 수 있다. 이 경우 요청을 받은 관계 재난관리책임기관의 장은 특별한 사유가 없으면 요청에 따라야 한다.

③ 행정안전부장관은 재난관리책임기관의 장이 ①에 따라 구축한 재해정보체계의 연계·공유 및 유통 등을 위한 종합적인 재해정보체계를 구축·운영하여야 한다.

④ 종합적인 재해정보체계는 재난관리책임기관이 자연재해의 발생·복구 현황 정보를 실시간으로 입력할 수 있도록 하여야 한다.

⑤ 재난관리책임기관의 장은 자연재해가 발생하거나 자연재해를 복구하면 그 현황을 실시간으로 종합적인 재해정보체계에 입력하여야 한다.

⑥ 재난관리책임기관의 장이나 행정안전부장관은 ①과 ③에 따라 재해정보체계를 구축·운영할 때에는 해당 사업을 민간 부분에 맡길 수 없는 경우 또는 행정기관이 직접 개발하거나 운영하는 것이 경제성, 효과성 또는 보안성 측면에서 현저하게 우수하다고 판단되는 경우를 제외하고는 민간 부문에 그 개발 및 운영을 의뢰하여야 한다.

⑦ 재해정보체계의 구축 범위, 운영 절차 및 활용계획 등 세부 사항은 대통령령으로 정한다.

(2) 재해정보체계의 구축 · 운영(시행령 제25조)

① 재난관리책임기관의 장은 법 제34조제1항에 따른 재해정보의 관리 및 이용 체계(이하 "재해정보체계"라 한다)를 다음의 기준에 맞도록 구축·운영하여야 한다.

　㉠ 재난관리책임기관 간 재해정보체계를 공동으로 활용할 수 있도록 할 것

　㉡ 재해정보체계에서 생산되는 데이터베이스를 행정안전부장관이 법 제34조제3항에 따라 구축하는 종합적인 재해정보체계(이하 "종합재해정보체계"라 한다)와 공동으로 활용할 수 있도록 할 것

② 행정안전부장관은 종합재해정보체계를 다음의 기준에 맞도록 구축·운영하여야 한다.

　㉠ 재해정보의 생산자·관리자 및 사용자를 통신망으로 서로 연결하는 재해정보유통망 설치가 가능하도록 할 것

　㉡ 재난관리책임기관 간 재난에 대한 공동 대응이 가능하도록 재해정보 데이터베이스 및 전달 체계를 구축·관리할 것

③ 행정안전부장관은 다음의 시스템이 포함되도록 종합재해정보체계를 구축하여야 한다.
　㉠ 풍수해로 인한 피해의 예측·관리 등을 위하여 필요한 시스템
　㉡ 재해구호법에 따른 이재민의 보호와 생활 안전 등의 관리를 위하여 필요한 시스템
　㉢ 풍수해보험법에 따른 풍수해보험사업의 적정한 운영을 위한 통계관리에 필요한 시스템
　㉣ 자연재해 발생 시 긴급한 상황에서 인명 보호, 방역, 의료 제공, 재해쓰레기 처리, 공공시설
　　물 관리 등 행정서비스를 연속적으로 제공하기 위하여 필요한 재난대응 시스템
　㉤ 지진재해 발생 시 신속한 초기 대응에 필요한 시스템
　㉥ 기본법 제20조, 제61조, 제66조에 따른 수습 상황 보고, 지원, 국고보조 등을 신속·정확하고
　　효율적으로 처리하기 위한 복구계획 수립, 복구 진도 관리 등에 필요한 시스템
　㉦ 그 밖에 자연재해의 효율적인 관리를 위하여 행정안전부장관이 필요하다고 인정하는 시
　　스템
④ 행정안전부장관은 종합재해정보체계 구축·운영에 필요한 자료를 주기적으로 수집할 수 있
　고, 재난관리책임기관의 장에게 종합재해정보체계의 구축·운영에 필요한 자료를 요청할
　수 있다. 이 경우 재난관리책임기관의 장은 특별한 사유가 없으면 요청에 따라야 한다.
⑤ ①부터 ④까지에서 규정한 사항 외에 재해정보체계 및 종합재해정보체계의 구축·운영 등에
　필요한 세부 사항은 행정안전부령으로 정한다.

> **더 알아두기** 풍수해피해예측시스템의 구축·운영 등(시행규칙 제7조)
>
> 1. 행정안전부장관은 다음의 단계별로 풍수해로 인한 피해의 예측·관리 등을 위하여 필요한
>   시스템(이하 "풍수해피해예측시스템"이라 한다)을 구축·운영하여야 한다.
>   ① 예방단계 : 풍수해를 사전에 예측하여 위험 분야에 대한 예방정책을 수립·추진하는 단계
>   ② 대응단계 : 위험지역 주민을 사전에 대피시키고, 인력·물자·장비를 적재적소에 배치하는
>   등 피해를 최소화하기 위한 조치단계
>   ③ 복구단계 : 개선·복구 대상 사업을 선정하는 등 예산 투자의 효율성을 높이고, 피해
>   재발을 방지할 수 있도록 복구계획을 수립하는 단계
> 2. 재난 및 안전관리 기본법(이하 "기본법"이라 한다) 제3조제5호에 따른 재난관리책임기관(이하
>   "재난관리책임기관"이라 한다)의 장은 풍수해가 발생하거나 발생할 우려가 있는 경우에는
>   1.의 ①~③에 따른 단계별로 풍수해피해예측시스템을 활용하여 피해 예상시설의 대응체계를
>   신속하게 구축·운영하여야 한다.

(3) 재해정보체계의 활용 등(시행령 제25조의2)

① 행정안전부장관은 재해정보체계 및 종합재해정보체계의 효율적인 활용을 위하여 재해정보체
　계 표준을 개발하여 보급하여야 한다.
② 재난관리책임기관의 장은 재해정보체계와 종합재해정보체계를 적극 활용하여야 하고, 이에
　대한 소속 직원의 활용 능력을 높이기 위하여 매년 교육·훈련계획을 마련하여 그에 따른

교육을 하여야 한다.

③ 행정안전부장관은 종합재해정보체계의 효율적인 구축·운영 및 활용을 위하여 필요한 경우 재난관리책임기관의 재난관리 담당 공무원에 대하여 교육·훈련을 실시할 수 있다.

④ ①부터 ③까지에서 규정한 사항 외에 재해정보체계 및 종합재해정보체계의 활용 촉진 등을 위하여 필요한 사항은 행정안전부령으로 정한다.

(4) 중앙긴급지원체계의 구축(법 제35조)

① 중앙행정기관의 장은 자연재해가 발생하거나 발생할 우려가 있는 경우에는 신속한 국가 지원을 위하여 다음의 사항 중 소관 사무에 해당하는 사항에 대하여 긴급지원계획을 수립하여야 한다.

㉠ 과학기술정보통신부 : 재해발생지역의 통신 소통 원활화 등에 관한 사항

㉡ 국방부 : 인력 및 장비의 지원 등에 관한 사항

㉢ 행정안전부 : 이재민의 수용, 구호, 긴급 재정 지원, 정보의 수집, 분석, 전파 등에 관한 사항

㉣ 문화체육관광부 : 재해 수습을 위한 홍보 등에 관한 사항

㉤ 농림축산식품부 : 농축산물 방역 등의 지원 등에 관한 사항

㉥ 산업통상자원부 : 긴급에너지 수급 지원 등에 관한 사항

㉦ 보건복지부 : 재해발생지역의 의료서비스 및 위생 등에 관한 사항

㉧ 환경부 : 긴급 용수 지원, 허가물질, 제한물질, 금지물질, 유해화학물질의 처리 지원, 재해발생지역의 쓰레기 수거·처리 지원 등에 관한 사항(2025.8.7. 시행)

㉨ 국토교통부 : 비상교통수단 지원 등에 관한 사항

㉩ 해양수산부 : 해운물류 지원 등에 관한 사항

㉪ 조달청 : 복구자재 지원 등에 관한 사항

㉫ 경찰청 : 재해발생지역의 사회질서 유지 및 교통 관리 등에 관한 사항

㉬ 질병관리청 : 감염병 예방 및 방역 지원 등에 관한 사항

㉭ 해양경찰청 : 해상에서의 각종 지원 및 수난(水難) 구호 등에 관한 사항

㉮ 그 밖에 대통령령으로 정하는 부처별 긴급지원에 관한 사항

② ①의 각 중앙행정기관의 장은 해당 지원이 필요한 자연재해 발생에 대비하여 관계 행정기관 및 유관기관과 유기적인 협조 체계를 구축하여야 하며, 재해가 발생하였을 때에는 기본법 제14조에 따른 중앙재난안전대책본부의 본부장(이하 "중앙대책본부장"이라 한다)과 협의하여 소관 분야별 긴급지원계획에 따라 대응조치를 하여야 한다.

③ 중앙행정기관의 장은 긴급지원계획을 수립하였을 때에는 중앙대책본부장에게 제출하여야 한다.

중앙합동지원단의 구성(시행령 제26조)

1. 기본법 제14조제2항에 따른 중앙재난안전대책본부의 본부장(이하 "중앙대책본부장"이라 한다)은 관계 중앙행정기관과 합동으로 지원단(이하 "중앙합동지원단"이라 한다)을 구성하는 경우에는 재난의 유형에 따라 중앙합동지원단의 단장(이하 "지원단장"이라 한다)을 지명하여야 한다.
2. 1.에서 규정한 사항 외에 중앙합동지원단의 구성에 필요한 소속 직원, 관계 부처 파견 직원, 민간전문가 등에 관한 사항은 중앙대책본부장이 정한다.

중앙합동지원단의 운영(시행령 제27조)

1. 중앙합동지원단은 자연재해가 발생한 지역에서 다음의 업무를 수행한다.
   ① 자연재해 발생지역의 재난수습 지원
   ② 자연재해 발생 원인의 조사 · 분석 지원
   ③ 재난 수습을 위하여 관계 중앙행정기관에서 행정적 · 재정적으로 지원할 사항을 중앙대책본부장에게 보고
   ④ 그 밖에 재난 수습 상황 등의 파악
2. 지원단장은 1.의 각 업무를 총괄하고 중앙합동지원단의 구성원을 지휘 · 감독한다.
3. 1.의 ③ 및 ④에 따른 보고 및 파악에 필요한 사항은 행정안전부령으로 정한다.
4. 자연재해가 발생한 지역을 관할하는 기본법 제16조제2항에 따른 시 · 도재난안전대책본부의 본부장(이하 "시 · 도 본부장"이라 한다) 또는 시 · 군 · 구재난안전대책본부의 본부장(이하 "시 · 군 · 구 본부장"이라 한다)은 중앙합동지원단이 1.에 따른 업무를 수행하는 데에 필요한 지원을 하여야 한다.
5. 1.부터 4.까지에서 규정한 사항 외에 중앙합동지원단의 운영에 필요한 사항은 중앙대책본부장이 정한다.

④ 중앙대책본부장은 각 중앙행정기관의 장이 수립한 긴급지원계획의 내용 중 보완이 필요하다고 판단되는 사항에 대하여는 그 계획의 보완을 요청할 수 있다. 이 경우 보완 요청을 받은 관계 중앙행정기관의 장은 특별한 사유가 없으면 요청에 따라야 한다.

⑤ 중앙대책본부장은 긴급지원이 필요한 자연재해가 발생하거나 발생할 우려가 있는 경우에는 대통령령으로 정하는 바에 따라 관계 중앙행정기관과 합동으로 지원단을 구성하여 현장에 파견할 수 있다.

⑥ 중앙대책본부장은 중앙긴급지원체계를 효율적으로 구축 · 운영하기 위하여 긴급지원체계수립지침 작성 · 배포, 긴급지원계획에 따른 관계 중앙행정기관의 대응조치 점검, 긴급지원계획 평가 · 포상 등 필요한 조치를 할 수 있다.

⑦ ①부터 ⑥까지에서 규정한 사항 외에 중앙행정기관별 재해 대비 긴급지원체계 구축을 위하여 필요한 사항은 대통령령으로 정한다.

(5) 지역긴급지원체계의 구축(법 제36조)

지방자치단체의 장과 시·도 및 시·군·구의 전부 또는 일부를 관할구역으로 하는 재난관리책임 기관의 장은 자연재해가 발생하거나 발생할 우려가 있으면 업무별 지원 기능에 따라 신속한 지원 체제를 가동하기 위하여 대통령령으로 정하는 바에 따라 소관 사무에 대하여 긴급지원계획을 수립하여야 한다.

> **더 알아두기** 재해대비 지역긴급지원체계의 구축(시행령 제28조)
>
> 1. 지방자치단체의 장과 시·도 및 시·군·구의 전부 또는 일부를 관할하는 재난관리책임기관의 장은 다음의 사항 중 소관 사무에 대하여 긴급지원계획을 수립하여야 한다.
>   ① 정보의 수집·분석·전파
>   ② 인명구조
>   ③ 이재민 수용·구호
>   ④ 재해지역 통신소통의 원활화
>   ⑤ 의료서비스, 감염병 예방·방역 및 위생점검
>   ⑥ 시설 응급복구(장비·인력 및 자재의 동원을 포함한다)
>   ⑦ 재해지역 사회질서 유지 및 교통관리
>   ⑧ 유해화학물질 처리, 쓰레기 수거·처리
>   ⑨ 긴급에너지 수급(需給)
>   ⑩ 단기 지역안정(복구비·위로금 지급)
>   ⑪ 재해 수습 홍보
> 2. 1.에서 규정한 사항 외에 지역긴급지원체계의 구축에 필요한 사항은 지방자치단체의 장이 해당 지역을 관할하는 재난관리책임기관의 장과 협의하여 정한다.

(6) 각종 시설물 등의 비상대처계획 수립(법 제37조)

① 태풍, 지진, 해일 등 자연현상으로 인하여 대규모 인명 또는 재산의 피해가 우려되는 다중이용 시설 또는 해안지역 등에 대하여 시설물 또는 지역의 관리주체는 피해 경감을 위한 비상대처계 획을 수립하여야 한다.

② ①에 따라 비상대처계획을 수립하여야 하는 시설물 또는 지역의 종류 및 규모 등은 다음의 시설물 또는 지역 중에서 대통령령으로 정한다. 다만, 다른 법령에 따라 비상대처계획의 수립 에 관하여 특별한 규정이 있는 경우에는 그 법령에 따라 수립할 수 있다.
  ㉠ 내진설계 대상 시설물
  ㉡ 해일, 하천 범람, 호우, 태풍 등으로 피해가 우려되는 시설물
  ㉢ 자연재해위험개선지구 중 비상대처계획의 수립이 필요하다고 지방자치단체의 장이 인정하 는 지역 등

③ 행정안전부장관은 ①에 따른 비상대처계획 수립을 효율적으로 지원하기 위하여 비상대처계 획수립지침을 작성하여 배포할 수 있다.

④ 비상대처계획 수립 절차 및 비상대처계획에 포함되어야 할 사항과 그 밖에 비상대처계획 수립을 위하여 필요한 사항은 대통령령으로 정한다.

> **더 알아두기 비상대처계획에 포함되어야 할 사항(시행령 제31조)**
>
> 해일, 하천 범람, 호우, 태풍 등으로 피해가 우려되는 시설물 또는 지역을 관리하는 중앙행정기관, 지방자치단체, 관계 재난관리책임기관의 장이 수립하는 비상대처계획에 포함되어야 할 사항은 다음의 사항 중 재난의 유형과 중앙행정기관, 지방자치단체, 재난관리책임기관의 기능을 고려하여 행정안전부장관이 정한다.
> 1. 주민, 유관기관 등에 대한 비상연락체계
> 2. 비상시 응급행동 요령
> 3. 비상상황 해석 및 홍수의 전파 양상
> 4. 해일 피해 예상지도
> 5. 경보체계
> 6. 비상대피계획
> 7. 이재민 수용계획
> 8. 유관기관 및 단체의 공동 대응체계
> 9. 그 밖에 위험지역의 교통통제 등 비상대처를 위하여 필요한 사항

⑤ ①에 따른 시설물 또는 지역의 관리주체는 비상대처계획을 수립할 때에는 관할 지방자치단체의 장과 사전에 협의하여야 한다. 이 경우 해당 지방자치단체의 장은 비상대처계획의 보완을 요구할 수 있고 요구를 받은 시설물 또는 지역의 관리주체는 특별한 사유가 없으면 요구에 따라야 한다.

⑥ 지방자치단체의 장은 필요하면 ①과 ②에 따른 비상대처계획의 수립 실태를 점검할 수 있다.

2 방재관리대책대행자 등

(1) 방재관리대책 업무의 대행(법 제38조)

① 다음의 업무(이하 "방재관리대책 업무"라 한다)를 수행하는 자는 기초·타당성 조사, 분석, 기본·실시 설계 등 전문성이 요구되는 사항에 대하여 방재관리대책대행자(이하 "대행자"라 한다)로 하여금 대행하게 할 수 있다.

㉠ 제4조제3항에 따른 서류의 작성(2024.7.31. 시행)

㉡ 제13조, 제14조 및 제14조의2에 따른 정비계획, 사업계획 및 실시계획의 수립

㉢ 제15조의2에 따른 정비사업의 분석·평가

㉣ 제16조에 따른 자연재해저감 종합계획의 수립

㉤ 제19조에 따른 우수유출저감대책의 수립

ⓗ 제19조의2 및 제19조의3에 따른 우수유출저감시설 사업계획 및 우수유출저감시설 사업
실시계획의 수립

ⓢ 제21조제2항에 따른 침수흔적도 작성

ⓞ 제37조에 따른 비상대처계획의 수립

ⓩ 제57조에 따른 재해복구사업의 분석·평가

ⓒ 그 밖에 대통령령으로 정하는 방재관리대책에 관한 업무

> **더 알아두기** 대행자의 등록요건 등(시행령 제32조의2)
>
> 법 제38조제1항에 따른 방재관리대책 업무를 대행하려는 자는 같은 조 제2항에 따라 기술인력의
> 확보 수준을 고려하여 다음 및 제2항의 업무 전부 또는 일부를 행정안전부장관에게 등록할
> 수 있다. 다만, 제6호의 비상대처계획 수립 업무는 지진 부문과 풍수해 부문으로 세분하여 등록해
> 야 한다.
> 1. 재해영향평가 등의 협의 업무
> 2. 자연재해위험개선지구 정비계획, 정비사업계획 및 정비사업 실시계획 수립 업무
> 3. 자연재해위험개선지구 정비사업의 분석·평가 업무
> 4. 자연재해저감 종합계획 수립 업무
> 5. 우수유출저감대책 수립 업무
> 6. 우수유출저감시설 사업 계획 및 우수유출저감시설 사업 실시계획 수립 업무
> 7. 침수흔적도 작성 업무
> 8. 재해복구사업의 분석·평가 업무
> 9. 비상대처계획 수립 업무

> **더 알아두기** 대행자의 선정 방법 등(시행령 제32조의4)
>
> 1. 법 제38조제1항 각 호에 따른 방재관리대책 업무를 수행하는 자는 같은 조 제3항에 따라
> 대행자를 선정하려는 경우에는 별표 3의2에 따른 사업수행능력 평가기준에 따라 평가하여
> 대행자를 선정해야 한다.
> 2. 법 제38조제1항제1호에 따른 재해영향평가 등의 협의를 위한 대행계약을 체결하는 경우에는
> 해당 재해영향평가 등의 협의의 대상이 되는 계획이나 개발사업의 수립·시행과 관련되는
> 계약과 분리하여 체결해야 한다.

② 방재관리대책 업무를 대행하려는 자는 기술인력 등 대통령령으로 정하는 요건을 갖추고 행정
안전부령으로 정하는 바에 따라 행정안전부장관에게 등록하여야 한다. 등록 사항 중 대통령령
으로 정하는 중요 사항을 변경할 때에도 또한 같다.

③ 방재관리대책 업무를 수행하는 자는 대행자와 제4조제3항에 따른 서류의 작성에 관한 대행계
약을 체결하는 경우 해당 재해영향평가 등의 협의 대상이 되는 개발계획 등의 수립·시행과
관련되는 계약과 분리하여 체결하여야 한다(2024.7.31. 시행).

④ 대행자의 선정 절차·방법 등에 필요한 사항은 대통령령으로 정한다(2024.7.31. 시행).

(2) 방재관리대책 업무 대행 비용의 산정기준 등(법 제38조의2)

① 행정안전부장관은 방재관리대책 업무의 대행에 필요한 비용 등의 산정기준을 정하여 고시하여야 한다.

② 제38조제1항에 따라 방재관리대책 업무를 대행하게 하는 자는 대행 비용 등을 산정할 때에 ①에 따른 산정기준을 반영하여야 한다.

(3) 대행자 등록의 결격사유(법 제39조)

다음의 어느 하나에 해당하는 자는 대행자로 등록할 수 없다.

① 피성년후견인 또는 피한정후견인

② 이 법을 위반하여 징역 이상의 실형을 선고받고 그 형의 집행이 끝나거나 집행을 받지 아니하기로 확정된 후 2년이 지나지 아니한 사람

③ 임원 중 ①, ②의 어느 하나에 해당하는 사람이 있는 법인

(4) 대행자의 준수사항(법 제40조)

① 대행자는 방재관리대책 업무를 대행할 때에는 다음의 사항을 준수하여야 한다.

㉠ 다른 방재관리대책 업무의 대행 내용을 복제하지 아니할 것

㉡ 방재관리대책 업무의 내용을 행정안전부령으로 정하는 바에 따라 보존할 것

> **더 알아두기** 방재관리대책 업무 내용의 보존(시행규칙 제10조의2)
>
> 대행자는 방재관리대책 업무를 대행할 때에는 다음의 사항에 관한 자료를 보존하여야 한다.
> 1. 사업명, 사업기간 등을 포함하는 대행 업무의 개요
> 2. 대행 업무에 투입된 기술인력 현황
> 3. 그 밖에 행정안전부장관이 보존이 필요하다고 인정하여 고시하는 사항

㉢ 방재관리대책 업무 수행의 기초가 되는 자료를 거짓으로 작성하지 아니할 것

② 대행자는 등록증이나 명의를 다른 사람에게 빌려 주거나 도급받은 방재관리대책 업무의 전부를 하도급하지 아니하여야 한다.

(5) 업무의 휴업 또는 폐업(법 제41조)

① 대행자는 업무의 전부 또는 일부를 휴업 또는 폐업하거나 휴업한 사업을 재개하려는 경우에는 행정안전부령으로 정하는 바에 따라 행정안전부장관에게 신고하여야 한다.

② 행정안전부장관은 ①에 따른 휴업한 사업의 재개 신고를 받은 날부터 10일 이내에 신고수리 여부를 신고인에게 통지하여야 한다.

③ 행정안전부장관이 ②에서 정한 기간 내에 신고수리 여부 또는 민원 처리 관련 법령에 따른 처리기간의 연장을 신고인에게 통지하지 아니하면 그 기간(민원 처리 관련 법령에 따라 처리기간이 연장 또는 재연장된 경우에는 해당 처리기간을 말한다)이 끝난 날의 다음 날에 신고를 수리한 것으로 본다.

> **더 알아두기 | 업무의 휴업 또는 폐업 신고 등(시행규칙 제11조)**
>
> 1. 대행자는 법 제41조에 따라 업무의 전부 또는 일부를 휴업 또는 폐업하거나 휴업한 사업을 재개하려는 경우에는 별지 제7호서식의 방재관리대책대행자 업무 휴업·폐업·재개 신고서를 수탁기관의 장에게 제출해야 한다.
> 2. 수탁기관의 장은 제1항에 따른 신고를 받았을 때에는 이를 공고해야 한다.

(6) 대행자 실태 점검(법 제41조의2)

① 행정안전부장관은 대행자 등록 기준 적합 여부, 준수사항 준수 여부 등 대행자의 대행업무 운영 실태를 확인·점검할 수 있다.
② 행정안전부장관은 대행자 및 방재관리대책 업무를 대행하게 하는 자에게 ①에 따른 실태 점검에 필요한 자료의 제출을 요청할 수 있다. 이 경우 자료의 제출을 요청받은 자는 특별한 사유가 없으면 요청에 따라야 한다.
③ 실태 점검의 방법 및 대상 등 필요한 사항은 대통령령으로 정한다.

> **더 알아두기 | 대행자 실태 점검 등(시행령 제32조의5)**
>
> 1. 대행자의 대행업무 운영 실태의 확인·점검 사항
>   ① 대행자 및 대행자가 보유한 기술인력 현황
>   ② 대행자의 수주 및 매출 실적
>   ③ 대행자가 보유한 기술인력의 자격·경력 등에 관한 사항
>   ④ 법 제39조에 따른 대행자 등록의 결격사유 발생 여부
>   ⑤ 법 제40조에 따른 대행자 준수사항의 준수 여부
>   ⑥ 법 제41조에 따른 대행자 업무의 휴업 또는 폐업 신고사항
>   ⑦ 법 제42조제1항에 따른 대행자의 등록취소, 업무의 전부 또는 일부의 정지에 관한 사항
> 2. 행정안전부장관은 확인·점검을 하는 경우에는 다음의 사항을 확인·점검 14일 전까지 대행자에게 서면(전자문서를 포함한다)으로 통보하여야 한다.
>   ① 점검날짜 및 시간
>   ② 점검취지
>   ③ 점검내용
>   ④ 그 밖에 실태 점검에 필요한 사항
> 3. ① 및 ②에서 규정한 사항 외에 확인·점검에 필요한 세부적인 사항은 행정안전부장관이 정한다.

(7) 대행자의 등록취소 등(법 제42조)

① 행정안전부장관은 대행자가 다음의 어느 하나에 해당하면 그 등록을 취소하거나 6개월 이내의 기간을 정하여 업무의 전부 또는 일부의 정지를 명할 수 있다. 다만, ㉠부터 ㉣까지의 어느 하나에 해당하는 경우에는 그 등록을 취소하여야 한다.

㉠ 제39조 각 호의 어느 하나에 해당하는 경우. 다만, 법인의 임원 중에 제39조제1호 또는 제3호의 결격사유에 해당하는 사람이 있는 경우 6개월 이내에 그 임원을 바꾸어 임명하는 경우는 제외한다.

㉡ 거짓이나 그 밖의 부정한 방법으로 등록한 경우

㉢ 최근 1년 이내에 2회의 업무정지처분을 받고 다시 업무정지처분 사유에 해당하는 행위를 한 경우

㉣ 대행자가 부가가치세법 제8조제8항 전단에 따라 관할 세무서장에게 폐업신고를 하였거나, 관할 세무서장이 같은 조 제9항에 따라 대행자의 사업자등록을 말소한 경우

㉤ 다른 사람에게 등록증이나 명의를 빌려 주거나 도급받은 방재관리대책 업무의 전부를 하도급한 경우

㉥ 제38조제2항에 따른 등록 요건을 갖추지 못하게 된 경우

㉦ 제41조를 위반하여 휴업한 사업을 신고하지 아니하고 재개한 경우

㉧ 방재관리대책 등을 거짓으로 작성하거나 고의 또는 중대한 과실로 방재관리대책 등을 부실하게 작성한 경우

㉨ 등록 후 2년 이내에 방재관리대책 대행업무를 시작하지 아니하거나 계속하여 2년 이상 방재관리대책 업무 대행실적이 없는 경우

㉩ 그 밖에 이 법 또는 이 법에 따른 명령을 위반한 경우

② 행정처분의 기준과 그 밖에 필요한 사항은 행정안전부령으로 정한다.

> **더 알아두기** **등록취소 등의 공고(시행규칙 제13조)**
>
> 행정안전부장관은 법 제42조에 따라 대행자의 등록을 취소하거나 업무정지처분을 한 경우에는 이를 공고하고 해당 대행자에게 통지하여야 한다.

(8) 청문(법 제43조)

행정안전부장관은 제42조제1항(같은 항 제4호는 제외한다)에 따라 등록을 취소하려면 청문을 하여야 한다.

(9) 등록취소 또는 업무정지된 대행자의 업무 계속(법 제44조)

① 등록취소처분 또는 업무정지처분을 받은 자는 그 처분 이전에 체결한 방재관리대책 대행계약의 대행업무만을 계속할 수 있다.

② 방재관리대책 대행업무를 계속하는 자는 그 대행업무를 끝낼 때까지 이 법에 따른 대행자로 본다.

(10) 방재관리대책 정보체계의 구축(법 제44조의2)

① 행정안전부장관은 방재관리대책 업무에 관한 자료 및 정보를 관리하고 이를 효율적으로 이용할 수 있도록 다음의 정보를 포함한 방재관리대책 정보체계(이하 "정보체계"라 한다)를 구축·운영할 수 있다.

   ㉠ 대행자의 현황에 관한 사항

   ㉡ 대행자의 수주 실적 및 입찰 실적에 관한 사항

   ㉢ 대행자가 보유한 기술인력의 현황에 관한 사항

   ㉣ 그 밖에 대통령령으로 정하는 대행자에 관한 정보

> **더 알아두기** 방재관리대책 정보체계의 구축(시행령 제32조의6)
>
> 1. 법 제44조의2제1항제4호에서 "대통령령으로 정하는 대행자에 관한 정보"란 다음의 정보를 말한다.
>   ① 법 제38조제2항 전단에 따라 등록한 대행자의 기술자격, 학력 및 경력 등에 관한 정보
>   ② 법 제38조제2항 후단에 따른 대행자 등록 사항의 변경에 관한 정보
>   ③ 법 제41조에 따른 대행자의 휴업 또는 폐업에 관한 정보
>   ④ 법 제41조의2에 따른 확인·점검 결과에 관한 정보
>   ⑤ 법 제42조에 따른 대행자 등록취소 등에 관한 정보
> 2. 행정안전부장관은 법 제44조의2제1항에 따른 방재관리대책 정보체계(이하 "정보체계"라 한다)의 효율적인 구축과 활용을 촉진하기 위하여 다음의 업무를 수행할 수 있다.
>   ① 정보체계의 구성·운영에 관한 연구개발 및 기술지원
>   ② 정보체계 구축을 위한 공동 사업의 시행
>   ③ 정보체계의 표준화 및 고도화
>   ④ 정보체계를 이용한 정보의 공동 활용 촉진
>   ⑤ 그 밖에 정보체계의 구축·활용의 촉진 등에 필요한 사항

② 행정안전부장관은 중앙행정기관의 장, 지방자치단체의 장 또는 관계 기관·단체의 장에게 정보체계의 구축·운영을 위하여 필요한 자료 또는 정보(전자적 방식으로 구축된 자료 또는 정보를 포함한다. 이하 같다)의 제출을 요청할 수 있다. 이 경우 자료 또는 정보의 제출을 요청받은 기관 또는 단체의 장은 특별한 사유가 없으면 요청에 따라야 한다.

③ 행정안전부장관은 정보체계의 구축·운영을 위하여 필요한 경우에는 대통령령으로 정하는 바에 따라 이용자에게 경비 또는 수수료를 부담하게 할 수 있다.

④ 행정안전부장관은 정보체계를 구축·운영하는 경우에는 지능정보화 기본법 제6조 및 제7조에 따른 지능정보사회 종합계획 및 지능정보사회 실행계획과 연계되도록 하여야 한다.

⑤ ①부터 ④까지에서 규정한 사항 외에 정보체계의 구축·운영에 필요한 사항은 대통령령으로 정한다.

(11) 재해 유형별 행동 요령의 작성·활용(법 제45조)

① 재난관리책임기관의 장은 자연재해가 발생하는 경우에 대비하여 기관 및 지역 여건에 적합한 재해 유형별 상황 수습 및 대처를 위한 행동 요령을 작성·활용하여야 한다.

② 행정안전부장관은 재난관리책임기관의 장이 작성한 재해 유형별 행동 요령을 평가할 수 있다.

③ 재해 유형별 행동 요령에 포함할 내용은 대통령령으로 정한다.

(12) 재해 유형별 행동 요령에 포함되어야 할 사항(시행령 제33조)

① 재난관리책임기관의 장은 법 제45조에 따라 재해 유형별 행동 요령을 작성하는 경우에는 다음의 구분에 따라 작성한다.

㉠ 단계별 행동 요령 : 재난의 예방·대비·대응·복구단계별 행동 요령

더 알아두기 재해 유형별 행동 요령에 포함되어야 할 세부 사항(시행규칙 제14조제1항)

1. 예방단계
   ① 자연재해위험개선지구·재난취약시설 등의 점검·정비 및 관리에 관한 사항
   ② 방재물자·동원장비의 확보·지정 및 관리에 관한 사항
   ③ 유관기관 및 민간단체와의 협조·지원에 관한 사항
   ④ 그 밖에 행정안전부장관이 필요하다고 인정하는 사항
2. 대비단계
   ① 재해가 예상되거나 발생한 경우 비상근무계획에 관한 사항
   ② 피해 발생이 우려되는 시설의 점검·관리에 관한 사항
   ③ 유관기관 및 방송사에 대한 상황 전파 및 방송 요청에 관한 사항
   ④ 그 밖에 행정안전부장관이 필요하다고 인정하는 사항
3. 대응단계
   ① 재난정보의 수집 및 전달체계에 관한 사항
   ② 통신·전력·가스·수도 등 국민생활에 필수적인 시설의 응급복구에 관한 사항
   ③ 부상자 치료대책에 관한 사항
   ④ 그 밖에 행정안전부장관이 필요하다고 인정하는 사항
4. 복구단계
   ① 방역 등 보건위생 및 쓰레기 처리에 관한 사항

---

② 이재민 수용시설의 운영 등에 관한 사항

③ 복구를 위한 민간단체 및 지역 군부대의 인력·장비의 동원에 관한 사항

④ 그 밖에 행정안전부장관이 필요하다고 인정하는 사항

ⓛ 업무 유형별 행동 요령 : 재난취약시설 점검, 시설물 응급복구 등의 행동 요령

> **더 알아두기** 업무 유형별 행동 요령에 포함되어야 할 세부 사항(시행규칙 제14조제2항)
>
> 1. 대규모 건설공사장 및 농림·축산 시설의 점검·관리에 관한 사항
> 2. 유관기관 및 민간단체와의 협조체제 구축에 관한 사항
> 3. 응급진료·구호 및 이재민 보호대책에 관한 사항
> 4. 재난 상황 및 국민 행동 요령 홍보대책에 관한 사항
> 5. 그 밖에 행정안전부장관이 필요하다고 인정하는 사항

ⓒ 담당자별 행동 요령 : 비상근무 실무반의 행동 요령 등

> **더 알아두기** 담당자별 행동 요령에 포함되어야 할 세부 사항(시행규칙 제14조제3항)
>
> 1. 비상근무 실무반별 재난의 대비·대응·복구 등 업무 수행에 관한 사항
> 2. 1.에 따른 업무의 조정에 관한 사항
> 3. 그 밖에 행정안전부장관이 필요하다고 인정하는 사항

ⓔ 주민 행동 요령 : 도시·농어촌·산간지역 주민 등의 행동 요령

> **더 알아두기** 주민 행동 요령에 포함되어야 할 세부 사항(시행규칙 제14조제4항)
>
> 1. 도시지역 주민의 실내·실외 전기수리 금지 및 낙하위험 시설물 제거에 관한 사항
> 2. 농어촌지역 주민의 농작물 보호조치 및 선박 안전조치에 관한 사항
> 3. 산간지역 주민의 산사태 위험지구 접근 금지 및 산간계곡으로부터의 대피에 관한 사항
> 4. 그 밖에 행정안전부장관이 필요하다고 인정하는 사항

ⓜ 그 밖에 실과(室課)별 행동 요령 등 행정안전부장관이 필요하다고 인정하는 행동 요령

> **더 알아두기** 실과(室課)별 행동 요령에 포함되어야 할 세부 사항(시행규칙 제14조제5항)
>
> 1. 실과별 소관 시설물의 사전 점검 및 정비에 관한 사항
> 2. 실과별 재해복구 활동의 지원에 관한 사항
> 3. 그 밖에 행정안전부장관이 필요하다고 인정하는 사항

② ①에 따른 재해 유형별 행동 요령에 포함되어야 할 사항 등 세부적인 사항은 행정안전부령으로
정한다.

1 재해복구계획 등

(1) 재해복구계획의 수립·시행(법 제46조)

① 재난관리책임기관의 장은 소관 시설 또는 업무에 관계되는 자연재해가 발생하였을 때에는 이 법 또는 다른 법령에 특별한 규정이 있는 경우를 제외하고는 즉시 자체복구계획을 수립·시행하여야 한다.

② 중앙대책본부장은 대통령령으로 정하는 피해금액 이상의 자연재해에 대해서는 자체복구계획과 지구단위종합복구계획을 토대로 재해복구계획을 수립한 후 이를 중앙재난안전대책본부회의의 심의를 거쳐 확정하고, 대통령령으로 정하는 바에 따라 재난관리책임기관의 장에게 통보하여야 한다.

> **더 알아두기** 복구계획 통보 등(시행령 제33조의2)
>
> 1. "대통령령으로 정하는 피해금액 이상의 자연재해"란 자연재난 구호 및 복구 비용 부담기준 등에 관한 규정에 따라 국고의 지원이 필요한 자연재해로서 같은 영 제5조제1항에 따른 피해금액 이상의 자연재해를 말한다.
> 2. 중앙대책본부장은 확정된 재해복구계획을 관련 중앙행정기관의 장과 시·도 본부장에게 통보하고, 통보를 받은 중앙행정기관의 장 및 시·도 본부장은 지체 없이 이를 해당 재난관리책임기관의 장 및 시·군·구 본부장에게 각각 통보하여야 한다.

③ 지방자치단체의 장은 ②에 따라 재해복구계획을 통보받은 즉시 재해복구를 위하여 필요한 경비를 지방자치단체의 예산에 계상(計上)하여야 한다.

④ 확정된 재해복구계획 중 제49조의2에서 규정한 사업 외에는 같은 항에 따라 통보를 받은 재난관리책임기관의 장이 시행한다.

(2) 재해대장(법 제46조의2)

① 지방자치단체의 장과 관계행정기관의 장은 소관 시설·재산 등에 관한 피해 상황 등을 재해대장에 기록하여 보관하여야 한다.

② 재해대장의 작성·보관 및 관리에 필요한 사항은 대통령령으로 정한다.

1. 재해대장은 피해시설물별로 작성·관리하며, 다음 사항을 포함하여야 한다.
   ① 피해 상황
      ㉠ 피해 일시·지역 및 강우량(강설량)
      ㉡ 피해 원인, 피해 물량, 피해액
      ㉢ 응급조치 내용
      ㉣ 피해 사진 및 도면·위치도
      ㉤ 피해복구에 따른 기대효과
   ② 복구 상황
      ㉠ 공종별(工種別) 물량 및 복구비 산출명세 등 복구계획
      ㉡ 공사명, 위치, 복구 상황, 공사 발주 현황, 담당자 등 복구 추진 현황
2. 관계 중앙행정기관의 장과 지방자치단체의 장은 작성된 재해대장을 재해복구가 끝난 해의 다음 해부터 5년간 보관하되, 재해대장은 전자적 방법으로 작성·관리할 수 있다.

(3) 지구단위종합복구계획 수립(법 제46조의3)

① 중앙대책본부장은 해당 지방자치단체의 의견을 들은 후 지방자치단체 소관시설에 자연재해가 발생한 지역 중 다음에 해당하는 지역에 대하여 지구단위종합복구계획(이하 "지구단위종합복구계획"이라 한다)을 수립할 수 있다.
   ㉠ 도로·하천 등의 시설물에 복합적으로 피해가 발생하여 시설물별 복구보다는 일괄 복구가 필요한 지역
   ㉡ 산사태 또는 토석류로 인하여 하천 유로변경 등이 발생한 지역으로서 근원적 복구가 필요한 지역
   ㉢ 복구사업을 위하여 국가 차원의 신속하고 전문적인 인력·기술력 등의 지원이 필요하다고 인정되는 지역
   ㉣ 피해 재발 방지를 위하여 기능복원보다는 피해지역 전체를 조망한 예방·정비가 필요하다고 인정되는 지역
   ㉤ 자연재해로 인하여 생활의 근간을 상실한 피해지역으로서 피해지역의 재생, 공동체 회복 등 자연재해에 대한 회복력 강화 조치가 필요하다고 인정되는 지역
   ㉥ ㉠부터 ㉤까지에서 규정한 지역 외에 자연재해의 근원적 복구와 예방이 필요한 지역으로서 대통령령으로 정하는 지역

1. 법 제16조에 따른 자연재해저감 종합계획에 반영된 시설의 일괄 복구가 필요한 지역
2. 2개 이상의 지방자치단체에 걸쳐 있는 도로, 교량, 하천 등의 일괄 복구가 필요한 지역
3. 어촌·어항법 제2조제5호가목에 따른 방파제, 방조제(防潮堤) 및 호안 등의 일괄 복구가 필요한 지역
4. 국토의 계획 및 이용에 관한 법률 제2조제6호마목에 따른 방재시설 등의 일괄 복구가 필요한 지역
5. 우수유출저감시설 등의 일괄 복구가 필요한 지역

② 기본법 제16조에 따른 지역재난안전대책본부의 본부장(이하 "지역대책본부장"이라 한다)은 제47조에 따라 중앙합동조사단이 편성되기 전에 미리 자연재해가 발생한 지역의 피해상황 등을 조사하여 중앙대책본부장에게 지구단위종합복구계획을 수립하여 줄 것을 요청할 수 있다.

(4) 중앙합동조사단(법 제47조)

① 중앙대책본부장은 필요하다고 인정하면 관계 중앙행정기관과 합동으로 중앙합동조사단(이하 "조사단"이라 한다)을 편성하여 자연재해 상황에 관한 조사를 하고, 제46조제2항에 따른 재해복구계획을 수립·확정하여야 한다.
② 중앙대책본부장은 조사단의 편성을 위하여 관계 중앙행정기관의 장에게 소속 공무원의 파견을 요청할 수 있다. 이 경우 요청을 받은 관계 중앙행정기관의 장은 특별한 사유가 없으면 요청에 따라야 한다.
③ 관계 중앙행정기관의 장은 ②에 따라 소속 공무원의 파견 요청을 받으면 제48조제2항에 따른 교육을 이수한 사람을 우선적으로 선발하여 파견하여야 한다.
④ 조사단의 구성·운영에 필요한 세부 사항은 대통령령으로 정한다.

1. 법 제47조제1항에 따른 중앙합동조사단(이하 "중앙합동조사단"이라 한다)의 단장은 행정안전부의 5급 이상 공무원 또는 고위공무원단에 속하는 일반직공무원으로 한다.
2. 중앙합동조사단의 단장은 중앙대책본부장의 명을 받아 중앙합동조사단에 관한 사무를 총괄하고 중앙합동조사단에 소속된 직원을 지휘·감독한다.
3. 중앙합동조사단에 소속되는 중앙합동조사단원의 수는 피해규모에 따라 중앙대책본부장이 정한다.
4. 제73조에 따라 시·도 본부장에게 위임된 사무와 피해 조사의 원활한 수행을 위하여 시·도 본부장 소속으로 지방합동조사단을 편성·운영한다.
5. 중앙대책본부장은 지진 피해에 대한 전문적인 조사를 위하여 필요하다고 인정될 때에는 중앙합동조사단과 별도로 관계 전문가를 포함한 지진조사단을 구성·운영할 수 있다.

6. 이 영에서 규정한 사항 외에 중앙합동조사단·지방합동조사단의 편성, 조사방법, 조사 기간 등에 관하여 필요한 사항은 중앙대책본부장이 정한다.

(5) 재해조사 담당공무원의 육성(법 제48조)

① 중앙대책본부장과 관계행정기관의 장은 재해조사의 전문성을 확보하기 위하여 재해조사 담당공무원을 육성하여야 한다.

② 중앙대책본부장은 관계 중앙행정기관의 장과 협의하여 ①에 따른 재해조사 담당공무원의 육성을 위하여 재해조사 담당공무원들로 하여금 제65조에 따른 교육을 받도록 하고 그 밖에 필요한 조치를 하여야 한다.

③ ① 및 ②에서 규정된 사항 외에 재해조사 담당공무원의 육성에 필요한 사항은 행정안전부령으로 정한다.

> **더 알아두기** 재해조사 담당공무원의 육성(시행규칙 제15조)
>
> 1. 행정안전부장관은 재해조사 담당공무원의 육성을 위하여 민방위교육관 등 전문교육기관에 재해조사 담당공무원 교육 전문과정을 개설하여야 한다.
> 2. 교육 대상자는 중앙부처 및 지방자치단체 공무원으로 한다.
> 3. 재해조사 담당공무원의 교육에 필요한 사항은 행정안전부장관이 정한다.

2 재해복구사업

(1) 재해복구사업 실시계획의 작성·공고 등(법 제49조)

① 재해복구사업의 시행청은 제14조의2제2항 각 호의 관계 법령에 따른 허가·인가 등이 필요한 경우에는 사업별로 실시계획을 작성하여 해당 지역대책본부장(재해복구사업의 시행청이 행정안전부장관 또는 관계 중앙행정기관의 장인 경우에는 중앙대책본부장)에게 인가를 받은 후 공고하고 설계도서를 일반인이 열람할 수 있도록 하여야 한다.

② 재해복구사업의 시행청이 재해복구사업 실시계획을 작성·공고할 때에는 관계 기관과 사전에 협의하여야 한다.

③ 재해복구사업의 시행청으로부터 협의 요청을 받은 관계 기관의 장은 협의 요청을 받은 날부터 15일 이내에 협의 내용을 회신하여야 한다.

④ 재해복구사업 실시계획을 인가받아 공고하였을 때에는 제14조의2제2항 각호의 허가·인가·승인·결정·지정·협의·신고수리 등을 받아 고시 또는 공고를 한 것으로 본다.

⑤ ①부터 ④까지에서 규정한 사항 외에 재해복구사업 실시계획의 작성·공고에 필요한 세부사항은 대통령령으로 정한다.

(2) 재해복구사업 실시계획의 인가에 필요한 사항(시행령 제35조)

재난관리책임기관 또는 행정안전부장관으로부터 재해복구 업무를 위임받아 시행하고 있는 재해복구사업의 시행청(이하 "재해복구사업 시행청"이라 한다)은 재해복구사업 실시계획의 인가를 받으려는 경우에는 다음의 사항을 적은 인가신청서를 해당 시·도 본부장이나 시·군·구 본부장(이하 "지역대책본부장"이라 한다) 또는 중앙대책본부장에게 제출하여야 한다.

① 사업의 종류 및 명칭
② 사업의 면적 및 규모
③ 사업시행자의 성명 및 주소
④ 사업 착수예정일 및 준공예정일
⑤ 사업시행지의 위치도 및 계획평면도
⑥ 공사설계도서

(3) 재해복구사업 실시계획의 공고 등에 필요한 사항(시행령 제36조)

① 지역대책본부장 또는 중앙대책본부장은 재해복구사업 실시계획을 인가하였을 때에는 다음의 사항을 관보에 게재하고, 해당 시·군·구에서 발행하는 공보나 인터넷 홈페이지 등에 공고하여야 한다.
　㉠ 사업의 종류 및 명칭
　㉡ 사업시행자의 성명 및 주소(법인인 경우에는 법인의 명칭 및 주소와 대표자의 성명)
　㉢ 사업시행 면적 및 규모
　㉣ 사업 착수예정일 및 준공예정일
　㉤ 사용하거나 수용할 토지 또는 건물의 소재지·지번·지목 및 면적, 소유권과 소유권 외의 권리의 명세서 및 그 소유자·권리자의 성명·주소
② 재해복구사업 실시계획의 인가를 받은 재해복구사업 시행청은 그 사실을 공고하고 관계 서류의 사본을 15일 이상 일반인이 열람할 수 있도록 하여야 한다.

(4) 대규모 재해복구사업 및 지구단위종합복구사업의 시행(법 제49조의2)

① 제46조제2항에 따른 지방자치단체 소관 재해복구계획 중 대규모이거나 전문성과 기술력이 요구되는 재해복구사업은 행정안전부장관 또는 관계 중앙행정기관의 장이 직접 시행할 수 있다.
② 지구단위종합복구계획에 따라 시행하는 재해복구사업(이하 "지구단위종합복구사업"이라 한다) 중 근원적인 자연재해 원인의 해소가 필요하거나 국가 차원의 전문성과 기술력 등의 지원이 필요한 지구단위종합복구사업은 관계중앙행정기관의 장이, 일정 규모 이상의 지구단위종합복구사업은 행정안전부장관이 직접 시행할 수 있다.

③ ① 또는 ②에 따라 행정안전부장관 또는 관계 중앙행정기관의 장이 직접 시행하는 대규모 재해복구사업 또는 지구단위종합복구사업의 대상, 규모 및 시행절차 등에 필요한 사항은 대통령령으로 정한다.

> **더 알아두기** 대규모 재해복구사업 및 지구단위종합복구사업의 대상 및 규모(시행령 제36조의2)
>
> 1. 법 제49조의2제1항에 따라 행정안전부장관이 직접 시행할 수 있는 대규모 재해복구사업은 법 제46조제2항에 따라 확정·통보된 재해복구계획을 기준으로 총 복구비(용지보상비를 포함한다)가 50억원 이상인 사업을 말한다.
> 2. 법 제49조의2제2항에 따라 행정안전부장관이 직접 시행할 수 있는 일정 규모 이상의 지구단위종합복구사업은 법 제46조제2항에 따라 확정·통보된 지구단위종합복구계획을 기준으로 총 복구비(용지보상비를 포함한다)가 300억원 이상인 사업으로 한다.

(5) 대규모 재해복구사업 및 지구단위종합복구사업의 시행절차 등(시행령 제36조의3)

① 중앙대책본부장은 관계 중앙행정기관의 장 또는 행정안전부장관이 직접 시행할 대상 사업에 대해서는 관계 중앙행정기관의 장 및 지방자치단체의 장과 협의하여 확정하고, 이를 재해복구계획에 반영하여야 한다.

② 지역대책본부장은 소관 재해복구사업 중 관계 중앙행정기관의 장 또는 행정안전부장관이 직접 시행할 필요가 있다고 인정하는 재해복구사업에 대해서는 관계 중앙행정기관의 장 또는 행정안전부장관에게 직접 시행해 줄 것을 요청할 수 있다. 이 경우 요청을 받은 관계 중앙행정기관의 장 또는 행정안전부장관은 이를 중앙대책본부장에게 통보하여야 하며, 통보를 받은 중앙대책본부장은 ①에 따라 대상 사업 여부를 확정하여야 한다.

③ 중앙대책본부장은 지구단위종합복구계획의 수립과 대규모 재해복구사업 및 지구단위종합복구사업의 시행에 필요한 지원을 효율적으로 수행하기 위하여 중앙복구지원단을 구성하여 운영할 수 있다. 이 경우 중앙복구지원단의 구성 및 운영에 필요한 사항은 행정안전부장관이 정한다.

④ ①부터 ③까지에서 규정한 사항 외에 관계 중앙행정기관의 장 또는 행정안전부장관이 직접 시행하는 대규모 재해복구사업 및 지구단위종합복구사업의 시행에 필요한 사항은 행정안전부장관이 관계 중앙행정기관의 장 및 지방자치단체의 장과 협의하여 정한다.

(6) 복구공사 발주계약방법 등(법 제50조)

① 관계 중앙행정기관의 장과 지방자치단체의 장은 신속한 자연재해 복구를 위하여 필요하다고 판단하면 대통령령으로 정하는 바에 따라 일괄입찰방식으로 발주·계약을 할 수 있다.

② "일괄입찰"이란 재해복구사업의 시행청이 제시하는 지침에 따라 입찰할 때 공사의 설계서, 시공에 필요한 도면 및 서류를 작성하여 입찰서와 함께 제출하는 설계·시공 입찰을 말한다.

복구공사의 발주계약방법(시행령 제37조)

관계 중앙행정기관의 장과 지방자치단체의 장은 재해발생 지역의 도로·하천·수리시설 등의 복구사업을 통합하여 발주하는 것이 필요한 경우 등 신속한 자연재해 복구를 위하여 필요하다고 인정되는 경우에는 행정안전부령으로 정하는 규모 이상의 복구사업에 대하여 법 제50조에 따른 일괄입찰방식으로 발주계약을 할 수 있다.

복구공사의 일괄입찰 규모(시행규칙 제16조)

영 제37조에서 "행정안전부령으로 정하는 규모 이상의 복구사업"이란 국가를 당사자로 하는 계약에 관한 법률 시행령 제79조제1항제1호에 따른 대형공사 및 같은 항 제2호에 따른 특정공사에 따라 실시되는 복구사업을 말한다.

(7) 복구예산의 정산 등(법 제52조)

① 지방자치단체의 장은 재해복구사업별로 발생한 재해복구보조금의 집행 잔액을 국가재정법 제45조, 제47조제1항부터 제3항까지 및 보조금의 예산 및 관리에 관한 법률 제22조에도 불구하고 중앙대책본부장의 승인을 받아 사업비가 부족한 다른 재해복구사업에 충당할 수 있다.

② 중앙대책본부장은 ①에 따른 승인을 하려면 기획재정부장관과 미리 협의하여야 한다.

(8) 복구용 자재 등의 우선 공급 등(법 제53조)

① 관계 중앙행정기관의 장과 지방자치단체의 장은 재해복구사업에 필요한 각종 자재에 대하여 는 다른 사업에 우선하여 조달·공급하여야 한다.

② 중앙대책본부장과 지역대책본부장은 관계행정기관의 장에게 재해복구용 자재 수급(需給)에 필요한 대책을 마련하도록 요청할 수 있다. 이 경우 요청을 받은 관계행정기관의 장은 특별한 사유가 없으면 요청에 따라야 한다.

(9) 복구사업의 관리(법 제55조)

① 중앙대책본부장 및 재난 및 안전관리 기본법 제16조에 따른 시·도재난안전대책본부의 본부 장(이하 "시·도 본부장"이라 한다)은 재해복구사업이 효율적으로 추진될 수 있도록 지도·점 검·관리하고 필요하면 시정명령 또는 시정요청(현지 시정명령과 시정요청을 포함한다)을 할 수 있다. 이 경우 시정명령 또는 시정요청을 받은 관계 기관의 장은 특별한 사유가 없으면 명령에 따라야 한다.

② 지역대책본부장은 대통령령으로 정하는 일정 규모 이상의 재해복구사업을 시행할 때에는 실시설계 준공(사업계획이 변경되어 실시설계가 변경되는 경우를 포함한다) 이전에 중앙대책 본부장 또는 시·도 본부장의 사전심의를 각각 거쳐야 한다.

③ 중앙대책본부장은 ②에 따라 사전심의를 하려면 미리 심의위원회의 심의를 거쳐야 한다.

④ 시·도 본부장은 ②에 따른 사전심의를 위한 위원회를 구성·운영할 수 있고, 위원회의 구성·운영에 필요한 사항은 지방자치단체의 조례로 정할 수 있다.

⑤ ②에 따른 사전심의 대상 사업의 범위, 기준 및 절차, 사후관리, 사업계획 변경 등에 관하여 필요한 사항은 행정안전부령으로 정한다.

더 알아두기 사전심의 대상 사업의 범위 및 절차 등(시행규칙 제19조)

1. 중앙대책본부장 또는 시·도재난안전대책본부의 본부장(이하 "시·도대책본부장"이라 한다)이 사전심의하는 재해복구사업의 범위는 다음과 같다. 다만, 시·도지사가 시행하는 재해복구사업의 경우에는 중앙대책본부장이 사전심의한다.
   ① 중앙대책본부장 : 복구비(용지보상비는 제외한다)가 30억원 이상인 사업
   ② 시·도대책본부장 : 복구비(용지보상비는 제외한다)가 10억원 이상 30억원 미만인 사업
2. 기본법 제16조제2항에 따른 시·도재난안전대책본부의 본부장 또는 시·군·구재난안전대책본부의 본부장(이하 "지역대책본부장"이라 한다)은 ① 및 법 제55조제2항에 따라 다음의 내용을 포함하여 중앙대책본부장 또는 시·도대책본부장에게 사전심의를 요청하여야 한다.
   ① 사업계획서
   ② 사업위치도
   ③ 현황 사진
   ④ 설계도서
   ⑤ 우기(雨期)에 대비한 조치계획서
   ⑥ 그 밖에 중앙대책본부장이 사전심의를 위하여 필요하다고 인정하는 사항
3. 중앙대책본부장 및 시·도대책본부장은 2.에 따라 사전심의를 요청받은 날부터 30일 이내에 그 결과를 지역대책본부장에게 통보하여야 한다. 다만, 부득이한 경우에는 10일의 범위에서 그 기간을 연장할 수 있다.
4. 1.부터 3.까지에서 규정한 사항 외에 사전심의 절차 등 사전심의에 필요한 세부적인 사항은 행정안전부장관이 정한다.

더 알아두기 재해복구사업계획 변경에 대한 사전심의(시행규칙 제19조의2)

지역대책본부장은 제19조에 따라 사전심의를 받은 재해복구사업을 변경하는 경우로서 다음 각 호의 어느 하나에 해당하는 경우에는 법 제55조제2항에 따라 중앙대책본부장 또는 시·도대책본부장의 사전심의를 거쳐야 한다. 이 경우 변경된 사업계획에 대한 사전심의 절차에 관하여는 제19조를 준용한다.
1. 재해복구사업의 면적이 100분의 10 이상 증감하는 경우
2. 재해복구사업의 길이가 100분의 10 이상 증감하는 경우
3. 재해복구사업의 사업비가 100분의 10 이상 증가하는 경우
4. 재해복구사업의 면적이 5,000m^2 이상 증감하는 경우
5. 재해복구사업의 길이가 2km 이상 증감하는 경우
6. 재해복구사업의 계획을 여러 차례 변경하는 경우로서 각 변경 규모의 합이 1.부터 5.까지의 어느 하나에 해당하는 경우

7. 그 밖에 주요 시설의 변경 등 사전심의가 필요하다고 인정되는 경우로서 행정안전부장관이 정하는 경우

더 알아두기 | **재해복구사업의 사전심의 기준(시행규칙 제19조의3)**

1. 시설별 피해 원인 분석과 피해 재발 방지대책 수립 여부
2. 시설별 주변 여건을 고려한 복구공법 반영 여부
3. 지방자치단체 간 이해관계 해소대책의 수립 여부
4. 재해복구사업 시행의 효과
5. 그 밖에 중앙대책본부장이 필요하다고 인정하는 사항

---

⑥ 재해복구사업을 시행하는 재난관리책임기관의 장은 대통령령으로 정하는 바에 따라 중앙대책본부장 또는 시·도 본부장에게 그 추진 상황을 통보하여야 한다.

⑦ 관계 중앙행정기관의 장은 대통령령으로 정하는 바에 따라 소속 기관의 장이 시행하는 재해복구사업을 점검하고 그 결과를 중앙대책본부장에게 통보하여야 한다.

더 알아두기 | **재해복구사업의 추진 상황 통보 등(시행령 제41조)**

재난관리책임기관의 장과 관계 중앙행정기관의 장은 분기별로 다음의 추진 상황을 점검하고, 그 점검 결과를 중앙대책본부장 또는 시·도 본부장에게 통보하여야 한다.
1. 피해 현황 및 복구 개요
2. 사유시설 복구추진 현황
3. 공공시설 복구추진 현황
4. 재해복구사업 추진관리에 필요한 사항

---

⑧ 시·도 본부장은 행정안전부령으로 정하는 바에 따라 시장·군수·구청장이 시행하는 재해복구사업을 점검하고 그 결과를 중앙대책본부장에게 보고하여야 한다.

더 알아두기 | **재해복구사업의 점검 결과 보고(시행규칙 제20조)**

1. 시·도대책본부장은 시장·군수·구청장이 시행하는 재해복구사업에 대한 점검을 분기별로 하고 다음의 사항을 포함하여 그 결과를 중앙대책본부장에게 보고하여야 한다.
   ① 피해 현황 및 재해복구사업 개요
   ② 사유시설(私有施設)의 재해복구사업 추진 현황
   ③ 공공시설의 재해복구사업 추진 현황
   ④ 재해복구사업 추진 현황에 대한 점검 결과
   ⑤ 그 밖에 중앙대책본부장이 재해복구사업의 점검에 필요하다고 인정하는 사항
2. 시·도대책본부장이 ①에 따라 공공시설의 재해복구사업에 대하여 점검을 할 때에는 행정안전부장관이 정하는 기준에 따라야 한다.

---

⑨ 시장·군수·구청장은 신속한 재해복구사업을 위하여 필요한 조직과 인력 보강 등의 조치를 하여야 한다.

⑩ 중앙대책본부장은 재해복구사업의 추진 전반에 대하여 관계 중앙행정기관 및 행정안전부 소속 공무원으로 구성된 중앙합동점검반 또는 행정안전부 소속 공무원으로 구성된 중앙점검 반을 운영할 수 있다.

> **더 알아두기** 재해복구사업 중앙합동점검반 등의 구성·운영 등(시행령 제41조의2)
>
> 1. 법 제55조제10항에 따른 중앙합동점검반 및 중앙점검반의 반장은 행정안전부 소속 5급 이상 공무원 중 중앙대책본부장이 지명하는 사람이 된다.
> 2. 중앙대책본부장은 법 제55조제10항에 따른 중앙합동점검반의 편성을 위하여 관계 중앙행정기 관의 장에게 소속 공무원의 파견을 요청할 수 있다. 이 경우 요청을 받은 관계 중앙행정기관의 장은 특별한 사유가 없으면 요청에 따라야 한다.
> 3. 중앙대책본부장은 법 제55조제10항에 따라 중앙합동점검반 및 중앙점검반으로 하여금 재난관 리책임기관의 장이 시행하는 재해복구사업의 추진 사항에 대하여 정기적으로 점검하게 할 수 있다. 이 경우 중앙대책본부장은 법 제75조제1항에 따라 그 점검 결과를 지역대책본부장의 임무 평가에 반영할 수 있다.
> 4. 1.부터 3.까지에서 규정한 사항 외에 중앙합동점검반 또는 중앙점검반의 편성 및 재해복구사업 의 추진 사항 점검 등에 필요한 사항은 행정안전부장관이 정한다.

⑪ 재해복구사업의 중앙합동점검반 및 중앙점검반의 구성·운영, 그 밖의 재해복구사업 추진 사항에 대한 관리·점검에 필요한 사항은 대통령령으로 정한다.

(10) 자연재해복구에 관한 연차보고(법 제55조의2)

① 정부는 제55조에 따른 보고내용을 토대로 자연재해에 관한 연차보고서(이하 "연차보고서"라 한다)를 매년 작성하여 다음 연도 정기국회 전까지 국회에 제출하여야 한다.

② 연차보고서에는 다음의 내용이 포함되어야 한다.

㉠ 피해 현황 및 복구 개요

㉡ 사유시설 복구추진 현황

㉢ 공공시설 복구추진 현황

㉣ 재해복구사업 추진관리에 필요한 사항

㉤ 부처별·사업별 예산집행내역(지방자치단체의 실집행내역을 포함한다)

㉥ 그 밖에 대통령령으로 정하는 사항

1. 기본법 제36조에 따라 재난사태가 선포된 지역의 응급조치 현황
2. 기본법 제60조제2항에 따라 특별재난지역으로 선포된 지역의 지원 현황

③ 연차보고서를 작성하기 위하여 관계 중앙행정기관의 장 및 재난관리책임기관의 장은 ②의 내용을 분기별로 점검하고 그 결과를 중앙대책본부장에게 통보하여야 한다.

(11) 토지 등의 수용(법 제56조)

재해복구사업의 시행에 필요한 토지 등의 수용 및 사용에 관하여는 제14조의3을 준용한다. 이 경우 "시장·군수·구청장"은 "재해복구사업의 시행청"으로, "자연재해위험개선지구 정비사업" 은 "재해복구사업"으로, "제14조의2제1항에 따라 자연재해위험개선지구 정비사업 실시계획을 공고한 경우"는 "제49조에 따라 재해복구사업 실시계획을 공고한 경우"로 본다.

(12) 복구사업의 분석·평가(법 제57조)

① 시장·군수·구청장은 대통령령으로 정하는 일정 규모 이상의 재해복구사업을 시행하였을 때에는 다음 해 말일을 기준으로 사업의 효과성, 경제성 등을 분석·평가하여야 한다.

더 알아두기　복구사업의 분석·평가 대상(시행령 제42조)

"대통령령으로 정하는 일정 규모 이상의 재해복구사업"이란 다음의 어느 하나에 해당하는 사업을 말한다.
1. 법 제46조제2항에 따라 확정·통보된 재해복구계획 기준으로 공공시설의 복구비(용지보상 비는 제외한다)가 300억원 이상인 시·군·구의 사업
2. 1,000동 이상의 주택이 침수된 시·군·구에 대한 복구사업으로서 행정안전부장관이 그 효과성, 경제성 등을 분석·평가하는 것이 필요하다고 인정하는 시·군·구의 사업

② 행정안전부장관은 필요하다고 판단하면 시장·군수·구청장이 시행한 재해복구사업과 제49 조의2에 따라 행정안전부장관 또는 관계 중앙행정기관의 장이 시행한 대규모 재해복구사업 및 지구단위종합복구사업에 대한 효과성, 경제성 등의 분석·평가를 직접 시행할 수 있다.
③ 시장·군수·구청장은 ①에 따라 분석·평가한 결과를 시·도지사를 거쳐 행정안전부장관에 게 제출하여야 한다. 다만, 특별자치시장은 직접 행정안전부장관에게 제출하여야 한다.
④ 시장·군수는 ①에 따라 분석·평가한 결과를 시·군 종합계획의 수립 등에 반영하여야 하고, 특별시장 및 광역시장은 구청장이 ①에 따라 분석·평가한 결과를 시·도 종합계획의 수립 등에 반영하여야 한다.
⑤ ①부터 ③까지의 분석, 평가 및 제출 절차 등에 관하여 필요한 세부 기준은 행정안전부령으로 정한다.

(13) 재해복구사업의 분석·평가 및 제출 절차 등(시행규칙 제21조)

① 시장(특별자치시장을 포함한다. 이하 같다)·군수·구청장은 법 제57조제1항에 따라 재해복구사업의 효과성·경제성 등을 분석·평가하는 경우에는 다음의 사항을 포함하여 분석·평가하여야 한다.

ⓐ 재해복구사업의 해당 시설별 피해 원인 분석의 적정성, 사업계획의 타당성 및 공사의 적정성

ⓑ 침수유역과 관련된 재해복구사업의 침수 저감 능력 및 경제성

ⓒ 재해복구사업 계획·추진 및 사후관리 체제의 적정성

ⓓ 재해복구사업에 따른 지역의 발전성 및 지역주민 생활환경의 쾌적성

ⓔ ⓐ부터 ⓓ까지의 사항에 관한 개별평가 및 종합평가

② 시장·군수·구청장은 재해복구사업 분석·평가를 완료한 경우에는 30일 이내에 그 결과를 시·도지사를 거쳐 행정안전부장관에게 제출하여야 한다.

③ ①과 ②에서 규정한 사항 외에 재해복구사업 분석·평가 결과의 제출 절차 등에 관하여 필요한 세부 기준은 행정안전부장관이 정한다.

06 방재기술의 연구 및 개발

1 방재기술의 연구·개발 등

(1) 방재기술의 연구·개발 및 방재산업의 육성(법 제58조)

① 정부는 국민의 생명, 재산 및 주요 기간시설을 보호하기 위한 자연재해 예방기법 등의 발전을 촉진하기 위하여 방재기술의 연구·개발 및 방재산업을 육성하여야 한다.

② 행정안전부장관과 재난관리책임기관의 장은 방재기술의 연구·개발 및 방재산업을 육성하기 위하여 행정적·재정적 지원을 할 수 있다.

③ ②에 따른 행정적·재정적 지원에 필요한 사항은 대통령령으로 정한다.

(2) 방재기술 진흥계획의 수립(법 제58조의2)

① 행정안전부장관은 제58조제1항에 따른 방재기술의 연구·개발 촉진과 방재산업의 육성을 위하여 국가과학기술자문회의법에 따른 국가과학기술자문회의의 심의를 거쳐 방재기술 진흥계획(이하 "진흥계획"이라 한다)을 수립하여야 한다.

② 진흥계획에는 다음의 사항이 포함되어야 한다.

ⓐ 방재기술 진흥의 기본 목표 및 추진 방향

ⓑ 방재기술의 개발 촉진 및 그 활용을 위한 시책

ⓒ 방재기술 개발사업의 연도별 투자 및 추진 계획

ⓔ 이미 개발된 기술의 확산에 관한 사항

ⓜ 기술 개발, 기술 지원 등의 기능을 수행하는 기관·법인·단체 및 산업의 육성

ⓗ 방재기술의 정보관리

ⓢ 방재기술 인력의 수급·활용 및 기술인력의 양성

ⓞ 방재기술 진흥 연구기관의 육성

ⓩ 그 밖에 방재기술의 진흥에 관한 중요 사항

③ 행정안전부장관은 방재기술의 연구·개발, 기반 조성 및 방재산업 육성을 위하여 재난관리책임기관의 장 등에게 진흥계획이 효율적으로 달성될 수 있도록 필요한 협조를 요청할 수 있다.

(3) 방재기술 개발사업 추진(법 제58조의3)

① 행정안전부장관은 국민의 생명·재산 보호 및 경제의 지속 가능한 발전을 위하여 대통령령으로 정하는 기관 또는 단체와 협약을 체결하여 방재기술의 발전에 필요한 방재기술 연구·개발 사업을 할 수 있다.

> **더 알아두기** **방재기술 개발사업의 협약체결 등(시행령 제44조)**
>
> 법 제58조의3제1항에 따라 행정안전부장관이 방재기술 개발사업을 위하여 협약을 체결할 수 있는 대상 기관 및 단체는 다음과 같다.
> 1. 국공립 연구기관
> 2. 과학기술분야 정부출연연구기관 등의 설립·운영 및 육성에 관한 법률에 따라 설립된 과학기술분야 정부출연연구기관
> 3. 특정연구기관 육성법에 따른 특정연구기관
> 4. 고등교육법에 따른 대학·산업대학·전문대학 및 기술대학
> 5. 민법 또는 다른 법률에 따라 설립된 자연재해기술 분야의 법인인 연구기관
> 6. 기초연구진흥 및 기술개발지원에 관한 법률 제14조의2제1항에 따라 인정받은 기업부설연구소
> 7. 행정안전부령으로 정하는 기관·협회 등의 부설연구소 또는 연구·개발 전담부서

> **더 알아두기** **방재기술 개발사업의 협약 체결 대상 기관 등(시행규칙 제21조의2)**
>
> 영 제44조제7호에서 "행정안전부령으로 정하는 기관·협회 등"이란 다음의 기관·협회를 말한다.
> 1. 행정안전부 산하 공공기관
> 2. 한국방재협회
> 3. 재해경감을 위한 기업의 자율활동 지원에 관한 법률에 따른 기업 재해경감협회
> 4. 민법 또는 다른 법률에 따라 설립된 방재기술 및 방재산업 분야의 비영리법인으로서 자연계 분야 학사 이상의 학위를 소지한 연구경력(학위 취득 전의 연구경력을 포함한다) 3년 이상의 연구 전담요원을 3명 이상 확보하고 독립된 연구시설을 갖춘 협회 또는 학회

② ①에 따른 방재기술 연구·개발 사업에 필요한 경비는 정부 또는 정부 외의 자의 출연금이나 그 밖에 기업의 기술개발비로 충당한다.

> **더 알아두기   출연금의 지급(시행령 제45조)**
>
> 출연금은 나누어 지급한다. 다만, 연구 과제의 규모, 착수 시기 등을 고려하여 필요하다고 인정하는 경우에는 한꺼번에 지급할 수 있다.

③ 행정안전부장관은 ①에 따른 방재기술 연구·개발 사업을 효율적으로 추진하기 위하여 필요하면 방재기술을 개발하기 위한 전문기관을 지정하여 그 전문기관으로 하여금 이에 관한 업무를 수행하게 할 수 있다.

(4) 방재기술의 실용화(법 제59조)

① 정부는 다음의 사업자 등을 육성하기 위하여 필요한 시책을 마련하여야 한다.
  ㉠ 방재기술을 개발하거나 실용화하는 사업자
  ㉡ 방재기술 개발을 위한 출자를 주된 사업으로 하는 자
  ㉢ 방재 분야 산업체
  ㉣ 그 밖에 대통령령으로 정하는 방재 관련 사업자
② 정부는 개발된 방재기술의 실용화를 촉진하기 위하여의 사업을 할 수 있다.
  ㉠ 방재기술의 실용화를 지원하는 전문기관의 육성
  ㉡ 방재 관련 특허기술의 실용화사업
  ㉢ 방재기술의 실용화에 필요한 인력·시설·정보 등의 지원 및 기술지도
  ㉣ 방재 분야 전문가 양성을 위한 교육지원사업
  ㉤ 그 밖에 방재기술의 실용화를 촉진하기 위하여 필요한 사업
③ 다음의 어느 하나에 해당하는 재원을 운영하는 자(이하 "재원운영자"라 한다)는 ①에 해당하는 자에게 그 재원에서 필요한 자금을 지원할 수 있다.
  ㉠ 중소기업진흥에 관한 법률에 따른 중소벤처기업창업 및 진흥기금
  ㉡ 과학기술 기본법에 따른 과학기술진흥기금(융자사업만 해당한다)
  ㉢ 한국산업은행법에 따른 한국산업은행 또는 중소기업은행법에 따른 중소기업은행의 기술개발자금
  ㉣ 그 밖에 기술개발 지원을 위하여 정부가 조성한 특별 자금

2 방재기술평가 등

(1) 방재기술평가의 지원(법 제60조)

① 정부는 우수한 방재기술의 보급 촉진과 방재기술의 실용화를 위하여 방재기술, 방재 제품 및 방재 분야 산업체에 대한 평가 신청을 받아 평가할 수 있다.

② 정부는 평가(이하 "방재기술평가"라 한다)의 실시를 대통령령으로 정하는 전문기관으로 하여금 대행하게 할 수 있다.

③ 행정안전부장관은 방재기술평가에 드는 비용을 행정안전부령으로 정하는 바에 따라 방재기술평가를 신청하는 자에게 부담하게 할 수 있다.

④ 재원운영자는 방재기술평가를 촉진하고 우수한 방재기술의 보급을 지원하기 위하여 다음의 어느 하나에 해당하는 자에게 방재기술평가 또는 시범사업 등에 드는 비용의 전부 또는 일부를 제59조제3항 각 호의 재원에서 우선 지원할 수 있다.

　㉠ 대통령령으로 정하는 기준에 해당하는 중소기업으로서 방재기술평가를 받는 자

　㉡ 방재기술평가의 결과가 우수한 방재기술의 시범사업을 하는 자

　㉢ 방재기술평가를 받은 방재기술로서 행정안전부장관이 공공의 목적을 위하여 보급할 필요가 있다고 인정하는 방재기술을 실용화하는 자

⑤ 방재기술평가의 신청 절차 및 평가 방법 등에 관하여 필요한 사항은 대통령령으로 정한다.

(2) 국제공동연구의 촉진(법 제62조)

① 정부는 국민경제의 지속 가능하고 균형 있는 발전을 위하여 방재기술 및 방재산업에 관한 국제공동연구를 촉진하기 위한 시책을 마련하여야 한다.

② 정부는 ①에 따른 국제공동연구를 촉진하기 위하여 다음의 사업을 추진할 수 있다.

　㉠ 방재기술 및 방재산업의 국제협력을 위한 조사·연구

　㉡ 방재기술 및 방재산업에 관한 인력·정보의 국제 교류

　㉢ 방재기술 및 방재산업에 관한 전시회·학술회의의 개최

　㉣ 방재기술 및 방재산업의 해외시장 개척

　㉤ 자연재해 예방을 위한 기술개발

　㉥ 그 밖에 국제공동연구를 촉진하기 위하여 필요하다고 인정하는 사업

(3) 방재기술정보의 보급 등(법 제63조)

① 정부는 우수한 방재기술의 보급 및 방재기술정보의 수집·보급에 관한 구체적인 시책을 마련하여야 한다.

② 정부는 ①에 따른 방재기술의 보급 및 방재기술정보의 수집·보급을 위하여 방재기술정보를 전산화하여 관리할 수 있다.

③ 행정안전부장관은 방재기술정보의 전산화를 위하여 필요한 정보를 관계 기관의 장에게 요청할 수 있다.
④ 정부는 재난관리책임기관, 방재연구기관, 방재 분야 산업체, 그 밖의 재난 관련 단체에 방재기술의 개발, 우수한 방재기술의 도입 및 방재기술정보의 교환을 권고할 수 있다.
⑤ 행정안전부장관은 재해 예방을 위하여 필요하다고 인정하면 관계 중앙행정기관 또는 지방자치단체의 장에게 우수한 방재기술을 사용하고 보급하도록 권고할 수 있다.

> **더 알아두기** 방재기술정보의 보급 등(시행령 제54조)
>
> 행정안전부장관은 다음의 업무를 수행하며, 그 자료·정보 등을 수요자가 이용하게 할 수 있다.
> 1. 방재기술정보의 유통망 구축
> 2. 방재기술정보의 표준화
> 3. 방재기술정보의 전산화 및 전산자료 제작
> 4. 방재기술정보의 수집·관리 및 보급
> 5. 1.부터 4.까지의 업무를 위한 방재 관련 기관 또는 단체와의 공동사업

(4) 수수료(법 제63조의2)

제38조제2항에 따라 방재관리대책 업무 대행자 등록 및 변경등록을 하려는 자는 행정안전부령으로 정하는 바에 따라 행정안전부장관에게 수수료를 내야 한다. 다만, 행정안전부장관이 제76조제2항에 따라 업무를 위탁한 경우에는 그 업무를 위탁받은 기관 또는 단체에 수수료를 내야 한다.

07 보 칙

1 방재시설의 유지·관리

(1) 방재시설의 유지·관리 평가(법 제64조)

① 재난관리책임기관의 장은 재해 예방을 위하여 대통령령으로 정하는 소관 방재시설을 성실하게 유지·관리하여야 한다.

방재시설(시행령 제55조)

"대통령령으로 정하는 소관 방재시설"이란 다음의 시설을 말한다.
1. 소하천정비법에 따른 소하천부속물 중 제방·호안·보 및 수문
2. 하천법에 따른 하천시설 중 댐·하구둑·제방·호안·수제·보·갑문·수문·수로터널·운하 및 관측시설
3. 국토의 계획 및 이용에 관한 법률에 따른 방재시설
4. 하수도법에 따른 하수도 중 하수관로 및 하수종말처리시설
5. 농어촌정비법에 따른 농업생산기반시설 중 저수지, 양수장, 관정 등 지하수이용시설, 배수장, 취입보(取入洑 : 하천에서 관개용수를 수로에 끌어 들이기 위하여 만든 저수시설을 말한다), 용수로, 배수로, 유지, 방조제 및 제방
6. 사방사업법에 따른 사방시설
7. 댐건설·관리 및 주변지역지원 등에 관한 법률에 따른 댐
8. 도로법에 따른 도로의 부속물 중 방설(防雪 : 눈피해 방지)·제설시설, 토사유출·낙석 방지시설, 공동구, 같은 법 시행령에 따른 터널·교량·지하도 및 육교
9. 기본법 제38조에 따른 재난 예보·경보 시설
10. 항만법에 따른 방파제·방사제·파제제 및 호안
11. 어촌·어항법에 따른 방파제·방사제·파제제
12. 그 밖에 행정안전부장관이 방재시설의 유지·관리를 위하여 필요하다고 인정하여 고시하는 시설

② 행정안전부장관은 재난관리책임기관별로 소관 방재시설의 유지·관리에 대한 평가를 할 수 있다.
③ ①과 ②에 따른 방재시설의 관리 및 평가에 필요한 사항은 대통령령으로 정한다.

방재시설의 유지·관리 평가(시행령 제56조)

1. 법 제64조에 따른 방재시설의 유지·관리 평가는 다음의 구분에 따른다.
   ① 방재시설에 대한 정기 및 수시 점검사항의 평가
   ② 방재시설의 유지·관리에 필요한 예산·인원·장비 등 확보사항의 평가
   ③ 방재시설의 보수·보강계획 수립·시행 사항의 평가
   ④ 재해발생 대비 비상대처계획의 수립사항 평가
2. 방재시설의 유지·관리 평가는 1.의 각각에 대하여 연 1회 실시하되, 평가항목·평가기준 및 평가방법 등 평가에 필요한 사항은 행정안전부장관이 정하여 고시한다.

(2) 방재산업 관련 비영리법인의 육성(법 제64조의2)

행정안전부장관은 방재기술 개발·보급 및 방재산업 육성의 촉진을 위하여 민법, 그 밖의 법률에 따라 설립된 방재산업 관련 비영리 법인이 다음의 사업을 수행하는 경우 관련 정보의 제공 등 사업추진에 필요한 지원을 할 수 있다.

① 방재기술의 연구·개발 사업

② 방재산업의 시장동향, 방재기술의 활용실태, 방재제품 수요 등에 관한 정보의 수집·분석 등 조사사업

③ 제59조제2항 각 호의 방재기술의 실용화 촉진을 위한 사업

④ 제62조제2항 각 호의 국제공동연구 촉진을 위한 사업

⑤ 새로운 방재기술의 실용화 및 방재산업 육성을 위한 공제사업

2 방재전문교육 등

(1) 공무원 및 기술인 등의 교육(법 제65조)

① 재해 관련 업무에 종사하는 공무원은 대통령령으로 정하는 바에 따라 방재교육을 받아야 한다.

② 재해 관련 기술인을 고용한 자는 대통령령으로 정하는 바에 따라 그 기술인에 대하여 행정안전부장관이 실시하는 교육을 받게 하여야 한다.

③ 행정안전부장관은 ①과 ②의 교육을 위하여 필요하다고 판단되면 전문교육과정을 운영할 수 있다. 이 경우 행정안전부장관은 전문교육과정의 운영을 대통령령으로 정하는 바에 따라 전문기관 또는 단체에 위탁할 수 있다.

④ 행정안전부장관은 대통령령으로 정하는 바에 따라 ②에 따른 교육에 드는 경비를 교육 대상자를 고용한 자로부터 징수할 수 있다.

(2) 공무원 및 기술인 등의 교육(시행령 제57조)

① 법 제65조제1항 및 제2항에 따라 방재교육을 받아야 하는 대상자(교육대상자)

    ㉠ 중앙행정기관 및 지방자치단체의 재해 관련 업무 담당 공무원

    ㉡ 재난 및 안전관리 기본법 시행령 제3조에 따른 재난관리책임기관에 근무하는 재해 관련 업무 종사자

    ㉢ 재해 관련 업종에 종사하는 기술인

    ㉣ 자원봉사단체, 구호단체, 협의회, 학교 등 민간 분야의 교육 희망자

② ①의 ㉠에 해당하는 사람으로서 재해 관련 업무에 종사한 경력이 2년 미만인 사람은 재해 관련 업무를 담당한 후 1년이 되기 전까지 1회 이상 ①에 따른 방재교육을 받아야 한다.

③ ①과 ②에 따른 교육대상자의 교육 횟수·과정 등에 관하여 필요한 사항은 행정안전부장관이 정한다.

(3) 방재전문교육과정(시행령 제58조)

① 전문교육과정은 영 제57조에 따른 교육대상자 중 전문교육이 필요한 분야에 근무하는 종사자들을 대상으로 한다.

② 행정안전부장관은 ①에 따른 전문교육 대상자 중 특수한 기술과 지식을 필요로 하는 종사자들에 대한 특수전문교육과정을 따로 운영하거나 외부 전문기관 및 단체에 위탁하여 교육할 수 있다. 이 경우 행정안전부장관은 특수전문교육과정 중 평가에 관한 사항을 별도로 위탁할 수 있다.

③ 행정안전부장관은 ②의 후단에 따른 평가에 합격한 공무원과 기술인에게 방재전문인력 인증서를 발급할 수 있다.

④ 법 제38조제2항에 따라 기술인력을 갖추고 대행자로 등록한 자는 법 제65조제2항에 따라 그 기술인력이 별표 3의3에 따른 시기마다 보수교육(補修敎育)을 받게 해야 한다.

⑤ 행정안전부장관은 다양한 교육 기회의 확대 및 원격교육의 선진적인 교수・학습법이 교육비용의 절감 등을 위하여 필요하다고 인정되는 경우에는 법 제65조제3항에 따른 전문교육과정 중 일부를 사이버교육으로 운영할 수 있으며, 이를 위하여 관계 기관에 협조를 요청할 수 있다.

⑥ ①부터 ⑤까지에서 규정한 사항 외에 특수전문교육과정의 운영, 위탁 및 방재전문인력 인증 등에 필요한 사항은 행정안전부령으로 정하는 기준에 따라 행정안전부장관이 정한다.

(4) 사이버교육의 운영(시행규칙 제27조)

① 행정안전부장관은 영 제58조제5항에 따른 사이버교육의 운영을 위하여 사이버 방재교육 홍보시스템을 구축・운영할 수 있다.

② 행정안전부장관은 ①에 따른 사이버 방재교육 홍보시스템의 운영을 방재 관련 전문기관・단체에 위탁할 수 있다. 이 경우 그 운영에 필요한 비용을 지원할 수 있다.

③ 사이버 방재교육 홍보시스템의 운영 및 관리에 필요한 사항은 행정안전부장관이 정한다.

(5) 특수전문교육과정 운영기준(시행규칙 제27조의2)

① 행정안전부장관은 영 제58조제6항에 따라 다음의 사항이 포함되도록 특수전문교육과정의 운영 및 위탁 관련 내용을 정하여야 한다.

　㉠ 위탁교육기관 지정을 위한 절차 및 방법에 관한 사항

　㉡ 영 제58조제3항에 따른 방재전문인력 인증서 발급을 위한 세부 기준 및 방법에 관한 사항

　㉢ 교육운영계획 수립에 관한 사항

　㉣ 교육 운영 상황의 실적 보고에 관한 사항

　㉤ 교육생 선발, 교육시간, 교과목 편성에 관한 사항

ⓗ 위탁교육기관 지도·점검 관리에 관한 사항

ⓢ 그 밖에 교육 운영에 필요한 사항

② 영 제58조제3항의 방재전문인력 인증서는 별지 제14호의2서식에 따른다.

(6) 방재 분야 전문인력의 양성(법 제65조의2)

① 국가와 지방자치단체는 방재정책의 고도화·전문화에 따른 방재 분야 전문 인력의 양성을 위하여 필요한 시책을 마련하여야 한다.

② 행정안전부장관은 ①에 따른 전문인력을 양성하기 위하여 고등교육법 제2조에 따른 학교를 전문인력 양성기관으로 지정하여 필요한 교육 및 훈련을 실시하게 할 수 있다.

③ 지역자율방재단

(1) 지역자율방재단의 구성 등(법 제66조)

① 시장·군수·구청장은 지역의 자율적인 방재 기능을 강화하기 위하여 지역주민, 봉사단체, 방재 관련 업체, 전문가 등으로 지역자율방재단을 구성·운영할 수 있다.

② 행정안전부장관 및 지방자치단체의 장은 지역자율방재단을 활성화하기 위하여 예산 등을 지원할 수 있으며, 시장·군수·구청장은 지역자율방재단 구성원의 재해 예방, 대응, 복구 활동 등 기여도에 따라 복구사업에 우선 참여하게 하는 등 필요한 사항을 지원할 수 있다.

③ 시장·군수·구청장은 지역자율방재단의 구성원이 재해 예방·대응·복구 활동 등에 참여 또는 교육·훈련으로 인하여 질병에 걸리거나 부상을 입거나 사망한 때에는 행정안전부령으로 정하는 범위에서 시·군·구의 조례로 정하는 바에 따라 보상금을 지급하여야 한다.

④ 지역자율방재단의 구성·운영 및 지원 등에 필요한 사항은 대통령령으로 정한다.

(2) 지역자율방재단의 구성원에 대한 보상(시행규칙 제27조의3)

① 법 제66조제3항에 따른 보상의 종류는 다음과 같다.

ⓐ 요양보상

ⓑ 장해보상

ⓒ 장례보상

ⓓ 유족보상

② ①의 각각에 따른 보상의 종류별 지급기준(시행령 별표 4)은 다음과 같다.

보상등급		보상금 결정 기준	비고
요양보상		지방서기보 10호봉 봉급액 5년분	
장례보상		지방서기보 10호봉 봉급액 3월분	
유족보상		지방서기보 10호봉 봉급액 10년분	※ 부상의 범위 및 등급에 관하여는 의사상자 등 예우 및 지원에 관한 법률 시행령 별표 1을 준용한다.
신체 등급별 장해 보상	제1급	유족보상금의 100/100	
	제2급	유족보상금의 88/100	
	제3급	유족보상금의 76/100	
	제4급	유족보상금의 64/100	
	제5급	유족보상금의 52/100	
	제6급	유족보상금의 40/100	
	제7급	유족보상금의 20/100	
	제8급	유족보상금의 10/100	
	제9급	유족보상금의 5/100	

③ ① 및 ②에서 규정한 사항 외에 재해보상금의 지급방법 및 절차 등에 관한 세부적인 사항은 시·군 또는 자치구의 조례로 정한다.

> **더 알아두기** **지역자율방재단의 구성·운영(시행령 제60조)**
>
> 1. 지역자율방재단은 시·군·구 단위로 구성·운영한다. 다만, 시장·군수·구청장이 지역자율방재단의 효율적 운영을 위하여 필요하다고 인정하는 경우에는 읍·면·동 단위로도 구성·운영할 수 있다.
> 2. 시장·군수·구청장은 지역 안에서 자연재해 예방에 관심이 많으며 조직 구성 및 운영능력이 있다고 인정되는 단체로 하여금 지역자율방재단의 구성 및 운영을 선도하게 할 수 있다.
> 3. 지역자율방재단의 단장(이하 "지역자율방재단장"이라 한다)은 재난 분야에 대한 학식과 경험이 있는 사람 중에서 단원이 호선(互選)하여 시장·군수·구청장이 임명한다.
> 4. 이 영에서 규정한 사항 외에 지역자율방재단의 구성 및 운영에 필요한 사항은 해당 시·군·구의 조례로 정한다.

(3) 소집 등(시행령 제61조)

① 재난의 예방·대비·대응·복구 등을 위하여 필요한 경우 지역자율방재단장 또는 시장·군수·구청장은 지역자율방재단을 소집할 수 있다. 다만, 시장·군수·구청장이 소집하려는 경우에는 미리 지역자율방재단장과 협의하여야 한다.

② 시장·군수·구청장은 소집된 지역자율방재단원이 재난의 예방·대비·대응·복구 등의 임무를 수행하는 때에는 예산의 범위에서 수당을 지급할 수 있다.

③ 수당의 지급방법 등에 관하여 필요한 사항은 시·군·구의 조례로 정한다.

(4) 교육 및 훈련 등(시행령 제62조)

① 시장·군수·구청장은 지역자율방재단원에 대하여 교육 및 훈련을 실시할 수 있다.

② 지역자율방재단원 교육은 시장·군수·구청장이 직접 실시하거나 전문기관 또는 단체 등에 위탁하여 실시할 수 있다.

③ ①과 ②에서 규정한 사항 외에 지역자율방재단의 교육·훈련에 필요한 사항은 해당 시·군·구의 조례로 정한다.

(5) 평가 등(시행령 제63조)

① 행정안전부장관 및 시·도지사는 지역자율방재단의 원활한 운영을 위하여 필요한 경우 지역자율방재단의 운영 등에 대하여 평가할 수 있다.

② 행정안전부장관 및 시·도지사는 ①에 따라 평가를 한 경우에는 평가 결과에 따라 우수한 지역자율방재단 및 시·군·구에 대하여 포상 및 지원을 할 수 있다.

(6) 중앙지원단의 구성·운영(시행령 제64조)

① 행정안전부장관은 지역자율방재단의 구성 및 운영의 활성화를 도모하기 위하여 민간전문가 등으로 구성된 중앙지원단을 구성·운영할 수 있다.

② 중앙지원단의 구성 및 운영에 필요한 사항은 행정안전부장관이 정한다.

(7) 예산 지원(시행령 제65조)

행정안전부장관과 지방자치단체의 장은 법 제66조제2항에 따라 지역자율방재단의 활동 및 운영에 필요한 비용을 실비(實費)로 지급할 수 있다.

4 전국자율방재단

(1) 전국자율방재단연합회(법 제66조의2)

① 지역자율방재단 상호 간의 교류와 협력 증진을 위하여 전국자율방재단연합회(이하 "연합회"라 한다)를 설립할 수 있다.

② 연합회의 구성 및 운영 등에 필요한 사항은 행정안전부령으로 정한다.

(2) 전국연합회의 업무(시행규칙 제27조의4)

법 제66조의2에 따른 전국자율방재단연합회(이하 "전국연합회"라 한다)는 법 제66조에 따른 지역자율방재단(이하 "지역자율방재단"이라 한다) 상호 간의 교류와 협력 증진을 위하여 다음의 업무를 수행한다.

① 지역자율방재단 구성원의 복리증진에 관한 사항

② 지역자율방재단의 현안에 대한 협의 및 처리에 관한 사항

(3) 전국연합회의 구성(시행규칙 제27조의5)

① 전국연합회의 회원은 특별시·광역시·특별자치시·도·특별자치도(이하 "시·도"라 한다)별로 해당 시·도의 지역자율방재단 구성원으로 구성된 연합회(이하 "시·도자율방재단연합회"라 한다)의 회장 및 부회장이 된다. 이 경우 시·도자율방재단연합회의 부회장인 회원은 시·도별로 2명을 초과할 수 없다.

② 시·도자율방재단연합회의 구성 및 운영 등에 필요한 세부 사항은 시·도의 조례로 정한다.

(4) 전국연합회의 임원(시행규칙 제27조의6)

① 전국연합회에 다음의 임원을 둔다.

    ㉠ 회장 1명

    ㉡ 부회장 2명

    ㉢ 감사 2명

    ㉣ 사무총장 1명

② 회장, 부회장 및 감사는 제27조의9에 따른 총회에서 선출한다.

③ 사무총장은 회장이 임명한다.

(5) 임원의 임기(시행규칙 제27조의7)

① 전국연합회 회장의 임기는 3년으로 하며, 한 차례만 연임할 수 있다.

② 전국연합회 부회장, 감사 및 사무총장의 임기는 3년으로 한다.

(6) 임원의 직무(시행규칙 제27조의8)

① 전국연합회의 회장은 전국연합회를 대표하고, 제27조의9에 따른 총회의 의장이 되며, 전국연합회의 사무를 총괄한다.

② 전국연합회의 부회장은 회장을 보좌하고, 회장이 부득이한 사유로 직무를 수행할 수 없을 때에는 회장이 미리 지명한 부회장이 그 직무를 대행한다.

③ 전국연합회의 감사는 전국연합회의 업무와 회계를 감사(監査)한다.

④ 전국연합회의 사무총장은 회장의 명을 받아 사무를 처리한다.

(7) 총회(시행규칙 제27조의9)

① 전국연합회의 회의는 정기총회와 임시총회로 구분한다.

② 정기총회는 매년 1회 3월 31일 이전에 회장이 소집하여 개최한다.

③ 임시총회는 회장이 필요하다고 인정하거나 재적회원 3분의 1 이상이 요구할 때에 회장이 소집한다.

④ 총회에서는 다음의 사항을 의결한다.

    ㉠ 전국연합회의 회장, 부회장 및 감사의 선출에 관한 사항

    ㉡ 전국연합회 운영에 관한 사항

    ㉢ 회계감사 결과에 관한 사항

    ㉣ 그 밖에 회장이 총회에 부치는 사항

(8) 의결(시행규칙 제27조의10)

전국연합회의 총회는 재적회원 3분의 2 이상의 출석으로 개회(開會)하고, 출석회원 과반수의 찬성으로 의결한다.

(9) 운영세칙(시행규칙 제27조의11)

이 영에서 규정한 사항 외에 전국연합회의 운영 등에 필요한 세부 사항은 총회의 의결을 거쳐 전국연합회의 회장이 정한다.

5 손실보상 등

(1) 주민의사의 정책 반영 등(법 제67조)

① 행정안전부장관과 지방자치단체의 장은 방재정책의 발전을 위하여 전문조사기관 등에 의뢰하여 주민여론 및 자연재해 의식조사 등을 할 수 있다.

② 행정안전부장관과 지방자치단체의 장은 ①에 따라 실시한 주민여론 및 자연재해 의식조사 등의 결과를 각종 방재정책의 수립에 반영하여야 한다.

(2) 손실보상(법 제68조)

① 국가나 지방자치단체는 제11조제1항에 따른 조치로 인하여 손실이 발생하였을 때에는 보상하여야 한다.

② ①에 따른 손실보상에 관하여는 손실을 입은 자와 그 조치를 한 중앙행정기관의 장, 시·도지사 또는 시장·군수·구청장이 협의하여야 한다.

③ ②에 따른 협의가 성립되지 아니하였을 때에는 대통령령으로 정하는 바에 따라 공익사업을 위한 토지 등의 취득 및 보상에 관한 법률 제51조에 따른 관할 토지수용위원회에 재결을 신청할 수 있다.

재결의 신청(시행령 제66조)

재결을 신청하려는 자는 행정안전부령으로 정하는 바에 따라 다음의 사항을 적은 재결신청서를
관할 토지수용위원회에 제출하여야 한다.
1. 재결 신청인과 상대방의 주소 및 성명
2. 손실 발생의 사실
3. 처분청이 결정한 손실보상액과 신청인이 제출한 손실액의 명세
4. 손실보상에 관한 협의의 경과

④ ③에 따른 재결에 관하여는 공익사업을 위한 토지 등의 취득 및 보상에 관한 법률 제83조부터
제86조까지의 규정을 준용한다.

(3) 법률 등을 위반한 자에 대한 처분(법 제69조)

① 행정안전부장관, 중앙대책본부장, 시 · 도지사, 시장 · 군수 또는 구청장은 다음의 어느 하나
에 해당하는 자에 대하여 이 법에 따른 허가 · 인가 등의 취소, 공사의 중지, 인공구조물 등의
개축 또는 이전, 그 밖에 필요한 처분을 하거나 조치를 명할 수 있다.
㉠ 이 법 또는 이 법에 따른 명령이나 처분을 위반한 자
㉡ 부정한 방법으로 이 법에 따른 허가 · 인가 등을 받은 자
㉢ 사정의 변경으로 인하여 개발사업 등을 계속 시행하는 것이 현저하게 공익을 해칠 우려가
있다고 인정되는 경우에 그 개발사업 등의 허가를 받은 자 또는 시행자
② 행정안전부장관, 시 · 도지사, 시장 · 군수 또는 구청장은 ①의 ㉢에 따라 필요한 처분을 하거
나 조치를 명하였을 때에는 이로 인하여 발생한 손실을 보상하여야 한다.
③ ②에 따른 손실보상에 관하여는 제68조제2항부터 제4항까지의 규정을 준용한다.

(4) 국고보조 등(법 제70조)

국가는 자연재해위험개선지구 정비, 우수유출저감시설사업 등의 자연재해 예방대책, 자연재해
응급대책 또는 자연재해 복구사업을 원활하게 추진하기 위하여 필요하면 그 비용(제68조에 따른
손실보상금을 포함한다)의 전부 또는 일부를 국고에서 부담하거나 지방자치단체 또는 재난관리
책임기관에 보조할 수 있다.

6 한국방재협회

(1) 한국방재협회의 설립(법 제72조)

① 재해대책에 관한 연구 및 정보교류의 활성화와 국민방재역량 제고를 위하여 한국방재협회(이
하 "협회"라 한다)를 설립할 수 있다.

② 협회는 법인으로 한다.

③ 협회는 주된 사무소의 소재지에서 설립등기를 함으로써 성립한다.

④ 협회의 회원은 다음의 사람과 단체 등으로 한다.

    ㉠ 재해대책 분야와 관련된 연구단체 및 용역업에 종사하는 사람

    ㉡ 재해대책에 관한 학식과 경험이 풍부한 사람으로서 회원이 되려는 사람

    ㉢ 재해대책 분야와 관련된 용역·물자의 생산 및 공사 등을 하는 단체 및 업체

    ㉣ 그 밖에 정관으로 정하는 사람

⑤ 협회는 다음의 업무를 수행한다.

    ㉠ 재해 예방과 방재의식의 고취를 위한 교육 및 홍보

    ㉡ 재해 예방, 재해 응급대책 및 재해 복구 등에 관한 자료의 조사·수집 및 보급

    ㉢ 재해 예방, 재해 응급대책 및 재해 복구 등에 관한 각종 간행물의 발간

    ㉣ 재해대책에 관한 정부 위탁사업의 수행

    ㉤ 방재 분야 기술발전을 위한 관련 산업의 육성·지원

    ㉥ 민간주도의 재해 관련 국내외 행사의 유치

    ㉦ 방재 분야 전문인력의 양성 지원 및 인력 데이터베이스 구축 관리

    ㉧ 그 밖에 재해대책에 관련되는 사항으로서 대통령령으로 정하는 사항

⑥ 행정안전부장관 및 지방자치단체의 장은 재난 발생에 대응하여 신속한 처리가 필요한 경우 등에만 ⑤의 ㉠부터 ㉧까지의 업무와 관련된 용역업무를 협회에 위탁할 수 있다.

(2) 협회의 정관 등(법 제73조)

① 협회의 정관 기재사항, 임원의 수 및 임기, 선임 방법, 감독 및 등기 등에 관하여 필요한 사항은 대통령령으로 정한다.

② 협회의 운영 경비는 회비나 그 밖의 사업 수입으로 충당한다.

③ 협회에 관하여 이 법에 규정된 것을 제외하고는 민법 중 사단법인에 관한 규정을 준용한다.

더 알아두기	협회의 정관 기재사항(시행령 제67조)
1. 목 적	2. 명 칭
3. 사무소의 소재지	4. 사업에 관한 사항
5. 회원 자격에 관한 사항	6. 회비에 관한 사항
7. 재산 및 회계에 관한 사항	8. 임원 및 직원에 관한 사항
9. 기구 및 조직에 관한 사항	10. 총회 및 이사회에 관한 사항
11. 정관 변경에 관한 사항	

1. 협회의 임원은 회장·부회장·이사 및 감사로 하되, 70명 이내로 한다.
2. 회장과 감사는 총회에서 선출하고, 그 밖의 임원은 정관에서 정하는 바에 따라 선출한다.
3. 임원의 임기는 3년으로 한다. 다만, 보궐임원의 임기는 전임자의 남은 임기로 한다.
4. 1.부터 3.까지에서 규정한 사항 외에 임원의 연임 등에 관하여 필요한 사항은 정관에서 정한다.

협회는 다음의 사항을 행정안전부장관에게 보고하여야 한다.
1. 총회 또는 이사회의 중요 의결사항
2. 회원의 실태에 관한 사항
3. 그 밖에 협회의 운영과 회원에게 관계되는 중요한 사항으로서 행정안전부령으로 정하는 사항

1. 목 적	2. 명 칭
3. 사무소의 소재지	4. 설립인가 연월일
5. 임원의 성명 및 주소	6. 자산 총액

7 자연재해로 인한 피해, 평가, 포상 등

(1) 자연재해로 인한 피해사실확인서 발급(법 제74조)

① 시장·군수·구청장은 자연재해로 발생한 피해에 대하여 피해사실확인서(이하 "사실확인서"라 한다)를 발급할 수 있다.
② 사실확인서 발급에 필요한 사항은 대통령령으로 정한다.

1. 자연재해로 발생한 피해에 대하여 피해사실확인서를 발급받으려는 자(그 대리인을 포함)는 행정안전부령으로 정하는 서식에 따라 피해사항을 작성하여 피해시설이 있는 시장·군수·구청장 또는 읍·면장에게 제출하여야 한다.
2. 시장·군수·구청장은 1.에 따라 피해사실확인서의 발급을 요청받은 경우에는 피해사실확인서를 발급하고, 행정안전부령으로 정하는 바에 따라 피해사실확인서 발급대장에 그 사실을 적어야 한다.

(2) 평가 및 포상(법 제75조)

① 행정안전부장관은 제4조, 제8조, 제12조부터 제14조까지, 제16조부터 제21조까지, 제26조, 제29조, 제33조, 제36조, 제37조, 제48조, 제66조 및 그 밖에 이 법에 따른 자연재해의 예방·복구 및 대책에 관한 지방자치단체의 장의 임무를 정기적으로 평가하고 그 평가 결과를 지방자치단체의 장에게 통보할 수 있다. 이 경우 평가 결과를 통보받은 지방자치단체의 장은 평가 결과에 따라 자연재해의 예방·복구 및 대책에 필요한 조치를 하여야 한다.

② 행정안전부장관은 ①에 따른 평가 결과에 따라 우수한 지방자치단체의 장을 선정하여 포상할 수 있다.

③ ①과 ②에 따른 평가 및 포상에 필요한 사항은 대통령령으로 정한다.

> **더 알아두기** 평가 및 포상(시행령 제72조)
>
> 1. 행정안전부장관은 지방자치단체의 장의 임무에 대한 평가계획을 수립하고, 매년 정기적으로 평가를 하여야 한다.
> 2. 행정안전부장관은 1.에 따른 평가 결과 부진한 사항에 대해서는 관계 지방자치단체의 장에게 보완조치를 요구할 수 있고, 우수한 경우에 대해서는 예산 지원 및 포상 등 필요한 조치를 할 수 있다.

(3) 자연재해 안전도 진단(법 제75조의2)

① 행정안전부장관은 방재정책 전반의 환류(還流) 체계를 구축하고, 자주적인 방재 역량의 제고와 저변 확대를 위하여 특별자치시·특별자치도·시·군·구별로 자연재해 안전도 진단을 할 수 있다.

② 1.에 따른 자연재해 안전도 진단 내용에는 다음의 사항이 포함되어야 한다.
   ㉠ 해당 지방자치단체의 피해 발생 빈도와 피해 규모의 분석
   ㉡ 해당 지방자치단체의 피해 저감 능력을 진단하기 위한 진단지표 및 진단기준에 따른 분석

③ 1.에 따른 자연재해 안전도 진단에 관한 절차와 그 밖에 필요한 사항은 대통령령으로 정한다.

> **더 알아두기** 자연재해 안전도 진단 절차 등(시행령 제72조의2)
>
> 1. 자연재해 안전도 진단은 매년 실시할 수 있다.
> 2. 행정안전부장관은 법 제75조의2에 따른 자연재해 안전도 진단의 진단지표 및 진단기준 등을 정할 수 있다.
> 3. 행정안전부장관은 1.에 따른 자연재해 안전도 진단결과에 따라 특별자치시·특별자치도 및 시·군·구에 대하여 행정적·재정적 지원 등의 조치를 할 수 있다.

행정안전부장관은 지역안전도 진단 결과에 대하여 특별자치시·특별자치도·시·군·구별로 구분하여 진단 등급을 부여할 수 있다.

(4) 권한의 위임 등(법 제76조)

① 이 법에 따른 행정안전부장관 또는 중앙대책본부장의 권한은 대통령령으로 정하는 바에 따라 그 일부를 지방자치단체의 장 또는 시·도 본부장에게 위임할 수 있다.

② 이 법에 따른 행정안전부장관 또는 중앙대책본부장의 업무는 대통령령으로 정하는 바에 따라 그 일부를 관련 분야 전문 기관 또는 단체에 위탁할 수 있다.

더 알아두기   권한의 위임(시행령 제73조)

1. 중앙대책본부장은 자연재해 상황을 조사하는 경우 사유시설 피해(산사태 피해는 제외한다)와 시설물별 피해액이 5,000만원 이하인 공공시설에 대한 피해 조사권한을 시·도 본부장에게 위임한다.

2. 행정안전부장관은 재해영향평가 등의 협의에 관한 권한 중 다음에 해당하는 권한을 해당 각 호에서 정하는 바에 따라 시·도지사 또는 시장·군수·구청장에게 위임한다.

   ① 시·도지사 및 시·도를 관할구역으로 하는 특별지방행정기관의 장이 요청하는 재해영향 평가 등의 협의(2개 이상의 시·도를 대상으로 하는 개발계획 등에 대하여 재해영향평가 등의 협의를 요청하는 경우는 제외한다) : 해당 시·도지사

   ② 시장·군수·구청장 및 시·군·구를 관할구역으로 하는 특별지방행정기관의 장이 요청하는 재해영향평가 등의 협의 : 해당 시장·군수·구청장

   ③ 동일 시·도 내 2개 이상의 시·군·구를 대상으로 하는 개발계획 등에 대하여 시장·군수·구청장 및 특별지방행정기관의 장이 요청하는 재해영향평가 등의 협의 : 해당 시·도지사

3. 행정안전부장관은 법 제76조제1항에 따라 다음에 해당하는 권한을 해당 권한을 위임받은 시·도지사 또는 시장·군수·구청장에게 위임한다.

   ① 법 제5조의2제1항에 따른 재해영향평가 등의 재협의

   ② 법 제6조제1항에 따른 조치결과 또는 조치계획 통보의 접수

   ③ 법 제6조의4제3항에 따른 확인결과 통보의 접수

   ④ 법 제6조의5제3항에 따른 공사 중지 또는 그 밖에 필요한 조치의 요청

   ⑤ 법 제6조의5제4항에 따른 조치결과 통보의 접수

   ⑥ 법 제7조제4항에 따른 공사 중지 등 필요한 조치의 요청

4. 행정안전부장관은 법 제76조제2항에 따라 다음의 업무를 행정안전부장관이 정하여 고시하는 기관 또는 단체에 위탁할 수 있다.

   ① 법 제38조제2항에 따른 대행자의 등록 및 변경등록

   ② 법 제40조의2제2항에 따른 대행자의 권리·의무 승계 신고의 접수

   ③ 법 제41조에 따른 대행자의 업무 휴업·폐업 및 재개 신고의 접수

5. 행정안전부장관은 4.에 따라 업무를 위탁한 경우에는 위탁받는 기관 및 위탁업무 등을 고시해야 한다.

(5) 벌칙 적용에서 공무원 의제(법 제76조의2)

다음의 어느 하나에 해당하는 사람은 형법 제127조 및 제129조부터 제132조까지의 규정을 적용할 때에는 공무원으로 본다.

① 심의위원회의 위원 중 공무원이 아닌 사람
② 제65조제3항에 따라 위탁받은 전문교육과정 운영 업무에 종사하는 전문기관 또는 단체의 임직원
③ 제76조제2항에 따라 위탁받은 업무에 종사하는 전문 기관 또는 단체의 임직원

08   벌 칙

1 벌 칙

(1) 벌칙(법 제77조)

① 다음의 어느 하나에 해당하는 자는 2년 이하의 징역 또는 2,000만원 이하의 벌금에 처한다.
  ㉠ 제6조의5제2항 또는 제3항에 따른 공사중지 명령을 이행하지 아니한 자
  ㉡ 제7조제4항에 따른 공사중지 명령을 이행하지 아니한 자(2024.7.31. 시행)
② 다음의 어느 하나에 해당하는 자는 1년 이하의 징역 또는 1,000만원 이하의 벌금에 처한다.
  ㉠ 제6조의4제2항을 위반하여 정당한 사유 없이 자료의 제출을 거부하거나 출입·조사를 방해 또는 기피한 자
  ㉡ 제38조제2항에 따른 대행자 등록을 하지 아니하고 방재관리대책 업무를 대행한 자
③ 다음의 어느 하나에 해당하는 자는 500만원 이하의 벌금에 처한다.
  ㉠ 제37조제1항에 따른 비상대처계획을 수립하지 아니한 자
  ㉡ 제65조제3항에 따라 위탁받은 전문교육과정의 출석일수를 허위로 작성하는 등 거짓이나 부정한 방법으로 전문교육과정을 운영한 자

(2) 양벌규정(법 제78조)

법인의 대표자나 법인 또는 개인의 대리인, 사용인, 그 밖의 종업원이 그 법인 또는 개인의 업무에 관하여 제77조의 위반행위를 하면 그 행위자를 벌하는 외에 그 법인 또는 개인에게도 해당 조문의 벌금형을 과(科)한다. 다만, 법인 또는 개인이 그 위반행위를 방지하기 위하여 해당 업무에 관하여 상당한 주의와 감독을 게을리하지 아니한 경우에는 그러하지 아니하다.

2 과태료

(1) 과태료(법 제79조)

① 500만원 이하의 과태료를 부과

㉠ 제6조제3항을 위반하여 관리책임자를 지정하여 통보하지 아니한 자

㉡ 제6조제4항을 위반하여 관리대장에 재해영향평가 등의 협의 내용의 이행 상황 등을 기록하지 아니하거나 관리대장을 공사 현장에 갖추어 두지 아니한 자

㉢ 제6조의2를 위반하여 사업의 착공·준공 또는 중지의 통보를 하지 아니한 자

㉣ 제6조의5제1항 또는 제3항에 따른 조치 명령을 이행하지 아니한 자

② 300만원 이하의 과태료를 부과

㉠ 제12조제2항에 따른 자연재해위험개선지구의 재해 예방을 위한 점검·정비 명령을 이행하지 아니한 자

㉡ 제17조제5항을 위반하여 침수방지시설을 유지·관리하지 아니한 자

㉢ 제19조의6제1항에 따른 우수유출저감시설을 설치하지 아니한 자

㉣ 제21조제2항에 따른 침수흔적 등의 조사를 방해하거나 무단으로 침수흔적 표지를 훼손한 자

㉤ 제25조의3제2항에 따른 해일위험지구의 재해 예방을 위한 점검·정비 명령을 이행하지 아니한 자

㉥ 제40조에 따른 준수사항을 위반한 자

㉦ 제41조에 따른 신고를 하지 아니하고 사업을 휴업하거나 폐업한 자

㉧ 제41조의2에 따른 실태 점검을 거부·기피·방해하거나 거짓 자료를 제출한 대행자 및 방재관리대책 업무를 대행하게 한 자

③ ① 및 ②에 따른 과태료는 대통령령으로 정하는 바에 따라 행정안전부장관, 시·도지사, 시장·군수 또는 구청장이 부과·징수한다.

(2) 과태료의 부과기준(시행령 제75조 관련 별표 4)

법 제79조제1항 및 제2항에 따른 과태료의 부과기준은 다음과 같다.

① 일반기준

ㄱ 위반행위의 횟수에 따른 과태료의 가중된 부과기준은 최근 1년간 같은 위반행위로 과태료 부과처분을 받은 경우에 적용한다. 이 경우 기간의 계산은 위반행위에 대하여 과태료 부과처분을 받은 날과 그 처분 후 다시 같은 위반행위를 하여 적발된 날을 기준으로 한다.

ㄴ ㄱ에 따라 가중된 부과처분을 하는 경우 가중처분의 적용 차수는 그 위반행위 전 부과처분 차수(ㄱ에 따른 기간 내에 과태료 부과처분이 둘 이상 있었던 경우에는 높은 차수를 말한다)의 다음 차수로 한다.

ㄷ 부과권자는 다음의 어느 하나에 해당하는 경우에는 ②에 따른 과태료 금액의 2분의 1 범위에서 그 금액을 줄여 부과할 수 있다. 다만, 과태료를 체납하고 있는 위반행위자에 대해서는 그렇지 않다.

- 위반행위자가 질서위반행위규제법 시행령 제2조의2제1항 각 호의 어느 하나에 해당하는 경우
- 위반행위가 사소한 부주의나 오류로 인한 것으로 인정되는 경우
- 위반행위자가 위반행위를 바로 정정하거나 시정하여 법 위반상태를 해소한 경우
- 그 밖에 위반행위의 횟수, 정도, 위반행위의 동기와 그 결과 등을 고려하여 과태료를 줄일 필요가 있다고 인정되는 경우

ㄹ 부과권자는 위반행위자가 다음의 어느 하나에 해당하는 경우에는 ②에 따른 과태료 금액의 2분의 1 범위에서 그 금액을 늘릴 수 있다. 다만, 늘리는 경우에도 법 제79조제1항 및 제2항에 따른 과태료 금액의 상한을 넘을 수 없다.

- 위반의 내용·정도가 중대하여 이용자 등에게 미치는 피해가 크다고 인정되는 경우
- 법 위반상태의 기간이 3개월 이상인 경우
- 그 밖에 위반행위의 횟수, 정도, 위반행위의 동기와 그 결과 등을 고려하여 과태료를 늘릴 필요가 있다고 인정되는 경우

② 개별기준

(단위 : 만원)

위반행위	근거 법조문	과태료 금액		
		1차 위반	2차 위반	3차 이상 위반
법 제6조제3항을 위반하여 관리책임자를 지정하여 통보하지 않은 경우	법 제79조 제1항제1호	200	300	500
법 제6조제4항을 위반하여 관리대장에 재해영향평가 등의 협의 내용의 이행 상황 등을 기록하지 않거나 관리대장을 공사 현장에 갖추어 두지 않은 경우	법 제79조 제1항제2호	200	300	500
법 제6조의2를 위반하여 사업의 착공·준공 또는 중지의 통보를 하지 않은 경우	법 제79조 제1항제3호	200	300	500
법 제6조의5제1항 또는 제3항에 따른 조치 명령을 이행하지 않은 경우	법 제79조 제1항제4호	200	300	500
법 제12조제2항에 따른 자연재해위험개선지구의 재해 예방을 위한 점검·정비 명령을 이행하지 않은 경우	법 제79조 제2항제1호	100	200	300
법 제19조의6제1항에 따른 우수유출저감시설을 설치하지 않은 경우	법 제76조 제2항제2호	100	200	300
법 제21조제2항에 따른 침수흔적 등의 조사를 방해하거나 무단으로 침수흔적 표지를 훼손한 경우	법 제79조 제2항제3호	100	200	300
법 제25조의3제2항에 따른 해일위험지구의 재해 예방을 위한 점검·정비 명령을 이행하지 않은 경우	법 제79조 제2항제4호	100	200	300
법 제40조에 따른 준수사항을 위반한 경우	법 제79조 제2항제5호	100	200	300
법 제41조에 따른 신고를 하지 않고 사업을 휴업하거나 폐업한 경우	법 제79조 제2항제6호	100	200	300
대행자 및 방재관리대책 업무를 대행하게 한 자가 법 제41조의2에 따른 실태 점검을 거부·기피·방해하거나 거짓 자료를 제출한 경우	법 제79조 제2항제7호	100	200	300

적중예상문제

01 자연재해대책법상 용어의 정의로 옳지 않은 것은?

① "침수흔적도"란 풍수해로 인한 침수 기록을 표시한 도면을 말한다.

② "재해영향성검토"란 자연재해에 영향을 미치는 개발사업으로 인한 재해 유발 요인을 조사·예측·평가하고 이에 대한 대책을 마련하는 것을 말한다.

③ "풍수해"(風水害)란 태풍, 홍수, 호우, 강풍, 풍랑, 해일, 조수, 대설, 그 밖에 이에 준하는 자연현상으로 인하여 발생하는 재해를 말한다.

④ "우수유출저감시설"이란 우수(雨水)의 직접적인 유출을 억제하기 위하여 인위적으로 우수를 지하로 스며들게 하거나 지하에 가두어 두는 시설과 가두어 둔 우수를 원활하게 흐르도록 하는 시설을 말한다.

> **해설** **정의(법 제2조)**
> "재해영향평가"란 자연재해에 영향을 미치는 개발사업으로 인한 재해 유발 요인을 조사·예측·평가하고 이에 대한 대책을 마련하는 것을 말한다.
> ※ "재해영향성검토"란 자연재해에 영향을 미치는 행정계획으로 인한 재해 유발 요인을 예측·분석하고 이에 대한 대책을 마련하는 것을 말한다.

02 자연재해대책법상 상습침수지역이나 재해위험도가 높은 지역에 대하여 침수피해를 방지하기 위해 행정안전부장관이 정한 기준은?

① 수방기준

② 지구단위 홍수방어기준

③ 우수유출저감시설설치기준

④ 자연재해위험개선지구 지정기준

> **해설** **정의(법 제2조제12호)**
> "지구단위 홍수방어기준"이란 상습침수지역이나 재해위험도가 높은 지역에 대하여 침수 피해를 방지하기 위하여 행정안전부장관이 정한 기준을 말한다.

1 ② 2 ② **정답**

03 자연재해대책법상 사전재해영향성 검토협의를 해야 하는 행정계획 및 개발사업에 해당하지 않는 것은?

① 산지 개발 및 골재채취

② 국토·지역계획 및 도시의 개발

③ 관광단지 개발 및 체육시설 조성

④ 재난 및 안전관리 기본법에 따른 응급조치를 위한 사업

> 해설 **재해영향평가 등의 협의 대상(법 제5조제1항)**
> • 국토·지역 계획 및 도시의 개발
> • 산업 및 유통 단지 조성
> • 에너지 개발
> • 교통시설의 건설
> • 하천의 이용 및 개발
> • 수자원 및 해양 개발
> • 산지 개발 및 골재 채취
> • 관광단지 개발 및 체육시설 조성
> • 그 밖에 자연재해에 영향을 미치는 계획 및 사업으로서 대통령령으로 정하는 계획 및 사업

04 자연재해대책법상 다음 (   ) 안에 들어갈 말로 옳은 것은?

> (   )은 상습침수지역, 산사태위험지역 등 지형적인 여건 등으로 인하여 재해가 발생할 우려가 있는 지역을 자연재해위험개선지구로 지정·고시하고, 그 결과를 시·도지사를 거쳐(특별자치시장이 보고하는 경우는 제외한다) 행정안전부장관과 관계 중앙행정기관의 장에게 보고하여야 한다.

① 시장·군수·구청장

② 경찰서장

③ 소방서장

④ 소방본부장

> 해설 **자연재해위험개선지구의 지정 등(법 제12조제1항)**
> 시장·군수·구청장은 상습침수지역, 산사태위험지역 등 지형적인 여건 등으로 인하여 재해가 발생할 우려가 있는 지역을 자연재해위험개선지구로 지정·고시하고, 그 결과를 시·도지사를 거쳐(특별자치시장이 보고하는 경우는 제외한다) 행정안전부장관과 관계 중앙행정기관의 장에게 보고하여야 한다. 이 경우 토지이용규제 기본법 제8조제2항에 따라 지형도면을 함께 고시하여야 한다.

05 자연재해대책법령상 자연재해위험개선지구의 지정기준에서 재해위험 원인에 따른 분류에 해당하지 않는 것은?

① 침수위험지구
② 취약방재시설지구
③ 산사태위험지구
④ 고립위험지구

> 해설 **자연재해위험개선지구의 지정 등(시행령 제8조제1항제1호)**
> 재해위험 원인에 따라 침수위험지구, 유실위험지구, 고립위험지구, 취약방재시설지구, 붕괴위험지구, 해일위험지구, 상습가뭄재해지구로 구분하여 지정하되, 행정안전부장관이 관계 중앙행정기관의 장과 협의하여 정하는 지정 요건을 충족할 것

06 자연재해대책법상 시장·군수·구청장의 자연재해위험개선지구 정비사업계획 수립 주기는?

① 1년
② 3년
③ 5년
④ 10년

> 해설 **자연재해위험개선지구 정비계획의 수립(법 제13조제1항)**
> 시장·군수·구청장은 제12조제1항에 따라 지정된 자연재해위험개선지구에 대하여 정비 방향의 지침이 될 자연재해위험개선지구 정비계획을 5년마다 수립하고 시·도지사(특별자치시장의 경우에는 행정안전부장관)에게 제출하여야 한다.

07 자연재해대책법상 5년마다 시행하도록 규정하지 않는 것은?

① 우수유출저감대책 수립
② 상습가뭄재해지역에 대한 중장기대책
③ 지구단위 홍수방어기준 설정
④ 자연재해위험개선지구 정비계획 수립

> 해설 ③ 중앙행정기관의 장, 시·도지사 및 시장·군수·구청장은 개발사업등의 허가등을 할 때에는 재해 예방을 위하여 사업 대상지역 및 인근지역에 미치는 영향을 분석하여 사업시행자에게 지구단위 홍수방어기준을 적용하도록 요청할 수 있다(법 제18조제3항).
> ① 특별시장·광역시장·특별자치시장·특별자치도지사 및 시장·군수는 관할구역의 지역특성 등을 고려하여 우수의 침투, 저류 또는 배수를 통한 재해의 예방을 위하여 우수유출저감대책을 5년마다 수립하여야 한다(법 제19조제1항).
> ② 시장·군수·구청장은 상습가뭄재해지역에 대한 중장기대책을 5년마다 수립해야 한다(시행령 제24조제1항).
> ④ 시장·군수·구청장은 지정된 자연재해위험개선지구에 대하여 정비 방향의 지침이 될 자연재해위험개선지구 정비계획을 5년마다 수립하고 시·도지사(특별자치시장의 경우에는 행정안전부장관)에게 제출하여야 한다(법 제13조제1항).

08 자연재해대책법상 수해 내구성강화를 위하여 수방기준을 정하여야 하는 시설물이 아닌 것은?

① 하천법 제2조제3호에 따른 하천시설 중 제방
② 댐건설·관리 및 주변지역지원 등에 관한 법률 제2조제1호에 따른 댐 중 보조댐
③ 사방사업법 제2조제3호에 따른 농업생산기반시설
④ 국토의 계획 및 이용에 관한 법률 제2조제6호에 따른 방재시설 중 유수지

> **해설** **수방기준의 제정 대상 시설물 등(시행령 제15조제1호)**
> 수해내구성 강화를 위하여 수방기준을 제정하여야 하는 시설물은 다음과 같다.
> • 소하천정비법 제2조제3호에 따른 소하천부속물 중 제방
> • 하천법 제2조제3호에 따른 하천시설 중 제방
> • 국토의 계획 및 이용에 관한 법률 제2조제6호마목에 따른 방재시설 중 유수지
> • 하수도법 제2조제3호에 따른 하수도 중 하수관로 및 공공하수처리시설
> • 농어촌정비법 제2조제6호에 따른 농업생산기반시설 중 저수지
> • 사방사업법 제2조제3호에 따른 사방시설 중 사방사업에 따라 설치된 공작물
> • 댐건설·관리 및 주변지역지원 등에 관한 법률 제2조제1호에 따른 댐 중 높이 15m 이상의 공작물 및 여수로(餘水路), 보조댐
> • 도로법 시행령 제2조제2호에 따른 교량
> • 항만법 제2조제5호에 따른 방파제(防波堤), 방사제(防砂堤), 파제제(波除堤) 및 호안(護岸)

09 자연재해대책법령상 우수유출저감시설 사업계획에 포함되는 내용으로 옳지 않은 것은?

① 우수유출저감 사업의 우선순위
② 다른 사업과의 중복 또는 연계성 여부
③ 투자우선순위 등 국토교통부장관이 정하는 사항
④ 지역주민의 의견 수렴 결과

> **해설** **우수유출저감시설 사업계획 수립(시행령 제16조제1호)**
> 우수유출저감시설 사업계획에는 다음의 사항이 포함되어야 한다.
> • 우수유출저감시설 사업의 우선순위
> • 다른 사업과의 중복 또는 연계성 여부
> • 재원 확보 방안
> • 지역주민의 의견 수렴 결과
> • 그 밖에 투자우선순위 등 행정안전부장관이 정하는 사항

10 자연재해대책법상 우수유출저감시설에 대한 설명으로 옳지 않은 것은?

① 설치 지역의 연간강수량 및 지형적·지리적 조건, 집수 및 배수계통, 안전성 등을 고려하여 설치하여야 한다.

② 풍수해 및 가뭄피해 경감을 위하여 우수의 기저유출량을 저감하는 기능을 갖추어야 하며, 종류는 침투시설과 저류시설이 있다.

③ 침투시설에는 투수성 포장, 투수성 보도블록 등이 있으며, 단위설계 침투량 등을 충분히 검토한 후 설치 수량을 설정하여야 한다.

④ 저류시설에는 공사장 임시저류지, 습지 등 자연형 저류시설이 포함되며, 해당 지역 내에서 개발 등으로 인하여 증가되는 유출량을 저류할 수 있도록 계획되어야 한다.

> **해설** **우수유출저감시설에 관한 기준(법 제19조의7제1항)**
> 우수유출저감시설은 풍수해 및 가뭄피해 경감을 위하여 우수의 순간유출량을 저감하는 기능을 갖추어야 한다.

11 자연재해대책법상 재해지도의 정의로 옳은 것은?

① 지역별로 자연재해의 예방 및 저감을 위하여 특별시장·광역시장·특별자치시장·도지사·특별자치도지사 및 시장·군수가 자연재해 안전도에 대한 진단 등을 거쳐 수립한 종합계획을 말한다.

② 풍수해로 인한 침수 흔적, 침수 예상 및 재해정보 등을 표시한 도면을 말한다.

③ 풍수해로 인한 침수 기록을 표시한 도면을 말한다.

④ 태풍, 홍수, 호우, 강풍, 풍랑, 해일, 조수, 대설, 그 밖에 이에 준하는 자연현상으로 인하여 발생하는 재해를 말한다.

> **해설** **정의(법 제2조)**
> ① 자연재해저감 종합계획, ③ 침수흔적도, ④ 풍수해

12 자연재해대책법령상 규정한 재해지도에 해당하지 않는 것은?

① 해안침수예상도
② 홍수범람위험도
③ 토석류발생위험도
④ 방재교육형 재해정보지도

> **해설** **재해지도의 종류(시행령 제18조)**
> • 침수흔적도
> • 침수예상도
>   – 홍수범람위험도
>   – 해안침수예상도
> • 재해정보지도
>   – 피난활용형 재해정보지도
>   – 방재정보형 재해정보지도
>   – 방재교육형 재해정보지도

13 자연재해대책법령상 행정안전부장관이 방재관리대책 정보체계의 효율적인 구축과 활용을 촉진하기 위하여 수행할 수 있는 업무가 아닌 것은?

① 정보 피해 발생 원인의 조사·분석
② 정보체계의 표준화 및 고도화
③ 정보체계를 이용한 정보의 공동 활용 촉진
④ 정보체계의 구성·운영에 관한 연구개발 및 기술지원

> **해설** 행정안전부장관은 법 제44조의2제1항에 따른 방재관리대책 정보체계의 효율적인 구축과 활용을 촉진하기 위하여 다음의 업무를 수행할 수 있다(시행령 제32조의6제2항).
> • 정보체계의 구성·운영에 관한 연구개발 및 기술지원
> • 정보체계 구축을 위한 공동 사업의 시행
> • 정보체계의 표준화 및 고도화
> • 정보체계를 이용한 정보의 공동 활용 촉진
> • 그 밖에 정보체계의 구축·활용의 촉진 등에 필요한 사항

14 자연재해대책법령상 재해 유형에 따른 단계별 행동요령에 포함되어야 할 세부사항으로 옳은 것은?

① 복구단계 : 재난정보의 수집 및 전달체계에 관한 사항
② 대비단계 : 피해 발생이 우려되는 시설의 점검·관리에 관한 사항
③ 예방단계 : 부상자 치료대책에 관한 사항
④ 대응단계 : 유관기관 및 민간단체와의 협조·지원에 관한 사항

해설 **재해 유형별 행동 요령에 포함되어야 할 세부 사항(시행규칙 제14조제1항)**

예방단계	• 자연재해위험개선지구·재난취약시설 등의 점검·정비 및 관리에 관한 사항 • 방재물자·동원장비의 확보·지정 및 관리에 관한 사항 • 유관기관 및 민간단체와의 협조·지원에 관한 사항 • 그 밖에 행정안전부장관이 필요하다고 인정하는 사항
대비단계	• 재해가 예상되거나 발생한 경우 비상근무계획에 관한 사항 • 피해 발생이 우려되는 시설의 점검·관리에 관한 사항 • 유관기관 및 방송사에 대한 상황 전파 및 방송 요청에 관한 사항 • 그 밖에 행정안전부장관이 필요하다고 인정하는 사항
대응단계	• 재난정보의 수집 및 전달체계에 관한 사항 • 통신·전력·가스·수도 등 국민생활에 필수적인 시설의 응급복구에 관한 사항 • 부상자 치료대책에 관한 사항 • 그 밖에 행정안전부장관이 필요하다고 인정하는 사항
복구단계	• 방역 등 보건위생 및 쓰레기 처리에 관한 사항 • 이재민 수용시설의 운영 등에 관한 사항 • 복구를 위한 민간단체 및 지역 군부대의 인력·장비의 동원에 관한 사항 • 그 밖에 행정안전부장관이 필요하다고 인정하는 사항

15 자연재해대책법령상 ( ) 안에 들어갈 내용으로 옳은 것은?

> 대규모 재해복구사업은 법 제46조제2항에 따라 확정·통보된 재해복구계획을 기준으로 총 복구비(용지보상비를 포함한다)가 ( ) 이상인 사업을 말한다.

① 10억원   ② 20억원
③ 40억원   ④ 50억원

해설 **재해복구사업 실시계획의 공고 등에 필요한 사항(시행령 제36조의2제1항)**
행정안전부장관이 직접 시행할 수 있는 대규모 재해복구사업은 법 제46조제2항에 따라 확정·통보된 재해복구계획을 기준으로 총 복구비(용지보상비를 포함한다)가 50억원 이상인 사업을 말한다.

16 자연재해대책법상 자연재해복구에 관한 연차보고서에 포함되어야 할 내용으로 옳지 않은 것은?

① 피해 현황 및 복구 개요
② 사유시설 복구추진 현황
③ 재해복구사업 추진관리에 필요한 사항
④ 재해영향평가 등의 협의 업무에 필요한 사항

> **해설** **자연재해복구에 관한 연차보고(법 제55조의2제2항)**
> 연차보고서에는 다음의 내용이 포함되어야 한다.
> • 피해 현황 및 복구 개요
> • 사유시설 복구추진 현황
> • 공공시설 복구추진 현황
> • 재해복구사업 추진관리에 필요한 사항
> • 부처별·사업별 예산집행내역(지방자치단체의 실집행내역을 포함한다)
> • 그 밖에 대통령령으로 정하는 사항

17 자연재해대책법상 방재기술 진흥계획의 수립에 포함되어야 할 내용을 모두 고른 것은?

> ㉠ 이미 개발된 기술의 확산에 관한 사항
> ㉡ 방재기술 진흥의 기본 목표 및 추진 방향
> ㉢ 방재기술의 정보관리
> ㉣ 방재기술 진흥 연구기관의 육성

① ㉠, ㉡
② ㉡, ㉢
③ ㉠, ㉡, ㉢
④ ㉠, ㉡, ㉢, ㉣

> **해설** **방재기술 진흥계획의 수립에 포함되는 사항(법 제58조의2제2항)**
> • 방재기술 진흥의 기본 목표 및 추진 방향
> • 방재기술의 개발 촉진 및 그 활용을 위한 시책
> • 방재기술 개발사업의 연도별 투자 및 추진 계획
> • 이미 개발된 기술의 확산에 관한 사항
> • 기술 개발, 기술 지원 등의 기능을 수행하는 기관·법인·단체 및 산업의 육성
> • 방재기술의 정보관리
> • 방재기술 인력의 수급·활용 및 기술인력의 양성
> • 방재기술 진흥 연구기관의 육성
> • 그 밖에 방재기술의 진흥에 관한 중요 사항

18 자연재해대책법상 정부가 개발된 방재기술의 실용화를 촉진하기 위해 할 수 있는 사업이 아닌 것은?

① 방재 관련 특허기술의 실용화사업

② 방재 분야 전문가 양성을 위한 교육지원사업

③ 방재기술의 실용화를 지원하는 전문기관의 육성

④ 방재기술개발 지원을 위하여 특별 자금의 조성

> **해설** 정부는 개발된 방재기술의 실용화를 촉진하기 위하여 다음의 사업을 할 수 있다(법 제59조제2항).
> • 방재기술의 실용화를 지원하는 전문기관의 육성
> • 방재 관련 특허기술의 실용화사업
> • 방재기술의 실용화에 필요한 인력·시설·정보 등의 지원 및 기술지도
> • 방재 분야 전문가 양성을 위한 교육지원사업
> • 그 밖에 방재기술의 실용화를 촉진하기 위하여 필요한 사업

19 자연재해대책법상 침수방지시설을 유지·관리하지 아니한 자에 대한 벌칙부과 기준은?

① 300만원 이하의 과태료

② 500만원 이하의 벌금

③ 1,000만원 이하의 벌금

④ 1년 이하의 징역

> **해설** **과태료(법 제79조제2항)**
> 다음의 어느 하나에 해당하는 자에게는 300만원 이하의 과태료를 부과한다.
> • 자연재해위험개선지구의 재해 예방을 위한 점검·정비 명령을 이행하지 아니한 자
> • 침수방지시설을 유지·관리하지 아니한 자
> • 우수유출저감시설을 설치하지 아니한 자
> • 침수방지시설을 유지·관리하지 아니한 자
> • 침수흔적 등의 조사를 방해하거나 무단으로 침수흔적 표지를 훼손한 자
> • 해일위험지구의 재해 예방을 위한 점검·정비 명령을 이행하지 아니한 자
> • 대행자의 준수사항을 위반한 자
> • 신고를 하지 아니하고 사업을 휴업하거나 폐업한 자
> • 실태 점검을 거부·기피·방해하거나 거짓 자료를 제출한 대행자 및 방재관리대책 업무를 대행하게 한 자

CHAPTER 04

긴급구조대응활동 및 현장지휘에 관한 규칙

01 총칙

1 목적(제1조)

이 규칙은 각종 재난이 발생하는 경우 현장지휘체계를 확립하고 긴급구조대응활동을 신속하고 효율적으로 수행하기 위하여 재난 및 안전관리 기본법 및 같은 법 시행령에서 위임된 사항 및 그 시행에 필요한 사항을 규정함을 목적으로 한다.

2 용어의 정의(제2조)

(1) 긴급구조관련기관

"긴급구조관련기관"이란 다음의 어느 하나에 해당하는 기관을 말한다.
① 재난 및 안전관리 기본법(이하 "법"이라 한다) 제3조제7호에 따른 긴급구조기관
② 법 제3조제8호 및 재난 및 안전관리 기본법 시행령(이하 "영"이라 한다) 제4조에 따른 긴급구조지원기관
③ 현장에 참여하는 자원봉사기관 및 단체

(2) 기관별지휘소

"기관별지휘소"란 재난현장에 출동하는 긴급구조관련기관별로 소속 직원을 지휘·조정·통제하는 장소 또는 지휘차량·선박·항공기 등을 말한다.

(3) 현장지휘소

"현장지휘소"란 법 제49조제2항에 따른 중앙긴급구조통제단장(이하 "중앙통제단장"이라 한다), 법 제50조제2항에 따른 시·도긴급구조통제단장(이하 "시·도긴급구조통제단장"이라 한다) 또는 시·군·구긴급구조통제단장(이하 "시·군·구긴급구조통제단장"이라 한다)이 법 제52조제9항에 따라 재난현장에서 기관별지휘소를 총괄하여 지휘·조정 또는 통제하는 등의 재난현장지휘를 효과적으로 수행하기 위하여 설치·운영하는 장소 또는 지휘차량·선박·항공기 등을 말한다.

(4) 현장지휘관

"현장지휘관"이란 긴급구조의 업무를 지휘하는 다음의 어느 하나에 해당하는 사람을 말한다.
① 중앙통제단장
② 시·도긴급구조통제단장 또는 시·군·구긴급구조통제단장(이하 "지역통제단장"이라 한다)
③ 통제단장(중앙통제단장 및 지역통제단장을 말한다. 이하 같다)의 사전명령에 따라 현장지휘를 하는 소방관서 선착대의 장 또는 법 제55조제2항에 따른 긴급구조지휘대(이하 "긴급구조지휘대"라 한다)의 장

(5) 재난대응구역

"재난대응구역"이란 법 제14조제1항 및 영 제13조에 따른 대규모 재난이 발생하여 시·도긴급구조통제단장의 지휘통제가 마비된 경우에 시·군·구긴급구조통제단장이 관할구역 안에서 자체적으로 재난에 대응하기 위하여 설정하는 구역을 말한다.

02 긴급구조 대비체제의 구축

1 재난의 최초접수자의 임무(제3조)

법 제19조의 규정에 의한 종합상황실에 근무하는 상황근무자로서 재난을 최초로 접수한 자는 즉시 긴급구조기관에 긴급구조활동에 필요한 출동을 지령하고, 즉시 재난발생상황을 통제단장에게 보고함과 동시에 긴급구조관련기관에 통보하여야 한다. 다만, 재난의 규모 등을 판단하여 종합상황실을 설치한 기관에서 자체대응이 가능하거나 소규모 재난인 경우에는 긴급구조관련기관에의 통보를 늦추거나 하지 아니할 수 있다.

2 현장지휘관 등의 임무(제4조)

(1) 현장지휘관

① 제2조제4호다목에 따른 현장지휘관은 재난이 발생한 경우에 재난의 종류·규모 등을 통제단장에게 보고해야 한다. 이 경우 보고를 받은 통제단장은 통제단의 설치·운영과 지원출동여부를 결정해야 한다.
② ①에 따른 현장지휘관은 재난현장 조치상황과 재난현장지원에 필요한 사항 등을 수시로 통제단장에게 보고해야 한다.

③ 보고를 받은 지역통제단장은 상급기관의 지원이 필요하다고 판단하는 경우에는 시·군·구긴급구조통제단장은 시·도긴급구조통제단장에게, 시·도긴급구조통제단장은 중앙통제단장에게 각각 보고하여 특별시·광역시·특별자치시·도·특별자치도(이하 "시도"라 한다) 또는 중앙의 긴급구조지원활동이 신속히 이루어질 수 있도록 해야 한다.

(2) 긴급구조통제단장

시·군·구긴급구조통제단장 또는 시·도긴급구조통제단장은 제2항의 규정에 의하여 보고를 받은 경우에는 상급기관의 지원이 필요한 때에는 시·군·구긴급구조통제단장은 시·도긴급구조통제단장에게, 시·도긴급구조통제단장은 중앙통제단장에게 각각 보고하여 시·도 또는 중앙의 긴급구조지원활동이 신속히 이루어질 수 있도록 하여야 한다.

3 관련지휘관의 통제권한 행사(제5조)

통제단장은 재난현장에 도착이 지연되어 초기에 적정한 조치를 취할 수 없는 때에는 먼저 도착한 현장지휘관으로 하여금 통제단장의 권한 중 일부 또는 전부를 행사하도록 할 수 있다.

4 긴급구조체제의 구축(제6조)

(1) 긴급구조체제

법 제55조제2항에 따라 긴급구조기관의 장이 구축해야 하는 긴급구조체제에는 다음의 사항이 모두 포함되어야 한다.
① 종합상황실과 재난 관련 방송요청을 받은 방송사업자 간의 긴급방송체제
② 중앙대책본부장, 지역대책본부장, 통제단장 및 긴급구조지원기관의 장과의 비상연락통신체제
③ 아마추어무선통신(HAM) 등 긴급구조 보조통신체제
④ 비상경고체제
⑤ 긴급구조관련기관에 대한 제7조에 따른 통합지휘조정통제센터
⑥ 자원관리체제
⑦ 자원지원수용체제. 다만, 법 제54조에 따른 긴급구조대응계획에 자원지원수용체제에 관한 사항이 포함되어 있는 경우 또는 제6호의 자원관리체제가 구축되어 있는 경우에는 자원지원수용체제를 생략할 수 있다.
⑧ 제9조제2항에 따른 표준현장지휘체계
⑨ 종합상황실과 해양경찰관서 상황실 간의 연계체제

5 통합지휘조정통제센터의 구성 및 기능(제7조)

(1) 통제센터의 운영

① 제6조제5호에 따른 통합지휘조정통제센터(이하 이 조에서 "통제센터"라 한다)는 상시 운영체제를 갖추어야 한다.

② 통제센터의 운영요원은 법 제52조제9항 후단에 따른 연락관 중 통신업무를 담당하는 연락관으로 구성·운영한다.

(2) 통제센터의 기능

① 재난신고 접수에 따라 긴급구조관련기관 소속 자원의 출동지시

② 긴급구조관련기관간의 상호연락 및 협조체제의 유지

③ 긴급구조대응계획에 의한 비상지원임무

④ 기관별지휘소 간 통합대응을 위한 통신연락 등에 관한 사항

(3) 기 타

(1), (2)에 규정한 사항 외에 통제센터의 구성 및 운영에 관한 세부사항은 긴급구조대응계획이 정하는 바에 따른다.

6 자원지원수용체제의 수립(제8조)

(1) 자원지원수용체제의 수립

① 긴급구조기관의 장은 긴급구조관련기관과 협의하여 제6조제7호에 따른 자원지원수용체제를 재난의 유형별로 수립하되, 다음의 모든 내용을 포함해야 한다.

  ㉠ 긴급구조관련기관의 명칭·위치와 기관장 또는 대표자의 성명

  ㉡ 협조 담당부서 및 담당자의 긴급연락망

  ㉢ 전문인력과 장비의 배치계획 및 담당업무

  ㉣ 전문인력에 대한 국가기술자격 그 밖에 이에 준하는 자격보유현황의 파악 및 관리

  ㉤ 현장지휘자 및 연락관의 지정

② 긴급구조기관의 장은 자원지원수용체제의 원활한 운영을 위하여 재난이 발생하는 경우 필요한 전문지식과 기술에 대한 자문을 얻거나 중장비 운전원 및 용접공 등 특수기능인력을 민간으로부터 지원받기 위한 응원협정을 체결하고 그 협정의 내용을 수시로 점검하여야 한다.

03 | 표준현장지휘체계

1 표준현장지휘체계 등(제9조)

(1) 긴급구조지원기관

① 영 제61조에 따라 연락관을 파견하는 긴급구조지원기관을 예시하면 다음과 같다.

　　㉠ 국방부

　　㉡ 경찰청

　　㉢ 산림청

　　㉣ 재해구호법 제29조에 따른 전국재해구호협회

　　㉤ 영 제4조제6호 및 제7호에 따른 기관 및 단체 중 긴급구조기관의 장이 지정하는 기관 및 단체

(2) 표준현장지휘체계

① 영 제59조제1항 각 호 외의 부분에서 "행정안전부령으로 정하는 표준현장지휘체계"란 긴급구조기관 및 긴급구조지원기관이 체계적인 현장대응과 상호협조체제를 유지하기 위하여 공통으로 사용하는 표준지휘조직도, 표준용어 및 재난현장 표준작전절차를 말한다.

② ①에 따른 표준지휘조직도(이하 "표준지휘조직도"라 한다)는 별표 1과 같다.

　　㉠ 표준지휘조직도

ⓛ 부서별 임무

부 서	임 무
대응계획부	• 긴급구조기관과 긴급구조지원기관·유관기관 등에 대한 통합 지휘·조정 • 재난상황정보의 수집·분석 및 상황예측 • 현장활동계획의 수립 및 배포 • 대중정보 및 대중매체 홍보에 관한 사항 • 유관기관과의 연락 및 보고에 관한 사항
현장지휘부	• 진압·구조·응급의료 등에 대한 현장활동계획의 이행 • 헬기 등을 이용한 진압·구조·응급의료 및 운항 통제, 비상헬기장 관리 등 • 재난현장 등에 대한 경찰관서의 현장 통제 활동 관련 지휘·조정·통제 및 대피계획 지원 등 • 현장활동 요원들의 안전수칙 수립 및 교육 • 임무수행지역의 현장 안전진단 및 안전조치 • 자원대기소 운영 및 교대조 관리
자원지원부	• 대응자원 현황을 대응계획부에 제공하고, 대응계획부의 현장활동계획에 따라 자원의 배분 및 배치 • 현장활동에 필요한 자원의 동원 및 관리 • 긴급구조지원기관·지방자치단체 등의 긴급복구 및 오염방제 활동에 대한 지원 등

[비 고]
• 표준지휘조직은 재난상황에 따라 확대 또는 축소하여 운영할 수 있다.
• 부서별 임무는 예시로서, 재난상황에 따라 임무를 선택하거나 새로운 임무를 추가할 수 있다.

③ 표준용어 및 그 의미는 다음 각 호와 같다.

ⓐ 자원집결지 : 현장지휘관이 긴급구조활동에 필요한 자원을 집결 및 분류하여 자원대기소와 재난현장에 수송·배치하기 위하여 설치·운영하는 특정한 장소 또는 시설

ⓑ 자원대기소 : 현장지휘관이 자원의 신속한 추가배치와 교대조의 휴식 및 대기 등을 위하여 현장지휘소 인근에 설치·운영하는 특정한 장소 또는 시설

ⓒ 수송대기지역 : 자원집결지에서 자원수송을 위하여 구급차 외의 교통수단이 대기하는 장소

ⓓ 구급차대기소 : 제20조에 따른 현장응급의료소에서 사상자의 이송을 위하여 구급차의 도착 순서 및 기능에 따라 구급차가 임시 대기하는 장소

ⓔ 선착대 : 재난현장에 가장 먼저 도착한 긴급구조관련기관의 출동대

ⓕ 비상헬기장 : 현장지휘소 인근에서 응급환자의 이송, 자원 수송 등의 활동을 위하여 현장지휘관이 지정·운영하는 헬기 이·착륙장소

2 재난현장 표준작전절차(제10조)

(1) 표준작전절차(소방청장)

재난현장 표준작전절차는 소방청장이 다음의 구분에 따라 작성한다.

① 지휘통제절차 : 표준작전절차(SOP) 100부터 199까지의 일련번호를 부여하여 작성한다.

② 화재유형별 표준작전절차 : 표준작전절차(SOP) 200부터 299까지의 일련번호를 부여하여 작성한다.

③ 사고유형별 표준작전절차 : 표준작전절차(SOP) 300부터 399까지의 일련번호를 부여하여 작성한다.

④ 구급단계별 표준작전절차 : 표준작전절차(SOP) 400부터 499까지의 일련번호를 부여하여 작성한다.

⑤ 상황단계별 표준작전절차 : 표준작전절차(SOP) 500부터 599까지의 일련번호를 부여하여 작성한다.

⑥ 현장 안전관리 표준지침 : 표준지침(SSG) 1부터 99까지의 일련번호를 부여하여 작성한다.

(2) 표준작전절차(긴급구조기관의 장)

긴급구조기관의 장은 재난현장 표준작전절차를 사용하되 지역특성에 따라 이를 변경하여 적용할 수 있다.

(3) 기 타

그 밖에 재난현장 표준작전절차에 관한 사항은 소방청장이 정하는 바에 의한다.

04 통제단 등의 설치·운영

1 긴급구조기관과 긴급구조지원기관

(1) 긴급구조지원기관 등의 역할(제11조)

긴급구조기관과 긴급구조지원기관은 다음의 구분에 따라 책임기관 또는 지원기관으로서의 역할을 수행한다.

① 법 제3조제7호의 규정에 의한 긴급구조기관과 영 제4조제1호 및 제3호의 긴급구조지원기관 : 별표 2의 규정에 의한 역할

② 영 제4조제2호·제4호 내지 제7호의 긴급구조지원기관 : 긴급구조대응계획이 정하는 역할

③ 긴급구조지원기관의 역할(제11조제1호 관련 별표 2)

계획 번호	1	2	3	4	5	6	7	8	9	10	11
긴급구조지원기관 등 / 기능별 긴급구조대응계획	지휘통제	비상경고	대중정보	상황분석	구조진압	응급의료	오염통제	현장통제	긴급복구	긴급구호	재난통신
소방청	O	O	O	O	O	△	△	△	△	△	O
국방부	△				△	△	△	△	△	△	△
과학기술정보통신부		△	△	△			△			△	△
산업통상자원부				△			△		△		
보건복지부					△	O	△	△		△	△
환경부						△	O		△		△
국토교통부	△		△				△		O		
방송통신위원회			△						△		△
경찰청	△	△	△	△	△		△	O			△
기상청			△								
산림청					△						△
대한적십자사						△	△		△	O	

[비 고]
• "O"는 책임기관을 말한다.
• "△"는 지원기관을 말한다.
• 위 구분에도 불구하고 해양에서 발생한 재난에 대해서는 해양경찰청장이 기능별 긴급구조대응계획의 모든 분야에서 책임기관이 된다.

(2) 긴급구조기관의 인력 및 장비 동원(제11조의2)

① 중앙통제단장은 다음의 어느 하나에 해당하는 재난이 발생한 경우에는 영 제54조제2호에 따라 긴급구조활동에 필요한 긴급구조기관의 인력과 장비 등을 동원할 수 있다.

  ㉠ 재난이 발생한 시·도의 대응능력으로는 대응이 어렵다고 인정되는 재난

  ㉡ 국가적 차원에서 긴급구조활동의 수행이 필요하다고 인정되는 재난

② 중앙통제단장은 ①에 따라 긴급구조기관의 인력과 장비 등을 동원한 경우에는 예산의 범위에서 해당 긴급구조기관에 필요한 경비를 지원할 수 있다.

③ ① 및 ②에서 규정한 사항 외에 긴급구조기관의 인력 및 장비 등의 동원 범위·규모와 그 운영 등에 필요한 사항은 소방청장이 정한다.

(1) 중앙통제단의 구성(제12조)

① 영 제55조제4항에 따라 법 제49조제1항의 중앙긴급구조통제단(이하 "중앙통제단"이라 한다)을 구성하는 경우에는 별표 3에 따른다.

② 긴급구조지원기관의 장은 중앙통제단장이 법 제49조제3항에 따라 파견을 요청하는 경우에는 중앙통제단 대응계획부에 상시연락관을 파견해야 한다.

③ ① 및 ②에서 규정한 사항 외에 중앙통제단의 구성 및 운영에 관한 세부사항은 긴급구조대응계획이 정하는 바에 따른다.

④ 중앙통제단의 구성(제12조제1항 관련 별표 3)

㉠ 중앙통제단 조직도

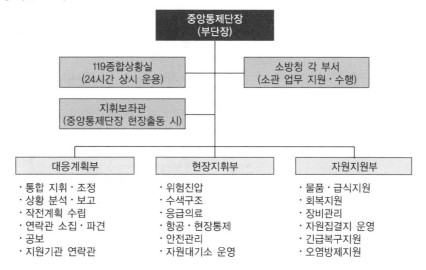

㉡ 부서별 임무

부서별	임 무
중앙통제단장	• 긴급구조활동의 총괄 지휘·조정·통제 • 정부차원의 긴급구조대응계획의 가동
119종합상황실	• 중앙통제단 지원기능 수행 • 긴급구조대응계획 중 기능별 긴급구조대응계획 가동지원 • 중앙재난안전대책본부 등 유관기관 등에 상황 전파 • 대응계획부(공보)와 공동으로 긴급대피, 상황전파, 비상연락 등 실시
소방청 각 부서	• 부서별 긴급구조대응계획 중 기능별 긴급구조대응계획 가동지원 • 각 소속 기관·단체에 분담된 임무연락 및 이행완료 여부 보고
지휘보좌관	• 중앙통제단장 보좌 • 그 밖의 중앙통제단장 지원활동

부서별		임 무
대응계획부	통합지휘·조정	• 긴급구조체제 및 중앙통제단 운영체계 가동 • 시·도 소방본부 및 권역별 긴급구조지휘대 자원의 지휘·조정·통제
	상황분석·보고	• 재난상황 정보 종합 분석·보고 • 중앙재난안전대책본부 등 유관기관 등에 상황 보고
	작전계획 수립	시·도긴급구조통제단 대응계획부의 작전계획 수립·지원
	연락관 소집·파견	• 지원기관 연락관 소집 • 현장상황관리관 파견 • 지원기관 지원·협력에 관한 사항
	공 보	• 긴급 공공정보 제공과 재난상황 등에 관한 정보 등 비상방송시스템 가동 • 대중매체 홍보에 관한 사항 • 119종합상황실과 공동으로 긴급대피, 상황전파, 비상연락 등 실시
	지원기관 연락관	• 중앙통제단과 공동으로 지원기관의 긴급구조지원활동 조정·통제 • 대규모 재난 및 광범위한 지역에 걸친 재난발생 시 탐색구조 활동(국방부), 현장통제(경찰청), 응급의료(보건복지부) 지원 등
현장지휘부	위험진압	정부차원의 화재 등 위험진압 지원
	수색구조	정부차원의 수색 및 인명구조 등 지원
	응급의료	• 정부차원의 응급의료자원 지원활동 • 정부차원의 재난의료체계 가동 • 시·도 응급의료 자원의 지휘·조정·통제
	항공·현장 통제	• 헬기 등 현장활동 지휘·조정·통제 • 응급환자 원거리 항공이송 지휘·조정·통제 • 정부차원의 대규모 대피계획 지원 • 지방 경찰관서 현장통제자원의 지휘·조정·통제
	안전관리	시·도긴급구조통제단의 안전관리 지원
	자원대기소 운영	시·도긴급구조통제단의 자원대기소 운영 지원
자원지원부	물품·급식 지원	정부차원의 물품·급식 지원
	회복지원	정부차원의 긴급 구호 활동 및 회복 지원
	장비관리	• 정부차원의 장비·시설 지원 • 정부차원의 재난통신지원 활동 • 시·도긴급구조통제단 기술정보 지원
	자원집결지 운영	소방청 자원관리시스템을 통한 시·도긴급구조통제단 자원집결지 요구사항 지원
	긴급복구지원	• 정부차원의 긴급시설복구 지원활동 • 다른 지역 자원봉사자의 재난현장 집단수송 지원
	오염·방제 지원	정부차원의 긴급오염·통제·방제 지원활동

비고
1. 중앙통제단 조직은 재난상황에 따라 확대 또는 축소하여 운영할 수 있다.
2. 부서별 임무는 예시로서, 재난상황에 따라 임무를 선택하거나 새로운 임무를 추가할 수 있다.

3 지역통제단

(1) 지역통제단의 구성(제13조)

① 영 제57조에 따라 법 제50조제1항의 시·도긴급구조통제단(이하 "시·도긴급구조통제단"이라 한다) 및 시·군·구긴급구조통제단(이하 "시·군·구긴급구조통제단"이라 한다)을 구성하는 경우에는 별표 4에 따른다. 다만, 시·군·구긴급구조통제단은 지역 실정에 따라 구성·운영을 달리할 수 있다.

② 지역통제단의 구성(제13조제1항 관련 별표 4)

　㉠ 지역통제단 조직도

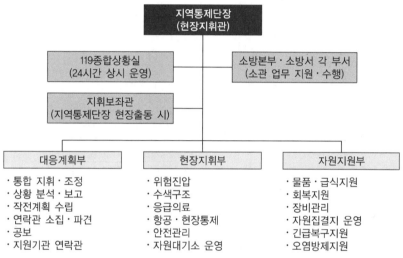

　㉡ 부서별 임무

부서별		임무
지역통제단장		• 긴급구조활동의 총괄 지휘·조정·통제 • 시·도 긴급구조대응계획의 가동
119종합상황실		• 지역통제단 지원기능 수행 • 긴급구조대응계획 중 기능별 긴급구조대응계획 가동지원 • 소방청 및 지역재난안전대책본부 등 유관기관 등에 상황 전파 • 대응계획부(공보)와 공동으로 긴급대피, 상황전파, 비상연락 등 실시
소방본부·소방서 각 부서		• 부서별 긴급구조대응계획 중 기능별 긴급구조대응계획 가동지원 • 각 소속 기관·단체에 분담된 임무연락 및 이행완료 여부 보고
지휘보좌관		• 중앙통제단장 보좌 • 그 밖의 중앙통제단장 지원활동
대응계획부	통합지휘· 조정	• 전반적 대응 목표 및 전략 결정 • 대응활동계획의 공동 이행(소속기관별 임무분담 및 이행) • 전반적인 자원 활용 조정
	상황분석· 보고	• 재난상황정보 수집·분석 및 대응목표 우선순위 설정 • 재난상황 예측 • 작전계획 임무담당자와 공동으로 대응활동계획 수립 • 중앙통제단장 및 지역재난안전대책본부장 등에 상황 보고

부서별		임 무
대응계획부	작전계획 수립	• 현장 대응활동계획 수립 및 배포 • 작전계획에 따른 자원할당
	연락관 소집 · 파견	• 지원기관 연락관 소집 • 현장상황관리관 파견 • 지원기관 지원 · 협력에 관한 사항
	공 보	• 긴급 공공정보 제공과 재난상황 등에 관한 정보 등 비상방송시스템 가동 • 대중매체 홍보에 관한 사항 • 119종합상황실과 공동으로 긴급대피, 상황전파, 비상연락 등 실시
	지원기관 연락관	• 지역통제단과 공동으로 지원기관의 긴급구조지원활동 조정 · 통제 • 긴급구조지원기관 및 유관기관 별 긴급구조활동 지원
현장지휘부	위험진압	• 시 · 도 차원의 화재 등 위험진압 지원 • 각 시 · 군 · 구긴급구조통제단의 화재 등 위험진압 및 지원
	수색구조	• 시 · 도 차원의 수색 및 인명구조 등 지원 • 각 시 · 군 · 구긴급구조통제단의 수색 · 인명구조 및 지원
	응급의료	• 시 · 도 차원의 응급의료 및 자원지원 활동 • 대응구역별 응급의료자원의 지휘 · 조정 · 통제 • 사상자 분산 · 이송 통제 • 사상자 현황파악 및 보고자료 제공
	항공 · 현장 통제	• 항공대 운항통제 및 비상헬기장 관리 • 응급환자 원거리 항공이송 통제 • 시 · 도 및 시 · 군 · 구 대피계획 지원 • 지방 경찰관서 현장통제자원의 지휘 · 조정 · 통제
	안전관리	• 재난현장의 안전진단 및 안전조치 • 현장활동 요원들의 안전수칙 수립 및 교육
	자원대기소 운영	자원대기소 운영
자원지원부	물품 · 급식 지원	• 긴급대응활동 참여자에 대한 물품 지원 • 긴급구조요원 및 자원봉사자에 대한 의식주 지원
	회복지원	긴급대응활동 참여자에 대한 회복 지원
	장비관리	• 통제단 운영지원 및 현장지휘소 설치 • 현장 필요장비 동원 및 지원 • 현장 필요시설 동원 및 지원 • 현장지휘 및 자원관리에 필요한 통신지원
	자원집결지 운영	현장인력 지원 및 자원집결지 운영
	긴급복구지원	• 시 · 도 차원의 긴급시설복구 및 자원지원 활동 • 시 · 군 · 구긴급구조통제단 긴급시설복구 및 자원의 지휘 · 조정 · 통제 • 긴급구조자원 수송지원
자원지원부	오염 · 방제 지원	• 시 · 도 차원의 긴급오염통제 및 자원지원 활동 • 시 · 군 · 구긴급구조통제단 긴급오염통제 및 자원의 지휘 · 조정 · 통제

비고
1. 지역통제단 조직은 재난상황에 따라 확대 또는 축소하여 운영할 수 있다.
2. 부서별 임무는 예시로서, 재난상황에 따라 임무를 선택하거나 새로운 임무를 추가할 수 있다.

(2) 파견요청

다음의 기관 및 단체는 지역통제단장이 법 제50조제3항에 따라 파견을 요청하는 경우에는 시·도 긴급구조통제단 및 시·군·구긴급구조통제단(이하 "지역통제단"이라 한다)의 대응계획부에 연락관을 파견해야 한다.

① 영 제4조제2호에 따른 군부대

② 시·도경찰청 및 경찰서(지방해양경찰청 및 해양경찰서를 포함한다)

③ 보건소, 응급의료에 관한 법률 제26조제1항에 따른 권역응급의료센터, 같은 법 제27조제1항에 따른 응급의료지원센터 및 같은 법 제30조제1항에 따른 지역응급의료센터 중 지역통제단장이 지정하는 기관 또는 센터

④ 그 밖에 지역통제단장이 지정하는 기관 및 단체

(3) 기 타

① 및 ②에서 규정한 사항 외에 지역통제단의 구성 및 운영에 관한 세부사항은 긴급구조대응계획이 정하는 바에 따른다.

4 현장지휘소의 시설 및 장비

(1) 현장지휘소의 시설 및 장비(제14조)

① 법 제52조제5항에 따른 각급통제단장은 법 제52조제9항에 따라 현장지휘소를 설치하는 경우에는 다음의 시설 및 장비를 모두 갖추어야 한다.

㉠ 조명기구 및 발전장비

㉡ 확성기 및 방송장비

㉢ 재난대응구역지도 및 작전상황판

㉣ 개인용 컴퓨터·프린터·복사기·팩스·휴대전화·카메라(스냅 및 동영상 촬영용을 말한다)·녹음기·간이책상 및 의자 등

㉤ 지휘용 무전기 및 자원관리용 무전기

㉥ 종합상황실의 자원관리시스템과 연계되는 무선데이터 통신장비

㉦ 통제단 보고서양식 및 각종 상황처리대장

② ①에서 규정한 사항 외에 현장지휘소의 설치에 필요한 세부사항은 긴급구조대응계획이 정하는 바에 따른다.

5 통제단의 구성 및 운영기준(제15조)

통제단장은 다음의 어느 하나에 해당하는 경우에는 영 제55조제4항 또는 영 제57조에 따라 중앙통제단 또는 지역통제단(이하 "통제단"이라 한다)을 구성하여 운영해야 한다.

① 영 제63조제1항제2호의 어느 하나에 해당하는 기능의 수행이 필요한 경우

② 긴급구조관련기관의 인력 및 장비의 동원이 필요하고, 동원된 자원 및 그 활동을 통합하여 지휘·조정·통제할 필요가 있는 경우

③ 그 밖에 통제단장이 재난의 종류·규모 및 피해상황 등을 종합적으로 고려하여 통제단의 운영이 필요하다고 인정하는 경우

6 긴급구조지휘대의 구성 및 기능(제16조)

(1) 긴급구조지휘대의 구성

① 영 제65조제3항의 규정에 의하여 긴급구조지휘대는 별표 5의 규정에 따라 구성·운영하되, 소방본부 및 소방서의 긴급구조지휘대는 상시 구성·운영하여야 한다.

② 긴급구조지휘대(제16조제1항 관련 별표 5)

㉠ 구 성

㉡ 임 무

구 분	주요 임무
지휘대장	• 화재 등 재난사고의 발생 시 현장지휘·조정·통제 • 통제단 가동 전 재난현장 지휘활동 등
현장지휘요원	• 화재 등 재난사고의 발생 시 지휘대장 보좌 • 통제단 가동 전 재난현장 대응활동 계획 수립 등
자원지원요원	• 자원대기소, 자원집결지 선정 및 동원자원 관리 • 긴급구조지원기관 및 응원협정체결기관 동원요청 등
통신지원요원	• 재난현장 통신지원체계 유지·관리 • 지휘대장의 현장활동대원 무전지휘 운영 지원 등
안전관리요원	• 현장활동 안전사고 방지대책 수립 및 이행 • 재난현장 안전진단 및 안전조치 등
상황조사요원	• 재난현장과 119종합상황실 간 실시간 정보지원체계 구축 • 현장상황 파악 및 통제단 가동을 위한 상황판단 정보 제공 등
구급지휘요원	• 재난현장 재난의료체계 가동 • 사상자 관리 및 병원수용능력 파악 등 의료자원 관리 등

(2) 긴급구조지휘대의 기능

① 영 제65조제3항의 규정에 의하여 긴급구조지휘대는 다음의 기능을 수행한다.

    ㉠ 통제단이 가동되기 전 재난초기 시 현장지휘

    ㉡ 주요 긴급구조지원기관과의 합동으로 현장지휘의 조정·통제

    ㉢ 광범위한 지역에 걸친 재난발생 시 전진지휘

    ㉣ 화재 등 일상적 사고의 발생 시 현장지휘

② 영 제65조제1항에 따라 긴급구조지휘대를 구성하는 사람은 통제단이 설치·운영되는 경우 다음의 구분에 따라 통제단의 해당부서에 배치된다.

    ㉠ 현장지휘요원 : 현장지휘부

    ㉡ 자원지원요원 : 자원지원부

    ㉢ 통신지원요원 : 현장지휘부

    ㉣ 안전관리요원 : 현장지휘부

    ㉤ 상황조사요원 : 대응계획부

    ㉥ 구급지휘요원 : 현장지휘부

7 통제선

(1) 통제선의 설치(제17조)

① 통제단장 및 시·도경찰청장 또는 경찰서장은 재난현장 주위의 주민보호와 원활한 긴급구조활동에 필요한 최소한의 통제규모를 설정하여 통제선을 설치할 수 있다.

② 통제선은 제1통제선과 제2통제선으로 구분하되, 제1통제선은 통제단장이 긴급구조활동에 직접 참여하는 인력 및 장비만을 출입할 수 있도록 설치하고, 제2통제선은 시·도경찰청장 또는 경찰서장(이하 "경찰관서장"이라 한다)이 구조·구급차량 등의 출동주행에 지장이 없도록 긴급구조활동에 직접 참여하거나 긴급구조활동을 지원하는 인력 및 장비만을 출입할 수 있도록 설치·운영한다.

③ 통제선 표지의 형식은 별표 6과 같다.

④ 통제단장은 제2항에도 불구하고 다음 각 호의 어느 하나에 해당하는 사람에게 별지 제1호서식에 따른 출입증을 부착하도록 하여 제1통제선 안으로 출입하도록 할 수 있다.

    ㉠ 제1통제선 구역내 소방대상물 관계자 및 근무자

    ㉡ 전기·가스·수도·토목·건축·통신 및 교통분야 등의 구조업무 지원자

    ㉢ 응급의료에 관한 법률 제2조제4호에 따른 응급의료종사자

    ㉣ 취재인력 등 보도업무 종사자

    ㉤ 수사업무에 종사하는 사람

ⓗ 그 밖에 통제단장이 긴급구조활동에 필요하다고 인정하는 사람

⑤ 경찰관서장은 제2항에도 불구하고 제4항에 따라 통제단장이 발급한 출입증을 가진 사람에 대하여는 제2통제선 안으로 출입하도록 해야 하며, 긴급구조활동에 필요하다고 인정하는 사람에 대하여는 제2통제선 안으로 출입하도록 할 수 있다.

⑥ 통제단장은 출입증을 발급하는 경우에는 별지 제1호의2서식의 출입증 배포관리대장에 이를 기록하고 관리해야 한다.

8 자원집결지의 설치 · 운영(제18조)

(1) 자원집결지의 설치

현장지휘관은 다음 각 호의 어느 하나의 장소를 자원집결지로 설치 · 운영하여야 한다.

① 버스터미널 및 기차역

② 선박터미널 및 공항

③ 체육관 및 운동장

④ 대형 주차장

⑤ 그 밖에 교통수단의 접근 및 활용이 편리한 장소

(2) 운영 계획 수립

현장지휘관은 자원집결지를 설치하고자 하는 경우에는 지역통제단별로 1개소 이상을 미리 지정하고 유사시 즉시 운용 가능하도록 관리 및 운용계획을 수립 · 시행하여야 한다.

(3) 편성 및 운용

현장지휘관은 자원집결지에 다음의 반을 편성 · 운용해야 하며, (2)에 따른 자원집결지 관리 및 운용계획에 그 편성에 관한 사항을 포함해야 한다.

① 자원집결반

② 자원분배반

③ 행정지원반

④ 그 밖에 현장지휘관이 필요하다고 인정하는 반

(4) 자원의 분류, 수송 및 배치

현장지휘관은 자원집결지에 모인 자원을 분류하고 다음에 규정된 순서에 따라 자원대기소에 자원을 수송 및 배치하여야 한다.

① 인명구조와 관련되어 긴급히 필요한 자원

② 안전, 보건위생 및 응급의료와 관련된 자원

③ 긴급구조 작전수행에 반드시 필요한 자원

④ 긴급구조 및 긴급복구에 일반적으로 필요한 자원

(5) 기 타

그 밖에 자원집결지의 설치·운영에 필요한 세부사항은 긴급구조대응계획이 정하는 바에 의한다.

9 자원대기소

(1) 자원대기소의 설치·운영(제19조)

① 현장지휘관은 재난현장에서의 체계적인 자원관리를 위하여 자원대기소를 설치·운영할 수 있다.

② ①에 따른 자원대기소는 재난현장에 자원을 효율적으로 배치·대기하기 용이하도록 현장지휘소 인근에 설치해야 한다.

③ 긴급구조지원기관 및 자원봉사단체는 자원집결지를 거치지 않고 재난현장에 도착한 경우에는 자원대기소의 장에게 그 사실을 통보 또는 보고하고 자원대기소의 장의 배치지시가 있을 때까지 자원대기소에 대기해야 한다.

④ 자원대기소는 붕괴사고·대형화재 등 좁은 지역에서 발생하는 재난의 경우에는 제18조에 따른 자원집결지의 기능을 동시에 수행할 수 있다.

⑤ 현장지휘관은 자원대기소에 모인 인적자원을 배치·대기·교대조로 분류하여 관리해야 한다.

⑥ ①부터 ⑤까지에서 규정한 사항 외에 자원대기소의 설치·운영에 필요한 세부사항은 긴급구조대응계획이 정하는 바에 따른다.

05 현장응급의료소의 설치·운영

1 현장응급의료소

(1) 현장응급의료소의 설치 등(제20조)

① 통제단장은 재난현장에 출동한 응급의료관련자원을 총괄·지휘·조정·통제하고, 사상자를 분류·처치 또는 이송하기 위하여 사상자의 수에 따라 재난현장에 적정한 현장응급의료소(이하 "의료소"라 한다)를 설치·운영해야 한다.

② 통제단장은 법 제49조제3항 및 제50조제3항에 따라 의료법 제3조제2항에 따른 종합병원과 응급의료에 관한 법률 제2조제5호에 따른 응급의료기관에 응급의료기구의 지원과 의료인 등의 파견을 요청할 수 있다.

③ 통제단장은 법 제16조제2항에 따른 지역대책본부장으로부터 의료소의 설치에 필요한 인력·시설·물품 및 장비 등을 지원받아 구급차의 접근이 용이하고 유독가스 등으로부터 안전한 장소에 의료소를 설치해야 한다.

④ 의료소에는 소장 1명과 분류반·응급처치반 및 이송반을 둔다.

⑤ 의료소의 소장(이하 "의료소장"이라 한다)은 의료소가 설치된 지역을 관할하는 보건소장이 된다. 다만, 관할 보건소장이 재난현장에 도착하기 전에는 다음의 어느 하나에 해당하는 사람 중에서 긴급구조대응계획이 정하는 사람이 의료소장의 업무를 대행할 수 있다.

　　㉠ 응급의료에 관한 법률 제26조에 따른 권역응급의료센터의 장

　　㉡ 응급의료에 관한 법률 제27조제1항에 따른 응급의료지원센터의 장

　　㉢ 응급의료에 관한 법률 제30조에 따른 지역응급의료센터의 장

⑥ 의료소장은 통제단장의 지휘를 받아 응급의료자원의 관리, 사상자의 분류·응급처치·이송 및 사상자 현황파악·보고 등 의료소의 운영 전반을 지휘·감독한다.

⑦ 분류반·응급처치반 및 이송반에는 반장을 두되, 반장은 의료소 요원 중에서 의료소장이 임명한다.

⑧ 의료소장 및 각 반의 반원은 별표 6의2에 따른 복장을 착용해야 한다.

⑨ 의료소에는 응급의학 전문의를 포함한 의사 3명, 간호사 또는 1급 응급구조사 4명 및 지원요원 1명 이상으로 편성한다. 다만, 통제단장은 필요한 의료인 등의 수를 조정하여 편성하도록 요청할 수 있다.

⑩ 소방공무원은 ⑤에도 불구하고 의료소장이 재난현장에 도착하여 의료소를 운영하기 전까지 임시의료소를 운영할 수 있다. 이 경우 의료소장이 재난현장에 도착하면 사상자 현황, 임시의료소에서 조치한 분류·응급처치·이송 현황 및 현장 상황 등을 의료소장에게 인계하고, 그 사실을 통제단장에게 보고해야 한다.

⑪ ①부터 ⑩까지에서 규정한 사항 외에 의료소의 설치 등에 관한 세부사항은 제10조에 따른 재난현장 표준작전절차 및 긴급구조대응계획이 정하는 바에 따른다.

2 임시영안소

(1) 임시영안소의 설치 등(제20조의2)

① 통제단장은 사망자가 발생한 재난의 경우에 사망자를 의료기관에 이송하기 전에 임시로 안치하기 위하여 의료소에 임시영안소를 설치·운영할 수 있다.

② 임시영안소에는 통제선을 설치하고 출입을 통제하기 위한 운영인력을 배치하여야 한다.

3 지역통제단장 및 보건소장의 업무

(1) 지역통제단장 및 보건소장의 사전대비 업무(제21조)

① 지역통제단장은 응급처치·이송·안치 등 재난현장활동의 방법에 관한 지침을 수립하고, 재난발생 시 의료소설치에 필요한 물품을 확보·관리하여야 한다.

② 보건소장은 항상 의료소 조직을 편성·관리하여야 하며, 관할 소방서장의 요구가 있는 때에는 이를 통보하여야 한다.

③ 보건소장은 관할지역에 소재한 의료법 제3조제2항제3호에 따른 병원급 의료기관에 대하여 다음 각 호의 사항을 모두 파악·관리하여야 하며, 관할 소방서장의 요구가 있는 경우에는 이를 통보하여야 한다.

ㄱ 병원별 전문과목 및 전문의, 간호사, 응급구조사, 간호조무사 확보현황

ㄴ 구급차 및 응급의료장비의 확보현황

ㄷ 입원실, 응급실 및 중환자실의 병상, 예비병상 및 수술실의 확보현황

ㄹ 당직의사 및 응급의료에 관한 법률 제2조제4호에 따른 응급의료종사자(간호조무사를 포함한다)의 현황

ㅁ 외과, 정형외과 등 응급의료관련 전문의와 의사의 비상연락망

ㅂ 특수의료장비의 보유현황

ㅅ 영안실 현황

ㅇ 별지 제1호의3서식의 병원별 수용능력표

4 분류반, 응급처치반 및 이송반의 임무

(1) 분류반의 임무(제22조)

① 제20조제4항에 따른 분류반은 재난현장에서 발생한 사상자를 검진하여 사상자의 상태에 따라 사망·긴급·응급 및 비응급의 4단계로 분류한다.

② 분류반에는 사상자에 대한 검진 및 분류를 위하여 의사, 간호사 또는 1급응급구조사를 배치해야 한다.

③ 분류된 사상자에게는 별표 7의 중증도 분류표 총 2부를 가슴부위 등 잘 보이는 곳에 부착한다. 다만, 중증도 분류 정보를 전자적인 형태로 표시 및 기록·저장할 수 있는 전자장치를 가슴부위 등에 부착하는 방법으로 중증도 분류표 부착을 대신할 수 있으며, 이 경우 단말기 등을 통하여 저장된 사상자 정보의 확인이 가능하도록 해야 한다.

④ 제3항에 따라 중증도 분류표를 부착한 사상자 중 긴급·응급환자는 응급처치반으로, 사망자와 비응급환자는 이송반으로 인계한다. 다만, 현장에서의 응급처치보다 이송이 시급하다고 판단되는 긴급·응급환자의 경우에는 이송반으로 인계할 수 있다.

⑤ 중증도 분류표(제22조제3항 관련 별표 7)

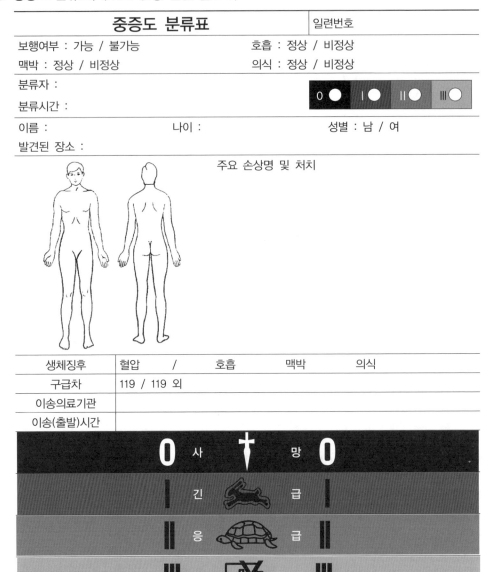

	중증도 분류표		일련번호	
보행여부 : 가능 / 불가능		호흡 : 정상 / 비정상		
맥박 : 정상 / 비정상		의식 : 정상 / 비정상		

분류자 :

분류시간 :

0 I II III

이름 :   나이 :   성별 : 남 / 여

발견된 장소 :

주요 손상명 및 처치

생체징후	혈압 / 호흡 맥박 의식
구급차	119 / 119 외
이송의료기관	
이송(출발)시간	

0 사 ✝ 망 0

I 긴 🐇 급 I

II 응 🐢 급 II

III 비 🚑 급 III

[비 고]
- 일련번호는 연번으로 작성한다.
- 사상자를 이송하는 이송반장 또는 이송반원은 위 중증도 분류표 중 1부는 이송반에 보관하고, 나머지 1부는 이송의료기관이 보관할 수 있도록 인계해야 한다.
※ 제작방법 : 중증도 분류표는 2장으로 만들되 각 장이 동시에 기록될 수 있도록 하며, 환자의 분류 부분은 떼어 낼 수 있도록 제작한다.

- 비응급 : 녹색
- 응급 : 황색
- 긴급 : 적색
- 사망 : 흑색

(2) 응급처치반의 임무(제23조)

① 제20조제4항의 규정에 의한 응급처치반은 분류반이 인계한 긴급·응급환자에 대한 응급처치를 담당한다. 이 경우 긴급·응급환자를 이동시키지 아니하고 응급처치반 요원이 이동하면서 응급처치를 할 수 있다.

② 응급처치반장은 우선순위를 정하여 긴급·응급환자에 대한 응급처치를 실시하고 현장에서의 수술 등을 위하여 의료인 등이 추가로 요구되는 경우에는 의료소장에게 지원을 요청한다.

③ 응급처치반은 응급처치에 필요한 기구 및 장비를 갖추어야 한다. 다만, 응급처치에 필요한 기구 및 장비를 탑재한 구급차를 현장에 배치한 경우에는 응급처치기구 및 장비의 일부를 비치하지 아니할 수 있다.

④ 응급처치반은 제22조제4항 본문에 따라 인계받은 긴급·응급환자의 응급처치사항을 제22조제3항에 따라 부착된 중증도 분류표에 기록하여 긴급·응급환자와 함께 신속히 이송반에게 인계한다.

(3) 이송반의 임무(제24조)

① 제20조제4항에 따른 이송반은 사상자를 이송할 수 있도록 구급차 및 영구차를 확보 또는 통제하고, 각 의료기관과 긴밀한 연락체계를 유지하면서 분류반 및 응급처치반이 인계한 사상자를 이송조치한다.

② 사상자의 이송 우선순위는 긴급환자, 응급환자, 비응급환자 및 사망자 순으로 한다.

③ 사상자를 이송하려는 이송반장 또는 이송반원은 별지 제2호서식의 사상자 이송현황을 지체 없이 이송반에 제출해야 하며 제22조제3항에 따라 부착된 중증도 분류표 및 구급일지를 기록·보관한다. 이 경우 사상자를 이송하는 이송반장 또는 이송반원은 중증도 분류표(전자장치는 제외한다) 중 1부는 이송반에 보관하고, 나머지 1부는 이송의료기관이 보관할 수 있도록 인계해야 한다.

④ 이송반장은 다수의 사상자가 발생한 재난이 발생한 경우에는 병원별 수용능력을 실시간으로 조사하여 별지 제1호의3서식의 병원별 수용능력표를 작성하고, 병원별 수용능력표에 따라 사상자를 분산하여 이송해야 한다.

⑤ 이송반장이 재난현장에의 도착이 지연되어 ④에 따른 임무를 수행할 수 없는 때에는 긴급구조지휘대에 파견된 응급의료 연락관이 이송반장의 임무를 대행한다.

5 의료소에 대한 지원(제25조)

(1) 의료소의 운영지원

① 통제단장은 재난이 발생하는 경우 의료소의 원활한 업무수행이 가능하도록 구급차 대기소 및 통행로를 지정·확보하고 의료소 설치구역의 질서를 유지하여야 한다. 이 경우 경찰공무원으로 하여금 지원하게 할 수 있다.

② 통제단장은 재난이 발생하는 경우 의료소장으로부터 의료소의 운영에 필요한 인력·시설 및 장비 등의 요구가 있는 때는 지체 없이 지원하여야 한다.

(2) 의료소 응급의료체계 가동연습 및 훈련

지역통제단장은 다수의 사상자가 발생하는 재난에 대비하여 연 1회 이상 응급의료관련 기관 또는 단체가 참여하는 의료소의 설치운영 및 지역별 응급의료체계의 가동연습 또는 훈련을 실시하여야 한다.

06 구조활동상황의 보도안내 등

1 공동취재단 및 취재구역

(1) 공동취재단의 구성(제26조)

① 통제단장은 언론기관의 효율적인 재난현장 취재를 위하여 공동취재단을 구성·운영하도록 할 수 있다.

② ①에 따른 공동취재단은 신문·방송(유선방송 및 인터넷매체를 포함한다) 및 통신사가 서로 협의하여 구성하되, 재난현장에 출입할 수 있는 공동취재단의 규모 및 취재장소 등은 통제단장이 정한다.

③ 공동취재단원은 별표 8의 공동취재단 표지를 가슴에 부착해야 한다.

(2) 재난방송을 위한 취재구역 등의 설정(제27조)

통제단장은 법 제38조의2제3항에 따라 방송법 제2조제3호에 따른 방송사업자의 재난방송이 원활하게 될 수 있도록 재난상황 및 현장여건 등을 고려하여 취재구역·촬영구역·취재시간 및 취재안내자를 정할 수 있다.

2 재난방송사업자에 대한 협조(제28조)

통제단장은 법 제38조의2제3항제3호에 따라 재난방송을 하는 방송사업자에 대하여 다음의 조치를 할 수 있다.
① 재난관련 모든 정보의 최우선 제공
② 그 밖에 재난방송에 필요한 시설물, 전력의 공급 및 교통통제에 관한 정보 등의 제공

07 긴급구조대응계획의 작성 및 운용 등

1 심의위원회

(1) 심의위원회의 구성 및 운영(제29조)

① 긴급구조기관의 장은 영 제64조제5항의 규정에 의하여 긴급구조대응계획을 수립하는 경우에는 긴급구조기관에 긴급구조대응계획심의위원회(이하 "위원회"라 한다)를 구성하여 위원회의 심의를 거쳐 확정하여야 한다.
② ①의 규정에 의한 위원회의 위원장은 긴급구조기관의 장이 되고, 위원은 긴급구조지원기관의 장으로 구성하되 위원장을 포함하여 7인 이상 11인 이하로 한다.
③ 그 밖에 위원회의 구성 및 운영에 관한 사항은 각 긴급구조기관의 장이 정한다.

2 긴급구조대응계획

(1) 긴급구조대응계획의 작성책임(제30조)

① 긴급구조기관의 장은 긴급구조대응계획 중 영 제63조제1항제2호바목부터 차목까지의 규정에 따른 기능별 긴급구조대응계획을 작성하는 경우 별표 2에 따른 책임기관과 공동으로 작성해야 한다.

② ①에 따라 기능별 긴급구조대응계획을 작성한 긴급구조지원기관의 장은 영 제63조제2항에 따른 긴급구조세부대응계획을 작성하지 않을 수 있다.

(2) 긴급구조대응계획의 배포·관리(제31조)

① 긴급구조기관의 장은 영 제63조 및 영 제64조의 규정에 의하여 긴급구조대응계획을 작성하거나 변경하는 경우에는 이를 긴급구조지원기관 등 관련기관 및 단체와 통제단의 반장급 이상의 지휘관에게 2부 이상을 배포하고 별지 제3호서식의 긴급구조대응계획 배포관리대장에 기록·관리하여야 한다.

② 영 제64조제4항의 규정에 의하여 긴급구조대응계획을 변경하는 경우에는 다음 각 호의 관리대장 및 일지를 기록·관리하여야 한다.

ㄱ 별지 제4호서식의 긴급구조대응계획 수정일지

ㄴ 별지 제5호서식의 긴급구조대응계획 수정배포 관리대장

③ 그 밖에 긴급구조대응계획의 배포·관리에 관한 세부사항은 소방청장이 정한다.

(3) 기본계획의 작성체계(제32조)

영 제63조제1항제1호에 따른 기본계획은 다음 각 호의 모든 사항을 포함하여 작성하되, 긴급구조기관의 여건을 고려하여 다르게 작성할 수 있다.

① 긴급구조지원기관의 임무와 긴급구조대응계획에 따라 대응활동에 참여하는 자원봉사자의 기본임무에 관한 사항

② 영 제63조제1항제2호의 규정에 의한 기능별 긴급구조대응계획의 운영책임 및 주요임무에 관한 사항

③ 통제단의 부서별 책임자의 지정 및 단계별 운영기준 등 제6조의 규정에 의한 긴급구조체제에 관한 사항

④ 긴급구조의 통신체계와 대체상황실 운영기준 등 종합상황실 운영에 관한 사항

⑤ 재난대응구역 운영의 방법 및 절차에 관한 사항

(4) 기능별 긴급구조대응계획의 작성체계(제33조)

영 제63조제1항제2호의 기능별 긴급구조대응계획의 작성체계는 별표 9와 같다.

(5) 기능별 긴급구조대응체제의 구축(제34조)

① 통제단장이 영 제63조제1항제2호나목부터 마목까지의 규정에 따른 기능별 긴급구조대응계획을 이행하는 데 필요한 기능별 재난대응체제는 별표 10과 같다.

② 통제단장 및 별표 2에 따른 기능별책임기관의 장은 영 제63조제1항제2호바목부터 카목까지의
규정에 따른 기능별 긴급구조대응계획을 이행하는데 필요한 사전대비체제를 구축해야 한다.
③ ① 및 ②에서 규정한 사항 외에 세부대응체계 및 절차는 긴급구조대응계획이 정하는 바에
따른다.

(6) 재난유형별 긴급구조대응계획의 작성체계(제35조)

영 제63조제1항제3호에 따른 재난유형별 긴급구조대응계획은 다음의 재난유형별로 재난의 진행
단계에 따라 조치해야 하는 주요사항과 주민보호를 위한 대민정보사항을 포함하여 작성해야
한다.
① 홍 수
② 태 풍
③ 폭 설
④ 지 진
⑤ 시설물 등의 붕괴
⑥ 가스 폭발
⑦ 다중이용시설의 대형화재
⑧ 유해화학물질(방사능을 포함한다)의 누출 및 확산

③ 긴급구조세부대응계획

(1) 긴급구조세부대응계획의 작성체계(제36조)

① 영 제63조제2항의 규정에 의하여 긴급구조세부대응계획을 작성하여야 하는 긴급구조지원기
관의 장은 다음의 모든 사항을 포함하여 작성하되, 긴급구조지원기관의 여건에 맞게 다르게
작성할 수 있다.
㉠ 계획의 목적
㉡ 지휘체계와 부서별 책임자의 지정(현장지휘소 파견 연락관의 지정을 포함한다)
㉢ 단계별 지휘체계의 운영기준
㉣ 부서별 임무수행의 절차 및 지침
㉤ 현장지휘소와의 통신체계 및 협조절차
㉥ 긴급구조 출동자원의 현황
㉦ 주요 지휘관 및 구성원의 비상연락체계
② ①의 규정에 의하여 긴급구조세부대응계획을 작성하는 경우에는 제9조제4항 각 호의 표준용
어를 사용하여야 한다.

(2) 긴급구조세부대응계획의 작성절차(제37조)

① 영 제63조제2항의 규정에 의하여 긴급구조기관의 장은 긴급구조세부대응계획의 수립·운용
지침을 매년 작성하여 각급 긴급구조지원기관의 장에게 통보하여야 한다.

② 긴급구조지원기관의 장은 ①의 규정에 의한 지침에 따라 긴급구조세부대응계획을 작성하여
긴급구조기관의 장에게 통보하고 소속 각 부서 책임자에게 배포하여야 한다.

③ 그 밖에 긴급구조세부대응계획의 작성에 관한 세부사항은 소방청장이 정한다.

08 　긴급구조활동에 대한 평가

1 긴급구조활동 평가항목 및 긴급구조활동평가단의 구성

(1) 긴급구조활동 평가항목(제38조)

① 영 제62조제3항의 규정에 의하여 통제단장은 다음의 모든 사항을 포함하여 긴급구조활동을
평가하여야 한다.

ⓐ 긴급구조활동에 참여한 인력 및 장비 운용
- 자원 동원현황
- 필요한 대응자원의 확보·관리 및 배분

ⓑ 긴급구조대응계획서의 이행실태
- 지휘통제 및 비상경고체계
  - 작전 전략과 전술
  - 현장지휘소 운영
  - 현장통제대책
  - 긴급구조관련기관·단체 간 상호협조
  - 통제·조정의 이행
  - 사전 경보전파 및 대피유도활동
- 대중정보 및 상황분석 체계
  - 대중매체와 주민들에 대한 재난정보 제공
  - 재난정보 제공에 따른 주민들의 대응행동
  - 통합작전계획의 수립을 위한 정보의 수집 및 분석
  - 긴급구조관련기관·단체의 정보 공유
  - 잘못 전달된 정보 및 유언비어의 시정
  - 대중매체와 주민의 불평

- 대피 및 대피소 운영체계
  - 대피를 위한 수송체계
  - 주민대피유도
  - 대피소 시설의 규모 및 편의성
  - 임시거주시설의 규모 및 편의성
  - 대피소 수용자들에 대한 음식 · 담요 · 전기공급 등 지원사항
- 현장통제 및 구조진압체계
  - 재난지역에 대한 경찰통제선 선정과 교통통제
  - 범죄발생 예방활동
  - 진압작전수행
  - 소방용수 등 자원공급
  - 탐색 및 구조활동
  - 화재의 예방 및 안전관리에 관한 법률에 따른 자위소방대, 의용소방대 설치 및 운영에 관한 법률에 따른 의용소방대 및 민방위기본법에 따른 민방위대 등의 임무 수행
  - 긴급구조관련기관 간 협조체제
- 응급의료체계
  - 환자분류체계
  - 현장응급처치
  - 환자 분산이송 및 병원선택
  - 의료자원 공급 및 의료기관 간 협조체제
  - 현장 임시영안소의 설치 · 운영
  - 사상자 명단 관리 및 발표
- 긴급복구 및 긴급구조체계
  - 잔해물 제거 및 긴급구조활동 지원
  - 피해평가작업의 지원활동
  - 2차 피해방지 및 보호작업
  - 응급복구 및 피해조사의 시기
  - 구호기관의 지원활동
  - 상황 및 시기에 적합한 구호물자 제공
ⓒ 긴급구조요원의 전문성
- 경보접수 후 긴급조치
- 긴급구조관련기관 · 단체가 제공한 재난상황정보의 정확성
- 자원집결지와 자원대기소의 운영 및 자원통제
- 상황정보 및 자원정보와 작전계획의 연계

- 단위책임자들의 작전계획서 활용
- 대피명령의 시기
- 위험물질 누출 및 확산 통제
ㄹ 통합 현장대응을 위한 통신의 적절성
- 통신 시설·장비의 성능 및 작동
- 비상소집활동 및 책임자 등의 응소
- 대체 통신수단 확보
ㅁ 긴급구조교육수료자의 교육실적
- 긴급구조 업무담당자 및 관리자의 교육이수율
- 긴급구조 현장활동요원의 긴급구조교육과정 및 교육이수율
- 긴급구조관련기관별 자체교육 및 훈련 실적
ㅂ 그 밖에 긴급구조대응상의 개선을 요하는 사항
- 예방 가능하였던 사상자의 존재
- 수송수단의 확보
- 수송장비의 유지 및 수리작업
- 비상 및 임시수송로 확보
- 대응요원들의 불필요한 사상
- 대응자원의 분실
- 전문적 지식·기술·의학·법률 등에 관한 자문체계 운영
- 대응 및 긴급복구작업에 소요된 비용 근거자료 기록관리
- 통제단 운영에 대한 기록유지
② 그 밖에 평가기준에 관한 사항은 소방청장이 정한다.

(2) 긴급구조활동평가단의 구성(제39조)

① 통제단장은 재난상황이 종료된 후 긴급구조활동의 평가를 위하여 긴급구조기관에 긴급구조활동평가단(이하 "평가단"이라 한다)을 구성하여야 한다.
② 평가단은 단장 1명을 포함하여 5명 이상 7명 이하로 구성한다.
③ 평가단의 단장은 통제단장으로 하고, 단원은 다음의 사람 중에서 통제단장이 임명하거나 위촉한다. 이 경우 ㄷ에 해당하는 사람 중 민간전문가 2명 이상이 포함되어야 한다.
ㄱ 통제단의 각 부장. 다만, 단장이 필요하다고 인정하는 경우에는 각 부 소속 요원
ㄴ 긴급구조지휘대의 장
ㄷ 긴급구조활동에 참가한 기관·단체의 요원 또는 평가에 관한 전문지식과 경험이 풍부한 사람 중에서 단장이 필요하다고 인정하는 사람

2 자료제출, 평가, 결과 보고 및 통보

(1) 재난활동보고서 등의 제출요청 등(제40조)

① 영 제62조제3항의 규정에 의하여 통제단장은 긴급구조활동의 평가를 위하여 긴급구조활동에 참여한 긴급구조지원기관의 장에게 일정한 기간을 정하여 긴급구조대응계획이 정하는 바에 따라 재난활동보고서와 관련 자료의 제출을 요청하여야 한다.

② 평가단의 단장은 평가와 관련된 업무를 수행함에 있어서 긴급구조지원기관의 장과 관계인의 출석·의견진술 및 자료제출 등을 요구할 수 있다.

(2) 평가실시(제41조)

① 평가단의 단장은 제40조제1항의 규정에 의한 재난활동보고서 및 관련 자료와 대응기간동안 통제단에서 작성한 각종 서류, 동영상 및 사진, 긴급구조활동에 참여한 기관·단체 책임자들과의 면담 자료 등을 근거로 긴급구조활동에 대한 평가를 실시한다.

② 긴급구조지원기관에 대한 평가는 제38조제1항의 규정에 의한 평가항목을 기준으로 소방청장이 정하는 평가표에 의하여 실시한다. 다만, 영 제63조제2항의 규정에 의하여 긴급구조세부대응계획을 작성한 긴급구조지원기관에 대한 긴급구조활동의 평가는 제36조의 규정에 의한 긴급구조세부대응계획을 기준으로 실시한다.

③ 평가항목별 평가수준은 1부터 5까지로 한다.

(3) 평가결과의 보고 및 통보(제42조)

① 평가단은 긴급구조대응계획에서 정하는 평가결과보고서를 지체 없이 제출하여야 하며, 시·군·구긴급구조통제단장은 시·도긴급구조통제단장 및 시장(제주특별자치도 설치 및 국제자유도시 조성을 위한 특별법 제17조제1항에 따른 행정시장을 포함한다)·군수·구청장(자치구의 구청장을 말한다)에게, 시·도긴급구조통제단장은 소방청장 및 특별시장·광역시장·특별자치시장·도지사·특별자치도지사에게 각각 보고하거나 통보하여야 한다.

② 통제단장은 평가결과 시정을 요하거나 개선·보완할 사항이 있는 경우에는 그 사항을 평가종료 후 1월 이내에 해당 긴급구조지원기관의 장에게 통보하여야 한다.

(4) 평가결과의 조치(제43조)

긴급구조지원기관의 장은 통제단장으로부터 제42조제2항의 규정에 의한 통보를 받은 경우에는 긴급구조세부대응계획의 수정, 긴급구조활동에 대한 제도 및 대응체제의 개선, 예산의 우선지원 등 필요한 대책을 강구하여야 한다.

(5) 평가결과의 통보 등(제44조)

통제단장은 평가결과 다음 사항을 당해 긴급구조지원기관의 장에게 통보할 수 있다.

① 우수 재난대응관리자 또는 종사자의 현황

② 재난대응을 하지 아니하거나 부적절하게 대응한 관리자 또는 종사자의 현황

CHAPTER

04 적중예상문제

01 긴급구조대응활동 및 현장지휘에 관한 규칙상 통제단장이 설치·운영할 수 있는 것으로 옳지 않은 것은?

① 현장응급의료소
② 임시영안소
③ 홍수통제소
④ 자원대기소

> **해설** 홍수통제소는 재난관리책임기관에 속한다.
> **긴급구조대응활동 및 현장지휘에 관한 규칙상 통제단장이 설치·운영할 수 있는 것**
> • 통제단의 설치·운영
> • 통제선의 설치
> • 자원집결지의 설치·운영
> • 자원대기소의 설치·운영
> • 현장응급의료소의 설치
> • 임시영안소의 설치 등

02 긴급구조대응활동 및 현장지휘에 관한 규칙의 내용으로 옳은 것은?

① 중앙통제단장은 현장지휘관이 아니다.
② 현장에 참여하는 자원봉사기관 및 단체는 긴급구조관련기관이다.
③ 재난의 최초접수자는 소규모 재난의 경우에도 긴급구조관련기관에 즉시 통보하여야 할 의무가 있다.
④ 긴급구조대응활동 및 현장지휘에 관한 규칙은 소방기본법에서 위임된 사항 및 그 시행에 관한 내용을 규정하고 있다.

> **해설** ② 규칙 제2조제1호다목
> ① 중앙통제단장은 현장지휘관이다(규칙 제2조제2호가목).
> ③ 재난의 규모 등을 판단하여 종합상황실을 설치한 기관에서 자체대응이 가능하거나 소규모 재난인 경우에는 긴급구조관련기관에의 통보를 늦추거나 하지 아니할 수 있다(규칙 제3조단서).
> ④ 긴급구조대응활동 및 현장지휘에 관한 규칙은 각종 재난이 발생하는 경우 현장지휘체계를 확립하고 긴급구조대응활동을 신속하고 효율적으로 수행하기 위하여 재난 및 안전관리 기본법 및 같은 법 시행령에서 위임된 사항 및 그 시행에 필요한 사항을 규정함을 목적으로 한다(규칙 제1조).

03 긴급구조대응활동 및 현장지휘에 관한 규칙상 긴급구조 대비체제의 구축에 관한 설명으로 옳지 않은 것은?

① 종합상황실 상황근무자로서 재난을 최초로 접수한 자는 즉시 긴급구조기관에 긴급구조활동에 필요한 출동을 지령하여야 한다.

② 현장지휘관은 재난이 발생한 경우에 재난의 종류·규모 등을 통제단장에게 보고하여야 한다.

③ 긴급구조기관의 장은 자원지원수용체제를 재난의 발생 단계별로 수립하여야 한다.

④ 통합지휘조정통제센터는 상시 운영체제를 갖추어야 한다.

> **해설** 긴급구조기관의 장은 긴급구조관련기관과 협의하여 제6조제7호에 따른 자원지원수용체제를 재난의 유형별로 수립하되, 다음의 모든 내용을 포함해야 한다(규칙 제8조제1항).
> • 긴급구조관련기관의 명칭·위치와 기관장 또는 대표자의 성명
> • 협조 담당부서 및 담당자의 긴급연락망
> • 전문인력과 장비의 배치계획 및 담당업무
> • 전문인력에 대한 국가기술자격 그 밖에 이에 준하는 자격보유현황의 파악 및 관리
> • 현장지휘자 및 연락관의 지정

04 표준현장지휘체계의 입법취지에 관한 설명으로 가장 옳은 것은?

① 상호 협조체제의 강화

② 자원 활용의 효율성 제고

③ 재난관리 예산의 절감

④ 통제단장의 지휘권 강화

> **해설** "행정안전부령으로 정하는 표준현장지휘체계"란 긴급구조기관 및 긴급구조지원기관이 체계적인 현장대응과 상호협조체제를 유지하기 위하여 공통으로 사용하는 표준지휘조직도, 표준용어 및 재난현장 표준작전절차를 말한다(규칙 제9조제2항).

05 재난현장 표준작전절차(SOP) 중 화재유형별 표준작전절차에 부여되는 일련번호는?(단, 지역특성에 따라 변경하여 적용하는 경우는 제외한다)

① SOP 100부터 199까지
② SOP 200부터 299까지
③ SOP 300부터 399까지
④ SOP 400부터 499까지

> **해설** 재난현장 표준작전절차는 소방청장이 다음의 구분에 따라 작성한다(규칙 제10조제1항).
> • 지휘통제절차 : 표준작전절차(SOP) 100부터 199까지의 일련번호를 부여하여 작성한다.
> • 화재유형별 표준작전절차 : 표준작전절차(SOP) 200부터 299까지의 일련번호를 부여하여 작성한다.
> • 사고유형별 표준작전절차 : 표준작전절차(SOP) 300부터 399까지의 일련번호를 부여하여 작성한다.
> • 구급단계별 표준작전절차 : 표준작전절차(SOP) 400부터 499까지의 일련번호를 부여하여 작성한다.
> • 상황단계별 표준작전절차 : 표준작전절차(SOP) 500부터 599까지의 일련번호를 부여하여 작성한다.
> • 현장 안전관리 표준지침 : 표준지침(SSG) 1부터 99까지의 일련번호를 부여하여 작성한다.

06 긴급구조대응활동 및 현장지휘에 관한 규칙상 중앙긴급구조통제단 구성 시 자원지원부의 담당 임무는?

① 자원집결지 운영   ② 상황 분석·보고
③ 항공·현장통제   ④ 자원대기소 운영

> **해설** 중앙긴급구조통제단 자원지원부는 물품·급식지원, 회복지원, 장비관리, 자원집결지 운영, 긴급복구지원, 오염방제지원 등의 임무를 수행한다(규칙 제12조제1항 별표 3).
> ② 대응계획부의 임무에 해당한다.
> ③·④ 현장지휘부의 임무에 해당한다.

07 긴급구조대응활동 및 현장지휘에 관한 규칙상 지역통제단장이 파견을 요청하는 경우 지역통제단의 대응계획부에 연락관을 파견해야 하는 기관 및 단체로 옳지 않은 것은?

① 시·도 검찰청
② 국방부장관이 지정하는 군부대
③ 권역응급의료센터
④ 지역통제단장이 지정하는 기관

> **해설** 다음의 기관 및 단체는 지역통제단장이 파견을 요청하는 경우에는 시·도긴급구조통제단 및 시·군·구긴급구조통제단(이하 "지역통제단"이라 한다)의 대응계획부에 연락관을 파견해야 한다(규칙 제13조제2항).
> • 시행령 제4조제2호에 따른 군부대
> • 시·도 경찰청 및 경찰서(지방해양경찰청 및 해양경찰서를 포함한다)
> • 보건소, 응급의료에 관한 법률 제26조제1항에 따른 권역응급의료센터, 같은 법 제27조제1항에 따른 응급의료지원센터 및 같은 법 제30조제1항에 따른 지역응급의료센터 중 지역통제단장이 지정하는 기관 또는 센터
> • 그 밖에 지역통제단장이 지정하는 기관 및 단체

08 긴급구조대응활동 및 현장지휘에 관한 규칙상 현장지휘관이 자원집결지로 설치·운영할 수 있는 장소로 옳지 않은 것은?

① 공 항
② 운동장
③ 기계식 주차장
④ 버스터미널

> **해설** 현장지휘관은 다음 어느 하나의 장소를 자원집결지로 설치·운영하여야 한다(규칙 제18조제1항)
> • 버스터미널 및 기차역
> • 선박터미널 및 공항
> • 체육관 및 운동장
> • 대형 주차장
> • 그 밖에 교통수단의 접근 및 활용이 편리한 장소

09 긴급구조대응활동 및 현장지휘에 관한 규칙상 긴급구조지휘대의 기능으로 옳은 것은?

① 의료소 조직 편성·관리
② 긴급구조 대응계획의 작성
③ 긴급구조활동에 대한 평가
④ 주요 긴급구조지원기관과의 합동으로 현장지휘의 조정·통제

> **해설** **긴급구조지휘대의 구성 및 기능(규칙 제16조제2항)**
> 긴급구조지휘대는 다음의 기능을 수행한다.
> • 통제단이 가동되기 전 재난초기 시 현장지휘
> • 주요 긴급구조지원기관과의 합동으로 현장지휘의 조정·통제
> • 광범위한 지역에 걸친 재난발생 시 전진지휘
> • 화재 등 일상적 사고의 발생 시 현장지휘

10 긴급구조대응활동 및 현장지휘에 관한 규칙상 현장응급의료소의 설치 등에 대한 설명으로 옳지 않은 것은?

① 현장의료소에는 소장 1명과 분류반·응급처치반 및 이송반을 둔다.
② 현장의료소의 소장은 의료소가 설치된 지역을 관할하는 소방서장이 된다.
③ 통제단장은 사상자의 수에 따라 재난현장에 적정한 현장응급의료소를 설치·운영하여야 한다.
④ 통제단장은 종합병원과 응급의료기관에 응급의료기구의 지원과 의료인 등의 파견을 요청할 수 있다.

> **해설** **현장응급의료소의 설치(규칙 제20조제5항)**
> 의료소의 소장은 의료소가 설치된 지역을 관할하는 보건소장이 된다. 다만, 관할 보건소장이 재난현장에 도착하기 전에는 다음의 어느 하나에 해당하는 사람 중에서 긴급구조대응계획이 정하는 사람이 의료소장의 업무를 대행할 수 있다.
> • 응급의료에 관한 법률 제26조에 따른 권역응급의료센터의 장
> • 응급의료에 관한 법률 제27조제1항에 따른 응급의료지원센터의 장
> • 응급의료에 관한 법률 제30조에 따른 지역응급의료센터의 장

11 긴급구조대응활동 및 현장지휘에 관한 규칙상 사상자의 상태 분류와 응급환자 분류표의 색상 연결이 옳지 않은 것은?

① 사망 – 청색
② 긴급 – 적색
③ 응급 – 황색
④ 비응급 – 녹색

> **해설** 중증도 분류표(규칙 제22조제3항 관련 별표 7)
> • 사망 – 흑색
> • 긴급 – 적색
> • 응급 – 황색
> • 비응급 – 녹색

12 긴급구조대응활동 및 현장지휘에 관한 규칙상 중증도 분류표에서 사상자의 상태와 색상을 알맞게 연결한 것은?

① 비응급 – 녹색
② 응급 – 적색
③ 긴급 – 흑색
④ 사망 – 황색

13 긴급구조대응활동 및 현장지휘에 관한 규칙상 응급처치반의 임무에 관한 내용으로 옳지 않은 것은?

① 응급처치반은 분류반이 인계한 긴급·응급환자에 대한 응급처치를 담당한다.
② 응급처치반장은 우선순위를 정하여 응급·비응급환자에 대한 응급처치를 실시하여야 한다.
③ 응급처치반은 응급처치에 필요한 기구 및 장비를 갖추어야 한다.
④ 응급처치반은 인계받은 긴급·응급환자의 응급처치사항을 중증도 분류표에 기록하여 긴급·응급환자와 함께 신속히 이송반에게 인계한다.

> **해설** 응급처치반장은 우선순위를 정하여 긴급·응급환자에 대한 응급처치를 실시하고 현장에서의 수술 등을 위하여 의료인 등이 추가로 요구되는 경우에는 의료소장에게 지원을 요청한다(규칙 제23조제2항).

11 ① 12 ① 13 ② **정답**

14 긴급구조대응활동 및 현장지휘에 관한 규칙상 긴급구조대응계획을 작성해야 하는 재난유형으로 옳지 않은 것은?

① 홍 수

② 폭 염

③ 폭 설

④ 지 진

> **해설** **재난유형별 긴급구조대응계획의 작성체계(규칙 제35조)**
> 재난유형별 긴급구조대응계획은 다음의 재난유형별로 재난의 진행단계에 따라 조치해야 하는 주요사항과 주민보호를 위한 대민정보사항을 포함하여 작성해야 한다.
> • 홍 수
> • 태 풍
> • 폭 설
> • 지 진
> • 시설물 등의 붕괴
> • 가스 폭발
> • 다중이용시설의 대형화재
> • 유해화학물질(방사능을 포함한다)의 누출 및 확산

15 긴급구조대응활동 및 현장지휘에 관한 규칙상 긴급구조활동 평가에 관한 내용으로 옳지 않은 것은?

① 긴급구조활동 평가항목에 긴급구조대응계획서의 이행실태가 포함된다.

② 긴급구조활동평가단은 민간전문가 1인을 포함하여 5인 이하로 구성한다.

③ 긴급구조활동평가단은 긴급구조대응계획에서 정하는 평가결과보고서를 지체 없이 제출하여야 한다.

④ 통제단장은 우수 재난대응관리자 또는 종사자의 현황을 당해 긴급구조지원기관의 장에게 통보할 수 있다.

> **해설** **긴급구조활동평가단의 구성(규칙 제39조)**
> • 통제단장은 재난상황이 종료된 후 긴급구조활동의 평가를 위하여 긴급구조기관에 긴급구조활동평가단(이하 "평가단"이라 한다)을 구성하여야 한다.
> • 평가단은 단장 1명을 포함하여 5명 이상 7명 이하로 구성한다.
> • 평가단의 단장은 통제단장으로 하고, 단원은 다음의 사람 중에서 통제단장이 임명하거나 위촉한다. 이 경우 ⓒ에 해당하는 사람 중 민간전문가 2명 이상이 포함되어야 한다.
>   ㉠ 통제단의 각 부장. 다만, 단장이 필요하다고 인정하는 경우에는 각 부 소속 요원
>   ⓛ 긴급구조지휘대의 장
>   ⓒ 긴급구조활동에 참가한 기관·단체의 요원 또는 평가에 관한 전문지식과 경험이 풍부한 사람 중에서 단장이 필요하다고 인정하는 사람

16 긴급구조대응활동 및 현장지휘에 관한 규칙상 긴급구조평가단의 단원 구성에 해당되지 않는 사람은?

① 공동취재단의 단원
② 긴급구조지휘대의 장
③ 통제단의 각 부장
④ 평가에 관한 전문지식과 경험이 풍부한 민간전문가

> **해설** 긴급구조활동평가단의 단장은 통제단장으로 하고, 단원은 다음의 사람 중에서 통제단장이 임명하거나 위촉한다. 이 경우 ⓒ에 해당하는 사람 중 민간전문가 2명 이상이 포함되어야 한다(규칙 제39조제3항).
> ㉠ 통제단의 각 부장. 다만, 단장이 필요하다고 인정하는 경우에는 각 부 소속 요원
> ㉡ 긴급구조지휘대의 장
> ㉢ 긴급구조활동에 참가한 기관·단체의 요원 또는 평가에 관한 전문지식과 경험이 풍부한 사람 중에서 단장이 필요하다고 인정하는 사람

17 긴급구조대응활동 및 현장지휘에 관한 규칙상 긴급구조활동에 대한 평가에 관한 내용으로 옳은 것은?

① 긴급구조활동평가단은 민간전문가 1인, 통제단장 4인으로 구성하였다.
② 통제단장은 자원동원현황을 통하여 긴급구조대응계획서의 이행실태를 평가하였다.
③ 통제단장은 재난상황이 발생하는 즉시 긴급구조활동평가단을 구성하였다.
④ 통제단장은 평가결과 개선 사항을 평가 종료 후 15일이 되는 날에 긴급구조지원기관의 장에게 통보하였다.

> **해설** **평가결과의 보고 및 통보(규칙 제42조)**
> 통제단장은 평가결과 시정을 요하거나 개선·보완할 사항이 있는 경우에는 그 사항을 평가종료 후 1월 이내에 해당 긴급구조지원기관의 장에게 통보하여야 한다.

부록

기출문제

2014년 과년도 기출문제

01 연소하한계가 가장 낮은 물질은?

① 아세틸렌

② 부 탄

③ 메 탄

④ 수 소

> **해설** 연소를 일으킬 수 있는 최저농도를 연소하한계, 최고농도를 연소상한계라고 한다. 연소하한계(LFL)가 가장 낮은 물질은 부탄(1.8)이다.
> 아세틸렌(2.5), 메탄(6), 수소(4)

02 다음 설명으로 옳지 않은 것은?

① 대류·전도와 같이 열전달 매개체가 필요하며 전자파의 형태로 열에너지가 전달되는 현상을 복사라 한다.

② 물체 간 온도 차이로 한 물체에서 다른 물체로 직접 접촉에 의해 열에너지가 이동하는 현상을 전도라 한다.

③ 액체나 기체와 같은 유체를 열전달 매개체로 하여 유체의 온도변화에 따른 밀도차로 인해 열에너지가 전달되는 현상을 대류라 한다.

④ 수mm~수cm 정도의 크기를 가진 화염덩어리가 기류를 타고 다른 가연물로 이동하여 그 가연물을 착화시키는 현상을 비화라 한다.

> **해설** ① 복사는 열이 물질의 도움 없이 직접 전달되는 현상이다. '열에너지가 전자파의 형태로 사방으로 전달되는 현상'으로 이 에너지의 전파속도는 빛과 같고 물체에 닿으면 흡수, 반사 또는 투과된다.

03 외부 화재로 탱크 내부 온도가 상승되어 탱크 내 가연성 액화가스의 급격한 비등 및 팽창으로 탱크 내벽에 균열이 생겨 내부 증기가 분출하면서 폭발하는 현상은?

① 증기운폭발(UVCE) 현상
② 블레비(BLEVE) 현상
③ 백 드래프트(Back Draft) 현상
④ 보일오버(Boil Over) 현상

> **해설** 블레비(BLEVE) 현상이란 인화점이나 비점이 낮은 인화성 액체(유류)가 가득 차 있지 않는 저장탱크 주위에 화재가 발생하여 저장탱크 벽면이 장시간 화염에 노출되면 윗부분의 온도가 상승하여 재질의 인장력이 저하되고 내부의 비등현상으로 인한 압력상승으로 저장탱크 벽면이 파열되는 현상을 말한다.

04 다음 중 화학적 폭발현상을 모두 고른 것은?

ㄱ. 산화폭발	ㄴ. 분해폭발
ㄷ. 중합폭발	ㄹ. 수증기폭발

① ㄱ, ㄹ
② ㄴ, ㄷ
③ ㄱ, ㄴ, ㄷ
④ ㄱ, ㄷ, ㄹ

> **해설** 화학적 폭발은 화학적 변화를 동반하는 폭발이며, 산화폭발, 분해폭발, 중합폭발, 유증기폭발이 있다.

05 분진폭발에 관한 설명으로 옳지 않은 것은?

① 분진의 발열량이 적을수록 폭발 위험성이 커진다.
② 분진 내 휘발성분이 많을수록 폭발 위험성이 커진다.
③ 분진의 부유성이 클수록 폭발 위험성이 커진다.
④ 분진 내 존재하는 수분의 양이 적을수록 폭발 위험성이 커진다.

> **해설** 분진폭발은 아주 미세한 가연성의 입자가 공기 중에 적당한 농도($1m^3$당 40~4,000g)로 퍼져 있을 때, 약간의 불꽃 혹은 열만으로 돌발적인 연쇄 연소를 일으켜 폭발하는 현상을 말한다. 분진의 발열량이 많을수록 폭발 위험성이 커진다.

06 내화건축물의 화재특성에 관한 설명으로 옳지 않은 것은?

① 일반적으로 목재건축물에 비해 저온장기형 화재특성을 나타내는 경우가 많다.
② 일반적으로 초기 – 성장기 – 최성기 – 종기의 화재진행과정을 나타낸다.
③ 최성기에서 종기로 넘어가는 시기에 플래시오버(Flash Over)가 발생된다.
④ 화재하중이 높을수록 화재가혹도가 크다.

해설 내화건축물 화재 시에 플래시오버(Flash Over)는 성장기에서 최성기로 넘어가는 단계에서 발생한다.

07 소방기본법령상 화재원인조사의 종류에 해당되지 않는 것은?

① 인명피해 조사
② 피난상황 조사
③ 연소상황 조사
④ 발견·통보 및 초기 소화상황 조사

해설 ※ 출제 당시에는 정답이 ③으로 화재피해조사(소방기본법 시행규칙 별표 5)에 해당하였으나 법령의 개정 (2023.1.26.)으로 전면삭제되어 정답 없음으로 처리하였다.

08 옥내소화전의 방수압력이 5kgf/cm²이었을 경우 약 몇 Pa인가?(단, 중력가속도는 9.8m/s² 이다)

① 490Pa
② 500Pa
③ 50,000Pa
④ 490,000Pa

해설 힘을 구하는 공식은 $F = m \times a$(여기서 F는 힘(N), m은 질량(kg), a는 가속도(m/s²))
$1kgf/cm^2 = 9.8N/0.0001m^2$(여기서 $1kgf = 9.8N$, $1cm^2 = 0.0001m^2$)
$1kgf/cm^2 = 9.8N/0.0001m^2 = 98,000N/m^2 = 98,000Pa$이다. 문제에서 방수압력이 $5kgf/cm^2$이므로
∴ $5kgf/cm^2 = 5 \times 9.8N/0.0001m^2 = 490,000N/m^2 = 490,000Pa$

09 비상방송설비의 화재안전기준에서 규정된 음향장치 설치기준으로 옳지 않은 것은?

① 조작부의 조작스위치는 바닥으로부터 0.5m 이상 1.5m 이하의 높이에 설치할 것

② 음량조정기를 설치하는 경우 음량조정기의 배선은 3선식으로 할 것

③ 확성기의 음성입력은 3W(실내에 설치하는 것에 있어서는 1W) 이상일 것

④ 증폭기 및 조작부는 수위실 등 상시 사람이 근무하는 장소로서 점검이 편리하고 방화상 유효한 곳에 설치할 것

> **해설** ※ 출제 당시에는 비상방송설비의 화재안전기술기준(NFSC 202) 적용
> **NFPC/NFTC 202**
> 조작부의 조작스위치는 바닥으로부터 0.8m 이상 1.5m 이하의 높이에 설치할 것

10 화재예방, 소방시설 설치·유지 및 안전관리에 관한 법령상 단독경보형감지기를 설치하여야 하는 특정소방대상물에 해당되지 않는 것은?

① 연면적 600m^2 미만의 숙박시설

② 연면적 1,000m^2 미만의 아파트

③ 연면적 1,500m^2 미만의 기숙사

④ 교육연구시설 또는 수련시설 내에 있는 합숙소 또는 기숙사로서 연면적 2,000m^2 미만인 것

> **해설** ※ 출제 당시에는 정답이 ③이었으나 법령의 전면개정(2023.3.7.)으로 정답 없음으로 처리하였다.
> **특정소방대상물의 관계인이 특정소방대상물에 설치·관리해야 하는 소방시설의 종류(소방시설 설치 및 관리에 관한 법률 시행령 별표 4)**
> 단독경보형 감지기를 설치해야 하는 특정소방대상물은 다음의 어느 하나에 해당하는 것으로 한다.
> • 교육연구시설 내에 있는 기숙사 또는 합숙소로서 연면적 2천m^2 미만인 것
> • 수련시설 내에 있는 기숙사 또는 합숙소로서 연면적 2천m^2 미만인 것
> • 노유자 시설로서 연면적 400m^2 이상인 노유자 시설 및 숙박시설이 있는 수련시설로서 수용인원 100명 이상인 경우에는 모든 층에 해당하지 않는 수련시설(숙박시설이 있는 것만 해당한다)
> • 연면적 400m^2 미만의 유치원
> • 공동주택 중 연립주택 및 다세대주택(연동형으로 설치)

9 ① 10 정답 없음 **정답**

11 자동화재탐지설비의 감지기 중 열감지기의 종류가 아닌 것은?

① 보상식 스포트형 감지기

② 정온식 감지선형 감지기

③ 차동식 분포형 감지기

④ 광전식 분리형 감지기

> **해설** 광전식 분리형 감지기는 열감지기가 아니라 일반 스포트형 감지기로는 조기감지가 불가능한 대형로비, 아트리움 및 격납고 등과 같이 천정고가 높은 대공간에 주로 설치되는 특수감지기이다. SPB 광전식 분리형 감지기는 발광부와 수광부로 구성되어 선형의 적외선을 주고받는 광축상에 연기가 유입되면 수광량의 감소에 따른 전기적인 변화를 검출하여 화재를 감지한다.

12 피난기구의 화재안전기준상 노유자시설로 사용되는 층의 바닥면적이 1,500m²일 경우 피난기구의 최소 설치 개수는?(단, 피난기구설치의 감소기준은 고려하지 않는다)

① 1개

② 2개

③ 3개

④ 4개

> **해설** ※ 출제 당시에는 피난기구의 화재안전기준(NFSC 301) 적용
> **NFPC/NFTC 301**
> 피난기구는 층마다 설치하되, 숙박시설·노유자시설 및 의료시설로 사용되는 층에 있어서는 그 층의 바닥면적 500m²마다 1개씩 설치해야 하므로, 층 바닥면적이 1,500m²일 경우 피난기구의 최소 설치 개수는 3개이다.

13 소화수조 및 저수조의 화재안전기준상 1층 및 2층의 바닥면적의 합계가 20,000m²인 특정소방대상물에 소화수조를 설치하는 경우, 소화수조의 최소 저수량(m³)과 흡수관투입구의 최소 설치 개수는?

① 40m³, 1개

② 40m³, 2개

③ 60m³, 1개

④ 60m³, 2개

> **해설** ※ 출제 당시에는 소화수조 및 저수조의 화재안전기준(NFSC 402) 적용
> **NFPC/NFTC 402**
> • 소화수조 또는 저수조의 저수량은 소방대상물의 연면적을 다음 표에 따른 기준면적으로 나누어 얻은 수(소수점 이하의 수는 1로 본다)에 20m³를 곱한 양 이상이 되도록 해야 한다.
>
> | 소방대상물의 구분 | 면 적 |
> | --- | --- |
> | 1층 및 2층의 바닥면적 합계가 15,000m² 이상인 소방대상물 | 7,500m² |
> | 1층 및 2층의 바닥면적 합계가 15,000m² 이상인 소방대상물에 해당되지 아니하는 그 밖의 소방대상물 | 12,500m² |
>
> • 지하에 설치하는 소화용수설비의 흡수관투입구는 그 한 변이 0.6m 이상이거나 직경이 0.6m 이상인 것으로 하고, 소요수량이 80m³ 미만인 것은 1개 이상, 80m³ 이상인 것은 2개 이상을 설치해야 하며, "흡수관투입구"라고 표시한 표지를 할 것

14 연결송수관설비의 화재안전기준에 관한 설명으로 옳지 않은 것은?

① 송수구는 지면으로부터 0.5m 이상 1m 이하의 위치에 설치하여야 한다.

② 배관 및 방수구의 주배관 구경은 65mm 이상의 것으로 하여야 한다.

③ 아파트의 1층 및 2층에는 연결송수관설비의 방수구를 설치하지 아니할 수 있다.

④ 방수기구함은 방수구가 가장 많이 설치된 층을 기준하여 3개 층마다 설치하되, 그 층의 방수구마다 보행거리 5m 이내에 설치하여야 한다.

> **해설** ※ 출제 당시에는 연결송수관설비의 화재안전기준(NFSC 502) 적용
> **NFPC/NFTC 502**
> 주배관의 구경은 100mm 이상의 것으로 하고 방수구는 연결송수관설비의 전용방수구 또는 옥내소화전방수구로서 구경 65mm의 것으로 설치해야 한다.

15 특별피난계단의 계단실 및 부속실 제연설비의 화재안전기준에서 부속실만 단독으로 제연하는 것 또는 비상용승강기의 승강장만 단독으로 제연하는 것으로 부속실 또는 승강장이 면하는 옥내가 거실인 경우의 최소 방연풍속은?

① 0.5m/s

② 0.6m/s

③ 0.7m/s

④ 0.8m/s

> **해설** ※ 출제 당시에는 특별피난계단의 계단실 및 부속실 제연설비의 화재안전기준(NFSC 501A) 적용
> **NFPC/NFTC 501A**
> **제연구역에 따른 방연풍속**
>
> | 제연 구역 | | 방연풍속 |
> |---|---|---|
> | 계단실 및 그 부속실을 동시에 제연하는 것 또는 계단실만 단독으로 제연하는 것 | | 0.5m/s 이상 |
> | 부속실만 단독으로 제연하는 것 또는 비상용승강기의 승강장만 단독으로 제연하는 것 | 부속실 또는 승강장이 면하는 옥내가 거실인 경우 | 0.7m/s 이상 |
> | | 부속실 또는 승강장이 면하는 옥내가 복도로서 그 구조가 방화구조(내화시간이 30분 이상인 구조를 포함한다)인 것 | 0.5m/s 이상 |

16 고압가스 안전관리법령상 고압가스 저장의 안전유지기준으로 옳지 않은 것은?

① 용기보관장소의 주위 2m 이내에는 화기 또는 인화성물질이나 발화성물질을 두지 않을 것

② 충전용기는 항상 55℃ 이하의 온도를 유지하고, 직사광선을 받지 않도록 조치할 것

③ 충전용기와 잔가스용기는 각각 구분하여 용기보관장소에 놓을 것

④ 가연성가스 용기보관장소에는 방폭형 휴대용 손전등 외의 등화를 지니고 들어가지 않을 것

> **해설** 충전용기는 항상 40℃ 이하의 온도를 유지하고, 직사광선을 받지 않도록 조치할 것(고압가스 안전관리법 시행규칙 별표 4)

17 연료와 공기를 미리 혼합시킨 후에 연소시키는 것으로써 화염이 전파되는 특징을 갖는 기체연소 형태는?

① 확산연소
② 예혼합연소
③ 훈소연소
④ 증발연소

해설 기체연료와 공기와 미리 혼합하여 혼합기를 통하며 여기에 점화시켜 연소하는 형태는 예혼합연소(Premixed Combustion)이다.

18 물 소화약제에 관한 설명으로 옳지 않은 것은?

① 물의 증발잠열은 약 539cal/g이다.
② 기화 시 부피가 약 1,600배~1,700배 정도 증가하므로 질식효과도 기대할 수 있다.
③ 물분자 내 수소원소와 산소원소 간에는 공유결합을 이루고 있다.
④ 물의 비열은 0.7cal/g · ℃이므로 냉각효과가 우수한 소화약제이다.

해설 물 1g을 1℃ 올리는 데 필요한 열량인 비열은 1cal/g · ℃로 다른 물질에 비해 상당히 큰 편이다. 물이 소화약제로 널리 사용되고 있는 가장 큰 이유는 우선 구하기가 쉽고, 비열과 증발 잠열이 커서 냉각효과가 우수하며, 펌프, 파이프, 호스 등을 사용하여 쉽게 운송할 수 있기 때문이다. 그러나 사용 후 2차 피해인 수손이 발생하고 추운 곳에서는 사용할 수 없는 단점도 있다. 특별한 경우를 제외하고는 주로 일반화재(A급 화재)에만 사용된다.

19 이산화탄소(CO_2) 소화약제에 관한 설명으로 옳지 않은 것은?

① 주된 소화효과는 질식소화이다.
② 기체상태 가스비중은 약 1.5로 공기보다 무겁다.
③ 용기에 액화상태로 저장한 후 방출 시에는 기체화된다.
④ 나트륨 · 칼륨 · 칼슘 등 활성금속물질에 소화효과가 있다.

해설 이산화탄소소화약제는 나이트로셀룰로스, 셀룰로이드 제품 등과 같이 연소 시 공기 중의 산소를 필요로 하지 않고 자체에 산소를 가지고 있는 물질이나 나트륨, 칼슘, 칼륨 등의 활성금속을 제외한 모든 가연물질에 적용이 가능하다.

20 다음 소화약제 중 주된 소화효과가 다른 하나는?

① 이산화탄소소화약제

② 할론1301

③ IG-541

④ IG-01

해설 할로겐화합물 소화약제는 다른 소화약제와는 달리 연소의 4요소 중의 하나인 연쇄반응을 차단시켜 화재를 소화한다. 이러한 소화를 부촉매소화 또는 억제소화라 하며 이는 화학적 소화에 해당된다.

21 전기설비기술기준상 교류 전압에서 저압으로 구분하는 기준은?

① 300V 이하

② 450V 이하

③ 600V 이하

④ 750V 이하

해설 ※ 출제 당시에는 정답이 ④였으나 규정이 변경(2020.12.3.)되어 정답 없음으로 처리하였다.
한국전기설비규정상 전압(저압, 고압 및 특고압)을 구분하는 기준
• 저압 : 직류는 1.5kV 이하, 교류는 1kV 이하인 것
• 고압 : 직류는 1.5kV를, 교류는 1kV를 초과하고, 7kV 이하인 것
• 특고압 : 7kV를 초과하는 것

22 다음의 위험물 중 주수소화가 가능한 물질은?

① 나트륨

② 알킬알루미늄

③ 마그네슘

④ 적 린

해설 적린은 제2류 위험물(가연성 고체)로 주수소화가 가능한 물질이다.

23 마늘과 같은 자극적인 냄새가 나는 백색 또는 담황색 왁스상의 가연성 고체로 공기 중에서 자연발화성이 있어 물속에 저장하여야 할 위험물은?

① 칼 륨　　　　　　　　　　② 탄화칼슘
③ 알킬리튬　　　　　　　　④ 황 린

> **해설** 황린은 제3류 위험물(자연발화성물질 및 금수성물질)로 백색 또는 담황색 왁스상의 가연성 고체이며, 물에 녹지 않지만(따라서 물속에 저장) 벤젠, 이황화탄소에 녹는다.

24 가연성 증기의 발생을 억제하기 위하여 철근콘크리트수조에 넣어 보관하며, 인화점이 영하 30°C인 위험물은?

① 이황화탄소　　　　　　　② 산화프로필렌
③ 다이에틸에테르　　　　　④ 메틸에틸케톤

> **해설** 이황화탄소(Carbon Disulfide, CS_2)는 불쾌한 냄새가 나는 무채색 또는 노란색 액체로, 액체비중 1.261, 증기비중 2.6, 녹는점 −111°C, 끓는점 46°C이다. 인화점 −30°C, 발화점 90°C이며, 물에 녹지 않고 에탄올, 벤젠, 에테르, 클로로폼, 사염화탄소 등에 녹는다. 인화점 및 발화점이 낮아 위험하고 물보다 무겁다.

25 위험물안전관리법령상 위험물제조소의 표지 및 게시판 기준에 관한 설명으로 옳지 않은 것은?

① 제조소 표지의 규격은 한 변이 0.3m 이상 다른 한 변이 0.4m 이상인 직사각형으로 하여야 한다.
② 제조소 표지와 게시판의 바탕은 백색이며 문자는 흑색으로 하여야 한다.
③ 주의사항을 표시 한 게시판 중 "물기엄금"은 청색바탕에 백색문자로 한다.
④ 제2류 위험물(인화성 고체 제외)에 있어서는 "화기주의"를 기재하여 게시하여야 한다.

> **해설** 제조소에는 보기 쉬운 곳에 다음의 기준에 따라 "위험물 제조소"라는 표시를 한 표지를 설치하여야 한다(위험물안전관리법 시행규칙 별표 4).
> • 표지는 한 변의 길이가 0.3m 이상, 다른 한 변의 길이가 0.6m 이상인 직사각형으로 할 것
> • 표지의 바탕은 백색으로, 문자는 흑색으로 할 것

26 인간의 기본 욕구에 관한 특성으로 옳은 것은?

① 일부 기본 욕구들은 상호 연관되어 있다.

② 모든 기본 욕구는 연기될 수 없다.

③ 개인이 어떤 욕구를 지각했을 때 욕구충족을 위해 취할 수 있는 반응은 일정하다.

④ 개인이 속한 문화의 우선순위에 따라서만 자신의 욕구를 충족시킬 수 있다.

> **해설**
> ② 생존을 위해 덜 필요한 상위 기본 욕구는 연기될 수 있다.
> ③ 개인의 행동경향과 삶의 경험이 다르기 때문에 욕구충족을 위해 취하는 반응 역시 개인마다 다르다.
> ④ 개인마다 욕구의 우선순위가 다를 수 있다. 즉, 개인의 욕구발로 우선순위에 따라 자기 욕구를 충족시켜 나간다.

27 혈압을 조절하는 요인에 관한 설명으로 옳은 것은?

① 심장의 박출력이 증가하면 혈압이 낮아진다.

② 혈액의 점도가 높으면 혈압이 낮아진다.

③ 혈관의 탄력성이 낮으면 혈압이 낮아진다.

④ 말초혈관이 이완되면 혈압이 낮아진다.

> **해설**
> ① 심장의 박출력이 증가하면 혈압이 높아진다.
> ② 혈액의 점도가 높으면 혈압이 높아진다.
> ③ 혈관의 탄력성이 낮으면 혈압이 높아진다.

28 활동성 폐결핵 환자의 격리 유형으로 옳은 것은?

① 장 격리

② 보호 격리

③ 피부 격리

④ 호흡 격리

> **해설**
> 결핵은 일반적으로 전염성결핵환자의 기침, 재채기, 대화 등을 통해 공기 중으로 결핵균이 전파되어 접촉한 사람에게 전염되는 호흡기 감염병이므로 호흡 격리가 필요하다.

29 추위에 노출된 인체가 체온을 유지하기 위한 보상기전은?

① 털세움근이 수축된다.
② 말초혈관이 확장된다.
③ 심박출량이 감소된다.
④ 근긴장도가 감소된다.

> **해설** 체온을 유지하기 위해서는 오한 발생, 차갑고 창백한 피부, 소름이 돋는다.

30 호흡곤란을 호소하는 환자에게 맥박산소측정기(Pulse Oximeter)를 사용하여 산소포화도를 측정하였더니 80%였다. 환자 상태에 관한 올바른 해석은?

① 정상이다.
② 경증의 저산소혈증 상태이다.
③ 중등도의 저산소혈증 상태이다.
④ 중증의 저산소혈증 상태이다.

> **해설** 산소포화도의 정상수치는 95% 이상이며, 95% 이하는 저산소증 주의 상태, 90% 이하는 저산소증으로 호흡이 곤란해지는 위급한 상태가 된다. 이 경우 인공호흡기 등으로 산소를 인위적으로 투여해 산소포화도를 끌어올려야 한다. 산소포화도 80% 이하는 매우 심한 저산소증 상태를 의미한다.

31 요로결석으로 심한 통증을 호소하는 환자의 교감신경 반응으로 옳은 것은?

① 느리고 단조로운 말
② 맥박 감소
③ 땀흘림(발한)
④ 침분비 증가

> **해설** 요로결석의 특징적인 증상은 예리하고 심한 통증이 갑자기 발병하는 것인데, 특히 신장에 결석이 생겨 발생하는 예리한 통증을 신산통(Renal Colic)이라고 한다. 통증이 심해지면 오심, 구토, 창백, 발한과 함께 아주 불안한 모습을 보이면서 고통스러워하며, 빈뇨(잦은 소변)를 호소하기도 한다.

32 응급 현장에서의 일차평가에 관한 설명으로 옳지 않은 것은?

① 환자의 생명을 위협하는 상태 발견 시 활력징후 체크 후 다시 빠른 재평가를 실시한다.

② 즉각 이송해야 할 것인지 조금 더 평가하고 치료할 것인지를 결정해야 한다.

③ 전반적인 인상 파악(General Impression)은 환자에 대한 최초의 직관적인 평가이다.

④ 순환평가는 맥박과 피부를 평가하고 심각한 출혈을 조절하는 것이다.

> **해설** 활력징후 체크는 2차 평가이다. 활력징후 외에도 주호소, 현재·과거병력, 신경학적 검사, 전신적인 검사 등을 체크한다.

33 의식이 있는 성인 환자의 맥박을 촉지하기 위해 일반적으로 사용되는 부위는?

① 목(경)동맥

② 자(척골)동맥

③ 노(요골)동맥

④ 넙다리(대퇴)동맥

> **해설** 맥박은 동맥에서만 느낄 수 있으며, 동맥과 가까운 부위인 손목이나 목에서 쉽게 측정할 수 있다. 의식이 있는 성인 환자의 경우 일반적으로 요골동맥에서 측정한다.

34 코의 전방에 손상을 입어 코피를 흘리는 환자가 있다. 지혈하는 방법으로 옳지 않은 것은?(단, 머리뼈 골절은 없다)

① 코 위에 얼음물 주머니를 댄다.

② 콧방울을 손가락으로 눌러 압박한다.

③ 머리를 뒤로 젖힌다.

④ 혈압이 높거나 불안해하는 경우 최대한 안정시킨다.

> **해설** 코피가 날 때 머리를 뒤로 젖히면 피가 목으로 넘어가서 위장이나 폐로 들어갈 수 있기 때문에 하지 말아야 할 행동이다.

35 붕괴된 건물 잔해에 4시간 이상 두 다리가 깔린 상태로 있었던 환자가 구조되었다. 고칼륨혈증에서 초래되는 상태를 평가하기 위한 것으로 옳은 것은?

① 기이성 운동
② 심전도(ECG)
③ 이산화탄소분압
④ 원위부 맥박, 움직임, 감각(PMS)

> **해설** 혈중 칼륨 수치를 측정하기 위해서는 주로 일반 혈액검사를 시행하거나 의사가 심전도(ECG)상 특정 변화를 확인한 경우 고칼륨혈증이 처음 확인된다.

36 소아가 뜨거운 물에 흉복부 앞면, 생식기, 양쪽 다리 전체에 2도 화상을 입었다. '9의 법칙'에 의한 화상의 범위는?

① 28%　　　　　　　　　　② 37%
③ 46%　　　　　　　　　　④ 55%

> **해설** 화상 범위(소아) = 흉복부 앞면(18) + 생식기(1) + 양쪽 다리 전체(27) = 46%
> **9의 법칙에 의한 화상 범위**
> • 성인 : 얼굴 9%, 상지(양쪽) 9%(총 18%), 몸통 전면 18%, 몸통 후면 18%, 하지(양쪽) 18%(총 36%), 성기 1%
> • 소아 : 얼굴 18%, 상지(양쪽) 9%(총 18%), 몸통 전면 18%, 몸통 후면 18%, 하지(양쪽) 13.5%(총 27%), 성기 1%

37 무호흡을 보이는 환자에서 맥박이 분명하게 만져지지 않았다. 먼저 시행할 응급처치는?

① 회복자세를 취한다.
② 기도개방을 시행한다.
③ 인공호흡을 시행한다.
④ 가슴압박을 시행한다.

> **해설** 무호흡 환자에게 먼저 시행할 응급처치는 가슴압박 30회이다.

38 한 겨울 야외작업으로 양손에 동창(Chilblain)이 걸린 환자의 응급처치로 옳지 않은 것은?

① 양손이 추운 환경에 다시 노출될 가능성이 있다면 따뜻한 물에 담그지 않는다.

② 손상된 조직을 문질러 온도를 높여준다.

③ 젖었거나 신체를 조이는 의복을 제거한다.

④ 환자를 추운 환경으로부터 따뜻한 장소로 옮긴다.

> **해설** 손상된 조직을 손으로 문지르면 동상 부위는 얼음 결정이 세포를 파괴할 수 있기 때문에 절대 피해야
> 할 행동 중 하나다. 또 언 부위를 빨리 녹이겠다는 생각으로 히터 등 난방기구에 손상 부위를 가까이
> 대면 오히려 화상을 입을 수 있다.

39 액화괴사(Liquefaction Necrosis)를 일으켜 심부손상을 유발하는 화상은?

① 전기 화상   ② 염기 화상

③ 감마선 화상   ④ 시안화물 화상

> **해설** **염기 화상의 기전**
> • 지방이 비누화되어 조직 내의 화학 반응으로 형성되는 열전도를 막지 못한다.
> • 알칼리의 흡습성 때문에 세포로부터 대량의 수분이 빠져 나와 손상을 야기한다.
> • 알칼리는 조직의 단백질을 용해하고, 결합하여 알칼리성 단백질을 형성하는데 이는 잘 녹으며 수산화이온을
> 함유한다. 이 수산화이온이 추가적인 화학 반응을 유도하여 더 깊은 조직으로 손상을 파급시킨다.

40 수요밸브(Demand Valve) 소생기에 관한 설명으로 옳지 않은 것은?

① 호흡이 없는 환자에게는 사용할 수 없다.

② 위 팽만 및 폐 손상을 유발할 수 있다.

③ 소아에게는 사용하지 않는다.

④ 기관내삽관 튜브와 연결하여 사용하는 것이 효과적이다.

> **해설** **수요밸브**
> • 호흡이 부적절한 환자 처치 시 사용한다.
> • 분당 40~120L의 산소를 줄 수 있으며 과팽창 방지기능이 있다.

41 심정지 환자에게 시행하는 인공호흡 방법으로 옳은 것은?(단, 2010년 미국심장협회 가이드라인을 따른다)

① 30cmH₂O 이상의 압력으로 1초 동안 불어 넣는다.

② 환자의 가슴 상승이 보일 정도로 불어 넣는다.

③ 윤상연골(반지연골) 압박을 실시해 위 팽만을 막는다.

④ 기관내삽관이 되었을 때에는 5초마다 인공호흡을 한다.

> **해설** **인공호흡(2010년 미국심장협회 가이드라인)**
> • 환자의 코를 잡아 막는다.
> • 숨을 들이쉰 뒤 구조자의 입으로 환자의 입을 막고 숨을 불어 넣는다.
> • 2회 반복하며, 숨을 불어 넣을 때마다 환자의 가슴이 부풀어 오르는지 확인한다.

42 기도 폐쇄가 의심되어 하임리히법(Heimlich Maneuver)을 시행하던 중 환자가 의식을 잃었다. 먼저 시행할 응급처치는?

① 등 두드리기   ② 자동제세동

③ 하임리히법   ④ 심폐소생술

> **해설** **하임리히법 순서**
> 1. 환자의 뒤로 다가선다.
> 2. 환자의 양발 가운데 처치자의 발을 집어넣어 환자가 처치자의 허벅지에 기댈 수 있도록 한다.
> 3. 환자의 명치와 배꼽 사이(상복부)에 주먹을 쥔 두 손을 댄다.
> 4. 순간적으로 복부를 위쪽으로 밀쳐올린다.
> 5. 이물질이 나올 때까지 수회 반복한다.
> 6. 하임리히법 도중 환자가 의식을 잃는다면 심폐소생술을 시행한다.

43 공장에서 일하던 체중 80kg인 근로자가 20%의 3도 화상을 입었다면 첫 1시간 동안 투여해야 할 수액량은?(단, 파크랜드 공식을 적용한다)

① 200mL   ② 400mL

③ 600mL   ④ 800mL

> **해설** **파크랜드(Parkland)법**
> "첫 24시간에 주입해야 할 용적(mL) = 4 × 체중(kg) × 화상면적(%)"으로 계산하여 첫 8시간에 그 용적의 50%를 주입하고, 이은 8시간에 25%를, 그리고 나머지 8시간에 나머지 25%를 주입하는 것이 기본 원칙이다. 첫 24시간에 주입해야 할 용적(mL) = 4 × 80 × 20 = 6,400mL에서, 첫 8시간의 용량은 50%인 3,200mL이다. 따라서 1시간 동안 투여량은 3,200mL의 1/8인 400mL이다.

44 성인의 '생존의 고리(Chain of Survival)' 중 세 번째 단계는?

① 빠른 제세동
② 심정지 후 통합 치료
③ 효과적 전문소생술
④ 빠른 심폐소생술

> **해설** **생존사슬(Chain of Survival)**
> 최대한의 생존율을 보장하기 위해서는 빠른 신고, 빠른 심폐소생술, 빠른 제세동술, 빠른 전문소생술의 4가지 과정이 신속하게 이루어져야 하며 이 단계가 응급처치의 가장 중요한 개념이다.

45 심폐소생술교육을 받지 못한 일반인이 심정지로 쓰러진 50대 남성을 목격한 후 응급 처치를 하지 못하고 있다. 목격자의 신고를 접수한 119 상황실 상담원이 지도할 수 있는 내용으로 옳은 것은?(단, 2010년 미국심장협회 가이드라인을 따른다)

① 머리를 젖힐 수 있는 기도개방만 하도록 지시한다.
② 환자의 코를 꽉 붙잡고 인공호흡만 하도록 유도한다.
③ 가슴압박 지점을 알려주어 가슴압박만 하도록 격려한다.
④ 목동맥을 알려주어 맥박을 확인하도록 한다.

> **해설** **AHA 가이드라인이 권고하는 일반인 구조자에 의한 심폐소생술 단계**
> 1. 심폐소생술 실시를 위한 안전한 공간을 확보한다.
> 2. 환자의 어깨를 흔들거나 소리를 질러 의식 여부를 확인한다.
> 3. 환자의 반응이 없고, 호흡 또는 정상적인 호흡이 없을 경우 주변에 응급구조센터 호출을 요청하고 자동제세동기가 없을 경우 즉시 흉부압박을 시작하는 심폐소생술에 돌입한다.
> 4. 흉부압박 : 환자의 가슴 가운데를 분당 100회의 비율로 30회 정도 강하고 빠르게 누른다. 매 압박 시마다 최소 5cm(2inch) 정도의 깊이로 누른다. 심폐소생술 교육을 받지 않은 구조자의 경우에는 자동제세동기가 도착하거나 전문요원이 대신할 때까지 흉부압박을 계속한다.
> 5. 기도확보 : 심폐소생술 교육을 받은 구조자라면, 환자의 머리를 뒤로 제치고 턱을 들어 기도를 확보해 심폐소생술을 계속한다.
> 6. 인공호흡 : 환자의 코를 잡아 막는다. 숨을 들이쉰 뒤 구조자의 입으로 환자의 입을 막고 숨을 불어 넣는다. 2회 반복하며, 숨을 불어 넣을 때마다 환자의 가슴이 부풀어 오르는지 확인한다.
> 7. 자동제세동기와 전문요원이 도착할 때까지 30:2의 비율로 흉부압박과 인공호흡을 반복한다.

46 심폐소생술 중 관상동맥(심장동맥)관류압을 적절하게 유지하려면 대동맥 이완기압은 최소 얼마 이상으로 유지하여야 하는가?(단, 우심방의 이완기압은 10mmHg이다)

① 0mmHg
② 10mmHg
③ 20mmHg
④ 30mmHg

> **해설** 심폐소생술 중 관상동맥관류압이 15mmHg 이상 유지되지 않으면 자발순환회복의 가능성이 낮다. 이완기 우심방압이 10mmHg이고, 관상동맥관류압이 15mmHg 이상이 되려면 이완기 동맥압은 최소 25mmHg 이상이 되어야 하므로 정답은 30mmHg이다.
> ※ 관상동맥관류압 = 이완기 동맥압 − 이완기 우심방압(15mmHg 이상 = x − 10mmHg)

47 3세 여아에게 2인의 응급의료종사자가 심폐소생술을 실시할 때 가슴압박과 인공호흡의 비율, 압박속도, 압박깊이로 옳은 것은?

① 15 : 2, 분당 100회 이하, 4cm
② 15 : 2, 분당 100회 이상, 5cm
③ 30 : 2, 분당 100회 이하, 4cm
④ 30 : 2, 분당 100회 이상, 5cm

> **해설** 2인의 응급의료종사자가 소아 심폐소생술을 실시할 경우, 가슴압박과 인공호흡의 비율, 압박속도, 압박깊이 는 15 : 2, 분당 100회 이상, 4~5cm이다.

48 자동제세동기의 사용방법으로 옳지 않은 것은?

① 제세동 전에 환자의 몸이 젖어 있는 경우에는 환자의 가슴을 건조시켜야 한다.
② 소아일 경우 소아용 변환 시스템이 없으면 성인용 자동제세동기를 사용할 수 있다.
③ 심전도가 분석되는 동안 심폐소생술을 중단해서는 안 된다.
④ 첫 번째 제세동 후 맥박을 확인하지 않고 즉시 가슴압박을 시작한다.

> **해설** '분석 중…'이라는 음성 지시가 나오면, 심폐소생술을 멈추고 환자에게서 손을 뗀다. 제세동이 필요한 경우라면 "제세동이 필요합니다"라는 음성 지시와 함께 자동제세동기 스스로 설정된 에너지로 충전을 시작한다. 자동제세동기의 충전은 수 초 이상 소요되므로 가능한 가슴압박을 시행한다. 제세동이 필요 없는 경우에는 "환자의 상태를 확인하고, 심폐소생술을 계속하십시오"라는 음성 지시가 나온다. 이 경우에는 즉시 심폐소생술을 다시 시작한다.

49 한 등산객이 폐쇄된 탐방로로 들어가던 중 살모사에 오른쪽 다리를 물렸다. 응급 처치 방법으로 옳은 것은?

① 부목으로 다리를 고정시킨다.
② 지혈대로 동맥을 차단시킨다.
③ 얼음을 대서 독소의 확산을 막는다.
④ 전기 자극을 가해 독소의 확산을 막는다.

> **해설** 독사에 물렸을 경우 물린 부분은 움직이지 말고 고정해야 한다. 할 수 있다면, 부목을 사용해 물린 상처 주위를 움직이지 못하게 막아 둔다. 막대 또는 널판지를 물린 곳 한쪽에 대고 천조각 같은 것을 아래, 중간, 위에 묶어 고정한다.

50 수중인명구조에 투입된 잠수사가 과중한 작업량으로 잠수손상에 의한 감압증을 보였다. 환자에게 제공할 응급처치로 옳은 것은?

① 알코올이 들어 있는 음료를 마시게 한다.
② 고농도의 질소를 공급한다.
③ 항공 이송 시 높은 고도를 유지한다.
④ 신속한 고압산소 처치를 실시한다.

> **해설** 감압증 환자의 응급처치는 고압산소처치이다.

51 존스(Jones)에 의한 재난 분류에서 산사태가 속한 재난 유형은?

① 준자연 재난
② 지질학적 재난
③ 지형학적 재난
④ 기상학적 재난

해설 존스(Jones)에 의한 재난 분류 중 지형학적 재난에는 산사태, 염수토양 등이 있다.

52 현대사회의 재난에 관한 설명으로 옳지 않은 것은?

① 재난의 개념은 시대와 사회에 따라 변화할 수 있다.
② 재난을 분류할 때 가장 많이 채택하는 재난분류기준은 발생장소이다.
③ 자연재난과 사회재난의 상호복합적인 작용에 의한 재난이 증가하고 있다.
④ 재난관리에서 인적·물적 피해 등 인간 활동에 미치는 영향이 전혀 없다면 재난으로 보지 않는다.

해설 재난은 발생원인과 사회에 미치는 충격속도, 규모, 발생장소 등을 기준으로 하여 그 유형을 구분할 수 있다.

53 재난 및 안전관리 기본법에서 정의하는 자연재난에 해당되지 않는 것은?

① 해일로 인한 피해
② 황사로 인한 피해
③ 태풍으로 인한 피해
④ 가축전염병 확산으로 인한 피해

해설 • 자연재난 : 태풍, 홍수, 호우(豪雨), 강풍, 풍랑, 해일(海溢), 대설, 한파, 낙뢰, 가뭄, 폭염, 지진, 황사(黃砂), 조류(藻類) 대발생, 조수(潮水), 화산활동, 우주개발 진흥법에 따른 자연우주물체의 추락·충돌, 그 밖에 이에 준하는 자연현상으로 인하여 발생하는 재해(재난 및 안전관리 기본법 제3조)
• 사회재난 : 화재·붕괴·폭발·교통사고(항공사고 및 해상사고를 포함한다)·화생방사고·환경오염사고·다중운집인파사고 등으로 인하여 발생하는 대통령령으로 정하는 규모 이상의 피해와 국가핵심기반의 마비, 감염병의 예방 및 관리에 관한 법률에 따른 감염병 또는 가축전염병예방법에 따른 가축전염병의 확산, 미세먼지 저감 및 관리에 관한 특별법에 따른 미세먼지, 우주개발 진흥법에 따른 인공우주물체의 추락·충돌 등으로 인한 피해(재난 및 안전관리 기본법 제3조)

54 재난발생 이후 대응단계에서의 활동 내용이 아닌 것은?

① 비상 의료 지원
② 현장지휘활동 개시
③ 탐색 및 구조·구급 실시
④ 이재민 지원 및 임시주거지 마련

해설 이재민 지원 및 임시주거지 마련은 복구단계에 해당한다.

55 재난관리 복구단계에서의 활동 내용으로 옳은 것은?

① 비상경보 체제 구축
② 안전문화활동 및 홍보
③ 잔해물 제거 및 방역 활동
④ 재해영향평가 등의 협의제도 운영

해설 **재난복구(Recovery) 단계의 활동**
잔해물 제거, 전염병 예방 및 방역활동, 이재민 지원, 임시거주지 마련, 시설복구 및 피해보상 등

56 응급환자분류표에서 사상자의 상태와 색깔의 연결로 옳은 것은?

① 비응급 – 녹색
② 응급 – 적색
③ 긴급 – 흑색
④ 사망 – 황색

해설 **중증도 분류표(긴급구조대응활동 및 현장지휘에 관한 규칙 별표 7)**
• 비응급 : 녹색
• 응급 : 황색
• 긴급 : 적색
• 사망 : 흑색

57 재난관리방식 중 통합관리방식의 특징을 모두 고른 것은?

> ㄱ. 재난 유형별 관리
> ㄴ. 지휘체계의 단일화
> ㄷ. 과도한 책임 부담
> ㄹ. 다수 부처 참여

① ㄱ, ㄷ
② ㄱ, ㄹ
③ ㄴ, ㄷ
④ ㄴ, ㄹ

> **해설** 통합재난관리 방식은 각 재난마다 마련된 개별긴급대응책과 개별공적 활동의 통합으로 이루어진 것으로 지휘체계의 단일화, 소수부처 및 기관관련, 모든 재난에 대한 관리책임, 과도한 책임 부담, 정보전달의 단일화(효율적) 등이 특징이다.

58 재난 시 기자회견 방법으로 옳지 않은 것은?

① 그래프 또는 차트를 사용하여 답변한다.
② 사실에 근거하여 정직한 인터뷰를 한다.
③ 잘못된 정보에 대하여 정중하게 반박한다.
④ 시청자를 고려하여 기술적인 전문용어를 사용한다.

> **해설** 기술적인 전문용어는 시청자에게 불필요한 불안감이나 혼란을 조성할 수 있다.

59 재난 및 안전관리 기본법령상 국가와 지방자치단체가 재난으로 피해를 입은 시설의 복구와 피해주민의 생계 안정을 위해 지원할 수 있는 사항이 아닌 것은?

① 고등학생의 학자금 면제
② 상업용 건축물의 복구비 지원
③ 세입자 보조 등 생계안정 지원
④ 공공시설 피해에 대한 복구사업비 지원

> **해설** 국가와 지방자치단체는 재난으로 피해를 입은 시설의 복구와 피해주민의 생계 안정 및 피해기업의 경영 안정을 위하여 다음의 지원을 할 수 있다(재난 및 안전관리 기본법 제66조제3항).
> • 사망자·실종자·부상자 등 피해주민에 대한 구호
> • 주거용 건축물의 복구비 지원
> • 고등학생의 학자금 면제
> • 자금의 융자, 보증, 상환기한의 연기, 그 이자의 감면 등 관계 법령에서 정하는 금융지원
> • 세입자 보조 등 생계안정 지원
> • 소상공인기본법 제2조에 따른 소상공인에 대한 지원
> • 관계 법령에서 정하는 바에 따라 국세·지방세, 건강보험료·연금보험료, 통신요금, 전기요금 등의 경감 또는 납부유예 등의 간접지원
> • 주 생계수단인 농업·어업·임업·염생산업(鹽生産業)에 피해를 입은 경우에 해당 시설의 복구를 위한 지원
> • 공공시설 피해에 대한 복구사업비 지원
> • 그 밖에 중앙재난안전대책본부회의에서 결정한 지원 또는 지역재난안전대책본부회의에서 결정한 지원

60 재난 및 안전관리 기본법령상 국가안전관리기본계획의 재난 및 안전관리대책으로 옳지 않은 것은?

① 긴급구호대책
② 교통안전대책
③ 범죄안전대책
④ 생활안전대책

> **해설** 국가안전관리기본계획에는 재난에 관한 대책과 생활안전, 교통안전, 산업안전, 시설안전, 범죄안전, 식품안전, 안전취약계층 안전 및 그 밖에 이에 준하는 안전관리에 관한 대책이 포함되어야 한다(재난 및 안전관리 기본법 제22조제8항).

61 재난 및 안전관리 기본법령상 200만원 이하의 과태료가 부과되는 자는?

① 위험구역에서의 대피명령을 위반한 자
② 정당한 사유 없이 긴급안전점검을 방해한 자
③ 안전조치명령을 받고 이를 이행하지 아니한 자
④ 정당한 사유 없이 위험구역의 출입금지명령을 위반한 자

> **해설** 다음의 어느 하나에 해당하는 사람에게는 200만원 이하의 과태료를 부과한다(재난 및 안전관리 기본법 제82조).
> • 위기상황 매뉴얼을 작성·관리하지 아니한 소유자·관리자 또는 점유자
> • 위기상황 매뉴얼에 따른 훈련을 실시하지 아니한 소유자·관리자 또는 점유자
> • 개선명령을 이행하지 아니한 소유자·관리자 또는 점유자
> • 대피명령을 위반한 사람
> • 위험구역에서의 퇴거명령 또는 대피명령을 위반한 사람

62 재난 및 안전관리 기본법령상 시장·군수·구청장이 매년 1회 이상 관할 주민에게 공시하여야 하는 재난관리실태에 포함되지 않는 것은?

① 재난훈련의 실적
② 재난예방조치 실적
③ 재난관리기금의 적립 현황
④ 전년도 재난의 발생 및 수습 현황

> **해설** 시장·군수·구청장(ⓒ의 경우에는 시·도지사를 포함한다)은 다음의 사항이 포함된 재난관리 실태를 매년 1회 이상 관할 지역 주민에게 공시하여야 한다(재난 및 안전관리 기본법 제33조의3).
> ㉠ 전년도 재난의 발생 및 수습 현황
> ㉡ 재난예방조치 실적
> ㉢ 재난관리기금의 적립 및 집행 현황
> ㉣ 현장조치 행동매뉴얼의 작성·운용 현황
> ㉤ 그 밖에 대통령령으로 정하는 재난관리에 관한 중요 사항

63 재난 및 안전관리 기본법령상 재난사태 선포 대상지역과 선포권자의 연결로 옳은 것은?

① 재난사태 선포 대상지역이 1개 시·도 - 지역대책본부장
② 재난사태 선포 대상지역이 2개 시·도 이하 - 소방방재청장
③ 재난사태 선포 대상지역이 3개 시·도 이상 - 국무총리
④ 재난사태 선포 대상지역이 4개 시·도 이상 - 대통령

> **해설** ※ 출제 당시에는 정답이 ③이었으나, 법령의 개정(2014.12.30.)으로 삭제되어 정답 없음으로 처리하였다.
> 행정안전부장관은 대통령령으로 정하는 재난이 발생하거나 발생할 우려가 있는 경우 사람의 생명·신체
> 및 재산에 미치는 중대한 영향이나 피해를 줄이기 위하여 긴급한 조치가 필요하다고 인정하면 중앙위원회의
> 심의를 거쳐 재난사태를 선포할 수 있다. 다만, 행정안전부장관은 재난상황이 긴급하여 중앙위원회의
> 심의를 거칠 시간적 여유가 없다고 인정하는 경우에는 중앙위원회의 심의를 거치지 아니하고 재난사태를
> 선포할 수 있다(재난 및 안전관리 기본법 제36조).

64 재난 및 안전관리 기본법령상 특별재난지역의 지원과 관련된 내용이다. (   ) 안에 들어갈 내용으로 옳은 것은?

> 지방자치단체가 특별재난으로 인하여 사망한 자의 유족에게 국가로부터 지원받은 비용을 사용
> 하여 보상금을 지급하는 경우, (ㄱ)의 최저임금법에 따른 월 최저임금액에 (ㄴ)을 곱한
> 금액 또는 국가배상법 제3조제1항의 배상기준을 준용하여 산출한 금액 중 많은 금액을 초과하
> 여 지급할 수 없다.

① ㄱ : 사망 당시, ㄴ : 120
② ㄱ : 사망 당시, ㄴ : 240
③ ㄱ : 지급 당시, ㄴ : 120
④ ㄱ : 지급 당시, ㄴ : 240

> **해설** ※ 출제 당시에는 정답이 ②였으나, 법령의 개정(2014.12.30.)으로 삭제되어 정답 없음으로 처리하였다.

65 재난 및 안전관리 기본법령상 안전정책조정위원회에 두는 분과위원회와 위원장의 연결로 옳지 않은 것은?

① 풍수해대책위원회 – 소방방재청 차장
② 환경오염사고대책위원회 – 환경부차관
③ 교통안전사고대책위원회 – 국토교통부차관
④ 방사능사고대책위원회 – 산업통상자원부차관

해설 ※ 출제 당시에는 정답이 ④였으나, 법령의 개정(2015.6.30.)으로 삭제되어 정답 없음으로 처리하였다.

66 재난 및 안전관리 기본법상 용어의 정의로 옳지 않은 것은?

① "재난관리"란 재난의 예방·대비·대응 및 복구를 위하여 하는 모든 활동을 말한다.
② "재난관리정보"란 재난관리를 위하여 필요한 재난상황정보, 동원가능 자원정보, 시설물 정보, 지리정보를 말한다.
③ "안전관리"란 재난이나 그 밖의 각종 사고로부터 사람의 생명·신체 및 재산의 안전을 확보하기 위하여 하는 모든 활동을 말한다.
④ "안전기준"이란 모든 유형의 재난에 공통적으로 활용할 수 있도록 재난관리의 전 과정을 통일적으로 단순화·체계화한 것으로서 안전행정부장관이 고시한 것을 말한다.

해설 "안전기준"이란 각종 시설 및 물질 등의 제작, 유지관리 과정에서 안전을 확보할 수 있도록 적용하여야 할 기술적 기준을 체계화한 것을 말하며, 안전기준의 분야, 범위 등에 관하여는 대통령령으로 정한다(재난 및 안전관리 기본법 제3조).

67 자연재해대책법령상 지방자치단체의 장이 하천범람 등 자연재해를 경감하고 신속한 주민 대피 등의 조치를 하기 위하여 제작·활용하여야 하는 재해지도에 해당되지 않는 것은?

① 재해예상지도
② 재해정보지도
③ 해안침수예상도
④ 홍수범람위험도

> **해설** 재해지도의 종류(자연재해대책법 시행령 제18조)
> • 침수흔적도 : 태풍, 호우, 해일 등으로 인한 침수흔적을 조사하여 표시한 지도
> • 침수예상도 : 현 지형을 기준으로 예상강우 및 태풍, 호우, 해일 등에 의한 침수범위를 예측하여 표시한 지도로서 다음의 어느 하나에 해당하는 지도
>   – 홍수범람위험도 : 홍수에 의한 범람 및 내수배제(저류된 물을 배출하여 제거하는 것을 말한다) 불량 등에 의한 침수지역을 예측하여 표시한 지도와 홍수위험지도
>   – 해안침수예상도 : 태풍, 호우, 해일 등에 의한 해안침수지역을 예측하여 표시한 지도
> • 재해정보지도 : 침수흔적도 및 침수예상도 등을 토대로 재해발생 시 대피요령·대피소 및 대피경로 등의 정보를 표시한 지도로서 다음의 어느 하나에 해당하는 지도
>   – 피난활용형 재해정보지도 : 재해발생 시 대피요령·대피소 및 대피경로 등의 피난에 관한 정보를 지도에 표시한 도면
>   – 방재정보형 재해정보지도 : 침수예측정보·침수사실정보 및 병원위치 등의 각종 방재정보가 수록된 생활지도
>   – 방재교육형 재해정보지도 : 재해유형별 주민행동요령 등을 수록하여 교육용으로 제작한 지도

68 자연재해대책법령상 방재신기술의 보호기간 등에 관한 내용 중 (   ) 안에 들어갈 내용으로 옳은 것은?

> 소방방재청장은 방재신기술을 지정받은 자의 신청이 있으면 그 신기술의 활용 실적 등을 검증하여 방재신기술의 보호기간을 방재신기술로 지정된 날로부터 3년의 보호기간을 포함하여 (   )년의 범위에서 연장할 수 있다.

① 6
② 7
③ 8
④ 9

> **해설** ※ 출제 당시에는 정답이 ②였으나, 법령의 개정(2023.1.3.)으로 정답 없음으로 처리하였다.
> 방재신기술의 보호기간은 방재신기술로 지정된 날부터 5년으로 한다. 행정안전부장관은 방재신기술을 지정받은 자의 신청이 있으면 그 신기술의 활용 실적 등을 검증하여 방재신기술의 보호기간을 포함하여 12년의 범위에서 연장할 수 있다(자연재해대책법 시행령 제52조제2항).

69 자연재해대책법령상 방재기술 진흥계획의 수립에 포함되어야 하는 내용으로 옳지 않은 것은?

① 방재기술의 정보관리
② 방재기술 진흥 연구기관의 육성
③ 신규 개발된 기술의 확산에 관한 사항
④ 방재기술 개발사업의 연도별 투자 및 추진 계획

> **해설** **방재기술 진흥계획의 수립에 포함되는 사항(자연재해대책법 제58조의2제2항)**
> • 방재기술 진흥의 기본 목표 및 추진 방향
> • 방재기술의 개발 촉진 및 그 활용을 위한 시책
> • 방재기술 개발사업의 연도별 투자 및 추진 계획
> • 이미 개발된 기술의 확산에 관한 사항
> • 기술 개발, 기술 지원 등의 기능을 수행하는 기관·법인·단체 및 산업의 육성
> • 방재기술의 정보관리
> • 방재기술 인력의 수급·활용 및 기술인력의 양성
> • 방재기술 진흥 연구기관의 육성
> • 그 밖에 방재기술의 진흥에 관한 중요 사항

70 긴급구조대응활동 및 현장지휘에 관한 규칙의 내용으로 옳은 것은?

① 중앙통제단장은 현장지휘관이 아니다.
② 현장에 참여하는 자원봉사기관 및 단체는 긴급구조관련기관이다.
③ 재난의 최초접수자는 소규모 재난의 경우에도 긴급구조관련기관에 즉시 통보하여야 할 의무가 있다.
④ 긴급구조대응활동 및 현장지휘에 관한 규칙은 소방기본법에서 위임된 사항 및 그 시행에 관한 내용을 규정하고 있다.

> **해설** ① 현장지휘관이란 중앙통제단장, 시·도긴급구조통제단장 또는 시·군·구긴급구조통제단장, 통제단장의 사전명령에 따라 현장지휘를 하는 소방관서의 선착대의 장 또는 법 제55조제2항에 따른 긴급구조지휘대의 장에 해당하는 사람을 말한다(긴급구조대응활동 및 현장지휘에 관한 규칙 제2조).
> ③ 종합상황실에 근무하는 상황근무자로서 재난을 최초로 접수한 자는 즉시 긴급구조기관에 긴급구조활동에 필요한 출동을 지령하고, 즉시 재난발생상황을 통제단장에게 보고함과 동시에 긴급구조관련기관에 통보하여야 한다. 다만, 재난의 규모 등을 판단하여 종합상황실을 설치한 기관에서 자체대응이 가능하거나 소규모 재난인 경우에는 긴급구조관련기관에의 통보를 늦추거나 하지 아니할 수 있다(긴급구조대응활동 및 현장지휘에 관한 규칙 제3조).
> ④ 긴급구조대응활동 및 현장지휘에 관한 규칙은 각종 재난이 발생하는 경우 현장지휘체계를 확립하고 긴급구조대응활동을 신속하고 효율적으로 수행하기 위하여 재난 및 안전관리 기본법 및 동법시행령에서 위임된 사항 및 그 시행에 관하여 필요한 사항을 규정함을 목적으로 한다(긴급구조대응활동 및 현장지휘에 관한 규칙 제1조).

71 긴급구조대응활동 및 현장지휘에 관한 규칙상 표준지휘조직도 중 자원지원부 소속인 것은?

① 통신지원반

② 상황보고반

③ 정보지원반

④ 계획지원반

> **해설** ※ 출제 당시에는 정답이 ①이었으나, 법령의 개정(2024.1.22.)으로 정답 없음으로 처리하였다.
> **중앙통제단의 구성(긴급구조대응활동 및 현장지휘에 관한 규칙 별표 3)**
> 중앙통제단에는 대응계획부, 현장지휘부, 자원지원부가 있고, 이 중 자원지원부에는 급식지원, 회복지원, 장비지원, 자원집결지 운영, 긴급복구지원, 오염방제지원이 있다.

72 긴급구조대응활동 및 현장지휘에 관한 규칙상 긴급구조지휘대의 기능으로 옳은 것은?

① 의료소 조직 편성·관리

② 긴급구조 대응계획의 작성

③ 긴급구조활동에 대한 평가

④ 주요 긴급구조지원기관과의 합동으로 현장지휘의 조정·통제

> **해설** **긴급구조지휘대의 기능(긴급구조대응활동 및 현장지휘에 관한 규칙 제16조제2항)**
> • 통제단이 가동되기 전 재난 초기 시 현장지휘
> • 주요 긴급구조지원기관과의 합동으로 현장지휘의 조정·통제
> • 광범위한 지역에 걸친 재난 발생 시 전진지휘
> • 화재 등 일상적 사고의 발생 시 현장지휘

73 긴급구조대응활동 및 현장지휘에 관한 규칙상 긴급구조대응계획을 작성해야 하는 재난유형으로 옳지 않은 것은?

① 홍 수   ② 폭 염

③ 폭 설   ④ 지 진

> **해설** 긴급구조대응계획을 작성해야 하는 재난유형으로는 홍수, 태풍, 폭설, 지진, 시설물 등의 붕괴, 가스 폭발, 다중이용시설의 대형화재, 유해화학물질(방사능을 포함한다)의 누출 및 확산 등이 있다(긴급구조대응활동 및 현장지휘에 관한 규칙 제35조).

74 긴급구조대응활동 및 현장지휘에 관한 규칙상 긴급구조활동평가단 단원의 구성에 포함되지 않는 자는?

① 총괄지휘부장   ② 자원지원부장

③ 긴급복구부장   ④ 긴급구조지휘대장

해설 ※ 출제 당시에는 정답이 ①이었으나, 법령의 개정(2024.1.22.)으로 정답 없음으로 처리하였다.
긴급구조활동평가단의 구성(긴급구조대응활동 및 현장지휘에 관한 규칙 제39조)
• 평가단은 단장 1명을 포함하여 5명 이상 7명 이하로 구성한다.
• 평가단의 단장은 통제단장으로 하고, 단원은 다음의 사람 중에서 통제단장이 임명하거나 위촉한다. 이 경우 ©에 해당하는 사람 중 민간전문가 2명 이상이 포함되어야 한다.
  ㉠ 통제단의 각 부장. 다만, 단장이 필요하다고 인정하는 경우에는 각 부 소속 요원
  ㉡ 긴급구조지휘대의 장
  ㉢ 긴급구조활동에 참가한 기관·단체의 요원 또는 평가에 관한 전문지식과 경험이 풍부한 사람 중에서 단장이 필요하다고 인정하는 사람

75 다음은 긴급구조지원기관이 유지하여야 하는 긴급구조에 필요한 능력의 구성요소 중 전문인 력의 자격에 관한 기준이다. ( ) 안에 들어갈 내용으로 옳은 것은?

> • 긴급구조에 관한 교육을 (ㄱ)시간 이상 이수한 사람
> • 긴급구조 관련 업무에 (ㄴ)년 이상 종사한 경력이 있는 사람

① ㄱ : 40, ㄴ : 3
② ㄱ : 40, ㄴ : 5
③ ㄱ : 50, ㄴ : 3
④ ㄱ : 50, ㄴ : 5

해설 ※ 출제 당시에는 정답이 ④였으나, 법령의 개정(2015.6.30.)으로 정답 없음으로 처리하였다.
긴급구조지원기관의 능력에 대한 평가(재난 및 안전관리 기본법 시행령 제66조의3)
긴급구조지원기관이 유지하여야 하는 긴급구조에 필요한 능력의 구성요소 중 전문인력에 대한 요소는 다음과 같다.
• 긴급구조에 관한 교육을 14시간 이상 이수한 사람
• 긴급구조 관련 업무에 3년 이상 종사한 경력이 있는 사람
• 해당 기관의 긴급구조 분야와 관련되는 국가자격 또는 민간자격을 보유한 사람

2016년 과년도 기출문제

제1과목 소방학개론

01 이상가열이나 타 물건과의 접촉 또는 혼합에 의하지 않고 스스로 발열반응을 일으켜 발화하는 현상을 자연발화라 한다. 자연발화가 일어날 수 있는 조건으로 옳지 않은 것을 모두 고른 것은?

> ㄱ. 가연물의 열전도율이 클 것 ㄴ. 가연물의 발열량이 작을 것
> ㄷ. 가연물의 주위 온도가 높을 것 ㄹ. 가연물의 표면적이 넓을 것

① ㄱ, ㄴ ② ㄴ, ㄷ
③ ㄷ, ㄹ ④ ㄱ, ㄹ

해설 **자연발화가 일어날 수 있는 조건**
- 열전도율이 낮을 것
- 발열량이 클 것
- 산소와의 접촉표면적이 클 것
- 주위 온도가 높을 것
- 집적되어 있거나 분말상태일 때 용이

02 국가화재안전기준상 다음에서 설명하는 피난기구는?

> 화재 발생 시 사람이 건축물 내에서 외부로 긴급히 뛰어 내릴 때 충격을 흡수하여 안전하게 지상에 도달할 수 있도록 포지에 공기 등을 주입하는 구조로 되어 있는 것을 말한다.

① 피난사다리 ② 완강기
③ 구조대 ④ 공기안전매트

해설 NFPC/NFTC 301
① 화재 시 긴급대피를 위해 사용하는 사다리를 말한다.
② 사용자의 몸무게에 따라 자동적으로 내려올 수 있는 기구 중 사용자가 교대하여 연속적으로 사용할 수 있는 것을 말한다.
③ 포지 등을 사용하여 자루형태로 만든 것으로서 화재 시 사용자가 그 내부에 들어가서 내려옴으로써 대피할 수 있는 것을 말한다.

1 ① 2 ④ **정답**

03 국가화재안전기준상 유수검지장치에서 스프링클러헤드까지 압축공기 또는 질소 등의 기체로 충전된 스프링클러설비는?

① 습식스프링클러설비
② 건식스프링클러설비
③ 준비작동식스프링클러설비
④ 일제살수식스프링클러설비

해설 NFPC/NFTC 103
건식스프링클러설비란 건식유수검지장치 2차 측에 압축공기 또는 질소 등의 기체로 충전된 배관에 폐쇄형스프링클러헤드가 부착된 스프링클러설비로서, 폐쇄형스프링클러헤드가 개방되어 배관 내의 압축공기 등이 방출되면 건식유수검지장치 1차 측의 수압에 의하여 건식유수검지장치가 작동하게 되는 스프링클러설비를 말한다.

04 국가화재안전기준상 옥내소화전설비에서 고가수조에 관한 내용으로 옳은 것은?

① 자연낙차의 압력으로 급수하는 수조
② 가압공기로 가압하여 급수하는 수조
③ 고압기체로 가압하여 급수하는 수조
④ 펌프를 이용하여 급수하는 수조

해설 NFPC/NFTC 102
고가수조란 구조물 또는 지형지물 등에 설치하여 자연낙차의 압력으로 급수하는 수조를 말한다.

05 폭발의 종류와 폭발을 일으키는 원인물질의 연결이 옳지 않은 것은?

① 분해폭발 – 아세틸렌
② 분진폭발 – 탄산칼슘
③ 중합폭발 – 시안화수소
④ 산화폭발 – 프로판

해설 분진폭발을 일으키지 않는 물질은 생석회(CaO), 탄산칼슘($CaCO_3$), 시멘트 가루, 대리석 가루 등이다.

06 소화설비 중 가스계소화설비가 아닌 것은?

① 포소화설비
② 이산화탄소소화설비
③ 청정소화약제소화설비
④ 할로겐화합물소화설비

> **해설** 포소화설비는 수계소화설비의 종류이다.

07 국가화재안전기준상 감지기에 관한 정의에서 ( ) 안에 들어갈 용어로 옳은 것은?

> 감지기란 화재 시 발생하는 열, 연기, 불꽃 또는 연소생성물을 자동적으로 감지하여 ( )에
> 발신하는 장치를 말한다.

① 경 종
② 발신기
③ 수신기
④ 시각경보장치

> **해설** **NFPC/NFTC 203**
> 감지기란 화재 시 발생하는 열, 연기, 불꽃 또는 연소생성물을 자동적으로 감지하여 수신기에 발신하는
> 장치를 말하며, 수신기란 감지기나 발신기에서 발하는 화재신호를 직접 수신하거나 중계기를 통하여 수신하
> 여 화재의 발생을 표시 및 경보하여 주는 장치를 말한다.

08 다음에서 설명하는 내화구조 건축물화재의 진행단계로 옳은 것은?

> 화재가 진행됨에 따라 화재의 강도가 점점 강해진다. 화재가 진행되면서 대류, 전도, 복사, 불
> 꽃의 접촉 등에 의해 열이 축적되고, 축적된 열 때문에 연소의 속도는 기하급수적으로 증가하
> 게 되는 단계이다.

① 화재 초기
② 화재 성장기
③ 화재 최성기
④ 화재 감쇄기

> **해설** ① 화재 초기는 실내의 온도가 아직 크게 상승하지 않은 시기이다.
> ③ 화재 최성기는 실내 전체에 화염이 매우 많으며 연소가 최고조에 달한 때이다.
> ④ 화재 감쇄기는 가연물은 대부분 타고 화재가 꺼지면서 온도가 점차 내려가기 시작하는 시기이다.

09 전기히터가 220V에서 작동하여 1,500W를 소비하였을 때 저항치(Ω)는?(단, 소수점 둘째 자리에서 반올림한다)

① 12.3   ② 22.3

③ 32.3   ④ 42.3

> **해설** 전력 P = 전압 V × 전류 I 에서 1,500W = 220V × 전류 I
> ∴ 전류 I = 6.82A
>
> 저항 $R = \dfrac{전압\,V}{전류\,I} = \dfrac{220}{6.82} \fallingdotseq 32.258 = 32.3(\Omega)$

10 액화천연가스(LNG)의 주성분인 탄화수소가스로 옳은 것은?

① CH_4 ② C_2H_6

③ C_3H_8 ④ C_4H_{10}

> **해설** 액화천연가스의 주성분인 메탄(CH_4)은 다른 지방족 탄화수소에 비해서 연소속도가 느리다.

11 예상하지 못한 극한 상황에서 나타나는 인간의 본능 중 다음에서 설명하고 있는 행동특성은?

> 원래 왔던 길로 되돌아가거나 일상적으로 사용하는 경로로 탈출하려는 본능이다. 항상 사용하는 복도, 계단 및 엘리베이터 부근에 모이므로 피난계단, 출구까지 안전하게 피난할 수 있도록 계획적인 고려가 필요하다.

① 회피본능   ② 지광본능

③ 추종본능   ④ 귀소본능

> **해설** ① 위험한 장소에서 벗어나려고 한다.
> ② 밝은 쪽으로 대피한다.
> ③ 선두가 가는 길로 같이 따라간다.

12 국가화재안전기준상 스프링클러설비 가압송수장치의 정격토출압력에 있어서 하나의 헤드선단에서의 최소 및 최대 방수압력기준은?

① 0.07MPa, 0.7MPa

② 0.25MPa, 0.7MPa

③ 0.1MPa, 1.2MPa

④ 0.1MPa, 1.7MPa

해설 NFPC/NFTC 103
가압송수장치의 정격토출압력은 하나의 헤드선단에 0.1MPa 이상 1.2MPa 이하의 방수압력이 될 수 있게 하는 크기일 것

13 국가화재안전기준상 유도등 설치기준으로 옳지 않은 것은?

① 복도통로유도등은 바닥으로부터 높이 1.5m 이하의 위치에 보행거리 20m마다 설치할 것

② 객석유도등은 객석의 통로, 바닥 또는 벽에 설치하여야 한다.

③ 거실통로유도등은 거실통로에 기둥이 설치된 경우에는 기둥부분의 바닥으로부터 높이 1.5m 이하의 위치에 설치할 수 있다.

④ 피난구유도등은 피난구의 바닥으로부터 높이 1.5m 이상으로서 출입구에 인접하도록 설치하여야 한다.

해설 NFPC/NFTC 303
복도통로유도등 설치기준
㉠ 복도에 설치하되 피난구유도등이 설치된 출입구의 맞은편 복도에는 입체형으로 설치하거나, 바닥에 설치할 것
㉡ 구부러진 모퉁이 및 ㉠에 따라 설치된 통로유도등을 기점으로 보행거리 20m마다 설치할 것
㉢ 바닥으로부터 높이 1m 이하의 위치에 설치할 것. 다만, 지하층 또는 무창층의 용도가 도매시장·소매시장·여객자동차터미널·지하역사 또는 지하상가인 경우에는 복도·통로 중앙부분의 바닥에 설치해야 한다.
㉣ 바닥에 설치하는 통로유도등은 하중에 따라 파괴되지 않는 강도의 것으로 할 것

12 ③ 13 ① **정답**

14 국가화재안전기준상 소화수조 등에 관한 내용에서 (   ) 안에 들어갈 숫자는?

소화수조, 저수조의 채수구 또는 흡수관투입구는 소방차가 (   )m 이내의 지점까지 접근할 수 있는 위치에 설치하여야 한다.

① 2
② 3
③ 4
④ 5

> **해설** NFPC/NFTC 402
> 소화수조 및 저수조의 채수구 또는 흡수관투입구는 소방차가 2m 이내의 지점까지 접근할 수 있는 위치에 설치해야 한다.

15 국가화재안전기준상 제연설비 설치장소의 제연구역 구획기준으로 옳지 않은 것은?

① 하나의 제연구역의 면적은 1,000m² 이내로 할 것
② 거실과 통로(복도 포함)는 상호 제연구획할 것
③ 하나의 제연구역은 직경 60m 원 내에 들어갈 수 있을 것
④ 통로(복도 포함)상의 제연구역은 보행중심선의 길이가 90m를 초과하지 아니할 것

> **해설** NFPC/NFTC 501
> 통로상의 제연구역은 보행중심선의 길이가 60m를 초과하지 않을 것

16 다음은 자동화재탐지설비 음향장치에 관한 설명으로 (   ) 안에 들어갈 내용으로 옳은 것은?

• 정격전압의 80% 전압에서 음향을 발할 수 있는 것으로 할 것
• 음량은 부착된 음향장치의 중심으로부터 1m 떨어진 위치에서 (   )dB 이상이 되는 것으로 할 것
• 감지기 및 발신기의 작동과 연동하여 작동할 수 있는 것으로 할 것

① 60
② 70
③ 80
④ 90

> **해설** NFPC 203
> **자동화재탐지설비 음향장치**
> • 정격전압의 80% 전압에서 음향을 발할 수 있는 것으로 할 것. 다만, 건전지를 주전원으로 사용하는 음향장치는 그러하지 아니하다.
> • 음량은 부착된 음향장치의 중심으로부터 1m 떨어진 위치에서 90dB 이상이 되는 것으로 할 것
> • 감지기 및 발신기의 작동과 연동하여 작동할 수 있는 것으로 할 것

17 제시된 위험물과 적응성이 있는 소화약제의 연결이 옳지 않은 것은?

① 적린 – 물

② 유기과산화물 – 물

③ 아세톤 – 알코올형포

④ 마그네슘 – 이산화탄소

해설 ④ 마그네슘과 이산화탄소가 반응하여 가연성의 탄소가 생성되기 때문에 마그네슘의 화재 시 이산화탄소소화
약제를 사용하면 안 된다.

18 섬유소(Cellulose)에 대한 탈수·탄화 소화효과가 있는 분말소화약제의 주성분은?

① 탄산수소나트륨

② 탄산수소칼륨

③ 제1인산암모늄

④ 탄산수소칼륨 + 요소

해설 제3종 분말소화제(제1인산암모늄)의 소화효과는 열분해 시 흡열 반응에 의한 냉각 효과, 열분해 시 발생되는
불연성 가스에 의한 질식효과, 반응과정에서 생성된 메타인산의 방진효과, ortho인산에 의한 섬유소의
탈수 탄화 작용 등이다.

19 국가화재안전기준상 특정소방대상물의 각 부분으로부터 1개의 소형소화기까지의 설치기준
으로 옳은 것은?

① 수평거리 20m

② 보행거리 20m

③ 수평거리 30m

④ 보행거리 30m

해설 **NFPC/NFTC 101**
특정소방대상물의 소화기 설치기준
• 특정소방대상물의 각 층마다 설치하되, 각 층이 2 이상의 거실로 구획된 경우에는 각 층마다 설치하는
것 외에 바닥면적이 $33m^2$ 이상으로 구획된 각 거실에도 배치할 것
• 특정소방대상물의 각 부분으로부터 1개의 소화기까지의 보행거리가 소형소화기의 경우에는 20m 이내,
대형소화기의 경우에는 30m 이내가 되도록 배치할 것

17 ④ 18 ③ 19 ② **정답**

20 화재가 발생하여 20℃의 물 100L를 뿌렸다. 소화약제로 사용된 물이 상태변화 없이 모두 100℃의 액체 상태로 가열되었다면, 이때 물이 연소 중인 물체에서 흡수한 열은 몇 kJ이 되는가?(단, 물의 밀도는 1,000kg/m³, 비열은 4.19kJ/kg·℃이다)

① 335

② 3,352

③ 33,520

④ 335,200

> **해설** 열량 $Q = cmt$ (비열×질량×온도의 변화)에서
> = 4.19kJ/kg·℃ × 1,000kg/m³ × 100L × 1m³/1,000L × 80℃
> = 33,520kJ

21 이산화탄소 소화약제의 소화효과로 옳지 않은 것은?

① 질식효과

② 피복효과

③ 냉각효과

④ 부촉매효과

> **해설** **이산화탄소 소화약제 소화효과**
> • 질식효과 : 주된 효과로 이산화탄소가 공기 중의 산소공급을 차단하여 소화한다.
> • 냉각효과 : 이산화탄소 방사 시 기화열을 흡수하여 점화원을 냉각시키므로 소화한다.
> • 피복효과 : 비중이 공기의 1.52배 정도로 무거운 이산화탄소를 방사하여 가연물의 깊이 있는 곳까지 침투, 피복하여 소화한다.

22 업무용 10층 건축물에서 각 층에 2개의 옥내소화전함이 설치되어 있다. 펌프의 최소 전동기 용량(kW)은?(단, 전양정은 100m, 펌프효율은 60%, 전달계수는 1.1이다)

$$P(\text{kW}) = \frac{0.163 \times Q \times H}{E} \times K$$

① 10.42

② 7.77

③ 20.42

④ 29.42

> **해설** $P(\text{kW}) = \dfrac{0.163 \times Q \times H}{E} \times K$ 에서
> $= \dfrac{0.163 \times 2 \times 0.13\text{m}^3/\text{min} \times 100}{0.6} \times 1.1 = 7.77\text{kW}$
>
> ※ 옥내소화전설비의 화재안전기준(NFSC 101) 개정(2021.4.1.)에 따라 설치개수를 5개에서 2개로 적용하여 문제를 재구성하였다.

23 휘발유(Gasoline)에 관한 설명으로 옳지 않은 것은?

① 유기용제에 잘 녹고 유지 등을 잘 녹인다.

② 비전도성이므로 유체 마찰에 의해 정전기의 발생 및 축적이 용이하여 인화의 위험성이
있다.

③ 원유를 분별증류하여 얻어지며 탄소수가 15~20개의 포화 및 불포화탄화수소의 화합물
이다.

④ 제1류 위험물과 같은 강산화제와 혼합하면 혼촉발화의 위험이 있다.

> **해설** 휘발유는 원유를 증류하여 탄소수가 4~12개 사이를 추출하여 만든다.

24 연소의 3요소에 해당하지 않는 것은?

① 산 소   ② 점화원
③ 가연물   ④ 연쇄반응

> **해설** 연소반응의 유지를 위해서 필요한 가연물질, 산소공급, 점화원을 연소의 3요소라고 한다.

25 위험물안전관리법상 제조소의 설비기준 중 환기설비 설치기준으로 옳지 않은 것은?

① 환기는 강제배기방식으로 할 것

② 급기구는 당해 급기구가 설치된 실의 바닥면적 $150m^2$마다 1개 이상으로 할 것

③ 급기구가 설치된 실의 바닥면적이 $150m^2$ 이상인 경우 급기구의 크기는 $800cm^2$ 이상으로
할 것

④ 급기구는 낮은 곳에 설치하고 가는 눈의 구리망 등으로 인화방지망을 설치할 것

> **해설** 환기는 자연배기방식으로 할 것(위험물안전관리법 시행규칙 별표 4)

26 혈압을 산출하는 다음 공식에서 ( ) 안에 들어갈 용어는?

> 혈압 = 심박출량 × ( )

① 호흡수   ② 혈액산성도
③ 혈액점성도   ④ 말초혈관저항

> **해설** 심장이 수축해서 피를 동맥으로 내보낼 때 뿜어진 피가 동맥의 벽을 누르는데 그 이유는 말초혈관이 만들어내는 '저항' 때문이다. 혈압은 바로 심장의 수축과 말초혈관의 저항 사이에서 발생하는 압력이다.

27 내과적 무균술에 근거한 손씻기에 관한 설명으로 옳지 않은 것은?

① 세면대와 닿지 않도록 떨어져 일정거리를 유지하고 선다.
② 흐르는 물에서 비누를 묻혀 1분 정도 거품을 충분히 낸다.
③ 씻을 때 손끝이 위로 향하게 하여 물기가 팔꿈치 쪽으로 흐르도록 한다.
④ 씻은 후 손가락에서 손목 쪽으로 타월을 이용하여 가볍게 물을 닦는다.

> **해설** 팔꿈치를 높게 하고 손끝이 아래로 가게 하여 물이 아래쪽으로 흐르도록 한다.

28 감염병과 1차적 전파 경로 간 연결로 옳지 않은 것은?

① 결핵 – 공기매개 비말
② 쯔쯔가무시병 – 혈액
③ 세균성 뇌막염 – 비강 분비물
④ AIDS – 혈액

> **해설** 쯔쯔가무시병은 감염된 진드기 유충이 사람을 물어 전파된다.

29 심부체온이 32℃ 이상인 경미한 저체온증의 증상 및 징후로 옳지 않은 것은?

① 빈맥(빠른맥)
② 몸을 떠는 증상
③ 저혈압
④ 창백하고 축축한 피부

> **해설** **경도 저체온증(32~35℃)** : 혈압이 증가하고 신체기능이 떨어져 오한, 빈맥, 과호흡, 창백하고 축축한 피부 등으로 판단력 저하와 건망증이 나타난다.

30 인체의 호흡생리에 관한 설명으로 옳은 것은?

① 정상 호기말이산화탄소는 동맥 내 이산화탄소분압보다 10~20mmHg 높은 10% 정도이다.
② 폐포 내 정상 산소분압은 100mmHg 정도인 반면 폐동맥을 통해 들어오는 혈액 내 산소분압은 40mmHg 정도이다.
③ 대기압에 비해 흉강내압이 1~2mmHg 감소하면 공기가 폐를 통해 기도로 나간다.
④ 환기율의 가장 중요한 결정요인은 동맥 내 산소분압이다.

> **해설** 호흡은 산소를 체내로 흡입하고 운반 · 소비하여 대사한 결과 발생한 이산화탄소를 몸 밖으로 배설하는 과정이다.

31 환자 들것을 들어 올릴 때, 구조자의 부상을 방지하기 위한 방법인 파워리프트(Power Lift)에 관한 자세로 옳지 않은 것은?

① 구조자의 등을 반듯이 고정하고 엉덩이보다 상체를 먼저 일으켜 들것을 들어올린다.
② 구조자의 무게 중심은 발꿈치 또는 바로 그 뒤에 둔다.
③ 구조자가 일어설 때는 발을 평편한 바닥 위에 편안한 상태로 벌려 천천히 일어선다.
④ 구조자의 허리를 구부려 들것손잡이를 잡은 후 몸에서 떨어진 상태에서 들것을 들어올린다.

> **해설** **들것으로 다친 환자를 운반하는 요령**
> • 허리에 의존해서 척추에 무리하게 힘을 가하지 않는다.
> • 커뮤니케이션을 통해 구조자 및 팀 간의 이동에 대한 조정을 한다.
> • 환자의 체중 및 팀의 한계를 알 수 있도록 대화 및 신호를 통해 보조를 맞춘다.
> • 환자를 운반하고 있을 때는 몸을 비틀지 않아야 한다.
> • 구조자의 등은 편 자세를 유지하면서, 환자의 몸무게를 구조자의 몸 가까이 한다.

32 외상을 입은 임신 3기 환자에게 이송 시 취해주어야 할 자세는?

① 심스 자세(Sim's Position)

② 무릎가슴자세(Knee-chest Position)

③ 좌측 옆누운자세(Left Lateral Recumbent Position)

④ 등쪽 누운자세(Dorsal Recumbent Position)

> **해설** **좌측 옆누운자세(Left Lateral Recumbent Position)**
> 눕거나 뒤로 기대는 자세를 영어로 'Recumbent Position'이라 한다. 등을 벽에 대고 비스듬히 누워있는 것이라고 할 수 있으므로 수평면 이외에 어디엔가 의지한 자세로 보면 된다.

33 긴장성 공기가슴증(긴장성 기흉)의 증상과 징후로 옳지 않은 것은?

① 심박출량이 감소하고, 정맥압이 증가된다.

② 갈비(늑골) 사이 공간의 압력이 증가하면서 호흡장애, 저산소증이 진행된다.

③ 정맥환류가 감소되어 맥압 증가가 유발된다.

④ 흉강내압 증가로 기관(Trachea)이 밀려날 수 있다.

> **해설** **긴장성 기흉(Tension Pneumothorax)**
> 외상이나 폐조직의 자연적인 파열로 인하여 흉강 내에서 공기가 계속적으로 증가하면서 주위의 장기를 압박하는 것으로 호흡할수록 폐가 찌그러든다. 흉강 내 압력이 일정 이상이면 정맥환류가 감소되어 심박출량이 줄어들어 심한 호흡곤란, 청색증 쇼크 등이 올 수 있다.

34 다음 추락 환자의 출혈성 쇼크 단계와 증상 및 징후로 옳은 것은?

> • 20대 연령의 체중 70kg 정도인 남성
> • 양쪽 어깨 근육부위에 500mL 출혈
> • 왼쪽 넙다리뼈(대퇴골)에 개방성 골절로 인한 1,200mL 출혈

① 쇼크 1기로 호흡은 정상이나 환자는 불안해하며, 피부는 차고 창백하다.

② 쇼크 2기로 호흡은 증가하나 갈증 징후는 없다.

③ 쇼크 3기로 호흡이 빠르고 의식이 떨어지며 식은땀이 나고 소변량이 줄어든다.

④ 쇼크 4기로 호흡이 비효율적이며 기면상태이다.

> **해설** **출혈성 쇼크 3기 증상 및 징후(70kg 성인남자 기준)**
> • 환자에게 수액 및 수혈 등의 응급처치가 이루어져야 한다.
> • 맥박수는 증가한다.
> • 수축기 혈압은 감소한다.
> • 30~40% 이상의 혈액량이 소실된다.
> • 3기에서 환자의 의식은 혼미상태로 빠져든다.

35 심인성 심정지를 유발하는 원인에 해당하지 않는 것은?

① 뇌졸중
② 심근염
③ 대동맥판 협착증
④ 관상동맥 죽상경화증

> **해설** 심인성은 관상동맥 경화증 등을 포함하는 기존의 심장질환이 있거나 명백한 원인 없이 갑작스러운 심정지가 발생한 경우(Sudden Cardiac Death)를 말한다.
> **비심장성 심정지의 원인질환**
> • 대사질환(약물중독, 당뇨케톤산증)
> • 체온이상(저체온증 : 32℃ 이하, 고체온증 : 41℃ 이상)
> • 호흡부전을 초래하는 질환(패혈증, 기도폐쇄)
> • 중추신경계 질환(뇌졸중, 외상)
> • 순환혈액량 감소를 초래하는 질환(탈수, 위장관 출혈)

36 다음 경우에 취해야 할 즉각적인 응급처치로 옳은 것은?

> • 생후 7개월 남자 아이에서 안면 청색증 관찰
> • 의식은 있으나 발성이 불가능한 심각한 기도폐쇄 의심

① 하임리히법
② 심폐소생술
③ 등을 두드리는 방법
④ 입속 이물질의 제거

> **해설** 영아가 의식이 있는 상태에서 기침을 못하거나, 울지 못하거나, 숨을 쉬지 못할 때 엎어 등 두드리기를 실시한다.

37 심정지 환자에서 관찰되는 심전도에 관한 설명으로 옳은 것은?

① 심실세동, 무맥성 전기활동은 전기충격이 필요한 리듬이다.
② 빈맥성 부정맥은 심근의 허혈이 주요 원인으로 알려져 있다.
③ 무수축에 의한 심정지는 빈맥성 부정맥에 의해서만 발생한다.
④ 무맥성 전기활동은 심박출은 있지만 심전도상에서 전기적 활동이 관찰되지 않는 것이다.

> **해설** ① 심실세동은 제세동이 필요한 리듬이다.
> ③ 무수축은 심장의 자율신경 작용의 장애나 전도장애에 의해 발생하거나 호흡부전 등에 의한 저산소증으로도 발생된다.
> ④ 무맥성 전기활동은 심전도 상에서는 심장의 전기활동이 관찰되지만 심박출량이 없거나 너무 적어서 맥박이 촉지되지 않는 상태이다.

38 심폐소생술에서 가슴압박 깊이와 속도에 관한 설명으로 옳은 것은?(단, 2015년 심폐소생술 가이드라인을 따른다)

① 성인 : 5cm, 100회/분
② 성인 : 6cm 이상, 80회/분
③ 소아 : 3cm 이하, 120회/분
④ 영아 : 흉곽 전후 직경의 1/4 깊이, 140회/분

해설 2015년 심폐소생술 가이드라인에서 가슴압박 깊이는 영아 4cm, 소아 4~5cm, 성인 약 5cm(최대 6cm를 넘지 말 것)로, 가슴압박 속도는 성인과 소아에서 분당 100~120회로 권장되었다. 2020년 심폐소생술 가이드라인에서도 가슴압박의 적절한 깊이와 압박 속도는 변경되지 않았다.

39 노인환자의 특성이 아닌 것은?

① 전형적인 병적 증상이 나타난다.
② 신체기능의 저하가 나타난다.
③ 가벼운 외상으로도 골절이 흔하다.
④ 여러 약물을 동시에 복용하는 경우가 많다.

해설 **노인성 질환**
• 노화와 밀접한 관련을 갖고 발생하는 신체적, 정신적 질병을 말한다.
• 노인은 노화에 따라 다양한 질병을 경험하며, 노화 정도에 따라 신체기능의 저하, 장애, 상실 등이 나타나게 된다.
• 신체적 변화는 외관의 변화와 더불어 만성 질환의 증상을 초래한다.
• 노화과정은 뇌를 중심으로 신경계 변화를 야기하는데, 초기 변화는 기능의 쇠퇴이다.
• 노인성 질환은 만성 퇴행성 질환으로 완치를 목적으로 하기보다는 지속적인 관리를 통하여 건강상태의 악화와 합병증을 예방하고, 남아 있는 기능을 최대한 활용함으로써 최적의 안녕상태를 유지하는 것을 목적으로 해야 한다.

40 구조의 우선순위에서 가장 먼저 시행해야 하는 것은?

① 생명보존
② 재산보호
③ 신속한 구출
④ 육체적 통증경감

해설 응급현장에서 가장 중요한 것은 응급환자의 생명을 위협하는 상태를 정확히 파악하고 신속히 대처함으로써 응급처리의 우선순위를 정하는 것이다.

41 자발호흡이 있는 성인 응급환자에게 분당 40L의 속도로 100% 산소를 공급하고자 할 때, 사용되는 호흡보조 장비는?

① 포켓 마스크
② 백-밸브 마스크
③ 비재호흡 마스크
④ 수요밸브 소생기

해설 **수요밸브 소생기(Demand Valve Resuscitator)의 특징**
• 산소가 공급될 때 버튼을 누르면 관을 통해 산소가 주입되는 구조이다.
• 분당 40L의 속도로 산소가 주입된다.
• 자발호흡을 하는 환자에게도 사용할 수 있다.
• 버튼을 누를 경우 밸브가 열린다.
• 환자가 흡입할 경우 음압이 감지되어 밸브가 열리면서 산소가 들어가며 환자가 흡입을 멈추면 자동으로 산소주입이 멈춘다.

42 경추손상이 의심되는 심정지 환자에서 턱 밀어올리기(하악견인법)로 기도 유지와 환기 보조가 어려운 경우에 사용하는 방법은?

① 인공호흡
② 삼중기도유지법
③ 경추고정장비 적용
④ 머리기울임-턱들어올리기법

해설 **머리기울임-턱들어올리기법(두부후굴-하악거상법)**
• 환자의 머리 쪽에 있는 처치자는 환자의 이마에 손바닥을 얹고 머리를 뒤로 젖혀준다.
• 다른 손의 손가락을 환자의 아래턱뼈 밑에 대고 끌어올린다.
• 턱선과 바닥 면이 수직이 되도록 한다. 턱을 받쳐 주는 손가락이 연부조직을 압박하면 기도가 막힐 수 있으므로 주의한다.

43 7세 남아에게 자동제세동기를 사용했지만 회복되지 않아 두 번째 제세동을 하고자 한다. 두 번째 제세동의 에너지량으로 옳은 것은?

① 2J/kg
② 4J/kg
③ 6J/kg
④ 8J/kg

해설 첫 번째 제세동을 2~4J/kg의 용량으로 시행하고 실패한 경우 제세동기 용량을 올려서 4J/kg의 용량으로 제세동을 시행한다.

44 다음은 자동제세동기의 사용방법 일부이다. 순서로 옳은 것은?

> ㄱ. 전원 켜기
> ㄴ. 전극 패드 부착
> ㄷ. 커넥터 연결
> ㄹ. 환자와의 접촉금지

① ㄱ → ㄴ → ㄷ → ㄹ

② ㄱ → ㄷ → ㄴ → ㄹ

③ ㄷ → ㄹ → ㄱ → ㄴ

④ ㄹ → ㄷ → ㄴ → ㄱ

해설 **자동제세동기 사용법**
- 자동제세동기 도착
- 전원 켜기(자동제세동기의 1번 버튼을 누른다)
- 두 개의 패드를 가슴에 부착 후 패드의 커넥터를 자동제세동기에 연결한다.
- 심장리듬 분석(자동제세동기의 2번 버튼을 누른다)한다. 심장리듬을 분석하는 동안 환자와 접촉하여서는 안 된다.
- 제세동 실시(자동제세동기의 3번 버튼, 또는 번개모양이 그려진 버튼을 누른다)한다. 제세동을 실시하는 동안 환자와 접촉하여서는 안 된다.
- 즉시 심폐소생술 다시 시행한다.
- 구급대 도착 전까지 4~6번 반복, 2분마다 자동제세동기가 자동으로 심장리듬을 분석한다.

45 다음과 같은 피부손상을 보이는 경우 화상 정도는?

> - 붉은 표피는 만지면 하얗다가 다시 붉어진다.
> - 진피층의 경우 모낭, 한선, 피지선 손상이 있다.
> - 표피와 진피가 손상되어 혈장과 조직액이 유리된다.

① 1도

② 2도

③ 3도

④ 4도

해설 **화상의 피부손상 정도**
- 1도(발적) : 표피층에 국한
- 2도(수포성) : 표피와 진피의 일부
- 3도(괴사성) : 피부전층 침범, 신경, 혈관, 근육, 뼈의 파괴

46 50세 성인이 다음과 같은 부위에 3도 화상을 입었을 때 '9의 법칙'에 의한 화상 범위(%)로 옳은 것은?

• 흉부 앞면
• 왼쪽 하지 앞면
• 외부생식기

---

① 19   ② 28

③ 37   ④ 46

해설 화상 범위(성인) = 흉부 앞면(9) + 왼쪽 하지 앞면(9) + 생식기(1) = 19%

9의 법칙에 의한 화상 범위(성인)
머리와 목(두부)이 9%, 앞가슴과 배(몸통 전면)가 18%, 등과 허리부분(몸통 후면)이 18%, 한쪽 다리(하지)가 18%씩, 한쪽 팔(상지)이 9%씩, 그리고 회음부(생식기)가 1%로 총 100%가 된다.

47 다음 화상 환자에게 파크랜드(Parkland)법에 의해 첫 8시간 동안 투여해야 할 수액량으로 옳은 것은?

• 체중 60kg   • 1도 화상 10%
• 2도 화상 20%   • 3도 화상 10%

---

① 3,600mL   ② 4,800mL

③ 7,200mL   ④ 9,600mL

해설 **파크랜드(Parkland)법**
"첫 24시간에 주입해야 할 용적(mL) = 4 × 체중(kg) × 화상면적(2, 3도)"으로 계산하여 첫 8시간에 그 용적의 50%를 주입하고, 이은 8시간에 25%를, 그리고 나머지 8시간에 나머지 25%를 주입하는 것이 기본 원칙이다.

48 복어 식중독을 일으키는 유독성분은?

① 아플라톡신(Aflatoxin)

② 아미그달린(Amygdalin)

③ 시구아톡신(Ciguatoxin)

④ 테트로도톡신(Tetrodotoxin)

해설 ④ 테트로도톡신(Tetrodotoxin) : 내인성의 동물성 독성물질로 복어의 알, 난소, 간에 있다.
① 아플라톡신(Aflatoxin) : 외인성의 곰팡이성 독성물질로 땅콩 등의 곡류에 있다.
② 아미그달린(Amygdalin) : 내인성의 식물성 독성물질로 청매에 있다.
③ 시구아톡신(Ciguatoxin) : 산호초와 해조류 표면에 부착해 서식하는 플랑크톤이 생성하는 독소이다.

49 성폭행 피해자에 대한 응급처치자의 역할로 옳지 않은 것은?

① 객관적인 태도를 유지한다.

② 가능한 빨리 몸을 씻도록 도와준다.

③ 적절한 심리적 안정을 취하도록 돕는다.

④ 피해현장에서 벗어난 안전한 환경을 제공한다.

해설 몸을 씻지 않게 해야 한다.

50 아동학대의 유형 중 '유기와 방임'에 해당하는 것은?

① 성기노출을 강요한다.

② 장난감 선택을 혼자서 못하게 한다.

③ 신체 특정부위를 뜨거운 물에 넣는다.

④ 상한 음식을 먹어도 관여하지 않는다.

해설 방임이란 보호자가 아동에게 위험한 환경에 처하게 하거나 아동에게 필요한 의식주, 의무교육, 의료적
조치 등을 제공하지 않는 행위를 말하며, 유기란 보호자가 아동을 보호하지 않고 버리는 행위를 말한다.

51 다음 설명과 관련 있는 재난의 특성은?

재난은 언제 어디서 발생할지 정확하게 예측할 수 없고, 재난 발생 후 위험 자체가 기존의 기술적·사회적 장치와 맞물려 어떻게 전개될지 알 수 없으며 재난의 대응·복구 단계의 진행방향을 정확하게 예측할 수 없다.

① 누적성
② 복잡성
③ 인지성
④ 불확실성

해설 **재난의 특성**
- 불확실성 : 발생시각이나 규모 등을 예측하기가 어려움
- 누적성 : 하루아침에 생겨난 일이 아니라 오랫동안 누적된 요인들로 일어남
- 인지성 : 위험의 객관적인 사실과 주관적인 인지의 불일치
- 복잡성 : 복잡한 원인들로 일어나며 재난의 복잡성의 원인 중 하나가 상호작용성을 지닌다는 것임

52 재난예방단계의 활동에 해당되지 않는 것은?

① 위험지도 작성
② 재난예방홍보
③ 재해보험 가입
④ 재난피해자 심리지원

해설 **재난관리 단계별 주요활동**

활동단계	주요 활동 내용
예 방	재난예방조치, 위험성 분석 및 위험지도 작성, 건축법 정비·제정, 재난·재해보험 가입, 토지이용관리, 안전 관련법 제정, 재난예방홍보, 조세유도 등
대 비	재난대응계획 수립, 비상경보체계 구축, 대응자원 준비, 교육훈련·연습, 비상통신망 구축, 통합대응체계 구축 등
대 응	재난대응계획 적용, 재난·재해진압, 구조구난, 응급의료체계운영, 사고대책본부 가동, 환자수용(후송) 및 간호 등
복 구	잔해물 제거, 전염병 예방, 임시주거지 마련, 시설복구, 재난심리회복 지원, 재난구호지원 등

53 다음 활동이 이루어지는 재난관리단계는?

재난대응 계획의 수립, 비상경보시스템의 구축, 비상자원의 확보

① 재난예방단계
② 재난대비단계
③ 재난대응단계
④ 재난복구단계

> **해설** 재난대비단계에는 재난대응 계획 수립, 비상경보체계 구축, 대응자원 준비, 교육훈련·연습, 비상통신망 구축, 통합대응체계 구축 등을 시행한다.

54 존스(David K. C. Jones)의 재난 분류에 관한 설명으로 옳은 것은?

① 자연재난은 기후성 재난과 지진성 재난으로 구분한다.
② 인위재난은 사고성 재난과 계획적 재난으로 구분한다.
③ 재난은 자연재난, 준자연재난, 인위재난으로 구분한다.
④ 지진성 재난에 지진·화산 폭발·해일이 포함된다.

> **해설** 존스(David K. C. Jones)의 재난 분류

재난					
자연재난				준자연재난	인위재난
지구물리학적 재해			생물학적 재해	스모그·온난화·염수화 현상, 눈사태·산성화·홍수·토양침식 등	공해, 광화학연무, 교통사고, 전쟁, 폭동 등
지질학적 재난	지형학적 재난	기상학적 재난			
지진, 화산, 쓰나미 등	산사태, 염수토양 등	안개, 눈, 해일, 토네이도, 번개, 폭풍이나 태풍, 가뭄 등	세균질병, 유독 동·식물에 의한 재난		

55 재난관리방식에 관한 설명으로 옳은 것은?

① 통합관리방식은 유형별 재난의 특징을 강조한 방식이다.
② 통합관리방식은 정보의 전달체계가 다원화인 반면, 유형별 분산관리방식은 일원화이다.
③ 통합관리방식은 관련 부처 및 기관측면에서 다수 부처 및 기관이 단순병렬인 반면, 유형별 분산관리방식은 단일 부처 조정 하의 병렬적 다수 부처 및 기관이 관련된다.
④ 콰란텔리(Quarantelli)는 유형별 분산관리방식이 통합관리방식으로 전환되어야하는 근거로 재난개념의 변화, 재난대응의 유사성, 계획내용의 유사성, 대응자원의 공통성을 제시하고 있다.

> **해설** ① 통합관리방식은 각 재난마다 마련된 개별긴급대응책과 개별공적 활동의 통합으로 이루어진 것이다. 유형별 재난의 특징을 강조한 방식은 분산관리방식이다.
> ② 통합관리방식은 정보전달의 단일화인 반면, 분산관리방식은 다원화이다.
> ③ 통합관리방식은 소수부처 및 기관관련인 반면, 유형별 분산관리방식은 다수부처 기관관련이다.

56 재난복구단계에 관한 설명으로 옳지 않은 것은?

① 재난 및 안전관리 기본법상 재난사태를 선포하는 단계이다.
② 피해평가, 잔해물 제거, 보험금 지급 등의 활동이 이루어진다.
③ 복구활동은 단기 복구와 중장기 복구활동으로 구분할 수 있다.
④ 피해지역이 재난 발생 직후부터 재난 발생 이전의 상태로 회복될 때까지의 장기적인 활동 과정이다.

> **해설** ①의 경우는 재난의 대응 단계이다.

57 재난대응단계에 관한 설명으로 옳지 않은 것은?

① 인명 탐색 및 구조, 환자의 수용 및 후송 등의 활동이 이루어진다.
② 재난대응을 위해 중앙긴급구조통제단을 두고, 단장은 행정안전부장관이 된다.
③ 경보, 소개, 대피, 응급의료, 희생자 탐색·구조, 재산 보호가 재난대응 국면의 일반적 기능이다.
④ 제2의 손실 발생 가능성을 감소시킴으로써 복구단계에서 발생 가능한 문제들을 최소화시키는 재난관리의 실제 활동국면이다.

> **해설** 재난대응을 위해 중앙긴급구조통제단을 두고, 단장은 소방청장이 된다(재난 및 안전관리 기본법 제49조).

58 우리나라 재난관리체계 변천 과정에 관한 설명으로 옳지 않은 것은?

① 1975년 내무부에 민방위본부가 창설되었다.

② 1995년 삼풍백화점 붕괴사고 이후 그 해 재난관리법이 제정되었다.

③ 2003년 대구지하철 방화사고 이후 2004년 재난 및 안전관리 기본법이 제정되었다.

④ 2014년 세월호 침몰사고 이후 국토안보부(DHS)가 출범하였다.

> **해설** 국토안보부(DHS)는 미국에서 2001년 9.11 테러 이후, 조지 W. 부시(George Walker Bush) 대통령의 결정에 따라 기존의 22개 국내 안보 관련 조직들을 통합하여 2002년 11월에 창설된 조직이다.

59 재난 및 안전관리 기본법령상 국가 및 지방자치단체가 행하는 재난 및 안전관리 업무를 총괄·조정하는 자는?

① 대통령

② 국무총리

③ 국민안전처장관

④ 중앙소방본부장

> **해설** ※ 출제 당시에는 ③ '국민안전처장관'이었으나 법령 개정으로 ③ '행정안전부장관'으로 변경되었다.
> ③ 행정안전부장관은 국가 및 지방자치단체가 행하는 재난 및 안전관리 업무를 총괄·조정한다(재난 및 안전관리 기본법 제6조).

60 재난 및 안전관리 기본법령상 국가안전관리기본계획 및 집행계획에 관한 설명으로 옳지 않은 것은?

① 국무총리는 국가안전관리기본계획의 수립지침을 5년마다 작성해야 한다.

② 국무총리는 국가안전관리기본계획을 작성하여 중앙위원회의 심의를 거쳐 확정한 후 이를 관계 중앙행정기관의 장에게 시달하여야 한다.

③ 국무총리는 집행계획을 효율적으로 수립하기 위하여 필요한 경우에는 집행계획의 작성지침을 마련하여 관계 중앙행정기관의 장에게 통보할 수 있다.

④ 국가안전관리기본계획은 총칙, 재난에 관한 대책 그리고 생활안전, 교통안전, 산업안전, 시설안전, 범죄안전, 식품안전, 그 밖에 이에 준하는 안전관리에 관한 대책으로 구성한다.

> **해설** ※ 출제 당시에는 정답이 ③이었으나 법령의 개정(2017.1.17)으로 ③ 외에 ②, ④도 정답으로 처리하였다.
> ③ 행정안전부장관은 집행계획을 효율적으로 수립하기 위하여 필요한 경우에는 집행계획의 작성지침을 마련하여 관계 중앙행정기관의 장에게 통보할 수 있다(재난 및 안전관리 기본법 시행령 제27조제2항).
> ② 국무총리는 관계 중앙행정기관의 장이 제출한 기본계획을 종합하여 국가안전관리기본계획을 작성하여 중앙위원회의 심의를 거쳐 확정한 후 이를 관계 중앙행정기관의 장에게 통보하여야 한다(재난 및 안전관리 기본법 제22조제4항).
> ④ 국가안전관리기본계획에는 재난에 관한 대책, 생활안전, 교통안전, 산업안전, 시설안전, 범죄안전, 식품안전, 안전취약계층 안전 및 그 밖에 이에 준하는 안전관리에 관한 대책 등이 포함되어야 한다(재난 및 안전관리 기본법 제22조제8항).

61 재난 및 안전관리 기본법령상 재난관리책임기관의 장이 취해야 할 재난예방조치에 해당되지 않는 것은?

① 특별재난지역 선포

② 재난에 대응할 조직의 구성 및 정비

③ 재난의 예측과 정보전달체계의 구축

④ 재난 발생에 대비한 교육·훈련과 재난관리예방에 관한 홍보

> **해설** **재난관리책임기관의 장의 재난예방조치 등(재난 및 안전관리 기본법 제25조의2)**
> • 재난에 대응할 조직의 구성 및 정비
> • 재난의 예측 및 예측정보 등의 제공·이용에 관한 체계의 구축
> • 재난 발생에 대비한 교육·훈련과 재난관리예방에 관한 홍보
> • 재난이 발생할 위험이 높은 분야에 대한 안전관리체계의 구축 및 안전관리규정의 제정 등

62 재난 및 안전관리 기본법령상 재난분야 위기관리 매뉴얼의 작성·운용에 관한 설명으로 옳은 것은?

① 위기대응 실무 매뉴얼은 국가적 차원에서 관리가 필요한 재난에 대하여 재난관리 체계와 관계 기관의 임무와 역할을 규정한 문서이다.

② 현장조치 행동 매뉴얼은 위기관리 표준매뉴얼에서 규정하는 기능과 역할에 따라 실제 재난대응에 필요한 조치사항 및 절차를 규정한 문서이다.

③ 위기관리 표준 매뉴얼은 재난현장에서 임무를 직접 수행하는 기관의 행동조치 절차를 구체적으로 수록한 문서이다.

④ 재난관리책임기관의 장이 위기관리 매뉴얼을 작성·운용하는 경우 재난대응활동계획과 위기관리 매뉴얼은 서로 연계되도록 하여야 한다.

> **해설** ④ 재난관리책임기관의 장은 재난을 효율적으로 관리하기 위하여 재난유형에 따라 위기관리 매뉴얼을 작성·운용하여야 한다. 이 경우 재난대응활동계획과 위기관리 매뉴얼이 서로 연계되도록 하여야 한다(재난 및 안전관리 기본법 제34조의5제1항).
> ① 위기대응 실무매뉴얼은 위기관리 표준매뉴얼에서 규정하는 기능과 역할에 따라 실제 재난대응에 필요한 조치사항 및 절차를 규정한 문서이다(재난 및 안전관리 기본법 제34조의5제1항).
> ② 현장조치 행동매뉴얼은 재난현장에서 임무를 직접 수행하는 기관의 행동조치 절차를 구체적으로 수록한 문서이다(재난 및 안전관리 기본법 제34조의5제1항).
> ③ 위기관리 표준매뉴얼은 국가적 차원에서 관리가 필요한 재난에 대하여 재난관리 체계와 관계 기관의 임무와 역할을 규정한 문서이다(재난 및 안전관리 기본법 제34조의5제1항).

63 재난 및 안전관리 기본법령상 재난유형별 긴급구조대응계획에 포함되어야 할 사항으로 옳지 않은 것은?

① 재난 발생 단계별 주요 긴급구조 대응활동 사항

② 비상경고 방송메시지 작성 등에 관한 사항

③ 재난현장 접근 통제 및 치안 유지 등에 관한 사항

④ 주요 재난유형별 대응 매뉴얼에 관한 사항

> **해설** ③ 기능별 긴급구조대응계획에 포함되어야 하는 사항 중 현장통제에 관한 사항이다(재난 및 안전관리 기본법 시행령 제63조제1항).

64 재난 및 안전관리 기본법령상 특별재난지역 선포에 관한 내용 중 ( ) 안에 들어갈 내용으로 옳은 것은?

> 중앙대책본부장은 대통령령으로 정하는 규모의 재난이 발생하여 국가의 안녕 및 사회질서의 유지에 중대한 영향을 미치거나 피해를 효과적으로 수습하기 위하여 특별한 조치가 필요하다고 인정하는 경우에는 중앙위원회의 심의를 거쳐 해당 지역을 특별재난지역으로 선포할 것을 ( )에게 건의할 수 있다.

① 대통령   ② 국무총리
③ 행정안전부장관   ④ 중앙소방본부장

> **해설** 중앙대책본부장은 대통령령으로 정하는 규모의 재난이 발생하여 국가의 안녕 및 사회질서의 유지에 중대한 영향을 미치거나 피해를 효과적으로 수습하기 위하여 특별한 조치가 필요하다고 인정하거나 지역대책본부장의 특별재난지역의 선포 건의 요청이 타당하다고 인정하는 경우에는 중앙위원회의 심의를 거쳐 해당 지역을 특별재난지역으로 선포할 것을 대통령에게 건의할 수 있다(재난 및 안전관리 기본법 제60조제1항).

65 재난 및 안전관리 기본법령상 재난관리기금에 관한 설명으로 옳은 것은?

① 국가는 매월 재난관리기금을 적립하여야 한다.
② 매월 최저적립액은 1백만원으로 정한다.
③ 국민안전처장관은 매년도 최저적립액의 100분의 10 이하의 금액을 예치하여야 한다.
④ 시·도지사 및 시장·군수·구청장은 전용 계좌를 개설하여 매년 적립하는 재난관리기금을 관리하여야 한다.

> **해설** ④ 재난 및 안전관리 기본법 시행령 제75조제1항
> ① 지방자치단체는 재난관리에 드는 비용에 충당하기 위하여 매년 재난관리기금을 적립하여야 한다(재난 및 안전관리 기본법 제67조제1항).
> ② 재난관리기금의 매년도 최저적립액은 최근 3년 동안의 지방세법에 의한 보통세의 수입결산액의 평균연액의 100분의 1에 해당하는 금액으로 한다(재난 및 안전관리 기본법 제67조제2항).
> ③ 시·도지사 및 시장·군수·구청장은 매년도 최저적립액의 100분의 15 이상의 금액을 금융회사 등에 예치하여 관리하여야 한다(재난 및 안전관리 기본법 시행령 제75조제2항).

66 재난 및 안전관리 기본법령상 중앙안전관리위원회의 재난 및 안전관리에 관한 심의사항으로 옳지 않은 것은?

① 재난관리기금의 적립 현황에 관한 사항

② 재난 및 안전관리에 관한 중요 정책에 관한 사항

③ 재난사태의 선포에 관한 사항

④ 특별재난지역의 선포에 관한 사항

> **해설** **중앙안전관리위원회의 재난 및 안전관리에 관한 심의사항(재난 및 안전관리 기본법 제9조제1항)**
> • 재난 및 안전관리에 관한 중요 정책에 관한 사항
> • 국가안전관리기본계획에 관한 사항
> • 재난 및 안전관리 사업 관련 중기사업계획서, 투자우선순위 의견 및 예산요구서에 관한 사항
> • 중앙행정기관의 장이 수립·시행하는 계획, 점검·검사, 교육·훈련, 평가 등 재난 및 안전관리업무의 조정에 관한 사항
> • 안전기준관리에 관한 사항
> • 재난사태의 선포에 관한 사항
> • 특별재난지역의 선포에 관한 사항
> • 재난이나 그 밖의 각종 사고가 발생하거나 발생할 우려가 있는 경우 이를 수습하기 위한 관계 기관 간 협력에 관한 중요 사항
> • 재난안전의무보험의 관리·운용 등에 관한 사항
> • 중앙행정기관의 장이 시행하는 대통령령으로 정하는 재난 및 사고의 예방사업 추진에 관한 사항
> • 재난안전산업 진흥법에 따른 기본계획에 관한 사항
> • 그 밖에 위원장이 회의에 부치는 사항

67 자연재해대책법령상 (   ) 안에 들어갈 내용으로 옳은 것은?

> 대규모 재해복구사업은 법 제46조제2항에 따라 확정·통보된 재해복구계획을 기준으로 총 복구비(용지보상비를 포함한다)가 (   ) 이상인 사업을 말한다.

① 20억원   ② 30억원

③ 40억원   ④ 50억원

> **해설** 행정안전부장관이 직접 시행할 수 있는 대규모 재해복구사업은 법 제46조제2항에 따라 확정·통보된 재해복구계획을 기준으로 총 복구비(용지보상비를 포함한다)가 50억원 이상인 사업을 말한다(자연재해대책법 시행령 제36조의2제1항).

68 재난현장 표준작전절차(SOP) 중 화재유형별 표준작전절차에 부여되는 일련번호는?(단, 지역특성에 따라 변경하여 적용하는 경우는 제외한다)

① SOP 100부터 199까지

② SOP 200부터 299까지

③ SOP 300부터 399까지

④ SOP 400부터 499까지

> **해설** **재난현장 표준작전절차(긴급구조대응활동 및 현장지휘에 관한 규칙 제10조제1항)**
> • 지휘통제절차 : 표준작전절차(SOP) 100부터 199까지의 일련번호를 부여하여 작성한다.
> • 화재유형별 표준작전절차 : 표준작전절차(SOP) 200부터 299까지의 일련번호를 부여하여 작성한다.
> • 사고유형별 표준작전절차 : 표준작전절차(SOP) 300부터 399까지의 일련번호를 부여하여 작성한다.
> • 구급단계별 표준작전절차 : 표준작전절차(SOP) 400부터 499까지의 일련번호를 부여하여 작성한다.
> • 상황단계별 표준작전절차 : 표준작전절차(SOP) 500부터 599까지의 일련번호를 부여하여 작성한다.
> • 현장 안전관리 표준지침 : 표준지침(SSG) 1부터 99까지의 일련번호를 부여하여 작성한다.

69 자연재해대책법령상 용어의 정의로 옳지 않은 것은?

① "침수흔적도"란 풍수해로 인한 침수 기록을 표시한 도면을 말한다.

② "재해영향평가 등"이란 자연재해 위험에 대하여 지역별로 안전도를 진단하는 것을 말한다.

③ "풍수해"(風水害)란 태풍, 홍수, 호우, 강풍, 풍랑, 해일, 조수, 대설, 그 밖에 이에 준하는 자연현상으로 인하여 발생하는 재해를 말한다.

④ "우수유출저감시설"이란 우수(雨水)의 직접적인 유출을 억제하기 위하여 인위적으로 우수를 지하로 스며들게 하거나 지하에 가두어 두는 시설과 가두어 둔 우수를 원활하게 흐르도록 하는 시설을 말한다.

> **해설** 재해영향평가 등이란 재해영향평가와 재해영향성검토를 일컫는 말로 자연재해에 영향을 미치는 개발사업 및 행정계획으로 인한 재해 유발 요인을 조사·예측·분석·평가하고 이에 대한 대책을 마련하는 것을 말한다(자연재해대책법 제2조).

70 자연재해대책법령상 무단으로 침수흔적 표지를 훼손한 자에 대한 벌칙부과 기준은?

① 300만원 이하의 과태료

② 500만원 이하의 벌금

③ 1,000만원 이하의 벌금

④ 1년 이하의 징역

> **해설** 침수흔적 등의 조사를 방해하거나 무단으로 침수흔적 표지를 훼손한 자는 300만원 이하의 과태료를 부과한다(자연재해대책법 제79조제2항).

71 자연재해대책법령상 상습침수지역, 산사태위험지역 등 지형적인 여건 등으로 인하여 재해가 발생할 우려가 있는 지역을 자연재해위험개선지구로 지정·고시할 수 있는 자는?

① 시장·군수·구청장   ② 경찰서장

③ 소방서장   ④ 소방본부장

> **해설** **자연재해위험개선지구의 지정 등(자연재해대책법 제12조제1항)**
> 시장·군수·구청장은 상습침수지역, 산사태위험지역 등 지형적인 여건 등으로 인하여 재해가 발생할 우려가 있는 지역을 자연재해위험개선지구로 지정·고시하고, 그 결과를 시·도지사를 거쳐(특별자치시장이 보고하는 경우는 제외한다) 행정안전부장관과 관계 중앙행정기관의 장에게 보고하여야 한다.

72 긴급구조대응활동 및 현장지휘에 관한 규칙상 긴급구조지휘대의 구성 및 기능에 관한 설명으로 옳지 않은 것은?

① 주요 긴급구조지원기관과의 합동으로 현장지휘의 조정·통제하는 기능을 수행한다.

② 통제단이 설치·운영되는 경우 상황분석요원은 대응계획부에 배치된다.

③ 경찰청 및 경찰서의 긴급구조지휘대는 재난발생 후에 구성·운영하여야 한다.

④ 통제단이 설치·운영되는 경우 통신지휘요원은 구조진압반에 배치된다.

> **해설** ※ 출제 당시에는 정답이 ③이었으나 개정 및 신설된 규정(2024.1.22.)으로 ③ 외에 ②, ④도 정답으로 처리하였다.
> **긴급구조지휘대의 구성 및 기능(긴급구조대응활동 및 현장지휘에 관한 규칙 제16조)**
> • 긴급구조지휘대는 통제단이 가동되기 전 재난초기 시 현장지휘, 주요 긴급구조지원기관과의 합동으로 현장지휘의 조정·통제, 광범위한 지역에 걸친 재난발생 시 전진지휘, 화재 등 일상적 사고의 발생 시 현장지휘 등을 수행한다.
> • 긴급구조지휘대를 구성하는 사람은 통제단이 설치·운영되는 경우에는 다음의 구분에 따라 통제단의 해당 부서에 배치된다.
> – 현장지휘요원 : 현장지휘부
> – 자원지원요원 : 자원지원부
> – 통신지원요원 : 현장지휘부
> – 안전관리요원 : 현장지휘부
> – 상황조사요원 : 대응계획부
> – 구급지휘요원 : 현장지휘부

73 긴급구조대응활동 및 현장지휘에 관한 규칙상 재난유형별 긴급구조대응계획은 재난의 진행 단계에 따라 조치하여야 하는 주요사항 등을 포함하여 작성하여야 한다. 위에서 언급된 재난 유형에 포함되지 않는 것은?

① 홍 수
② 가 뭄
③ 폭 설
④ 태 풍

> **해설** 홍수, 태풍, 폭설, 지진, 시설물 등의 붕괴, 가스 폭발, 다중이용시설의 대형화재, 유해화학물질(방사능을 포함한다)의 누출 및 확산 등이 포함된다(긴급구조대응활동 및 현장지휘에 관한 규칙 제35조).

74 긴급구조대응활동 및 현장지휘에 관한 규칙상 사상자의 상태 분류와 응급환자 분류표의 색상 연결이 옳지 않은 것은?

① 사망 – 청색
② 긴급 – 적색
③ 응급 – 황색
④ 비응급 – 녹색

> **해설** **사망** : 흑색(긴급구조대응활동 및 현장지휘에 관한 규칙 별표 7)

75 긴급구조대응활동 및 현장지휘에 관한 규칙상 긴급구조활동 평가에 관한 내용으로 옳지 않은 것은?

① 긴급구조활동 평가항목에 긴급구조대응계획서의 이행실태가 포함된다.
② 긴급구조활동평가단은 민간전문가 1인을 포함하여 5인 이하로 구성한다.
③ 긴급구조활동평가단은 긴급구조대응계획에서 정하는 평가결과보고서를 지체 없이 제출 하여야 한다.
④ 통제단장은 우수 재난대응관리자 또는 종사자의 현황을 당해 긴급구조지원기관의 장에게 통보할 수 있다.

> **해설** **긴급구조활동평가단의 구성(긴급구조대응활동 및 현장지휘에 관한 규칙 제39조)**
> • 평가단은 단장 1명을 포함하여 5명 이상 7명 이하로 구성한다.
> • 평가단의 단장은 통제단장으로 하고, 단원은 다음의 사람 중에서 통제단장이 임명하거나 위촉한다. 이 경우 ⓒ에 해당하는 사람 중 민간전문가 2명 이상이 포함되어야 한다.
>   ⓐ 통제단의 각 부장. 다만, 단장이 필요하다고 인정하는 경우에는 각 부 소속 요원
>   ⓑ 긴급구조지휘대의 장
>   ⓒ 긴급구조활동에 참가한 기관·단체의 요원 또는 평가에 관한 전문지식과 경험이 풍부한 사람 중에서 단장이 필요하다고 인정하는 사람

2018년 과년도 기출문제

제1과목 소방학개론

01 다음에서 설명하는 소방조직의 원리로 옳은 것은?

> 각 부분이 공동 목표를 달성하기 위해 행동을 통일하고 공동체의 노력으로 질서정연하게 배열하는 것

① 조정의 원리
② 명령통일의 원리
③ 통솔범위의 원리
④ 계층제의 원리

해설 ② 명령통일의 원리 : 조직의 각 구성원들은 1인의 상사로부터 명령을 받아야지 2인 이상의 사람으로부터 직접 명령을 받아서는 안 된다.
③ 통솔범위의 원리 : 한 사람의 통솔자가 직접 감독할 수 있는 부하직원의 수 또는 관리자가 효과적으로 직접 감독, 관리할 수 있는 부하직원의 수로 관리의 범위를 의미한다.
④ 계층제의 원리 : 권한과 책임의 정도에 따라 직무를 등급화 함으로써 상하조직 단위 사이를 직무상 지휘, 감독 관계에 서게 하는 것이다.

02 소방기본법령상 화재경계지구에 관한 설명으로 옳지 않은 것은?

① 목조건물이 밀집한 지역으로 화재가 발생할 우려가 높거나 화재가 발생하는 경우 그로 인하여 피해가 클 것으로 예상되는 지역은 화재경계지구로 지정할 수 있다.
② 소방청장이 화재경계지구로 지정할 필요가 있는 지역을 화재경계지구로 지정하지 아니하는 경우 해당 시 · 도지사는 소방청장에게 해당 지역의 화재경계지구 지정을 요청할 수 있다.
③ 소방본부장 또는 소방서장은 화재경계지구 안의 소방대상물의 위치 · 구조 및 설비 등에 대한 소방특별조사를 연 1회 이상 실시하여야 한다.
④ 소방본부장 또는 소방서장은 화재경계지구 안의 관계인에 대하여 필요한 훈련 및 교육을 연 1회 이상 실시할 수 있다.

해설 ※ 출제 당시에는 정답이 ②였으나 법령의 개정(2021.11.30.)으로 조문이 삭제되어 정답 없음으로 처리하였다.

정답 1 ① 2 정답 없음

03 소방기본법령상 소방안전교육사 배치 대상이 아닌 것은?

① 한국소방산업기술원　　　　② 소방본부
③ 대한소방공제회　　　　　　④ 소방청

> **해설** **소방안전교육사의 배치대상(소방기본법 시행령 별표 2의3)**
> • 소방청 : 2인 이상
> • 소방본부 : 2인 이상
> • 소방서 : 1인 이상
> • 한국소방안전원 : 본회 2인 이상, 시·도지부 1인 이상
> • 한국소방산업기술원 : 2인 이상

04 소방기본법령상 소방신호의 종류로 옳지 않은 것은?

① 경계신호　　　　　　　　② 발화신호
③ 훈련신호　　　　　　　　④ 출동신호

> **해설** **소방신호의 종류 및 방법(소방기본법 시행규칙 제10조)**
> • 경계신호 : 화재예방상 필요하다고 인정되거나 규정에 의한 화재위험경보 시 발령
> • 발화신호 : 화재가 발생한 때 발령
> • 해제신호 : 소화활동이 필요 없다고 인정되는 때 발령
> • 훈련신호 : 훈련상 필요하다고 인정되는 때 발령

05 분해 폭발을 일으키는 가스로 옳은 것을 모두 고른 것은?

ㄱ. 아세틸렌	ㄴ. 에틸렌
ㄷ. 부 탄	ㄹ. 수 소
ㅁ. 산화에틸렌	ㅂ. 메 탄

① ㄴ, ㄹ　　　　　　　　　② ㄱ, ㄴ, ㅁ
③ ㄷ, ㄹ, ㅂ　　　　　　　④ ㄱ, ㄷ, ㅁ, ㅂ

> **해설** **분해 폭발성 가스** : 아세틸렌, 산화에틸렌, 에틸렌, 프로파디엔, 메틸아세틸렌, 모노비닐아세틸렌, 이산화염소, 하이드라진 등이 있다.

06 메탄 1몰(mol)이 완전 연소될 경우 화학양론조성비(C_{st})는 약 몇 %인가?(단, 공기 중 산소 농도는 21vol%이다)

① 9.5

② 17.4

③ 28.5

④ 34.7

해설 C_{st} (화학양론조성비)

$$C_{st} = \frac{\text{연료몰수}}{\text{연료몰수} + \text{공기몰수}} \times 100$$

• 메탄 연소의 화학반응식은 다음과 같다.

$CH_4 + 2O_2 \rightarrow CO_2 + 2H_2O$

• 메탄이 1몰일 때 산소는 2몰이 필요하므로,

$$\text{공기몰수(이론공기량)} = \frac{\text{산소몰수(이론산소량)}}{\text{산소농도}} = \frac{2}{0.21} \text{이다.}$$

따라서 $C_{st} = \dfrac{1}{1+\dfrac{2}{0.21}} \times 100 = 9.5\%$

∴ 9.5%

07 표준상태(0℃, 1기압)에서 프로판 2m³을 연소시키기 위해 필요한 이론산소량(m³)과 이론공기량(m³)은?(단, 공기 중 산소는 21vol%이다)

① 이론산소량 : 5, 이론공기량 : 23.81

② 이론산소량 : 10, 이론공기량 : 47.62

③ 이론산소량 : 5, 이론공기량 : 47.62

④ 이론산소량 : 10, 이론공기량 : 23.81

해설 • 프로판 연소의 화학반응식은 다음과 같다.

$C_3H_8 + 5O_2 \rightarrow 3CO_2 + 4H_2O$

• 이론산소량

프로판 1몰(22.4m³) : 산소 5몰(5×22.4m³) = 프로판 2m³ : 이론산소량 xm³

$$\text{이론산소량} = \frac{2 \times (5 \times 22.4)}{22.4} = 10\text{m}^3 \text{이다.}$$

• $\text{이론공기량} = \dfrac{\text{이론산소량}}{\text{산소농도}} = \dfrac{10}{0.21} = 47.62\text{m}^3$

08 아크가 생길 수 있는 접점, 스위치, 개폐기 등에 설치되는 것으로 용기 내에 폭발성 가스가 침입하여 폭발하여도 폭발압력에 견디는 방폭구조는?

① 유입방폭구조　　　　　　　　② 내압방폭구조
③ 압력방폭구조　　　　　　　　④ 본질안전방폭구조

> 해설　② 내압방폭구조 : 용기 내부는 물론 외부 폭발의 압력에도 견디며, 용기 표면의 온도에 의해서도 점화가 되지 않게 설계된 구조
> ① 유입방폭구조 : 스위치, 전기기기 등의 전기불꽃을 발생할 수 있는 부분을 절연유 속에 잠기게 하여 외부 가연성 가스의 점화 우려를 없앤 구조
> ③ 압력(壓力)방폭구조 : 전기설비 용기 내에 공기 등의 불활성 가스를 넣어 용기 내의 압력을 높게 하여 내부에 가연성 가스 등이 유입되지 못하도록 한 구조
> ④ 본질안전방폭구조 : 정상상태 등에서 전기회로에 발생하는 전기불꽃이 시험가스에 점화되지 못하게 불꽃의 에너지를 낮추는 회로로 구성된 방폭구조

09 가연성 가스의 연소범위가 넓은 순서대로 옳게 나열한 것은?

① 에탄 > 프로판 > 수소 > 아세틸렌
② 프로판 > 에탄 > 아세틸렌 > 수소
③ 아세틸렌 > 수소 > 에탄 > 프로판
④ 수소 > 아세틸렌 > 프로판 > 에탄

> 해설　**가연성 가스의 연소범위**
> 아세틸렌(2.5~82) > 수소(4~75) > 에탄(3~12.4) > 프로판(2.1~9.5)

10 메탄과 부탄이 2 : 5의 부피비율로 혼합되어 있을 때 Le Chatelier의 법칙을 이용하여 계산한 혼합가스의 연소범위 하한계(vol%)는?(단, 메탄과 부탄의 연소범위 하한계는 각각 5vol%, 1.8vol%이다)

① 1.2　　　　　　　　　　　　② 1.6
③ 2.2　　　　　　　　　　　　④ 3.2

> 해설　• 르샤틀리에 법칙
> $$\frac{100}{\text{혼합가스 하한계}} = \frac{V_1}{L_1} + \frac{V_2}{L_2} + \cdots + \frac{V_n}{L_n}$$
> (V : 각 가스의 조성비, L : 각 가스의 혼합가스 하한계)
> • 메탄과 부탄이 2 : 5의 부피비율로 혼합되어 있으므로, 메탄의 조성비율은 2 / 7 = 28.57%, 부탄의 조성비율은 5 / 7 = 71.43%이다. 이것을 위 식에 대입하면,
> $$\frac{100}{\text{혼합가스 하한계}} = \frac{28.57}{5} + \frac{71.43}{1.8} = 2.2$$

11 H 건물 내 화재 발생으로 인해 면적 30m²인 벽면의 온도가 상승하여 60℃에 도달하였을 때 이 벽면으로부터 전달되는 복사 열전달량은 약 몇 W인가?(단, 벽면은 완전 흑체로 가정하고, Stefan-Boltzmann 상수는 5.67×10^{-8} W/m² · K⁴이다)

① 5,229   ② 9,448

③ 10,458   ④ 20,916

> **해설** 완전 흑체로 가정한다고 하였으므로, 흑체의 단위 표면적에서 방출되는 복사열전달량은 흑체의 절대온도 T의 4제곱에 비례한다는 슈테판–볼츠만 법칙, 즉 $E = \sigma \times T^4$(σ : Stefan-Boltzmann 상수)을 이용한다.
> σ : 5.67×10^{-8}, T : 333(절대온도로 넣어야 하므로, $60 + 273 = 333$)
> $E = 5.67 \times 10^{-8} \times (333)^4 = 697.2$(W)
> 1m²당 697.2W이므로 30m²에 대해 구하면 $697.2 \times 30 = 20,916$W이다.

12 다음 가연물 중 위험도가 가장 높은 물질과 가장 낮은 물질로 옳게 나열한 것은?(단, 위험도 = (연소범위 상한계 – 연소범위 하한계) ÷ (연소범위 하한계)로 나타낸다)

ㄱ. 산화에틸렌	ㄴ. 이황화탄소
ㄷ. 메 탄	ㄹ. 휘발유

① ㄱ, ㄷ   ② ㄱ, ㄹ

③ ㄴ, ㄷ   ④ ㄴ, ㄹ

> **해설** ㄱ. 산화에틸렌 폭발범위 : 3.0~80.0, 위험도 = $\dfrac{80.0 - 3.0}{3.0} = 25.67$
>
> ㄴ. 이황화탄소 폭발범위 : 1.2~44.0, 위험도 = $\dfrac{44.0 - 1.2}{1.2} = 35.67$
>
> ㄷ. 메탄 폭발범위 : 5.0~15.0, 위험도 = $\dfrac{15.0 - 5.0}{5.0} = 2$
>
> ㄹ. 휘발유 폭발범위 : 1.4~7.6, 위험도 = $\dfrac{7.6 - 1.4}{1.4} = 4.43$
>
> 따라서 위험도가 가장 높은 물질은 이황화탄소, 가장 낮은 물질은 메탄이다.

13 Burgess-Wheeler 식을 이용하여 계산한 벤젠의 연소열(kcal/mol)은?(단, 벤젠의 연소범위 하한계는 1.4vol%이다)

① 124

② 250

③ 484

④ 750

해설 **Burgess-Wheeler의 법칙**

탄화수소의 연소 하한계와 연소열의 곱은 일정하고 연소 하한계의 단위를 vol%, 연소열을 kcal/mol로 표시하면, 그 값은 약 1,050이 된다는 법칙이다.

연소 하한계 × 연소열 = 1,050

따라서 벤젠의 경우 1.4 × 연소열 = 1,050이고, 연소열 = 750이다.

14 점화원의 종류 중 도체로부터의 방전에너지(E)를 구하는 공식으로 옳지 않은 것은?(단, C는 정전용량, V는 전압, Q는 전하량이다)

① $E = \dfrac{1}{2}CV^2$

② $E = \dfrac{1}{2}QV$

③ $E = \dfrac{1}{2}\dfrac{Q^2}{C}$

④ $E = \dfrac{1}{2}\dfrac{C^2}{V}$

해설 방전에너지는 $E = \dfrac{1}{2}CV^2$이고, $V = \dfrac{Q}{C}$이므로

$E = \dfrac{1}{2}CV^2 = \dfrac{1}{2}QV = \dfrac{1}{2}\dfrac{Q^2}{C}$로 변형할 수 있다.

15 표준상태(0℃, 1기압)에서 탄화수소 화합물의 완전 연소반응식으로 옳은 것은?

① $CH_4 + 2O_2 \rightarrow CO_2 + 2H_2O$

② $C_2H_6 + 5O_2 \rightarrow 2CO_2 + 5H_2O$

③ $C_3H_8 + 6O_2 \rightarrow 3CO_2 + 4H_2O$

④ $C_4H_{10} + 7O_2 \rightarrow 4CO_2 + 5H_2O$

해설 ② 에탄의 연소반응식 : $2C_2H_6 + 7O_2 \rightarrow 4CO_2 + 6H_2O$

③ 프로판의 연소반응식 : $C_3H_8 + 5O_2 \rightarrow 3CO_2 + 4H_2O$

④ 부탄의 연소반응식 : $2C_4H_{10} + 13O_2 \rightarrow 8CO_2 + 10H_2O$

16 구획된 건물화재의 현상에 관한 설명으로 옳지 않은 것은?

① 연료지배형 화재는 화재실 내부에 있는 가연물의 양에 의존하는 화재현상이다.

② 환기지배형 화재는 화재실로 유입되는 환기량에 의존하는 화재현상이다.

③ 플래시오버 이후에는 화재실 내의 공기량이 부족하여 개구부를 통해 유입되는 환기량에 영향을 받는다.

④ 환기요소(환기계수)는 개구부의 면적에 비례하고, 개구부의 높이에 반비례한다.

> **해설** 화재실로 공급되는 공기량은 개구부의 면적과 높이의 제곱근에 비례하여 증가하며, 같은 면적 시 긴 개구부가 공급량에서 우월하다.

17 다음 내용이 설명하는 것으로 옳은 것은?

> 화재가 발생하여 가연성 물질에서 발생된 가연성 증기가 천장 부근에 축적되고, 이 축적된 가연성 증기가 인화점에 도달하여 전체가 연소하기 시작하면 불덩어리가 천장을 따라 굴러다니는 것처럼 뿜어져 나오는 현상

① 롤 오버(Roll Over)　　② 프로스 오버(Froth Over)

③ 슬롭 오버(Slop Over)　　④ 보일 오버(Boil Over)

> **해설** ① 롤 오버(Roll Over) : 실내 천장 쪽의 초고온 증기의 이동과 발화현상으로, 화재 초기에 발생된 뜨거운 가연성 가스가 천장에 축적되어 있다가 화재 중기에 실내 공기의 압력 차이로 천장을 산발적으로 구르다가 화재가 발생하지 않은 쪽으로 빠르게 굴러가는 현상
> ② 프로스 오버(Froth Over) : 저장탱크 속의 물이 뜨거운 기름의 표면 아래에서 끓을 때 화재를 수반하지 않고 기름이 거품을 일으키면서 넘치는 현상
> ③ 슬롭 오버(Slop Over) : 유류액 표면온도가 물의 비점 이상 상승하면 소화용수가 뜨거운 액표면에 유입 시 물이 수증기화 되면서 부피가 팽창하여 유류가 탱크 외부로 분출되는 현상
> ④ 보일 오버(Boil Over) : 탱크 저부에 물-기름 에멀션이 존재하게 되면 뜨거운 열로 인해 급격한 부피팽창으로 유류가 탱크 외부로 분출되는 현상

18 다음 가연물 중 연소형태가 다른 것은?

① 아이오딘　　② 파라핀

③ 장 뇌　　④ 목 탄

> **해설** **고체의 연소**
> • 표면연소 : 열분해에 의해서 가연성 가스를 발생하지 않고 물질 자체가 연소하는 형태(숯, 코크스, 목탄, 금속분 등)
> • 증발연소 : 고체 → 액체 → 기체로 상태가 변하면서 연소하는 형태(황, 왁스, 파라핀, 나프탈렌 등)

19 제3종 분말소화약제의 열분해 반응으로 생성되는 물질로 옳지 않은 것은?

① NH_3

② CO_2

③ H_2O

④ HPO_3

> **해설** 열분해 반응으로 생성되는 물질로는 NH_3, H_2O, HPO_3 등이 있다. CO_2는 제1·2종 분말 소화약제의 열분해 시 생성되는 물질이다.

20 불활성 가스 청정소화약제를 구성하는 기본 성분에 해당되는 물질로 옳지 않은 것은?

① 네 온

② 헬 륨

③ 브 롬

④ 아르곤

> **해설** ※ 청정소화약제소화설비의 명칭이 할로겐화합물 및 불활성기체소화설비로 변경됨(2018.6월 이후)
> **NFPC/NFTC 107A**
> 불활성기체 소화약제란 헬륨, 네온, 아르곤 또는 질소가스 중 하나 이상의 원소를 기본성분으로 하는 소화약제를 말한다.

21 화재 시 발생되는 연소가스에 관한 설명으로 옳지 않은 것은?

① "HCN"은 청산가스라고도 하며, 주로 수지류, 모직물 및 견직물이 탈 때 발생하는 맹독성 가스이다.

② "CH_2CHCHO"는 석유제품 및 유지류 등이 탈 때 생성되는 맹독성 가스이다.

③ "SO_2"는 질산셀룰로스 또는 질산암모늄과 같은 질산염 계통의 무기물질이 탈 때 발생된다.

④ "HCl"은 PVC와 같은 수지류가 탈 때 주로 생성되며, 금속에 대한 부식성이 강하다.

> **해설** **SO_2(아황산가스)** : 고무 등 유황함유물의 불연소 시에 발생하며, 자극성 있는 가스로 눈, 호흡기 등에 점막을 자극한다.

22 **건축물의 방화계획 중 공간적 대응에 관한 설명으로 옳은 것은?**

① 대항성은 건물의 내화성능, 방연성능, 초기소화대응 등 화재에 저항하는 능력이다.
② 도피성은 건물의 불연화, 난연화, 소방훈련 등 사전예방활동과 관계되는 능력이다.
③ 회피성은 화재 시 피난할 수 있는 공간 확보 등에 대한 사항이다.
④ 설비성은 방화문, 방화셔터, 자동화재탐지설비, 스프링클러 등과 같은 설비시스템으로의 대응이다.

> **해설** ②는 회피성, ③은 도피성에 관련된 설명이며, ④ 설비성은 공간적 대응을 지원하는 소방 설비적 대응에 관련된 내용이다.

23 **할로겐화합물 청정소화약제의 종류로 옳지 않은 것은?**

① HFC-227ea
② IG-541
③ FC-3-1-10
④ FK-5-1-12

> **해설** NFPC/NFTC 107A
> **할로겐화합물 및 불활성기체소화약제**

소화약제	화학식
퍼플루오로부탄(FC-3-1-10)	C_4F_{10}
하이드로클로로플루오로카본혼화제(HCFC BLEND A)	HCFC-123($CHCl_2CF_3$) : 4.75% HCFC-22($CHClF_2$) : 82% HCFC-124($CHClFCF_3$) : 9.5% $C_{10}H_{16}$: 3.75%
클로로테트라플루오로에탄(HCFC-124)	$CHClFCF_3$
펜타플루오로에탄(HFC-125)	CHF_2CF_3
헵타플루오로프로판(HFC-227ea)	CF_3CHFCF_3
트리플루오로메탄(HFC-23)	CHF_3
헥사플루오로프로판(HFC-236fa)	$CF_3CH_2CF_3$
트리플루오로이오다이드(FIC-13I1)	CF_3I
불연성·불활성기체 혼합가스(IG-01)	Ar
불연성·불활성기체 혼합가스(IG-100)	N_2
불연성·불활성기체 혼합가스(IG-541)	N_2 : 52%, Ar : 40%, CO_2 : 8%
불연성·불활성기체 혼합가스(IG-55)	N_2 : 50%, Ar : 50%
도데카플루오로-2-메틸펜탄-3-원(FK-5-1-12)	$CF_3CF_2C(O)CF(CF_3)_2$

24 분말소화약제의 종류에 따른 착색 및 적응화재에 관한 설명으로 옳지 않은 것은?

① $KHCO_3$ – 담회색 – B급·C급 화재

② $NaHCO_3$ – 백색 – B급·C급 화재

③ $NaHCO_3 + (NH_2)_2CO$ – 황색 – B급·C급 화재

④ $NH_4H_2PO_4$ – 담홍색 – A급·B급·C급 화재

> **해설** 제4종 분말소화약제 착색 및 적응화재
> ③ $NaHCO_3 + (NH_2)_2CO$ – 회색 – B급, C급 화재

25 소화약제에 관한 설명으로 옳은 것은?

① 물소화약제는 상태변화가 없고 온도변화가 있는 잠열과 상태변화가 있고 온도변화가 없는 현열의 작용에 의한 냉각소화 원리를 갖는다.

② 이산화탄소소화약제는 저장용기 내에서 기체상태로 저장되어 있다가 외부로 방출되어 주로 질식·억제소화 효과를 나타낸다.

③ 제2종 분말소화약제는 탄산수소나트륨이 주성분이다.

④ 청정소화약제는 할론 1301, 할론 2402, 할론 1211를 제외한 할로겐화합물 및 불활성기체로 서 전기적으로 비전도성이며, 휘발성이 있거나 증발 후 잔여물을 남기지 않는 소화약제를 말한다.

> **해설** ① 물소화약제 : 비열과 증발잠열이 높아 많은 열량을 흡수하여 냉각작용을 하고 기화팽창율이 커서 질식소화 를 한다.
> ② 이산화탄소소화약제 : 고압용기 속에서 액화시켜 보관하며, 가장 주된 소화효과는 질식효과이며 냉각효과 도 있다.
> ③ 제2종 분말소화약제는 $KHCO_3$(탄산수소칼륨, 중탄산칼륨)이 주성분이다.

26 감염방지를 위해 손 씻기와 마스크를 착용하였다면 매슬로(Maslow) 기본욕구의 어느 단계에 해당하는가?

① 생리적 욕구
② 안정과 안전의 욕구
③ 사랑과 소속의 욕구
④ 자아존중의 욕구

해설　**매슬로(Maslow)의 기본 욕구(5단계)**
- 1단계 : 생리적 욕구 – 의, 식, 주의 가장 기본적 욕구(음식, 산소, 물, 체온, 배설, 신체활동, 소화흡수, 휴식 등)
- 2단계 : 안정과 안전의 욕구 – 생리적 욕구 충족 이후에 발생하며, 신체적·감정적 위험으로부터 안전을 보장받고자 하는 욕구
- 3단계 : 사랑과 소속의 욕구 – 생리적 욕구와 안전 욕구 충족 이후, 소속감이나 애정을 추구하는 욕구
- 4단계 : 자아존중의 욕구 – 소속감 확보 후, 타인으로부터 존경받고 집단 내 지위를 확보하고자 하는 욕구
- 5단계 : 자아실현의 욕구 – 자아존중의 욕구 충족 이후, 개인 능력을 발휘하거나 성취하고자 하는 욕구

27 천식 환자의 날숨(Expiration) 때 들을 수 있는 깊고 높은 휘파람 부는 듯한 호흡음은?

① 거품소리(Rale)
② 그렁거림(Stridor)
③ 쌕쌕거림(Wheezing)
④ 가슴막 마찰음(Pleural Friction Rub)

해설　③ 쌕쌕거림(Wheezing) : 기도수축으로 기도가 좁아지거나 부종 및 이물질로 인해 나타나며, 날숨 때 깊고 높은 휘파람 부는 듯한 소리가 들린다.
① 거품소리(Rale) : 끈끈한 점액질이 기관지관을 좁게 만들어서 수축되었을 때 들을 수 있는 숨소리이다.
② 그렁거림(Stridor) : 상부 기도의 폐색 시에 흡기 시 고음의 거친 소리를 들을 수 있다.
④ 가슴막 마찰음(Pleural Friction Rub) : 호·흡기 모두 들리고, 늑막염 시 늑막과 흉벽이 닿아서 나는 소리를 들을 수 있다.

28 혈압을 조절하는 생리적 기전에 관한 설명으로 옳은 것은?

① 세동맥이 수축하면 혈압이 낮아진다.
② 심박출량이 감소하면 혈압이 높아진다.
③ 혈액의 점도가 증가하면 혈압이 낮아진다.
④ 혈관의 탄력성이 떨어지면 혈압이 높아진다.

> **해설** **혈압을 증가시키는 변수** : 세동맥 수축, 심박출량 증가, 혈액점도 증가, 동맥의 탄력성 감소, 말초혈관 저항 증가, 혈액량 증가 등

29 외과적 무균술의 기본원리에 관한 설명으로 옳은 것을 모두 고른 것은?

> ㄱ. 멸균통의 뚜껑은 안쪽이 아래를 향하도록 든다.
> ㄴ. 젖은 전달집게의 끝을 위로 향하도록 든다.
> ㄷ. 멸균물품을 열 때 포장의 첫 맨 끝을 사용자의 반대쪽(먼쪽)으로 펼친다.
> ㄹ. 손을 팔꿈치보다 낮게 하고 물이 아래쪽으로 흐르도록 손을 씻는다.

① ㄱ, ㄴ
② ㄱ, ㄷ
③ ㄴ, ㄹ
④ ㄷ, ㄹ

> **해설** **외과적 무균술**
> • 병원균은 물론이고 모든 미생물을 멸살시키고 이를 유지하는 기술이다.
> • 젖은 장소는 바로 밑 표면이 멸균이 아니면 오염된 것으로 간주한다.
> • 손씻기를 할 때 손끝을 팔꿈치보다 높게 하고 손이 몸으로부터 멀리 떨어져 있도록 한다.
> • 젖은 전달집게의 끝은 아래를 향하도록 한다.
> • 멸균 꾸러미를 열 때 포장의 첫 맨 끝을 사용자로부터 먼 쪽으로 편다.
> • 용기 뚜껑은 열어서 멸균된 내면이 아래로 향하게 잡는다. 용기 뚜껑을 멸균되어 있지 않은 표면에 놓을 때는 뒤집어 놓는다.

30 열이 있는 환자의 일반적인 관리방법으로 옳지 않은 것은?

① 활동량을 증가시킨다.
② 수분과 전해질의 균형을 유지한다.
③ 옷이나 침구가 젖어 있다면 갈아준다.
④ 오한기에는 가벼운 이불이나 담요를 덮어준다.

해설 **열이 있는 환자의 관리 방법** : 발열원인 제거, 적정한 체온 유지, 수분과 전해질 균형유지, 활동빈도 감소, 적당한 영양섭취, 산소요법 제공, 맥박이나 호흡 상태 관찰, 편안한 안정 등

31 입안에 있는 이물질을 흡인하는 방법으로 옳지 않은 것은?

① 흡인은 15초 이내로 한다.
② 흡인 후 카테터에 생리식염수를 통과시킨다.
③ 성인의 흡인 시 압력은 300mmHg 이상이 적당하다.
④ 구토반사와 의식이 있는 환자는 머리를 옆으로 돌린 반앉은 자세를 취한다.

해설 ③ 성인의 경우 흡인기 압력은 110~150mmHg 정도가 적당하다.

32 급성 통증이 있을 때 나타날 수 있는 부교감신경 반응으로 옳은 것은?

① 발 한
② 구 토
③ 혈압 상승
④ 동공 확대

33 환자에게 눈을 감도록 한 다음 코를 한 쪽씩 막고 물체의 냄새를 구별할 수 있는지 알아보고 있다. 어느 뇌신경의 이상을 검사하는 것인가?

① 제1뇌신경　　　　　　　　　② 제3뇌신경

③ 제5뇌신경　　　　　　　　　④ 제7뇌신경

해설 **뇌신경(12개)**
- 후각신경(제1뇌신경) : 냄새 감각을 담당
- 시각신경(제2뇌신경) : 시각을 담당
- 눈돌림신경(제3뇌신경) : 안구운동을 담당
- 도르래신경(제4뇌신경) : 안구운동을 담당
- 삼차신경(제5뇌신경) : 혀의 운동 및 안면의 일반감각을 담당
- 갓돌림신경(제6뇌신경) : 안구운동을 담당
- 얼굴신경(제7뇌신경) : 안면근육의 운동과 혀의 미각을 담당
- 속귀신경(제8뇌신경) : 청각 및 평형감각을 담당
- 혀인두신경(제9뇌신경) : 혀의 미각과 인두촉각 담당
- 미주신경(제10뇌신경) : 좌신경 중 가장 긴 것으로 흉곽, 복강 등의 장기에 분포
- 더부신경(제11뇌신경) : 등세모근 및 목빗근의 운동을 담당
- 혀밑신경(제12뇌신경) : 혀의 운동을 담당

34 당뇨환자에게서 저혈당증(Hypoglycemia)이 발생하는 원인으로 옳지 않은 것은?

① 심하게 구토를 한 경우

② 체내 탄수화물이 고갈된 경우

③ 운동을 많이 한 경우

④ 체내 인슐린이 부족한 경우

해설 ④ 당뇨환자의 체내 인슐린양이 과잉상태인 경우 저혈당증이 발생할 수 있다.

35 호흡곤란을 호소하는 환자에게 분당 10L의 유량으로 산소를 투여하려고 한다. 휴대형 산소통 (D형)의 유량계가 1,800psi를 나타내고 있다면 산소를 안전하게 투여할 수 있는 최대시간은?(단, D형 산소통 상수 0.16, 안전잔류량 200psi로 한다)

① 15분   ② 25분

③ 35분   ④ 45분

해설 **산소탱크 잔류량 사용시간 계산법**

$$\text{사용시간(분)} = \frac{(\text{산소통압력} - \text{안전잔류량}) \times \text{산소통상수}}{\text{분당유량(L/min)}}$$

$$= \frac{(1{,}800 - 200) \times 0.16}{10}$$

$$= 25$$

36 손상 부위의 고정과 통증 감소를 위하여 견인부목 적용을 고려해야 하는 경우는?

① 넙다리뼈 몸통 골절

② 골반뼈 골절

③ 정강뼈의 1/3 아래 골절

④ 무릎뼈 골절

해설 견인부목은 하반신이나 대퇴부(넙다리) 골절 시 발생할 수 있는 골격 수축을 방지하면서 골절부위를 고정하도록 고안된 장비이다. 하지 1/3 이하 부분의 골절, 골반뼈 골절, 심각한 슬관절 부상 등의 경우 견인부목을 하지 말아야 한다.

37 호흡이 없는 환자에게 구조자가 1회당 600mL 정도의 호흡량으로 인공호흡을 실시할 경우 나타나는 효과로 옳은 것은?

① 동맥혈 산소포화도를 45~65%로 유지할 수 있다.

② 21% 정도의 산소를 지속적으로 공급할 수 있다.

③ 동맥혈 산소분압을 75mmHg 이상 유지할 수 있다.

④ 동맥혈 이산화탄소분압을 45mmg 이상 높일 수 있다.

해설 환자의 폐가 정상적이고 구조자가 일호흡량(一呼吸量)의 2배 정도 호기한다면 동맥혈의 산소분압과 이산화탄소분압을 각각 75mmHg(정상치 : 90~95mmHg)와 30~40mmHg(정상치 : 35~45mmHg) 정도로 유지시킬 수가 있다.

38 이물질에 의해 기도가 막힌 환자가 의식이 없는 상태로 발견되었다. 우선적으로 취해야 할 조치는?

① 100% 산소를 투여한다.
② 기관 내 삽관을 실시한다.
③ 하임리히(Heimlich)법을 실시한다.
④ 가슴압박을 실시한다.

> **해설** 이물질에 의해 기도가 막힌 환자가 의식이 없는 경우 가장 먼저 실시해야 하는 응급처치는 가슴압박이다.

39 심정지 리듬 중 맥박 촉지를 한 후 즉시 제세동을 해야 하는 경우는?

① 무수축
② 심실세동
③ 무맥성 전기활동
④ 무맥성 심실빈맥

> **해설** **심정지 환자의 주요 심전도 리듬**
> • 심실세동 또는 무맥성 심실빈맥 : 심장성 심정지 환자의 60~85%에서 발견되며 신속한 제세동 처치로 소생시킬 수 있다.
> • 무맥성 전기활동 : 심장의 전기활동은 관찰되지만 맥박이 촉지되지 않는 상태이다.
> • 무수축 : 전기적 활동이 없는 무수축 상태이다.

40 일반인이 실시하는 성인 심폐소생술 순서로 옳은 것은?(단, 2015년 심폐소생술 가이드라인을 따른다)

① 반응확인 → 119신고 → 호흡확인 → 기도유지 → 인공호흡 → 가슴압박
② 반응확인 → 기도유지 → 호흡확인 → 가슴압박 → 인공호흡 → 119신고
③ 반응확인 → 119신고 → 호흡확인 → 가슴압박 → 기도유지 → 인공호흡
④ 반응확인 → 가슴압박 → 119신고 → 호흡확인 → 기도유지 → 인공호흡

> **해설** **2015년 심폐소생술 가이드라인에 따른 심폐소생술 순서**
> 반응의 확인 → 응급의료체계신고(119신고) → 호흡확인 → 가슴압박 → 기도유지 → 인공호흡

41 맥박이 촉지되지 않는 환자의 심장 리듬이다. 제세동이 필요한 리듬은?

①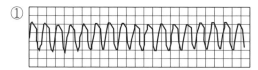

②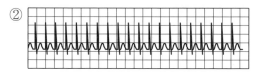

③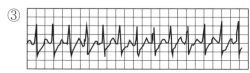

④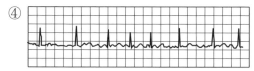

해설 심실세동과 무맥성 심실빈맥만 제세동이 필요하다.

정상파형	심실세동 파형	심실빈맥 파형

• 심실세동 : 심장의 박동에서 심실의 각 부분이 무질서하게 불규칙적으로 수축하는 상태
• 심실빈맥 : 심전도 전기신호가 심실에서 불규칙하게 발생하여 맥박의 횟수가 과다하게 많은 상태

42 의료종사자가 5세 남아에게 실시하는 심폐소생술 방법으로 옳지 않은 것은?

① 압박 위치는 복장뼈의 중간부위이다.
② 맥박은 목동맥 또는 넙다리동맥에서 확인한다.
③ 가슴 압박의 깊이는 가슴 두께의 1/3 정도이다.
④ 압박 속도는 분당 100~120회로 한다.

해설 ① 복장뼈(흉골) 아래 1/2 지점에 손꿈치를 위치시키고 팔전체가 구부러지지 않도록 수직으로 압박한다.

43 심정지 환자의 관상동맥 관류압을 확인하는 계산방법으로 옳은 것은?

① 좌심실압과 우심실압을 더한 값
② 좌심실압에서 우심실압을 뺀 값
③ 대동맥 이완기압과 우심방 이완기압을 더한 값
④ 대동맥 이완기압에서 우심방 이완기압을 뺀 값

해설 관상동맥 관류압은 대동맥 이완기압과 우심방 이완기압의 차이에 의해 유발된다.

44 공업용 페놀에 접촉되어 발생한 피부손상 부위의 응급처치로 옳은 것은?

① 마른 석회를 뿌려준다.
② 알코올로 제거한 후 물로 씻어낸다.
③ 중화제를 뿌려준다.
④ 마른 거즈로 덮는다.

해설 페놀 노출 시에는 알코올로 제거한 후 즉시 미온수로 최소 10분 동안 씻어낸다.

45 다음 환자에게 파크랜드(Parkland)법을 적용할 경우 첫 2시간 동안 투여해야 할 수액량(mL)은?(단, 첫 8시간 동안 시간당 투여량은 동일하다)

• 체중 : 70kg	• 나이 : 45세
• 1도 화상 : 10%	• 2도 화상 : 30%

① 525   ② 700

③ 1,050   ④ 1,400

> **해설** **파크랜드(Parkland)법**
> "첫 24시간에 주입해야 할 용적(mL) = 4 × 체중(kg) × 화상면적%(2, 3도)"으로 계산하여 첫 8시간에 그 용적의 50%를 주입하고, 이은 8시간에 25%를, 그리고 나머지 8시간에 나머지 25%를 주입하는 것이 기본 원칙이다. 첫 24시간에 주입해야 할 용적(mL) = 4 × 70 × 30 = 8,400mL에서 첫 8시간의 용량은 50%인 4,200mL이다. 따라서 2시간 동안 투여량은 4,200mL의 2/8인 1,050mL이다.

46 진드기에 물려 붓고 가려울 때의 처치방법으로 옳지 않은 것은?

① 비눗물로 씻는다.

② 얼음찜질을 해준다.

③ 칼라민 로션을 바른다.

④ 식초나 레몬주스를 바른다.

> **해설** 진드기를 떼어낸 후에는 소독용 알코올, 아이오딘 세척액, 또는 비누와 물로 물린 부위와 손을 철저히 세척하고 얼음찜질도 해준다. 칼라민 로션을 사용하여 가려움을 완화시킨다.

47 여름철 공사장에서 작업자가 건조한 피부, 고체온 상태로 쓰러졌다. 빠른 호흡과 경련을 보이는 이 환자에 대한 응급처치로 옳지 않은 것은?

① 많은 물을 빨리 먹인다.

② 기도, 호흡, 순환을 유지한다.

③ 그늘이나 냉방 장소로 옮긴다.

④ 신속하게 병원으로 이송한다.

> **해설** 열사병은 뜨겁고 붉게 상기된 피부와 힘없는 맥박, 신체 내부 온도가 44℃ 정도로 상승, 의식이 분명하지 못하고 체온이 몹시 높다. 따라서 찬 물수건으로 몸을 씻어 주거나 찬물에 몸을 담그게 하여 구강 내 체온을 30℃ 정도로 낮추고 신속하게 병원으로 이송해야 한다.

48 인슐린 저하로 나타날 수 있는 임상증상과 징후를 모두 고른 것은?

> ㄱ. 혈중 포도당 증가
> ㄴ. 케톤성 산증
> ㄷ. 안구 돌출증

① ㄱ
② ㄱ, ㄴ
③ ㄱ, ㄷ
④ ㄴ, ㄷ

해설 인슐린 부족 시 나타나는 증상에는 혈중 포도당 증가, 케톤성 산증, 망막증, 다뇨, 체중감소, 체액과 전해질
손실 등이 있다.

49 승용차가 빗길에 미끄러져 중앙분리대에 부딪히면서 운전자가 다쳤다. 손상기전으로 옳지
않은 것은?

① 중 력
② 관 성
③ 운동에너지
④ 에너지 보존

50 과다호흡증후군을 보이는 수험생에게 필요한 응급처치로 옳지 않은 것은?(단, 다른 질환은
없다)

① 천천히 숨을 쉬도록 해 호흡을 고르게 해준다.
② 고농도의 산소를 투여한다.
③ 스트레스 요인과 격리시킨다.
④ 조이는 옷을 편안하게 해준다.

해설 과다호흡증후군은 체내 이산화탄소의 농도가 떨어지면서 나타나는 증상으로, 증상을 보이는 경우 봉투에
의한 재호흡법을 실시해야 한다. 봉투 안의 공기를 다시 마심으로써 체내 이산화탄소 배출을 줄이고 재흡수하
여 혈중 이산화탄소 농도를 정상화시키는 것이다.

51 다음은 페탁(W. J. Petak)의 재난관리 4단계 모형을 나타낸 것이다. 단계별로 바르게 나열한 것은?

> ㄱ. 재난의 복구
> ㄴ. 재난의 대응
> ㄷ. 재난의 대비와 계획
> ㄹ. 재난의 완화와 예방

① ㄱ - ㄴ - ㄷ - ㄹ
② ㄱ - ㄷ - ㄴ - ㄹ
③ ㄴ - ㄷ - ㄱ - ㄹ
④ ㄹ - ㄷ - ㄴ - ㄱ

해설 **Petak의 재난관리 4단계**
1. 재난의 완화와 예방
2. 재난의 대비와 계획
3. 재난의 대응
4. 재난의 복구

52 재난을 유사전쟁모형, 사회적 취약성 모형, 불확실성 모형으로 분류한 자는?

① 길버트(Gilbert)
② 존스(Jones)
③ 아네스(Anesth)
④ 콤포트(Comport)

해설 길버트(Gilbert)는 재난에 대한 접근을 시대적으로 구분하여 유사전쟁모형, 사회적 취약성 모형, 불확실성 모형 등으로 구분하였다.

53 재난관리단계 중 대비단계에 해당하는 내용으로 옳은 것을 모두 고른 것은?

ㄱ. 위험지도 제작	ㄴ. 토지사용규제 및 관리
ㄷ. 대응요원의 교육훈련	ㄹ. 대응조직(기구) 구성 및 관리
ㅁ. 경보시스템 구축	

① ㄱ, ㄷ, ㄹ ② ㄴ, ㄷ, ㅁ
③ ㄴ, ㄹ, ㅁ ④ ㄷ, ㄹ, ㅁ

> **해설** **재난관리 단계 중 대비단계**
> • 재난대응계획
> • 비상경보체계구축
> • 대응자원준비 및 대응요원 교육훈련
> • 비상통신망과 통합대응체계구축
> • 내란위험성 분석
> • 지역 간 상호원조협정체결
> • 경보시스템 구축
> • 비상방송시스템 구축

54 우리나라의 기상특보 발표기준으로 옳지 않은 것은?

① 호우주의보 : 3시간 강우량이 60mm 이상 예상되거나 12시간 강우량이 110mm 이상 예상될 때
② 폭염경보 : 6~9월 일최고기온이 33℃ 이상인 상태가 2일 이상 지속될 것으로 예상될 때
③ 강풍경보 : 육상에서 풍속 21m/s 이상 또는 순간풍속 26m/s 이상이 예상될 때
④ 풍랑주의보 : 해상에서 풍속 14m/s 이상이 3시간 이상 지속되거나 유의파고가 3m 이상이 예상될 때

> **해설** • 폭염주의보 : 6월~9월에 일최고기온이 33℃ 이상인 상태가 2일 이상 지속될 것으로 예상될 때
> • 폭염경보 : 6월~9월에 일최고기온이 35℃ 이상인 상태가 2일 이상 지속될 것으로 예상될 때
> ※ 체감온도 기반 폭염특보 시범운영(2020.5.15.)
>
> | 주의보 | 경보 |
> | --- | --- |
> | 폭염으로 인하여 다음 중 어느 하나에 해당하는 경우 | 폭염으로 인하여 다음 중 어느 하나에 해당하는 경우 |
> | ① 일최고체감온도 33℃이상인 상태가 2일 이상 지속될 것으로 예상될 때 | ① 일최고체감온도 35℃ 이상인 상태가 2일 이상 지속될 것으로 예상될 때 |
> | ② 급격한 체감온도 상승 또는 폭염 장기화 등으로 중대한 피해발생이 예상될 때 | ② 급격한 체감온도 상승 또는 폭염 장기화 등으로 광범위한 지역에서 중대한 피해발생이 예상될 때 |
>
> – 체감온도 : 기온에 습도, 바람 등의 영향이 더해져 사람이 느끼는 더위나 추위를 정량적으로 나타낸 온도
> – 습도 10% 증가 시마다 체감온도가 1℃가량 증가하는 특징

55 2003년 제주도에서 관측된 최대순간풍속이 60m/s로 기록된 태풍은?

① 사 라

② 셀 마

③ 루 사

④ 매 미

해설 ④ 매미 : 2003년 9월에 한반도에 막대한 피해를 입힌 태풍
① 사라 : 1959년 9월 한반도에 막대한 피해를 입힌 태풍
② 셀마 : 1987년 7월 경상남도 창원시 등 남해안 일대에 큰 피해를 입힌 태풍
③ 루사 : 2002년 8월 말에 한반도에 상륙했던 태풍

56 태풍 내습 시 재난관리단계 중 대응단계에서 하여야 할 업무가 아닌 것은?

① 태풍 진로에 따라 재난대응계획을 시행한다.

② 재난상황을 신속히 전파시키고 구조요원을 긴급히 현장에 출동시킨다.

③ 중앙합동조사단을 편성하고 운영하여 피해를 조사하고 복구한다.

④ 긴급구조기관 및 자원봉사자에게 임무를 부여하고, 현장통제 및 질서유지를 담당한다.

해설 ③ 중앙합동조사단을 편성하고 운영하여 피해를 조사하고 복구하는 것은 복구단계에서 하여야 할 업무이다.

57 재난 및 안전관리 기본법령상 재난피해자에 대한 상담활동지원계획을 수립·시행 시 포함해야 할 내용으로 옳지 않은 것은?

① 상담 활동 지원을 위한 교육·연구 및 홍보

② 재난 및 피해 유형별 상담 활동의 세부 지원방안

③ 정신건강증진시설의 설립

④ 심리회복 전문가 인력 확보 및 유관기관과의 협업체계 구축

해설 **상담 활동 지원계획 수립·시행 시 포함해야 할 내용(재난 및 안전관리 기본법 시행령 제73조의2제1항)**
• 재난 및 피해 유형별 상담 활동의 세부 지원방안
• 상담 활동 지원에 필요한 재원의 확보
• 심리회복 전문가 인력 확보 및 유관기관과의 협업체계 구축
• 정신건강증진 및 정신질환자 복지서비스 지원에 관한 법률에 따른 정신건강증진시설과의 진료 연계
• 상담 활동 지원을 위한 교육·연구 및 홍보
• 그 밖에 재난으로 피해를 입은 사람에 대하여 심리회복을 위한 상담 활동 지원에 필요하다고 행정안전부장관 또는 지방자치단체의 장이 필요하다고 인정하는 사항

58 재난 및 안전관리 기본법상 자연재난에 해당하는 것은?

① 소행성 추락　　　　　　　　② 화생방 사고
③ 항공 사고　　　　　　　　　④ 환경오염 사고

> **해설** **자연재난(재난 및 안전관리 기본법 제3조제1호)**
> 태풍, 홍수, 호우(豪雨), 강풍, 풍랑, 해일(海溢), 대설, 한파, 낙뢰, 가뭄, 폭염, 지진, 황사(黃砂), 조류(藻類) 대발생, 조수(潮水), 화산활동, 우주개발 진흥법에 따른 자연우주물체의 추락·충돌, 그 밖에 이에 준하는 자연현상으로 인하여 발생하는 재해

59 재난 및 안전관리 기본법령상 다중이용시설 등의 소유자, 관리자 또는 점유자가 위기상황 매뉴얼을 작성·관리하지 않은 경우 위반행위의 횟수에 따른 과태료 부과기준으로 옳지 않은 것은?

① 1회 : 30만원　　　　　　　　② 2회 : 50만원
③ 3회 : 100만원　　　　　　　④ 4회 : 200만원

> **해설** **과태료의 부과기준(재난 및 안전관리 기본법 시행령 별표 5)**
>
> | 위반행위 | 근거 법조문 | 과태료 금액(단위 : 만원) | | |
> |---|---|---|---|---|
> | | | 1회 위반 | 2회 위반 | 3회 이상 위반 |
> | 다중이용시설 등의 소유자·관리자 또는 점유자가 법 제34조의6제1항 본문에 따른 위기상황 매뉴얼을 작성·관리하지 않은 경우 | 법 제82조 제1항제1호 | 30 | 50 | 100 |

60 재난 및 안전관리 기본법상 재난경보의 수집·전파, 상황관리, 재난발생 시 초동조치 및 지휘 등의 업무를 수행하기 위하여 설치하는 것은?

① 재난안전대책본부　　　　　② 재난안전상황실
③ 사고수습본부　　　　　　　④ 긴급구조통제단

> **해설** 행정안전부장관, 시·도지사 및 시장·군수·구청장은 재난정보의 수집·전파, 상황관리, 재난발생 시 초동조치 및 지휘 등의 업무를 수행하기 위하여 다음의 구분에 따른 상시 재난안전상황실을 설치·운영하여야 한다(재난 및 안전관리 기본법 제18조).
> • 행정안전부장관 : 중앙재난안전상황실
> • 시·도지사 및 시장·군수·구청장 : 시·도별 및 시·군·구별 재난안전상황실

61 재난 및 안전관리 기본법령상 안전관리계획의 작성에 대한 설명이다. (   )에 들어갈 내용으로 옳은 것은?

> 시·도지사는 전년도 (ㄱ)까지, 시장·군수·구청장은 해당 연도 (ㄴ)까지 소관 안전관리계획을 확정하여야 한다.

① ㄱ : 10월 31일, ㄴ : 1월 말일
② ㄱ : 12월 31일, ㄴ : 1월 말일
③ ㄱ : 10월 31일, ㄴ : 2월 말일
④ ㄱ : 12월 31일, ㄴ : 2월 말일

해설 시·도지사는 전년도 12월 31일까지, 시장·군수·구청장은 해당 연도 2월 말일까지 소관 안전관리계획을 확정하여야 한다(재난 및 안전관리 기본법 시행령 제29조제3항).

62 재난 및 안전관리 기본법상 재난이 발생하였을 때 지역통제단장이 하여야 하는 응급조치에 해당하는 것은?

① 진 화
② 수 방
③ 지진방재
④ 급수 수단의 확보

해설 지역통제단장과 시장·군수·구청장은 재난이 발생할 우려가 있거나 재난이 발생하였을 때에는 즉시 관계 법령이나 재난대응활동계획 및 위기관리 매뉴얼에서 정하는 바에 따라 수방(水防)·진화·구조 및 구난(救難), 그 밖에 재난 발생을 예방하거나 피해를 줄이기 위하여 필요한 응급조치를 하여야 한다. 다만, 지역통제단장의 경우에는 진화·수방·지진방재, 그 밖의 응급조치와 구호 중 진화에 관한 응급조치와 긴급수송 및 구조 수단의 확보 및 현장지휘통신체계의 확보의 응급조치만 하여야 한다(재난 및 안전관리 기본법 제37조제1항).

63 재난 및 안전관리 기본법령상 안전점검의 날과 방재의 날에 대한 설명이다. (   )에 들어갈 내용으로 옳은 것은?

> 재난관리책임기관은 재난취약시설에 대한 일제점검, 안전의식 고취를 위하여 안전 관련 행사를 매월 (ㄱ)에 실시하고, 자연재난에 대한 주민의 방재의식을 고취하기 위하여 재난에 대한 교육·홍보 등의 관련 행사를 매년 (ㄴ)에 실시한다.

① ㄱ : 4일, ㄴ : 4월 16일
② ㄱ : 4일, ㄴ : 5월 25일
③ ㄱ : 16일, ㄴ : 6월 25일
④ ㄱ : 16일, ㄴ : 7월 25일

해설 **안전점검의 날 등(재난 및 안전관리 기본법 시행령 제73조의6제1항, 제2항)**
• 국민안전의 날에 따른 안전점검의 날은 매월 4일로 하고, 방재의 날은 매년 5월 25일로 한다.
• 재난관리책임기관은 안전점검의 날에는 재난취약시설에 대한 일제점검, 안전의식 고취 등 안전 관련 행사를 실시하고, 방재의 날에는 자연재난에 대한 주민의 방재의식을 고취하기 위하여 재난에 대한 교육·홍보 등의 관련 행사를 실시한다.

64 재난 및 안전관리 기본법령상 특정관리 대상 지역에 대한 등급별 정기안전점검 실시기준으로 옳지 않은 것은?

① B등급 : 연 1회 이상
② C등급 : 반기별 1회 이상
③ D등급 : 월 1회 이상
④ E등급 : 월 2회 이상

해설 **정기안전점검 실시 기준(재난 및 안전관리 기본법 시행령 제34조의2제3항)**
• A등급, B등급 또는 C등급에 해당하는 특정관리대상지역 : 반기별 1회 이상
• D등급에 해당하는 특정관리대상지역 : 월 1회 이상
• E등급에 해당하는 특정관리대상지역 : 월 2회 이상

65 자연재해대책법령상 재해유형에 따른 단계별 행동요령에 포함되어야 할 세부사항으로 옳은 것은?

① 예방단계 : 재해가 예상되거나 발생한 경우 비상근무계획에 관한 사항

② 대응단계 : 통신·전력·가스·수도 등 국민생활에 필수적인 시설의 응급복구에 관한 사항

③ 복구단계 : 유관기관 및 방송사에 대한 상황 전파 및 방송 요청에 관한 사항

④ 대비단계 : 방재물자, 동원장비의 확보·지정 및 관리에 관한 사항

> **해설** ①, ③ 대비단계
> ④ 예방단계
> **대응단계(자연재해대책법 시행규칙 제14조제1항제3호)**
> • 재난정보의 수집 및 전달체계에 관한 사항
> • 통신·전력·가스·수도 등 국민생활에 필수적인 시설의 응급복구에 관한 사항
> • 부상자 치료대책에 관한 사항
> • 그 밖에 행정안전부장관이 필요하다고 인정하는 사항

66 자연재해대책법령상 우수유출저감시설 사업계획에 포함되는 내용으로 옳지 않은 것은?

① 우수유출저감 사업의 우선순위

② 다른 사업과의 중복 또는 연계성 여부

③ 투자 우선순위 등 국토교통부장관이 정하는 사항

④ 재원 확보 방안

> **해설** **우수유출저감시설 사업계획에 포함되어야 할 사항(자연재해대책법 시행령 제16조제1항)**
> • 우수유출저감시설 사업의 우선순위
> • 다른 사업과의 중복 또는 연계성 여부
> • 재원 확보 방안
> • 지역주민의 의견 수렴 결과
> • 그 밖에 투자우선순위 등 행정안전부장관이 정하는 사항

67 자연재해대책법령상 재해지도의 정의로 옳은 것은?

① 지역별로 풍수해의 예방 및 저감을 위하여 특별시장 및 시장·군수가 자연재해 안전도에 대한 진단 등을 거쳐 수립한 종합계획을 말한다.

② 풍수해로 인한 침수흔적, 침수예상 및 재해정보 등을 표시한 도면을 말한다.

③ 풍수해로 인한 침수기록을 표시한 도면을 말한다.

④ 태풍, 홍수, 호우, 강풍, 풍랑, 해일, 조수, 대설, 그 밖에 이에 준하는 자연현상으로 인하여 발생하는 재해를 말한다.

> 해설 ① 자연재해저감 종합계획(자연재해대책법 제2조제6호)
> ③ 침수흔적도(자연재해대책법 제2조제9호)
> ④ 풍수해(자연재해대책법 제2조제3호)

68 자연재해대책법상 자연재해복구에 관한 연차보고서에 포함되어야 할 내용을 모두 고른 것은?

> ㄱ. 피해 현황 및 복구 개요
> ㄴ. 부처별·사업별 예산집행내역
> ㄷ. 재해복구사업 추진관리에 필요한 사항
> ㄹ. 사유시설 복구 추진현황

① ㄱ, ㄴ

② ㄴ, ㄷ

③ ㄱ, ㄴ, ㄷ

④ ㄱ, ㄴ, ㄷ, ㄹ

> 해설 **연차보고서에 포함되어야 할 내용(자연재해대책법 제55조의2, 시행령 제41조의3)**
> • 피해 현황 및 복구 개요
> • 사유시설 복구추진 현황
> • 공공시설 복구추진 현황
> • 재해복구사업 추진관리에 필요한 사항
> • 부처별·사업별 예산집행내역(지방자치단체의 실집행내역을 포함)
> • 재난사태가 선포된 지역의 응급조치 현황
> • 특별재난지역으로 선포된 지역의 지원 현황

69 자연재해대책법상 수해 내구성 강화를 위하여 수방기준을 정하여야 하는 시설물이 아닌 것은?

① 하천법 제2조제3호에 따른 하천시설
② 댐건설·관리 및 주변지역지원 등에 관한 법률 제2조제1호에 따른 댐
③ 사방사업법 제2조제3호에 따른 농업생산기반시설
④ 국토의 계획 및 이용에 관한 법률 제2조제6호에 따른 기반시설

해설 ③ 사방사업법 제2조제3호에 따른 사방시설
수방기준의 제정·운영(자연재해대책법 제17조제2항제1호)
• 소하천정비법 제2조제3호에 따른 소하천부속물
• 하천법 제2조제3호에 따른 하천시설
• 국토의 계획 및 이용에 관한 법률 제2조제6호에 따른 기반시설
• 하수도법 제2조제3호에 따른 하수도
• 농어촌정비법 제2조제6호에 따른 농업생산기반시설
• 사방사업법 제2조제3호에 따른 사방시설
• 댐건설·관리 및 주변지역지원 등에 관한 법률 제2조제1호에 따른 댐
• 도로법 제2조제1호에 따른 도로
• 항만법 제2조제5호에 따른 항만시설

70 긴급구조대응활동 및 현장지휘에 관한 규칙상 통제단장이 설치·운영할 수 있는 것으로 옳지 않은 것은?

① 현장응급의료소
② 임시영안소
③ 홍수통제소
④ 자원대기소

해설 ① 통제단장은 재난현장에 출동한 응급의료관련자원을 총괄·지휘·조정·통제하고, 사상자를 분류·처치 또는 이송하기 위하여 사상자의 수에 따라 재난현장에 적정한 현장응급의료소를 설치·운영해야 한다(긴급구조대응활동 및 현장지휘에 관한 규칙 제20조제1항)
② 통제단장은 사망자가 발생한 재난의 경우에 사망자를 의료기관에 이송하기 전에 임시로 안치하기 위하여 의료소에 임시영안소를 설치·운영할 수 있다(긴급구조대응활동 및 현장지휘에 관한 규칙 제20조의2 제1항).
④ 현장지휘관(통제단장)은 재난현장에서의 체계적인 자원관리를 위하여 자원대기소를 설치·운영할 수 있다(긴급구조대응활동 및 현장지휘에 관한 규칙 제19조제1항)

71 긴급구조대응활동 및 현장지휘에 관한 규칙상 긴급구조활동에 대한 평가에 관한 내용으로 옳은 것은?

① 긴급구조활동 평가단은 민간전문가 1인, 통제단장 4인으로 구성하였다.

② 통제단장은 자원동원현황을 통하여 긴급구조대응계획서의 이행실태를 평가하였다.

③ 통제단장은 재난상황이 발생하는 즉시 긴급구조활동 평가단을 구성하였다.

④ 통제단장은 평가결과 개선사항을 평가 종료 후 15일이 되는 날에 긴급구조지원기관의 장에게 통보하였다.

> **해설** ④ 통제단장은 평가결과 시정을 요하거나 개선·보완할 사항이 있는 경우에는 그 사항을 평가종료 후 1월 이내에 해당 긴급구조지원기관의 장에게 통보하여야 한다(긴급구조대응활동 및 현장지휘에 관한 규칙 제42조제2항).
> ① 평가단은 단장 1명을 포함하여 5명 이상 7명 이하로 구성한다. 평가단의 단장은 통제단장으로 하고, 단원은 다음의 사람 중에서 통제단장이 임명하거나 위촉한다. 이 경우 ⓒ에 해당하는 사람 중 민간전문가 2명 이상이 포함되어야 한다((긴급구조대응활동 및 현장지휘에 관한 규칙 제39조제2항, 제3항).
> ㉠ 통제단의 각 부장. 다만, 단장이 필요하다고 인정하는 경우에는 각 부 소속 요원
> ㉡ 긴급구조지휘대의 장
> ㉢ 긴급구조활동에 참가한 기관·단체의 요원 또는 평가에 관한 전문지식과 경험이 풍부한 사람 중에서 단장이 필요하다고 인정하는 사람
> ② 평가단의 단장은 제40조제1항의 규정에 의한 재난활동보고서 및 관련자료와 대응기간동안 통제단에서 작성한 각종 서류, 동영상 및 사진, 긴급구조활동에 참여한 기관·단체 책임자들과의 면담 자료 등을 근거로 긴급구조활동에 대한 평가를 실시한다(긴급구조대응활동 및 현장지휘에 관한 규칙 제41조제1항).
> ③ 통제단장은 재난상황이 종료된 후 긴급구조활동의 평가를 위하여 긴급구조기관에 긴급구조활동평가단을 구성하여야 한다(긴급구조대응활동 및 현장지휘에 관한 규칙 제39조제1항).

72 다음과 같이 발생한 재난상황에서 긴급구조대응활동 및 현장지휘에 관한 규칙상 통제단의 운영기준에 해당하는 것은?

> 포항시에 지진이 발생하여 포항시 긴급구조통제단을 전면적으로 운영하고, 경상북도 긴급구조 통제단도 전면적으로 운영하였다.

① 대응1단계 ② 대응2단계
③ 대응3단계 ④ 대응4단계

> **해설** ※ 출제 당시에는 정답이 ②였으나 법령이 전부개정(2023.8.18.)되어 정답 없음으로 처리하였다.
> **통제단의 구성 및 운영기준(긴급구조대응활동 및 현장지휘에 관한 규칙 제15조)**
> 통제단장은 다음에 해당하는 경우에는 영 제55조제4항 또는 영 제57조에 따라 중앙통제단 또는 지역통제단을 구성하여 운영해야 한다.
> • 영 제63조제1항제2호 각 목의 어느 하나에 해당하는 기능의 수행이 필요한 경우
> • 긴급구조 관련 기관의 인력 및 장비의 동원이 필요하고, 동원된 자원 및 그 활동을 통합하여 지휘·조정·통제할 필요가 있는 경우
> • 그 밖에 통제단장이 재난의 종류·규모 및 피해 상황 등을 종합적으로 고려하여 통제단의 운영이 필요하다고 인정하는 경우

73 긴급구조대응활동 및 현장지휘에 관한 규칙상 긴급구조 대비체제의 구축에 관한 설명으로 옳지 않은 것은?

① 종합상황실 상황근무자로 재난을 최초로 접수한 자는 즉시 긴급구조기관에 긴급구조활동에 필요한 출동을 지령하여야 한다.

② 현장지휘관은 재난이 발생한 경우에 재난의 종류, 규모 등을 통제단장에 보고해야 한다.

③ 긴급구조기관의 장은 자원지원수용체제를 재난의 발생 단계별로 수립하여야 한다.

④ 통합지휘조정통제센터는 상시 운영체제를 갖추어야 한다.

> **해설** ③ 긴급구조기관의 장은 긴급구조관련기관과 협의하여 자원지원수용체제를 재난의 유형별로 수립하여야 한다(긴급구조대응활동 및 현장지휘에 관한 규칙 제8조제1항).
> ① 긴급구조대응활동 및 현장지휘에 관한 규칙 제3조
> ② 긴급구조대응활동 및 현장지휘에 관한 규칙 제4조제1항
> ④ 긴급구조대응활동 및 현장지휘에 관한 규칙 제7조제1항

74 긴급구조대응활동 및 현장지휘에 관한 규칙상 응급처치반의 임무에 관한 내용으로 옳지 않은 것은?

① 응급처치반은 분류반이 인계한 긴급·응급환자에 대한 응급처치를 담당한다.

② 응급처치반장은 우선순위를 정하여 응급·비응급환자에 대한 응급처치를 실시하여야 한다.

③ 응급처치반은 응급처치에 필요한 기구 및 장비를 갖추어야 한다.

④ 응급처치반은 인계받은 긴급·응급환자의 응급처치사항을 중증도 분류표에 기록하여 긴급·응급환자와 함께 신속히 이송반에게 인계한다.

> **해설** ② 응급처치반장은 우선순위를 정하여 긴급·응급환자에 대한 응급처치를 실시하고 현장에서의 수술 등을 위하여 의료인 등이 추가로 요구되는 경우에는 의료소장에게 지원을 요청한다(긴급구조대응활동 및 현장지휘에 관한 규칙 제23조제2항).

75 긴급구조대응활동 및 현장지휘에 관한 규칙상 지역통제단의 구성에서 현장지휘대에 해당하는 조직은?

① 응급의료반   ② 상황보고반

③ 구조지원반   ④ 오염통제반

해설 ※ 출제 당시에는 정답이 ①이었으나 법령의 개정(2024.1.22.)으로 정답 없음으로 처리하였다.

지역통제단 중 현장지휘대(긴급구조대응활동 및 현장지휘에 관한 규칙 별표 4)

- 위험진압
  - 각 시·군 차원의 화재 등 위험 진압 지원
  - 각 시·군·구긴급구조통제단의 화재 등 위험진압 및 지원
- 수색구조
  - 시·도 차원의 수색 및 인명구조 등 지원
  - 각 시·군·구긴급구조통제단의 수색·인명구조 및 지원
- 응급의료
  - 시·도 차원의 응급의료 및 자원지원 활동
  - 대응구역별 응급의료자원의 지휘·조정·통제
  - 사상자 분산·이송 통제
  - 사상자 현황파악 및 보고자료 제공
- 항공·현장통제
  - 항공대 운항통제 및 비상헬기장 관리
  - 응급환자 원거리 항공이송 통제
  - 시·도 및 시·군·구 대피계획 지원
  - 지방 경찰관서 현장통제자원의 지휘·조정·통제
- 안전관리
  - 재난현장의 안전진단 및 안전조치
  - 현장활동 요원들의 안전수칙 수립 및 교육
- 자원대기소 운영
  - 자원대기소 운영

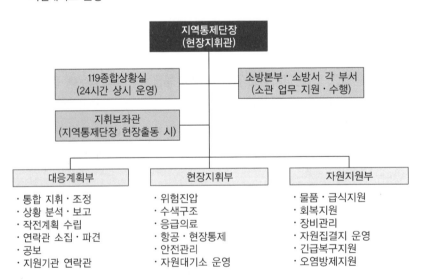

2019년 과년도 기출문제

제1과목   소방학개론

01 중앙소방행정조직에 해당하지 않는 것은?

① 소방청

② 중앙소방학교

③ 중앙119구조본부

④ 소방본부

> 해설 **소방행정조직**
> ㉠ 중앙소방행정조직
>   • 직접적 중앙소방행정조직
>   – 소방청
>   – 소속기관 : 중앙소방학교, 중앙119구조본부
>   • 간접적 중앙소방행정조직 : 한국소방안전원, 한국소방산업기술원, 소방산업공제조합, 대한소방공제회 등
> ㉡ 지방소방행정조직 : 소방본부, 소방서, 119안전센터, 119지역대, 119구조대, 119구급대, 소방정대, 지방소방학교(서울, 경기, 충청, 경북, 광주, 부산, 강원, 인천), 서울종합방재센터 등이 있다.
> ㉢ 민간소방조직 : 의용소방대, 자위소방대, 자체소방대, 소방안전관리자, 위험물안전관리자, 민간민방위대

02 소방기본법령상 소방신호의 종류 및 방법에 관한 내용으로 옳지 않은 것은?

① 발화신호의 사이렌 신호는 5초 간격을 두고 1분씩 3회이다.

② 해제신호의 타종신호는 상당한 간격을 두고 1타씩 반복한다.

③ 훈련신호의 사이렌 신호는 10초 간격을 두고 1분씩 3회이다.

④ 경계신호의 타종신호는 1타와 연2타를 반복한다.

> 해설 **소방신호의 방법**
>
> | 종 별   신호방법 | 타종신호 | 사이렌 신호 |
> |---|---|---|
> | 발화신호 | 난 타 | 5초 간격을 두고 5초씩 3회 |

03 우리나라 소방의 역사를 발생 순서대로 옳게 나열한 것은?

> ㄱ. 소방공무원법 제정
> ㄴ. 소방청 개청
> ㄷ. 위험물안전관리법 제정

① ㄱ – ㄴ – ㄷ   ② ㄱ – ㄷ – ㄴ

③ ㄴ – ㄷ – ㄱ   ④ ㄷ – ㄱ – ㄴ

해설 **소방의 역사**
- 소방공무원법 1977.12.31. 제정
- 위험물안전관리법 2003.5.29. 제정
- 소방청 2017.7.26. 개청

04 가연성 물질의 구비조건으로 옳지 않은 것은?

① 산소나 염소 등과 친화력이 클 것
② 산화되기 쉽고 반응열이 클 것
③ 표면적이 적을 것
④ 연쇄반응을 수반할 것

해설 **가연성 물질의 구비조건 = 연소하기 쉬운 조건**
- 지연성 가스 또는 조연성 가스인 산소, 염소 등과 친화력이 클 것
- 산화되기 쉽고 반응열이 클 것(연소열이 클 것)
- 표면적이 클 것(기체 > 액체 > 고체)
- 연쇄반응이 일어나는 물질일 것
- 열전도율이 작을 것(기체 < 액체 < 고체)
- 활성화 에너지가 작을 것(점화 에너지가 작을 것)
- 수분이 적을 것(건조한 상태)

05 1기압, 상온에서 인화점이 가장 낮은 물질은?

① 메틸알코올   ② 아세톤
③ 등 유   ④ 에틸에테르

해설 **인화점**

물 질	메틸알코올	아세톤	등 유	에틸에테르
인화점(℃)	11	−18	30~60	−45

3 ②   4 ③   5 ④   **정답**

06 자연발화에 관한 설명으로 옳은 것을 모두 고른 것은?

> ㄱ. 열전도율이 작을수록 자연발화가 쉽다.
> ㄴ. 열축적이 용이할수록 자연발화가 쉽다.
> ㄷ. 통풍이 원활할수록 자연발화가 쉽다.
> ㄹ. 발열량이 큰 물질의 경우 자연발화가 쉽다.

① ㄱ, ㄴ
② ㄷ, ㄹ
③ ㄱ, ㄴ, ㄷ
④ ㄱ, ㄴ, ㄹ

해설 **자연발화 발생조건**
• 열전도율 : 열전도율이 크면 열의 축적이 되지 않아 자연발화가 일어나기 어렵다.
• 열의 축적 : 열의 축적이 많으면 잘 일어난다.
• 발열량 : 발열량이 크면 자연발화가 잘 일어난다.
• 수분 : 습도가 높으면 자연발화가 잘 일어난다.

07 다음 현상의 원인으로 옳지 않은 것은?

> 기체연료를 연소시킬 때 발생하는 이상연소 현상으로 불꽃이 연소기 내로 전파되어 연소하는 현상

① 혼합가스의 압력이 비정상적으로 낮을 때
② 혼합가스의 양이 너무 적을 때
③ 연소속도보다 혼합가스의 분출속도가 빠를 때
④ 노즐의 부식 등으로 분출 구멍이 커진 경우

해설 **역화현상의 원인**
• 공급가스의 압력이 낮을 경우
• 1차 공기가 적어 연소가 혼합기체의 양이 적은 경우
• 연소속도보다 혼합가스의 분출속도가 느릴 때
• 염공이 크거나 부식에 의해 확대되었을 경우

08 부탄 40vol%(폭발하한계 1.8vol%), 아세틸렌 30vol%(폭발하한계 2.5vol%), 프로판 30vol%(폭발하한계 2.1vol%)일 때 혼합가스의 폭발하한값(vol%)은?(단, Le Chatelier의 법칙을 이용하여 소수점 셋째자리에서 반올림하여 소수점 둘째자리까지 구한다)

① 2.06

② 2.13

③ 2.50

④ 4.12

> **해설** **혼합가스의 가연성 가스 연소(폭발)하한계**
> • Le Chatelier의 법칙
>
> $$\frac{100}{\text{LEL}} = \left(\frac{V_1}{X_1}\right) + \left(\frac{V_2}{X_2}\right) + \left(\frac{V_3}{X_3}\right)$$
>
> 여기서, LEL : 폭발하한값(vol%)
> V : 각 성분의 기체체적(%)
> X : 각 기체의 단독 폭발한계치(하한계)
>
> $$\frac{100}{\text{LEL}} = \left(\frac{40}{1.8}\right) + \left(\frac{30}{2.5}\right) + \left(\frac{30}{2.1}\right)$$
>
> LEL = 2.06

09 건축물 피난계획 수립의 원칙으로 옳지 않은 것은?

① 피난로는 정전 시에도 피난방향을 식별할 수 있도록 한다.

② 피난경로는 간단명료해야 한다.

③ 피난수단은 원시적 방법보다 기계적, 전기적인 방법을 우선으로 한다.

④ 양방향 피난로를 상시 확보해야 한다.

> **해설** **피난계획의 일반원칙**
> • 사전 피난계획을 수립 : 층, 구역별 피난계단 등 경로/피난대상자 파악/재해약자 현황 파악/설비적 부분 등에 대한 계획 사전수립
> • 피난개시 명령 : 화재층 및 직상층 우선 피난 또는 긴급 시 재실자 동시피난인지 판단 중요
> • 피난유도
>   – 건축물별 안전구역 또는 재집결지로 피난 유도
>   – 병목현상이 발생하지 않도록 분산유도
>   – 막다른 골목에 대한 대체경로 확보
>   – 피난자의 패닉현상 방지를 위한 조치
> • 재집결지 정함 : 재집결지에서 피난 성공자 파악, 건축물 재실자 파악/응급처치 시행/소방기관 통보 등
> • 1차 수평계획, 2차 수직계획
> • 양방향 피난로 확보(Fail-Safe)
> • 피난경로를 단순 명료하게 할 것(Fool-Proof)
> • 피난수단으로 가장 기본적인 방법에 의할 것 : 인간보행에 의한 방법, 계단 이용 등, 엘리베이터 불가
> • 피난기구는 최후의 수단으로 활용(보조수단) : 피난설비는 탈출에 늦은 소수사람이 제한적으로 사용하며, 점검되어있지 않은 피난설비는 치명적일 수 있음
> • 재해약자에 대한 피난계획 수립

10 다음은 중성대에 관한 설명이다. (   )에 알맞은 용어를 순서대로 옳게 나열한 것은?

> 구획실 내에서 화재가 발생하면 고온연기는 (ㄱ)에 의해 실의 천장부터 축적되면서 압력을 변화시킨다. 고온연기의 상승으로 상부는 (ㄴ)이 형성되고, 하부에는 (ㄷ)이 형성되어 외부로부터 신선한 공기가 유입된다.

① ㄱ : 부력, ㄴ : 양압, ㄷ : 음압
② ㄱ : 부력, ㄴ : 음압, ㄷ : 양압
③ ㄱ : 응력, ㄴ : 양압, ㄷ : 음압
④ ㄱ : 응력, ㄴ : 음압, ㄷ : 양압

해설 **중성대(Neutral Plane)**
건물화재가 발생하면 연소열에 의한 온도가 상승함으로써 부력에 의해 실의 천장 쪽으로 고온기체가 축적되고 온도가 높아져 기체가 팽창하여 실내와 실외의 압력이 달라지는데, 실내의 상부는 실외보다 압력이 높고(양압) 하부는 압력이 낮다(음압). 따라서 그사이 어느 지점에 실내와 실외의 정압이 같아지는 경계면(0포인트)이 형성되는데 그 면을 중성대라고 한다.

11 내화건축물 화재의 진행과정을 순서대로 옳게 나열한 것은?

① 발화 → 종기 → 최성기 → 성장기
② 발화 → 성장기 → 최성기 → 종기
③ 발화 → 최성기 → 성장기 → 종기
④ 발화 → 최성기 → 종기 → 성장기

해설 **구획실 내의 화재진행단계**
발화기(초기) → 성장기 → 플래시오버 → 최성기 → 쇠퇴기(종기)

12 분진폭발의 위험성이 가장 낮은 것은?

① 알루미늄분   ② 생석회분
③ 석탄분   ④ 마그네슘분

> **해설** **분진폭발을 일으키지 않는 물질**
> 생석회(CaO), 탄산칼슘($CaCO_3$), 시멘트 가루, 대리석 가루 등이다.
> ※ 폭발성 분진
>   • 탄소제품 : 석탄, 목탄, 코크스, 활성탄
>   • 비료 : 생선가루, 혈분 등
>   • 식료품 : 전분, 설탕, 밀가루, 분유, 곡분, 건조효모 등
>   • 금속류 : Al, Mg, Zn, Fe, Ni, Si, Ti, V, Zr(지르코늄)
>   • 목질류 : 목분, 콜크분, 리그닌분, 종이가루 등
>   • 합성 약품류 : 염료중간체, 각종 플라스틱, 합성세제, 고무류 등
>   • 농산가공품류 : 후춧가루, 제충분(除蟲粉), 담배가루 등

13 다음에서 설명하는 현상은?

> 밀폐된 공간에서 화재가 발생하면 공기의 공급이 어렵게 되어 연소현상이 원활하지 못하게 된다. 이때 문을 열거나 공기를 공급하게 되면 실내에 축적되어 있던 가연성 가스가 폭발적으로 연소한다.

① 백드래프트(Back Draft)
② 플래시오버(Flash Over)
③ 롤오버(Roll Over)
④ 파이어볼(Fire Ball)

> **해설** ② 플래시오버(Flash Over) : 건축물 화재 시 성장기에서 최성기로 진행될 때 실내온도가 급격히 상승하기 시작하면서 화염이 실내 전체로 급격히 확대되는 연소현상
> ③ 롤오버(Roll Over) : 플래시오버 전 단계이다. 화재가 발생하여 가연성 물질에서 발생된 가연성 증기가 천장 부근에 축적되고, 이 축적된 가연성 증기가 인화점에 도달하여 전체가 연소하기 시작하면 불덩어리가 천장을 따라 굴러다니는 것처럼 뿜어져 나오는 현상
> ④ 파이어볼(Fire Ball) : 대량의 증기화한 가연성 액체가 급격하게 연소했을 때 발생하는 불의 덩어리

14 화재의 소실정도에 관한 설명으로 옳지 않은 것은?

① 전소 화재는 전체의 70% 이상이 소실되었거나 그 미만이라도 잔존부분을 보수하여 재사용이 가능한 것

② 반소 화재는 전체의 30% 이상 70% 미만이 소실된 것

③ 부분소 화재는 전소, 반소화재에 해당되지 않는 것

④ 즉소 화재는 화재발생 즉시 소화된 화재로 인명피해가 없고 피해액도 경미한 것

> **해설** **화재의 소실정도(화재조사 및 보고규정 제16조)**
> 건축·구조물의 소실정도는 다음에 따른다.
> • 전소 : 건물의 70% 이상(입체면적에 대한 비율을 말한다)이 소실되었거나 또는 그 미만이라도 잔존부분을 보수하여도 재사용이 불가능한 것
> • 반소 : 건물의 30% 이상 70% 미만이 소실된 것
> • 부분소 : 전소, 반소에 해당되지 아니하는 것

15 폭굉(Detonation)에 관한 설명으로 옳지 않은 것은?

① 폭굉파는 1,000~3,500m/s 정도로 빠르다.

② 온도상승은 충격파의 압력에 비례한다.

③ 화염전파속도가 음속보다 느리다.

④ 폭굉파를 형성하여 물리적인 충격에 의한 피해가 크다.

> **해설** 폭굉은 화염속도가 음속보다 큰 경우, 즉 초음속인 경우를 말하고, 음속 이하인 경우를 폭연 또는 연소라고 한다.

16 위험물안전관리법령상의 제3류 위험물에 관한 설명으로 옳지 않은 것을 모두 고른 것은?

> ㄱ. 자연발화성 물질 및 금수성 물질이다.
> ㄴ. 무기과산화물류는 물과 반응하여 산소를 발생하고 발열한다.
> ㄷ. 칼륨, 나트륨, 알킬알루미늄, 알킬리튬은 물보다 가볍다.
> ㄹ. 산화성 액체로 과염소산, 질산 등이 있다.

① ㄱ, ㄷ   ② ㄱ, ㄹ

③ ㄴ, ㄷ   ④ ㄴ, ㄹ

해설   ㄴ. 무기과산화물류(제1류 위험물)는 물과 반응하여 산소를 발생하고 발열한다.
         ㄹ. 산화성액체(제6류 위험물)로 과염소산, 질산 등이 있다.

17 다음에서 설명하는 현상은?

> 중질유와 같이 점성이 큰 유류에 화재가 발생하면 유류의 액표면 온도가 물의 비점 이상으로 올라가게 된다. 이때 소화용수가 뜨거운 액표면에 유입되면 물이 수증기로 변하면서 급작스러운 부피팽창에 의하여 유류가 탱크 외부로 분출되는 현상이 나타난다.

① 오일오버(Oil Over)

② 보일오버(Boil Over)

③ 슬롭오버(Slop Over)

④ 프로스오버(Froth Over)

해설   ③ 슬롭오버(Slop Over) : 고온층의 표면에서부터 형성된 유류화재를 소화하기 위해 물·포말을 주입하면 수분의 급격한 증발에 의해 유면에 거품이 일거나 열류의 교란으로 고온층 아래 찬 기름이 급격히 열 팽창하여 유면을 밀어 올려 유류가 불붙은 채로 탱크벽을 넘어 분출하는 현상으로, 이것은 유류의 점도가 높고 유온이 물의 비등점보다 높아지려는 온도에서 잘 일어난다.
      ① 오일오버(Oil Over) : 저장 탱크 내에 위험물이 50% 이하로 저장되어 있는 탱크에 화재로 고온의 열이 전달되면 탱크 내 온도상승으로 공기가 팽창하여 폭발하는 현상
      ② 보일오버(Boil Over) : 고온층(Hot Zone)이 형성된 유류화재의 탱크 밑면에 물이 고여 있는 경우, 화재의 진행에 따라 바닥의 물이 급격히 증발하여 불붙은 기름을 분출시키는 현상이다.
      ④ 프로스오버(Froth Over) : 화재 이외의 경우에도 물이 고점도의 유류 아래서 비등할 때 탱크 밖으로 물과 기름이 거품과 같은 상태로 넘치는 현상이다.

18 최소발화(점화)에너지에 영향을 미치는 인자에 관한 설명으로 옳지 않은 것은?

① 온도가 높을수록 최소발화에너지가 낮아진다.

② 압력이 높을수록 최소발화에너지가 낮아진다.

③ 연소범위에 따라서 최소발화에너지는 변하며 화학양론비 부근에서 가장 낮다.

④ 산소의 분압이 높아지면 연소범위 내에서 최소발화에너지가 높아진다.

> **해설** 산소의 분압이 높아지면 연소범위 내에서 최소발화에너지가 낮아진다.
> **최소발화에너지(AIE)**
> 가연성 혼합가스와 공기 중에 분산된 폭발성 분진을 발화시키는 데 필요한 최소한의 에너지를 최소발화에너지라 한다. 온도, 압력 및 농도가 높아지면 작아진다.

19 이산화탄소 소화설비의 화재안전기준에서 설명하는 용어의 정의로 옳지 않은 것은?

① 심부화재란 목재 또는 섬유류와 같은 고체가연물에서 발생하는 화재형태로서 가연물 내부에서 연소하는 화재를 말한다.

② 표면화재란 가연성물질의 표면에서 연소하는 화재를 말한다.

③ 호스릴방식이란 분사헤드가 배관에 고정되어 있지 않고 소화약제 저장용기에 호스를 연결하여 사람이 직접 화점에 소화약제를 방출하는 이동식 소화설비를 말한다.

④ 방화문이란 갑종방화문 또는 을종방화문으로서 언제나 열린 상태를 유지하거나 화재로 인해 연기발생 또는 온도상승에 따라 자동적으로 닫히는 구조를 말한다.

> **해설** ※ 출제 당시에는 이산화탄소소화설비의 화재안전기준(NFSC 106)의 용어의 정의에서 ④ 방화문에 대한 정의가 틀린 지문으로 정답이었으나, 건축법 시행령 제64조가 전문개정(2020.10.8.)되어 '갑종방화문, 을종방화문'이 '60분 + 방화문, 60분 방화문 또는 30분 방화문'으로 변경되었다. 또한 ③ "호스릴방식"의 용어 정의도 '소화수 또는 소화약제 저장용기 등에 연결된 호스릴을 이용하여 사람이 직접 화점에 소화수 또는 소화약제를 방출하는 방식'으로 변경되어 ③도 정답으로 처리하였다.
> **방화문**
> 건축법 시행령 제64조의 규정에 따른 60분 + 방화문, 60분 방화문 또는 30분 방화문을 말한다.

20 소화기구 및 자동소화장치의 화재안전기준에서 규정된 소화기구에 관한 설명으로 옳지 않은 것은?

① 일반화재(A급 화재)에는 이산화탄소 소화약제 소화기가 적응성이 낮다.

② 근린생활시설인 경우 해당용도의 바닥면적 300m²마다 소화기구 능력단위 기준을 1단위 이상으로 산출하여야 한다.

③ 소화기는 특정소방대상물의 각 부분으로부터 1개의 소화기까지 보행거리가 소형소화기의 경우에는 20m 이내, 대형소화기의 경우에는 30m 이내가 되도록 배치하여야 한다.

④ 소화기구(자동확산소화기는 제외)는 거주자 등이 손쉽게 사용할 수 있는 장소에 바닥으로부터 높이 1.5m 이하의 곳에 비치하여야 한다.

해설 ※ 출제 당시에는 소화기구 및 자동소화장치의 화재안전기준(NFSC 101) 적용

NFPC/NFTC 101

특정소방대상물	소화기구의 능력단위
위락시설	해당 용도의 바닥면적 30m²마다 능력단위 1단위 이상
공연장·집회장·관람장·문화재·장례식장 및 의료시설	해당 용도의 바닥면적 50m²마다 능력단위 1단위 이상
근린생활시설·판매시설·운수시설·숙박시설·노유자시설·전시장·공동주택·업무시설·방송통신시설·공장·창고시설·항공기 및 자동차 관련 시설 및 관광휴게시설	해당 용도의 바닥면적 100m²마다 능력단위 1단위 이상
그 밖의 것	해당 용도의 바닥면적 200m²마다 능력단위 1단위 이상

비고 : 소화기구의 능력단위를 산출함에 있어서 건축물의 주요구조부가 내화구조이고, 벽 및 반자의 실내에 면하는 부분이 불연재료·준불연재료 또는 난연재료로 된 특정소방대상물에 있어서는 위 표의 기준면적의 2배를 해당 특정소방대상물의 기준면적으로 한다.

21 화재현장에서 20℃의 물을 10kg을 화염면에 방사하였더니 100℃일 때 수증기로 기화해 화염확산을 억제하였다. 이때 소화약제로 작용한 물이 흡수한 전체 열량은 몇 kcal인가?(단, 물의 비열은 1kcal/kg · ℃로 한다)

① 800
② 5,390
③ 6,190
④ 6,290

해설 C : 물의 비열, M : 유량, T : 온도, r : 물의 증발열(539kcal/kg)
• 현열 $Q = C \times M \times \Delta T$
　　　$= 1\text{kcal/kg} \cdot ℃ \times 10\text{kg} \times (100 - 20)℃$
　　　$= 800\text{kcal}$
• 잠열 $Q = M \times r$(물의 상이 변하므로)
　　　$= 10\text{kg} \times 539\text{kcal/kg}$
　　　$= 5,390\text{kcal/min}$
∴ 전체 필요 열량 $= 800 + 5,390 = 6,190\text{kcal}$

22 가스화재 발생 시 밸브를 차단시킴으로써 가스공급이 중단되어 소화되는 원리는?

① 냉각소화

② 제거소화

③ 부촉매소화

④ 질식소화

해설 ② 제거소화 : 가연성 물질을 연소 부분으로부터 제거함으로써 불의 확산을 저지하거나 가연성 액체의 농도를 희석시켜 연소를 저지시키는 방법
① 냉각소화 : 가연물의 온도를 인화점이나 가연성 증기발생 온도 이하로 떨어뜨려 연소를 중지시키는 방법
③ 부촉매소화 : 연쇄반응을 차단하는 소화법
④ 질식소화 : 연소계로부터 산소를 제거(또는 화재를 강풍으로 불어)·소화하는 방법

23 물소화약제에 관한 설명으로 옳은 것을 모두 고른 것은?

ㄱ. 물은 다른 물질에 비해 비열과 기화열이 비교적 크다.
ㄴ. 물을 1g을 0℃에서 100℃까지 상승시키는 데 필요한 열량은 100kcal이다.
ㄷ. 물은 주수방법에 따라 유류화재와 전기화재에도 적용이 가능하다.

① ㄱ

② ㄱ, ㄴ

③ ㄱ, ㄷ

④ ㄴ, ㄷ

해설 물이 수증기로 상태 변화할 때 필요한 잠열은 539cal이고, 물의 온도를 1℃ 올리는 데 필요한 비열은 1cal이다.
따라서 0℃의 물 1g을 100℃의 수증기로 만드는 데 필요한 열량은
$100 \times 1 + 539 \times 1 = 639$cal이다.

24 화재예방, 소방시설 설치 · 유지 및 안전관리에 관한 법령상 소방시설 중 소화활동설비에 해당하지 않는 것은?

① 물분무 등 소화설비
② 무선통신보조설비
③ 연결송수관설비
④ 연결살수설비

해설 ※ 화재예방, 소방시설 설치 · 유지 및 안전관리에 관한 법률은 전부개정(2021.11.30.)으로 화재의 예방 및 안전관리에 관한 법률과 소방시설 설치 및 관리에 관한 법률로 법령의 내용 일부가 분리되었으며, 출제 당시에 묻던 '소화활동설비'는 소방시설 설치 및 관리에 관한 법률 시행령 별표 1로 이전되었다.
소화활동설비(소방시설 설치 및 관리에 관한 법률 시행령 별표 1)
화재를 진압하거나 인명구조활동을 위하여 사용하는 설비로서 다음의 것
• 제연설비
• 연결송수관설비
• 연결살수설비
• 비상콘센트설비
• 무선통신보조설비
• 연소방지설비

25 화재예방, 소방시설 설치 · 유지 및 안전관리에 관한 법령상 소방용품 중 경보설비를 구성하는 제품 또는 기기가 아닌 것은?

① 수신기
② 기동용 수압개폐장치
③ 누전경보기
④ 중계기

해설 ※ 화재예방, 소방시설 설치 · 유지 및 안전관리에 관한 법률은 전부개정(2021.11.30.)으로 화재의 예방 및 안전관리에 관한 법률과 소방시설 설치 및 관리에 관한 법률로 법령의 내용 일부가 분리되었으며, 출제 당시에 묻던 '경보설비'는 소방시설 설치 및 관리에 관한 법률 시행령 별표 3으로 이전되었다.
② 기동용 수압개폐장치는 소화설비을 구성하는 제품 및 기기에 속한다(소방시설 설치 및 관리에 관한 법률 시행령 별표 3).
소방용품(소방시설 설치 및 관리에 관한 법률 시행령 별표 3)
• 소화설비를 구성하는 제품 또는 기기
 - 소화기구(소화약제 외의 것을 이용한 간이소화용구는 제외)
 - 자동소화장치
 - 소화설비를 구성하는 소화전, 관창(菅槍), 소방호스, 스프링클러헤드, 기동용 수압개폐장치, 유수제어밸브 및 가스관선택밸브
• 경보설비를 구성하는 제품 또는 기기
 - 누전경보기 및 가스누설경보기
 - 경보설비를 구성하는 발신기, 수신기, 중계기, 감지기 및 음향장치(경종만 해당)

26 심폐소생술을 시작하지 않아도 되는 상황에 해당하지 않는 것은?

① 환자의 사망이 명백한 경우
② 환자 발생장소에 구조자의 신변에 위험이 되는 요소가 있는 경우
③ 급성질환에 의한 심정지가 명백한 경우
④ 대량재해 상황에서 심정지가 확인된 경우

해설 심정지가 발생한 환자를 목격하거나 발견하였을 경우에는 특별한 이유가 없는 한 심폐소생술이 시행되어야한다.

27 열화상에서 중증화상으로 옳은 것은?

① 30세 여성의 얼굴, 손, 회음부 5% 화상
② 45세 남성의 체표면적 5% 3도 화상
③ 20세 여성의 체표면적 15% 2도 화상
④ 8세 여아의 체표면적 15% 2도 화상

해설 **성인의 중증도 분류**

	• 흡입화상이나 골절을 동반한 화상 • 손, 발, 회음부, 얼굴화상 • 영아, 노인, 기왕력이 있는 화상환자 • 원통형 화상, 전기화상		
중 증	**체표면적**	**화상깊이**	**환자 연령**
	10% 이상	3도 화상	모든 환자
	20% 이상	2도 화상	10세 미만, 50세 이후
	25% 이상	2도 화상	10세 이상~50세 이하
중등도	**체표면적**	**화상깊이**	**환자 연령**
	2% 이상~10% 미만	3도 화상	모든 환자
	10% 이상~20% 미만	2도 화상	10세 미만, 50세 이후
	15% 이상~25% 미만	2도 화상	10세~50세 이하
경 증	**체표면적**	**화상깊이**	**환자 연령**
	2% 미만	3도 화상	모든 환자
	10% 미만	2도 화상	10세 미만, 50세 이후
	15% 미만	2도 화상	10세 이상~50세 이하

소아의 중증도 분류

중증도 분류	화상 깊이 및 화상 범위
중 증	3도(전층) 화상과 체표면의 20% 이상의 2도(부분층) 화상
중등도	체표면의 10~20%의 2도(부분층) 화상
경 증	체표면의 10% 미만의 2도(부분층) 화상

28 제세동기에 관한 일반적인 설명으로 옳은 것은?

① 자동제세동기는 단상파형으로만 사용된다.

② 이상파형을 사용할 경우 120~200J로 제세동한다.

③ 단상파형을 사용할 경우 최초의 에너지는 200J이다.

④ 제세동 파형에 따라 제세동에 필요한 에너지는 같다.

> **해설** **파 형**
> • 단상파형
>   - 기존의 한쪽 극의 전류(주로 양극)만을 일정 시간 동안 흐르게 한다.
>   - 주로 360J로 제세동할 것을 권장한다.
> • 이상파형
>   - 양극과 음극의 전류를 함께 사용한다.
>   - 대부분의 자동제세동기에 사용된다.
>   - 첫 제세동의 성공률이 90% 이상으로 보고되고 있다.
>   - 주로 200J의 에너지 수준으로 제세동을 권장하며, 제조회사의 권장사항에 따라 120~200J로 제세동한다.

29 흉통을 호소하는 심근경색 환자에게 나이트로글리세린(Nitroglycerin)을 투여하는 방법으로 옳은 것은?

① 수축기 혈압이 90mmHg 이상인 경우 맥박수를 고려하여 투여한다.

② 흉통이 없어지지 않으면 1~2분 간격으로 3회까지 반복 투여한다.

③ 기존 혈압보다 수축기 혈압이 30mmHg 이상 낮아진 경우 투여한다.

④ 맥박수가 50회/분 미만인 경우 투여한다.

> **해설** **나이트로글리세린(NTG) 투여 금지**
> • 수축기 혈압이 90mmHg 이하이거나 기존보다 30mmHg 이상 감소되는 저혈압이 있을 때
> • 심박동수 50회/분 이하인 서맥 또는 100회/분 이상인 빈맥이 있을 때
> • 우심실 경색(RV infarction)이 의심될 때
> • 24시간 내에 비아그라(Viagra, phospho-diesterase inhibitor)와 같은 약물을 복용했을 때

30 40세 남자 환자의 화상 범위는?(단, 9의 법칙 적용)

> • 몸통 전면 : 2도 화상
> • 오른쪽 상지 전체 : 2도 화상
> • 오른쪽 하지 한쪽 : 1도 화상

① 18% ② 27%

③ 36% ④ 45%

해설 화상 범위(성인) = 몸통 전면(18) + 오른쪽 상지(9) + 오른쪽 하지(18) = 45%이다. 그러나 1도 화상은 자연 치유될 수 있으므로 화상 범위에 넣지 않을 수 있다. (공단에서 중복답안 처리함)

'9의 법칙'에 의한 화상 범위

구 분	성인(%)
두 부	9
몸통 전면	18
몸통 후면	18
상지(양쪽)	9(총 18)
하지(양쪽)	18(총 36)
회음부	1
총 계	100

31 등산 중 벌에 쏘여 의식소실, 어지럼증, 호흡곤란 증상을 보이는 40대 환자의 응급처치로 옳은 것은?

① 쏘인 부위를 절개하여 항원을 제거한다.

② 쏘인 부위에 온찜질하여 붕대를 감아준다.

③ 쏘인 벌의 침은 병원에서만 제거해야 한다.

④ 에피네프린 1 : 1,000 0.3~0.5mg을 근육이나 피하에 주사한다.

해설 에피네프린은 대퇴부 허벅지의 중간 전외측에 근육주사로 투여하며, 1 : 1,000(1mg/mL) 희석용액으로 주사제 기준으로 성인에서는 0.3~0.5mL(0.3~0.5mg)이다. 소아에서는 1회 0.01mg/kg으로 1회 최대용량 은 소아 0.3mg, 성인 0.5mg이다. 일반적으로 근육주사가 추천되며, 병원 환경에서도 수액 투여 경로를 확보하기 이전이라도 근육으로 신속하게 투여할 것을 추천한다. 대퇴부는 저혈압 상태에서도 혈류량이 유지되기 때문에 다른 부위의 근육보다도 추천되며 피하주사에 비해 작용이 빠르며 오래 지속되기 때문이다.

32 공장에서 알칼리 성분의 용액을 옮기다가 쏟아지면서 환자의 양손에 묻었다. 일반적인 응급처치로 옳은 것은?

① 중화제를 사용하여 제거한다.
② 글리세롤로 닦아낸다.
③ 알코올로 닦아낸다.
④ 다량의 물로 충분히 씻어낸다.

해설 액체인 경우 현장에서 20분 이상 깨끗한 물로 씻어낸다.

33 병원 전 단계에서 뇌졸중 환자의 신경학적 평가에 관한 설명으로 옳은 것은?

① 로스앤젤레스 병원 전 뇌졸중 검사는 얼굴근육, 팔 근육, 언어장애를 평가한다.
② 신시내티 병원 전 뇌졸중 척도는 얼굴근육 이상, 팔 근육 검사, 언어장애를 평가한다.
③ 로스앤젤레스 병원 전 뇌졸중 검사는 포도당 수치, 언어장애, 얼굴 처짐을 평가한다.
④ 신시내티 병원 전 뇌졸중 척도는 얼굴미소, 손 쥐는 힘, 팔의 힘을 평가한다.

해설 Cincinnati Prehospital Stroke Scale(CPSS)
• 안면마비 검사(환자에게 치아가 보이게 하거나 웃어보라고 한다)
  – 정상 : 얼굴 양측이 대칭으로 움직이는 경우
  – 비정상 : 얼굴의 한쪽이 반대쪽에 비하여 움직이지 않는 경우
• 사지마비 검사(환자에게 눈을 감고 양측 팔을 10초간 앞으로 펴서 들고 있게 한다)
  – 정상 : 양측 팔을 똑같이 들고 있을 수 있는 경우
  – 비정상 : 한쪽 팔만을 들지 못하거나, 한쪽 팔이 다른 쪽 팔에 비해 아래로 내려가는 경우
• 언어장애 검사(간단한 문장을 말해보도록 한다)
  – 정상 : 어눌함이 없어 또렷하게 따라 하는 경우
  – 비정상 : 단어를 말할 때 어눌하거나, 다른 단어를 말하는 경우, 환자가 말을 할 수 없는 경우
Los Angeles Prehospital Stroke Scale(LAPSS)
이 검사는 각 항목이 모두 양성이거나 또는 알 수 없는 경우에 뇌졸중이 발생하였을 가능성이 90% 이상인 것으로 알려져 있다.
• 나이가 45세 이상이다.
• 임상증상의 지속시간이 24시간 이내이다.
• 간질 또는 경련 발작의 과거력이 없다.
• 발병 전 일상생활이 가능하였다.
• 혈당이 60mg 이상이며 400mg 이하이다.
• 안면근육, 손의 잡는 힘, 팔의 힘 검사에서 한 가지라도 분명한 이상(비대칭)이 있다.

32 ④ 33 ② 정답

34 쇼크의 일반적인 응급처치에 관한 설명으로 옳지 않은 것은?

① 기도유지를 하고 산소를 공급한다.
② 출혈부위를 지혈시킨다.
③ 체온을 보존시킨다.
④ 탈수를 방지하기 위해 마실 것을 준다.

> **해설** **쇼크의 응급처치**
> • 기도 개방 유지
> • 고농도산소 공급
> • 외부출혈인 경우 지혈
> • 척추손상이 의심되지 않는다면 다리 거상(의심된다면 척추고정판에 고정시킨 후 다리부분만 거상)
> • 보온 유지
> • 신속한 병원 이송

35 교통사고를 당한 임신 말기의 산모를 병원으로 이송 시 산모의 자세로 적절한 것은?(단, 척추손상은 없음)

① 심스자세(Sim's Position)
② 무릎가슴자세(Knee-Chest Position)
③ 좌측 옆누운자세(Lateral Recumbent Position)
④ 바로누운자세(Supine Position)

> **해설** ③ 좌측 옆누운자세(Lateral Recumbent Position) : 만삭이 된 임산부가 바로 누워 있을 경우 태아에
> 의해 혈관이 눌려 실신하는 경우가 있는 데 이럴 경우에도 이 "옆으로 누운자세"를 하면 금방 회복될
> 수 있다.
> ① 심스자세(Sim's Position) : 엎드린자세와 옆으로 누운자세의 중간 자세로 왼쪽으로 누운 채로 무릎을
> 굽혀 몸 쪽으로 끌어당기고, 오른팔은 윗몸의 압박을 피하기 위해 등 쪽으로 돌려놓은 자세이다.
> ② 무릎가슴자세(Knee-Chest Position) : 환자의 무릎을 꿇고 엉덩이를 들어 올린 자세이다.
> ④ 바로누운자세(Supine Position) : 얼굴이 위쪽을 향하도록 등을 대고 누운 자세이다.

36 심폐소생술 중 가슴 압박 시 가슴 압박과 이완의 비율은?

① 50 : 50   ② 70 : 30
③ 80 : 20   ④ 90 : 10

> **해설** **흉부압박 시 요령**
> • 팔꿈치는 곧게 뻗은 상태로 손 위쪽에 어깨가 오게 한다.
> • 손깍지를 끼워 손꿈치만 흉부에 닿도록 하여 압박과 이완 시의 힘의 비율은 50 : 50으로 한다.
> • 압박의 깊이는 3.55cm, 압박 속도는 1분당 80회에서 100회로 해야 한다.

37 호흡곤란 환자에게 분당 10L의 유량(유속)으로 산소를 투여하려 한다. 유량계(압력계)가 1,200psi를 나타내고 있다면 산소통의 사용 가능시간은?(단, M형 산소통 상수는 1.56, 안전 잔류량은 200psi이다)

① 156분
③ 176분
② 166분
④ 186분

해설

$$산소통의 사용 가능시간 = \frac{(산소통 \; 압력 - 200) \times 산소통 \; 상수}{분당 \; 유량(L/min)}$$

$$= \frac{(1,200 - 200) \times 1.56}{10}$$

$$= 156분$$

38 신경학적 검사 중 글래스고 혼수 척도(GCS)의 평가점수로 옳은 것은?

① 명령에 따라 눈을 뜬다 : 개안반응 점수 4점
② 질문에 정확한 답변을 구사한다 : 언어반응 점수 5점
③ 자극을 주면 비정상적으로 몸을 굴곡한다 : 운동반응 점수 4점
④ 자극을 주면 비정상적으로 몸을 신전한다 : 운동반응 점수 3점

해설 **글래스고 혼수 척도(GCS)의 평가점수**

반응 범주	사정 방법	반 응	점 수
개안 반응	• 환자 곁에 가까이 간다. • 구두 명령 • 통증 자극	자발적으로 눈을 뜸	4
		이름을 부르거나 명령에 눈을 뜸	3
		통증 자극에 의해서 눈을 뜸	2
		어떠한 자극에도 눈을 뜨지 않음	1
		검사할 수 없음	0
언어 반응	큰 소리로 물어본다.	지남력과 대화력이 적절하고 자신, 장소, 연도, 달에 대해 바르게 앎	5
		혼돈되어 있고 하나 이상 영역의 지남력 상실	4
		적절하지 않고 비조직적인 단어 사용, 대화 유지 부족	3
		이해 불명의 말, 소리	2
		통증 자극에도 반응 없음	1
		검사할 수 없음	0
운동 반응	• 언어지시를 한다 (팔을 들어보세요, 두 손가락을 잡아 보세요) • 통증 자극	명령에 따름	6
		명령에 잘 따르지 못하나 통증부위를 지적하고 유해 자극을 제거하려고 시도함	5
		통증에 대해 비정상적인 굴곡자세 없이 회피성 굴곡	4
		비정상적인 굴곡 반응	3
		비정상적인 신전 반응	2
		반응 없음	1
		검사할 수 없음	0

39 2015년 한국형 심폐소생술 가이드라인상 의식 및 반응이 없는 환자를 발견한 경우 즉시 취해야 할 행동으로 옳은 것은?

① 기도를 개방한다.

② 호흡을 확인한다.

③ 119에 신고한다.

④ 가슴압박을 실시한다.

해설 ※ 출제 당시에는 2015년 한국형 심폐소생술 가이드라인을 적용하였으나, 현재는 2020년 한국심폐소생술 가이드라인을 따르고 있다(이론 p611 (3) 기본소생술 순서 참조).

40 포켓마스크에 관한 설명으로 옳지 않은 것은?

① 일-방향 밸브는 환자로부터 배출된 공기나 이물질이 구조자의 입으로 들어가는 것을 막아주는 장점이 있다.

② 성인 환자에게 적용할 때 얼굴에 밀착시켜 뾰족한 쪽이 턱에 위치하도록 한다.

③ 영아에게 성인용 포켓마스크를 적용할 수 있다.

④ 구조자가 두 손으로 마스크를 밀착시켜 환자의 기도를 유지하기가 용이하다.

해설 ② 삼각형 부분이 코로 오도록 환자의 입에 포켓마스크를 씌운다.

41 출생 직후 신생아의 건강상태이다. 아프가(Apgar) 점수는?

- 심박동수 110회/분
- 자극 시 얼굴 찡그림
- 적극적으로 움직임
- 몸은 핑크색, 손과 팔다리는 청색
- 호흡 우렁참

① 6점
② 7점
③ 8점
④ 9점

해설 **아프가 점수(출생 후 1분, 5분 후 재평가 실시)**

평가내용	점 수			해당 점수
	0	1	2	
피부색 : 일반적 외형	청색증	몸은 핑크, 손과 팔다리는 청색	손과 발까지 핑크색	1
심장박동 수	없 음	100회 이하	100회 이상	2
반사흥분도 : 찡그림	없 음	자극 시 최소의 반응 /얼굴을 찡그림	코 안쪽 자극에 울고 기침, 재채기 반응	1
근육의 강도 : 움직임	흐늘거림/부진함	팔과 다리에 약간의 굴곡/제한된 움직임	적극적으로 움직임	2
호흡 : 숨 쉬는 노력	없 음	약하고/느림/불규칙	우렁참	2

42 환자를 들어 올리는 기본적인 원칙에 관한 설명으로 옳지 않은 것은?

① 무리 없이 들어 올릴 수 있는 환자만 들어 올린다. 나이, 성별, 근육 정도와 신장 등을 고려하여 환자의 최대 체중을 예측한다.

② 허리 높이보다 낮은 곳에서 들어 올릴 때는 무릎을 구부리고 허리와 등을 약간 구부린 상태에서 일어선다.

③ 단단하고 편평한 바닥 위에서 어깨 넓이로 발을 벌려준다.

④ 중력의 중심이 한쪽으로 치우치지 않도록 하고 근육이 지나치게 긴장하기 않도록 한다.

해설 허리 높이보다 낮은 곳에서 들어 올릴 때는 무릎을 구부리고 등은 곧게 편 후 다리를 펴면서 일어선다(허리를 구부리면 안 된다).

43 울혈심장기능상실증(울혈성 심부전증, Congestive Heart Failure) 병력이 있으며 폐부종 증상 및 징후를 보이고 있는 환자(40세 남성, 혈압 130/70mmHg, 맥박 98회/분, 호흡 24회/분, 체온 36.8℃)를 이송 시 취해 주어야 할 자세는?

① 등을 바닥면으로 하고 바로 누운 자세
② 바로 앉아 두 다리를 떨어뜨리는 자세
③ 엎드린 자세에서 머리를 옆으로 돌린 자세
④ 바로 누운 상태에서 다리를 45도 높이고 머리를 낮춘 자세

> **해설** 호흡곤란 또는 울혈성 심부전 환자는 앉아 있는 자세가 편안함을 줄 수 있다.

44 중심체온 30℃인 저체온증 환자에 나타날 수 있는 증상 및 징후로 옳지 않은 것은?

① 떨림(Shivering)　　　　　　　② 서 맥
③ 근육경직　　　　　　　　　　④ 부정맥

> **해설** **저체온증의 증상 및 징후**
>
> | 중심 체온 | 증상 및 징후 |
> |---|---|
> | 35.0~37.0℃ | 오 한 |
> | 32.0~35.0℃ | 오한, 의식은 있으나 언어 장애가 나타남 |
> | 30.0~32.0℃ | 오한, 강한 근육 경직, 협력장애로 기계적인 움직임, 생각이 명료하지 못하고 이해력도 늦으며 기억력 장애 증상 |
> | 27.0~30.0℃ | 이성을 잃고 환경에 대한 반응 상실(바보같은 모습), 근육 경직, 맥박과 호흡이 느려짐, 심부정맥 |
> | 26.0~27.0℃ | 의식 손실, 언어지시에 무반응, 모든 반사반응 상실, 심장기능 장애 |

45 맥박 측정 시 강하고 튀어 오르는 맥박이 있는 경우 의심되는 환자의 상태로 옳지 않은 것은?

① 심한 고혈압　　　　　　　　② 열사병
③ 뇌압 상승　　　　　　　　　④ 저혈량성 쇼크

> **해설** 저혈량성 쇼크 시 순환계는 실혈에 따른 보상반응으로 맥박이 빨라지고 혈관을 수축시켜 조직으로의 관류를 유지하려고 한다. 따라서 빠른맥은 쇼크의 초기 징후로 나타나며 출혈이 계속되면 저혈류로 진행되어 말초 혈류는 급격히 감소된다.

46 매슬로의 인간의 기본욕구 단계 중 욕구가 만족되면 자신을 필요한 사람으로 인식하며 자신감을 갖게 되지만 그렇지 못할 경우 열등감 내지 무력감을 갖게 되는 욕구 단계는?

① 생리적 욕구

② 사랑과 소속의 욕구

③ 자아존중의 욕구

④ 자아실현의 욕구

> **해설** **매슬로의 기본욕구 단계**
> - 1단계 : 생리적 욕구 – 생리적 욕구는 산소, 물, 음식, 체온, 배설, 성, 신체적 활동, 휴식 등으로 생명을 유지하기 위해 최소한으로 충족되어야 하는 것이다.
> - 2단계 : 안전과 안정의 욕구 – 생리적 욕구 다음 단계이며 신체적 심리적 요소 모두 포함한다. 신체적 안전과 안정은 잠재적이고 실제적인 손상으로부터 보호받는 것을 의미한다.
> - 3단계 : 사랑과 소속의 욕구 – 모든 인간은 사람과 소속에 대한 욕구를 가지고 있다. 생리적 욕구와 안전과 안정의 욕구 다음 단계로, 이 욕구 단계부터는 상위수준의 욕구에 속한다. 타인에 대한 이해와 수용, 가족, 동료, 친구, 이웃, 지역사회에 대한 소속감을 포함한다.
> - 4단계 : 자아존중의 욕구 – 자신의 업무 완수에 대한 성취감과 자긍심을 느끼는 것 그리고 타인들이 자신의 성취를 알아주고 존경과 인정을 하리라 믿는 것을 포함한다.
> - 5단계 : 자아실현의 욕구 – 가장 높은 수준의 욕구인 자아실현의 욕구는 개인이 자신이 갖고 있는 고유의 능력을 개발하여 최대한의 잠재력에 도달하려는 욕구를 말한다.

47 멸균 상태를 유지하는 기술인 외과적 무균법의 기본 원리로 옳지 않은 것은?

① 멸균 영역 내에서 사용되는 모든 물품은 멸균된 것이어야 한다.

② 멸균 물품과 비멸균 물품이 접촉하면 비멸균으로 간주한다.

③ 멸균 용기의 가장 자리 끝은 오염된 것으로 간주한다.

④ 약물을 몸 안에 주사하기 위한 물품은 반드시 소독하여 사용한다.

> **해설** **외과적 무균술(멸균법)의 3대 원리**
> - 멸균된 물품끼리 접촉할 때만 멸균 상태가 유지된다. 따라서 멸균된 물품은 멸균된 장갑을 끼고 만지도록 한다.
> - 멸균된 물품이 오염되었거나 멸균되지 아니한 깨끗한 물품에 접촉한 경우 오염된 것으로 간주한다.
> - 멸균된 것인지 오염된 것인지 의심스러울 경우 오염된 것으로 간주한다.

48 깊고 빠른 호흡양상을 보이면 뇌졸중이나 뇌줄기 손상 시 정상 환기 조절이 되지 않아 호흡성 알칼리증이 나타나는 호흡은?

① 체인-스토크스(Cheyne-Stokes) 호흡

② 쿠스마울(Kussmaul) 호흡

③ 중추신경성 과다호흡(Hyperventilation)

④ 비오(Biot) 호흡

> **해설** **과호흡 증후군(Hyperventilation Syndrome)**
> 동의어 : 과다호흡, 과다호흡증, 과다호흡증후군, 과호흡, 과호흡증, 과환기증후군
> • 정의 : 호흡 중 이산화탄소가 과도하게 배출되어 혈중 이산화탄소의 농도가 정상범위 미만으로 낮아지는 질환으로 호흡곤란, 어지럼증, 저리고 마비되는 느낌, 실신 등의 증상이 나타나는 상태를 과호흡증후군이라고 한다. 주로 젊은 여성에서 호발한다.
> • 원인 : 정신적 불안, 흥분, 긴장이 원인이 되어 과호흡이 발생하고 증상이 유발되면, 이러한 증상들이 다시 불안을 조장하여 과호흡을 지속시키거나 증상을 악화시키는 악순환을 일으킨다. 이 밖의 신체적인 원인으로는 폐 자체의 질환(폐렴, 폐색전증, 폐혈관 질환, 천식, 기흉 등), 심장 질환, 저산소증, 대사성 산증, 발열, 패혈증 등이 있다. 또한 일부 약물에 의해서도 일어날 수 있다.
> • 증상 : 불과 수분 이내에 호흡이 빨라지고 적은 양의 호흡이 매우 힘들게 이루어지며 어지러움, 시력장애, 의식저하, 심하면 실신까지 발생한다. 또 다른 증상으로는 팔 다리 감각 이상, 경련, 근력저하, 마비되는 느낌 등이 나타날 수 있다. 발작이 지속되면 혈액이 점점 알칼리화되므로 심장의 박동이 불규칙하게 되는 부정맥이 발생하며, 심장 혈관이 수축되어 심근 허혈 증상(흉통)이 나타날 수 있다.

49 최근에 수술 받은 환자가 침대에 장기간 계속 누워있던 중 갑작스러운 가슴 통증, 심한 호흡곤란, 객혈을 보이는 경우 의심되는 질환은?

① 폐색전증

② 자연기흉

③ 폐기종

④ 동요가슴(Flail Chest)

> **해설** 폐색전증의 가장 큰 원인은 심부정맥혈전증이다. 다리에는 신체를 순환하는 피가 흐르는 정맥이 있는데 이 정맥에 혈전이 생기는 것을 심부정맥혈전증이라고 한다. 정맥피가 심장 쪽으로 전달이 잘 안 된다든지 혈관 벽에 손상이 있다든지 피가 쉽게 굳는 과다응고 성향이 있는 경우 심부정맥혈전이 잘 생긴다. 대량의 폐색전증 증상으로는 호흡곤란, 실신, 청색증이 있으며, 작은 폐색전증으로는 흉막성 통증, 기침, 객혈이 있다.

50 차량 밖으로 튕겨져 나온, 의식이 혼미한 환자의 사지(Exremities)에 대한 빠른 외상평가 시 옳지 않은 것은?

① 양쪽 다리의 감각과 움직임이 없다면 척추손상을 의미한다.

② 환자를 척추고정판에 눕히고 척추를 고정하기 전에 맥박, 감각과 운동신경을 확인하고 말초신경혈관 기능을 평가한다.

③ 환자의 맥박이 촉진되지 않으면 체온, 피부색과 팔다리의 피부상태를 평가하여 관류 적절성을 파악한다.

④ 우측 종아리의 불안정성이 확인되면 충분한 시간을 갖고 현장에서 골절 부위에 부목을 대어 합병증을 예방한다.

해설 **무의식 환자 – 빠른 외상평가 실시 부분**
• 1차 평가를 통해 의식수준을 평가하고 비외상 환자인 경우 주요 병력 및 신체검진을 결정한다.
• 만약 의식장애가 있는 경우에는 빠른 신체검진을 실시해야 한다. 이는 의식수준에 대한 신체적 원인을 확인하는 데 목적이 있다.

머 리	• 외상을 시진·촉진한다. • 타박상, 열상, 부종, 압좌상, 귀 안에 혈액이 있는지를 확인한다. • 머리 외상은 무의식을 나타낼 수 있으며 외상이 있다면 목뼈 손상 가능성이 있으므로 목고정을 실시하고 기도 개방을 유지시켜야 한다.
목 뼈	• 환자임을 나타내는 표시(목걸이)가 있는지 확인하고 목정맥 팽대(JVD)가 있는지 평가한다. • 경정맥 팽창은 환자가 앉아 있을 때 잘 관찰할 수 있고 심장의 수축기능이 원활하게 수행되지 않을 때 나타나는 징후로 울혈성 심부전증(CHF)을 나타낸다.
가 슴	• 호흡할 때 양쪽 가슴이 적절하게 그리고 똑같이 올라오는지 관찰한다. • 가슴과 목 아래 호흡보조근을 사용하는지, 호흡음은 똑같이 적절하게 들리는지 평가한다.
배	• 배의 부종과 색을 평가하고 만져지는 덩어리나 압통이 있는지 촉진한다. • 배대동맥의 정맥류는 배 가운데에서 촉지될 수 있다. • 이 정맥류에서 출혈이 발생하면 의식변화나 무의식을 초래할 수 있다.
골반과아랫배	• 아랫배 팽창 유무를 시진·촉진하고 골반뼈와 엉덩이뼈에 압통이 있는지도 촉진한다. • 젊은 여성의 아랫배 압통은 산부인과적 응급상황일 수 있다. • 엉덩뼈 골절은 보행 중 또는 낙상으로 노인에게 많이 일어난다.
팔다리	• 팔에서 다리 순으로 실시하며 환자임을 나타내는 팔찌가 있는지 확인한다. • 부종, 변형, 탈구가 있는지 확인하고, 팔에 주삿바늘자국(약물중독)이나 허벅지에 주삿바늘자국(당뇨 환자)이 있는지 확인한다. • 팔다리에 맥박이 똑같은 강도로 있는지, 운동기능과 감각기능도 평가한다.
등 부위	• 환자를 조심스럽게 옆으로 돌린다. • 특히, 목과 머리 손상이 의심된다면 척추손상에 주의해야 한다. 손상, 변형, 타박상을 확인한다.

50 ④ **정답**

51 재난 및 안전관리 기본법상 용어의 정의에 관한 설명으로 옳지 않은 것은?

① "해외재난"이란 대한민국의 영역 밖에서 대한민국 국민의 생명·신체 및 재산에 피해를 주거나 줄 수 있는 재난으로 정부차원에서 대처할 필요가 있는 재난을 말한다.

② "재난관리"란 재난이나 그 밖의 각종 사고로부터 사람의 생명·신체 및 재산의 안전을 확보하기 위하여 하는 모든 활동을 말한다.

③ "재난관리주관기관"이란 재난이나 그 밖의 각종 사고에 대하여 그 유형별로 예방·대비·대응 및 복구 등의 업무를 주관하여 수행하도록 대통령령으로 정하는 관계 중앙행정기관을 말한다.

④ "재난관리정보"란 재난관리를 위하여 필요한 재난상황정보, 동원가능 자원정보, 시설물정보, 지리정보를 말한다.

> **해설** "재난관리"란 재난의 예방·대비·대응 및 복구를 위하여 하는 모든 활동을 말한다.
> ※ "안전관리"란 재난이나 그 밖의 각종 사고로부터 사람의 생명·신체 및 재산의 안전을 확보하기 위하여 하는 모든 활동을 말한다.

52 다음과 같이 재난을 분류한 자는?

> • 자연재난을 지진성 재난과 기후성 재난으로 분류하였다.
> • 인적재난(사회재난)을 사고성 재난과 계획성 재난으로 분류하였다.

① 존슨(Jones)　　　　　　　② 아네스(Anesth)

③ 포스너(Posner)　　　　　　④ 길버트(Gilbert)

> **해설** **아네스(Br. J. Anesth)의 재난분류**
> • 자연재난과 인적재난으로 분류한다.
> • 자연재난을 기후성 재난과 지진성 재난으로 분류한다.
> • 인적재난을 고의성 유무에 따라 사고성 재난과 계획적 재난으로 구분한다.
> • 대기오염, 수질오염과 같이 장기간에 걸쳐 완만하게 전개되고, 인명피해를 발생시키지 않는 일반행정관리 분야의 재난을 제외한다.
> • 각 국의 지역재난계획에서 주로 적용된다.
> ※ 존슨(Jones) : 재난은 자연재난, 준자연재난, 인적재난으로 구분한다.

53 재난관리방식에 관한 설명으로 옳지 않은 것은?

① 재난관리방식은 일반적으로 분산관리방식과 통합관리방식으로 구분할 수 있다.

② 분산관리방식은 정보전달체계에 있어서 정보전달의 다원화를 특징으로 한다.

③ 총괄적 자원동원과 신속한 대응성 확보는 통합관리방식의 장점이라 할 수 있다.

④ 콰란텔리(Quarantelli)는 재난개념의 변화에 따라 통합관리방식에서 분산관리방식으로 전환되어야 함을 강조하였다.

> **해설** 콰란텔리(Quarantelli, 1991)는 유형별 분산관리방식이 통합관리방식으로 전환되어야 하는 근거로 재난개념의 변화, 재난대응의 유사성, 계획내용의 유사성, 대응자원의 공통성을 제시하고 있다.

54 재난 및 안전관리 기본법상 재난의 예방에 해당하는 내용이 아닌 것은?

① 위기경보의 발령　　　　　　　② 국가핵심기반의 지정

③ 재난방지시설의 관리　　　　　④ 재난안전분야 종사자 교육

> **해설** 위기경보의 발령은 재난의 대응 중 응급조치 등에 해당된다.

55 재난 및 안전관리 기본법상 재난관리자원의 비축·관리의 일부 내용이다. (　)에 들어갈 수 없는 자는?

> (　)는(은) 재난 발생에 대비하여 민간기관·단체 또는 소유자와 협의하여 재난 및 안전관리 기본법 제37조에 따라 응급조치에 사용할 장비와 인력을 지정·관리할 수 있다.

① 소방청장　　　　　　　　　　② 시·도지사

③ 행정안전부장관　　　　　　　④ 시장·군수·구청장

> **해설** ※ 출제 당시에는 정답이 ①이었으나, 전문개정(2023.1.17.)되어 정답 없음으로 처리하였다.
> **재난관리자원의 관리(재난 및 안전관리 기본법 제34조)**
> • 재난관리책임기관의 장은 재난관리를 위하여 필요한 물품, 재산 및 인력 등의 물적·인적자원(이하 "재난관리자원")을 비축하거나 지정하는 등 체계적이고 효율적으로 관리하여야 한다.
> • 재난관리자원의 관리에 관하여는 따로 법률로 정한다.

　　　　　　　　　　　　　　　　　　　　53 ④　54 ①　55 정답 없음　**정답**

56 재난관리단계 중 대응단계에 해당하는 내용은?

① 각종 재난관련 기준의 검토 및 정비
② 위험지도 작성
③ 긴급수송 및 구조 수단의 확보
④ 재난보험제도 마련

해설 **대응 단계의 행정활동**
- 준비단계에서 수립된 각종 재난관리계획의 실행
- 재난 예 · 경보 발령, 공중에 정보전달, 재난선포, 재난상황 관리 및 전파
- 재해대책본부의 활동 개시, 지역재난안전대책본부 가동 및 현장지휘활동 개시
- 방재자원 동원, 피해자 탐색 및 구조 · 구급 실시, 환자의 수용 및 후송
- 손실평가, 긴급대피계획의 실천, 긴급 의약품 조달, 생필품 공급
- 피난처 제공, 이재민 수용 및 보호, 주민 및 매스컴에 대한 PR, 희생자 가족에 대한 지원이 뒤따르게 된다.
- 제2의 손실 발생 가능성을 감소시킴으로써 복구단계에서 발생 가능한 문제들을 최소화시키는 재난관리의 실제 활동국면이다.
- 재난대응을 위해 중앙긴급구조통제단을 두고, 단장은 소방청장이 된다.
  - 재난상황을 신속히 전파시키고 구조 요원을 긴급히 현장에 출동시킨다.
  - 긴급구조기관 및 자원봉사자에게 임무를 부여하고, 현장통제 및 질서유지를 담당한다.
※ 응급조치(법 제37조제1항)
  시 · 도긴급구조통제단 및 시 · 군 · 구긴급구조통제단의 단장(지역통제단장)과 시장 · 군수 · 구청장은 재난이 발생할 우려가 있거나 재난이 발생하였을 때에는 즉시 관계 법령이나 재난대응활동계획 및 위기관리 매뉴얼에서 정하는 바에 따라 수방(水防) · 진화 · 구조 및 구난(救難), 그 밖에 재난 발생을 예방하거나 피해를 줄이기 위하여 필요한 다음의 응급조치를 하여야 한다. 다만, 지역통제단장의 경우에는 3. 중 진화에 관한 응급조치와 5. 및 7.의 응급조치만 하여야 한다.
  1. 경보의 발령 또는 전달이나 피난의 권고 또는 지시
  2. 제31조에 따른 안전조치
  3. 진화 · 수방 · 지진방재, 그 밖의 응급조치와 구호
  4. 피해시설의 응급복구 및 방역과 방범, 그 밖의 질서 유지
  5. 긴급수송 및 구조 수단의 확보
  6. 급수 수단의 확보, 긴급피난처 및 구호품 등 재난관리자원의 확보
  7. 현장지휘통신체계의 확보
  8. 그 밖에 재난 발생을 예방하거나 줄이기 위하여 필요한 사항으로서 대통령령으로 정하는 사항

57 다음 내용이 해당하는 재난관리단계는?

- 위기상담
- 피해평가
- 특별재난지역의 선포 및 지원

---

① 예방단계　　　　　　　　　　② 대비단계

③ 대응단계　　　　　　　　　　④ 복구단계

> **해설** **복구단계 일반적 수단**
> - 위기상담
> - 피해평가
> - 잔해물 제거
> - 보험금지급
> - 대부 및 보조금 지원
> - 특별재난지역의 선포 및 지원

58 특별재난지역의 선포의 사유가 되었던 재난(재해)을 모두 고른 것은?

ㄱ. 2016년 9월 12일 발생한 경주 지진

ㄴ. 2012년 9월 27일 발생한 (주)휴브글로벌 구미불산 사고

ㄷ. 2003년 2월 18일 발생한 대구지하철 화재사고

ㄹ. 1995년 6월 29일 발생한 삼풍백화점 붕괴사고

---

① ㄱ, ㄷ　　　　　　　　　　② ㄱ, ㄴ, ㄹ

③ ㄴ, ㄷ, ㄹ　　　　　　　　　④ ㄱ, ㄴ, ㄷ, ㄹ

> **해설** **특별재난의 범위 및 선포 등(시행령 제69조제1항)**
> 법 제60조제1항에서 "대통령령으로 정하는 규모의 재난"이란 다음의 어느 하나에 해당하는 재난을 말한다.
> - 자연재난으로서 자연재난 구호 및 복구 비용 부담기준 등에 관한 규정 제5조제1항에 따른 국고 지원 대상 피해 기준금액의 2.5배를 초과하는 피해가 발생한 재난
> - 자연재난으로서 자연재난 구호 및 복구 비용 부담기준 등에 관한 규정 제5조제1항에 따른 국고 지원 대상에 해당하는 시·군·구의 관할 읍·면·동에 같은 항 각 호에 따른 국고 지원 대상 피해 기준금액의 4분의 1을 초과하는 피해가 발생한 재난
> - 사회재난의 재난 중 재난이 발생한 해당 지방자치단체의 행정능력이나 재정능력으로는 재난의 수습이 곤란하여 국가적 차원의 지원이 필요하다고 인정되는 재난
> - 그 밖에 재난 발생으로 인한 생활기반 상실 등 극심한 피해의 효과적인 수습 및 복구를 위하여 국가적 차원의 특별한 조치가 필요하다고 인정되는 재난

59 재난 및 안전관리 기본법령상 안전기준의 분야 및 범위의 내용으로 옳지 않은 것은?

① 건축 시설 분야 : 각종 공사장 및 산업현장에서의 주변 시설물과 그 시설의 사용자 또는 관리자 등의 안전부주의 등과 관련된 안전기준

② 생활 및 여가 분야 : 생활이나 여가활동에서 사용하는 기구, 놀이시설 및 각종 외부활동과 관련된 안전기준

③ 보건·식품 분야 : 의료·감염, 보건복지, 축산·수산·식품 위생 관련 시설 및 물질 관련 안전기준

④ 환경 및 에너지 분야 : 대기환경·토양환경·수질환경·인체에 위험을 유발하는 유해성 물질과 시설, 발전시설 운영과 관련된 안전기준

해설 **안전기준의 분야 및 범위(시행령 별표 1)**

안전기준의 분야	안전기준의 범위
건축 시설 분야	다중이용업소, 문화재 시설, 유해물질 제작·공급시설 등 관련 구조나 설비의 유지·관리 및 소방 관련 안전기준
생활 및 여가 분야	생활이나 여가활동에서 사용하는 기구, 놀이시설 및 각종 외부활동과 관련된 안전기준
환경 및 에너지 분야	대기환경·토양환경·수질환경·인체에 위험을 유발하는 유해성 물질과 시설, 발전시설 운영과 관련된 안전기준
교통 및 교통시설 분야	육상교통·해상교통·항공교통 등과 관련된 시설 및 안전 부대시설, 시설의 이용자 및 운영자 등과 관련된 안전기준
산업 및 공사장 분야	각종 공사장 및 산업현장에서의 주변 시설물과 그 시설의 사용자 또는 관리자 등의 안전부주의 등과 관련된 안전기준(공장시설을 포함)
정보통신 분야(사이버 안전 분야는 제외한다)	정보통신매체 및 관련 시설과 정보보호에 관련된 안전기준
보건·식품 분야	의료·감염, 보건복지, 축산·수산·식품 위생 관련 시설 및 물질 관련 안전기준
그 밖의 분야	위에서 정한 사항 외에 제43조의9에 따른 안전기준심의회에서 안전관리를 위하여 필요하다고 정한 사항과 관련된 안전기준

[비 고]

위 표에서 규정한 안전기준의 분야, 범위 등에 관한 세부적인 사항은 행정안전부장관이 정한다.

60 재난 및 안전관리 기본법령상 중앙안전관리위원회에 관한 내용으로 옳지 않은 것은?

① 안전기준관리에 관한 사항을 심의한다.

② 농림축산식품부장관은 위원이 된다.

③ 사고 또는 부득이한 사유가 없는 경우에는 소방청장이 위원장이 된다.

④ 심의 사무가 국가안전보장과 관련된 경우에는 국가안전보장회의와 협의하여야 한다.

> **해설** 중앙위원회의 위원장이 사고 또는 부득이한 사유로 직무를 수행할 수 없을 때에는 행정안전부장관, 대통령령
> 으로 정하는 중앙행정기관의 장 순으로 위원장의 직무를 대행한다.

61 재난 및 안전관리 기본법령상 중앙민관협력위원회의 당연직 위원으로 명시된 자는?

① 행정안전부장관

② 행정안전부차관

③ 행정안전부 안전정책실장

④ 소방청장

> **해설** 중앙민관협력위원회의 위원은 다음의 사람이 된다.
> - 당연직 위원
>   - 행정안전부 안전예방정책실장
>   - 행정안전부 자연재난실장
>   - 행정안전부 사회재난실장
>   - 행정안전부 재난복구지원국장
> - 민간위원 : 다음의 어느 하나에 해당하는 사람 중에서 성별을 고려하여 행정안전부장관이 위촉하는 사람
>   - 재난 및 안전관리 활동에 적극적으로 참여하고 전국 규모의 회원을 보유하고 있는 협회 등의 민간단체
>   대표
>   - 재난 및 안전관리 분야 유관기관, 단체·협회 또는 기업 등에 소속된 재난 및 안전관리 전문가
>   - 재난 및 안전관리 분야에 학식과 경험이 풍부한 사람

62 재난 및 안전관리 기본법령상 기능연속성계획에 포함되어야 하는 사항으로 명시되지 않은 것은?

① 재난예방대책에 관한 사항

② 재난관리책임기관의 핵심기능의 선정과 우선순위에 관한 사항

③ 핵심기능의 유지를 위한 대체시설, 장비 등의 확보에 관한 사항

④ 재난상황에서 핵심기능을 유지하기 위한 의사결정권자 지정 및 그 권한의 대행에 관한 사항

> **해설** ※ 출제 당시에는 ② '재난관리책임기관'이었으나 법령 개정(2022.4.5.)으로 '기능연속성계획수립기관'으로 변경되었다.
>
> **기능연속성계획의 포함사항**
> • 기능연속성계획수립기관의 핵심기능의 선정과 우선순위에 관한 사항
> • 재난상황에서 핵심기능을 유지하기 위한 의사결정권자 지정 및 그 권한의 대행에 관한 사항
> • 핵심기능의 유지를 위한 대체시설, 장비 등의 확보에 관한 사항
> • 재난상황에서의 소속 직원의 활동계획 등 기능연속성계획의 구체적인 시행절차에 관한 사항
> • 소속 직원 등에 대한 기능연속성계획의 교육·훈련에 관한 사항
> • 그 밖에 기능연속성계획수립기관의 장이 재난상황에서 해당 기관의 핵심기능을 유지하는 데 필요하다고 인정하는 사항

63 재난 및 안전관리 기본법령상 안전조치명령서에 기재하여야 하는 사항을 모두 고른 것은?

> ㄱ. 안전조치를 명하는 이유
> ㄴ. 안전점검의 결과
> ㄷ. 안전조치 방법

① ㄱ

② ㄱ, ㄴ

③ ㄴ, ㄷ

④ ㄱ, ㄴ, ㄷ

> **해설** **안전조치명령(시행령 제39조제1항)**
> 행정안전부장관 또는 재난관리책임기관의 장은 안전조치에 필요한 사항을 명하려는 경우에는 다음의 사항이 적힌 행정안전부령으로 정하는 안전조치명령서를 제38조제1항에 따른 시설 및 지역의 관계인에게 통지하여 야 한다.
> • 안전점검의 결과
> • 안전조치를 명하는 이유
> • 안전조치의 이행기한
> • 안전조치를 하여야 하는 사항
> • 안전조치 방법
> • 안전조치를 한 후 관계 재난관리책임기관의 장에게 통보하여야 하는 사항

64 재난 및 안전관리 기본법령상 안전기준심의회의 구성 및 운영 등에 관한 내용으로 옳은 것은?

① 의장을 포함한 50명 이내의 위원으로 구성한다.

② 의장은 행정안전부의 재난안전관리사무를 담당하는 본부장이 된다.

③ 위촉위원의 임기는 4년으로 하며, 한 차례만 연임할 수 있다.

④ 심의회는 재적위원 과반수의 출석으로 개의하고, 출석위원 3분의 2 이상 찬성으로 의결하여야 한다.

> **해설** ① 의장을 포함한 20명 이내의 위원으로 구성한다.
> ③ 위촉위원의 임기는 2년으로 하며, 두 차례만 연임할 수 있다.
> ④ 심의회는 재적위원 과반수의 출석으로 개의하고, 출석위원 과반수의 찬성으로 의결하여야 한다.

65 재난 및 안전관리 기본법령상 재난대비훈련에 관한 내용으로 옳은 것은?

① 재난대비훈련에 참여하는 기관은 자체 훈련을 수시로 실시할 수 있다.

② 훈련참여기관의 장은 재난대비훈련 실시 후 15일 이내에 그 결과를 훈련주관기관의 장에게 제출하여야 한다.

③ 소방청장은 2년마다 재난대비훈련 기본계획을 수립하고 재난관리책임기관의 장에게 통보하여야 한다.

④ 재난대비훈련에 참여하는 데에 필요한 비용은 훈련주관기관이 부담하여야 한다.

> **해설** ② 훈련참여기관의 장은 재난대비훈련 실시 후 10일 이내에 그 결과를 훈련주관기관의 장에게 제출하여야 한다(시행령 제43조의14제6항).
> ③ 행정안전부장관은 매년 재난대비훈련 기본계획을 수립하고 재난관리책임기관의 장에게 통보하여야 한다(법 제34조의9제1항).
> ④ 재난대비훈련에 참여하는 데에 필요한 비용은 참여 기관이 부담한다. 다만, 민간 긴급구조지원기관에 대해서는 훈련주관기관의 장이 부담할 수 있다(시행령 제43조의14제7항).

64 ② 65 ① **정답**

66 재난 및 안전관리 기본법령상 긴급구조지휘대의 구분 유형에 해당되지 않는 것은?

① 특수구조지휘대

② 방면현장지휘대

③ 권역현장지휘대

④ 소방서현장지휘대

해설 긴급구조지휘대는 소방서현장지휘대, 방면현장지휘대, 소방본부현장지휘대 및 권역현장지휘대로 구분한다 (시행령 제65조제2항).

67 재난 및 안전관리 기본법령상 지역축제 개최 시 안전관리 조치에 관한 내용이다. (   )에 들어갈 내용으로 옳은 것은?

> 중앙행정기관의 장 또는 지방자치단체의 장은 축제기간 중 순간 최대 관람객이 (   )명 이상이 될 것으로 예상되는 지역축제를 개최하려면 해당 지역축제가 안전하게 진행될 수 있도록 지역 축제 안전관리계획을 수립하고, 그 밖에 안전관리에 필요한 조치를 하여야 한다.

① 500

② 1,000

③ 2,000

④ 3,000

해설 ※ 출제 당시에는 축제기간 중 순간 최대 관람객이 3,000명으로 정답이 ④였으나, 법령의 개정(2020.6.2.)으로 1,000명으로 변경되면서 ②번을 정답으로 처리하였다.
지역축제 개최 시 안전관리조치(시행령 제73조의9)
"대통령령으로 정하는 지역축제"란 다음의 지역축제를 말한다.
• 축제기간 중 순간 최대 관람객이 1,000명 이상이 될 것으로 예상되는 지역축제
• 축제장소나 축제에 사용하는 재료 등에 사고 위험이 있는 지역축제로서 다음의 어느 하나에 해당하는 지역축제
 − 산 또는 수면에서 개최하는 지역축제
 − 불, 폭죽, 석유류 또는 가연성 가스 등의 폭발성 물질을 사용하는 지역축제

68 재난 및 안전관리 기본법령상 재난유형별 긴급구조대응계획에 포함되어야 하는 사항이 아닌 것은?

① 재난 발생 단계별 주요 긴급구조 대응활동 사항
② 주요 재난유형별 대응 매뉴얼에 관한 사항
③ 비상경고 방송메시지 작성 등에 관한 사항
④ 긴급구조대응계획의 목적 및 적용범위

> **해설** **긴급구조대응계획의 수립(시행령 제63조제1항)**
> 긴급구조기관의 장이 수립하는 긴급구조대응계획은 기본계획, 기능별 긴급구조대응계획, 재난유형별 긴급구조대응계획으로 구분하되, 구분된 계획에 포함되어야 하는 사항은 다음과 같다.
> - 기본계획
>   - 긴급구조대응계획의 목적 및 적용범위
>   - 긴급구조대응계획의 기본방침과 절차
>   - 긴급구조대응계획의 운영책임에 관한 사항
> - 기능별 긴급구조대응계획
>   - 지휘통제 : 긴급구조체제 및 중앙통제단과 지역통제단의 운영체계 등에 관한 사항
>   - 비상경고 : 긴급대피, 상황 전파, 비상연락 등에 관한 사항
>   - 대중정보 : 주민보호를 위한 비상방송시스템 가동 등 긴급 공공정보 제공에 관한 사항 및 재난상황 등에 관한 정보 통제에 관한 사항
>   - 피해상황분석 : 재난현장상황 및 피해정보의 수집 · 분석 · 보고에 관한 사항
>   - 구조 · 진압 : 인명 수색 및 구조, 화재진압 등에 관한 사항
>   - 응급의료 : 대량 사상자 발생 시 응급의료서비스 제공에 관한 사항
>   - 긴급오염통제 : 오염 노출 통제, 긴급 감염병 방제 등 재난현장 공중보건에 관한 사항
>   - 현장통제 : 재난현장 접근 통제 및 치안 유지 등에 관한 사항
>   - 긴급복구 : 긴급구조활동을 원활하게 하기 위한 긴급구조차량 접근 도로 복구 등에 관한 사항
>   - 긴급구호 : 긴급구조요원 및 긴급대피 수용주민에 대한 위기 상담, 임시 의식주 제공 등에 관한 사항
>   - 재난통신 : 긴급구조기관 및 긴급구조지원기관 간 정보통신체계 운영 등에 관한 사항
> - 재난유형별 긴급구조대응계획
>   - 재난 발생 단계별 주요 긴급구조 대응활동 사항
>   - 주요 재난유형별 대응 매뉴얼에 관한 사항
>   - 비상경고 방송메시지 작성 등에 관한 사항

68 ④ **정답**

69 자연재해대책법상 다음에서 정의하는 용어는?

> 자연재해에 영향을 미치는 행정계획으로 인한 재해 유발 요인을 예측·분석하고 이에 대한 대책을 마련하는 것을 말한다.

① 자연재해저감 종합계획　　　② 재해영향성검토
③ 재해영향평가　　　　　　　④ 침수흔적도

해설 ① 자연재해저감 종합계획 : 지역별로 자연재해의 예방 및 저감(低減)을 위하여 특별시장·광역시장·특별자치시장·도지사·특별자치도지사 및 시장·군수가 자연재해 안전도에 대한 진단 등을 거쳐 수립한 종합계획을 말한다.
③ 재해영향평가 : 자연재해에 영향을 미치는 개발사업으로 인한 재해 유발 요인을 조사·예측·평가하고 이에 대한 대책을 마련하는 것을 말한다.
④ 침수흔적도 : 풍수해로 인한 침수 기록을 표시한 도면을 말한다.

70 자연재해대책법령상 재난관리책임기관의 장이 재해 유형별 행동요령을 작성하는 경우, 단계별 행동요령 중 대응단계에 포함되어야 할 세부 사항으로 옳은 것은?

① 이재민 수용시설의 운영 등에 관한 사항
② 재난정보의 수집 및 전달체계에 관한 사항
③ 방재물자·동원장비의 확보·지정 및 관리에 관한 사항
④ 재해가 예상되거나 발생한 경우 비상근무계획에 관한 사항

해설 **재해 유형별 행동 요령에 포함되어야 할 세부 사항(시행규칙 제14조제1항)**
단계별 행동 요령에 포함되어야 할 세부 사항은 다음과 같다.
• 예방단계
  – 자연재해위험개선지구·재난취약시설 등의 점검·정비 및 관리에 관한 사항
  – 방재물자·동원장비의 확보·지정 및 관리에 관한 사항
  – 유관기관 및 민간단체와의 협조·지원에 관한 사항
  – 그 밖에 행정안전부장관이 필요하다고 인정하는 사항
• 대비단계
  – 재해가 예상되거나 발생한 경우 비상근무계획에 관한 사항
  – 피해 발생이 우려되는 시설의 점검·관리에 관한 사항
  – 유관기관 및 방송사에 대한 상황 전파 및 방송 요청에 관한 사항
  – 그 밖에 행정안전부장관이 필요하다고 인정하는 사항
• 대응단계
  – 재난정보의 수집 및 전달체계에 관한 사항
  – 통신·전력·가스·수도 등 국민생활에 필수적인 시설의 응급복구에 관한 사항
  – 부상자 치료대책에 관한 사항
  – 그 밖에 행정안전부장관이 필요하다고 인정하는 사항
• 복구단계
  – 방역 등 보건위생 및 쓰레기 처리에 관한 사항
  – 이재민 수용시설의 운영 등에 관한 사항
  – 복구를 위한 민간단체 및 지역 군부대의 인력·장비의 동원에 관한 사항
  – 그 밖에 행정안전부장관이 필요하다고 인정하는 사항

71 자연재해대책법령상 방재신기술의 보호기간 등에 관한 내용이다. (   )에 들어갈 내용이 순서대로 옳은 것은?

> (   )은 방재신기술을 지정받은 자의 신청이 있으면 그 신기술의 활용 실적 등을 검증하여 방재신기술의 보호기간을 방재신기수로 지정된 날부터 5년의 보호기간을 포함하여 (   )년의 범위에서 연장할 수 있다.

① 소방청장, 7
② 소방청장, 12
③ 행정안전부장관, 7
④ 행정안전부장관, 12

해설 ※ 출제 당시에는 자연재해대책법 시행령 제52조제2항에서 '행정안전부장관은 방재신기술을 지정받은 자의 신청이 있으면 그 신기술의 활용 실적 등을 검증하여 방재신기술의 보호기간을 제1항에 따른 보호기간(5년)을 포함하여 12년(즉, 보호기간 5년 + 7년)의 범위에서 연장할 수 있다.'고 하여 정답이 ③이었으나 해당 조문이 삭제(2023.1.3.)되어 정답 없음으로 처리하였다.

72 긴급구조대응활동 및 현장지휘에 관한 규칙상 긴급구조지원기관 중 재난통신분야의 책임기관은?(단, 해양에서 발생한 재난은 제외)

① 과학기술정보통신부
② 보건복지부
③ 소방청
④ 경찰청

73 긴급구조대응활동 및 현장지휘에 관한 규칙상 통제단이 설치·운영되는 경우, 긴급구조지휘대를 구성하는 자와 통제단에 배치되는 해당부서의 연결이 옳은 것은?

① 상황분석요원 : 현장통제반
② 통신지휘요원 : 구조진압반
③ 자원지원요원 : 상황보고반
④ 안전담당요원 : 응급의료반

해설 ※ 출제 당시에는 정답이 ②였으나, 법령의 개정(2024.1.22.)으로 내용이 변경되어 정답 없음으로 처리하였다.
긴급구조지휘대의 구성 및 기능(긴급구조대응활동 및 현장지휘에 관한 규칙 제16조)
• 긴급구조지휘대를 구성하는 사람은 통제단이 설치·운영되는 경우 다음의 구분에 따라 통제단의 해당부서에 배치된다.
 – 현장지휘요원 : 현장지휘부
 – 자원지원요원 : 자원지원부
 – 통신지원요원 : 현장지휘부
 – 안전관리요원 : 현장지휘부
 – 상황조사요원 : 대응계획부
 – 구급지휘요원 : 현장지휘부

74 긴급구조대응활동 및 현장지휘에 관한 규칙상 중증도 분류표의 내용이다. 사상자의 상태별로 부착하는 중증도 분류표 색상의 연결이 옳은 것은?

① 생존불능 : 적색

② 심각한 두부손상 : 흑색

③ 중증의 화상 : 황색

④ 단순 두부손상 : 녹색

해설 응급환자 중증도분류표 상태와 색깔(긴급구조대응활동 및 현장지휘에 관한 규칙 별표 7)
- 사망 : 흑색
- 긴급 : 적색
- 응급 : 황색
- 비응급 : 녹색

75 긴급구조대응활동 및 현장지휘에 관한 규칙상 긴급구조활동평가단의 구성에 관한 내용으로 옳지 않은 것은?

① 단장은 통제단장으로 한다.

② 3인 이상 9인 이하로 구성한다.

③ 민간전문가 2인 이상을 포함하여 구성한다.

④ 통제단의 대응계획부장은 단원으로 될 수 있는 자에 해당한다.

해설 ※ 출제 당시에는 정답이 ②이였으나 법령의 개정(2024.1.22.)으로 ④도 정답으로 처리하였다.
긴급구조활동평가단의 구성(긴급구조대응활동 및 현장지휘에 관한 규칙 제39조)
- 통제단장은 재난상황이 종료된 후 긴급구조활동의 평가를 위하여 긴급구조기관에 긴급구조활동평가단(이 하 "평가단"이라 한다)을 구성하여야 한다.
- 평가단은 단장 1명을 포함하여 5명 이상 7명 이하로 구성한다.
- 평가단의 단장은 통제단장으로 하고, 단원은 다음의 사람 중에서 통제단장이 임명하거나 위촉한다. 이 경우 ©에 해당하는 사람 중 민간전문가 2명 이상이 포함되어야 한다.
  ⊙ 통제단의 각 부장. 다만, 단장이 필요하다고 인정하는 경우에는 각 부 소속 요원
  © 긴급구조지휘대의 장
  © 긴급구조활동에 참가한 기관·단체의 요원 또는 평가에 관한 전문지식과 경험이 풍부한 사람 중에서 단장이 필요하다고 인정하는 사람

2020년 과년도 기출문제

01 가연성 기체와 공기의 혼합기체에 불꽃을 대었을 때 불이 붙는 최저온도는?

① 발화점

② 인화점

③ 연소점

④ 착화점

> **해설** **인화점**
>
> 하한계에 이르는 최저온도, 즉 휘발성물질에 불꽃을 접하여 발화될 수 있는 최저의 온도로 연료의 조성, 점도, 비중에 따라 달라진다.

02 위험물안전관리법령상 지정수량 이상의 위험물 운반 시 혼재하여 적재할 수 있는 위험물의 조합으로 옳은 것은?

① 제1류 위험물과 제3류 위험물

② 제2류 위험물과 제4류 위험물

③ 제3류 위험물과 제5류 위험물

④ 제4류 위험물과 제6류 위험물

> **해설** **운반 시 혼재 가능 위험물**
>
> • 제1류와 제6류 위험물
> • 제2류와 제5류 및 제4류 위험물
> • 제3류와 제4류 위험물

03 초고층건축물에 설치하는 피난안전구역의 설치기준에 관한 설명으로 옳지 않은 것은?

① 비상용승강기는 피난안전구역에서 승하차 할 수 있는 구조로 설치한다.
② 피난안전구역에는 식수공급을 위한 급수전을 1개소 이상 설치한다.
③ 관리사무소 또는 방재센터 등과 긴급연락이 가능한 경보 및 통신시설을 설치한다.
④ 건축물의 내부에서 피난안전구역으로 통하는 계단은 피난계단의 구조로 설치한다.

> **해설** 건축물의 내부에서 피난안전구역으로 통하는 계단은 특별피난계단의 구조로 설치한다.

04 정전기로 인한 화재발생을 방지하기 위한 정전기 완화 대책으로 옳지 않은 것은?

① 접지와 본딩을 실시한다.
② 공기 중의 상대습도를 70% 이상 유지한다.
③ 전기의 부도체를 사용한다.
④ 공기를 이온화한다.

> **해설** 전기의 도체를 사용한다.

05 소방기본법령상 시·도지사가 이웃하는 다른 시·도지사와 소방업무에 관하여 상호응원협정을 체결하고자 할 때 포함되어야 하는 사항이 아닌 것은?

① 화재조사활동
② 구조·구급업무의 지원
③ 응원출동의 요청방법
④ 소방안전관리에 관한 특별조사

> **해설** **소방업무의 상호응원협정(소방기본법 시행규칙 제8조)**
> 시·도지사는 이웃하는 다른 시·도지사와 소방업무에 관하여 상호응원협정을 체결하고자 하는 때에는 다음의 사항이 포함되도록 해야 한다.
> • 다음의 소방활동에 관한 사항
>   − 화재의 경계·진압활동
>   − 구조·구급업무의 지원
>   − 화재조사활동
> • 응원출동대상지역 및 규모
> • 다음의 소요경비의 부담에 관한 사항
>   − 출동대원의 수당·식사 및 의복의 수선
>   − 소방장비 및 기구의 정비와 연료의 보급
>   − 그 밖의 경비
> • 응원출동의 요청방법
> • 응원출동훈련 및 평가

06 위험물안전관리법령상 위험물 품명과 지정수량의 연결로 옳은 것은?

① 알코올류 : 500L

② 칼 륨 : 10kg

③ 유 황 : 50kg

④ 질 산 : 100kgg

> **해설** ① 알코올류 : 400L
> ③ 유 황 : 100kg
> ④ 질 산 : 300kg

07 건축물 화재 시 발생하는 현상에 관한 설명으로 옳지 않은 것은?

① 플래시오버(Flash Over)는 연소물로부터 가연성 가스가 천장부근에 모이고 그것이 일시에 인화하여 폭발적으로 방 전체에 불꽃이 도는 현상이다.

② 환기지배형 화재는 공기의 공급이 충분한 경우 나타나는 현상이고 연료지배형 화재는 가연물의 양이 충분한 경우 나타나는 현상이다.

③ 플래시오버(Flash Over)는 가연물의 발열량이 클수록 발생이 용이하다.

④ 내화구조 건축물의 화재성상은 목조건축물의 화재성상과 비교할 때 저온장기형이다.

> **해설** • 환기지배형 화재는 환기요소에 지배받는 화재로 산소량이 부족하고 연료량이 충분한 경우 산소량에 따라 화재진행속도가 결정된다.
> • 연료지배형 화재는 재료의 특성에 지배받는 화재로 화재 초기엔 산소량이 충분하므로 연료의 종류나 특성에 따라 화재진행속도가 결정된다.

08 소방기본법령상 소방신호가 아닌 것은?

① 경계신호

② 출동신호

③ 해제신호

④ 훈련신호

> **해설** **소방신호**
> • 경계신호 : 화재예방상 필요하다고 인정되거나 화재위험경보 시 발령
> • 발화신호 : 화재가 발생한 때 발령
> • 해제신호 : 소화활동이 필요 없다고 인정되는 때 발령
> • 훈련신호 : 훈련상 필요하다고 인정되는 때 발령

09 가연물의 연소 시 산소공급원 역할을 할 수 있는 물질이 아닌 것은?

① 탄화칼슘
② 염소산칼륨
③ 과산화나트륨
④ 질산나트륨

해설 염소산칼륨, 과산화나트륨, 질산나트륨은 제1류 위험물인 산화성 고체이고, 탄화칼슘은 물과의 반응에서 폭발성 아세틸렌을 생성한다.

10 물체의 표면온도가 250℃에서 650℃로 상승하면 열복사량은 약 몇 배 증가하는가?

① 2.6
② 3.1
③ 9.7
④ 45.7

해설 복사에너지는 절대온도의 4제곱에 비례

$$\frac{(650 + 273)^4}{(250 + 273)^4} = 9.7$$

11 자연발화를 일으키는 원인으로 옳지 않은 것은?

① 산화열
② 분해열
③ 흡착열
④ 기화열

해설 **자연발화를 일으키는 원인**
• 분해열에 의한 발열 : 셀룰로이드, 나이트로셀룰로스
• 산화열에 의한 발열 : 석탄, 건성유
• 발효열에 의한 발열 : 퇴비, 먼지
• 흡착열에 의한 발열 : 목탄, 활성탄
• 중합열에 의한 발열 : 시안화수소, 산화에틸렌

12 다음 중 주된 연소형태가 표면연소가 아닌 것은?

① 숯

② 마그네슘 분말

③ 코크스

④ 나프탈렌

> **해설**
> • 증발연소 : 황, 나프탈렌, 촛불, 파라핀 등과 같이 고체를 가열하면 열분해는 일어나지 않고 고체가 액체로 되어 일정온도가 되면 액체가 기체로 변화하여 기체가 연소하는 현상
> • 표면연소 : 목탄, 코크스, 금속(분, 박, 리본 포함) 등이 고체 표면에서 산소와 급격히 산화반응하여 연소하는 현상

13 공기 중에서 연소 위험도(H)가 가장 작은 물질은?

① 다이에틸에테르

② 수 소

③ 에틸렌

④ 프로판

> **해설** **가스폭발범위**
>
> | 가연물 | 다이에틸에테르 | 수 소 | 에틸렌 | 프로판 |
> |---|---|---|---|---|
> | 연소범위 | 1.0~36 | 4.0~74 | 2.7~36 | 2.4~9.5 |

14 화씨 95°F를 켈빈온도(K)로 나타낸 값은 약 얼마인가?

① 208

② 278

③ 308

④ 378

> **해설** $°C = (°F - 32) / 1.8 = (95 - 32) / 1.8 = 35°C$
> $K = °C + 273 = 35 + 273 = 308$

15 가스 A(연소하한계 : 5vol%)가 40vol%, 가스 B(연소하한계 : 4vol%)가 60vol%인 혼합가스의 연소하한계(vol%)는 약 얼마인가?

① 4.35
② 4.45
③ 4.55
④ 4.65

해설 혼합가스의 폭발한계(vol%) $= \dfrac{100}{\dfrac{\text{가연성가스의 용량}}{\text{가연성가스의 하한값 또는 상한값}}}$

$$= \dfrac{100}{\dfrac{40}{5} + \dfrac{60}{4}} = 4.35$$

16 표준상태에서 메탄가스 1몰(mol)을 완전연소 시키는 데 필요한 산소량(몰)은?

① 1
② 2
③ 4
④ 5

해설 메탄의 완전연소식
메탄(CH_4) : $CH_4 + 2O_2 \rightarrow CO_2 + 2H_2O + 212.80kcal$

17 소화약제에 관한 설명으로 옳지 않은 것은?

① 제3종 분말소화약제의 주성분은 제1인산암모늄이다.
② 불활성기체소화약제란 불소, 염소, 브롬 또는 질소 중 둘 이상의 원소를 기본성분으로 하는 소화약제를 말한다.
③ 이산화탄소소화약제의 주된 소화효과는 질식소화이다.
④ 수용성용제의 화재에는 알코올형포소화약제가 효과적이다.

해설 NFPC/NFTC 107A
소화약제
• "불활성기체소화약제"란 헬륨, 네온, 아르곤 또는 질소가스 중 하나 이상의 원소를 기본성분으로 하는 소화약제를 말한다.
• "할로겐화합물소화약제"란 불소, 염소, 브롬 또는 요오드 중 하나 이상의 원소를 포함하고 있는 유기화합물을 기본성분으로 하는 소화약제를 말한다.
• "할로겐화합물 및 불활성기체소화약제"란 할로겐화합물(할론 1301, 할론 2402, 할론 1211 제외) 및 불활성기체로서 전기적으로 비전도성이며 휘발성이 있거나 증발 후 잔여물을 남기지 않는 소화약제를 말한다.

18 화재 시 이산화탄소를 방출하여 산소농도를 13vol%로 낮추려면 공기 중의 이산화탄소 농도 (vol%)는 약 얼마이어야 하는가?(단, 공기 중의 산소 농도는 21vol%이며, 화재실은 밀폐상태 이다)

① 25.4   ② 32.6

③ 38.1   ④ 43.8

> **해설** 공기는 부피 비로 약 79%의 질소와 21%의 산소로 구성되어 있다.
> 산소가 13%일 때, 질소의 함량은
> 질소 : 산소 = 79 : 21 = x : 13
> 질소 = (79 × 13) / 21 = 48.9%
> 질소 + 산소 = 48.9 + 13 = 61.9%
> 나머지를 이산화탄소가 차지하므로 100 − 61.9 = 38.1%

19 다음은 소화기구 및 자동소화장치의 화재안전기준상 대형소화기에 관한 정의이다. ( ) 에 들어갈 내용으로 옳은 것은?

> '대형소화기'란 화재 시 사람이 운반할 수 있도록 운반대와 바퀴가 설치되어 있고 능력단위가 A급 (ㄱ)단위 이상, B급 (ㄴ)단위 이상인 소화기를 말한다.

① ㄱ : 5, ㄴ : 10

② ㄱ : 10, ㄴ : 20

③ ㄱ : 15, ㄴ : 30

④ ㄱ : 20, ㄴ : 40

> **해설** ※ 출제 당시에는 소화기구 및 자동소화장치의 화재안전기준(NFSC 101) 적용
> **NFPC/NFTC 101**
> 대형소화기란 화재 시 사람이 운반할 수 있도록 운반대와 바퀴가 설치되어 있고 능력단위가 A급 10단위 이상, B급 20단위 이상인 소화기를 말한다.

20 다음은 포소화설비의 화재안전기준상 팽창비율에 따른 포의 종류에 관한 설명이다. (   ) 에 들어갈 내용으로 옳은 것은?

> • 저발포 : 팽창비가 (ㄱ) 이하인 것
> • 고발포 : 팽창비가 (ㄴ) 이상 (ㄷ) 미만인 것

① ㄱ : 5, ㄴ : 50, ㄷ : 500
② ㄱ : 10, ㄴ : 70, ㄷ : 500
③ ㄱ : 20, ㄴ : 80, ㄷ : 1,000
④ ㄱ : 30, ㄴ : 100, ㄷ : 1,500

해설 **팽창비율에 따른 포의 종류**
• 저발포 : 팽창비가 20 이하인 것
• 고발포 : 팽창비가 80 이상 1,000 미만인 것

21 분말소화약제와 분말소화기에 관한 설명으로 옳은 내용을 모두 고른 것은?

> ㄱ. 제1종 분말소화약제의 주성분은 탄산수소나트륨이다.
> ㄴ. 제2종 분말소화약제는 담회색으로 착색되어 있다.
> ㄷ. 제3종 분말소화약제는 A급화재에 적응성이 있다.
> ㄹ. 분말소화기의 내용연수는 20년이다.

① ㄱ
② ㄴ, ㄷ
③ ㄱ, ㄴ, ㄷ
④ ㄱ, ㄴ, ㄹ

해설 분말소화기의 내용연수는 10년이다.

22 불활성기체소화약제 중 질소성분이 들어있지 않은 소화약제는?

① IG-01
② IG-100
③ IG-541
④ IG-55

해설 **IG계 소화약제 성분**
• IG-01 : Ar
• IG-100 : N_2
• IG-541 : N_2(52%), Ar(40%), CO_2(8%)
• IG-55 : N_2(50%), Ar(50%)

23 소화 시 자유활성기(Free Radical)의 생성을 차단하는 소화방법은?

① 제거소화
② 질식소화
③ 억제소화
④ 냉각소화

소화의 원리
- 물리적 소화
  - 제거소화(가연물 제거) : 가연물을 화재로부터 제거
  - 질식소화(산소 배제) : 산소 공급을 차단하거나, 공기 중 산소농도를 희석
  - 냉각소화(온도 감소) : 연소하는 가연물의 온도를 낮춤
- 화학적 소화(억제소화) : 화학적 연쇄반응 억제

24 화재 시 분무주수에 의한 소화가 가능한 위험물은?

① 탄화칼슘
② 나트륨
③ 마그네슘
④ 유 황

유황(제2류 위험물)
소규모 화재 시 건조된 모래로 질식소화하며, 주수 시에는 다량의 물로 분무주수한다.

25 옥내소화전설비의 화재안전기준상 방수구 및 송수구에 관한 내용으로 옳은 것은?

① 방수구는 바닥으로부터의 높이가 1.5m 이하가 되도록 설치한다.
② 송수구는 지면으로부터 높이가 1.0m 이상 1.5m 이하의 위치에 설치한다.
③ 방수구의 호스는 구경 30mm(호스릴옥내소화전설비의 경우에는 20mm) 이상의 것으로서 특정소방대상물의 각 부분에 물이 유효하게 뿌려질 수 있는 길이로 설치한다.
④ 송수구는 구경 45mm의 쌍구형 또는 단구형으로 설치한다.

② 송수구는 지면으로부터 높이가 0.5m 이상 1m 이하의 위치에 설치한다.
③ 방수구의 호스는 구경 40mm(호스릴옥내소화전설비의 경우에는 25mm) 이상의 것으로서 특정소방대상물의 각 부분에 물이 유효하게 뿌려질 수 있는 길이로 설치한다.
④ 송수구는 구경 65mm의 쌍구형 또는 단구형으로 설치한다.

26 1인 구조자가 소아 심폐소생술을 시행하는 방법으로 옳은 것은?(단, 2015 한국형 심폐소생술 가이드라인을 따른다)

① 가슴압박 위치는 복장뼈(가슴뼈)의 중간부위이다.

② 가슴압박 깊이는 가슴두께의 1/5이다.

③ 가슴압박과 인공호흡의 비는 15 : 2이다.

④ 가슴압박을 중단한 상태에서 심장리듬을 분석한다.

해설 ① 가슴압박 위치는 가슴뼈의 아래쪽 1/2이다.
② 가슴압박 깊이는 가슴두께의 1/3이다.
③ 가슴압박과 인공호흡의 비는 30 : 2이다.

27 심폐소생술에서 가슴압박이 적절하더라도 발생할 수 있는 합병증은?

① 폐타박상 ② 위 내용물의 역류

③ 구 토 ④ 폐흡인

해설 가슴압박이 적절히 시행되더라도 늑골 골절이 발생할 수도 있다. 심폐소생술 후 사망한 환자를 부검한 연구에 의하면 늑골(13~97%)이나 가슴뼈의 골절(1~43%)이 흔히 관찰되었으며 드물지만 기흉, 혈흉, 폐좌상, 간 열상, 지방색전증, 혈심낭염, 대동맥열상, 비장 손상 등이 발생한다고 알려졌다.

28 성인 심정지 환자에게 일반인이 자동제세동기로 1회 제세동 시행 후 다음 단계의 처치는?(단, 2015 한국형 심폐소생술 가이드라인을 따른다)

① 즉시 가슴압박을 시행한다.

② 목동맥의 맥박을 촉지한다.

③ 연이어 1회 제세동을 시행한다.

④ 2회 인공호흡을 시행한다.

29 의료종사자가 소아 심정지를 확인할 때 맥박 촉지 부위는?(단, 2015 한국형 심폐소생술 가이드라인을 따른다)

① 목동맥
② 노동맥
③ 위팔동맥
④ 발등동맥

해설 영아는 위팔동맥, 소아는 목동맥이나 대퇴동맥에서 확인한다.

30 피부의 표피층만 손상된 상태로 피부가 붉게 변하나 수포는 생기지 않는 화상은?

① 1도 화상
② 2도 화상
③ 3도 화상
④ 4도 화상

해설 **화상의 중증도**

1도 화상	• 피부의 표면층만 손상된 상태 • 피부는 붉게 변하지만 수포는 생기지 않음 • 1도 화상은 가벼운 화상이나 일광욕 후에 생기는 화상에서 흔히 관찰됨
2도 화상	• 표피와 진피 일부의 화상 • 진피의 아랫부분과 피하조직은 손상 받지 않음 • 2도 화상에는 물집(수포)가 생기고 통증이 심함
3도 화상	• 진피의 전층이 손상되거나, 진피 아래의 피하지방까지 손상된 화상 • 3도 화상을 입은 부분은 건조되어 피부가 마른 가죽처럼 되면서 색깔이 변함(갈색 또는 흰색) • 응고된 혈관이 화상부위의 피부 아래에서 관찰될 수 있으며 피하지방이 보이기도 함 • 말초신경과 혈관이 파괴되므로 3도 화상을 입은 부분은 감각이 없음

31 자동제세동기를 사용할 때 제세동 순서로 옳은 것은?(단, 2015 한국형 심폐소생술 가이드라인을 따른다)

① 패드 부착 → 전원을 켠다 → 심장 리듬 분석 → 제세동 시행
② 전원을 켠다 → 패드 부착 → 심장 리듬 분석 → 제세동 시행
③ 전원을 켠다 → 심장 리듬 분석 → 패드 부착 → 제세동 시행
④ 패드 부착 → 전원을 켠다 → 제세동 시행 → 심장 리듬 분석

해설 **자동제세동기 사용 순서(2020 한국심폐소생술 가이드라인)**
전원 켜기 → 전극 부착 → 리듬 분석 → 제세동

32 심장성 심정지의 원인은?

① 호흡부전을 초래하는 질환
② 관상동맥 질환
③ 대사 질환
④ 순환혈액량의 감소를 초래하는 질환

해설 급성관상동맥증후군은 심인성 심정지의 가장 흔한 원인이다.

33 소아 심정지 환자 생존사슬(Chain of Survival)의 세 번째 단계는?(단, 2015 한국형 심폐소생술 가이드라인을 따른다)

① 신속한 제세동
② 심정지의 적절한 예방과 신속한 심정지 확인
③ 신속한 신고
④ 신속한 심폐소생술

해설 **소아 심정지 환자 생존사슬(Chain of Survival)**
심정지의 예방과 조기 발견 → 신속한 신고 → 신속한 심폐소생술 → 신속한 제세동 → 효과적 전문소생술과 심정지 후 치료

34 의식이 없는 열사병 환자의 응급처치로 옳지 않은 것은?

① 환자를 더운 환경에서 서늘하고 그늘진 곳으로 옮긴다.
② 환자의 의복을 제거하고 젖은 타월이나 시트로 환자를 덮고 부채로 바람을 불어준다.
③ 체온을 천천히 떨어뜨린다.
④ 심정지 시에는 신속히 심폐소생술을 시행한다.

해설 체온을 빨리 떨어뜨린다.

35 지혈되지 않는 대퇴부 출혈로 생명이 위험할 때 연부 조직의 손상 가능성에도 불구하고 사용하는 지혈 처치법은?

① 거 상　　　　　　　　　　② 지혈대 적용
③ 직접 압박　　　　　　　　④ 동맥 압박

> **해설** 지혈대는 다른 방법으로도 출혈을 멈출 수가 없을 때에 사용되는 방법이다. 신경이나 혈관에 손상을 줄 수 있으며 팔이나 다리에 괴사(壞死)를 초래할 수 있으므로 일정한 시간마다 지혈대를 풀어서 괴사를 방지하는 것이 중요하다. 지혈대를 이용한 방법은 최후의 수단으로 지혈이 어려운 절박한 상황하에서만 활용한다.

36 척수 손상으로 혈관이 이완되어 발생하는 쇼크는?

① 신경성 쇼크
② 심장성 쇼크
③ 출혈성 쇼크
④ 저혈량성 쇼크

> **해설** **신경성 쇼크 특징**
> • 경추손상 등의 척수손상으로 자율신경계가 차단되어 혈관근육이 이완되고 갑자기 많은 혈액이 유입됨으로써 혈압이 저하되어 발생
> • 마취로 인해 비정상적인 혈관수축과 이완 때도 발생
> • 대부분 24시간 이내에 회복
> • 신경계 조절미비로 타 장기기능이 소실될 수도 있다.
> • 추운 환경에서는 체온소실이 급증하여 저체온증에 빠질 우려가 있다.

37 어린이의 뼈가 불완전하게 일부 부러진 골절은?

① 횡 골절
② 나선 골절
③ 부전 골절
④ 굴절 골절

> **해설** **부전 골절**
> 뼈가 완전히 부러지지 않고, 골간의 일부만 부러지는 불완전한 골절로서 성인에 비해 뼈가 유연하고 골막이 두꺼운 어린이에게 많이 발생한다.

38 통증이 시작된 부위가 아닌 다른 부위에서 느끼는 통증은?

① 장기 통증
② 체벽 통증
③ 누름 통증
④ 연관 통증

> **해설** **연관 통증**
> 통증 자극이 생긴 곳이 아닌 다른 곳에서 통증이 인지되는 것을 말한다. 연관 통증의 예로 심근경색으로 조직이 허혈이 있을 때 목, 어깨, 가슴의 뒤쪽에서 통증을 느끼는 것이다.

39 출산 응급처치에 관한 설명으로 옳지 않은 것은?

① 탯줄을 두 개의 제대감자로 결찰하고 제대감자 사이의 탯줄을 소독가위로 잘라준다.
② 첫 번째 결찰은 신생아에 가까운 탯줄에 적용하고 두 번째 결찰은 산모에 가까운 탯줄에 적용한다.
③ 신생아의 몸에 묻어 있는 양수를 수건으로 닦고 담요로 감싸준다.
④ 신생아의 입과 코 안에 있는 태변으로 오염된 양수를 흡인해준다.

> **해설** 첫 번째 결찰은 산모에 가까운 탯줄에 적용하고 두 번째 결찰은 신생아에 가까운 탯줄에 적용한다.

40 분당 10~15L 산소를 연결한 포켓마스크로 인공호흡을 실시할 때 환자에게 제공되는 산소 농도는?

① 약 15~16%
② 약 24~44%
③ 약 50~55%
④ 약 90~100%

> **해설** 포켓마스크는 약 50%의 산소를 환자에게 공급하고 숨을 쉬지 않는 경우에 구조호흡을 강화할 수 있도록 해주는 용도를 가진다.

41 입인두 기도기 크기를 선택할 때 길이를 측정하는 방법은?

① 턱 중심에서 한쪽 아래턱 각까지
② 입 중심에서 한쪽 귓불 끝까지
③ 왼쪽 입 모서리(가장자리)에서 왼쪽 아래턱 각까지
④ 왼쪽 입 모서리(가장자리)에서 왼쪽 귓불 끝까지

해설 적합한 크기의 입인두 기도기는 환자의 입 모서리에서 같은 쪽 얼굴의 귓불까지이다.

42 매슬로의 인간 기본욕구 단계 중 공기, 물, 음식 등을 통하여 생명을 유지하고자 하는 욕구는?

① 생리적 욕구
② 안전과 안정 욕구
③ 사랑과 소속의 욕구
④ 자아실현의 욕구

해설 **매슬로의 욕구 5단계**
- 1단계 : 생리적 욕구 – 먹을 것, 마실 것, 쉴 곳, 성적 만족 그리고 다른 신체적인 욕구
- 2단계 : 안전과 안정 욕구 – 안전과 육체적 및 감정적인 해로움으로부터의 보호욕구
- 3단계 : 사랑과 소속의 욕구 – 애정, 소속감, 받아들여짐, 우정
- 4단계 : 자아존중의 욕구 – 자기존중, 명성, 권력에 대한 욕구
- 5단계 : 자아실현의 욕구 – 성장, 잠재력 달성, 자기충족설, 개인 능력을 발휘하거나 성취하고자 하는 욕구

43 털진드기에 물려서 감염되는 질환은?

① 말라리아
② 렙토스피라증
③ 쯔쯔가무시병
④ 신증후근출혈열

해설 쯔쯔가무시병은 집쥐, 들쥐, 들새, 야생 설치류 등에 기생하는 털진드기 유충에 물려서 감염된다.

44 감염관리에서 멸균에 관한 설명으로 옳은 것은?

① 모든 병원성 미생물을 제거한다.
② 아포를 포함한 미생물을 완전히 제거한다.
③ 유해한 미생물의 성장·번식을 억제한다.
④ 토양과 유기물을 제거한다.

해설 멸균은 아포를 포함한 모든 미생물의 절대적 살균, 혹은 공간적인 제거를 뜻한다.

45 비말접촉을 통해 전파되는 병원체로 옳은 것을 모두 고른 것은?

> ㄱ. 코로나19(COVID-19)
> ㄴ. 백일해
> ㄷ. B형 간염

① ㄱ   ② ㄱ, ㄴ
③ ㄱ, ㄷ   ④ ㄴ, ㄷ

해설 B형 간염의 원인은 B형 간염 바이러스에 의한 감염이다.

46 폐포 환기와 산-염기 상태를 평가하기 위한 호흡기능 검사법은?

① 동맥혈가스분석   ② 폐기능검사
③ 맥박산소측정   ④ 세포학적검사

해설 **동맥혈가스분석**
의식저하나 호흡 곤란이 있을 때 폐에서 산소와 이산화탄소의 교환이 잘 이루어지는지 확인하기 위해, 산소 치료 중이거나 수술 도중 체내 산소와 이산화탄소 수치를 감시하기 위해 시행한다.

47 뼈대근(골격근)의 긴장을 감소시키면서 불안을 완화시키는 비약물적 통증관리는?

① 아스피린 투여
② 이완요법
③ 경피전기신경자극(TENS)
④ 자기조절진통법(PCA)

해설 **비약물적 통증관리**
비약물적 통증중재는 약물중재를 대처하는 것이 아니라 보완하기 위한 방법이다.
• 물리적 요법
  – 표재성 피부자극 : 냉/온요법, 진동
  – TENS(Transcutaneous Electrical Nerve Stimulation) – 수동적 및 능동적 관절범위운동
  – 유아에게 공갈젖꼭지, 마사지, 달래기
• 인지행동요법 : 이완요법, 심상요법, 전환요법, 음악요법
• 맞춤식 통증관리교육

48 응급환자에게 연상기호 OPQRST를 사용하여 평가하는 것은?

① 손상기전
② 현재병력
③ 의식수준
④ 활력징후

> **해설** 현재 병력은 OPQRST법을 이용한다.
> Onset(발병상황), Provocation(유발요인), Quality(성질), Radiation(방사), Severity(심도), Time(통증지속시간)

49 호흡곤란 환자의 허파 확장을 최대한 도울 수 있는 자세는?

① 심스 자세(Sim's Position)
② 무릎가슴 자세(Knee-chest Position)
③ 반앉은 자세(Fowler's Position)
④ 엎드린 자세(Prone Position)

> **해설** **반앉은 자세(Fowler's Position)**
> 일반적인 파울러씨 체위는 45도 올린 상태로 아래의 경우에 적용한다.
> • 흉부수술, 심장질환, 심장 수술 후 에 환자를 편안하게 하기 위함
> • 호흡곤란 시, 배농관의 배액, 흉곽 수술 후
> • 마취회복 후의 체위로서 수술 후에 가장 많이 쓰임
> • 유방 수술 후

50 앉았다가 일어섰을 때 일시적인 현기증을 호소하며 수축기혈압은 20mmHg 이상 감소되었다. 이 환자의 상태는?

① 기립성저혈압(직립성저혈압)
② 고혈압
③ 쿠스마울호흡
④ 심폐기능 정지

> **해설** **기립성저혈압**
> 앉거나 누웠다가 일어설 때 혈압 조절이 잘 이루어지지 않아 혈압이 내려가는 상태를 말한다.

48 ② 49 ③ 50 ① **정답**

51 존스(David K. C. Jones)의 재난분류에 관한 설명으로 옳지 않은 것은?

① 준자연재난에는 온난화현상, 눈사태, 홍수, 전쟁이 포함된다.

② 인적재난에는 광화학연무, 폭동, 교통사고가 포함된다.

③ 지질학적 재난에는 지진, 화산, 쓰나미가 포함된다.

④ 지구물리학적 재난은 지형학적 재난, 기상학적 재난, 지질학적 재난으로 구분된다.

해설 전쟁은 인적재난에 속한다.
준자연재난 : 스모그현상, 온난화현상, 사막화현상, 염수화현상, 눈사태, 산성화, 홍수, 토양침식 등

52 자연재난의 유형별 특징에 관한 설명으로 옳지 않은 것은?

① 황사는 그 속에 섞여 이는 알칼리성 성분이 산성비를 중화함으로써 토양과 호수의 산성화를 방지한다.

② 북반구 중위도에서 태풍 진행방향의 왼쪽은 태풍의 풍향과 이동방향이 비슷하여 풍속이 강해지면서 위험반원이 된다.

③ 지진해일은 해저의 지진이나 화산활동에 의한 지층의 이동으로 발생한다.

④ 황사의 주요 발원지는 중구과 몽골의 사막지대로 상공의 강한 편서풍을 타고 우리나라에 영향을 주고 있다.

해설 **위험반원**
태풍의 오른쪽 반원으로 태풍이 중위도 지방 편서풍대를 지날 때 태풍의 오른쪽 반원은 편서풍과 태풍의 바람이 가세되므로 바람이 강하다.

53 국내의 대형 재난들을 발생한 순서대로 바르게 나열한 것은?

① 성수대교 붕괴 → 삼풍백화점 붕괴 → 태풍 루사 → 대구 지하철 화재 → 세월호 침몰

② 성수대교 붕괴 → 삼풍백화점 붕괴 → 태풍 루사 → 세월호 침몰 → 대구 지하철 화재

③ 삼풍백화점 붕괴 → 성수대교 붕괴 → 태풍 루사 → 대구 지하철 화재 → 세월호 침몰

④ 성수대교 붕괴 → 태풍 루사 → 삼풍백화점 붕괴 → 대구 지하철 화재 → 세월호 침몰

해설 **발생순서**
성수대교 붕괴(1994년) → 삼풍백화점 붕괴(1995년) → 태풍 루사(2002년) → 대구 지하철 화재(2003년) → 세월호 침몰(2014년)

54 재난 및 안전관리 기본법상 재난관리 4단계를 순서대로 바르게 나열한 것은?

① 예방 – 대응 – 대비 – 복구
② 대비 – 예방 – 대응 – 복구
③ 대비 – 대응 – 예방 – 복구
④ 예방 – 대비 – 대응 – 복구

> **해설** 재난 및 안전관리 기본법은 각종 재난으로부터 국토를 보존하고 국민의 생명·신체 및 재산을 보호하기 위하여 국가와 지방자치단체의 재난 및 안전관리체제를 확립하고, 재난의 예방·대비·대응·복구와 안전문화활동, 그 밖에 재난 및 안전관리에 필요한 사항을 규정함을 목적으로 한다.

55 재난관리 방식 중 통합관리방식의 특정을 모두 고른 것은?

ㄱ. 정보전달의 다원화	ㄴ. 총괄적 자원동원과 신속한 대응
ㄷ. 통합대응 및 지휘통제 용이	ㄹ. 특정 재난에 대한 관리활동

① ㄱ, ㄴ
② ㄱ, ㄹ
③ ㄴ, ㄷ
④ ㄷ, ㄹ

> **해설** **재난관리 방식별 장단점 비교**

유 형	분산관리방식	통합관리방식
성 격	유형별 관리	통합적 관리
재난인지능력	미약, 단편적	강력, 종합적
효율성	낮 음	높 음
책임성	소관재난에 대한 관리책임, 부담분산	모든 재난에 대한 관리책임, 과도한 부담 가능성
신속성	낮 음	높 음
총체성	산만한 관리	통합적 관리
활동범위	특정재난에 대한 관리활동	모든 재난에 대한 관리활동
관련부처 및 기관의 수	다수부처 및 기관 관련	소수부처 및 기관 관련
정보의 전달(지휘체계)	정보전달의 다원화, 혼란 우려	정보전달의 단일화, 효율적
제도적 장치(관리체계)	복 잡	보다 간편
장 점	• 전문성 제고가 용이 • 한 사안에 대한 업무의 과다방지	• 총괄적 자원동원과 신속한 대응 • 자원 봉사자 등 가용자원을 효율적으로 활용
단 점	• 각 부처 간 업무의 중복 및 연계 미흡 • 재원 마련과 배분의 복잡성	• 시스템 구축의 어려움 • 부처이기주의 작용과 기존 조직들의 반발 가능성이 높음

54 ④ 55 ③ **정답**

56 재난발생 이후 복구 단계에서의 활동 내용으로 옳지 않은 것은?

① 현장의 피해규모 및 상황파악
② 현장지휘 활동개시
③ 피해자 지원 및 임시 거주지 마련
④ 피해규모에 따른 복구계획 수립

> **해설** 현장지휘 활동개시는 대응단계의 활동에 속한다.
> **복구 단계의 행정활동**
> • 피해평가, 잔해물 제거 및 방역 활동, 이재민 지원, 임시거주지 마련, 보험금 지급 등의 활동이 이루어진다.
> • 장기복구계획의 수립, 손실에 대한 정확한 평가, 재난구호 및 원조센터의 설립, 복구능력의 평가, 복구를 위한 기술적 정보제공, 구호사업, 재건축, 대주민 홍보활동이 속하게 된다.
> • 손상된 전선이복, 전화의 복구 또는 온갖 잡동사니와 쓰레기로 뒤덮인 거리나 도시를 청소하는 단계적인 복구작업일 수도 있고, 무너지거나 파괴된 도로나 건물 또는 도시전체를 재건립하는 장기적인 복구작업일 수도 있다.

57 우리나라 재난관리의 추진방향으로 옳은 것은?

① 협력과 부처 간의 업무조정 방식에서 명령, 지식, 통제, 감독의 방식으로 변화한다.
② 사전적 대응과 복구 중심에서 예방 및 대비강화 중심으로 변화한다.
③ 민관협업과 중앙·지방 간의 협업 방식을 배제하고 중앙정부와 공공부문에서 주도하는 방식으로 변화한다.
④ 재난관리활동에 일반시민의 참여와 실천을 가급적 배제한다.

> **해설** 우리나라의 재난관리체계의 특징은 범정부가 함께 참여하여 협력하는 것이다. 대규모 재난이 발생하면 재난의 대응·복구를 총괄·조정하는 중앙재난안전대책본부를 설치하고, 각 부처에서 소관 재난유형을 관리하는 중앙사고수습본부, 지자체는 지역 차원의 재난 대응을 총괄·조정하는 지역재난안전대책본부를 설치한다.

58 우리나라의 기상특보 발표기준으로 옳지 않은 것은?

① 호우경보 : 12시간 강우량이 180mm 이상 예상될 때

② 강풍경보 : 육상에서 풍속 21m/s 이상 또는 순간풍속 26m/s 이상이 예상될 때

③ 대설경보 : 산지는 24시간 신적설이 30cm 이상 예상될 때

④ 풍랑경보 : 해상에서 풍속 14m/s 이상이 3시간 이상 지속되거나 유의파고가 3m 이상이 예상될 때

> **해설** **풍랑주의보와 경보**
> • 주의보 : 해상에서 풍속 14m/s 이상이 3시간 이상 지속되거나 유의파고가 3m 이상이 예상될 때
> • 경보 : 해상에서 풍속 21m/s 이상이 3시간 이상 지속되거나 유의파고가 5m 이상이 예상될 때

59 재난 및 안전관리 기본법상 재난관리정보의 처리를 하는 재난관리책임기관에 종사하였던 자가 직무상 알게 된 재난관리정보를 누설하였을 때의 벌칙 기준으로 옳은 것은?

① 200만원 이하의 벌금

② 300만원 이하의 벌금

③ 500만원 이하의 벌금

④ 1,000만원 이하의 벌금

> **해설** **500만원 이하의 벌금(법 제80조)**
> • 정당한 사유 없이 응급부담에 따른 토지·건축물·인공구조물, 그 밖의 소유물의 일시 사용 또는 장애물의 변경이나 제거를 거부 또는 방해한 자
> • 직무상 알게 된 재난관리정보를 누설하거나 권한 없이 다른 사람이 이용하도록 제공하는 등 부당한 목적으로 사용한 자
> • 정당한 사유 없이 행정안전부장관 또는 지방자치단체의 장의 요청에 따르지 아니한 자

58 ④ 59 ③ **정답**

60 재난 및 안전관리 기본법령상 행정안전부장관이 대규모의 재난 발생에 대비하여 재난관리체계 등을 평가하는 경우, 평가 사항으로 옳지 않은 것은?

① 재난예방을 위한 교육·홍보 실태
② 재난경계지구의 지정 실태
③ 특정관리대상지역과 국가핵심기반의 관리 실태
④ 재난상황 관리의 운용 실태

> **해설** **재난관리체계 등의 평가(시행령 제42조제1항)**
> 행정안전부장관은 법에 따라 대규모의 재난 발생에 대비한 단계별 예방·대응 및 복구과정을 평가하는 경우에는 다음의 사항을 평가할 수 있다.
> • 집행계획, 세부집행계획, 시·도안전관리계획 및 시·군·구안전관리계획의 평가
> • 재난예방을 위한 교육·홍보 실태
> • 재난 및 안전관리 분야 종사자의 전문교육 이수 실태
> • 특정관리대상지역과 국가핵심기반의 관리 실태
> • 재난유형별 위기관리 매뉴얼의 작성·운용 및 관리 실태
> • 응급대책을 위한 자재·물자·장비·이재민수용시설 등의 지정 및 관리 실태
> • 재난상황 관리의 운용 실태
> • 자체복구계획 또는 재난복구계획에 따라 시행하는 사업의 추진 사항 등

61 재난 및 안전관리 기본법상 특별재난지역의 선포권자는?

① 소방청장
② 행정안전부장관
③ 국무총리
④ 대통령

> **해설** **특별재난지역의 선포(법 제60조제3항)**
> 특별재난지역의 선포를 건의 받은 대통령은 해당 지역을 특별재난지역으로 선포할 수 있다.

62 재난 및 안전관리 기본법상 긴급구조 현장지휘의 사항이 아닌 것은?

① 의료기관에 필요한 물자의 관리
② 자원봉사자 등에 대한 임무의 부여
③ 재난현장에서 인명의 탐색·구조
④ 추가 재난의 방지를 위한 응급조치

> **해설** **긴급구조 현장지휘(법 제52조제2항)**
> 현장지휘는 다음의 사항에 관하여 한다.
> • 재난현장에서 인명의 탐색·구조
> • 긴급구조기관 및 긴급구조지원기관의 인력·장비의 배치와 운용
> • 추가 재난의 방지를 위한 응급조치
> • 긴급구조지원기관 및 자원봉사자 등에 대한 임무의 부여
> • 사상자의 응급처치 및 의료기관으로의 이송
> • 긴급구조에 필요한 재난관리자원의 관리
> • 현장접근 통제, 현장 주변의 교통정리, 그 밖에 긴급구조활동을 효율적으로 하기 위하여 필요한 사항

63 재난 및 안전관리 기본법령상 안전점검의 날과 방재의 날을 바르게 나열한 것은?

① 안전점검의 날 : 매월 5일, 방재의 날 : 매년 5월 25일
② 안전점검의 날 : 매월 4일, 방재의 날 : 매년 4월 25일
③ 안전점검의 날 : 매월 4일, 방재의 날 : 매년 5월 25일
④ 안전점검의 날 : 매월 5일, 방재의 날 : 매년 4월 25일

> **해설** 안전점검의 날은 매월 4일로 하고, 방재의 날은 매년 5월 25일로 한다.

64 재난 및 안전관리 기본법상 행정안전부장관의 업무가 아닌 것은?

① 지방자치단체의 재난 및 안전관리업무에 대하여 필요한 지원과 지도를 할 수 있다.
② 국가 및 지방자치단체가 행하는 재난 및 안전관리업무를 총괄·조정한다.
③ 매년 재난 및 안전관리 사업의 효과성 및 효율성을 평가한다.
④ 재난이 발생할 경우 그 피해를 최소화하기 위하여 재난 및 안전관리업무에 종사하는 자가 지켜야 할 사항 등을 정한 안전관리헌장을 제정·고시하여야 한다.

> **해설** 국무총리는 재난을 예방하고, 재난이 발생할 경우 그 피해를 최소화하기 위하여 재난 및 안전관리업무에 종사하는 자가 지켜야 할 사항 등을 정한 안전관리헌장을 제정·고시하여야 한다(법 제66조의8).

62 ① 63 ③ 64 ④ **정답**

65 재난 및 안전관리 기본법령상 집중 안전점검 기간 운영계획에 포함되어야 하는 사항이 아닌 것은?

① 집중 안전점검 기간, 추진 일정, 점검 대상 및 방법에 관한 사항
② 재난예방 및 국민의 안전의식 개선에 관한 사항
③ 집중 안전점검 기간 운영 실적 평가에 관한 사항
④ 집중 안전점검 결과에 대한 이력관리 및 사전조치 등에 관한 사항

> **해설** **집중 안전점검 기간 운영계획(시행령 제39조의4제2항)**
> 집중안전점검기간운영계획에는 다음의 사항이 포함되어야 한다.
> • 집중 안전점검 기간, 추진 일정, 점검 대상 및 방법에 관한 사항
> • 재난예방 및 국민의 안전의식 개선에 관한 사항
> • 집중 안전점검 기간 운영 실적 평가에 관한 사항
> • 집중 안전점검 결과에 대한 이력관리 및 후속조치 등에 관한 사항
> • 그 밖에 집중 안전점검 기간 운영에 필요한 사항

66 재난 및 안전관리 기본법상 국가적 차원에서 관리가 필요한 재난에 대하여 재난 관리체계와 관계 기관의 임무와 역할을 규정한 문서는?

① 위기관리 실무매뉴얼
② 위기관리 표준매뉴얼
③ 현장조치 행동매뉴얼
④ 현장조치 실무매뉴얼

> **해설** **재난분야 위기관리 매뉴얼 작성·운용(법 제34조의5제1항)**
> 재난관리책임기관의 장은 재난을 효율적으로 관리하기 위하여 재난유형에 따라 다음의 위기관리 매뉴얼을 작성·운용하고 이를 준수하도록 노력하여야 한다. 이 경우 재난대응활동계획과 위기관리 매뉴얼이 서로 연계되도록 하여야 한다.
> • 위기관리 표준매뉴얼 : 국가적 차원에서 관리가 필요한 재난에 대하여 재난관리 체계와 관계 기관의 임무와 역할을 규정한 문서로 위기대응 실무매뉴얼의 작성 기준이 되며, 재난관리주관기관의 장이 작성한다. 다만, 다수의 재난관리주관기관이 관련되는 재난에 대해서는 관계 재난관리주관기관의 장과 협의하여 행정안전부장관이 위기관리 표준매뉴얼을 작성할 수 있다.
> • 위기대응 실무매뉴얼 : 위기관리 표준매뉴얼에서 규정하는 기능과 역할에 따라 실제 재난대응에 필요한 조치사항 및 절차를 규정한 문서로 재난관리주관기관의 장과 관계 기관의 장이 작성한다. 이 경우 재난관리주관기관의 장은 위기대응 실무매뉴얼과 제1호에 따른 위기관리 표준매뉴얼을 통합하여 작성할 수 있다.
> • 현장조치 행동매뉴얼 : 재난현장에서 임무를 직접 수행하는 기관의 행동조치 절차를 구체적으로 수록한 문서로 위기대응 실무매뉴얼을 작성한 기관의 장이 지정한 기관의 장이 작성하되, 시장·군수·구청장은 재난유형별 현장조치 행동매뉴얼을 통합하여 작성할 수 있다. 다만, 현장조치 행동매뉴얼 작성 기관의 장이 다른 법령에 따라 작성한 계획·매뉴얼 등에 재난유형별 현장조치 행동매뉴얼에 포함될 사항이 모두 포함되어 있는 경우 해당 재난유형에 대해서는 현장조치 행동매뉴얼이 작성된 것으로 본다.

67 자연재해대책법상 지구단위종합복구계획의 수립권자는?

① 중앙대책본부장
② 지방자치단체장
③ 중앙안전관리위원회 위원장
④ 지역대책본부장

> **해설** **지구단위종합복구계획 수립(법 제46조의3제1항)**
> 중앙대책본부장은 해당 재난관리책임기관의 의견을 들은 후 국가 및 지방자치단체 소관 시설에 자연재해가 발생한 지역 중 다음에 해당하는 지역에 대하여 지구단위종합복구계획을 수립할 수 있다.
> • 도로·하천 등의 시설물에 복합적으로 피해가 발생하여 시설물별 복구보다는 일괄 복구가 필요한 지역
> • 산사태 또는 토석류로 인하여 하천 유로변경 등이 발생한 지역으로서 근원적 복구가 필요한 지역
> • 복구사업을 위하여 국가 차원의 신속하고 전문적인 인력·기술력 등의 지원이 필요하다고 인정되는 지역
> • 피해 재발 방지를 위하여 기능복원보다는 피해지역 전체를 조망한 예방·정비가 필요하다고 인정되는 지역
> • 자연재해로 인하여 생활의 근간을 상실한 피해지역으로서 피해지역의 재생, 공동체 회복 등 자연재해에 대한 회복력 강화 조치가 필요하다고 인정되는 지역
> • 위에 규정한 지역 외에 자연재해의 근원적 복구와 예방이 필요한 지역으로서 대통령령으로 정하는 지역

68 긴급구조대응활동 및 현장지휘에 관한 규칙상 긴급구조대응계획에 관한 설명으로 옳은 것은?

① 긴급구조대응계획을 수립하는 경우 긴급구조기관의 장이 단독으로 확정한다.
② 긴급구조대응계획심의위원회의 위원은 5인 이상 15인 이하로 한다.
③ 기능별 긴급구조대응계획을 작성한 긴급구조지원기관의 장은 긴급구조세부대응계획을 작성하여야 한다.
④ 긴급구조기관의 장은 긴급구조대응계획을 작성하는 경우 긴급구조지원기관 등 관련기관 및 단체에게 배포하고 긴급구조대응계획 배포관리대장에 기록·관리하여야 한다.

> **해설** ① 긴급구조기관의 장은 긴급구조관련기관과 협의하여 자원지원수용체제를 재난의 유형별로 수립한다(규칙 제8조 제1항).
> ② 위원회의 위원장은 긴급구조기관의 장이 되고, 위원은 긴급구조지원기관의 장으로 구성하되 위원장을 포함하여 7인 이상 11인 이하로 한다(규칙 제29조제2항).
> ③ 기능별 긴급구조대응계획을 작성한 긴급구조지원기관의 장은 긴급구조세부대응계획을 작성하지 않을 수 있다(규칙 제30조제2항).

69 긴급구조대응활동 및 현장지휘에 관한 규칙상 긴급구조의 업무를 지휘하는 '현장지휘관'에 해당하지 않는 자는?

① 중앙통제단장
② 지역통제단장
③ 지방통제단장
④ 통제단장의 사전명령이나 위임에 따라 현장 지휘를 하는 소방관서의 지휘대장

> **해설** **정의(규칙 제2조제4호)**
> "현장지휘관"이란 긴급구조의 업무를 지휘하는 다음의 어느 하나에 해당하는 사람을 말한다.
> • 중앙통제단장
> • 시·도긴급구조통제단장 또는 시·군·구긴급구조통제단장(이하 "지역통제단장"이라 한다)
> • 통제단장(중앙통제단장 및 지역통제단장을 말한다)의 사전명령에 따라 현장지휘를 하는 소방관서 선착대의 장 또는 긴급구조지휘대의 장

70 긴급구조대응활동 및 현장지휘에 관한 규칙상 긴급구조지휘대가 수행하는 기능이 아닌 것은?

① 통제단이 가동되기 전 재난초기 시 현장지휘
② 주요 긴급구조지원기관과의 합동으로 현장지휘의 조정·통제
③ 일부 부분적인 지역에 사고의 발생 시 전진지휘
④ 화재 등 일상적 사고의 발생 시 현장지휘

> **해설** **긴급구조지휘대의 구성 및 기능(규칙 제16조제2항)**
> 긴급구조지휘대는 다음의 기능을 수행한다.
> • 통제단이 가동되기 전 재난초기 시 현장지휘
> • 주요 긴급구조지원기관과의 합동으로 현장지휘의 조정·통제
> • 광범위한 지역에 걸친 재난발생 시 전진지휘
> • 화재 등 일상적 사고의 발생 시 현장지휘

71 긴급구조대응활동 및 현장지휘에 관한 규칙상 현장응급의료소의 설치 등에 관한 설명으로 옳지 않은 것은?

① 통제단장은 사상자 수에 따라 재난현장에 적정한 현장응급의료소를 설치·운영해야 한다.

② 통제단장은 재난현장에서 제일 가까운 곳에 현장응급의료소를 설치해야 한다.

③ 현장응급의료소에는 소장 1명과 분류반·응급처치반 및 이송반을 둔다.

④ 현장응급의료소의 소장은 의료소가 설치된 지역을 관할하는 보건소장이 된다.

> **해설** **현장응급의료소의 설치 등(규칙 제20조제1항)**
> 통제단장은 재난현장에 출동한 응급의료관련자원을 총괄·지휘·조정·통제하고, 사상자를 분류·처치
> 또는 이송하기 위하여 사상자의 수에 따라 재난현장에 적정한 현장응급의료소를 설치·운영해야 한다.

72 자연재해대책법상 재난관리책임기관의 장이 자연재해 예방을 위하여 조치를 하여야 하는 소관 업무에 해당하지 않는 것은?

① 설해대책

② 낙뢰대책

③ 화재대책

④ 폭염대책

> **해설** 화재는 사회재난에 속한다.
> **자연재난** : 태풍, 홍수, 호우(豪雨), 강풍, 풍랑, 해일(海溢), 대설, 한파, 낙뢰, 가뭄, 폭염, 지진, 황사(黃砂),
> 조류(藻類) 대발생, 조수(潮水), 화산활동, 우주개발 진흥법에 따른 자연우주물체의 추락·충돌, 그 밖에
> 이에 준하는 자연현상으로 인하여 발생하는 재해

73 자연재해대책법상 자연재해가 발생하거나 발생할 우려가 있는 경우, 긴급지원계획을 수립하여야 할 중앙행정기관의 장과 그 소관 사무에 해당하는 사항을 바르게 연결한 것은?

① 과학기술정보통신부 : 긴급 에너지수급 지원 등에 관한 사항
② 행정안전부 : 이재민의 수용, 구호, 긴급 재정 지원, 정보의 수집, 분석, 전파 등에 관한 사항
③ 국토교통부 : 인력 및 장비의 지원 등에 관한 사항
④ 산업통상자원부 : 재해 발생 지역의 통신소통 원활화 등에 관한 사항

> **해설** **중앙긴급지원체계의 구축(법 제35조)**
> 중앙행정기관의 장은 자연재해가 발생하거나 발생할 우려가 있는 경우에는 신속한 국가 지원을 위하여 다음의 사항 중 소관 사무에 해당하는 사항에 대하여 긴급지원계획을 수립하여야 한다.
> • 과학기술정보통신부 : 재해발생지역의 통신 소통 원활화 등에 관한 사항
> • 국방부 : 인력 및 장비의 지원 등에 관한 사항
> • 행정안전부 : 이재민의 수용, 구호, 긴급 재정 지원, 정보의 수집, 분석, 전파 등에 관한 사항
> • 문화체육관광부 : 재해 수습을 위한 홍보 등에 관한 사항
> • 농림축산식품부 : 농축산물 방역 등의 지원 등에 관한 사항
> • 산업통상자원부 : 긴급에너지 수급 지원 등에 관한 사항
> • 보건복지부 : 재해발생지역의 의료서비스 및 위생 등에 관한 사항
> • 환경부 : 긴급 용수 지원, 유해화학물질의 처리 지원, 재해발생지역의 쓰레기 수거·처리 지원 등에 관한 사항
> • 국토교통부 : 비상교통수단 지원 등에 관한 사항
> • 해양수산부 : 해운물류 지원 등에 관한 사항
> • 조달청 : 복구자재 지원 등에 관한 사항
> • 경찰청 : 재해발생지역의 사회질서 유지 및 교통 관리 등에 관한 사항
> • 질병관리청 : 감염병 예방 및 방역 지원 등에 관한 사항
> • 해양경찰청 : 해상에서의 각종 지원 및 수난(水難) 구호 등에 관한 사항
> • 그 밖에 대통령령으로 정하는 부처별 긴급지원에 관한 사항

74 자연재해대책법의 목적의 내용이다. 다음 (   )에 들어갈 단어를 바르게 나열한 것은?

> 이 법은 태풍, 홍수 등 자연현상으로 인한 재난으로부터 (   )를 보존하고 국민의 생명·신체 및 재산과 주요 기간시설을 보호하기 위하여 자연재해의 (   ) 및 그 밖의 대책에 관하여 필요한 사상을 규정함을 목적으로 한다.

① 국토, 예방·복구
② 국가, 예방·복구
③ 국토, 대비·대응
④ 국가, 대비·대응

해설 **목적(법 제1조)**
이 법은 태풍, 홍수 등 자연현상으로 인한 재난으로부터 국토를 보존하고 국민의 생명·신체 및 재산과 주요 기간시설(基幹施設)을 보호하기 위하여 자연재해의 예방·복구 및 그 밖의 대책에 관하여 필요한 사항을 규정함을 목적으로 한다.

75 자연재해대책법상 우수유출저감대책에 포함되어야 할 사항은?

① 우수유출저감시설의 규모에 관한 사항
② 우수유출저감시설의 구조에 관한 사항
③ 우수유출저감시설의 연도별 설치에 관한 사항
④ 우수유출저감시설의 인력에 관한 사항

해설 **우수유출저감대책 수립(법 제19조제3항)**
유수유출저감대책에는 다음의 사항이 포함되어야 한다.
- 우수유출저감 목표와 전략
- 우수유출저감대책의 기본 방침
- 우수유출저감시설의 연도별 설치에 관한 사항
- 우수유출저감시설 설치를 위한 재원대책
- 재해의 예방을 위한 우수유출저감시설 관리방안
- 유휴지, 불모지 등을 이용한 우수유출저감대책
- 그 밖에 특별시장·광역시장·특별자치시장·특별자치도지사 및 시장·군수가 필요하다고 인정하는 사항

74 ①   75 ③   **정답**

2022년 최근 기출문제

01 연기농도에 따른 감광계수가 0.1m⁻¹일 때의 가시거리 및 연기 상황으로 옳은 것은?

① 가시거리가 20~30m 정도이며, 연기감지기가 작동할 정도의 농도

② 가시거리가 5m 정도이며, 건물 내부에 익숙한 사람이 피난에 지장을 느낄 정도의 농도

③ 가시거리가 3m 정도이며, 어두침침함을 느낄 정도의 농도

④ 가시거리가 1~2m 정도이며, 거의 앞이 보이지 않을 정도의 농도

해설 **감광계수와 가시거리**

감광계수(m^{-1})	가시거리(m)	상 황
0.1	20~30	연기감지기가 작동할 때의 농도
0.3	5	건물 내부에 익숙한 사람이 피난에 지장을 느낄 정도의 농도
0.5	3	어두침침함을 느낄 정도의 농도
1	1~2	거의 앞이 보이지 않을 정도의 농도

02 0℃의 이상기체는 몇 ℃에서 체적이 2배가 되는가?(단, 압력은 일정하다)

① 136.5

② 273

③ 409.5

④ 546

해설 이상기체 상태방정식 $PV = nRT$로 부터

여기서, P : 절대압력(Pa = N/m²), V : 부피(m³), n : 몰수(kmol), R : 기체상수, T : 절대온도

$\dfrac{V_1}{T_1} = \dfrac{V_2}{T_2}$ 에서 체적이 2배가 되어야 하므로

$\dfrac{V_1}{T_1} = \dfrac{2V_1}{T_2}$ 이고 T_2 에 대하여 정리하면

$T_2 = \dfrac{2V_1 \times T_1}{V_1}$ 이다. $T_1 = 0 + 273 = 273$K 이므로

$T_2 = 2 \times 273 = 546$K 이다.

섭씨온도(℃) = 절대온도(K) − 273이므로

546 − 273 = 273℃

03 화재예방, 소방시설 설치·유지 및 안전관리에 관한 법령상 분말 형태의 소화약제를 사용하는 소화기의 내용연수는?

① 5년

② 10년

③ 15년

④ 20년

> **해설** 분말 형태의 소화약제를 사용하는 소화기의 내용연수는 10년으로 한다(소방시설 설치 및 관리에 관한 법률 시행령 제19조).

04 공기 중 위험도가 가장 큰 물질은?(단, 위험도 = (연소상한계 − 연소하한계) ÷ (연소하한계) 로 계산한다)

① 암모니아

② 일산화탄소

③ 아세틸렌

④ 메 탄

> **해설** **가연성 증기의 연소범위(vol%)와 위험도**
>
> | 구 분 | 연소범위(vol%) | 위험도 |
> |---|---|---|
> | 암모니아 | 15.7~27.4 | 0.75 |
> | 일산화탄소 | 12.5~75 | 5 |
> | 아세틸렌 | 2.5~82 | 31.8 |
> | 메 탄 | 5~15 | 2 |

3 ② 4 ③ **정답**

05 훈소에 관한 설명으로 옳지 않은 것은?

① 화염이 없는 무염연소의 일종이다.
② 산소가 충분하지 않은 경우 발생하며 화염 없이 다량의 연기를 발생시킨다.
③ 산소가 충분한 경우 불꽃화염으로 연소가 진행될 수 있다.
④ 확산연소이며 목재, 석탄, 종이 등과 같이 열분해에 의해 발생된다.

> **해설** ④ 훈소는 표면연소에 해당한다. 가열 시 열분해에 의해 증발되는 성분이 없이 물체 표면에서 산소와 직접 반응하여 연소 가능한 물질이 분해하여 연소하는 형태로, 산화반응에 의해 열과 빛을 발생한다(휘발분도 없고 열분해 반응도 없기 때문에 불꽃이 없다).

06 건축법상 고층건축물의 정의이다. (   )에 들어갈 내용으로 옳은 것은?

> 고층건축물이란 층수가 (ㄱ)층 이상이거나 높이가 (ㄴ)m 이상인 건축물을 말한다.

① ㄱ : 20, ㄴ : 100　　　　　② ㄱ : 30, ㄴ : 120
③ ㄱ : 40, ㄴ : 150　　　　　④ ㄱ : 50, ㄴ : 200

> **해설** 고층건축물이란 층수가 30층 이상이거나 높이가 120m 이상인 건축물을 말한다(건축법 제2조).

07 내화구조로 구획된 건물화재에서 환기지배형화재의 환기요소에 관한 내용이다. (   )에 들어갈 내용으로 옳은 것은?

> 환기요소는 개구부의 (ㄱ)에 비례하고, 개구부의 (ㄴ)의 (ㄷ)에 비례한다.

① ㄱ : 면적, ㄴ : 높이, ㄷ : 제곱
② ㄱ : 높이, ㄴ : 면적, ㄷ : 제곱근
③ ㄱ : 면적, ㄴ : 높이, ㄷ : 제곱근
④ ㄱ : 높이, ㄴ : 면적, ㄷ : 제곱

> **해설** **환기지배형화재의 연소속도**
> $R = 0.5A\sqrt{H}$
> 여기서, R(kg/min) : 연소속도
> 　　　　A(m²) : 개구부 면적
> 　　　　H(m) : 개구부 높이

08 소방기본법령상 (　)에 들어갈 내용으로 옳은 것은?

> 제1조의3(소방업무에 관한 종합계획 및 세부계획의 수립·시행)
> ① 소방청장은 법 제6조제1항에 따른 소방업무에 관한 종합계획을 관계 중앙행정기관의 장과의 협의를 거쳐 계획 시행 전년도 (　)까지 수립해야 한다.
> ② 법 제6조제2항제7호에서 "대통령령으로 정하는 사항"이란 다음 각 호의 사항을 말한다.
>   1. 재난·재해 환경 변화에 따른 소방업무에 필요한 대응 체계 마련
>   2. 장애인, 노인, 임산부, 영유아 및 어린이 등 이동이 어려운 사람을 대상으로 한 소방활동에 필요한 조치

① 9월 30일　　　　　　　　② 10월 31일
③ 11월 30일　　　　　　　④ 12월 31일

해설 소방청장은 법 제6조제1항에 따른 소방업무에 관한 종합계획을 관계 중앙행정기관의 장과의 협의를 거쳐 계획 시행 전년도 10월 31일까지 수립해야 한다(소방기본법 시행령 제1조의3).

09 소방기본법령상 화재원인조사의 종류에 해당하지 않는 것은?

① 연소상황 조사　　　　　② 피난상황 조사
③ 인명피해 조사　　　　　④ 소방시설 등 조사

해설 ※ 출제 당시에는 정답이 ③이었으나, 법령의 개정(2023.1.26.)으로 해당 내용이 삭제되어 정답 없음으로 처리하였다.

10 20℃, 1기압에서 부탄(butane)가스 3몰(mol)을 완전연소시키는 데 필요한 공기량은 약 몇 몰인가?(단, 공기 중 산소 농도는 21vol%이다)

① 28.57　　　　　　　　　② 50.23
③ 71.42　　　　　　　　　④ 92.86

해설 부탄(C_4H_{10}) : $C_4H_{10} + 6.5O_2 \rightarrow 4CO_2 + 5H_2O + 687.64kcal$
부탄을 연소할 때 6.5mol의 산소가 필요하다.

$$이론공기량 = \frac{이론산소량}{산소농도} = \frac{6.5 \times 3}{0.21} = 92.857mol$$

11 물의 화학적 성질에 해당하는 것을 모두 고른 것은?

ㄱ. 극성공유결합	ㄴ. 수소결합
ㄷ. 용융잠열	ㄹ. 증발잠열

① ㄱ, ㄴ   ② ㄱ, ㄹ

③ ㄴ, ㄷ   ④ ㄷ, ㄹ

> **해설** **물의 화학적 성질**
> • 극성공유결합 : 물의 형성은 수소와 산소 원자 사이의 극성공유결합 때문이다.
> • 수소결합 : 물 분자는 분자 간 수소결합을 형성한다.

12 프로판(propane)의 최소산소농도(MOC : Minimum Oxygen for Combustion)는 약 몇 vol%인가?(단, 프로판의 연소하한계는 2.1vol%이다)

① 10.5   ② 12.6

③ 14.4   ④ 16.8

> **해설** **프로판의 완전연소 반응식**
> $C_3H_8 + 5O_2 \rightarrow 3CO_2 + 4H_2O$이므로
> $MOC = 2.1 \times \dfrac{5}{1} = 10.5\%$

13 할로겐화합물 및 불활성기체 소화설비의 화재안전기준상 할로겐화합물 소화약제량 산출식에 관한 설명으로 옳지 않은 것은?

$$W = \frac{V}{S} \times \frac{C}{(100 - C)}$$

① W는 소화약제의 무게(kg)이다.

② V는 방호구역의 체적(m^3)이다.

③ S는 소화약제별 선형상수(kg/m^3)이다.

④ C는 체적에 따른 소화약제의 설계농도(%)이다.

> **해설** S는 소화약제별 선형상수($K_1 + K_2 \times t$)(m^3/kg)이다.

14 점화원 부분을 기름 속에 넣어 기름면 위에 존재하는 폭발성 가스 또는 증기에 인화될 우려가 없도록 한 방폭구조는?

① 유입방폭구조

② 몰드방폭구조

③ 본질안전방폭구조

④ 안전증방폭구조

> **해설** ② 몰드방폭구조 : 폭발성 가스 또는 증기에 점화시킬 수 있는 전기불꽃이나 고온 발생 부분을 콤파운드로 밀폐시킨 구조
> ③ 본질안전방폭구조 : 정상 시 및 사고 시(단선, 단락, 지락 등)에 발생하는 전기불꽃, 아크 또는 고온에 의하여 폭발성 가스 또는 증기에 점화되지 않는 것이 점화시험, 기타에 의하여 확인된 구조
> ④ 안전증방폭구조 : 정상운전 중에 폭발성 가스 또는 증기에 점화원이 될 전기불꽃, 아크 또는 고온 부분 등의 발생을 방지하기 위하여 기계적·전기적 구조상 또는 온도 상승에 대해서 특히 안전도를 증가시킨 구조

15 제2종 분말소화약제에 관한 설명으로 옳지 않은 것은?

① 주성분은 $KHCO_3$이다.

② 칼륨이온은 부촉매작용을 한다.

③ 제1종 분말소화약제보다 비누화 반응이 크다.

④ B급, C급 화재에 적응성이 있다.

> **해설** ③ 비누화 반응은 제1종 분말소화약제에서 주로 일어난다.
> **제2종 분말소화약제**
> 제1종과 제2종 분말이 각각 열분해될 때 공통적으로 생성되는 물질인 이산화탄소와 수증기에 의한 질식 및 냉각효과와 나트륨염과 칼륨염에 의한 부촉매효과가 소화의 주체이다.

16 다음은 할로겐화합물 및 불활성기체 소화약제에 관한 설명이다. ( )에 들어갈 내용으로 옳지 않은 것은?

"불활성기체 소화약제"란 헬륨, (ㄱ), (ㄴ) 또는 (ㄷ) 중 하나 이상의 원소를 기본성분으로 하는 소화약제를 말한다.

① ㄱ : 염소, ㄴ : 브롬, ㄷ : 요오드

② ㄱ : 불소, ㄴ : 염소, ㄷ : 브롬

③ ㄱ : 네온, ㄴ : 아르곤, ㄷ : 질소가스

④ ㄱ : 할론, ㄴ : 요오드, ㄷ : 이산화탄소

> **해설** 불활성기체소화약제란 헬륨, 네온, 아르곤 또는 질소가스 중 하나 이상의 원소를 기본성분으로 하는 소화약제를 말한다.

17 펌프와 발포기의 중간에 설치된 벤투리관의 벤투리 작용과 펌프 가압수의 포소화약제 저장탱크에 대한 압력에 따라 포소화약제를 흡입·혼합하는 방식은?

① 라인 프로포셔너 방식
② 프레셔 프로포셔너 방식
③ 펌프 프로포셔너 방식
④ 프레셔사이드 프로포셔너 방식

해설
① 라인 프로포셔너 방식 : 펌프와 발포기의 중간에 설치된 벤투리관의 벤투리 작용에 따라 포소화약제를 흡입·혼합하는 방식
③ 펌프 프로포셔너 방식 : 펌프의 토출관과 흡입관 사이의 배관 도중에 설치한 흡입기에 펌프에서 토출된 물의 일부를 보내고, 농도 조절밸브에서 조정된 포소화약제의 필요량을 포소화약제 탱크에서 펌프 흡입측으로 보내어 이를 혼합하는 방식
④ 프레셔사이드 프로포셔너 방식 : 펌프의 토출관에 압입기를 설치하여 포소화약제 압입용 펌프로 포소화약제를 압입시켜 혼합하는 방식

18 물 소화약제 무상주수 시 적응화재로 옳지 않은 것은?

① 일반화재
② 유류화재
③ 전기화재
④ 금속화재

해설
물을 사용하면 폭발하거나 가연성 가스를 발하는 금수성 물질에는 사용할 수 없다.

19 화재감지기가 화재를 감지하여 설비를 가동시키는 스프링클러설비 방식으로만 나열한 것은?

① 습식, 준비작동식
② 건식, 준비작동식
③ 건식, 일제살수식
④ 준비작동식, 일제살수식

해설 **스프링클러설비 방식**
• 준비작동식 스프링클러설비 : 가압송수장치에서 준비작동식 유수검지장치 1차 측까지 배관 내에 항상 물이 가압되어 있고 2차 측에서 폐쇄형 스프링클러헤드까지 대기압 또는 저압으로 있다가 화재발생 시 감지기의 작동으로 준비작동식 유수검지장치가 작동하여 폐쇄형 스프링클러헤드까지 소화용수가 송수되어 폐쇄형 스프링클러헤드가 열에 따라 개방되는 방식의 스프링클러설비를 말한다.
• 일제살수식 스프링클러설비 : 가압송수장치에서 일제개방밸브 1차 측까지 배관 내에 항상 물이 가압되어 있고 2차 측에서 개방형 스프링클러헤드까지 대기압으로 있다가 화재발생 시 자동감지장치 또는 수동식 기동장치의 작동으로 일제개방밸브가 개방되면 스프링클러헤드까지 소화용수가 송수되는 방식의 스프링클러설비를 말한다. 작동원리가 준비작동식과 유사하다.

20 화재 발생으로 인하여 10m²의 벽면 온도가 100℃까지 상승하였다. 이 벽면으로부터 전달되는 복사 열전달량은 약 몇 kW인가?(단, 벽면의 방사율(ε)은 0.80이고, Stefan-Boltzmann 상수(σ)는 5.67×10^{-11}kW/m² · K⁴이며, 기타 조건은 무시한다)

① 4.54
② 8.78
③ 45.4
④ 87.8

해설 슈테판-볼츠만 법칙 $E = \varepsilon \sigma T^4$(여기서, ε : 방사율)
$T = 100 + 273 = 373$K
$E = 0.8[5.67 \times 10^{-11} \times (373)^4] = 0.878$(kW)
1m²당 0.878kW이므로 10m²에 대해 구하면 $0.878 \times 10 = 8.78$kW이다.

21 건축물 화재 시 인간의 특성에 관한 설명으로 옳지 않은 것은?

① 최초에 행동을 개시한 사람을 쫓아가려는 경향이 있다.
② 화염, 연기에 대한 공포감으로 발화지점의 반대방향으로 이동하려는 경향이 있다.
③ 화재 시에는 시야가 흐려지므로 빛이 있는 밝은 곳으로 향하는 경향이 있다.
④ 오른손잡이는 오른손과 오른발이 발달하여 보행 시 자연적으로 우측으로 행동하는 경향이 있다.

해설 **좌회본능** : 오른손잡이, 오른발잡이의 특성상 좌측으로 회전한다는 본능이다.

22 화재예방, 소방시설 설치 · 유지 및 안전관리에 관한 법령상 소화활동설비에 해당하지 않는 것은?

① 제연설비
② 비상콘센트설비
③ 무선통신보조설비
④ 상수도소화용수설비

해설 ※ 화재예방, 소방시설 설치 · 유지 및 안전관리에 관한 법률은 전부개정(2021.11.30.)으로 화재의 예방 및 안전관리에 관한 법률과 소방시설 설치 및 관리에 관한 법률로 법령의 내용 일부가 분리되었으며, 출제 당시에 묻던 '소화활동설비'는 소방시설 설치 및 관리에 관한 법률 시행령 별표 1로 이전되었다.
소화활동설비(소방시설 설치 및 관리에 관한 법률 시행령 별표 1)
화재를 진압하거나 인명구조활동을 위하여 사용하는 설비로서 다음의 것
• 제연설비
• 연결송수관설비
• 연결살수설비
• 비상콘센트설비
• 무선통신보조설비
• 연소방지설비

23 주위온도가 일정 상승률 이상이 되는 경우에 작동하는 것으로서 일국소에서의 열효과에 의하여 작동하는 감지기는?

① 차동식 스포트형 감지기
② 정온식 스포트형 감지기
③ 이온화식 연기감지기
④ 광전식 연기감지기

해설 **열감지기**
- 차동식 : 스포트(Spot)형, 분포형
- 정온식 : 스포트형, 감지선형
- 보상식 : 스포트형

24 소방시설의 배선 및 부속품에서 비화재보 방지를 위해 설치하는 것이 아닌 것은?

① 교차회로
② 리타딩챔버
③ 리크홀
④ 반사판

해설 반사판(디플렉터)이란 스프링클러헤드의 방수구에서 유출되는 물을 세분시키는 작용을 하는 것을 말한다.

25 유도등 및 유도표지의 화재안전기준상 용어의 정의로 옳지 않은 것은?

① 복도통로유도등이란 피난통로가 되는 복도에 설치하는 통로유도등으로서 피난구의 방향을 명시하는 것을 말한다.
② 거실통로유도등이란 거주, 집무, 작업, 집회, 오락 그 밖에 이와 유사한 목적을 위하여 계속적으로 사용하는 거실, 주차장 등 개방된 통로에 설치하는 유도등으로 피난의 방향을 명시하는 것을 말한다.
③ 피난유도선이란 표시면을 2면 이상으로 하고 각 면마다 피난유도표시가 있는 것을 말한다.
④ 객석유도등이란 객석의 통로, 바닥 또는 벽에 설치하는 유도등을 말한다.

해설 **피난유도선** : 햇빛이나 전등불에 따라 축광하거나 전류에 따라 빛을 발하는 유도체로서 어두운 상태에서 피난을 유도할 수 있도록 띠 형태로 설치되는 피난유도시설을 말한다.
입체형 : 유도등 표시면을 2면 이상으로 하고 각 면마다 피난유도표시가 있는 것을 말한다.

26 매슬로의 욕구 단계 중 가장 낮은 단계의 욕구는?

① 사랑과 소속 욕구

② 자아존중 욕구

③ 생리적 욕구

④ 안전과 안정 욕구

해설   **매슬로의 욕구 5단계**

27 맥박에 관한 설명으로 옳지 않은 것은?

① 맥박수 증가는 저혈량 발생 시 나타나는 보상반응으로 쇼크의 초기 징후이다.

② 맥박은 검지, 중지 또는 검지, 중지, 약지를 이용하여 촉진한다.

③ 주기의 변동 없는 상태에서 강한 맥박과 약한 맥막이 규칙적으로 교차하는 상태를 교대맥박이라 한다.

④ 빠르고 강한 맥박은 두부 손상과 관련되며, 느리고 강한 맥박은 교감신경계 자극과 관련된다.

해설   **맥박 양상**
- 교감신경계 자극 → 심박동수 증가
- 부교감신경계 자극 → 심박동수 감소

28 빠른 호흡(빈호흡)과 깊은 호흡(과호흡)은 보상기전으로 과도한 산을 스스로 제거하려는 인체의 시도이다. 이에 해당되지 않은 것은?

① 당뇨 문제   ② 심한 산증

③ 머리 손상   ④ 수면

> **해설** 과호흡(Hyperpnea)은 스트레스, 불안감 또는 공황발작 중에 호흡이 빨라지면서 이산화탄소가 과도하게 배출되는 증상이며, 빈호흡(Tachypnea)은 체내 산소 부족 또는 이산화탄소 과다로 인해 발생하는 빠르고 얕은 호흡을 가리키는 의학 용어로 감염, 천식, 열 및 기타 요인이 이를 유발할 수 있다. 그러나 수면은 이와 관계가 멀다.

29 감염단계 중 인체에 미생물이 침입해서 초기 증상이 나타나는 시기는?(정답 2개)

① 잠복기   ② 전구기

③ 발병기   ④ 회복기

> **해설** **감염과정의 단계**
> • 잠복기 : 인체에 미생물이 침입해서 초기 증상이 나타나는 시기
> • 전구기 : 피로와 권태, 미열, 불쾌감 같은 비특이적인 감염의 초기증상과 징후가 나타난다.
> • 질병기 : 신체 장기나 부위 또는 전신에 정형적인 증상이 나타나는 시기
> • 회복기 : 건강상태로 돌아올 때까지

30 인체의 열손실 기전 중 복사(방사)에 관한 설명으로 옳지 않은 것은?

① 접촉되지 않는 물체 사이에 전자파 방사선에 의한 열확산과 전파라는 물리적 방법으로 열이 이동한다.

② 신체 내부 조직에서 피부표면으로 열손실이 발생하는 기전이며, 그 예로는 미온수 스펀지 목욕, 찬물 목욕법이 있다.

③ 옷을 입지 않은 경우와 같이 피부의 노출, 피부 온도, 피부나 옷의 반사력과 환경의 특성에 영향을 받는다.

④ 중간 공기나 진공과는 관계없이 공간을 통과하며 열전달이 직접적이고 순간적이다.

> **해설** ②는 대류에 관한 설명이다.
> 복사(방사)는 신체에서 발생한 열이 다른 물체와의 직접적인 접촉 없이 주변 대기로 방출되는 것이다.

31 교통사고로 인한 중추신경계 손상이 의심되는 환자의 이송자세에 관한 설명으로 옳지 않은 것은?

① 머리 손상이 의심되는 경우, 들것의 머리 부위를 15~30°가량 상향된 자세로 이송하는 것이 좋다.

② 환자가 개방성 목 손상을 입어 공기색전증의 위험이 있는 경우, 뇌압감소를 위해 머리 부분을 약 30° 상향시킨 채 환자를 눕힌다.

③ 환자가 의식이 명료하고 척추손상이 의심되지 않을 경우, 기도로의 체액 유입 방지를 위해 환자를 약 45° 기울인 반쯤 앉아 있는 자세가 좋다.

④ 기도삽관이 안 된 상태에서 구토가 발생할 경우, 토사물 배출을 용이하게 하기 위해 환자와 고정판을 한꺼번에 회전시킬 준비를 한다.

> **해설** 환자가 개방성 목 손상을 입어 공기색전증의 위험이 있는 경우, 머리가 다리보다 낮게 눕혀야 한다.

32 인체의 호흡 생리에 관한 설명으로 옳은 것은?

① 허파꽈리 내 정상 산소압은 약 40mmHg인 반면, 허파동맥을 통해 들어오는 혈액 내 산소분압은 약 104mmHg이다.

② 안정상태에서 무의식적으로 정상적인 호흡을 할 경우 체중이 70kg인 성인이 허파에 공기가 들어가고 나가는 양은 약 900mL이다.

③ 총폐용적은 최대들숨량에서 최대날숨량까지 측정된 공기의 양으로, 건강한 성인 남성의 총폐용적은 약 4,800mL이다.

④ 건강한 성인 남성의 허파 속에는 항상 약 1,000~1,200mL의 공기가 남아있어 허파꽈리의 개방을 유지해준다.

> **해설**
> ① 허파꽈리 내 정상 산소압은 약 104mmHg인 반면, 허파동맥을 통해 들어오는 혈액 내 산소분압은 약 40mmHg이다.
> ② 안정상태에서 무의식적으로 정상적인 호흡을 할 경우 체중이 70kg인 성인이 허파에 공기가 들어가고 나가는 양은 약 500mL이다.
> ③ 폐용적은 최대들숨량에서 최대날숨량까지 측정된 공기의 양으로, 건강한 성인 남성의 폐용적은 약 5,800mL이다.

33 구조작업은 보통 복잡한 절차와 고도의 특수 장비를 필요로 하는데, 일반적인 구조작업의 단계별 순서로 옳은 것은?

① 현장평가 → 위험통제 → 환자접근 → 환자처치 → 장애물제거 → 환자고정 → 구출 및 이송

② 현장평가 → 장애물제거 → 환자접근 → 위험통제 → 환자처치 → 환자고정 → 구출 및 이송

③ 위험통제 → 환자접근 → 현장평가 → 장애물제거 → 환자처치 → 환자고정 → 구출 및 이송

④ 위험통제 → 환자접근 → 현장평가 → 환자고정 → 장애물제거 → 환자처치 → 구출 및 이송

34 체중이 70kg인 27세 남성의 혈압은 정상이고, 순환혈액량은 25% 손실한 것으로 판단된다. 이 환자의 출혈 단계는?

① 출혈 1단계
② 출혈 2단계
③ 출혈 3단계
④ 출혈 4단계

> 해설 **출혈의 4단계**
> • 1단계 : 15% 미만
> • 2단계 : 15~30% 미만
> • 3단계 : 30~40%
> • 4단계 : 40% 이상

35 심부전으로 인한 심장의 기능이 저하되어 발생되는 쇼크는?

① 신경성 쇼크
② 심장성 쇼크
③ 아나필락시스 쇼크
④ 출혈성 쇼크

> 해설 ① 신경성 쇼크 : 척추, 경추 손상 등으로 자율신경계가 단절되어 발생하는 쇼크
> ③ 아나필락시스 쇼크 : 알레르기 원인물질과의 접촉으로 발생하는 쇼크
> ④ 출혈성 쇼크 : 출혈로 인한 쇼크

36 오심, 구토, 상복부 압통과 팽만으로 내원하였다. 통증은 왼쪽 상복부로 국한되고, 명치 부위와 등으로 방사된다. 이 환자의 의심되는 질환은?

① 췌장염
② 급성 위염
③ 쓸개염
④ 막창자꼬리염

> **해설** 췌장염의 주된 증상은 심한 복통이다. 췌장에 염증이 생기면 췌장이 붓고 주변의 신경을 자극해 통증이 발생한다.

37 수정란이 난관에 착상되어 난관 파열로 인해 통증을 동반한 질출혈과 쇼크를 일으키는 것은?

① 골반염증성 질환
② 파열된 난소 낭종
③ 자궁내막염
④ 자궁 외 임신

> **해설** 자궁 외 임신의 초기 증상은 둔한 하복부 통증과 소량의 출혈로 일반적인 유산의 초기 증세와 거의 비슷하다.

38 바다에서 의식이 있는 채로 구조된 40대 남성이 저체온증 소견을 보였다. 이 환자의 신체반응으로 옳은 것은?

① 땀분비가 증가한다.
② 말초혈관이 확장된다.
③ 떨림(Shivering)이 발생한다.
④ 피부로의 혈류량이 증가한다.

> **해설** 저체온증의 첫 번째 증상은 몸이 떨리는 오한이다. 오한이 나타나는 이유는 빼앗긴 체온을 원래 상태로 돌리기 위해 몸에서 열을 생산하려고 근육을 떨게 만들기 때문이다.

39 성인용 백밸브 마스크 사용에 관한 설명으로 옳지 않은 것은?

① 호흡은 있으나 충분한 환기량이 유지되지 않는 환자의 호흡보조 시에는 들숨에 맞추어 백을 짜준다.

② 1회 환기량은 800~1,000mL가 되도록 백을 짜준다.

③ 기도유지 후 마스크를 확실히 밀착시키고 백을 짜준다.

④ 고농도의 산소를 투여하기 위해 초기에 산소를 틀어 산소 저장낭에 산소가 채워지도록 한 후 사용한다.

해설 BVM을 이용한 환기는 적절한 1회 환기량(500~600mL/회)과 분당 환기 횟수(10~12회/분)를 제공할 수 있어야 한다.

40 응급의료종사자가 경추 손상이 있는 외상 환자에게 할 수 있는 적절한 기도유지법을 모두 고른 것은?

> ㄱ. 머리 기울임-턱 들어올리기
> ㄴ. 턱 밀어올리기
> ㄷ. 변형된 턱 밀어올리기

① ㄱ
② ㄴ
③ ㄱ, ㄴ
④ ㄴ, ㄷ

해설 **기도 확보**
- 경추 부상이 없는 경우 : 머리기울임-턱 들어올리기(Head-tilt Chin-lift)
- 경추 손상이 있거나 의심되는 경우 : 턱 밀어올리기(Jaw Thrust)

41 의식이 없는 50대 환자의 심전도 소견은?

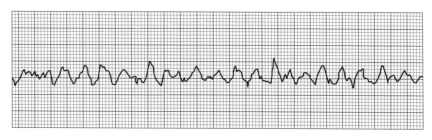

① 심실세동
② 심실빈맥
③ 심실조기수축
④ 심방세동

해설 **심실세동** : 불규칙 혼돈적 진동, 명백한 QRS 없음

42 컴퓨터단층촬영 결과 머리뼈와 경질막 사이에 혈종이 보였다. 이 환자의 의심되는 소견은?

① 경막외 혈종
② 경막하 혈종
③ 거미막밑 혈종
④ 뇌실질 혈종

> **해설** **경막외 혈종**
> 뇌를 싸고 있는 막 중 가장 바깥쪽에 있는 막을 경질막이라고 부르는데 경질막과 두개골 사이의 공간에 출혈이 발생한 것을 말하며, 경질막외 출혈, 경막상 출혈, 경막상 혈종 등으로 불리기도 한다.

43 병원 밖 심장정지 생존사슬에서 첫 번째 단계는?(단, 2020년 한국형 심폐소생술 가이드라인을 따른다)

① 제세동
② 전문소생술
③ 목격자 심폐소생술
④ 심장정지 인지 · 구조요청

> **해설** **병원 밖 심장정지 생존사슬**
> 심장정지 인지/구조요청 - 심폐소생술 - 제세동 - 전문소생술 - 소생 후 치료

44 심폐소생술 시 고품질의 가슴 압박 방법으로 옳지 않은 것은?(단, 2020년 한국형 심폐소생술 가이드라인을 따른다)

① 가슴 압박 후 완전한 가슴 이완을 해야 한다.
② 가슴 압박 중단시간을 10초 이내로 최소화해야 한다.
③ 가슴 압박 속도는 분당 120회 초과의 속도로 해야 한다.
④ 성인의 가슴 압박은 약 5cm 깊이로 6cm를 넘지 않는다.

> **해설** 가슴 압박 속도는 분당 100~120회의 속도로 해야 한다.

45 체중이 20kg인 5세 심정지 환아에게 자동제세동기를 적용하는 방법으로 옳지 않은 것은?

① 첫 번째 제세동 에너지 용량은 200J이다.

② 심전도 분석 중에는 환자에게 접촉하면 안 된다.

③ 소아용 패드가 없을 경우, 성인용 제세동 패드를 적용한다.

④ 제세동 패드 부착 위치에 물기가 있는 경우, 물기를 제거한 후 부착한다.

> **해설** 소아 심장정지 환자에게는 성인에 비해 적은 에너지인 2~4J/kg로 제세동을 하는 것이 권장된다.

46 자동제세동기 사용 순서로 옳은 것은?

ㄱ. 패드 부착	ㄴ. 제세동
ㄷ. 심전도 분석	ㄹ. 전원 켜기

① ㄱ - ㄷ - ㄹ - ㄴ

② ㄱ - ㄹ - ㄷ - ㄴ

③ ㄹ - ㄱ - ㄷ - ㄴ

④ ㄹ - ㄷ - ㄱ - ㄴ

> **해설** **자동제세동기 사용 순서**
> 전원 켜기 – 패드 부착 – 심전도 분석 – 제세동

47 건물 화재로 인한 화상 환자 검진 시, 오른쪽 하지에 수포와 부종이 관찰되었다. 이 환자의 화상 분류는?

① 1도 화상   ② 2도 화상

③ 3도 화상   ④ 4도 화상

> **해설** **화상의 깊이**
> • 1도(표피) 화상 : 경증으로 표피만 손상된 경우이다.
> • 2도(부분층) 화상 : 표피와 진피가 손상된 경우로 수포가 관찰되며, 열에 의한 손상이 많다.
> • 3도(전층) 화상 : 대부분의 피부조직이 손상된 경우로 심한 경우 근육, 뼈, 내부 장기도 포함된다.

48 부탄가스 폭발로 인해 가슴 앞면과 복부 앞면에 3도 화상, 왼쪽 상지 전체와 오른쪽 하지 앞면에 2도 화상을 입었다. '9의 법칙'에 의한 화상 범위는?

① 23% ② 27%

③ 32% ④ 36%

> **해설** 화상 범위(성인) = 가슴 앞면과 복부 앞면(18) + 왼쪽 상지 전체(9) + 오른쪽 하지 앞면(9) = 36%
> **'9의 법칙'에 의한 화상 범위**
>
> | 구 분 | 성인(%) |
> |---|---|
> | 두 부 | 9 |
> | 상지(양쪽) | 9(총 18) |
> | 몸통 전면 | 18 |
> | 몸통 후면 | 18 |
> | 하지(양쪽) | 18(총 36) |
> | 회음부 | 1 |
> | 총 계 | 100 |

49 석회가루와 접촉하여 피부손상이 발생하였을 때 상처 부위의 응급처치로 옳은 것은?

① 중화제를 뿌린다.
② 알코올로 닦아낸다.
③ 솔로 털어낸 뒤 물로 세척한다.
④ 물에 적신 수건으로 덮어 놓는다.

> **해설** 건조 석회와 같은 화학물질은 세척 전에 브러시로 털어내야 하는데 털어내는 과정에서 가루가 날려 호흡기계로 들어가거나 정상 부위에 닿지 않도록 주의해야 한다.

50 폭발로 인한 구조물 붕괴사고로 사지 부위의 압좌 손상이 오랜 시간 지속되어 으깨진 부위에서 독성물질이 축적된 후 중심 순환계로 혈류가 돌아올 경우 유발될 수 있는 문제는?

① 당뇨병
② 다뇨증
③ 심부정맥
④ 심각한 알칼리증

> **해설** 심부정맥은 심장박동의 속도나 규칙성에 문제가 생기는 질병이다.

51 재난관리의 단계와 그 내용의 연결이 옳지 않은 것은?

① 예방단계 - 이재민 수용시설 지정·관리
② 대비단계 - 재난대응계획 수립
③ 대응단계 - 인명구조·구난활동 전개
④ 복구단계 - 이재민 지원 및 임시주거지 마련

해설 예방단계는 재난발생을 예방하는 단계로 재난의 발생요인을 제거하는 단계이다.

52 컴포트(Comfort)가 제시하는 재난의 특성으로 옳지 않은 것은?

① 불확실성　　　　　　② 상호작용성
③ 신뢰성　　　　　　　④ 복잡성

해설 컴포트(Comfort)는 재난의 특성으로 상호작용성, 불확실성, 복잡성 등 3가지를 제시하고 있으며, 여기에 터너(Turner)는 재난의 비가시적인 특성을 나타내는 누적성을 추가하였으며, 김주찬·김태윤은 누적성에서 비롯된 인지성을 별도의 속성으로 제시하였다.

53 위험성평가 분석 기법으로 옳지 않은 것은?

① Checklist　　　　　　② HAZOP(HAZard and OPerability)
③ TLV(Threshold Limit Value)　④ What-if

해설 **위험성평가 분석 기법**
• 정량적 위험성 평가
　- 결함수 분석(FTA)
　- 사건수 분석(ETA)
　- 원인 결과 분석(CCA)
• 정성적 위험성평가
　- 체크리스트 기법
　- 안전성 검토(Safety Review)
　- HAZOP(HAZard and OPerability study)
　- What-if
　- FMECA(Failure Mode Effect and Criticality Analysis)
　- 상대위험순위결정(Dow and Mond Hazard Indices)
　- 예비위험분석(PHA ; Preliminary Hazard Analysis)

54 재난을 '사회의 중요기능을 마비하여 사회의 전체 또는 부분에 영향을 주는 실제 충격 또는 위험이 되는 사건'으로 정의한 자는?

① 페탁(Petak)

② 프리츠(Fritz)

③ 아네스(Anesth)

④ 콰란텔리(Quarantelli)

> **해설** **재난의 개념**
> 프리츠는 "재난은 어떤 사회나 비교적 자족적인 사회조직에 심대한 피해를 입혀서 그 사회구성원이나 물리적 시설의 손실로 인하여 사회구조가 교란되고 그 사회의 본질적인 기능 수행이 장애를 받게 되는 사건으로서, 우연적이거나 통제 불가능하며 시·공간상에 집중적으로 나타나는 실제적 또는 위협적 사건"으로 정의했다(Fritz, 1961 : 655).

55 '1건의 중상사고가 있기 전에 10건의 경상사고, 30건의 무상해 사고, 600건의 아차사고가 있다'라고 정의한 재난 발생 이론으로 옳은 것은?

① 하인리히의 법칙

② 정상사건이론

③ 재난배양이론

④ 버드의 법칙

> **해설** **버드의 법칙**
> 산업재해가 발생하여 사망 또는 중상자가 1명 발생하면, 같은 원인으로 경상자가 29명, 잠재적 부상자가 300명 있었다는 법칙이다. 중상자가 1명 나오면, 같은 원인으로 경상은 10명, 무상해 사고는 30명, 아차사고는 600명이 발생한다. 이 법칙은 버드(Frank E. Bird. Jr., 1921~2007)가 제안한 것으로, 재해는 근본적으로 관리의 문제이고 사고 전에는 항상 사고가 발생할 전조가 나타난다고 보고한다.

56 현대사회의 재난환경을 위험사회로 규정하고 근대화와 산업화 과정에서 가져온 과학기술이 인간에게 물질적 풍요를 주었지만 새로운 형태의 위험을 가져왔다고 주장한 자는?

① 울리히 벡(Ulrich Beck)

② 다인스(Dynes)

③ 휴트(Hewit)

④ 돔브로스키(Dombrowsky)

> **해설** 울리히 벡(Ulrich Beck)은 1986년 〈위험사회〉라는 저서를 통해 서구를 중심으로 추구해온 산업화와 근대화 과정이 실제로는 가공스러운 '위험사회'를 낳는다고 주장하고, 현대사회의 위기화 경향을 비판하는 학설을 내놓아 학계의 주목을 받았다.

57 재난관리 방식과 그 내용의 연결이 옳은 것은?

① 분산관리방식 – 정보전달의 다원화
② 분산관리방식 – 총괄적 자원동원과 대응성 확보
③ 통합관리방식 – 전문성 제고가 용이
④ 통합관리방식 – 재원마련과 배분의 복잡성

해설 재난관리 방식별 장단점 비교

유 형	재난유형별 관리	통합 재난관리
성 격	분산적 관리 방식	통합적 관리 방식
관련 부처 및 기관	다수 부처 및 기관이 관련	단일 부처 조정하에 소수의 부처 및 기관만 관련
책임범위와 부담	재난사고에 대한 관리책임, 부담이 분산	모든 재난에 대한 관리책임, 과도한 부담 가능성이 높음
관련부처의 활동범위	특정 재난에 한정되고 기관별로 다름	모든 재난에 대한 종합적 관리활동과 독립적 활동의 병행
정보전달 체계	혼란스러운 다원화	다원적 정보접근과 단일화된 전달 시스템의 병행
재원마련과 배분	복잡(과잉, 누락)	보다 간소
재난대응	대응조직 없음(사실상 소방)	통합대응/지휘통제 용이(소방)
시스템의 재난에 대한 인지능력	미약, 단편적	강력, 종합적
장 점	• 재난의 유형별 특징을 강조 • 한 재해 유형을 한 부처가 지속적으로 담당하므로 경험 축적 및 전문성 제고가 용이 • 한 사안에 대한 업무의 과다 방지	• 비상대응기관 및 단계가 통합적으로 대응 • 재난발생 시 총괄적 자원동원과 신속한 대응성 확보 • 자원봉사자 등 가용자원을 효과적으로 활용 • 재원확보와 배분이 보다 간소
단 점	• 복잡한 재난에 대한 대처능력에 한계 • 각 부처 간 업무의 중복 및 연계 미흡 • 배분의 복잡성	• 구축하는 데 많은 어려움이 따름 • 이기주의 및 기존 조직들의 반대 가능성이 높고 업무와 책임이 과도하게 한 조직에 집중됨

58 긴급구조대응활동 및 현장지휘에 관한 규칙상 표준지휘조직도에서 대응계획부의 임무로 옳은 것은?

① 자원대기소 운영 및 교대조 관리
② 유관기관과 연락 및 보고에 관한 사항
③ 재난상황정보의 수집·분석 및 상황예측
④ 소속기관 임무수행지역의 현장 안전진단 및 안전조치

해설 ※ 출제 당시에는 정답이 ③이었으나, 법령의 개정(2024.1.22.)으로 ②도 정답으로 처리하였다.

부서별 임무(긴급구조대응활동 및 현장지휘에 관한 규칙 [별표 1])

부 서	임 무
대응계획부	• 긴급구조기관과 긴급구조지원기관·유관기관 등에 대한 통합 지휘·조정 • 재난상황정보의 수집·분석 및 상황예측 • 현장활동계획의 수립 및 배포 • 대중정보 및 대중매체 홍보에 관한 사항 • 유관기관과의 연락 및 보고에 관한 사항
현장지휘부	• 진압·구조·응급의료 등에 대한 현장활동계획의 이행 • 헬기 등을 이용한 진압·구조·응급의료 및 운항 통제, 비상헬기장 관리 등 • 재난현장 등에 대한 경찰관서의 현장 통제 활동 관련 지휘·조정·통제 및 대피계획 지원 등 • 현장활동 요원들의 안전수칙 수립 및 교육 • 임무수행지역의 현장 안전진단 및 안전조치 • 자원대기소 운영 및 교대조 관리
자원지원부	• 대응자원 현황을 대응계획부에 제공하고, 대응계획부의 현장활동계획에 따라 자원의 배분 및 배치 • 현장활동에 필요한 자원의 동원 및 관리 • 긴급구조지원기관·지방자치단체 등의 긴급복구 및 오염방제 활동에 대한 지원 등

[비 고]
• 표준지휘조직은 재난상황에 따라 확대 또는 축소하여 운영할 수 있다.
• 부서별 임무는 예시로서, 재난상황에 따라 임무를 선택하거나 새로운 임무를 추가할 수 있다.

59 긴급구조대응활동 및 현장지휘에 관한 규칙상 통제단 등의 설치·운영에 관한 설명으로 옳은 것은?

① 시·도긴급구조통제단 및 시·군·구긴급구조통제단은 관할지역의 실정에 따라 구성을 달리한다.

② 긴급구조지휘대의 통신지휘요원은 통제단이 설치·운영되는 경우 대응계획부에 배치된다.

③ 현장지휘관은 자원대기소에 모인 인적자원을 자원집결반, 자원배분반, 행정지원반으로 분류하여 관리해야 한다.

④ 긴급구조지원기관의 장은 중앙통제단장이 파견을 요청하는 경우에는 중앙통제단 비상지원팀에 상시연락관을 파견해야 한다.

> **해설** ※ 출제 당시에는 정답이 ④였으나, 법령의 개정(2024.1.22.)으로 정답 없음으로 처리하였다.
> ① 다만, 시·군·구긴급구조통제단은 지역 실정에 따라 구성·운영을 달리할 수 있다(제13조제1항단서).
> ② 긴급구조지휘대의 통신지원요원은 통제단이 설치·운영되는 경우 현장지휘부에 배치된다(제16조제3항).
> ③ 현장지휘관은 자원대기소에 모인 인적자원을 배치·대기·교대조로 분류하여 관리해야 한다(제19조제5항).
> ④ 긴급구조지원기관의 장은 중앙통제단장이 파견을 요청하는 경우에는 중앙통제단 대응계획부에 상시연락관을 파견해야 한다(제12조제2항).

60 재난 및 안전관리 기본법상 재난관리책임기관의 장 및 국회·법원·헌법재판소·중앙선거관리위원회의 행정사무를 처리하는 기관의 장이 재난상황에서 해당 기관의 핵심기능을 유지하는데 필요한 계획으로 옳은 것은?

① 진흥종합계획

② 기능연속성계획

③ 지속관리운영계획

④ 핵심사업평가계획

> **해설** **재난관리책임기관의 장의 재난예방조치 등(법 제25조의4제5항)**
> 재난관리책임기관의 장 및 국회·법원·헌법재판소·중앙선거관리위원회의 행정사무를 처리하는 기관의 장은 재난상황에서 해당 기관의 핵심기능을 유지하는 데 필요한 계획을 수립·시행하여야 한다.

61 재난 및 안전관리 기본법상 재난관리에 재난안전통신망을 사용하여야 하는 재난관련기관이 아닌 것은?

① 재난관리책임기관
② 긴급구조지원기관
③ 긴급구조기관
④ 자원봉사기관

> **해설** **재난안전통신망의 구축 · 운영(법 제34조의8제1항)**
> 행정안전부장관은 체계적인 재난관리를 위하여 재난안전통신망을 구축 · 운영하여야 하며, 재난관리책임기관 · 긴급구조기관 및 긴급구조지원기관은 재난관리에 재난안전통신망을 사용하여야 한다.

62 재난 및 안전관리 기본법상 긴급구조지휘대 중 권역현장지휘대의 설치기준으로 옳은 것은?

① 3개 이하의 안전센터별로 소방서장이 1개를 설치 · 운영
② 3개 이하의 소방서별로 소방본부장이 1개를 설치 · 운영
③ 2개 이상 4개 이하의 소방서별로 소방본부장이 1개를 설치 · 운영
④ 2개 이상 4개 이하의 소방서별로 소방청장이 1개를 설치 · 운영

> **해설** **긴급구조지휘대 구성 · 운영(시행령 제65조제2항)**
> 긴급구조지휘대는 소방서현장지휘대, 방면현장지휘대, 소방본부현장지휘대 및 권역현장지휘대로 구분하되, 구분된 긴급구조지휘대의 설치기준은 다음과 같다.
> • 소방서현장지휘대 : 소방서별로 설치 · 운영
> • 방면현장지휘대 : 2개 이상 4개 이하의 소방서별로 소방본부장이 1개를 설치 · 운영
> • 소방본부현장지휘대 : 소방본부별로 현장지휘대 설치 · 운영
> • 권역현장지휘대 : 2개 이상 4개 이하의 소방본부별로 소방청장이 1개를 설치 · 운영

63 긴급구조대응활동 및 현장지휘에 관한 규칙상 현장응급의료소의 설치·운영에 관한 설명이다. ( )에 들어갈 내용으로 옳은 것은?

> 중증도 분류표를 부착한 사상자 중 긴급·응급환자는 (ㄱ)(으)로, 사망자와 비응급환자는 (ㄴ)(으)로 인계한다.

① ㄱ : 긴급구호반, ㄴ : 이송반
② ㄱ : 응급처치반, ㄴ : 이송반
③ ㄱ : 긴급구호반, ㄴ : 임시안치소
④ ㄱ : 응급처치반, ㄴ : 임시안치소

해설 **분류반의 임무(규칙 제22조)**
중증도 분류표를 부착한 사상자 중 긴급·응급환자는 응급처치반으로, 사망자와 비응급환자는 이송반으로 인계한다. 다만, 현장에서의 응급처치보다 이송이 시급하다고 판단되는 긴급·응급환자의 경우에는 이송반으로 인계할 수 있다.

64 재난 및 안전관리 기본법상 과태료의 부과대상에 해당하는 자로 옳지 않은 것은?

① 대피명령을 위반한 자
② 안전조치명령을 이행하지 아니한 자
③ 위험구역에서의 퇴거명령을 위반한 자
④ 재난취약시설 보험 또는 공제에 가입하지 않은 자

해설 **과태료(제82조)**
• 다음의 어느 하나에 해당하는 사람에게는 200만원 이하의 과태료를 부과한다.
   – 다중이용시설 등의 위기상황 매뉴얼을 작성·관리하지 아니한 소유자·관리자 또는 점유자
   – 다중이용시설 등의 위기상황 매뉴얼에 따른 훈련을 실시하지 아니한 소유자·관리자 또는 점유자
   – 다중이용시설 등의 위기상황 매뉴얼에 따른 개선명령을 이행하지 아니한 소유자·관리자 또는 점유자
   – 법에 따른 대피명령을 위반한 사람
   – 법에 따른 위험구역에서의 퇴거명령 또는 대피명령을 위반한 사람
• 다음의 어느 하나에 해당하는 자에게는 300만원 이하의 과태료를 부과한다.
   – 재난취약시설 보험·공제의 가입 등 규정을 위반하여 보험 또는 공제에 가입하지 아니한 자
   – 재난취약시설 보험·공제의 가입 등 규정을 위반하여 재난취약시설보험등의 가입에 관한 계약의 체결을 거부한 보험사업자

65 소방청 통계상 2019~2021년 화재발생현황 중 발생건수가 가장 많은 원인으로 옳은 것은?

① 방 화   ② 부주의
③ 기계적요인   ④ 전기적요인

해설 원인별로는 부주의 49.6%(19,185건)로 가장 많이 발생하였다.

66 재난 및 안전관리 기본법상 중앙안전관리위원회의 재난 및 안전관리에 관한 심의사항을 모두 고른 것은?

> ㄱ. 안전기준관리에 관한 사항
> ㄴ. 국가재난관리기준의 제정 · 운용에 관한 사항
> ㄷ. 재난사태의 선포에 관한 사항
> ㄹ. 국민안전의 날 지정에 관한 사항

① ㄱ, ㄷ   ② ㄱ, ㄹ
③ ㄴ, ㄷ   ④ ㄴ, ㄹ

> **해설** **중앙안전관리위원회(제9조)**
> 재난 및 안전관리에 관한 다음의 사항을 심의하기 위하여 국무총리 소속으로 중앙안전관리위원회를 둔다.
> • 재난 및 안전관리에 관한 중요 정책에 관한 사항
> • 국가안전관리기본계획에 관한 사항
> • 재난 및 안전관리 사업 관련 중기사업계획서, 투자우선순위 의견 및 예산요구서에 관한 사항
> • 중앙행정기관의 장이 수립 · 시행하는 계획, 점검 · 검사, 교육 · 훈련, 평가 등 재난 및 안전관리업무의 조정에 관한 사항
> • 안전기준관리에 관한 사항
> • 재난사태의 선포에 관한 사항
> • 특별재난지역의 선포에 관한 사항
> • 재난이나 그 밖의 각종 사고가 발생하거나 발생할 우려가 있는 경우 이를 수습하기 위한 관계 기관 간 협력에 관한 중요 사항
> • 관리 · 운용 등에 관한 사항
> • 중앙행정기관의 장이 시행하는 대통령령으로 정하는 재난 및 사고의 예방사업 추진에 관한 사항
> • 재난안전산업 진흥법에 따른 기본계획에 관한 사항
> • 그 밖에 위원장이 회의에 부치는 사항

67 재난 및 안전관리 기본법상 자연재난에 해당하지 않는 것은?

① 미세먼지로 인한 피해
② 지진으로 인한 피해
③ 화산활동으로 인한 피해
④ 소행성 · 유성체로 인한 피해

> **해설** **자연재난**
> 태풍, 홍수, 호우(豪雨), 강풍, 풍랑, 해일(海溢), 대설, 한파, 낙뢰, 가뭄, 폭염, 지진, 황사(黃砂), 조류(藻類) 대발생, 조수(潮水), 화산활동, 우주개발 진흥법에 따른 자연우주물체의 추락 · 충돌, 그 밖에 이에 준하는 자연현상으로 인하여 발생하는 재해

68 재난 및 안전관리 기본법상 중앙긴급구조통제단의 단장으로 옳은 것은?

① 소방서장   ② 소방청장
③ 소방본부장   ④ 행정안전부장관

> **해설** 중앙통제단의 단장은 소방청장이 된다(법 제49조제2항).

69 재난 및 안전관리 기본법령상 국가안전관리기본계획의 수립에 관한 설명으로 옳지 않은 것은?

① 국무총리는 국가의 재난 및 안전관리업무에 관한 기본계획의 수립지침을 작성하여 관계 중앙행정기관의 장에게 통보하여야 한다.
② 재난에 관한 대책은 국가안전관리기본계획에 포함되어야 하는 사항이다.
③ 행정안전부장관은 국가안전관리기본계획을 5년마다 수립해야 한다.
④ 관계 중앙행정기관의 장은 국가안전관리기본계획을 이행하기 위하여 필요한 예산을 반영하는 등의 조치를 하여야 한다.

> **해설** 국무총리는 국가안전관리기본계획을 5년마다 수립해야 한다. 이 경우 관계 기관 및 전문가 등의 의견을 들을 수 있다(시행령 제26조제2항)

70 재난 및 안전관리 기본법상 재난현장에서 임무를 직접 수행하는 기관의 행동조치 절차를 구체적으로 수록한 문서로 옳은 것은?

① 위기관리 표준매뉴얼   ② 위기대응 실무매뉴얼
③ 현장조치 행동매뉴얼   ④ 긴급구조 대응매뉴얼

> **해설** **재난분야 위기관리 매뉴얼 작성·운용(법 제34조의5)**
> 재난관리책임기관의 장은 재난을 효율적으로 관리하기 위하여 재난유형에 따라 다음의 위기관리 매뉴얼을 작성·운용하여야 한다. 이 경우 재난대응활동계획과 위기관리 매뉴얼이 서로 연계되도록 하여야 한다.
> • 위기관리 표준매뉴얼 : 국가적 차원에서 관리가 필요한 재난에 대하여 재난관리 체계와 관계 기관의 임무와 역할을 규정한 문서로 위기대응 실무매뉴얼의 작성 기준이 되며, 재난관리주관기관의 장이 작성한다. 다만, 다수의 재난관리주관기관이 관련되는 재난에 대해서는 관계 재난관리주관기관의 장과 협의하여 행정안전부장관이 위기관리 표준매뉴얼을 작성할 수 있다.
> • 위기대응 실무매뉴얼 : 위기관리 표준매뉴얼에서 규정하는 기능과 역할에 따라 실제 재난대응에 필요한 조치사항 및 절차를 규정한 문서로 재난관리주관기관의 장과 관계 기관의 장이 작성한다. 이 경우 재난관리주관기관의 장은 위기대응 실무매뉴얼과 위기관리 표준매뉴얼을 통합하여 작성할 수 있다.
> • 현장조치 행동매뉴얼 : 재난현장에서 임무를 직접 수행하는 기관의 행동조치 절차를 구체적으로 수록한 문서로 위기대응 실무매뉴얼을 작성한 기관의 장이 지정한 기관의 장이 작성하되, 시장·군수·구청장은 재난유형별 현장조치 행동매뉴얼을 통합하여 작성할 수 있다. 다만, 현장조치 행동매뉴얼 작성 기관의 장이 다른 법령에 따라 작성한 계획·매뉴얼 등에 재난유형별 현장조치 행동매뉴얼에 포함될 사항이 모두 포함되어 있는 경우 해당 재난유형에 대해서는 현장조치 행동매뉴얼이 작성된 것으로 본다.

71 자연재해대책법상 재해영향평가의 정의로 옳은 것은?

① 자연재해에 영향을 미치는 개발사업으로 인한 재해 유발 요인을 조사·예측·평가하고 이에 대한 대책을 마련하는 것

② 자연재해에 영향을 미치는 행정계획으로 인한 재해 유발 요인을 예측·분석하고 이에 대한 대책을 마련하는 것

③ 풍수해로 인한 침수 흔적, 침수 예상 및 재해정보 등을 표시한 도면

④ 자연재해 위험에 대하여 지역별로 안전도를 진단하는 것

해설 ②는 재해영향성검토, ③은 침수흔적도, ④는 자연재해 안전도 진단을 말한다.

72 자연재해대책법상 재난관리책임기관의 장이 해야 하는 폭염피해 예방 및 경감조치 사항으로 옳지 않은 것은?

① 폭염피해 예방조직의 정비

② 폭염대책 교육 및 대국민 홍보

③ 폭염단계별 제한급수대책

④ 폭염 대비용 자재와 물자의 비축·관리 및 장비의 확보

해설 **폭염피해 예방 및 경감 조치(법 제33조의2)**
재난관리책임기관의 장은 다음의 폭염피해 예방 및 경감 조치를 하여야 한다.
• 폭염피해 예방조직의 정비
• 지역별 폭염대책 마련
• 폭염 대비용 자재와 물자의 비축·관리 및 장비의 확보
• 폭염대책 교육 및 대국민 홍보
• 그 밖의 폭염피해 예방 및 경감을 위하여 필요한 조치

73 자연재해대책법령상 재해 유형별 행동 요령으로 대비단계에 포함되는 사항으로 옳은 것은?

① 보건위생 및 쓰레기 처리에 관한 사항
② 피해 발생이 우려되는 시설의 점검·관리에 관한 사항
③ 통신·전력·가스·수도 등 국민생활에 필수적인 시설의 응급복구에 관한 사항
④ 방재물자·동원장비의 확보·지정 및 관리에 관한 사항

> **해설** **재해 유형별 행동 요령에 포함되어야 할 세부 사항(시행규칙 제14조)**
> • 예방단계
>   − 자연재해위험개선지구·재난취약시설 등의 점검·정비 및 관리에 관한 사항
>   − 방재물자·동원장비의 확보·지정 및 관리에 관한 사항
>   − 유관기관 및 민간단체와의 협조·지원에 관한 사항
>   − 그 밖에 행정안전부장관이 필요하다고 인정하는 사항
> • 대비단계
>   − 재해가 예상되거나 발생한 경우 비상근무계획에 관한 사항
>   − 피해 발생이 우려되는 시설의 점검·관리에 관한 사항
>   − 유관기관 및 방송사에 대한 상황 전파 및 방송 요청에 관한 사항
>   − 그 밖에 행정안전부장관이 필요하다고 인정하는 사항
> • 대응단계
>   − 재난정보의 수집 및 전달체계에 관한 사항
>   − 통신·전력·가스·수도 등 국민생활에 필수적인 시설의 응급복구에 관한 사항
>   − 부상자 치료대책에 관한 사항
>   − 그 밖에 행정안전부장관이 필요하다고 인정하는 사항
> • 복구단계
>   − 방역 등 보건위생 및 쓰레기 처리에 관한 사항
>   − 이재민 수용시설의 운영 등에 관한 사항
>   − 복구를 위한 민간단체 및 지역 군부대의 인력·장비의 동원에 관한 사항
>   − 그 밖에 행정안전부장관이 필요하다고 인정하는 사항

74 자연재해대책법령상 방재신기술의 보호기간에 관한 설명이다. (   )에 들어갈 내용으로 옳은 것은?

> ① 방재신기술의 보호기간은 방재신기술로 지정된 날부터 (ㄱ)으로 한다.
> ② 행정안전부장관은 방재신기술을 지정받은 자의 신청이 있으면 그 신기술의 활용 실적 등을 검증하여 방재신기술의 보호기간을 ①에 따른 보호기간을 포함하여 (ㄴ)의 범위에서 연장할 수 있다.

① ㄱ : 3년, ㄴ : 6년
② ㄱ : 3년, ㄴ : 8년
③ ㄱ : 5년, ㄴ : 10년
④ ㄱ : 5년, ㄴ : 12년

해설 ※ 출제 당시에는 정답이 ④였으나, 법령의 개정(2023.1.3.)으로 조문이 삭제되어 정답 없음으로 처리하였다.

75 재난 및 안전관리 기본법령상 긴급구조대응계획의 수립에서 재난유형별 긴급구조대응계획에 포함되어야 하는 사항으로 옳지 않은 것은?

① 재난 발생 단계별 주요 긴급구조 대응활동 사항
② 주요 재난유형별 대응 매뉴얼에 관한 사항
③ 비상경고 방송메시지 작성 등에 관한 사항
④ 긴급구조대응계획의 운영책임에 관한 사항

해설 ④는 긴급구조대응계획의 기본계획이다(시행령 제63조).

교육이란 사람이 학교에서 배운 것을
잊어버린 후에 남은 것을 말한다.

– 알버트 아인슈타인

참 / 고 / 문 / 헌

• 국립재난안전연구원(2016). **통합 안전정보를 활용한 안전 역량강화체계 구축.**

• 권영세(2005). **국가재난관리체계 혁신과 정책방향.** 한국지역정보개발원.

• 김우성(2014). **재난현장지휘관의 리더십과 조직몰입 관계에 관한 연구.** 서울시립대학교 대학원.

• 문승철(2023). **2023 문승철 소방학개론.** 시대고시기획.

• 문옥섭(2024). **2024 SD에듀 소방승진 위험물안전관리법.** 시대고시기획.

• 산업통상자원부(2023). **한국전기설비규정.**

• 윤장근(2004). **재난위험 피해의 경제적 손실과 보험기능 도입 및 활성화 방안.** 연세대학교 경제
  대학원.

• 응급의료연구회(2024). **2024 SD에듀 응급구조사 1·2급 만점문제해설 한권으로 끝내기.** 시대
  고시기획.

• 이덕수(2022). **2022 소방안전관리자 1급 예상문제집.** 시대고시기획.

• 이재은(2000). **한국의 위기관리정책에 관한 연구.** 연세대학교 대학원.

• 정창무, 신영수(1994). **서울시 위기관리체계 구축에 관한 기초연구.** 서울시정개발연구원.

• 주상현(2014). 효과적 재난관리 거버넌스 구축 방안. **한국비교정부학보**, 16(1), 295-322.

• 질병관리청·대한심폐소생협회(2020). **2020년 한국심폐소생술 가이드라인.**

• 최진호(2020). **2020 기출이 답이다 소방안전교육사 1차.** 시대고시기획.

• 한국재난안전기술원(2012). **은평구의 재난관리 역량강화 등을 위한 재난안전에 대한 선진화방안
  연구.**

• (사)한국지방자치학회(2010). **지방행정체제 개편에 따른 효율적 소방력 운영방안 연구.**

[인터넷 사이트]

• 국가법령정보센터(http://www.law.go.kr)

• 중앙소방학교(http://www.nfa.go.kr/nfsa)

소방안전교육사 1차

개정3판1쇄 발행	2024년 04월 25일 (인쇄 2024년 03월 20일)
초 판 발 행	2019년 06월 05일 (인쇄 2019년 04월 26일)
발 행 인	박영일
책 임 편 집	이해욱
편 저	최진호
편 집 진 행	윤진영 · 남미희
표지디자인	권은경 · 길전홍선
편집디자인	정경일 · 심혜림
발 행 처	(주)시대고시기획
출 판 등 록	제10-1521호
주 소	서울시 마포구 큰우물로 75 [도화동 538 성지 B/D] 9F
전 화	1600-3600
팩 스	02-701-8823
홈 페 이 지	www.sdedu.co.kr

I S B N	979-11-383-6781-3(13500)
정 가	36,000원

더 이상의 소방 시리즈는 없다!

- 현장 실무와 오랜 시간 동안 **저자의 노하우**를 바탕으로 최단기간 합격의 기회를 제공
- 2024년 시험대비를 위해 **최신 개정법령 및 이론**을 반영
- **빨간키(빨리보는 간단한 키워드)**를 수록하여 가장 기본적인 이론을 시험 전에 확인 가능
- 출제경향을 한눈에 파악할 수 있는 연도별 **기출문제 분석표** 수록
- 본문 안에 **출제 표기**를 하여 보다 효율적으로 학습 가능

친절하다!
핵심 내용을 쉽게
설명하고 있으니까!

명쾌하다!
상세한 풀이로 완벽하게
익힐 수 있으니까!

소방시리즈

핵심을 뚫는다!
시험 유형에 적합한
문제를 다루니까!

알차다!
꼭 알아야 할 내용을
담고 있으니까!

SD에듀가 신뢰와 책임의 마음으로 수험생 여러분에게 다가갑니다.

SD에듀 소방·위험물 도서리스트

소방 기술사
김성곤의 소방기술사 — 4×6배판 / 80,000원

소방시설 관리사
소방시설관리사 1차 — 4×6배판 / 55,000원
소방시설관리사 2차 점검실무행정 — 4×6배판 / 31,000원
소방시설관리사 2차 설계 및 시공 — 4×6배판 / 31,000원

Win-Q 소방설비 기사
필기 [기계편 — 별판 / 31,000원
       전기편 — 별판 / 29,000원]
실기 [기계편 — 별판 / 33,000원
       전기편 — 별판 / 38,000원]

소방 관계법령
화재안전기술기준 포켓북 — 별판 / 20,000원

위험물 기능장
위험물기능장 필기 — 4×6배판 / 40,000원
위험물기능장 실기 — 4×6배판 / 38,000원

Win-Q 위험물 산업기사
위험물산업기사 필기 — 별판 / 25,000원
위험물산업기사 실기 — 별판 / 26,000원

※ 도서의 가격은 변동될 수 있습니다.